轻型钢结构设计手册

（第三版）

汪一骏　　　　　　　　主　编
冯　东　纪福宏　张利军　副主编

中国建筑工业出版社

图书在版编目（CIP）数据

轻型钢结构设计手册/汪一骏主编. —3 版. —北京：中国建
筑工业出版社，2018.8（2023.4重印）
ISBN 978-7-112-22359-6

Ⅰ.①轻…　Ⅱ.①汪…　Ⅲ.①轻型钢结构—结构设计—手册
Ⅳ.①TU392.504-62

中国版本图书馆 CIP 数据核字（2018）第 131942 号

本手册基于近年来的工程设计经验、国家建筑标准设计图集应用和科
研成果，根据新颁布的《钢结构设计标准》GB 50017—2017、《门式刚架
轻型房屋钢结构技术规范》GB 51022—2015 以及其他相关的国家规范、
规程和标准进行编写，内容包含：

钢结构设计基本规定与计算和轻型屋面为主的单层厂房钢结构，涉及
檩条、屋架、网架、吊车梁、门式刚架和墙架等设计，以及通用构件选用
表，构件承载力与截面计算图表。本书可供建筑结构的设计、施工、监理
和教学人员参考和使用。

责任编辑：赵梦梅
责任校对：张　颖

轻型钢结构设计手册

（第三版）

汪一骏　主编

冯　东　纪福宏　张利军　副主编

*

中国建筑工业出版社出版、发行（北京海淀三里河路 9 号）
各地新华书店、建筑书店经销
北京红光制版公司制版
北京建筑工业印刷厂印刷

*

开本：787×1092 毫米　1/16　印张：41　字数：1022 千字
2018 年 12 月第三版　　2023 年 4 月第二十一次印刷
定价：**99.00** 元
ISBN 978-7-112-22359-6
（32228）

前　　言

《钢结构设计标准》GB 50017—2017 已经颁布。本手册是中国建筑工业出版社为设计应用钢结构而组织编写的《轻型钢结构设计手册》。本版是在中国建筑工业出版社的《轻型钢结构设计手册和轻型钢结构设计指南》的基础上结合《钢结构设计标准》GB 50017—2017 和《门式刚架轻型房屋钢结构技术规范》GB 51022—2015 修编外，还增加了《建筑抗震设计规范》GB 50010—2010（2016 版）和冷弯薄壁型钢结构的计算内容。

为普及新的钢结构设计标准应用、国家建筑标准设计图集的正确选用，增加结构整体概念，在某些例题中还附有完整的施工详图。

此外在主要章节中还列有构件设计中的若干问题一节，充分反映历次专家在国家建筑标准设计图集编制审查会的建议和国家建筑标准设计图应用中的改进意见。

本手册主要分工：

第 1、2 章　　　汪一骏　庞翠翠

第 3、5、6 章　　冯　东

第 4、7、9 章　　纪福宏　汪一骏

第 8 章　　　　　张利军　汪一骏　庞翠翠

第 10 章　　　　冯　东　纪福宏　庞翠翠　郭惠琴　汪一骏

第 11 章　　　　纪福宏　冯　东　汪一骏　郭惠琴

第 12 章　　　　纪福宏　汪一骏　庞翠翠

全书由汪一骏统稿和解答。因水平有限，书中不周之处，望批评指正。在编写中承蒙北京交通大学土建学院和北京交大建筑勘察设计院有限公司的大力支持，深致谢意。

目　录

第1章　概述 ··· 1

1.1　轻型钢结构的特点及应用 ·· 1

1.2　屋面材料及建筑构造 ··· 4

1.3　结构材料及连接材料 ··· 9

第2章　设计基本规定与计算 ·· 13

2.1　设计基本规定 ·· 13

2.2　轴心受力构件和拉弯、压弯构件 ·· 21

2.3　连接计算与构造 ·· 38

2.4　设计基本规定中的若干问题 ··· 49

第3章　檩条 ·· 52

3.1　檩条的形式及特点 ··· 52

3.2　檩条截面尺寸 ·· 55

3.3　檩条荷载 ·· 55

3.4　檩条计算 ·· 56

3.5　檩条的布置、连接与构造 ··· 61

3.6　檩条设计实例 ·· 66

　　【例题3-1】冷弯薄壁卷边槽钢檩条 ··· 67

　　【例题3-2】冷弯薄壁卷边槽钢檩条（风吸力控制） ······························ 71

　　【例题3-3】冷弯薄壁直卷边Z形钢檩条 ·· 73

　　【例题3-4】冷弯薄壁斜卷边Z形钢檩条（连续） ································· 75

　　【例题3-5】高频焊接薄壁H形钢檩条 ··· 76

　　【例题3-6】高频焊接薄壁H形钢檩条（两跨连续） ······························ 77

　　【例题3-7】平面桁架式檩条 ··· 78

　　【例题3-8】冷弯薄壁型钢平面桁架式檩条 ······································· 80

　　【例题3-9】空间桁架式檩条 ··· 81

3.7　檩条设计中的若干问题 ·· 84

第4章　屋架 ·· 90

4.1　屋架设计规定 ·· 90

4.2　角钢和T型钢屋架 ··· 97

4.3　钢管屋架 ··· 111

4.4　屋架设计实例 ··· 127

　　【例题4-1】24m角钢（含上下弦T型钢）屋架（GWJ-1） ························ 128

　　【例题4-2】18m角钢（含上下弦T型钢）屋架（设6m天窗架）（GWJ-2） ········· 148

【例题 4-3】18m 角钢（含上下弦 T 型钢）屋架（有 1～2t 悬挂吊车）

        （GWJ-3） ··· 153

    【例题 4-4】24m 轻型屋面梯形方钢管屋架计算 ···························· 158

    【例题 4-5】24m 轻型屋面圆钢管屋架计算 ······························· 173

4.5 屋架支撑（含门式刚架） ··· 178

    【例题 4-6】承受风荷载的横向支撑（SC-1） ····························· 187

    【例题 4-7】屋架端部竖向支撑（ZC-1） ·································· 188

4.6 钢屋架及支撑设计中的若干问题 ··· 190

第 5 章 网架 ··· 194

5.1 网架的特点与适用范围 ·· 194

5.2 网架结构形式 ·· 194

5.3 网架结构形式选择 ··· 198

5.4 网架主要尺寸的确定 ·· 199

5.5 网架结构计算 ·· 199

5.6 网架杆件设计 ·· 200

5.7 网架节点设计与构造 ·· 201

5.8 网架设计实例 ·· 210

    【例题 5-1】正放四角锥网架 ·· 210

    【例题 5-2】斜放四角锥网架 ·· 214

第 6 章 吊车梁 ·· 218

6.1 概述 ·· 218

6.2 吊车梁系统的组成和类型 ··· 218

6.3 设计的基本要求 ·· 219

6.4 实腹式焊接吊车梁 ··· 220

6.5 悬挂式吊车梁 ·· 232

6.6 吊车梁与柱的连接构造 ·· 233

6.7 吊车轨道和车挡 ·· 236

6.8 吊车梁设计实例 ·· 238

    【例题 6-1】6m 热轧 H 型钢吊车梁（DL-1） ···························· 238

    【例题 6-2】7.5m 焊接工字形吊车梁（DL-2） ·························· 244

6.9 钢吊车梁设计中的若干问题 ··· 252

第 7 章 门式刚架 ·· 253

7.1 门式刚架的特点及适用范围 ··· 253

7.2 门式刚架的结构形式及有关要求 ··· 254

7.3 门式刚架的内力和侧移计算 ··· 257

7.4 门式刚架的构件设计 ·· 262

7.5 门式刚架的节点设计 ·· 270

7.6 门式刚架的抗震构造措施 ··· 277

7.7 门式刚架的设计实例 ·· 277

【例题7-1】单跨双坡门式刚架（GJ-1）（有5t梁式吊车）·········· 277

【例题7-2】单跨双坡门式刚架（GJ-2） ·········· 285

7.8 门式刚架设计中的若干问题 ·········· 288

第8章 墙架·········· 297

8.1 墙架设计与构造 ·········· 297

8.2 墙架构件的计算实例 ·········· 306

【例题8-1】纵墙横梁计算（C型钢） ·········· 306

【例题8-2】纵墙墙梁计算（高频焊接薄壁H型钢） ·········· 307

【例题8-3】山墙抗风柱（无抗风桁架）计算 ·········· 308

8.3 墙架构件设计中若干问题 ·········· 311

第9章 制作、安装、抗火、防腐蚀和隔热·········· 313

9.1 概要 ·········· 313

9.2 制作 ·········· 313

9.3 安装 ·········· 314

9.4 抗火设计 ·········· 315

9.5 防腐蚀设计 ·········· 316

9.6 隔热设计 ·········· 318

第10章 结构系列·········· 320

10.1 檩条构件选用 ·········· 320

10.2 屋架主要杆件选用 ·········· 327

10.3 网架杆件选用 ·········· 334

10.4 吊车梁构件选用 ·········· 372

10.5 门式刚架构件选用 ·········· 376

10.6 墙架构件选用 ·········· 386

10.7 支撑构件选用 ·········· 389

第11章 计算图表·········· 396

11.1 普通钢结构受弯构件的整体稳定系数 φ_{b} ·········· 396

11.2 轴心受压构件的截面分类 ·········· 400

11.3 轴心受压构件的稳定系数 φ ·········· 402

11.4 受压板件的有效宽厚比 $\dfrac{b_{\mathrm{e}}}{t}$ ·········· 406

11.5 柱的计算长度系数 ·········· 420

11.6 常用钢材截面特性表 ·········· 427

11.7 受弯构件的整体稳定系数 φ_{b}' 表 ·········· 515

11.8 轴心受压构件的承载力设计值 ·········· 562

11.9 连接的承载力设计值 ·········· 600

11.10 热轧角钢螺栓孔距规线表 ·········· 618

第 12 章　常用内力计算公式及吊车规格 ································· 619

　12.1　横梁的固端弯矩 ··· 619

　12.2　单跨等截面门式刚架弯矩剪力计算公式 ····················· 622

　12.3　单层厂房的柱顶反力 ····································· 627

　12.4　吊车规格技术资料 ······································· 631

参考文献 ··· 648

第1章 概　　述

1.1　轻型钢结构的特点及应用

1.1.1　结构特点

轻型钢结构主要指由圆钢、小角钢和薄壁型钢组成的结构。这是相对于普通钢结构而言的。轻型钢结构的屋面荷载较轻，因而杆件截面较小、较薄。轻型钢结构除具有普通钢结构的自重较轻、材质均匀、应力计算准确可靠、加工制造简单、工业化程度高、运输安装方便等特点外，还具有取材方便、用料较省、自重更轻等优点。它对加快基本建设速度，特别对中小型企业的建设，以及对现有企业的挖潜、革新、改造等工作能起一定的作用，因而受到建设单位的普遍欢迎。

轻型钢结构与普通钢结构并无明确的分界线和设计上的差异。早在 20 世纪 70 年代我国钢结构设计规范首次将圆钢、小角钢的轻型钢结构列为专门一章，对推广轻型钢结构起了很大作用。但人们易片面地认为轻型钢结构只是指"跨度不超过 18m 且起重量不大于5t 的轻、中级工作制桥式吊车的房屋中采用有圆钢或小角钢（小于 L45×4 或 L56×36×4）的钢结构"，而忽视了大量应用的其他截面尺寸较小、壁厚较薄的轻型钢结构。因此，轻型钢结构的范畴和定义应为所有轻型屋面、墙体下所采用的钢结构。本书着重介绍轻型钢结构有关的压型钢板、夹芯板和发泡水泥复合板（太空板）为主的轻型屋面、轻型檩条、屋架、网架、吊车梁和门式刚架等的设计和构造。

轻型钢结构的经济指标较好。轻型钢屋盖结构的用钢量一般为 $8\sim15\text{kg/m}^2$，接近在相同条件下钢筋混凝土结构的用钢量，且能节约大量木材、水泥及其他建筑材料，将结构自重减轻为普通钢结构的 $70\%\sim80\%$，总的造价较低。由于结构自重轻，也为改革笨重的结构体系创造了条件。因此，轻型钢结构是很有发展前途的一种结构。

轻型钢结构的用途是多方面的，较多地应用于房屋的屋盖结构。轻型钢结构得以推广的关键在于使用轻型屋面材料。因此，研究并推广具有较好保温、隔热和防水性能的轻型屋面材料，对轻型钢结构的发展有很大的意义。

圆钢、小角钢的轻型钢结构除具有取材方便、能小材大用、制造和安装方便等优点外，用钢量也较省。这种结构的形式可以是多种多样的，它与屋面材料和结构材料有关。当屋面材料为纤维水泥波形瓦时，宜选用坡度较大的有檩屋盖结构体系，如冷弯薄壁 Z 形钢或桁架式檩条、三角形屋架等。当屋面材料为加气混凝土板时，宜选用坡度较平的无檩屋盖结构体系，如梭形屋架。三角形屋架主要由角钢组成；桁架式檩条和梭形屋架为圆钢和角钢的组合结构。

冷弯薄壁型钢结构是在近几十年发展起来的轻型钢结构。冷弯薄壁型钢具有较好的截面特征，壁厚为 1.5～5mm，一般采用 2.0～3.0mm；它的截面形状合理且多样化；与热轧型钢相比，在相同截面面积的情况下，薄壁型钢的回转半径可增大 50%～60%，截面惯性矩和截面模量可增大 0.5～3.0 倍，因而能较合理地利用材料的强度；与普通钢结构相比，可节约钢材 30%。上海，湖北等地已在近百万平方米的建筑中应用了三角形薄壁型钢屋架和薄壁 Z 形钢檩条、薄壁型钢和圆钢组合的平面桁架式檩条，并获得了较好的技术经济效果，为薄壁型钢结构的设计、制造、安装和使用维护，积累了经验，为轻型钢结构的发展开辟了蹊径。

1.1.2 结构形式及应用范围

单层轻型房屋一般采用屋架、网架和门式刚架为主要承重结构。其上设檩条、屋面板（或板檩合为一体的太空轻质大型屋面板），其下设柱（对刚架则梁柱合一）、基础，柱外侧有轻质墙架，柱的内侧可设吊车梁。轻型钢结构房屋的具体布置见图 1-1～图1-3。

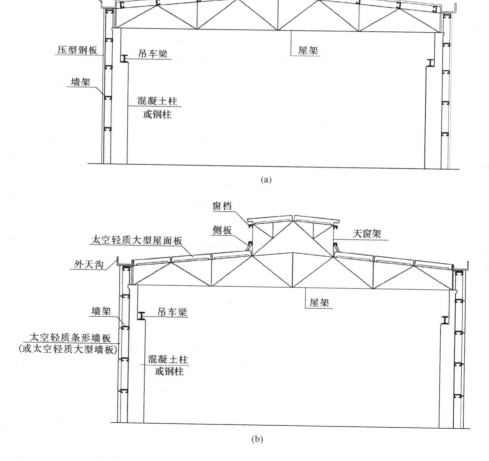

(a)

(b)

图 1-1 屋架

（a）有檩体系；（b）无檩体系

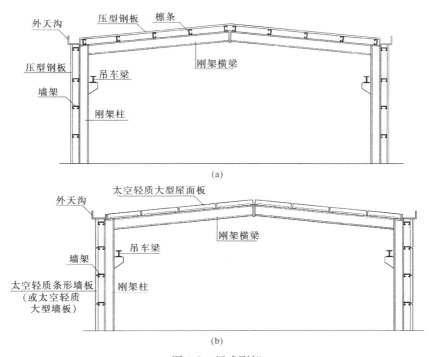

图 1-2 门式刚架

(a) 有檩体系；(b) 无檩体系

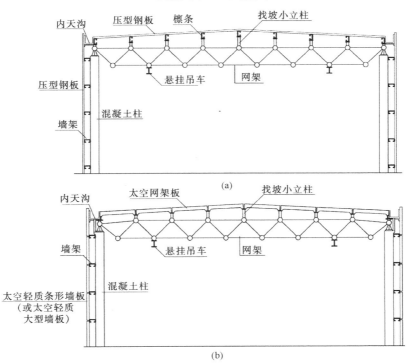

图 1-3 网架

(a) 有檩体系；(b) 无檩体系

1. 屋架

目前大量应用的压型钢板有檩体系和太空轻质大型屋面板无檩体系多为平坡轻型屋面。当房屋跨度较大、高度较高时宜采用屋架结构。屋架结构的形式、构造及设计见图 1-1 及第 5 章。图 1-1 所示为设有天窗架的屋架结构。

2. 门式刚架

国内外单层轻型房屋大量采用门式刚架结构。我国《门式刚架轻型房屋钢结构技术规范》GB 51022—2015 的颁布，为我国轻型钢结构的推广应用起了促进和更加规范化的作用。门式刚架结构的形式、构造及设计见图 1-2 及第 7 章。

屋架和门式刚架均为平面结构体系，为保证结构的整体性、稳定性及空间刚度，在每榀刚架或屋架间应由纵向构件或支撑系统连接。

3. 网架

当房屋跨度较大，其平面尺寸长短边之比接近于 1 或不超过 2 时，宜采用网架结构。网架结构可提供较大的房屋平面及净空，外形美观。网架结构的形式、构造及设计见图 1-3 及第 5 章。网架为空间结构体系，不像刚架和屋架需另设支撑。

1.1.3　设计中注意事项

轻型钢结构，特别是圆钢、小角钢的轻型钢结构，虽应用已较为普遍，但采用轻型钢结构时，如对设计、施工问题不够重视，往往容易发生工程质量事故。产生事故的原因，有的是钢材不合要求，有的是主要结构未经计算或构造不当，有的是缺少必要的支撑系统。根据过去的经验，轻型钢结构设计中应注意下列事项：

1. 在钢结构施工详图中应注明所采用的钢材牌号和焊条型号，以及对钢材所要求的机械性能和化学成分的保证项目。其质量标准应分别符合现行《碳素结构钢》GB/T 700—2016、《低合金结构钢技术条件》GB/T 1591—2008、《碳钢焊条》GB/T 5117—2012 和《低合金钢焊条》GB/T 5118—2012 规定的要求。对无证明书的钢材必须经试验证明其机械性能和化学成分符合相应标准所列钢材牌号的要求时，才能酌情使用。

2. 在结构形式上，应力求杆件布置合理和节点构造简单。结构的杆件单元体应具有几何不变性，注意区分拉、压杆。对可能产生压力的拉杆应符合压杆的有关要求。

3. 根据结构形式、跨度和计算的要求，以及使用特点，设置必要的支撑系统，以保证结构在安装和使用阶段的强度和稳定性。

4. 在节点处所有杆件的几何轴线应尽量汇交于一点，如构造上确有困难也应力求减少偏心值，并考虑其偏心影响。

5. 结构的构件及杆件间的连接，应足以承受其内力值和保证结构的稳定性。

1.2　屋面材料及建筑构造

1.2.1　屋面材料

轻型钢结构的屋面材料，宜采用轻质高强、耐火、防火、保温和隔热性能好，构造简单，施工方便，并能工业化生产的建筑材料。如压型钢板、瓦楞铁和各种纤维水泥瓦。在我国由于料源的限制，有时还需沿用传统的黏土瓦和水泥平瓦。

1965 年后我国曾普遍应用过钢丝网水泥波形瓦和预应力混凝土槽瓦等自防水构件作为轻型屋面的瓦材，获得了较好的经济指标，也取得了一定的经验。但这些屋面的自重还不够轻，在防水、保温和隔热性能等方面还需要进一步改进。近年来我国又在逐步推广使用加气混凝土板等屋面材料。

兹将国内已采用的几种屋面材料分述于下：

1. 黏土瓦或水泥平瓦

这种屋面瓦的自重约为 0.55kN/m²，是一种传统性材料。由于取材、运输、施工都较方便，适应性强，特别适用于零星分散、机械化施工水平不高的建设项目和地方性工程。因此，有时还有一定的应用价值。

2. 木质纤维波形瓦

这种屋面瓦的自重约 0.08kN/m²，是在木质纤维内加酚醛树脂和石蜡乳化防水剂后预压成型，再经高温高压制成的。其特点是能充分利用边角料，具有轻质高强、耐冲击和一定的防水性能，运输和装卸无损耗，适用于料棚、仓库和临时性建筑。这种瓦的缺点是易老化，耐久性差；对屋面定时使用涂料进行维护保养，一般可使用 10 年左右。

3. 纤维水泥波形瓦

这种屋面瓦自重约 0.20kN/m²，在国内外都属于广泛采用的传统性材料；具有自重轻、美观、施工简便等特点；除适用于工业和民用建筑的屋面材料外，还可以作墙体围护材料。纤维水泥瓦的材性存在着脆性大、易开裂破损、吸水后产生收缩龟裂和挠曲变形等缺陷。国外通过对原材料成分的控制、掺加附加剂，进行饰面处理和改革生产工艺等，可使纤维水泥瓦有较好的技术性能。目前，我国纤维水泥瓦的产量不多，有些质量还不够高，正在积极研究采取措施，以扩大生产，提高质量。有些工程在纤维水泥瓦下加设木望板，以改善其使用效果，及便于检查和维修。

4. 加筋纤维水泥中波瓦

这种屋面瓦每平方米自重约 0.20kN/m²，是继过去试制的加筋小波瓦发展起来的新品种。这种瓦于 1975 年经国家建材总局鉴定，在上海石棉瓦厂定点生产。它是全部利用短纤维水泥加一层 φ1.4mm×15mm×15mm 钢丝网（含 2kg/m²）制成的，比一般纤维水泥瓦大大提高了抗折强度，改变了受荷破坏时骤然脆断的现象，也减少了运输安装过程中的损耗率。它的最大支点距离可达 1.5m，比不加筋纤维水泥瓦增大近一倍，故在工程中总的用钢量并没有增加，而且适用于高温和振动较大的车间。这是一种有发展前途的瓦材。但在我国目前成本仍稍高。

5. 压型钢板

压型钢板是采用镀锌钢板、冷轧钢板、彩色钢板等作原料，经辊压冷弯成各种波形的压型板；它具有轻质高强、美观耐用、施工简便、抗震防火的特点，它的加工和安装已经达到标准化、工厂化、装配化。

我国的压型钢板是由原冶金部建筑研究总院首先开发研制成功的，至今已有几十年历史；目前已编制了国家标准《建筑压型钢板》和行业标准《压型金属板设计施工规程》，同时已正式列入《冷弯薄壁型钢结构技术规范》GB 50018—2002 指定的使用中。

目前冶金建筑研究总院可生产几十种截面规格的压型钢板，截面都呈波形，从 2～6

波，板宽 550～930mm。大波（2～3 波）波高 75～130mm，小波（4～6 波）波高 14～38mm，个别（3 波）波高达 51mm。板厚 0.6～1.6mm（一般可用 0.6～0.8mm）。压型钢板的最大允许檩距，根据支承条件、荷载及芯板厚度，可自产品规格中选用。在屋面中常用的压型板为板宽 600mm、波高 130mm（75mm）的二波（三波）、大波压型板及板宽 750mm、波高 35mm 的六波小波压型板。

压型板的重量为 0.10～0.18kN/m²，分长尺和短尺两种。一般采用长尺，板的纵向可不搭接。适用于平坡的梯形屋架。

6. 钢丝网水泥波形瓦

这种屋面瓦自重为 0.40～0.50kN/m²，是采用 10mm×10mm 网孔的钢丝网（最好用点焊网）和水泥砂浆振动成型的。瓦厚平均 15mm 左右，瓦型类似纤维水泥大波瓦。为了提高瓦的强度和抗裂性，瓦型由开始时六波改为后来的四波和三波。生产这种瓦的设备简单，施工方便，技术经济指标好。在保证操作要求的情况下，瓦的质量和耐久性能符合一般工业房屋的使用要求。但有些单位反映，目前尚存在以下问题，如：制作时钢丝网易回弹、露筋，起模运输吊装过程中易产生裂缝且损耗较多，以及在长期使用过程中因大气作用而出现钢丝网锈蚀和砂浆起皮脱壳等现象，有待研究改进。

7. 预应力混凝土槽瓦

这种屋面瓦自重 0.85～1.0kN/m²。它的最大优点是构造简单，施工方便，能长线叠层生产。在 20 世纪 60 年代后半期开始大量推广应用，发现部分槽瓦有裂、渗、漏等现象。后来经改进的新瓦型，一般在制作时采用振、滚、压的方法，起模运输时采取整叠出槽、整叠运输、整叠堆放以及双层剥离等措施，大大提高瓦的质量，减少瓦的裂缝和损耗，在建筑防水构造上也做了相应的改进。此外，还有采用离心法生产的预应力混凝土槽瓦，对发展机械化生产，提高混凝土密实性和构件承载力都具有较大的优越性。经改进后的槽瓦具有一定的推广价值，可用于一般保温和隔热要求不高的工业和民用建筑。

8. 加气混凝土屋面板

这种屋面板自重 0.75～1.0kN/m²，是一种承重、保温和构造合一的轻质多孔板材；以水泥（或粉煤灰）矿渣、砂和铝粉为原料，经磨细、配料、浇注、切割并蒸压养护而成，具有自重轻、保温效能高，吸声好等优点。因系机械化工厂生产，板的尺寸准确，表面平整，一般可直接在板上铺设卷材防水，施工方便，目前国外多以这种板材作为屋面和墙体材料。

9. 发泡水泥复合板（太空板）

这是由钢边框或预应力混凝土边框、钢筋桁架、发泡水泥芯材、上下水泥面层（含玻纤网）复合而成，集承重、保温、轻质、隔热、隔声、耐火、耐久等优良性能于一身的新型建筑板材。它自 20 世纪 90 年代初兴起，至今已在全国上千万平方米的工业及民用建筑中应用。发泡水泥复合板已编制成国家建筑标准图 02-ZG710，15CG710-1 建筑用发泡水泥复合板（一）是轻型钢结构建筑中具有发展前途的一种耐久配套屋面和墙体材料。详见《钢框架发泡水泥芯材复合板》GB/T 33499 产品标准。

除上述几种常用的瓦材外，还有塑料瓦和瓦楞铁。前者较柔软，安装不便，老化问题较严重，多用于临时性建筑；后者造价较高。

瓦材规格、最大支点距离见表 1-1 和表 1-2。

瓦材规格表（一）　　　　　　　　　　表 1-1

序号	名　称	长（mm）	宽（mm）	厚（mm）	弧　高（mm）	弧　数（个）	横向抗折强度（kN）	最大支点距离（mm）	参考重（kN/张）
1	纤维水泥大波瓦	2800 1650	994 994	8.0 8.0	50 50	6 6	3.0 1.2	1300 1500	0.48 0.28
2	纤维水泥中波瓦	2400 1800 1200	745 745 745	6.5 6.0 6.0	33 33 33	7.5 7.5 7.5	2.0/1.7 2.0/1.7 2.0/1.7	800 800 800	0.22 0.14 0.10
3	纤维水泥小波瓦	1820 1820	720 720	6.0 8.0	14～17	11.5 11.5	1.7/1.3 1.7/1.3	800 800	0.18 0.20
4	纤维水泥脊瓦	850 780	180×2 230×2	8.0 6.0	— —	—	—	—	0.04 0.04
5	加筋纤维水泥中波瓦	1800	745	7～8	33	6	2.0/1.5	1500	0.20～0.22
6	木质纤维波形瓦	1700	765	6.0	40	4.5	2.0	1500	0.07～0.08
7	压型钢板	按需要	550～930	0.6～1.0	14～130	2～6	—	由国家建筑标准图 01J925 产品规格选用	0.10～0.18

注：表中未列夹芯板，夹芯板为中间夹保温的双层金属板，详见国家建筑标准图 01J925—1。

瓦材规格表（二）　　　　　　　　　　表 1-2

序号	名　　称	长（mm）	宽（mm）	厚（mm）	弧（肋）高（mm）	弧　数（个）	边肋（倾角）	荷　载（kN/m²）	最大支点距离（mm）	参考重（kN/m²）
1	钢丝网水泥波形瓦	1700	830	14	80	3	—	0.5～1.0	1500	0.60
2	预应力混凝土槽瓦	3300	980～990	25～30	120～130	—	320～450	1.0～2.0	3000	0.90
3	发泡水泥复合板（太空板）	3000～10000	1500～4500	80～150	—	—	100～400	1.9～5.0	10000	0.5～1.1 多数 0.65

1.2.2 屋面建筑构造

屋面建筑构造随瓦型和材质的不同而有不同的特点和要求。具体做法见第 11 章第 7 节屋面建筑构造图。

兹将采用以上各种瓦（板）材构造中的一些问题简述如下：

1. 屋面坡度

屋面坡度与所采用的瓦型有关。坡度太大，瓦材容易下滑，应使屋面瓦材与檩条有较好的连接；坡度太小，屋面容易渗漏，应做好屋面防水处理。对于常用各种屋面瓦材较合理的屋面坡度，详见第 4 章表 4-1，设计时可酌情选用。

2. 瓦（板）的固定和连接

各种瓦与檩条的固定和连接应使构件受力良好，避免应力集中，造成瓦（板）材开裂。对纤维水泥瓦，要避免在瓦的搭接处用一个螺栓同时固定两层瓦，以及将螺栓拧得过紧，使瓦材局部挤压开裂；对钢丝网水泥波形瓦，因瓦较厚，横向连接宜采用平接，不用搭接，以免上一层瓦局部悬空引起压裂；预应力混凝土槽瓦与檩条的连接，当用预留孔插销连接时，预留孔的大小及位置应准确，以免销钉脱落和将板边拉裂；加气混凝土板的端部要保证有足够的支承长度，并将板瓦相互拉锚，浇灌成整体等。

3. 防水构造中应注意的几个问题

瓦屋面都是通过各种搭接形式达到防水的，因此，它们搭接的构造是防水的关键。一般瓦屋面中容易引起漏水的部位在瓦材接缝、天沟、山墙、天窗侧壁及通风屋脊等处：

（1）根据屋面的坡度，构件间的搭接应保证有适当的长度，不用砂浆满铺或填塞缝隙，以免引起爬水现象。

（2）瓦与山墙和高低跨处的连接应做铁皮泛水或挑砖粉滴水线盖缝。

（3）当采用混凝土天沟支承屋面瓦，在天沟防水油毡施工时上口不易做得严密，故有将天沟改为自承重而另增设檩条承重屋面的，也有取消天沟内的油毡而改为抹压乳化沥青防水或采用自防水天沟等做法的；混凝土天沟每 6m 长接缝处应涂优质油膏，保证柔性连接。雨水斗的布置要合理，并应考虑它周围的防水，施工时尤要精细严密。

在内天沟处采用桁架式钢檩时，由于檩条端部高度小，不能满足天沟必要的积水和找坡深度，应变换屋架形式，采用上弦端节间处向下弯折的上折式三角形屋架，以增加天沟的高度。

（4）为避免屋脊部位进风、进雨水的问题，脊瓦应有足够的遮挡深度。波形瓦的波谷深处应用砂浆填塞。

4. 自防水构件的表面涂层

一般钢筋混凝土和钢丝网水泥构件，在制作和使用过程中有时会产生干缩裂缝、温度裂缝或炭化、风化等现象，影响防水和使用寿命。为了提高它们的防水性和耐久性，有必要对瓦面涂以一定厚度的各种涂料。

5. 屋面采光和通风

一般轻型钢屋架，单跨时多利用房屋侧窗采光，多跨时可采用一般玻璃或钢丝玻璃的平天窗，或玻璃钢球形点式采光窗。在通风方面，采用一般的人工通风或从工艺布置上加以改善即能满足使用要求。因此，一般不设高大的矩形天窗架。

对房屋高度较小的门式刚架等可在屋脊上设置通风屋脊。

6. 轻型屋面的保温和隔热

上述各种屋面材料中，除加气混凝土板外其余的瓦材都不具有保温和隔热性能。在单层工业房屋中为了解决屋面的保温和隔热问题，常常会导致构造复杂、施工困难及加大屋盖自重。当使用纤维水泥瓦或黏土瓦屋面时可利用木望板加设保温夹层的构造方案。近年来也有在加筋瓦下加衬瓦加保温层的，也有个别工程在纤维水泥瓦材上铺沥青珍珠岩再加沥青涂料兼作保温防水的。上述几种做法所增加的屋盖自重不多，构造合理，施工较简便。目前我国南方应用自防水构件时，多采用加强屋盖下的自然通风，和在瓦面上涂刷浅色涂层以加强反射来降低构件内表面的温度，也有在檩条下做纸板斜吊顶或平吊顶以达到隔热效果的。

1.3 结构材料及连接材料

1.3.1 结构材料

1. 钢材分类

（1）按冶炼方法（炉种）可分平炉钢或电炉钢、氧气转炉钢和空气转炉钢。平炉钢质量良好而稳定，应用较广。氧气转炉钢当氧的纯度达到 99.5% 以上时，可与平炉钢等同对待。空气转炉钢的质量差异较大、低温性能较差，一般只用于非承重钢结构中。至于采用平炉、电炉、氧气转炉三种冶炼方法，除非需方有特殊要求，并在合同中注明外，一般由供方自行决定。

（2）按浇注方法可分镇静钢和沸腾钢。镇静钢脱氧充分，钢锭组织紧密坚实，气泡少、偏析程度小，低温冷脆性能和焊接性能以及抗大气腐蚀的稳定性好。沸腾钢脱氧不完全，钢锭组织不够密实、气泡较多、偏析程度大，冲击韧性较低，故在低温下使用受到一定的限制。

（3）按化学成分不同，在建筑结构中采用的是碳素结构钢和低合金结构钢。碳素结构钢按含碳量的百分率大小，分为 5 个牌号。牌号数愈大，含碳量愈高，强度也随之增高，但塑性及韧性却随之降低。低合金结构钢的强度高于碳素结构钢，其强度的增高不是靠增加含碳量，而是靠加入合金元素的程度，因此，它的强度提高而韧性并不降低。在低合金结构钢中，Q345 钢的综合性能较好，在我国已有几十年的工程实践经验。

有些国家将钢结构的钢材，按抗拉强度或屈服点划分为若干强度等级，简称牌号，其最大牌号的屈服点已达到 $750N/mm^2$。

2. 牌号或钢号表示方法、代号和符号

（1）碳素结构钢

1）牌号或钢号表示方法

钢的牌号由代表屈服点的字母、屈服点数值、质量等级符号、脱氧方法符号等四个部分按顺序组成。

例如：Q235—A.F　屈服点为 $235N/mm^2$ 的 A 级沸腾钢；

　　　　Q235—A　屈服点为 $235N/mm^2$ 的 A 级镇静钢。

2）符号

　　　　Q——钢材屈服点"屈"字汉语拼音首位字母；

A、B、C、D——分别为质量等级；一般钢结构均可用 B 级，本书以后 B 级字母省略；

　　　　F——沸腾钢"沸"字汉语拼音首位字母；

　　　　b——半镇静钢"半"字汉语拼音首位字母；

　　　　Z——镇静钢"镇"字汉语拼音首位字母；

　　　TZ——特殊镇静钢"特镇"两个字的汉语拼音首位字母。

在牌号组成表示方法中，"Z"与"TZ"符号予以省略。

按国家标准《碳素结构钢》GB/T 700—2016 的规定，钢材的基本保证条件为屈服点、抗拉强度、伸长率以及碳、锰、硅、硫、磷的含量合格，以及钢的残余元素、铬、镍、铜等含量合格等。

（2）低合金结构钢

低合金结构钢钢号按所含合金元素和含碳量不同划分，其钢号的表示方法为：开头两位数表示出其平均含碳量的万分之几，其后列出其主要合金元素名称。其平均含量小于1.5%时，仅标注合金元素名称，不标注含量；平均含量等于或大于1.5%、2.5%……时，分别在主要合金元素名称后加注2、3……等，以标明其含量。例如：

Q345，表示平均含碳量为0.16%（0.12%～0.20%），即万分之16，主要合金元素锰的平均含量为1.4%（1.2%～1.6%），小于1.5%的低合金钢。

09锰2（或09Mn2），表示平均含碳量为0.09%（≤0.12%），即万分之9，主要合金元素锰的平均含量1.6%（1.4%～1.8%）大于1.5%而小于0.25%的低合金钢。

3. 钢材的机械性能和化学成分

所有承重结构的钢材均应要求保证屈服点、抗拉强度、伸长率和硫、磷的极限含量，对焊接结构尚应保证碳的极限含量。对某些重要结构还应有冷弯试验等项目的保证。

（1）机械性能

1）屈服点（f_y）

屈服点是衡量结构的承载能力和确定基本强度设计值的重要指标。碳素结构钢和低合金结构钢在应力到达屈服点后，应变急剧增长，使结构的实际变形突然增加到不能再继续使用的情况。所以，钢材所采用的强度设计值，一般都以屈服点除以适当抗力分项系数来控制。

2）抗拉强度（f_u）

抗拉强度是衡量钢材经过其本身所能产生的足够变形后的抵抗能力。它不仅是反映钢材质量的重要指标，而且直接与钢材的疲劳强度有密切的关系。由其抗拉强度变化范围的数值，可以反映出钢材内部组织的优劣。

3）伸长率（δ）

伸长率是衡量钢材塑性性能的指标。钢材的塑性实际上是当结构经受其本身所能产生的足够变形时，抵抗断裂的能力。因此，结构所用的钢材，无论在静力荷载或动力荷载作用下，以及在加工制造过程中，除要求具有一定的强度外，还要求有足够的伸长率。

4）冷弯试验

冷弯是衡量材料性能的综合指标，也是塑性指标之一。通过冷弯试验不仅可以检验钢材颗粒组织、结晶情况和非金属夹杂物的分布等缺陷。在一定程度上也是鉴定焊接性能的一个指标。结构在加工制造和安装过程中进行冷加工时，尤其焊接结构在焊后变形的调直，都需要有较好的冷弯性能。用于承重结构的薄壁型钢的热轧带钢或钢板也应有冷弯试验保证。

5）冲击韧性

冲击韧性是衡量钢材抵抗脆性破坏能力的一个指标。因此，直接承受较大动力荷载的焊接结构，为了防止钢材的脆性破坏，应具有常温冲击韧性的保证，在某些低温情况下尚应具有负温冲击韧性的保证。轻型钢结构主要承受静力荷载，一般不要求保证冲击韧性。

（2）化学成分

对于钢材的化学成分，要特别注意碳、硫和磷的含量。钢中含碳量大，可提高钢材强度，但却降低了钢材的塑性和韧性，使冷弯性能降低。特别对焊接结构，含碳量增大将显著影响钢材的可焊性。因此，建筑结构用钢应保证含碳量。硫在钢中完全是有害成分；它使钢的焊接性能变坏，降低钢的冲击韧性和塑性，降低钢的疲劳强度和抗腐蚀稳定性。磷也是有害成分，其害处与硫相似，含磷量大，则增加钢的冷脆性（低温变脆），使钢材焊接性能和冷弯性能都降低。建筑结构用钢应保证硫、磷含量不超过国家标准的规定。

建筑结构用钢的机械性能和化学成分见表1-3、表1-4。

钢材的机械性能 表1-3

标准代号	钢材牌号		厚度 (mm)	机 械 性 能				
				屈服点 f_y (N/mm²) 不小于	抗拉强度 (N/mm²)	伸长率（%） δ_5 不小于		180°冷弯试验 d—弯心直径 B—试样宽度 a—试样厚度
GB/T 700—2013	Q235 沸腾钢和镇静钢		≤16	235	≥370	26		$B=2a$，$d=1.5a$ （试样方向为横向） $d=a$ （试样方向为纵向）
			17～40	225		25		
			41～60	215		24		
GB/T 1591—2008	Q345		≤16	345	≥470	21、22		$d=2a$
			17～40	335	≥470	21、22		$d=3a$
			40～63	325	≥470	21、22		$d=3a$
GB/T 1591—2008	Q390		≤16	390	≥490	19、20		$d=2a$
			17～40	370	≥490	19、20		$d=3a$
			40～63	350	≥490	19、20		$d=3a$
			64～100	330	≥490	19、20		$d=3a$

注：表中 δ_5 有二个数据时，前者用于质量等级为A、B，后者用于C、D、E。

钢的化学成分 表1-4

标准代号	钢 号		化 学 成 分（%）				
			碳	硫	磷	硅	猛
			不大于				
GB/T 700—2013	Q235 (B级)	沸腾钢	0.20	0.05	0.045	0.35	1.40
		镇静钢					
GB/T 1591—2008	(A-C) Q345		0.20	0.045	0.045	0.56	1.70
GB/T 1591—2008	(A-C) Q390		0.20	0.035（A、B） 0.030（C）		0.50	1.70

4. 钢材的选用

合理地选用钢材与结构的安全和经济效果直接相关。轻型钢结构与其他建筑结构一样，应用的钢材既需具有一定的强度，还要具有一定的塑性和韧性。因此，所用钢材牌号不宜过高，通常应用最多的是Q235钢，它不仅具有较适宜的强度，而且具有较好的制造加工和焊接等工艺性能。Q235钢镇静钢和Q345钢具有更好的性能，但价格较贵，供应也较少，一般应用于承受较大的动力荷载或计算温度等于或低于−30℃低温状态下的焊接结构，及其他的重要结构。当结构构件的截面系按强度控制并有条件时，宜采用Q345钢。Q345钢与Q235钢相比，屈服点提高45%左右，故采用Q345钢可比Q235钢节约钢材 15%～25%。

1.3.2　连接材料

轻型钢结构的构件通常采用焊接或螺栓连接。

焊接连接是目前钢结构最主要的连接方法，它的优点是，不削弱杆件截面、构造简单和加工方便。

焊接方法有很多种，一般钢结构中主要采用电弧焊。电弧焊是利用电弧热熔化焊件及焊条（或焊丝）以形成焊缝。目前应用的电弧焊方法有：手工焊、自动焊和半自动焊。在轻型钢结构中，由于焊件薄，通长焊缝少，故多数采用手工焊。手工焊施焊灵活，易于在多种不同位置施焊，唯质量低于自动焊。

螺栓连接主要用在结构的安装连接以及可拆装的结构中。螺栓连接的优点是拆装便利，安装时不需要特殊设备，操作较简便。但由于粗制螺栓连接传递剪力较差，而精制螺栓和高强度螺栓连接在施工上的要求又较高，因而在轻型钢结构中应用较少。目前，轻型钢屋架与支撑等连接，一般采用普通 C 级螺栓，受力较大时可用 C 级螺栓定位，安装焊缝受力的连接方法。

1. 焊接材料

钢结构的焊接材料直接影响结构的安全，设计时要根据结构构件的具体情况，选用相适应的焊条、焊丝和焊剂。

手工焊接用的焊条，应符合现行国家标准低碳结构及低合金高强度结构钢焊条 GB/T 5117—2012 及 GB/T 5118—2012 的要求，此类焊条简称结构钢焊条。按其主要性能的不同分成若干型号。

焊条型号的表示方法为 E××××，其含意是：E 表示焊条，E 后的第一、二位数字表示焊条熔敷金属抗拉强度（N/mm²）的等级，第三位数字表示药皮类型和焊接电源。以 E4316 为例，其中 43 系表示其焊条熔敷金属的抗拉强度为 430N/mm²，末尾的 16，表示其药皮类型为低氢钾型，焊接电源为交流或直流。

焊条药皮类型、焊接电源见 GB/T 5117—2012 及 GB/T 5118—2012 中的规定。选择焊条型号时务必注意使熔敷金属与主体金属的强度相适应。

自动焊或半自动焊应采用与主体金属强度相适应的焊丝和焊剂。焊丝应符合国家标准《焊条用钢丝》GB/T 5293—1999 和《熔化焊用钢丝》GB/T 14957—1994 规定的要求。

2. 普通螺栓材料

普通 C 级螺栓可采用现行国家标准《碳素结构钢》GB/T 700—2016 中规定的 Q235-A 钢制成。

第 2 章　设计基本规定与计算

2.1　设 计 基 本 规 定

2.1.1　设计计算原则

1. 本书的设计计算和构造，基本上以《钢结构设计标准》GB 50017—2017 和《冷弯薄壁型钢结构技术规范》GB 50018—2002 为根据。为使用方便，本章以表格形式列出规范中的有关常用公式，其中关于受弯构件部分，见檩条一章。

2. 计算所取的荷载标准值、设计值可按现行国家标准《建筑结构荷载规范》GB 50009—2012）的规定取用。材料强度设计值见表 2-1～表 2-5。

3. 所有承重结构均应按承载力和正常使用极限状态进行设计。

4. 本书未考虑使用条件复杂的情况，如：直接承受动力荷载，有重级工作制吊车的厂房，处于高温、高湿及强烈侵蚀环境等所需的特殊要求。

5. 对于在地震区的、有防火要求的，或在其他特殊情况下的结构设计，尚应符合有关专门规范和规定的要求。

2.1.2　结构和连接的强度设计值

1. 钢材的强度设计值

钢材的强度设计值 f 以其强度标准值 f_k（屈服点 f_y）除以相应的抗力分项系数得出。它随钢材的钢材牌号、钢材尺寸分组（表2-1）和结构安全度的不同，取值不同。同一钢材牌号的普通钢结构和薄壁型钢结构所采用的强度设计值是不同的，分别列于表

钢材厚度分类尺寸（mm）　表 2-1

序　号	Q235 钢	Q345 钢、Q390 钢
1	≤16	≤16
2	17～40	17～40

2-2。采用表 2-2 时还应考虑表 2-5 中的强度设计值折减系数。圆钢、小角钢（有小于 L45×4 或 L56×36×4）轻型钢结构的强度设计值，应按普通钢结构的强度设计值并乘以表 2-5 中相应的强度设计值折减系数后采用，这是考虑到圆钢、小角钢与薄壁型钢的轻型钢结构相似，其截面尺寸相对较小、厚度较薄，以及受力性能、构造、制造等与普通钢结构均有所不同，故要求强度设计值取值稍低，使其具有较大的安全裕量。

2. 焊缝的强度设计值

焊缝的强度设计值按表 2-3 中的数值采用，并考虑表 2-5 中的强度设计值折减系数。

3. 螺栓的强度设计值

普通螺栓和锚栓的强度设计值按表 2-4 中的数值采用，并考虑表 2-5 中的强度设计值折减系数。

钢材的强度设计值（N/mm²）　　　　　　表 2-2

应力种类	符号	普通钢结构				薄壁型钢结构	
		Q235 钢		Q345 钢（Q390 钢）		Q235 钢	Q345 钢
		1	2	1	2		
抗拉、抗压、抗弯	f	215	205	305（345）	295（330）	205	300
抗剪	f_v	125	120	175（200）	170（190）	120	175
端面承压（刨平顶紧）	f_{ce}	320	320	400（415）	400（415）	310	400

焊缝的强度设计值（N/mm²）　　　　　　表 2-3

焊缝种类	应力种类		符号	普通钢结构				薄壁型钢结构	
				Q235 钢		Q345 钢（Q390 钢）		Q235	Q345 钢
				1	2	1	2		
对接焊缝	抗压		f_c^w	215	205	305（345）	295（330）	205	300
	抗拉		f_t^w					175	255
	自动焊、半自动焊和手工焊，焊缝质量为	一级、二级		215	205	305（345）	295（330）		
		三级		185	175	260（295）	250（280）		
	抗剪		f_v^w	125	120	175（200）	170（190）	120	175
角焊缝	抗拉、抗压和抗剪		f_f^w	160		200（220）		140	195

注：1. Q235 钢与 Q345 钢的手工焊，焊条应分别采用 E43××、E50×× 和（E55××）型焊条；
　　2. 当 Q345 钢与 Q235 钢相焊时，其焊缝强度设计值应按表 2-3 中的 Q235 数值采用。

螺栓的强度设计值（N/mm²）　　　　　　表 2-4

连接名称	应力种类	符号	普通钢结构				薄壁型钢结构		
			螺栓的性能等级	构件的钢材牌号			螺栓的性能等级	构件的钢材牌号	
			4.6、4.8 级（5.6 级）C 级（A、B 级）	Q235 钢		Q345 钢（Q390 钢）	4.6 级、4.8 级	Q235	Q345
				C 级螺栓	A、B 级螺栓	C 级（A、B 级）			
普通螺栓	抗拉	f_t^b	170（210）	—	—	—	165	—	—
	抗剪	f_v^b	140（190）	—	—	—	125	—	—
	承压	f_c^b	—	305	405	385（510）　400（530）	—	290	370
锚栓	抗拉	f_t^b	140（Q235）180（Q345）	—	—	—	—	—	—

2.1.3 强度设计值的折减系数

考虑结构受力状况及工作条件的不同，对于上述表 2-2～表 2-4 中所规定的钢材、焊缝、螺栓的强度设计值，在计算某些情况下的结构或连接时，为了提高其安全裕量应按表 2-5 所列情况乘以相应的折减系数。当几种情况同时存在时，其折减系数应连乘。

强度设计值折减系数　　　　　　表 2-5

结构类别	项次	考　虑　情　况	强度设计值折减系数
普通钢结构	1 2	施工条件较差的高空安装焊缝。 单面连接的单角钢杆件： （1）按轴心受力计算强度和连接。 （2）按轴心受压计算稳定性 　　等边角钢； 　　短边相连的不等边角钢； 　　长边相连的不等边角钢	0.90 0.85 $0.60+0.0015\lambda \leqslant 1.0$ $0.5+0.0025\lambda \leqslant 1.0$ 0.7
圆钢、小角钢结构	1，2 3 4 5	同普通钢结构，尚应考虑下列情况 3 或 4、5。 一般杆件和连接。 双圆钢拱拉杆及其连接。 平面桁架式檩条和三铰拱斜梁端部主要受压腹杆	 0.95 0.85 0.85
薄壁型钢结构	1，2 6 7	同普通钢结构，但式中的 0.0015λ 改成 0.0014λ。 无垫板的单面对接焊缝。 两构件的连接采用搭接或其间填有垫板的连接以及单盖板的不对称连接	 0.85 0.90

注：1. 单圆钢压杆连接于节点板一侧时，杆件应按表 2-15 中压弯构件公式计算稳定性，连接可按表 2-30 中公式（2-74）计算，但焊缝强度设计值应再降低 15%；

2. 单圆钢拉杆连接于节点板一侧时，杆件和连接的强度可按轴心受拉构件计算，但其强度设计值应再降低 15%；

3. 表中项次 2 中的长细比 λ，对中间无联系的单角钢压杆，按最小回转半径计算，当 $\lambda<20$ 时，取 $\lambda=20$。

2.1.4 钢材的物理性能

钢材的物理性能，按表 2-6 采用。

钢材的物理性能　　　　　　表 2-6

弹性模量 E（N/mm²）	剪变模量 G（N/mm²）	线胀系数 α（以每℃计）	质量密度 ρ（kg/m³）
206×10^3	79×10^3	12×10^{-6}	7850

2.1.5 构件的计算长度

1. 确定桁架弦杆和单系腹杆的长细比时，其计算长度 l_0 应按表 2-7a 采用。

2. 桁架弦杆中侧向支承点间的距离为节间长度的 2 倍（图 2-1）且侧向支承点之间轴力有变化时的弦杆，以及桁架再分式腹杆体系的受压主斜杆（图 2-2），在桁架平面外的计算长度均按公式（2-1）确定，但不小于 $0.5l_1$。

$$l_0 = l_1\left(0.75+0.25\frac{N_2}{N_1}\right) \tag{2-1}$$

式中　N_1——较大的压力，计算时取正值；

N_2——较小的压力或拉力，计算时压力取正值，拉力取负值。

桁架再分式腹杆体系的受拉主斜杆在桁架平面外的计算长度仍采用 l_1（图 2-2）。

桁架再分式腹杆体系的受压主斜杆在桁架平面内的计算长度不论有无节点板，均采用节点中心间的距离。

桁架弦杆和单系腹杆的计算长度　　　　　　表 2-7a

项次	弯曲方向	有节点板的桁架			无节点板的桁架	
		弦杆	腹杆		弦杆	腹杆
			支座斜杆和支座竖杆	其他腹杆		
1	在桁架平面内	l	l	$0.80l$	l	l
2	在桁架平面外	l_1	l	l	l	l
3	斜 平 面	—	l	$0.9l$	—	l

注：1. l——构件的几何长度（节点中心间的距离）；

2. l_1——桁架弦杆侧向支承点之间的距离；

3. 项次 3 适用于构件截面两主轴均不在桁架平面内的单角钢腹杆和双角钢十字形截面腹杆。

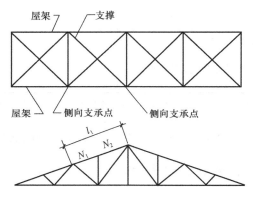

图 2-1　桁架弦杆计算长度示意图（两个节间）

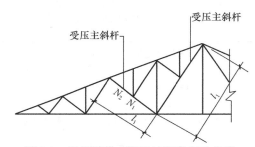

图 2-2　桁架再分式腹杆计算长度示意图

3. 桁架弦杆中侧向支承点间的距离超过节间长度的 2 倍（图 2-3）且侧向支承点之间轴力有变化时的弦杆，在桁架平面外的计算长度按下列情况分别进行计算：

（1）当内力均为压力时，可按公式（2-1）计算，此时式中 N_1 应取最大的压力，N_2 应取最小的压力。

（2）当内力在侧向支承点间的几个节间内为压力，而另几个节间内为拉力时，应按下式计算：

$$l_0 = \left(1.5 + 0.5 \frac{\overline{N_t}}{N_c}\right) \frac{n_c}{n} l_1 \leqslant l_1$$

（2-2）

但 l_0 不得小于受压节间总长。

式中　l_1——侧向支承点间的距离；

　　　$\overline{N_t}$——所有拉力的平均值，计算

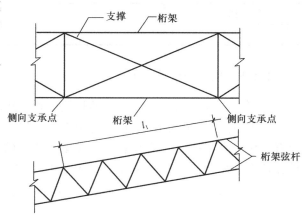

图 2-3　桁架弦杆计算长度示意图（多节间）

时取负值；

$\overline{N_c}$——所有压力的平均值，计算时取正值；

　　n——两侧向支承点间的节间总数；

　　n_c——两侧向支承点间内力为压力的节间数。

4. 确定桁架交叉腹杆的长细比时，在桁架平面内的计算长度应取节点中心到交叉点间的距离；在桁架平面外的计算长度应按表 2-7b 采用。

桁架交叉腹杆在桁架平面外的计算长度　　表 2-7b

杆件类别	项　次	考　　虑　　情　　况	在桁架平面外的计算长度
压　杆	1	当相交的另一杆受拉，且两杆均不中断	$0.5l$
	2	当相交的另一杆受拉，两杆中有一杆在交叉点处中断并以节点板搭接	$0.7l$
	3	其他情况	l
拉　杆	4		l

注：1. l——节点中心间距离（交叉点不作为节点考虑）；

　　2. 当交叉杆都受压时，不宜有一杆在交叉点处中断；

　　3. 当确定交叉腹杆中单角钢压杆斜平面内的长细比时，计算长度应取节点中心至交叉点间的距离；

　　4. 表中计算长度 l_0 系根据 GB 50017 标准交叉腹杆计算长度公式中另 1 根受拉时，取 $N_0 = N$，可得表中项次 1、2 的简化公式。

2.1.6　构件的容许长细比

1. 受压杆件的长细比不宜超过表 2-8a 的数值。

受压构件的容许长细比　　表 2-8a

项　　次	构件类别及构件名称		容许长细比
	普通钢结构	圆钢、小角钢以及薄壁型钢结构	
1	柱、桁架及柱的缀条等	主要构件（如主要承重柱、刚架柱和横梁、桁架和格构式刚架的弦杆及支座端斜杆、端竖杆）	150
2	支撑、用以减少受压构件长细比的杆件	其他构件及支撑	200

注：不论截面为双轴对称或单轴对称均取绕主轴的回转半径计算。

2. 承受静力荷载或间接承受动力荷载的受拉构件的长细比不宜超过表 2-8b 的数值。

受拉构件的容许长细比　　表 2-8b

项　　次	构件名称	考　虑　情　况	容许长细比
1	桁架的杆件	（1）一般情况。 （2）在永久荷载与风荷载组合作用下受压时。 （3）在吊车荷载作用下受压时	350 250 200
2	支　撑		400（300）

注：1. 张紧的圆钢拉杆的长细比不受限制；

　　2. 不承受动力作用的结构中，可仅计算在竖向平面内的长细比；

　　3. 计算单角钢受拉杆件的长细比时，应采用角钢的最小回转半径，但在计算单角钢交叉受拉杆件平面外的长细比时，应采用与角钢肢边平行轴的回转半径；

　　4. 括号中数值适用于吊车梁或吊车桁架以下的柱间支撑。

2.1.7　薄壁型钢结构构件的最大容许宽厚比

1. 构件中均匀受压的板件，其宽厚比不宜超过表 2-9a 的规定。

2. 圆管截面构件的外径与壁厚之比 $\dfrac{D}{t}$，不宜超过 $100\left(\dfrac{235}{f_y}\right)$，即对于 Q235 钢不宜大于 100，对于 Q345 钢不大于 68（也适用于普通钢结构）。

受压板件的宽厚比限值　　表 2-9a

钢　号 构件两纵边的支承条件	Q235	Q345
一边支承、一边自由	45	35
一边支承、一边卷边	60	50
两边支承	250	200

2.1.8　普通钢结构截面板件宽厚比等级

进行受弯和压弯构件计算时，截面板件宽厚比等级及限值应符合表 2-9b 的规定，其中参数 α_0 应按下式计算：

压弯和受弯构件的截面板件宽厚比等级及限值　　　　　　表 2-9b

构件	截面板件宽厚比等级		S1 级	S2 级	S3 级	S4 级	S5 级
压弯构件（框架柱）	H 形截面	翼缘 b/t	$9\varepsilon_k$	$11\varepsilon_k$	$13\varepsilon_k$	$15\varepsilon_k$	$15\varepsilon_k$
		腹板 h_0/t_w	$(33+13\alpha_0^{1.3})\,\varepsilon_k$	$(38+13\alpha_0^{1.39})\,\varepsilon_k$	$(40+18\alpha_0^{1.5})\,\varepsilon_k$	$(45+25\alpha_0^{1.66})\,\varepsilon_k$	250
	箱形截面	壁板（腹板）间翼缘 b_0/t	$30\varepsilon_k$	$35\varepsilon_k$	$40\varepsilon_k$	$45\varepsilon_k$	—
	圆钢管截面	径厚比 D/t	$50\varepsilon_k^2$	$70\varepsilon_k^2$	$90\varepsilon_k^2$	$100\varepsilon_k^2$	—
受弯构件（梁）	工字形截面	翼缘 b/t	$9\varepsilon_k$	$11\varepsilon_k$	$13\varepsilon_k$	$15\varepsilon_k$	$15\varepsilon_k$
		腹板 h_0/t_w	$65\varepsilon_k$	$72\varepsilon_k$	$93\varepsilon_k$	$124\varepsilon_k$	250
	箱形截面	壁板（腹板）间翼缘 b_0/t	$25\varepsilon_k$	$32\varepsilon_k$	$37\varepsilon_k$	$42\varepsilon_k$	—

注：1. ε_k 为钢号修正系数，其值为 235 与钢材牌号中屈服点数值的比值的平方根。

2. b 为工字形、H 形截面的翼缘外伸宽度，t、h_0、t_w 分别是翼缘厚度、腹板净高和腹板厚度。对轧制型截面，腹板净高不包括翼缘腹板过渡处圆弧段；对于箱形截面，b_0、t 分别为壁板间的距离和壁板厚度；D 为圆管截面外径。

3. $\alpha_0 = \dfrac{\sigma_{max}-\sigma_{min}}{\sigma_{max}}$　σ_{max}——腹板计算边缘的最大压应力；

σ_{min}——腹板计算高度另一边缘相应的应力，压应力取正值，拉应力取负值。

2.1.9 受弯结构的容许挠度和位移

1. 吊车梁、楼盖梁、屋盖梁、工作平台梁以及墙架构件的挠度不宜超过表 2-10 所列的容许值。

受弯构件的挠度容许值   表 2-10

项次	构件类别	挠度容许值	
		$[v_r]$	$[v_Q]$
1	吊车梁和吊车桁架（按自重和起重量最大的一台吊车计算挠度） （1）手动吊车和单梁吊车（含悬挂吊车） （2）轻级工作制桥式吊车 （3）中级工作制桥式吊车 （4）重级工作制桥式吊车	$l/500$ $l/750$ $l/900$ $l/1000$	—
2	手动或电动葫芦的轨道梁	$l/400$	—
3	（1）有重轨（重量等于或大于 38kg/m）轨道的工作平台梁 （2）有轻轨（重量等于或小于 24kg/m）轨道的工作平台梁	$l/600$ $l/400$	—
4	楼（屋）盖梁或桁架、工作平台梁（第 3 项除外）和平台板 （1）主梁或桁架（包括设有悬挂起重设备的梁和桁架） （2）仅支承压型金属板屋面和冷弯型钢檩条 （3）除支承压型金属板屋面和冷弯型钢檩条外，尚有吊顶 （4）抹灰顶棚的次梁 （5）除（1）、（2）款外的其他梁（包括楼梯梁） （6）屋盖檩条 支承压型金属板、无积灰的瓦楞铁和石棉瓦屋面者 支承有积灰的瓦楞铁和石棉瓦等屋面者 支承其他屋面材料者 有吊顶 （7）平台板	$l/400$ $l/180$ $l/240$ $l/250$ $l/250$ $l/150$ $l/200$ $l/200$ $l/240$ $l/150$	$l/500$ — — $l/350$ $l/300$ — — — — —
5	墙架构件（风荷载不考虑阵风系数） （1）支柱（水平方向） （2）抗风桁架（作为连续支柱的支承时） （3）砌体墙的横梁（水平方向） （4）支承压型金属板的横梁（水平方向） （5）支承其他墙面材料的横梁（水平方向） （6）带有玻璃窗的横梁（竖直和水平方向）	— — — — — $l/200$	$l/400$ $l/1000$ $l/300$ $l/100$ $l/200$ $l/200$

注：1. l 为受弯构件的跨度（对悬臂梁和伸臂梁为悬臂长度的 2 倍）。

2. $[v_r]$ 为永久和可变荷载标准值产生的挠度（如有起拱应减去拱度）的容许值；$[v_Q]$ 为可变荷载标准值产生的挠度的容许值。

3. 当吊车梁或吊车桥架跨度大于 12m 时，其挠度容许值 $[v_r]$ 应乘以 0.9。

4. 当墙面为延性材料或与结构柔性连接时，墙架支柱水平位移容许值可采用 $l/300$，抗风桁架（作为连续支柱的支承时）水平位移容许值可采用 $l/800$。

2. 冶金厂房或类似车间中设有工作级别为 A7、A8 级吊车的车间，其跨度每侧吊车梁或吊车桁架的制动结构，由一台最大吊车横向水平荷载（按建筑结构荷载规范取值）所产生的挠度不宜超过制动结构跨度的 1/2200。

3. 结构的位移容许值

单层钢结构柱顶水平位移限值

在风荷载标准值作用下，单层钢结构柱顶水平位移不宜超过表 2-11 的数值。

风荷载作用下柱顶水平位移容许值　　　　　　　　表 2-11

结构体系	吊车情况		柱顶水平位移
排架、框架	无桥式吊车		$H/150$
	有桥式吊车		$H/400$
门式刚架	无吊车	当采用轻型钢墙板时	$H/60$
		当采用砌体墙时	$H/100$
	有桥式吊车	当吊车有驾驶室时	$H/400$
		当吊车由地面操作时	$H/180$

注：1. H 为柱高度。

2.1.10　变形（或挠度）限值

见各相关章节。

2.1.11　温度区段的长度

见表 2-12。

温度区段长度值（m）　　　　　　　　表 2-12

结构情况	纵向温度区段 （垂直屋架或构架跨度方向）	横向温度区段 （沿屋架或构架跨度方向）	
		柱顶为刚接	柱顶为铰接
采暖房屋和非采暖地区的房屋	220	120	150
热车间和采暖地区的非采暖房屋	180	100	125
露天结构	120	—	—
围护构件为金属压型钢板的房屋	250	150	

注：1. 围护结构可根据具体情况参照有关规范单独设置伸缩缝。
　　2. 无桥式起重机房屋的柱间支撑和有桥式起重机房屋吊车梁或吊车桁架以下的柱间支撑，宜对称布置于温度区段中部。当不对称布置时，上述柱间支撑的中点（两道柱间支撑时为两柱间支撑的中点）至温度区断端部的距离不宜大于表 2-12 纵向温度区段长度的 60%。
　　3. 当有充分依据或可靠措施时，表中数字可予以增减。
　　4. 温度缝与防震缝宜合并设置。

2.1.12　构造

1. 截面尺寸

截面不宜小于 L45×4 或 L56×36×4（对焊接结构）或 L50×5 的角钢（对螺栓连接结构），但轻型钢结构不受此限制。

2. 板（壁）厚

檩条和墙梁应用的冷弯薄壁型钢，壁厚不宜小于 2mm；受力构件和连接板不宜小于 4mm，圆钢管壁厚不宜小于 3mm。

3. 受压构件的最大宽厚比

（1）梁及压弯构件翼缘和腹板的截面板件宽厚比等级见表 2-9b。

（2）薄壁构件中受压板件的最大宽厚比应符合 2.1.7 的规定。

2.2　轴心受力构件和拉弯、压弯构件

2.2.1　轴心受力构件计算主要内容

1. 杆件截面强度计算；

2. 轴压杆件稳定性计算；

3. 轴压杆件局部稳定性计算。

2.2.2　轴心受力构件的强度和稳定性

实腹式轴心受力构件的计算公式见表 2-13。

杆件截面强度及稳定性计算　　　　表 2-13

项次	构件名称	计算内容	计算公式	说明
1		轴心受拉杆件截面强度计算	毛截面屈服：$\sigma=\dfrac{N}{A}\leqslant f$ （2-3） 净截面断裂：$\sigma=\dfrac{N}{A_n}\leqslant 0.7f_u$ （2-4）	N—轴心拉力或轴心压力； $f(f_u)$—钢材抗拉强度设计值（抗拉强度最小值）； n—在节点或拼接处、构件一端连接的高强度螺栓数目； n_1—所计算截面（最外列螺栓处）上高强度螺栓数目； A_n—构件净截面面积； A—构件毛截面面积； λ—构件较大长细比，并满足 $\lambda<30$ 取 30，$\lambda>100$ 取 100； φ—轴心受压构件的稳定系数，根据表 14-1 截面分类及表 14-2 查得；
2	轴心受拉构件	摩擦型高强度螺栓连接的构件强度计算	（1）当构件为沿全长都有排列较密的组合构件时，其截面强度应按下式计算： $\sigma=\dfrac{N}{A_n}\leqslant f$ （2-5） （2）除第 1 款的情形外，其毛截面强度计算应采用（3-49），净截面强度应按下式计算： $\sigma=\left(1-0.5\dfrac{n_1}{n_2}\right)\dfrac{N}{A_n}\leqslant 0.7f_u$ （2-6）	

续表

项次	构件名称	计算内容			计算公式		说明
3	实腹式轴心受压构件	强度			按公式（2-3）、（2-4）计算		h_0、t_w—分别为腹板计算高度和厚度，对焊接构件 h_0 取为腹板高度 h_w，对热轧构件取 $h_0 = h_w - t_f$，但不小于 $h_w - 20$，t_f 为翼缘厚度； b、t_f—分别为翼缘板自由外伸宽度和厚度，箱形截面为腹板间净宽度； η—箱形截面宽度和高度之比，$\eta \leqslant 1.0$； w、t—分别为角钢的平板宽度和厚度，w 可取为 $b - 2t$，b 为角钢宽度；对焊接构件 h_0 取为腹板高度 h_w，对热轧构件取 $h_0 = h_w - t_f$，但不小于 $h_w - 20$mm； T 形截面翼缘外伸宽厚比按公式（2-8a）确定
		稳定性			$\dfrac{N}{\varphi A f} \leqslant 1$	(2-7)	
		局部稳定	H 形截面	翼缘	$b/t_f \leqslant (10 + 0.1\lambda)\,\varepsilon_k$	(2-8a)	
				腹板	$h_0/t_w \leqslant (25 + 0.5\lambda)\,\varepsilon_k$	(2-8b)	
			箱形截面	壁板	$b/t \leqslant 40\varepsilon_k$	(2-9)	
				腹板	h_0/t_w 与公式（2-8）相同（单向受弯时）		
			T 形截面	腹板	热轧剖分 T 形钢 $h_0/t_w \leqslant (15 + 0.2\lambda)\,\varepsilon_k$ 焊接 T 形钢 $b_0/t_w \leqslant (13 + 0.17\lambda)\,\varepsilon_k$	(2-10) (2-11)	
			等边角钢	腹板	当 $\lambda \leqslant 80\varepsilon_k$ 时　$w/t \leqslant 15\varepsilon_k$ 当 $\lambda > 80\varepsilon_k$ 时 $w/t \leqslant [5\varepsilon_k + 0.125\lambda]$	(2-12a) (2-12b)	
			圆管压杆	壁厚	$D/t \leqslant 100\varepsilon_k^2$	(2-12c)	

2.2.3　构件稳定承载力的修正

轴压构件考虑板件屈曲后的构件稳定承载力　　　　表 2-14

项次	计算内容	说明
1	板件宽厚比超过表 2-13 规定的限值时，轴压杆件的稳定承载力应考虑板件屈曲时的强度。按下式计算： $$\dfrac{N}{\varphi A_e f} \leqslant 1.0 \qquad (2\text{-}13)$$ （1）箱形截面壁板、H 形和工字形截面腹板 当 $b/t > 40\varepsilon_k$ 时： $$\rho = \dfrac{1}{\lambda_p^{re}}\left(1 - \dfrac{0.19}{\lambda_{n,p}}\right) \qquad (2\text{-}14)$$ $$\lambda_p^{re} = \dfrac{b/t}{56.2} \cdot \dfrac{1}{\varepsilon_k} \qquad (2\text{-}15)$$ 注：当 $\lambda > 52\varepsilon_k$ 时，ρ 值应不小于 $(29\varepsilon_k + 0.25\lambda)\,t/b$。 （2）单角钢 当 $w/t > 15\varepsilon_k$ 时： $$\rho = \dfrac{1}{\lambda_p^{re}}\left(1 - \dfrac{0.1}{\lambda_p^{re}}\right) \qquad (2\text{-}16)$$ $$\lambda_p^{re} = \dfrac{w/t}{16.8} \cdot \dfrac{1}{\varepsilon_k} \qquad (2\text{-}17)$$ 注：当 $\lambda > 80\varepsilon_k$ 时，ρ 值应不小于 $(5\varepsilon_k + 0.13\lambda)\,t/w$	φ—稳定系数，由表 11-1、2 查得。 强度计算时 A_n 应改为 A_{ne} 稳定计算时 A 改为 A_e 当 $N < \varphi A f$ 时表 2-13 中算得的宽厚比应乘以放大系数 $\alpha = \sqrt{\dfrac{\varphi A f}{N}}$。

2.2.4 构件的长细比计算

1. 实腹式

长细比计算公式

表 2-15

项次	截面特征	长细比 λ 计算公式	说明
1	双轴对称	$\lambda_x = \dfrac{l_{0x}}{i_x}$ (2-18a) $\lambda_y = \dfrac{l_{0y}}{i_y}$ (2-18b) 当计算扭转屈曲时，长细比按下式计算： $\lambda_z = \sqrt{\dfrac{I_0}{I_t/25.7 + I_w/l_w^2}}$ (2-19)	l_{0x}、l_{0y}—构件对主轴 x、y 的计算长度； i_x、i_y—构件截面对主轴 x、y 的回转半径，当单轴对称时设 y 为对称轴； λ_{yz}—绕对称轴计及扭转效应代替 λ_y 的换算长细比； x_s、y_s—截面形心至剪心距离； i_0—截面对剪心的极回转半径； $i_0^2 = i_x^2 + i_y^2 + x_s^2 + y_s^2$ λ_y—构件对对称轴的长细比； λ_z—扭转屈曲的换算长细比； I_0—构件毛截面对剪心的极惯性矩； I_t—毛截面抗扭惯性矩； I_w—毛截面扇性贯性矩，对十字形截面 $I_w=0$； A—毛截面面积； l_w—扭转屈曲计算长度，对两端铰接、端部截面可自由翘曲取几何长度 l 两端嵌固、端部截面的翘完全受到约束的构件，取 $l_w=0.5l$； b—等边角钢肢宽度； b_1—不等边角钢长肢宽度； b_2—不等边角钢短肢宽度； N_{xyz}—弹性完善杆的弯扭屈曲临界力，由下式（3-80）确定；
2	单轴对称	绕非对称主轴的弯曲屈曲，长细比应由式（2-18）确定。绕对称轴主轴的弯扭屈曲，应取下式给出的换算长细比： $\lambda_{yz} = \dfrac{1}{\sqrt{2}}\left[(\lambda_y^2 + \lambda_z^2) + \sqrt{(\lambda_y^2 + \lambda_z^2)^2 - 4\left(1 - \dfrac{y_s^2}{i_0^2}\right)\lambda_y^2\lambda_z^2} \right]^{\frac{1}{2}}$ (2-20)	
3	(1) 等边单角钢	当绕主轴弯曲的计算长度相等时，可不计算弯扭屈曲。	
	(2) 等边双角钢（图 2-4a）	当 $\lambda_y > \lambda_z$ 时 $\lambda_{yz} = \lambda_y\left[1 + 0.16\left(\dfrac{\lambda_z}{\lambda_y}\right)^2\right]$ (2-21a) 当 $\lambda_y < \lambda_z$ 时 $\lambda_{yz} = \lambda_z\left[1 + 0.16\left(\dfrac{\lambda_y}{\lambda_z}\right)^2\right]$ (2-21b) $\lambda_z = 3.9\dfrac{b}{t}$ (2-22)	
	(3) 长肢相并的不等边双角钢（图 2-4b）	当 $\lambda_y > \lambda_z$ 时 $\lambda_{yz} = \lambda_y\left[1 + 0.25\left(\dfrac{\lambda_z}{\lambda_y}\right)^2\right]$ (2-23a) 当 $\lambda_y < \lambda_z$ 时 $\lambda_{yz} = \lambda_z\left[1 + 0.25\left(\dfrac{\lambda_y}{\lambda_z}\right)^2\right]$ (2-23b) $\lambda_z = 5.1\dfrac{b_2}{t}$ (2-24)	
	(4) 短肢相并的不等边双角钢（图 2-4c）	当 $\lambda_y > \lambda_z$ 时 $\lambda_{yz} = \lambda_y\left[1 + 0.06\left(\dfrac{\lambda_z}{\lambda_y}\right)^2\right]$ (2-25a) 当 $\lambda_y < \lambda_z$ 时 $\lambda_{yz} = \lambda_z\left[1 + 0.06\left(\dfrac{\lambda_y}{\lambda_z}\right)^2\right]$ (2-25b) $\lambda_z = 3.7\dfrac{b_1}{t}$ (2-26)	

项次	截面特征	长细比 λ 计算公式	说明
4	截面无对称且剪心和形心不重合的构件	$$\lambda_{xyz}=\pi\sqrt{\frac{EA}{N_{xyz}}} \tag{2-27}$$ $$(N_x-N_{xyz})(N_y-N_{xyz})(N_z-N_{xyz})$$ $$-N_{xyz}^2(N_x-N_{xyz})\left(\frac{y_z}{i_0}\right)^2-N_{xyz}^2(N_y-N_{xyz})\left(\frac{x_z}{i_0}\right)^2=0 \tag{2-28}$$ $$N_x=\frac{\pi^2 EA}{\lambda_x^2} \tag{2-29a}$$ $$N_y=\frac{\pi^2 EA}{\lambda_y^2} \tag{2-29b}$$ $$N_z=\frac{1}{i_0^2}\left(\frac{\pi^2 EI_w}{l_w^2}+GI_t\right) \tag{2-29c}$$	N_x、N_y、N_z—分别为绕 x 轴和 y 轴的弯曲屈曲临界力和扭转屈曲临界为； E、G—分别为钢材弹性模量和剪变模量。 x—角钢的主轴
5	不等边角钢轴压构件的换算长细比可用下式确定	当 $\lambda_x>\lambda_z$ 时 $\lambda_{xyz}=\lambda_y\left[1+0.25\left(\frac{\lambda_z}{\lambda_x}\right)^2\right]$ $\tag{2-30a}$ 当 $\lambda_x<\lambda_z$ 时 $\lambda_{xyz}=\lambda_z\left[1+0.25\left(\frac{\lambda_x}{\lambda_z}\right)^2\right]$ $\tag{2-30b}$ $\lambda_z=4.21\dfrac{b_1}{t}$ $\tag{2-31}$	

注：1. 公式（2-21）～（2-25）为公式（2-20）的简化公式。

2. 无任何对称轴且又非极对称截面（单面连接的不等边角钢外）不宜用作轴心压杆。

3. 对单面连接的单角钢轴心受压杆件，按表 2-5 考虑折减系数 α_y 后，可不考虑弯转效应。

4. 对槽形截面用于格构式构件的分肢，计算分肢绕对称轴（y 轴）的稳定性时，不必考虑扭转效应，直接用 λ_y 查出 φ_y 值。

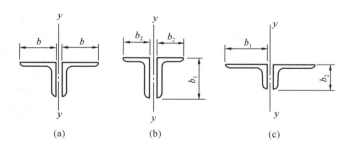

图 2-4   双角钢组合 T 形截面

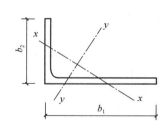

图 2-5   不等边角钢
（x 轴为表 11-10 中的 v 轴）

2. 格构式轴心受力构件的实轴长细长仍应按表 2-16 计算，但对虚轴（项次 1 和项次 2、3）应取换算长细比。换算长细比应按下表 2-16 计算。

3. 用填板连接而成的双角钢或双槽钢构件，采用普通螺栓连接时，应按格构式构件进行计算，除此之外可按实腹式构件进行计算，但填板间的距离不应超过下列数值；

受压构件：$40i$；

格构式构件长细比计算   表 2-16

项次	截面特征	长细比 λ 计算公式	说明
1	双肢组合构件 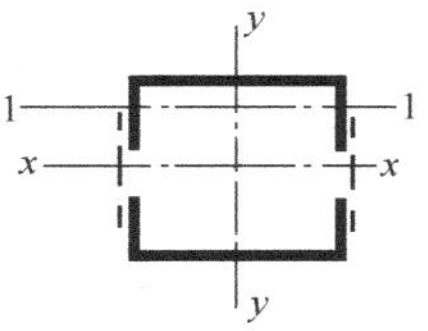	当缀件为缀板时：$$\lambda_{0x} = \sqrt{\lambda_x^2 + \lambda_1^2} \quad (2\text{-}32)$$ 当缀件为缀条时：$$\lambda_{0x} = \sqrt{\lambda_x^2 + 27\frac{A}{A_{1x}}} \quad (2\text{-}33)$$	λ_x—整个构件对 x 轴的长细比； λ_1—分肢对最小刚度轴 1-1 的长细比，其计算取为：为相邻两缀板的净距离；螺栓连接时，为相邻两缀板边缘螺栓的距离； A_{1x}—构件截面中垂直于 x 轴向各斜缀条毛截面面积之和；
2	四肢组合构件 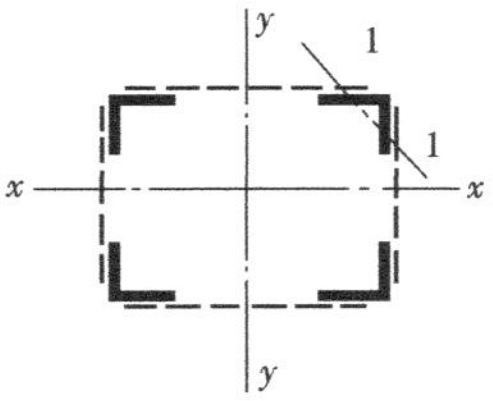	当缀件为缀板时：$$\lambda_{0x} = \sqrt{\lambda_x^2 + \lambda_1^2} \quad (2\text{-}34)$$ $$\lambda_{0y} = \sqrt{\lambda_y^2 + \lambda_1^2} \quad (2\text{-}35)$$ 当缀件为缀条时：$$\lambda_{0x} = \sqrt{\lambda_x^2 + 40\frac{A}{A_{1x}}} \quad (2\text{-}36)$$ $$\lambda_{0y} = \sqrt{\lambda_x^2 + 40\frac{A}{A_{1y}}} \quad (2\text{-}37)$$	λ_y—整个构件对 y 轴的长细比； A_{1y}—构件截面中垂直于 y 轴的各斜缀条毛截面面积之和； A—构件截面中各斜缀条毛截面面积之和； θ—构件截面内缀条所在平面与 x 轴的夹角；$\theta = 40 \sim 70°$；缀条柱 $\lambda_1 \leqslant 0.7\lambda_{max}$（$x$ 或 y）缀板柱 $\lambda_1 \leqslant 40\varepsilon_k$ $\leqslant 0.5\lambda_{max}$
3	缀件为缀条的三肢组合构件 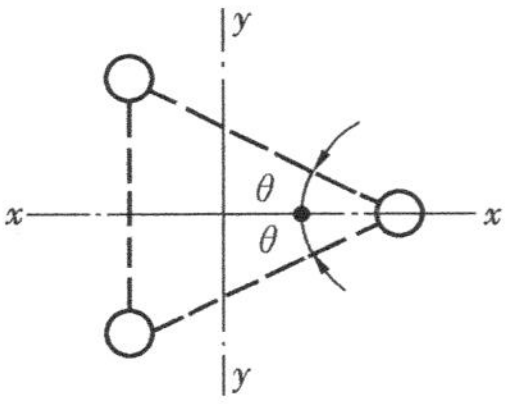	$$\lambda_{0x} = \sqrt{\lambda_x^2 + \frac{42A}{A_1(1.5 - \cos^2\theta)}} \quad (2\text{-}38)$$ $$\lambda_{0y} = \sqrt{\lambda_y^2 + \frac{42A}{A_1\cos^2\theta}} \quad (2\text{-}39)$$	（$\lambda_{max} < 50$ 时，取 $\lambda = 50$） 缀板柱中间令一截面处线刚度之和 ≥ 柱较大分肢线刚度的 6 倍。$\varepsilon_k = \sqrt{\dfrac{235}{f_y}}$

受拉构件：$80i$。

i 为截面回转半径，应按下列规定采用：

（1）当为图：2-6（a）、（b）所示的双角钢或双槽钢截面时，取一个角钢或一个槽钢对与填板平行的形心轴的回转半径；

（2）当为图 2-6（c）所示的十字形截面时，取一个角钢的最小回转半径。

受压构件的两个侧向支承点之间的填板数不得少于 2 个。

4. 轴压构件应按下式计算剪力：

$$V = \frac{Af}{85\varepsilon_k} \quad (2\text{-}40)$$

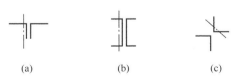

(a) (b) (c)

图 2-6 计算截面回转半径时的轴线示意图

剪力 V 值可认为沿构件全长不变。

对格构式轴压构件,剪力 V 应由承受该剪力的缀材面(包括用整体板连接的面)分担。

2.2.5　轴心受压构件的支撑

见表 2-17。

轴心受压构件的支撑力　　　　　　　　　表 2-17

项次	计算内容	计算公式	说明
1	用作减小轴压构件(柱)自由长度的支撑,应能承受沿被撑构件屈曲方向的支撑力,其值按本表 3-18 计算:	长度为 l 的单根柱设置一道支撑时当支撑杆位于柱高度中央时: $$F_{b1}=N/60 \qquad (2-41)$$ 当支撑杆位于距柱端 αl 处时 $(0<\alpha<1)$: $$F_{b1}=\frac{N}{240\alpha\ (1-\alpha)} \qquad (2-42)$$	N—被撑构件的最大轴心压力; n—柱列中被撑柱的根数; $\sum N_i$—被撑柱间同时存在的轴心压力设计值之和; $\sum N$—被撑各桁架受压弦杆最大压力之和 m—纵向系杆道数(支撑架节间数减去 1.0); n—支撑系统所撑桁架数; N—被支撑构件的最大轴心压力。
		长度为 l 的单根柱设置 m 道等间距(或不等间距但平均间距相比相差不超过 20%)支撑时,各支撑点的支撑力 $$F_{bm}=N/\left[42\ \sqrt{m+1}\right] \qquad (2-43)$$	
		被撑构件为多根柱组成的柱列,在柱高度中央附近设置一道支撑时 $$F_{bn}=\frac{\sum N_i}{60}\left(0.6+\frac{0.4}{n}\right) \qquad (2-44)$$	
		当支撑同时承担结构上其他作用的效应时,应按实际可能发生的情况与支撑力组合	
		支撑的构造应使被支撑构件在撑点处既不能平移,又不能扭转	
2	桁架受压弦杆的横向支撑系统中系杆和支承斜杆应能承受所给出的节点支撑力	$$F=\frac{\sum N}{42\ \sqrt{m+1}}\left(0.6+\frac{0.4}{n}\right) \qquad (2-45)$$	

2.2.6　拉弯、压弯和框架柱

1. 杆件截面强度计算;
2. 构件的稳定性计算;
3. 双肢格构式压弯构件的稳定性计算;
4. 压弯构件的局部稳定性和屈曲后强度计算。

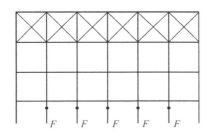

图 2-7 桁架受压弦杆横向支撑系统的节点支撑

截面强度和稳定性计算：

（1）弯矩作用在两个主平面内的实腹式拉弯构件和压弯构件（圆管截面除外），其截面强度及稳定性，应按下列表 2-18 计算。

普通钢结构实腹式拉弯、压弯构件的计算公式   表 2-18

项次	构件	计算内容	弯矩作用平面	计算公式	符号说明
1	拉弯压弯构件	强度	弯矩作用在两个主平面时	$\sigma = \dfrac{N}{A_n} \pm \dfrac{M_x}{\gamma_x W_{nx}} \pm \dfrac{M_y}{\gamma_y W_{ny}} \leqslant f$ (2-46a)	M_x、M_y——对 x 轴和 y 轴构件段范围内的最大弯矩； W_{nx}、W_{ny}——对 x 轴和 y 轴的净截面模量； γ_x、γ_y——截面塑性发展系数，按表 2-19采用； γ_m——实腹式圆形表截面取 1.2，满足表 2-9bS3 时，取 1.15，不满足时，取 1.0； φ_x——弯矩作用平面内的轴心受压构件稳定系数； N'_{Ex}——欧拉临界力，$N'_{Ex} = \pi^2 EA/(1.1\lambda_x^2)$； W_{1x}——弯矩作用平面内较大受压纤维的毛截面模量； β_{mx}——等效弯矩系数，见表 2-20； W_{2x}——对较小翼缘的毛截面模量； φ_y——弯矩作用平面外的轴心受压构件稳定系数（对于单轴对称截面，对于对称轴应按[4]，考虑扭转效应，或按第 14 章 14.10.12 直接查得 N）； φ_b——均匀弯曲的受弯构件整体稳定系数，对工字形和 T 形截面见公式（2-26）～（2-30）和（14-1）； η——调整系数，箱形截面 $\eta=0.7$，其他截面 $\eta=1.0$； β_{tx}——等效弯矩系数，详见表 2-20。
2	压弯构件	圆形截面	弯矩作用在两个主平面时	$\sigma = \dfrac{N}{A_n} + \sqrt{\dfrac{M_x^2 + M_y^2}{\gamma_m W_x}}$ (2-46b)	
3		弯矩作用平面内的稳定性	弯矩作用在对称轴平面内（绕 x 轴）	$\dfrac{N}{\varphi_x A f} + \dfrac{\beta_{mx} M_x}{\gamma_x W_{1x}\left(1-0.8\dfrac{N}{N'_{Ex}}\right)f} \leqslant 1$ (2-47)	
4				$\left\| \dfrac{N}{A f} - \dfrac{\beta_{mx} M_x}{\gamma_x W_{2xf}\left(1-1.25\dfrac{N}{N'_{Ex}}\right)} \right\| \leqslant 1$ (2-48) （仅适用于较大翼缘受压时）	
5		弯矩作用平面外的稳定性		$\dfrac{N}{\varphi_y A f} + \eta\dfrac{\beta_{tx} M_x}{\varphi_b W_{1x}} f \leqslant 1$ (2-49)	

注：当构造上保证构件不整体失稳时，如侧向支承计算长度小于和等于 16 $\sqrt{235/f_y}$ 时，公式（2-49）中的 φ_b 可取 1。

截面塑性发展系数 γ_x、γ_y　　　　　　　　　　　表 2-19

项次	截面形式	γ_x	γ_y
1			1.2
2		1.05	1.05
3		$\gamma_{x1}=1.05$	1.2
4		$\gamma_{x2}=1.2$	1.05
5		1.2	1.2
6		1.15	1.15
7		1.0	1.05
8			1.0

当压弯构件受压翼缘的自由外伸宽度与其厚度之比大于 $13\sqrt{235/f_y}$ 而不超过 $15\sqrt{235/f_y}$ 的规定时应取 $\gamma_x=1.0$。需要计算疲劳的拉弯、压弯构件及构件抗震验算时宜取 $\gamma_x=\gamma_y=1.0$。

等效弯矩系数 β_{mx}、β_{tx} 见表 2-20。

等效弯矩系数 β_{mx}、β_{tx} 表 2-20

项次	计算公式	说明
2	β_{mx}—等效弯矩系数，应按下列规定采用： （1）无侧移框架柱和两端支承的构件： 1）无横向荷载作用时，取 $\beta_{mx}=0.6+0.4\dfrac{M_2}{M_1}$； 2）无端弯矩但有横向荷载作用时： 跨中单个集中荷载 $\beta_{mqx}=1-0.36N/N_{cr}$ （2-50a） 全跨均布荷载 $\beta_{mqx}=1-0.18N/N_{cr}$ （2-50b） $N_{cr}=\dfrac{\pi^2 EI}{(\mu l)^2}$ （2-51） 3）有端弯矩和横向荷载同时作用时，将表 2-18 中的 $\beta_{mx}M_x$ 取为 $\beta_{mqx}M_{qx}+\beta_{mlx}M_1$，即工况①和工况②等效弯矩的代数和。$M_{qx}$ 为横向荷载产生的弯矩最大值。 （2）有侧移框架柱和悬臂构件： 1）除本款 2）项规定之外的框架柱，$\beta_{mx}=1-0.36N/N_{cr}$； 2）有横向荷载的柱脚铰接的单层框架柱和多层框架的底层柱，$\beta_{mx}=1.0$； 3）自由端作用有弯矩的悬臂柱， $\beta_{mx}=1-0.36(1-m)N/N_{cr}$；	W_{lx}—在弯矩作用平面内较大受压最大纤维的毛截面模量； M_1 和 M_2 为端弯矩，使构件产生同向曲率（无反弯点）时取同号；使构件产生反向曲率（有反弯点）时取异号，$\vert M_1\vert \geqslant \vert M_2\vert$； N_{cr}—弹性临界力，μ 为构件的计算长度系数。 m—自由端弯矩与固定端弯矩之比，当弯矩图无反弯点时取正号，有反弯点时取负号。 β_{tx}—等效弯矩系数，两端支承的构件 ① 无横荷载时 $A_{tx}=0.05+0.35\dfrac{M_2}{M_1}$ ② 端弯矩和横向荷载同时作用；无反弯点 $\beta_{tx}=1$，有反弯点 $\beta_{tx}=0.85$ ③ 无端弯矩有横向荷载 $\beta_{tx}=1.0$ ④ 弯矩作用平面外为悬臂构件 $\beta_{tx}=1$

（2）格构式压弯构件应按表 2-21 所列公式计算其强度和稳定性。

压弯构件的缀材，应取构件的实际剪力和按公式（2-40）规定的剪力两者中较大值进行计算。

普通钢结构格构式压弯构件的计算公式 表 2-21

项次	弯矩作用平面	计算内容	计 算 公 式	说 明
1	弯矩作用在和缀材面平行的主平面内时（绕虚轴 x） （a）	弯矩作用平面内的稳定性	$\dfrac{N}{\varphi_x Af}+\dfrac{\beta_{mx}M_x}{W_{1x}\left(1-\dfrac{N}{N'_{Ex}}\right)}\leqslant f$ （2-52）	M_x—弯矩，按表 2-16 的规定采用； N'_{Ex}—欧拉临界力，$N'_{Ex}=\pi^2 EA/(1.1\lambda_x^2)$； y_0—取 x 轴到较大压力肢轴线的距离和 x 轴至较大压力肢腹板的距离（本表图 a、b）； $W_{1x}=\dfrac{I_x}{y_0}$ I_x—对 x 轴的毛截面惯性矩。肢件 1 的轴心力为 $N_1=\dfrac{y_2+e}{a}N$ （图 a） 肢件 2 的轴心力为 $N_2=N-N_1$ 式中 y_2—构件轴线至肢件 2 轴线的距离。 缀板柱单肢中由于剪力引起的局部弯矩为 $M_1=\dfrac{V_b l}{2}$ V_b—分配到一个缀材面的剪力； l—缀板中心间距
2		弯矩作用平面外的稳定性	不必计算	
3	（b）	柱身单肢的稳定性（缀条柱）	分别按 N_1 和 N_2 计算肢件 1 和肢件 2 的轴心受压稳定性	
4		（缀板柱）	分别按 N_1 和 M_1，N_2 和 M_2 计算肢件 1 和肢件 2 的偏心受压稳定性	
5	弯矩作用在和缀材面垂直的主平面内时 （c）	弯矩作用平面内的稳定性	按表 2-18 实腹式构件公式计算	
6		弯矩作用平面外的稳定性	按表 2-18 实腹式闭合箱形截面公式计算，但长细比应按表 2-16 取换算长细比	

注：表中序号 6，各肢的 M_1 应按 $M=Nc$，各肢的 I_i/y_i 比例分配求得。

（3）压弯构件（框架梁）的内力计算

框架柱的内力计算方法 表 2-22

项次	分析方法	计算方法	说明
1	一阶弹性分析（间接分析法 1）	不考虑变形对内力影响按一般结构力学分析构件内力，但要考虑长度系数，见表 2-23。 $$\theta_{i\max}^{\mathrm{II}} \leqslant 0.1 \quad (2\text{-}53)$$	三种计算方法判别式：$\theta_i^{\mathrm{II}} = \dfrac{\sum N_{ik}\Delta u_i}{\sum H_{ik}h_i}$，$\theta_i^{\mathrm{II}}$ 为规则框架的二阶效应系数或判别式； $\sum N_{ik}$ —所计算 i 楼层各柱轴心压力标准值之和； $\sum H_{ik}$ —产生层间侧移的计算楼层及以上各层的水平力标准值之和； h_i —所计算 i 楼层层高； H_{ni} —二阶弹性分析时每层柱顶的假想水平力； ε_k —钢号修正 $\sqrt{235/f_y}$； Δu_i —$\sum H_{ik}$ 作用下按一阶弹性分析求得的计算楼层的层间侧移，当确定 θ_i^{II} 时可取 $\Delta u_i = [\Delta u]$，$[\Delta u]$ 见第 2.1.9 节； n_s —框架总层数，且 $\dfrac{2}{3} \leqslant \sqrt{0.2 + \dfrac{1}{n_s}} \leqslant 1.0$； Δ_i —所计算楼层的初始几何缺陷代表值； Q_i —第 i 楼层的总重力荷载设计值； M_q —结构在竖向荷载作用下的一阶弹性弯矩； M_H —结构在水平荷载作用下的一阶弹性弯矩； α_i^{II} —考虑二阶效应第 i 层杆件的侧移弯矩增大系数；当 $\alpha_i^{\mathrm{II}} > 1.33$ 或 $\theta_{i\max}^{\mathrm{II}} > 0.25$ 时，宜增大结构的抗侧刚度。其中 $\sum H_i$ 为产生层间位移 Δu_i 的所计算楼层及以上各层的水平荷载之和，不包括支座位移和温度的作用。 M_x^{II}、M_y^{II} —分别为绕 x 轴、y 轴的二阶弯矩设计值，可由结构分析直接得到； A —毛截面面积； φ_b —梁的整体稳定系数，见表 11-1~2； W_x、W_y —绕 x 轴、y 轴的毛截面模量； γ_x、γ_y —截面塑性发展系数
2	二阶弹性分析法，第 i 层柱顶的等效水平力和相应的初始几何缺陷代表值（间接分析法 2）	$0.1 < \theta_{i\max}^{\mathrm{II}} \leqslant 0.25$ （1）等效假想水平力法 $$H_{ni} = \frac{Q_i}{250}\sqrt{0.2 + \frac{1}{n_s}} \quad (2\text{-}54)$$ $$\Delta_i = \frac{h_i}{250}\sqrt{0.2 + \frac{1}{n_s}} \quad (2\text{-}55)$$ $\sqrt{0.2 + \dfrac{1}{n_s}} < \dfrac{2}{3}$ 时，取 $\dfrac{2}{3}$ $\sqrt{0.2 + \dfrac{1}{n_s}} > 1$ 时，取 1 （2）侧移弯矩放大系数法（适用于纯框架） $$M^{\mathrm{II}} = M_q + \alpha_i^{\mathrm{II}}M_H \quad (2\text{-}56)$$ $$\alpha_i^{\mathrm{II}} = \frac{1}{1 - \theta_i^H} \quad (2\text{-}57)$$	
3	直接分析法	$0.1 < \theta_{i\max}^{\mathrm{II}} \leqslant 0.25$ 直接分析法与二阶弹性分析法基本相同，不同的是： （1）为弹塑性分析，截面设计等级为 S1、S2； （2）考虑初始缺陷更加全面 （3）不采用上述近似公式，采用稳定理论直接分析得出 N、M_x^{II}、M_y^{II} 三项式，具体为： $$\frac{N}{Af} + \frac{M_x^{\mathrm{II}}}{\gamma_x W_x f} + \frac{M_y^{\mathrm{II}}}{\gamma_y W_y f} \leqslant 1 \quad (2\text{-}58)$$ $$\frac{N}{Af} + \frac{M_x^{\mathrm{II}}}{\varphi_b W_x f} + \frac{M_y^{\mathrm{II}}}{\gamma_y W_y f} \leqslant 1 \quad (2\text{-}59)$$	

注：1. 项次 2，构件综合缺陷代表值 e_0/l，第 14.2 节中 a、b、c、d 类截面分别为 1/400、1/350、1/300、1/250。

2. 项次 3，框架结构的初始几何缺陷代表值按公式（2-55）确定，且不小于 $h_0/1000$。构件初始缺陷不小于注 1 值。大跨度钢结构采用直接分析法时，初始缺陷可按公式（2-55）确定，最大缺陷为 $l/300$。

3. 一阶和二阶弹性分析适用于纯框架。直接法可适用于有支撑的框架。一阶应用长度系数 μ；二阶 $\mu = 1$ 考虑附加弯矩；直接分析法 $\mu = 1$ 采用弹塑性分析，直接分析内力，截面构件宽厚比采用 S_1、S_2 级。当 $N > 0.5Af$ 时，抗弯刚度乘以 0.8。

（4）等截面柱当采用一阶弹性分析方法计算内力时，框架面平内的计算长度系数见表 2-23。

框架平面内的计算长度系数　　　　　　　　　　表 2-23

项次	计算内容	计算方法	说明
1	纯框架	（1）框架柱的计算长度系数 μ 按本手册表有侧移框架柱的计算长度系数确定，也可按下列简化公式计算： $$\mu=\sqrt{\frac{7.5K_1K_2+4(K_1+K_2)+1.52}{7.5K_1K_2+K_1+K_2}} \quad (2\text{-}60)$$ （2）设有摇摆柱时，摇摆柱本身的计算长度系数取 1.0，框架柱的计算长度系数应乘以放大系数 η，η 应按下式计算： $$\eta=\sqrt{1+\frac{\sum(N_1/h_1)}{\sum(N_f/h_f)}} \quad (2\text{-}61)$$ （3）当有侧移框架同层各柱的 N/h 不相同时，柱计算长度系数宜按下列公式计算： $$\mu_i=\sqrt{\frac{N_{E_i}}{N_i}\cdot\frac{1.2}{K}\sum\frac{N_i}{h_i}} \quad (2\text{-}62)$$ $$N_{E_i}=\pi^2EI_i/h_i^2 \quad (2\text{-}63)$$ 当框架附有摇摆柱时，框架柱的计算长度系数由下式确定： $$\mu_i=\sqrt{\frac{N_E}{N_i}\cdot\frac{1.2\sum(N_i/h_i)+\sum(N_{jf}/h_j)}{K}} \quad (2\text{-}64)$$ 当根据式（2-62）或式（2-64）计算而得的 μ_i 小于 1.0 时，取 $\mu_i=1$。 （4）计算单层框架和多层框架底层的计算长度系数时，K 值宜按柱脚的实际约束情况进行计算，也可按理想情况（铰接或刚接）确定 K 值，并对算得的系数 μ 进行修正。 （5）当多层单跨框架的顶层采用轻型屋面，或多跨多层框架的顶层抽柱形成较大跨度时，顶层框架柱的计算长度系数应忽略屋面梁对柱子的转动约束。	K_1、K_2 —分别为相交于柱上端、柱下端的横梁线刚度之和与柱线刚度之和的比值。K_1、K_2 的修正见表 11-7。 $\sum(N_f/h_f)$ —本层各框架柱轴心压力设计值与柱子高度比值之和； $\sum(N_1/h_1)$ —本层各摇摆柱轴心压力设计值与柱子高度比值之和。 N_i —第 i 根柱轴心压力设计值； N_{E_i} —第 i 根柱的欧拉临界力； h_i —第 i 根柱高度； K —框架层侧移刚度，即产生层间单位侧移所需的力； N_{jf} —第 j 根摇摆柱轴心压力设计值； h_j —第 j 根摇摆柱的高度； h、l —分别为柱高度和框架跨度； $\sum N_{bi}$、$\sum N_{oi}$ —分别为 i 层所有框架柱用侧移框架柱计算长度系数计算的轴压杆稳定承载力之和。 S_b —支撑系统的层侧移刚度； K_1、K_2 —分别为相交于柱上端、柱下端的横梁线刚度之和与柱线刚度之和的比值。K_1、K_2 的修正见表 11-7
2	有支撑框架	当支撑系统满足公式（2-63）要求时，为强支撑框架，框架柱的计算长度系数 μ 按表 11-7a 无侧移框架柱的计算长度系数确定，也可按式（2-64）计算。 $$S_b\geqslant 4.4\left[\left(1+\frac{100}{f_y}\right)\sum N_{bi}-\sum N_{oi}\right] \quad (2\text{-}65)$$ $$\mu=\sqrt{\frac{(1+0.41K_1)(1+0.41K_2)}{(1+0.82K_1)(1+0.82K_2)}} \quad (2\text{-}66)$$	

注：当梁与柱的连接达不到刚性连接要求时，确定柱计算长度时应考虑连接的半刚性特性。

2.2.7　单层厂房柱

单层厂房排架下端刚性固定的带牛腿等截面柱和阶形柱在框架平面内的计算长度 H_0 应按表 2-24 确定。

框架平面内的计算长度　　　　　　　　　　　　　　　　表 2-24

项次	计算内容	计算方法	说明
1	下端刚性固定的带牛腿等截面柱	$$H_0 = \alpha_N \left[\sqrt{\frac{4 + 7.5K_b}{1 + 7.5K_b}} - \alpha_k \left(\frac{H_i}{H} \right)^{1+0.8K_b} \right] H$$ <div align="right">(2-67)</div> $$K_b = \frac{\sum I_b/l_i}{I_c/H}$$ <div align="right">(2-68)</div> 当 $K_b < 0.2$ 时：　$\alpha_k = 1.5 - 2.5K_b$　(2-69) 当 $0.2 \leqslant K_b < 2.0$ 时：$\alpha_k = 1.0$　(2-70) $$\gamma = \frac{N_1}{N_2}$$ <div align="right">(2-71)</div> 当 $\gamma \leqslant 0.2$ 时：$\alpha_N = 1.0$　(2-72) 当 $\gamma > 0.2$ 时：$\alpha_N = 1 + \dfrac{H_1(\gamma - 0.2)}{1.2H_2}$　(2-73)	H_1，H_2，H—分别为柱在牛腿表面以上的高度、柱牛腿表面以下高度和柱总高度（图 2-8）； K_b—与柱连接的横梁线刚度之和与柱线刚度之比； α_k—和比值 K_b 有关的系数； α_N—考虑压力变化的系数； γ—柱上下段压力比。 I_b、l_b—实腹钢梁的惯性矩和跨度； I_1、H_1—阶形柱上段柱的惯性矩和柱高； I_2、H_2—阶形柱下段柱的惯性矩和柱高； K_1—横梁线刚度与上段柱线刚度的比值； μ_{20}—柱上端与横梁铰接时（即 $K_b = 0$ 时）单阶柱下段柱的计算长度系数，按表 11-7 查得； $\mu_{2\infty}$—柱上端与横梁刚接时（即 $K_b = \infty$ 时）单阶柱下段柱的计算长度系数，按表 11-7 查得； η_1—参数
2	下端刚性固定的阶形柱	（1）单阶柱 　1）下段柱的计算长度系数 μ_2：当柱上端与横梁铰接时，应按本手册的数值乘以表 2-25 的折减系数；当柱上端与横梁刚接时，应按本手册的数值乘以表的折减系数。 　2）当柱上端与实腹梁刚接时，下段柱的计算长度系数，μ_2 应按下列公式计算的系数 μ'_2 乘以表 2-25 的折减系数。μ'_2 应不大于按柱上端与横梁铰接计算的 μ_2 值，且不小于柱上端与横梁刚接计算的 μ_2 值。 $$\eta_1 = \frac{H_1}{H_2}\sqrt{\frac{N_1}{N_2}\frac{I_2}{I_1}}$$ <div align="right">(2-74)</div> $$K_1 = \frac{I_1 H_2}{H_1 I_2}$$ <div align="right">(2-75)</div> $$\mu'_2 = \frac{\eta_1^2}{\alpha(\eta_1 + 1)} \sqrt[3]{\frac{\eta_1 - K_b}{K_b} + (\eta_1 - 0.5)K_c + 2}$$ <div align="right">(2-76)</div> 　3）上段柱的计算长度系数 μ_1，应按下式计算： $$\mu_1 = \frac{\mu_2}{\eta_1}$$ <div align="right">(2-77)</div>	

注：1. 当计算框架的格构式柱和桁架式横梁的惯性矩时，应考虑柱或横梁截面高度变化和缀件（或腹板）变形的影响。

　　2. 框架柱在框架平面外的计算长度可取面外支撑点之间距离，还可考虑相邻柱之间的相互约束关系确定计算长度。

　　3. 双阶柱的计算长度见参考文献 [1] 钢结构设计标准 GB 50017—2017。

阶形柱计算长度的折减系数 表 2-25

厂房类型			折减系数
单跨或多跨	纵向温度区段内一个柱列的柱子数	屋面情况	厂房两侧是否有通长的屋盖纵向水平支撑	
单跨	等于或少于 6 个	—	—	0.9
	多于 6 个	非混凝土无檩屋面板的屋面	无纵向水平支撑	
			有纵向水平支撑	0.8
		混凝土无檩屋面板的屋面	—	
多跨	—	非混凝土无檩屋面板的屋面	无纵向水平支撑	
			有纵向水平支撑	0.7
		混凝土无檩屋面板的屋面	—	

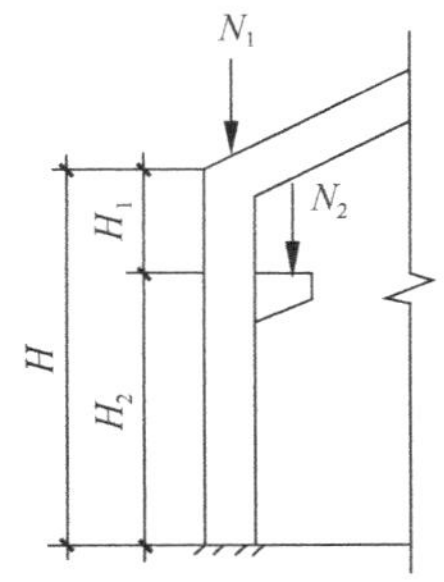

图 2-8 带牛腿的框架柱

2.2.8 压弯构件的局部稳定和屈曲后强度

1. 压弯构件腹板、翼缘宽厚比应符合 $b/t = 15\varepsilon_k$。

2. 工字形和箱形截面压弯构件的腹板高厚比超过 $h_0/t > 45 + 25\alpha_0^{1.66}\varepsilon_k$ 要求时，其构件设计应符合下表规定：

压弯构件的局部稳定和屈曲后强度 表 2-26

项次	计算方法	注意
1	应以有效截面代替实际截面按本条第 2 款计算杆件的承载力。 （1）腹板受压区的有效宽度应取为： $h_e = \rho h_c$ (2-78) 当 $\lambda_{n,p} \leqslant 0.75$ 时：$\rho = 1.0$ (2-79a) 当 $\lambda_{n,p} \leqslant 0.75$ 时：$\rho = \dfrac{1}{\lambda_{n,p}}\left(1 - \dfrac{0.19}{\lambda_{n,p}}\right)$ (2-79b) $\lambda_{n,p} = \dfrac{h_w/t_w}{28.1\sqrt{k_\sigma}} \cdot \dfrac{1}{\varepsilon_k}$ (2-80) $k_c = \dfrac{16}{(2-\alpha_0) + \sqrt{2-\alpha_0^2 + 0.112\alpha_0^2}}$ (2-81) （2）腹板有效宽度 h_e 应按下列规则分布； 当截面全部受压，即 $\alpha_0 \leqslant 1$ 时（图 2-9）： $h_{e1} = 2h_e/(4+\alpha_0)$ (2-82) $h_{e2} = 2h_e - h_{e1}$ (2-83) 当截面部分受拉时，即 $\alpha_0 > 1$ 时（图 2-9）： $h_{e1} = 0.4h_e$ (2-84) $h_{e2} = 0.6h_e$ (2-85) （3）箱形截面压弯构件翼缘宽厚比超限时也应按公式（2-78）计算其有效宽度，计算时取 $k_\sigma = 4.0$。有效宽度分布在两侧均等。	h_c、h_e—分别为腹板受压区宽度和有效宽度，当腹板全部受压时，$h_c = h_w$； ρ—有效宽度系数，按式（3-151）计算； A_{ne}、A_e—分别为有效净截面的面积和有效毛截面的面积； W_{nex}—有效截面的净截面模量； W_{elx}—有效截面对较大受压纤维的毛截面模量； e—有效截面形心至原截面形心的距离。 压弯构件的板件当用纵向加劲肋加强以满足表 2-9b 宽厚比限值时，加劲肋宜在板件两侧成对配置，其一侧外伸宽度不应小于板件厚度 t 的 10 倍，厚度不宜小于 $0.75t$。 β_{mx}、β_{tx} 见表 2-20。 α_0 见表 2-9b 注

项次	计算方法	注意
2	应采用下列公式计算其承载力： 强度计算：$\dfrac{N}{A_{ne}}\pm\dfrac{M_x+Ne}{\gamma_x W_{nex}}\leqslant f$　　　　　(2-86) 平面内稳定计算： $\dfrac{N}{\varphi_x A_e f}+\dfrac{\beta_{mx}M_x+Ne}{\gamma_x W_{elx}\left(1-0.8N/N'_{Ex}\right)f}\leqslant1.0$　(2-87) 平面外稳定计算： $\dfrac{N}{\varphi_y A_e f}+\eta\dfrac{\beta_{tx}M_x+Ne}{\varphi_b\gamma_x W_{elx}f}\leqslant1.0$　　　(2-88)	

注：柱身的构造要求：

1）框架的格构式柱宜采用缀条柱；

2）格构式柱和大型实腹式柱，在受有较大水平力处和运送单元的端部应设置横隔，横隔的间距不应大于柱截面长边尺寸的 9 倍和 8m。

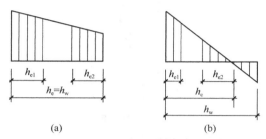

(a)　　　　　　　　　　　　　(b)

图 2-9　有效宽度的分布

2.2.9　冷弯薄壁型钢结构

1. 轴心受力构件的计算

轴心受力构件应按表 2-27 所列公式计算其强度和稳定性。

薄壁型钢结构轴心受力构件的计算公式　　　　　　　　表 2-27

项次	构件	计算内容	计算公式	符号说明
1	轴心受拉	强度	$\sigma=\dfrac{N}{A_n}\leqslant f$　(2-89)	N—轴心力； A_n—净截面面积； 　f—钢材的设计强度； 　φ—轴心受压构件的稳定系数，按第 11 章表 11-4a、4b 规定采用； A_e—有效截面面积； A_{en}—有效净截面面积
2	轴心受压	强度稳定性	$\sigma=\dfrac{N}{A_{en}}\leqslant f$　(2-90) $\dfrac{N}{\varphi A_e}\leqslant f$　(2-91)	

注：当有摩擦型高强度螺栓连接时仍应按公式（2-5）验算。

在上述计算中：

（1）应尽量避免在薄壁型钢结构的受力构件上开孔，如必须在轴心受压和偏心受压等构件的主要受力部位开孔时，应采取构造措施补强，或用有效截面扣除孔洞后的面积计算其强度。

（2）有效截面面积 A_e 系由轴心受压构件中板件的有效宽厚比计算而得，而板件的有效宽厚比应按规范计算，也可参照 11.4 表 11-5a～6f 按其例 1、例 2 的规定采用，当其宽厚比超过公式 11-6 f 规定的有效宽厚比时，构件的有效截面应自毛截面中按图 2-10 所示位置扣除其超出部分（即图中不带斜线部分）。

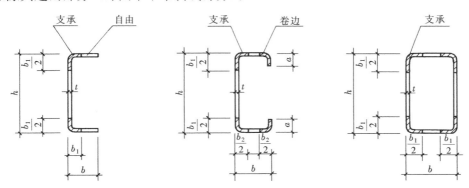

图 2-10 轴心受压构件的有效截面图

注：1. b_1 系两边支承板件的有效宽度；

2. b_2 系一边支承，一边卷边板件的有效宽度。

（3）对于圆管截面构件，其外径与壁厚之比 $\dfrac{d}{t}$，当满足第 2.1.7 的要求，截面全部有效。

（4）对于闭口截面、双轴对称的开口截面和不带卷边单角钢等常用截面的轴心受压构件的长细比，应按表 2-28 所列公式计算。对于单轴对称开口截面（不卷边单角钢除外）轴心受压构件的长细比的计算取值，尚应按规范规定补充考虑换算长细比。由于这种截面不常用，故从略。

轴心受压构件常用截面的长细比计算公式 表 2-28

截 面 形 式	计 算 公 式	符 号 说 明
	$\lambda_x = \dfrac{l_{0x}}{i_x}$ (2-92) $\lambda_y = \dfrac{l_{0y}}{i_y}$ (2-93) 取上两式中的较大值	λ_x，λ_y—构件对截面主轴 x 和 y 的长细比；l_{0x}，l_{0y}—构件在垂直于截面主轴 x 和 y 平面内的计算长度；i_x，i_y—构件毛截面对主轴 x 和 y 的回转半径

图 2-10 中所示带卷边截面以及其他形式的带卷边截面，其卷边的最小高厚比 $\dfrac{a}{t}$，应根据带卷边板件的宽厚比 $\dfrac{b}{t}$ 按表 2-29 采用，但不宜大于 12。

卷边的最小高厚比 表 2-29

b/t	15	20	25	30	35	40	45	50	55	60
a/t	5.4	6.3	7.2	8.0	8.5	9.0	9.5	10.0	10.5	11.0

2. 拉弯、压弯构件的计算

（1）实腹式拉弯、压弯构件应按表 2-30 所列公式计算其强度和稳定性。

薄壁型钢结构实腹式偏心受力构件的计算公式 表 2-30

项次	构件	计算内容	弯矩作用平面	计算公式	符号说明
1	拉弯构件	强度	弯矩作用在主平面内时	$\sigma=\dfrac{N}{A_n}\pm\dfrac{M}{W_{nx}}\leqslant f$ (2-94)	W_{nx}—对截面主轴 x 的净截面模量； W_{ex}—有效截面模量（对 x 轴）； W_{enx}—有效净截面模量（对 x 轴）； N'_E— 欧拉临界力，N'_E $=\dfrac{\pi^2 EA}{1.165\lambda_x^2}$； φ—轴心受压构件的稳定系数（取 λ_x 查表）； φ_y—对 y 轴的轴心受压构件的稳定系数； β_{mx}—等效弯矩系数； （1）构件端部无侧移，且无中间横向荷载时： $\beta_{mx}=0.6+0.4\dfrac{M_1}{M_2}$； $M_x=M_2$； M_1、M_2—分别为绝对值较大和较小的端弯矩，当构件单曲时，$\dfrac{M_1}{M_2}$ 取正值；双曲时，$\dfrac{M_1}{M_2}$ 取负值； （2）构件端无侧移，但有中间横向荷载时： $\beta_{mx}=1.0$ （3）构件端有侧移时 $\beta_{mx}=1.0$ 计算弯矩时，取构件全长范围内的最大弯矩； φ'_{bx}—受弯构件的整体稳定系数，由公式（2-98）计算，当构造上保证构件不整体失稳时，可取 $\varphi'_{bx}=1$ η— 截面系数，对闭口截面 $\eta=0.7$，其他截面 $\eta=1.0$
2	压弯构件	强度	弯矩作用在主平面内时	$\sigma=\dfrac{N}{A_{en}}\pm\dfrac{M_x}{W_{enx}}\leqslant f$ (2-95)	
3		弯矩作用平面内的稳定性	弯矩作用在单轴或双轴对称平面内时	$\dfrac{N}{\varphi A_e}+\dfrac{\beta_{mx}M_x}{\left(1-\dfrac{N}{N'_E}\varphi\right)W_{ex}}\leqslant f$ (2-96)	
4		弯矩作用平面外的稳定性	弯矩作用在双轴对称截面的最大刚度平面内时，如图所示 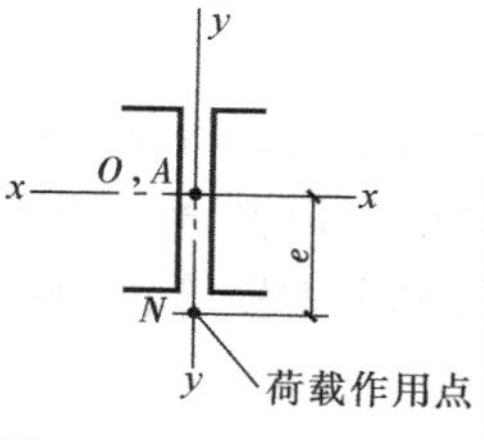 荷载作用点	$\dfrac{N}{\varphi_y A_e}+\dfrac{\eta M_x}{\varphi'_{bx}W_{ex}}\leqslant f$ $M_x=Ne$ (2-97)	
5			荷载作用点		

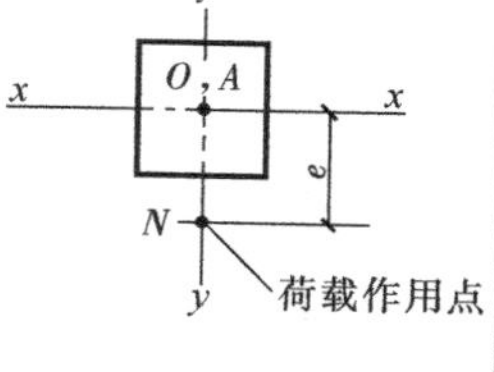

在表 2-30 中：

1）有效截面面积 A_e 和有效截面模量 W_{ex}，系由表 11-6f 算得。

2）受弯构件的整体稳定系数 φ_{bx}

单轴或双轴对称截面的简支梁，其整体稳定系数应按下式计算（对于闭口截面，可取 $\varphi_{bx}=1.0$）：

$$\varphi_{bx} = \frac{4320Ah}{\lambda_y^2 W_x} \xi_1 \left(\sqrt{\eta^2 + \xi} + \eta\right)\left(\frac{235}{f_y}\right) \tag{2-98}$$

$$\eta = 2\xi_2 e_a / h \tag{2-99}$$

$$\xi = \frac{4I_\omega}{h^2 I_y} + \frac{0.156 I_t}{I_y}\left(\frac{l_0}{h}\right)^2 \tag{2-100}$$

上列公式中　λ_y——弯矩作用平面外的长细比；

I_y——对平行于腹板重心轴 y 的惯性矩；

A——毛截面面积；

h——截面高度；

I_ω、I_t——毛截面扇性惯性矩、抗扭惯性矩，见表 11-21、22；

l_0——梁的侧向计算长度，$l_0 = \mu_b l$；

μ_b——梁的侧向计算长度系数，应按表 2-23 的规定采用；

l——梁的跨度；

ξ_1、ξ_2——系数，按表 2-31 的规定采用；

e_a——荷载作用点到截面弯心的距离，当荷载作用指向弯心 e_a 为负，离开弯心时 e_a 为正；

W_x——对 x 轴受压边缘毛截面模量。

如按上列公式算得的 φ_{bx} 值大于 0.7，则应以 φ'_{bx} 值代替 φ_{bx}，φ'_{bx} 应按下式计算

$$\varphi'_{bx} = 1.091 - \frac{0.274}{\varphi_{bx}} \tag{2-101}$$

梁的两端及跨间侧向均为简支时的 ξ_1、ξ_2 和 μ_b 值　　　　表 2-31

序号	弯矩作用平面内的荷载及支承情况	跨间无侧向支承 $\mu_b = 1.00$		跨中设一道侧向支承 $\mu_b = 0.50$		跨间有不少于两个等距离布置的侧向支承 $\mu_b = 0.33$	
		ξ_1	ξ_2	ξ_1	ξ_2	ξ_1	ξ_2
1	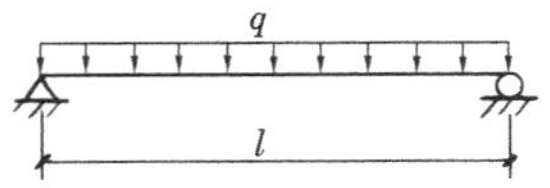	1.13	0.46	1.35	0.14	1.37	0.06
2	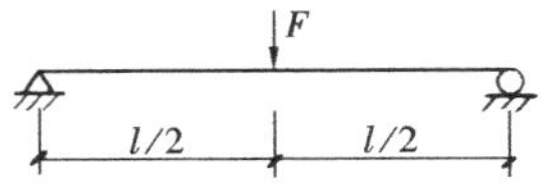	1.35	0.55	1.83	0	1.68	0.08
3	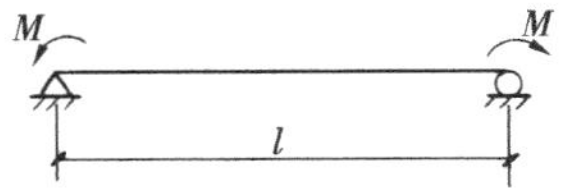	1.00	0	1.00	0	1.00	0
4	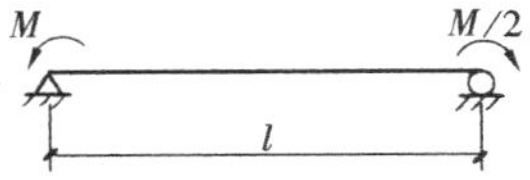	1.32	0	1.31	0	1.31	0

续表

序号	弯矩作用平面内的荷载及支承情况	跨间无侧向支承 $\mu_b=1.00$		跨中设一道侧向支承 $\mu_b=0.50$		跨间有不少于两个等距离布置的侧向支承 $\mu_b=0.33$	
		ξ_1	ξ_2	ξ_1	ξ_2	ξ_1	ξ_2
5		1.83	0	1.77	0	1.75	0
6		2.39	0	2.13	0	2.03	0
7		2.24	0	1.89	0	1.77	0

第 11 章 11.7 表 11-25、26 中直接列出各种薄壁型钢截面的受弯构件稳定系数 φ'_{bx}，便于设计查用。

（2）格构式偏心受力构件

在格构式偏心受压构件中，除应计算整个构件的强度和稳定性外，尚应计算单肢的强度和稳定性。

计算缀板或缀条内力用的剪力，应取构件实际剪力和按公式（2-40）规定的剪力两者中较大值进行计算［注意在引用式（2-40）计算时，应将分母中的 85 改为 80］。

2.3　连接计算与构造

2.3.1　焊缝连接

1. 焊接连接的形式

焊接连接可分为平接、搭接及顶接三种基本形式（见图 2-11）。

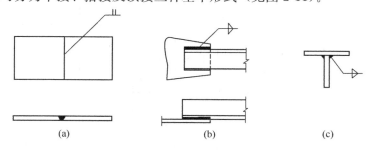

图 2-11　焊缝连接的基本形式
（a）平接；（b）搭接；（c）顶接

根据以上三种基本连接形式，又有不同的焊缝形式。如对于平接，则需做成对接焊缝对于搭接和顶接，则需要做成角焊缝。

（1）对接焊缝通常有五种截面形式，即：无坡口的矩形、坡口的 V 形、X 形、L 形及 K 形（表 2-32）。这种焊缝的优点是：用料经济、传力均匀平顺，没有显著的应力集中（对于承受动力荷载作用的结构采用对接焊缝最为有利）。它的缺点是，施焊时要使杆件保持一定的间隙，板边切割加工尺寸要求较严，对于较厚的焊件还需加工坡口。

对接焊缝的截面形式和构造（手工全焊透）　　　　　　　表 2-32

项次	焊缝形式	截 面 图 形 （mm）	钢板厚度 t（mm）	说　明
1	无坡口		3~6	清　根
2	V 形缝		≥6	清　根
3	X 形缝		≥16	清　根
4	L 形缝 （单面 V 形坡口）		≥6	清　根
5	K 形缝		≥16	清　根

（2）角焊缝主要用于两个不在同一平面的焊件连接。通常有三种主要截面形式，即普通式焊缝、平坡式焊缝和凹面式焊缝（图 2-12）。

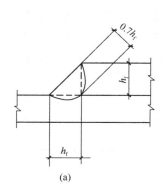
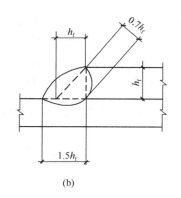
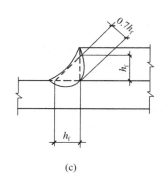

图 2-12　角焊缝的形式
（a）普通式焊缝；（b）平坡式焊缝；（c）凹面式焊缝

在角焊缝中，平行于作用力方向的焊缝称为侧缝，垂直于作用力方向的焊缝称为端缝。侧缝主要承受剪力作用，剪力沿焊缝长度方向的分布是不均匀的，其破坏往往从端应力最大处开始。在弯矩和轴心力作用下，焊缝根部应力集中严重，破坏往往从根部开始。端缝的破坏强度则比侧缝高。由侧缝和端缝组合成的围焊形式要比仅有侧缝的传力均匀得多，因此在直接承受动力荷载的结构中或焊缝长度较短时应采用围焊形式。

2. 对接焊缝

（1）对接焊缝的计算

对接焊缝的强度应按表 2-33 所列公式计算。

对接焊缝的计算公式　　　　　　　　　　表 2-33

项次	受 力 简 图	计算内容	计 算 公 式	符 号 说 明
1	$N \longleftarrow$　$\longleftarrow N$	拉应力	$\sigma = \dfrac{N}{l_{\mathrm{w}}t} \leqslant f_{\mathrm{t}}^{\mathrm{w}}$　　(2-102)	
2	$N \longrightarrow$　$\longrightarrow N$	压应力	$\sigma = \dfrac{N}{l_{\mathrm{w}}t} \leqslant f_{\mathrm{c}}^{\mathrm{w}}$　　(2-103)	N—作用于连接的轴心力； M—作用于连接的弯矩； V—作用于连接的剪力； l_{w}—每条焊缝的计算长度； t—连接件中的较小厚度； $f_{\mathrm{t}}^{\mathrm{w}}$、$f_{\mathrm{c}}^{\mathrm{w}}$、$f_{\mathrm{v}}^{\mathrm{w}}$—对接焊缝的抗拉、抗压、抗剪强度设计值见表 2-3
3	M　M	拉应力	$\sigma = \dfrac{6M}{l_{\mathrm{w}}^{2}t} \leqslant f_{\mathrm{t}}^{\mathrm{w}}$　　(2-104)	
4	V　V	剪应力	$\tau = 1.5\dfrac{V}{l_{\mathrm{w}}t} \leqslant f_{\mathrm{v}}^{\mathrm{w}}$　(2-105)	

采用表 2-33 公式计算时：

1) 每条焊缝计算长度 l_w 取值的规定如下：在普通钢结构和薄壁型钢结构中，当未采用引弧板施焊时，取每条焊缝的实际长度 l'_w 减去 $2h_f$；当采用引弧板或围焊时，取每条焊缝的实际长度 l'_w。

2) 如承受轴心力的杆件用对接斜焊缝，当焊缝和作用力间的夹角 θ 符合 $\tan\theta \leqslant 1.5$ 时，即认为焊缝强度与焊件等强，可不进行计算。

3) 在正应力和剪应力都较大的部位，应按公式 $\sqrt{\sigma^2 + 3\tau^2} \leqslant 1.1 f_t^w$ 计算折算应力。

(2) 对接焊缝的构造要求

1) 钢板的拼接采用对接焊缝时，纵横两方向的焊缝可采用十字形交叉或 T 形交叉，T 形交叉点间的距离不得小于 200mm（图 2-13）。

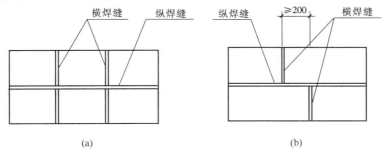

图 2-13 钢板的拼接
(a) 十字形交叉；(b) T 形交叉

2) 对接焊缝的剖口形式，应根据板厚和施工条件按现行《手工电弧焊焊接接头的基本形式与尺寸》和《焊剂层下自动焊与半自动焊焊接接头的基本形式和尺寸》的规定选用，为选用方便，在表 2-32 中列出了常用的手工全焊透对接焊缝的截面形式和构造。

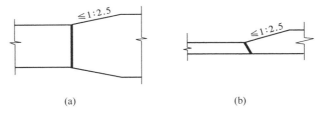

图 2-14 变截面钢板拼接
(a) 改变宽度；(b) 改变厚度

3) 在对接焊缝的拼接处，不论改变钢板的宽度或厚度，均应从板的一侧或两侧做成坡度不大于 1：2.5 的斜角（图 2-14）。当改变厚度时，焊缝坡口形式根据较薄的板的厚度按以上 2) 的要求取用，焊缝的计算厚度等于较薄的板的厚度。

注：直接承受动力荷载且需进行疲劳计算的结构图 2-14 中的 1：2.5 应改为 1：4。

3. 角焊缝

(1) 角焊缝的计算

1) 角焊缝的强度应按表 2-34 所列公式计算。

角焊缝的计算公式　　　　　　　　　　　　　　　　　　表 2-34

项次	连接形式	受 力 简 图	计 算 公 式	符 号 说 明
1	搭接	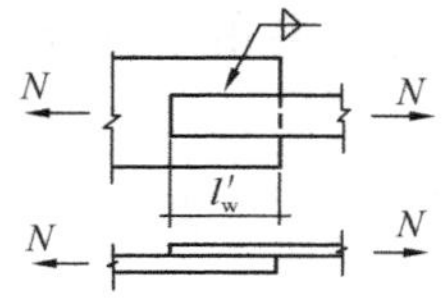	$\tau_f = \dfrac{N}{0.7\Sigma h_f l_w} \leqslant f_f^w$ (2-106)	N—作用的轴心力； V—作用的剪力； M—作用的弯矩； h_f—角焊缝的厚度，应取截面较小直角边； 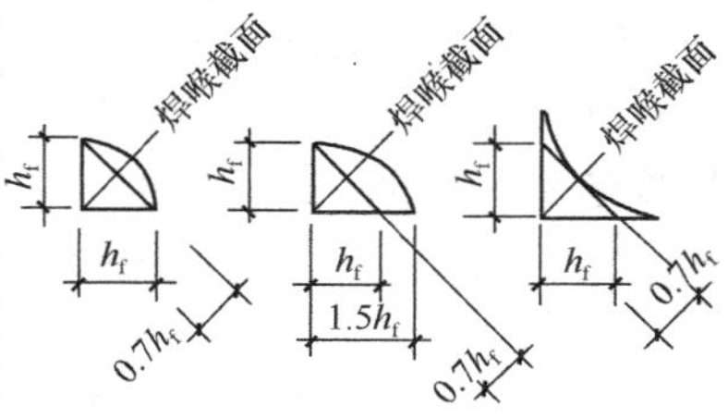
2	搭接	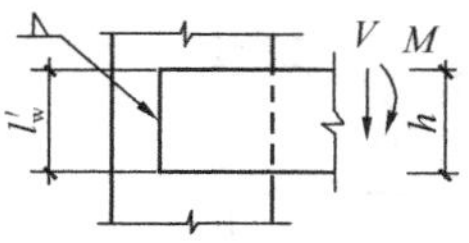	$\sqrt{\tau_f^2 + \left(\dfrac{\sigma_f}{\beta_f}\right)^2}$ $=\sqrt{\left(\dfrac{V}{A_f}\right)^2 + \left(\dfrac{Mh}{2I_f}\right)^2}$ $=\dfrac{1}{0.7h_f}\sqrt{\left(\dfrac{V}{l_w}\right)^2 + \left(\dfrac{6M}{\beta_f l_w^2}\right)^2}$ $\leqslant f_f^w$ (2-107)	 角焊缝截面 l_w'—每条焊缝的实际长度； l_w—每条焊缝的计算长度；
3	顶接	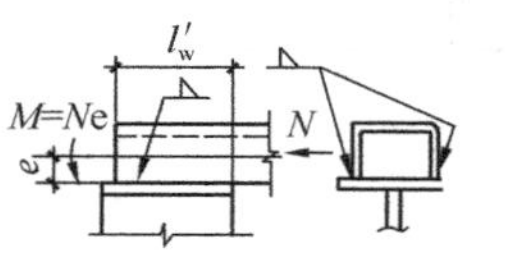	$\dfrac{1}{1.4h_f}\sqrt{\left(\dfrac{N}{l_w}\right)^2 + \left(\dfrac{6Ne}{\beta_f l_w^2}\right)^2}$ $\leqslant f_f^w$ (2-108)	τ_f、σ_f—角焊缝中由剪力 V、弯矩 M 产生的剪应力； A_f—焊缝的焊喉截面积等于 $0.7h_f l_w$； I_f—焊缝的焊喉截面对形心轴的惯性矩；
4	顶接	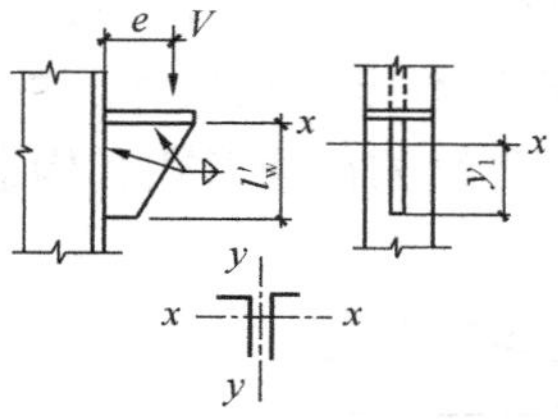	$\sqrt{\tau_f^2 + \left(\dfrac{\sigma_f}{\beta_f}\right)^2} \leqslant f_f^w$ (2-109) 式中 $\tau_f = \dfrac{V}{A_f} = \dfrac{V}{0.7\sum h_f l_w}$ (2-110) $\sigma_f = \dfrac{Vey_1}{I_x}$ (2-111)	f_f^w—角焊缝的抗剪强度设计值； β_f—正面角焊缝强度增大系数，$\beta_f = 1.22$（静载及间接动载）；$\beta_f = 1.0$（直接动载）及钢管结构； I_x—焊缝截面对形心轴 x-x 的惯性矩； y_1—形心轴至受压外缘的距离
5	圆钢钢板搭接	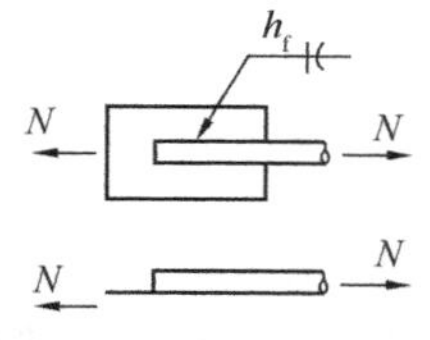	$\tau_f = \dfrac{N}{\Sigma h_e l_w} \leqslant f_f^w$ (2-112)	h_e—焊缝计算厚度 $h_e = 0.7h_f$ 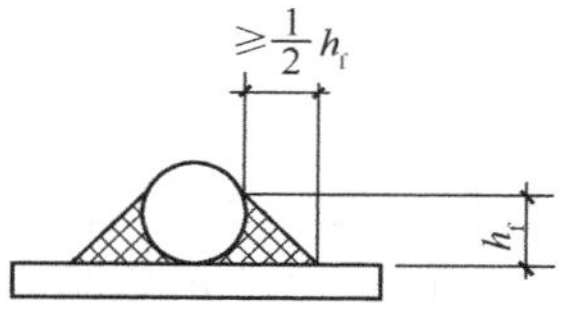
6	圆钢搭接	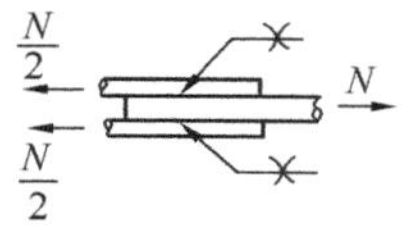	$\tau_f = \dfrac{N}{\Sigma h_e l_w} \leqslant f_f^w$ (2-113)	$h_e = 0.1(D+2d) - a$ D—大圆钢直径； d—小圆钢直径； a—焊缝表面至两个圆钢公切线的距离，此值应在施工图中说明 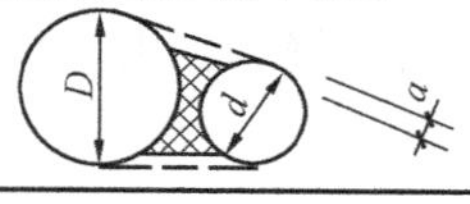

2）角钢与钢板连接焊缝的内力分配

单角钢或双角钢轴心受力构件与钢板的角焊缝连接，主要用于桁架节点。在承受静力荷载或间接承受动力荷载的桁架中，一般采用两面侧焊或三面围焊（图 2-15）。三面围焊疲劳强度较高，围焊时的转角处必须连续施焊。

焊缝的分布应使焊缝截面的形心与杆件形心相重合，相差过大时，应考虑其偏心影响。

图 2-15a 所示的三面围焊情况，端焊缝 3 所受的力 N_3 在选定 h_{f3} 后即为已知值（因焊缝长度 $l_{w3}=b$）。对 N_2 取矩值 $\Sigma M=0$ 得

$$N_1 = N\frac{b-x_0}{b} - \frac{N_3}{2} = K_1 N - \frac{N_3}{2} \qquad (2-114)$$

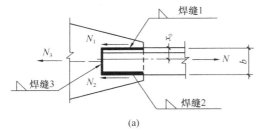
(a)

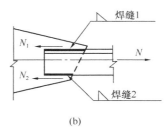
(b)

图 2-15 桁架腹杆与节点板的焊缝

（a）三面围焊；（b）两面侧焊

对 N_1 取矩使 $\Sigma M=0$ 得

$$N_2 = N\frac{x_0}{b} - \frac{N_3}{2} = K_2 N - \frac{N_3}{2} \qquad (2-115)$$

上述两式中，角钢形心距 x_0 可由表 11-9～表 11-13 查得，故 K_1、K_2 为已知值，从而可求得两面侧焊缝所分担的内力 N_1 和 N_2。

当采用两面侧焊时，由于 $N_3=0$，可得

$$N_1 = K_1 N \qquad (2-116a)$$
$$N_2 = K_2 N \qquad (2-116b)$$

由于各种规格角钢的 K_1、K_2 值变化不大，设计中通常取作常数，如表 2-35 所示。

角钢与钢板连接的角焊缝内力分配系数　　表 2-35

项　次	角 钢 类 型	连 接 形 式	焊缝内力的分配系数	
			肢背 K_1	肢尖 K_2
1	等边角钢		0.70	0.30
2	不等边角钢		0.75	0.25
			0.65	0.35

这部分的焊缝连接计算已制成图表，列于表 11-38～表 11-39。

（2）角焊缝的构造要求

角焊缝的构造要求列于表 2-36。

角焊缝的构造要求　　　　表 2-36

项次	构造要求	普通钢结构（有圆钢者除外）	有圆钢的钢结构	薄壁型钢结构
1	角焊缝的最小厚度 h_f 或最小有效厚度 h_e	角焊缝的最小厚度不应小于 1.5 $\sqrt{t}$，当焊件厚度小于 4mm 时，则与焊件厚度相同。t 为较厚焊件厚度	圆钢与圆钢，圆钢与钢板（或型钢）之间角焊缝的最小有效厚度 h_e，不应小于 0.2 倍圆钢直径（当焊接的两圆钢直径不同时，取平均直径）或 3mm	—
2	角焊缝的最大厚度 h_f 或最大有效厚度 h_e	焊缝的最大厚度 h_f 不得大于较薄焊件厚度的 1.2 倍，但焊件边缘的焊缝最大厚度尚应符合下列要求：①当 $t \leqslant 6mm$ 时，$h_f \leqslant 6mm$；②当 $t > 6mm$ 时 $h_f \leqslant t - （1～2）mm$ t——焊件边缘厚度	圆钢与钢板之间角焊缝的最大有效厚度 h_e 不得大于钢板厚度的 1.2 倍	角焊缝的最大厚度 h_f 不得大于较薄焊件厚度的 1.5 倍。钢管节点 h_e 可放大至 2.0t
3	侧焊缝或端焊缝的最小计算长度 l_w	不得小于 8h_f 和 40mm	不得小于 20mm	不得小于 30mm
4	侧焊缝的最大计算长度 l_w	①在静力荷载作用下，不宜大于 60h_f；在动力荷载作用下，不宜大于 40h_f。当大于上述数值时，其超出部分在计算中不予考虑；②当内力沿侧焊缝全长分布，其计算长度全部有效	—	—
5	侧焊缝之间的距离及长度（无端焊缝时）	距离 $\leqslant 16t$（当 $t > 12mm$）或 190mm（当 $t \leqslant 12mm$）长度 $\geqslant$ 上述距离 t 为较薄焊件厚度	—	—
6	间断焊缝的最大间距	在次要构件或次要焊缝连接中，当连续角焊缝的计算厚度小于上述几项规定的最小厚度时，可采用间断焊缝，间断焊缝之间的净距要求如下：①在受压构件中不大于 15t；②在受拉构件中不大于 30t（t 为较薄焊件的厚度）	—	—
7	搭接连接中的最小搭接长度	不得小于焊件较小厚度的 5 倍，并不得小于 25mm	—	—

2.3.2　螺栓连接

1. 螺栓连接的类型

螺栓连接可分为两大类：普通螺栓连接，高强度螺栓连接。普通螺栓分 A、B 级和 C 级。高强度螺栓的连接分摩擦型连接和承压型连接。

普通螺栓主要用于承受拉力的连接。由于螺栓杆与螺栓孔之间存在着较大的空隙，故在承受剪力时，工作状态较差。A、B 级螺栓要比 C 级螺栓承受剪力稍高。在承受主要的受剪连接中宜用焊接或高强度螺栓摩擦型连接。

2. 螺栓连接计算

（1）在普通螺栓和锚栓的连接中，一个普通螺栓和锚栓的承载力设计值，应按表 2-37 所列公式计算。

一个普通螺栓和锚栓的承载力设计值计算公式　　　　　表 2-37

项次	受力情况		普通螺栓（锚栓）承载力设计值	说　明
1	受剪连接	抗剪	$N_v^b = n_v \dfrac{\pi d^2}{4} f_v^b$　(2-117)　⎫ 　　　　　　　　　　　⎬ 取两者中的较小者 $N_c^b = d \cdot \sum t \cdot f_c^b$　(2-118)　⎭	n_v—受剪面数，单剪 $n_v=1$，双剪 $n_v=2$，四剪 $n_v=4$； d、d_e—普通螺栓或锚栓的栓杆直径和在螺纹处的有效直径，见表 2-40； $\sum t$—在同一受力方向的承压构件的较小总厚度； f_v^b、f_c^b、f_t^b—普通螺栓的抗剪强度设计值、承压强度设计值和抗拉强度设计值见表 2-4； N_v、N_t—一个普通螺栓所承受的剪力和拉力； N_v^b、N_c^b、N_t^b—一个普通螺栓的抗剪承载力设计值、承压承载力设计值和抗拉承载力设计值； f_t^a—锚栓的抗拉强度设计值，见表 2-4； N_t^a—一个锚栓的抗拉承载力设计值
2		承压		
3	杆轴方向受拉连接	抗拉	$N_t^b = \dfrac{\pi d_e^2}{4} f_t^b$　　(2-119a) $N_t^a = \dfrac{\pi d_e^2}{4} f_t^a$　　(2-119b)	
4	同时承受剪力和杆轴方向拉力的连接		$\sqrt{\left(\dfrac{N_v}{N_v^b}\right)^2 + \left(\dfrac{N_t}{N_t^b}\right)^2} \leqslant 1$　(2-120) $N_v \leqslant N_c^b$　　(2-121)	

（2）高强度螺栓的预拉力见表 2-38。

高强度螺栓预拉力值　　　　　表 2-38

螺栓的性能等级	螺栓的公称直径（mm）					
	M16	M20	M22	M24	M27	M30
8.8 级	80	125	150	175	230	280
10.9 级	100	155	190	225	290	355

注：$p = \dfrac{0.9 \times 0.9 \times 0.9}{1.2} f_u A_e \approx 0.6 f_u A_e$，$f_u \approx 830 \text{N/mm}^2$（8.8 级），$f_u \approx 1040 \text{N/mm}^2$（10.9 级），$A_e$ 见表 2-40。

（3）高强度螺栓承压型连接应按以下要求进行设置和计算：

1）高强度螺栓承压型连接的设计预拉力 P 应与高强度螺栓摩擦型连接相同，连接处构件接触面应清除油污及浮锈。

高强度螺栓承压型连接仅适用于承受静力荷载或间接承受动力荷载结构中的连接。

2）一个高强度螺栓承压型连接的承载力设计值，应按表 2-39 所列公式计算。

一个高强度螺栓承压型连接的承载力设计值计算公式 表 2-39

项次	受力情况		公　　式	说　　明
1	受剪连接	抗剪	$N_v^b = n_v \dfrac{\pi d_e^2}{4} f_v^b$　(2-122) $\left.\begin{array}{c}\\ \\\end{array}\right\}$ 取两者中的较小者	N_v^b、N_c^b、N_t^b——一个高强度螺栓的抗剪承载力设计值、承压承载力设计值和抗拉承载力设计值;
		抗压	$N_c^b = d \cdot \sum t \cdot f_c^b$　(2-123)	
2	螺栓杆轴方向受拉的连接		$N_t^b = \dfrac{\pi d_e^2}{4} f_t^b$　(2-124)	N_v、N_t——一个高强度螺栓所承受的剪力和拉力;
3	同时承受剪力和杆轴方向拉力的连接		$\sqrt{\left(\dfrac{N_v}{N_v^b}\right)^2 + \left(\dfrac{N_t}{N_t^b}\right)^2} \leqslant 1$　(2-125) $N_v \leqslant N_c^b/1.2$　(2-126)	n_v——受剪面数目

2.3.3 普通螺栓和高强度螺栓群的连接计算和构造要求

1. 普通螺栓或高强度螺栓群的连接,可按表 2-39 所列公式计算。

2. 在构件的节点处或拼接连接的一侧,当普通螺栓或高强度螺栓沿受力方向的连接长度 l_1 大于 $15d_0$(d_0 为孔径)时,应将普通螺栓或高强度螺栓的承载力设计值乘以折减系数 α_s,$\alpha_s = [1.1 - l_1 / (150 d_0)]$;当 l_1 大于 $60 d_0$ 时,折减系数为 0.7。

3. 在下列情况的连接中,普通螺栓或高强度螺栓的数目应予增加:

(1) 一个构件借助填板或其他中间板件与另一构件连接的普通螺栓或高强度螺栓(高强度螺栓摩擦型连接除外)的数目,应按计算增加 10%(不与表 2-5 同时考虑)。

(2) 搭接或用拼接板的单面连接,普通螺栓或高强度螺栓(高强度螺栓摩擦型连接除外)的数目,应按计算增加 10%(不与表 2-5 同时考虑)。

(3) 在构件的端部连接中,当利用短角钢连接型钢(角钢或槽钢)的外伸肢以缩短连接长度时,在短角钢两肢中的一肢上,所用普通螺栓或高强度螺栓的数目,应按计算增加 50%。

(4) 螺栓的有效面积见表 2-40。

螺栓的有效直径和在螺纹处的有效面积[7] 表 2-40

螺栓直径 d (mm)	螺纹间距 p (mm)	螺栓有效直径 d_e (mm)	螺栓有效面积 A_e (mm²)	螺栓直径 d (mm)	螺纹间距 p (mm)	螺栓有效直径 d_e (mm)	螺栓有效面积 A_e (mm²)
10	1.5	8.59	58	45	4.5	40.78	1306
12	1.75	10.36	84	48	5.0	43.31	1473
14	2.0	12.12	115	52	5.0	47.31	1758
16	2.0	14.12	157	56	5.0	50.84	2030
18	2.5	15.65	193	60	5.5	54.84	2362
20	2.5	17.65	245	64	6.0	58.37	2676
22	2.5	17.65	303	68	6.0	62.37	3055
24	3.0	21.19	353	72	6.0	66.37	3460
27	3.0	24.19	459	76	6.0	70.37	3889
30	3.5	26.72	561	80	6.0	74.37	4344
33	3.5	29.72	694	85	6.0	79.37	4948
36	4.0	32.25	817	90	6.0	84.37	5591
39	4.0	35.25	976	95	6.0	89.37	6273
42	4.5	37.78	1121	100	6.0	94.37	6995

注:表中 d_e——普通螺栓或锚栓在螺纹处的有效直径,按下式计算得:

$$d_e = \left(d - \frac{13}{24}\sqrt{3}p\right)$$

A_e——螺纹处的有效面积 $A_e = \dfrac{\pi}{4} d_e^2$。

（5）高强度螺栓摩擦型连接应按表 2-41 的公式进行计算。

一个高强度螺栓摩擦型连接的承载力设计值计算公式 表 2-41

项次	受 力 情 况	公 式	说 明
1	抗剪连接（承受摩擦面间的剪力）	$N_v^b = 0.9kn_f\mu P$ (2-127)	k—孔型系数，标准孔取 1，其他按标准取用； n_f—传力摩擦面数目； μ—摩擦面的抗滑移系数，见表 2-36； P——个高强度螺栓的设计预拉力，见表 2-37； N_v、N_t——个高强度螺栓所承受的剪力和拉力； N_v^b、N_t^b——个高强度螺栓的抗剪承载力设计值和抗拉承载力设计值
2	螺栓杆轴方向受拉的连接	$N_t^b = 0.8P$ (2-128)	
3	同时承受摩擦面间的剪力和螺栓杆轴方向的外拉力	$\dfrac{N_v}{N_v^b} + \dfrac{N_t}{N_t^b} \leqslant 1$ (2-129)	

高强度螺栓的摩擦面处理

见表 2-42。

摩擦面的抗滑移系数 μ 表 2-42

在连接处构件接触面的处理方法	构件的钢牌号		
	Q235 钢	Q345 钢、Q390 钢	Q420、Q460 钢
喷硬质石英砂或铸钢棱角砂	0.45	0.45	0.45
抛丸（喷砂）	0.40	0.40	0.40
钢丝刷消除浮锈或未经处理干净轧制表面	0.30	0.35	—

注：摩擦面处理方式必须在设计文件中注明。

4. 直接承受动力荷载的结构或构件的高强度螺栓摩擦型连接，对可能发生疲劳破坏的连接部位，应按规范 GB 50017—2017 第 16 章进行常幅疲劳计算。

螺栓连接的计算公式 表 2-43

项次	受力情况	受 力 简 图	计 算 公 式	符 号 说 明
1	承受轴心力的抗剪连接		需要螺栓数： $n \geqslant \dfrac{N}{N_{min}}$ (2-130)	N_{min}——个螺栓的受剪承载力设计值，按表 2-37 中 1、2 项的公式计算，取两者中较小值
2	承受弯剪力的抗剪连接		先布置螺栓，后验算受力最大的螺栓使符合下列条件： $R \leqslant N_{min}$ (2-131) 式中： $R = \sqrt{R_{Mx}^2 + (R_{Ny} + R_{My})^2}$ (2-132) $R_{Ny} = \dfrac{P}{n}$ (2-133) $R_{Mx} = \dfrac{Pey_{max}}{\Sigma(x_i^2 + y_i^2)}$ (2-134) $R_{My} = \dfrac{Pex_{max}}{\Sigma(x_i^2 + y_i^2)}$ (2-135) 当 $y_{max} > 3x_{max}$ 时，可取 $R_{Mx} = \dfrac{Pey_{max}}{\Sigma y_i^2}$ (2-136)	c—连接群的形心； e—偏心距； x_i、y_i—任一螺栓的坐标； n—螺栓个数

续表

项次	受力情况	受 力 简 图	计 算 公 式	符 号 说 明
3	承受轴心力的抗拉连接		$n \geqslant \dfrac{N}{N_t^b}$　　(2-137)	N_v^b、N_c^b、N_t^b——一个普通螺栓或高强度螺栓的抗剪承载力设计值、承压承载力设计值和抗拉承载力设计值;
4	承受拉弯的抗拉连接		(1) $\dfrac{N}{n} + \dfrac{My_1}{\sum\limits_{i=1}^{n} y_i^2} \geqslant 0$ 时, $N_{max} = N_t = \dfrac{N}{n} + \dfrac{My_1}{\sum\limits_{i=1}^{n} y_i^2} \leqslant N_t^b$ (2-138) (2) $\dfrac{N}{n} + \dfrac{My_1}{\sum\limits_{i=1}^{n} y_i^2} < 0$ 时, $N_{max} = N_t = \dfrac{(M+Ne)y_1'}{\sum\limits_{i=1}^{n} y_i'^2} \leqslant N_t^b$ (2-139)	公式 (2-138) 旋转点位于螺栓群中心值,用于计算高强度螺栓连接和普通螺栓连接小偏心受拉情况; 公式 (2-139) 旋转点位于外排受压螺栓中心,用于计算普通螺栓连接
5	承受拉剪弯的抗拉连接		普通螺栓应按表 2-37 中公式计算; 高强度螺栓的摩擦型连接应用表 2-41 公式计算; 承压型连接应用表 2-39 计算。	

5. 螺栓的排列和孔径

（1）普通螺栓和高强度螺栓在构件上的排列分并列布置和错列布置，其排列要求和容许距离应符合表 2-44 的要求。

螺 栓 的 容 许 距 离　　　　　　　　表 2-44

项次	名　　称	位 置 和 方 向			最大容许距离 （取两者的较小值）	最小容许距离
1	中心间距	任意方向	外　　排		$8d_0$ 或 $12t$	$3d_0$
			中间排	构件受压时	$12d_0$ 或 $18t$	
				构件受拉时	$16d_0$ 或 $24t$	
2	中心至构件边缘距离	垂直内力方向	顺内力方向		$4d_0$ 或 $8t$	$2d_0$
			切割边及高强度螺栓轧制边			$1.5d_0$
			轧制边			$1.2d_0$

注：1. d_0 为螺栓孔径，t 为外层较薄板件的厚度。

2. 钢板边缘与刚性构件（如角钢、槽钢等）相连的螺栓最大间距，可按中间排的采用。

（2）普通螺栓与螺栓孔径的关系：

当螺栓直径等于或小于 16mm 时，螺栓孔径宜大于螺栓直径 1mm；

当螺栓直径大于 16mm 时，螺栓孔径宜大于螺栓直径 1.5mm。

（3）高强度螺栓孔应采用钻成孔，摩擦型连接的高强度螺栓的孔径比螺栓公称直径 d 大 1.5～2.0mm，承压型连接的高强度螺栓的孔径比螺栓公称直径 d 大 1.0～1.5mm。

（4）每个杆件上螺栓的最少数量

每个杆件在节点上以及接头的一边，永久性螺栓数量不宜少于两个。

（5）角钢、工字钢、槽钢上的螺栓规距及相应的最大螺栓孔径：

在角钢、工字钢、槽钢上螺栓线的规距及相应的最大螺栓孔径可参照表 11-40 采用。

2.4 设计基本规定中的若干问题

2.4.1 受弯和压弯构件截面板件宽厚比等级

新的钢结构设计规范规定了受弯和压弯构件截面的翼缘和腹板的设计宽厚比等级限值 S1～S5 五级。SX 和对应的宽厚比均由小到大。它与钢材强度等级、结构重要性和构件截面塑性变形密切相关。钢材强度高、结构重要、塑性变形大，SX 相对小。

一般构件按过去习惯，均采用 S3 和 S4，前者截面允许部分塑性，即 $\gamma=1.05～1.2$ 后者不允许塑性变形，即 $\gamma=1$。板件宽厚比限值对于翼缘一般是不允许突破的，对于腹板可突破，按有效截面计算。近年也有将翼缘按有效截面计算（即取限值），也有按 ε 降低钢材强度 S1 和 S2 用于按塑性设计构件和高烈度地震区构件。S5 按钢结构设计标准翼缘宽厚比已放宽至 20，且与钢号无关，本手册将规范中的翼缘 S5 改用 S4 的值，以与其他和国际规范接轨，而腹板取值仍按规范中 S5 取值。

2.4.2 支撑截面板件宽厚比等级限值

抗侧力支撑中的受压杆件宜按表 2-9b 中的 S4 取值。交叉支撑一般以受拉为主，不考虑压杆卸载的单厂交叉支撑例外。

2.4.3 构件截面特性的取值

这涉及毛截面和净截面；有效毛截面和有效净截面，其应用场合见表 2-45。

冷弯薄壁型钢和普通工字形的截面特征取值　　　　　　　　　表 2-45

项次	强度计算		稳定性计算压杆	稳定系数 ψ	变形挠度计算 v
	拉杆	压杆	有效截面	毛截面	毛截面
	净截面	有效截面			
1	An・Wn	An・Wn	A・W	A、W、I	A、W、I
2	Aen Wen	Aen Wen	Ae、We	A、W、I	I

注：1. 项次 1 适用于普通工字形截面，项次 2 适用于冷弯薄壁型钢截面。

2. 项次 1 当 b/t、h_0/t_w 不符合表 2-9b 中的规定时，翼缘板悬出宽度可取该表中公式算得的最大 b，腹板的截面（不设纵向加劲肋）应仅计算其高度边缘范围内两侧宽度各为 $h_e\sqrt{\dfrac{235}{f_y}}$ 部分截面（但稳定系数 φ_b 仍用全截面）。

2.4.4　抗震性能化设计

抗震性能化设计是通过不同的计算和构造，对不同烈度在三个不准下的震害性能评估。它是三水准设计的深化和补充。具体补充了中震验算，在验算中考虑了性能系数，即地震作用折减系数。单层厂房一般按建筑抗震设计规范验算小震下的结构抗震强度并按抗规采取抗震构造措施即能满足使用要求，一般不必验算其中震下的抗震强度，小震验算时不出现构件性能系数。

2.4.5　内力分析与设计方法

《钢结构设计规范》GB 50017—2017 第 5 章重点论述几个问题。

1. 结构计算模型和计算假定应与构件的截面、连接的实际性能相符。如截面板件宽厚比等级为 S1、S2、S3 才能考虑截面塑性变形发展，桁架节点通常可视为铰接。节点刚性引起的弯矩效应与截面形状（刚度）、节间长度与截面高度的比值有关，详见第 2、3、7 章相关部分。以下重点论述一阶弹性分析、二阶弹性分析、间接分析法与直接分析法的特点和应用场合。

2. 一阶弹性分析。分析时不考虑结构侧移引起的附加侧移弯矩。一般可采用表 2-23 中的长度系数 μ。

3. 二阶弹性分析应考虑结构侧移引起的附加侧移弯矩，即 $P\text{-}\Delta$ 效应。通常有两种方法计算二阶效应：

（1）按一阶效应计算所得的一阶弹性侧移弯矩乘以考虑二阶效应后的侧移弯矩增大系数 α_i^{II}（$\alpha_i^{\mathrm{II}} \leqslant 1.33$）。即 $M^{\mathrm{II}} = M_{\mathrm{q}} + \alpha_i^{\mathrm{II}} M_{\mathrm{H}}$。

（2）考虑二阶效应时，在 i 层柱顶施加一个等效的水平力 H_{ni}（H_{ni} 由公式（2-54）确定），此时计算长度系数 $\mu_i = 1$。

（3）二阶弹性分析应考虑结构的整体初始缺陷，由表 2-22 公式（2-54）～（2-57）说明确定。如它再考虑构件的初始缺陷时，则按（2-58）、（2-59）计算构件承载力。

（4）一阶弹性分析法和二阶弹性分析法均为间接分析法，属于近似法。

4. 直接分析法

（1）必须考虑结构整体初始几何缺陷、构件初始几何缺陷及残余应力，尚可考虑材料的弹塑性，直接算出考虑二阶效应后的结构内力。再由公式（2-58）、（2-59）验算构件强度。

（2）截面板件宽厚比等级为 S1、S2。

（3）以上为精确法，构件长度系数 $\mu_i = 1$。

5. 以上三种方法的构件承载力均可采用规范的相关公式计算。

6. 上述论述的一阶、二阶间接分析法和直接分析法主要适用于框架柱。故列入第二章的压弯构件中。

2.4.6　材料的强度指标

1. 过去设计规范中，只列钢材和连接的强度设计值作为主要指标，如 f、f_{v}、$f_{\mathrm{c}}^{\mathrm{w}}$、$f_{\mathrm{v}}^{\mathrm{w}}$、$f_{\mathrm{t}}^{\mathrm{w}}$，而不列材料的屈服点（强度）和抗扭强度。新的钢结构设计规范除上述外，又

增加了钢材和连接的屈服点（强度）和抗扭强度，如 f_y、f_u、f_u^w、f_u^t 等。

2. 在抗震性能化设计和材料检验中往往需要屈服点和抗拉强度：

（1）材料检验中，在抗震耗能区的材质必须满足屈服强度（屈服点）实测值与抗拉强度实测值之比不应大于 0.85。

（2）抗震性能化设计中设防地震下的构件承载力一般用构件屈服点 f_y 表示。

（3）在连接的承载力验算中，构件连接的极限强度以 f_u^w（f_u^t）或 f_u^t 表示。

2.4.7 连接和拼接

1. 关于连接

一般有以下几种：

（1）构造连接 一般角焊缝长不宜小于 60mm（轻型屋面的腹杆和支撑），和 80mm（重型屋面的腹杆和支撑）。

（2）非构造连接、但内力又难以确定时可采用等强连接（即构件和连接的承载力设计值相等），如施工条件方便时可采用三面焊或四周围焊。

（3）抗震主要构件的连接

一般为梁（指主梁）柱；梁、柱与支撑；柱与基础，当地震设防烈度小于等于 7 度 0.15g 时，可采用等强连接，超过 7 度 0.15g 时建议采用连接的承载力设计值不小于 1.2 倍构件的承载力设计值的加强连接法。

2. 关于拼接

基本同上，过去钢屋架上弦一般采用最大内力进行拼接设计，下弦采用等强设计。近年来上下弦均采用等强设计（对受压上弦的构件承载力设计值中也有偏安全地忽略稳定系数）。拼接位置一般建议设在较小内力处（M、N、V）处。等强设计时，可采用 $[M]$ $[N]$ $[V]$ 来代替（M、N、V），有时只用 $[M]$、N、V。

3. 关于抗震设计规范中采用构件屈服，连接达到极限 $[M_p] \leqslant \eta_j [M_j]$ 的计算模式。因两者的可靠度水准（即设计时材料系数）相差太大，$\eta_j = 1.1 \sim 1.45$ 无济于事，反而无形中，强化了连接的计算指标，形成了永不会控制的弱节点计算公式。该公式是虚设的。应修改和取消。

总之，加强节点只能在同一水准上加强，如节点和构件均在承载力设计值的基础上加强，建筑抗震设计规范采用连接极限值大于构件屈服值即 $M_{uj} > \eta_j M_P$ 不仅达不到强节点反而形成弱节点，甚之，连等强节点多达不到。抗规公式（8.2.8）均为虚设。

第3章 檩 条

3.1 檩条的形式及特点

檩条宜优先采用实腹式构件，也可采用空腹式或格构式构件。它一般设计成单跨简支构件，实腹式檩条也可设计成连续构件。

3.1.1 实腹式檩条

实腹式檩条的截面形式如图 3-1 所示。

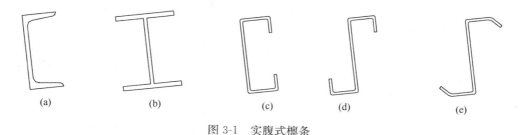

图 3-1 实腹式檩条

1. 槽钢檩条

槽钢檩条（图 3-1a）因型材的厚度较厚，强度不能充分发挥，用钢量较大。

2. 高频焊接薄壁 H 型钢檩条

高频焊接薄壁 H 型钢（以下简称"薄壁 H 型钢"）系引进国外先进技术生产的一种轻型型钢（图 3-1b），具有腹板薄、抗弯刚度好、两主轴方向的惯性矩比较接近及翼缘板平直易于连接等优点。

3. 冷弯薄壁卷边槽钢檩条

冷弯薄壁卷边槽钢（C 形）檩条（图 3-1c），适用于屋面坡度 $i \leqslant 1/3$ 的情况，其截面互换性大，应用普遍，用钢量省，制造和安装方便。

4. 冷弯薄壁卷边 Z 形钢檩条

冷弯薄壁卷边 Z 形钢檩条有直卷边 Z 形（图 3-1d）和斜卷边 Z 形（图 3-1e）。适用于屋面坡度 $i \geqslant 1/3$ 的情况，此时屋面荷载作用线接近于其截面的弯心（扭心）。它的主平面 x 轴的刚度大，用作檩条时挠度小，用钢量省，制造和安装方便。斜卷边 Z 形钢存放时还可叠层堆放，占地少。当屋面坡度较大时，这种檩条的应用较为普遍。

3.1.2 空腹式檩条

空腹式檩条由角钢的上、下弦和缀板焊接组成（图 3-2），其主要特点是用钢量较少，能合理地利用小角钢和薄钢板，因缀板间距较密，拼装和焊接的工作量较大，故应用较少。

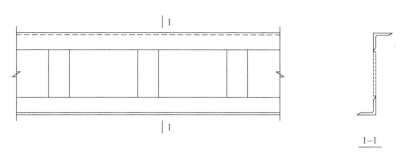

图 3-2　空腹式檩条

3.1.3　格构式檩条

格构式檩条可采用平面桁架式、空间桁架式及下撑式檩条。

1. 平面桁架式檩条

目前常用的平面桁架式檩条可分为两类：一类由角钢和圆钢制成；另一类由冷弯薄壁型钢制成。

（1）角钢、圆钢平面桁架式檩条

檩条的上弦杆采用角钢 V 形放置，见图 3-3。这种檩条的侧向刚度较差，但取材方便，受力明确，适用于屋面荷载或檩距较小的屋面。由于檩距小，在安装上弦支撑时须穿越檩条，施工比较麻烦。为了解决这个矛盾，可将设有上弦支撑开间的檩条改为实腹式檩条。

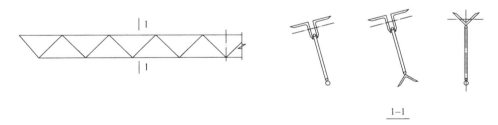

图 3-3　角钢、圆钢平面桁架式檩条

（2）冷弯薄壁型钢平面桁架式檩条

冷弯薄壁型钢平面桁架式檩条分为两类。

1）檩条的全部杆件为冷弯薄壁型钢，如图 3-4。它适用于大檩距的屋面，用钢量省，受力明确，平面内外的刚度均较大。

2）檩条的主要部分上弦杆和端竖压杆采用冷弯薄壁型钢，其余杆件采用圆钢，如图 3-5。为增强檩条的稳定性，其端压腹杆最好采用方管。它多用于 1.5m 檩距的屋面。这种檩条与上一种平面桁架式檩条相比，受力性能基本相同，但取材和制造更为方便。

2. 下撑式檩条

下撑式檩条由上弦杆、两根立撑和下弦杆组成，为一次超静定结构，如图 3-6。其主要特点为：减小檩条上弦杆平面内的计算跨度，杆件数量少，制造方便。上弦杆有立放和平放两种。立放时平面内刚度大，上弦杆的截面较经济，但侧向刚度差，安装时要特别注

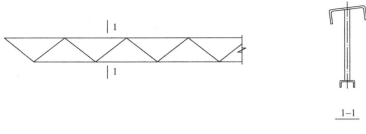

图 3-4　冷弯薄壁型钢平面桁架式檩条（一）

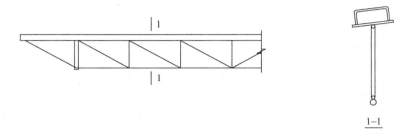

图 3-5　冷弯薄壁型钢平面桁架式檩条（二）

意防止扭转。平放时侧向刚度大，安装方便，但用钢量稍多。上弦杆不论立放或平放均需设置拉条。

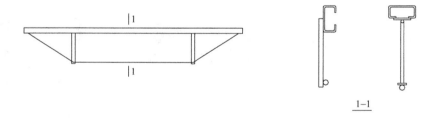

图 3-6　下撑式檩条

3. 空间桁架式檩条

檩条的横截面呈三角形，由①、②、③三个平面桁架组成一个完整的空间桁架体系，故称空间桁架式，见图 3-7。这种檩条的特点是结构合理，受力明确，整体刚度大，不需

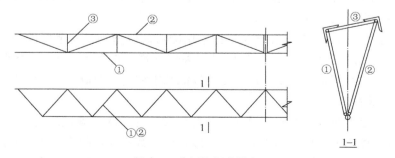

图 3-7　空间桁架式檩条

设置拉条，安装方便；但制造较费工，用钢量较大。它适用于跨度、荷载和檁距均较大的情况。

3.2 檁 条 截 面 尺 寸

3.2.1 截面高度 h

实腹式檁条的截面高度 h，一般取跨度的 $1/35\sim1/50$；桁架式檁条的截面高度 h，一般取跨度的 $1/12\sim1/20$。

3.2.2 截面宽度 b

实腹式檁条的截面宽度 b，由截面高度 h 所选用的型钢规格确定；空间桁架式檁条上弦的总宽度 b，取截面总高度的 $1/1.5\sim1/2.0$。

3.2.3 桁架式檁条的弦杆节间长度和腹杆

桁架式檁条的上弦杆节间长度 a（见图 3-8），可根据上弦的弯矩值由计算确定。一般可取上、下弦杆节间长度为 $400\sim800\mathrm{mm}$。

腹杆根据制造条件和受力大小，采用连续弯折的整根蛇形圆钢或分段弯折的 V 形、W 形圆钢。斜腹杆与弦杆的夹角 α 为 $40°\sim60°$。当荷载较大时，腹杆可采用角钢。

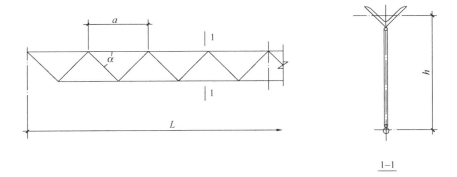

图 3-8 桁架式檁条基本参数

3.3 檁 条 荷 载

3.3.1 永久荷载（恒荷载）

屋面材料重量（包括防水层、保温或隔热层等）、支撑及檁条结构自重。

3.3.2 可变荷载（活荷载）

屋面均布活荷载、积雪荷载、积灰荷载和风荷载。屋面均布活荷载标准值取 $0.5\mathrm{kN/m^2}$，但当仅有一个可变荷载，且投影面积超过 $60m^2$，对于压型钢板等轻型屋面取 $0.3kN/m^2$，发泡水泥复合板（太空板）屋面仍取 $0.5kN/m^2$；积雪荷载和积灰荷载按《建筑结构荷载规范》GB 50009—2012 或当地资料取用；垂直于建筑物表面的风荷载可按表 14-53 的规定计算。

对于檩距小于 1m 且跨度小于 4m 的檩条，当积雪荷载小于 $0.5kN/m^2$ 时，尚应验算 1.0kN（标准值）施工或检修集中荷载作用于跨中时构件的强度。对于实腹式檩条，可将检修集中荷载标准值按 $2 \times 1.0/al$（kN/m^2）换算为等效均布荷载，a 为檩条水平投影间距（m），l 为檩条跨度（m）。

3.3.3　荷载组合

1. 均布活荷载不与积雪荷载同时考虑，设计时取两者中的较大值；
2. 积灰荷载应与均布活荷载或积雪荷载中的较大值同时考虑；
3. 施工或检修集中荷载不与均布活荷载或积雪荷载同时考虑；
4. 对于平坡屋面（坡度为 1/8～1/20），可不考虑风正压力，当风荷载较大时，应验算在风吸力作用下，永久荷载与风荷载组合截面应力反号的情况，此时永久荷载的分项系数取 1.0。

3.4　檩　条　计　算

3.4.1　实腹式檩条

1. 内力分析

应按在两个主轴平面内受弯的构件（双向弯曲梁）进行计算，即将均布荷载 q 分解为两个荷载分量 q_x 和 q_y 分别计算。

（1）垂直于主轴 x 和 y 的分荷载（见图 3-9）按下列公式计算：

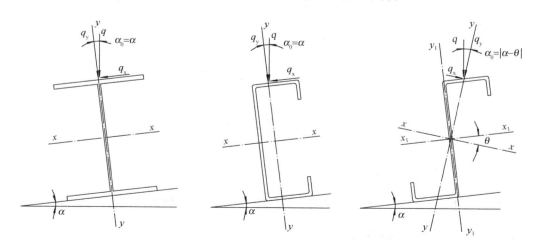

图 3-9　实腹式檩条截面主轴和荷载图

$$q_x = q\sin\alpha_o \tag{3-1}$$

$$q_y = q\cos\alpha_o \tag{3-2}$$

式中 q——檩条竖向荷载设计值；

α_o——q 与主轴 y 的夹角：对工字形和槽形截面 $\alpha_o = \alpha$，α 为屋面坡角；对 Z 形截面 $\alpha_o = \theta - \alpha$，$\theta$ 为主轴 x 与平行于屋面轴 x_1 的夹角。当 $\theta > \alpha$，如图 3-9 所示，q_x 指向屋脊；$\theta < \alpha$，q_x 指向檐口。

（2）檩条的弯矩

1）对 x 轴，由 q_y 引起的弯矩。

单跨简支构件：跨中最大弯矩 $M_x = q_y l^2/8$，l 为檩条的跨度。

多跨连续构件：不考虑活荷载的不利组合，跨中和支座弯矩均近似取 $M_x = q_y l^2/10$。

2）对 y 轴，由 q_x 引起的弯矩，考虑拉条作为侧向支承点，按多跨连续梁计算。

一根拉条位于 $l/2$ 时，

跨中负弯矩 $\qquad\qquad\qquad\qquad M_y = q_x l^2/32 \tag{3-3}$

两根拉条位于 $l/3$ 时，

$l/3$ 处负弯矩 $\qquad\qquad\qquad M_y = q_x l^2/90 \tag{3-4}$

跨中正弯矩 $\qquad\qquad\qquad M_y = q_x l^2/360 \tag{3-5}$

2. 强度计算

当屋面能阻止檩条侧向失稳和扭转时，可不计算檩条的整体稳定性，仅按下式计算其强度：

冷弯薄壁型钢

$$\sigma = \frac{M_x}{W_{enx}} + \frac{M_y}{W_{eny}} \leqslant f \tag{3-6a}$$

热轧型钢

$$\sigma = \frac{M_x}{\gamma_x W_{nx}} + \frac{M_y}{\gamma_y W_{ny}} \leqslant f \tag{3-6b}$$

式中 M_x——由 q_y 引起 x 轴的最大弯矩；

M_y——q_x 引起 y 轴相应于最大 M_x 处的弯矩，拉条应作为侧向支承点；

W_{enx}、W_{eny}——分别对主轴 x、y 的有效净截面抵抗矩；

W_{nx}、W_{ny}——分别对主轴 x、y 的净截面抵抗矩；

γ_x、γ_y——截面塑性发展系数，见表 2-17；

f——钢材的强度设计值。

3. 稳定性计算

（1）当屋面不能阻止檩条侧向失稳和扭转时，可按下式计算檩条的稳定性：

冷弯薄壁型钢

$$\sigma = \frac{M_x}{\varphi_{bx} W_{ex}} + \frac{M_y}{W_{ey}} \leqslant f \tag{3-7a}$$

热轧型钢

$$\sigma = \frac{M_x}{\varphi_b W_x} + \frac{M_y}{\gamma_y W_y} \leqslant f \tag{3-7b}$$

式中 W_{ex}、W_{ey}——分别对主轴 x、y 的有效截面抵抗矩；

W_x、W_y——分别对主轴 x、y 的毛截面抵抗矩；

φ_{bx}——受弯构件绕强轴的整体稳定系数，应按公式（2-98）～（2-101）或公式（11-1）计算。

以上公式中：

1）M_x 和 M_y，当所验算点为压应力时取负号，为拉应力时取正号；

2）在公式（3-6a），（3-7a）中，对薄壁型钢檩条的有效截面抵抗矩按 14.5 计算。

（2）当檩条在永久荷载和风吸力组合下，下翼缘受压时：

1）可偏安全地按公式（3-7a）或公式（3-7b）计算檩条下翼缘受压、上翼缘受拉时的稳定，此时檩条可按跨中无侧向支承点考虑，即取 $l_y = l_0$（檩条下翼缘附近未设拉条时）。

2）当风吸力较大时，为提高受压下翼缘的稳定，允许在檩条下翼缘附近增设拉条，如图 3-21a 所示，此时 l_y 应取其下翼缘的拉条间距。

3）若仅为提高檩条下翼缘受压时的稳定，将檩条上翼缘拉条下移至下翼缘附近时，还需重新验算檩条在永久荷载与可变荷载组合下，因受压上翼缘无拉条而使其平面外弯矩 M_y 增大对强度的不利影响，并采取临时措施保证檩条在安装时的稳定。

综合以上，本书建议按 1）设计。

4. 变形计算

为使屋面较平整，实腹式檩条应验算垂直于屋面方向的挠度，对无积灰的瓦楞铁和石棉瓦屋面、其容许挠度值 $[\nu] = l/150$；对有积灰的瓦楞铁和石棉瓦屋面、压型钢板、发泡水泥复合板（太空板）、钢丝网水泥瓦和其他水泥制品瓦材屋面、其容许挠度值 $[\nu] = l/200$，l 为檩条的跨度。

对两端简支檩条的挠度可按下式计算

$$\nu_y = \frac{5}{384} \cdot \frac{q_{ky} \cdot l^4}{EI_x} \leqslant [\nu] \tag{3-8}$$

式中　q_{ky}——沿 y 轴线荷载的标准值；

I_x——对主轴 x 的毛截面惯性矩。

对 Z 形钢垂直屋面方向的挠度 ν_{y_1}

$$\nu_{y_1} = \frac{5}{384} \cdot \frac{q_k \cos\alpha \cdot l^4}{EI_{x_1}} \leqslant [\nu] \tag{3-9}$$

式中　α——为屋面坡角；

I_{x_1}——对平行于屋面轴 x_1 的毛截面惯性矩。

3.4.2　平面桁架式檩条

1. 内力分析

（1）轴心力

假定各节点均为铰，不考虑次应力的影响。将檩条上弦杆的均布荷载 q 换算为节点荷载 P（$P = qa$），如图 3-10 虚线所示，按一般桁架原理，采用数解法计算各杆件的轴心力。通常只需计算几根控制截面的杆件内力。

（2）弯矩

上弦杆由均布荷载产生的弯矩 M_x，可近似地取节点和节间均为 $q_y a^2/10$（a 为上弦杆节间长度）；M_y 考虑拉条作为侧向支承点，按多跨连续梁计算。

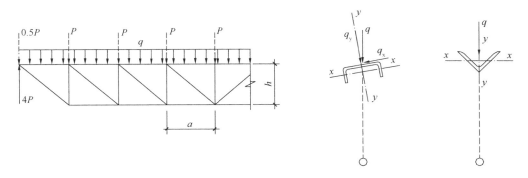

图 3-10　平面桁架式檩条计算简图

2. 强度和稳定性计算

平面桁架式檩条可按下列公式计算上弦杆的强度和稳定性：

强度：

$$\sigma = \frac{N}{A_{en}} + \frac{M_x}{W_{enx}} + \frac{M_y}{W_{eny}} \leqslant 0.9f \tag{3-10a}$$

稳定性：

$$\frac{N}{\varphi_{min} A_e} + \frac{M_x}{W_{ex}} + \frac{M_y}{W_{ey}} \leqslant 0.9f \tag{3-10b}$$

式中　N——上弦杆的轴心力，按铰接桁架求得；

φ_{min}——上弦杆的轴心受压稳定系数，根据其最大长细比 λ_{max} 按表 11-3，表 11-4 采用。

当风荷载作用下平面桁架式檩条下弦受压时，下弦应采用型钢，其强度和稳定性可按下列公式计算：

强度：

$$\sigma = \frac{N}{A_{en}} \leqslant 0.9f \tag{3-11a}$$

稳定性：

$$\frac{N}{\varphi_{min} A_e} \leqslant 0.9f \tag{3-11b}$$

平面桁架式檩条端部主要受压腹杆的强度设计值应乘以 0.85 的折减系数，其长细比不得大于 150。

平面桁架式檩条受压弦杆在平面内的计算长度应取节间长度，平面外的计算长度应取侧向支承点间的距离（布置在弦杆处的拉条可作为侧向支承点），腹杆在平面内、外的计算长度均取节点几何长度。

应尽量减小节点偏心，一般可不考虑节点偏心对上、下弦杆应力增大的影响，对于腹杆在选择截面时宜留有一定的裕量。

桁架式檩条的截面高度 h，当符合前述规定的高跨比 $1/12 \sim 1/20$ 时可不做变形验算。

3.4.3　空间桁架式檩条

1. 内力分析

（1）轴心力

包括两种计算方法：

1）将空间桁架分解为两个平面桁架分别计算。平面桁架的高度分别为 h_1 和 h_2，相应的荷载为 q'_1 和 q'_2，见图 3-11。

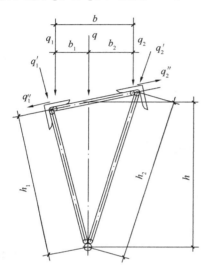

图 3-11　空间桁架式檩条
荷载图（一）

$$q'_1 = \frac{qb_2}{b} \cdot \frac{h_1}{h} \qquad (3-12)$$

$$q'_2 = \frac{qb_1}{b} \cdot \frac{h_2}{h} \qquad (3-13)$$

如取 $b_1 = b_2 = b/2$，则 $q_1 = q_2 = q/2$

$$q'_1 = \frac{q}{2} \cdot \frac{h_1}{h} \qquad (3-14)$$

$$q'_2 = \frac{q}{2} \cdot \frac{h_2}{h} \qquad (3-15)$$

檩条下弦杆的内力为两个平面桁架算得的下弦杆内力之和。

2）为简化计算，可按假想高度为 h 的平面桁架计算。当求出平面桁架在荷载 q 作用下的内力后，再将其上弦杆和腹杆的内力平均分配于两个高度分别为 h_1 和 h_2 的平面桁架中。

以上两种计算结果，其上、下弦杆的内力是相同的，腹杆内力略有出入。按假想平面桁架算得的腹杆内力比按平面桁架算得的偏小，一般误差为 8% 左右。在工程设计中建议按假想平面桁架计算，但在选择腹杆截面时宜稍留有裕量。

（2）弯矩

图 3-12 中，上弦杆单肢角钢的弯矩可近似地取：

$$M_x = \frac{1}{10} \cdot \frac{q_y a^2}{2} \qquad (3-16)$$

$$M_y = \frac{1}{10} \cdot \frac{q_x a^2}{2} \qquad (3-17)$$

式中　a——上弦杆节间长度。

2. 强度和稳定性计算

空间桁架式檩条的上弦杆可按下式计算其单角钢的强度和稳定性：

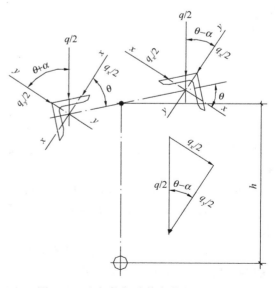

图 3-12　空间桁架式檩条荷载图（二）

强度：

$$\sigma = \frac{N}{A_{en}} + \frac{M_x}{W_{enx}} + \frac{M_y}{W_{eny}} \leqslant 0.9f \qquad (3\text{-}18a)$$

稳定性：

$$\frac{N}{\varphi_x A_e} + \frac{M_x}{W_{ex}} + \frac{M_y}{W_{ey}} \leqslant 0.9f \qquad (3\text{-}18b)$$

式中　N——上弦杆的轴心力，按铰接桁架求得；

　　　φ_x——上弦杆截面对 x 轴的轴心受压稳定系数，计算长度取节间距离。

一般情况下仅需验算靠上边的那根角钢。对节点有偏心的情况同平面桁架式檩条。

3.4.4 桁架式檩条的节点和焊缝计算

桁架式檩条由于构造上的原因一般采用节点有偏心的做法，由于桁架式檩条的内力较小，一般可不用计算节点焊缝，而按第 2 章第 3 节的构造要求确定。

3.5 檩条的布置、连接与构造

3.5.1 檩条在屋架（刚架）上的布置和搁置

1. 为使屋架上弦杆不产生弯矩，檩条宜位于屋架上弦节点处。当采用内天沟时，边檩应尽量靠近天沟。

2. 实腹式檩条的截面均宜垂直于屋面坡面。对槽钢和 Z 形钢檩条，宜将上翼缘肢尖（或卷边）朝向屋脊方向，以减小屋面荷载偏心而引起的扭矩。

3. 桁架式檩条的上弦杆宜垂直于屋架上弦杆，而腹杆和下弦杆宜垂直于地面。

4. 脊檩方案

实腹式檩条应采用双檩方案，屋脊檩条可用槽钢、角钢或圆钢相连，见图 3-13。桁架式檩条在屋脊处采用单檩方案时，虽用钢量较省，但檩条型号增多，构造复杂，故一般采用双檩为宜。

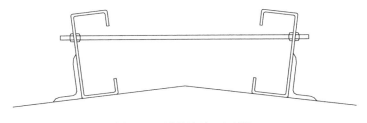

图 3-13　脊檩方案（双檩）

5. 天沟板兼作端檩的方案

石棉瓦等轻型屋面，多采用不承重的铁皮排水沟，天沟固定于端檩上。水泥波形瓦和预应力槽瓦屋面，采用钢筋混凝土天沟时，可取消端檩，将屋面板直接搁置在天沟板上，以天沟板兼作端檩。

桁架式檩条的端部高度较小，对于多跨内天沟排水有困难，应采用上弦为变坡的上折式三角形屋架及天沟板兼作端檩的方案，见图 3-14。对于三角形屋架，应考虑桁架式端檩影响房屋的净空。

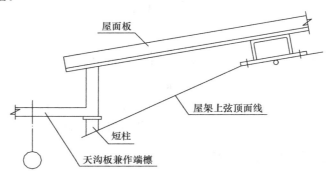

图 3-14 天沟板兼作端檩的方案

3.5.2 檩条与屋面的连接

檩条与屋面应可靠连接，以保证屋面能起阻止檩条侧向失稳和扭转的作用，这对一般不需验算整体稳定性的实腹式檩条尤为重要。

檩条与屋面的连接，常用的有瓦钩、穿钉和瓦钉等。瓦钩连接可用于无木望板的冷摊石棉瓦和水泥波形瓦屋面；瓦钉多用于有木望板的石棉瓦屋面；穿钉多用于预应力槽瓦屋面。

檩条与压型钢板屋面的连接，可用带橡胶垫圈的自攻螺钉，也可用直立缝。

3.5.3 檩条与屋架、刚架的连接

檩条端部与屋架、刚架的连接应能阻止檩条端部截面的扭转，以增强其整体稳定性。

1. 实腹式檩条与屋架、刚架的连接处可设置角钢檩托，以防止檩条在支座处的扭转变形和倾覆。檩条端部与檩托的连接螺栓应不少于两个，并沿檩条高度方向设置。当檩条高度较小（小于 120mm），排列两个螺栓有困难时，也可改为沿檩条长度方向设置。螺栓直径根据檩条的截面大小，取 M12～M16，见图 3-15a。

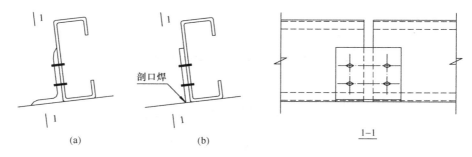

图 3-15 实腹式檩条端部连接

当屋面坡度与屋面荷载较小时，也可用钢板直接焊于刚架横梁上翼缘（或屋架上弦）作为檩托，见图 3-15b。但这种连接檩条端部的抗扭能力较小。

薄壁 H 型钢檩条，可直接用螺栓与屋架、刚架连接，此时应在支座处设置加劲肋，见图 3-16a；也可采用将薄壁 H 型钢下翼缘切去半肢设檩托与屋架连接的做法，见图 3-16b。

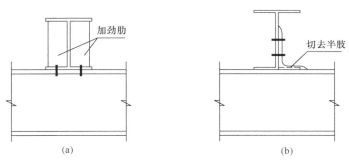

图 3-16 薄壁 H 形钢檩条端部连接

实腹式檩条与屋架、刚架的连接处也可采用搭接，此时檩条按连续构件设计。卷边 C 形檩条可采用不同型号的卷边 C 形冷弯薄壁型钢套置搭接（图 3-17），带斜卷边的 Z 形檩条可采用叠置搭接（图 3-18）。搭接长度 2a 及其连接螺栓直径，应根据连续梁中间支座处的弯矩确定。在同一工程中宜尽量减少搭接长度的类型。

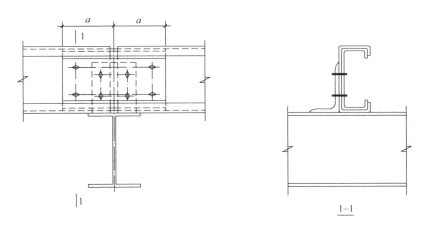

图 3-17 卷边 C 形檩条的搭接

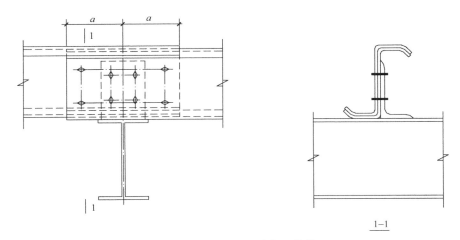

图 3-18 斜卷边 Z 形檩条的搭接

当刚架斜梁的下翼缘受压时，须在受压翼缘两侧布置隔撑作为刚架斜梁的侧向支承（在屋架中也可设置），隔撑的另一端与檩条相连（见图 9-12），这样虽可减小檩条平面内的计算跨度，但在计算檩条时，不考虑隔撑的影响。

2. 桁架式檩条一般用螺栓直接与屋架上弦连接，见图 3-19。

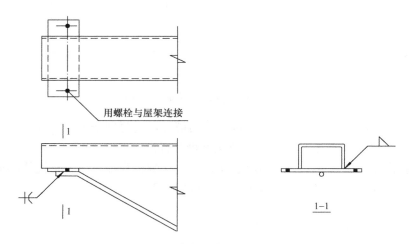

图 3-19　桁架式檩条端部连接

3.5.4　檩条的拉条和撑杆

1. 拉条的设置

檩条的拉条设置与否主要和檩条的侧向刚度有关，对于侧向刚度较大的空间桁架式檩条一般可不设拉条。对于侧向刚度较差的实腹式和平面桁架式檩条，为了减小檩条在安装和使用阶段的侧向变形和扭转，保证其整体稳定性，一般需在檩条间设置拉条，作为其侧向支承点。当檩条跨度<4m 时，可按计算要求确定是否需要设置拉条；当屋面坡度 $i>$ 1/10 或檩条跨度≥4m 时，应在檩条跨中受压翼缘设置一道拉条；当跨度>6m 时，宜在檩条跨度三分点处各设一道拉条。在檐口处还应设置斜拉条和撑杆。拉条的直径不宜小于 10mm，可根据荷载和檩距大小取 10mm 或 12mm。

2. 撑杆的设置

檩条撑杆的作用主要是限制檐檩和天窗缺口处边檩向上或向下两个方向的侧向弯曲。撑杆的长细比按压杆要求 $\lambda \leqslant 200$，可采用钢管、方管或角钢做成。目前也有采用钢管内设拉条的做法，其构造简单。撑杆处应同时设置斜拉条。拉条和撑杆的布置见图 3-20。

3. 拉条和撑杆的连接

拉条和撑杆与檩条的连接见图 3-21。斜拉条与檩条腹板的连接处一般应予弯折，弯折的直段长度不宜过大，以免受力后发生局部弯曲。斜拉条弯折点距腹板边距宜为 10～15mm。如条件许可，斜拉条可不弯折，而采用斜垫板或角钢连接。

斜拉条与屋架或刚架的连接，可在屋架或刚架上焊一短角钢与斜拉条用螺帽连接（见图 3-22）。当屋面坡度较小时，也可直接连接于檩条的檩托或端部的预留孔上（尽量靠檩条底部，见图 3-23）。

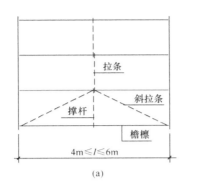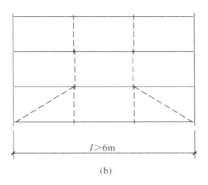

图 3-20 拉条和撑杆布置图

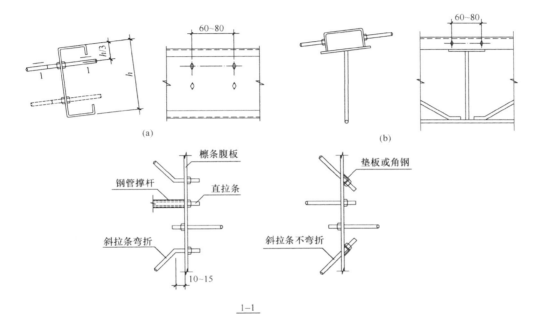

图 3-21 檩条与拉条连接

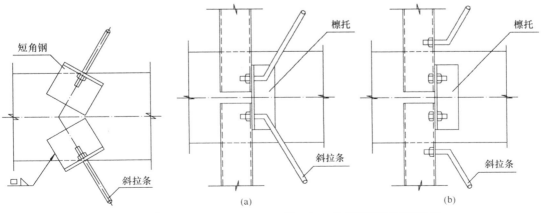

图 3-22 拉条直接与屋架连接   图 3-23 拉条间接与屋架连接

3.5.5　檩条与屋架上弦横向水平支撑的连接

为了减小屋架上弦平面外的计算长度，并增强其平面外的稳定性，可将檩条与屋架上弦横向水平支撑在交叉点处相连，使檩条兼作支撑的竖压杆，参加支撑工作，见图3-24；此时檩条的长细比不得大于200（拉条和撑杆可作为侧向支承点），并应按压弯构件验算其强度和稳定性。

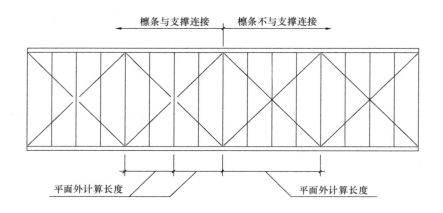

图 3-24　檩条与屋架上弦横向水平支撑的布置

檩条与屋架上弦横向水平支撑的连接见图3-25。

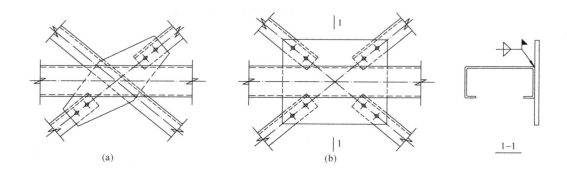

图 3-25　檩条与屋架上弦横向水平支撑的连接

3.6　檩条设计实例

3.6.1　实例目次

实例共9个，目次见表3-1。计算中未考虑屋面不均匀积雪、积灰的影响。

实 例 目 次 表 表 3-1

序号	编号	截 面 尺 寸	支承方式	荷 载 标准值/设计值 （kN/m²）	跨度 檩距 （m）	坡度	用钢量 （kg/m²）	所在 页次
1	L-1	冷弯薄壁卷边槽钢 180×70×20×2.2	简支	0.80/1.06 基本风压：0.30	6.0/1.5	1/10	3.93	
2	L-2	冷弯薄壁卷边槽钢 160×70×20×3.0	简支	0.67/0.90 基本风压：0.30	6.0/1.5	1/10	4.95	
3	L-3	冷弯薄壁直卷边Z形钢 160×70×20×3.0	简支	0.80/1.06	6.0/1.5	1/3	4.95	
4	L-4	冷弯薄壁斜卷边Z形钢 160×60×20×2.5	连续	0.80/1.06	6.0/1.5	1/8	3.80	
5	L-5	薄壁H型钢 300×150×4.5×8	简支	1.35/1.72	9.0/3.0	1/10	9.62	
6	L-6	薄壁H型钢 200×100×3.2×4.5	两跨 连续	0.80/1.06	6.0/3.0	1/10	3.95	
7	L-7	平面桁架式 2∠50×32×4	简支	1.38/1.76	6.0/0.75	1/3	7.15	
8	L-8	冷弯薄壁型钢平面桁架式 [80×40×2.5，Φ10/Φ12	简支	0.81/1.072	6.0/1.5	1/3	3.52	
9	L-9	空间桁架式 2∠45×4，Φ14/Φ22	简支	1.50/1.90	6.0/3.0	1/3	4.49	

注　1. 表中荷载已包括檩条自重。

　　2. 未考虑屋面不均匀积雪、积灰的影响。

3.6.2 实例（L-1～L-9）

【例题 3-1】冷弯薄壁卷边槽钢檩条（L-1）

1. 设计资料

封闭式建筑，屋面材料为压型钢板，屋面坡度 1/10（$\alpha=5.71°$），檩条跨度 6m，于 $l/2$ 处设一道拉条；水平檩距 1.50m。檐口距地面高度 8m，屋脊距地面高度 9.2m。钢材 Q235。

2. 荷载标准值（对水平投影面）

（1）永久荷载：

压型钢板（双层含保温）　　0.25

檩条自重（包括拉条）　　　0.05

$\overline{\qquad\qquad\qquad}$

0.30kN/m²。

（2）可变荷载：屋面均布活荷载 0.50kN/m^2；基本雪压 0.35kN/m^2，积雪分布系数 $\mu_r=1.25$，则雪荷载标准值为 $0.35\times1.25=0.44\text{kN/m}^2$，计算时取两者的较大值 0.50kN/m^2。基本风压 $w_o=0.30\text{kN/m}^2$，地面粗糙度类别 B 类。

3. 内力计算

（1）永久荷载与屋面活荷载组合

檩条线荷载

$q_k=（0.30+0.50）\times1.5=1.20\text{kN/m}$

$q=（1.2\times0.30+1.4\times0.50）\times1.5=1.59\text{kN/m}$

$q_x=q\sin5.71°=0.158\text{kN/m}$

$q_y=q\cos5.71°=1.582\text{kN/m}$

弯矩设计值

$M_x=q_yl^2/8=1.582\times6^2/8=7.12\text{kN·m}$

$M_y=q_xl^2/32=0.158\times6^2/32=0.18\text{kN·m}$。

（2）永久荷载与风荷载吸力组合

按《建筑结构荷载规范》GB 50009—2012，房屋高度小于 10m，风荷载高度变化系数取 10m 高度处的数值，则 $\mu_z=1.0$。按《门式刚架轻型房屋钢结构技术规范》GB 51022—2015，风荷载系数 $\mu_w=0.70\log A-1.98=-1.312$（边区），$A=1.5\times6=9\text{m}^2$。

垂直屋面的风荷载标准值

$w_k=\beta·\mu_w·\mu_z·w_o=1.5\times（-1.312）\times1.0\times0.30=-0.590\text{kN/m}^2$

檩条线荷载

$q_x=0.30\times1.5\times\sin5.71°=0.045\text{kN/m}$

$q_y=1.4\times0.590\times1.5-0.30\times1.5\times\cos5.71°=0.791\text{kN/m}$

弯矩设计值（采用受压下翼缘不设拉条的方案）

$M_x=q_yl^2/8=0.791\times6^2/8=3.56\text{kN·m}$

$M_y=q_xl^2/8=0.045\times6^2/8=0.20\text{kN·m}$。

4. 截面选择及截面特性

（1）选用冷弯卷边槽钢 C180×70×20×2.2（见图 3-26）。$A=7.56\text{cm}^2$，$I_x=378.28\text{cm}^4$，$W_x=42.03\text{cm}^3$，$I_y=49.57\text{cm}^4$，$W_{y_{max}}=23.39\text{cm}^3$，$W_{y_{min}}=10.16\text{cm}^3$，$I_t=0.122\text{cm}^4$，$I_\omega=3239.06\text{cm}^6$，$i_x=7.07\text{cm}$，$i_y=2.56\text{cm}$，$x_o=2.12\text{cm}$，$e_o=5.16\text{cm}$。

先按毛截面计算的截面应力为

$$\sigma_1=\frac{M_x}{W_x}+\frac{M_y}{W_{y_{max}}}=\frac{7.12\times10^6}{42.03\times10^3}+\frac{0.18\times10^6}{23.39\times10^3}$$

$$=177.1\text{ N/mm}^2\quad（压）$$

$$\sigma_2=\frac{M_x}{W_x}+\frac{M_y}{W_{y_{min}}}=\frac{7.12\times10^6}{42.03\times10^3}-\frac{0.18\times10^6}{10.16\times10^3}$$

$$=151.7\text{ N/mm}^2\quad（压）$$

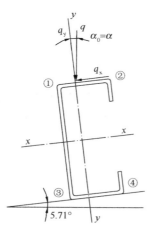

图 3-26 檩条截面力系图

$$\sigma_3 = \frac{M_x}{W_x} + \frac{M_y}{W_{y_{max}}} = \frac{7.12 \times 10^6}{42.03 \times 10^3} - \frac{0.18 \times 10^6}{23.39 \times 10^3}$$

$$= 161.7 \text{ N/mm}^2 \quad (拉)$$

$$\sigma_4 = \frac{M_x}{W_x} + \frac{M_y}{W_{y_{max}}} = \frac{7.12 \times 10^6}{42.03 \times 10^3} + \frac{0.18 \times 10^6}{10.16 \times 10^3} = 187.1 \text{ N/mm}^2 （拉）。$$

（2）受压板件的稳定系数

1）腹板

腹板为加劲板件，$\psi = \sigma_{min}/\sigma_{max} = -161.7/177.1 = -0.913 \geqslant -1$，由公式（11-25b）

$k = 7.8 - 6.29\psi + 9.78\psi^2 = 7.8 - 6.29 \times (-0.913) + 9.78 \times (-0.913)^2 = 21.695$。

2）上翼缘板

上翼缘板为最大压应力作用于部分加劲板件的支承边，$\psi = \sigma_{min}/\sigma_{max} = 151.7/177.1 = 0.857 \geqslant -1$，由公式（11-25c）

$k = 5.89 - 11.59\psi + 6.68\psi^2 = 5.89 - 11.59 \times 0.857 + 6.68 \times 0.857^2 = 0.863$。

（3）受压板件的有效宽度

1）腹板

$k = 21.695$，$k_c = 0.863$，$b = 180 \text{mm}$，$c = 70 \text{mm}$，$t = 2.2 \text{mm}$，$\sigma_1 = 177.1 \text{N/mm}^2$，由公式（11-26c）

$$\xi = \frac{c}{b}\sqrt{\frac{k}{k_c}} = \frac{70}{180}\sqrt{\frac{21.695}{0.863}} = 1.950 > 1.1$$

按公式（11-26b）计算的板组约束系数为

$$k_1 = 0.11 + 0.93/(\xi - 0.05)^2 = 0.11 + 0.93/(1.950 - 0.05)^2 = 0.368$$

按表 11-5a

$$\rho = \sqrt{205k_1k/\sigma_1} = \sqrt{205 \times 0.368 \times 21.695/177.1} = 3.040$$

由于 $\psi < 0$，则 $\alpha = 1.15$，$b_c = b/(1-\psi) = 180/(1+0.913) = 94.09 \text{mm}$

$b/t = 180/2.2 = 81.82$，$18\alpha\rho = 18 \times 1.15 \times 3.040 = 62.93$，$38\alpha\rho = 38 \times 1.15 \times 3.040 = 132.85$，所以 $18\alpha\rho < b/t < 38\alpha\rho$，按公式（11-24b）计算的截面有效宽度为

$$b_e = \left(\sqrt{\frac{21.8\alpha\rho}{b/t}} - 0.1\right)b_c = \left(\sqrt{\frac{21.8 \times 1.15 \times 3.040}{81.82}} - 0.1\right) \times 94.09 = 81.40 \text{mm}$$

由公式（11-27c），$b_{e1} = 0.4b_e = 0.4 \times 81.40 = 32.56 \text{mm}$，$b_{e2} = 0.6b_e = 0.6 \times 81.40 = 48.84 \text{mm}$。

2）上翼缘板

$k = 0.863$，$k_c = 21.695$，$b = 70 \text{mm}$，$c = 180 \text{mm}$，$\sigma_1 = 177.1 \text{N/mm}^2$，由公式（11-26c）

$$\xi = \frac{c}{b}\sqrt{\frac{k}{k_c}} = \frac{180}{70}\sqrt{\frac{0.863}{21.695}} = 0.513 < 1.1$$

按公式（11-26a）计算的板组约束系数为

$$k_1 = 1/\sqrt{\xi} = 1/\sqrt{0.513} = 1.396$$

$$\rho = \sqrt{205 k_1 k/\sigma_1} = \sqrt{205 \times 1.396 \times 0.863/177.1} = 1.181$$

由于 $\psi > 0$，则 $\alpha = 1.15 - 0.15\psi = 1.15 - 0.15 \times 0.857 = 1.021$，$b_c = b = 70\text{mm}$

$b/t = 70/2.2 = 31.82$，$18\alpha\rho = 18 \times 1.021 \times 1.181 = 21.70$，$38\alpha\rho = 38 \times 1.021 \times 1.181 = 45.82$，所以 $18\alpha\rho < b/t < 38\alpha\rho$，按公式（11-24b）计算的截面有效宽度为

$$b_e = \left(\sqrt{\frac{21.8\alpha\rho}{b/t}} - 0.1 \right) b_c = \left(\sqrt{\frac{21.8 \times 1.021 \times 1.181}{31.82}} - 0.1 \right) \times 70 = 56.62\text{mm}$$

由公式（11-27c），$b_{e1} = 0.4 b_e = 0.4 \times 56.62 = 22.65\text{mm}$，$b_{e2} = 0.6 b_e = 0.6 \times 56.62 = 33.97\text{mm}$

也可按 11.4.10 表 11-6e 查表求 b_e。

3）下翼缘板

下翼缘板全截面受拉，全部有效。

（4）截面模量

上翼缘板的扣除面积宽度为：$70 - 56.62 = 13.38\text{mm}$；腹板的扣除面积长度为：$94.09 - 81.40 = 12.69\text{mm}$，同时在腹板的计算截面有一 $\Phi 13$ 拉条连接孔（距上翼缘板边缘 35mm），孔位置与扣除面积位置基本相同，所以腹板的扣除面积宽度按 13mm 计算，见图 3-27。有效净截面模量为

$$W_{enx} = \frac{378.28 \times 10^4 - 13.38 \times 2.2 \times 90^2 - 13 \times 2.2 \times (90 - 35)^2}{90} = 3.842 \times 10^4 \ \text{mm}^3$$

$$W_{eny_{max}} = \frac{49.57 \times 10^4 - 13.38 \times 2.2 \times (13.38/2 + 22.65 - 21.2)^2 - 13 \times 2.2 \times (21.2 - 2.2/2)^2}{21.2}$$
$$= 2.275 \times 10^4 \text{mm}^3$$

$$W_{eny_{min}} = \frac{49.57 \times 10^4 - 13.38 \times 2.2 \times (13.38/2 + 22.65 - 21.2)^2 - 13 \times 2.2 \times (21.2 - 2.2/2)^2}{(70 - 21.2)}$$
$$= 0.988 \times 10^4 \text{mm}^3$$

$W_{enx}/W_x = 0.914$，$W_{eny_{max}}/W_{y_{max}} = 0.973$，$W_{eny_{min}}/W_{y_{min}} = 0.972$。为简化计算可取 $W_{enx} = 0.90 W_x$，$W_{eny} = 0.95 W_y$；当下翼缘有拉条孔时可取 $W_{enx} = 0.85 W_x$，$W_{eny} = 0.9 W_y$。

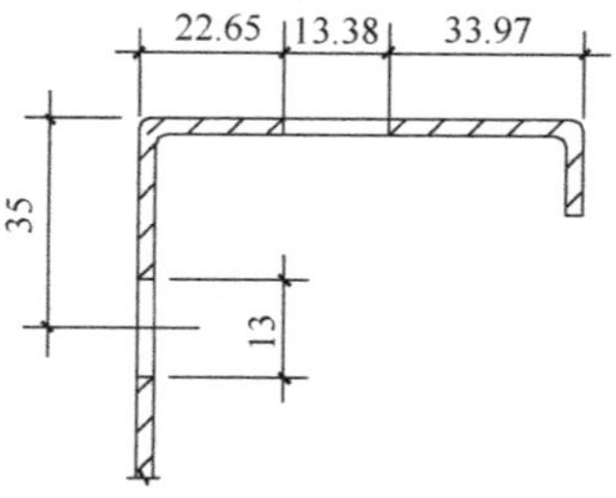

5. 强度计算

屋面能阻止檩条侧向失稳和扭转，按公式（3-6a）计算①、④点的强度为

$$\sigma_1 = \frac{M_x}{W_{enx}} + \frac{M_y}{W_{eny_{max}}} = \frac{7.12 \times 10^6}{3.842 \times 10^4} + \frac{0.18 \times 10^6}{2.275 \times 10^4} =$$

图 3-27 檩条有效截面图

$193.2\text{N/mm}^2 < 205\text{N/mm}^2$（压）

$$\sigma_4 = \frac{M_x}{W_{enx}} + \frac{M_y}{W_{eny_{min}}} = \frac{7.12 \times 10^6}{3.842 \times 10^4} + \frac{0.18 \times 10^6}{0.988 \times 10^4} = 203.5\text{N/mm}^2 < 205\text{N/mm}^2$（拉）。

6. 稳定性计算

永久荷载与风吸力组合下的弯矩较永久荷载与屋面可变荷载组合下的弯矩小很多，按前述计算方法截面全部有效；同时不计孔洞削弱，则有效截面模量

$$W_{ex} = W_x = 42.03 \ \text{cm}^3, \quad W_{ey} = W_{ey_{min}} = 10.16 \ \text{cm}^3$$

屋面能阻止檩条侧向失稳和扭转,在风吸力作用下可按公式(3-7a)计算檩条的稳定性。受弯构件的整体稳定系数 φ_{bx} 按公式(2-41)~(2-44)计算。由于均布风荷载方向离开弯心,故 e_a 取正值。

查表 2-31,跨中无侧向支承,$\mu_b=1.0$,$\xi_1=1.13$,$\xi_2=0.46$

$$e_a = h/2 = 18/2 = 9（取正值）$$

$$\eta = 2\xi_2 e_a/h = 2\times0.46\times9/18 = 0.46$$

$$\zeta = \frac{4I_\omega}{h^2 I_y} + \frac{0.156I_t}{I_y}\left(\frac{\mu_b l}{h}\right)^2 = \frac{4\times3239.06}{18^2\times49.57} + \frac{0.156\times0.122}{49.57}\left(\frac{600}{18}\right)^2 = 1.233$$

$$\lambda_y = 600/2.56 = 234.38$$

$$\varphi_{bx} = \frac{4320Ah}{\lambda_y^2 W_x}\xi_1\left(\sqrt{\eta^2+\zeta}+\eta\right)\left(\frac{235}{f_y}\right)$$

$$= \frac{4320\times7.56\times18}{234.38^2\times42.03}\times1.13\times\left(\sqrt{0.46^2+1.233}+0.46\right)$$

$$= 0.478 < 0.7$$

如查表 11-25b,$l_1=6m$,$\varphi'_{bx}=0.475$,与以上公式计算基本一致。

由公式(3-7a)计算的稳定性为

$$\sigma = \frac{M_x}{\varphi'_{bx}W_{ex}} + \frac{M_y}{W_{ey}} = \frac{3.56\times10^6}{0.478\times42.03\times10^3} + \frac{0.20\times10^6}{10.16\times10^3}$$

$$= 196.9\text{N/mm}^2 < 205\text{N/mm}^2$$

计算表明由永久荷载与屋面活荷载组合控制。

7. 挠度计算

按公式(3-8)计算的挠度为

$$\nu_y = \frac{5}{384}\cdot\frac{q_{ky}\cdot l^4}{EI_x} = \frac{5}{384}\cdot\frac{1.20\times\cos5.71°\times6000^4}{206\times10^3\times378.28\times10^4} = 25.86\text{mm} < l/200 = 30\text{mm}$$

8. 构造要求

$$\lambda_x = 600/7.07 = 84.9,\ \lambda_y = 300/2.56 = 117.2 < 200$$

故此檩条在平面内、外均满足要求。

【例题 3-2】 冷弯薄壁卷边槽钢檩条(风吸力控制)(L-2)

1. 设计资料

封闭式建筑,屋面材料为压型钢板,屋面坡度 1/10($\alpha=5.71°$),檩条跨度 6m,于 $l/2$ 处设一道拉条;水平檩距 1.50m。檐口距地面高度 6m,屋脊距地面高度 7.2m。钢材 Q235。

2. 荷载标准值(对水平投影面)

永久荷载:压型钢板(一层无保温)自重为 0.12kN/m²,檩条(包括拉条)自重设为 0.05kN/m²。

可变荷载:屋面均布活荷载或未考虑不均匀积雪后的雪荷载最大值为 0.50kN/m²。基本风压 $w_0=0.30$kN/m²,地面粗糙度类别 B 类。

3. 内力计算

(1)永久荷载与屋面活荷载组合

檩条线荷载

$$q_k = (0.17 + 0.50) \times 1.5 = 1.005 \text{kN/m}$$
$$q = (1.2 \times 0.17 + 1.4 \times 0.50) \times 1.5 = 1.356 \text{kN/m}$$
$$q_x = q \sin 5.71° = 0.135 \text{kN/m}$$
$$q_y = q \cos 5.71° = 1.349 \text{kN/m}$$

弯矩设计值

$$M_x = q_y l^2 / 8 = 1.349 \times 6^2 / 8 = 6.07 \text{kN} \cdot \text{m}$$
$$M_y = q_x l^2 / 32 = 0.135 \times 6^2 / 32 = 0.15 \text{kN} \cdot \text{m}。$$

（2）永久荷载与风荷载吸力组合

按《建筑结构荷载规范》GB 50009—2012，房屋高度小于 10m，风荷载高度变化系数取 10m 高度处的数值，则 $\mu_z = 1.0$。按《门式刚架轻型房屋钢结构技术规范》GB 51022—2015，风荷载系数 $\mu_w = 0.70 \log A - 1.98 = -1.312$（边区），$A = 1.5 \times 6 = 9 \text{m}^2$。

垂直屋面的风荷载标准值

$$w_k = \beta \cdot \mu_w \cdot \mu_z \cdot w_0 = 1.5 \times (-1.312) \times 1.0 \times 0.30 = -0.590 \text{kN/m}^2$$

檩条线荷载

$$q_x = 0.17 \times 1.5 \times \sin 5.71° = 0.025 \text{kN/m}$$
$$q_y = 1.4 \times 0.590 \times 1.5 - 0.17 \times 1.5 \times \cos 5.71° = 0.985 \text{kN/m}$$

弯矩设计值（采用受压下翼缘不设拉条的方案）

$$M_x = q_y l^2 / 8 = 0.985 \times 6^2 / 8 = 4.43 \text{kN} \cdot \text{m}$$
$$M_y = q_x l^2 / 8 = 0.025 \times 6^2 / 8 = 0.11 \text{kN} \cdot \text{m}。$$

4. 截面选择

选用冷弯卷边槽钢 C160×70×20×3.0（见图 3-26）。

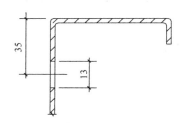

图 3-28 檩条有效截面图

$A = 9.45 \text{cm}^2$，$W_x = 46.71 \text{cm}^3$，$W_{y_{max}} = 27.17 \text{cm}^3$，$W_{y_{min}} = 12.65 \text{cm}^3$，$I_x = 373.64 \text{cm}^4$，$I_y = 60.42 \text{cm}^4$，$I_t = 0.2836 \text{cm}^4$，$I_\omega = 3070.5 \text{cm}^6$，$i_x = 6.29 \text{cm}$，$i_y = 2.53 \text{cm}$，$x_0 = 2.22 \text{cm}$，$e_0 = 5.25 \text{cm}$。

5. 强度计算

（1）有效净截面模量

按例题 3-1 同样方法计算腹板和上翼缘板全截面有效。在腹板的计算截面有一 Φ13 拉条连接孔（距上翼缘板边缘 35mm），见图 3-28，则有效净截面模量为

$$W_{enx} = \frac{373.64 \times 10^4 - 13 \times 3 \times (80 - 35)^2}{80} = 4.572 \times 10^4 \text{mm}^3$$

$$W_{eny_{max}} = \frac{60.42 \times 10^4 - 13 \times 3 \times (22.2 - 3/2)^2}{22.2} = 2.646 \times 10^4 \text{mm}^3$$

$$W_{eny_{min}} = \frac{60.42 \times 10^4 - 13 \times 3 \times (22.2 - 3/2)^2}{(70 - 22.2)} = 1.229 \times 10^4 \text{mm}^3。$$

（2）屋面能阻止檩条侧向失稳和扭转，按公式（3-6a）计算①、④点的强度为

$$\sigma_1 = \frac{M_x}{W_{enx}} + \frac{M_y}{W_{eny_{max}}} = \frac{6.07 \times 10^6}{4.572 \times 10^4} + \frac{0.15 \times 10^6}{2.646 \times 10^4} = 138.4 \text{N/mm}^2 < 205 \text{N/mm}^2 \text{（压）}$$

$$\sigma_4 = \frac{M_x}{W_{enx}} + \frac{M_y}{W_{eny_{min}}} = \frac{6.07 \times 10^6}{4.572 \times 10^4} + \frac{0.15 \times 10^6}{1.229 \times 10^4} = 145.0 \text{N/mm}^2 < 205 \text{N/mm}^2 \text{（拉）。}$$

6. 稳定计算

（1）有效截面模量

永久荷载与风吸力组合下的弯矩小于永久荷载与屋面可变荷载组合下的弯矩，根据前面的计算结果，截面全部有效；同时不计孔洞削弱，则

$$W_{ex} = W_x = 46.71 \text{ cm}^3, W_{ey} = W_{ey_{max}} = 27.17 \text{ cm}^3。$$

（2）受弯构件的整体稳定系数 φ_{bx} 按公式（2-41）～（2-44）计算。由于均布风荷载方向离开弯心，故 e_a 取正值。

查表 2-31，跨中无侧向支承，$\mu_b = 1.0$，$\xi_1 = 1.13$，$\xi_2 = 0.46$

$$e_a = h/2 = 16/2 = 8 \text{mm} \text{（取正值）}$$

$$\eta = 2\xi_2 e_a/h = 2 \times 0.46 \times 8/16 = 0.46$$

$$\zeta = \frac{4I_\omega}{h^2 I_y} + \frac{0.156 I_t}{I_y}\left(\frac{\mu_b l}{h}\right)^2 = \frac{4 \times 3070.5}{16^2 \times 60.42} + \frac{0.156 \times 0.2836}{60.42}\left(\frac{600}{16}\right)^2 = 1.824$$

$$\lambda_y = 600/2.53 = 237.15$$

$$\varphi_{bx} = \frac{4320 Ah}{\lambda_y^2 W_x}\xi_1\left(\sqrt{\eta^2 + \zeta} + \eta\right)\left(\frac{235}{f_y}\right) = \frac{4320 \times 9.45 \times 16}{237.15^2 \times 46.71} \times 1.13$$

$$\times \left(\sqrt{0.46^2 + 1.824} + 0.46\right)$$

$$= 0.530 < 0.7$$

如查表 11-25b，$l_1 = 6$m，$\varphi'_{bx} = 0.530$，与公式计算一致。

（3）风吸力作用使檩条下翼缘受压，按公式（3-7a）计算的稳定性为

$$\sigma = \frac{M_x}{\varphi'_{bx} W_{ex}} + \frac{M_y}{W_{ey}} = \frac{4.43 \times 10^6}{0.530 \times 46.71 \times 10^3} + \frac{0.11 \times 10^6}{27.17 \times 10^3} = 183.0 \text{N/mm}^2 > 145.0 \text{N/mm}^2$$

$$< 205 \text{N/mm}^2$$

计算表明由永久荷载与风荷载组合控制。

7. 挠度计算

按公式（3-8）计算的挠度为

$$\nu_y = \frac{5}{384} \cdot \frac{q_{ky} \cdot l^4}{EI_x} = \frac{5}{384} \cdot \frac{1.005 \times \cos 5.71° \times 6000^4}{206 \times 10^3 \times 373.64 \times 10^4} = 21.9 \text{mm} < l/200 = 30 \text{mm}。$$

8. 构造要求

$\lambda_x = 600/6.29 = 95$，$\lambda_y = 300/2.53 = 119 < 200$

故此檩条在平面内、外均满足要求。

【例题 3-3】冷弯薄壁直卷边 Z 形钢檩条（L-3）

1. 设计资料

屋面材料为压型钢板，屋面坡度 1/3（$\alpha = 18.43°$），檩条跨度 6m，于 $l/2$ 处设一道拉条；水平檩距 1.50m。钢材 Q235。

2. 荷载标准值（对水平投影面）

永久荷载：压型钢板（二层含保温）自重为 0.25kN/m²，檩条（包括拉条）自重设为 0.05kN/m²。

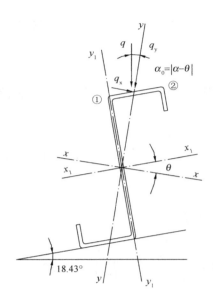

图 3-29　檩条截面力系图

可变荷载：屋面均布活荷载或雪荷载的最大值为 0.50kN/m^2。

3. 截面选择及截面特性

选用冷弯薄壁直卷边 Z 形钢 $160\times70\times20\times3.0$（见图 3-29）。

$W_{x_1}=61.33\text{cm}^3$，$W_{x_2}=45.01\text{cm}^3$，$W_{y_1}=12.39\text{cm}^3$，$W_{y_2}=12.58\text{cm}^3$，$I_{x_1}=373.64\text{cm}^4$，$i_x=6.80\text{cm}$，$i_y=1.98\text{cm}$，$\theta=23.57°$，$\theta-\alpha=23.57°-18.43°=5.14°$。

4. 内力计算

檩条线荷载：

$q_k=(0.30+0.50)\times1.5=1.20\text{kN/m}$

$q=(1.2\times0.30+1.4\times0.50)\times1.5=1.590\text{kN/m}$

$q_x=q\sin(\theta-\alpha)=1.590\times0.090=0.143\text{kN/m}$

$q_y=q\cos(\theta-\alpha)=1.590\times0.996=1.584\text{kN/m}$

弯矩设计值：

$M_x=q_yl^2/8=1.584\times6^2/8=7.13\text{kN}\cdot\text{m}$

$M_y=q_xl^2/32=0.143\times6^2/32=0.16\text{kN}\cdot\text{m}$。

5. 强度计算

考虑有效截面及跨中截面有孔洞削弱，x 和 y 方向的截面抵抗矩分别近似取 0.9 和 0.95 的折减系数（见例题 3-1），则有效净截面抵抗矩为

$$W_{\text{enx}_1}=0.9\times61.33=55.20\text{cm}^3，\quad W_{\text{enx}_2}=0.9\times45.01=40.51\text{cm}^3$$

$$W_{\text{eny}_1}=0.95\times12.39=11.77\text{cm}^3，\quad W_{\text{eny}_2}=0.95\times12.58=11.95\text{cm}^3$$

屋面能阻止檩条失稳和扭转，按公式（3-6a）计算①、②点的强度为

$$\sigma_1=\frac{M_x}{W_{\text{enx}_1}}+\frac{M_y}{W_{\text{eny}_1}}=\frac{7.13\times10^6}{55.20\times10^3}-\frac{0.16\times10^6}{11.77\times10^3}=115.6\text{N/mm}^2<205\text{N/mm}^2$$

$$\sigma_2=\frac{M_x}{W_{\text{enx}_2}}+\frac{M_y}{W_{\text{eny}_2}}=\frac{7.13\times10^6}{40.51\times10^3}+\frac{0.16\times10^6}{11.95\times10^3}=189.4\text{N/mm}^2<205\text{N/mm}^2$$

本例风荷载较小，永久荷载与风荷载组合不起控制作用。

6. 挠度计算

按公式（3-9）计算的挠度为

$$\nu_{y_1}=\frac{5}{384}\cdot\frac{q_k\cos\alpha\cdot l^4}{EI_{x_1}}=\frac{5}{384}\cdot\frac{1.20\times\cos18.43°\times6000^4}{206\times10^3\times373.64\times10^4}=25.0\text{mm}<l/200=30\text{mm}。$$

7. 构造要求

$$\lambda_x=600/6.80=88，\quad \lambda_y=300/1.98=152<200$$

故此檩条在平面内、外均满足要求。

【例题 3-4】冷弯薄壁斜卷边 Z 形钢檩条（连续）（L-4）

1. 设计资料

屋面材料为压型钢板，屋面坡度 1/8（$\alpha=7.13°$），檩条采用多跨连续，每跨 6m，于 $l/2$ 处设一道拉条，水平檩距 1.50m；檩条在与刚架连接处采用叠置搭接。钢材 Q235。

2. 荷载标准值（对水平投影面）

永久荷载：压型钢板（二层含保温）自重为 0.25kN/m^2，檩条（包括拉条）自重设为 0.05kN/m^2。

可变荷载：屋面均布活荷载或雪荷载最大值为 0.50kN/m^2。

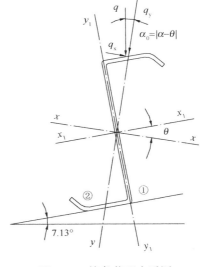

图 3-30　檩条截面力系图

3. 截面选择及截面特性

选用冷弯薄壁斜卷边 Z 形钢 $160×60×20×2.5$（见图 3-30）。

$W_{x_1}=50.13\text{cm}^3$，$W_{x_2}=36.45\text{cm}^3$，$W_{y_1}=9.83\text{cm}^3$，$W_{y_2}=11.78\text{cm}^3$，$I_{x_1}=303.09\text{cm}^4$，$i_x=6.74\text{cm}$，$i_y=1.93\text{cm}$，$\theta=22.13°$，$\theta-\alpha=22.13°-7.13°=15.0°$。

4. 内力计算

檩条线荷载：

$q_k=(0.25+0.05+0.5)×1.5=1.20\text{kN/m}$

$q=(1.2×0.30+1.4×0.5)×1.5=1.59\text{kN/m}$

$q_x=q\sin(\theta-\alpha)=1.59×\sin15.0°=0.412\text{kN/m}$

$q_y=q\cos(\theta-\alpha)=1.59×\cos15.0°=1.536\text{kN/m}$

弯矩设计值：

$M_x=q_yl^2/10=1.536×6^2/10=5.53\text{kN·m}$

$M_y=q_xl^2/40=0.412×6^2/40=0.37\text{kN·m}$。

5. 强度计算

考虑有效截面及跨中截面有孔洞削弱，x 和 y 方向的截面抵抗矩分别近似取 0.9 和 0.95 的折减系数（见例题 3-1），则有效净截面抵抗矩为

$W_{\text{enx}_1}=0.9×50.13=45.12\text{cm}^3$，$W_{\text{enx}_2}=0.9×36.45=32.81\text{cm}^3$

$W_{\text{eny}_1}=0.95×9.83=9.34\text{cm}^3$，$W_{\text{eny}_2}=0.95×11.78=11.19\text{cm}^3$

屋面能阻止檩条失稳和扭转，按公式（3-6a）计算①、②点的强度为

$$\sigma_1=\frac{M_x}{W_{\text{enx}_1}}+\frac{M_y}{W_{\text{eny}_1}}=\frac{5.53×10^6}{45.12×10^3}-\frac{0.37×10^6}{9.34×10^3}=82.9\text{N/mm}^2<205\text{N/mm}^2$$

$$\sigma_2=\frac{M_x}{W_{\text{enx}_2}}+\frac{M_y}{W_{\text{eny}_2}}=\frac{5.53×10^6}{32.81×10^3}+\frac{0.37×10^6}{11.19×10^3}=201.6\text{N/mm}^2<205\text{N/mm}^2$$

本例风荷载较小，永久荷载与风荷载组合不起控制作用。但应注意，支座处出现下翼缘受压的情况，应计算该处的稳定性。如不能满足，可设双层拉条。

6. 连接螺栓计算

对 x_1 的弯矩设计值

$$M_{x_1} = q\cos\alpha \times l^2/10 = 1.59\cos7.13° \times 6^2/10 = 5.68\text{kN} \cdot \text{m}。$$

支座处采用 4M12，4.6 级普通 C 级螺栓连接，见图 3-31；$A=1.13\text{cm}^2$，$f_v^b=140\text{N}/\text{mm}^2$，螺栓群可承受的弯矩：

$$M = 4f_v^b \cdot A\sqrt{x^2+y^2} = 4 \times 140 \times 1.13 \times 10^2 \sqrt{100^2+50^2}$$

$$= 7.07 \times 10^6 \text{N} \cdot \text{mm} = 6.57\text{kN} \cdot \text{m} > M_{x_1} = 5.68\text{kN} \cdot \text{m} \qquad 安全。$$

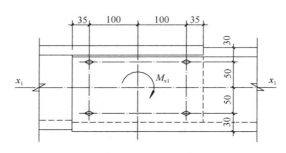

图 3-31 檩条连接详图

7. 挠度计算

偏于安全地按两跨连续梁计算，跨内最大挠度为

$$\nu_{y_1} = \frac{1}{185} \cdot \frac{1.20 \times \cos7.13° \times 6000^4}{206 \times 10^3 \times 269.59 \times 10^4} = 15.0\text{mm} < l/200 = 30\text{mm}。$$

8. 构造要求

$$\lambda_x = 600/6.76 = 89，\ \lambda_y = 300/1.94 = 155 < 200$$

故此檩条在平面内、外均满足要求。

【例题 3-5】 高频焊接薄壁 H 形钢檩条（L-5）

1. 设计资料

屋面材料为发泡水泥复合板（3.0m×3.0m），屋面坡度 1/10（$\alpha=5.71°$），檩条跨度 9m，不设拉条；水平檩距 3.0m。钢材 Q235。

2. 荷载和内力

（1）永久荷载标准值（对水平投影面）

发泡水泥复合板　　　　0.65

防水层　　　　　　　　0.10

檩条自重　　　　　　　0.10

　　　　　　　　　　──────

　　　　　　　　　　0.85kN/m²　。

（2）可变荷载标准值：屋面均布活荷载或雪荷载最大值为 0.50kN/m²。

（3）内力计算

檩条线荷载：

$$q_k = (0.85+0.50) \times 3.0 = 4.05\text{kN/m}$$

$$q = (1.2 \times 0.85 + 1.4 \times 0.50) \times 3.0 = 5.16\text{kN/m}$$

$$q_x = q\sin5.71° = 0.513\text{kN/m}$$

$$q_y = q\cos5.71° = 5.134\text{kN/m}$$

弯矩设计值：

$M_x = q_y l^2/8 = 5.134 \times 9^2/8 = 51.98\text{kN} \cdot \text{m}$

$M_y = q_x l^2/8 = 0.513 \times 9^2/8 = 5.19\text{kN} \cdot \text{m}$。

3. 截面选择及强度计算

选用薄壁 H 型钢 $300 \times 150 \times 4.5 \times 8$（见图 3-32）。

$W_x = 398.41\text{cm}^3$，$W_y = 60.03\text{cm}^3$，$I_x = 5976.11\text{cm}^4$，$i_x = 12.75\text{cm}$，$i_y = 3.50\text{cm}$。

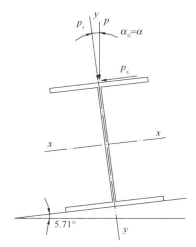

图 3-32　檩条截面图

考虑截面塑性发展，$\gamma_x = 1.05$，$\gamma_y = 1.20$。屋面板与檩条至少三点焊连，其钢边肋可以作为檩条受压翼缘的侧向支点，能阻止檩条失稳和扭转，按公式(3-6b)计算的强度为

$$\sigma = \frac{M_x}{\gamma_x W_{nx}} + \frac{M_y}{\gamma_y W_{ny}}$$

$$= \frac{51.98 \times 10^6}{1.05 \times 398.41 \times 10^3} + \frac{5.19 \times 10^6}{1.2 \times 60.03 \times 10^3}$$

$$= 196.3\text{N/mm}^2 < 215\text{N/mm}^2$$

本例风荷载较小，永久荷载与风荷载组合不起控制作用。

4. 挠度计算

按公式（3-8）计算的挠度为

$$\nu_y = \frac{5}{384} \cdot \frac{q_{ky} \cdot l^4}{EI_x} = \frac{5}{384} \cdot \frac{4.05 \times \cos 5.71° \times 9000^4}{206 \times 10^3 \times 5976.11 \times 10^4} = 28.0\text{mm} > l/200 = 45\text{mm}$$。

5. 构造要求

$$\lambda_x = 900/12.75 = 71, \quad \lambda_y = 900/3.50 = 257 > 200$$

此檩条在平面外不满足要求，故在上层横向水平支撑跨内的檩条需加设拉条或不兼作支撑压杆。

【例题 3-6】高频焊接薄壁 H 形钢檩条（两跨连续）（L-6）

1. 设计资料

屋面材料为压型钢板，屋面坡度 1/10（$\alpha = 5.71°$），檩条采用两跨连续，每跨 6m，不设拉条；水平檩距 3.0m。钢材 Q235。

2. 荷载和内力

（1）永久荷载标准值（对水平投影面）：压型钢板（二层含隔热层）0.25kN/m^2，檩条自重设为 0.05kN/m^2。

（2）可变荷载标准值：屋面均布活荷载或雪荷载最大值为 0.50kN/m^2。

（3）内力计算

檩条线荷载

$q_k = (0.30 + 0.50) \times 3.0 = 2.40\text{kN/m}$

$q = (1.2 \times 0.30 + 1.4 \times 0.50) \times 3.0 = 3.18\text{kN/m}$

$q_x = q\sin 5.71° = 0.316\text{kN/m}$

$q_y = q\cos 5.71° = 3.164\text{kN/m}$

弯矩设计值

跨内　$M_x = 0.070 \cdot q_y l^2 = 0.070 \times 3.164 \times 6^2 = 7.97 \text{kN} \cdot \text{m}$

　　　　$M_y = 0.070 \cdot q_x l^2 = 0.070 \times 0.316 \times 6^2 = 0.80 \text{kN} \cdot \text{m}$

支座　$M_x = 0.125 \cdot q_y l^2 = 0.125 \times 3.164 \times 6^2 = 14.24 \text{kN} \cdot \text{m}$

　　　　$M_y = 0.125 \cdot q_x l^2 = 0.125 \times 0.316 \times 6^2 = 1.42 \text{kN} \cdot \text{m}$。

3. 截面选择及强度计算

选用薄壁 H 形钢 $200 \times 100 \times 3.2 \times 4.5$（见图 3-32）。

$W_x = 104.59 \text{cm}^3$，$W_y = 15.01 \text{cm}^3$，$I_x = 1045.92 \text{cm}^4$，$i_x = 8.32 \text{cm}$，$i_y = 2.23 \text{cm}$。

计算截面无孔洞削弱。考虑截面塑性发展，$\gamma_x = 1.05$，$\gamma_y = 1.20$，屋面能阻止檩条失稳和扭转，按公式（3-6b）计算支座截面（最不利）的强度为

$$\sigma = \frac{M_x}{\gamma_x W_{nx}} + \frac{M_y}{\gamma_y W_{ny}} = \frac{14.24 \times 10^6}{1.05 \times 104.59 \times 10^3} + \frac{1.42 \times 10^6}{1.2 \times 15.01 \times 10^3}$$

$$= 208.5 \text{N/mm}^2 < 215 \text{N/mm}^2$$

本例风荷载较小，永久荷载与风荷载组合不起控制作用。但应注意，支座处出现下翼缘受压的情况，应计算该处的稳定性。

4. 挠度计算

跨内最大挠度为

$$\nu_y = \frac{1}{185} \cdot \frac{2.40 \times \cos 5.71° \times 6000^4}{206 \times 10^3 \times 1045.92 \times 10^4} = 7.8 \text{mm} < l/200 = 30 \text{mm}。$$

5. 构造要求

$$\lambda_x = 600/8.32 = 72，\quad \lambda_y = 600/2.23 = 269 > 200$$

此檩条在平面外不满足要求，故在上层横向水平支撑跨内的檩条需加设拉条或不兼作支撑压杆。

【例题 3-7】平面桁架式檩条（L-7）

1. 设计资料

屋面材料为黏土瓦、油毡、木望板，屋面坡度 1/2.5（$\alpha = 21.80°$），檩条跨度 6m，于 $l/3$ 处各设一道拉条；水平檩距 0.75m。钢材 Q235。图 3-33 为檩条计算简图。

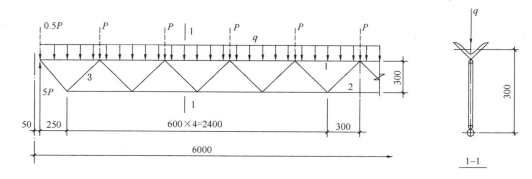

图 3-33　檩条计算简图

2. 荷载

（1）永久荷载标准值（对水平投影面）

黏土瓦	0.60
油毡、木望板	0.19
檩条自重（包括拉条）	0.09
	0.88kN/m²

（2）可变荷载标准值：屋面均布活荷载为 0.50kN/m^2。由于检修集中荷载 1.0kN 的等效均布荷载为 $2\times1.0/(0.75\times6)=0.444\text{kN/m}^2$，小于屋面均布活荷载，故可变荷载采用 0.50kN/m^2。

（3）檩条线荷载设计值

$$q=(1.2\times0.88+1.4\times0.50)\times0.75=1.317\text{kN/m}。$$

（4）桁架节点荷载设计值

$$P=qa=1.317\times0.6=0.790\text{kN}。$$

3. 内力计算

（1）杆件轴心力

上弦杆 $N_1=-(4.5P\times2.65-4P\times1.2)/h=-7.125\times0.790/0.3=-18.76\text{kN}$

下弦杆 $N_2=(4.5P\times2.95-4P\times1.5)/h=7.275\times0.790/0.3=19.16\text{kN}$

腹杆 $N_3=-4.5P\times0.425/h=-4.5\times0.790\times0.425/0.3=-5.04\text{kN}。$

（2）上弦杆弯矩

上弦杆在均布荷载作用下的弯矩：

$$M_x=q_ya^2/10=1.317\times0.6^2/10=0.047\text{kN}\cdot\text{m}\qquad(q_y=q)。$$

4. 强度和稳定计算

（1）上弦杆（图 3-34）

$N_1=-18.76\text{kN}$，$M_x=0.047\text{kN}\cdot\text{m}$，$M_y=0$

选用 $\angle40\times4$，$A=3.09\text{cm}^2$，$i_x=0.79\text{cm}$，$i_y=1.54\text{cm}$，$W_{x_{\min}}=1.19\text{cm}^3$

$\lambda_x=l_x/i_x=60/0.79=76$，$\lambda_y=l_y/i_y=200/1.54=129.9<200$

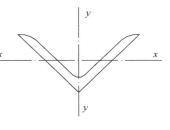

图 3-34 上弦杆截面

属 b 类截面，查表 11-2，$\varphi_{\min}=0.387$，按公式（3-11a）计算的稳定性为

$$\frac{N}{\varphi_{\min}A_e}+\frac{M_x}{W_{ex}}+\frac{M_y}{W_{ey}}=\frac{18.76\times10^3}{0.387\times3.09\times10^2}+\frac{0.047\times10^6}{1.19\times10^3}+0$$
$$=196.4\text{N/mm}^2>0.9\times215=193.5\text{N/mm}^2$$

$(196.4-193.5)/193.5=1.5\%$，可。

（2）下弦杆

$$N_2=19.16\text{kN}，选用 \Phi12，A_n=A=1.13\text{cm}^2$$

按公式（2-3）计算的强度为

$\sigma=N/A_n=19.16\times10^3/1.13\times10^2=169.6\text{N/mm}^2<0.9\times215=193.5\text{N/mm}^2。$

（3）腹杆

$$N_3 = -5.04\text{kN}，选用 \Phi12，A = 1.13\text{cm}^2$$

$$\lambda = l/i = l/(d/4) = 42.5/(1.2/4) = 142 < 200$$

参照圆管截面，取 a 类截面，查表 11-3a，$\varphi = 0.373$，按公式（2-4）计算的稳定性为

$$N/\varphi A = 5.04 \times 10^3/(0.373 \times 1.13 \times 10^2)$$

$$= 119.6\text{N/mm}^2 < 0.85 \times 0.9 \times 215 = 164.5\text{N/mm}^2$$

由于内力值较小，节点连接焊缝可按构造要求确定。

【例题 3-8】 冷弯薄壁型钢平面桁架式檩条（L-8）

1. 设计资料

屋面材料为夹芯板，屋面坡度 1/3（$\alpha = 18.43°$），檩条跨度 6m，于跨中各设一道拉条；水平檩距 1.5m。钢材 Q235。图 3-35 为檩条计算简图。

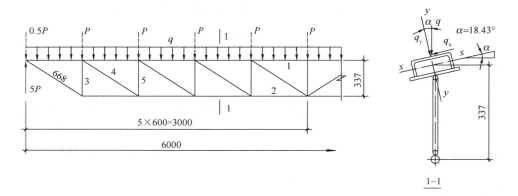

图 3-35　檩条计算简图

2. 荷载

（1）永久荷载标准值（对水平投影面）

夹芯板	$0.25/\cos18.43° = 0.26$
檩条自重（包括拉条）	0.05

$$0.31\text{kN/m}^2。$$

（2）可变荷载标准值：屋面均布活荷载或雪荷载最大值为 0.50kN/m²。

（3）檩条线荷载设计值

$$q = (1.2 \times 0.31 + 1.4 \times 0.50) \times 1.5 = 1.608\text{kN/m}$$

$$q_x = q\sin18.43° = 0.508\text{kN/m}$$

$$q_y = q\cos18.43° = 1.526\text{kN/m}。$$

（4）桁架节点荷载设计值

$$P = qa = 1.608 \times 0.6 = 0.965\text{kN}$$

3. 内力计算

（1）杆件轴心力

上弦杆　$N_1 = -(4.5P \times 3 + 4P \times 1.5)/h = -7.5 \times 0.965/0.337 = -21.48\text{kN}$

下弦杆　$N_2 = (4.5P \times 2.4 - 3P \times 1.2)/h = 7.2 \times 0.965/0.337 = 20.62\text{kN}$

腹杆　　$N_3 = -4.5P = -4.5 \times 0.965 = -4.34\text{kN}$

$$N_4 = 3.5P \times 0.688/h = 3.5 \times 0.965 \times 0.688/0.337 = 6.90\text{kN}$$

$$N_5 = -3.5P = -3.5 \times 0.965 = -3.38\text{kN}。$$

（2）上弦杆弯矩

上弦杆在均布荷载作用下的弯矩：

$$M_x = q_y a^2/10 = 1.526 \times 0.6^2/10 = 0.055\text{kN} \cdot \text{m}$$

$$M_y = q_x l^2/32 = 0.508 \times 6^2/32 = 0.572\text{kN} \cdot \text{m}。$$

4. 强度和稳定计算

（1）上弦杆

$$N_1 = -21.48\text{kN}, \quad M_x = 0.055\text{kN} \cdot \text{m}, \quad M_y = 0.572\text{kN} \cdot \text{m}$$

选用 $[80 \times 40 \times 2.5$，$A = 3.74\text{cm}^2$，$i_x = 1.26\text{cm}$，$i_y = 3.13\text{cm}$，$W_x = 2.06\text{cm}^3$，$W_y = 9.18\text{cm}^3$

$$\lambda_x = l_x/i_x = 60/1.26 = 48, \quad \lambda_y = l_y/i_y = 300/3.13 = 95 < 150$$

查表 11-4a，$\varphi_{\min} = 0.626$，按公式（3-11a）计算的稳定性为

$$\frac{N}{\varphi_{\min}A_e} + \frac{M_x}{W_{ex}} + \frac{M_y}{W_{ey}}$$

$$= \frac{21.48 \times 10^3}{0.626 \times 3.74 \times 10^2} + \frac{0.055 \times 10^6}{2.06 \times 10^3} + \frac{0.572 \times 10^6}{9.18 \times 10^3} = 180.8\text{N/mm}^2 < 0.9 \times 205$$

$$= 184.5\text{N/mm}^2。$$

（2）下弦杆

$$N_2 = 20.62\text{kN}, \quad 选用 \Phi 12, \quad A_n = A = 1.13\text{cm}^2$$

按公式（2-3）计算的强度为

$$\sigma = N/A_n = 20.62 \times 10^3/1.13 \times 10^2 = 182.5\text{N/mm}^2 < 0.9 \times 215 = 193.5\text{N/mm}^2。$$

（3）腹杆

1）$N_3 = -4.34\text{kN}$，选用 $\square 40 \times 2$，$A = 2.936\text{cm}^2$，$i = 1.537\text{cm}$

$$\lambda = l/i = 33.7/1.537 = 22 < 150$$

查表 11-4a，$\varphi = 0.941$。截面应力较低，认为截面全部有效，$A_e = A$。按公式（2-4）计算的稳定性为

$$N/\varphi A_e = 4.34 \times 10^3/(0.941 \times 2.936 \times 10^2) = 15.7\text{N/mm}^2 < 0.85 \times 0.9 \times 205 = 183\text{N/mm}^2。$$

2）$N_4 = 6.90\text{kN}$，选用 $\Phi 10$，$A_n = A = 0.785\text{cm}^2$

按公式（2-3）计算的强度为

$$\sigma = N/A_n = 6.90 \times 10^3/0.785 \times 10^2 = 87.9\text{N/mm}^2 < 0.9 \times 215 = 193.5\text{N/mm}^2。$$

3）$N_5 = -3.38\text{kN}$，选用 $\Phi 10$，$A = 0.785\text{cm}^2$

$$\lambda = l/i = l/(d/4) = 33.7/(1.0/4) = 135 < 200$$

参照圆管截面，取 a 类截面，查表 11-3a，$\varphi = 0.407$，按公式（2-4）计算的稳定性为

$$N/\varphi A = 3.38 \times 10^3/(0.407 \times 0.785 \times 10^2) = 105.8\text{N/mm}^2 < 0.9 \times 215 = 193.5\text{N/mm}^2$$

由于内力值较小，节点连接焊缝可按构造要求确定。

【例题 3-9】空间桁架式檩条（L-9）

1. 设计资料

屋面材料为混凝土槽瓦，屋面坡度 1/3（$\alpha = 18.43°$），檩条跨度 6m，高度 350mm，水平檩距 3.0m。钢材 Q235。

2. 檩条外形和计算简图

图 3-36 是将空间桁架简化为按假想高度为 $h = 350$mm 的平面桁架计算。图 3-37 为檩条的计算简图。

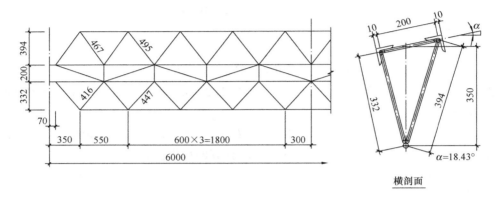

图 3-36　檩条几何尺寸展开图

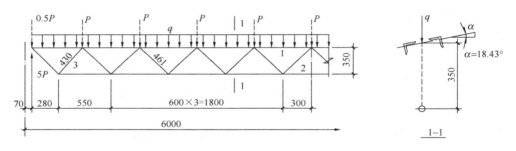

图 3-37　檩条计算简图

3. 荷载

（1）永久荷载标准值（对水平投影面）

混凝土槽瓦	$0.90/\cos 18.43° = 0.95$
檩条自重（包括拉条）	0.05
	1.00kN/m^2

（2）可变荷载标准值：屋面均布活荷载或雪荷载的较大值为 0.50kN/m^2。

（3）檩条线荷载设计值

$q = (1.2 \times 1.00 + 1.4 \times 0.50) \times 3.0 = 5.70\text{kN/m}$。

（4）桁架节点荷载设计值

$P = qa = 5.70 \times 0.6 = 3.42\text{kN}$。

4. 内力计算

（1）杆件轴心力

上弦杆　$N_1 = -(4.5P \times 2.63 - 4P \times 1.2)/h = -7.035 \times 3.42/0.35 = -68.74\text{kN}$

下弦杆 $N_2 = (4.5P \times 2.93 - 4P \times 1.5)/h = 7.185 \times 3.42/0.35 = 70.21\text{kN}$

腹杆 $N_3 = -4.5P \times 0.43/h = -4.5 \times 3.42 \times 0.43/0.35 = -18.91\text{kN}$。

（2）上弦杆弯矩

上弦杆截面力系图见图 3-38。

选用等边角钢 $\theta = 45°$，$\alpha = 18.43°$，$\theta - \alpha = 26.57°$

$q_x = q\sin(\theta - \alpha) = 5.70 \times 0.447 = 2.55\text{kN/m}$

$q_y = q\cos(\theta - \alpha) = 5.70 \times 0.894 = 5.10\text{kN/m}$。

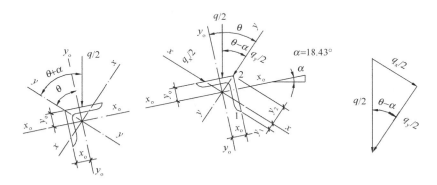

图 3-38   上弦杆截面力系图

上弦杆在均布荷载作用下的弯矩：

$$M_x = \frac{q_y}{2} \cdot \frac{a^2}{10} = \frac{5.10}{2} \cdot \frac{0.6^2}{10} = 0.092\text{kN} \cdot \text{m}$$

$$M_y = \frac{q_x}{2} \cdot \frac{a^2}{10} = \frac{2.55}{2} \cdot \frac{0.6^2}{10} = 0.046\text{kN} \cdot \text{m}$$。

5. 强度和稳定计算

（1）上弦杆（单肢）

     $N_1 = -68.74/2 = -34.37\text{kN}$，$M_x = 0.092\text{kN} \cdot \text{m}$，$M_y = 0.046\text{kN} \cdot \text{m}$

选用 $\angle 45 \times 4$，$A = 3.49\text{cm}^2$，$i_x = 0.89\text{cm}$，$I_x = 2.75\text{cm}^4$，$W_{y_1} = 3.32\text{cm}^3$，$y_o = 1.26\text{cm}$

$$y_2 = y_o/\cos45° = 1.26/0.707 = 1.78\text{cm}$$
$$y_1 = 4.5\cos45° - y_2 = 4.5 \times 0.707 - 1.78 = 1.40\text{cm}$$
$$W_{x_1} = I_x/y_1 = 2.75/1.40 = 1.96\text{cm}^3$$
$$W_{x_2} = I_x/y_2 = 2.75/1.78 = 1.54\text{cm}^3$$
$$\lambda_x = l_x/i_x = 60/0.89 = 67$$

属 b 类截面，查表 11-3b，$\varphi_x = 0.769$，按公式（3-11a）计算的稳定性为

对 1 点：

$$\frac{N}{\varphi_x A} + \frac{M_x}{W_{x_1}} + \frac{M_y}{W_{y_1}} = \frac{34.37 \times 10^3}{0.769 \times 3.49 \times 10^2} + \frac{0.092 \times 10^6}{1.96 \times 10^3} + \frac{0.046 \times 10^6}{3.32 \times 10^3}$$
$$= 188.9\text{N/mm}^2 < 0.9 \times 215 = 193.5\text{N/mm}^2$$

对 2 点：

$$\frac{N}{\varphi_x A} + \frac{M_x}{W_{x_1}} + \frac{M_y}{W_{y_1}} = \frac{34.37 \times 10^3}{0.769 \times 3.49 \times 10^2} + \frac{0.092 \times 10^6}{1.54 \times 10^3} + 0$$
$$= 187.8 \text{N/mm}^2 < 0.9 \times 215 = 193.5 \text{N/mm}^2 \text{。}$$

（2）下弦杆

$$N_2 = 70.21 \text{kN}，选用 \Phi 22，A_n = A = 3.80 \text{cm}^2$$

按公式（2-3）计算的强度为

$$\sigma = N/A_n = 70.21 \times 10^3 / 3.80 \times 10^2 = 184.8 \text{N/mm}^2 < 0.9 \times 215 = 193.5 \text{N/mm}^2 \text{。}$$

（3）腹杆

$$N_3 = -18.91/2 = -9.46 \text{kN}，选用 \Phi 14，A = 1.54 \text{cm}^2$$
$$\lambda = l/i = l/(d/4) = 43.0/(1.4/4) = 123 < 200$$

参照圆管截面，取 a 类截面，查表 11-4a，$\varphi = 0.475$，按公式（2-4）计算的稳定性为

$$N/\varphi A = 9.46 \times 10^3 / (0.475 \times 1.54 \times 10^2) = 129.3 \text{N/mm}^2 < 0.85 \times 0.9 \times 215 =$$
$$164.5 \text{N/mm}^2 \text{。}$$

3.7 檩条设计中的若干问题

1. 檩条的竖向荷载

檩条的竖向荷载通常是以其水平投影负荷面积计算，即按其支撑板为简支得出的。如屋面水平投影均布荷载为 Q，檩距水平距离为 a，则檩条均布线荷载 $q = Qa$。当采用长尺压型钢板或夹芯板时（双坡，一坡板长为半跨大梁或桁架），檩条为多跨连续板的支座，如按 5 跨连续计算，最大支座反力 q 为 $1.14Qa$（离端部第二个支座最大）。故按 $q = Qa$ 是不安全的。当利用余料时，甚至有两跨的，如按板 3m 长，两跨（每跨 1.5m），则最大中间支座反力 $q = 1.25Qa$。故建议统一按 $q = 1.15Qa$ 选用现行国家建筑标准设计图中的檩条允许线荷载或在个体设计加大，但在图中应注明，若利用余料 3m 板长，两跨时必须对板中间支座的檩条进行核算或加强。以上仅仅是建议，本手册在计算实例中也未显示此荷载增大系数 1.14 或 1.25，此尚需待国家建筑标准设计图集修编时正式确认。至于屋架（横梁）因板连续而增大檩条传给屋架的节点荷载增大属局部性，可不考虑（但连续檩条除外）。

2. 檩条的活荷载

（1）均布活荷载

按《建筑结构荷载规范》GB 50009—2012 不上人的屋面活荷载标准值取 0.5kN/m²。根据《钢结构设计标准》GB 50017—2017 第 3.2.1 条注：对支承轻屋面的构件或结构（檩条、屋架、框架等），当仅有一个可变荷载且受荷水平投影面积超过 60m² 时，屋面均布活荷载标准值应取为 0.3kN/m²。因大多数檩条的受荷面积小于 60m²，故檩条活荷载标准值均取 0.5kN/m²，不折减。

檩条的活荷载，不应与雪荷载同时组合，取两者中的较大值。所谓较大值应取活荷载标准值 Q_k 与不均匀积雪（设 α 为不均匀系数）分布后的标准值（即 $\sigma S_k = \sigma \mu_r S_0$）相比，如 $\mu_r = 1.0$，$\alpha = 1.4$ 则当基本雪压 S_0 超过 0.35kN/m² 时应取雪荷载标准值。过去不少设计人员常将 Q_k 与 S_0 相比，而非与 σS_k 相比，理解规范有误区。

（2）集中荷载

施工或检修集中荷载标准值按文献应取 1.0kN。檩条集中荷载 P_k 与均布荷载 Q_k 弯矩等效的檩距 a 为：

$$\frac{1}{4}P_k l = \frac{1}{8}Q_k Sl^2$$

$$S = \frac{2P_k}{Q_k l}$$

如　　　　　　　　　　　$Q_k = 0.5\text{kN/m}^2 \quad P_k = 1.0\text{kN}$

则　　　　　　　　　　　$S = \frac{4}{l}$

等效弯矩的檩距 S　　　　　　　　　　　　　　　　表 3-2

跨度 l（m）	3.0	4.0	4.5	5.0	6.0	7.5	9.0
檩距 S（m）	1.33	1.00	0.89	0.80	0.66	0.53	0.44

表 3-2 表明，当檩距 S 小于表中相应跨度的 S 时才需验算施工集中荷载 $P_k = 1.0\text{kN}$ 的影响。

3. **檩条在竖向荷载下整体稳定性计算**

《冷弯薄壁型钢结构技术规范》GB 50018—2002 第 8.1 条规定：屋面能阻止檩条侧向失稳和扭转作用的实腹式檩条强度可按本手册公式（3-6）计算；屋面不能阻止檩条侧向失稳和扭转的实腹式檩条稳定性可按公式（3-7）计算。《门式刚架轻型房屋钢结构技术规范》GB 51022—2015 甚至还规定前者尚可忽略檩条的坡向弯矩。但对屋面类型和连接有较高的要求：如该规范第 14.6 条：屋面板每个或隔一个肋与檩条用螺钉（自攻钉）连接，且间距不大于 300mm 或两个肋宽时，可认为屋面能阻止檩条侧向失稳和扭转；门钢规 B.4 对屋面板板型和连接有 6 点更严格的具体规定。目前市场大量采用的扣合式屋面板（含直立缝 360°锁边的复合板），屋面板不能作为檩条的侧向支撑。国家建筑标准设计图集 11G 521-1.2 提供了两个分别由公式（3-6）和（3-7）确定的线荷载设计值 Q_{dLim} 和 Q'_{dLim}。通过计算凡不设上拉条非自攻钉连接的檩条，即使跨度 L 为 4m，比用自攻钉连接的 Q_{dLim} 小很多，表明采用扣合板跨度为 4m 的檩条尚需设置拉条，拉条对扣合板的重要作用。

由于实际工程中屋面板型的多变性，故本手册的檩条选用表中构造 1 均按屋面不能阻止檩条侧向失稳和扭转确定檩条截面（表 10-1）已策安全。

4. **檩条的负风压（风吸力）**

（1）由于轻型屋面的自重轻，在风吸力作用下檩条下翼缘受压，若侧向支撑的拉条按常规布置在檩条上翼缘，则檩条下翼缘受压的无支长度为檩条跨度。此时檩条截面竖向荷载多数不控制，均为风吸力和自重组合下翼缘受压时的整体稳定性控制。后者所需截面比前者大 2～3 个型号，甚至更多。檩条选用表 10-1 中的构造 1 为单层屋面，拉条布置在腹板上部，檩条截面一般由风吸力控制，它已经满足竖向荷载下的强度或稳定性。构造 2 为双层屋面（檩条隐藏）或单层屋面，腹板设上、下拉条，檩条截面由竖向荷载下的强度或整体稳定性控制。选用表 10-1 构造 1 比构造 2 截面大。关于檩条在负风压下的稳定性计算结果详见例题 3-2。

（2）檩条的局部风压体型系数 μ_{sl} 为风吸力 W_k 或 W 的重要组成部分，目前国内有三种计算资料：

1）《门式刚架轻型房屋钢结构技术规范》GB 51022—2015 中间区、边缘带和角部三个部分，从设计、施工方便通常取局部边区风压体型系数 μ_{sl} 确定：

$$\mu_{sl} = +0.7\log A - 1.98 \quad \alpha = 0 \sim 10°$$

式中　A 为檩条负荷面积 m^2，$A \geqslant 10$　$\mu_{sl} = -1.28$。

2）门式刚架轻轻型房屋钢结构技术规程 CECS 102：2002

$$\mu_{sl}(A) = -1.70 \qquad A \leqslant 6.3$$
$$\mu_{sl}(A) = +1.5\log A - 2.9 \qquad A < 10$$
$$\mu_{sl}(A) = -1.70 \qquad A \geqslant 10。$$

3）《建筑结构荷载规范》GB 50009—2012　$\alpha \leqslant 5$

$$\mu_{sl}(A) = \mu_{sl}(1) + [\mu_{sl}(25) - \mu_{sl}(1)]\log A/1.4$$
$$\mu_{sl}(1) = -1.8 - 0.2 = -2.0$$
$$\mu_{sl}(25) = \mu_{sl}(1) \times 0.6$$

将常用的檩距、跨度，1.5m×6.0m、1.5m×7.5m 和 1.5m×9.0 按上述三种计算，结果列于表 3-3。

檩条三种计算方法 W 和用钢量比较（无支撑）　　　　表 3-3

项次	檩距×跨度 $A=Sl$ (m)	GB 51022—2015 I $\beta=1.5$			CECS102：2002 II $\beta_{gz}=1$			GB 50009—2012 III $\beta_{gz}=1.7$			II／I	III／I
		μ_{sl}	W (kN/m)	型号 (mm)	μ_{sl}	W (kN/m)	型号 (mm)	μ_{sl}	W (kN/m)	型号 (mm)	kg (%)	kg (%)
1	1.5×6.0=9.0	−1.32	−2.29	LC6-22.3	−1.48	−1.63	LC6-22.2	−1.46	−2.61	LC6-30.2	82	101
2	1.5×7.5=11.25	−1.28	−2.21	LH7.5-20.3	−1.40	−1.54	LC7.5-28.3	−1.40	−2.50	LH7.5-20.3	54	100
3	1.5×9.0=13.5	−1.28	−2.21	LH9-20.3	−1.40	−1.54	LH9-20.3	−1.35	−2.41	LH9-20.3	100	100

注：1. $W=1.4W_k$　$W_k=\beta_{gz}\mu_{sl}\mu_z W_0$　$W_0=0.5\text{kN/m}^2$。板自重取 0.4kN/m。（无支撑即不设下拉条）；

　　2. $\beta=1.5$ 为系数，如 GB 51022—2015，房屋高度取 10m，μ_z 为 1.0，采用 GB 51022—2015 时，W_0 应换算为 $1.10W_0$。

（3）表 3-3 计算表明：

1）檩距 1.5m 和跨度 6m：GB 500092—2012 比 GB 51022—2015 多耗钢材 1%。

2）檩距 1.5m 和跨度 9.0m：CECS102：2002、GB 50009—2012 已超出卷边槽钢 LC 的选用范围，必须改用高频焊接 H 型钢，三者钢材相同。

（4）CECS102：2002 计算方法在全国已使用 10 多年，未发现问题，现加大为 GB 51022—2015 值得深思，关键是考虑了 $\beta=1.5$。

（5）《门刚规》GB 51022 与 GB 50009 算出的 w 对檩条基本接近（前者比后者大 1.1% 左右），两者可通用。

（6）关于有天窗架时屋面檩条的局部体型系数 μ_{sl} 本条三种计算方法，均为无天窗架屋面檩条的局部体型系数 μ_{sl}。根据《建筑结构荷载规范》GB 50009—2006、2012 有天窗架时承重结构屋面端部体型系数 μ_s 均比无天窗架时的 μ_s 要小。根据承重结构与围护结构在同一部位 μ_s 与 μ_{sl} 相应的原则，有天窗架时围护结构沿用无天窗架屋面的局部体型系数 μ_{sl} 是偏于安全，实际可行的。

（7）檩条在负风压下受压下翼缘的稳定性计算

1）一般采用公式（3-7）计算。当不设下拉条时，平面外计算长度 $l_1=l$，当设下拉条时 $l_i=l_y$（拉条间距），不考虑屋面和上拉条的约束，11G521-1、2 是按此原则编制的。

2）《门规》GB 51022—2015 考虑屋面的刚度对檩条的扭转约束。理论上它较合理。但它仅适用于用自攻钉（M6.3）连接的压型钢板屋面，且屋面板厚度 t 不小于 0.66mm 等严格要求，大大脱离市场。

3）从 CECS102：2002 附录 E 的例题，Z180×70×20×2.5 的计算结果看，按 1）选用国标所能承受的风荷载设计值 $W=(W_{0.2}+W_{0.4})/2=1.66$）按 2）计算所得 $W=1.4\times1\times1.08\times0.495\times1.5=1.12$kN/m，1）不考虑屋面约束，2）考虑，$W$ 反而较小，难理解。这可能是该规范具体公式推导有误。另外例题中拉条位置不明确。按计算过程似为下拉条，实际应为上下拉条。

4）该例题在竖向荷载下截面强度不满足规范要求，属于不合格产品。现 GB 51022—2015 在定稿时已取消此例题。

5）建议今后按方法 1）计算。简捷方便，经济实用，配套。

5. 连续檩条的应用

连续檩条截面和挠度小，节约钢材，有一定的应用场合。但施工吊装不如简支檩条方便，当柱基有不均匀沉降时连续檩条内力变化大，连续檩条在竖向荷载下，支座为负弯矩，荷载指向檩条截面形心，下翼缘受压时的整体稳定系数 φ_b 比背离截面形心的负风压时 φ_b 小得多。为保证部分工程采用连续檩条下翼缘受压时的整体稳定性，宜在檩条上、下均设拉条或采用双层屋面板（檩条隐藏的做法）。特别指出，连续檩条在支座处产生负弯矩的同时，增加了支座反力，5 跨时增加 10% 左右。在檩条设计中必须增大 10%～15% 的荷载。如不设下拉条应验算下翼缘受压时整体稳定性。计算见【例题 3-6】。

6. 与隅撑连接的檩条

在《门式刚架轻型房屋钢结构技术规程》CECS102：2012 第 6.3.6 条 4 款中规定："计算檩条时，不应考虑隅撑作为檩条的支撑点"；在门式刚架轻型房屋钢结构技术规范第 7.1.6 条第 5 款中："隅撑单面布置时，尚应考虑隅撑作为檩条的实际支座对屋面斜梁下翼缘的水平作用"。一般设计者认为设隅撑后檩条主跨度减小、单跨简支梁变成三个不等跨的连续梁，弯矩大大减小，按 CECS102：2002 不把隅撑当作支点，出于安全简化，这是一种误解。同以上第 5 款 "如连续檩条的应用中不设下拉条时有时不能保证下翼缘受压时的檩条整体稳定性"。如再考虑刚架梁下翼缘一侧隅撑施加给檩条的向上集中力，隅撑与檩条连接处的负弯矩继续增大。通过验算与隅撑连接的檩条，除了原檩条设计截面非竖向荷载控制而由负风压控制外，与隅撑连接的檩条应增设下拉条（即标准图中的有支撑）或将其截面加强。为施工方便也有将所有檩条截面统一加强，即一般檩条（不设隅撑）的截面也随其加强。当横梁下翼缘面积 A_1 较大时，尚需再加大檩条截面。这种情况下可加大横向支撑节距和隅撑间距（使斜梁下翼缘的 $\lambda_y \leqslant 240$），将端开间隅撑与刚性系杆相连，由此门刚端开间斜梁下翼缘的水平推力基本消失。与隅撑连接不设下拉条的檩条必须计算其下翼缘整体稳定性。

7. 檩条兼作屋架上弦支撑系杆

国家建筑标准设计图集钢屋架和钢门式刚架中，上弦横向内支撑及系杆一般均自呈系统。不考虑檩条兼作系杆。当檩条兼作刚性系杆时应计算其强度和稳定性，并满足压杆容许长细比的要求。在工程实践中檩条有兼作非交叉支撑开间的刚、柔性系杆，此时檩条宜留一定的应力裕量。

8. 檩条的截面形式

为节约钢材和施工方便。通常采用冷弯薄壁卷边槽钢（C 形钢）和冷弯薄壁斜卷边 Z 形钢。前者屋面坡度较平（$i=1/10$），后者坡度较陡（$i=1/3$）。轻型（高频焊接）H 型钢耗钢材较多，宜用在檩距大（如 3m）或跨度大（如 $l>9\mathrm{m}$），其所需 C 形钢截面已超出冷弯薄壁型钢标准截面规格的范畴。

9. 拉条

一般檩条均需设上拉条，以增强檩条平面外刚度和安装之需。屋面坡度较大、扣合压型钢板屋面，拉条的作用更显突出。檩条下拉条在负风压较大时设置。

（1）设斜拉条

当屋面坡度较大或坡长较长，斜拉条 XT 内力较大时，要加大斜拉条直径（$\phi14 \sim \phi20$）或再在檩条中间开间增设斜拉条和支撑杆。

（2）直拉条拉通

构造简单。可不设斜拉条及连接点。但当屋面坡度 i 较大时（$i \geqslant 1/6$）要考虑脊檩相互连接的水平拉条和坡向拉条平衡时施加于垂直屋面脊檩上的附加集中力。按分析，$i \leqslant 1/6$ 附加集中力较小不需考虑。

为此建议双坡对称屋面尽量采用贯通直拉（撑）杆。

10. 斜拉条生根

有两种生根办法：与檩托相连，适用于屋面坡度小、坡度短；专用斜拉条支托，适用于任何情况，但在屋架上需焊支托，要避开支撑、檩托较麻烦。

斜拉条与檩托相连会大幅度增加檩托的坡向力。为增加檩托的抗倾覆能力，屋面坡度较大时，宜通过计算选用檩条图标图中 CT-3 或改在屋架上弦焊接与斜拉条连接的专用斜拉条支托。必须指出，与斜拉条连接的檩托上合用螺栓（即斜拉条）应按剪、拉和局部承压公式计算，所需直径较大。

11. 檩条悬挂于檩托，与屋架有 20mm 空隙

这种构造看法不同：

（1）为内天沟和内檐沟高度之需，也有认为抬高 20mm 无济于事，不如加高檩条；

（2）为檩托角钢竖肢与承重结构焊接之需，也有认为竖肢可不焊；

（3）为双层压型钢板复合保温板，下层板可通过屋架（梁），搭缝优于拼缝之需，也有认为板在檩托竖肢处仍需切口，并不简单。

鉴于上述三种观点，本手册偏向于内天沟之需，一般不推荐抬高檩条 20mm，但本手册仍保留这种构造。必须强调，此时应验算檩条端部腹板螺栓的抗剪、局部承压和檩托的

抗倾覆能力。在 8 度 0.3g 和 9 度区、屋面坡度较大时不宜采用这种构造，与第 10 条相同，斜拉条仍应采用专用支托。

当内天沟或内檐沟所需檩条高度不足（含抬高 20mm）或采用双层压型钢板复合保温板时，因需抬高檩条较多，可在檩条下设附加小立柱。

12. Z 形檩条在整体稳定性计算时截面高度 h 的取值

Z 形檩条的高度应取最大刚度平面（主平面）的高度 $h/\cos\theta$，由此横向荷载作用点到弯心的距离 $e_a = (h/2)/\cos\theta$。

13. 檩条的其他构造问题

（1）取消檩托问题

门规 9.1.6 条建议檩条腹板高厚比小于 200 时也可不设檩托，由翼缘支承传力。众所周知：檩托的主要作用是使檩条端部产生约束扭转，为使实际构造与规范的计算模型一致，利用檩托抗扭是必须的。如果取消檩托，必须在檩条端部截面内设加劲板。这并不比在屋架上预先焊角钢檩托施工方便。

（2）屋面坡向分力对檩条的倾覆力

门规第 9.3.4 条提供的倾覆力计算公式来自 AISI，其计算所得数值太小，按试验多数檩条是向截面开口方向失稳，但少数也有向闭口方向失稳的，故应按最不利组合的倾覆力计算，各则不安全。建议按 11G521-1、2 选用为好（该图中忽略了竖向力的有利作用，偏安全）。必须指出：单根檩条倾覆力和与斜拉条相连檩条的倾覆力是大不相同的。后者远大于前者，它代表一个单元和群体。

（3）拉条和撑杆与檩条的连接

门规第 9.1.10 条图 9.1.10-3a 的布置，无理论计算公式，无法应用和实施。

第4章 屋 架

4.1 屋 架 设 计 规 定

4.1.1 屋架的形式、特点及几何尺寸

屋架的形式主要取决于房屋的使用要求、所采用的屋面材料、屋架与柱的连接方式（铰接或刚接）及屋盖的整体刚度等。过去的轻型钢屋架主要以三角形屋架、三铰拱屋架和梭形屋架为主。近年来，随着压型钢板和发泡水泥复合轻质大型屋面板的开发和应用，又形成了与之配合的轻型屋面钢屋架（杆件采用圆钢或小角钢）和薄壁型钢屋架。

轻型钢屋架与普通钢屋架在本质上差别不大，两者的设计方法原则上相同，只是轻型钢屋架的杆件截面尺寸较小，连接构造和使用条件等方面略有不同。

屋面有平坡屋面和斜坡屋面两种。平坡屋面有采用混凝土屋面板的无檩屋盖体系和采用长尺压型钢板的有檩屋盖体系；斜坡屋面一般为有檩屋盖体系。

屋面坡度 i 根据所采用的屋面材料可取为：

卷材防水屋面	$i=1/12\sim1/8$；
长尺压型钢板和夹芯板屋面	$i=1/20\sim1/8$；
波形石棉瓦屋面	$i=1/4\sim1/2.5$；
瓦楞铁、短尺压型钢板和夹芯板屋面	$i=1/6\sim1/3$。

1. 轻型梯形钢屋架

轻型梯形钢屋架（图 4-1）通常用于屋面坡度较为平缓的发泡水泥复合轻质大型屋面板或长尺压型钢板的屋面，屋面系统空间刚度大，受力合理，施工方便。屋架跨度一般为15～36m，柱距6～12m，跨中经济高度为（1/8～1/10）l。通常铰接支承于钢筋混凝土柱顶。屋架的端部高度通常取（1.5～2.0）m，此时，跨中高度可根据端部高度和上弦坡度确定。在多跨房屋中，各跨屋架的端部高度应尽可能相同。

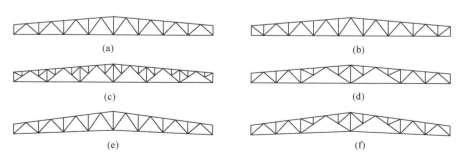

图 4-1 梯形屋架

当采用发泡水泥复合轻质大型屋面板时，为使荷载作用在节点上，上弦杆的节间长度宜等于板的宽度，即 1.5m 或 3.0m。当采用压型钢板屋面时，也应使檩条尽量布置在节点上，以免上弦杆受弯。对于跨度较大的梯形屋架，为保证荷载作用于节点，并保持腹杆有适宜的角度和便于节点构造处理，可沿屋架全长或只在屋架跨中部分布置再分式腹杆，见图 4-1c、d。

当发泡水泥复合轻质大型屋面板的宽度为 1.5m 或压型钢板屋面的檩距为 1.5m 时，如采用 3.0m 的上弦节间长度，可减少节点和杆件数量；但此时屋架上弦杆承受局部弯曲，所需截面尺寸较大，故只能用于屋面荷载较小的情况。

轻型梯形钢屋架的斜腹杆一般采用人字式，其倾角宜为 35°～55°。支座斜腹杆与弦杆组成的支承节点在下弦时为下承式（图 4-1a、c～f），在上弦时为上承式（图 4-1b）。

当屋架跨度较大，且支承柱不高时，梯形屋架易使人产生压顶的感觉，此时可采用下弦上折的形式，见图 4-1e、f。

2. 三角形屋架

三角形屋架（图 4-2）通常用于屋面坡度较陡的有檩条体系屋盖，屋面材料为波形石棉瓦、瓦楞铁或短尺压型钢板，屋面坡度一般为 1/3 或 1/2.5。上弦节间长度通常为 1.5m。

三角形屋架与柱的连接方式为铰接。

三角形屋架的腹杆布置常用芬克式（图 4-2a、b），其腹杆以等腰三角形再分，短杆受压，长杆受拉，节点构造简单，受力合理。当屋架下弦有吊顶或悬挂设备时，可采用图 4-2c 的斜杆式或图 4-2d 的人字式的腹杆体系，此种屋架的下弦节间长度通常相等。

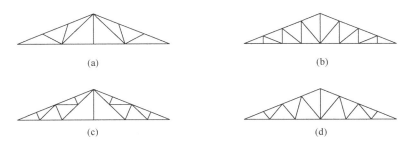

图 4-2 三角形屋架

3. 平行弦屋架

平行弦屋架（图 4-3）顾名思义，其上弦杆与下弦杆相互平行，因此斜腹杆或直腹杆的几何长度可以基本相同。与梯形屋架类似，通常也用于屋面坡度较为平缓的混凝土屋面板或长尺压型钢板的屋面，跨度一般为 18～30m，柱距 6～12m，屋架高度一般为（1/8～1/10）l。

多跨平行弦屋架即可以组合成单坡屋面（图 4-3a），也可以是双坡屋面（图 4-3b），单坡屋面的总长度一般不超过 70m。

平行弦屋架的构造要求与梯形屋架基本相同。

4. 三铰拱屋架和梭形屋架

三铰拱屋架（图 4-4）和梭形屋架（图 4-5）属于采用圆钢或小角钢的轻型钢屋架。

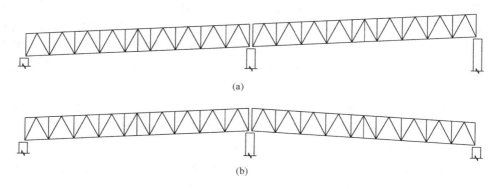

图 4-3 平行弦屋架

一般用于跨度 $l \leqslant 18m$，具有起重量 $Q \leqslant 5t$ 轻、中级工作制（$A_1 \sim A_5$）桥式吊车，且无高温、高湿和强烈侵蚀环境的房屋，以及中小型仓库、农业用温室、商业售货棚等的屋盖。

三铰拱屋架（图 4-4）由两根斜梁和一根水平拉杆组成，其外形见图 4-4a。斜梁有平面桁架式和空间桁架式两种，见图 4-4b，斜梁的高度与其长度之比为 $1/12 \sim 1/18$，空间桁架式斜梁截面的宽高比为 $1/1.5 \sim 1/2.5$。其特点是杆件受力合理，斜梁的腹杆长度短，一般为 $0.6 \sim 0.8m$，这对杆件受力和截面选择十分有利，并能够充分利用普通圆钢和小角钢。

图 4-4 三铰拱屋架

梭形屋架（图 4-5）是由两片平面桁架组成的空间桁架结构，其截面重心低，空间刚度好。屋面坡度一般为 $1/8 \sim 1/12$，跨中高度为其跨度的 $1/9 \sim 1/12$。屋架的上弦采用角钢，下弦及腹杆采用圆钢。这种屋架适用于跨度 $12 \sim 15m$，柱距 $3 \sim 6m$ 的中小型工业与民用建筑。

图 4-5 梭形屋架

5. 屋架的起拱

跨度 $\geqslant 24m$ 的梯形屋架和跨度 $\geqslant 15m$ 的三角形屋架，当下弦无曲折时，宜起拱，拱度 $v \approx l/500$。起拱的方法，一般是使下弦成直线弯折而将整个屋架抬高，即上、下弦同时起拱，也有仅下弦起拱的做法。为改善人们的感观，近年来已扩大了上述起拱的范围。

4.1.2 屋架荷载

1. 永久荷载（恒载）

包括屋面材料、防水、保温或隔热层、屋架、天窗架、檩条、支撑及悬挂管道等重量。

2. 可变荷载

包括屋面均布活荷载、雪荷载、施工荷载、积灰荷载、风荷载以及悬挂吊车荷载等。

屋面均布活荷载标准值：对于支承轻屋面的屋架，当其受荷水平投影面积超过 $60m^2$ 时取 $0.30kN/m^2$；其他情况取 $0.50kN/m^2$。雪荷载和积灰荷载按建筑结构荷载规范或当地资料取用。对轻型屋面屋盖结构应考虑在风吸力与永久荷载组合下屋架杆件内力变号及发生屋架支座负反力的锚固问题。

3. 偶然荷载　如地震作用、爆炸力或其他意外事故产生的荷载。

4.1.3 屋架内力计算

1. 内力计算

屋架内力分析时，应将荷载集中在节点上（节间荷载可换算为节点荷载），并假定所有杆件位于同一平面内，杆件重心线汇交于节点中心，且各节点均为理想铰，不考虑次应力的影响，这样就可用数解法或内力系数法计算屋架杆件的轴心力。

当杆件截面为单角钢、双角钢或 T 型钢，采用节点板连接时，可不考虑节点刚性引起的弯矩效应。

对于直接相贯连接的钢管结构节点（无斜腹杆的空腹桁架除外），主管节间长度与截面高度（或直径）之比小于 12，支管节间长度与截面高度（或直径）之比小于 24 时，可不考虑节点刚性引起的弯矩效应。

对于只承受节点荷载，杆件为 H 形截面或箱型截面的桁架，当节点具有刚性连接的特征时，应按刚接桁架计算杆件次弯矩。板件宽厚比满足表 2-9b 压弯构件 S4 级要求的压杆，截面强度可按表 2-13 计算。

（1）当上弦杆无节间荷载时的内力计算

当屋架只承受节点荷载时，所有杆件为轴心受拉或轴心受压，不产生弯矩。具体计算可用数解法或内力系数法（或按静力计算手册所列公式计算）。

（2）当上弦杆有节间荷载时的内力计算

1）轴心力的计算

当屋架上弦杆有节间荷载时，首先把节间荷载换算为节点荷载，按上弦无节间荷载计算屋架杆件的轴心力。节点荷载换算有两种近似方法：①将所有节间内的荷载按该段节间为简支的支座反力分配到相邻两个节点上作为节点荷载；②按节点处的负荷面积换算为该节点的集中荷载。两种方法的计算结果差别很小，但后者较为简便。

2）局部弯矩的计算

上弦杆由于节间荷载产生的局部弯矩可近似按下列规定取用：

① 端节点按铰接取为零，但当有悬挑时，取最大悬臂端弯矩；

② 端节间的正弯矩取为 $0.8M_0$；

③ 其他节间的正弯矩和节点负弯矩（包括屋脊节点）均取为 $\pm 0.6M_0$。

其中 M_0 为相应节间按单跨简支梁计算的最大弯矩。

2. 屋架荷载组合

永久荷载和各种可变荷载的不同组合将对各杆件引起不同的内力。设计时应考虑各种可能的荷载组合，并对每根杆件分别比较考虑哪一种荷载组合引起的内力最为不利，取其作为该杆件的设计内力。

根据荷载组合公式考虑由可变荷载效应控制的组合（永久荷载的分项系数为 1.2）和由永久荷载效应控制的组合（永久荷载的分项系数为 1.35）两种情况。对于混凝土屋面板等屋面，通常为第二种组合控制。

与柱铰接的屋架，引起屋架杆件最不利内力的各种可能荷载组合有如下几种：

1）全跨永久荷载＋全跨可变荷载。可变荷载中屋面活荷载与雪荷载不同时考虑，设计时取两者中的较大值与积灰荷载、悬挂吊车荷载组合；另外当雪荷载较大起控制作用时，还应考虑雪荷载不均匀分布的情况。有纵向天窗时，应分别对中间天窗架处和天窗端壁处的荷载情况计算屋架杆件内力。

2）全跨永久荷载＋半跨屋面活荷载（或半跨雪荷载）＋半跨积灰荷载＋悬挂吊车荷载。这种组合可能导致某些腹杆的内力增大或变号。

若在截面选择时，对内力可能变号的腹杆，不论在全跨荷载作用下是拉杆还是压杆均按压杆 λ 不大于 150 控制其长细比，此时可不必考虑半跨荷载组合。

对屋面为发泡水泥复合轻质大型屋面板的屋架，尚应考虑安装时的半跨荷载组合，即：屋架及天窗架（包括支撑）自重＋半跨屋面板重＋半跨屋面活荷载。

3）永久荷载＋风荷载

对轻质屋面材料的屋架，当风荷载较大时，风吸力（荷载分项系数取 1.4）可能大于屋面永久荷载（荷载分项系数取 1.0）；此时，屋架弦杆和腹杆中的内力均可能变号，故必须考虑此项荷载组合。

除此之外，可忽略屋架、天窗架上的风荷载对屋架杆件内力的影响。

4）轻型屋面的房屋，当有桥式吊车或风荷载较大时，尚应考虑排架柱顶剪力对屋架下弦杆内力的影响。

4.1.4　屋架杆件截面选择

1. 选用原则

（1）杆件截面尺寸应根据其不同的受力情况按第 2 章所列公式经计算确定。

（2）应优先选用具有较大刚度的薄板件或薄肢件组成的截面，但受压（压弯）杆件的板件或肢件应满足局部稳定的要求。对于受压的钢管杆件应优先选用回转半径较大、厚度较薄的截面，但应符合截面最小厚度的构造要求；方钢管的宽厚比不宜过大，以免出现板件有效宽厚比小于其实际宽厚比较多的不合理现象。

一般情况下，板件或肢件的最小厚度为 5mm，对小跨度屋架可为 4mm。冷弯薄壁型钢屋架杆件厚度不宜小于 2mm，一般不大于 4.5mm。圆管截面的受压杆件，其外径与壁厚之比不应超过 100 $(235/f_y)$。方管或矩形管的最大外缘尺寸与壁厚之比不应超过 $40\sqrt{235/f_y}$。

（3）普通钢屋架的角钢不得小于 L45×4 或 L56×36×4。直接与支撑或系杆相连的角钢最小肢宽，应根据连接螺栓的直径 d 而定：$d=16$、18、20mm 时，角钢最小肢宽分别宜为 63、70、75mm。

直接支承混凝土屋面板的上弦杆，其角钢外伸肢宽度不宜小于 75mm，否则，应在支承处增设外伸的水平板，以保证屋面板的支承长度。

（4）跨度≥24m 与柱铰接的屋架，其弦杆可根据内力的变化采用两种截面规格，变截面位置宜在节点处或其附近。

（5）同一榀屋架中，杆件的截面规格不宜过多。在用钢量增加不多的情况下，宜将杆件截面规格相近的加以统一。一般来说，同一榀屋架中杆件的截面规格不宜超过 6～7 种。

（6）当连接支撑等的螺栓孔在节点范围内，且距节点板边缘距离≥100mm 时（图 4-6），计算杆件强度可不考虑截面的削弱。

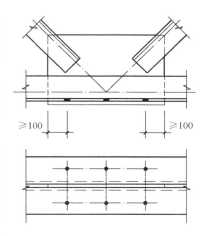

图 4-6 节点板范围内的螺栓孔

（7）用填板连接而成的双角钢或双槽钢截面，应按组合截面计算，但填板间的距离 l_1 不应超过 40i（压杆）和 80i（拉杆）。填板宽度一般为 60～100mm，厚度与节点板相同；其长度对双角钢 T 形截面可伸出角钢肢背和角钢肢尖各 10～20mm，对十字形截面则从角钢肢尖缩进 10～20mm；角钢与填板通常用焊脚尺寸为 5mm 或 6mm 侧焊或围焊的角焊缝连接。

当组成图 4-7a、b 所示的双角钢或双槽钢截面时，i 为一个角钢或槽钢平行于填板形心轴的回转半径；当组成图 4-7c 所示的十字形截面时，i 为一个角钢的最小回转半径。受压杆件两个侧向支承点之间的填板数一般不少于两个。

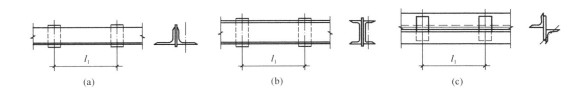

（a）   （b）   （c）

图 4-7 双角钢（槽钢）截面杆件的填板

（8）桁架的单角钢腹杆，当以一个肢连接于节点板时，除弦杆亦为单角钢，并位于节点板同侧者外，应符合下列规定：

1）轴心受力构件的截面强度仍按公式（2-3）和（2-4）计算，但强度设计值应乘以折减系数 0.85。

2）受压构件的稳定性应按下列公式计算：

$$\frac{N}{\eta \varphi A f} \leqslant 1.0 \qquad (4\text{-}1a)$$

等边角钢

$$\eta = 0.6 + 0.0015\lambda \qquad\qquad (4\text{-}1\text{b})$$

短边相连的不等边角钢

$$\eta = 0.5 + 0.0025\lambda \qquad\qquad (4\text{-}1\text{c})$$

长边相连的不等边角钢

$$\eta = 0.7 \qquad\qquad (4\text{-}1\text{d})$$

式中　λ——长细比，对中间无联系的单角钢压杆，应按最小回转半径计算，当 $\lambda < 20$ 时，取 $\lambda = 20$；

η——折减系数，当计算值大于 1.0 时取为 1.0。

3）当受压斜杆用节点板与桁架弦杆相连时，节点板厚度不宜小于斜杆肢宽的 1/8。

（9）单面连接的单角钢压杆，当肢件宽厚比 $w/t > 14\varepsilon_k$ 时，由公式（4-1a）确定的稳定承载力应乘以折减系数 $1.3 - \dfrac{0.3w}{1.4t\varepsilon_k}$。

2. 截面形式

选择屋架杆件截面形式时，应考虑构造简单、施工方便、且取材容易、便于连接，尽可能增大屋架的侧向刚度。对轴心受力构件宜使杆件在屋架平面内和平面外的长细比接近。

（1）屋架杆件截面通常采用双角钢组成的 T 形截面或十字形截面，受力较小的次要杆件亦可采用单角钢（图 4-8）。一般可按如下情况选用：

1）当屋架上弦杆平面外的计算长度不小于平面内的计算长度的 2 倍时，宜采用短肢相连的不等边角钢组成的 T 形截面（图 4-8b）。

当上弦杆平面外的计算长度等于平面内的计算长度，或上弦有节间荷载时，宜采用等肢或长肢相连的不等肢角钢组成的 T 形截面（图 4-8a、c）。

2）屋架下弦杆可采用等肢或不等肢角钢组成的 T 形截面，在用钢量变化不大的情况下，优先选用短肢相连的不等肢角钢组成的 T 形截面。

3）支座受压斜腹杆，一般采用等肢角钢组成的 T 形截面（图 4-8a）或长肢相连的不等肢角钢组成的 T 形截面（图 4-8c）。当支座受压斜腹杆在屋架平面内设有再分式腹杆时，宜选用短肢相连的不等边角钢组成的 T 形截面（图 4-8b）。

4）与屋架垂直支撑相连的竖杆，一般宜采用等肢角钢组成的十字截面（图 4-8d）。一般竖杆和腹杆，可采用等肢角钢组成的 T 形截面（图 4-8a）。对于受力较小的次要短杆件，可采用单角钢截面（4-8e）。

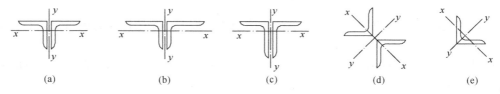

图 4-8　屋架杆件的角钢截面

（2）热轧 T 型钢（图 4-9a）不仅可节省节点板，节约钢材，避免双角钢肢背相连处出现腐蚀性现象，且受力合理。

（3）当上弦杆内力很大，用双角钢不能满足要求时，可采用立放的 H 型钢（图 4-9b）。大跨度屋架中的主要杆件可选用热轧 H 型钢或高频焊接 H 型钢。

（4）钢管截面（图 4-9d、e）具有刚度大、受力性能好、构造简单、不易锈蚀等优点。

冷弯薄壁型钢是一种经济型材，截面形状合理且多样化，与热轧型钢相比同样截面积时具有较大的截面惯性矩、抵抗矩和回转半径，对受力和整体稳定更有利。冷弯薄壁型钢屋架杆件中的闭口钢管截面具有刚度大、受力性能好、构造简单等优点，宜优先选用。

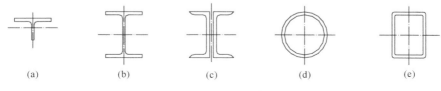

图 4-9 屋架杆件的其他截面

4.2 角钢和 T 型钢屋架

4.2.1 特点及适用范围

角钢屋架构造简单、施工方便、易于与支撑杆件连接、取材容易，在工业厂房中得到广泛应用。双角钢截面是当前梯形屋架杆件的主要截面形式。但不可否认，由于双角钢杆件与杆件之间需用节点板和填板连接，存在用钢量大、角背之间抗腐蚀性能较差等缺陷。

T 型钢截面除具有角钢截面的优点外，尚能节约钢材和提高抗腐蚀性能，T 型钢屋架与角钢屋架一样得到较广泛的应用。

4.2.2 屋架形式

1. 屋架的外形

屋架跨度 l 由使用或工艺的要求确定；屋架的高度（端部及跨中高度）则由经济、刚度、运输界限以及屋面坡度等因素确定。跨中经济高度为（1/8～1/10）l。通常铰接支承于钢筋混凝土柱顶。屋架的端部高度通常取（1.5～2.0）m，此时，跨中高度可根据端部高度和上弦坡度确定。在多跨房屋中，各跨屋架的端部高度应尽可能相同。

2. 屋架弦杆的节间划分

屋架上弦杆的节间划分应适应屋面材料的尺寸，尽量使屋面荷载直接作用在节点上。

对于有檩体系，屋架上弦杆的节间划分，一般取一个檩距或两个檩距作为一个节间长度。当取一个檩距时，只有节点荷载。当取两个檩距时，存在节间荷载。承受节间荷载的上弦杆除有轴心力外还有弯矩，此时所需截面较大，但腹杆和节点数量减少。

对于檩距为 1.5m 的压型钢板屋面，屋架上弦杆的节间长度宜取一个檩距。

当采用 1.5m×6.0m 发泡水泥复合轻质大型屋面板无檩体系时，宜使上弦节间长度等于板宽，即上弦杆节间长度取为 1.5m。单从制造角度看上弦杆节间长度采用 3.0m 可减少腹杆和节点数量，但对用于 3.0m 节间的角钢和 T 型钢截面的压杆不能充分发挥作用，故上弦杆一般采用 1.5m 节距。

屋架下弦杆的节间划分主要根据选用的屋架形式、上弦杆节间划分和腹杆布置来确定。

3. 屋架的腹杆布置

梯形屋架的腹杆布置可归纳为人字式、单斜式和再分式三大类。

（1）人字式（图 4-1a、b、e）

梯形屋架的斜腹杆一般采用人字式，其倾角宜在 35°～55° 之间，最佳在 45° 左右。人字式按支座（端斜杆）与弦杆组成的支承节点在下弦时为下承式（图 4-1a），在上弦时为上承式（图 4-1b）。当屋架下弦需做吊顶时，则需设置吊杆或采用单斜式腹杆。

（2）单斜式

单斜式跨中多数腹杆受压，且数量多，总长度大，是一种不合理的结构形式，一般只用于需吊顶的屋架。

（3）再分式（图 4-1c、d、f）

当檩距小于节间长度时，为避免上弦杆承受局部弯矩，常采用再分式腹杆将节间长度减小，使檩条直接作用于节点上，但相应的杆件和节点数量增加，制作复杂。若将檩条作用于上弦杆，虽制作简便，但上弦杆会承受弯矩，用钢量也有所增加。因此，常在跨中杆件受力较大处采用再分式，而在接近支座处不采用再分式（图 4-1d、f）。

4.2.3 杆件截面选择

截面的选择按各杆件的内力设计值 N、杆件在两个方向的计算长度、容许长细比（表 2-8）、截面组成形式、钢材牌号、节点板厚度等确定。

1. 屋架杆件的计算长度

屋架杆件在平面内、外的计算长度 l_{ox}、l_{oy} 按表 4-1。

屋架弦杆和单系腹杆的计算长度   表 4-1

项 次	弯 曲 方 向	弦杆	腹 杆	
			支座斜杆和支座竖杆	其他腹杆
1	在屋架平面内	l	l	$0.8l$
2	在屋架平面外	l_1	l	l
3	斜平面	—	l	$0.9l$

注：1. l 为构件的几何长度（节点中心间的距离），l_1 为屋架弦杆侧向支承点之间的距离。

2. 斜平面系指与桁架平面斜交的平面，适用于构件截面两主轴均不在桁架平面内的单角钢腹杆和双角钢十字形截面腹杆。

3. 无节点板的腹杆计算长度在任意平面内均取其等于几何长度。

当屋架弦杆侧向支承点之间的距离为节间长度的 2 倍，且两节间的弦杆轴心压力有变化时，则该弦杆在屋架平面外的计算长度按公式（4-2），如下式确定（但不应小于 $0.5l_1$）：

$$l_{oy} = l_1 \ (0.75 + 0.25 N_2 / N_1) \tag{4-2}$$

式中　N_1——较大的压力，计算时取正值；

　　　N_2——较小的压力或拉力，计算时压力取正值，拉力取负值。

屋架再分式腹杆体系的受压主斜杆及 K 形腹杆体系的竖杆等，在屋架平面外的计算长度也应按公式（4-2）确定，受拉主斜杆仍取 l_1；在屋架平面内的计算长度则取节点中心间的距离。

2. 屋架杆件的容许长细比 [λ]

屋架杆件的容许长细比 [λ] 见第 2 章表 2-8。对于压型钢板等轻型屋面，当风吸力组合下下弦杆或腹杆由拉变压时，其容许长细比 [λ]＝250。

3. 屋架杆件的截面形式

屋架杆件一般是轴心受压构件，设计时应尽量使其在屋架平面内、外的长细比或稳定性相接近，从而节约钢材。当存在弯矩时，应适当加大弯矩作用方向的截面高度。需要注意的是，当屋架采用内天沟时，天沟和端檩不在节点上，此时需验算端节间上弦承受的局部弯矩作用。屋架杆件的截面选择见表 4-2。

屋架杆件的截面形式 表 4-2

项次	杆件名称	截面选择
1	上弦杆	上弦杆 $l_{ox}＝2l_{oy}$，为获得 $\lambda_x＝\lambda_y$ 的条件，通常采用两短肢相并的不等边角钢组成的 T 形截面（图 4-8b）。两短肢相并的弦杆截面宽度大，有较大的侧向刚度，有利于运输和吊装，且便于上弦杆上放置屋面板或檩条。当有节间荷载时，宜采用两长肢相并的不等肢角钢（图 4-8c）；当轴心压力较大，为强度控制时，宜采用两等肢角钢组成的 T 形截面（图 4-8a）
2	下弦杆	下弦受拉弦杆 l_{oy} 远大于其 l_{ox}，虽拉杆为强度控制，仍宜采用短肢相并的不等肢角钢（图 4-8b）或两等肢角钢组成的 T 形截面（图 4-8a）
3	腹杆	（1）支座腹杆 $l_{ox}＝l_{oy}＝l$，可采用两长肢相并的不等肢角钢（图 4-8c）或两等肢角钢组成的 T 形截面（图 4-8a）； （2）一般腹杆 $l_{ox}＝0.8l$，$l_{oy}＝l$，通常采用双等肢角钢；对于再分式腹杆体系的主斜杆虽 $l_{oy}＞l_{ox}$，但为便于备料，常采用双等肢角钢；必要时可采用两短肢相并的不等肢角钢组成 T 形截面（图 4-8b）
4	中部竖杆	常采用双角钢十字截面（图 4-8d），其刚度大，便于支撑或系杆连接，传力无偏心，吊装不分反正，施工方便。双角钢十字形截面具有较大的回转半径，可减小角钢尺寸

单角钢截面（图 4-8e）的斜平面最小回转半径 i_{y0} 较小，刚度较差，连接于节点板一侧时对节点和杆件都有较大偏心，对受力不利，故只适用于受力较小的拉杆和短压杆，例如与再分式腹杆体系主斜杆相连的腹杆。

4.2.4 构造

1. 起拱

起拱的方法，一般是使下弦成直线弯折或将整个屋架抬高，即上下弦同时起拱，拱度约为 $\upsilon＝L/500$。

2. 节点构造

（1）基本要求

1）角钢屋架节点一般采用节点板，各汇交杆件都与节点板相连接，杆件截面重心轴线应汇交于节点中心。截面重心线（工作线）按所选用的角钢规格确定，并取 5mm 的倍数。

2）屋架节点板除支座节点外，其余节点宜采用同一厚度的节点板，支座节点板宜比其他节点板厚 2mm。

节点板的厚度可根据三角形屋架上弦杆端节间的最大内力设计值（kN），或梯形屋架支座斜腹杆的最大内力设计值（kN），参照表 4-3 选用。

钢屋架节点板厚度选用表 表 4-3

端斜杆最大内力设计值（kN）	节点板钢号	Q235	≤160	161~300	301~500	501~700	701~950	951~1200	1201~1550	1551~2000
		Q345	≤240	241~360	361~570	571~780	781~1050	1051~1300	1301~1650	1651~2100
中间节点板厚度（mm）			6	8	10	12	14	16	18	20
支座节点板厚度（mm）			8	10	12	14	16	18	20	22

注：对于支座斜杆为下降式的梯形屋架，应按靠近屋架支座的第二斜腹杆（即最大受压斜腹杆）的内力来确定节点板的厚度。

3）节点板的形状应简单，如矩形、梯形等，以制作简便及切割钢板时能充分利用材料为原则。节点板的平面尺寸，一般应根据杆件截面尺寸和腹杆端部焊缝长度画出大样来确定，长度和宽度宜为 5mm 的倍数，在满足传力要求的焊缝布置的前提下，节点板尺寸应尽量紧凑。

在焊接屋架节点处，腹杆与弦杆、腹杆与腹杆边缘之间的间隙 a 不小于 20mm（图 4-10），相邻角焊缝焊趾间净距应不小于 5mm；屋架弦杆节点板一般伸出弦杆 10~15mm（图 4-10b）；有时为了支承屋面结构，屋架上弦节点板（厚度为 t）一般从弦杆缩进 5~10mm，且不宜小于 $t/2+2$mm（图 4-10a）。

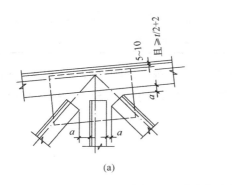
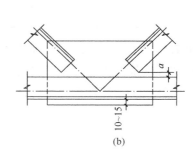

(a)   (b)

图 4-10 节点板与杆件的连接构造

4）角钢端部的切断面一般应与其轴线垂直（图 4-11a）；当杆件较大，为使节点紧凑斜切时，应按图 4-11b、c 切肢尖，不允许采用图 4-11d 的切法。

5）单斜杆与弦杆的连接应使之不出现连接的偏心弯矩（图 4-12）。节点板边缘与杆件轴线的夹角不应小于 15°（图 4-12a）。在单腹杆的连接处，应计算腹杆与弦杆之间节点板的强度（图 4-12a 的剖面 1-1 处）。

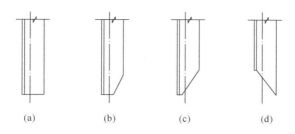

(a)　　　　(b)　　　　(c)　　　　(d)

图 4-11　角钢端部的切割

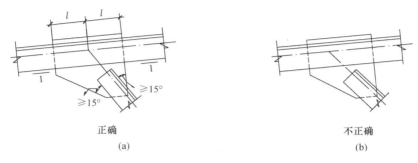

正确　　　　　　　　　　不正确

(a)　　　　　　　　　　(b)

图 4-12　单斜杆的连接

6）支承混凝土屋面板的上弦杆，当屋面节点荷载较大而角钢肢厚较薄，不满足表4-4的要求时，应对角钢的水平肢予以加强，见图4-13。

弦杆不加强的每侧最大节点荷载（kN）　　　　　　　　表 4-4

角钢厚度（mm），当钢材为	Q235	5	6	7	8	10	12	14	16	18	—
	Q345	—	5	6	7	8	10	12	14	16	18
支承处每侧集中荷载设计值（kN），当两板肋支承宽度为	65mm	6.3	8.4	11.0	14.0	20.5	28.8	39.9	—	—	—
	130mm	—	10.5	13.6	17.0	24.0	33.3	46.2	61.6	79.6	116.6

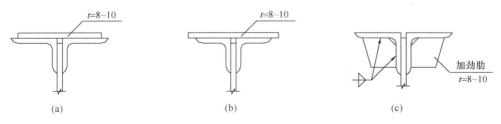

(a)　　　　　　　　(b)　　　　　　　　(c)

图 4-13　上弦角钢的加强

7）角焊缝的最大、最小焊脚尺寸和长度应符合设计标准的规定。厚度为 5mm 的角钢，肢背的最大焊脚尺寸为 6mm，肢尖最大为 5mm；厚度为 4mm 的角钢，肢背的最大焊脚尺寸为 5mm，肢尖最大为 4mm。焊缝长度一般不小于 50mm。

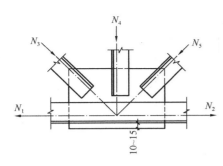

图 4-14　下弦中间节点连接构造

（2）一般节点

图 4-14 为下弦一般节点构造。

（3）承受集中荷载的节点

支承发泡水泥复合轻质大型屋面板或檩条的屋架上弦中间节点，为有集中荷载作用的节点。为放置集中荷载下的水平板或檩条，可采用节点板不向上伸出、部分向上伸出和全部伸出的做法，见图 4-15。

图 4-15a 为节点板不伸出的方案。此时节点板缩进上弦角钢肢背，采用槽焊缝焊接，此时节点板与上弦之间就由槽焊缝和角焊缝传力。节点板的缩进深度不宜小于（$t_1/2+2$）mm，也不宜大于 t_1，其中 t_1 为节点板的厚度。

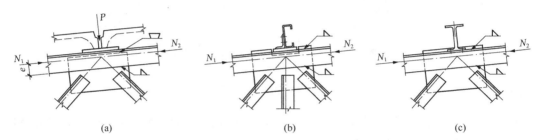

(a)　　　　　　　　　　　(b)　　　　　　　　　　　(c)

图 4-15　上弦中间节点连接构造

图 4-15b 为节点板部分伸出的方案。当肢尖的角焊缝强度不足时常用部分伸出方案，此时，形成肢尖、肢背两条焊缝，由此来传递弦杆与节点板之间的力。

图 4-16 为屋架下弦有悬挂吊车或单梁轨道梁的节点。其中图 4-16a 的节点板缩进下弦角钢；图 4-16b 的节点板部分缩进下弦角钢。

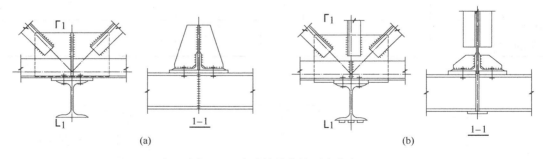

(a)　　　　　　　　　　　　　　　　　(b)

图 4-16　有悬挂吊车的下弦节点

（4）支座节点

屋架铰接支座节点：支承于混凝土柱或砌体柱的屋架，其支座节点通常设计为铰接。图 4-17 为铰接支承的梯形屋架和三角形屋架的支座节点。

屋架支座节点处各杆件汇交于一点，屋架杆件合力（竖向）作用点位于底板中心或附近，合力通过矩形底板以分布力的形式传给下部结构。为保证底板的刚度、力的传递以及节点板平面外刚度的需要，支座节点处应对称设置加劲板，加劲板的厚度取等于或略小于节点板的厚度，加劲板厚度的中线应与各杆件合力线重合。

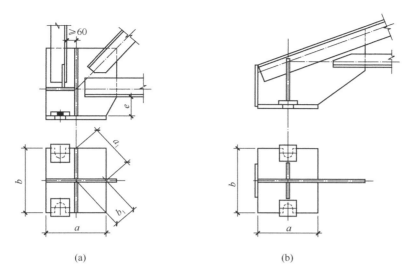

(a)   (b)

图 4-17　屋架铰接支座节点

为便于施焊，下弦角钢背与底板间的距离 e 一般应不小于下弦伸出肢的宽度，且不小于 130mm；梯形屋架端竖杆角钢肢朝外时，角钢边缘与加劲板中线距离不宜小于 55mm。底板通过钢筋混凝土柱顶预埋的锚栓固定，锚栓设在底板靠柱轴线的外侧区格。为便于屋架安装就位及固定牢靠，底板上应有较大的锚栓孔，就位后再将套进锚栓的垫板焊于底板上。锚栓直径 d 一般为 18～24mm，底板上的锚栓孔常用 U 形孔，孔径为（2～2.5）d，垫板上的孔径取 $d+(1～2)$mm。底板边长应取 10mm 的整倍数，锚栓与节点板、加劲板中线之间的最小距离应便于锚栓操作定位。

3. 拼接弦杆

当角钢长度不足、弦杆截面有改变或屋架分单元运输时，弦杆经常要拼接。前两者为工厂拼接，拼接点通常在节点范围以外；后者为工地拼接，拼接点通常在节点。

图 4-18 为杆件在节点范围外的工厂拼接。

双角钢杆件采用拼接角钢拼接（图 4-18a），拼接角钢宜采用与弦杆相同的规格（弦杆截面改变时，与较小截面的弦杆相同），并切去竖肢及角背直角边棱。切肢 $\Delta=t+h_f+5$mm 以便施焊，其中 t 为拼接角钢肢厚，h_f 为角焊缝焊脚尺寸，5mm 为余量以避开肢尖

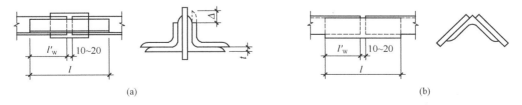

(a)   (b)

图 4-18　杆件在节点范围外的工厂拼接

（a）双角钢拼接；（b）单角钢拼接

圆角；切边棱是为使之与弦杆密贴。切去部分由填板补偿。

单角钢杆件宜采用拼接钢板拼接（图 4-18b），拼接钢板的截面面积不得小于角钢的截面面积。

图 4-19 和图 4-20 为下弦和上弦在屋架中央的工地拼接节点。

屋架的工地拼接节点，通常不利用节点板作为拼接材料，而以拼接角钢传递弦杆内力。

屋脊节点的拼接角钢一般采用热弯形成；当屋面较陡需要弯折较大且角钢肢较宽不易弯折时，可将竖肢开口（钻孔，焰割）弯折后对焊，见图 4-18。

当为工地拼接时，为便于现场拼装，拼接节点要设置安装螺栓。因此，拼接角钢与节点板应焊于不同的运输单元，以避免拼装中双插的困难。也有将拼接角钢单个运输，拼装时用安装焊缝焊于两侧。

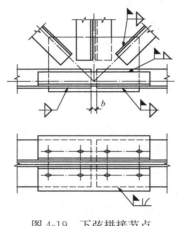

图 4-19　下弦拼接节点

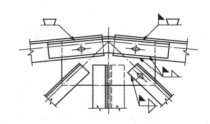

图 4-20　上弦拼接节点

4. T 型钢屋架节点

（1）屋架的弦杆和腹杆全部由 T 型钢组成时，其典型节点构造如图 4-21 所示。这种屋架的腹杆端部需要进行较为复杂的切割，使得制造加工难度增加，且容易造成凹形缺口，从而减小杆件截面面积。

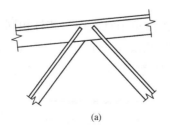
(a)

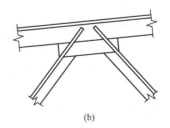
(b)

图 4-21　弦杆和腹杆均为 T 型钢的节点

（a）无节点板；（b）有节点板

（2）屋架上下弦杆为 T 型钢、腹杆为单角钢的典型节点构造如图 4-22 所示。单角钢单面与 T 型钢腹板连接（图 4-22a、b）时，腹杆在垂直于弦杆方向上的分力会对节点平面外形成偏心，使节点受扭。当节点上无檩条相连时，应考虑这种偏心的影响。若将角钢旋转 45°，见图 4-22c，则可避免偏心影响，且可腹杆截面对称于屋架平面。但此时与采用 T 型钢做腹杆相似，在腹杆端部需要进行较为复杂的切割。

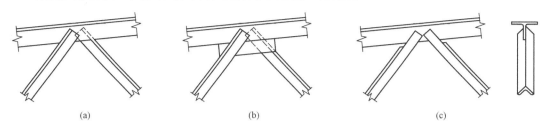

(a)   (b)   (c)

图 4-22 T 型钢为弦杆、单角钢为腹杆的节点

(a) (b) 腹杆单面连接；(c) 腹杆转 45°连接

（3）屋架上下弦杆为 T 型钢、腹板为双角钢的典型节点构造如图4-23及图 4-24 所示。这种形式可逐步取代应用广泛的角钢屋架，有发展前景。

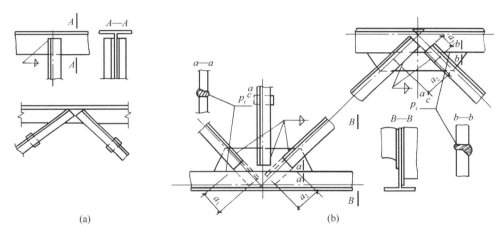

(a)   (b)

图 4-23 T 型钢为弦杆、双角钢为腹杆的节点

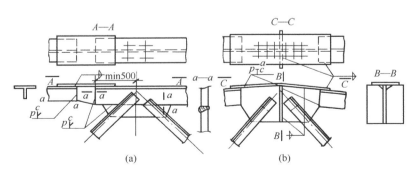

(a)   (b)

图 4-24 T 型钢弦杆拼接节点

双角钢腹杆直接连接在 T 型钢腹板上（图 4-23a），也可通过节点板连接（图 4-23b）。节点板与 T 型钢腹板采用对接焊缝，焊缝与母材等强，故一般不需验算焊缝强度。节点板与 T 型钢腹板的对接焊缝一般采用单面 V 形坡口焊缝，先焊开坡口的一面，再从另一面补焊焊缝根部。腹杆的两个角钢沿杆轴方向端部有错位，即角钢长短不一，如图 4-23b

中的 a_1、a_2、a_3，这是为了保证角钢能同时焊于节点板及 T 型钢弦杆的腹板上。这样，在节点板与 T 型钢腹板尚未连接时能将屋架组装到一起，同时让开坡口焊缝凸起余高。补焊根部时，只焊没有腹杆的空余部分，有腹杆的部分在焊开坡口面时已成为永久性垫板。若取消 a_1、a_2、a_3 段，腹杆两个角钢端部无错位，则与普通角钢完全相同。

在图 4-23b 中，节点板厚度与 T 型钢腹板厚度相同，节点板与弦杆的对接焊缝承受相连两腹杆内力的合力，腹杆与节点板的连接同角钢屋架。弦杆有拼接的节点构造如图 4-24。当弦杆截面改变时的拼接节点如图 4-24a 所示。此时，与腹板相连的拼接板厚度与腹板厚度相同，并沿腹板宽度方向做成小于 1/4 的斜角；与翼缘相连的盖板厚度则与翼缘厚度相同，宽度为翼缘宽度加 20mm，以便施作；长度由弦杆翼缘所承受的内力决定。图 4-24b 为由拼接腹板、盖板和加劲肋组成的屋脊节点。节点板与弦杆间的对接焊缝应传递弦杆腹板所承担的部分内力，弦杆翼缘的内力由盖板和盖板与弦杆的连接焊缝来承担。

4.2.5 节点计算

屋架节点计算是根据杆件的内力计算各杆件与节点板间所需的连接焊缝长度以及拼接杆件之间所需的连接焊缝长度，为确定节点板形状、大小及定位尺寸提供依据。通常由各腹杆内力和所需焊缝长度确定节点板尺寸。当角钢与节点板实际搭接长度大于计算所需焊缝长度时，制作施焊时一般采取全长满焊。下面以双角钢杆件的焊接屋架进行说明。

1. 一般节点（图 4-14）

（1）腹杆与节点板的连接焊缝，应按公式（4-3）和公式（4-4）计算。

$$角钢肢背 \qquad l_{w1} = \frac{k_1 N}{2 \times 0.7 h_{f1} f_f^w} \qquad\qquad (4-3)$$

$$角钢肢尖 \qquad l_{w2} = \frac{k_2 N}{2 \times 0.7 h_{f2} f_f^w} \qquad\qquad (4-4)$$

式中　h_f——焊脚尺寸；

l_{w1}、l_{w2}——焊缝计算长度，等于实际长度减去 $2h_f$；

k_1、k_2——角钢肢背、肢尖内力分配系数，见表 2-35

N——节点处切断杆件的内力，见图 4-14。

f_f^w——角焊缝强度设计值。

若有个别杆件为单角钢焊接于节点板，则公式中的分母 2 改为 0.85，即角焊缝强度设计值按 0.85 系数折减。

（2）无集中荷载作用的下弦中间节点，当弦杆无弯折时（图 4-14），弦杆与节点板的连接焊缝承受弦杆相邻节间内力之差 $\Delta N = N_1 - N_2$，其焊脚尺寸为

$$角钢肢背 \qquad h_{f1} \geqslant \frac{k_1 \Delta N}{2 \times 0.7 l_{w1} f_f^w} \qquad\qquad (4-5)$$

$$角钢肢尖 \qquad h_{f2} \geqslant \frac{k_2 \Delta N}{2 \times 0.7 l_{w1} f_f^w} \qquad\qquad (4-6)$$

通常弦杆与节点板连接焊缝所需的焊脚尺寸很小，一般由构造确定。

2. 承受集中荷载的节点

（1）当节点板缩进角钢肢背（图 4-15a）时，角钢肢背的槽焊缝假定只承受屋面集中荷载，其强度可近似按下列公式计算：

$$\sigma_\mathrm{f} = \frac{P}{2 \times 0.7 h_\mathrm{f1} l_\mathrm{w}} \leqslant f_\mathrm{f}^\mathrm{w} \tag{4-7}$$

式中　P——节点集中荷载（可取垂直于屋面的分力）；

$\quad\quad h_\mathrm{f1}$——角钢肢背槽焊缝的焊脚尺寸，槽焊缝可视为两条 $h_\mathrm{f1} = 0.5 t_1$ 的角焊缝（其中 t_1 为节点板厚度）；

$\quad\quad l_\mathrm{w}$——角钢肢背槽焊缝的计算长度。

弦杆相邻节间的内力之差 $\Delta N = N_1 - N_2$，由角钢肢尖焊缝承受，计算时应考虑偏心引起的弯矩 $M = \Delta N \cdot e$（e 为角钢肢尖至弦杆轴线距离）。此时肢尖角焊缝的强度可按下列公式计算：

$$\sigma_\mathrm{f} = \frac{6M}{2 \times 0.7 h_\mathrm{f2} l_\mathrm{w}^2} \tag{4-8}$$

$$\tau_\mathrm{f} = \frac{\Delta N}{2 \times 0.7 h_\mathrm{f2} l_\mathrm{w}} \tag{4-9}$$

$$\sqrt{(\sigma_\mathrm{f}/\beta_\mathrm{f})^2 + \tau_\mathrm{f}^2} \leqslant f_\mathrm{f}^\mathrm{w} \tag{4-10}$$

式中　h_f2——角钢肢尖角焊缝的焊脚尺寸；

$\quad\quad l_\mathrm{w}$——角钢肢尖角焊缝的计算长度；

$\quad\quad \beta_\mathrm{f}$——正面角焊缝的强度设计值增大系数；对承受静力荷载和间接承受动力荷载的屋架 $\beta_\mathrm{f} = 1.22$，对直接承受动力荷载的屋架 $\beta_\mathrm{f} = 1.0$。

（2）当节点板伸出不妨碍屋面构件的安放，或相邻弦杆节间内力差 ΔN 较大，肢尖角焊缝强度不足时，可采用节点板部分伸出或全部伸出的方案（图 4-15b、c）。此时弦杆与节点板的连接焊缝可按下列公式计算：

肢背焊缝　　　$$\sqrt{\frac{(k_1 \cdot \Delta N)^2 + (0.5P)^2}{2 \times 0.7 h_\mathrm{f1} l_\mathrm{w1}}} \leqslant f_\mathrm{f}^\mathrm{w} \tag{4-11}$$

肢尖焊缝　　　$$\sqrt{\frac{(k_2 \cdot \Delta N)^2 + (0.5P)^2}{2 \times 0.7 h_\mathrm{f2} l_\mathrm{w2}}} \leqslant f_\mathrm{f}^\mathrm{w} \tag{4-12}$$

式中　h_f1、l_w1——伸出肢背处的角焊缝焊脚尺寸和计算长度；

$\quad\quad h_\mathrm{f2}$、l_w2——肢尖角焊缝的焊脚尺寸和计算长度。

3. 拼接节点

（1）角钢长度不够或弦杆截面有改变时弦杆采用与杆件相同截面或较小截面相同的拼接角钢拼接，拼接角钢或拼接钢板的长度，应根据所需焊缝的长度确定。接头一侧连接焊缝的实际长度 l_w' 为：

$$l_\mathrm{w}' = \frac{N}{4 \times 0.7 h_\mathrm{f} f_\mathrm{f}^\mathrm{w}} + 2h_\mathrm{f} \tag{4-13}$$

式中　N——杆件的轴心力；当采用等强拼接时，$N = Af$（A 为杆件的截面积）。

拼接角钢的长度一般为 $l = 2l_\mathrm{w}' + (10 \sim 20)\mathrm{mm}$。

（2）屋架的工地拼装节点以拼接角钢传递弦杆内力，不利用节点板作为拼接材料。弦杆与拼接角钢的焊缝按公式（4-13）计算，公式中 N 取节点两侧弦杆内力的较大值，所需拼接角钢长度同上 $l = 2l_\mathrm{w}' + b$，b 为间隙，下弦节点一般取 $b = (10 \sim 20)\mathrm{mm}$。屋脊节点

中当竖直切割时 $b=(10\sim20)$mm；当截面垂直上弦切割时所需间隙稍大。

弦杆与节点板的连接焊缝，应按公式（4-3）和公式（4-4）计算，公式中的 ΔN 取相邻节间内力之差和弦杆最大内力的 15% 中的较大值。当节点处有集中荷载时，则应采用上述的 ΔN 值和集中荷载 P 值按公式（4-11）和公式（4-12）计算。

4. 节点板计算

（1）连接节点处板件在拉、剪作用下的强度应按下式计算：

$$\frac{N}{\sum(\eta_i A_i)} \leqslant f \tag{4-14}$$

$$\eta_i = \frac{1}{\sqrt{1+2\cos^2\alpha_i}} \tag{4-15}$$

式中 N——作用于板件的拉力；

     A_i——第 i 段破坏面的截面积，$A_i = t l_i$；

     t——板件厚度；

     l_i——第 i 段破坏段的长度，应取板件中最危险的破坏线的长度（图 4-25）；

     η_i——第 i 段的抗剪折算系数；

     α_i——第 i 段破坏线与拉力轴线的夹角。

（2）节点板的强度除可按公式（4-14）计算外，也可用有效宽度法按下式计算：

$$\sigma = \frac{N}{b_e t} \leqslant f \tag{4-16}$$

式中 b_e——板件的有效宽度（图 4-26）。

图中 θ 为应力扩散角，可取 30°。

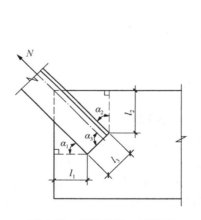

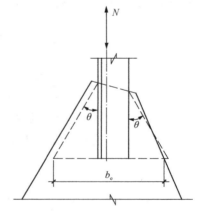

图 4-25 板件的拉、剪撕裂   图 4-26 板件的有效宽度

（3）节点板在斜腹杆压力作用下的稳定性可用下列方法进行计算。

1）对有竖腹杆相连的节点板，当 $c/t \leqslant 15\varepsilon_k (\varepsilon_k = \sqrt{235/f_y})$ 时（c 为受压腹杆连接肢端面中点沿腹杆轴线方向至弦杆的净距离，见图 4-27），可不计算稳定。否则应按以下进行稳定计算。在任何情况下，c/t 不得大于 $22\varepsilon_k$。

2）对无竖腹杆相连的节点板，当 $c/t \leqslant 10\varepsilon_k$ 时，节点板的稳定承载力可取为 $0.8 b_e tf$。当 $c/t > 10\varepsilon_k$ 时，应按以下进行稳定计算，但在任何情况下，c/t 不得大于 $17.5\varepsilon_k$。

3）点板在斜腹杆压力作用下稳定计算的基本假定为：

① 图 4-27 中 B-A-C-D 为节点板失稳时的屈折线，其中$\overline{BA}$平行于弦杆，$\overline{CD}\perp\overline{BA}$；

② 在斜腹杆轴向 N 压力的作用下，BA 区（FBGHA 板件），AC 区（AIJC 板件）和 CD 区（CKMP 板件）同时受压，当其中某一区先失稳后，其他区即相继失稳，为此要分别计算各区的稳定。

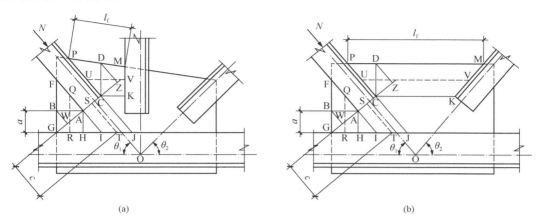

图 4-27　节点板稳定计算简图
（a）有竖杆时；（b）无竖杆时

各区的稳定可分别按以下公式计算：

BA 区：

$$\frac{b_1}{(b_1+b_2+b_3)}N\sin\theta_1 \leqslant l_1 t\varphi_1 f \tag{4-17}$$

AC 区：

$$\frac{b_2}{(b_1+b_2+b_3)}N \leqslant l_2 t\varphi_2 f \tag{4-18}$$

CD 区：

$$\frac{b_3}{(b_1+b_2+b_3)}N\cos\theta_1 \leqslant l_3 t\varphi_3 f \tag{4-19}$$

式中　　　　　　　　　　t——节点板厚度；

N——受压斜腹杆的轴向力；

l_1、l_2、l_3——分别为屈折线$\overline{BA}$，$\overline{AC}$和$\overline{CD}$的长度；

φ_1、φ_2、φ_3——各受压区板件的轴心受压稳定系数，可按 b 类截面查取；其相应的长细比分别为：$\lambda_1 = 2.77\dfrac{\overline{QR}}{t}$，$\lambda_2 = 2.77\dfrac{\overline{ST}}{t}$，$\lambda_3 = 2.77\dfrac{\overline{UV}}{t}$；

$\overline{QR}$、$\overline{ST}$、$\overline{UV}$——为 BA、AC、和 CD 三区受压板件的中线长度；其中 $\overline{ST} = c$；

$b_1(\overline{WA})$、$b_2(\overline{AC})$、$b_3(\overline{CZ})$——各屈折线段在有效宽度线上的投影长度。

对 $l_f/t > 60\varepsilon_k$ 且沿自由边无加劲的无竖斜腹杆节点板（l_f 为节点板自由边的长度），亦可用上述方法进行计算，只是仅需验算 $\overline{BA}$ 区和 $\overline{AC}$，而不必验算 $\overline{CD}$ 区。

（4）用以上方法计算节点板时，尚应满足下列要求：

1）节点板边缘与腹杆轴线之间的夹角应不小于 15°；

2）斜腹杆与弦杆的夹角应在 30° 至 60° 之间；

3）节点板的自由边长度 l_f 与厚度 t 之比不得大于 $60\varepsilon_k$，否则应沿自由边设加劲肋予以加强。

5. 支座节点

支座节点的计算，包括底板面积及厚度、节点板与加劲板的竖焊缝以及节点板、加劲板与底板的水平焊缝三个部分。

（1）底板面积及厚度

底板面积按下式计算：

$$A = a \times b \geqslant \frac{R}{\beta_c f_c} + A_o \tag{4-20}$$

式中　R——支座反力；

　　　β_c——混凝土局部承压时的提高系数；

　　　f_c——支座混凝土轴心抗压强度设计值；

　　　A_o——锚栓孔的面积。

通常按计算需要的底板面积较小，底板的平面尺寸主要根据构造要求确定，参见表4-5。

屋架支座底板和锚栓尺寸选用表（mm）　　　　　　　　　表 4-5

支座反力（kN）		130	260	390	520	650	780	810
底板平面尺寸	C20 及以上	250×(220~250)	300×(220~300)	300×(220~300)	350×(220~350)	350×(250~350)	350×(250~350)	350×(300~350)
底板厚度	Q235	16	20	20	20	24	24	26
	Q345	16	16	20	20	20	20	22
焊缝的焊脚尺寸		6	6	7	8	8	10	10
锚栓直径 M		20	20	20	24	24	24	24
底板上的锚栓孔径 d		50	50	50	60	60	60	60

底板的厚度按均布荷载下板的抗弯强度计算。支座底板被节点板与加劲板分隔为两相邻边支承的四块板，其单位宽度的最大弯矩为：

$$M = \beta q a_1^2 \tag{4-21}$$

式中　　q——底板下反力的平均值，$q = R/(A-A_0)$；

　　　　β——系数，由 b_1/a_1 值按表 4-6 查出；

　　　　a_1、b_1——对角线长度和底板中点至对角线的距离（图 4-17a）；对三边支承板 a_1 为自由边长，b_1 为与自由边垂直的支承边长。

b_1/a_1	0.3	0.4	0.5	0.6	0.7	0.8	0.9	1.0	1.2	≥1.4
β	0.027	0.044	0.060	0.075	0.087	0.097	0.105	0.112	0.121	0.126

支座底板的厚度为：

$$t \geqslant \sqrt{\frac{6M}{f}} \tag{4-22}$$

为使混凝土均匀受压，底板不宜太薄，一般 $t \geqslant 16$mm。

（2）加劲肋的厚度可取等于或略小于节点板的厚度。通常假定一个加劲肋传递支座反力的 $1/4$，加劲肋与节点板的连接焊缝按下式计算：

$$\sqrt{\left(\frac{V}{2 \times 0.7 h_f l_w}\right)^2 + \left(\frac{6M}{2 \times 0.7 \beta_f h_f l_w^2}\right)^2} \leqslant f_f^w \tag{4-23}$$

式中 V——焊缝所受的剪力，即 $V = R/4$；

M——偏心弯矩，$M = Vb/4 = Rb/16$；

β_f——正面角焊缝的强度增大系数，承受静力荷载或间接动力荷载时 $\beta_f = 1.22$，直接承受动力荷载时 $\beta_f = 1.0$。

（3）屋架支座节点板和垂直加劲肋与支座底板连接的水平连接焊缝，一般采用角焊缝，焊缝强度按下式计算：

$$\sigma_f = \frac{R}{0.7 h_f \Sigma l_w} \leqslant \beta_f f_f^w \tag{4-24}$$

式中 Σl_w——节点板、加劲肋与支座底板连接焊缝计算长度之和；

β_f——见公式 4-23。

4.3 钢 管 屋 架

4.3.1 特点及适用范围

钢管屋架是冷弯薄壁型钢屋架的优选形式。由于杆件截面较薄，故设计时所用钢材和连接强度设计值比普通钢结构略微降低。设计时以《冷弯薄壁型钢结构技术规范》为依据，但它在很多方面与普通钢结构一致。

4.3.2 屋架形式

1. 屋架的外形

屋架的外形与角钢屋架相同。即屋架跨度 l 由使用或工艺要求确定；屋架的高度（端部及跨中高度）则由经济、刚度、运输界限以及屋面坡度等因素确定。

2. 屋架弦杆的节间划分

屋架上弦杆的节间划分应适应屋面材料的尺寸，宜使屋面荷载直接作用在节点上。

对于有檩体系，屋架上弦杆的节间划分，一般取一个檩距或两个檩距作为一个节间长度。当取一个檩距时，只有节点荷载。当取两个檩距时，存在节间荷载。承受节间荷载的上弦杆除有轴心力外还有弯矩，此时所需截面较大，但腹杆和节点数量减少。

对于檩距为1.5m的压型钢板屋面，屋架上弦杆的节间长度可取一个或两个檩距。对于檩距为3.0m的压型钢板或3.0m×6.0m发泡水泥复合轻质大型屋面板屋面时，屋架上弦杆节间长度取为一个檩距3.0m。

屋架下弦杆的节间划分主要根据选用的屋架形式、上弦杆节间划分和腹杆布置来确定。

3. 屋架的腹杆布置

由于杆件截面刚度较大，布置腹杆时不需过分强调短杆受压，长杆受拉，故能较好地适应人字式、单斜式和再分式等各类腹杆体系。腹杆布置与角钢屋架相同。

4.3.3 杆件截面选择

按各杆件的内力设计值N和M、杆件在两个方向的计算长度、截面形式、钢材牌号等进行截面选择。热加工管材和冷成型管材不应采用屈服强度超过Q235钢以及屈强比$f_y/f_u > 0.8$的钢材，且钢管壁厚不宜大于25mm。

1. 屋架杆件计算长度

钢管屋架的杆件在平面内、外的计算长度l_{ox}、l_{oy}见表4-7。

钢管屋架弦杆和腹杆的计算长度　　　　　　　　　表4-7

桁架类型	弯曲方向	弦　杆	腹　杆	
			支座斜杆和支座竖杆	其他腹杆
平面桁架	平面内	$0.9l$	l	$0.8l$
	平面外	l_1	l	l
立体桁架		$0.9l$	l	$0.8l$

注：1. l为构件的几何长度（节点中心间距离），l_1为弦杆侧向支撑点之间的距离。

2. 对端部缩头或压扁的圆管腹杆，其计算长度取$1.0l$。

当弦杆侧向支承点之间的距离为节间长度的2倍，且两节间的弦杆轴心压力有变化时，则该弦杆在屋架平面外的计算长度，也应按式（4-2）确定。

2. 屋架杆件截面形式

钢管屋架是指杆件截面为方钢管或圆钢管的钢屋架。方管屋架多为闭口截面，主要采用正方形截面钢管，必要时可采用矩形截面钢管。矩形截面钢管用于弦杆平放时可更好地适应需要较大侧向宽度和刚度的情况。

圆钢管的外径与壁厚之比不应超过$100\left(\dfrac{235}{f_y}\right)$，方（矩）形钢管的最大外缘尺寸与壁厚之比不应超过$40\sqrt{\dfrac{235}{f_y}}$。

屋架弦杆全长宜采用同一截面规格的型材。跨度$l \geqslant 24m$的屋架，可根据弦杆内力的变化情况，在某一节点处改变截面尺寸，一般只改变截面壁厚，而不改变截面的外形尺寸，且须保证该节点两侧弦杆的几何中心线位于同一直线。否则，应考虑此偏心产生的附加弯矩。

4.3.4 构造

1. 起拱

起拱的方法同角钢屋架。

2. 构造

（1）基本要求

1）钢管屋架的节点通常不用节点板，而将杆件直接汇交焊接（图 4-28a、b）即顶接，构造简单，制作方便。支管端部应使用自动切割机切割，支管壁厚小于 6mm 时可不切坡口。钢管屋架杆件端部应进行焊接封闭，以防管内锈蚀。

当方钢管屋架节点需要加强时，可采用通过垫板焊接的连接节点（图 4-28c）。

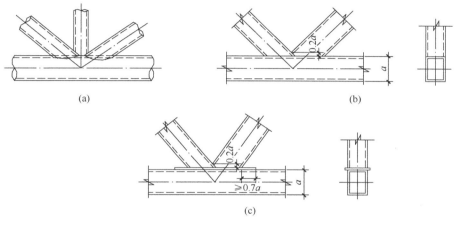

图 4-28 钢管屋架节点

2）各杆件截面重心轴线应汇交于节点中心，尽可能避免偏心。若支管与主管连接节点偏心不超过公式（4-25）限制时，在计算节点和受拉主管承载力时，可忽略因偏心引起的弯矩影响，但受压主管必须考虑此偏心弯矩 $M = \Delta N \times e$（ΔN 为节点两侧主管轴力之差值）。

$$-0.55 \leqslant \frac{e}{D} \text{ 或 } \frac{e}{h} \leqslant 0.25 \tag{4-25}$$

式中　e——偏心距，见图 4-29 所示；

　　　D——圆管主管外径；

　　　h——连接平面内的方（矩）形主管截面高度。

3）主管的外部尺寸不应小于支管的外部尺寸，主管的壁厚不应小于支管的壁厚，在支管与主管连接处不得将支管插入主管内。主管与支管或两支管轴线之间的夹角不宜小于 30°。

4）对有间隙的 K 形或 N 形节点（图 4-29a、b），支管间隙 a 应不小于两支管壁厚之和。

5）对搭接的 K 形或 N 形节点（图 4-29c、d），当支管厚度不同时，薄壁管应搭在厚

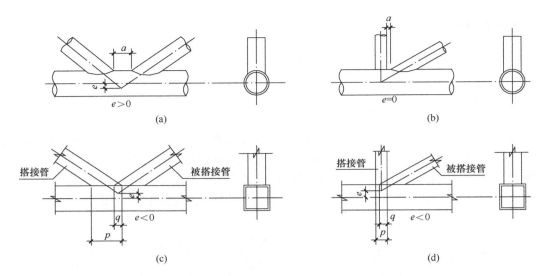

图 4-29　K 形和 N 形管节点的偏心和间隙

(a)、(b) 有间隙的节点；(c)、(d) 搭接的节点

壁管上；当支管钢材强度等级不同时，低强度管应搭在高强度管上。搭接节点的搭接率 $\eta_{ov}=q/p\times100\%$，应满足 $25\%\leqslant\eta_{ov}\leqslant100\%$，且应确保在搭接部分的支管之间的连接焊缝能可靠地传递内力。

6）支管与主管的连接焊缝，应沿全周连续焊接并平滑过渡，可全部用角焊缝或部分采用对接焊缝、部分采用角焊缝。支管管壁与主管管壁之间的夹角大于或等于 120°时的区域宜用对接焊缝或带坡口的角焊缝。角焊缝的焊脚尺寸 h_f 不宜大于支管壁厚的 2 倍；搭接支管周边焊缝宜为 2 倍的支管壁厚。

7）钢管构件在承受较大横向荷载的部位应采取适当的加强措施，防止产生过大的局部变形。构件的主要受力部位应避免开孔，如必须开孔时，应采取适当的补强措施。

8）若钢管屋架上弦节点荷载较大，须设垫板加强（图 4-30）。加强垫板应保证钢管屋架上弦的局部刚度及屋面构件有足够的支承长度，厚度不宜小于 8mm。若方钢管屋架上弦较宽，垫板可直接焊于弦杆上（图 4-30a），当其外伸尺寸较大时，宜设加劲肋（图 4-30b）；圆钢管屋架上弦的加强垫板通过加劲肋与圆钢管相连（图 4-30c）。

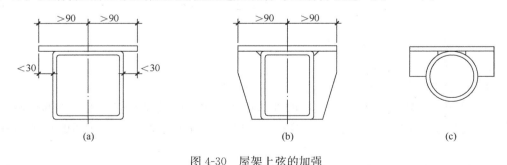

图 4-30　屋架上弦的加强

（2）中间节点

1）方钢管屋架弦杆与腹杆中间节点的连接构造应根据杆件内力、相对尺寸及弦杆厚

度等因素确定。

若腹杆内力较小，腹杆与弦杆可直接顶接，如图 4-31a、d 所示。腹杆内力较大时，腹杆与弦杆宜采用以垫板加强的顶接连接，如图 4-31b、e 所示。垫板厚度一般不小于6mm。当腹杆与弦杆边缘间的距离大于 30mm 时，宜在腹杆上设加劲肋加强（图 4-31c）。为了加强节点刚度也可在弦杆两边布置加强板（图 4-31f）。

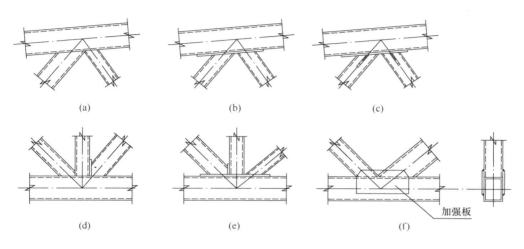

图 4-31　方钢管屋架中间节点

腹杆在弦杆处交错连接时，应使较大腹杆与弦杆（或垫板）直接连接，较小腹杆可切角与较大腹杆和弦杆顶接。斜腹杆与竖杆连接时，可加设竖向垫板过渡，如图 4-31d、e 所示。

2）圆钢管屋架的腹杆与弦杆的连接一般采用直接顶接，杆件端部经仿形机加工或精密切割成弧形剖口，以使腹杆与弦杆在相关面上紧密贴合，接触面的空隙不宜大于 2mm，以确保焊接质量。

圆钢管屋架弦杆与腹杆直接顶接的节点构造见图 4-32a、b。一般应使较大腹杆与弦杆直接顶接，较小腹杆除与弦杆连接外，尚可能与其他腹杆相连，其端部应加工成相关面

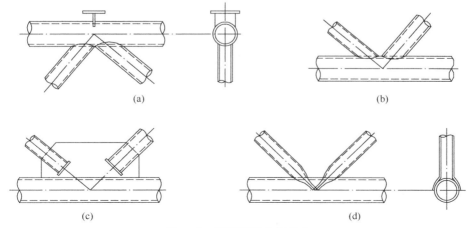

图 4-32　圆管屋架中间节点

以确保弦杆与较大腹杆紧密贴合。图 4-32a 中上弦杆上表面的平板是为放置檩条或屋面板而设置，平板通过加劲肋与圆钢管相连。

圆钢管屋架可采用插接，即采用节点板连接（图 4-32c），连接需要剖开钢管，以使节点板插入。图 4-32d 为将钢管敲扁直接连接的形式，该节点刚度较小，仅适用于中小跨度的屋架。

（3）屋脊节点

钢管屋架的屋脊节点可采用顶接或螺栓连接（图 4-33）。

图 4-33a 适用于跨度较小、整榀制作的屋架，该节点构造简单、施工方便。

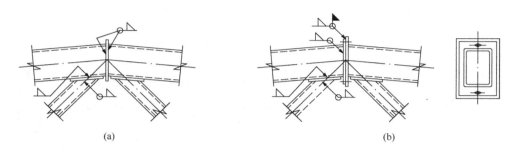

(a)　　　　　　　　　　　　　(b)

图 4-33　屋脊节点

当屋架跨度较大时，宜在屋脊处分段制作，工地拼装，如图 4-33b 所示。顶接板有大、小两块，尺寸按构造确定，大板的长、宽通常比小板大 20~30mm，以便施焊。若屋架设有中央竖杆，则应加长顶接板以连接竖杆。顶接板的厚度不宜小于 10mm。

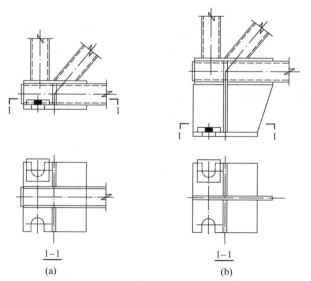

1—1　　　　　　　1—1
(a)　　　　　　　　(b)

图 4-34　顶接式屋架支座节点

（4）支座节点

常用支座节点构造形式有顶接式和插接式两种。

1）顶接式

图 4-34 为顶接式支座节点的两种形式。其中图 4-34a 中屋架支座底板可直接搁置于柱顶，适用于跨度较小、下弦杆不加高的情况，构造简单，受力明确，节省材料。图 4-34b 为加高下弦与柱顶的连接，这种支座节点适应性较强，但耗钢量较多；图中加劲肋和垫板的厚度均不得小于8mm。

2）插接式

图 4-35 为开口插接式支座节点，其中杆件的连接强度取决于节点板与弦杆间的连接焊缝。

屋架支座底板上锚固螺栓及垫板设置（图 4-34、图 4-35）与角钢屋架相同。

3. 弦杆拼接

当材料长度不足或弦杆截面有改变，以及屋架分单元运输时弦杆经常要拼接。拼接点宜设在内力较小的节间；工地拼接点通常在节点。

（1）受拉构件的拼接接头，一般采用内衬垫板或衬管的单面焊接（图 4-36）。接头与杆件按等强度设计。

（2）受压构件的拼接接头，一般采用隔板焊接（图 4-37）。杆件端部与隔板顶紧，隔板两侧杆件的纵轴线应位于同一直线上。

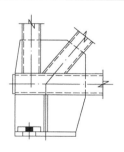

图 4-35 插接式屋架
支座节点

若屋架受压杆件采用图 4-36 所示直隔板焊接接头的强度不能满足时，可采用斜隔板顶接接头（图 4-38），以增加连接焊缝长度，斜隔板与杆件纵轴线的交角不宜小于 45°，隔板厚度不得小于 6mm。

当承受节间弯矩的受压弦杆截面上出现拉应力时，宜采用图 4-36c 的接头形式，同时设隔板、垫板或衬管，连接焊缝由计算确定。

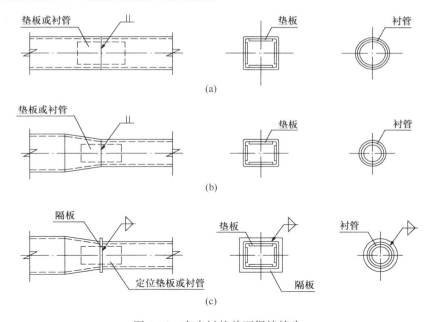

图 4-36 有内衬的单面焊接接头

（a）设垫板或衬管；（b）同（a）接头两侧变截面；（c）设隔板、定位垫板或衬管

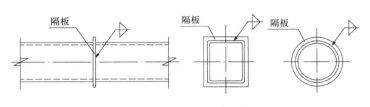

图 4-37 直隔板焊接接头

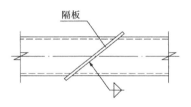

图 4-38 斜隔板焊接接头

（3）因制造、运输条件所限，屋架需分段制作、工地拼装时，拼装节点的位置和接头形式均需在屋架施工图中详细说明。工地拼装节点处应设定位螺栓，如图 4-33b 所示，以利工地定位、拼装。

屋架杆件工地拼接节点如图 4-39。拼装接头可采用焊接（图 4-39a、b）、螺栓（包括高强度螺栓）连接（图 4-39c、d）。

采用螺栓（或高强度螺栓）连接的拼装接头（图 4-39 c、d），不需要工地焊接，施工方便，能保证质量。通常拼接螺栓数不得少于 4 个，栓径不得小于 12mm，顶接板的厚度不宜小于 12mm。

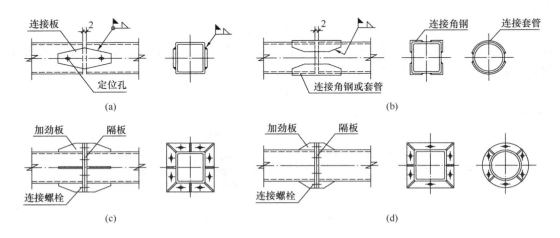

图 4-39　工地拼接节点

4.3.5　节点计算

直接焊接钢管结构中支管和主管的轴向内力设计值不应超过由第 2 章确定的杆件承载力设计值。支管的轴向内力设计值亦不应超过节点承载力设计值。

在节点处，支管沿周边与主管相焊，焊缝承载力应等于或大于节点承载力。

角焊缝的计算厚度沿支管周边与主管相焊，焊缝承载力应等于或大于节点承载力。

屋架杆件连接焊缝的焊脚尺寸，不宜大于所连接杆件最小厚度的 1.5 倍。

1. 方钢管屋架

（1）方钢管节点适用范围

矩形管直接焊接节点的承载力，在满足表 4-8 规定的几何参数条件下，按以下几种情况计算。

（2）节点强度计算

为保证节点处矩形主管的强度，支管的轴力 N_i 和主管的轴力 N 不得大于下列规定的节点承载力设计值：

1）支管为矩形管的平面 T、Y 和 X 形节点（图 4-40 和图 4-41）

① 当 $\beta \leqslant 0.85$ 时（主管表面塑性破坏），支管在节点处的承载力设计值 N_{ui} 应按下列公式计算：

主管为矩形管、支管为矩形管或圆管的节点几何参数适用范围　　　表 4-8

管截面形式		节点形式	节点几何参数，$i=1$ 或 2，表示支管；j—表示被搭接的支管						
			$\dfrac{b_i}{b}, \dfrac{h_i}{b}\left(\text{或}\dfrac{D_i}{b}\right)$	$\dfrac{b_i}{t_i}, \dfrac{h_i}{t_i}\left(\text{或}\dfrac{D_i}{t_i}\right)$		$\dfrac{h_i}{b_i}$	$\dfrac{b}{t}, \dfrac{h}{t}$	a 或 η_{ov} $\dfrac{b_i}{b_j}, \dfrac{t_i}{t_j}$
				受压	受拉			
主管为矩形管	支管为矩形管	T、Y、X 形	$\geqslant 0.25$	$\leqslant 37\varepsilon_{k,i}$ 且 $\leqslant 35$				—
		有间隙的 K 形和 N 形	$\geqslant 0.1+0.01\dfrac{b}{t}$ $\beta \geqslant 0.35$		$\leqslant 35$	$0.5 \leqslant \dfrac{h_i}{b_i} \leqslant 2$	$\leqslant 35$	$0.5(1-\beta) \leqslant \dfrac{a}{b} \leqslant 1.5(1-\beta)$ $25\% \leqslant \eta_{ov} \leqslant 100\%$ $a \geqslant t_1+t_2$
		搭接 K 形和 N 形	$\geqslant 0.25$	$\leqslant 33\varepsilon_{k,i}$			$\leqslant 40$	$\dfrac{t_i}{t_j} \leqslant 1.0$ $0.75 \leqslant \dfrac{b_i}{b_j} \leqslant 1.0$
	支管为圆管		$0.4 \leqslant \dfrac{D_i}{b} \leqslant 0.8$	$\leqslant 44\varepsilon_{k,i}$	$\leqslant 50$	用 $b_i=D_i$ 后，仍能满足上述相应条件		

注：1. 当 $a/b>1.5$ $(1-\beta)$ 时，则按 T 形或 Y 形节点计算；

2. b_i、h_i、t_i—分别为第 i 个矩形支管的截面宽度、高度和壁厚；

D_i、t_i—分别为第 i 个圆支管的外径和壁厚；

b、h、t—分别为矩形主管的截面宽度、高度和壁厚；

a—支管间的间隙，见图 4-29；

η_{ov}—搭接率，$\eta_{ov}=q/p \times 100\%$，且应满足 $25\% \leqslant \eta_{ov} \leqslant 100\%$；

β—参数：对 T、Y、X 形节点，$\beta=\dfrac{b_i}{b}$ 或 $\dfrac{D_i}{b}$；对 K、N 形节点，$\beta=\dfrac{b_1+b_2+h_1+h_2}{4b}$

或 $\beta=\dfrac{D_1+D_2}{2b}$；

$\varepsilon_{k,i}$—第 i 个支管钢材的钢号调整系数。

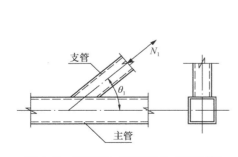

图 4-40　平面 T、Y 形节点（矩形管）

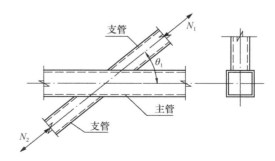

图 4-41　平面 X 形节点（矩形管）

$$N_{ui}=1.8\left(\frac{h_i}{bC\sin\theta_i}+2\right)\frac{t^2 f}{C\sin\theta_i}\psi_n \tag{4-26}$$

式中　ψ_n——参数，当主管受压时，$\psi_n=1.0-\dfrac{0.25\sigma}{\beta f}$；

当主管受拉时，$\psi_n=1.0$；

C——参数，$C = (1-\beta)^{0.5}$；

σ——节点两侧主管轴心压应力的较大绝对值。

② 当 $\beta = 1.0$ 时（主管侧壁破坏），支管在节点处的承载力设计值 N_{ui} 应按下列公式计算：

$$N_{ui} = \left(\frac{2h_i}{\sin\theta_i} + 10t\right)\frac{tf_k}{\sin\theta_i}\psi_n \tag{4-27}$$

对于 X 形节点，当 $\theta_i < 90°$ 且 $h \geqslant h_i/\cos\theta_i$ 时，尚应按下列公式验算：

$$N_{ui} = \frac{2.0htf_v}{\sin\theta_i} \tag{4-28}$$

式中 f_k——主管强度设计值，当支管受拉时，$f_k = f$；当支管受压时，对 T、Y 形节点，$f_k = 0.80\varphi f$；对 X 形节点，$f_k = 0.65\sin\theta_i\varphi f$；

φ——按长细比 $\lambda = 1.73\left(\frac{h}{t} - 2\right)\sqrt{1/\sin\theta_i}$ 确定的轴心受压构件的稳定系数；

f_v——主管钢材抗剪强度设计值。

③ 当 $0.85 < \beta < 1.0$ 时，支管在节点处承载力的设计值 N_{ui} 应按公式（4-26）、公式（4-27）或公式（4-28）所得的值，根据 β 进行线性插值。此外，尚应不超过下列二式的计算值：

$$N_{ui} = 2.0(h_i - 2t_i + b_{ei})t_if_i \tag{4-29}$$

$$b_{ei} = \frac{10}{b/t} \cdot \frac{tf_y}{t_if_{yi}} \cdot b_i \leqslant b_i \tag{4-30}$$

当 $0.85 \leqslant \beta \leqslant 1 - \frac{2t}{b}$ 时，N_{ui} 尚应不超过下列公式的计算值：

$$N_{ui} = 2.0\left(\frac{h_i}{\sin\theta_i} + b'_{ei}\right)\frac{tf_v}{\sin\theta_i} \tag{4-31}$$

$$b'_{ei} = \frac{10}{b/t} \cdot b_i \leqslant b_i \tag{4-32}$$

式中 f_i——支管钢材抗拉（抗压和抗弯）强度设计值。

2）支管为矩形管有间隙的平面 K 形和 N 形节点（图 4-42）

① 节点处任一支管的承载力设计值应取下列各式的较小值：

主管表面塑性破坏：

$$N_{ui} = \frac{8}{\sin\theta_i}\beta\sqrt{\frac{b}{2t}} \cdot t^2 f\psi_n \tag{4-33}$$

主管剪切破坏：

$$N_{ui} = \frac{A_vf_v}{\sin\theta_i} \tag{4-34}$$

支管破坏：

$$N_{ui} = 2.0\left(h_i - 2t_i + \frac{b_i + b_{ei}}{2}\right)t_if_i \tag{4-35}$$

当 $\beta \leqslant 1 - \frac{2t}{b}$ 时（冲切破坏），尚应不超过下列公式的计算值：

$$N_{ui} = 2.0\left(\frac{h_i}{\sin\theta_i} + \frac{b_i + b'_{ei}}{2}\right)\frac{tf_v}{\sin\theta_i} \tag{4-36}$$

式中　A_v——主管的受剪面积，$A_v = (2h + \alpha b)t$，其中 $\alpha = \sqrt{\dfrac{3t^2}{3t^2 + 4a^2}}$，当支管为圆管时，

取 $\alpha = 0$。

② 节点间隙处的主管轴心受力承载力设计值为：

$$N = (A - \alpha_v A_v)f \tag{4-37}$$

式中　α_v——剪力对主管轴心承载力的影响系数，按下式计算：

$$\alpha_v = 1 - \sqrt{1 - \left(\dfrac{V}{V_p}\right)^2} \tag{4-38}$$

$$V_p = A_v f_v$$

V——节点间隙处主管所受的剪力，可按任一支管的竖向分力计算。

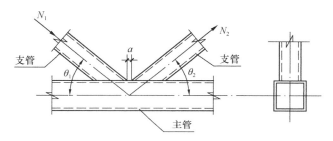

图 4-42　平面 K、N 形间隙节点（矩形管）

3）支管为矩形管的搭接平面 K 形和 N 形节点（图 4-43）。为保证节点的强度，搭接支管的承载力设计值应根据不同的搭接率 η_{ov} 按下列公式计算（下标 j 表示被搭接的支管）：

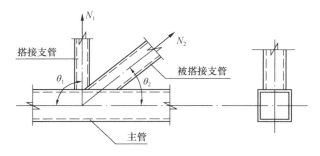

图 4-43　平面 K、N 形搭接节点（矩形管）

① 当 $25\% \leqslant \eta_{ov} \leqslant 50\%$ 时，

$$N_{ui} = 2.0\left[(h_i - 2t_i)\dfrac{\eta_{ov}}{0.5} + \dfrac{b_{ei} + b_{ej}}{2}\right]t_i f_i \tag{4-39}$$

$$b_{ej} = \dfrac{10}{b_j/t_j} \cdot \dfrac{t_j f_{yj}}{t_i f_{yi}}b_j \leqslant b_j$$

② 当 $50\% \leqslant \eta_{ov} \leqslant 80\%$ 时，

$$N_{ui} = 2.0\left(h_i - 2t_i + \dfrac{b_{ei} + b_{ej}}{2}\right)t_i f_i \tag{4-40}$$

③ 当 $80\% \leqslant \eta_{ov} \leqslant 100\%$ 时，

$$N_{ui} = 2.0 \left(h_i - 2t_i + \frac{b_i + b_{ej}}{2} \right) t_i f_i \tag{4-41}$$

被搭接支管的承载力应满足下式要求：

$$\frac{N_{uj}}{A_j f_{yj}} \leqslant \frac{N_{ui}}{A_i f_{yi}} \tag{4-42}$$

4）支管为矩形管的平面 KT 形节点（图 4-44）。按公式（4-33）～公式（4-38）计算，但计算 K、N 形节点支管承载力设计值的有关公式中，应将 $\dfrac{b_1 + b_2}{2b}$ 用 $\dfrac{b_1 + b_2 + b_3}{3b}$ 代替，$\dfrac{b_1 + b_2 + h_1 + h_2}{4b}$ 用 $\dfrac{b_1 + b_2 + b_3 + h_1 + h_2 + h_3}{6b}$ 代替。

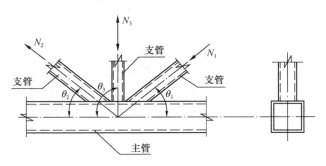

图 4-44　平面 KT 形节点（矩形管）

5）当支管为圆管时，上述各公式仍可使用，但需用 D_i 取代 b_i 和 h_i，并将各式右侧乘以系数 $\pi/4$。

（3）节点焊缝强度

1）当屋架节点处各汇交杆件均采用顶接连接时（图 4-45），杆件间的连接焊缝可按下式计算：

$$\frac{N}{0.7 h_f \cdot l_w} \leqslant f_f^w \tag{4-43}$$

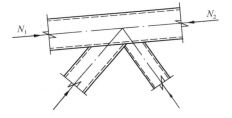

图 4-45　顶接连接焊缝计算简图

式中　　N——连接杆件的轴心力设计值；

$\quad\quad h_f$——沿截面周边连接焊缝的焊脚尺寸；

$\quad\quad l_w$——沿截面周边连接焊缝的计算长度，按公式(4-44)～公式(4-46)计算；

$\quad\quad f_f^w$——角焊缝的强度设计值。

在方（矩）形管结构中，支管与主管交线的计算长度：

对于有间隙的平面 K、N 形节点

当 $\theta_i \geqslant 60°$ 时　　　　　　$l_w = \dfrac{2h_i}{\sin\theta_i} + b_i$ 　　　　　　　　(4-44)

当 $\theta_i \leqslant 50°$ 时　　　　　　$l_w = \dfrac{2h_i}{\sin\theta_i} + 2b_i$ 　　　　　　　　(4-45)

当 $50° < \theta_i < 60°$ 时，l_w 按插值法确定。

对于平面 T、Y 和 X 形节点（图 4-40、图 4-41）

$$l_w = \frac{2h_i}{\sin\theta_i} \tag{4-46}$$

式中 h_i、b_i——分别为支管的截面高度和宽度。

方（矩）钢管连接焊缝的焊脚尺寸，则不宜大于所连接杆件最小厚度的 1.5 倍。

当支管为圆管、主管为矩形管时，焊缝计算长度取为支管与主管的相交线长度减去 D_i。

2）当屋架腹杆与弦杆间采用加垫板的顶板连接时（图 4-46），垫板与弦杆的连接焊缝应按下式计算：

$$\sqrt{\left(\frac{\Delta N}{2 \times 0.7 h_f \cdot l_w}\right)^2 + \left(\frac{\Delta N \cdot e}{W_f}\right)^2} \leqslant f_f^w \tag{4-47}$$

式中 ΔN——屋架节点处相邻两节间弦杆的内力之差，$\Delta N = N_1 - N_2 (N_2 > N_1)$；

l_w、h_f——连接焊缝的计算长度及焊脚尺寸；

W_f——沿截面周边连接焊缝的截面抵抗矩，$W_f = \dfrac{0.7 h_f l_f^2}{6}$；

e——弦杆重心线与连接焊缝间的距离。

3）当屋架节点处作用有外荷载 P 时（图 4-47），垫板与弦杆间的连接焊缝可按下式计算：

$$\sqrt{\left(\frac{\Delta N}{2 \times 0.7 h_f \cdot l_w}\right)^2 + \left(\frac{\Delta N \cdot e}{W_f} + \frac{P}{2 \times 0.7 h_f \cdot l_w}\right)^2} \leqslant f_f^w \tag{4-48}$$

式中符号含义同前。

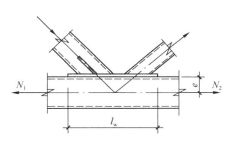

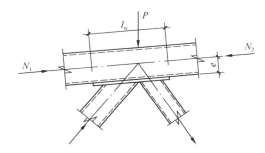

图 4-46 垫板连接焊缝计算简图　　图 4-47 有外荷载时垫板连接焊缝计算简图

计算垫板焊缝的强度时，垫板的端焊缝通常可不计入，但须封闭焊接。

2. 圆钢管屋架

（1）节点强度计算

主管和支管均为圆管的直接焊接节点承载力按以下几种情况计算，但节点的几何参数应满足下列条件：$0.2 \leqslant \beta = D_i / D \leqslant 1.0$；$0.2 \leqslant \tau = t_i / t \leqslant 1.0$；$\gamma = D / 2t \leqslant 50$；$D_i / t_i \leqslant 60$；$D / t \leqslant 100$；$\theta \geqslant 30°$，$60° \leqslant \varphi \leqslant 120°$。其中 D、t 为主管的外径和壁厚；D_i、t_i 为支管的外径和壁厚；θ 为支管轴线间小于直角的夹角；ϕ 为空间管节点支管的横向夹角，即支管轴线在主管横截面所在平面投影的夹角。

为保证节点处主管的强度，支管的轴心力不得大于下列规定中的承载力设计值：

1）平面 X 形节点（图 4-48）

① 受压支管在管节点处的承载力设计值 N_{cX} 应按下式计算：

$$N_{cX} = \frac{5.45}{(1 - 0.81\beta)\sin\theta} \psi_n \cdot t^2 \cdot f \tag{4-49}$$

式中　$\beta = D_i/D$——支管外径与主管外径之比；

ψ_n——参数，$\psi_n = 1.0 - 0.3\dfrac{\sigma}{f_y} - 0.3\left(\dfrac{\sigma}{f_y}\right)^2$，当节点两侧或一侧主管受拉

　　　时，$\psi_n = 1$；

t——主管壁厚；

θ——支管轴线与主管轴线的夹角；

σ——节点两侧主管较小轴向压应力（绝对值）；

f——主管钢材的抗拉、抗压和抗弯强度设计值；

f_y——主管钢材的屈服强度。

② 受拉支管在管节点处的承载力设计值 N_{tX} 应按下式计算：

$$N_{tX} = 0.78\left(\frac{D}{2t}\right)^{0.2} N_{cX} \tag{4-50}$$

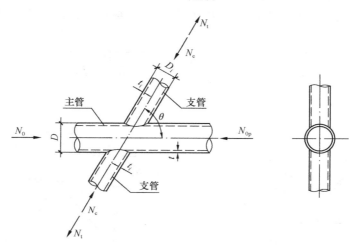

图 4-48　平面 X 形节点（圆管）

2）平面 T 形（或 Y 形）节点（图 4-49a、b）

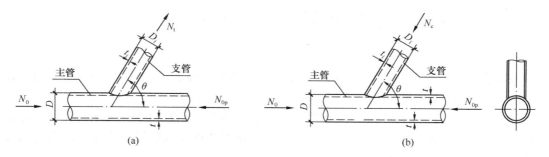

图 4-49　平面 T 形（或 Y 形）节点（圆管）
（a）受拉节点；（b）受压节点

① 受压支管在管节点处的承载力设计值 N_{cT} 应按下式计算：

$$N_{cT} = \frac{11.51}{\sin\theta}\left(\frac{D}{t}\right)^{0.2} \cdot \psi_n \cdot \psi_d \cdot t^2 \cdot f \tag{4-51}$$

式中　ψ_d——参数，当 $\beta \leqslant 0.7$ 时，$\psi_d = 0.069 + 0.93\beta$；

当 $\beta > 0.7$ 时，$\psi_d = 2\beta - 0.68$。

② 受拉支管在管节点处的承载力设计值 N_{tT} 应按下式计算：

当 $\beta \leqslant 0.6$ 时，$\qquad N_{tT} = 1.4N_{cT}$ $\qquad\qquad$ (4-52)

当 $\beta > 0.6$ 时，$\qquad N_{tT} = (2-\beta)N_{cT}$ $\qquad\qquad$ (4-53)

3）平面 K 形间隙节点（图 4-50）

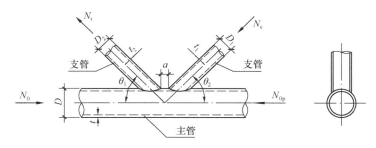

图 4-50　平面 K 形间隙节点（圆管）

① 受压支管在管节点处的承载力设计值 N_{cK} 应按下式计算：

$$N_{cK} = \frac{11.51}{\sin\theta_c} \left(\frac{D}{t}\right)^{0.2} \cdot \psi_n \cdot \psi_d \cdot \psi_a \cdot t^2 \cdot f \qquad (4\text{-}54)$$

式中　θ_c——受压支管轴线与主管轴线的夹角；

ψ_a——参数，按下式计算：

$$\psi_a = 1 + \left(\frac{2.19}{1 + 7.5a/D}\right)\left(1 - \frac{20.1}{6.6 + D/t}\right)(1 - 0.77\beta) \qquad (4\text{-}55)$$

a——两支管间的间隙。

② 受拉支管在管节点处的承载力设计值 N_{tK} 应按下式计算：

$$N_{tK} = \frac{\sin\theta_c}{\sin\theta_t} N_{cK} \qquad (4\text{-}56)$$

式中　θ_t——受拉支管轴线与主管轴线的夹角。

4）平面 K 形搭接节点（图 4-51）

① 受压支管在管节点处的承载力设计值 N_{cK} 应按下式计算：

$$N_{cK} = \left(\frac{29}{\psi_q + 25.2} - 0.074\right)A_c f \qquad (4\text{-}57)$$

② 受拉支管在管节点处的承载力设计值 N_{tK} 应按下式计算：

$$N_{tK} = \left(\frac{29}{\psi_q + 25.2} - 0.074\right)A_t f \qquad (4\text{-}58)$$

式中　ψ_q——参数，$\psi_q = \beta^{\eta_{ov}} \gamma^{(0.8 - \eta_{ov})}$，$\gamma = D/(2t)$，$\tau = t_i/t$；

A_c——受压支管的截面面积；

A_t——受拉支管的截面面积。

5）平面 KT 形节点（图 4-52a、b）。若竖杆不受力，可按没有竖杆的 K 形节点计算，

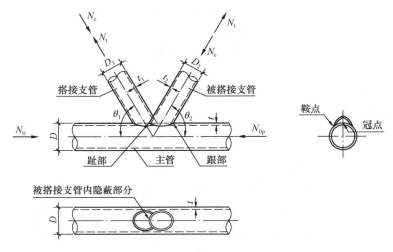

图 4-51　平面 K 形搭接节点（圆管）

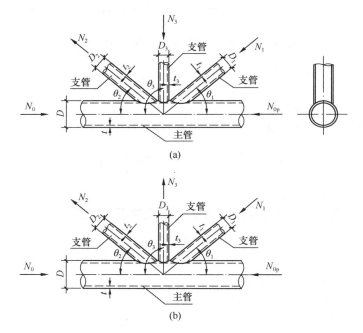

图 4-52　平面 KT 形节点（圆管）

（a）N_1、N_3 受压；（b）N_2、N_3 受拉

其间隙 a 取为两斜杆的趾间距。当竖杆受力时，可按下列公式计算：

$$N_1 \sin\theta_1 + N_3 \sin\theta_3 \leqslant N_{cK1} \sin\theta_1 \quad (N_1 \text{ 为压力}) \tag{4-59}$$

$$N_2 \sin\theta_2 \leqslant N_{cK1} \sin\theta_1 \quad (N_2 \text{ 为拉力}) \tag{4-60}$$

当竖杆受拉力时，尚应按下式计算：

$$N_1 \leqslant N_{cK1} \tag{4-61}$$

式中　N_{cK1}——K 形节点受压斜支管承载力设计值，由公式（4-54）计算，但公式中的 $\beta = \dfrac{D_i}{D}$ 用 $\dfrac{D_1 + D_2 + D_3}{3D}$ 代替。

（2）节点焊缝强度

圆钢管连接焊缝计算公式与方钢管连接焊缝计算公式相同，式中 l_w 为支管与主管相交线长度；圆钢管杆件连接角焊缝的焊脚尺寸一般取 $h_f \leqslant 2t_i$（t_i 支管壁厚）；

支管与主管的连接焊缝可视为全周角焊缝按下式进行计算，但取 $\beta_f = 1$。角焊缝的计算厚度沿支管周长是变化的，当支管轴心受力时，平均计算厚度可取 $0.7h_f$。焊缝的计算长度可按下列公式计算：

在圆管结构中取支管与主管相交线长度，

当 $D_i/D \leqslant 0.65$ 时
$$l_w = (3.25D_i - 0.025D)\left(\frac{0.534}{\sin\theta_i} + 0.466\right) \tag{4-62}$$

当 $0.65 < D_i/D \leqslant 1.0$ 时
$$l_w = (3.81D_i - 0.389D)\left(\frac{0.534}{\sin\theta_i} + 0.466\right) \tag{4-63}$$

式中　θ_i——支管轴线与主管轴线的夹角；

D、D_i——分别为主管和支管外径。

3. 支座节点

钢管屋架铰接支座节点的计算，与角钢屋架相同，包括底板平面尺寸与厚度、支座节点板与加劲肋的连接焊缝及节点板、加劲肋与水平底板间的水平连接焊缝三个部分。不再赘述。

4.4 屋 架 设 计 实 例

4.4.1 说明

1. 本节列出 4 种杆件截面形式、5 榀轻型梯形钢屋架设计实例，供设计参考。

2. 屋面类型

（1）有檩屋面　由双层压型钢板（上层压型钢板、下层带小肋）中间夹保温层的复合板屋面，沿板的纵向由钢檩条支撑。

（2）无檩屋面　$1.5m \times 6.0m$ 或 $3.0m \times 6.0m$ 发泡水泥复合板轻质大型屋面板，不设檩条，板直接搁置于屋架上弦节点上。

3. 杆件及连接

杆件采用 Q235 钢，钢材和角焊缝强度设计值按如下规定采用：对于角钢、T 形钢取 $f = 215N/mm^2$，$f_f^w = 160N/mm^2$；对于冷弯薄壁型钢取 $f = 205N/mm^2$，$f_f^w = 140N/mm^2$。

4. 本屋架设计实例适用于抗震设防烈度为 9 度及以下地区，对于屋架不需进行抗震强度验算，屋盖结构的纵向水平地震作用由屋架端部垂直支撑承受。

5. 屋架上弦坡度起拱前为 $1/10$，起拱后为 $1/9.6$，屋架端部轴线处中心线高度为 1.5m，外包尺寸为 1.75m。

6. 屋面均布活荷载标准值按现行《钢结构设计标准》GB 50017—2017 选用，当覆盖面积 $A > 60m^2$ 且仅有一个可变荷载时，对于压型钢板 Q_k 取 $0.30kN/m^2$；对于发泡水泥复合板轻质大型屋面板 Q_k 取 $0.50kN/m^2$。

7. 本设计实例仅绘出部分角钢屋架及其支撑平面布置图、施工详图及安装节点图，未给出的方管及圆管屋架施工详图及节点构造可参照图 4-28～4-52。

8. 屋架均按起拱前的屋架几何尺寸进行内力分析，按起拱后的尺寸绘制施工详图（起拱度为轴跨的 1/500），实例中均未考虑檩条、轻质大型屋面板兼做上弦水平支撑中的刚性系杆及非支撑开间的刚性柔性系杆。具体工程中可按实际情况酌情是否设置上述系杆。

9. 屋架支座底板厚度可按屋架跨度及屋面荷载大小取用。

4.4.2　设计实例使用软件说明

本设计实例全部按中国建筑科学研究院 PKPM 工程部编制的 STS 软件进行设计。

4.4.3　屋架设计实例

屋架实例目次表　　　　　　　　　　　　　　　　表 4-9

序号	编号	屋架跨度及杆件截面形式	屋面类型	荷载标准值（kN/m²）		用钢量 kg（kg/m²）	屋架详图图号	页次
				永久荷载	活荷载			
1	GWJ-1	24m 角钢（含上下弦 T 型钢）屋架	太空轻质大型屋面板	1.15	0.7	1577（11.0）	图 4-60	—
2	GWJ-2	18m 角钢（含上下弦 T 型钢）屋架设 6m 天窗架	压型钢板钢檩	0.58	0.3	842（7.8）		—
3	GWJ-3	18m 角钢（含上下弦 T 型钢）屋架（带 1～2t 悬挂吊）	压型钢板钢檩	0.58	0.3	815（7.6）	图 4-69	—
4	GWJ-4	24m 方钢管屋架	太空轻质大型屋面板	0.9	0.5	518（3.6）		—
5	GWJ-5	24m 圆钢管屋架	太空轻质大型屋面板	0.9	0.5	489（3.4）		

【**例题 4-1**】24m 角钢（含上下弦 T 型钢）屋架（GWJ-1）

1. 设计资料：屋架跨度 24m，屋架间距 6m，房屋长度 66m，抗震设防烈度 8 度，屋面坡度 1/10，屋面材料采用 1.5m×6.0m 太空轻质大型屋面板（钢边框），内天沟。钢材 Q235-B，焊条 E43 型。

2. 屋架形式及几何尺寸

屋架形式及几何尺寸如图 4-53 所示，上弦节间长度为 1507mm，端节间因设内天沟，有节间荷载，其余均为节点荷载。

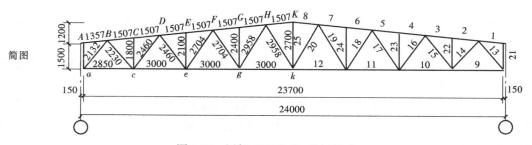

图 4-53　屋架（GWJ-1）几何尺寸

3. 支撑布置（图 4-54）

在房屋两端 5.4m 开间内布置上、下弦横向水平支撑，在端部及跨中设垂直支撑；其余各屋架用系杆联系，其中上弦端部、屋脊处与下弦支座处为刚性系杆，见图 4-54。

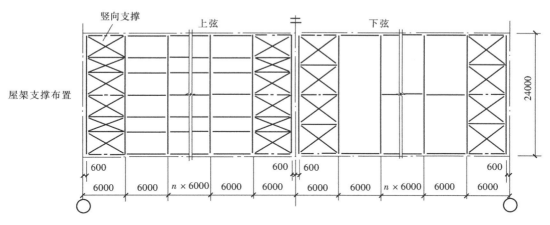

图 4-54　屋架（GWJ-1）平面布置

上弦杆在屋架平面外的计算长度为与支撑节点相连的系杆间距，即端部和跨中为 4.521m，其余为 3.014m；下弦杆在屋架平面外的计算长度为屋架跨度的一半。

4. 荷载

（1）永久荷载（恒荷载）

永久荷载	标准值（kN/m²）
太空轻质大型屋面板（预应力）	0.90
防水层	0.10
屋架及支撑	0.10
悬挂管道	0.05
合计	1.15

（2）可变荷载（活荷载）

可变荷载标准值（kN/m²）：屋面活荷载 0.5，雪荷载 0.70；

取两者中较大值　　　　　　　　0.70

（3）风荷载

基本风压　$W_0 = 0.5 \text{kN/m}^2$

（4）荷载组合

1）恒荷载＋雪荷载

2）恒荷载＋半跨雪荷载

3）全跨屋架及支撑重＋半跨屋面板＋半跨活荷载

4）恒荷载＋风荷载

（5）上弦节点永久荷载、雪荷载值，见表 4-10；作用位置见图 4-55。端节点考虑内天沟取 Q。

GWJ-1 上弦节点（恒、活）荷载   表 4-10

节 点 荷 载	标准值 Q_k (kN)	设计值 Q (kN)
恒荷载 Q_{Gk}	$1.15 \times 1.5 \times 6 = 10.35$	$1.2 \times 10.35 = 12.42$
雪荷载 Q_{Qk}	$0.7 \times 1.5 \times 6 = 6.3$	$1.4 \times 6.3 = 8.82$
总 荷 载		$Q_G + Q_Q = 21.24$

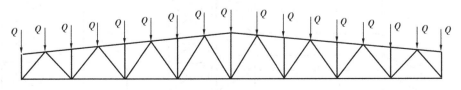

图 4-55 屋架（GWJ-1）上弦节点荷载

（6）上弦节点风荷载值，见图 4-56

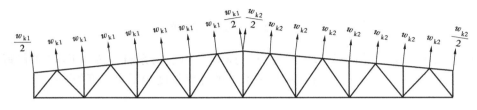

图 4-56 屋架（GWJ-1）上弦节点风荷载

垂直于建筑物表面的风荷载，计算公式为：$w_k = \beta_z \mu_s \mu_z w_0$

w_k——风荷载标准值（kN/m²）；

w_0——基本风压，为 0.5kN/m²；

μ_z——风荷载高度变化系数，按《建筑结构荷载规范》GB 50009—2012 规定，本例
取 $\mu_z = 1.0$；

μ_s——风荷载体型系数，本例按《建筑结构荷载规范》GB 50009—2012，μ_s 应为
—0.6 和—0.5，不计风振系数，即 $\beta_z = 1.0$。

1）风荷载体型系数

迎面风 $\mu_s = -0.60$，背风面 $\mu_s = -0.50$

2）上弦节点风荷载

标准值 $w_{k1} = w_k A = \beta_g \mu_z \mu_s w_0 A$

$$= 1.0 \times (-0.60) \times 0.5 \text{kN/m}^2 \times 1.508\text{m} \times 6\text{m} = -2.71\text{kN}$$

$$w_{k2} = 1.0 \times (-0.50) \times 0.5 \text{kN/m}^2 \times 1.508\text{m} \times 6\text{m} = -2.26\text{kN}$$

比竖向永久荷载的内力要小，故风荷载不控制。

5. 内力计算

屋架杆件最不利内力组合见表 4-11。

屋架 GWJ-1 杆件内力组合　　　　　　　　　　　　　　表 4-11

杆件名称	杆件编号	永久荷载内力 标准值（kN）	可变荷载内力 标准值（kN）	最不利内力组合 设计值（kN）
上弦杆	1	0	0	0
	2、3	−114.9	−69.7	−235.4
	4、5	−172.7	−105.0	−354.2
	6、7	−191.1	−115.6	−390.1
	8	−180.5	−109.8	−370.3
下弦杆	9	63.5	38.0	129.8
	10	149.3	90.0	305.8
	11	184.5	112.0	378.2
	12	187.1	113.6	383.6
斜腹杆	13	−100.0	−60.8	−205.5
	14	75.5	46 −1.1	156.2
	15	−57.5	−38.2 3.0	−122.7
	16	37.3	28.0 −5.3	84.0
	17	−23.1	−22.5 8.0	−59.3
	18	8.6	16 −11.2	33.3 −10.4
	19	3.7	−12.9 15.0	26.0 −16.8
	20	−14.5	−18.1 9.0	−43.1
竖杆	21	−10.4	−6.3	−21.3
	22	−10.4	−6.3	−21.3
	23	−10.4	−6.3	−21.3
	24	−10.4	−6.3	−21.3
	25	25.5	18.0 −3.6	57.0

注：1. 内力组合设计值为：1.2 永久荷载内力标准值＋1.4 可变荷载内力标准值；

2. 对于腹杆可变荷载内力标准值的分母项为半跨活荷载时的内力值。当永久荷载与风荷载组合其内力由拉变压时，其最不利内力组合取：

1.0×永久荷载内力标准值＋1.4×风荷载内力标准值。

屋架 GWJ-1 杆件截面选择表

表 4-12

杆件名称	杆件编号	内力 N (kN)	截面规格 (mm)	截面面积 (cm²)	计算长度 l_{ox} (cm)	计算长度 l_{oy} (cm)	回转半径 i_x (cm)	回转半径 i_y (cm)	长细比 λ_x	长细比 λ_y	稳定系数 φ_{min}	强度 N/A (N/mm²)	稳定性 $\dfrac{N}{\varphi_{min} A}$ (N/mm²)	容许长细比 λ	强度设计值 f (N/mm²)
上弦杆	1~8	-390.1	⌐⌐125×80×7 ⊤122×175×7×11	28.19 28.12	150.7	452.1 301.4	2.30 3.20	5.97 4.18	65.5 47.1	75.7 72.1	0.716 0.738		-193.7 -190.0	150	215
下弦杆	9~12	383.6	⌐⌐90×56×7 ⊤75×150×7×10	19.76 20.3	300.0	1185.0	1.57 1.81	4.44 3.73	191 165.7	268.1 318.0		194.1 190.0		350	215
斜腹杆	13	-205.5	2L80×5	15.80	213.2	213.2	2.48	3.56	86.0	59.9	0.648		-200.7	150	215
	14	156.2	2L50×5	9.60	178.4	223.0	1.53	2.37	116.6	94.1		162.7		350	215
	15	-122.7	2L63×5	12.29	196.8	246.0	1.94	2.89	101.4	85.1	0.546		-182.8	150	215
	16	84.0	2L50×5	9.60	196.8	246.0	1.53	2.37	128.6	103.8		87.5		350	215
	17	-59.3	2L50×5	9.60	216.3	270.4	1.53	2.37	141.4	114.1	0.339		-182.2	150	215
	18	33.3	2L50×5	9.60	216.3	270.4	1.53	2.37	141.4	114.1		34.7		350	215
	19	26.0	2L56×5	10.83	236.6	295.8	1.72	2.61	137.6	113.3	0.353		-68.0	350	215
	20	-43.1	2L56×5	10.83	236.6	295.8	1.72	2.61	137.6	113.3	0.353		-112.7	150	215
	21	-21.3	2L50×5	9.60	151.5	151.5	1.53	2.37	99.0	63.7	0.425		-52.2	150	215
	22	-21.3	2L50×5	9.60	144.0	180.0	1.53	2.36	94.1	76.3	0.447		-49.6	150	215
	23	-21.3	2L50×5	9.60	168.0	210.0	1.53	2.36	137.3	89.0	0.358		-62.0	150	215
	24	-21.3	2L50×5	9.60	192.0	240.0	1.53	2.59	156.9	92.7	0.350		-63.4	150	215
竖杆	25	57.0	⌐⌐56×5	10.83	243.0	243.0	2.17		120.0			52.6		350	215

注：1. 连接板厚 8mm，支座处 10mm；

2. 上弦用丁型钢时支撑系杆间距加密至 3014mm；

3. 表中 λ_y 为验算容许长细比用。当由平面外稳定性控制时，应按规范考虑扭转效应，取 λ_{yz}，也可按第 11.8 节直接查出 N。

6. 截面选择

杆件截面选择见表 4-12。屋架 GWJ-1 施工详图见图 4-60，表 4-14 为屋架 GWJ-1 及其支撑的材料表。

7. 节点连接计算

（1）腹杆与节点板连接焊缝

肢背、肢尖焊缝长度由公式（4-3）、（4-4）计算，也可参照杆件内力由表 11-38a 查得，结果见表 4-13。

GWJ-1 腹件与节点板连接焊缝   表 4-13

杆件名称	杆件编号	截面规格（mm）	杆件内力（kN）	肢背焊脚尺寸 h_{f1}（mm）	肢背焊缝长度 l'_w（mm）	肢尖焊脚尺寸 h_{f2}（mm）	肢尖焊缝长度 l'_w（mm）
斜腹杆	13	2L80×5	−205.5	6	120	5	60
	14	2L50×5	156.2	5	110	5	60
	15	2L70×6	−122.7	5	90	5	60
	16	2L50×5	84.0	5	70	5	60
	17	2L50×5	−59.3	5	60	5	60
	18	2L50×5	33.3 −10.4	5	60	5	60
	19	2L56×5	26.0 −16.8	5	60	5	60
	20	2L56×5	−43.1	5	60	5	60
竖杆	21	2L50×5	−21.3	5	60	5	60
	22	2L50×5	−21.3	5	60	5	60
	23	2L50×5	−21.3	5	60	5	60
	24	2L50×5	−21.3	5	60	5	60
	25	＋56×5	57.0	5	60	5	60

注：计算焊缝长度时，焊缝强度设计值 f_f^w 取为 $160N/mm^2$，l'_w 已计入 $2h_f$ 起落弧影响；焊缝最小构造尺寸为 5～60mm。

材 料 表   表 4-14

构件编号	零件编号	规 格	长度（mm）	数 量 正	数 量 反	重 量（kg）单重	重 量（kg）总重	重 量（kg）合计
GWJ-1	1	L125×80×7	12050	2	2	133.3	533.2	
	2	L90×56×7	11810	2	2	91.6	366.4	
	3	L50×5	1360	4		5.1	20.4	
	4	L80×5	1870	4		11.6	46.4	
	5	L50×5	2000	4		7.5	30.0	
	6	L50×5	1650	4		6.2	24.8	
	7	L63×5	2210	4		10.7	42.8	
	8	L50×5	2250	8		8.5	68.0	

续表

构件编号	零件编号	规　格	长　度 (mm)	数　量		重　量　（kg）		
				正	反	单重	总重	合计
	9	L50×5	1950	4		7.3	29.2	
	10	L50×5	2470	4		9.3	37.2	
	11	L50×5	2500	4		9.4	37.6	
	12	L56×5	2720	4		11.6	46.4	
	13	L56×5	2680	2	2	11.4	45.6	
	14	L56×5	2550	2		10.8	21.6	
	15	−345×10	365	2		9.9	19.8	
	16	−240×8	360	2		5.4	10.8	
	17	−210×8	385	2		5.0	10.0	
	18	−225×8	270	2		3.8	7.6	
	19	−255×8	320	1		5.1	5.1	
	20	−150×8	180	2		1.7	3.4	
	21	−240×8	355	2		5.3	10.6	
	22	−185×8	200	6		2.3	13.8	
	23	−240×8	300	2		4.5	9.0	
GWJ-1	24	−190×8	240	2		2.8	5.6	1578
	25	−190×8	215	2		2.5	5.0	
	26	−180×8	320	1		3.6	3.6	
	27	−60×8	80	8		0.3	2.4	
	28	−60×8	70	50		0.3	15.0	
	29	−60×8	100	20		0.4	8.0	
	30	−60×8	90	9		0.3	2.7	
	31	−155×8	365	4		3.5	14.0	
	32	−136×8	155	4		1.3	5.2	
	33	−280×20	320	2		14.0	28.0	
	34	−120×8	186	4		1.4	5.6	
	35	−136×8	200	12		1.7	20.4	
	36	−122×8	180	2		1.4	2.8	
	37	−122×8	185	2		1.4	2.8	
	38	L90×46×7	400	2		3.1	6.2	
	39	L125×70×7	510	2		5.6	11.2	

构件编号	零件编号	规 格	长 度 (mm)	数 量		重 量 （kg）		
				正	反	单重	总重	合计
GWJ-1A	1～39 同 GWJ-1							1581
	40	−136×8	200	2		1.7	3.4	
	注：L90×46×7 由 L90×56×7 切成； L125×70×7 由 L125×80×7 切成。							
SC1	1	L63×5	6460	1		31.2	31.2	73
	2	L63×5	3205	1		15.5	15.5	
	3	L63×5	3140	1		15.1	15.1	
	4	−185×6	220	2		1.9	3.8	
	5	−180×6	185	2		1.6	3.2	
	6	−220×6	415	1		4.3	4.3	
SC2	1	L63×5	5745	1		27.7	27.7	65
	2	L63×5	2825	1		13.6	13.6	
	3	L63×5	2745	1		13.2	13.2	
	4	−180×6	195	2		1.6	3.2	
	5	−160×6	175	2		1.3	2.6	
	6	−205×6	460	1		4.4	4.4	
SC3	1	L70×5	7380	2		39.8	79.6	89
	2	−190×6	260	2		2.3	4.6	
	3	−190×6	210	2		1.9	3.8	
	4	−100×6	100	1		0.5	0.5	
SC4	1	L70×5	7585	2		40.9	81.8	91
	2	−185×6	265	2		2.3	4.6	
	3	−195×6	210	2		1.9	3.8	
	4	−100×6	100	1		0.5	0.5	
CC1	1	L63×5	5070	4		24.5	98.0	141
	2	L56×5	1720	2		7.3	14.6	
	3	L56×5	1620	2		6.9	13.8	
	4	−170×6	275	2		2.2	4.4	
	5	−170×6	240	1		1.9	1.9	
	6	−140×6	170	2		1.1	2.2	
	7	−170×6	200	2		1.6	3.2	
	8	−60×6	90	11		0.3	3.3	

构件编号	零件编号	规　　格	长　度 (mm)	数　　量		重　　量　(kg)		
				正	反	单重	总重	合计
CC2	1	L63×5	5070	4		24.5	98.0	192
	2	L56×5	3430	4		14.6	58.4	
	3	L56×5	2440	2		10.4	20.8	
	4	−170×6	250	1		2.0	2.0	
	5	−170×6	300	1		2.4	2.4	
	6	−170×6	180	2		1.4	2.8	
	7	−165×6	170	2		1.3	2.6	
	8	−80×6	80	2		0.3	0.6	
	9	−60×6	90	12		0.3	3.6	
	10	−60×6	80 ·	3		0.2	0.6	
LG1	1	L70×5	5670	2		30.6	61.2	67
	2	−170×6	180	2		1.4	2.8	
	3	−60×6	110	9		0.3	2.7	
LG2	1	L70×5	5070	2		27.4	54.8	60
	2	−170×6	180	2		1.4	2.8	
	3	−60×6	110	9		0.3	2.7	
LG3	1	L70×5	5670	1		30.6	30.6	33
	2	−140×6	170	2		1.1	2.2	

（2）节点设计

1）一般节点

根据所汇交腹杆端部焊缝长度在大样图中放样确定节点板的尺寸，然后按公式（4-3）～（4-13）验算弦杆焊缝。

例如，上弦节点 B 角钢肢背的槽焊缝 $l_w = 355 - 8 = 347\text{mm}$，$h_{fl} = 0.5t_1 = 4\text{mm}$；$t_1$ 为节点板厚度。由公式（4-7）得

$$\sigma_f = \frac{P}{2 \times 0.7 h_{fl} l_w} = \frac{21.3 \times 10^3}{2 \times 0.7 \times 4 \times 347} = 11.0\text{N/mm}^2 < 0.8 \times 160 = 128\text{N/mm}^2$$

可见槽焊缝一般不控制，仅需验算肢尖焊缝。

弦杆相邻节间内力差 $\Delta N = 235.4\text{kN}$，偏心弯矩 $M = \Delta N \cdot e$，$e = 60\text{mm}$，则由式（4-9）、（4-8）及（4-10）得

$$\tau_f = \frac{\Delta N}{2 \times 0.7 h_{f2} l_{w2}} = \frac{235.4 \times 10^3}{2 \times 0.7 \times 6 \times 347} = 80.7 \text{N/mm}^2$$

$$\sigma_f = \frac{6M}{2 \times 0.7 h_{f2} l_{w2}^2} = \frac{6 \times 253.4 \times 10^3 \times 60}{2 \times 0.7 \times 6 \times 347^2} = 91.2 \text{N/mm}^2$$

$$\sqrt{\left(\frac{\sigma_f}{\beta_f}\right)^2 + \tau_f^2} = \sqrt{\left(\frac{91.2}{1.22}\right) + 80.7^2} = 110.0 \text{N/mm}^2 \leqslant 160 \text{N/mm}^2$$

肢尖焊缝安全。

2）拼接节点

A. 下弦拼接节点 k（图 4-57）

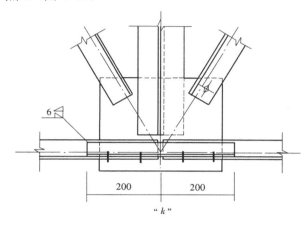

图 4-57　下弦拼接节点 k

跨度为 24m 的屋架可分为两个运送单元，在跨中节点采用工地拼接。下弦杆为 $\rule{12pt}{0.5pt}\llcorner$ $90 \times 56 \times 7$，拼接角钢与下弦杆用相同规格，竖肢切去 20mm。杆件与拼接角钢之间焊脚尺寸采用 $h_f = 6$mm，由公式（4-13）得拼接角钢在接头一侧的焊缝长度为

$$l_w' = \frac{N}{4 \times 0.7 h_f f_f^w} + 2h_f = \frac{Af}{4 \times 0.7 h_f f_f^w} + 2h_f = \frac{19.76 \times 10^2 \times 215}{4 \times 0.7 \times 6 \times 160} + 2 \times 6 = 170 \text{mm}$$

取拼接角钢长为 400mm＞2×170＝340mm。

下弦杆与节点板的连接焊缝按杆内力的 15% 计算。设肢背焊缝的 $h_{f1} = 6$mm，由式（4-5）其长度为

$$l_{w1}' = \frac{0.15 \times 0.75 \times 383.6 \times 10^3}{2 \times 0.7 \times 6 \times 160} + 12 = 44.1 \text{mm}$$

设肢尖焊缝的 $h_{f2} = 6$mm，由式（4-6）则其长度为

$$l_{w2}' = \frac{0.15 \times 0.25 \times 383.6 \times 10^3}{2 \times 0.7 \times 6 \times 160} + 12 = 22.7 \text{mm}$$

由上计算可知，下弦角钢与节点板的连接焊缝长度是按构造要求确定的。

为便于拼接节点定位，拼接角钢两侧和在视图方向右方腹杆上布置安装螺栓（图 4-57），竖肢切割后尺寸较小，不设安装螺栓。

B. 上弦拼接节点 k（图 4-58）

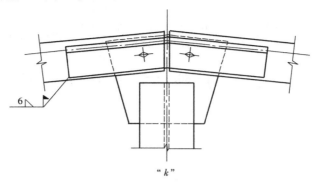

图 4-58　上弦拼接节点 k

上弦杆起拱后，坡度为 1/9.6，拼接角钢采用与上弦相同规格的角钢，热弯成型，角焊缝用 $h_f=6$mm，按轴心受压等强度设计（也可按最大的力设计值设计）。

拼接角钢全截面承载力为

$$[N]=\varphi A f=0.716\times2819\times215=434.0\text{kN}$$

由公式（4-13）　$l_w=\dfrac{[N]}{4\times0.7h_f f_f^w}=\dfrac{434.3\times10^3}{4\times0.7\times6\times160}=161.4\text{mm}$

采用拼接角钢半长为 $165+12+5=182$mm，总长 $l=2\times182\approx360$mm。

拼接角钢竖肢需切肢，实切 $\Delta=20$mm，切肢后剩余高度 $h-\Delta=60<(80-7)$ mm，竖肢上不安装螺栓。

上弦杆与节点板的焊缝连接，按肢尖焊缝承受弦杆内力的 15% 计算。$\Delta N=15\%\times390.1=58.5$kN，偏心弯矩 $M=\Delta N\cdot e$，$e=60$mm，则由（4-8）、（4-9）及（4-10）得

$$\sigma_f=\frac{6M}{2\times0.7h_{f2}l_{w2}^2}=\frac{6\times58.5\times10^3\times60}{2\times0.7\times6\times160^2}=97.9\text{N/mm}^2$$

$$\tau_f=\frac{\Delta N}{2\times0.7h_{f2}l_{w2}}=\frac{58.5\times10^3}{2\times0.7\times6\times160}=43.5\text{N/mm}^2$$

$$\sqrt{\left(\frac{\sigma_f}{\beta_f}\right)^2+\tau_f^2}=\sqrt{\left(\frac{97.9}{1.22}\right)^2+43.5^2}=91.4\text{N/mm}^2\leqslant160\text{N/mm}^2$$

肢尖焊缝安全。

3）支座节点（图 4-59）

下弦杆与支座底板的距离取 135cm，锚栓用 2M20，位置栓孔尺寸见图 4-59。在节点中心线上设置加劲肋，加劲肋高度与节点板高度相等。

① 支座底板

支座反力　$R=8.5P=8.5\times21.24=180.54$kN

支座底板的平面尺寸取 320mm×280mm=89600mm²

验算柱顶混凝土的抗压强度：

$$\frac{R}{A_n}=\frac{180.54\times10^3}{89600-(50\times30\times2+25^2\pi)}=2.13\text{N/mm}^2<f_c=9.6\text{N/mm}^2\ (\text{C20})$$

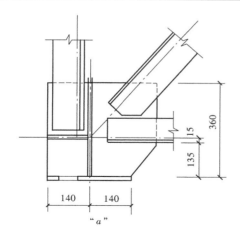
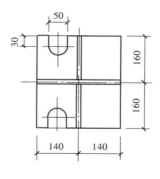

图 4-59　支座节点

底板最大弯矩由式（4-21）得

$$M = \beta q a_1^2$$

式中
$$q = \frac{R}{A_n} = 2.13 \text{N/mm}^2$$

$$a_1 = \sqrt{(160-5)^2 + (140-5)^2} = 206 \text{mm}, \ b_1 = 135 \times \frac{155}{206} = 102 \text{mm}$$

$$b_1 / a_1 = \frac{102}{206} = 0.495$$

查表 4-6 得
$$\beta = 0.057$$

$$M = \beta q a_1^2 = 0.057 \times 2.13 \times 206^2 = 5152 \text{N} \cdot \text{mm}$$

底板厚度由式（4-22）

$$t = \sqrt{6M/f} = \sqrt{6 \times 5152/205} = 12.3 \text{mm} \ 取 \ 20 \text{mm}$$

② 加劲肋与节点板的连接焊缝

设一块加劲肋承受屋架支座反力的四分之一，即 $\frac{1}{4} \times 180.5 = 45.1 \text{kN}$

焊缝受剪力 $V = 45.1 \text{kN}$，弯矩 $M = 45.1 \times \frac{155}{2} = 3495 \text{kN} \cdot \text{mm}$

设焊缝 $h_f = 5 \text{mm}$，焊缝长度 $360 - 20 - 10 = 330 \text{mm}$

焊缝应力由式（4-23）

$$\sqrt{\left(\frac{V}{2 \times 0.7 h_f l_w} \right)^2 + \left(\frac{6M}{2 \times 0.7 \beta_f h_f l_w^2} \right)^2}$$

$$= \sqrt{\left(\frac{45100}{2 \times 0.7 \times 5 \times 330} \right)^2 + \left(\frac{6 \times 3495 \times 10^3}{2 \times 0.7 \times 1.22 \times 5 \times 330^2} \right)^2}$$

$$= 29.8 \text{N/mm}^2 < 160 \text{N/mm}^2$$

③ 节点板、加劲肋与底板的连接焊缝

节点板与底板的连接焊缝$\sum l_w = 2（280-16）= 528mm$ 所需焊脚尺寸由公式（4-24）为

$$h_f = \frac{R/2}{0.7\beta_f \cdot \sum l_w \cdot f_f^w} = \frac{90.3\times10^3}{0.7\times1.22\times528\times160} = 1.25mm，采用 h_f = 8mm$$

每块加劲肋与底板的连接焊缝$\sum l_w = 2\times（155-20-16）= 238mm$，由式（4-24）得所需焊脚尺寸为

$$h_f = \frac{R/4}{0.7\beta_f \cdot \sum l_w \cdot f_f^w} = \frac{45.1\times10^3}{0.7\times1.22\times238\times160} = 1.4mm \quad 采用 h_f = 8mm$$

8. 屋架端部内天沟验算

因端节间设内天沟，有节间荷载，故按受弯杆件验算上弦杆 1 的承载力。

设端节间集中荷载为 Q_1，作用位置距左端 0.6m，按简支梁跨中弯矩 $M_0 = 0.36Q = 7.65kN \cdot m$；杆 1 跨中弯矩 $M = 0.8M_0 = 6.12kN \cdot m$。

对于角钢和 T 型钢截面　$\gamma_{x1} = 1.05$，$\gamma_{x2} = 1.2$

上弦角钢　　$2L125\times80\times7$　　$A = 28.19cm^2$，$W_{x1} = 82.68cm^3$，$W_{x2} = 24.0cm^3$，$i_y = 58.9mm$

强度及稳定性验算　　　　　　　　$\lambda_y = 4520/58.9 = 76.7$

由公式（2-46a）　　　$\sigma = \dfrac{M}{\gamma_{x2}W_{x2}} = \dfrac{6.12\times10^6}{1.2\times24.0\times10^3} = 212.0 \leqslant f = 215N/mm^2$

由公式（2-46a）　　　　　$\varphi_b = 1-0.0017\lambda_y\sqrt{f_y/235} = 0.866$

由表 2-18 公式（2-49）　　$\dfrac{M_x}{\varphi_b W_{x1} f} = \dfrac{6.12\times10^6}{0.866\times82.68\times10^3\times215} = 0.4 < 1.0$

上弦 T 型钢：$TM122\times175\times7\times11$　　$A = 28.12cm^2$，$W_{x1} = 29.1cm^3$，$W_x = \dfrac{289}{2.27} = 127.3cm^3$

验度验算：

$$\sigma = \frac{M}{\gamma_{x2}W_{x2}} = \frac{6.12\times10^6}{1.2\times29.1\times10^3} = 175.3 \leqslant f = 215N/mm^2$$

稳定性验算：由公式（11-22b）　　$i_y = 41.8mm$，$\lambda_y = 4520/41.8 = 108$（支撑节距也可取 3014mm）$\varphi_b = 1-0.0022\lambda_y\sqrt{f_y/235} = 0.76$

$$\frac{M_x}{\varphi_b W_{x1} f} = \frac{6.12\times10^6}{0.76\times127.3\times10^3\times215} = 0.29 < 1.0$$

经验算承受节间荷载的上弦杆满足受力要求，故端节间不需特殊处理。若上弦角钢不能满足要求，可在端节间两角钢间增设一通长的钢板。

本例不包括屋架及支撑重量，外荷载标准值为 $1.7kN/mm^2 < 2.0kN/mm^2$，也可偏安全地直接选用第 10 章表 10-6 中的 GWJA24-4。

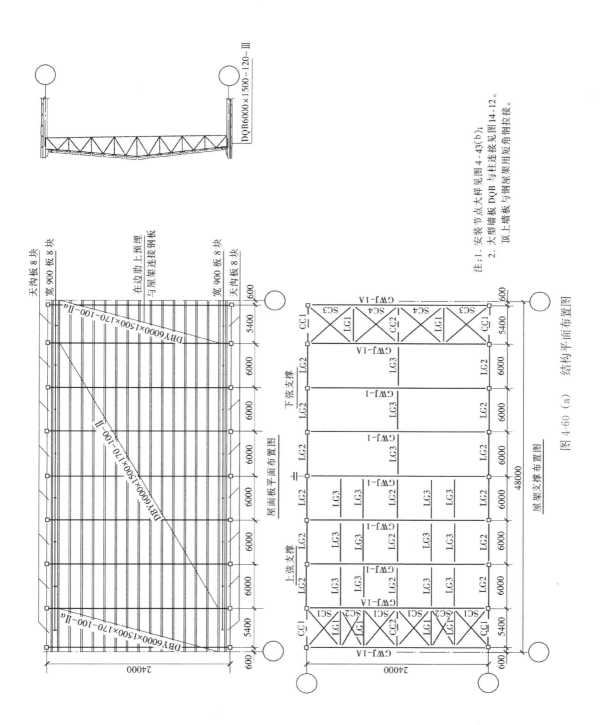

图 4-60 (a)　结构平面布置图

注：1. 安装节点大样见图 4-43(b)；
　　2. 大型墙板 DQB 与柱连接见图 14-12。
　　顶上墙板与钢屋架用短角钢拉接。

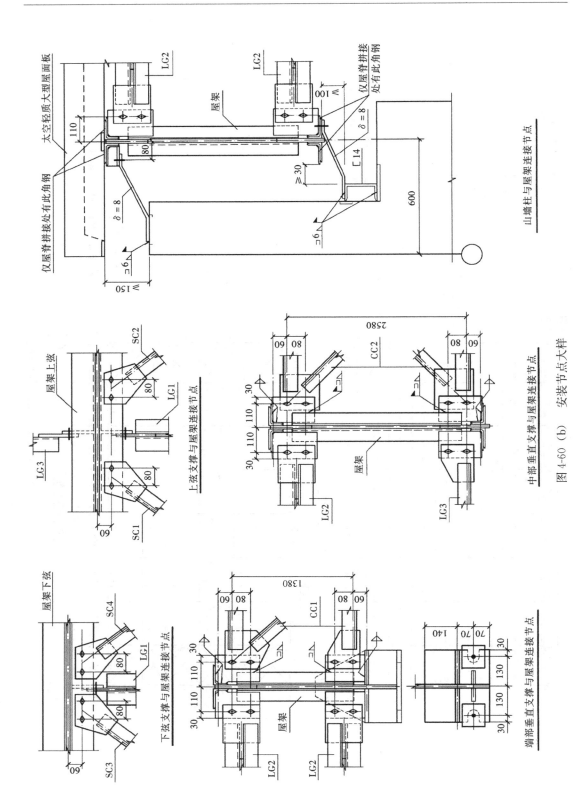

图 4-60 (b) 安装节点大样

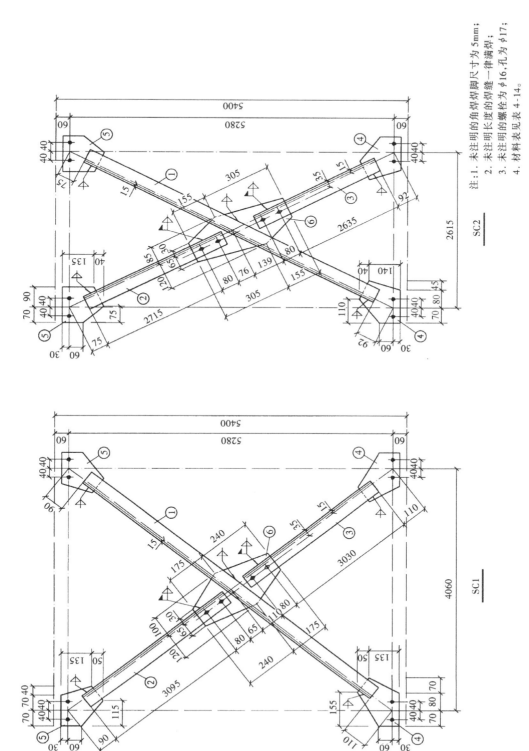

注:1. 未注明的角焊缝焊脚尺寸为 5mm;

2. 未注明长度的焊缝一律满焊;

3. 未注明的螺栓为 ϕ16,孔为 ϕ17;

4. 材料表见表 4-14。

图 4-60 (c)　SC1 和 SC2 施工详图

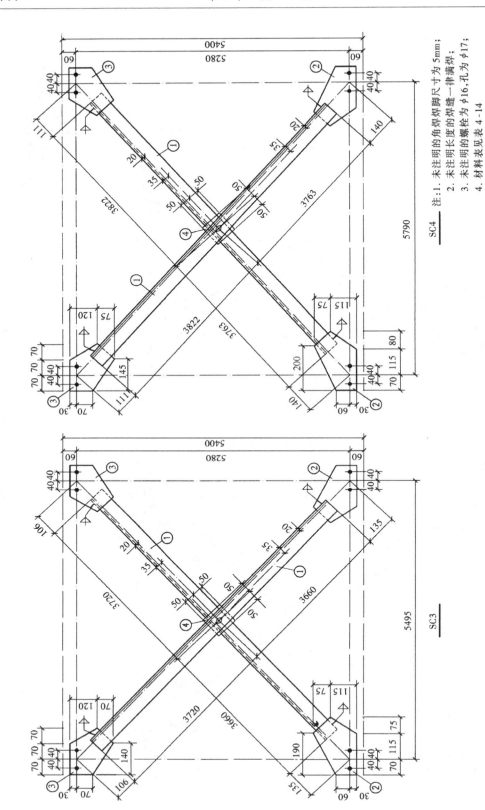

注:1. 未注明的角焊焊脚尺寸为 5mm;
2. 未注明长度的焊缝一律满焊;
3. 未注明的螺栓为 φ16,孔为 φ17;
4. 材料表见表 4-14

图 4-60 (d)　SC3 和 SC4 施工详图

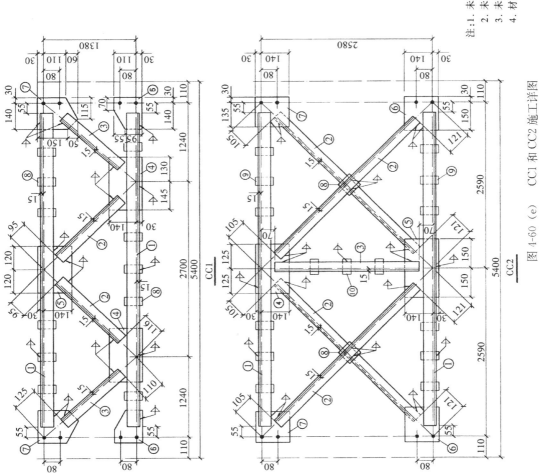

注:1. 未注明的角焊焊脚尺寸为 5mm;
2. 未注明长度的焊缝一律满焊;
3. 未注明的螺栓为 φ16,孔为 φ17;
4. 材料表见表 4-14

图 4-60 (e)　CC1 和 CC2 施工详图

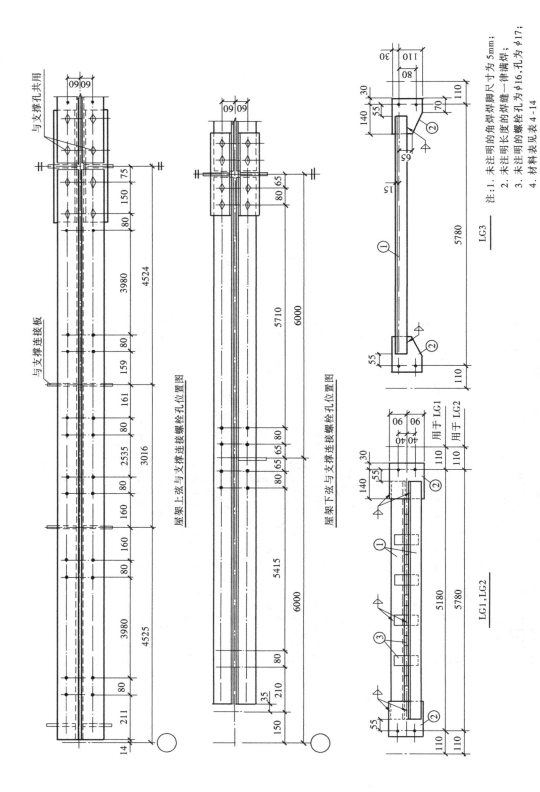

图 4-60 （f） 屋架 GWJ-1A 螺栓孔位置及 LG1，LG2，LG3 施工详图

注:1. 未注明的角焊缝焊脚尺寸为 5mm；
2. 未注明长度的焊缝一律满焊；
3. 未注明的螺栓孔为 φ16,孔为 φ17；
4. 材料表见表 4-14

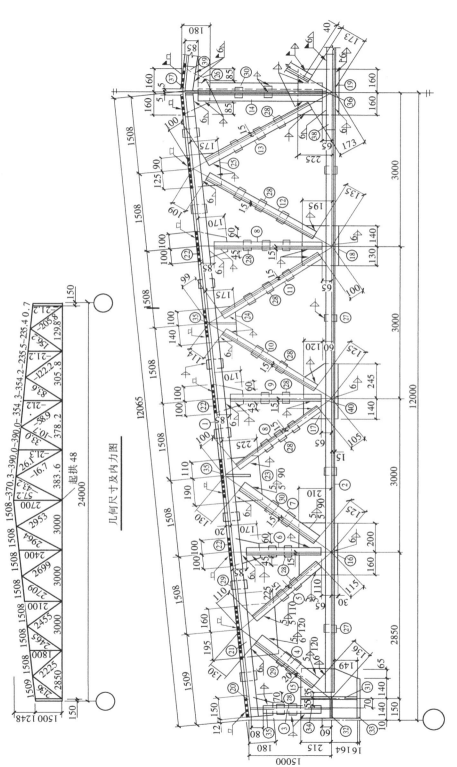

图 4-60 (g)　屋架 GWJ-1A 施工详图

注：1. 未注明的角焊缝焊脚尺寸为 5mm；
　　2. 未注明的焊缝长度不小于 60mm，一律满焊；
　　3. 材料表见表 4-14；④尺寸见材料表。板⑩～⑩、④仅用于 1A，大样见图 4-60 (b)。

【例题 4-2】 18m 角钢（含上下弦 T 型钢）屋架（设 6m 天窗架）（GWJ-2）

1. 设计资料

屋架跨度为 18m，屋架间距 6m，屋面坡度 1/10，屋面材料为双层中间隔保温的复合压型钢板，檩条采用 C160×60×20×2.5 檩距 1.5m，外天沟。屋架上设 6m 天窗架，窗扇高度 1.5m，天窗架高度 2.4m。钢材 Q235B 焊条为 E43 型。

2. 屋架形式及几何尺寸

屋架形式及几何尺寸如图 4-61 所示，上弦节间长度为 1507mm，均为节点荷载。

3. 支撑布置

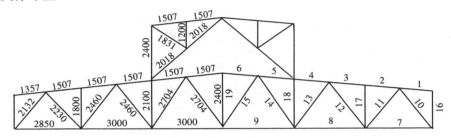

图 4-61 屋架（GWJ-2）几何尺寸

在房屋两端 5.4m 开间内布置上、下弦横向水平支撑，端部及跨中垂直支撑；其余各屋架用系杆联系，其中上弦端部、屋脊处与下弦支座处为刚性系杆，见图 4-62。

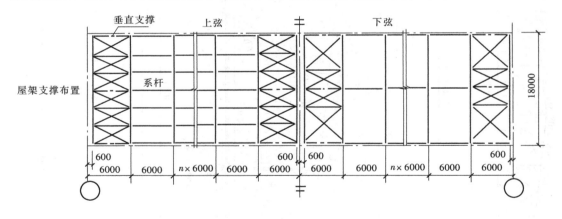

图 4-62 屋架（GWJ-2）平面布置

上弦杆在屋架平面外的计算长度为与支撑节点相连的系杆间距，即 3.014m；下弦杆在屋架平面外的计算长度为屋架跨度的一半。

4. 荷载

（1）永久荷载（恒荷载）

永久荷载	标准值（kN/m²）
压型钢板（含保温）	0.35

檩条	0.05
屋架及支撑	0.13
悬挂管道	0.05
合　计	0.58

（2）可变荷载（活荷载）

屋面活荷载标准值（kN/m²）活荷载 0.3，雪荷载 0.25，取较大值 0.3

（3）风荷载

基本风压　　　　　　　　$w_0 = 0.5\text{kN/m}^2$

（4）荷载组合

1）恒荷载＋活荷载

2）恒荷载＋半跨雪荷载

3）恒荷载＋风荷载

（5）上弦节点恒荷载、活荷载值，见表 4-15；作用位置见图 4-63。

GWJ-2 上弦节点荷载

表 4-15

节 点 荷 载	标准值 Q_k (kN)	设 计 值 （kN）	
		一般节点 Q	天窗架节点 nQ
永久荷载 Q_{Gk}	$0.58 \times 1.5 \times 6 = 5.22$	$1.2 \times 5.22 = 6.26$	
活荷载 Q_{Qk}	$0.3 \times 1.5 \times 6 = 2.70$	$1.4 \times 2.7 = 3.78$	
天窗架支点处恒荷载 nQ_{Gk}	$2.25Q_{Gk} + 0.5Q_{Gk} + 14$ $= 5.44Q_{Gk} = 28.4$		$1.2 \times 28.4 = 34.10$
天窗架支点处活荷载 nQ_{Qk}	$2.25Q_{Qk} + 0.5Q_{Qk}$ $= 2.75Q_{Qk} = 7.43$		$1.4 \times 7.43 = 10.40$
总荷载 Q		10.04	44.5

注：天窗架挑檐假定为 $0.25Q$，在天窗架支座总荷载 nQ 中 $n = 4.43$。

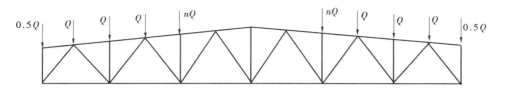

图 4-63　屋架（GWJ-2）上弦节点荷载

设中部、端部天窗架传给屋架的荷载分别为 12kN 和 14kN。

（6）上弦节点风荷载值

1）风荷载体型系数

屋架迎风面 $\mu_s = -1.0$，背风面 $\mu_s = -0.65$ 偏大，按荷载规范 GB 50009—2012 应为

$\mu_s = -0.6$ 和 -0.5；天窗屋面迎风面 $\mu_s = -0.7$，背风面 $\mu_s = -0.7$，天窗侧柱迎风面 $\mu_s = +0.6$，背风面 $\mu_s = -0.6$。

2）上弦节点风荷载标准值（图 4-64）

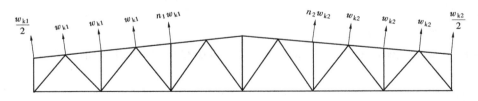

图 4-64　屋架（GWJ-2）上弦节点风荷载

风荷载计算公式及系数取值同例 4-1。

屋架　　　　$w_{k1} = 1.0 \times (-1.0) \times 0.5\text{kN/m}^2 \times 1.508\text{m} \times 6\text{m} = -4.5\text{kN}$

　　　　　　$w_{k2} = 1.0 \times (-0.65) \times 0.5\text{kN/m}^2 \times 1.508\text{m} \times 6\text{m} = -2.9\text{kN}$

天窗架　　　$w_{k3} = 1.0 \times (-0.7) \times 0.5\text{kN/m}^2 \times 1.508\text{m} \times 6\text{m} = -3.17\text{kN}$

　　　　　　$w_{k4} = 1.0 \times (-0.7) \times 0.5\text{kN/m}^2 \times 1.508\text{m} \times 6\text{m} = -3.17\text{kN}$

　　　　　　$w_{k5} = 1.0 \times (0.6) \times 0.5\text{kN/m}^2 \times \dfrac{2.4\text{m}}{2} \times 6\text{m} = 2.16\text{kN}$

　　　　　　$w_{k6} = 1.0 \times (-0.6) \times 0.5\text{kN/m}^2 \times \dfrac{2.4\text{m}}{2} \times 6\text{m} = -2.16\text{kN}$

3）屋架上弦天窗架支点处反力（图 4-65）

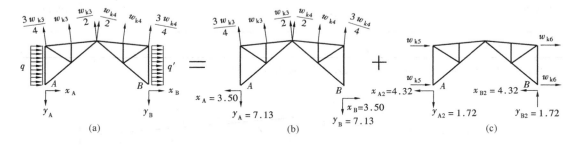

图 4-65　天窗架支点反力

计算得屋架上弦天窗架支点处风荷载为

$$x_A = 7.82\text{kN}(\rightarrow), \qquad y_A = 8.86\text{kN}(\uparrow)$$

$$x_B = 0.82\text{kN}(\rightarrow), \qquad y_B = 5.40\text{kN}(\uparrow)$$

5. 内力计算

屋架杆件最不利内力组合见表 4-16。

屋 架 内 力 组 合   表 4-16

杆件名称	杆件编号	恒荷载内力标准值（kN）	活荷载内力标准值（kN）	左风荷载内力标准值（kN）	右风荷载内力标准值（kN）	最不利内力组合设计值（kN）
上弦杆	1	0	0	0	0	0
	2、3	−65.7	−22.3	28.7	27.5	−110.0
	4、5	−100.8	−31.7	44.6	42.3	−165.3
	6	−88.2	−27.7	35.3	33.3	−144.7
下弦杆	7	36.2	12.0	−19.7	−18.8	60.1
	8	86.3	27.0	−36.5	−34.5	142.4
	9	93.8	28.0	−33.3	−31.0	152.9
斜腹杆	10	−56.9	−20.0	25.1	24.1	−96.3
	11	43.7	14.0 −0.5	−16.4	−15.5	73.1
	12	−34.2	−11.5	11.2	10.3	−57.0
	13	23.2	7 −2.6	−6.1	−5.4	38.9
	14	12.1	−3.3 7	−8.9	−8.6	24.3 −2.1
	15	−10.6	−6.2	7.8	7.5	−21.3
竖杆	16	−2.6	−1.4	2.6	2.6	−5.1
	17	−5.2	−2.7	4.5	4.5	−10.0
	18	−28.4	−7.4	9.6	8.8	−44.4
	19	17.6	5.0	−7.0	−6.6	28.8

注：1. 内力组合设计值为 $1.2 \times$ 恒荷载内力标准值 $+1.4 \times$ 活荷载内力标准值。

    2. 对于腹杆活荷载内力标准值的分母项为半跨活荷载时的内力值。

6. 截面选择

杆件截面选择见表 4-17 屋架杆件截面选择表。屋架 GWJ-2 施工详图参见图 4-69。

7. 节点连接计算

腹杆与节点板连接焊缝

肢背、肢尖焊缝长度由公式（4-3）、（4-4）计算，也可根据杆件内力由第 11.8 节直接查得，见表 4-18。

节点设计参见屋架 GWJ-1 例题。

本例不包括屋架及支撑重量，外荷载标准值为 $0.75\text{kN/mm}^2 < 1.0\text{kN/mm}^2$，如无天窗也可偏安全地直接选用第 10 章表 10-2a 中的 GWJA18-2 及表 10-2b 中的 GWJB18-2，设置 6m 天窗架后荷载有所增加，理应验算后加强。为简便起见可提高一级，选用 GWJA18-3 及 GWJB18-3。

表 4-17

屋架杆件截面选择表

杆件名称	杆件编号	内力 N (kN)	截面规格 (mm)	截面面积 (cm²)	计算长度 l_{ox} (cm)	计算长度 l_{oy} (cm)	回转半径 i_x (cm)	回转半径 i_y (cm)	长细比 λ_x	长细比 λ_y	稳定系数 φ_{min}	强度 N/A (N/mm²)	稳定性 $\dfrac{N}{\varphi_{min}A}$ (N/mm²)	容许长细比 λ	强度设计值 f (N/mm²)
上弦杆	1-6	-165.3	⌐90×56×5	14.4	150.7	301.4	1.59	4.32	95	69	0.587		195.4	150	215
			62.5×125×6.5×9	15.16			1.52	3.11	99	97	0.561		194.0		
下弦杆	7-9	152.9	∟75×50×5	12.3	300.0	8850.0	1.44	3.6	208	246		124.3		250	215
			50×100×6×8	10.95			1.21	2.47	248	358		139.6			
斜杆	10	-96.3	2L63×5	12.3	213.2	213.2	1.94	2.82	110	75.6	0.493		158.8	150	215
	11	73.1	2L50×5	9.6	178.4	223.0	1.53	2.30	146	97		76.1		350	215
	12	-57.0	2L50×5	9.6	196.8	246.0	1.53	2.30	129	107	0.392		151.5	150	215
腹杆	13	38.9	2L50×5	9.6	196.8	246.0	1.53	2.30	129	107		40.5		350	215
	14	24.3 / -2.1	2L50×5	9.6	216.3	270.4	1.53	2.30	141	117.5		25.3		250	215
	15	-21.3	2L50×5	9.6	216.3	270.4	1.53	2.30	141	117.5	0.450		49.3	150	215
竖杆	16	-5.1	2L50×5	9.6	151.5	151.0	1.53	2.30	99	66	0.561		9.5	150	215
	17	-10.0	2L50×5	9.6	144.0	180.0	1.53	2.30	118	78	0.447		23.3	150	215
	18	-44.4	2L50×5	9.6	168.0	210.0	1.53	2.30	137	91	0.357		129.6	150	215
	19	28.8	2⌐56×5	10.8	216.0	216.0	2.17	—	100	—			26.7	150	215

注：1. 连接板厚 6mm，支座处 8mm。

2. 表中 λ_y 为验算容许长细比用。当平面外稳定性控制时应按规范考虑扭转效应，取 λ_{yz}，也可按第11.8节直接查出 N。

3. 由于屋面风荷载体形系数取值偏大，故下弦杆出现压力，如按荷载规范 GB 50009—2012，下弦杆不会出现压力。下弦杆不会出现压力取 $\lambda_y=350$ 尚可。

腹件与节点板连接焊缝   表 4-18

杆件名称	杆件编号	截面规格（mm）	杆件内力（kN）	肢背焊脚尺寸 h_{f1} (mm)	肢背焊缝长度 l_w (mm)	肢尖焊脚尺寸 h_{f2} (mm)	肢尖焊缝长度 l'_w (mm)
斜腹杆	10	2L63×5	−96.3	5	75	5	60
	11	2L50×5	73.1	5	65	5	60
	12	2L56×5	−57.0	5	60	5	60
	13	2L50×5	38.9	5	60	5	60
	14	2L50×5	24.3	5	60	5	60
	15	2L56×5	−21.3	5	60	5	60
竖杆	16	2L50×5	−5.1	5	60	5	60
	17	2L50×5	−10.0	5	60	5	60
	18	2L50×5	−44.4	5	60	5	60
	19	⌐56×5	28.8	5	60	5	60

注：计算焊缝长度时，焊缝强度设计值 $f_f^w = 160 \text{N/mm}^2$，$l'_w$ 已计入 $2h_f$ 起落弧影响；焊缝最小构造尺寸为 5～60mm。

【例题 4-3】 18m 角钢（含上下弦 T 型钢）屋架（有 1～2t 悬挂吊车）（GWJ-3）

1. 设计资料

屋架跨度 18m，屋架间距 6m，屋面坡度 1/10，屋面材料为双层中间夹保温的复合压型钢板，檩条采用 C160×60×20×2.5 檩距 1.5m，外天沟，屋架下弦有一台 2t 的悬挂吊车。钢材为 Q235-B，焊条为 E43 型。

悬挂吊车资料：电动悬挂吊车 DDXQ 型，跨度 $S=12$m，梁总长为 14m，最大轮压 16.2kN，最小轮压 4.7kN，轮距 1.5m。

2. 屋架形式及几何尺寸

屋架形式及几何尺寸如图 4-61 所示，上弦节间长度为 1507mm，均为节点荷载。

3. 支撑布置

支撑布置见 4-66。上弦杆在屋架平面外的计算长度为与支撑节点相连的系杆间距，即 3.014m；下弦杆在屋架平面外的计算长度为 12m。

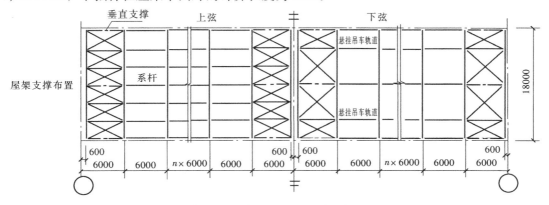

图 4-66　屋架（GWJ-3）平面布置

4. 荷载

（1）永久荷载（恒荷载）

永久荷载	标准值（kN/m²）
压型钢板（含保温）	0.35
檩条	0.05
屋架及支撑	0.13
悬挂管道	0.05

（2）可变荷载（活荷载）

可变荷载标准值（kN/m²）：屋面活荷载 0.3，雪荷载 0.25，取两者中较大值 0.30；

悬挂吊作为活荷载作用于屋架下弦。最大轮压位置节点集中力 F_{max} 为 46.4kN，最小轮压一边节点集中力 F_{min} 为 17.0kN。

（3）风荷载

基本风压 $w_0 = 0.5$kN/m²

（4）荷载组合

1）恒荷载＋活荷载（含悬挂吊车荷载）

2）恒荷载＋半跨雪荷载

3）恒荷载＋风荷载

（5）上弦节点恒荷载、活荷载值，见表 4-19；作用位置见图 4-67。

屋架（GWJ-3）上弦节点荷载   表 4-19

节 点 荷 载	标准值 Q_k（kN）	设计值 Q（kN）
恒 荷 载 Q_{Gk}	0.58×1.5×6＝5.22	1.2×5.22＝6.26
活 荷 载 Q_{Qk}	0.3×1.5×6＝2.7	1.4×2.7＝3.78
总 荷 载 Q		10.04

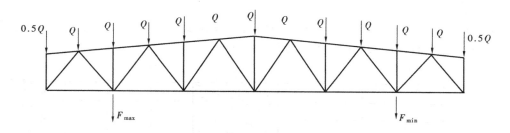

图 4-67　屋架（GWJ-3）上弦节点荷载

（6）上弦节点风荷载值

1）风荷载体型系数

按 CECS102：2002 屋架上弦迎风面 $\mu_s = -1.0$，背风面 $\mu_s = -0.65$，按 GB 51022—2015 迎风面 $\mu_s = -0.87（-0.51）$背风面 $\mu_s = -0.51（-0.14）$按荷载规范（GB 50009—2012）应为 -0.6 和 -0.5。CBCS 最大。

2）上弦节点风荷载（图 4-68）

标准值 $w_{k1}=1.0\times(-1.0)\times0.5kN/m^2\times1.508m\times6m=-4.5kN$

$w_{k2}=1.0\times(-0.65)\times0.5kN/m^2\times1.508m\times6m=-2.9kN$

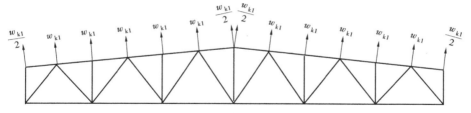

图4-68 上弦节点风荷载

5. 内力计算

屋架杆件最不利内力组合见表4-20。

屋 架 内 力 组 合   表4-20

杆件名称	杆件编号	恒荷载内力标准值（kN）	活荷载内力标准值（kN）	悬挂吊车荷载内力标准值（kN）	左风荷载内力标准值（kN）	右风荷载内力标准值（kN）	最不利内力组合设计值（kN）
上弦杆	1	0	0	0	0	0	0
	2、3	−41.3	−21.1	−57.4	32.8	27.4	−159.4
	4、5	−57.9	−29.7	−44.8	44.8	40.1	−177.4
	6	−57.2	−29.4	−39.9	42.1	42.2	−165.7
下弦杆	7	23.6	12.0	29.0	−14.2	−33.54	85.9 −2.8
	8	52.1	26.0	51.0	−18.6	−39.9	172.1 −3.5
	9	59.1	30.0	43.0	−39.5	−42.7	173.4
斜腹杆	10	−37.1	−19.1	−46.6	28.7	23.7	−136.5
	11	26.2	14.0 −0.5	41.0	−19.7	−17.3	108.4 −1.3
	12	−17.9	−10.7	13.0 −5.0	12.6	12.5	−43.5
	13	9.2	7.0 −2.6	−11.9	−5.5	−7.3	27.4 −16.8
	14	−2.5	−5.4	11.0 −4.1	−0.3	3.4	20.0 −16.3
	15	−3.7	−5.4	−9.9 3.0	5.3	0.3	−25.9
竖杆	16	−2.6	−1.4	0	1.4	2.4	−5.1
	17	−5.2	−2.7	0	4.5	2.9	−10.1
	18	−5.2	−2.7	0	4.5	2.9	−10.1
	19	6.2	−1.7	0	−4.7	−4.7	25.2 −1.4

注：1. 内力组合设计值为1.2×恒荷载内力标准值＋1.4×0.7（活荷载＋悬挂吊车荷载）内力标准值；

    2. 对于最不利内力组合设计值的分母项为1.0×恒载与1.4×风荷载组合；

    3. 按CECS下弦杆出现小量的压力值，只要长细比$\lambda_y\leqslant250$即可满足承载力要求。

6. 载面选择

杆件截面选择见表4-21屋架杆件截面选择表。图4-69及表4-21为屋架GWJ-3详图及材料表。

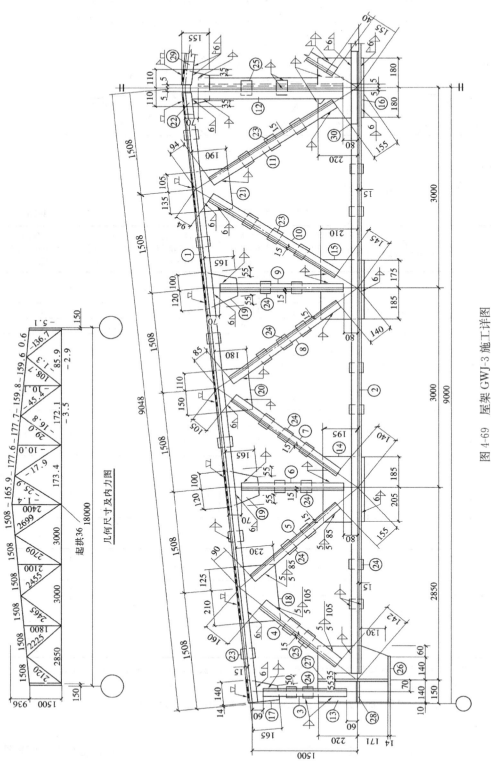

图 4-69　屋架 GWJ-3 施工详图

注：1. 未注明的角焊缝焊脚尺寸为 5mm；
　　2. 未注明的焊缝长度不小于 60mm，一律满焊；
　　3. 材料表见表 4-22；
　　4. 图中未表示与支撑的连接板及预留孔位置等。

表 4-21

屋架杆件截面选择表

杆件名称	杆件编号	内力 N (kN)	截面规格 (mm)	截面面积 (cm)	计算长度 l_{ox}(cm)	计算长度 l_{oy}(cm)	回转半径 i_x(cm)	回转半径 i_y(cm)	长细比 λ_x	长细比 λ_y	稳定系数 φ_{min}	强度 N/A (N/mm²)	稳定性 $\dfrac{N}{\varphi_{min}A}$ (N/mm²)	容许长细比 λ	强度设计值 f(N/mm²)
上弦杆	1-6	−177.4	⌐⌐90×56×5	14.4	150.7	301.4	1.59	4.32	95.0	69.0	0.587		209.9	150	215
			⌐62.5×125×6.5×9	15.16			1.52	3.11	99.0	97.0	0.561		208.5		215
下弦杆	7-9	173.4	⌐⌐75×50×5	12.25	300.0	600.0	1.52	3.60	197	167	0.191	142.0	15.0	250	215
		−3.5	⌐50×100×6×8	10.95		600.0	1.21	2.47	248	243	0.215	158.3	25.5		215
斜腹杆	10	−136.7	2L63×6	14.52	213.2	213.2	1.93	2.84	110	75	0.493		191.0	150	215
	11	108.7 / −1.3	2L50×5	9.60	178.4	223.0	1.53	2.30	116	97	0.322	113.2	4.2	250	215
	12	−43.5	2L50×5	9.60	196.8	246.0	1.53	2.30	129	107	0.357		126.9	150	215
	13	27.4 / −16.8	2L50×5	9.60	196.8	246.0	1.53	2.30	137	107	0.357		49.0	250	215
	14	20.0 / −16.3	2L50×5	9.60	216.3	270.4	1.53	2.30	141	118	0.341		49.8	250	215
竖杆	15	−25.9	2L50×5	9.60	216.3	270.4	1.53	2.30	141	118	0.341		79.1	150	215
	16	−5.1	2L50×5	9.60	151.5	151.5	1.53	2.30	99	66	0.561		9.5	150	215
	17	−10.1	2L50×5	9.60	144.0	180.0	1.53	2.30	118	78	0.447		23.5	150	215
	18	−10.1	2L50×5	9.60	168.0	210.0	1.53	2.30	137	91	0.357		29.5	150	215
	19	25.2 (−1.4)	⌐⌐56×5	10.8	216.0	216	2.17	—	94	—	0.493	47.3	2.6	250	215

注：1. 连接板厚 6mm。支座处 8mm。
2. 表中 λ_y 为验算容许长细比用。当为平面外稳定性控制时，应按规范考虑扭转效应，取 λ_{yz}，也可按第 11.8 节查表得出 N_o。

【例题 4-4 】 24m 轻型屋面梯形方钢管屋架计算

1. 设计资料

屋架跨度为 24m，屋架间距 6m，屋面坡度 1/10，屋面材料为 3.0×6.0m 发泡水泥（太空）复合屋面板（钢边框），外天沟。钢材为 Q235B，焊条为 E43 型。如屋面材料采用 1.5×6.0m 板，屋架上弦杆需按压弯构件验算是否满足要求。

2. 屋架形式及几何尺寸

屋架形式及几何尺寸如图 4-70 所示，上弦节间长度为 3016mm，均为节点荷载。

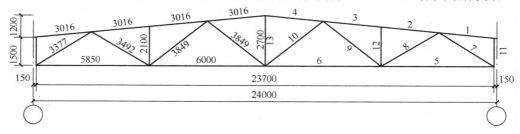

图 4-70　屋架几何尺寸

3. 支撑布置

上弦杆在屋架平面外的计算长度等于其节间长度，下弦杆在屋架平面外的计算长度为屋架跨度的一半，见图 4-71。

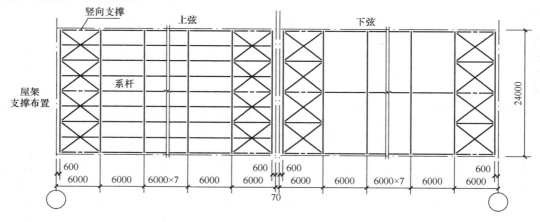

图 4-71　屋架（GWJ-4）平面布置

4. 荷载计算

（1）永久荷载标准值：（对水平投影面）

发泡水泥（太空）复合屋面板	0.65kN/m^2
防水层	0.10kN/m^2
屋架及支撑	0.10kN/m^2
悬挂管道	0.05kN/m^2
合计	0.90kN/m^2

（2）可变荷载（活荷载）标准值：（对水平投影面）

可变荷载标准值：屋面活荷载为 0.50kN/m^2，雪荷载为 0.35kN/m^2，取两者中较大值

$0.50kN/m^2$。

（3）风荷载

基本风压：$w_0 = 0.70kN/m^2$

（4）荷载组合

1）全跨永久荷载＋全跨活荷载

2）全跨永久荷载＋半跨雪荷载

3）全跨屋架及支撑重＋半跨屋面板＋半跨活荷载

4）永久荷载＋风荷载

（5）上弦节点永久荷载和活荷载值，为可变荷载组合控制，见表4-22；作用位置见图4-72。

上弦节点荷载

表 4-22

节点荷载	标准值 P_K(kN)	设计值 P(kN)
永久荷载 Q_{GK}	$0.9 \times 3 \times 6 = 16.2$	$1.2 \times 16.2 = 19.4$
活荷载 Q_Q	$0.5 \times 3 \times 6 = 9.0$	$1.4 \times 9.0 = 12.6$
总 荷 载	25.2	32.0

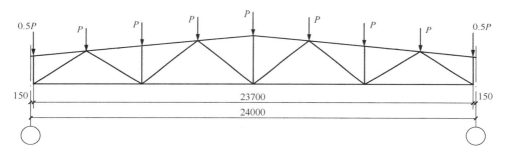

图 4-72　屋架（GWJ-4）上弦节点荷载

（6）上弦节点风荷载值，见图4-73。

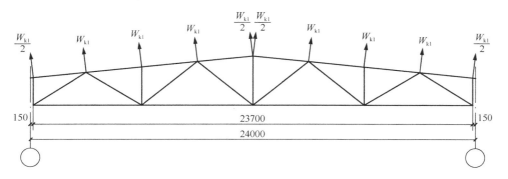

图 4-73　屋架（GWJ-4）上弦节点风荷载

1）风载体型系数

迎风面：$\mu_s = -0.6$，背风面：$\mu_s = -0.5$

2）风压高度变化系数，本设计地面粗糙度为 B 类，柱顶标高为 13.0m，坡度为 1/10，风压高度变化系数 $\mu_z \approx 1.10$，不计风振系数 β_z

计算主要承重结构：$w_k = \beta_z \mu_s \mu_z w_0$

迎风面：$w_{k1} = 1.0 \times (-0.6) \times 1.10 \times 0.70 = -0.46 kN/m^2$

背风面：$w_{k2} = 1.0 \times (-0.5) \times 1.10 \times 0.70 = -0.39 kN/m^2$

上弦节点风荷载

标准值　　　$W_{k1} = -0.46 \times 3.016 \times 6 = -8.32 kN$

　　　　　　$W_{k2} = -0.39 \times 3.016 \times 6 = -7.06 kN$

设计值　　$W_1 = 1.4 \times (-8.32) = -11.65 kN$；$W_2 = 1.4 \times (-7.06) = -9.88 kN$

$1.4w_{k1} = 1.4 \times 0.46 = 0.64 kN/m^2$，$1.4w_{k2} = 1.4 \times 0.39 = 0.55 kN/m^2$

均布永久荷载 $G_k = 0.65 + 0.20 = 0.85 kN/m^2$，$G_k' = 0.85 - 0.10 = 0.75 kN/m^2$

可见，$1.4w_{k1}$ 和 $1.4w_{k2}$ 均小于永久载标准值，风荷载不会引起内力变号，故可不考虑风荷载组合。

5. 内力计算

采用中国建筑科学研究院 PKPM CAD 工程部提供的 STS 软件计算，屋架杆件最不利内力组合见表 4-23。

屋架内力组合表　　　　　　　　　　　　　　　　　　　　表 4-23

杆件名称	杆件编号	永久荷载内力标准（kN）	活荷载内力标准值（kN）	最不利内力组合值（kN）
上弦杆	1	0	0	0
	2、3	-135.4	-75.2	-267.8
	4	-141.5	-78.6	-279.8
下弦杆	5	89.2	49.0	175.6
	6	147.7	82.0	292.0
斜腹杆	7	-106.2	-58.9	-209.9
	8	52.5	33.0/-3.9	109.4
	9	-17.3	-9.6	-34.2
	10	-9.6	-5.3	-18.9
竖杆	11	-8.0	-4.5	-15.9
	12	-16.2	-9.0	-32.0
	13	12.0	6.7	23.8

注：内力组合设计值为：1.2×永久荷载内力标准值+1.4×活荷载内力标准值。

6. 截面选择

屋架杆件截面选择见表 4-24。

屋架杆件截面选用表　　　　　　　　　　　　　　　　　　表 4-24

杆件名称	杆件编号	内力 N (kN)	截面规格 (mm)	截面面积 A (cm²)	$\frac{b}{t}$	$\frac{b_e}{t}$	A_e (cm²)	计算长度 l_{0x} (mm)	回转半径 i_x (cm)	长细比 λ_x	φ_{min}	$\frac{N}{\varphi_{min} A_e}$ 或 $\frac{N}{A}$ (N/mm²)	容许长细比 $[\lambda]$
上弦杆	1-4	-279.8	F140×4.0	21.07	35	35	21.07	3016	5.50	56.4	0.831	159.8	150
下弦杆	5-6	292.0	F140×4.0	21.07	—	—	21.07	11850	5.48	216.2		138.6	350

杆件名称	杆件编号	内力 N (kN)	截面规格 (mm)	截面面积 A (cm²)	$\dfrac{b}{t}$	$\dfrac{b_e}{t}$	A_e (cm²)	计算长度 l_{0x} (mm)	回转半径 i_x (cm)	长细比 λ_x	φ_{min}	$\dfrac{N}{\varphi_{min}A_e}$ 或 $\dfrac{N}{A}$ (N/mm²)	容许长细比 $[\lambda]$
斜腹杆	7	−209.9	F110×4.0	16.55	27.5	27.5	16.55	3377	4.30	78.5	0.731	175.2	150
	8	109.4	F70×2.5	6.59	—	—	6.59	3492	2.74	127.4		166.0	350
	9	−34.2	F70×2.5	6.59	28	28	6.59	3849	2.74	140.5	0.347	149.6	150
	10	−18.9	F70×2.5	6.59	28	28	6.59	3849	2.74	140.5	0.347	82.7	150
竖杆	11	−16.0	F50×2.0	3.67	25	25	3.67	1515	1.93	78.5	0.731	59.6	150
	12	−32.0	F50×2.0	3.67	25	25	3.67	2100	1.93	108.8	0.524	166.4	150
	13	23.8	F50×2.0	3.67	—	—	3.67	2700	1.93	140.0		64.8	350

1）上表 4-24 中 $\dfrac{b_e}{t}$ 具体计算过程如下：

各杆件只考虑轴心受压，故压应力不均匀系数 $\psi = \dfrac{\sigma_{min}}{\sigma_{max}} = 1$

计算系数 $\alpha = 1.15 - 0.15\psi = 1$

板件受压稳定系数 $k = 7.8 - 8.15\psi + 4.35\psi^2 = 4$

板组约束系数 $k_1 = 1$

对于上弦杆 F140×4.0，$\varphi_{min} = 0.831$

$$\sigma_1 = \varphi f = 0.831 f = 0.831 \times 205 = 170.4 \text{N/mm}^2$$

计算系数 $\rho = \sqrt{\dfrac{205 k_1 k}{\sigma_1}} = \sqrt{\dfrac{205 \times 1 \times 4}{170.4}} = 2.194$，

$$18\alpha\rho = 18 \times 1 \times 2.194 = 39.5$$

故 $\dfrac{b}{t} = \dfrac{140}{4.0} = 35 < 18\alpha\rho$，由第 11.4 节得

$$\frac{b_e}{t} = \frac{b_c}{t} = \frac{b}{t}$$

对于斜腹杆 7，采用 F110×4.0，$\varphi_{min} = 0.731$

$$\sigma_1 = \varphi f = 0.731 f = 0.731 \times 205 = 149.9 \text{N/mm}^2$$

计算系数 $\rho = \sqrt{\dfrac{205 k_1 k}{\sigma_1}} = \sqrt{\dfrac{205 \times 1 \times 4}{149.9}} = 2.339$

$$18\alpha\rho = 18 \times 1 \times 2.339 = 42.1$$

故 $\dfrac{b}{t} = \dfrac{110}{4.0} = 27.5 < 18\alpha\rho$，由第 11.4 节得

$$\frac{b_e}{t} = \frac{b_c}{t} = \frac{b}{t} \text{。}$$

对于腹杆 9~12，均满足 $\dfrac{b}{t} < 18\alpha\rho$，由第 11.4 节得

$$\frac{b_e}{t} = \frac{b_c}{t} = \frac{b}{t} \text{。}$$

2）表 4-24 中 φ 值按表 11-4a 得，$\dfrac{N}{A}$ 及 $\dfrac{N}{\varphi_{\min}A_{\mathrm{e}}}$ 均不大于 f。

7. 屋架上弦杆节间截面验算

在上弦杆 4：

$$N = 279.8\mathrm{kN}$$

节间荷载

$$P = \frac{32}{2} = 16\mathrm{kN}$$

$$M = \frac{1}{4} \times 16 \times 3.016 \times 0.6 = 7.2\mathrm{kN \cdot m}$$

按表 2-30 中公式（2-97）

其中，$\varphi = 0.830$，$b = b_{\mathrm{c}}$，$\eta = 0.7$，$W_{\mathrm{ex}} = 91.14\mathrm{cm}^3$，$\varphi_{\mathrm{bx}} = 1.0$

$$\frac{N}{\varphi A_{\mathrm{e}}} + \frac{\eta M_{\mathrm{x}}}{\varphi_{\mathrm{bx}}W_{\mathrm{ex}}} = \frac{279.8 \times 10^3}{0.83 \times 21.07} + \frac{0.7 \times 7.2 \times 10^6}{1.0 \times 91.14 \times 10^3} = 160 + 55 = 215\mathrm{kN/mm}^2 > f = 205\mathrm{N/mm}^2,$$

$(215 - 205)/205 = 4.9\% < 5\%$ 满足要求。

8. 节点连接计算

（1）节点编号（见图 4-74）

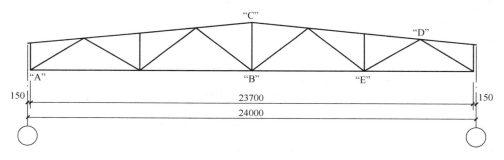

图 4-74　屋架（GWJ-4）节点编号

（2）一般杆件连接焊缝

节点杆件间连接焊缝可由公式（4-43）～（4-46）计算。最小焊脚尺寸为 3mm。采用四面围焊。

（3）节点设计

1）支座节点"A"（见图 4-75）

① 确定支座底板尺寸

支座反力 $R = (1.2 \times 16.2 + 1.4 \times 9.0) \times 4 = 128.2\mathrm{kN}$

支座底板的平面尺寸取用 $A_l = 300 \times 380 = 114000\ \mathrm{mm}^2$

柱截面尺寸 $A_{\mathrm{b}} = 300 \times 400 = 120000\mathrm{mm}^2$

由公式（4-20）验算柱顶混凝土的抗压强度：

$$\frac{R}{A_{\mathrm{n}}} = \frac{R}{A_l - A_0} = \frac{128.2 \times 10^3}{114000 - (50 \times 30 \times 2 + \pi \times 25^2)} = 1.13\mathrm{N/mm}^2$$

$$< f_{\mathrm{cc}} = 12.2\mathrm{N/mm}^2$$

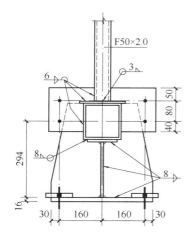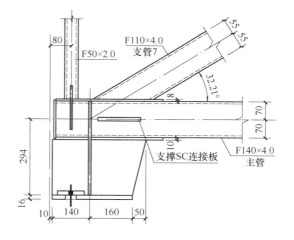

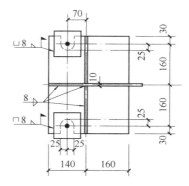

图 4-75 方管屋架支座节点

（柱混凝土强度等级暂按 C30 考虑，$f_{cc} = 0.85 f_c = 0.85 \times 14.3 = 12.2 \text{N/mm}^2$）

支座底板的厚度按屋架反力作用下的弯矩计算，由公式（4-21）得

$$M = \beta q a_1^2$$

式中
$$q = \frac{R}{A_n} = \frac{R}{A_t - A_0} = 1.13 \text{N/mm}^2$$

$$a_1 = 241 \text{mm}, \ b_1 = 120.7 \text{mm（参图 4-17）}$$

$$b_1/a_1 = \frac{120.7}{241} = 0.50$$

查表 4-6 得
$$\beta = 0.060$$

$$M = \beta q a_1^2 = 0.060 \times 1.13 \times 241^2 = 3938 \text{N/mm}^2$$

支座底板厚度由公式（4-22）得

$$t \geqslant \sqrt{\frac{6M}{f}} = \sqrt{\frac{6 \times 3938}{215}} = 10.5 \text{mm，取 16mm。}$$

② 支座节点板、加劲肋与底板的连接焊缝

假定焊缝传递全部支座反力 $R = 128.2 \text{kN}$

节点板厚度 $t = 10$mm，焊脚尺寸 $h_f = 8$mm

连接焊缝长度

$\sum l_w = 2 \times (300 - 2h_f) + 4 \times (190 - 5 - 15 - 2h_f) = 2 \times (300 - 2 \times 8) + 4 \times (190 - 5 - 15 - 2 \times 8) = 1184$mm

由公式（4-24）得：

$$\frac{R}{0.7\beta_f h_f \sum l_w} = \frac{128.2 \times 10^3}{0.7 \times 1.22 \times 8 \times 1184} = 15.8\text{N/mm}^2 < f_f^w = 140\text{N/mm}^2，满足要求。$$

③ 支座节点板与加劲肋的连接焊缝

焊脚尺寸 $h_f = 8$mm

焊缝长度 $l_w = 294 - 70 - 10 - 2 \times 15 - 2h_f = 294 - 70 - 10 - 2 \times 15 - 2 \times 8 = 168$mm

假定一块加劲肋承受屋架支座反力的四分之一，即：

$$V = \frac{1}{4} \times 128.2 = 32.1\text{kN}$$

焊缝受剪力 $V = 32.1$kN，弯矩 $M = \dfrac{R \cdot l_b}{16} = \dfrac{V \cdot l_b}{2} = \dfrac{32.1 \times 155}{2} = 2488$kN·mm

焊缝应力由公式（4-23）得

$$\sqrt{\left(\frac{V}{2 \times 0.7 \cdot h_f \cdot l_w}\right)^2 + \left(\frac{6M}{2 \times 0.7 \cdot \beta_f h_f \cdot l_w^2}\right)^2}$$

$$= \sqrt{\left(\frac{32.1 \times 10^3}{2 \times 0.7 \times 8 \times 168}\right)^2 + \left(\frac{6 \times 2488 \times 10^3}{2 \times 0.7 \times 1.22 \times 8 \times 168^2}\right)^2}$$

$$= 42.3\text{N/mm}^2 < f_f^w = 140\text{N/mm}^2，满足要求。$$

④ 斜腹杆与垫板的连接焊缝

设焊脚尺寸 $h_f = 4$mm

焊缝长度 $l_w = 2 \times (140/\sin\theta + 140) - 2 \times 4 = 2 \times (140/\sin32.21° + 140) - 8 = 797$mm

$$N = 210.1\text{kN}$$

代入公式（4-43）得：

$$\frac{N}{0.7 \times h_f l_w} = \frac{210.1 \times 10^3}{0.7 \times 4 \times 797} = 94.1\text{N/mm}^2 < f_f^w = 140\text{N/mm}^2，满足要求。$$

⑤ 竖杆与垫板的连接焊缝

设焊脚尺寸 $h_f = 3$mm

焊缝长度 $l_w = 4 \times 50 - 2 \times 3 = 194$mm

$$N = -16.0\text{kN}$$

代入公式（4-43）得：

$$\frac{N}{0.7 \times h_f l_w} = \frac{16.0 \times 10^3}{0.7 \times 3 \times 194} = 39.3\text{N/mm}^2 < f_f^w = 140\text{N/mm}^2，满足要求。$$

⑥ 下弦杆与垫板连接焊缝

下弦杆上、下垫板尺寸分别为 $160 \times 435 \times 8$mm 和 $160 \times 350 \times 8$mm，沿周边围焊能满足要求。

屋架支座板与柱顶钢板的连接焊缝应根据水平地震作用的大小另行计算，此处不再赘述。

2）下弦拼装节点"B"（见图 4-76）

① 下弦杆拼装接头

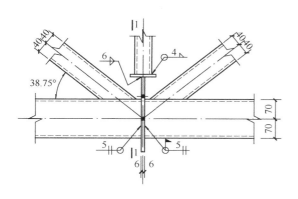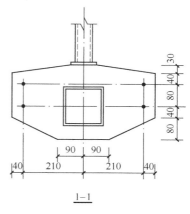

图 4-76 方管屋架下弦拼装节点"B"

下弦杆拼装接头设在跨中，采用对接焊缝。下弦采用 F140×5.0，$A = 26.36\text{cm}^2$，$t = 5\text{mm}$

焊缝长度 $l_\text{w} = 4 \times 140 - 2 \times 5 = 550\text{mm}$

$\sigma = \dfrac{Af}{l_\text{w}t} = \dfrac{26.36 \times 10 \times 205}{550 \times 5} = 16.6\text{N/mm}^2 < f_\text{t}^\text{w} = 175\text{N/mm}^2$，满足要求。

② 中间斜腹杆与下弦杆连接焊缝

设焊脚尺寸 $h_\text{f} = 3\text{mm}$

焊缝长度 $l_\text{w} = 2 \times 80 + 2 \times 80/\sin\theta - 2 \times 3 = 410\text{mm}(\sin\theta = \dfrac{2400}{3849} = 0.624)$，

$$N = -34.2\text{kN}$$

代入公式（4-43）得：

$\dfrac{N}{0.7h_\text{f}l_\text{w}} = \dfrac{34.2 \times 10^3}{0.7 \times 3 \times 410} = 39.7\text{N/mm}^2 < f_\text{f}^\text{w} = 140\text{N/mm}^2$，满足要求。

3）屋脊节点"C"（见图 4-77）

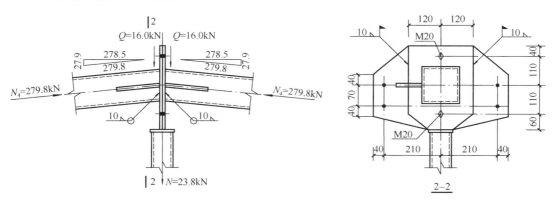

图 4-77 方管屋架屋脊节点"C"

设焊脚尺寸 $h_f = 10\text{mm}$，$N_4 = -279.8\text{kN}$，节点传力 $N = N_4 \times \dfrac{10}{10.05} = 278.5\text{kN}$

焊缝长度 $l_w = 2 \times 140 + 2 \times 140 \times \dfrac{10.05}{10} - 2 \times 5 = 551.4\text{mm}$

代入公式 (5-43) 得：

$$\frac{N}{0.7 h_f l_w} = \frac{278.5 \times 10^3}{0.7 \times 10 \times 551.4} = 72.2\ \text{N/mm}^2 < f_f^w = 140\ \text{N/mm}^2，满足要求。$$

4) 节点 "D" 计算 (图 4-78)

该节点为支管与主管相交的 K 形节点。

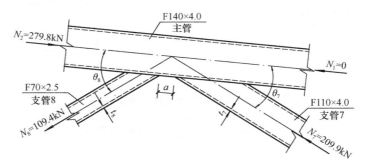

图 4-78　方管屋架支管与主管相交 K 形节点

由表 4-24 可知，主管（上弦杆 1-4）截面为 F140×4.0，即 $b = 140\text{mm}$，$t = 4.0\text{mm}$；受压支管（斜腹杆 7）截面为 F110×4.0，即 $b_7 = h_7 = 110\text{mm}$；受拉支管（斜腹杆 8）截面为 F70×2.5，即 $b_8 = h_8 = 70\text{mm}$。由表 4-8 注 4 可得：

$$\beta = \frac{b_7 + b_8 + h_7 + h_8}{4b} = \frac{110 + 70 + 110 + 70}{4 \times 140} = 0.643 > 0.35，满足表 4-8 的要求。$$

$$\frac{b_7}{b} = \frac{h_7}{b} = \frac{110}{140} = 0.786，$$

$$\frac{b_8}{b} = \frac{h_8}{b} = \frac{70}{140} = 0.500$$

$$0.1 + 0.01 \frac{b}{t} = 0.1 + 0.01 \times \frac{140}{4.0} = 0.350$$

可见，$\dfrac{b_7}{b} = \dfrac{h_7}{b} > 0.1 + 0.01 \dfrac{b}{t}$，$\dfrac{b_8}{b} = \dfrac{h_8}{b} > 0.1 + 0.01 \dfrac{b}{t}$，均满足表 4-8 的要求。

$0.5 < \dfrac{h_7}{b_7} = \dfrac{110}{110} = 1.000 < 2$，$0.5 < \dfrac{h_8}{b_8} = \dfrac{70}{70} = 1.000 < 2$，均满足表 4-8 的要求。

$$\frac{b}{t} = \frac{h}{t} = \frac{140}{4.0} = 35，满足表 4-8 的要求。$$

$\dfrac{b_7}{t_7} = \dfrac{h_7}{t_7} = \dfrac{110}{4.0} = 27.5 < 37\varepsilon_{k.7} = 37(\varepsilon_{k.7} = \sqrt{\dfrac{235}{f_y}} = \sqrt{\dfrac{235}{235}} = 1)$，且 $\dfrac{b_7}{t_7} = \dfrac{h_7}{t_7} = \dfrac{110}{4.0} =$

$27.5 < 35$，满足表 4-8 的要求。

$$\frac{b_8}{t_8} = \frac{h_8}{t_8} = \frac{70}{2.5} = 28 < 35，满足表 4-8 的要求。$$

根据图 4-61 放样得，支管间隙 $a = 53\text{mm}$，$t_7 + t_8 = 4.0 + 2.5 = 6.5\text{mm}$，可见 $a > t_7$

$+t_8$，满足表 4-8 的要求。

$$\frac{a}{b} = \frac{53}{140} = 0.379$$

$$0.5(1-\beta) = 0.5 \times (1-0.643) = 0.179$$

$$1.5(1-\beta) = 1.5 \times (1-0.643) = 0.536$$

可见，$0.5(1-\beta) < \dfrac{a}{b} < 1.5(1-\beta)$，满足表 4-8 的要求

① 节点处受压支管（斜腹杆 7）的承载力设计值 N_{u7}：

由公式（4-33）得

$$N_{u7} = \frac{8}{\sin\theta_7} \beta \left(\frac{b}{2t}\right)^{0.5} \cdot t^2 \cdot f \cdot \psi_n$$

式中 $\theta_7 = 26.5°$，$b = 140\text{mm}$，$t = 4.0\text{mm}$

$$\psi_n = 1.0 - \frac{0.25\sigma}{\beta f} = 1.0 - \frac{0.25 N_2}{\beta \varphi_{\min} A f} = 1.0 - \frac{0.25 \times 267.8}{0.643 \times 0.830 \times 26.36 \times 205} = 0.977$$

代入公式（4-33）得

$$N_{u7} = \frac{8}{\sin 26.5°} \times 0.643 \times \left(\frac{140}{2 \times 4.0}\right)^{0.5} \times 4.0^2 \times 205 \times 0.977$$

$$= 154547\text{N} = 154.5\text{kN}$$

由公式（4-34）得

$$N_{u7} = \frac{A_v f_v}{\sin\theta_7}$$

式中 $\theta_7 = 26.5°$，$f_v = 120\text{N/mm}^2$，

$A_v = (2h + \alpha b)t = \left(2h + b\sqrt{\dfrac{3t^2}{3t^2 + 4a^2}}\right)t$，其中，$b = h = 140\text{mm}$，$t = 4.0\text{mm}$，根据图 4-78 放样得，支管间隙 $a = 53\text{mm}$，故

$$A_v = \left(2h + b\sqrt{\frac{3t^2}{3t^2 + 4a^2}}\right)t = \left(2 \times 140 + 140 \times \sqrt{\frac{3 \times 5.0^2}{3 \times 4.0^2 + 4 \times 53^2}}\right) \times 4.0 = $$

1157mm^2 代入公式（4-34）得

$$N_{u7} = \frac{1157 \times 120}{\sin 26.5°} = 311162\text{N} = 311.1\text{kN}$$

由公式（4-35）得

$$N_{u7} = 2.0\left(h_7 - 2t_7 + \frac{b_7 + b_{e7}}{2}\right)t_7 f$$

式中 $h_7 = 110\text{mm}$，$t_7 = 4.0\text{mm}$，$b_7 = 110\text{mm}$，$b_{e7} = 110\text{mm}$，$f = 205\text{N/mm}^2$

代入上式得

$$N_{u7} = 2.0 \times \left(110 - 2 \times 4.0 + \frac{110 + 110}{2}\right) \times 4.0 \times 205$$

$$= 347680\text{N} = 347.7\text{kN}$$

因为 $\beta = 0.643 < 1 - 2t/b = 1 - 2 \times 5.0/140 = 0.929$，由公式（4-36）得

$$N_{u7} = 2.0\left(\frac{h_7}{\sin\theta_7} + \frac{b_7 + b_{e7}}{2}\right)\frac{tf_v}{\sin\theta_7}$$

式中 $h_7 = 110\text{mm}$，$\theta_7 = 26.5°$，$b_7 = 110\text{mm}$，$b_{e7} = 110\text{mm}$，$t = 4.0\text{mm}$，$f_v = 120\text{N/mm}^2$

代入上式得

$$N_{u7} = 2.0 \times \left(\frac{110}{\sin 26.5°} + \frac{110 + 110}{2} \right) \times \frac{4.0 \times 120}{\sin 26.5°}$$
$$= 767073\text{N} = 767.1\text{kN}$$

综上，$N_{u7} = \min (154.5\text{kN}, 311.1\text{kN}, 347.7\text{kN}, 767.1\text{kN}) = 154.5\text{kN} < N_7 = 209.9\text{kN}$，不满足要求，可在主管下增设垫板。

② 节点处受拉支管（斜腹杆 8）的承载力设计值 N_{u8}：

由图 4-61 可知，斜腹杆 8 的内力 N_8 远小于斜腹杆 7 的内力 N_7，且 θ_8 与 θ_7 差别不大，故可知支管的承载力满足要求。计算方法同斜腹杆 7 的承载力设计值的计算，不再赘述。

③ 节点间隙处的主管轴心受力承载力设计值 N：

由公式（4-37）得

$$N = (A - \alpha_v A_v)f$$

式中
$$A = 26.36\text{cm}^2$$

$$\alpha_v = 1 - \sqrt{1 - \left(\frac{V}{V_p} \right)^2}$$

$$V = N_7 \sin\theta_7 = 209.9 \times \sin 26.5° = 93.6\text{kN}$$

$$V_p = A_v f_v = 1457 \times 120 = 174840\text{N} = 174.8\text{kN}$$

$$\alpha_v = 1 - \sqrt{1 - \left(\frac{V}{V_p} \right)^2} = 1 - \sqrt{1 - \left(\frac{93.6}{174.8} \right)^2} = 0.155$$

代入公式（4-37）得

$N = (26.36 \times 100 - 0.155 \times 1457) \times 205 = 494083\text{N} = 494.1\text{kN} > N_2 = 267.8\text{kN}$，满足要求。

④ 支管 7 与主管的连接焊缝设计：

$$h_7 = 110\text{mm}, \quad b_7 = 110\text{mm}, \quad \theta_7 = 26.5°, \quad N_7 = 209.9\text{kN}$$

由公式（4-45）得，支管 7 与主管的连接角焊缝的计算长度 l_{w7}

$$l_{w7} = \frac{2h_7}{\sin\theta_7} + 2b_7 = \frac{2 \times 110}{\sin 26.5°} + 2 \times 110 = 713\text{mm}$$

支管 7 与主管的连接角焊缝的焊脚尺寸 $h_{f7} = 4\text{mm}$，

由公式（4-43）得

$$\frac{N_7}{0.7 h_{f7} l_{w7}} = \frac{209.9 \times 10^3}{0.7 \times 4 \times 713} = 105.1\text{N/mm}^2 < f_f^w = 140\text{N/mm}^2，满足要求。$$

⑤ 支管 8 与主管的连接焊缝设计：

$$h_8 = 70\text{mm}, \quad b_8 = 70\text{mm}, \quad \theta_8 = 35.74°, \quad N_8 = 109.4\text{kN}$$

由公式（4-45）得，支管 8 与主管的连接角焊缝的计算长度 l_{w8}

$$l_{w8} = \frac{2h_8}{\sin\theta_8} + 2b_8 = \frac{2 \times 70}{\sin 35.74°} + 2 \times 70 = 380\text{mm}$$

支管 8 与主管的连接角焊缝的焊脚尺寸 $h_{f8} = 3\text{mm}$，

由公式（4-43）得

$$\frac{N_8}{0.7h_{f8}l_{w8}} = \frac{109.4 \times 10^3}{0.7 \times 3 \times 380} = 137.1 \text{N/mm}^2 < f_f^w = 140 \text{N/mm}^2，满足要求。$$

5）支管与主管（下弦杆）相交节点处（KT 形节点）的强度验算（图 4-79）

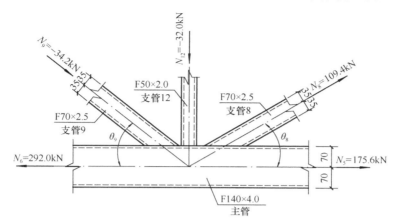

图 4-79　方管屋架支管与主管相交 KT 形节点

由表 4-24 可知，主管（下弦杆 5-6）截面为 F140×4.0，即 $b = 140$mm，$t = 4.0$mm；受拉支管（斜腹杆 8）截面为 F70×2.5，即 $b_8 = h_8 = 70$mm，$t_8 = 2.5$mm，$\theta_8 = 31°$；受压支管（斜腹杆 9）截面为 F70×2.5，即 $b_9 = h_9 = 70$mm，$t_9 = 2.5$mm，$\theta_9 = 39°$；受压支管（竖杆 12）截面为 F50×2.0，即 $b_{12} = h_{12} = 50$mm，$t_{12} = 2.0$mm，$\theta_{12} = 90°$。由表 4-8 注 2 可得：

$$\beta = \frac{b_8 + b_9 + b_{12} + h_8 + h_9 + h_{12}}{6b} = \frac{70 + 70 + 50 + 70 + 70 + 50}{6 \times 140} = 0.452 > 0.35，满$$

足表 4-8 的要求。

$$\frac{b_8}{b} = \frac{h_8}{b} = \frac{70}{140} = 0.500$$

$$\frac{b_9}{b} = \frac{h_9}{b} = \frac{70}{140} = 0.500$$

$$\frac{b_{12}}{b} = \frac{h_{12}}{b} = \frac{50}{140} = 0.357$$

$$0.1 + 0.01 \frac{b}{t} = 0.1 + 0.01 \times \frac{140}{4.0} = 0.450$$

可见，$\frac{b_8}{b} = \frac{h_8}{b} > 0.1 + 0.01 \frac{b}{t}$，$\frac{b_9}{b} = \frac{h_9}{b} > 0.1 + 0.01 \frac{b}{t}$，$\frac{b_{12}}{b} = \frac{h_{12}}{b} < 0.1 + 0.01 \frac{b}{t}$，均满足表 4-8 的要求。

$$0.5 < \frac{h_8}{b_8} = \frac{h_9}{b_9} = \frac{70}{70} = 1.000 < 2，0.5 < \frac{h_{12}}{b_{12}} = \frac{50}{50} = 1.000 < 2，均满足表 4-8 的要$$

求。

$$\frac{b}{t} = \frac{h}{t} = \frac{140}{4.0} = 35，满足表 4-8 的要求。$$

$$\frac{b_9}{t_9} = \frac{h_9}{t_9} = \frac{70}{2.5} = 28 < 37\varepsilon_{k,7} = 37，且 \frac{b_9}{t_9} = \frac{h_9}{t_9} = \frac{70}{2.5} = 28 < 35，满足表 4-8 的要求。$$

$\dfrac{b_{12}}{t_{12}} = \dfrac{h_{12}}{t_{12}} = \dfrac{60}{2.0} = 30 < 37\varepsilon_{k,7} = 37$，且 $\dfrac{b_{12}}{t_{12}} = \dfrac{h_{12}}{t_{12}} = \dfrac{50}{2.0} = 25 < 35$，满足表 4-8 的要求。

$\dfrac{b_8}{t_8} = \dfrac{h_8}{t_8} = \dfrac{70}{2.5} = 28 < 35$，满足表 4-8 的要求。

根据图 4-79 放样得，支管最大间隙 $a = 81$mm，$t_8 + t_{12} = 2.5 + 2.0 = 4.5$mm，可见 $a > t_8 + t_{12}$，满足表 4-8 的要求。

$$\frac{a}{b} = \frac{81}{140} = 0.579$$

$$0.5(1 - \beta) = 0.5 \times (1 - 0.452) = 0.274$$

$$1.5(1 - \beta) = 1.5 \times (1 - 0.452) = 0.882$$

可见，$0.5(1 - \beta) < \dfrac{a}{b} < 1.5(1 - \beta)$，满足表 4-8 的要求。

$$N_9 \sin\theta_9 + N_{12}\sin\theta_{12} = 34.2 \times \sin39° + 32 \times \sin90° = 53.5\text{kN}$$

① 节点处受拉支管（斜腹杆 8）的承载力设计值 N_{u8}：

由公式（4-33）得

$$N_{u8} = \frac{8}{\sin\theta_8}\beta\left(\frac{b}{2t}\right)^{0.5} \cdot t^2 \cdot f \cdot \psi_n$$

式中 $\theta_8 = 31°$，$b = 140$mm，$t = 4.0$mm，

主管受拉，故 $\psi_n = 1.0$

代入公式（4-33）得

$$N_{u8} = \frac{8}{\sin31°} \times 0.452 \times \left(\frac{140}{2 \times 4.0}\right)^{0.5} \times 4.0^2 \times 205 \times 1.0$$
$$= 96335\text{N} = 96.3\text{kN}$$

由公式（4-34）得

$$N_{u8} = \frac{A_v f_v}{\sin\theta_8}$$

式中 $\theta_8 = 31°$，$f_v = 120\text{N/mm}^2$，

$A_v = (2h + \alpha b)t = \left(2h + b\sqrt{\dfrac{3t^2}{3t^2 + 4a^2}}\right)t$，其中，$b = h = 140$mm，$t = 4.0$mm，根据图 4-62 放样得，支管间隙 $a = 24$mm，故

$$A_v = \left(2h + b\sqrt{\frac{3t^2}{3t^2 + 4a^2}}\right)t = \left(2 \times 140 + 140 \times \sqrt{\frac{3 \times 4.0^2}{3 \times 4.0^2 + 4 \times 24^2}}\right) \times 4.0 = 1200$$

mm² 代入公式（4-34）得

$$N_{u8} = \frac{1200 \times 120}{\sin31°} = 279591\text{N} = 279.6\text{kN}$$

由公式（4-35）得

$$N_{u8} = 2.0\left(h_8 - 2t_8 + \frac{b_8 + b_{e8}}{2}\right)t_8 f$$

式中 $h_8 = 70$mm，$t_8 = 2.5$mm，$b_8 = 70$mm，$b_{e8} = 70$mm，$f = 205\text{N/mm}^2$
代入上式得

$$N_{u8} = 2.0 \times \left(70 - 2 \times 2.5 + \frac{70 + 70}{2}\right) \times 2.5 \times 205$$

$$= 138375N = 138.4kN$$

因为 $\beta = 0.452 < 1 - 2t/b = 1 - 2 \times 5.0/140 = 0.929$，由公式（4-36）得

$$N_{u8} = 2.0 \left(\frac{h_8}{\sin\theta_8} + \frac{b_8 + b_{e8}}{2}\right)\frac{tf_v}{\sin\theta_8}$$

式中　$h_8 = 70mm$，$\theta_8 = 31°$，$b_8 = 70mm$，$b_{e8} = 70mm$，$t = 4.0mm$，$f_v = 120N/mm^2$
代入上式得

$$N_{u8} = 2.0 \times \left(\frac{70}{\sin 31°} + \frac{70 + 70}{2}\right) \times \frac{4.0 \times 120}{\sin 31°}$$

$$= 383808N = 383.8kN$$

综上，$N_{u8} = \min$（96.3kN，279.6kN，138.4kN，383.8kN）$= 96.3kN < N_8 =$ 109.4kN，不满足要求，可在主管上增设垫板。

$N_{u8}\sin\theta_8 = 96.3 \times \sin 31° = 49.6kN < N_9\sin\theta_9 + N_{12}\sin\theta_{12} = 53.5kN$，不满足要求，可在主管上增设垫板。

② 节点处受压支管（斜腹杆9）的承载力设计值 N_{u9}

由公式（4-33）得

$$N_{u9} = \frac{8}{\sin\theta_9}\beta\left(\frac{b}{2t}\right)^{0.5} \cdot t^2 \cdot f \cdot \psi_n$$

式中　$\theta_9 = 39°$，$\beta = 0.452$，$b = 140mm$；$t = 4.0mm$，$f = 205N/mm^2$

主管受拉，故 $\psi_n = 1.0$

代入公式（4-33）得

$$N_{u9} = \frac{8}{\sin 39°} \times 0.452 \times \left(\frac{140}{2 \times 4.0}\right)^{0.5} \times 4.0^2 \times 205 \times 1.0$$

$$= 78841N = 78.8kN$$

由公式（4-34）得

$$N_{u9} = \frac{A_v f_v}{\sin\theta_9}$$

式中　$\theta_7 = 39°$，$f_v = 120N/mm^2$，

$A_v = (2h + \alpha b)t = \left(2h + b\sqrt{\frac{3t^2}{3t^2 + 4a^2}}\right)t$，其中，$b = h = 140mm$，$t = 4.0mm$，根据图 4-79 放样得，支管最大间隙 $a = 81mm$，故

$A_v = \left(2h + b\sqrt{\frac{3t^2}{3t^2 + 4a^2}}\right)t = \left(2 \times 140 + 140 \times \sqrt{\frac{3 \times 5.0^2}{3 \times 4.0^2 + 4 \times 81^2}}\right) \times 4.0 =$ 1144mm² 代入公式（4-34）得

$$N_{u9} = \frac{A_v f_v}{\sin\theta_9} = \frac{1144 \times 120}{\sin 39°} = 218140N = 218.1kN$$

由公式（4-35）得

$$N_{u9} = 2.0\left(h_9 - 2t_9 + \frac{b_9 + b_{e9}}{2}\right)t_9 f$$

式中　$h_9 = 70$mm，$t_9 = 2.5$mm，$b_9 = 70$mm，$b_{e9} = 70$mm，$f = 205$N/mm^2

代入上式得

$$N_{u9} = 2.0 \times \left(70 - 2 \times 2.5 + \frac{70 + 70}{2}\right) \times 2.5 \times 205$$

$$= 138375\text{N} = 138.4\text{kN}$$

因为 $\beta = 0.452 < 1 - 2t/b = 1 - 2 \times 4.0/140 = 0.943$，由公式（4-36）得

$$N_{u9} = 2.0\left(\frac{h_9}{\sin\theta_9} + \frac{b_9 + b_{e9}}{2}\right)\frac{tf_v}{\sin\theta_9}$$

式中　$h_9 = 110$mm，$\theta_9 = 39°$，$b_9 = 110$mm，$b_{e9} = 70$mm，$t = 4.0$mm，$f_v = 120$N/mm^2

代入上式得

$$N_{u9} = 2.0\left(\frac{h_9}{\sin\theta_9} + \frac{b_9 + b_{e9}}{2}\right)\frac{tf_v}{\sin\theta_9}$$

$$= 2.0 \times \left(\frac{70}{\sin 39°} + \frac{70 + 70}{2}\right) \times \frac{4.0 \times 120}{\sin 39°}$$

$$= 276460\text{N} = 276.5\text{kN}$$

综上，$N_{u9} = \min$（78.8kN，218.1kN，138.4kN，276.5kN）$= 78.8\text{kN} > N_9 = 34.2\text{kN}$，满足要求。

$$N_{u8}\sin\theta_8 = 96.3 \times \sin 31° = 49.6\text{kN}$$

$$N_{u9}\sin\theta_9 = 78.8 \times \sin 39° = 49.6\text{kN}$$

可见，$N_{u8}\sin\theta_8 = N_{u9}\sin\theta_9$，满足要求。

③ 节点间隙处的主管轴心受力承载力设计值 N：

由公式（4-37）得

$$N = (A - \alpha_v A_v)f$$

式中　　　　　　　　　　$A = 26.36 \text{ cm}^2$

$$\alpha_v = 1 - \sqrt{1 - \left(\frac{V}{V_p}\right)^2}$$

$$V = N_8\sin\theta_8 = 109.4 \times \sin 31° = 56.3\text{kN}$$

$$V_p = A_vf_v = 1524 \times 120 = 182880N = 182.9\text{kN}$$

$$\alpha_v = 1 - \sqrt{1 - \left(\frac{V}{V_p}\right)^2} = 1 - \sqrt{1 - \left(\frac{56.3}{182.9}\right)^2} = 0.049$$

代入公式（4-37）得

$N = (26.36 \times 100 - 0.049 \times 15247) \times 205 = 525071\text{N} = 525.1\text{kN} > N_5 = 292.0\text{kN}$，满足要求。

④ 支管 8 与主管的连接焊缝设计：

$$h_8 = 70\text{mm}，b_8 = 70\text{mm}，\theta_8 = 31°，N_8 = 109.4\text{kN}$$

由公式（4-45）得，支管 8 与主管的连接角焊缝的计算长度 l_{w8}

$$l_{w8} = \frac{2h_8}{\sin\theta_8} + 2b_8 = \frac{2 \times 70}{\sin 31°} + 2 \times 70 = 412\text{mm}$$

支管 7 与主管的连接角焊缝的焊脚尺寸 $h_{f8} = 3\text{mm}$，

由公式（4-43）得

$$\frac{N_8}{0.7h_{f8}l_{w8}} = \frac{109.4 \times 10^3}{0.7 \times 3 \times 412} = 126.4\text{N/mm}^2 < f_f^w = 140\text{N/mm}^2，满足要求。$$

⑤ 支管 9 与主管的连接焊缝设计：

$$h_9 = 70\text{mm}，b_9 = 70\text{mm}，\theta_9 = 39°，N_9 = 34.2\text{kN}$$

由公式（4-45）得，支管 9 与主管的连接角焊缝的计算长度 l_{w9}

$$l_{w9} = \frac{2h_9}{\sin\theta_9} + 2b_9 = \frac{2 \times 70}{\sin 39°} + 2 \times 70 = 362\text{mm}$$

支管 9 与主管的连接角焊缝的焊脚尺寸 $h_{f9} = 3\text{mm}$，

由公式（4-43）得

$$\frac{N_9}{0.7h_{f9}l_{w9}} = \frac{34.2 \times 10^3}{0.7 \times 3 \times 362} = 45.0\text{N/mm}^2 < f_f^w = 140\text{N/mm}^2，满足要求。$$

同理，支管 12 与主管的连接焊缝设计

$$h_{12} = 50\text{mm}，b_{12} = 50\text{mm}，\theta_{12} = 90°，N_{12} = 32.0\text{kN}$$

由公式（4-45）得，支管 12 与主管的连接角焊缝的计算长度 l_{w12}

$$l_{w12} = \frac{2h_{12}}{\sin\theta_{12}} + 2b_{12} = \frac{2 \times 50}{\sin 90°} + 2 \times 50 = 200\text{mm}$$

支管 12 与主管的连接角焊缝的焊脚尺寸 $h_{f12} = 3\text{mm}$，

由公式（4-43）得

$$\frac{N_{12}}{0.7h_{f12}l_{w12}} = \frac{32.0 \times 10^3}{0.7 \times 3 \times 200} = 76.2\text{N/mm}^2 < f_f^w = 140\text{N/mm}^2，满足要求。$$

6）其他节点可根据图 4-28、图 4-31 放样，均采用围焊，计算从略。

【例题 4-5】 24m 轻型屋面圆钢管屋架计算

1. 设计资料

屋架跨度为 24m，屋架间距 6m，屋面坡度 1/10，屋面材料为 3.0×6m 太空轻质大型屋面板（钢边框），外天沟。钢材为 Q235B，焊条为 E43 型。如屋面材料采用 1.5×6.0m 板，屋架上弦杆需按压弯构件验算是否满足要求。

2. 屋架形式及几何尺寸

屋架形式及几何尺寸同例题 4-4。

3. 支撑布置

支撑布置同例题 4-4。

4. 荷载及内力组合

荷载及内力组合同例题 4-4。

5. 截面选择

杆件截面见表 4-25。

屋架杆件截面选用表   表 4-25

杆件名称	杆件编号	内力 N (kN)	截面规格 (mm)	截面面积 (cm^2)	计算长度 l_o (mm)	回转半径 i (cm)	长细比 λ_x	φ_{min}	强度 $\dfrac{N}{A}$ (N/mm^2)	稳定性 $\dfrac{N}{\varphi_{min}A_e}$ (N/mm^2)	容许长细比 $[\lambda]$
上弦杆	1-4	−279.8	D159×3.5	17.10	3016	5.50	54.8	0.836		195.8	150
下弦杆	5-6	292.0	D159×3.5	17.10	11850	5.50	215.5		170.8		350
斜腹杆	7	−209.9	D133×3.5	14.24	3377	4.58	73.7	0.757		194.8	150
	8	109.4	D89×2.5	6.79	3492	3.06	114.1		161.1		350
	9	−34.2	D89×2.5	6.79	3849	3.06	125.8	0.418		120.5	150
	10	−18.9	D89×2.5	6.79	3849	3.06	125.8	0.418		66.6	150
竖杆	11	−16.0	D57×2.0	3.46	1515	1.95	77.7	0.735		62.9	150
	12	−32.0	D57×2.0	3.46	2100	1.95	107.7	0.532		173.8	150
	13	23.8	D57×2.0	3.46	2700	1.95	138.5		68.8		350

注. 上表中 φ 按表 11-10a 查得, $\dfrac{N}{A}$ 及 $\dfrac{N}{\varphi_{min}A_e}$ 均不大于 f（见表 2-2）。

6. 节点连接计算

（1）支管与主管相交节点处（K 形节点）的强度验算（图 4-80）

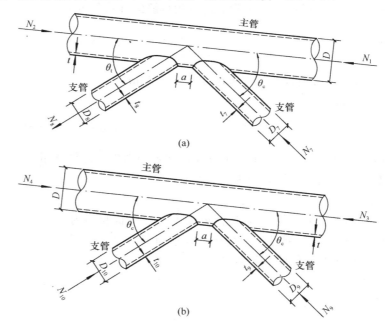

图 4-80　圆管屋架支管与主管相交节点构造

首先对杆件 1、2 间的节点进行验算。

根据图 4-80（a）放样可知，该节点为平面 K 形间隙节点，由公式（4-54）得，受压支管（斜腹杆 7）在管节点处的承载力设计值 N_{ck}：

$$N_{ck} = \frac{11.51}{\sin\theta_c} \left(\frac{D}{t}\right)^{0.2} \psi_n \cdot \psi_d \cdot \psi_a \cdot t^2 \cdot f$$

式中　$\theta_c = 26.5°$，$D = 159\text{mm}$，$t = 3.5\text{mm}$

$$\psi_n = 1 - 0.3\frac{\sigma}{f_y} - 0.3\left(\frac{\sigma}{f_y}\right)^2 = 1 - 0.3\frac{N_1}{Af_y} - 0.3\left(\frac{N_1}{Af_y}\right)^2$$

$$= 1 - 0.3 \times \frac{0}{17.10 \times 10^2 \times 235} - 0.3 \times \left(\frac{0}{17.10 \times 10^2 \times 235}\right)^2 = 1$$

$$\beta = D_i/D = 133/159 = 0.836 > 0.7$$

$$\psi_d = 2\beta - 0.68 = 2 \times 0.836 - 0.68 = 0.99$$

根据图 4-80（a）放样得，支管间隙 $a = 42.6\text{mm}$

由公式（4-55）得

$$\psi_a = 1 + \left(\frac{2.19}{1 + 7.5a/D}\right)\left(1 - \frac{20.1}{6.6 + D/t}\right)(1 - 0.77\beta)$$

$$= 1 + \left(\frac{2.19}{1 + 7.5 \times 42.6/159}\right)\left(1 - \frac{20.1}{6.6 + 159/3.5}\right)(1 - 0.77 \times 0.836)$$

$$= 1.16$$

代入公式（4-54）得

$$N_{ck} = \frac{11.51}{\sin26.5°}\left(\frac{159}{3.5}\right)^{0.2} \times 1 \times 0.99 \times 1.16 \times 3.5^2 \times 205$$

$$= 159587\text{N} = 159.6\text{kN} < N_7 = 209.9\text{kN}，不满足要求。应将上弦杆壁$$

厚增厚至 4.5mm 或加设垫板即可满足要求。

（2）受拉支管（斜腹杆 8）在节点处的承载力设计值验算

$$\theta_c = 26.5°，\theta_t = 35.74°$$

由公式（4-56）得

$$N_{tK} = \frac{\sin\theta_c}{\sin\theta_t}N_{cK} = \frac{\sin26.5°}{\sin35.74°} \times 159.6 = 121.9\text{kN} > N_8 = 109.4\text{kN}，满足要求。$$

同理，对杆件 3、4 间的节点进行验算。见图 4-80（b）。

（3）受压支管在主管节点处的承载力设计值 N_{ck}，由公式（4-54）得

$$N_{ck} = \frac{11.51}{\sin\theta_c}\left(\frac{D}{t}\right)^{0.2} \cdot \psi_n \cdot \psi_d \cdot \psi_a \cdot t^2 \cdot f$$

式中　$\theta_c = 32.9°$，$D = 159\text{mm}$，$t = 3.5\text{mm}$，$f = 205\text{N/mm}^2$

$$\psi_n = 1 - 0.3\frac{\sigma}{f_y} - 0.3\left(\frac{\sigma}{f_y}\right)^2 = 1 - 0.3\frac{N_3}{Af_y} - 0.3\left(\frac{N_3}{Af_y}\right)^2$$

$$= 1 - 0.3 \times \frac{267.8 \times 10^3}{17.10 \times 10^2 \times 235} - 0.3 \times \left(\frac{267.8 \times 10^3}{17.10 \times 10^2 \times 235}\right)^2$$

$$= 0.667$$

$$\beta = \frac{D_i}{D} = \frac{133}{159} = 0.836 > 0.7$$

$$\psi_d = 2\beta - 0.68 = 2 \times 0.836 - 0.68 = 0.99$$

根据图 4-80（b）放样得，支管间隙 $a = 42.6\text{mm}$

由公式（4-55）得

$$\psi_a = 1 + \left(\frac{2.19}{1 + 7.5a/D}\right)\left(1 - \frac{20.1}{6.6 + D/t}\right)(1 - 0.77\beta)$$

$$= 1 + \left(\frac{2.19}{1 + 7.5 \times 42.6/159}\right)\left(1 - \frac{20.1}{6.6 + 159/3.5}\right)(1 - 0.77 \times 0.836) = 1.16$$

代入公式（4-54）得

$$N_{ck} = \frac{11.51}{\sin32.9°}\left(\frac{159}{3.5}\right)^{0.2} \times 0.667 \times 0.99 \times 1.16 \times 3.5^2 \times 205$$

$$= 87440.1\text{N} = 87.4\text{kN} > N_9 = 34.2\text{kN},满足要求。$$

7. 节点连接焊缝计算

计算方法参见例题 4-4，圆管相贯连接的焊缝长度可由公式（4-62）及（4-63）计算求得。

8. 圆管屋架支座节点及上、下弦拼装节点

支座节点及上、下弦拼装节点如图 4-81～图 4-83 所示，计算方法同例题 4-4。

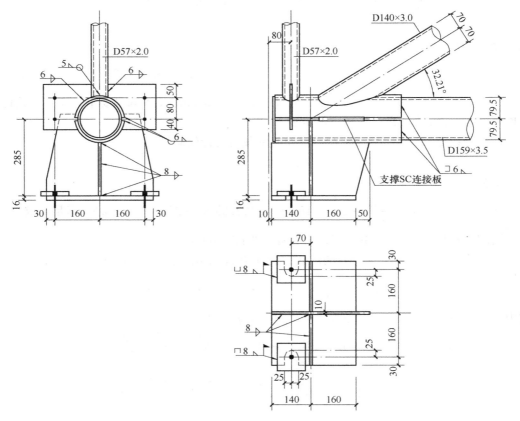

图 4-81　圆管屋架支座节点

9. 屋架上弦杆端节间压弯验算

在上弦杆 2、3、4 杆中点和节点处分别增加两根再分竖杆和斜杆（见图 4-84 中虚线所示），以消除其节间弯矩的影响。

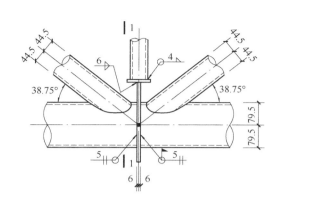
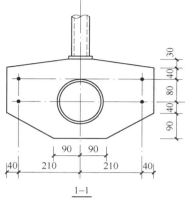

图 4-82　圆管屋架下弦拼装节点

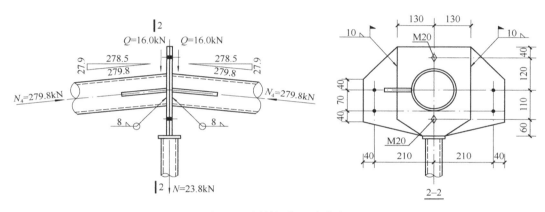

图 4-83　圆管屋架屋脊节点

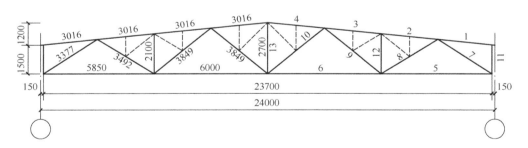

图 4-84　屋架增设再分竖杆斜杆示意

上弦杆 1 为零杆,

$$P = \frac{32}{2} = 16 \text{kN}$$

$$M = \frac{1}{4} \times 16 \times 3.016 \times 0.8 = 9.7 \text{kN} \cdot \text{m}$$

$$N = 0$$

按表 2-18 中公式（2-46b）取 $\beta_{\text{mx}} = 1.0$，按表 11-31 查得 $D159 \times 3.5$，$W_{\text{n}} = 65.12 \text{cm}^3$

$$\frac{\eta M}{\varphi_b W_n f} = \frac{0.7 \times 9.7 \times 10^6}{1.0 \times 65.12 \times 10^3 \times 205} = 0.51 < 1, 满足要求。$$

4.5 屋架支撑（含门式刚架）

4.5.1 一般要求

为保证承重结构在安装和使用过程中的整体稳定性，提高结构的空间作用，减小屋架杆件在平面外的计算长度，应根据结构的形式、跨度、房屋高度、吊车吨位和所在地区的抗震设防烈度等设置支撑系统。

支撑设置时若考虑发泡水泥复合大型屋面板（无檩体系）或檩条（有檩体系）的支撑作用，则它们与屋架上弦或刚架上翼缘应有可靠连接。发泡水泥复合大型屋面板至少与屋架上弦或刚架上翼缘有三点可靠焊接（焊缝焊脚尺寸 $h_f = 3mm$，长度 $l_w = 30 \sim 60mm$），檩条与焊接于屋架上弦或刚架上翼缘的檩托用螺栓连接。

在房屋每个温度区段或分期建设的区段中，应分别设置能独立构成空间稳定结构的支撑体系。

支撑系统包括横向支撑、竖向支撑、纵向支撑、系杆（刚性系杆和柔性系杆）和柱间支撑。本节重点论述梯形钢屋架及天窗架的支撑布置。

1. 梯形钢屋架

（1）上、下弦横向支撑，跨中及端部竖向支撑一般均设于厂房单元端开间，见图4-85。

（2）在非地震区，当采用山墙承重或抗震设防烈度6、7度有天窗时，为使屋架支撑与天窗架支撑位于同一开间内，可将屋架支撑设于第二柱间，见图4-86。

（3）当厂房单元长度大于66m时，在柱间支撑开间内应增设上、下弦横向支撑和跨中及端部竖向支撑。

（4）抗震设防烈度8、9度时，在天窗开洞范围内的两端各增设局部屋架上、下弦横向支撑，见图4-85、图4-86。

（5）竖向支撑

1）竖向支撑宜设置在设有横向支撑的屋架间。

2）抗震设防烈度为9度时，端部竖向支撑中距不应超过30m，端部竖向支撑形式如图4-28。

3）跨中竖向支撑当高度≤2.5m时，可采用图4-87（a）形式；当高度＞2.5m时，应采用图4-87（b）形式。

（6）纵向支撑

当厂房内有较大吨位的重级或中级工作制吊车，或有较大振动设备以及厂房较高且跨度较大，空间刚度要求较高时，均应在屋架下弦端节间设置纵向支撑，纵向支撑与横向支撑应布置为封闭型（图4-85、图4-86），以增强厂房刚度。

（7）上弦通长水平系杆（有檩体系可根据檩条刚度适当减少）

1）在未设置竖向支撑的屋架间，相应于竖向支撑的屋架上、下弦节点处应设置水平

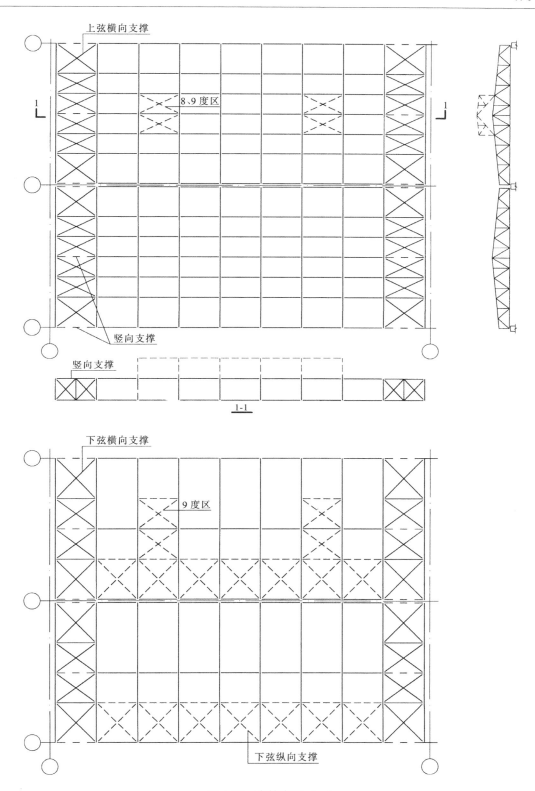

图 4-85　支撑布置（一）

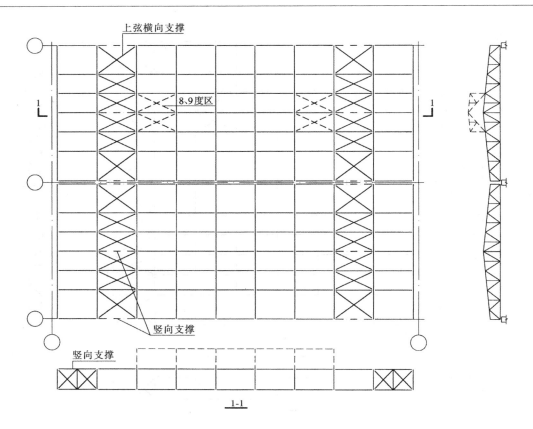

1-1

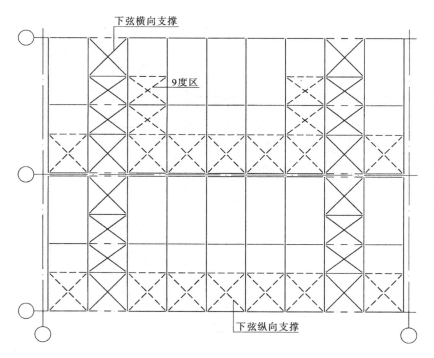

图 4-86　支撑布置（二）

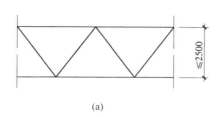
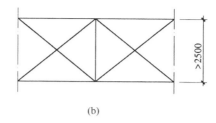

(a)   (b)

图 4-87 竖向支撑

系杆。天窗缺口范围内的系杆按该段屋架上弦杆平面外的长细比计算要求设置。屋架端部上弦标高处有现浇圈梁时，其端部处可不另设，并应满足下列条件 2）～5）；

2）抗震设防烈度 8 度，屋架跨度≤15m 时设一道；

3）抗震设防烈度 9 度，屋架跨度≤12m 时设一道；

4）当有较大吨位的重级工作制吊车或较大振动设备的厂房，系杆间距不宜大于 6m；

5）安装时应设置临时系杆，保证安装屋架时上弦杆平面外的长细比 λ_y≤250。

（8）下弦通长水平系杆

根据屋架下弦杆平面外的长细比 λ_y 要求设置：

1）一般在跨中及屋架两端竖向支撑处各设一道系杆，当屋架端部下弦标高处有现浇圈梁时可不设；

2）当永久荷载与风荷载组合，屋架下弦杆可能受压或跨度较大时，按长细比 λ_y 要求设置。

2. 天窗架

（1）天窗两端的第一柱间内，在天窗架上弦各设一道横向支撑，沿天窗架两侧各设一道竖向支撑；在其他柱间天窗架上弦的中央设置一道柔性系杆，见图 4-88。

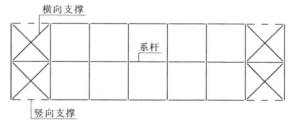

图 4-88 天窗架支撑布置

（2）天窗架支撑宜与屋架支撑相应设置，并位于同一柱间内。当厂房单元长度大于 66m 时，在柱间支撑开间内增设上弦横向支撑和两侧竖向支撑。

3. 门式刚架

（1）在设置柱间支撑的开间，宜同时设置屋盖横向支撑，以组成几何不变体系。柱间支撑的间距，当无吊车时宜取 30～45m；当有吊车时宜在温度区段中部上下分层设置，当温度区段较长或 8 度 Ⅲ、Ⅳ 类场地和 9 度时宜设在三分点处，设置二道柱间支撑，且间距不宜大于 60m。当房屋高度相对于柱间距较大时，柱间支撑宜分层设置。

（2）屋盖横向支撑宜设在温度区间端部的第一或第二开间；当端部支撑设在第二开间时，第一开间的相应位置应设置刚性系杆。

（3）在刚架转折处（单跨房屋边柱柱顶和屋脊，以及多跨房屋某些中间柱柱顶和屋脊）应沿房屋全长设置刚性系杆。

（4）在设有带驾驶室且起重量≥16t 桥式吊车的跨间，应在屋盖边缘设置纵向支撑桁架。当桥式吊车起重量较大时，尚应采取措施增加吊车梁的侧向刚度。

（5）作为减小刚架斜梁下翼缘平面外计算长度的隅撑，与其连接的檩条或发泡水泥大型屋面板边肋应位于屋盖横向支撑的节点上（对檩条的反向抗弯进行验算）。

4.5.2 杆件设计及截面

1. 支撑中的交叉斜杆按拉杆设计；与交叉斜杆相连或相邻的水平竖杆按压杆设计。

在两个横向支撑之间及相应于竖向支撑平面屋架间的上、下弦节点处的系杆可按拉杆或压杆设计；当横向支撑设在厂房单元端部第二柱间时，则第一柱间的所有系杆均按压杆设计。

2. 压杆宜采用双角钢组成的十字形截面或 T 形截面，按压杆设计的刚性系杆也可采用钢管截面。拉杆一般采用单角钢制作，对有张紧装置的交叉斜杆可采用直径为 16mm 的圆钢截面。

支撑杆件一般按长细比要求选择截面，具体要求见第 2 章表 2-8a 和表 2-8b。

确定桁架交叉腹杆的长细比，在桁架平面内的计算长度 l_{ox} 应取节点中心到交叉点间的距离（$l/2$）；在桁架平面外的计算长度 l_{oy}，当两交叉杆长度相等时，对拉杆应取 l（l 为节点中心间距离；交叉点不作为节点考虑）。系杆的计算长度 $l_{ox}=l_{oy}=0.9l$（l 为屋架或柱间距离）。

支撑杆件的节点板厚度通常采用 6～8mm，荷载和跨度较小时也可采用 5mm。

兼作支撑桁架弦杆、横杆或端竖杆的檩条、屋架（或天窗架）竖杆等，其长细比应满足支撑压杆的要求，屋架（或托架）的受拉弦杆虽兼作横向（或纵向）支撑桁架的弦杆，因其受有较大的拉力，可不受此限制。

3. 对于下列情况的支撑杆件，除应满足长细比的要求外，尚应根据内力，计算其强度、稳定性及连接：

（1）承受较大端墙风力的屋架下弦横向支撑和刚性系杆，以及承受侧墙风力的屋架下弦纵向支撑，当支撑桁架跨度≥24m 或风荷载标准值≥0.5kN/m² 时；

（2）竖向支撑兼作檩条时；

（3）考虑厂房结构的空间工作而用纵向支撑作为弹性支承的连续桁架时。

对刚架横梁上的横向支撑，也应根据支承于柱顶的水平桁架计算其风荷载的内力。

具有交叉斜腹杆的支撑桁架，通常将斜腹杆视为柔性杆件，只受拉，不受压，因而每个节间只有受拉的斜腹杆参加工作。图 4-89 为承受水平荷载的横向或纵向支撑桁架的计算简图。

4. 柱间支撑应根据该柱列所受的纵向风荷载或地震作用（如有吊车，还应计入吊车纵向制动力）按支承于柱脚基础上的竖向悬臂桁架计算其内力，对于交叉支撑一般可不考虑压杆受力。当同柱列设有多道柱间支撑时，纵向力在支撑间可按均匀分布考虑。

5. 对于抗震设防烈度为 7～9 度的屋架两端竖向支撑和天窗架两侧竖向支撑，除应按《建筑抗震设计规范》GB 50011—2010（2016 版）中的规定或间距设置外，尚应验算其纵向抗震强度。验算时取纵向基本自振周期 $T_1=T_g$，即 $\alpha_1=\alpha_{max}$，对于天窗架两侧竖向支撑，其地震作用效应宜乘以 2.0 的增大系数。

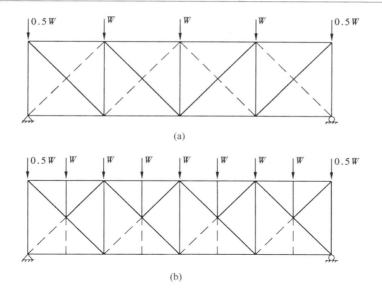

图 4-89　支撑桁架杆件内力计算简图
(a) 交叉点无竖杆的交叉斜腹杆；(b) 交叉点有竖杆的交叉斜腹杆

4.5.3　连接构造

支撑与屋架（刚架）和天窗架的连接一般均采用 4.6 级或 4.8 级普通 C 级螺栓，每个连接接头采用两个螺栓，连接螺栓直径为 16～20mm。

支撑与屋架下弦杆采用螺栓连接时，栓孔应在屋架节点板范围内距板边不小于100mm，否则应验算断面削弱影响或加大节点板补强；当下弦支撑与预焊于屋架下弦杆上的支撑节点板相连时则不受此限制。对设有重级工作制吊车或有较大振动设备的厂房，及抗震设防烈度≥7 度时，支撑与屋架的连接，除设置安装螺栓外，还应加安装焊缝，此时，焊缝焊脚尺寸不宜小于 5mm，每边的焊缝长度不宜小于 60mm，且不允许在屋架满负荷的情况下施焊。仅采用螺栓连接而不加焊接时，应待构件校正固定后将螺丝扣打毛或将螺杆与螺母焊接，以防松动。

1. 支撑与角钢屋架的连接

（1）上弦支撑与屋架的连接见图 4-90～图 4-94，这五种连接均有节点偏心，设计中应尽量减小偏心值。

图 4-90 适用于上弦角钢肢宽较大便于钻孔的情况；图 4-91 适用于角钢肢宽较小不便钻孔的情况，此时可将连接板预先焊在屋架上。

图 4-92、图 4-93 为圆钢交叉支撑与屋架的连接。图 4-92 连接件伸出屋架上弦少，便于运输，采用端部螺母张紧圆钢。图 4-93 将圆钢支撑两端的弯钩直接套在连接板的孔中，安装方便，但需设置花篮螺栓张紧圆钢。

图 4-90～图 4-91 中，当檩条位于屋盖横向支撑节点上，满足压杆长细比要求并留有10%以上应力或荷载裕量时，可作为屋架上弦杆平面外的侧向支承点。

图 4-94 为屋盖上弦支撑与屋架的连接，此时支撑横杆或系杆应与预先焊在上弦杆及腹杆上的竖板相连，以免这些杆件突出上弦杆表面影响屋面板或檩条安装。

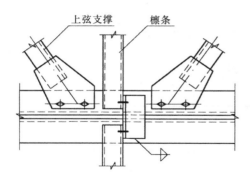

图4-90　上弦支撑与角钢屋架连接（一）

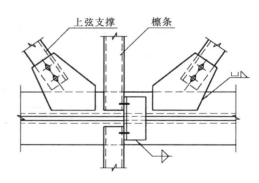

图4-91　上弦支撑与角钢屋架连接（二）

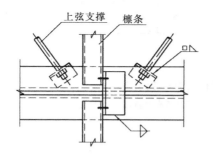

图4-92　上弦支撑与角钢屋架连接（三）

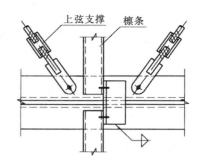

图4-93　上弦支撑与角钢屋架连接（四）

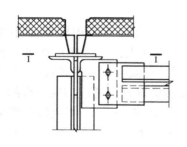

图4-94　上弦支撑与角钢屋架连接（五）

（2）下弦支撑与屋架的连接见图4-95～图4-97。交叉支撑与屋架下弦杆的连接，通常将一根角钢肢尖朝上，另一根朝下，使交叉点处两杆均不中断。

图4-95支撑与屋架直接用螺栓连接，图4-96支撑与预先焊在屋架上的连接板用螺栓连接，这两种方法支撑横杆与交叉斜杆共用节点板，使节点较紧凑，可按角钢肢宽大小确定采用哪种形式。图4-97有节点偏心，但支撑编号较少，安装方便。

横向支撑和纵向支撑一般采用交叉的形式，其交叉点见图4-98。

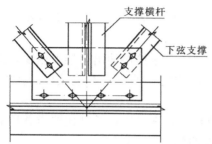

图4-95　下弦支撑与角钢屋架
连接（一）

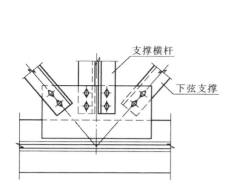

图 4-96 下弦支撑与角钢屋架连接（二）

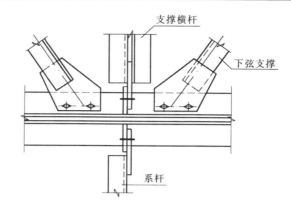

图 4-97 下弦支撑与角钢屋架连接（三）

为避免角钢肢尖与檩条或大型屋面板相碰，上弦支撑交叉杆一般均应采用角钢肢尖朝下的布置（图 4-98a、b）。当支撑的交叉点与型钢檩条相遇时，可在檩条底面设节点板将支撑与檩条连接（图 4-98b），这样可将此檩条视为屋架上弦杆的平面外支承点。

下弦支撑宜将一根角钢肢尖朝上，另一根朝下，使交叉点处均不中断，两角钢的肢背用螺栓加垫圈互相连接（图 4-98c）。

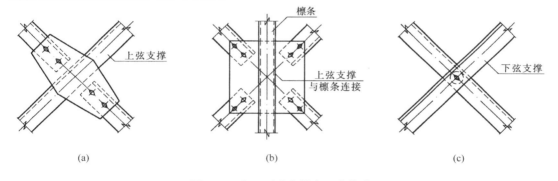

(a)   (b)   (c)

图 4-98 上、下弦支撑交叉点构造

（3）竖向支撑与屋架的连接见图 4-99、图 4-100。图 4-99 竖向支撑与屋架竖腹杆相连，构造简单，但传力不够直接，节点较弱，适用于屋面荷载较轻或跨度较小的情况。

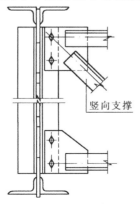

图 4-99 竖向支撑与角钢屋架连接（一）

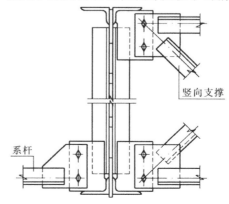

图 4-100 竖向支撑与角钢屋架连接（二）

图 4-100 构造复杂，但传力较直接，节点较强，适用于跨度较大的情况。

2. 支撑与方管屋架的连接

（1）上弦支撑与方管屋架的连接见图 4-101～图 4-103。

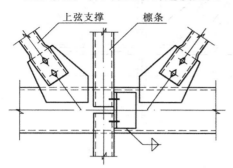
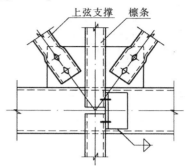

图 4-101　上弦支撑与方管屋架连接（一）　　　图 4-102　上弦支撑与方管屋架连接（二）

（2）下弦支撑与屋架的连接见图 4-104，一般均采用无偏心的连接。

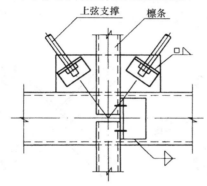
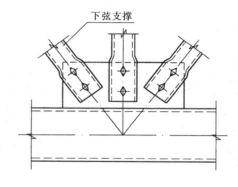

图 4-103　上弦支撑与方管屋架连接（三）　　　图 4-104　下弦支撑与方管屋架连接

（3）竖向支撑与屋架上弦的连接见图 4-105、图 4-106。图 4-105 屋架的安装螺栓沿竖向设置，因而连接板伸出上弦顶面较多。图 4-106 安装螺栓沿横向设置，连接板伸出顶面较少。

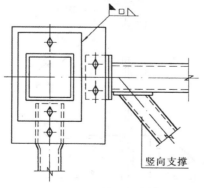
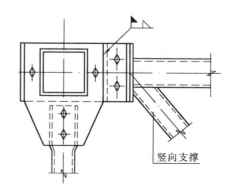

图 4-105　竖向支撑与方管屋架上弦连接（一）　　　图 4-106　竖向支撑与方管屋架上弦连接（二）

（4）竖向支撑与屋架下弦的连接见图4-107。

3. 支撑与刚架的连接

（1）隅撑与刚架的连接构造见第7章图7-9。

（2）圆钢交叉支撑与刚架构件连接，如不设连接板，可直接在刚架构件腹板上靠外侧设孔连接（图4-108）。当腹板厚度≤5mm时，应对支撑孔周边进行加强。圆钢支撑的连接宜采用带槽的专用楔形垫圈。圆钢端部应设丝扣，可用螺帽将圆钢张紧。

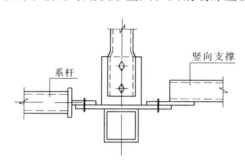

图4-107 竖向支撑与方管屋架下弦连接　　　图4-108 圆钢交叉支撑与刚架连接

4.5.4 支撑设计实例

【例题4-6】 承受风荷载的横向支撑（SC-1）

1. 设计资料

梯形钢屋架跨度24m，端开间柱距5.4m，其余6.0m，屋面坡度为1/10。基本风压$w_o=0.5\text{kN/m}^2$，屋架下弦距地面高度10m，屋脊距地面高度13m，下弦横向支撑承受山墙墙架柱传来的风荷载。钢材Q235，焊条E43型。下弦横向支撑的结构形式、几何尺寸见图4-109。

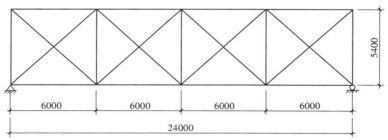

图4-109 支撑形式和几何尺寸

2. 风荷载设计值和杆件内力

由《建筑结构荷载规范》GBJ 50009—2012，风荷载高度变化系数（取屋脊处）1.084，山墙体型系数−0.7，则垂直于山墙的风荷载标准值$w_k=0.7\times1.084\times0.5=0.379$。作用于支撑桁架的节点荷载设计值$W=1.4\times0.379\times6.0\times(10+13)/2=20.69\text{kN}$。

计算简图及杆件内力见图4-110。

3. 杆件截面选择及计算

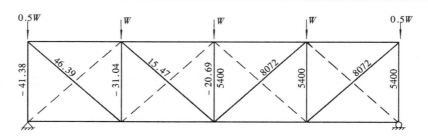

图 4-110　计算简图和杆件内力

节点板厚度采用 6mm。

（1）竖杆（直腹杆）

取端横杆（最不利）计算，$N = -41.38\text{kN}$，$l_0 = l = 540\text{cm}$

选用 -80×5，$A = 15.82\text{cm}^2$，$i = 3.13\text{cm}$

$$\lambda = l_0/i = 540/3.13 = 172.5 < 200$$

属 b 类截面，查表 11-3（b），$\varphi = 0.242$，按公式（2-7）计算的稳定性为：

$$\frac{N}{\varphi A f} = \frac{41.38 \times 10^3}{0.242 \times 15.82 \times 10^2 \times 215} = 0.5 < 1$$

（2）交叉斜杆（斜腹杆）

取端斜杆（最不利）计算，$N = 46.39\text{kN}$，$l_{0x} = 807.2/2 = 403.6\text{cm}$，$l_{0y} = 807.2\text{cm}$

选用 $L70 \times 5$，$A = 6.88\text{cm}^2$，$i_v = 1.39\text{cm}$，$i_x = 2.16\text{cm}$

$$\lambda_x = 403.6/1.39 = 290.4，\lambda_y = 807.2/2.16 = 373.7 < 400$$

按公式（2-4）计算的强度为：

$$\sigma = \frac{N}{A_n} = \frac{46.39 \times 10^3}{6.88 \times 10^2} = 67.4\text{N/mm}^2 < 0.85 \times 215 = 182.8\text{N/mm}^2$$

4. 节点设计从略。

【例题 4-7】屋架端部竖向支撑（ZC-1）

1. 设计资料

梯形钢屋架跨度 27m，屋架端部高度 1.5m，厂房单元长度 66m，柱距 6.0m，于端开间和中部开间设竖向支撑，支撑布置见图 4-111。屋面材料为 1.5m×6.0m 的发泡水泥复合大型屋面板，屋面坡度 1/10，抗震设防烈度 8 度，设计基本地震加速度为 0.20g。钢材 Q235，焊条 E43 型。

2. 荷载设计值和杆件内力

假设纵向地震作用按各竖向支撑所辖面积分配，现仅对中部开间竖向支撑计算。

屋面板和屋架自重（包括檩条、支撑）为 0.82kN/m²；屋面均布活荷载为 0.50kN/m²。

重力荷载代表值

$$G_{eg} = (0.82 + 0.5 \times 0.50) \times 27 \times 66 = 1906.7\text{kN}，\alpha_1 = \alpha_{max} = 0.16$$

地震作用标准值

$$E_{hk} = \alpha_1 G_{eg} = 0.16 \times 1906.7 = 305.07\text{kN}$$

作用于端部竖向支撑的地震作用设计值按六榀间均匀考虑

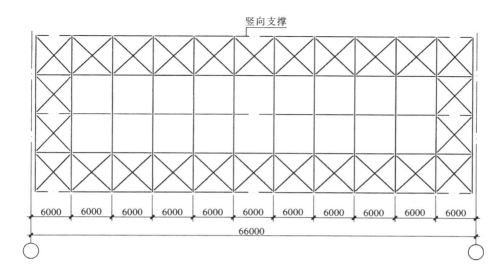

图 4-111 支撑布置

$$E_{\mathrm{h}} = \gamma_{\mathrm{Eh}}E_{\mathrm{hk}}/(6 \times 2) = 1.3 \times 305.07/12 = 33.05\mathrm{kN}$$

计算简图及内力见图 4-112。

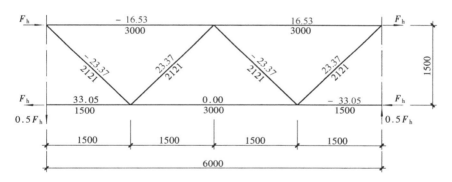

图 4-112 计算简图和杆件内力

3. 杆件截面选择

节点板厚度采用 6mm。

（1）上弦杆

$$N_1 = -16.53\mathrm{kN}, \ N_2 = 16.53\mathrm{kN}, \ l_{0\mathrm{x}} = 300.0\mathrm{cm}$$

由公式（4-2）得

$$l_{0\mathrm{y}} = l_1(0.75 + 0.25N_2/N_1) = 600 \times [0.75 + 0.25 \times (-16.53)/16.53] = 300.0\mathrm{cm}$$

选用 $\llcorner \ulcorner 70 \times 5$，$A = 13.75\mathrm{cm}^2$，$i_{\mathrm{x}} = 2.16\mathrm{cm}$，$i_{\mathrm{y}} = 3.09\mathrm{cm}$

$$\lambda_{\mathrm{x}} = l_{0\mathrm{x}}/i_{\mathrm{x}} = 300.0/2.16 = 138.9 < 200，属 b 类截面。$$

$$\lambda_{\mathrm{y}} = l_{0\mathrm{y}}/i_{\mathrm{y}} = 300.0/3.09 = 97.1 < 200，属 b 类截面。$$

由表 2-15 中公式（2-21）得：

$$\lambda_{\mathrm{z}} = 3.9\frac{b}{t} = 3.9 \times \frac{70}{5} = 54.6 < \lambda_{\mathrm{y}} = \frac{300}{3.09} = 97.1$$

则由表 2-15 中公式（2-21a）得绕对称轴计及扭转效应的换算长细比

$$\lambda_{yz} = \lambda_y \left[1 + 0.16 \left(\frac{\lambda_z}{\lambda_y} \right)^2 \right] = 97.1 \times \left[1 + 0.16 \times \left(\frac{54.6}{97.1} \right)^2 \right] = 102.0$$

查表 11-3b 得，$\varphi_x = 0.349$，$\varphi_{yz} = 0.542$，则 $\varphi_{min} = 0.349$

按公式（2-7）并考虑承载力抗震调整系数 $\gamma_{RE} = 0.8$，则计算稳定性为：

$$\frac{\gamma_{RE} N}{\varphi_{min} A f} = \frac{0.8 \times 16.53 \times 10^3}{0.349 \times 13.75 \times 10^2 \times 215} = 0.128 < 1，满足要求。$$

（2）下弦杆

$$N = -33.05 \text{kN}, \quad l_{0x} = 150.0 \text{cm}, \quad l_{0y} = 600.0 \text{cm}$$

选用 ⌐⌐ 75×6，$A = 16.32 \text{cm}^2$，$i_x = 2.15 \text{cm}$，$i_y = 3.11 \text{cm}$

$\lambda_x = l_{0x}/i_x = 150.0/2.15 = 69.8 < 200$，属 b 类截面。

$\lambda_y = l_{0y}/i_y = 600/3.11 = 192.9 < 200$，属 b 类截面。

由表 2-15 中公式（2-21）得：

$$\lambda_z = 3.9 \frac{b}{t} = 3.9 \times \frac{70}{6} = 45.5 < \lambda_y$$

则由表 2-15 中公式（2-21a）得绕对称轴计及扭转效应的换算长细比

$$\lambda_{yz} = \lambda_y \left[1 + 0.16 \left(\frac{\lambda_z}{\lambda_y} \right)^2 \right] = 192.2 \times \left[1 + 0.16 \times \left(\frac{45.5}{192.9} \right)^2 \right] = 199.3 < 200$$

查表 11-3b 得，$\varphi_x = 0.752$，$\varphi_{yz} = 0.186$，则 $\varphi_{min} = 0.186$

按公式（2-7）并考虑承载力抗震调整系数 $\gamma_{RE} = 0.8$，则计算稳定性为：

$$\frac{\gamma_{RE} N}{\varphi_{min} A f} = \frac{0.8 \times 33.05 \times 10^3}{0.186 \times 16.32 \times 10^2 \times 215} = 0.405 < 1，满足要求。$$

如用查表法，查表 11-30b，$l_y = 6.0 \text{m}$，$N = 68.6 \text{kN} > 0.8 \times 33.05 = 26.4 \text{kN}$。

（3）腹杆

$$N = -23.37 \text{kN}, \quad l_0 = 212.1 \text{cm}$$

选用 L 63×5，$A = 6.14 \text{cm}^2$，$i_{min} = 1.25 \text{cm}$

$$\lambda_{max} = l_0/i_{min} = 212.1/1.25 = 169.7 < 200，属 b 类截面。$$

查表 11-3b 得，$\varphi_{min} = 0.249$，单角钢钢材强度设计值的折减系数为 $0.6 + 0.0015 \times 169.7 = 0.855$，按公式（2-7）并考虑承载力抗震调整系数 $\gamma_{RE} = 0.8$，则计算稳定性为：

$$\frac{\gamma_{RE} N}{\varphi_{min} A f} = \frac{0.8 \times 23.37 \times 10^3}{0.249 \times 6.14 \times 10^2 \times 215} = 0.569 < 1，满足要求。$$

4. 节点设计从略。

4.6　钢屋架及支撑设计中的若干问题

1. 屋架外形、截面类型和节间长度

（1）屋架外形通常为梯形和三角形。梯形钢屋架适用于跨度为 18～30m，个别为 15m、33m 和 36m。屋面坡度一般为 1/10。三角形钢屋架适用于跨度为 12m、15m、18m，个别为 6m、9m 和 21m。屋面坡度一般为 1/3。梯形屋架外形美观，穿越管道方便，外荷载弯矩与外形图较接近，适用于大跨度。

国家建筑标准设计图有钢筋混凝土屋面的梯形钢屋架和轻型屋面（压型钢板、钢框轻质板）的梯形钢屋架。屋架端部的中心线尺寸分别为 2000mm 和 1500mm，外包尺寸 2220mm、1750mm 和 1890mm，一般上下弦均起拱 $l/500$，竖向平面的刚度较大。

（2）屋架的杆件截面传统为角钢截面，来料施工方便。随着薄壁截面品种的多样化，国家建筑标准设计图又编制了圆，方管截面和剖分 T 型钢截面的钢屋架以节约钢材和简便施工。

（3）上弦节间的水平投影长度一般为 1.5m，上弦为节点荷载，避免局部弯曲。上弦节间长度为 1.5m 的模数，与屋架跨度 3 模一致。当屋架为圆形和方管截面时，上弦杆的节间长度可取 3.0m 以减少节点数量，简化施工。

2. 轻型屋面钢屋架的设计要点

（1）在永久荷载和风吸力组合作用下，下弦杆可能受压。为便于验算下弦杆不会出现压力和出现压力后的受压承载力计算，以下重点介绍屋架下弦杆的荷载效应系数 C 值（表 4-26）和受压下弦杆承载力计算。

轻型屋面梯形和三角形钢屋架荷载效应系数 C 值　　　　　　表 4-26

项次	图集名称	屋架下弦荷载效应系数 C 值								说明
1	《轻型屋面梯形钢屋架》05G515	L　15　18　21　24　27　30　33　36								$i=1/10$
		C　72.3　101.6　131.1　162.8　199.2　235.8　272.3　214.3								
2	《轻型屋面梯形钢屋架（圆钢管方钢管）》06SG515-1	L　15　18　21　24　27　30								$i=1/10$
		C　72.3　101.6　131.1　162.8　199.2　235.8								
3	《轻型屋面梯形钢屋架（部分 T 型钢）》06SG515-2	L　15　18　21　24　27　30								$i=1/10$
		C　72.3　101.6　131.1　162.8　199.2　235.8								
4	《轻型屋面三角形钢屋架》05G515	L　6　9　12　15　18								$i=1/3$
		C　40.5　67.5　94.5　121.5　148.5								$i=1/2.5$
		33.8　56.3								
5	《轻型屋面三角形钢屋架（圆钢管、方钢管）》06SG517-1	L　　　12　15　18								$i=1/3$
		C　　　94.5　121.5　148.5								
6	《轻型屋面三角形钢屋架（部分 T 形钢）》06SG517-2	L　　　12　15　18								$i=1/3$
		C　　　94.5　121.5　148.5								

注：荷载效应系数 C 值为 $1kN/m^2$ 均布荷载作用于上弦节点，负荷载面积 $1.5m \times 6m$，屋架下弦杆最大内力。

（2）屋架下弦杆不会出现压力的条件：　　梯形屋架　$W_k \leqslant \dfrac{G'_k}{1.4}$

$$三角形屋架　W_k \leqslant \dfrac{G'_k}{1.54}$$

为屋面风吸力荷载设计值和永久荷载标准值作用下屋架下弦杆不出现压力，满足设计要求。

（3）如不满足上述条件时，应加大下弦杆截面或加密下弦杆系杆间距并按下式验算：

$$\lambda_{max} \leqslant 250 \qquad W_k \leqslant [W_k]$$

$$W_k = \left(\frac{\varphi_{min} A f - \Delta N}{C} + G'_k \right) / r_w$$

式中　$\varphi_{\min}$——取两个方向 $\lambda_{\max}$ 确定的稳定系数（表 14-1～表 14-12）；

A——为下弦杆截面（mm^2）；

G'_k——为验算风吸力时采用的永久荷载标准值（kN/m^2）；
　　　　取 G_k 设计取用的永久荷载标准值-0.1（kN/m^2）；

r_w——风荷载分项系数 1.4，三角形屋架屋面坡度大，考虑风荷载方向转换成竖向后应改取 1.54；

ΔN——排架柱顶（包括吊车和墙面风荷载）传给屋架下弦杆的压力（kN）。

上式中：不考虑 ΔN 时，可取 $\Delta N=0$，当 ΔN 为拉力时应按下式验算：

$$N+\Delta N \leqslant Af$$

式中　N——为屋面永久荷载和可变荷载组合后的下弦杆最大拉力设计值；

f——钢材抗拉强度设计值。

3. 连续檩条的屋架，必须考虑檩条支座反力的增加对屋架节点荷载增大 10% 的影响。

4. 屋架上弦横向支撑节距

轻型屋面钢屋架的侧向刚度较差，上弦横向支撑节距和屋架平面外计算长度一般取 3.0m 或 4.5m，而混凝土无檩体系（1.5×6.0 屋面板）的梯形钢屋架因屋面侧向刚度好，可协助上弦杆平面外起部分支撑作用，故上弦杆平面外的计算长度可取两块板宽 3m，从而可使上弦横向支撑的节距最大为 6.0m。

5. 钢屋架的支撑布置

现行《建筑抗震设计规范》2016 版 GB 50011—2010 第 9 章中的屋面支撑布置是以单层钢筋混凝土柱厂房和单层钢结构厂房识别，并未区分钢屋架和混凝土屋架和轻、重屋面。编制者认为，单层钢筋混凝土柱厂房中的钢屋架原则上应遵守单层钢结构厂房中的屋盖支撑系统布置，它的特点：上、下弦横向支撑配套；天窗架的支撑间距结合钢天窗架的特点适当放宽。它完全符合以往的工程实践，故不宜与单层钢筋混凝土柱厂房中的支撑布置相混。但重屋盖厂房屋天窗架的支撑间距仍宜按建筑抗震设计规范表 9.1.15 和表 9.1.16 执行。

6. 关于重级工作制吊车 A6～A8 厂房

厂房内设有重级工作制吊车，特别是受拉构件必须严格按表 2-16 限制构件的容许长细比 $\lambda=250$；按本款 2.（3）验算排架柱顶水平剪力传给屋架下弦后杆件的抗拉强度和抗压稳定性（即限制 W_k），加强屋架的支撑布置，必要时加设纵向支撑。

7. 屋盖支撑设计

屋盖上、下弦横向支撑一般均按构件容许长细比确定截面，交叉斜杆按拉杆设计，容许长细比 $[\lambda]$ 按中级工作制和重级工作制分别取 400 和 350（地震区交叉斜拉杆容许长细比均取 350 为宜）。刚性系杆按压杆设计 $[\lambda]=200$。支撑与屋架的连接按等强度连接，通常用两个安装螺栓定位后焊接，焊缝最小长度视轻重屋面为 60mm 或 80mm。屋架端部竖向支撑为主要抗震构件，必须严格遵守 GB 50011—2010（2016 版）第 9.2.9 的规定，并经计算确定杆件截面和连接强度。

8. 钢框轻质板（发泡水泥复合板）的支撑布置

该类屋盖原则上可归入轻质屋面，但其支撑布置应同时符合无檩和有檩体系的屋盖支撑系统布置。

9. 关于抗风柱柱顶与屋架（梁）的连接方式

历次建筑抗震设计规范都推荐抗风柱柱顶与屋架上弦连接，GB 50011—2010（2016版）第 9.1.25 条 3 款再次明确。过去国家建筑标准设计图曾给出与上、下弦同时连接的标准节点大样，便于设计选用。这里必须指出：如与下弦连接应加强下弦横向支撑中刚性系杆的截面，以便更好地承受山墙传来的水平地震作用和风荷载。有些钢实腹梁（门式刚架）抗风柱顶均连于横梁下翼缘，致使梁产生较大的水平力，如再设斜撑（与横向支撑节点处檩条相连），此檩条必须验算后加强。

第5章 网 架

5.1 网架的特点与适用范围

网架结构是由诸多杆件按一定规律组成的高次超静定空间结构。它改变了一般平面桁架的受力体系，能够承受来自各方向的荷载。由于杆件之间的相互支撑作用，空间刚度大、整体性好、抗震能力强，而且能够承受由于地基不均匀沉降带来的不利影响；即使在个别杆件受到损伤的情况下，也能自动调节杆件内力，保持结构的安全。

网架结构的自重轻，用钢量省。既适用于中小跨度，也适用于大跨度的房屋；同时也适用于各种平面形式的建筑，如：矩形、圆形、扇形及多边形。

网架结构取材方便，一般采用 Q235 钢或 Q345 钢，杆件截面形式有钢管和角钢两类，以钢管采用较多，并且可以用小规格的杆件截面建造大跨度的建筑。

另外，网架结构其杆件规格划一，适宜工厂化生产，为提高工程进度提供了有利的条件和保证。

网架结构有通用的计算程序，制图简单，加之其本身所具有的特点和优越性，给网架结构的发展提供了有利条件。

网架结构是一种应用范围很广的结构形式，既可用于体育馆、俱乐部、展览馆、影剧院、车站候车大厅等公共建筑，近年来也越来越多地用于仓库、飞机库、厂房等工业建筑中。

5.2 网架结构形式

网架按照结构体系可分为平面桁架系和角锥体系。按照支承情况可分为周边支承、四点支承、多点支承、周边支承与点支承结合以及三边支承五种情况。

周边支承的网架可分为周边支承在柱上或周边支承在圈梁上。周边支承在柱上时，柱距可取为网格的模数，将网架直接支承于柱顶，这种形式一般用于大、中型跨度的网架。周边支承在圈梁上则网格划分比较灵活，适用于中、小跨度的情况。

四点支承的网架宜带悬挑，一般挑出跨度的 1/4，这样可减少网架跨中的弯矩，改善其受力性能。

多点支承的网架可根据使用功能布置支点，一般多用于厂房、仓库和展览厅等建筑。点支承网架受力最大的一般是柱帽部分，设计施工时应注意柱帽的处理。

周边支承与点支承相结合的网架多用于厂房结构。

三边支承网架则多用于机库或船体装配车间等，一般在自由边处加设反梁或设置托梁。

5.2.1 平面桁架系网架

平面桁架系网架是由一些平面桁架相互交叉组成。一般应设计成较长的斜腹杆受拉，较短的直腹杆受压，腹杆与弦杆间的夹角为 40°～60°。桁架的节间长度即为网格尺寸。

1. 两向正交正放网架（图 5-1）

由两组平面桁架垂直交叉组成，弦杆平行或垂直于边界。其特点是上下弦的网格尺寸相同，各平行弦桁架长度一致。但由于上下弦杆组成方格，且平行于边界，因而基本单元为几何可变体系。为增加其空间刚度并有效传递水平荷载，应沿网架支承周边的上弦或下弦平面内设置水平支撑。当采用周边支承且平面接近正方形时，杆件受力均匀。此类网架适用于平面接近正方形中小跨度的建筑。

2. 两向正交斜放网架（图 5-2）

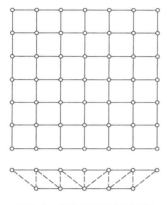

图 5-1 两向正交正放网架

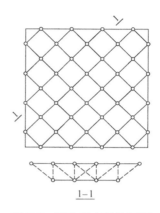

图 5-2 两向正交斜放网架

当两组平面桁架垂直交叉，而桁架平面与边界为 45°斜交时，称为两向正交斜放网架。其特点是靠近四角的短桁架相对刚度较大，对与其相垂直的长桁架起弹性支承作用，从而减小了长桁架的跨中正弯矩，改善了网架的受力状态，因而比正交正放网架经济。但同时长桁架的两端也产生了负弯矩，对四角支座产生较大的拉力，为减小拉力可将四角做成平的。此类网架适用于平面为正方形和矩形的建筑，当周边支承时，比正交正放网架的空间刚度大，用钢量省，跨度大时其优越性更为显著。

3. 三向网架（图 5-3）

由三组互为 60°的平面桁架相互交叉组成，上下弦平面内的网格均为几何不变的正三角形。三向网架比两向网架的空间刚度大，内力分布也较

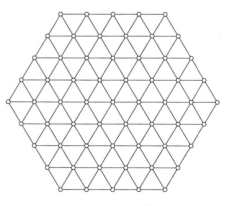

图 5-3 三向网架

均匀，各个方向能较均匀地将力传给支承结构。适用于大跨度的三边形、多边形或圆形的建筑平面。

5.2.2 角锥体网架

1. 四角锥体网架

网架的上、下弦平面为方形网格，下弦杆相对于上弦杆平移半格，位于上弦方格中央，用四根斜腹杆将上、下弦网格节点相连，即形成四角锥网架。

（1）正放四角锥网架（图 5-4）

由倒四角锥体组成，锥底的四边为网架的上弦杆，锥棱为腹杆，各锥顶相连即为下弦杆，其弦杆均与边界正交。当网架高度为弦杆长度的 $\sqrt{2}/2$ 倍时，腹杆与腹杆、腹杆与弦杆间的夹角均为 $60°$，所有腹杆与弦杆的几何长度相同，杆件受力较均匀，空间刚度较好，但杆件数量较多，用钢量略高。适用于平面接近正方形的中小跨度、周边支承的情况，也适用于大柱网的点支承、有悬挂吊车的工业厂房和屋面荷载较大的建筑。

（2）斜放四角锥网架（图 5-5）

四角锥体上弦杆与边界成 $45°$ 放置，下弦杆仍与边界正交，则为斜放四角锥网架。其特点是上弦杆短，下弦杆长，在周边支承的情况下，一般为上弦受压，下弦受拉，杆件受力合理；且节点处汇交的杆件较少，用钢量较省。适用于中小跨度周边支承，或周边支承与点支承相结合的方形和矩形平面的建筑。

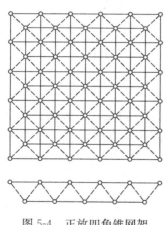

图 5-4 正放四角锥网架

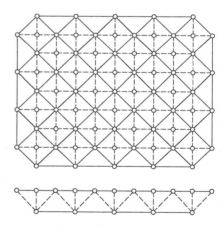

图 5-5 斜放四角锥网架

（3）正放抽空四角锥网架（图 5-6）

为了降低用钢量，以及便于设置屋面通风或采光天窗，可以采用抽去部分四角锥的正放抽空四角锥网架。正放抽空四角锥网架适用于中、小跨度或屋面荷载较小的周边支承、点支承以及周边支承与点支承相结合的情况。

（4）星形四角锥网架（图 5-7）

由两个倒置的三角形小桁架相互交叉构成一个星体单元，两个桁架的底边即为网架的上弦，它们与边界 $45°$ 斜交。在两个桁架的交汇处设有竖杆，各单元顶点相连即为下弦。其特点是上弦杆比下弦杆短，受力合理，但角部上弦杆可能受拉。网架的受力情况与平面桁架系相似，刚度比正方四角锥稍差。一般适用于中、小跨度的周边支承网架。

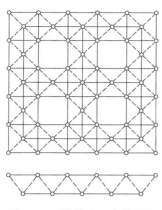

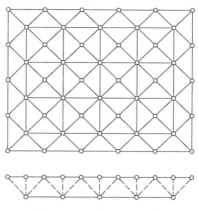

图 5-6 正放抽空四角锥网架   图 5-7 星形四角锥网架

（5）棋盘形四角锥网架（图 5-8）

在正放四角锥网架的基础上，除周边四角锥不变外，将中间四角锥间隔抽空，中部下弦杆改为正交斜放。由于周边不抽空，其空间刚度可以保证，受力较均匀；且杆件较少，用钢指标好。适用于小跨度的周边支承网架。

2. 三角锥体网架

（1）由三角锥体组成。上、下弦杆在本身平面内都组成正三角形网格，下弦三角形的节点正对上弦三角形的重心，用三根斜腹杆把下弦每个节点和上弦三角形的三个顶点相连，即组成三角锥体。

三角锥网架由一系列的三角锥组成，上、下弦平面均为三角形网格，上弦或下弦三角形的顶点分别对着下弦或上弦三角形的形心，见图 5-9。三角锥网架杆件受力均匀，抗弯和抗扭刚度均较好，但节点构造较复杂。一般适用于平面为三角形、六边形和圆形的建筑。

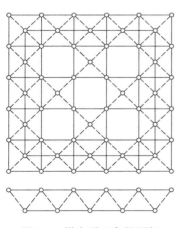

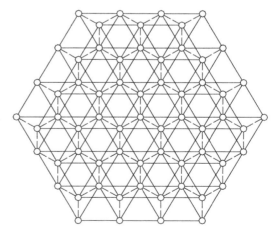

图 5-8 棋盘形四角锥网架   图 5-9 三角锥网架

（2）抽空三角锥网架（图 5-10）

在三角锥网架的基础上抽去部分锥体的腹杆，即形成抽空三角锥网架。其上弦仍为三角形网格，而下弦为三角形或六边形网格。这种网架减少了杆件数量，用钢量省，但空间刚度也受到减弱。适用于荷载较轻，跨度较小的平面为三角形、六边形和圆形的建筑。

（3）蜂窝形三角锥网架（图 5-11）

蜂窝形三角锥网架的上弦平面为正三角形和正六边形网格，下弦平面为正六边形网格，下弦杆与腹杆位于同一竖向平面内。其上弦杆较短，下弦杆较长，受力合理，每个节点只汇交 6 根杆件，在常见的几种网架中，是杆件数和节点数最少的。该类网架适用于中、小跨度，周边支承，平面为六边形、圆形和矩形的建筑。

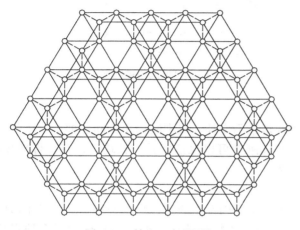

图 5-10　抽空三角锥网架

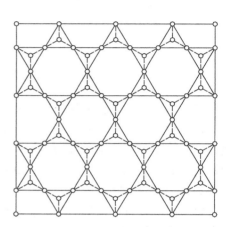

图 5-11　蜂窝形三角锥网架

5.3　网架结构形式选择

网架选型应根据建筑物的平面形状和尺寸、支承情况、荷载大小、屋面构造、建筑要求、制造和安装方法，以及材料供应情况等因素综合考虑。

1. 平面形状为正方形或接近正方形的周边支承网架，宜选用斜放四角锥网架、棋盘形四角锥网架、正放抽空四角锥网架、两向正交斜放网架、两向正交正放网架或正放四角锥网架。对中、小跨度，也可选用星形四角锥网架。

2. 平面形状为矩形的周边支承网架，当其边长比大于 1.5 时，宜选用两向正交正放网架、正放四角锥网架或正放抽空四角锥网架；当边长比小于 2 时，也可采用斜放四角锥网架。

3. 平面形状为矩形，采用多点支承的网架，可选用正放四角锥网架、正放抽空四角锥网架、两向正交正放网架。对周边支承与点支承相结合的网架，还可选用两向正交斜放网架和斜放四角锥网架。

4. 平面形状为矩形，三边支承一边开口的网架可按上述 1 进行选型，其开口边可采用增加网架层数或适当增加网架高度等办法，网架开口边必须形成竖直或倾斜的边桁架。

5. 平面形状为六边形及圆形且周边支承的网架，可选用三向网架、三角锥网架或抽空三角锥网架。当跨度较小时，也可选用蜂窝形三角锥网架。

5.4 网架主要尺寸的确定

5.4.1 网格尺寸

网格尺寸的大小直接影响着网架的经济性。网格尺寸应根据网架跨度、柱网尺寸、屋面材料、建筑和构造要求以及施工条件等决定。综合国内工程实践经验，一般情况下，当网架跨度 L_2（短跨）$<30m$ 时，网格尺寸 $a=(1/6\sim1/12)L_2$；$30m\leqslant L_2\leqslant60m$ 时，$a=(1/10\sim1/16)L_2$；$L_2>60m$ 时；$a=(1/12\sim1/20)L_2$。网架在短向跨度的网格数不宜小于 5，同时应符合表 5-1 中的要求。

5.4.2 网架高度

网架的高度不仅直接影响杆件内力的大小，而且还影响腹杆的经济性。一般应使腹杆与弦杆的夹角为 $35°\sim60°$。

不同屋面体系，周边支承的各类网架，其网格数及跨高比可按表 5-1 选用。表 5-1 是按经济和刚度要求制定的。当符合表中规定时，一般可不验算网架的挠度。

网架的上弦网格数和跨高比 表 5-1

网架形式	混凝土屋面体系		钢檩条屋面体系	
	网格数	跨高比	网格数	跨高比
两向正交正放网架、正放四角锥网架、正放抽空四角锥网架	$(2\sim4)+0.2L_2$	10～14	$(6\sim8)+0.07L_2$	$(13\sim17)-0.03L_2$
两向正交斜放网架、棋盘形四角锥网架、斜放四角锥网架、星形四角锥网架	$(6\sim8)+0.08L_2$			

注：1. L_2 为网架短向跨度，单位为 m。

2. 当跨度小于 18m 时，网格数可适当减少。

网架的允许挠度不应超过：屋盖 $L_2/250$；楼盖 $L_2/300$。

5.5 网 架 结 构 计 算

5.5.1 一般原则

网架是由许多杆件按一定规律组成的空间杆系结构，属于高次超静定结构，要精确分析其内力和变形十分复杂，一般均需进行一些必要的假设作简化计算。对网架结构的静力计算，通常采用以下几点假设：

1. 忽略节点刚度影响，假定网架节点为空间铰接点，杆件只承受轴向力，并按弹性阶段进行计算。

2. 网架结构的荷载按静力等效的原则，将节点所辖区域的荷载转化为节点集中荷载。

3. 网架结构的支承条件，可根据支承结构的刚度及支座节点的构造，分别假定为两向可侧移、一向可侧移和无侧移铰接支座或弹性支承。

5.5.2 计算方法

目前常用的计算方法有精确计算方法——空间桁架位移法和简化计算方法——交叉梁系差分法、拟夹层板法和假想弯矩法。以上三种简化计算方法其特点、适用范围和精度各不相同，而空间桁架位移法适用于各种平面形状、各种类型和各种支承条件的网架。

空间桁架位移法是以网架的杆件为基本单元，以节点位移为基本未知量，首先建立杆件单元的内力与位移关系，形成单元刚度矩阵；然后根据节点的变形协调条件和静力平衡条件建立节点荷载与节点位移间的关系，形成结构的总刚度矩阵和总刚度方程，引入边界条件，求解节点的位移值。求得节点位移后，即可根据杆件单元的内力与位移间的关系求出全部杆件内力。目前的网架通用计算程序一般均采用空间桁架位移法编制。

5.6 网 架 杆 件 设 计

5.6.1 材料

网架结构的杆件常用材料为 Q235 钢和 Q345 钢，这两种材料力学及焊接性能好，材质稳定。当跨度或荷载较大时，宜采用 Q345 钢，以减轻结构自重，节约钢材。

5.6.2 截面形式

网架结构的杆件最宜采用钢管。钢管各向同性、截面封闭、管壁薄、回转半径大，对受压、受扭均有利。另外，钢管端部封闭，内部不易锈蚀，表面也难积灰和积水，具有较好的防腐性能；适用于普遍采用的螺栓球节点和焊接空心球节点。

5.6.3 杆件的计算长度和长细比

网架结构中，由于每个节点汇集的杆件较多（一般 6～12 根），而且还常有不少应力较低的受压杆件，可增强受力较大杆件的稳定性，因而杆件的计算长度要比平面桁架的有关规定放宽。网架杆件的计算长度按表 5-2 采用，其长细比限值不宜超过表 5-3。

网架杆件计算长度

表 5-2

杆件种类	节点		
	螺栓球	焊接空心球	板节点
上下弦杆及支座腹杆	l	$0.9l$	l
腹杆	l	$0.8l$	$0.8l$

注：l 为杆件几何长度（节点中心间距离）。

网架杆件长细比	表 5-3

杆件种类		容许长细比
受压杆件		180
受拉杆件	一般杆件	300
	支座附近处杆件	250
	直接承受动力荷载杆件	250

5.6.4 杆件截面选择

1. 网架杆件的截面应根据《钢结构设计标准》GB 50017—2017 按强度和稳定性的要求计算确定。

2. 每个网架所选截面规格不宜过多，较小跨度时以 2～3 种为宜，较大跨度时不宜超过 6～7 种。

3. 对相同截面面积的杆件，宜优先采用壁薄截面，以增大其回转半径。

4. 管材可采用高频电焊钢管或无缝钢管，其截面尺寸不宜小于 Φ48×3；对大、中跨度的网架结构，截面尺寸不宜小于 Φ60×3.5。角钢截面尺寸不宜小于 L50×3 或 L56×36×3。

5.7 网架节点设计与构造

网架结构的节点起着连接汇交杆件、传递内力的作用，同时也是网架与屋面结构、天棚吊顶、管道设备、悬挂吊车等连接之处，起着传递荷载的作用。因此，节点也是网架结构的重要组成部分，节点构造的好坏将直接影响网架的工作性能、安装质量及工程造价等。

合理的节点设计必须受力合理、传力明确简捷、工作可靠，同时还应构造简单、加工和安装方便，且节约钢材。

5.7.1 焊接空心球节点

焊接空心球节点是将两块圆钢板经热压或冷压成两个半球后对焊而成，见图 5-12。其构造简单，受力明确，连接方便，适用于钢管杆件的各种网架。只要将圆钢管垂直于本

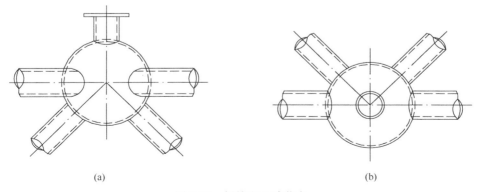

(a)   (b)

图 5-12 焊接空心球节点
(a) 上弦节点；(b) 下弦节点

身轴线切割，杆件与空心球自然对中而不产生节点偏心。因球体无方向性，可与任意方向的杆件连接。焊接空心球节点分加肋和不加肋两种。

焊接空心球的钢材宜采用国家标准《碳素结构钢》GB/T 700 规定的 Q235B 钢或《低合金高强度结构钢》GB/T 1591 规定的 Q345B、Q345C 钢。产品质量应符合现行行业标准《钢网架焊接空心球节点》JG/T 11 的规定。

1. 球体直径一般先由构造确定，然后通过计算确定壁厚。球面上相连杆件间的间隙 a 不宜小于 10mm，见图 5-13。为了保证间隙 a，空心球直径可按下式估算：

$$D = \frac{d_1 + 2a + d_2}{\theta} \tag{5-1}$$

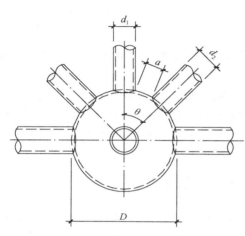

图 5-13　焊接空心球构造要求

式中　θ ——汇交于球节点任意两钢管杆件间的夹角（rad）；

d_1，d_2——组成 θ 角的两钢管外径；

a——球面上相邻杆件之间的净距。

在一个网架中，节点的种类一般不宜超过 3～5 种。

2. 空心球壁厚一般为其外径的 1/25～1/45；空心球外径与主钢管外径之比一般取 2.4～3.0；空心球壁厚与主钢管壁厚的比值一般为 1.5～2.0；空心球壁厚不宜小于 4mm。

3. 当空心球直径为 120～900mm 时，其受压和受拉承载力设计值 N_R 可按下列公式计算：

$$N_R = \eta_0 \left(0.29 + 0.54 \frac{d}{D} \right) \pi t d f \tag{5-2}$$

式中　η_0——大直径空心球节点承载力调整系数，当空心球直径≤500mm 时，$\eta_0 = 1.0$；
当空心球直径＞500mm 时，$\eta_0 = 0.9$；

D——空心球外径；

t——空心球壁厚；

d——与空心球相连的主钢管杆件的外径；

f——钢材的抗拉强度设计值。

4. 对加肋空心球，当仅承受轴力或轴力与弯矩共同作用但以轴力为主且轴力方向与加肋方向一致时，其承载力可乘以加肋空心球承载力提高系数 η_d，受压球取 $\eta_d = 1.4$，受拉球取 $\eta_d = 1.1$。

5. 当空心球外径≥300mm，且杆件内力较大需提高其承载力时，可在球内两半球对焊处增设肋板，使肋板与两半球焊成一体。肋板厚度不应小于球体壁厚，肋板一般可挖空球体直径的 1/2～1/3，以减轻自重。加肋板后球体的承载力可提高 10%～40%。

6. 钢管与空心球节点焊接时，钢管应开坡口，并在钢管与空心球之间留一定间隙以保证焊透，以实现焊缝与钢管等强，否则应按角焊缝计算。

7. 对小跨度的轻屋面网架，钢管与空心球的连接可采用角焊缝，角焊缝的焊脚尺寸

h_f 应符合以下要求：

（1）当钢管壁厚 $t_c \leqslant 4mm$ 时，$t_c < h_f \leqslant 1.5t_c$；

（2）当 $t_c > 4mm$ 时，$t_c < h_f \leqslant 1.2t_c$。

5.7.2　螺栓球节点

螺栓球节点由球体、高强度螺栓、销子（或螺钉）、六角形套筒、锥头或封板组成。球体是锻压或铸造的实心钢球，在钢球上按照网架杆件汇交的角度钻孔并车出螺扣。为了减小球的体积，在杆件两端各焊一个锥头，放入螺栓，它的外端套上两侧开有长槽的六角形套筒。拼装时，先将杆件端部的螺栓拧入螺栓球节点的螺纹孔中，然后在套筒长槽部位插入销子，拧转套筒时通过销子带动螺栓转动，使螺栓旋入球体，直至紧固为止，见图5-14。

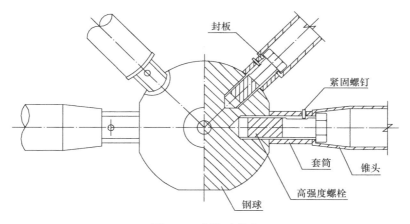

图5-14　螺栓球节点

螺栓球节点除具有焊接空心球节点对空间汇交的钢管杆件连接适用性强和杆件连接不会产生偏心的优点外，还避免了现场焊接作业，并具有运输和安装方便的特点。螺栓球节点一般适用于中、小跨度的网架，杆件最大拉力以不超过700kN，杆件长度以不超过3m为宜。

用于制造螺栓球节点的钢球、高强度螺栓、套筒、紧固螺钉、锥头、封板的材料可按表5-4的规定选用，产品质量应符合现行行业标准《钢网架螺栓球节点》JG/T 10的规定。

螺栓球节点零件材料　　　　　　　　　　　　　　　　　　表5-4

零件名称	推荐材料	材料标准编号	备注
钢球	45号钢	《优质碳素结构钢》GB/T 699	毛坯钢球锻造成型
高强度螺栓	20MnTiB，40Cr，35CrMo	《合金结构钢》GB/T 3077	规格 M12～M24
	35VB，40Cr，35CrMo		规格 M27～M36
	35CrMo，40Cr		规格 M39～M64×4

续表

零件名称	推荐材料	材料标准编号	备注
套筒	Q235B	《碳素结构钢》GB/T 700	套筒内孔径为 13～34mm
	Q345	《低合金高强度结构钢》GB/T 1591	套筒内孔径为
	45 号钢	《优质碳素结构钢》GB/T 699	37～65mm
紧固螺钉	20MnTiB	《合金结构钢》GB/T 3077	螺钉直径宜尽量小
	40Cr		
锥头或封板	Q235B	《碳素结构钢》GB/T 700	钢号宜与杆件一致
	Q345	《低合金高强度结构钢》GB/T 1591	

1. 螺栓球

螺栓球直径与螺栓的直径及螺栓伸入球体内的长度有关，为保证相邻两根螺栓伸入球体内不能相碰，同时应满足套筒接触面的要求，根据几何关系由图 5-15，螺栓球的直径 D 可分别按下列公式核算，并取以下两式计算的较大值。

$$D \geqslant \sqrt{\left(\frac{d_s^b}{\sin\theta} + d_1^b\cot\theta + 2\xi \cdot d_1^b\right)^2 + (\lambda d_1^b)^2} \tag{5-3}$$

$$D \geqslant \sqrt{\left(\frac{\lambda \cdot d_s^b}{\sin\theta} + \lambda \cdot d_1^b\cot\theta\right)^2 + (\lambda d_1^b)^2} \tag{5-4}$$

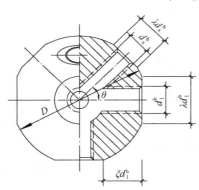

图 5-15　螺栓球节点尺寸

式中　　d_1^b——两相邻螺栓的较大直径；

　　　　d_s^b——两相邻螺栓的较小直径；

　　　　θ——两相邻螺栓之间的最小夹角；

　　　　ξ——螺栓拧入球体的长度与螺栓直径的比值，可取为 1.1；

　　　　λ——套筒外接圆直径与螺栓直径的比值，可取为 1.8。

当相邻杆件间夹角 θ 较小时，尚应根据相邻杆件及相关封板、锥头、套筒等零件不相碰的要求核算螺栓球直径。此时可通过检查可能相碰点至球心的连线与相邻杆件轴线间的夹角不大于 θ 的条件进行核算。

2. 高强度螺栓

高强度螺栓的性能等级应按其规格分别选用，见表 5-5。表中高强度螺栓的受拉承载力设计值 N_t^b 按下式计算：

$$N_t^b = A_{\text{eff}} f_t^b \tag{5-5}$$

式中　　f_t^b——高强度螺栓经热处理后的抗拉强度设计值，对 10.9 级，取 430N/mm²；对 9.8 级，取 385N/mm²；

　　　　A_{eff}——高强度螺栓的有效截面积，可按表 7-35 取用，其中 $A_{\text{eff}} = \pi(d - 0.9382p)^2/4$。

当螺栓上钻有键槽或钻孔时，A_{eff} 值取螺纹处或键槽、钻孔处二者中的较小值。

受压杆件的连接螺栓直径，可按其内力设计值的绝对值求得螺栓直径计算值后，按表

5-5 的螺栓直径减少 1～3 个级差选用。

常用高强度螺栓在螺纹处的有效截面面积 A_{eff} 和承载力设计值 N_t^b 表 5-5

性能等级	规格 d	螺距 p (mm)	A_{eff} (mm^2)	N_t^b (kN)
	M12	1.75	84	36.1
	M14	2	115	49.5
	M16	2	157	67.5
	M20	2.5	245	105.3
	M22	2.5	303	130.5
10.9 级	M24	3	353	151.5
	M27	3	459	197.5
	M30	3.5	561	241.2
	M33	3.5	694	298.4
	M36	4	817	351.3
	M39	4	976	375.6
	M42	4.5	1120	431.5
	M45	4.5	1310	502.8
9.8 级	M48	5	1470	567.1
	M52	5	1760	676.7
	M56 ×4	4	2144	825.4
	M60 ×4	4	2485	956.6
	M64 ×4	4	2851	1097.6

3. 套筒

套筒的作用是拧紧高强度螺栓和承受钢管杆件传来的压力。套筒可按现行国家标准《钢网架螺栓球节点用高强度螺栓》GB/T 16939 的规定与高强度螺栓配套采用；套筒的壁厚应根据被连接杆件的轴心压力按计算确定，并应验算开槽处和端部有效截面的承载力。

套管的外形尺寸应符合扳手开口尺寸系列，端部要保持平整，内孔径一般比螺栓直径大 1mm。

对于开设滑槽的套筒应验算套筒端部到滑槽端部的距离，应使该处有效截面的抗剪力不低于紧固螺钉的抗剪力，且不小于 1.5 倍滑槽宽度。

套筒长度 l_s 和螺栓长度 l 可按下列公式计算（见图 5-16，图中：t 为螺纹根部到滑槽附加余量，取 2 个丝扣；x 为螺纹收尾长度；e 为紧固螺钉的半径；Δ 为滑槽预留量，一般取 4mm）：

$$l_s = m + B + n \qquad (5-6)$$
$$l = \xi \cdot d + l_s + h \qquad (5-7)$$

式中　B——滑槽长度，$B = \xi d - K$；

　　　ξd——螺栓伸入钢球的长度，d 为螺栓直径，ξ 一般取 1.1；

　　　m——滑槽端部紧固螺钉中心到套筒端部的距离；

n——滑槽顶部紧固螺钉中心到套筒顶部的距离；

K——螺栓露出套筒的距离，预留 4~5mm，但不应少于 2 个丝扣；

h——锥头底板厚度或封板厚度。

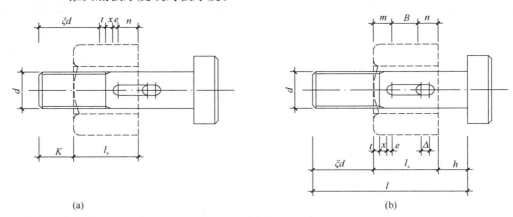

(a)　　　　　　　　　(b)

图 5-16　套筒长度及螺栓长度

（a）拧入前；（b）拧入后

4. 锥头、封板

杆件端部应采用锥头或封板连接（图 5-17），其连接焊缝的承载力应不低于连接钢管，焊缝底部宽度 b 可根据连接钢管壁厚取 2~5mm。锥头任何截面的承载力应不低于连接钢管，封板厚度应按实际受力大小计算确定，封板及锥头底板厚度不应小于表 5-6 中的数值。锥头底板外径宜较套筒外接圆直径大 1~2mm，锥头底板内平台直径宜比螺栓头直径大 2mm。锥头倾角应小于 $40°$。

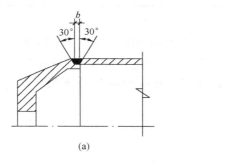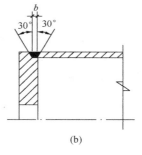

(a)　　　　　　　　　(b)

图 5-17　杆件端部连接焊缝

（a）锥头与钢管连接；（b）封板与钢管连接

封板及锥头底板厚度　　　　　　　　表 5-6

高强度螺栓 规格	封板/锥头底板厚度 （mm）	高强度螺栓 规格	锥头底板厚度 （mm）
M12、M14	12	M36~M42	30
M16	14	M45~M52	35
M20~M24	16	M56×4、M60×4	40
M27~M33	20	M64×4	45

为避免汇交于节点的杆件相互干扰并使其传力顺畅，当管径≥76mm 时，一般宜采用锥头的连接形式；当管径<76mm 时，可采用封板。

5. 紧固螺钉

紧固螺钉一般采用高强度钢丝制造，其直径可取高强度螺栓直径的 0.16～0.18 倍，且不宜小于 3mm。紧固螺钉规格可采用 M5～M10。

5.7.3 支座节点

网架支座一般支承于柱、圈梁或砖墙上，通常为不动铰支座或可动铰支座。网架的支座节点应根据网架的类型、跨度、作用荷载以及加工制造和施工安装方法等，采用传力可靠、连接简单的构造形式，并使其尽量符合计算假定，以避免网架的实际内力和变形与计算值存在较大差异而影响结构的安全。

根据受力状态，网架支座节点一般分为压力支座节点和拉力支座节点两类。

1. 平板压力支座（图 5-18）

这种节点，构造简单，加工方便，用钢量省，但支座底板下的压应力分布不均匀，支座不能完全转动，与计算假定有差异。适用于支座无明显不均匀沉陷，温度应力影响不大的较小跨度的轻型网架。

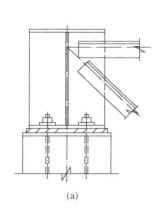
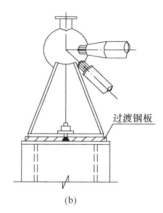

(a)　　　　　　　　　　　　(b)

图 5-18 平板压力支座

(a) 角钢杆件；(b) 钢管杆件

2. 单面弧形压力支座（图 5-19）

在平板压力支座基础上加以改进，即在支座底板下放置弧形板，便形成单面弧形压力支座。由于支座弧形板与其上部的底板为线接触，能使支座有微量转动和微量线位移，改善了较大跨度网架由于挠度和温度应力影响的支座受力性能。为了保证支座转动，应将锚栓布置在弧形支座的中心线位置，如图 5-19（a）。当支座反力较大而需设置四个锚栓时，为了便于支座转动，应在锚栓的螺母下设置弹簧，如图 5-19（b）。弧形支座节点与计算假定比较接近。适用于中小跨度网架。

3. 双面弧形压力支座（图 5-20）

双面弧形压力支座是在网架支座上部支承板和下部支承底板间，设置一个上下均为圆弧曲面的特制钢铸件，在钢铸件两侧分别从支座上部支承板和下部支承底板焊接带有椭圆

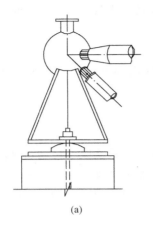
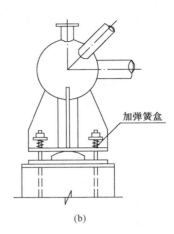

图 5-19　单面弧形压力支座

(a) 两个锚栓连接；(b) 四个锚栓连接

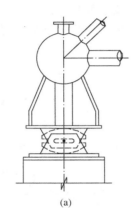
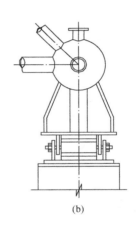

图 5-20　双面弧形压力支座

(a) 侧视图；(b) 正视图

孔的梯形连接板，并采用螺栓将三者联结成整体。当网架端部受到挠度和温度应力影响时，支座可沿上下两个圆弧曲面作一定的转动和移动。适用于大跨度、支承约束较强、温度应力影响较显著的大型网架。

4. 球铰压力支座（图 5-21）

在大跨度四点支承或多点支承的网架中，为适应支座能在两个方向做微量转动而不产生弯矩，可采用球铰压力支座。其构造特点是：支座下部突出的凸形实心半球嵌合在上部的臼式半凹球内，为防止因地震作用或其他外力影响使凹球与凸球脱出，四周用锚栓连接固定，并在螺母下设置压力弹簧，以保证支座自由转动。

5. 板式橡胶支座（图 5-22）

板式橡胶支座是在支座板与结构支承面间加设一块由多层橡胶片和薄钢板粘合、压制成型的矩形橡胶垫板，并以锚

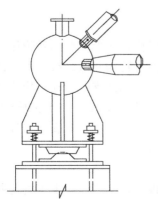

图 5-21　球铰压力支座图

栓连成一体。它除了能将上部结构的垂直压力传给支承结构外，还能适应网架结构所产生的水平位移和转角。具有构造简单、安装方便、造价低廉等优点。适用于支座反力较大，有抗震要求，温度影响和水平位移较大及有转动要求的大、中跨度的网架。

6. 平板拉力支座

当支座垂直拉力较小时，可采用与平板压力支座相同的构造，但此时锚栓承受拉力。当垂直拉力较大时，一般宜设置锚栓支承托座。适用于较小跨度的网架结构。

7. 单面弧形拉力支座 （图 5-23）

单面弧形拉力支座的构造特点与单面弧形压力支座相类似，为了增强支座节点刚度，应设置锚栓支承托座，并利用锚栓来承受支座拉力。适用于要求沿单方向转动的中、小跨度的网架结构

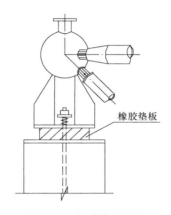 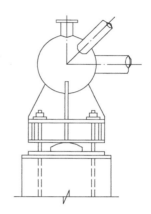

图 5-22   板式橡胶支座   图 5-23   单面弧形拉力支座

8. 支座节点的设计与构造应符合以下要求：

（1）支座竖向支承板中心线应与竖向反力作用线一致，并与支座节点连接的杆件汇交于节点中心。

（2）支座球节点底部至支座底板间的距离应满足支座斜腹杆与柱或边梁不相碰的要求。

（3）支座竖向支承板应保证其自由边不发生侧向屈曲，其厚度不宜小于 10mm。对于拉力支座节点，支座竖向支承板的最小截面面积及连接焊缝应满足强度要求。

（4）支座节点底板的净面积应满足支承结构材料的局部承压要求，其厚度应满足底板在支座竖向反力作用下的抗弯要求，且不宜小于 12mm。

（5）支座节点底板的锚栓孔径应比锚栓直径大 10mm 以上，并应考虑适应支座节点水平位移的要求。

（6）支座节点锚栓按构造要求设置时，其直径可取 20～25mm，数量可取 2～4 个。受拉支座的锚栓应经计算确定，锚栓长度不应小于 25 倍锚栓直径，并应设置双螺母。

（7）当支座底板与基础面摩擦力小于支座底板的水平反力时应设置抗剪键，不得利用锚栓传递剪力。

（8）支座节点竖向支承板与螺栓球节点焊接时，应将螺栓球球体预热至 150～200℃，以小直径焊条分层、对称施焊，并应保温缓慢冷却。

5.7.4　屋顶节点

网架结构的屋顶节点，一般均采用加钢管小立柱的方法。在钢管上端焊一块托板，钢管下端焊在球节点上，屋面板或檩条安装在托板上，见图 5-24。利用小立柱的长度差异形成所需的屋面坡度。

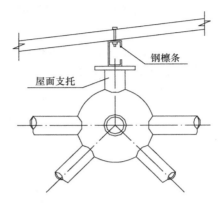

图 5-24　屋顶钢管小立柱节点

5.7.5　悬挂吊车节点

对于设有悬挂吊车的工业厂房，吊车轨道与网架下弦节点的连接见图 5-25。

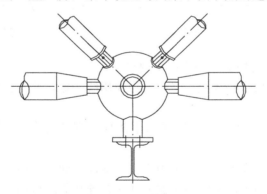

图 5-25　悬挂吊车节点

5.8　网 架 设 计 实 例

【例题 5-1】正放四角锥网架

1. 设计资料

网架平面尺寸 27m×27m，周边支承。屋面板为夹芯板，檩条采用冷弯薄壁 C 形钢 $100×50×15×2.5$，两面坡排水，屋面坡度 4%，采用钢管支托找坡。杆件采用钢管，节点为焊接空心球节点，钢材 Q235B，焊条 E43 型。

2. 几何尺寸

网格尺寸 $a = 3\text{m} \times 3\text{m}$；网架高度 $h = 2.121\text{m}$，跨高比 $L_2/h = 12.73$。上、下弦杆及腹杆的几何长度 l 均为 3m，腹杆与上、下弦杆的夹角均为 $60°$。

网架平面布置见图 5-26。

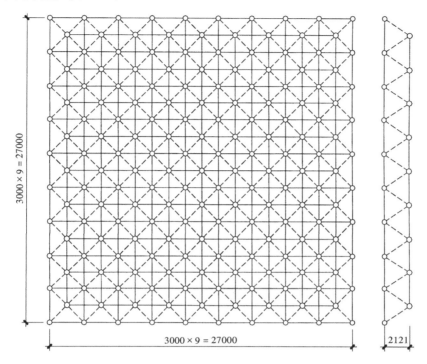

图 5-26　网架平面布置图

3. 荷载

（1）永久荷载标准值（对水平投影面）

屋面板自重 0.30kN/m^2，檩条自重 0.05kN/m^2，悬挂设备 0.1kN/m^2；结构分析时，悬挂设备荷载均考虑作用在下弦节点。

（2）可变荷载标准值

屋面均布活荷载与雪荷载的最大值为 0.30kN/m^2。

（3）荷载组合

采用可变荷载效应控制的组合，即：1.2 永久荷载标准值＋1.4 可变荷载标准值。

（4）节点荷载设计值（网架自重由程序计算）

上弦节点：中间节点　$Q = [1.2 \times (0.3 + 0.05) + 1.4 \times 0.3] \times 9 = 7.56\text{kN}$

端节点　$Q = [1.2 \times (0.3 + 0.05) + 1.4 \times 0.3] \times 4.5 = 3.78\text{kN}$

下弦节点：中间节点　$Q = 1.2 \times 0.1 \times 9 = 1.08\text{kN}$

端节点　$Q = 1.2 \times 0.1 \times 4.5 = 0.54\text{kN}$。

4. 杆件内力

根据空间桁架位移法编制的电算程序计算的杆件内力设计值见图 5-27。

5. 杆件截面选择

杆件承载力设计值计算见表 5-7；杆件截面选择见图 5-28。

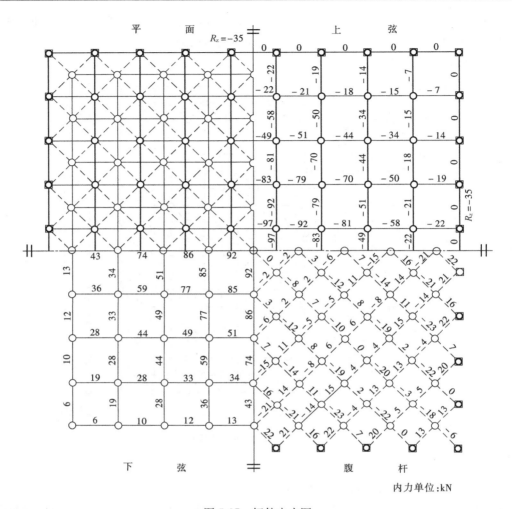

图 5-27　杆件内力图

杆件承载力设计值计算　　　　　　　　　　　　　　　　表 5-7

杆件编号	截面规格（mm）	计算长度（m）		承载力设计值（kN）		
		上、下弦杆和支座腹杆	其他腹杆	上弦杆和支座腹杆受压	其他腹杆受压	受拉
1	Φ48×2.5			18.4	22.8	73.2
2	Φ60×3.0	0.9×3＝2.7	0.8×3＝2.4	41.5	50.5	110.1
3	Φ76×3.5			90.0	104.2	163.4
4	Φ89×4.0			145.2	158.5	218.9

注：1. 钢材的强度设计值 $f＝205N/mm^2$。

　　2. 采用薄壁型钢结构的轴心受压构件稳定系数 φ。

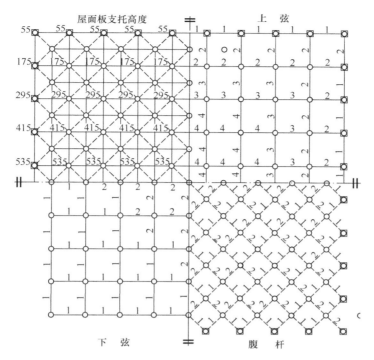

图 5-28　杆件截面编号图

6. 焊接钢球截面选择

采用不加肋的焊接空心球，根据杆件最大内力处弦杆与腹杆排列位置及夹角，初选钢球直径上弦 $D=170\text{mm}$，下弦 $D=140\text{mm}$，壁厚均为 $t=5\text{mm}$。

按公式（5-2）计算的上弦空心球受压承载力设计值为

$$N_R = \eta_0 \left(0.29 + 0.54 \frac{d}{D} \right) \pi t d f$$

$$= 1.0 \times \left(0.29 + 0.54 \frac{89}{170} \right) \times 3.14 \times 5 \times 89 \times 205$$

$$= 164.0\text{kN} > 97\text{kN}$$

按公式（5-2）计算的下弦空心球受拉承载力设计值为

$$N_R = \eta_0 \left(0.29 + 0.54 \frac{d}{D} \right) \pi t d f$$

$$= 1.0 \times \left(0.29 + 0.54 \frac{60}{140} \right) \times 3.14 \times 5 \times 60 \times 205$$

$$= 100.7\text{kN} > 92\text{kN}$$

按公式（5-1）计算的空心球最小直径为

上弦

$$D = \frac{d_1 + 2a + d_2}{\theta} = \frac{89 + 2 \times 10 + 60}{(60/180) \times \pi} = 166.3\text{mm} < 170\text{mm}$$

下弦

$$D = \frac{d_1 + 2a + d_2}{\theta} = \frac{60 + 2 \times 10 + 60}{(60/180) \times \pi} = 139.1\text{mm} < 140\text{mm}$$

故所选上弦 $D \times t = 170\text{mm} \times 5\text{mm}$，下弦 $D \times t = 140\text{mm} \times 5\text{mm}$ 的焊接空心球均满足设计要求。

7. 节点连接计算

所有杆件均与焊接空心球采用等强度的坡口焊缝。支座节点设计从略。

8. 挠度

根据电算结果，理论挠度值为 $42.3\text{mm} < L_2/250 = 108\text{mm}$。

【例题 5-2】 斜放四角锥网架

1. 设计资料

网架平面尺寸 24m×30m，周边支承。屋面板为发泡水泥复合网架板，两面坡排水，屋面坡度 3%，采用钢管支托找坡。杆件采用钢管，节点为螺栓球节点，钢材 Q235B，高强度螺栓性能等级为 10.9 级。

2. 几何尺寸

上弦网格尺寸 $a = 2.121\text{m} \times 2.121\text{m}$，下弦网格尺寸 $a = 3\text{m} \times 3\text{m}$；网架高度 $h = 2.0\text{m}$，跨高比 $L_2/h = 12$。腹杆与上弦杆的夹角为 64.90°，与下弦杆的夹角为 53.13°。

网架平面布置见图 5-29。

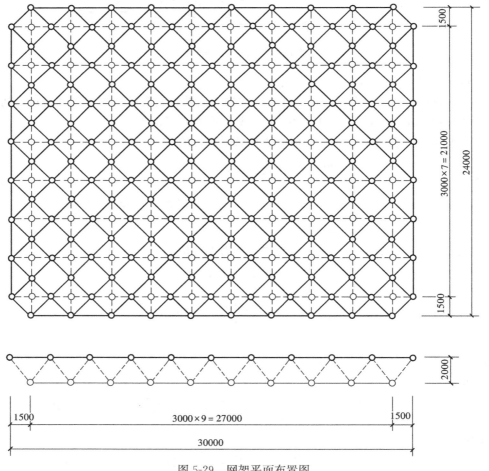

图 5-29　网架平面布置图

3. 荷载

（1）永久荷载标准值（对水平投影面）

板及板缝	0.65
防水层	0.10
悬挂设备	0.10
	0.85kN/m²

（2）可变荷载标准值

屋面均布活荷载与雪荷载的最大值为 0.50kN/m²。

（3）荷载组合

采用可变荷载效应控制的组合，即：1.2 永久荷载标准值＋1.4 可变荷载标准值。

4. 杆件内力

根据空间桁架位移法编制的电算程序计算的杆件内力设计值见图 5-30。

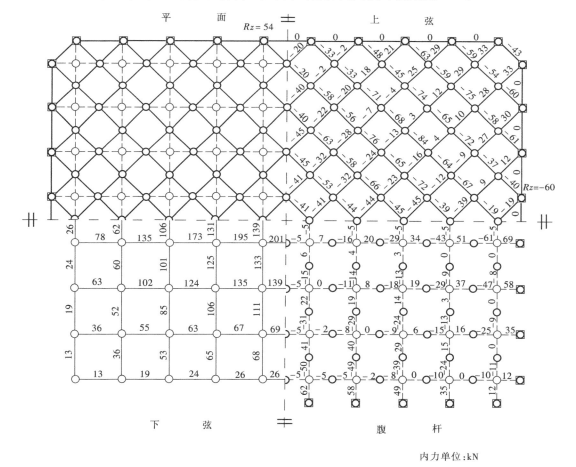

图 5-30　杆件内力图

5. 杆件截面选择

杆件承载力设计值计算见表 5-8；按公式（5-5）计算的高强度螺栓的抗拉强度设计值

见表 5-9。杆件截面选择见图 5-31，图中杆件编号中的第一个数字表示截面尺寸，第二个英文字母表示配合的高强度螺栓编号。

杆件承载力设计值计算 表 5-8

杆件编号	截面规格 (mm)	计算长度（m）			承载力设计值（kN）		
		上弦杆	下弦杆	腹杆	上弦杆受压	腹杆受压	受拉
1	Φ60×3.0				60.7	47.2	110.1
2	Φ76×3.5	2.121	3.0	2.5	115.5	99.3	163.4
3	Φ89×4.0				169.0	154.1	218.9
4	Φ102×4.0				205.6	193.2	252.6

注：1. 钢材的强度设计值 $f = 205\text{N/mm}^2$。
    2. 采用薄壁型钢结构的轴心受压构件稳定系数 φ。

高强度螺栓抗拉承载力设计值（kN） 表 5-9

螺栓编号	a	b	c	d
螺栓直径	M16	M20	M24	M30
抗拉承载力设计值	67.5	105.3	151.5	241.2

注：高强度螺栓抗拉强度设计值 $f_t^b = 430\text{N/mm}^2$。

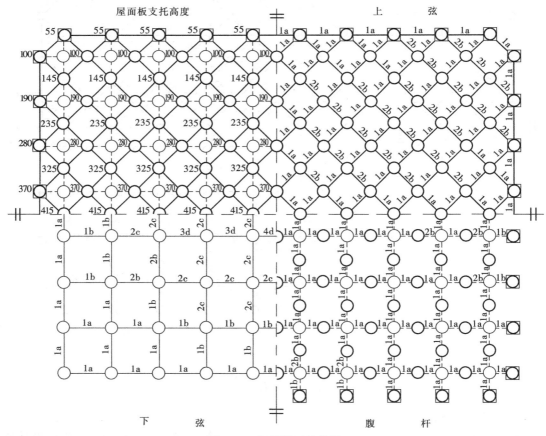

图 5-31 杆件截面编号图

6. 螺栓球截面选择

按公式（5-3）和（5-4）计算的螺栓球最小直径为

上弦： $D \geqslant \sqrt{\left(\dfrac{d_s^b}{\sin\theta} + d_1^b \cot\theta + 2\xi \cdot d_1^b \right)^2 + (\lambda d_1^b)^2}$

$$= \sqrt{\left(\frac{16}{\sin 64.90°} + 20 \times \operatorname{ctg} 64.90° + 2 \times 1.1 \times 20 \right)^2 + 1.8^2 \times 20^2}$$

$$= 79.6 \text{mm}$$

$$D \geqslant \sqrt{\left(\frac{\lambda \cdot d_s^b}{\sin\theta} + \lambda \cdot d_1^b \cot\theta \right)^2 + (\lambda d_1^b)^2}$$

$$= \sqrt{\left(\frac{1.8 \times 16}{\sin 64.90°} + 1.8 \times 20 \times \operatorname{ctg} 64.90° \right)^2 + 1.8^2 \times 20^2}$$

$$= 60.5 \text{mm}$$

下弦： $D \geqslant \sqrt{\left(\dfrac{16}{\sin 53.13°} + 30 \times \operatorname{ctg} 53.13° + 2 \times 1.1 \times 30 \right)^2 + 1.8^2 \times 30^2}$

$$= 121.2 \text{mm}$$

$$D \geqslant \sqrt{\left(\frac{1.8 \times 16}{\sin 53.13°} + 1.8 \times 30 \times \operatorname{ctg} 53.13° \right)^2 + 1.8^2 \times 30^2}$$

$$= 93.6 \text{mm}$$

选螺栓球直径上弦 $D=100$mm，下弦 $D=120$mm。也可仅将下弦采用 M30（编号 d）高强度螺栓连接的球体直径选为 120mm，而其余均采用 100mm。

7. 封板和锥头

1 号杆件采用封板，其余均采用锥头，计算从略。

8. 挠度

根据电算结果，理论挠度值为 46.4mm$<L_2/250=96$mm。

第6章 吊 车 梁

6.1 概　述

支承桥式或梁式吊车的吊车梁系统结构，按照吊车使用情况和吊车工作制可分为轻级、中级、重级和超重级。《建筑结构荷载规范》GB 50009—2012 将吊车工作级别分为 A1～A8，其中轻级工作制对应的工作级别为 A1～A3；中级为 A4、A5；重级为 A6、A7；超重级为 A8。

吊车梁（吊车桁架）通常设计为简支结构，简支结构具有传力明确、构造简单、施工方便等优点。

本章重点论述吊车吨位较小的轻、中级工作制（A1～A5）吊车梁。

6.2　吊车梁系统的组成和类型

6.2.1　吊车梁系统的组成

吊车梁系统通常由吊车梁、制动结构、辅助桁架及支撑等组成，见图 6-1。

当吊车梁的跨度和吊车起重量较小，不需要采用其他措施即可保证吊车梁的整体稳定性时，可采用图图 6-1a 无制动结构的形式。

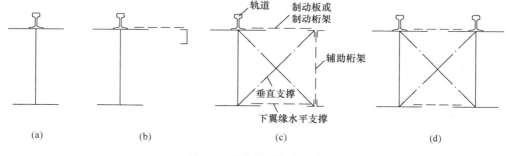

图 6-1　吊车梁系统的组成

当吊车梁位于边列柱时，可采用以槽钢作为边梁的制动结构或采用设置辅助桁架（梁）和下翼缘水平支撑系统的制动结构，见图 6-1b、c；当吊车梁位于中列柱时，可采用图 6-1d 的制动结构形式。

6.2.2　吊车梁的类型

吊车梁可分为实腹式和空腹式。实腹式吊车梁有型钢梁、组合工字形梁及箱形梁等形式。型钢吊车梁用型钢制成，制作简单，运输及安装方便，一般适用于跨度≤6m，吊车起重量 Q≤10t 的轻、中级工作制吊车梁。焊接工字形吊车梁由三块钢板焊接而成，制作比较简便，是工程中常用的形式。

6.3 设计的基本要求

6.3.1 吊车荷载

1. 吊车梁一般应按两台吊车进行设计，当有可靠依据时亦可按一台吊车设计。

2. 吊车梁承受的吊车竖向和横向荷载，由工艺设计人员提供的吊车起重量和吊车工作级别，按起重机械制造厂提供的产品标准进行计算。

（1）吊车竖向荷载标准值为吊车的最大轮压 $P_{k,max}$ 或最小轮压 $P_{k,min}$。

（2）吊车横向水平荷载标准值 H_k，应取横行小车重量与额定起重量之和的百分数，并乘以重力加速度。

1）软钩吊车：

当额定起重量 Q≤10t 时，

$$H_k = 0.12 \frac{Q+g}{n};\tag{6-1a}$$

当额定起重量 Q 为 16～50t 时，

$$H_k = 0.10 \frac{Q+g}{n};\tag{6-1b}$$

当额定起重量 Q≥75t 时，

$$H_k = 0.08 \frac{Q+g}{n}。\tag{6-1c}$$

2）硬钩吊车：

$$H_k = 0.20 \frac{Q+g}{n}\tag{6-1d}$$

式中 H_k——吊车各轮的横向水平荷载标准值；

     Q——吊车额定起重量；

     g——小车重量；

     n——一台吊车的总轮数。

悬挂吊车的水平荷载应由支撑系统承受，可不计算。手动吊车及电动葫芦可不考虑水平荷载。

横向水平荷载应等分于桥架的两端，分别由轨道上的车轮平均传至轨道，其方向与轨道垂直。

《钢结构设计标准》GB 50017—2017 规定，计算重级工作制吊车梁的强度、稳定性以及连接强度时，应考虑由吊车摆动引起的横向水平力（不与上述 H_k 同时考虑），这点必须注意。

3. 吊车纵向水平荷载标准值，应按作用在一边轨道上所有刹车轮的最大轮压 $P_{k,max}$ 之和的 10% 采用；该荷载的作用点位于刹车轮与轨道的接触点，其方向与轨道方向一致，即：

$$H_{zk} = 0.10 \sum P_{k.max} \tag{6-2}$$

4. 作用在吊车梁、吊车桁架走道板上的活荷载，一般可取 $2.0kN/m^2$；当有积灰荷载时，可按实际积灰厚度考虑，一般为 $0.3 \sim 1.0kN/m^2$。

5. 计算吊车梁由竖向荷载产生的弯矩和剪力时，应考虑吊车梁及轨道等重量，可近似简化为将求得的弯矩和剪力值乘以表 6-1 中的自重影响系数 β_w。

吊车梁自重影响系数 β_w 表 6-1

系数	跨度（m）			
	6	12	15	$\geqslant 18$
β_w	1.03	1.05	1.06	1.07

6. 计算吊车梁的强度、稳定以及连接的强度时，应采用荷载设计值，荷载分项系数 $\gamma_Q = 1.4$。计算疲劳和正常使用极限状态的变形时，应采用荷载标准值。

6.3.2　吊车荷载的动力系数

当计算吊车梁及其连接的强度时，吊车竖向荷载应乘以动力系数。对悬挂吊车（包括电动葫芦）及 A1～A5 工作级别的软钩吊车，动力系数可取 1.05；对 A6～A8 工作级别的软钩吊车、硬钩吊车和其他特种吊车，动力系数可取为 1.1。当计算疲劳和变形时，吊车荷载不乘以动力系数。

6.3.3　疲劳计算

对于轻级工作制吊车梁和吊车桁架以及大多数中级工作制吊车梁，可不进行疲劳计算。

6.3.4　挠度容许值

吊车梁的挠度应按最大一台吊车的荷载标准值（不考虑动力系数）进行计算，其值不应超过表 6-2 规定的数值。

吊车梁的挠度容许值   表 6-2

构件类别	容许挠度值	构件类别	容许挠度值
手动或电动葫芦的轨道梁	$l/400$	A4、A5 桥式吊车	$l/900$
手动吊车和单梁吊车（含悬挂吊车）	$l/500$	A6～A8 桥式吊车	$l/1000$
A1～A3 桥式吊车	$l/750$		

注：l 为吊车梁的跨度。

6.4　实腹式焊接吊车梁

6.4.1　内力计算

1. 由于吊车荷载为移动荷载，计算吊车梁内力时，首先应确定产生最大弯矩、最大剪力吊车荷载的最不利位置。

2. 常用简支吊车梁，当吊车荷载作用时，最不利的荷载位置及相应的最大弯矩和最大剪力可按下列情况确定：

（1）两个轮子作用于梁上时（图 6-2a）

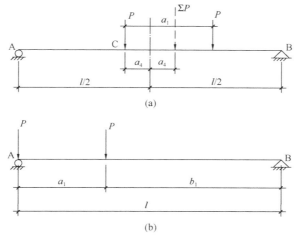

图 6-2 吊车梁计算简图（二轮）

（a）弯矩；（b）剪力

最大弯矩点（C 点）的位置为：

$$a_4 = a_1/4 \tag{6-3}$$

最大弯矩为：

$$M_{\max}^C = \frac{\sum P\left(\dfrac{l}{2} - a_4\right)^2}{l} \tag{6-4}$$

最大弯矩处相应的剪力为：

$$V^C = \frac{\sum P\left(\dfrac{l}{2} - a_4\right)}{l} \tag{6-5}$$

（2）三个轮子作用于梁上时（图 6-3a）

最大弯矩点（C 点）的位置为：

$$a_5 = (a_2 - a_1)/6 \tag{6-6}$$

最大弯矩为：

$$M_{\max}^C = \frac{\sum P\left(\dfrac{l}{2} - a_5\right)^2}{l} - Pa_1 \tag{6-7}$$

最大弯矩处相应的剪力为：

$$V^C = \frac{\sum P\left(\dfrac{l}{2} - a_5\right)}{l} - P \tag{6-8}$$

（3）四个轮子作用于梁上时（图 6-4a）

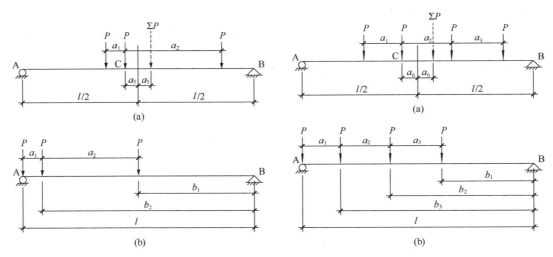

图 6-3　吊车梁计算简图（三轮）　　　　　图 6-4　吊车梁计算简图（四轮）

（a）弯矩；（b）剪力　　　　　　　　　（a）弯矩；（b）剪力

最大弯矩点（C点）的位置为：

$$a_6 = (2a_2 + a_3 - a_1)/8 \qquad (6\text{-}9)$$

最大弯矩为：

$$M_{max}^C = \frac{\Sigma P\left(\dfrac{l}{2} - a_6\right)^2}{l} - Pa_1 \qquad (6\text{-}10)$$

最大弯矩处相应的剪力为：

$$V^C = \frac{\Sigma P\left(\dfrac{l}{2} - a_6\right)}{l} - P \qquad (6\text{-}11)$$

当 $a_3 = a_1$ 时，最大弯矩点（C点）的位置为：$a_6 = a_2/4$

最大弯矩 M_{max}^C 及其相应的剪力 V^C 均与公式（6-10）及公式（6-11）相同，但公式中的 a_6 应用 $a_2/4$ 代入。

（4）最大剪力在梁端支座处，因此，吊车荷载应尽可能靠近该支座布置（图 6-2b～图 6-4b），并按下式计算支座处的最大剪力：

$$R_{max} = \sum_{i=1}^{n-1} b_i \frac{P}{l} + P, \ V_{max} = R_{max} \qquad (6\text{-}12)$$

式中　R_{max}——支座处的最大反力；

　　　n——作用于梁上的吊车竖向荷载数。

选择吊车梁截面时，应将吊车竖向作用下产生的最大弯矩和最大剪力乘以表 6-1 的自重影响系数 β_w。

3. 在吊车横向水平荷载作用下，对 A1～A5 工作级别的吊车，制动梁产生的水平方向最大弯矩可按下列公式计算：

$$M_{\mathrm{H}} = \frac{H_{\mathrm{k}}}{P_{\mathrm{k,max}}} M_{\mathrm{max}}^{c} \tag{6-13}$$

4. 在吊车横向水平荷载作用下，对起重量≤50t，A1～A5 工作级别的吊车，制动桁架在吊车梁上翼缘产生的局部弯矩可近似按下列公式计算（图 6-5）：

$$M_{\mathrm{H}}' = \frac{H_{\mathrm{k}}a}{4} \tag{6-14}$$

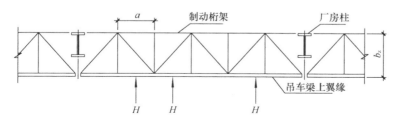

图 6-5 横向水平荷载作用于吊车梁上翼缘

6.4.2 截面选择

焊接工字形吊车梁一般由上下翼缘板及腹板焊成，通常设计成沿梁长等截面。当相邻两跨吊车梁跨度不等且相差较大时，为使柱阶处两分肢顶面标高相同，可将跨度较大的梁做成变高度梁。

吊车梁受压上翼缘的宽度应考虑固定轨道所需的构造尺寸要求，同时要满足连接制动结构所需的尺寸。对于焊接型轨道一般不小于 200mm，螺栓连接轨道一般不小于 280mm。

6.4.3 强度计算

1. 吊车梁应按下列规定计算最大弯矩处或变截面处的正应力：
（1）上翼缘正应力计算：
当无制动结构时，

$$\sigma = \frac{M_{\max}}{W_{\mathrm{nx}}^{\pm}} + \frac{M_{\mathrm{H}}}{W_{\mathrm{ny}}} \leqslant f \tag{6-15}$$

当制动结构为制动梁时，

$$\sigma = \frac{M_{\max}}{W_{\mathrm{nx}}^{\pm}} + \frac{M_{\mathrm{H}}}{W_{\mathrm{ny1}}} \leqslant f \tag{6-16}$$

当制动结构为制动桁架时，

$$\sigma = \frac{M_{\max}}{W_{\mathrm{nx}}^{\pm}} + \frac{M_{\mathrm{H}}'}{W_{\mathrm{ny}}} + \frac{N_{\mathrm{H}}}{A_{\mathrm{n}}} \leqslant f \tag{6-17}$$

（2）下翼缘正应力计算：

$$\sigma = \frac{M_{\max}}{W_{\mathrm{nx}}^{\mp}} \leqslant f \tag{6-18}$$

式中 $W_{nx}^{上}$、W_{nx}^{F}——梁截面对 x 轴的上部、下部纤维的净截面模量；

$\qquad$ W_{ny}——上翼缘截面对 y 轴的净截面模量；

$\qquad$ W_{ny1}——制动梁截面（包括吊车梁上翼缘截面）对 y_1 轴的净截面模量；

$\qquad$ N_H——吊车梁上翼缘作为制动桁架的弦杆，在吊车横向水平荷载作用下产生的内力；$N_H = M'_H/b_z$，b_z 为制动桁架的高度，见图 6-5；

$\qquad$ A_n——吊车梁上翼缘的净截面面积；

$\qquad$ f——钢材的抗拉强度设计值。

公式（6-15）～（6-17）中，假定吊车横向水平荷载产生的弯矩全部由吊车梁上翼缘或上翼缘与制动结构组成的组合截面承受。当不考虑吊车横向水平荷载时，$M_H = 0$。

2. 吊车梁支座截面处的剪应力，应按下列公式计算：

当为平板支座时，

$$\tau = \frac{V_{max}S}{I_x t_w} \leqslant f_v \qquad (6-19)$$

当为突缘支座时，

$$\tau = \frac{1.2 \cdot V_{max}}{h_0 t_w} \leqslant f_v \qquad (6-20)$$

式中 S——计算剪应力处以上毛截面对中和轴的面积矩；

$\qquad$ I——毛截面惯性矩；

$\qquad$ h_0、t_w——腹板的高度和厚度；

$\qquad$ f_v——钢材的抗剪强度设计值。

3. 腹板计算高度上边缘的局部承压强度应按下式计算：

$$\sigma_c = \frac{\psi \cdot P}{t_w l_z} \leqslant f \qquad (6-21)$$

式中 P——吊车轮的集中荷载（考虑动力系数）；

$\qquad$ ψ——集中荷载增大系数；对 A6～A8 工作级别吊车梁，$\psi = 1.35$；对其他 $\psi = 1.0$；

$\qquad$ l_z——吊车轮压在腹板计算高度上边缘的假定分布长度（图 6-6），按下式计算：$l_z = a + 5h_y + 2h_R$

$\qquad$ a——吊车轮压沿梁跨度方向的支承长度，可取 50mm；

$\qquad$ h_y——自梁顶面至腹板计算高度上边缘的距离；

$\qquad$ h_R——轨道的高度。

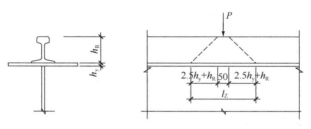

图 6-6 吊车轮压分布长度

4. 吊车梁的腹板计算高度边缘处，若同时受有较大的正应力、剪应力和局部压应力（如 1/4 跨度处），或同时受有较大正应力和剪应力（如连续梁中部支座处或梁的翼缘截面改变处等）时，其折算应力应按下式计算：

$$\sqrt{\sigma^2 + \sigma_c^2 - \sigma \cdot \sigma_c + 3\tau^2} \leqslant \beta_1 f \tag{6-22}$$

式中　σ、τ、σ_c——吊车梁腹板计算高度边缘同一点同时产生的正应力、剪应力和局部压应力，σ_c 应按公式（6-21）计算，τ 可按公式（6-19）计算，σ 应按下式计算：

$$\sigma = \frac{M}{I_n} y_1 \tag{6-23}$$

I_n——梁净截面惯性矩；

y_1——所计算点至中和轴的距离；

β_1——计算折算应力的强度设计值增大系数；当 σ 与 σ_c 异号时，取 $\beta_1 = 1.2$；当 σ 与 σ_c 同号或 $\sigma_c = 0$ 时，取 $\beta_1 = 1.1$。

σ 和 σ_c 以拉应力为正值，压应力为负值。

6.4.4　整体稳定

1. 吊车梁的整体稳定性应按下式计算：

$$\frac{M_x}{\varphi_b W_x f} + \frac{M_y}{W_y f} \leqslant 1.0 \tag{6-24}$$

式中　M_x、M_y——绕强轴和弱轴作用的最大弯矩，$M_y = M_H$；

W_x、W_y——按受压纤维确定的对强轴和对弱轴的毛截面模量；

φ_b——绕强轴弯曲所确定的梁整体稳定系数，按公式（2-26）、（2-28）或公式（2-29）、（2-30）计算。

2. 对于设有制动结构的吊车梁，或当 H 型钢或等截面工字形简支吊车梁受压翼缘的自由长度 l_1 与其宽度 b_1 之比不超过表 6-3 所规定的数值时，可不计算梁的整体稳定性。

H 型钢或等截面工字形简支梁不需要计算整体稳定性的最大 l_1/b_1 值　　表 6-3

钢号	跨中无侧向支承点的梁		跨中受压翼缘有侧向支承点的梁，无论荷载作用于何处
	荷载作用在上翼缘	荷载作用在下翼缘	
Q235	13.0	20.0	16.0
Q345	10.5	16.5	13.0
Q390	10.0	15.5	12.5
Q420	9.5	15.0	12.0

6.4.5　局部稳定

1. 为保证焊接工字形吊车梁腹板的局部稳定性，应按以下规定配置加劲肋。当吊车梁腹板的高厚比 $h_0/t_w > 80\varepsilon_k$ 时，尚应按 6.4.5 第 2、3 条的规定计算腹板的稳定性。A1～A5 工作级别的吊车梁在计算腹板的稳定性时，吊车轮压设计值可乘以 0.9 的折减系数。

(1) 当 $h_0/t_w \leqslant 80\varepsilon_k$ 时，应按构造配置横向加劲肋。

(2) 当 $h_0/t_w > 80\varepsilon_k$ 时，应配置横向加劲肋。其中，当 $h_0/t_w > 170\varepsilon_k$（受压翼缘扭转受到约束）或 $h_0/t_w > 150\varepsilon_k$（受压翼缘扭转未受约束），或按计算需要时，应在弯曲应力较大区格的受压区增加配置纵向加劲肋。

2. 仅配置横向加劲肋的腹板（图 6-7a），各区格的局部稳定性应按下式计算：

$$\left(\frac{\sigma}{\sigma_{cr}}\right)^2 + \left(\frac{\tau}{\tau_{cr}}\right)^2 + \frac{\sigma_c}{\sigma_{c,cr}} \leqslant 1.0 \tag{6-25}$$

式中 σ——所计算腹板区格内由平均弯矩产生的腹板计算高度边缘的弯曲应力，$\sigma = \dfrac{Mh_c}{I}$，h_c 为梁腹板弯曲受压区高度，对双轴对称截面 $h_c = h_0/2$；

    τ——所计算腹板区格内由平均剪力产生的腹板平均剪应力，$\tau = \dfrac{V}{h_w t_w}$，$h_w$ 为腹板高度；

    σ_c——腹板计算高度边缘的局部压应力，应按公式（6-21）计算，但取式中的 $\psi = 1.0$。

  σ_{cr}、τ_{cr}、$\sigma_{c,cr}$——各种应力单独作用下的临界应力，按下列方法计算：

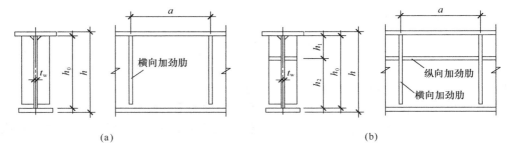

(a)   (b)

图 6-7   加劲肋布置

(1) σ_{cr} 按下列公式计算：

当 $\lambda_{n,b} \leqslant 0.85$ 时，

$$\sigma_{cr} = f \tag{6-26a}$$

当 $0.85 < \lambda_{n,b} \leqslant 1.25$ 时，

$$\sigma_{cr} = [1 - 0.75(\lambda_{n,b} - 0.85)]f \tag{6-26b}$$

当 $\lambda_{n,b} > 1.25$ 时，

$$\sigma_{cr} = 1.1f/(\lambda_{n,b})^2 \tag{6-26c}$$

当梁受压翼缘扭转受到约束时：

$$\lambda_{n,b} = \frac{2h_c/t_w}{177} \cdot \frac{1}{\varepsilon_k} \tag{6-26d}$$

当梁受压翼缘扭转未受到约束时：

$$\lambda_{n,b} = \frac{2h_c/t_w}{138} \cdot \frac{1}{\varepsilon_k} \tag{6-26e}$$

式中 $\lambda_{n,b}$——梁腹板受弯计算时的正则化宽厚比；

    h_c——梁腹板弯曲受压区高度。

（2）τ_{cr}按下列公式计算：

当$\lambda_{n,s} \leqslant 0.8$时，

$$\sigma_{cr} = f_v \tag{6-27a}$$

当$0.8 < \lambda_{n,s} \leqslant 1.2$时，

$$\tau_{cr} = \left[1 - 0.59(\lambda_{n,s} - 0.8)\right] f_v \tag{6-27b}$$

当$\lambda_{n,s} > 1.2$时，

$$\tau_{cr} = 1.1f / (\lambda_{n,s})^2 \tag{6-27c}$$

当$a/h_0 \leqslant 1.0$时，

$$\lambda_{n,s} = \frac{h_0/t_w}{37\eta\sqrt{4 + 5.34\,(h_0/a)^2}} \cdot \frac{1}{\varepsilon_k} \tag{6-27d}$$

当$a/h_0 > 1.0$时，

$$\lambda_{n,s} = \frac{h_0/t_w}{37\eta\sqrt{5.34 + 4\,(h_0/a)^2}} \cdot \frac{1}{\varepsilon_k} \tag{6-27e}$$

式中 $\lambda_{n,s}$——梁腹板受剪计算时的正则化宽厚比；

         η——简支梁取1.11，框架梁取1.0。

（3）$\sigma_{c,cr}$按下列公式计算：

当$\lambda_{n,c} \leqslant 0.9$时，

$$\sigma_{c,cr} = f \tag{6-28a}$$

当$0.9 < \lambda_{n,c} \leqslant 1.2$时，

$$\sigma_{c,cr} = \left[1 - 0.79(\lambda_{n,c} - 0.9)\right] f \tag{6-28b}$$

当$\lambda_{n,c} > 1.2$时，

$$\sigma_{cr} = 1.1f / (\lambda_{n,c})^2 \tag{6-28c}$$

当$0.5 \leqslant a/h_0 \leqslant 1.5$时，

$$\lambda_{n,c} = \frac{h_0/t_w}{28\sqrt{10.9 + 13.4\,(1.83 - a/h_0)^3}} \cdot \frac{1}{\varepsilon_k} \tag{6-28d}$$

当$1.5 < a/h_0 \leqslant 2.0$时，

$$\lambda_{n,c} = \frac{h_0/t_w}{28\sqrt{18.9 - 5a/h_0}} \cdot \frac{1}{\varepsilon_k} \tag{6-28e}$$

式中 $\lambda_{n,c}$——腹板受局部压力计算时的正则化宽厚比。

3. 同时用横向加劲肋和纵向加劲肋加强的腹板（图 6-7b），其局部稳定性应按下列公式计算：

（1）受压翼缘与纵向加劲肋之间的区格：

$$\frac{\sigma}{\sigma_{cr1}} + \left(\frac{\tau}{\tau_{cr1}}\right)^2 + \left(\frac{\sigma_c}{\sigma_{c,cr1}}\right)^2 \leqslant 1.0 \tag{6-29}$$

式中的σ_{cr1}、τ_{cr1}、$\sigma_{c,cr1}$分别按下列方法计算：

1）σ_{cr1}按公式（6-26a～6-26c）计算，但式中的$\lambda_{n,b}$改用下列$\lambda_{n,b1}$代替。

当梁受压翼缘扭转受到约束时：

$$\lambda_{n,b1} = \frac{h_1/t_w}{75} \cdot \frac{1}{\varepsilon_k} \tag{6-30a}$$

当梁受压翼缘扭转未受到约束时：

$$\lambda_{n,b1} = \frac{h_1/t_w}{64} \cdot \frac{1}{\varepsilon_k} \tag{6-30b}$$

式中　h_1——纵向加劲肋至腹板计算高度受压边缘的距离。

2）τ_{cr1} 按公式（6-27）计算，将式中的 h_0 改为 h_1。

3）$\sigma_{c,cr1}$ 按公式（6-28）计算，但式中的 $\lambda_{n,b}$ 改用下列 $\lambda_{n,b1}$ 代替。

当梁受压翼缘扭转受到约束时：

$$\lambda_{n,b1} = \frac{h_1/t_w}{56} \cdot \frac{1}{\varepsilon_k} \tag{6-31a}$$

当梁受压翼缘扭转未受到约束时：

$$\lambda_{n,b1} = \frac{h_1/t_w}{40} \cdot \frac{1}{\varepsilon_k} \tag{6-31b}$$

（2）受拉翼缘与纵向加劲肋之间的区格：

$$\left(\frac{\sigma_2}{\sigma_{cr2}}\right)^2 + \left(\frac{\tau}{\tau_{cr2}}\right)^2 + \frac{\sigma_{c2}}{\sigma_{c,cr2}} \leqslant 1.0 \tag{6-32}$$

式中　σ_2——所计算区格内由平均弯矩产生的腹板在纵向加劲肋处的弯曲压应力；

σ_{c2}——腹板在纵向加劲肋处的横向压应力，取 $\sigma_{c2}=0.3\sigma_c$。

1）σ_{cr2} 按公式（6-26）计算，但式中的 $\lambda_{n,b}$ 改用下列 $\lambda_{n,b2}$ 代替。

$$\lambda_{n,b2} = \frac{h_2/t_w}{194} \cdot \frac{1}{\varepsilon_k} \tag{6-33}$$

2）τ_{cr2} 按公式（6-27）计算，将式中的 h_0 改为 h_2，$h_2 = h_0 - h_1$。

3）$\sigma_{c,cr2}$ 按公式（6-28）计算，但式中的 h_0 改为 h_2，当 $a/h_2 > 2$ 时，取 $a/h_2 = 2$。

4. 加劲肋宜在腹板两侧成对布置，也可单侧布置，但支座加劲肋、工作级别 A6～A8 吊车梁的加劲肋不应单侧设置。

横向加劲肋的最小间距为 $0.5h_0$，最大间距为 $2h_0$。纵向加劲肋至腹板计算高度受压边缘的距离应在 $h_c/2.5 \sim h_c/2$ 范围内。

在腹板两侧成对配置的横向加劲肋，其截面尺寸应符合下列要求：

外伸宽度：

$$b_s \geqslant h_0/30 + 40(mm)，且不宜小于 90mm \tag{6-34}$$

厚度：

$$t_s \geqslant b_s/15 \tag{6-35}$$

在腹板一侧配置的横向加劲肋，其外伸宽度应大于按公式（6-35）算得的 1.2 倍，厚度不应小于其外伸宽度的 1/15。

在同时用横行加劲肋和纵向加劲肋加强的腹板中，横向加劲肋的截面尺寸除应符合上述规定外，其截面惯性矩 I_z 尚应符合下式要求：

$$I_z \geqslant 3h_0 t_w^3 \tag{6-36}$$

纵向加劲肋的截面惯性矩 I_y，应符合下列公式要求：

当 $a/h_0 \leqslant 0.85$ 时，

$$I_y \geqslant 1.5 h_0 t_w^3 \tag{6-37}$$

当 $a/h_0 > 0.85$ 时，

$$I_y \geqslant \left(2.5 - 0.45 \frac{a}{h_0}\right) \cdot \left(\frac{a}{h_0}\right)^2 h_0 t_w^3 \tag{6-38}$$

在计算截面惯性矩 I_z、I_y 时，在腹板两侧成对配置的加劲肋，应按梁腹板中心线为轴线进行计算；在腹板一侧配置加劲肋时，应按与加劲肋相连的腹板边缘为轴线进行计算。

5. 吊车梁的支座加劲肋可分为平板式支座加劲肋和突缘式支座加劲肋。

平板式支座劲肋（图 6-8a）两端均应刨平，并与上、下翼缘刨平顶紧以传递吊车梁的支座反力。

突缘支座加劲肋（图 6-8b），除伸缩缝处和封闭轴线房屋端部柱处不能采用此种形式外，其他均可采用；其下端应刨平与柱牛腿顶支承板顶紧并以端面承压传递吊车梁的支座反力。此种形式对柱平面外的偏心较小。

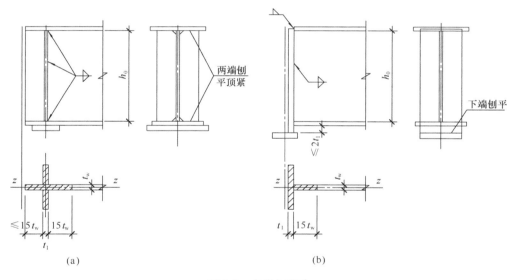

图 6-8 支座加劲肋

6. 吊车梁支座加劲肋，应按承受梁支座反力的轴心受压构件计算其在腹板平面外的稳定性，计算公式如下：

$$\frac{R_{max}}{\varphi A f} \leqslant 1.0 \tag{6-39}$$

式中 A——支座加劲肋的计算面积，包括加劲肋和加劲肋每侧 $15 t_w \varepsilon_k$ 范围内的腹板面积，计算长度取 h_0；

  φ——由长细比 $\lambda_z = h_0/i_z$ 确定的轴心受压构件的稳定系数。

7. 吊车梁支座加劲肋端面承压应力应按下式计算：

$$\sigma_{ce} = \frac{R_{max}}{A_{ce}} \leqslant f_{ce} \tag{6-40}$$

式中　A_{ce}——端面承压面积，即支座加劲肋与下翼缘或柱牛腿顶面接触处的净面积；

　　　f_{ce}——钢材的端面承压（刨平顶紧）强度设计值。

6.4.6　挠度计算

吊车梁的竖向挠度可近似按下列公式计算：

1. 等截面简支梁：

$$\nu = \frac{M_x l^2}{10EI_x} \leqslant [\nu] \tag{6-41a}$$

2. 翼缘截面变化的简支梁：

$$\nu = \frac{M_x l^2}{10EI_x} \left(1 + \frac{3}{25} \cdot \frac{I_x - I'_x}{I_x}\right) \leqslant [\nu] \tag{6-41b}$$

式中　M_x——由全部竖向荷载产生的最大弯矩（标准值）；

　　　I_x——跨中毛截面惯性矩；

　　　I'_x——支座处毛截面惯性矩；

　　　$[\nu]$——容许挠度值，见表 6-2。

6.4.7　连接和构造

1. 焊缝应根据结构的重要性、荷载特性、焊缝形式、工作环境以及应力状态等情况，按以下原则分别选用不同的质量等级：

（1）在需要进行疲劳计算的吊车梁中，凡对接焊缝均应焊透，其质量等级为：

1）作用力垂直于焊缝长度方向的横向对接焊缝或 T 形对接与角接组合焊缝，受拉时应为一级，受压时应为二级。

2）作用力平行于焊缝长度方向的纵向对接焊缝应为二级。

（2）不需要计算疲劳的吊车梁中，凡要求与母材等强的对接焊缝应予焊透，其质量等级当受拉时应不低于二级，受压时宜为二级。

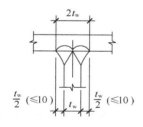

图 6-9　上翼缘与腹板焊透的 T 形连接焊缝

（3）A6～A8 工作级别和起重量 $Q \geqslant 50t$、A1～A5 工作级别吊车梁的腹板与上翼缘之间的 T 形接头焊缝均要求焊透，焊缝形式一般为对接与角接的组合焊缝（图 6-9），其质量等级不应低于二级。

（4）不要求焊透的 T 形接头采用的角焊缝或部分焊透的对接与角接组合焊缝，其外观质量标准为三级。但对于 A6～A8 工作级别或起重量 $Q \geqslant 50t$、A1～A5 工作级别的吊车梁，焊缝的外观质量标准应符合二级。

2. 吊车梁翼缘板与腹板的双面连接角焊缝焊脚尺寸应按下列公式计算：

上翼缘板与腹板的连接焊缝：

$$h_f = \frac{1}{2 \times 0.7 f_f^w} \sqrt{\left(\frac{VS_1}{I_x}\right)^2 + \left(\frac{\psi P}{l_z}\right)^2} \tag{6-42}$$

下翼缘板与腹板的连接焊缝：

$$h_{\mathrm{f}} = \frac{VS_1}{2 \times 0.7 f_{\mathrm{f}}^{\mathrm{w}} I_{\mathrm{x}}} \tag{6-43}$$

式中 V——计算截面的最大剪力；

$\quad\ \ S_1$——计算翼缘毛截面对中和轴的面积矩；

$\quad\ \ f_{\mathrm{f}}^{\mathrm{w}}$——角焊缝的强度设计值。

当腹板与翼缘的连接焊缝采用焊透的 T 形对接与角接组合焊缝时，其强度可不计算。

3. 支座加劲肋与腹板的连接角焊缝焊脚尺寸，应按下列公式计算：

当为平板支座时：

$$h_{\mathrm{f}} = \frac{R_{\max}}{0.7 n \cdot l_{\mathrm{w}} f_{\mathrm{f}}^{\mathrm{w}}} \tag{6-44}$$

当为突缘支座时：

$$h_{\mathrm{f}} = \frac{1.2 R_{\max}}{0.7 n \cdot l_{\mathrm{w}} f_{\mathrm{f}}^{\mathrm{w}}} \tag{6-45}$$

式中 n——焊缝条数；

$\quad\ \ l_{\mathrm{w}}$——焊缝的计算长度，对每条焊缝取其实际长度减去 $2h_{\mathrm{f}}$。

当计算的 $h_{\mathrm{f}} < 0.7 t_{\mathrm{w}}$ 时，取 $h_{\mathrm{f}} = 0.7 t_{\mathrm{w}}$，且不小于 6mm。当为突缘支座且腹板厚度 $t_{\mathrm{w}} > 14$mm 时，腹板应剖口加工，以利于焊缝焊透。

4. 吊车梁的角焊缝表面应做成直线形或凹形。焊脚尺寸的比例：对正面角焊缝宜为 1：1.5（长边顺内力方向）；对侧面角焊缝可为 1：1。

5. 当吊车梁受拉下翼缘与支撑连接时，不宜采用焊接。下翼缘不得焊接悬挂设备的零件，并不宜在该处打火或焊接夹具。

6. 横向加劲肋和纵向加劲肋的连接与构造应满足下列要求：

（1）横向加劲肋与翼缘板相接处应切角，当切成斜角时，其宽度约 $b_{\mathrm{s}}/3$（但不大于 40mm），高约 $b_{\mathrm{s}}/2$（但不大于 60mm），见图 6-10，b_{s} 为加劲肋的宽度。

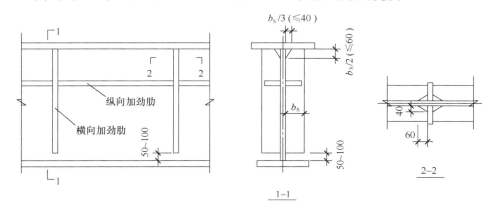

图 6-10 吊车梁加劲肋布置

（2）横行加劲肋的上端应与梁上翼缘刨平顶紧，其下端宜在距受拉下翼缘 50～100mm 处断开。横向加劲肋与腹板的连接焊缝不宜在肋下端施焊。

（3）当同时设置横向加劲肋和纵向加劲肋时，其相交处应留有缺口（图6-10中2-2剖面），以免形成焊接过热区。

7. 吊车梁翼缘板或腹板的焊接拼接应采用加引弧板和引出板的焊透对接焊缝，引弧板和引出板割去处应予打磨平整。焊接吊车梁的工地整段拼接应采用焊接或高强度螺栓的摩擦型连接。

6.5 悬挂式吊车梁

1. 悬挂式吊车梁通常是采用热轧工字钢悬挂于屋盖承重结构（屋架、网架、门式刚架等）的节点或独立支柱、支架上。它既可作为悬挂式单梁吊车的吊车梁，也可作为单轨吊车的轨道梁。一般用于起重量0.25～10t的吊车。

2. 悬挂式吊车梁一般为直线式梁，可按材料、安装及支承条件设计成简支梁或双跨、三跨连续梁。

3. 悬挂式吊车梁的吊车荷载一般按一台，或根据吊车梁的形式（双跨或三跨）按实际台数设计。轨道梁一般也只考虑一台单轨吊车或电动葫芦的作用，并简化为一个集中荷载作用在梁上，梁的自重则按均布荷载计算。

（1）计算吊车梁及其连接的强度时，吊车竖向荷载应乘以动力系数。对电动单梁式吊车或电动葫芦动力系数为1.05，对手动吊车的动力系数可取1.0。

（2）悬挂吊车的水平荷载应由支撑系统承受，可不计算。手动吊车及电动葫芦可不考虑水平荷载。

（3）对直接作用有吊车轮压的轨道梁，在计算强度、稳定性和挠度时，钢材的强度设计值和截面惯性矩应乘以0.9的磨损折减系数。

（4）梁的挠度不应超过表6-2规定的数值。当轨道梁为悬臂时，悬臂端的挠度值不应超过悬臂长度的1/200。

4. 当轨道梁的跨度较大或有悬臂段时，应考虑梁的整体稳定性，可在跨中或悬臂段的上翼缘布置水平支撑。

5. 悬挂式吊车梁与支承结构的连接应传力明确，减小偏心，防止松动，安装方便。通常采用普通螺栓并用双螺帽固定，连接在工字钢斜面上时应增设斜垫板或采用其他构造措施。普通螺栓的直径不宜小于16mm，螺栓数量一般按构造要求每边两个，实际使用的螺栓直径和数量应按计算确定。计算时荷载与支座反力均按作用在连接件的一侧考虑，螺栓的抗剪强度设计值应乘以0.8的折减系数。

6. 梁的截面尺寸除按计算确定外，尚应满足吊车行驶装置的构造要求。轨道梁的拼接位置宜设在距支座1/3～1/4跨度的范围内，腹板拼接宜采用对接焊缝，焊接后应在吊车轮行驶范围内将焊缝表面磨平。上、下翼缘宜采用拼接盖板。

7. 悬挂式吊车梁应按工艺要求的位置设置车挡，通常车挡是根据轨道梁工字钢的型号选用不同的角钢型号，其连接形式见图6-11。

8. 轨道梁与网架下弦节点的连接见图5-25，与门式刚架斜梁的连接构造见图6-11。

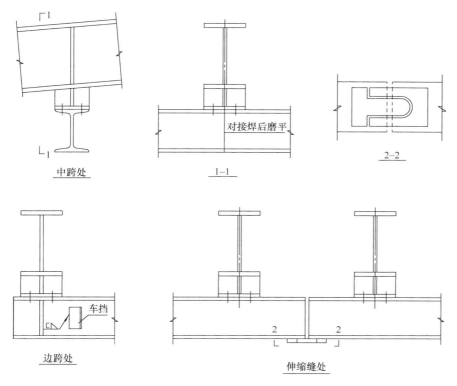

中跨处　　　　　1—1　　　　　2—2

对接焊后磨平

边跨处　　　　　伸缩缝处

车挡

图 6-11　轨道梁与门式刚架梁的连接节点

6.6　吊车梁与柱的连接构造

6.6.1　吊车梁下翼缘与柱的连接

1. 平板支座与柱的连接节点见图 6-12，这种支座形式构造简单，但由于在柱的弱轴方向有一定的偏心，一般用于吊车吨位较小或混凝土柱的情况。

2. 突缘支座与柱的连接节点见图 6-13。当吊车梁在无柱间支撑开间时，可按图 6-13b 节点左侧所示的连接形式，此时所用的固定螺栓可按构造配置，通常采用 4M20 或 4M22。当吊车梁位于有柱间支撑开间时，可按图 6-13b 节点右侧所示的连接形式，此时连接应分别按下列公式计算：

（1）当采用焊接连接时，角焊缝的有效长度 l_w 为：

$$l_w = \frac{1.5(H_z + H_w)}{0.7 h_f f_f^w} \tag{6-46}$$

（2）当采用高强度螺栓连接时，所需高强度螺栓的数目 n 为：

$$n \geqslant \frac{1.5(H_z + H_w)}{N_v^b} \tag{6-47}$$

式中　H_z——吊车纵向水平荷载设计值；

　　　H_w——山墙传来的风荷载设计值或地震作用；

　　　h_f——角焊缝的焊脚尺寸；

　　　N_v^b——一个摩擦型高强度螺栓的受剪承载力设计值；

　　　f_f^w——角焊缝的强度设计值。

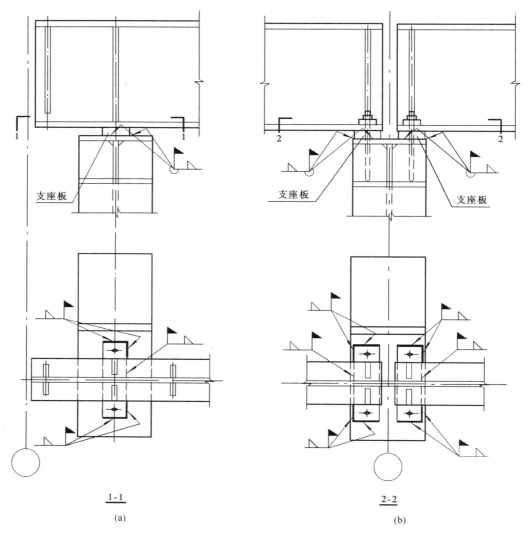

1-1
(a)

2-2
(b)

图 6-12　吊车梁下翼缘与柱的连接（一）
（a）边列柱；（b）中列柱

6.6.2　吊车梁上翼缘与柱的连接

1. 吊车梁上翼缘与柱通过连接板连接，见图 6-14，连接板可按下列公式计算：

（1）强度：

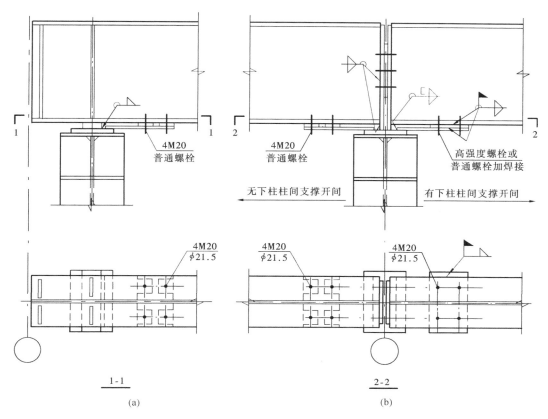

图 6-13 吊车梁下翼缘与柱的连接（二）

（a）边列柱；（b）中列柱

$$\sigma = \frac{R_{\mathrm{H}}}{(b - nd)t} \geqslant f \tag{6-48}$$

（2）稳定性：

$$\frac{R_{\mathrm{H}}}{\phi b t f} \geqslant 1.0 \tag{6-49}$$

式中　R_{H}——由吊车横向水平荷载设计值在柱一侧产生的最大反力，$R_{\mathrm{H}} = \dfrac{H}{P} R_{\mathrm{max}}$；对于

　　　　A1~A5 工作级别的吊车，H 按公式（6-1a~d）计算；

　　b、t——连接板的宽度、厚度；

　　n、d——螺栓的数量和螺栓孔的直径。

2. 连接板与吊车梁上翼缘或柱的连接应按下列公式计算：

（1）当采用焊接连接时，角焊缝的有效长度为：

$$l_{\mathrm{w}} = \frac{R_{\mathrm{H}}}{0.7 h_{\mathrm{f}} f_{\mathrm{f}}^{\mathrm{w}}} \tag{6-50}$$

（2）当采用高强度螺栓连接时，所需高强度螺栓的数目为：

$$n \geqslant \frac{R_{\mathrm{H}}}{N_{\mathrm{v}}^{\mathrm{b}}} \tag{6-51}$$

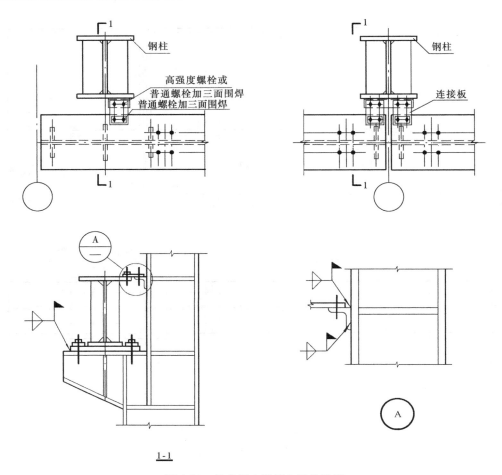

图 6-14 吊车梁上翼缘与柱的连接

6.7 吊车轨道和车挡

6.7.1 吊车轨道

1. 吊车轨道应根据吊车轮宽选用，一般由起重机械制造厂提供的产品标准中可查得建议选用的轨道型号。当为特殊吊车需要计算轨道时，可按下式计算：

$$b = \frac{25P}{Df} \tag{6-52}$$

式中 b——吊车轨道顶板宽度；

P——吊车轮的集中荷载设计值（考虑动力系数）；

D——吊车轮的直径；

f——轨道所用钢材的强度设计值。

2. 常用的吊车轨道有以下五种：

（1）小截面方钢轨道，常用截面尺寸为 50mm×50mm、60mm×60mm；

（2）铁路轻轨：24kg/m；

（3）铁路重轨：38kg/m、43kg/m、50kg/m 和 60kg/m；

（4）吊车钢轨：QU70、QU80、QU100 和 QU120；

（5）大截面方钢轨道，常用截面尺寸为 140mm×140mm。

3. 小截面方钢钢轨宜用于较小吨位的梁式吊车和壁行吊车，方钢可用间断焊缝直接焊于吊车梁上翼缘，也可将方钢与角钢焊后再用螺栓固定在吊车梁上翼缘，后者有利于更换钢轨。

铁路钢轨一般用于吊车起重量 $Q<32t$，A1～A5 工作级别的吊车。吊车钢轨为桥式吊车的专用钢轨，其高度小而轨面宽，腹板厚，因此其刚度和稳定性较铁路钢轨好，宜用于吊车起重量 $Q\geqslant32t$，A4～A8 工作级别的吊车。以上两种钢轨通常采用压板的打孔型（图 6-15a）或轨道固定件的焊接型（图 6-15b、c）与吊车梁上翼缘固定。焊接型连接法的优点是在吊车梁上翼缘不需打孔，不削弱截面，施工方便，上翼缘的构造宽度要求较小等。

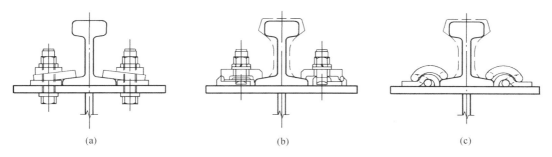

（a）　　　　　　　　　（b）　　　　　　　　　（c）

图 6-15　吊车钢轨与吊车梁上翼缘的固定
（a）钻孔型；（b）、（c）焊接型

4. 吊车钢轨的接头构造应保证车轮平稳通过。钢轨的接头有平接、斜接、人字形接头和焊接等。平接简便，采用最多，但有缝隙，冲击很大。斜接、人字形接头，车轮通过较平稳，但加工极费事，采用不多。目前已有不少生产厂家采用焊接长轨，效果良好。当采用焊接长轨且用压板与吊车梁连接时，压板与钢轨间应留有一定间隙（约为 1mm），以使钢轨受温度作用后有纵向伸缩的可能。图 6-15b 轨道与吊车梁的连接是长葛市通用机械有限公司的产品专利，详见参考文献 27。

6.7.2　车挡

1. 吊车的车挡设置是为了阻止吊车越出轨道，通常设置在房屋尽端的吊车梁端部。

车挡一般采用焊接工字形截面，吊车起重量 $Q\leqslant3t$ 吊车的车挡也可采用轧制工字钢。为减轻吊车对车挡的冲击，车挡上应设置橡胶垫板的缓冲吸震装置。

2. 作用于每个车挡的吊车纵向水平荷载 H_{LH} 可按下式计算：

$$H_{LH} = \gamma_Q \frac{\xi_r G v_0^2}{2g s_d} \tag{6-53}$$

式中　G——冲击体重量（kN），对软钩吊车 $G=G_0+0.1Q$；对硬钩吊车 $G=G_0+Q$；

　　　G_0——吊车总重（自重）（kN）；

    Q——吊车额定起重量（kN）；

    v_0——碰撞时大车的速度，$v_0 = 0.5v$；

    v——吊车运行额定速度（m/s）；

    g——重力加速度，取 $g = 9.8\text{m/s}^2$；

    s_d——缓冲器冲程，对 5t、15/3t～50/10t、100/20～250/30t 吊车，$s_d = 125\text{mm}$；

        对 10t、75/20t 吊车，$s_d = 150\text{mm}$；

    ξ_r——考虑车挡上弹簧垫板变形等有利因素系数，取 $\xi_r = 0.8$；

    γ_Q——荷载分项系数，取 1.4。

3. 车挡的截面强度应按下列公式计算：

正应力（车挡底部截面）

$$\sigma = \frac{H_{LH}h}{W} \geqslant f \tag{6-54}$$

剪应力（荷载作用处）

$$\tau = \frac{H_{LH}S_i}{It_w} \geqslant f_v \tag{6-55}$$

式中　h——车挡底部（吊车梁顶面）至缓冲器中心的距离；

    W——计算截面的截面模量；

    S_i——计算剪应力处以上毛截面对中和轴的面积矩；

    I——计算截面的毛截面惯性矩；

    t_w——腹板厚度。

4. 车挡与吊车梁上翼缘一般采用焊透的等强度连接。当采用高强度螺栓连接时，螺栓的数量和直径应由计算确定。

6.8　吊车梁设计实例

【例题 6-1】 6m 热轧 H 型钢吊车梁（DL-1）

1. 设计资料

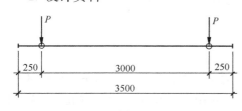

图 6-16　吊车轮压及轮距图

（1）吊车梁跨度 6m，无制动结构，采用平板支座，计算跨度 $l = 5.9\text{m}$，设有两台起重量 $Q = 10\text{t}$，工作级别 A5 的电动单梁吊车（有驾驶室），吊车跨度 $S = 22.5\text{m}$，采用焊接型轨道联结。钢材采用 Q235，焊条为 E43 型。

（2）采用 LDB 型电动单梁吊车，轮距 $W = 3000\text{mm}$，桥架宽度 $LD = 3500\text{mm}$；最大轮压 $P_{max} = 79.5\text{kN}$，吊车轮压及轮距见图 6-16。

2. 吊车荷载计算

吊车荷载动力系数 $\alpha = 1.05$，吊车荷载分项系数 $\gamma_Q = 1.40$。可不考虑吊车横向水平荷载。吊车竖向荷载设计值为：

$$P = \alpha \cdot \gamma_Q \cdot P_{max} = 1.05 \times 1.4 \times 79.5 = 116.87\text{kN}。$$

3. 内力计算

(1) 吊车梁中最大弯矩及相应的剪力

产生最大弯矩的荷载位置，经与两轮比较为三轮控制，见图 6-17，由公式（6-6），梁上所有吊车轮压ΣP 的位置为：

$a_1 = LD - W = 3500 - 3000 = 500$mm，$a_2 = W = 3000$mm，$a_5 = (a_2 - a_1)/6 = (3000 - 500)/6 = 417$mm。

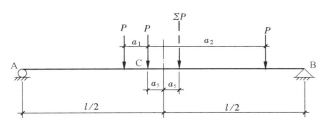

图 6-17 吊车梁弯矩计算简图

自重影响系数 β_w 取 1.03，由公式（6-7），C 点的最大弯矩为：

$$M_{max} = \beta_w \left[\frac{\Sigma P \left(\frac{l}{2} - a_5 \right)^2}{l} - Pa_1 \right]$$

$$= 1.03 \times \left[\frac{3 \times 116.87 \times \left(\frac{5.9}{2} - 0.417 \right)^2}{5.9} - 116.87 \times 0.5 \right]$$

$$= 332.5 \text{kN} \cdot \text{m}$$

由公式（6-8），在 M_{max} 处相应的剪力为：

$$V = \beta_w \left[\frac{\Sigma P \left(\frac{l}{2} - a_5 \right)}{l} - P \right]$$

$$= 1.03 \times \left[\frac{3 \times 116.87 \times \left(\frac{5.9}{2} - 0.417 \right)}{5.9} - 116.87 \right]$$

$$= 34.7 \text{kN}。$$

(2) 吊车梁的最大剪力

荷载位置见图 6-18，由公式（6-12），

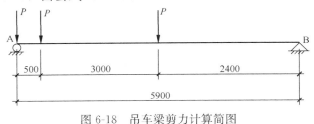

图 6-18 吊车梁剪力计算简图

$$R_A = 1.03 \times 116.87 \times \left(\frac{2.4}{5.9} + \frac{5.4}{5.9} + 1 \right) = 279.5 \text{kN}, \quad V_{max} = 279.5 \text{kN}_o$$

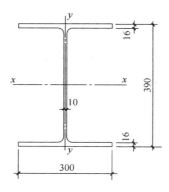

图 6-19　吊车梁截面图

4. 截面特性

选用热轧 H 型钢 HM390×300×10×16，吊车轨道采用焊接型的联结形式，截面无孔洞削弱，截面尺寸见图 6-19。

$A = 133.25 \text{m}^2$，$I_x = 37363 \text{cm}^4$，$W_x = W_{nx} = 1916 \text{cm}^3$，$I_y = 7203 \text{cm}^4$，$W_y = W_{ny} = 480.2 \text{cm}^3$

$i_x = 16.75 \text{cm}$，$i_y = 7.35 \text{cm}$

$$S = 300 \times 16 \times \left(\frac{390}{2} - \frac{16}{2} \right) + \left(\frac{390}{2} - 16 \right)^2 \times 10/2 = 1.058 \times 10^6 \text{mm}^3_o$$

5. 强度计算

（1）正应力

按公式（6-15）计算的正应力为（$M_H = 0$）：

$$\sigma = \frac{M_{max}}{W_{nx}} = \frac{332.5 \times 10^6}{1916 \times 10^3} = 173.5 \text{N/mm}^2 < 215 \text{N/mm}^2_o$$

（2）剪应力

按公式（2-19）计算的平板支座处剪应力为：

$$\tau = \frac{V_{max} S}{I_x t_w} = \frac{279.5 \times 10^3 \times 1.058 \times 10^6}{37363 \times 10^4 \times 10} = 79.1 \text{N/mm}^2 < 125 \text{N/mm}^2_o$$

（3）腹板的局部压应力

采用 24kg/m 钢轨，轨高为 130mm。$l_z = a + 5h_y + 2h_R = 50 + 5 \times 16 + 2 \times 130 = 390 \text{mm}$；集中荷载增大系数 $\psi = 1.0$，按公式（6-21）计算的腹板局部压应力为：

$$\sigma_c = \frac{\psi \cdot P}{t_w l_z} = \frac{1.0 \times 116.87 \times 10^3}{10 \times 390} = 30.0 \text{N/mm}^2 < 215 \text{N/mm}^2_o$$

（4）腹板计算高度边缘处折算应力

按公式（6-22）计算能满足，过程略。

6. 稳定性计算

（1）梁的整体稳定性

$l_1/b = 5900/300 = 19.7 > 13$，应计算梁的整体稳定性，按表 12-2

$$\xi = \frac{l_1 \cdot t}{b_1 \cdot h} = \frac{5900 \times 16}{300 \times 390} = 0.807 < 2.0$$

因集中荷载不在跨中附近

$$\beta_b = 0.69 + 0.13\xi = 0.69 + 0.13 \times 0.807 = 0.795$$

对称截面 $\eta_b = 0$

$$\lambda_y = l_1/i_y = 5900/73.5 = 80.27$$

按公式（11-1）计算梁的整体稳定性系数 φ_b 为：

$$\varphi_b = \beta_b \frac{4320}{\lambda_y^2} \cdot \frac{A \cdot h}{W_x} \left[\sqrt{1 + \left(\frac{\lambda_y \cdot t_1}{4.4h} \right)^2} + \eta_b \right]$$

$$= 0.795 \cdot \frac{4320}{80.27^2} \cdot \frac{133.25 \times 10^2 \times 390}{1916 \times 10^3} \cdot \sqrt{1 + \left(\frac{80.27 \times 16}{4.4 \times 390} \right)^2}$$

$$= 1.805 > 0.6$$

按公式（11-2），$\varphi_b' = 1.07 - \dfrac{0.282}{\varphi_b} = 1.07 - \dfrac{0.282}{1.805} = 0.914$

查表 11-28a，热轧 H 型钢 HM390×300×10×16，$l = 6m$，$\varphi_b' = 0.91$。

按公式（6-24）计算的整体稳定性为（$M_H = 0$）：

$$\frac{M_{max}}{\varphi_b' W_x f} = \frac{332.5 \times 10^6}{0.914 \times 1916 \times 10^3 \times 215} = 0.883 < 1.0。$$

（2）腹板的局部稳定性

$h_0/t_w = 358/10 = 35.8 < 80$，应按构造配置横向加劲肋（有局部压应力），加劲肋间距 $a_{min} = 0.5h_0 = 0.5 \times 358 = 179mm$，$a_{max} = 2h_0 = 2 \times 358 = 716mm$，取 $a = 600mm$。

外伸宽度：$b_s \geqslant h_0/30 + 40 = 358/30 + 40 = 52mm$，取 $b_s = 80mm$。

厚度：$t_s \geqslant b_s/15 = 80/15 = 5.3mm$，取 $t_s = 6mm$。

7. 挠度计算

按一台吊车计算，梁跨有两个吊车轮压（$P_k = P_{max} = 79.5kN$），见图 6-20。

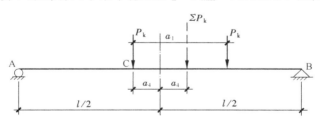

图 6-20　吊车梁标准荷载下的弯矩计算简图

$a_1 = 3000mm$，$a_4 = a_1/4 = 3000/4 = 750mm$

自重影响系数 β_w 取 1.03，C 点的最大弯矩为：

$$M_{kx} = \beta_w \frac{\sum P_k \left(\frac{l}{2} - a_4 \right)^2}{l} = 1.03 \frac{2 \times 79.5 \times \left(\frac{5.9}{2} - 0.75 \right)^2}{5.9} = 134.3 kN \cdot m$$

按公式（6-41a）计算的挠度为：

$$v = \frac{M_{kx} l^2}{10 E I_x} = \frac{134.3 \times 10^6 \times 5900^2}{10 \times 2.06 \times 10^5 \times 37363 \times 10^4}$$

$$= 6.07mm < l_0/500 = 11.8mm。$$

8. 支座加劲肋计算

取支座加劲肋的外伸宽度 $b_s=100\mathrm{mm}$，厚度 $t_s=10\mathrm{mm}$。按公式（6-40）计算的支座加劲肋端面承压应力为：

$$\sigma_{ce}=\frac{R_{max}}{A_{ce}}=\frac{279.5\times10^3}{2\times(100-20)\times10}=174.7\,\mathrm{N/mm^2}<f_{ce}=325\mathrm{N/mm^2}$$

由图 6-21

$$A=(40+10+150)\times10+2\times100\times10=4000\mathrm{mm^2}$$

$$I_z=\frac{1}{12}\times10\times(2\times100+10)^3+\frac{1}{12}\times(40+150)\times10^3=7.733\times10^6\,\mathrm{mm^4}$$

$$i_z=\sqrt{\frac{I_z}{A}}=\sqrt{\frac{7.733\times10^6}{4000}}=43.97\quad \lambda_z=\frac{h_0}{i_z}=\frac{358}{43.97}=8.1$$

属 b 类截面，查表 12-6b，得 $\varphi=0.995$，按公式（6-39）计算的支座加劲肋在腹板平面外的稳定性为：

$$\frac{R_{max}}{\varphi A f}=\frac{279.5\times10^3}{0.995\times4000\times215}=0.33<1.0。$$

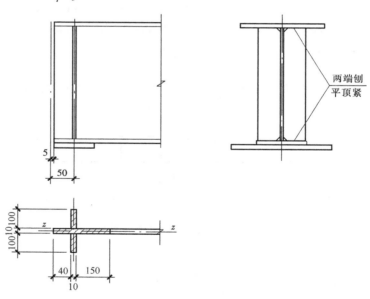

图 6-21　支座加劲肋计算简图

9. 焊缝计算

按公式（6-44）计算的支座加劲肋与腹板的连接焊缝为：

设 $h_f=6\mathrm{mm}$，$h_f=\dfrac{R_{max}}{0.7n\cdot l_w f_f^w}=\dfrac{279.5\times10^3}{0.7\times4\times(358-2\times20-2\times6)\times160}=2.04\mathrm{mm}$，采用 $h_f=6\mathrm{mm}$。

吊车梁施工详图见图 6-22。

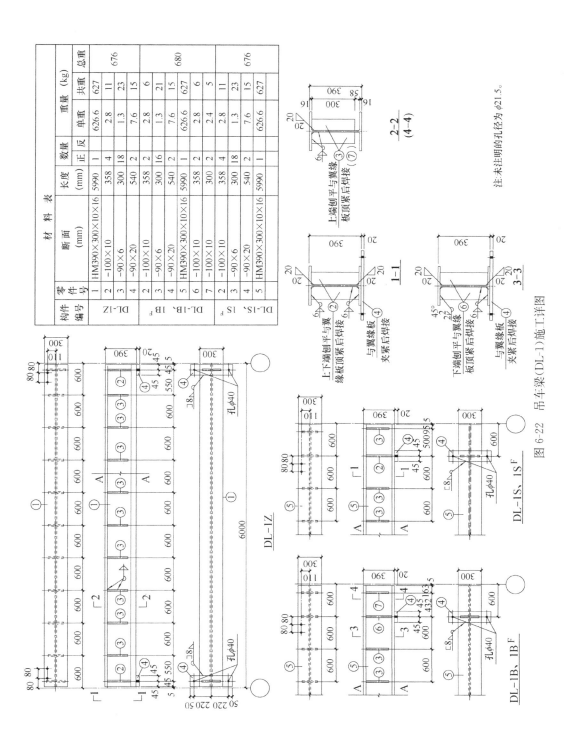

图 6-22 吊车梁(DL-1)施工详图

构件编号	零件号	断面 (mm)	长度 (mm)	数量 正 反		重量 (kg) 单重	共重	总重
DL-1Z	1	HM390×300×10×16	5990	1		626.6	627	
	2	—100×10	358	4		2.8	11	676
	3	—90×6	300	18		1.3	23	
	4	—90×20	540	2		7.6	15	
DL-1B、1Bᶠ	2	—100×10	358	2		2.8	6	
	3	—90×6	300	16		1.3	21	680
	5	—90×20	540	2		7.6	15	
	6	HM390×300×10×16	5990	1		626.6	627	
	6	—100×10	358	2		2.8	6	
	7	—100×10	300	2		2.4	5	
DL-1S、1Sᶠ	2	—100×10	358	4		2.8	11	
	3	—90×6	300	18		1.3	23	676
	4	—90×20	540	2		7.6	15	
	5	HM390×300×10×16	5990	1		626.6	627	

材 料 表

注:未注明的孔径为 φ21.5。

【例题 6-2】 7.5m 焊接工字形吊车梁（DL-2）

1. 设计资料

（1）吊车梁跨度 7.5m，无制动结构，支承于钢柱，采用突缘支座，计算跨度 $l=$ 7.490m，设有二台起重量 $Q=16t$，工作级别 A5 的软钩吊车，吊车跨度 $S=34.5m$，采用

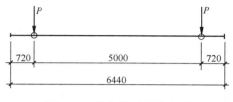

图 6-23　吊车轮压及轮距图

钻孔型轨道联结。钢材采用 Q235，焊条为 E43 型。

（2）采用 DHQD08 系列桥式吊车，轮距 $W=5000mm$，桥架宽度 $B=6440mm$；最大轮压 $P_{max}=193.2kN$，小车重 $g=4.0t$，吊车总重 $G=40.4t$。吊车轮压及轮距见图 6-23。

2. 吊车荷载计算

吊车荷载动力系数 $\alpha=1.05$，吊车荷载分项系数 $\gamma_Q=1.40$。

吊车荷载设计值为：

$$P = \alpha \cdot \gamma_Q \cdot P_{max} = 1.05 \times 1.4 \times 193.2 = 284.0kN$$

$$H = \gamma_Q \frac{0.1 \cdot (Q+g)}{n} = 1.4 \times \frac{0.10 \times (16+4.0) \times 9.8}{4} = 6.86kN。$$

3. 内力计算

（1）吊车梁中最大弯矩及相应的剪力

1）吊车梁上有三个轮压（见图 6-17）时，由公式（6-6），梁上所有吊车轮压 ΣP 的位置为：

$a_1 = B - W = 6440 - 5000 = 1440mm$，$a_2 = W = 5000mm$，$a_5 = (a_2-a_1)/6 = (5000-1440)/6 = 593mm$。

自重影响系数 β_w 取 1.04，由公式（6-7），C 点的最大弯矩为：

$$M^c_{max} = \beta_w \left[\frac{\Sigma P \left(\frac{l}{2} - a_5 \right)^2}{l} - Pa_1 \right]$$

$$= 1.04 \times \left[\frac{3 \times 284.0 \times \left(\frac{7.49}{2} - 0.593 \right)^2}{7.49} - 284.0 \times 1.440 \right]$$

$$= 750.0kN \cdot m。$$

2）吊车梁上有二个轮压（见图 6-24）时，由公式（6-3），梁上所有吊车轮压 ΣP 的

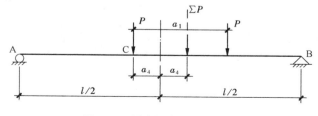

图 6-24　吊车梁弯矩计算简图

位置为：

$a_1 = B - W = 6440 - 5000 = 1440\text{mm}$，$a_4 = a_1/4 = 1440/4 = 360\text{mm}$。

由公式（6-4），C 点的最大弯矩为：

$$M_{\max}^c = \beta_w \frac{\sum P\left(\frac{l}{2} - a_4\right)^2}{l} = 1.04 \times \frac{2 \times 284.0 \times \left(\frac{7.49}{2} - 0.360\right)^2}{7.49} = 903.7\text{kN} \cdot \text{m}$$

可见由第二种情况控制，由公式（6-5），在 $M_{\max}$ 处相应的剪力为：

$$V^c = \beta_w \frac{\sum P\left(\frac{l}{2} - a_4\right)}{l} = 1.04 \frac{2 \times 284.0 \times \left(\frac{7.49}{2} - 0.360\right)}{7.49} = 267.0\text{kN}。$$

（2）吊车梁的最大剪力

荷载位置见图 6-25，由公式（6-12），

$$R_A = 1.04 \times 284.0 \times \left(\frac{1.05}{7.49} + \frac{6.05}{7.49} + 1\right) = 575.3\text{kN}，V_{\max} = 575.3\text{kN}。$$

（3）按公式（6-13）计算的水平方向最大弯矩为：

$$M_H = \frac{H}{P}M_{\max}^c = \frac{6.86}{284.0} \times \frac{903.7}{1.04} = 21.0\text{kN} \cdot \text{m}。$$

4. 截面特性

初选截面如图 6-26。

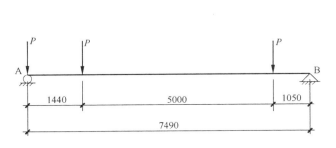

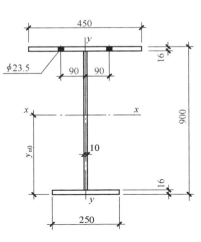

图 6-25 吊车梁剪力计算简图

图 6-26 吊车梁截面图

（1）毛截面特性（参见图 6-26）

$\sum A = 450 \times 16 + 250 \times 16 + 868 \times 10 = 19880\text{mm}^2$

$y_0 = \dfrac{450 \times 16 \times 892 + 250 \times 16 \times 8 + 868 \times 10 \times 450}{19880} = 521.15\text{mm}$

$I_x = \dfrac{1}{12} \times 450 \times 16^3 + 450 \times 16 \times (900 - 521.15 - 8)^2 + \dfrac{1}{12} \times 250 \times 16^3$

$\qquad + 250 \times 16 \times (521.15 - 8)^2 + \dfrac{1}{12} \times 10 \times 868^3 + 868 \times 10 \times \left(521.15 - \dfrac{900}{2}\right)^2$

$\qquad = 2.633 \times 10^9 \text{mm}^4$

$$S = 450 \times 16 \times (900 - 521.15 - 8) + (900 - 521.15 - 16)^2 \times 10/2$$

$$= 3.328 \times 10^6 \, \text{mm}^3$$

$$W_x = \frac{2.633 \times 10^9}{(900 - 521.15)} = 6.950 \times 10^6 \, \text{mm}^3$$

上翼缘对 y 轴的截面特性：

$$I_y = \frac{1}{12} \times 16 \times 450^3 = 1.215 \times 10^8 \, \text{mm}^4$$

$$W_y = \frac{1}{6} \times 16 \times 450^2 = 5.40 \times 10^5 \, \text{mm}^3 \, 。$$

（2）净截面特性

$$\Sigma A_n = (450 - 2 \times 23.5) \times 16 + 250 \times 16 + (900 - 32) \times 10 = 19128 \, \text{mm}^2$$

$$y_{n0} = \frac{(450 - 47) \times 16 \times 892 + 250 \times 16 \times 8 + 868 \times 10 \times 450}{19128} = 506.57 \, \text{mm}$$

$$I_{nx} = \frac{1}{12} \times (450 - 47) \times 16^3 + (450 - 47) \times 16 \times (900 - 506.57 - 8)^2 + \frac{1}{12}$$

$$\times 250 \times 16^3 + 250 \times 16 \times (506.57 - 8)^2 + \frac{1}{12} \times 10 \times 868^3 + 868 \times 10$$

$$\times \left(506.57 - \frac{900}{2}\right)^2$$

$$= 2.525 \times 10^9 \, \text{mm}^4$$

$$W_{nx}^{\text{上}} = \frac{2.525 \times 10^9}{(900 - 506.57)} = 6.418 \times 10^6 \, \text{mm}^3 \, , \quad W_{nx}^{\text{下}} = \frac{2.525 \times 10^9}{506.57} = 4.985 \times 10^6 \, \text{mm}^3 \, 。$$

上翼缘对 y 轴的截面特性：

$$A_n = (450 - 2 \times 23.5) \times 16 = 6448 \, \text{mm}^2$$

$$I_{ny} = \frac{1}{12} \times 16 \times 450^3 - 2 \times 23.5 \times 16 \times 90^2 = 1.154 \times 10^8 \, \text{mm}^4$$

$$W_{ny} = \frac{1.154 \times 10^8}{450/2} = 5.129 \times 10^5 \, \text{mm}^3 \, 。$$

5. 强度计算

（1）正应力

按公式（6-15）计算的上翼缘正应力为：

$$\sigma = \frac{M_{max}}{W_{nx}^{\text{上}}} + \frac{M_H}{W_{ny}} = \frac{903.7 \times 10^6}{6.418 \times 10^6} + \frac{21.0 \times 10^6}{5.129 \times 10^5} = 181.8 \, \text{N/mm}^2 < 215 \, \text{N/mm}^2 \, 。$$

按公式（6-18）计算的下翼缘正应力为：

$$\sigma = \frac{M_{max}}{W_{nx}^{\text{下}}} = \frac{903.7 \times 10^6}{4.985 \times 10^6} = 181.3 \, \text{N/mm}^2 < 215 \, \text{N/mm}^2 \, 。$$

（2）剪应力

按公式（6-19）计算的平板支座处剪应力为（近似取支座边缘的最大剪力）：

$$\tau = \frac{V_{\max} S}{I_x t_w} = \frac{575.3 \times 10^3 \times 3.328 \times 10^6}{2.633 \times 10^9 \times 10} = 72.7 \text{N/mm}^2 < 125 \text{N/mm}^2 。$$

按公式（6-20）计算的突缘支座处剪应力为：

$$\tau = \frac{1.2 \cdot V_{\max}}{h_0 t_w} = \frac{1.2 \times 575.3 \times 10^3}{(900 - 32) \times 10} = 79.5 \text{N/mm}^2 < 125 \text{N/mm}^2 。$$

（3）腹板的局部压应力

采用 43kg 钢轨，轨高为 140mm。$l_z = a + 5h_y + 2h_R = 50 + 5 \times 16 + 2 \times 140 = 410$mm；集中荷载增大系数 $\psi = 1.0$，按公式（6-21）计算的腹板局部压应力为：

$$\sigma_c = \frac{\psi \cdot P}{t_w l_z} = \frac{1.0 \times 284.0 \times 10^3}{10 \times 410} = 69.3 \text{N/mm}^2 < 215 \text{N/mm}^2 。$$

（4）腹板计算高度边缘处折算应力

取 1/4 跨度处，荷载位置如图 6-27。

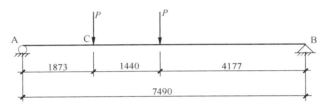

图 6-27　计算吊车梁折算应力时荷载位置

$$R_A = 1.04 \frac{284.0 \times (4.177 + 5.617)}{7.49} = 371.4 \text{kN}$$

$V_c = 371.4$kN，$M_c = 371.4 \times 1.873 = 695.6$kN·m

按公式（6-23）：

$$\sigma = \frac{M}{I_{nx}} y_1 = \frac{695.6 \times 10^6}{2.525 \times 10^9} \times (900 - 506.57 - 16) = 104.0 \text{N/mm}^2$$

$$\tau = \frac{V \cdot S_1}{I_x \cdot t_w} = \frac{371.4 \times 10^3 \times 450 \times 16 \times (900 - 506.57 - 8)}{2.633 \times 10^9 \times 10} = 39.1 \text{N/mm}^2$$

按公式（6-22）计算的折算应力为：

$$\sqrt{\sigma^2 + \sigma_c^2 - \sigma \cdot \sigma_c + 3\tau^2} = \sqrt{104.0^2 + (0.9 \times 69.3)^2 - 104.0 \times (0.9 \times 69.3) + 3 \times 39.1^2}$$
$$= 113.2 \text{N/mm}^2 \leqslant \beta_1 f = 1.1 \times 215 = 236.5 \text{N/mm}^2 。$$

6. 稳定性计算

（1）梁的整体稳定性

$l_1/b = 7490/450 = 16.6 > 13$，应计算梁的整体稳定性，按表 12-1

$$\xi_1 = \frac{l_1 \cdot t}{b_1 \cdot h} = \frac{7490 \times 16}{450 \times 900} = 0.296 < 2.0$$

因集中荷载在跨中附近

$$\beta_b = 0.73 + 0.18\xi = 0.73 + 0.18 \times 0.296 = 0.783$$

$$I_1 = \frac{1}{12} \times 16 \times 450^3 = 12.15 \times 10^7 \text{mm}^4, \quad I_2 = \frac{1}{12} \times 16 \times 250^3 = 2.08 \times 10^7 \text{mm}^4$$

按表 12-3

$$\alpha_b = \frac{I_1}{I_1 + I_2} = \frac{12.15 \times 10^7}{12.15 \times 10^7 + 2.08 \times 10^7} = 0.854$$

$$\eta_b = 0.8 \cdot (2\alpha_b - 1) = 0.8 \times (2 \times 0.854 - 1) = 0.566$$

$$i_y = \sqrt{\frac{I_1 + I_2}{A}} = \sqrt{\frac{12.15 \times 10^7 + 2.08 \times 10^7}{19880}} = 84.60 \text{mm}$$

$$\lambda_y = l_1/i_y = 7490/84.60 = 88.53$$

按公式 (11-1) 计算梁的整体稳定性系数 φ_b 为：

$$\varphi_b = \beta_b \frac{4320}{\lambda_y^2} \cdot \frac{A \cdot h}{W_x} \left[\sqrt{1 + \left(\frac{\lambda_y \cdot t_1}{4.4h} \right)^2} + \eta_b \right]$$

$$= 0.783 \cdot \frac{4320}{88.53^2} \cdot \frac{19880 \times 900}{6.950 \times 10^6} \cdot \left[\sqrt{1 + \left(\frac{88.53 \times 16}{4.4 \times 900} \right)^2} + 0.566 \right]$$

$$= 1.809 > 0.6$$

按公式 (11-2)，$\varphi_b' = 1.07 - \dfrac{0.282}{\varphi_b} = 1.07 - \dfrac{0.282}{1.809} = 0.914$

按公式 (6-24) 计算的整体稳定性为：

$$\frac{M_{max}}{\varphi_b' W_x f} + \frac{M_H}{W_y f} = \frac{903.7 \times 10^6}{0.914 \times 6.950 \times 10^6 \times 215} + \frac{21.0 \times 10^6}{5.40 \times 10^5 \times 215} = 0.84 < 1.0。$$

（2）腹板的局部稳定性

$h_0/t_w = 868/10 = 86.8 > 80$、$< 170$，应配置横向加劲肋，加劲肋间距 $a_{min} = 0.5 h_0 = 0.5 \times 868 = 434 \text{mm}$，$a_{max} = 2 h_0 = 2 \times 868 = 1736 \text{mm}$，取 $a = 1500 \text{mm}$。

外伸宽度：$b_s \geqslant h_0/30 + 40 = 718/30 + 40 = 64 \text{mm}$，取 $b_s = 90 \text{mm}$

厚度：$t_s \geqslant b_s/15 = 90/15 = 6 \text{mm}$，取 $t_s = 8 \text{mm}$。

计算跨中附加处，吊车梁腹板计算高度边缘的弯曲压应力为：

$$\sigma = \frac{Mh_c}{I} = \frac{903.7 \times 10^6 \times (900 - 521.15 - 16)}{2.633 \times 10^9} = 124.5 \text{N/mm}^2。$$

腹板的平均剪应力为：

$$\tau = \frac{V}{h_w t_w} = \frac{267.0 \times 10^3}{868 \times 10} = 30.8 \text{N/mm}^2。$$

腹板边缘的局部压应力为（工作级别为 A1～A5 的吊车梁，计算腹板的稳定性时，吊车轮压设计值可乘以折减系数 0.9）：

$$\sigma_c = \frac{\psi \cdot P}{t_w l_z} = \frac{0.9 \times 284.0 \times 10^3}{10 \times 410} = 62.3 \text{N/mm}^2。$$

1）计算 σ_{cr}，由公式 (6-26e)

$$\lambda_{n,b} = \frac{2h_c/t_w}{138} \cdot \frac{1}{\varepsilon_k} = \frac{2 \times (900 - 521.15 - 16)/8}{138} = 0.53 < 0.85$$

则

$$\sigma_{cr} = f = 215 \text{N/mm}^2。$$

2) 计算 τ_{cr}，由公式（6-27e）

$a/h_0 = 1500/868 = 1.728 > 1.0$

则

$$\lambda_{n,s} = \frac{h_0/t_w}{37\eta\sqrt{5.34 + 4(h_0/a)^2}} \cdot \frac{1}{\varepsilon_k}$$

$$= \frac{868/10}{37 \times 1.11 \times \sqrt{5.34 + 4 \times (868/1500)^2}}$$

$$= 0.818 > 0.8$$

则

$$\tau_{cr} = [1 - 0.59(\lambda_{n,s} - 0.8)]f_v$$

$$= [1 - 0.59 \times (0.818 - 0.8)] \times 125$$

$$= 123.7 \text{N/mm}^2。$$

3) 计算 $\sigma_{c,cr}$，由公式（6-28e）

$$a/h_0 = 1.728 > 1.5$$

则 $\lambda_{n,c} = \dfrac{h_0/t_w}{28\sqrt{18.9 - 5a/h_0}} \cdot \dfrac{1}{\varepsilon_k} = \dfrac{868/10}{28\sqrt{18.9 - 5 \times 1500/868}} = 0.968 > 0.9$

则

$$\sigma_{c,cr} = [1 - 0.79(\lambda_{n,c} - 0.9)]f$$

$$= [1 - 0.79 \times (0.968 - 0.9)] \times 215$$

$$= 203.5 \text{N/mm}^2。$$

按公式（6-25）计算跨中区格的局部稳定性为：

$$\left(\frac{\sigma}{\sigma_{cr}}\right)^2 + \left(\frac{\tau}{\tau_{cr}}\right)^2 + \frac{\sigma_c}{\sigma_{c,cr}} = \left(\frac{124.5}{215}\right)^2 + \left(\frac{30.8}{123.7}\right)^2 + \frac{62.3}{203.5} = 0.703 < 1.0。$$

其他区格经计算均能满足，计算从略。

7. 挠度计算

按一台吊车计算，因吊车轮距为 5m，所以求一台吊车的最大弯矩只能有一个轮压作用在梁上，自重影响系数 β_w 取 1.04。

$$M_{kx} = \frac{1}{4}\beta_w P_k l = \frac{1}{4} \times 1.04 \times 193.2 \times 7.49 = 376.2 \text{kN} \cdot \text{m}$$

按公式（6-41a）计算的挠度为：

$$\upsilon = \frac{M_{kx}l^2}{10EI_x} = \frac{376.2 \times 10^6 \times 7490^2}{10 \times 2.06 \times 10^5 \times 2.633 \times 10^9} = 3.89 \text{mm} < l_0/900 = 8.32 \text{mm}。$$

8. 支座加劲肋计算

取平板支座（端跨和伸缩缝跨处）加劲肋的外伸宽度 $b_s = 110$mm，厚度 $t_s = 10$mm；取突缘支座加劲板的宽度 $b_s = 220$mm，厚度 $t_s = 14$mm，按公式（6-40）计算的平板支座加劲肋端面承压应力为：

$$\sigma_{ce} = \frac{R_{max}}{A_{ce}} = \frac{575.3 \times 10^3}{2 \times (110 - 20) \times 10} = 319.6 \text{ N/mm}^2 < f_{ce} = 325 \text{N/mm}^2。$$

对于突缘支座，由图 6-28a

$$A = 220 \times 14 + 150 \times 10 = 4580 \text{mm}^2$$

$$I_z = \frac{1}{12} \times 14 \times 220^3 + \frac{1}{12} \times 150 \times 10^3 = 1.244 \times 10^7 \text{mm}^4$$

$$i_z = \sqrt{\frac{I_z}{A}} = \sqrt{\frac{1.244 \times 10^7}{4580}} = 52.12，\lambda_z = \frac{h_0}{i_z} = \frac{868}{52.12} = 16.7。$$

对于平板支座，由图 6-28b

$$A = (2 \times 150 + 10) \times 10 + 2 \times 110 \times 10 = 5300 \text{mm}^2$$

$$I_z = \frac{1}{12} \times 10 \times (2 \times 110 + 10)^3 + \frac{1}{12} \times 2 \times 150 \times 10^3 = 1.016 \times 10^7 \text{mm}^4$$

$$i_z = \sqrt{\frac{I_z}{A}} = \sqrt{\frac{1.016 \times 10^7}{5300}} = 43.78 \quad \lambda_z = \frac{h_0}{i_z} = \frac{868}{43.78} = 19.8。$$

突缘支座处控制，属 b 类截面，查表 12-6b，得 $\varphi = 0.979$，按公式（6-39）计算的支座加劲肋在腹板平面外的稳定性为：

$$\frac{R_{max}}{\varphi A f} = \frac{575.3 \times 10^3}{0.979 \times 4580 \times 215} = 0.60 < 1.0。$$

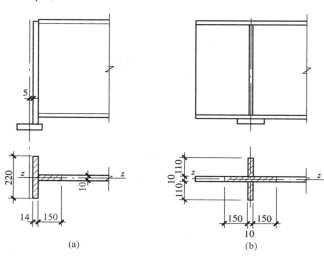

图 6-28　支座加劲肋计算简图

9. 焊缝计算

（1）按公式（6-42）计算的上翼缘与腹板的连接焊缝为：

$$h_f = \frac{1}{2 \times 0.7 f_f^w} \sqrt{\left(\frac{VS_1}{I_x}\right)^2 + \left(\frac{\psi P}{l_z}\right)^2}$$

$$= \frac{1}{2 \times 0.7 \times 160} \sqrt{\left[\frac{575.3 \times 10^3 \times 450 \times 16 \times (900 - 521.15 - 8)}{2.633 \times 10^9}\right]^2 + \left(\frac{1.0 \times 284.0 \times 10^3}{410}\right)^2}$$

$$= 4.0 \text{mm}，取 h_f = 6 \text{mm}。$$

（2）按公式（6-43）计算的下翼缘板与腹板的连接焊缝为：

$$h_f = \frac{VS_1}{2 \times 0.7 f_f^w I_x} = \frac{575.3 \times 10^3 \times 250 \times 16 \times (521.15 - 8)}{2 \times 0.7 \times 160 \times 2.633 \times 10^9} = 2.0 \text{mm}，取 h_f = 6 \text{mm}。$$

（3）按公式（6-44）计算的支座加劲肋与腹板的连接焊缝为：

设 $h_f = 6 \text{mm}$，$h_f = \dfrac{R_{max}}{0.7 n \cdot l_w f_f^w} = \dfrac{575.3 \times 10^3}{0.7 \times 4 \times (900 - 2 \times 20 - 2 \times 6) \times 160} = 1.5 \text{mm}$，

采用 $h_f = 8 \text{mm}$。吊车梁施工详图见图 6-29。

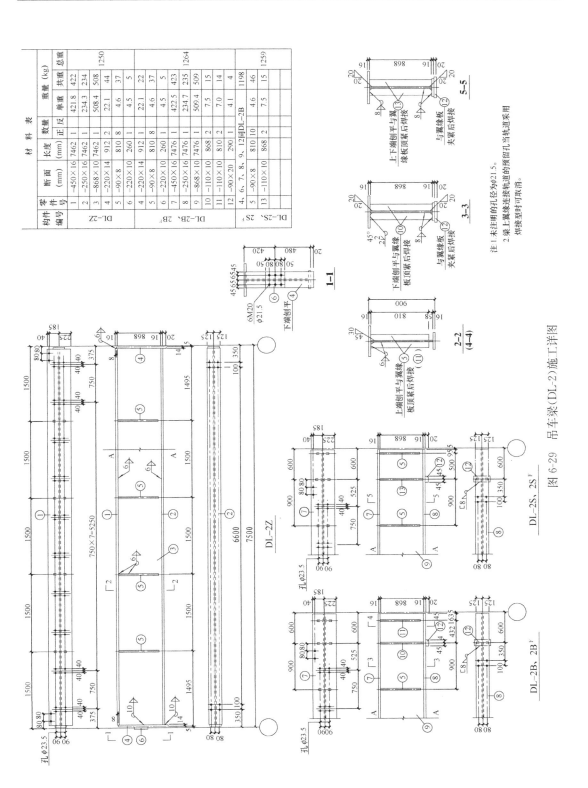

图 6-29 吊车梁（DL-2）施工详图

6.9　钢吊车梁设计中的若干问题

1. 吊车梁截面形式及腹板构造

（1）吊车梁多数为三块钢板焊接成的工字形截面，为节约钢材可采用上翼缘宽，下翼缘窄主轴 x 不对称的工字形截面。

（2）随着热轧 H 型钢大规模出现，小吨位、小跨度的吊车梁可直接采用热轧 H 型钢。

（3）腹板与翼缘板的焊接

1）重级工作制和吊车起重 $Q \geqslant 50t$ 的中级工作制吊车梁腹板与上翼缘焊接的 T 形接头，焊缝均要求焊透，焊缝形式一般为对接与角接的组合焊缝（图 8-16），其质量等级不低于二级。

2）其余除对接焊缝外，均可采用外观质量不低于三级的角接焊缝。

2. 吊车梁的支座形式

一般为实缘支座和平板支座［见图 6-15（a）和图 6-15（b）］。

（1）实缘支座受力明确，柱纵向基本没有偏心，但施工要求高，适用于各种跨度、吊车吨位的钢柱和混凝土柱，但钢柱应优先选用实缘支座。

（2）平板支座柱纵向有偏心，但施工方便，适用于吊车吨位和吊车梁跨度较小场合，一般吊车吨位不宜超过 50t。混凝土柱应优先选用平板支座。

（3）吊车梁在变形缝和房屋两端处梁外挑，此处必须选用平板支座。

3. 厂房柱间支撑和吊车梁的传力途径和构造

（1）吊车梁为柱间支撑开间的水平撑杆和非支撑开间的刚性系杆将厂房纵向的风力、吊车纵向刹车力和地震作用由两端上柱柱间支撑和吊车梁及下柱柱间支撑传给基础和地基，故柱间支撑为整个厂房纵向的抗侧力结构和稳定刚体。

（2）平板支座籍吊车梁与各柱的连接焊缝传递纵向力，故其与柱的连接焊缝，特别是下柱柱间支撑开间的连接焊缝质量和强度尤为重要。必须通过吊车纵向水平荷载或房屋纵向地震作用计算，确定焊缝厚度和长度。

（3）实缘支座一般只承受竖向力，实缘端部加劲肋与柱不焊。纵向水平荷载籍各吊车梁间的端填板和螺栓将纵向力通过吊车梁传至下柱柱间支撑。下柱柱间支撑开间的吊车梁下翼缘支座附近，与柱的连接板承受柱列的全部纵向力，板的连接焊缝或高强度螺栓的质量和强度十分重要，也必须通过计算保证。

第7章 门 式 刚 架

7.1 门式刚架的特点及适用范围

7.1.1 门式刚架的特点

门式刚架结构是指以轻型焊接 H 型钢（等截面或变截面）、热轧 H 型钢（等截面）或冷弯薄壁型钢等构成的实腹式门式刚架或格构式门式刚架作为主要承重骨架，用冷弯薄壁型钢（槽形、Z 形等）做檩条、墙梁；以压型金属板（压型钢板、压型铝板）做围护结构（屋面、墙面）；采用聚苯乙烯泡沫塑料、硬质聚氨酯泡沫塑料、岩棉、矿棉、玻璃棉等作为保温隔热材料并适当设置支撑的一种轻型房屋结构体系。

门式刚架结构有以下特点：

1. 采用轻型屋面，不仅可减小梁柱截面尺寸，基础尺寸也相应减小。

2. 在多跨建筑中增设中间柱可做成一个屋脊的大双坡屋面，以避免内天沟排水，为长坡屋面排水创造了条件。中间柱可采用钢管制作的上下铰接摇摆柱，占空间小。

3. 刚架横梁的侧向刚度可借檩条的隔撑保证，从而可省去纵向刚性构件，并减小翼缘宽度。

4. 跨度较大的刚架可采用改变腹板高度、厚度及翼缘宽度的变截面，做到材尽其用。

5. 刚架的腹板允许其部分失稳，利用其屈曲后的强度，即按有效宽度设计，可减小腹板厚度、不设或少设横向加劲肋。

6. 在轻型屋面门式刚架中，竖向荷载通常是设计的控制荷载，地震作用一般不起控制作用。但当风荷载较大或房屋较高时，风荷载的作用不应忽视。

7. 支撑可做得较轻便，将其直接或用水平节点板连接在腹板上。为使非地震区和小震区支撑做得轻便，可采用张紧的圆钢。

8. 结构构件可全部在工厂制作，工业化程度高。构件单元可根据运输条件划分，单元之间在现场用螺栓连接，安装方便快速，土建施工量小。

7.1.2 门式刚架的适用范围

门式刚架通常用于房屋高度不大于 18m，房屋高宽比小于 1，承重结构为单跨或多跨实腹门式刚架、具有轻型屋盖和轻型外墙、无桥式吊车或有起重量不大于 20t 的 A1 ～ A5 工作级别桥式吊车或起重量不大于 3t 的悬挂式起重机的单层房屋钢结构。不适用于按现行国家标准《工业建筑防腐蚀设计规范》GB 50046 规定的对钢结构具有强腐蚀介质作用的房屋。

7.2 门式刚架的结构形式及有关要求

7.2.1 门式刚架的结构形式

1. 门式刚架的结构形式是多种多样的。按构件体系分，有实腹式与格构式；按截面形式分，有等截面和变截面；按结构选材分，有普通型钢、钢管或钢板焊成的。实腹式刚架的截面一般为工字形；格构式刚架的截面为矩形或三角形。

门式刚架的横梁与柱为刚接，柱脚与基础宜采用铰接；当设有 5t 以上桥式吊车时，柱脚与基础宜采用刚接。

变截面与等截面相比，前者可以适应弯矩变化，节约材料，但在构造连接及加工制造方面，不如等截面方便，故当刚架跨度较大或较高时设计成变截面。

2. 门式刚架分为单跨（图 7-1a）、双跨（图 7-1b）、多跨（图 7-1c）刚架以及带挑檐的（图 7-1d）和带毗屋的（图 7-1e）刚架等形式。多跨刚架中间柱与斜梁的连接可采用铰接。多跨刚架宜采用双坡或单坡屋盖（尤其在多雨地区宜采用这些形式，更有利于屋面排水）（图 7-1f），必要时也可采用由多个双坡屋盖组成的多跨刚架形式。

当需要设置夹层时，夹层可沿纵向设置（图 7-1g）或在横向端跨设置（图 7-1h）。夹层与柱的连接可采用刚性连接或铰接。

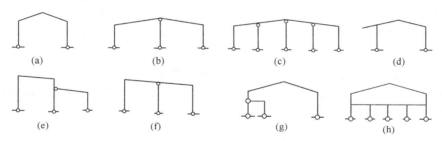

图 7-1 门式刚架形式示例

（a）单跨双坡刚架；（b）双跨双坡刚架；（c）四跨双坡刚架；（d）单跨双坡带挑檐刚架；

（e）双跨单坡（带毗屋）刚架；（f）双跨单坡刚架；（g）单跨双坡（纵向带夹层）刚架；

（h）端跨带夹层刚架

3. 根据跨度、高度和荷载不同，门式刚架的梁、柱可采用变截面或等截面实腹焊接工字形截面或轧制 H 形钢。当设有桥式吊车时，柱宜采用等截面或阶形截面构件。变截面构件宜做成改变腹板高度的楔形；必要时也可改变腹板厚度。结构构件在制作单元内不宜改变翼缘截面，当必要时，仅可改变翼缘厚度；邻接的制作单元可采用不同的翼缘截面，两单元相邻截面高度宜相等。

4. 无吊车门式刚架的柱脚宜按铰接支承设计，通常为平板支座，设一对或两对地脚螺栓。当用于工业厂房且有 5t 以上桥式吊车时，可将柱脚设计成刚接。

5. 门式刚架可由多个梁、柱单元构件组成。柱宜为单独的单元构件，斜梁可根据运输条件划分为若干个单元。单元构件本身应采用焊接，单元构件之间宜通过端板采用高强度螺栓连接。

7.2.2 门式刚架的建筑尺寸

门式刚架轻型房屋钢结构的尺寸应符合下列规定：

1. 门式刚架的跨度，应取横向刚架柱轴线间的距离。门式刚架的单跨跨度宜采用 12～48m。当有依据时，可采用更大跨度。通常以 3m 为模数，必要时也可根据实际情况采用非模数跨度。当边柱宽度不等时，其外侧应对齐。

2. 门式刚架的高度，应取室外地面至柱轴线与斜梁轴线交点的高度。高度应根据使用要求的室内净高确定，有 20t 吊车 A1～A5 的厂房应根据轨顶标高和吊车净空要求确定。高度宜为 8.0～10.0m，必要时可适当增大。刚架的高度，不宜大于 18m，房屋高宽比小于 1。

3. 柱的轴线可取通过柱下端（截面较小端）中心的竖向轴线。工业建筑边柱的定位轴线宜取柱外皮。斜梁的轴线可取通过变截面梁段最小端中心与斜梁上表面平行的轴线。

4. 门式刚架轻型房屋的檐口高度，应取室外地面至房屋外侧檩条上缘的高度。

5. 门式刚架轻型房屋的最大高度，应取室外地面至屋盖顶部檩条上缘的高度。

6. 门式刚架轻型房屋的宽度，应取房屋侧墙墙梁外皮之间的距离。

7. 门式刚架轻型房屋的长度，应取两端山墙墙梁外皮之间的距离。

8. 门式刚架轻型房屋的屋面坡度宜取 1/20～1/8，在雨水较多的地区宜取其中的较大值。当屋面坡度小于 1/20 时，应考虑结构变形后雨水顺利排泄的能力。核算时应考虑安装误差、支座沉降、构件挠度、侧移和起拱的影响。

9. 门式刚架的间距，即柱网轴线在纵向的距离宜为 6～9m 等。

10. 挑檐长度可根据使用要求确定，宜采用 0.5～1.2m，其上翼缘坡度宜与斜梁坡度相同。

7.2.3 门式刚架的结构平面布置

1. 温度区段长度

门式刚架轻型房屋钢结构的温度区段长度（伸缩缝的间距），应符合下列规定：

(1) 纵向温度区段（垂直于刚架跨度方向）不大于 300m；

(2) 横向温度区段（沿刚架跨度方向）不大于 150m，当横向温度区段大于 150m 时，应考虑温度的影响。

(3) 当有可靠依据时，温度区段长度可适当加大。

(4) 当需要设置伸缩缝时，可采用如下两种做法：

1) 设置双柱（习惯做法）；

2) 在搭接檩条的螺栓连接处采用长圆孔，并使该处屋面板在构造上允许胀缩。对于有吊车梁的厂房，吊车梁与柱的连接处宜采用长圆孔。

2. 对于有吊车的厂房，两端刚架的横向定位轴线应设置插入距，见图 7-2，插入距可取 $1200+a_e$，a_e 为伸缩缝或防震缝的宽度。

3. 在多跨刚架局部抽掉中间柱或边柱处，宜布置托架或

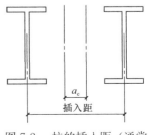

图 7-2 柱的插入距（通常为 $2×600+a_e$）

托梁。

4. 屋面檩条的布置，应考虑天窗、采光带、通风屋脊、屋面材料、檩条供货规格等因素的影响。屋面压型钢板的厚度和檩条间距应按计算确定。

5. 山墙可设置由斜梁、抗风柱、墙梁及其支撑组成的山墙墙架，或采用门式刚架。

7.2.4　门式刚架的墙架布置

1. 门式刚架轻型房屋钢结构侧墙墙梁的布置，应考虑设置门窗、挑檐、遮阳、雨篷等构件和围护材料的要求。当桥式吊车起重量较大时，尚应采取措施增加吊车梁的侧向刚度。

2. 门式刚架轻型房屋钢结构的侧墙，当采用压型钢板作围护面时，墙梁宜布置在刚架柱的外侧，其间距应随墙板板型和规格确定，且不应大于计算要求的间距。

3. 门式刚架轻型房屋的外墙，当抗震设防烈度在 8 度及以下时，宜采用轻型金属墙板或非嵌砌砌体；当抗震设防烈度为 9 度时，应采用轻型金属墙板或与柱柔性连接的轻质墙板。

7.2.5　门式刚架的支撑布置

房屋的纵向应有明确、可靠的抗震传力体系。当某一柱列纵向刚度和强度较弱时，应通过房屋横向水平支撑，将水平力传递至相邻柱列。

1. 支撑系统设置原则

（1）支撑系统设置应遵循布置均匀、传力简洁、结构对称、形式统一、经济可靠的原则。

（2）在每个温度区段、结构单元或分期建设的区段、结构单元中，应分别设置独立的支撑系统，与刚架结构共同构成独立的空间稳定体系，以保证结构使用阶段的安全稳定。施工安装阶段结构临时支撑的设置尚应满足相关规范的要求。

（3）屋盖横向支撑与柱间支撑宜设置在同一开间，以组成完整的空间稳定体系。如支撑布置在同一开间内有困难时，应布置在相邻开间内，且应设置可靠的传力构件。

（4）在一个温度区段或结构单元内设有多道支撑时，按照其柱间支撑的刚度，共同承担纵向水平荷载。

2. 柱间支撑系统

（1）柱间支撑一般应设在侧墙柱列，当建筑物宽度大于 60m 时，在内柱列宜设置柱间支撑。当有吊车时，每个吊车跨两侧柱列均应设置吊车柱间支撑（吊车支撑的柱间支撑根据实际需要，也可不延伸至屋面）。

（2）同一柱列不宜混用刚度差异大的支撑形式。在同一柱列设置的柱间支撑共同承担该柱列的水平荷载，水平荷载应按各支撑的刚度进行分配。

（3）柱间支撑通常采用的形式为：门式框架、圆钢或钢索交叉支撑、型钢交叉支撑、方管或圆管人字支撑等。当有吊车时支撑斜杆内力较大，或当抗震设防烈度为 8 度（0.30g）以上时，应选用型钢交叉支撑；当无吊车且支撑斜杆内力较小时，柱间支撑可采用带有张紧装置的圆钢或钢索交叉支撑。

（4）当房屋高度大于柱间距 2 倍时，柱间支撑宜分层设置。当沿柱高有质量集中点、吊车牛腿或低屋面连接点处应设置相应支撑点。

（5）柱间支撑的设置应根据房屋纵向柱距、受力情况和温度区段等条件确定。当无吊车时，柱间支撑间距宜取 30～45m，端部柱间支撑宜设置在房屋端部第一或第二开间。当有吊车时，吊车牛腿下部支撑宜设置在温度区段中部，当温度区段较长时，宜设置在三分点内，且支撑间距不大于 50m。牛腿上部支撑设置原则与无吊车时的柱间支撑设置相同。

（6）柱间支撑的设计，应按支承于柱脚基础上的竖向悬臂桁架计算；对于圆钢或钢索交叉支撑应按拉杆设计，型钢可按拉杆设计，支撑中的刚性系杆应按压杆设计。

3. 屋面横向和纵向支撑系统

（1）屋面端部横向支撑应布置在建筑物端部和温度区段第一或第二开间，当布置在第二开间时应在建筑物端部第一开间抗风柱顶部对应位置布置刚性系杆。刚性系杆承受抗风柱顶传递来的风荷载，按压杆设计。也可用抗风柱顶临近的两根檩条兼做，按压弯杆件设计。

（2）屋面横向支撑的布置应根据房屋纵向的长度、开间的大小、屋面的荷载等情况综合确定，屋面横向支撑间距宜取 30～45m 或 4～6 个开间，并与柱间支撑对应设置。

（3）屋面支撑形式可选用圆钢或钢索交叉支撑；当屋面斜梁承受悬挂吊车荷载时，屋面横向支撑应选用型钢交叉支撑。屋面横向交叉支撑节点布置应与抗风柱相对应，并应在屋面梁转折处布置节点。

（4）屋面横向支撑应按支承于柱间支撑柱顶水平桁架设计；圆钢或钢索应按拉杆设计，型钢可按拉杆设计，刚性系杆应按压杆设计。刚性系杆可用临近节点的两根檩条兼做，按压弯杆件设计。

（5）对于设有带驾驶室且起重量大于 15t 桥式吊车的跨间，应在屋盖边缘设置纵向支撑；在有抽柱的柱列，沿托架长度应设置纵向支撑。

7.3 门式刚架的内力和侧移计算

7.3.1 门式刚架的结构计算分析

门式刚架的结构计算分析见表 7-1。

门式刚架结构计算分析   表 7-1

项次	计算内容	设计原则
1	计算假定	（1）应按弹性分析方法计算； （2）不宜考虑应力蒙皮效应，可按平面结构分析内力； （3）当未设置柱间支撑时，柱脚应设计成刚接，柱应按双向受力进行设计计算； （4）当立柱采用箱形柱的情况下，门式刚架宜采用空间模型分析，箱形柱应按照双向压弯构件计算； （5）当采用二阶弹性分析时，应施加假想水平荷载。假想水平荷载应采取竖向荷载设计值的 0.5%，分别施加在竖向荷载的作用处。假想荷载的方向与风荷载或地震作用的方向相同

项次	计算内容	设计原则
2	地震作用分析	(1) 阻尼比取值： 封闭式房屋：0.05； 敞开式房屋：0.035； 其余房屋应按外墙面积开孔率插值计算。 (2) 计算方法： 单跨房屋、多跨等高房屋：采用基底剪力法进行横向刚架的水平地震作用计算； 不等高房屋：按振型分解反应谱法计算。 (3) 其他： 有吊车厂房，计算地震作用时，应考虑吊车自重，平均分配于两牛腿处； 当采用砌体墙做维护墙体时，砌体墙的质量应沿高度分配到不少于两个质量集中点作为钢柱的附加质量，参与刚架横向的水平地震作用计算； 纵向柱列的地震作用采用基底剪力法计算时，应保证每一集中质量处，均能将按高度和质量大小分配的地震作用传递到纵向支撑或纵向框架； 当房屋的纵向长度不大于横向宽度的 1.5 倍，且纵向和横向均有高低跨时，宜按整体空间刚架模型对纵向支撑体系进行计算； 通常情况下可不进行强柱弱梁的验算。当梁柱采用端板连接或梁柱节点处采用梁柱下翼缘圆弧过渡时，也可不进行强节点弱构件的验算。当采用全焊接或栓焊混合梁柱连接节点时应进行强节点弱构件的计算，计算方法应按现行国家标准《建筑抗震设计规范》2016 版 GB 50011—2010 的规定进行； 带夹层时，夹层的纵向抗震设计可单独进行，对内侧柱列的纵向地震作用应乘以增大系数 1.2
3	温度作用分析	(1) 当房屋总宽度或总长度超出本书 7.2.3 条规定的温度区段最大长度时，应采取表 7-2 中规定的释放温度应力的措施或计算温度作用效应； (2) 计算温度作用效应时，基本气温应按现行国家标准《建筑结构荷载规范》GB 50009—2012 的规定采用。温度作用效应的分项系数宜采用 1.4； (3) 当房屋纵向结构采用全螺栓连接时，可对温度作用效应进行折减，折减系数可取 0.35

门式刚架轻型房屋释放温度应力的措施　　　　　　　　表 7-2

项次	部位	措　施
1	纵向	(1) 采用长圆孔； (2) 吊车轨道采用斜切留缝的措施； (3) 吊车梁与吊车梁端部连接采用碟形弹簧
2	横向	(1) 横向无吊车跨可在屋面梁支承处采用椭圆孔或可以滑动的支座（滑动面要采取措施减小摩擦力，起支承作用的一侧钢柱宜适当加强）； (2) 设置高低跨

7.3.2　变截面刚架

1. 内力计算

对于杆件为变截面的门式刚架，应采用弹性分析方法确定各种内力。进行内力分析时宜按平面结构分析内力，一般不考虑应力蒙皮效应。当有必要且有条件时，可考虑屋面板的应力蒙皮效应。蒙皮效应是将屋面视为沿房屋全长平放的深梁，脊檩、檐口檩条类似于上、下弦杆，除受弯以外，还承受轴向压、拉作用。面板可视为平面内横向剪切的腹板，其边缘构件可视为承受轴向力的翼缘。考虑屋面板的蒙皮效应可提高结构的整体刚度和承载力，但目前还难以利用，只能作为安全储备。

变截面门式刚架的内力可按结构力学方法或利用静力计算公式、图表进行计算；也可采用有限元法（直接刚度法）计算。计算时宜将构件分为若干段，每段可视为等截面；也可采用楔形单元。

当考虑地震作用时，可采用底部剪力法确定。抗震阻尼比：封闭式房屋取 0.05；敞开式房屋取 0.035。

2. 侧移计算

变截面门式刚架的柱顶侧移应采用弹性分析方法确定。

（1）单跨刚架

1）当单跨变截面门式刚架斜梁上缘坡度不大于 1：5 时，在柱顶水平力作用下的侧移 u 可按下列公式估算：

柱脚铰接刚架

$$u = \frac{PH^3}{12EI_c}(2 + \xi_t) \tag{7-1}$$

柱脚刚接刚架

$$u = \frac{PH^3}{12EI_c} \cdot \frac{3 + 2\xi_t}{6 + \xi_t} \tag{7-2}$$

其中 $\qquad\qquad\qquad\qquad \xi_t = I_c L / H I_b \tag{7-3}$

式中　H、L——分别为刚架柱高度和刚架跨度。当坡度大于 1：10 时，L 应取斜梁沿坡折线的总长度 $2s$（图 7-3）；

　　　　I_c、I_b——分别为柱和斜梁的平均惯性矩，按公式（7-4）及公式（7-5）的规定计算；

　　　　P——刚架柱顶等效水平力，按公式（7-6）～公式（7-10）的规定计算；

　　　　ξ_t——刚架柱与刚架梁的线刚度比。

按公式（7-1）、（7-2）计算所得的侧移，应满足表 2-11 的要求。

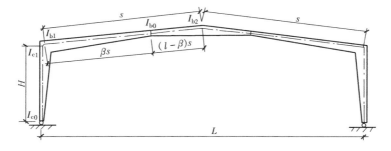

图 7-3　变截面刚架的几何尺寸

2）变截面柱和斜梁的平均惯性矩，可按下列公式近似计算：

对于楔形构件

$$I_c = (I_{c0} + I_{c1})/2 \tag{7-4}$$

对于双楔形斜梁

$$I_b = [I_{b0} + \beta I_{b1} + (1 - \beta)I_{b2}]/2 \tag{7-5}$$

式中　I_{c0}、I_{c1}——分标为柱小头和柱大头的惯性矩（图 7-3）；

　　　I_{b0}、I_{b1}、I_{b2}——分标为楔形斜梁最小截面、檐口和跨中截面的惯性矩（图 7-3）；

　　　　　β——楔形斜梁长度比值（图 7-3）。

3）当估算刚架在沿柱高度均布的水平风荷载作用下的侧移时（图 7-4），柱顶等效水平力 P 可取为：

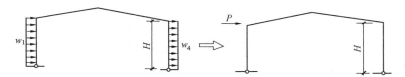

图 7-4　刚架在均布风荷载作用下柱顶的等效水平力

柱脚铰接刚架　　　　　　　　　　$P = 0.67w$ (7-6)

柱脚刚接刚架　　　　　　　　　　$P = 0.45w$ (7-7)

其中　　　　　　　　　　　　　　$W = (w_1 + w_4)H$ (7-8)

4）当估算刚架在吊车水平荷载 P_c 作用下的侧移时（图 7-5），柱顶等效水平力 P 可取为：

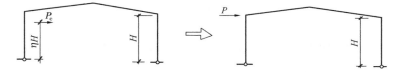

图 7-5　刚架在吊车水平荷载作用下柱顶的等效水平力

柱脚铰接刚架　　　　　　　　　　$P = 1.15\eta P_c$ (7-9)

柱脚刚接刚架　　　　　　　　　　$P = \eta P_c$ (7-10)

式中　W——均布风荷载的总值；

　　　w_1、w_4——分标为刚架两侧承受的沿柱高度均布的水平风荷载（kN/m^2）；

　　　　　η——吊车水平荷载 P_c 作用高度与柱高度之比（图 7-5）。

（2）两跨刚架

中间柱为摇摆柱的两跨刚架，柱顶侧移可采用公式（7-1）或公式（7-2）计算，但公式（7-3）中的 L 应以双坡斜梁全长 $2s$ 代替，s 为单坡长度（图 7-6）。

图 7-6　有摇摆柱的两跨刚架

当中间柱与斜梁刚性连接时，可将多跨刚架视为多个单跨刚架的组合体（每个中间柱分为两半，惯性矩各取 $I/2$），按下列公式计算整个刚架在柱顶水平荷载 P 作用下的侧移：

$$u = \frac{P}{\sum K_i} \tag{7-11}$$

$$K_i = \frac{12EI_{ei}}{H_i^3(2 + \xi_{ti})} \tag{7-12}$$

$$\xi_{ti} = \frac{I_{ei}l_i}{H_i I_{bi}} \tag{7-13}$$

$$I_{ei} = \frac{I_1 + I_r}{4} + \frac{I_1 I_r}{I_1 + I_r} \tag{7-14}$$

式中　$\sum K_i$——柱脚铰接时各单跨刚架的侧向刚度之和；

　　　H_i——所计算跨两柱的平均高度；

　　　I_{ei}——两柱惯性矩不相同时的等效惯性矩；

　　　I_{bi}——与所计算柱相连的单跨刚架梁的惯性矩；

　　　l_i——与所计算柱相连的单跨刚架梁的长度；

　　　ξ_{ti}——与所计算柱相连的单跨刚架梁的线刚度比值；

　I_1、I_r——分别为左右两柱的惯性矩（图 7-7）。

7.3.3　等截面刚架

对构件为等截面的门式刚架，当采用弹性方法确定内力时，可参考上述公式进行。当采用塑性分析方法确定内力时，按现行国家标准《钢结构设计标准》GB 50017 的规定进行设计。构件截面可采用三块板焊接成的工字形截面，高频焊接轻型钢及热轧 H 型钢。

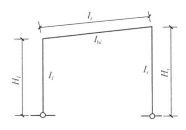

图 7-7　左右两柱的惯性矩

7.3.4　刚架梁、柱截面

1. 刚架梁的最小高度与跨度之比，格构式梁可取 $1/15 \sim 1/25$；实腹式梁可取 $1/30 \sim 1/45$。

2. 刚架梁柱的最小高度，根据柱高、有无吊车和吊车吨位大小确定。

7.3.5　刚架梁、柱的竖向挠度与侧移限值

刚架梁的竖向挠度与其跨度的比值，不宜大于表 7-3 所列限值；单层门式刚架的刚架柱在风荷载或多遇地震标准作用下的柱顶水平位移与柱高的比值，不宜大于表 7-4 所列限值，以保证刚架有足够的刚度及屋面墙面等的正常使用。夹层处柱顶的水平位移限值宜为 $H/250$，H 为夹层处柱高度。

刚架梁的竖向挠度限值　　　　　　　　　　　　　　　　　　表 7-3

项次	屋盖情况	挠度限值
1	门式刚架斜梁 仅支承压型钢板屋面和冷弯型钢檩条	$L/180$

续表

项次	屋盖情况		挠度限值
2	夹层		
		主梁	$L/400$
		次梁	$L/250$
3	檩条		$L/150$
		仅支承压型钢板屋面	
		尚有吊顶	$L/240$

注：1. 对于山形门式刚架，L 系刚架跨度；

　　2. 对于悬臂梁，L 取其悬伸长度的 2 倍。

刚架柱顶侧移限值　　　　　　　　　　表 7-4

项次	吊车情况	其他情况	柱顶侧移限值
1	无吊车	采用压型钢板等轻型钢墙板时	$h/60$
2		采用砌体墙时	$h/240$
3	有桥式吊车	吊车由驾驶室操作时	$h/400$
4		吊车由地面操作时	$h/180$

注：表中 h 为刚架柱高度。

7.4　门式刚架的构件设计

7.4.1　刚架构件计算

1. 板件最大宽厚比和屈曲后强度利用

（1）板件最大宽厚比和屈曲后抗剪强度计算见表 7-5。

板件最大宽厚比和考虑屈曲后抗剪强度　　　　　　　　　　表 7-5

项次	内　　　容		符号说明
1	板件最大宽厚比限值	工字形截面构件受压翼缘板自由外伸宽度 b 与其厚度 t 之比，不应大于 $15\sqrt{235/f_y}$；工字形截面梁、柱构件腹板的计算高度 h_w 与其厚度 t_w 之比，不应大于 250。此处，f_y 为钢材屈服强度	—
2	板件屈曲后强度利用	工字形截面构件腹板的受剪板幅，考虑屈曲后强度时，应设置横向加劲肋，板幅的长度与板幅范围内的大端截面高度相比不应大于 3。 腹板高度变化的区格，考虑屈曲后强度，其受剪承载力设计值应按下列公式计算：	

续表

项次	内　　容	符号说明
2	板件屈曲后强度利用	f_v —— 钢材抗剪强度设计值; h_{w1}、h_{w0} —— 分别为楔形腹板大端和小端腹板高度; t_w —— 腹板的厚度; χ_{tap} —— 腹板屈曲后抗剪强度的楔率折减系数; γ_p —— 区格的楔率; α —— 区格的长度与高度之比; a —— 加劲肋间距; λ_s —— 与板件受剪有关的参数; k_τ —— 受剪板件的屈曲系数

$$V_d = \chi_{tap}\varphi_{ps}h_{w1}t_w f_v \leqslant h_{w0}t_w f_v \tag{7-15}$$

$$\varphi_{ps} = \frac{1}{(0.51 + \lambda_s^{3.2})^{1/2.6}} \leqslant 1.0 \tag{7-16}$$

$$\chi_{tap} = 1 - 0.35\alpha^{0.2}\gamma_p^{2/3} \tag{7-17}$$

$$\gamma_p = \frac{h_{w1}}{h_{w0}} - 1 \tag{7-18}$$

$$\alpha = \frac{a}{h_{w1}} \tag{7-19}$$

$$\lambda_s = \frac{h_{w1}/t_w}{37\sqrt{k_\tau}\sqrt{235/f_y}} \tag{7-20}$$

(1) 当不设横向加劲肋时,

$$k_\tau = 5.34\eta_s \tag{7-21a}$$

(2) 当 $a/h_{w1} < 1$ 时,

$$k_\tau = 4 + 5.34/(a/h_{w1})^2 \tag{7-21b}$$

(3) 当 $a/h_{w1} \geqslant 1$ 时,

$$k_\tau = \eta_s[5.34 + 4(a/h_{w1})^2] \tag{7-21c}$$

$$\eta_s = 1 - \omega_1\sqrt{\gamma_p} \tag{7-22}$$

$$\omega_1 = 0.41 - 0.897\alpha + 0.363\alpha^2 - 0.041\alpha^3 \tag{7-23}$$

（2）当工字形截面构件腹板受弯及受压板幅利用后屈曲强度时，应按有效宽度计算截面特性。腹板的有效宽度分布见图 7-8。有效宽度分布规则及取值见表 7-6。

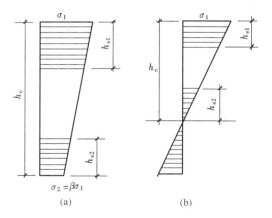

图 7-8　腹板有效宽度的分布
(a) $\beta \geqslant 0$; (b) $\beta < 0$

工字形截面构件腹板有效宽度计算及分布　　　　　　　　　　表 7-6

项次	计算内容	《门式刚架轻型房屋钢结构技术规范》 GB 51022—2015	《钢结构设计标准》 GB 50017—2017
1	腹板有效宽度分布规则	图 7-8 中，$\beta = \sigma_2/\sigma_1$　　　　(7-24) β——截面边缘正应力比值，$-1 \leqslant \beta \leqslant 1$； σ_1、σ_2——分别为板边最大和最小应力，且 $\mid \sigma_2 \mid \leqslant \mid \sigma_1 \mid$； 当截面全部受压，即 $\beta = \sigma_2/\sigma_1 > 0$ 时， $h_{e1} = 2h_e/(5 - \beta)$　　(7-25a) $h_{e2} = h_e - h_{e1}$　　　(7-25b) 当截面部分受拉，即 $\beta = \sigma_2/\sigma_1 < 0$ 时， $h_{e1} = 0.4h_e$　　　　(7-25c) $h_{e2} = 0.6h_e$　　　　(7-25d) 式中　h_e——腹板受压区有效宽度，按公式 (7-26) 计算	当截面全部受压，即 $\beta = \sigma_2/\sigma_1 > 0$，$\alpha_0 = 1 - \beta = 1 - \sigma_2/\sigma_1 \leqslant 1$ 时， $h_{e1} = 2h_e/(4 + \alpha_0)$　　(7-25a) $h_{e2} = h_e - h_{e1}$　　　(7-25b) 当截面部分受拉，即 $\beta = \sigma_2/\sigma_1 < 0$，$\alpha_0 = 1 - \beta = 1 - \sigma_2/\sigma_1 > 1$ 时， $h_{e1} = 0.4h_e$　　　　(7-25c) $h_{e2} = 0.6h_e$　　　　(7-25d) 式中　h_e——腹板受压区有效宽度，按公式 (7-26) 计算。 $\alpha_0 = 1 - \beta$；可见按两种规范计算的公式 (7-25c)、(7-25d) 相同
2	腹板有效宽度取值	当工字形截面构件腹板受弯及受压板幅利用屈曲后强度时，应按有效宽度计算截面特性。受压区有效宽度为： $h_e = \rho h_c$　　　　(7-26) 式中　h_c——腹板受压区宽度； ρ——有效宽度系数，按下列公式计算（当 $\rho > 1.0$ 时，取 $\rho = 1.0$）； $\rho = \dfrac{1}{(0.243 + \lambda_p^{1.25})^{0.9}} \leqslant 1$　(7-27) $\lambda_p = \dfrac{h_w/t_w}{28.1\sqrt{k_\sigma}\sqrt{235/f_y}}$　(7-28) $k_\sigma = \dfrac{16}{\sqrt{(1+\beta)^2 + 0.112(1-\beta)^2} + (1+\beta)}$ 　　　　　　　　　　　(7-29) 式中　λ_p——与板件受弯、受压有关的参数；当板边最大应力 $\sigma_1 < f$ 时，计算 λ_p 时可用 $\gamma_R \sigma_1$ 代替公式 (7-28) 中的 f_y，γ_R 为抗力分项系数，对 Q235 和 Q345 钢，取 $\gamma_R = 1.1$。 h_w——腹板的高度，对楔形腹板取板幅平均高度； t_w——腹板的厚度； k_σ——杆件在正应力作用下的屈曲系数	受压区有效跨度为： $h_e = \rho h_c$　　　　(7-26) 当 $\lambda_{n,p} \leqslant 0.75$ 时， $\rho = 1.0$　　　　　(7-27a) 当 $\lambda_{n,p} > 0.75$ 时， $\rho = \dfrac{1}{\lambda_{n,p}}\left(1 - \dfrac{0.19}{\lambda_{n,p}}\right)$　(7-27b) $\lambda_{n,p} = \dfrac{h_w/t_w}{28.1\sqrt{k_\sigma}} \cdot \dfrac{1}{\varepsilon_k}$　(7-28) $k_\sigma = \dfrac{16}{2 - \alpha_0 + \sqrt{(2 - \alpha_0)^2 + 0.112\alpha_0^2}}$ 　　　　　　　　　　　(7-29) 式中，ε_k 为钢号修正系数，$\varepsilon_k = \sqrt{235/f_y}$； $\alpha_0 = 1 - \beta$；可见按两种规范计算的公式 (7-29) 相同

2. 刚架构件的强度计算和加劲肋设置

刚架构件的强度计算和加劲肋设置应符合表 7-7 的规定。

刚架构件的强度计算及加劲肋设置　　　　　　　　　　　　　　表 7-7

项次	内容	计算公式	符号说明
1	强度计算	工字形截面受弯构件在剪力 V 和弯矩 M 共同作用下的强度，应符合下列公式的要求： 当 $V \leqslant 0.5V_d$ 时 <div align="center">$M \leqslant M_e$ 　　　(7-30a)</div> 当 $0.5V_d < V \leqslant V_d$ 时 <div align="center">$M \leqslant M_f + (M_e - M_f)\left[1 - \left(\dfrac{V}{0.5V_d} - 1\right)^2\right]$</div><div align="right">(7-30b)</div> 当截面为双轴对称时 <div align="center">$M_f = A_f(h_w + t_f)f$ 　　　(7-31)</div>	V_d ——腹板抗剪承载力设计值，按公式（7-15）计算； M_f ——两翼缘所承担的弯矩； M_e ——构件有效截面所承担的弯矩，$M_e = W_e f$； W_e ——构件有效截面最大受压纤维的截面模量； A_f ——构件翼缘的截面面积； A_e ——有效截面面积； h_w ——计算截面腹板高度； t_f ——计算截面的翼缘厚度； M_f^N ——兼承压力 N 时两翼缘所能承受的弯矩
2		工字形截面压弯构件在剪力 V、弯矩 M 和轴压力 N 共同作用下的强度，应符合下列要求： 当 $V \leqslant 0.5V_d$ 时 <div align="center">$\dfrac{N}{A_e} + \dfrac{M}{W_e} \leqslant f$ 　　　(7-32a)</div> 当 $0.5V_d < V \leqslant V_d$ 时 <div align="center">$M \leqslant M_f^N + (M_e^N - M_f^N)\left[1 - \left(\dfrac{V}{0.5V_d} - 1\right)^2\right]$</div><div align="right">(7-32b)</div> <div align="center">$M_e^N = M_e - NW_e/A_e$ 　　　(7-33)</div> 当截面为双轴对称时 <div align="center">$M_f^N = A_f(h_w + t_f)(f - N/A_e)$ 　　(7-34)</div>	
3	加劲肋设置	梁腹板应在与中柱连接处、较大集中荷载作用处和翼缘转折处设置横向加劲肋，并应符合下列规定： 梁腹板利用屈曲后强度时，其中间加劲肋除承受集中荷载和翼缘转折处产生的压力外，还应承受拉力场产生的压力。该压力应按表 7-8 计算	

拉力场产生的压力计算　　　　　　　　　　　　　　表 7-8

计算公式	符号说明
$N_s = V - 0.9\varphi_s h_w t_w f_v$ 　　　(7-35) $\varphi_s = \dfrac{1}{\sqrt[3]{0.738 + \lambda_s^6}} \leqslant 1.0$ 　　　(7-36) 当验算加劲肋稳定性时，其截面应包括每侧 $15t_w\sqrt{235/f_y}$ 宽度范围内的腹板面积，计算长度取 h_w	N_s ——拉力场产生的压力； V ——梁受剪承载力设计值； φ_s ——腹板剪切屈曲稳定系数； h_w ——腹板的高度； t_w ——腹板的厚度； f_v ——钢材抗剪强度设计值； λ_s ——腹板剪切屈曲通用高厚比，按公式（7-20）计算

3. 变截面柱的稳定性计算

变截面柱的稳定性应按表 7-9 计算。

变截面柱的稳定性计算 **表 7-9**

项次	计 算 公 式	符 号 说 明
1	变截面柱在刚架平面内的稳定应按下列公式计算：$$\frac{N_1}{\eta_t\varphi_x A_{e1}}+\frac{\beta_{mx}M_1}{(1-N_1/N_{cr})W_{e1}}\leqslant f \quad(7\text{-}37)$$ $$N_{cr}=\pi^2 EA_{e1}/\lambda_1^2 \quad(7\text{-}38)$$ 当 $\overline{\lambda_1}\geqslant 1.2$ 时，$\eta_t=1$ $\quad(7\text{-}39)$ 当 $\overline{\lambda_1}<1.2$ 时，$\eta_t=\dfrac{A_0}{A_1}+\left(1-\dfrac{A_0}{A_1}\right)\times\dfrac{\overline{\lambda_1}^2}{1.44}$ $\quad(7\text{-}40)$ $$\lambda_1=\frac{\mu H}{i_{x1}} \quad(7\text{-}41)$$ $$\overline{\lambda_1}=\frac{\lambda_1}{\pi}\sqrt{\frac{f_y}{E}} \quad(7\text{-}42)$$	N_1——变截面柱大端的轴向压力设计值； M_1——变截面柱大端的弯矩设计值； A_{e1}——变截面柱大端的有效截面面积； W_{e1}——变截面柱大端有效截面最大受压纤维的截面模量； φ_x——杆件轴心受压稳定系数，楔形柱根据表 7-12、表 7-13 或式（7-67）中规定的计算长度系数，按表 11-9 查得，计算长细比时取大端截面的回转半径； β_{mx}——等效弯矩系数，对有侧移刚架柱取 $\beta_{mx}=1.0$； N_{cr}——欧拉临界力，按公式（7-38）计算。计算长细比 λ 时取大头截面的回转半径，计算长度系数按表 7-12、表 7-13 或式（7-67）采用； $\overline{\lambda_1}$——通用长细比； λ_1——按大端截面计算，考虑计算长度系数的长细比； i_{x1}——大端截面绕强轴的回转半径； μ——柱计算长度系数，按表 7-12、表 7-13 或式（7-67）采用； H——柱高； E——柱钢材的弹性模量； f_y——柱钢材的屈服强度值； A_0、A_1——分别为小端和大端截面的毛截面面积； φ_y——轴心受压构件弯矩作用平面外的稳定系数，楔形柱的计算按表 14 取用，计算长细比时取大端界面的回转半径； k_σ——大小头截面弯矩产生的应力比值，由弯矩计算； $k_M=\dfrac{M_0}{M_1}$；$k_\sigma=k_M\dfrac{W_{x1}}{W_{x0}}$； M_0、M_1——分别为较小弯矩和较大弯矩； $\overline{\lambda_{1y}}$——绕弱轴的通用长细比； λ_{1y}——绕弱轴的长细比； i_{y1}——大端截面绕弱轴的回转半径； γ_x——截面塑性开展系数，按表 3-19 取用； φ_y——轴心受压构件弯矩作用平面外的稳定系数，以大端为准，计算长度取纵向支撑点间的距离，根据表 7-5a 中规定的计算长度系数，按 11.3 查得； φ_b——整体稳定系数，详见表 11-1
2	变截面柱在刚架平面外的稳定应分段按下列公式计算：$$\frac{N_1}{\eta_{ty}\varphi_y A_{e1}f}+\left(\frac{M_1}{\varphi_b\gamma_x W_{e1}f}\right)^{1.3-0.3k_\sigma}\leqslant 1 \quad(7\text{-}43)$$ 当 $\overline{\lambda_{1y}}\geqslant 1.3$ 时，$\eta_{ty}=1$ $\quad(7\text{-}44a)$ 当 $\overline{\lambda_{1y}}<1.3$ 时，$\eta_{ty}=\dfrac{A_0}{A_1}+\left(1-\dfrac{A_0}{A_1}\right)\times\dfrac{\overline{\lambda_{1y}^2}}{1.69}$ $\quad(7\text{-}44b)$ $$\overline{\lambda_{1y}}=\frac{\lambda_{1y}}{\pi}\sqrt{\frac{f_y}{E}} \quad(7\text{-}45)$$ $$\lambda_{1y}=\frac{L}{i_{y1}} \quad(7\text{-}46)$$ 当不能满足式（7-43）的要求时，应设置侧向支撑点或隅撑，并验算每段的平面外稳定	

注：当柱的最大弯矩不出现在大端时，M_1 和 W_{e1} 分别取最大弯矩和该弯矩所在截面的有效截面模量。

4. 变截面刚架梁的稳定性计算

变截面刚架梁的稳定性应按表 7-10 计算。

变截面梁的稳定性计算　　　　　　　　　　　　表 7-10

项次	计 算 公 式	符 号 说 明
1	承受线性变化弯矩的楔形变截面梁段的稳定性，应按下列公式计算： $$\frac{M_1}{\gamma_x \varphi_b W_{x1}} \leq f \quad (7\text{-}47)$$ $$\varphi_b = \frac{1}{(1 - \lambda_{b0}^{2n} + \lambda_b^{2n})^{1/n}} \quad (7\text{-}48)$$ $$\lambda_{b0} = \frac{0.55 - 0.25 k_\sigma}{(1+\gamma)^{0.2}} \quad (7\text{-}49)$$ $$n = \frac{1.51}{\lambda_b^{0.1}} \sqrt{\frac{b_1}{h_1}} \quad (7\text{-}50)$$ $$k_\sigma = k_M \frac{W_{x1}}{W_{x0}} \quad (7\text{-}51)$$ $$\lambda_b = \sqrt{\frac{\gamma_x W_{x1} f_y}{M_{cr}}} \quad (7\text{-}52)$$ $$k_M = \frac{M_0}{M_1} \quad (7\text{-}53)$$ $$\lambda_b = (h_1 - h_0)/h_0 \quad (7\text{-}54)$$	M_1 —— 大端的弯矩设计值； γ_x —— 截面塑性开展系数，按表 2-19 取用； φ_b —— 楔形变截面梁段的整体稳定系数，详见表 11-1； W_{x1} —— 弯矩较大截面受压边缘的截面模量； λ_b —— 梁的通用长细比； k_σ —— 小端截面压应力除以大端截面压应力得到的比值； γ —— 变截面梁楔率； M_{cr} —— 楔形变截面梁弹性屈曲临界弯矩；按本表第 2 条计算； b_1、h_1 —— 分别为弯矩较大截面的受压翼缘宽度和上、下翼缘中面之间的距离； f_y —— 梁钢材的屈服强度值； k_M —— 弯矩比，为较小弯矩除以较大弯矩； M_0、M_1 —— 分别为小端弯矩和大端弯矩； h_0 —— 小端截面上下翼缘中面之间的距离； W_{x0} —— 弯矩较小截面受压边缘的抵抗矩
2	弹性屈曲临界弯矩应按下列公式计算： $$M_{cr} = C_1 \frac{\pi^2 E I_y}{L^2} \left[\beta_{x\eta} + \sqrt{\beta_{x\eta}^2 + \frac{I_{\omega\eta}}{I_y}\left(1 + \frac{GJ_\eta L^2}{\pi^2 E I_{\omega\eta}}\right)} \right]$$ $$(7\text{-}55)$$ $$C_1 = 0.46 k_M^2 \eta_i^{0.346} - 1.32 k_M \eta_i^{0.132} + 1.86 \eta_i^{0.023}$$ $$(7\text{-}56)$$ $$\beta_{x\eta} = 0.45(1+\gamma\eta)h_0 \frac{I_{yT} - I_{yB}}{I_y} \quad (7\text{-}57)$$ $$\eta = 0.55 + 0.04(1 - k_\sigma)\sqrt[3]{\eta_i} \quad (7\text{-}58)$$ $$I_{\omega\eta} = I_{\omega0}(1+\gamma\eta)^2 \quad (7\text{-}59)$$ $$I_{\omega0} = I_{yT} h_{sT0}^2 + I_{yB} h_{sB0}^2 \quad (7\text{-}60)$$ $$J_\eta = J_0 + \frac{1}{3}\gamma\eta(h_0 - t_f)t_w^3 \quad (7\text{-}61)$$ $$\eta_i = \frac{I_{yB}}{I_{yT}} \quad (7\text{-}62)$$	C_1 —— 等效弯矩系数，$C_1 \leq 2.75$； η_i —— 惯性矩比； I_{yT}、I_{yB} —— 分别为弯矩最大截面受压翼缘和受拉翼缘绕弱轴的惯性矩； $\beta_{x\eta}$ —— 截面不对称系数； I_y —— 变截面梁绕弱轴惯性矩； $I_{\omega\eta}$ —— 变截面梁的等效翘曲惯性矩； $I_{\omega0}$ —— 小截面的翘曲惯性矩； J_η —— 变截面梁等效圣维南扭转系数； J_0 —— 小端截面自由扭转常数； h_{sT0}、h_{sB0} —— 分别为小端截面上、下翼缘的中面到剪切中心的距离； t_f —— 翼缘厚度； t_w —— 腹板厚度； L —— 梁段平面外计算长度

5. 变截面柱柱端受剪承载力验算

变截面柱下端铰接时，应验算柱端的受剪承载力。当不满足承载力要求时，应对该处腹板进行加强。

6. 斜梁和隅撑的设计

斜梁和隔撑的设计，应符合表 7-11 的规定：

斜梁和隔撑的设计　　　　　　　　　　表 7-11

项次	构件名称	基　本　规　定	符　号　说　明
1	斜梁	1. 实腹式刚架斜梁在平面内可按压弯构件计算强度，在平面外应按压弯构件计算稳定； 2. 实腹式刚架斜梁的平面外计算长度，应取侧向支承点间的距离；当斜梁两翼缘侧向支承点间的距离不等时，应取最大受压翼缘侧向支承点间的距离； 3. 当实腹式刚架斜梁的下翼缘受压时，支承在屋面斜梁上翼缘的檩条，不能单独作为屋面斜梁的侧向支承。 4. 当斜梁上翼缘承受集中荷载处不设横向加劲肋时，除应按现行国家标准《钢结构设计标准》GB 50017 的规定验算腹板上边缘正应力、剪应力和局部压应力共同作用时的折算应力外，尚应满足下列要求： $$F \leqslant 15\alpha_m t_w^2 f \sqrt{\frac{t_f}{t_w}} \sqrt{\frac{235}{f_y}} \qquad (7\text{-}63)$$ $$\alpha_m = 1.5 - M/(W_e f) \qquad (7\text{-}64)$$	F —— 上翼缘所受的集中荷载； t_f、t_w —— 分别为斜梁翼缘和腹板的厚度； α_m —— 参数，$\alpha_m \leqslant 1.0$，在斜梁负弯矩区取 1.0； M —— 集中荷载作用处的弯矩； W_e —— 有效截面最大受压纤维的截面模量
2	隔撑	1. 屋面斜梁和檩条之间设置的隔撑满足下列条件时，下翼缘受压的屋面斜梁的平面外计算长度可考虑隔撑的作用： (1) 在屋面斜梁的两侧均设置隔撑（图 7-9）； (2) 隔撑的上支承点的位置不低于檩条形心线； (3) 符合对隔撑的设计要求，隔撑应按轴心受压构件设计：成对布置的每根隔撑的计算轴力按下式计算： $$N = \frac{Af}{120\cos\theta} \qquad (7\text{-}65)$$ 2. 隔撑单面布置时，隔撑的计算轴力取 (7-65) 式的两倍。应考虑隔撑作为檩条的实际支座承受的压力对屋面斜梁下翼缘的水平作用。屋面斜梁的强度和稳定性计算宜考虑其影响	A —— 实腹斜梁被支撑翼缘的截面面积； f —— 实腹斜梁钢材的强度设计值； f_y —— 实腹斜梁钢材的屈服强度； θ —— 隔撑与檩条轴线的夹角； 隔撑的最大间距 $l_1 \leqslant 240 i_y$； i_y —— 梁上下翼缘平面外的回转半径

7. 截面高度呈线性变化的柱，在刚架平面内的计算长度可以按下式确定：

(1) 单跨门式刚架柱，在刚架平面内的计算长度 H_o 按下式计算：

$$H_o = \mu H \qquad (7\text{-}66)$$

式中　H —— 柱的高度，取基础顶面到柱与梁轴线交点的距离（如图 7-3 所示）；

　　　μ —— 刚架柱的计算长度系数，按下列方法确定。

(2) 刚架梁为等截面构件时，μ 可按表 7-12 查得；

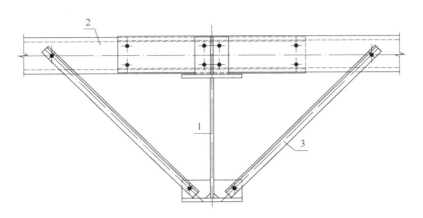

图 7-9　屋面斜梁的隅撑
1—钢梁；2—檩条；3—隅撑

等截面刚架柱的计算长度系数 μ　　　　　　　　　表 **7-12**

柱与基础的连接方式 \ K_2/K_1	0	0.2	0.3	0.5	1.0	2.0	3.0	4.0	7.0	≥10.0
刚接	2.00	1.50	1.40	1.28	1.16	1.08	1.06	1.04	1.02	1.00
铰接	∞	3.42	3.00	2.63	2.33	2.17	2.11	2.08	2.05	2.00

（3）刚架梁为变截面构件时，μ 可按下式计算：

$$\mu = \sqrt{\dfrac{24EI_1}{K \cdot H^3}} \qquad (7\text{-}67)$$

$$K = \dfrac{P}{u} \qquad (7\text{-}68)$$

式中　u——见公式（7-1）；

　　　I_1——柱大头截面的毛截面惯性矩。

（4）斜梁为等截面时柱脚铰接变截面刚架柱的计算长度系数 μ 见表 7-13。

斜梁为等截面时柱脚铰接变截面刚架柱的计算长度系数 μ　　表 **7-13**

I_0/I_1 \ K_2/K_1	0.1	0.2	0.3	0.5	0.75	1.0	2.0	≥10.0
0.01	5.03	4.33	4.10	3.89	3.77	3.74	3.70	3.65
0.05	4.90	3.98	3.65	3.39	3.25	3.19	3.10	3.05
0.10	4.66	3.82	3.48	3.19	3.04	2.98	2.94	2.75
0.15	4.61	3.75	3.37	3.10	2.93	2.85	2.72	2.65
0.20	4.59	3.67	3.30	3.00	2.84	2.75	2.63	2.55

注：1. $K_1 = I_1/H$、$K_2 = I_2/l$；

　2. I_1——柱顶处的截面惯性矩；

　　I_2——刚架梁的截面惯性矩；

　　H——刚架柱的高度；

　　l——刚架梁的长度，在山形门式刚架中为斜梁沿折线的总长 2S。

（5）多跨刚架的中间柱为摇摆柱时（图7-10），摇摆柱的计算长度系数 μ 取 1.0，边柱的计算长度见公式（7-69）。

$$H_0 = \eta \mu H \tag{7-69}$$

$$\eta = \sqrt{1 + \frac{\sum(N_i/h_i)}{\sum(N_f/h_f)}} \tag{7-70}$$

式中 μ——柱的计算长度系数，由表 7-12、表 7-13 查得或按公式（7-70）算得，但表 7-13 注中的 l 取与边柱相连的一跨斜梁的坡面长度 l_b。

η——放大系数；

N_i、h_i——中间柱（即摇摆柱）的轴心力和高度；

N_f、h_f——边柱的轴心力和高度。

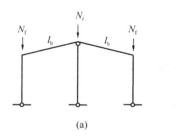 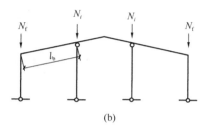

(a)   (b)

图 7-10 计算边柱时的斜梁长度

(a) 双跨刚架；(b) 三跨刚架

本条中计算长度系数 $\eta\mu$ 适用于屋面坡度不大于 1：5 的情况，超过此值时应考虑斜梁轴向力对柱刚度的不利影响。

（6）对于带有毗屋的刚架，可近似地将毗屋柱视为摇摆柱，主刚架柱的系数 μ_1 可按表 7-12 或表 7-13 查得，并应乘以按公式（7-70）计算的系数 η。计算 η 时，N_{1i} 为毗屋柱承受的轴心压力，N_f 为主刚架柱承受的竖向荷载。

（7）当中间柱为非摇摆柱时，各刚架柱的计算长度系数可按下式计算：

$$\mu_i = \sqrt{\frac{1.2N_{Ei}}{KN_i} \cdot \frac{\sum N_i}{h_i}} \tag{7-71}$$

$$N_{Ei} = \frac{\pi^2 EI_i}{h_i^2} \tag{7-72}$$

式中 μ_i——第 i 根刚架柱的计算长度系数。柱脚铰接时，公式（7-71）乘以 0.85；刚接时乘以 1.2；

N_{Ei}——第 i 根刚架柱以大头截面为准的欧拉临界力；

h_i、N_i——第 i 根刚架柱的高度、轴心压力；

I_i——第 i 根刚架柱大头截面的惯性矩。

（8）有侧移框架柱，弯矩作用平面内的等效弯矩系数 β_{mx}

$$\beta_{mx} = 1.0 \tag{7-73}$$

7.5 门式刚架的节点设计

1. 节点设计应传力简捷，构造合理，具有必要的延性；应便于焊接，避免应力集中和过大的约束应力;应便于加工及安装,容易就位和调整。

2. 刚架构件间的连接(摇摆柱除外)必须形成刚性节点,可采用高强度螺栓端板连接。高强度螺栓直径应根据受力确定,可采用 M16～M24 螺栓。高强度螺栓承压型连接可用于承受静力荷载和间接承受动力荷载的结构;重要结构或承受动力荷载的结构应采用高强度螺栓摩擦型连接;用来耗能的连接接头可采用承压型连接。

7.5.1 斜梁和立柱连接及斜梁的拼接

1. 斜梁和立柱连接节点形式及斜梁的拼接形式

门式刚架斜梁与立柱连接节点,可采用端板竖放(图 7-11a)、端板平放(图 7-11b)和端板斜放(图 7-11c)三种形式。斜梁与刚架柱连接节点的受拉侧,宜采用端板外伸式,与斜梁端板连接的柱的翼缘部位应与端板等厚;斜梁拼接时宜使端板与构件外边缘垂直(图 17-11d),应采用外伸式连接,并使翼缘内外螺栓群中心与翼缘中心重合或接近。连接节点处的三角形短加劲板长边与短边之比宜大于 1.5 : 1.0,不满足时可增加板厚。

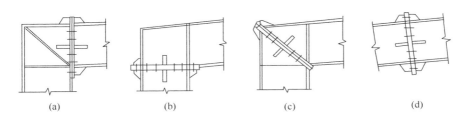

图 7-11 刚架连接节点
(a) 端板竖放;(b) 端板平放;(c) 端板斜放;(d) 斜梁拼接

2. 门式刚架梁与柱的端板式连接节点,应按理想刚接进行设计,以确保刚架的整体刚度和承载力。端板连接节点设计的基本规定见表 7-14:

端板连接节点设计的基本规定 表 7-14

项次	基 本 规 定
1	1) 端板螺栓宜成对布置。在受拉翼缘和受压拉翼缘的内外两侧均应设置,并宜使每个翼缘的螺栓群中心与翼缘的中心重合或接近。 2) 螺栓中心至翼缘板表面的距离,应满足拧紧螺栓时的施工要求,不宜小于 45mm。 3) 螺栓端距不应小于 2 倍螺栓孔径;螺栓中心距不小于 3 倍螺栓孔径。 4) 当端板上两对螺栓间最大距离大于 400mm 时,应在端板中间增设一对螺栓。 5) 受压翼缘的螺栓不宜少于两排。当受拉翼缘两侧各设一排螺栓尚不能满足承载力要求时,可在翼缘内侧增设螺栓,其间距可取 75mm,且不小于 3 倍螺栓孔径
2	端板连接若只承受轴向力和弯矩作用或剪力小于其抗滑移承载力时,端板表面可不作摩擦面处理
3	端板连接应按所受最大内力和按能够承受不小于较小被连接截面承载力的一半设计,并取两者的大值
4	与刚架斜梁端板连接的柱翼缘部分应与端板等厚度(图 7-12)
5	端板连接节点设计包括连接螺栓设计、端板厚度确定、节点域剪应力验算、端板螺栓处构件腹板强度、端板连接刚度验算

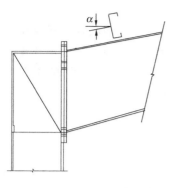

图 7-12 端板竖放时的构造

连接螺栓设计、端板厚度确定、节点域剪应力验算、端板螺栓处构件腹板强度、端板连接刚度验算，应分别符合如下规定：

（1）连接螺栓设计

连接螺栓的布置应满足表 7-14 中项次 1 的规定，且应按现行国家标准《钢结构设计标准》GB 50017 验算螺栓在拉力、剪力或拉剪共同作用下的强度。

（2）端板厚度确定

端板厚度 t 应根据支承条件确定（图 7-13），各种支承条件端板区格的厚度应分别按表 7-15 中公示计算。端板厚度取各种支承条件确定的板厚最大值，但不应小于 16mm 及 0.8 倍的高强螺栓直径。

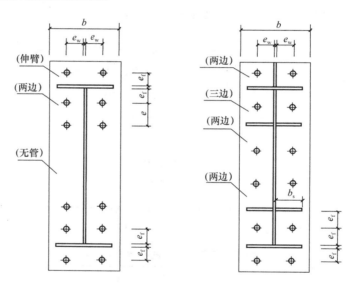

图 7-13 端板支承条件

各种支承条件端板区格的厚度计算　　　　　　表 7-15

项次	端板支承条件		计 算 公 式		符 号 说 明
1	伸臂类区格		$t \geqslant \sqrt{\dfrac{6e_f N_t}{bf}}$	(7-74)	t——端板厚度； N_t——一个高强度螺栓的受拉承载力设计值（N/mm²）； e_w、e_f——分别为螺栓中心至腹板和翼缘板表面的距离（mm）； b、b_s——分别为端板和加劲肋板的宽度（mm）； a——螺栓的间距（mm）； f——端板钢材的抗拉强度设计值（N/mm²）
2	无加劲肋类区格		$t \geqslant \sqrt{\dfrac{3e_w N_t}{(0.5a + e_w)f}}$	(7-75)	
3	两邻边支承类区格	当端板外伸时	$t \geqslant \sqrt{\dfrac{6e_f e_w N_t}{[e_w b + 2e_f(e_f + e_w)]f}}$	(7-76a)	
		当端板平齐时	$t \geqslant \sqrt{\dfrac{12e_f e_w N_t}{[e_w b + 4e_f(e_f + e_w)]f}}$	(7-76b)	
4	三边支承类区格		$t \geqslant \sqrt{\dfrac{6e_f e_w N_t}{[e_w(b + 2b_s) + 4e_f^2]f}}$	(7-77)	

（3）节点域剪应力验算

门式刚架斜梁与柱相交的节点域（图 7-14a），应按下式验算剪应力，当不满足式（7-78）要求时，应加厚腹板或设置斜加劲肋（图 7-14b）。

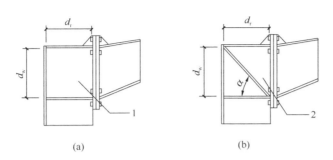

图 7-14 节点域

1—节点域；2—使用斜向加劲助补强的节点域

$$\tau = \frac{M}{d_b d_c t_c} \leqslant f_v \qquad (7\text{-}78)$$

式中　d_c、t_c——分别为节点域的宽度和厚度（mm）；

　　　　d_b——斜梁端部高度或节点域高度（mm）；

　　　　M——节点承受的弯矩（N·mm），对多跨刚架中间柱处，应取两侧斜梁端弯矩的代数和或柱端弯矩；

　　　　f_v——节点域钢材的抗剪强度设计值（N/mm²）。

（4）端板螺栓处构件腹板强度计算

刚架构件的翼缘与端板的连接应采用全熔透对接焊缝，腹板与端板的连接应采用角焊缝，坡口形式应符合现行国家标准《手工电弧焊接接头的基本形式与尺寸》GB 985 的规定。在端板螺栓处构件腹板强度应按表 7-16 计算：

端板螺栓处构件腹板强度计算　　　　　　　　　　　表 7-16

项次	计　算　公　式	符　号　说　明
1	当 $N_{t2} \leqslant 0.4P$ 时 $$\frac{0.4P}{e_w t_w} \leqslant f \qquad (7\text{-}79)$$	N_{t2}——翼缘内第二排一个螺栓的轴向拉力设计值； 　P——1 个高强度螺栓的预拉力设计值； 　e_w——螺栓中心至腹板表面的距离；
2	当 $N_{t2} > 0.4P$ 时 $$\frac{N_{t2}}{e_w t_w} \leqslant f \qquad (7\text{-}80)$$	t_w——腹板厚度； 　f——腹板钢材的抗拉强度设计值

（5）端板连接刚度验算

端板连接刚度应按表 7-17 规定进行验算：

端板连接节点刚度验算   表 7-17

项次	验算内容	计 算 公 式	符 号 说 明
1	梁柱连接节点刚度	$R \geqslant 25EI_b/l_b$ (7-81)	R——刚架梁柱转动刚度; I_b——刚架横梁跨间的平均截面惯性矩; l_b——刚架横梁跨度,当中柱为摇摆柱时,取摇摆柱与刚架柱距离的 2 倍; E——钢材的弹性模量; R_1——与节点域剪切变形对应的刚度; R_2——连接的弯曲刚度,包括端板弯曲、螺栓拉伸和柱翼缘弯曲所对应的刚度; h_1——梁端翼缘板中心间的距离;
2	梁柱转动刚度	$R = \dfrac{R_1 R_2}{R_1 + R_2}$ (7-82) $R_1 = Gh_1 d_c t_p + Ed_b A_{st} \cos^2\alpha \sin\alpha$ (7-83) $R_2 = \dfrac{6EI_e h_1^2}{1.1e_f^3}$ (7-84)	d_c——节点域的宽度(见图 7-14); t_p——柱节点域腹板厚度; d_b——斜梁端部高度或节点域高度(见图 7-14); I_e——端板惯性矩; e_f——端板外伸部分的螺栓中心到其加劲肋外边缘的距离; A_{st}——两条斜加劲肋的总面积; α——斜加劲肋倾角(见图 7-14b); G——钢材的剪切模量

7.5.2 柱脚

1. 门式刚架轻型房屋钢结构的柱脚,宜采用平板式铰接柱脚(图 7-15a、b)。当有必要时,也可采用刚性柱脚(图 7-15c、d)。柱脚锚栓不宜用以承受柱脚底部的水平力。此水平力应由底板与混凝土之间的摩擦力(摩擦系数取 0.4)或设置抗剪键来承受。当埋置深度受到限制时,锚栓应牢固地固定在锚板或锚梁上,以传递全部拉力,此时锚栓与混凝土间的粘结力不予考虑。

2. 计算带有柱间支撑的柱脚锚栓在风荷载作用下上拔力时,应计入柱间支撑产生的最大竖向分力,且不考虑活荷载(雪荷载)、积灰荷载和附加荷载影响,恒载分项系数应取 1.0。计算柱脚锚栓的受拉承载力时,应采用螺纹处的有效截面面积。

3. 带靴梁的锚栓不宜抗剪,柱底水平剪力承载力按底板与混凝土基础间的摩擦力取用,摩擦系数可取 0.4,计算摩擦力时应考虑屋面风吸力产生的上拔力的影响。当柱底水平剪力大于其承载力时,应设置抗剪键。

4. 柱脚锚栓应采用 Q235 钢或 Q345 钢制作。锚栓端部应设置弯钩或锚件,且应符合现行国家《混凝土结构设计规范》GB 50010 的有关规定。锚栓的最小锚固长度 l_a(投影长度)应符合表 7-18 的规定,且不应小于 200mm。锚栓直径 d 不宜小于 24mm,且应采用双螺帽。

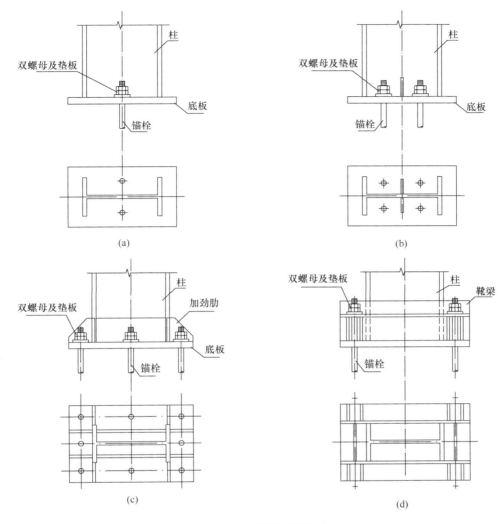

图 7-15 门式刚架柱脚形式

(a) 一对锚栓的铰接柱脚；(b) 两对锚栓的铰接柱脚；

(c) 带加劲肋的刚接柱脚；(d) 带靴梁的刚接柱脚

锚栓的最小锚固长度　　　　　　　　　　　　　　　　　　表 7-18

锚栓钢材	混凝土强度等级					
	C25	C30	C35	C40	C45	≥C50
Q235	$20d$	$18d$	$16d$	$15d$	$14d$	$14d$
Q345	$25d$	$23d$	$21d$	$19d$	$18d$	$18d$

变截面柱下端的宽度应根据具体情况确定，但不宜小于 200mm。

近年来刚接柱脚将钢柱直接插入混凝土内用二次浇灌层固定的插入式刚接柱脚已经在多项单层工业厂房中应用，效果良好，并不影响安装调整。这种柱脚构造简单、节约钢材且安全可靠，可用于大跨度、有吊车的厂房中。

7.5.3　牛腿

1. 牛腿的构造

牛腿可做成变截面（图 7-16a），也可做成等截面（图 7-16b）。当牛腿采用变截面（图 7-16a）时，牛腿悬臂端截面高度 h 不应小于其根部高度 H 的 $1/2$，即 $h \geqslant H/2$。柱在牛腿上、下翼缘的相应位置处应设置横向加劲肋；在牛腿上翼缘吊车梁支座处应设置垫板，垫板与牛腿上翼缘连接应采用围焊；在吊车梁支座对应的牛腿腹板处应设置横向加劲肋。牛腿的构造要求见图 7-16。柱为焊接工字形截面，牛腿板件尺寸与柱截面尺寸相协调，牛腿各部分焊缝由计算确定。

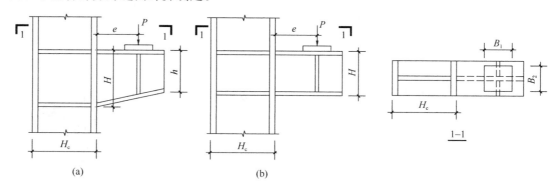

图 7-16　牛腿的构造节点
（a）变截面牛腿；（b）等截面牛腿

2. 牛腿的计算

根据图 7-16，作用于牛腿根部的剪力 V 和弯矩 M 为：

$$V = P = 1.2P_D + 1.4D_{max} \tag{7-85}$$

$$M = V \cdot e \tag{7-86}$$

式中　　P_D ——吊车梁及轨道重；

　　　　D_{max} ——吊车最大轮压通过吊车梁传递给一根柱的最大反力；

　　　　V ——吊车梁传来的剪力；

　　　　e ——吊车梁中心线距柱面的距离。

牛腿与柱连接焊缝的构造与计算：

牛腿上翼缘与柱的连接宜采用焊透的 V 形对接焊缝，下翼缘和腹板与柱的连接也可采用角焊缝。

牛腿腹板与柱的连接角焊缝焊脚尺寸由剪力 V 确定。

牛腿下翼缘与柱的连接角焊缝焊脚尺寸由牛腿翼缘传来的水平力 $F = M/H$ 确定。

7.5.4　夹层结构中梁、柱连接

在设有夹层的结构中，夹层梁与柱可采用刚接，也可采用铰接（图 7-17）。当采用刚接连接时，夹层梁翼缘与柱翼缘应采用全熔透焊接，而腹板可采用高强螺栓与柱连接。柱在与夹层梁上、下翼缘相应处应设置横向加劲肋。

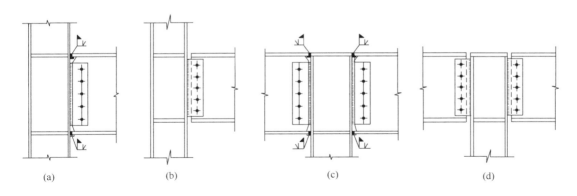

图 7-17　夹层梁与柱连接节点

（a）梁与边柱刚接；（b）梁与边柱铰接；（c）梁与中柱刚接；（d）梁与中柱铰接

7.6　门式刚架的抗震构造措施

当地震作用组合的效应控制结构设计时，门式刚架轻型房屋钢结构的抗震构造措施应符合下列表 7-19 的规定：

门式刚架的抗震构造措施　　　　　　　　　　　　　　表 7-19

项次	抗震构造措施
1	工字形截面构件受压翼缘板自由外伸宽度 b 与其厚度 t 之比不应大于 $13\sqrt{235/f_y}$；工字形截面梁、柱构件腹板计算高度 h_w 与其厚度 t_w 之比，不应大于 160
2	在檐口或中柱的两侧三个檩距范围内，每道檩条处屋面梁均应布置双侧隔撑；边柱的檐口墙檩处均应双侧设置隔撑
3	当柱脚刚接时，锚栓的面积不应小于柱截面面积的 0.15 倍
4	纵向支撑采用圆钢或拉索时，支撑与柱腹板的连接应采用不能相对滑动的连接
5	柱的长细比不应大于 150

7.7　门式刚架的设计实例

【例题 7-1】单跨双坡门式刚架（GJ-1）（有 5t 梁式吊车）

1. 设计资料

刚架跨度 18m，轨顶标高 7.2m，屋面坡度 1/15，梁柱均为等截面，柱距 6m，屋面板为 3m×6m 发泡水泥轻质大型屋面板，5t 单梁吊车，钢材为 Q235，焊条为 E43 型。刚架形式及几何尺寸见图 7-18。

2. 荷载

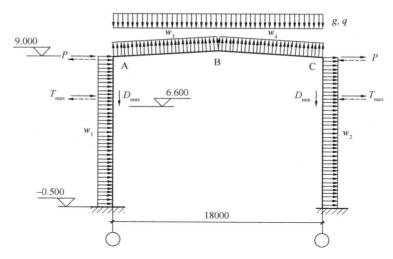

图 7-18　GJ-1 形式及几何尺寸图

1) 永久荷载标准值　　　　　　kN/m²

发泡水泥轻质大型屋面板　　　0.65

防水层　　　　　　　　　　　0.10

悬挂管道　　　　　　　　　　0.10

　　　　　　　　　　　　　　0.85

2) 可变荷载标准值

屋面活荷载与雪荷载中较大值　　0.5kN/m²

3) 风荷载标准值

基本风压为 0.7kN/m²，地面粗糙度 B 类，风荷载体型系数按荷载规范 GB 50009—2012 表 7.3.1 取用。

4) 屋面总竖向荷载，标准值为 $0.85+0.5=1.35kN/m^2$，设计值为 $1.2\times0.85+1.4\times0.5=1.72kN/m^2$

取 1.78kN/m²，初选 04SG518-3 第 11 页中的 GJL18-3. 以下进行复核。

刚架和支撑重量在内力分析中已计入，不包含在 1.78kN/m² 中。

5) 吊车荷载

根据 2003 年 7 月北起提供的 LDB 型单梁式吊车资料 $S=16.5m$，2 台 $Q=5t$，$W=2500mm$，$B=3000mm$，$P_{max}=40kN$，$P_{min}=7.1kN$，柱距 6m 求得，$D_{maxk}=108kN$，$D_{mink}=19.2kN$。

3. 荷载效应组合

1) 永久荷载＋活荷载＋风荷载

$$S=1.2S_{Gk}+0.9\sum_{i=1}^{n}1.4S_{Qik}$$

式中　S_{Gk}、S_{Qik} 分别为永久和可变荷载效应。

2) 永久＋风（当永久荷载有利时）

$$S = 1.4\ 风 - 1.0\ 永久荷载$$

3）地震组合效应

$$S = 1.2 S_{GE} + 1.3 S_{Ehk}$$

式中 S_{GE} 为重力荷载代表值的效应；S_{Ehk} 为水平地震作用标准值的效应。

4. 内力分析

根据 PKPM-STS 求得刚架的内力组合值：

梁 $M_A = 242.3\text{kN} \cdot \text{m}$ $N_A = 48.9\text{kN}$ $V_A = 108.6\text{kN}$

         $M_B = 242.9\text{kN} \cdot \text{m}$ $N_B = 41.6\text{kN}$ $V_B = 7.4\text{kN}$

柱 $M_A = 242.3\text{kN} \cdot \text{m}$ $N_A = 108.6\text{kN}$

         $M_C = 184.4\text{kN} \cdot \text{m}$ $N_C = 264\text{kN}$

5. 构件截面验算

1）梁的整体稳定计算

① 梁端部 $M_A = 242.3\text{kN} \cdot \text{m}$ $N_A = 48.9\text{kN}$ $V_A = 108.6\text{kN}$

梁 $H \times B \times t_w \times t_f$：$600 \times 250 \times 6 \times 12$

截面特性：$I_x = 61.4 \times 10^7\text{mm}^4$ $A = 9.46 \times 10^3\text{mm}^2$ $W_x = \dfrac{I_x}{h/2} = 2.05 \times 10^6\text{mm}^3$

$I_y = 3.13 \times 10^7\text{mm}^4$ $i_y = \sqrt{\dfrac{I_y}{A}} = 57.5\text{mm}$ $\lambda_y = \dfrac{4500}{57.5} = 78$（4500 为隅撑间距）

按表 11-3b，c 类 $\varphi_y = 0.591$（l_y 取 4500mm）

按式（2-49），平面外的稳定性为：

$$\frac{N}{\varphi_y A} + \eta \frac{\beta_{tx} M_x}{\varphi_b W_{1x}} \leqslant f$$

取 $\beta_{tx} = 1.0$，$\eta = 1$

按表 11-1 $\varphi_b = \beta_b \dfrac{4320 A h}{\lambda_y^2 W_x} \sqrt{1 + \left(\dfrac{\lambda_y t_f}{4.4 h}\right)^2}$

$$= \beta_b \frac{4320 \times 9456 \times 600}{78^2 \times 2.05 \times 10^6} \sqrt{1 + \left(\frac{78 \times 12}{4.4 \times 600}\right)^2} = 2.07 \beta_b$$

$$\xi = \frac{4500}{250} \cdot \frac{12}{600} = 0.36 < 2.0$$

$$\beta_b = 0.69 + 0.13\xi = 0.69 + 0.136 \times 0.36 = 0.737 \text{，代入上式}$$

$$\varphi_b = 2.07 \times 0.737 = 1.52 > 0.6$$

$$\varphi_b' = 1.07 - \frac{0.282}{\varphi_b} = 0.88$$

按（式 2-49）

$$\frac{N}{\varphi_y A f} + \eta \frac{\beta_{tx} M_x}{\varphi_b W_{1x} f} = \frac{48.9 \times 10^3}{0.591 \times 9460 \times 215} + \frac{1.0 \times 242.3 \times 10^6}{0.88 \times 2.05 \times 10^6 \times 215}$$

$$= 0.04 + 0.624 = 0.67 < 1$$

② 梁中部

$$M_B = 242.9\text{kN} \cdot \text{m} \qquad N_B = 41.6\text{kN}$$

$\lambda_y = \dfrac{4500}{57.5} = 78 < 120$（式中 4500mm 为水平支撑的间距）

表 11-3c，c 类 $\varphi_y = 0.591$

采用表 11-1f 近似公式

$\varphi_b = 1.05 - \dfrac{\lambda_y^2}{45000} = 1.05 - \dfrac{78^2}{45000} = 0.915$ 接近于 $\varphi_b' = 0.88$（不需要再修正）代入（式 2-49）

$$\dfrac{N}{\varphi_y A f} + \eta \dfrac{\beta_{tx} M_x}{\varphi_b W_{1x} f} = \dfrac{41.6 \times 10^3}{0.591 \times 9460 \times 215} + \dfrac{1.0 \times 242.9 \times 10^6}{0.915 \times 2.05 \times 10^6 \times 215}$$
$$= 0.035 + 0.60 = 0.635 < 1$$

2）柱的整体稳定计算

柱 $H \times B \times t_w \times t_f$：$450 \times 250 \times 8 \times 14$

截面特性：$I_x = 38.7 \times 10^7 \text{mm}^4$　　$A = 1.04 \times 10^4 \text{mm}^2$　　$W_x = \dfrac{I_x}{h/2} = 1.7 \times 10^6 \text{mm}^3$

$i_x = \sqrt{\dfrac{I_x}{A}} = 193\text{mm}$　　$I_y = 3.65 \times 10^7 \text{mm}^4$　　　$i_y = \sqrt{\dfrac{I_y}{A}} = 59.2\text{mm}$

① 平面内

$$M_C = 184.4\text{kN} \cdot \text{m} \qquad N_C = 264\text{kN}$$

由表 2-24　　　　　　$H_0 = \alpha_N \left[\sqrt{\dfrac{4 + 7.5 K_b}{1 + 7.5 K_b}} - \alpha_K \left(\dfrac{h_1}{h} \right)^{1 + 0.8 K_b} \right] H$

$K_b = \dfrac{I_b/l}{I_c/H} = \dfrac{6.14 \times 10^7/18}{38.7 \times 10^7/9.5} = 0.084 < 0.2$，$\alpha_K = 1.5 - 2.5 \times 0.084 = 1.29$

$r = \dfrac{N_1}{N_2} = \dfrac{108.6}{264} = 0.41 > 0.2$

$\alpha_N = 1 + \dfrac{H_1}{H_2} \dfrac{(r - 0.2)}{0.2} = 1 + \dfrac{2.4}{9.5} \dfrac{(0.41 - 0.2)}{0.2} = 1.04$

$H_0 = 1.04 \left[\sqrt{\dfrac{4 + 7.5 \times 0.084}{1 + 7.5 \times 0.084}} - 1.29 \times \left(\dfrac{2.4}{9.5} \right)^{1 + 0.8 \times 0.084} \right] \times 9.5 = 13.7$

$\lambda_x = \dfrac{13700}{193} = 71$（不计吊车）$\varphi_x = 0.75$。$\lambda_x = \dfrac{6600 + 500}{193} = 37$（计吊车）

由表 2-18 $N_{Ex}' = \dfrac{\pi^2 EA}{1.1 \lambda_x^2} = \dfrac{3.14^2 \times 2.06 \times 10^5 \times 1.04 \times 10^4}{1.1 \times 71^2} = 3809\text{kN}$

$$\dfrac{264 \times 10^3}{0.75 \times 1.04 \times 10^4 \times 215} + \dfrac{1.0 \times 184.4 \times 10^6}{1.05 \times 1.7 \times 10^6 \times \left(1 - 0.8 \dfrac{264}{3809} \right) \times 215} = 0.16 + 0.51 = 0.67$$

< 1.0

② 平面外

$H_2 = 7.1\text{m}$　　$\lambda_y = H_2/i_y = \dfrac{7100}{59.2} = 119.9 < 120$（C 类）由表 11-3c，$\varphi_y = 0.379$

由表 11-1f　$\varphi_b = 1.05 - \dfrac{\lambda_y^2}{45000} = 1.05 - \dfrac{119.9^2}{45000} = 0.73$

$$\dfrac{264000}{0.379 \times 1.04 \times 10^4 \times 215} + 1 \times \dfrac{1 \times 184.4 \times 10^6}{0.73 \times 1.7 \times 10^6 \times 215} = 0.31 + 0.69 = 1.0 \text{ 可}$$

应用表 11-1，$\varphi_b = \beta_b \dfrac{4320\Lambda h}{\lambda_y^2 W_x}\sqrt{1+\left(\dfrac{\lambda_y t}{4.4h}\right)^2} + \eta_b$ 进行校核。

$$\xi = \frac{l_1 t_1}{bh} = \frac{7100 \times 14}{250 \times 450} = 0.883 \qquad \beta_b = 0.69 + 0.13 \times 0.883 = 0.80$$

$$\varphi_b = 0.80 \times \frac{4320}{120^2}\frac{1.04 \times 10^4 \times 450}{1.7 \times 10^6}\left[\sqrt{1+\left(\frac{119.9 \times 14}{4.4 \times 450}\right)^2}+0\right] = 0.886$$

$$\varphi_b' = 1.07 - \frac{0.282}{0.866} = 0.744 \approx 0.73$$

以上计算中假定均布荷载作用在上翼缘求得 $\beta_b = 0.8$，实际均布风荷载较小。如按梁端有弯矩，跨中无荷载，则 $\beta_b > 1.0$，此外柱间支撑的间距应为 6.4m＜7.1m，故实际稳定应力会有一定的余量。

3）梁折算应力验算

梁端 A　$M_A = 242.3\text{kN} \cdot \text{m}$　　　　$V_A = 108.6\text{kN}$

$$P_A = \left[(0.85+0.10) \times 1.2 + 0.5 \times 1.4\right] \times \frac{3}{2} \times 6 = 16.6$$

按公式（6-22），$\sqrt{\sigma^2 + \sigma_c^2 - \sigma\sigma_c + 3\tau^2} \leqslant \beta_1 f$

$$\sigma = \frac{M_A}{I_x}y = \frac{242.3 \times 10^6}{61.4 \times 10^7}\left(\frac{600}{2}-12\right) = 113.7\text{N/mm}^2$$

$$\sigma_c = \frac{16.6 \times 10^3}{(35+5 \times 12)6} = -29.2\text{N/mm}^2$$

$$\tau = \frac{VS}{It_w} = \frac{108.6 \times 10^3 \times 250 \times 12 \times (300-6)}{61.4 \times 10^7 \times 6} = 26\text{N/mm}^2$$

$$\sqrt{113.7^2+29.2^2+113.7 \times 29.2+3 \times 26^2} = 138 < 1.2 \times 215 = 258\text{N/mm}^2$$

（未计轴压力 N_A 的影响，如计入以 N_A/A 计入 σ 中）

4）梁腹板考虑屈曲的强度计算

① 梁腹板最大宽厚比 h_0/t_w

$$h_0/t_w = \frac{600-2 \times 12}{6} = 96 < 160$$

② 梁腹板抗剪承载力设计值 V_d

按公式（6-27e），$\lambda_{n,s} = \dfrac{h_w/t_w}{37\sqrt{k_\tau}}$

当仅支座加筋肋 $k_\tau = 5.34$。本例为 $3 \times 6\text{m}$ 发泡水泥复合板，集中荷载较大，宜在集中荷载处设加筋肋，即加筋肋间距可为 3m。因加筋肋间距 $a > 2h_w = 2(600-12 \times 2) = 1152$，故仍按不设加筋肋考虑。按公式（6-27e）

$$\lambda_{n,s} = \frac{96}{37\sqrt{5.34}} = 1.12 \genfrac{}{}{0pt}{}{>0.8}{<1.2}$$

公式（6-27b）$\tau_{cr} = [1-0.59 \times (1.12-0.8)]f_v = 0.811f_v$

③ 腹板有效宽度计算

按式（7-32a），$\genfrac{}{}{0pt}{}{\sigma_1}{\sigma_2} = \dfrac{N_A}{A} \pm \dfrac{M_A}{W_e} = \dfrac{48.9 \times 10^3}{9.46 \times 10^3} \pm \dfrac{242.3 \times 10^6}{61.4 \times 10^7}\left(\dfrac{600}{2}-12\right)$

$$=5.17\pm113.7=\begin{matrix}118.8\text{N/mm}^2\\-108.5\text{N/mm}^2\end{matrix}$$

按表 2-9b 或表 2-26，$\alpha_0=\dfrac{\sigma_{max}-\sigma_{min}}{\sigma_{max}}=\dfrac{118.7+108.5}{118.7}=1.91$

$$h_{e1}=0.4h_e \qquad h_{e2}=0.6h_e \qquad h_e=\rho h_c$$

$$h_c=\frac{\sigma_1}{\sigma_1+\sigma_2}h_w=\frac{118.8}{118.8+108.5}\times576=299$$

$$\lambda_{n,p}=\frac{h_w/t_w}{28.1\sqrt{K_\sigma}}=\frac{576/6}{28.1\sqrt{21.3}}=0.742<0.75 \quad \rho=1$$

其中，$K_\sigma=\dfrac{16}{\alpha-\alpha_0+\sqrt{(\alpha-\alpha_0)^2+0.112\alpha_0^2}}=21.3$

受压区全部有效。以上也可按表 9-2 右部计算，较简单。

④ 剪力和弯矩下的强度计算

按公式（7-15）

$$V_A=108.6\text{kN}$$

$$V_d=h_w t_w f_v=576\times6\times0.81\times125=350\text{kN}$$

按式（7-30a）　$V_A=108.6\text{kN}<0.5 \quad V_d=0.5\times350=175\text{kN}$

$$M<M_e$$

$$242.3\leqslant1.7\times10^6\times215=365.5\text{kN}\cdot\text{m}$$

故计算不需要设置 $a=h_w\sim2h_w$ 间距的加筋肋。

6. 刚架变形计算

1）刚架柱顶在风荷载标准值作用下的位移限值按表 2-9 为 $h/400$。

按公式（7-2）

$$\mu=\frac{P\cdot H^3}{12EI_c}\cdot\frac{3+2\xi_t}{6+\xi_t}$$

$$\xi_t=\frac{I_cL}{HI_b}=\frac{38.7\times10^7\times18}{9.5\times61.4\times10^7}=1.19$$

$$\mu=\frac{P\cdot9500^3}{1.2\times2.06\times10^5\times38.7\times10^7}\cdot\frac{3+2\times1.19}{6+1.19}=0.00066P$$

若偏安全地忽略屋面负风压引起的反向水平力按公式（7-7）

$$P=0.45W=0.45(W_1+W_2)h=0.45\times0.7\times6\times(0.8+0.5)\times9.5=23.3\text{kN}$$

$$\mu=0.00066\times23.3\times1000=15.3\text{mm}<h/400=9500/400=23.75\text{mm}$$

2）刚架斜梁在竖向荷载标准值作用下的挠度限值按表 7-3 取 $l/400$。

挠度分两部分：（1）跨中正弯矩部分按单跨简支梁受均布荷载计算；

（2）支座负弯矩部分按单跨简支梁两端等弯矩计算。

荷载分项系数平均值取 1.3

$$\nu\mu=\frac{5gl^4}{384EI_x}-\frac{M_kl^2}{8EI_x}$$

$$Q_k=1.35+0.25=1.6\text{kN/m}^2(0.25\text{kN/m}^2\text{ 为支撑＋斜梁重})$$

$$q_k=1.6\times6=9.6\text{kN/m}$$

$M_k=242.3/1.3=186\text{kN}\cdot\text{m}$（由于斜梁主要承受竖向荷载，故取组合弯矩值计算）

$$\mu = \frac{5}{384} \frac{9.6 \times 18^4 \times 10^{12}}{2.06 \times 10^5 \times 61.4 \times 10^7} - \frac{186 \times 10^6 \times 18^2 \times 10^6}{8 \times 2.06 \times 10^5 \times 61.4 \times 10^7}$$

$$= 104 - 60 = 44 < \frac{l}{400} = 45\text{mm}$$

如计算不足，也可按 GB 50018—2002 放宽至 $l/360$。

7. 刚架柱牛腿计算

支承吊车梁的牛腿尺寸见图 7-19。

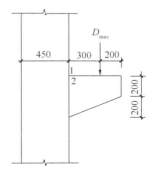

$$D_{\max} = 1.4 \times 1.03 \times D_{\max k} = 156\text{kN}$$

集中荷载下牛腿高为 $200 + 200\dfrac{200}{500} = 280\text{mm}$，

设翼缘板为 -250×10，腹板为 -8，

$$\tau = \frac{156 \times 10^3}{(280 - 2 \times 10)\ 8} = 75 < 125\text{N/mm}^2，可$$

牛腿根部抗弯

图 7-19 柱牛腿

$$I_x = \frac{1}{12}(400 - 2 \times 10)^3 \times 8 + 250 \times 10 \times 2 \times (200 - 5)^2$$

$$= 3.66 \times 10^7 + 19.01 \times 10^7 = 22.67 \times 10^7 \text{mm}^2$$

$$W_x = \frac{I_x}{h/2} = \frac{22.67 \times 10^7}{200} = 1.13 \times 10^6 \text{mm}^3$$

$$\sigma_1 = \frac{M}{W_x} = \frac{156 \times 0.3 \times 10^6}{1.13 \times 10^6} = 41.4 < 215\text{N/mm}^2，可$$

折算应力验算（6-22）

$$\sqrt{\sigma^2 + \sigma_c^2 - \sigma\sigma_c + 3\tau^2} \leqslant \beta_1 f$$

$$\sigma_2 = \frac{156 \times 0.3 \times 10^6}{22.67 \times 10^7 / 190} = 39.2\text{N/mm}^2$$

$$\tau_2 = \frac{VS}{It_w} = \frac{156 \times 10^3 (250 \times 10 \times 195)}{22.67 \times 10^7 \times 8} = 41.9\text{N/mm}^2$$

$$\sqrt{39.2^2 + 3 \times 41.9^2} = 82.4 < 1.1 \times 215 = 236.5\text{N/mm}^2$$

计算表明，以上三项计算中，牛腿为集中荷载下的抗剪强度控制。

8. 节点计算

1）梁柱交点的节点域的抗剪强度按公式（7-78）

$$\tau = \frac{M}{d_b d_c t_e} = \frac{242.3 \times 10^6}{(600 - 12 \times 2)(450 - 14 \times 2)8} = 124.6 \approx 125，可$$

但在构造上可加 6mm 的斜加筋肋。

2）梁柱和梁间高强度连接螺栓计算

① 梁柱（梁端）

$M_A = 242.3\text{kN} \cdot \text{m} \qquad N_A = -48.9\text{kN} \qquad V_A = 108.6\text{kN}$

按公式（2-138）并考虑轴压力影响后最上端螺栓拉力为

$$N_{t1} = \frac{M_A y_1}{\sum y_i^2} - \frac{N_A}{n}$$

截面形心与螺栓群形心的距离为

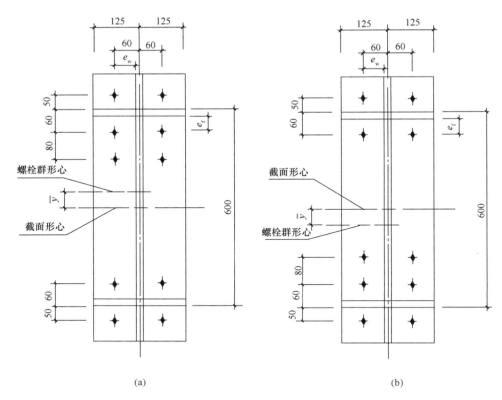

(a) (b)

图 7-20 梁端和跨中截面连接螺栓

(a) 为梁端；(b) 为跨中

$$\overline{y} = \frac{(600/2 - 60 - 80)2}{10} = 32$$

$$N_{t1} = \frac{(350 - 32) \times 242.3 \times 10^3}{(318^2 + 208^2 + 128^2 + 272^2 + 382^2) \times 2} - \frac{48.9}{10} = 96.2\text{kN}$$

按公式（2-127）

$$N_v^b = 0.9 n_f \mu P$$

按表 2-41，设 M20，10.9 级，Q235，$\mu = 0.45$（喷铸钢棱角砂）表 2-38

$P = 155\text{kN}$，$0.8P = 124\text{kN}$

按表 2-41、表 2-42 $\quad N_v^b = 0.9 \times 1 \times 0.45 \times 155 = 62.8\text{kN}$，$N_v = \frac{108.6}{10} = 10.86\text{kN}$

代入公式（2-129）

$$\frac{N_v}{N_v^b} + \frac{N_t}{N_t^b} = \frac{10.86}{62.8} + \frac{96.2}{124} = 0.17 + 0.78 = 0.95 < 1 \text{ 可}$$

② 梁间（跨中）

$M_B = 243\text{kN} \cdot \text{m} \qquad N_B = -41.6\text{kN} \qquad V_B \approx 0\text{kN}$

由上 $\quad N_{t1} = \frac{(350 - 32) \times 243 \times 10^3}{(318^2 + 208^2 + 128^2 + 272^2 + 382^2) \times 2} - \frac{41.6}{10} = 112\text{kN} < 0.8P = 124\text{kN}$

如上下都用 4 个螺栓 $\overline{y} = 0$

$$N_{t1} = \frac{350 \times 243 \times 10^3}{(350^2 + 240^2) \times 4} - \frac{41.6}{8} = 112\text{kN} < 124\text{kN}$$

故梁跨中可用 4M20，若仍用 5M20 更可靠。

3）端板厚度计算

按梁端外伸计算（设加劲板后为两边支承）按公式（7-76a）

$$t \geqslant \sqrt{\frac{6N_t e_f e_w}{e_w b + 2e_f(e_f + e_w)f}} = \sqrt{\frac{6 \times 124000 \times (60-12)(60-4)}{[(60-4) \times 250 + 2 \times 48(48+56)]205}} = 20.2 \approx 20\text{mm}$$

由此表明，螺栓直径与端板厚度基本相同。翼缘内侧螺栓可不予计算，如里侧设两排螺栓时则在第二排螺栓下应设加劲肋以发挥第二排螺栓的抗拉作用。

4）柱脚锚栓计算

底板尺寸及锚栓位置见图 7-21。

$$M_c = 184.4\text{kN·m} \qquad N_c = 118\text{kN}$$

$$\sigma_c = \frac{118 \times 1000}{460 \times 740} + \frac{6 \times 184.4 \times 10^6}{740^2 \times 460}$$

$$= 0.35 + 4.39 = 4.74\text{N/mm}^2$$

$$\sigma_t = 0.35 - 4.39 = -4.04\text{N/mm}^2,$$

受压区高度 $x = \dfrac{\sigma_c}{\sigma_c + \sigma_t} \cdot 740$

$$= \frac{4.74}{4.74 + 4.06} \times 740 = 399\text{mm}$$

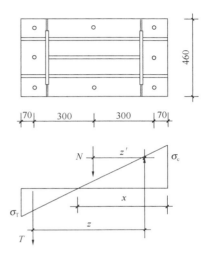

图 7-21　底板尺寸及锚栓布置

受拉锚栓至受压区中心距离为

$$z = 740 - 70 - \frac{399}{3} = 537\text{mm}$$

轴心力 N 至受压区中心距离为 $z' = N_c\left(\dfrac{740}{2} - \dfrac{399}{3}\right) = 237\text{mm}$

受拉区每个锚栓拉力 $T = \dfrac{M_c - N_c z'}{Z} = \dfrac{184.4 - 118 \times 0.237}{0.537 \times 3} = 91\text{kN}$

所需锚栓面积 $A_e = \dfrac{97}{f_t} = \dfrac{97}{0.14} = 693\text{mm}^2$，选 $\phi33(A_e = 694\text{mm}^2)$

5）柱底板厚度计算

根据底板应力和支承情况底板角 P 取两边支承，边缘中 P 取三边支承，柱腹板和隔板间取四边支承，按所需最大厚度，确定底板厚度。计算从略。

9. 刚架布置和详图

详见国家标准图集 04SG518-3，28 页，F86 页

【例题 7-2】单跨双坡门式刚架（GJ-2）

1. 设计资料：刚架跨度 9m，柱距 6m，屋面坡度 1/15，无吊车。柱采用楔形截面：H180×（200～450）×5×8，梁采用等截面：H160×450×5×6，$G_k = 0.9\text{kN/m}^2$，$Q_k = 0.5\text{kN/m}^2$，同 GJA0960-3。

柱截面特性：

大头：$A_1 = 50.5\text{cm}^2 \quad S = 435.96\text{cm}^3$

$I_x = 17473.83\text{cm}^4$　　$W_x = 776.61\text{cm}^3$　　$i_x = 18.6\text{cm}$

$I_y = 778.05\text{cm}^4$　　$W_y = 86.45\text{cm}^3$　　$i_y = 3.92\text{cm}$　　$\lambda_y = \dfrac{6000}{39.2} = 153$

小头：$A_0 = 38.0\text{cm}^2$　　$S = 159.4\text{cm}^3$

$I_x = 2915.3\text{cm}^4$　　$W_x = 291.53\text{cm}^3$　　$i_x = 8.75\text{cm}$

$I_y = 777.79\text{cm}^4$　　$W_y = 86.42\text{cm}^3$　　$i_y = 4.52\text{cm}$

梁截面特性：$A = 41.1\text{cm}^2$　　$S = 330.02\text{cm}^3$

$I_x = 12964.25\text{cm}^4$　　$W_x = 576.18\text{cm}^3$　　$i_x = 17.76\text{cm}$

$I_y = 410.05\text{cm}^4$　　$W_y = 51.25\text{cm}^3$　　$i_y = 3.15\text{cm}$

2. 梁、柱内力（根据 PKPM 计算的控制截面内力（组合号：39，不考虑地震组合））

1）柱顶截面

$$M_1 = 82.27\text{kN·m}, N_1 = 44.97\text{kN}, V_1 = 7.41\text{kN}$$

2）柱底截面

$$M_0 = 0, N_0 = 47.98\text{kN}, V_0 = 20.01\text{kN}$$

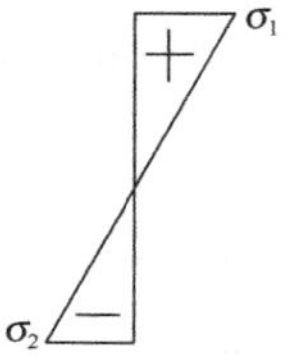

3. 柱有效截面参照公式（7-32a）

$$\dfrac{\sigma_1}{\sigma_2} = \dfrac{44.97 \times 10^3}{50.5 \times 10^2} \pm \dfrac{82.27 \times 10^6}{776.61 \times 10^3} = 8.90 \pm 105.93$$

$$= \begin{matrix} 114.83\text{N/mm}^2（压） \\ -97.03\text{N/mm}^2（拉） \end{matrix}$$

图 7-22　刚架柱顶
截面应力图

按表 7-6，$\beta = \dfrac{\sigma_2}{\sigma_1} = \dfrac{-97.03}{114.83} = -0.845$

$$k_\sigma = \dfrac{16}{\sqrt{(1+\beta)^2 + 0.112(1-\beta)^2} + (1+\beta)}$$

$$= \dfrac{16}{\sqrt{0.155^2 + 0.112 \times 1.845^2} + 0.155} = 20.21$$

$$\lambda_\rho = \dfrac{h_w/t_w}{28.1\sqrt{k_\sigma}} = \dfrac{434/5}{28.1\sqrt{20.20}} = 0.687$$

$$\rho = \dfrac{1}{(0.243 + \lambda_\rho^{1.25})^{0.9}} = \dfrac{1}{(0.243 + 0.687^{1.25})^{0.9}} = 1.135 > 1.0$$

取 1.0（全截面有效）。

4. 柱平面内的稳定性

1）柱平面内计算长度

$$K_1 = I_1/H = 17473.84 \times 10^4/6000 = 29123.07$$

$$K_2 = I_2/l = 12964.25 \times 10^4/2 \times 4.4 \times 10^3 = 14698.70（梁斜长：4.41\text{m}）$$

$$K_2/K_1 = 0.505 \quad I_0/I_1 = 2915.3/17473.84 = 0.167$$

查表 7-13，$\mu = 3.066$，$H_0 = \mu H = 3.066 \times 6.0 = 18.40\text{m}$

$$\lambda_{x1} = \dfrac{H_0}{i_x} = \dfrac{18.40 \times 10^3}{18.6 \times 10} = 98.92，\quad \text{b 类，查表 11-3b，} \varphi_x = 0.561$$

按表 7-9，$N_{cr} = \pi^2 EA_{e1}/\lambda_1^2 = 3.14^2 \times 2.06 \times 10^5 \times 5.05 \times 10^2/98.92^2 = 1.048 \times 10^6\text{N}$

取 $\beta_{mx} = 1.0$，$\eta_1 = 1.0$

2）平面内稳定性 （7-37）

$$\frac{N_1}{\eta_1 \varphi_x A_{e1} f} + \frac{\beta_{mx} M_1}{\gamma_x (1 - N_1/N_{cr}) W_{e1} f}$$

$$= \frac{44.97 \times 10^3}{1.0 \times 0.561 \times 50.5 \times 10^2 \times 215} + \frac{1.0 \times 82.27 \times 10^6}{(1 - 44.97/1.048 \times 10^3) \times 776.61 \times 10^3 \times 215}$$

$$= 0.074 + 0.515 = 0.589 < 1.0 \quad （满足）$$

5. 柱平面外稳定计算

1）沿弱轴的惯性矩

大头：$I_{yT} = I_{yB} = \frac{1}{12} \times 8 \times 180^3 = 3.888 \times 10^6 \text{mm}^4$ ，$\eta_i = I_{yB}/I_{yT} = 1.0$

2）楔率：$\gamma = (h_1 - h_0)/h_0 = (442 - 192)/192 = 1.302$

按表 7-10，$k_m = M_0/M_1 = 0$，$k_\sigma = k_m \dfrac{W_{x1}}{W_{x0}} = 0$

$\eta = 0.55 + 0.04(1 - k_\sigma)^3 \sqrt{\eta_i} = 0.55 + 0.04 = 0.59$ ，$\beta_{xn} = 0$

$C_1 = 0.46 k_m^2 \eta_i^{0.346} - 1.32 k_m \eta_i^{0.132} + 1.86 \eta_i^{0.023} = 1.86$

3）小头截面自由扭转常数 J_0

$$J_0 = \frac{1}{3} \sum b_i t_i^3 = \frac{1}{3}(180 \times 8^3 \times 2 + 184 \times 5^3) = 69106.67 \text{mm}^4$$

4）变截面柱等效圣维南扭转常数

$$J_\eta = J_0 + \frac{1}{3}\gamma\eta(h_0 - t_f)t_w^3 = 69106.67 + \frac{1}{3} \times 1.302 \times 0.59 \times (192 - 8) \times 5^3$$

$$= 74996.05 \text{mm}^4$$

5）柱小端截面上下翼缘中线到剪切中心的距离

$$h_{ST0} = h_{SB0} = 192/2 = 96 \text{mm}$$

6）小头截面的翘曲惯性矩

$$I_{w0} = I_{yT} h_{ST0}^2 + I_{yB} h_{SB0}^2 = 2 \times 3.888 \times 10^6 \times 96^2 = 7.166 \times 10^{10} \text{mm}^6$$

7）变截面柱的等效翘曲惯性矩

$$I_{w\eta} = I_{w0}(1 + \gamma\eta)^2 = 7.166 \times 10^{10}(1 + 1.302 \times 0.59)^2 = 2.240 \times 10^{11} \text{mm}^6$$

8）柱平面外计算长度 $l_0 = 6.0$m

$$\lambda_{ly} = \frac{6 \times 10^3}{39.2} = 153.06 \text{ ，b 类，查表 14-2C，} \varphi_y = 0.297$$

9）柱弹性屈曲临界弯矩按公式 （7-55）

$$M_{cr} = C_1 \frac{\pi^2 E I_y}{L^2} \sqrt{\frac{I_{w\eta}}{I_y}\left(1 + \frac{G J_\eta L^2}{E \pi^2 I_{w\eta}}\right)}$$

$$= 1.86 \times \frac{3.14^2 \times 2.06 \times 10^5 \times 778.05 \times 10^4}{6000^2}$$

$$\sqrt{\frac{2.240 \times 10^{11}}{778.05 \times 10^4}\left(1 + \frac{7.9 \times 10^4 \times 74996.06 \times 6000^2}{2.06 \times 10^5 \times 3.14^2 \times 2.24 \times 10^{11}}\right)}$$

$$= 167.90 \text{kN} \cdot \text{m}$$

$$n = \frac{1.51}{\lambda_1^{0.1}} \sqrt[3]{b_1/h_1} = \frac{1.51}{153.06^{0.1}} \sqrt[3]{180/442} = 0.677$$

$$\lambda_{b0} = \frac{0.55 - 0.25 k_\sigma}{(1+\gamma)^{0.2}} = \frac{0.55}{(1+1.302)^{0.2}} = 0.466$$

10）柱通用长细比，按表 7-9

$$\lambda_b = \sqrt{\frac{\gamma_x W_x f_y}{M_{cr}}} = \sqrt{\frac{1.05 \times 776.61 \times 10^3 \times 235}{167.90 \times 10^6}} = 1.07$$

11）柱稳定系数

$$\varphi_b = \frac{1}{(1 - \lambda_{b0}^{2n} + \lambda_b^{2n})^{1/n}} = \frac{1}{(1 - 0.466^{1.354} + 1.07^{1.354})^{1.477}} = 0.44$$

12）$\bar{\lambda}_{1y} = \frac{\lambda_{1y}}{\pi} \sqrt{\frac{f_y}{E}} = \frac{153}{3.14} \sqrt{\frac{235}{2.06 \times 10^5}} = 1.65 > 1.2$，取 $\eta_{ty} = 1.0$

$$\frac{N_1}{\eta_{ty} \varphi_y A_{e1} f} + \left(\frac{M_1}{\varphi_b \gamma_x W_{e1x} f}\right)^{1.3-0.3K_\sigma}$$

$$= \frac{44.97 \times 10^3}{1.0 \times 0.297 \times 50.5 \times 10^2 \times 215} + \left(\frac{82.27 \times 10^6}{0.44 \times 1.05 \times 776.61 \times 10^3 \times 215}\right)^{1.3}$$

$$= 0.139 + 1.07 = 1.2 > 1.0（不满足要求）$$

若按门式刚架轻型房屋钢结构 GB 51022—2015 的风荷载体型系数 μ_w，并乘以系数 $\beta = 1.1$
则：$M = -64.4 \text{kN} \cdot \text{m}$　$N = 44.3 \text{kN}$　$V = 9.23 \text{kN}$

$$\frac{N_1}{\eta_{ty} \varphi_y A_{e1} f} + \left(\frac{M_1}{\varphi_b \gamma_x W_{e1x} f}\right)^{1.3-0.3K_\sigma}$$

$$= \frac{44.30 \times 10^3}{1.0 \times 0.297 \times 50.5 \times 10^2 \times 215} + \left(\frac{64.4 \times 10^6}{0.44 \times 1.05 \times 776.61 \times 10^3 \times 215}\right)^{1.3}$$

$$= 0.139 + 0.78 = 0.91 < 1.0$$

6. 梁平面外稳定性计算

采用公式（7-47）$\frac{M_1}{\gamma_x \varphi_b W_{x1}} \leqslant f$　$l_y = 4.5 \text{m}$ 能满足要求，设计从简。

7.8　门式刚架设计中的若干问题

7.8.1　风荷载体型系数 μ_s

门式刚架轻型房屋钢结构技术规范列出的刚架风荷载体型系数
系数 μ_s 与 GB 50009—2012 表 8.3.1 的差别较大，具体见表 7-20：

单层房屋中间区风荷载体型系数 μ_s　　　　　　表 7-20

名称 部位	迎风面屋面	背风面屋面	迎风面墙面	背风面墙面
GB 50009—2012	−0.60	−0.50	+0.80	−0.50
GB 51022—2015	−0.51 （−0.87）	−0.19 （−0.55）	+0.58 （+0.22）	−0.11 （−0.47）

注：1. 表中为封闭式房屋屋面坡度≤5°；
　　2. 表中括号内为门式刚架轻型房屋钢结构技术规范另一种工况数据。

1. 从表中 μ_s 得知：GB 50009—2012 屋面风荷载体型系数 μ_s 小，但墙面大，最终它导致单跨双铰门式刚架的柱顶弯矩前者远大于后者。

2. 屋面竖向荷载与屋面负风压方向相反，对负风压有卸载作用。

3. 荷载组合后按 GB 51022—2015 风荷载基本不控制，多数为永久荷载与活荷载组合控制，而 GB 50009—2012 多数为永久荷载与可变荷载（风荷载和活荷载）组合控制。后者为前者柱顶弯矩的 0.95 至 1.60 倍。

4. GB 50009—2012 风荷载体型系数 μ_s 多数偏安全，过去已使用了 60 年。故本手册即使对于门式刚架仍沿用国家规范 GB 50009—2012 表 8.3.1 中房屋的统一体型系数 μ_s。

7.8.2 刚架横梁跨中的挠度

《钢结构设计标准》GB 50017—2017 附录表 B.1.1 规定，横梁的挠度容许值为 $l/400$，《冷弯薄壁型钢技术规范》GB 50018—2002，横梁的挠度容许值为 $l'/180$，（l' 为斜梁的一个坡面长度）近似于 $l/360$（l 为刚架跨度）。两本规范仅差别 10%，国家建筑标准设计图 04SG518-3 和本手册均取用了 $l/360$，致使大量刚架横梁挠度通过，节约钢材。《门式刚架轻型房屋钢结构技术规范》GB 51022—2015 又放松为 $l/180$，建议取 $l/300$。

7.8.3 横梁上、下翼缘平面外的计算长度

1. 门式刚架的横梁在上翼缘设横向支撑，下翼缘不再设横向支撑。通过隅撑起支撑作用，故必须与横向支撑节点处的檩条或刚性系杆相连保证横梁下翼缘受压时的稳定性。故横梁在竖向荷载下跨中横向支撑的节距为受压上翼缘平面外的计算长度，梁端横向支撑节距，即第一道隅撑处，为受压下翼缘平面外计算长度。即上下翼缘平面外计算长度都为横向支撑的不同节距。或称（横向支撑为横梁上、下翼缘共同组成一个稳定体系）。必须指出：只有横向支撑节点上的隅撑才能作为梁上下翼缘的平面外支撑点。在横向支撑节间内的隅撑均为梁的平面外弹性支撑，它会对斜梁上翼缘平面外产生局部侧向弯曲（其初应力约为 $0.5f$），影响安全。不论取几个隅撑间距，均不能作为梁计算长度的依据。但当屋面与檩条用自攻螺钉牢固连接时，考虑屋面的蒙皮作用也有取两个檩条间距，作为梁平面外计算或支撑长度。在目前大量采用直立缝锁边和扣合压型板的情况下宜采用可靠的侧向支撑点。为此本手册建议隅撑的布置必须与横向支撑的节点相协调（在结构节点处檩条应偏 150mm 可不与系杆相碰）。只有横向支撑的节点才能作为侧向支撑的可靠不动点。

2. 隅撑的构造

图 7-9 表示，隅撑一端与横梁下翼缘相连。另一端与檩条相连。与檩条相连应注意：

（1）横（斜）梁下翼缘平面外的失稳力是通过隅撑传递给檩条的，使檩条由正弯矩（下翼缘受拉）转化为负弯矩（下翼缘受压），必须增大檩条型号或增设其下翼缘拉条。当横梁下翼缘面积较大时，在增设下拉条的同时尚需通过计算加大檩条型号。

（2）端刚架横梁仅一侧设隅撑，檩条施加于隅撑的实际支撑力，会使端横梁下翼缘产生很大的水平力和侧向弯曲，甚至会丧失刚架梁的承载力。

3. 以上两点在工程中是常有的，故本手册建议：

（1）加大横向支撑节距，减少隅撑道数及单侧隅撑（局部水平力）的数量。

（2）门式刚架横梁为受弯构件不同于钢屋架上弦为轴心受压构件，加大受弯构件横向

支撑节距，使构件 φ_b 的降低，要低于轴心受压屋架上弦构件 φ_y 的降低。故横梁横向支撑节距可由轻型屋面钢屋架的节距 3、4.5m，加大为 4.5、6.0m，个别可取 7.5m。为此，与门式刚架横向支撑节点配合的隔撑，在小跨度（$l=12$、15m）仅需跨中设一道，$l=18$，21，24m。除跨中外，可根据计算，在半跨内再增设一道，$l=27$、30m 可增设两道。隔撑的间距按横梁在平面外的长细比 $\lambda_y \leqslant 240$ 确定（GB 50011—2010 第 9.2.12 条文说明）。

（3）如隔撑不与檩条相连，改为与贯通的刚性系杆相连，不但屋面檩条不一定需设下拉条加强（无隔撑附加力），连端刚架下翼缘的附加水平力也一并消失。这种做法实际上是取消隔撑改为竖向支撑。所有问题迎刃而解了。

4. 如横梁不设隔撑和竖向支撑可根据 GB 50018—2002 公式（10.1.5-1）正负弯矩下的节间长度取用。按 $l_0 \approx 0.3l \sim 0.4l$ 太大，不经济。建议设隔撑或竖向支撑。

5. 横梁在风吸力荷载下的整体稳定性

风吸力与自重反向，下翼缘设隔撑或竖向支撑后，一般可不验算梁的整体稳定性。

6. 门式刚架梁端支座和跨中可不设隔撑：

（1）端支座不设主要刚架，梁端支座靠近柱顶，有柱顶刚性系杆，不宜重复设置。

（2）梁跨中不设基于梁跨中刚性拼接板的嵌固影响，可起隔撑作用。

7.8.4 山墙端刚架的构造

山墙端刚架，按建筑统一模数制，从山墙内侧轴线内移 600mm 插入距。优点为：

1. 有足够空间设置与端刚架柱相连的构造柱，它与端刚架柱共同承受双向风弯矩，不需要再加大端刚架柱截面尺寸；

2. 山墙抗风柱紧贴山墙内侧轴线，可绕过刚架或屋架上升，与横梁上翼缘用弹簧板相连，符合抗规要求；

3. 若不留插入距 600mm，以上两问题都不能解决，将使端刚架构造复杂，侧向刚度较差。如山墙抗风柱顶籍隔撑与檩条相连，将大幅度降低檩条的承载力。

7.8.5 框架柱的长细比 λ 和柱、梁板件宽厚比

1. 有吊车柱的长细比 λ 不宜大于 150，当轴压比 $\dfrac{N}{Af} \geqslant 0.2$ 时不宜大于 $120\sqrt{235/f_y}$，f_y 为钢材屈服点。轻型屋面钢柱的轴压比一般均小于 0.2，故 λ 可取 150。无吊车门式刚架梁柱的长细比可取 $\lambda=180$。

2. 板件宽厚比

（1）重屋盖厂房按 GB 50011—2010（2016 版）表 8.3.2 规定取用。

（2）轻屋盖厂房 $b_1/t_1 = 15\sqrt{235/f_y}$ h_o/t_w 按表 7-5。

（3）翼缘外伸宽度 b_1/t_1 不满足时可取 b_1/t_1 符合规定的 b_1 进行承载力验算。

腹板宽厚比不满足要求时可按表 2-9b 可取表 2-26 腹板的有效截面进行承载力验算。

7.8.6 刚架梁柱的腹板稳定性计算

1. 刚架横梁不直接承受动力荷载，集中荷载不大，故可按腹板屈服曲后强度计算，一般不设置横向加劲肋。但当集中荷载较大时（如 3m 檩距等），因表 7-7 中未反映腹板

局部压应力 σ_c 的影响，宜在集中荷载处设横向加劲肋，如不设加劲肋应按第 6 章不考虑腹板屈曲后强度计算

2. 刚架柱因剪力小，故其腹板局部稳定性可按表 7-5 或表 2-9b，不满足时 S4 高厚比时可按有效截面进行计算。

3. 关于腹板屈服后的强度计算

（1）《钢结构设计标准》GB 50017—2017 与《门式刚架轻型房屋钢结构技术规范》GB 51022—2015 均列出在弯、剪压（可忽略）共同作用下腹板的屈服强度的计算公式。公式形式不同，原理基本相同，一般两者可通用。

（2）GB 50017—2017 适用于组合梁（仅 M、V）；GB 51022—2015 适用于门式刚架的梁和柱，（有 M、V、N）原理相同，但计算参数不同；如有效截面系数（或 a_e）等。中间横向加劲肋，前者可不设或构造设置（$a/h_0=2.0$）；后者应设置（$a/h_0=2.5$）。

（3）两者基本公式均未反映局部压应力的影响，故当梁集中荷载较大时，应在集中荷载处设置横向加劲肋；当考虑腹板屈曲强度且 $p>1$ 时，应在计算梁的抗弯强度、整体稳定性和压弯构件的稳定性时，采用有效截面特征。

（4）必须指出：在门刚规范中，只列出板件屈曲后的强度计算，无腹板弹性局部稳定性计算。对有吊车的门架柱，为慎重起见，建议按压弯构件验算腹板的局部稳定性。取腹板截面设计等级为 S4，有效宽度系数 $\rho=1$（$\lambda_{n,p}\leqslant0.75$）。

7.8.7 梁、柱端板厚度

1. 按门式刚架轻型房屋钢结构技术规范在本手册表 7-15 节列出了公式（7-74）～公式（7-77），计算梁、柱端板厚度的公式。它的基本假定为：

（1）考虑了两块板自由端间的撬力。

（2）板区格内出现两条塑性铰线，一条为螺栓处铰线，另一条为板支承端处铰线。

（3）公式（7-74）和公式（7-75）为单向塑性铰线，公式（7-76）～（7-77）为双向塑性铰线。

2. 考虑撬力可使板厚减薄，但带来两个问题：

（1）撬力会使螺栓的拉力 T 增加 50% 左右，超过螺栓拉力 $N_t^b=0.8P$，将达 $1.2P$，如不加大螺栓直径将降低螺栓安全度。

（2）自由端撬力为线接触，规范中尚无 7-74 线接触处局部压应力的验算方法。

不建议采用以上 5 个公式中的（7-74）、（7-75）和（7-76b），因算出的板较厚，尽量采用公式（7-76a）和公式（7-77）的构造和计算方法。实践证明，按公式（7-76d）和公式（7-77）计算出的板厚均接近于螺栓直径 d。

3. 建议

（1）均采用公式（7-76a）和公式（7-77）的相应构造，即伸臂类端板中增设加劲板，无加劲肋和平齐式端板在两个螺栓间设加劲板，此时端板可不再计算，直接选用端板厚度为 1.1～1.2 倍螺栓直径 d。

（2）考虑实际存在撬力影响，可将螺栓抗拉承载力留有 1.1～1.2 的承载力裕量。

（3）若不考虑撬力计算，此时端板厚度和螺栓直径均不必加大。

也可参照《钢结构高强度螺栓连接技术规程》JGJ 82—2011 考虑撬力计算板厚和

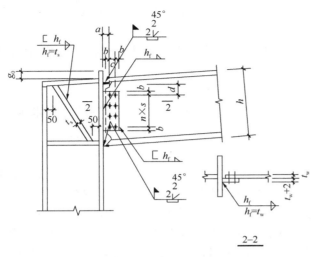

图 7-23　门式刚架梁柱节点的焊接方案

螺栓。

（4）如施工条件允许可将梁柱连接改为焊接的全刚性节点，（见图 7-23）。但翼缘的宽厚比类别应取 S1 或 A1 级。

7.8.8　柱脚铰接和刚接

1. 柱脚铰接

图 7-15a、b，构造简单，基础尺寸小施工方便，但柱刚度差，柱顶侧移大。一般用于无吊车、或 5t 桥式吊车，房屋跨度和高度相对较小的房屋。

2. 柱脚刚接

通常采用图 7-15c、d 形式。图 9-16c 的柱脚底板往往较厚。底板厚度应同时满足底板区格在均布压应力和锚栓集中拉力下的抗弯强度。一般由底板锚栓拉力下的抗弯强度控制。为此建议：

（1）合理设置底板区格

1）使两边支承和三边支承的最大弯矩大致相等。

2）利用锚栓的固定垫板，将集中拉力 N_t 转换为板区格内的外加平均拉应力。

（2）锚栓垫板、锚栓位置和底板尺寸

1）垫板平面尺寸为方形，边长 a 可取 $(3\sim4)\ d'$，d' 为锚栓孔径，$d'=d+2$（d 为锚栓直径），垫板厚 t_1 一般为 20，d 较大时可适当加厚垫板。

2）底板最小尺寸与柱截面及锚栓直径有关，见图 7-24。

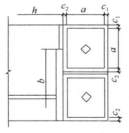

图 7-24　底板和锚栓位置

$c_1\geqslant h_f+10\approx20$

$c_2\geqslant2h_f+10\approx30$

$a\geqslant(3\sim4)\ d'$

$d'=d+2$（垫板孔）

$d''=d+20$（底板孔）

h、b 为柱截面高度、宽度。

（3）锚栓垫板下的均布拉应力

设垫板尺寸为 $a=(3d'\sim4d')$，厚度为 t_1，则底板上的均布拉应力 σ 和分布长度 c，根据《建筑结构荷载规范》GB 50009—2012 附录 B，偏安全地忽略柱脚底板厚度 t 的影响，则 $c=a+2t_1$，当 c 大于板区格尺寸 $a+c_1+c_2$ 时，取区格长度。

$\sigma=\dfrac{N_t}{c^2}$ 由此 σ 可计算底板厚度 t

采用本建议，可比集中拉力 N_t 下的板厚 t 减少 $20\%\sim40\%$，经试验验证仍有充裕的安全裕量。

7.8.9 变截面门式刚架的计算长度和稳定系数

1. 有吊车的门式刚架

（1）柱底固端单价变截面柱

1）平面内计算长度可直接按 GB 50017—2017 附录查得下柱的计算长度系数 μ_z，柱顶刚接的横梁应视其刚度大小，当为梯形钢屋架时可按柱顶无转动可移动取用；当横梁为实腹式斜梁时可按柱顶自由端或固定端查得下柱的计算长度系数 μ_{2x} 并应符合表 2-23 中对 μ'_z 的限制。计算长度系数求得后就可求得计算长度 $l_{01x}=\mu_{1x}H_1$，$l_{02x}=\mu_{2x}H_2$。

2）上下柱平面外的计算长度分别取侧向支撑点间距离。

（2）上下柱的稳定系数 φ_b

按等截面均取上、下柱最大弯矩处的截面特征值（如 A，h，λ_y，W_x 等）。

（3）横梁的计算长度

1）平面内取刚架跨度 l，如因横梁轴力小，接近于受弯构件，也可只计算其平面内的强度和平面外的整体稳定性。

2）计算平面外的整体稳定性时则，$l_{oy}=s$（支撑节距），而稳定系数 φ_b 中的参数，按等截面均分别取最大正、负弯矩处的截面特性，但构件平面内的容许长细比限值可取最小截面处的长细比。

2. 无吊车的门式刚架

（1）柱底为铰接的楔形柱

1）平面内计算长度

可按表 7-12、表 7-13 查得。

2）平面外计算长度

同上，有吊车门式刚架柱。仍应采用最大弯矩处的截面特征，即大头截面。

（2）横梁的计算长度

平面内外同上，有吊车门式刚架的横梁。

（3）这里必须强调：

楔形柱的两项式稳定性计算中，轴心力、弯矩、截面面积、截面模量、稳定系数 φ_b 等均为大头截面处的参数，稳定性系数可采用第 11.1.6 和第 11.1.7 节的近似公式。

7.8.10 横梁与柱理想刚接的条件

根据表 7-17，单跨门式刚架

$$R \geqslant 25EI_b/l_b$$

$$R = \frac{R_1 R_2}{R_1 + R_2}$$

计算表明，节点域剪切变形对应的刚度 R_1（包括斜加劲肋）为公式（7-83）中的主要因素，当 R_2 大于 R_1 时，公式（7-82）中 R 可近似取为 R_1。

7.8.11 抗震构造

《门式刚架轻型房屋钢结构技术规范》GB 51022—2015 第 3 章基本设计规定中明确：

1. 当由抗震控制结构设计时，尚应采取抗震构造措施。它意味抗震计算不控制时，可不采取抗震构造措施。这与《建筑抗震设计规范》GB 50011 不符。众所周知"计算与构造是配套的"，规范中的计算理论是建立在相应的构造措施上，若无相应的构造措施，计算准则就不存在了，就无从判别计算控制与否？有时构造重于计算。它贯穿于设防烈度的全过程（小震、中震和大震）。故本手册认为不论抗震计算控制与否，都必须满足抗震构造措施。

2. 门刚规范中列举了相应的抗震构造措施为：梁柱受压翼缘和腹板的宽厚比、双侧隅撑、锚栓面积、柱长细比 λ 等，但对构件截面设计等级，柱脚形式和外露式刚接柱脚的锚栓计算十分敏感问题一字未提。

3. 《建筑抗震设计规范》GB 50011（2016 版）第 9.2.14 条第二款"轻屋盖厂房，塑性耗能区板件宽厚比限值可根据其承载力的高低按性能目标确定。"条文说明中具体为，当构件的强度和稳定承载力均满足高承载力－2 倍多遇地震作用下的要求（$\gamma_G S_{GE} + \gamma_{Eh} 2 S_E \leqslant R / \gamma_{RE}$）时可采用现行《钢结构设计标准》GB 50017 弹性设计阶段的板件宽厚比限值（即门刚规范取值），即 C 类（相当于新钢结构设计规范性能等级为 S3 级。）型屋盖钢结构厂房 8 度 0.2g，经常会由非地震组合控制框架受力的情况。即在多遇地震下，多数会出现非地震组合控制。故在轻型门式刚架中均用 C 类截面设计等级，是可行的（但门刚规范，腹板高厚比限值为 160，已超出 D 级），但 8 度 0.3g 和 9 度时，多数不会满足 2 倍多遇地震下非地震下非地震组合控制，似应规定 A 类（S1、S2）截面设计等级。

4. 为此，建议取消规范中"当由抗震控制结构时，尚应采取抗震构造措施"的提法，而统一按《建筑抗震设计规范》GB 50011（2016 版）的表述。对于 8 度 0.3g 和 9 度时宜采用埋入式、插入式或外包式柱脚。

7.8.12 支撑截面形式

1. 《建筑抗震设计规范》GB 50011（2016 版）第 9.2.12 条 5 款："厂房的屋盖支撑宜采用型钢"；第 9.2.15 条 4 款："柱间支撑宜采用整根型钢"。它意味着从抗震角度，不论屋盖和柱间支撑均宜采用型钢。

2. 《门式刚架轻型房屋钢结构技术规范》GB 51022—2015 第 8.2 条规定：

(1) 有吊车的柱间支撑和有悬挂吊屋面斜梁的横向支撑应采用型钢交叉支撑；

(2) 其他无动力振动，但承受地震作用的支撑均可采用圆钢支撑。

3. 本手册认为：

(1) 有动力振动的支撑理应采用型钢截面、它可避免颤动和增加刚度；

(2) 8 度及以上地震厂房，柱和屋盖支撑也应采用型钢截面；

(3) 其他情况，凡支撑截面由抗风控制的，均可用圆钢截面（$D \leqslant 20\text{mm}$）；

(4) 通过某单跨 24m 轻屋盖厂房，$H = 9\text{m}$ 无吊车，8 度 0.2g，柱间支撑间距为 45m 的计算得出：交叉斜杆的最大拉力 $N = 200\text{kN}$，Q235 圆钢交叉支撑斜杆直径需 $D = 39\text{mm}$，Q235 角钢交叉支撑需 2-L63×5（两片）。两者耗钢量（$G = 220\text{kg}$）大致相等。用大直径圆钢，张紧较困难，连接节点构造复杂，角钢支撑刚度大（$\lambda < 300$），节点强，施工方便。

4. 综合以上得出，如支撑以抗风为主，地震作用小，计算要求圆钢交叉支撑，截面

直径 $D \leqslant 20mm$（一般 $D=16mm$）时可选用圆钢支撑。其他宜选用型钢截面。

7.8.13 多跨房屋柱间支撑的布置

1. GB 51022—2015 门刚规范第 8.2.1 条明确规定：

无吊车房屋柱间支撑一般应设在侧墙柱列，当房屋宽度 B 大于 60m 时，在内柱列宜设置柱间支撑。当有吊车时，每个吊车跨两侧柱列均应设置吊车柱间支撑。它意味无吊车的多跨厂房（不论地震烈度大小），当厂房总宽度 $B \leqslant 60m$ 时只需设边柱柱间支撑，可不设内柱柱间支撑。

2. 本手册认为：轻屋盖厂房，纵向地震作用是按重力荷载代表值分配到各柱列的，当中柱列为摇摆柱时，它虽不承受横向地震作用，但纵向地震作用仍应由柱间支撑承受。如考虑斜梁横向水平支撑的刚度作用，对于 6m 柱距的门刚，横向支撑的跨高比 $L/a \leqslant 6$（a 为柱距）为宜。而房屋宽度 $B \leqslant 60m$ 时，当柱距为 6m 时，$B/a=10>6$，横向支撑刚度不足以能传递地震作用。

3. 建议

（1）每个柱列纵向均应设柱间支撑，各柱列设柱间支撑，柱间支撑交叉斜杆所需的截面小，刚度大。仅边柱列设柱间支撑，纵向地震作用集中，边柱列所需的交叉斜杆截面大，刚度小。建议优先在各柱列设柱间支撑。

（2）当横向支撑跨高比 $l/a \leqslant 6$ 时，柱距 $a=6m$ 时，$B=l$（房屋宽度），$l=36m$ 时，可不设内柱的柱间支撑。

7.8.14 门式刚架的柱脚

门刚规范第 10 章推荐的两个刚性柱脚：第一个底板厚度为中间区格控制，不合理，且加劲板未贯通翼缘两侧，翼缘会局部屈曲；第二个带靴梁，因无腹板不起梁作用。两个刚性柱脚中；第一个是带加劲板，底板厚度由翼缘外侧的中区格控制，第二个只起单板作用，底板局部弯矩较大，实际上它仍属于有顶板和底板而无腹板的单板体系。不能起靴梁作用。

7.8.15 锚栓抗剪

钢标和抗规均已明确：锚栓不能抗剪，而门刚规范图 10.2.15 条第 3 款规定：只要锚栓的螺母、垫板与底板焊接，锚栓仍可承受部分剪力，因底板上预留孔比锚栓直径大 10 ～20mm，故锚栓无法阻止底板的移动，只有底板与基础面的摩擦力才有可能承受规定的部分水平剪力。

7.8.16 门式刚架设计中遵循的规范

（1）综上所述有吊车的门式刚架柱多数为阶形柱，平面内的计算长度和压弯构件计算比较成熟，建议按钢标计算。无吊车的门式刚架可采用门刚规范，但柱为非楔形柱。为等截面时，该规范未列等截面压弯构件的承载力计算公式。现该规范的计算长度计算十分烦琐，不如采用钢标。

（2）关于门刚的风荷载体型系数，新的门刚规范提供的门刚结构本身体型系数太小，多数情况下风荷载不起控制作用。为安全起见，建议仍沿用 60 多年来较成熟的建筑结构荷载规范风荷载体型系数。

7.8.17 关于隅撑轴力设计值 N

"门规"公式（8.4.2）中应计入当檩条与隅撑相连时檩条传给隅撑的实际支承力

7.8.18 关于门规变截面刚架梁的稳定性计算

门规第 7.1.4 条明确：公式（7.1.4-1）只适合于承受线性变化弯矩的楔形变截面梁段的稳定性计算，而对于承受均布荷载的斜梁多数为抛物线弯矩变化。经分析，在梁段有横向荷载，侧向支撑较密的情况下，应将公式中的系数，作适当修正。建议按纯弯计算，将 C1 予以降低，如为等截面时取 C1＝1.0 或选用钢标中压弯构件的稳定系数 φ_b，经计算此建议还是安全合理的。

7.8.19 关于等效临界弯矩系数 β_{tx} 的取值

对于压弯梁，取 $\beta_{tx}＝1$ 还是可行的。

对于压弯柱，取 $\beta_{tx}＝1$ 偏保守。新钢标曾取跨中 1/3 内最大弯矩与全段最大弯矩之比值，有时折扣太大，不易控制。建议取用门规公式（7.1.5-1）第二项，用根号指数形式。也可参考 GB 50017—2003，柱段内有端弯矩和横向荷载同时作用时；使构件产生同向曲率，$\beta_{tx}＝1$，反向曲率 $\beta_{tx}＝0.85$，通常设计人员为了方便和安全，常取 $\beta_{tx}＝1$。如例题中所示。

必须指出：等效弯矩系数 β_{tx}，一般在抗弯稳定性计算时必须计算的。但有时稳定计算不控制。如 $\varphi_b＞0.9$，接近于 1，而 $\beta_{tx}＜\varphi_b$ 时反而会引起弯矩项为强度控制。为此建议钢标和门规应增加轴力稳定，弯矩强度的附加验算。如下：

$$\frac{N}{\varphi_y Af}+\frac{M}{W_x f}\leqslant 1.0$$

即第二项中均不计 β_{tx} 和 φ_b。

第8章 墙　　架

8.1　墙架设计与构造

8.1.1　墙架的组成

墙架系由墙架柱、横梁（墙梁）及拉条、窗镶边构件、抗风桁架等构件组成。其作用是将墙体传来的荷载传递到厂房框架和基础上。

8.1.2　墙架的布置

1. 纵墙墙架的布置

纵墙墙架一般由墙架柱、墙架横梁（墙梁）和门架或厂房柱等构件组成。当边列柱柱距大于 12m 时，一般宜设置墙架柱。但当采用与柱距等长的墙板或墙架横梁（墙梁）时，可不设置墙架柱。

当采用压型钢板、夹芯板等轻质墙体材料作为围护结构时纵向墙架由墙架柱（厂房柱）、横梁（墙梁）及拉条、窗镶边构件、抗风桁架等构件组成。图 8-1、图 8-2 为纵向墙架的布置图。

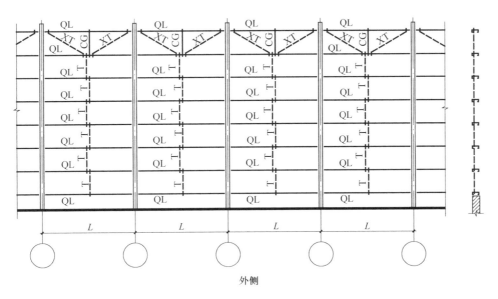

图 8-1　轻型纵墙墙架布置图（一）

（4m≤L≤6m）

QL—墙梁　　T—直拉条　　XT—斜拉条　　CG—撑杆

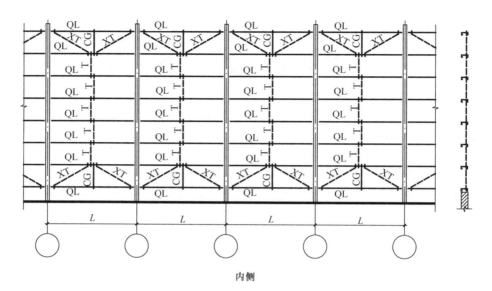

内侧

图 8-1　轻型纵墙墙架布置图（二）

（4m≤L≤6m）

QL—墙梁　　　T—直拉条　　　XT—斜拉条　　　CG—撑杆

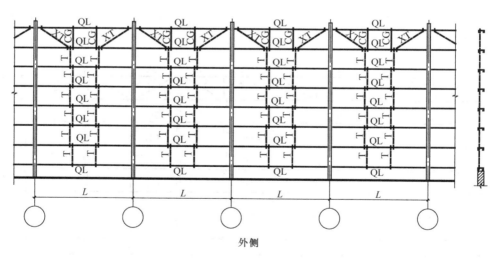

外侧

图 8-2　轻型纵墙墙架布置图（一）

（6m<L≤9m）

QL—墙梁　　　T—直拉条　　　XT—斜拉条　　　CG—撑杆

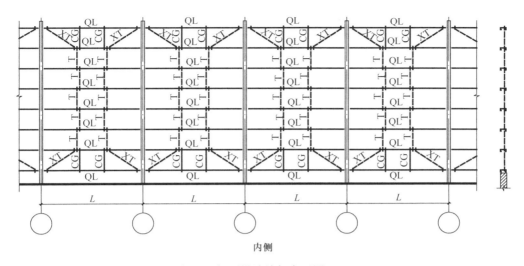

图 8-2　轻型纵墙墙架布置图（二）

（6m＜L≤9m）

QL—墙梁　　T—直拉条　　XT—斜拉条　　CG—撑杆

2. 山墙墙架的布置

山墙墙架的布置与纵墙墙架类似（图 8-3、图 8-4）。

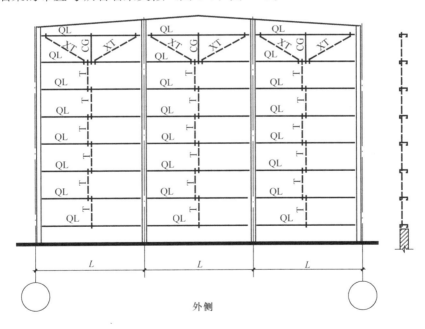

图 8-3　轻型山墙墙架布置图（一）

（4m≤L≤6m）

QL—墙梁　　T—直拉条　　XT—斜拉条　　CG—撑杆

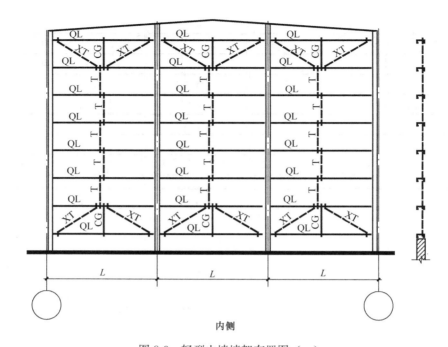

内侧

图 8-3　轻型山墙墙架布置图（一）

（4m≤L≤6m）

QL—墙梁　　T—直拉条　　XT—斜拉条　　CG—撑杆

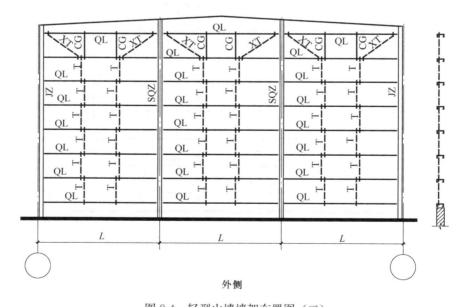

外侧

图 8-4　轻型山墙墙架布置图（二）

（6m＜L≤9m）

QL—墙梁　　T—直拉条　　XT—斜拉条　　CG—撑杆

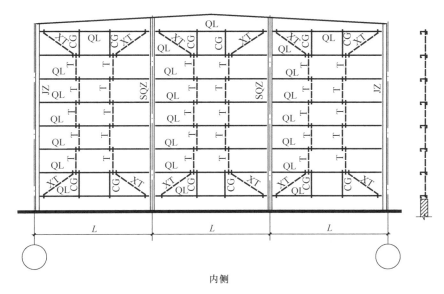

图 8-4　轻型山墙墙架布置图（二）

（6m<L≤9m）

QL—墙梁　　T—直拉条　　XT—斜拉条　　CG—撑杆

8.1.3　墙架结构的荷载

墙架结构的荷载见表 8-1。

墙架结构的荷载　　　　表 8-1

项次	荷载分类	荷载内容
1	竖向荷载	墙体自重、窗自重、雨篷上的自重、墙架自重
2	水平风荷载	基本风压、风荷载体型系数和风压高度变化系数均按《建筑结构荷载规范》GB 50009—2012采用；对墙架横梁尚应考虑阵风系数 β_{gz} 和风荷载局部体型系数 μ_{sl}

8.1.4　墙架构件的截面

墙架构件的截面选择见表 8-2。

墙架构件的截面选择　　　　表 8-2

项次	构件名称	功能	受力形式	截面形式	应用范围
1	横梁	承受竖向荷载及水平风荷载	双向受弯	平放的槽钢（图 8-5a）	一般的横梁
				平放的普通工字钢或 H 形钢（图 8-5b）	跨度大于 6m 且风荷载较大时
				槽钢和工字钢的组合截面（图 8-5c、d）或腹板立放的焊接工字形钢及 H 形钢（图 8-5e）	承受较大竖向荷载的加强横梁
				钢板和槽钢或双槽钢的组合箱形截面（图 8-5f、g）	窗框上、下

项次	构件名称	功能	受力形式	截面形式		应用范围
2	拉条	横梁的竖向支承点	受拉	直径不小于 12 的圆钢、小角钢或扁钢		用于一般情况。当墙梁跨度大于 4m 时，宜在跨中设置一道拉条；当墙梁跨度大于 6m 时，可在跨间三分点处各设置一道拉条。拉条宜靠近墙板一侧设置，斜拉条与撑杆应在檐口处及窗洞下设置，一般每隔 5 道拉条设置一对斜拉条，以分段传递墙体自重
3	墙架柱	承受竖向荷载产生轴心力、偏心弯矩以及风荷载产生的弯矩	一般为压弯或拉弯构件，自承重墙的墙架只承受水平风荷载（忽略自重），为竖放的受弯构件	实腹式	H 型钢、普通工字型钢、焊接工字型钢、用钢板加强的普通工字型钢（图 8-6a、b、c、d）	一般情况
				格构式	双槽钢加缀板或缀条（图 8-6e、f）	弯矩作用平面外（对 y 轴）需加强刚度的墙架柱

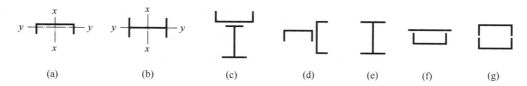

(a)   (b)   (c)   (d)   (e)   (f)   (g)

图 8-5 墙架横梁的截面形式

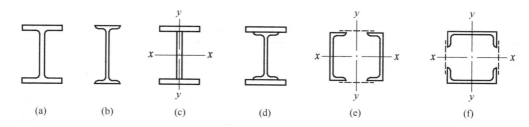

(a)   (b)   (c)   (d)   (e)   (f)

图 8-6 墙架柱的截面形式

8.1.5 墙架构件的计算

1. 墙架横梁的计算见表 8-3。

墙架横梁的计算   表 8-3

项次	计算内容		计算公式	说 明
1	强度	正应力	1) 横梁采用普通钢结构时： $$\frac{M_x}{\gamma_x W_{nx}} + \frac{M_y}{\gamma_y W_{ny}} \leqslant f \quad (8\text{-}1)$$ 2) 横梁采用冷弯薄壁型钢时： $$\sigma = \frac{M_x}{W_{enx}} + \frac{M_y}{W_{eny}} + \frac{B}{W_\omega} \leqslant f$$ $$(8\text{-}2)$$	M_x—水平风荷载绕 x 轴（平行与墙面的主轴）的弯矩设计值； M_y—竖向荷载绕 y 轴的弯矩设计值； W_{nx}、W_{ny}—分别为对 x 轴和 y 轴的净截面模量。当截面板件宽厚比等级 S1、S2、S3 或 S4 级时，应取全截面模量；当截面板件宽厚比等级为 S5 级时，应取有效截面模量，均匀受压翼缘有效外伸宽度可取 $15\varepsilon_k$； γ_x、γ_y—截面塑性发展系数； W_{enx}、W_{eny}—分别为对截面主轴 x 轴和 y 轴的有效净截面模量； W_ω—毛截面扇性模量； B—由水平风荷载和竖向荷载引起与所取弯矩同一截面的双弯矩。对于双侧挂板的墙梁，且墙板与墙梁牢固连接时，取 $B = 0$；对单侧挂板的墙梁，当采用拉条时，可不计算双弯矩； f—钢材的抗拉、抗压和抗弯强度设计值
		剪应力	1) 竖向荷载作用下： $$\tau_x = \frac{3V_{xmax}}{4h_0 t} \leqslant f_v \quad (8\text{-}3)$$ 2) 水平荷载作用下： $$\tau_y = \frac{3V_{ymax}}{2b_0 t} \leqslant f_v \quad (8\text{-}4)$$	V_{xmax}、V_{ymax}—分别为竖向荷载设计值（q_x）和水平风荷载设计值（q_y）产生的剪力的最大值； b_0、h_0—分别为墙梁沿截面主轴 x、y 方向的计算高度（取相交板件连接处两内弧起点之间的距离）； t—墙梁截面的厚度； f_v—钢材的抗剪强度设计值； 当两个剪应力发生在同一截面时要计算合剪应力
2	稳定性		1) 横梁采用普通钢结构时： $$\frac{M_x}{\varphi_b W_x} + \frac{M_y}{\gamma_y W_{ny}} \leqslant f \quad (8\text{-}5)$$ 2) 横梁采用冷弯薄壁型钢时： $$\frac{M_x}{\varphi_{bx} W_{enx}} + \frac{M_y}{W_{eny}} + \frac{B}{W_\omega} \leqslant f$$ $$(8\text{-}6)$$	φ_b—横梁的整体稳定性系数； φ_{bx}—横梁的整体稳定性系数 其余参数同上。 对于双侧挂板的墙梁，且墙板与墙梁牢固连接时可不计算梁的整体稳定性；对单侧挂板的墙梁，当采用拉条时，可不计算梁的整体稳定性
3	挠度	竖直方向	$$\upsilon = \frac{5}{384} \cdot \frac{q_k l^4}{EI_y} \leqslant [\upsilon] \quad (8\text{-}7)$$	q_k—竖直方向线荷载标准值； l—墙梁的跨度； E—钢材的弹性模量； I_y—对 y 轴的毛截面惯性矩； w_k—水平方向线荷载标准值； I_x—对 x 轴的毛截面惯性矩； $[\upsilon]$—墙梁的容许挠度值，见表 8-4
		水平方向	$$\upsilon = \frac{5}{384} \cdot \frac{w_k l^4}{EI_x} \leqslant [\upsilon] \quad (8\text{-}8)$$	

墙架横梁的容许挠度　　　　　　　　　表 8-4

项次	类　别	水平方向	竖直方向
1	压型钢板、瓦楞铁墙面	$l/150$	—
2	窗洞顶部的横梁	$l/200$	$l/200$ 且 $\leqslant 10\mathrm{mm}$
3	支承墙架柱的加强横梁	$l/200$	$l/300$

注：表中 l 为横梁的跨度。对于有拉条（或其他竖向支承构件）的横梁，竖直方向的 l 为拉条至拉条或拉条至墙梁支座的距离。

2. 墙架拉条计算见表 8-5。

墙架拉条的强度计算　　　　　　　　　表 8-5

项次	计算内容	计算公式	说　明
1	强度	$\sigma = \dfrac{N}{A_\mathrm{e}} \leqslant f \quad (8\text{-}9)$	N—拉条的内力，按各连续梁支座反力之和计算； A_e—圆钢螺纹处的有效截面面积； f—钢材的抗拉、抗压和抗弯强度设计值

8.1.6　墙梁与柱的连接

通常情况下，墙梁与焊在柱上的角钢或 T 型支托连接（图 8-7）。墙梁支托的连接螺栓不少于 2M12，当墙梁截面高度为 280mm、300mm 时，连接螺栓不宜少于 2M16。当有防松动要求时，应配置防松垫圈。

当墙梁采用槽钢或 C 形钢时，可采用开口向上（图 8-7a）或开口向下（图 8-7b）的连接方式。两种方式各有优缺点：开口向上（图 8-7a）的连接，优点是安装方便，但容易积灰积水，不利于防锈；开口向下（图 8-7b）的连接，优点是不易积灰积水，利于防锈，但安装不方便。

当墙梁采用工字钢时，墙梁与支托连接时梁端的翼缘需要切肢（图 8-7c、图 8-7d）。

在山墙墙架中，通常在墙角另设墙架角柱（图 8-8）。当山墙紧靠房屋端柱时，也可不设墙架角柱，而直接将山墙墙梁支承于纵墙的墙梁上。

8.1.7　墙梁与拉条、撑杆的连接

墙梁与拉条、撑杆的连接如图 8-9。墙梁上拉条端的孔径应比拉条的直径大 1.0～1.5mm，其拉固在墙梁腹板处宜附加－45×4 的垫板，拉条两端用双螺母紧固。斜拉条两弯折端均为内外螺母紧固，其靠近墙梁支托的一端可与支托相连或与承重结构上的角钢相连。当墙梁腹板的厚度不大于 2.5mm 时，斜拉条端墙梁腹板处的附加垫板宜预先与墙梁腹板焊接。

8.1.8　墙梁与墙板的连接

墙板与墙梁的连接应采用自攻螺钉等牢固连接（见图 8-10），且墙板应有足够的刚度，以阻止墙梁侧向失稳和扭转。

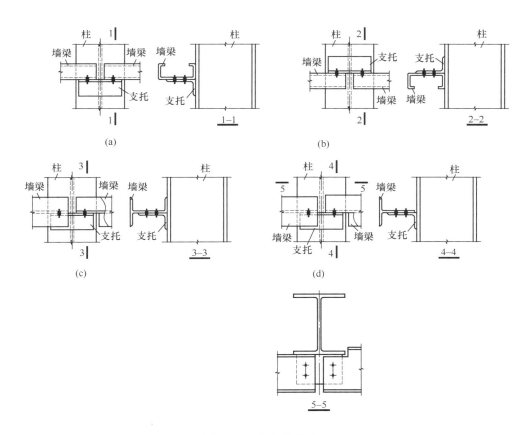

图 8-7　墙梁与柱的连接

（a）开口向上；（b）开口向下；（c）墙梁切半肢；（d）墙梁切全肢

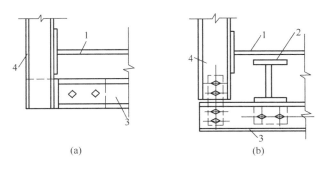

图 8-8　端部墙梁在墙角处的连接

（a）不设墙架角柱；（b）设墙架角柱

1—厂房柱；2—墙架角柱；3—山墙墙梁；4—纵墙墙梁

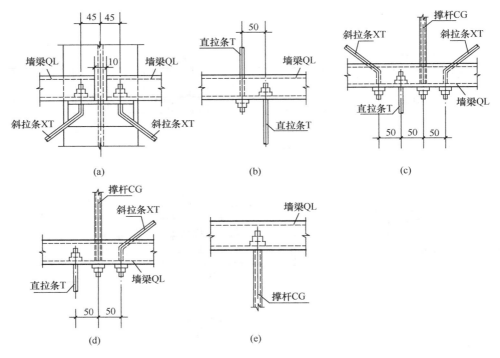

图 8-9　墙梁与拉条、撑杆的连接

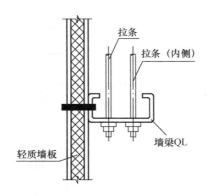

图 8-10　墙梁与轻型墙板的连接

8.2　墙架构件的计算实例

【例题 8-1】 纵墙横梁计算（C 型钢）

1. 设计资料

某单层厂房，柱距 6m、纵墙高 10m，采用夹芯板自承重墙，基本风压 $w_0 = 0.7 \text{kN/m}^2$，地面粗糙度类别 B 类，墙梁间距 1.5m，跨中设一根拉条，钢材为 Q235。

2. 荷载计算

（1）墙梁采用 C 型钢 280×80×20×2.5，自重 $g = 9 \text{kg/m}$

（2）墙重 $0.2kN/m^2$

（3）风荷载

本例风荷载标准值可按《建筑结构荷载规范》GB 50009—2012 的围护结构计算

$w_k = \beta_{gz}\mu_{s1}\mu_z w_0$，$\mu_s = \pm 1.20$，按建筑结构荷载规范（8.3.4）$\mu_{s1}(A) = \mu_{s1}(1) + [\mu_{s1}(25)$ $- \mu_{s1}(1)]\log A/1.4$，考虑面积折减成为 1.04，$\beta_{gz} = 1.70$，$\mu_z = 1$

$q_x = 1.2 \times 0.09 = 0.108kN/m$（落地墙不计墙重，因墙梁先装不计拉条作用）

$$q_y = -1.70 \times 1.04 \times 1 \times 0.7 \times 1.5 \times 1.4 = 2.6kN/m。$$

3. 内力计算

$$M_x = \frac{1}{8} \times 0.108 \times 6^2 = 0.486kN \cdot m$$

$$M_y = \frac{1}{8} \times 2.6 \times 6^2 = 11.7kN \cdot m$$

注：若改为挂板墙梁，考虑拉条作用 M_x 将大幅度减小，不必重新计算。

4. 强度计算

$C280 \times 80 \times 20 \times 2.5$，平放，开口朝上

$$W_{xmax} = 43.70cm^3，W_{xmin} = 14.34cm^3，W_y = 92.60cm^3，I_y = 1296cm^4$$

$$\sigma = \frac{M_x}{W_{enx}} + \frac{M_y}{W_{eny}} = \frac{0.486 \times 10^6}{0.9 \times 14.34 \times 10^3} + \frac{11.7 \times 10^6}{0.9 \times 92.60 \times 10^3}$$

$$= 37.6 + 135 = 173 < 205N/mm^2$$

式中 0.9 为参照例题 3-2 取用的有效截面模量系数。在风吸力下拉条位置应设在墙梁内侧，并在柱底设斜拉条（图 7-5c）。此时夹芯板与墙梁外侧牢固相连，可不验算墙梁的整体稳定性。

5. 挠度计算

$$v = \frac{5}{384} \cdot \frac{q_y l^4}{EI_y} = \frac{5 \times 2.6 \times 1.5 \times 6^4 \times 10^{12}}{384 \times 2.06 \times 10^5 \times 1.7 \times 1.4 \times 1296 \times 10^4} = 10.4mm < \frac{l_0}{200} = 30mm$$

（分母中 1.4 为风荷载系数，1.7 为阵风系数，以下例题中挠度公式均同，不再赘述。）

【例题 8-2】 纵墙墙梁计算（高频焊接薄壁 H 型钢）

1. 设计资料同【例题 8-1】，柱距 9m，$g = 0.21kN/m$。

2. 风荷载

$$w_k = \beta_{gz}\mu_s\mu_z w_0$$

$$q_x = 1.2 \times 0.21 = 0.25kN/m$$

$$q_y = 2.6kN/m（例题 8-1）。$$

3. 内力计算

$$M_x = \frac{1}{8} \times 0.25 \times 9^2 = 2.53kN \cdot m$$

$$M_y = \frac{1}{8} \times 2.6 \times 9^2 = 26.4kN \cdot m$$

注：同例题 8-1，若改为挂板墙梁，不必重新计算。

4. 强度计算

H200×150×4.5×6.0 平放

$$W_x = 45.02\text{cm}^3, W_y = 194.3\text{cm}^3, I_y = 1943.34\text{cm}^4$$

$$\sigma = \frac{M_x}{W_{enx}} + \frac{M_y}{W_{eny}} = \frac{2.53 \times 10^6}{45.02 \times 10^3} + \frac{26.4 \times 10^6}{0.95 \times 194.3 \times 10^3} = 56.0 + 143$$

$$= 199\text{N/mm}^2 < 215\text{N/mm}^2$$

因拉条在腹板上开孔，仅对 W_y 乘以孔洞削弱系数 0.95。

5. 挠度计算

$$v = \frac{5}{384} \cdot \frac{q_y l^4}{EI_y} = \frac{5 \times 2.6 \times 1.5 \times 9^4 \times 10^{12}}{384 \times 2.06 \times 10^5 \times 1.7 \times 1.4 \times 1943.34 \times 10^4}$$

$$= 34.9\text{mm} < \frac{l_0}{200} = 45\text{mm}。$$

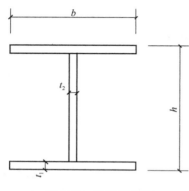

图 8-11　抗风柱截面

【例题 8-3】 山墙抗风柱（无抗风桁架）计算

1. 设计资料

抗风柱的上柱计算高度 $H_1 = 2.4\text{m}$，下柱高度 $H_2 = 15.3\text{m}$；基本风压线荷载 $q_o = 3.4\text{kN/m}$，地面粗糙度 B 类，风荷载体形系数 $\mu_s = \pm 1.0$，风振系数 $\beta_z = 1.0$；轻质墙板自重取 0.35kN/m^2，柱距取 7.5m，钢材为 Q235。

抗风柱工字形截面参数如下：

下柱截面的高度 $h = 500\text{mm}$，翼缘宽度 $b = 300\text{mm}$，翼缘厚度 $t_1 = 14\text{mm}$，腹板厚度 $t_2 = 6\text{mm}$。

上柱截面的高度 $h = 350\text{mm}$，翼缘宽度 $b = 300\text{mm}$，翼缘厚度 $t_1 = 14\text{mm}$，腹板厚度 $t_2 = 6\text{mm}$。

根据公式：

$$A = 2 \times b \times t_1 + (h - 2t_1) \times t_2$$

$$I_x = \frac{1}{12} \times [b \times h^3 - (b - t_2)(h - 2t_1)^3]; I_y = \frac{1}{12} \times [2 \times t_1 \times b^3 + (h - 2t_1) \times t_2^3]$$

$$W_x = \frac{I_x}{h/2}, i_x = \sqrt{\frac{I_x}{A}}, i_y = \sqrt{\frac{I_y}{A}}$$

上柱截面 $A_1 = 2 \times 300 \times 14 + (350 - 28) \times 6 = 10.33 \times 10^3 \text{mm}^2$

$$I_{1x} = \frac{1}{12} \times [300 \times 350^3 - (350 - 6)(350 - 28)^3] = 25.39 \times 10^7 \text{mm}^4$$

$$I_{1y} = \frac{1}{12} \times [2 \times 14 \times 300^2 + (350 - 28) \times 6^3] = 63.01 \times 10^6 \text{mm}^4$$

$$W_{1x} = \frac{25.39 \times 10^7}{350/2} = 14.51 \times 10^5 \text{mm}^3$$

$$i_{1x} = \sqrt{25.39 \times 10^7 / 10.33 \times 10^3} = 156.78\text{mm}$$

$$i_{1y} = \sqrt{63.01 \times 10^6 / 10.33 \times 10^3} = 78.10\text{mm}$$

下柱截面 $A_2 = 2 \times 300 \times 14 + (500 - 28) \times 6 = 11.23 \times 10^3 \text{mm}^2$

$$W_{2x} = \frac{54.87 \times 10^7}{500/2} = 21.95 \times 10^5 \text{mm}^3$$

$$i_{2x} = \sqrt{54.87 \times 10^7 / 11.23 \times 10^3} = 221.04\text{mm}$$

$$i_{2y} = \sqrt{63.01 \times 10^6 / 11.23 \times 10^3} = 74.91\text{mm}$$

则有：

$$n = \frac{I_{1x}}{I_{2x}} = \frac{25.39 \times 10^7}{54.87 \times 10^7} = 0.463, \lambda = \frac{H_1}{H} = \frac{2.4}{17.7} = 0.136$$

$$S = 1 + \lambda^3 \left(\frac{1}{n} - 1 \right) = 1 + 0.136^3 \times \left(\frac{1}{0.463} - 1 \right) = 1.003。$$

2. 抗风柱的受力分析

当抗风柱受到风荷载的作用时：

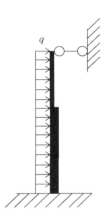

对于 17.7m 高的抗风柱，地面粗糙度为 B 类，其风压高度变化系数 $\mu_z = 1.199$，风线荷载标准值 $q_k = \mu_s \mu_z \beta_z q_0 = 1.0 \times 1.199 \times 1.0 \times 3.4 = 4.08\text{kN/m}$

忽略轻质墙板自重产生的微小外弯矩。

当变截面柱受到均布荷载作用时，反力系数

$$C_6 = \frac{3}{8} \times \frac{1 + \lambda^4 \left(\frac{1}{n} - 1 \right)}{S} = \frac{3}{8} \times \frac{1 + 0.136^4 \left(\frac{1}{0.463} - 1 \right)}{1.003} = 0.374$$

柱顶反力 $R_a = C_6 q_k H = 0.374 \times 4.08 \times 17.7 = 27.0\text{kN}$

上柱截面受到的弯矩

$$M_{1k} = R_a \times H_1 - \frac{1}{2} \times q_k \times H_1^2 = 27.0 \times 2.4 - 1/2 \times 4.08 \times 2.4^2$$

$$= 53.0\text{kN} \cdot \text{m}$$

图 8-12 抗风柱
计算简图

下柱截面受到的弯矩

$$M_{2k} = \frac{1}{2} \times q_k \times H^2 - R_a \times H = 1/2 \times 4.08 \times 17.7^2 - 27.0 \times 17.7 = 161.2\text{kN} \cdot \text{m}$$

故有

上柱截面的弯矩设计值：$M_1 = 1.4 \times 1.2 \times 53.0 = 89.1\text{kN} \cdot \text{m}$（1.2 为柱顶位移的弯矩增大系数）

上柱截面的轴力设计值：$N_1 = 1.2 \times (0.35 \times 7.5 \times H_1 + 78.5 \times A_1 \times H_1)$

$$= 1.2 \times (0.35 \times 7.5 \times 2.4 + 78.5 \times 0.01033 \times 2.4)$$

$$= 9.90\text{kN}$$

下柱截面的弯矩设计值：$M_2 = 1.4 \times 1.2 \times 161.2 = 270.8\text{kN} \cdot \text{m}$（1.2 同上）

下柱截面的轴力设计值：$N_2 = 1.2 \times 0.35 \times 7.5 \times H + 78.5 \times (A_1 \times H_1 + A_2 \times H_2)$

$$= 1.2 \times [0.35 \times 7.5 \times 17.7 + 78.5 \times (0.01033 \times 2.4$$

$$+ 0.01123 \times 15.3)] = 74.28\text{kN}$$

下柱截面的剪力设计值：$V_2 = 1.4 \times 1.2 \times (q_k H - R_a) = 1.4 \times 1.2$

$$\times (4.08 \times 17.7 - 23.81)。$$

$$= 81.3\text{kN}。$$

3. 截面验算

上柱平面内计算长度：$l_{1x} = 2H_1$

下柱平面内计算长度：$l_{2x} = 1.1H_2$

上柱平面外计算长度：$l_{1y} = H_1 + H_{cs,max} - 200$

下柱平面外计算长度：$l_{2y} = H_2 - H_{cs,min} + 200$

（注：$H_{cs,max}$、$H_{cs,min}$ 分别为厂房柱上柱高度可能的最大值和最小值，如工程中已确定，则用实际的数据）

本例中：$l_{1x} = 2H_1 = 2 \times 2.4 = 4.8\mathrm{m}$　$l_{2x} = 1.1H_2 = 1.1 \times 15.3 = 16.83\mathrm{m}$

$l_{1y} = H_1 + H_{cs,max} - 200 = 2400 + 4200 - 200 = 6.4\mathrm{m}$

$l_{2y} = H_2 - H_{cs,min} + 200 = 15300 - 3600 + 200 = 11.9\mathrm{m}$

上柱的长细比 $\lambda_{1x} = \dfrac{4800}{156.78} = 30.6$，$\lambda_{1y} = \dfrac{6400}{78.10} = 81.9 < [\lambda] = 150$

下柱的长细比 $\lambda_{2x} = \dfrac{16830}{221.04} = 76.1$，$\lambda_{2y} = \dfrac{11900}{74.91} = 158.9$

查表（平面内为 b 类截面，平面外为 c 类截面），上柱稳定系数 $\varphi_{1x} = 0.93$，$\varphi_{1y} = 0.57$；

下柱的稳定系数 $\varphi_{2x} = 0.71$，$\varphi_{2y} = 0.26$。

整体稳定系数（其中，$\beta_b = 1.15$；$\eta_b = 0.0$）

$$\varphi_{1b} = \beta_b \frac{4320}{\lambda_{1y}^2} \cdot \frac{A_1 \cdot h}{W_{1x}} \left[\sqrt{1 + \left(\frac{\lambda_{1y} \cdot t_1}{4.4h} \right)^2} + \eta_b \right]$$

$$= 1.15 \cdot \frac{4320}{81.9^2} \cdot \frac{10330 \times 350}{14.51 \times 10^5} \left[\sqrt{1 + \left(\frac{81.9 \times 14}{4.4 \times 350} \right)^2} + 0 \right]$$

$$= 2.301 > 0.6 \quad \varphi'_{1b} = 1.07 - \frac{0.208}{\varphi_b} = 1.07 - \frac{0.282}{2.301} = 0.95$$

$$\varphi_{2b} = \beta_b \frac{4320}{\lambda_{2y}^2} \cdot \frac{A_2 \cdot h}{W_{2x}} \left[\sqrt{1 + \left(\frac{\lambda_{2y} \cdot t_1}{4.4h} \right)^2} + \eta_b \right]$$

$$= 1.15 \cdot \frac{4320}{158.9^2} \cdot \frac{11230 \cdot 500}{21.95 \times 10^5} \left[\sqrt{1 + \left(\frac{158.9 \times 14}{4.4 \times 500} \right)^2} + 0 \right]$$

$$= 0.716 > 0.6 \quad \varphi'_{2b} = 1.07 - \frac{0.282}{\varphi_b} = 1.07 - \frac{0.282}{0.716} = 0.68 \quad N'_{Ex} = \frac{\pi^2 EA}{1.1\lambda^2}$$

上柱：$N'_{1Ex} = \dfrac{\pi^2 EA_1}{1.1\lambda_{1X}^2} = \dfrac{\pi^2 \times 206000 \times 10330}{1.1 \times 30.6^2} = 20390.7\mathrm{kN}$

下柱：$N'_{2Ex} = \dfrac{\pi^2 EA_2}{1.1\lambda_{2X}^2} = \dfrac{\pi^2 \times 206000 \times 11230}{1.1 \times 76.1^2} = 3584.1\mathrm{kN}$。

（1）弯矩作用平面内的稳定性计算

其中：上柱取 1.0

上柱平面内的稳定应力（为 b 类截面）

$$\frac{N}{\varphi_x Af} + \frac{\beta_{mx}M}{\gamma_x W_x \left(1 - 0.8\dfrac{N}{N_{Ex}}\right)f}$$

$$= \frac{9.90 \times 10^3}{0.93 \times 10330 \times 215} + \frac{1.0 \times 89.1 \times 10^6}{1.05 \times 14.51 \times 10^5 (1 - 0.8 \times 9900/20390.7) \times 215}$$

$$= 0.272 < 1.0$$

下柱平面内的稳定应力（为 b 类截面）

$$\frac{N}{\varphi_x A f} + \frac{\beta_{mx} M}{\gamma_x W_x \left(1 - 0.8 \dfrac{N}{N'_{Ex}}\right) f}$$

$$= \frac{74.28 \times 10^3}{0.71 \times 11230 \times 215} + \frac{0.85 \times 270.8 \times 10^6}{1.05 \times 21.95 \times 10^5 (1 - 0.8 \times 74.28/3584.1) \times 215}$$

$$= 0.52 < 1.0。$$

（2）弯矩作用平面外的稳定性计算

其中，$\eta = 1.0$；上柱 β_{tx} 取 1.0

上柱平面外稳定应力（为 c 类截面），取 $\beta_{tx} = 1.0$

$$\frac{N}{\varphi_y A f} + \eta \frac{\beta_{tx} \cdot M}{\varphi_b \cdot W_x f} = \frac{9.90 \times 10^3}{0.57 \times 10330 \times 215} + 1.0 \times \frac{1.0 \times 89.1 \times 10^6}{0.95 \times 14.51 \times 10^5 \times 215} = 0.31 < 1.0$$

下柱平面外稳定应力（为 c 类截面）取 $\beta_{tx} = 1.0$

$$\frac{N}{\varphi_y A f} + \eta \frac{\beta_{tx} \cdot M}{\varphi_b \cdot W_x f} = \frac{74.28 \times 10^3}{0.26 \times 11230 \times 215} + 1.0 \times \frac{1.0 \times 270.8 \times 10^6}{0.68 \times 21.95 \times 10^5 \times 215}$$

$$= 0.97 < 1.0$$

4. 抗风柱挠度验算：

根据 ANSYS 软件计算的最大挠度为 $25.78\text{mm} < H/400 = 17700/400 = 44.25\text{mm}$。

8.3　墙架构件设计中若干问题

8.3.1　墙梁截面形式和拉条

1. 墙梁一般采用水平放置的卷边槽钢（C 形钢）和轻型 H 形钢，见本章图。

2. 墙梁通常设双拉条，外侧与墙板用自攻螺钉连接，外侧拉条可作为墙板的竖向支点及安装之需。里侧拉条保证水平风吸力荷载下的整体稳定性。故称双拉条。当墙采用双层压型钢板复合之需。里侧拉条保证水平风吸力荷载下的整体稳定性。故称双拉条。当墙采用双层压型钢板复合保温板时，板能保证墙梁在正、负风压下的整体稳定性，此时可仅设位于墙梁腹板中心的单拉条。

8.3.2　墙梁的风荷载体型系数

墙梁的局部风压体型系数 μ_{sl} 为风吸力 W_k 和 W 重要组成部分，目前国内有三种计算资料：

（1）门式刚架轻型房屋钢结构技术规范 GB 51022—2015 中区 μ_{sl}（此处应变为 μ_{wl}，为统一，不做改变）均为：

吸力 $\mu_{sl} = 0.176\log A - 1.18$，$1 < A < 50$　$A \leqslant 1$　$\mu_{sl} = -1.28$　$A > 50$　$\mu_{sl} = -0.98$

压力 $\mu_{sl} = -0.176\log A + 1.18$，$1 < A < 50$　$A \leqslant 1$　$\mu_{sl} = +1.18$　$A > 50$

$\mu_{sl} = +0.88$

（2）门式刚架轻型房屋钢结构技术规程 CECS102：2002

$$\mu_{sl}(A) = -1.1,\ 1.0\ (A \geqslant 10)$$

（3）建筑结构荷载规范 GB 50009—2012

$\mu_{sl}(A) = \mu_{sl}(1) + [\mu_{sl}(25) - \mu_{sl}(1)]\log A / 1.4$

$\mu_{sl}(1) = -0.6 - 0.2 = -0.8$

$\mu_{sl}(1) = +1.0 + 0.2 = 1.2$　为兼顾山墙，墙梁的 μ_{sl} 统一取为 -1.2

$\mu_{sl}(25) = \mu_{sl}(1) \times 0.8$

将常用的檩距、跨度，1.5m×6.0m、1.5m×7.5m 和 1.5m×9.0m 按上述三种计算，结果列于表 8-6。

墙梁截面三种计算方法和用钢量比较（有支撑）　　　　　　　　　　表 8-6

项次	梁距×跨度 $A=sl$（m²）	GB 51022—2015 I $\beta=1.5$			CECS102：2002 II $\beta_{gz}=1$			GB 50009—2012 III $\beta_{gz}=1.7$			II / I kg%	III / I kg%
		μ_{sl}	W kN/m	型号 mm	μ_{sl}	W kN/m	型号 mm	μ_{sl}	W kN/m	型号 mm		
1	1.5×6.0＝9.0	−1.11 +1.01	−1.92 +1.75	LC6- 22.2	−1.10 +1.0	−1.27 +1.16	QLC6- 18.1	−1.05 +1.04	−1.87 +1.85	LC6- 22.2	78	100
2	1.5×7.5＝11.25	−1.09 +1.00	−1.89 +1.73	LC7.5- 25.2	−1.10 +1.0	−1.27 +1.16	QLC7.5- 22.1	−1.02 +1.02	−1.81 +1.82	QLC7.5- 25.2	73	100
3	1.5×9.0＝13.5	−1.08 +1.00	+1.87 +1.73	QLC9- 28.3	−1.10 +1.0	−1.27 +1.16	QLC9- 28.2	−1.01 +1.00	−1.80 +1.75	QLC9- 28.3	82	100

注：1. $W = 1.4 \times 1.5 W_k = 2.1 W_k$　$W_k = \beta_{gz}\mu_{sl}\mu_z W_0$　$W_0 = 0.5 \text{kN/m}^2$。板自重取 0.4kN/m。（有支撑即里外双拉条）

2. $\beta_{gz} = 1.0$ 为不另计阵风系数，如 CECS102：2002 μ_{sl} 中已包含了阵风系数 β_{gz} 在内，房屋高度取 10m，μ_z 为 1.0，采用 GB 51022—2015 时，W_0 应换算为 1.10W_0。

3. 表 8-6 计算表明

GB 50009—2012 与 GB 51022—2015 钢材相等。

CECS102：2002 计算方法在全国已有十多年历史，未发现墙梁有失稳事故，而本手册的墙梁按 GB 51022—2015 引入系数 β 后，钢材增加 20% 左右，应当引起注意。

8.3.3　抗风柱的风荷载体型系数

抗风柱为主要抗风结构承受的荷载面积较大，不能视为围护结构。根据建筑结构荷载规范[1]编制组的建议：风荷载体型系数宜取 ±1.0，这与各设计单位传统的做法一致。

8.3.4　钢抗风柱柱脚的构造

柱脚刚接还是铰接两种做法都有。一般来说，不设抗风桁架的高砌体墙宜做成刚接以减少柱顶砌体的侧移。轻质墙体的抗风柱（墙梁）柱脚通常为铰接。铰接施工方便，基础尺寸小。国家建筑标准设计图的抗风柱，在某些条件下，刚接、铰接柱截面通用。

8.3.5　柱脚刚接的抗风柱固端弯矩的调整

抗风柱柱顶铰接于屋架（梁），铰接点因厂房柱列顶的侧移，致使柱顶为弹性铰，柱底固端弯矩略有增加。统计分析，柱列顶的位移致使抗风柱柱底弯矩增加系数为 1.1～1.3。故在国家建筑标准设计图 10SG533 中抗风柱的柱底截面的最大应力留有 20% 的应力裕量。但柱底铰接的钢抗风柱不需留 20% 的应力裕量。

第9章 制作、安装、抗火、防腐蚀和隔热

9.1 概　　要

9.1.1 轻型钢结构的制作单位应具相应的钢结构工程施工资质，应根据已批准的技术文件编制施工详图。施工详图应由原设计工程师确认。当修改时，影响原设计单位申报，经同意签署文件后修改才能生效。

9.1.2 钢结构制作前，应根据设计文件、施工详图的要求以及制作厂的条件，编制制作工艺书。制作工艺书应包括：①施工中所依据的标准，②制作厂的质量保证体系，③成品的质量保证体系和措施，④生产场地的布置，⑤采用的加工、焊接设备和工艺装备，⑥焊工和检查人员的资质证明，⑦各类检查项目表格和生产进度计划表。

　　制作工艺书应作为技术条件经发包单位代表或监理工程师批准。

9.1.3 钢结构制作单位宜对构造复杂的构件进行工艺性试验。

9.1.4 钢结构制作、安装、验收及土建施工用的量具，应按同一计量标准进行鉴定，并应具有相同的精度等级。

9.1.5 除本章另有规定外，轻型钢结构的制作和安装尚应符合现行国家标准《钢结构工程施工质量验收规范》GB 50205 及《门式刚架轻型房屋钢结构技术规范》GB 51022—2015。

9.2 制　　作

9.2.1 钢结构制作单位宜对构造复杂的构件进行工艺性试验。在制作构造复杂的构件时，应根据构件的组成情况和受力情况确定其加工、组装、焊接等的方法，保证制作质量，必要时应进行工艺性试验。

9.2.2 构件上应避免刻伤。材料放样、号料、切割、标注时应根据设计和工艺要求进行，并按要求预留余量。

9.2.3 焊条、焊丝等焊接材料应根据材质、种类、规格分类堆放在干燥的焊材储藏室，保持完好整洁。

9.2.4 钢材切割可采用气割、机械切割、等离子切割等方法，选用的切割方法应满足工艺文件的要求。切割后的飞边、毛刺应清理干净。

9.2.5 钢材切割面应无裂纹、夹渣、分层等缺陷和大于1mm的缺棱。

9.2.6 气割前钢材切割区域表面应清理干净。切割时应根据设备类型、钢材厚度、切割气体等因素选择适合的工艺参数。

9.2.7 气割的允许偏差应符合现行相关规范、规程的有关规定。

9.3 安　装

9.3.1　钢结构安装前，应根据设计图纸编制安装工程施工组织设计。对于复杂、异性结构，应进行施工过程模拟分析并采取应采取相应受安全技术措施。

9.3.2　施工详图设计时应综合考虑安装要求：如吊装构件的单元划分、吊点和临时连接件设置、对位和测量控制基准线或基准点、安装焊接的坡口方向和形式等。

9.3.3　施工过程验算时应考虑塔吊设置及他施工活荷载、风荷载等。施工活荷载可按 0.6～1.2kN/m² 选取，风荷载宜按现行国家标准《建筑结构荷载规范》GB 50009—2012 规定的 10 年一遇的风荷载标准值采用。

9.3.4　钢结构安装时应有可靠的作业通道和安全防护措施，应制定极端气候条件下的应对措施。

9.3.5　电焊工应具备安全作业证和技能上岗证。持证焊工须在考试合格项目认可范围有效期内施焊。

9.3.6　安装用的焊接材料、高强度螺栓、普通螺栓、栓钉和涂料等，应具有质量证明书，其质量应分别符合现行国家标准，详见表 9-1。必要时还应对这些材料进行复验，合格后方能使用。

钢结构安装常用材料标准　　　　　　　　　　　　　　　　　　　　　表 9-1

项次	材料类别		标准编号	标准名称
1	焊接材料		GB/T 5117	《非合金钢及细晶粒钢焊条》
2			GB/T 5118	《热强钢焊条》
3			GB/T 14597	《熔化焊用钢丝》
4			GB/T 8110	《气体保护电弧焊用碳钢、低合金钢焊丝》
5			GB/T 10045	《碳钢药芯焊丝》
6			GB/T 17493	《低合金钢药芯焊丝》
7			GB/T 5293	《埋弧焊用碳钢焊丝和焊剂》
8			GB/T 12470	《埋弧焊用低合金钢焊丝和焊剂》
9	连接用紧固件	高强度螺栓连接	GB/T 1228	《钢结构用高强度大六角头螺栓》
10			GB/T 1229	《钢结构用高强度大六角螺母》
11			GB/T 1230	《钢结构用高强度垫圈》
12			GB/T 1231	《钢结构用高强度大六角头螺栓、大六角螺母、垫圈技术条件》
13			GB/T 3632	《钢结构用扭剪型高强度螺栓连接副》
14		普通螺栓连接	GB/T 3098.1	《紧固件机械性能、螺栓、螺钉和螺柱》
15			GB/T 5780	《六角头螺栓 C 级》
16			GB/T 5782	《六角头螺栓》
17		栓钉	GB/T 10433	《电弧螺柱焊用圆柱头焊钉》
18	涂料			

9.3.7 安装用的专用机具和工具，应满足施工要求，并应定期进行检验，保证合格。

9.3.8 基础顶面直接作为柱的支承面、基础顶面预埋钢板（或支座）作为柱的支承面时，其支承面、地脚螺栓（锚栓）的允许偏差应符合表 9-2 的规定要求。

支承面、地脚螺栓（锚栓）的允许偏差 表 9-2

项 目		允许偏差（mm）
支承面	标 高	±3.0
	平 整 度	L/1000
地脚螺栓（锚栓）	螺栓中心偏移	5.0
	螺栓露出长度	+20.0 0
	螺纹长度	+20.0 0
预留孔中心偏移		10.0

注：L 为柱脚底板的最大平面尺寸。

9.3.9 柱基础二次浇筑的预留空间，当柱脚铰接时不宜大于 50mm，柱脚刚接时不宜大于 100mm。柱脚安装时柱标高精度控制可采用在柱底板下的地脚螺栓上加调整螺母的方法进行。

9.3.10 对于门式刚架轻型房屋钢结构在安装过程中，应根据设计和施工工况要求，采取措施保证结构整体稳固性。

9.3.11 钢结构安装的校正应符合下列规定：

1. 钢结构安装的测量和校正应事前根据工程特点编制测量工艺和校正方案。

2. 对于门式刚架的刚架柱、梁、支撑等重要构件安装就位后，应立即校正。校正后，应立即进行永久性固定。

9.3.12 当有可靠依据且在操作前已采取相应的保证措施时，可利用已安装完成的钢结构吊装其他构件和设备。

9.3.13 对于设计文件中要求顶紧的节点，接触面应有不小于 70% 的面紧贴，用 0.3mm 厚的塞尺检查，可插入的面积之和不得大于顶紧节点总面积的 30%，且边缘最大间隙不应大于 0.8mm。

9.3.14 主、梁、吊车梁等构件安装的偏差应满足相关现行规范、规程的有关规定。

9.3.15 主钢结构安装调整好后，应张劲柱间支撑、屋面支撑等支撑构件。

9.4 抗 火 设 计

9.4.1 钢结构防火保护措施及其构造应根据工程实际，考虑结构类型、耐火极限要求、工作环境等，按照安全可靠、经济合理的原则确定。

9.4.2 建筑钢构件的防火设计应《建筑设计防火规范》GB 50016—2014 及其他国家现行标准的有关规定，合理确定建筑物的防火类别与防火等级。钢结构构件的耐火极限应满足《建筑设计防火规范》GB 50016—2014 的有关要求。

9.4.3   建筑钢结构应按照国家现行标准《建筑钢结构防火技术规范》CECS 200：2006 的规定进行抗火性能验算。当钢构件的耐火时间不能达到规定的设计耐火极限要求时，应进行防火保护设计，采取防火保护措施。

9.4.4   在钢结构设计文件中，应注明结构的设计耐火等级，构件的设计耐火极限、所需要的防火保护措施及其防火保护材料的性能要求。

9.4.5   高强度螺栓连接长期受辐射热（环境温度）达 150℃ 以上，或短时间受火焰作用时，应采取隔热降温措施予以保护。构件采用防火涂料进行防火保护时，其高强度螺栓连接处的涂层厚度不应小于相邻构件的涂料厚度。

9.4.6   防火涂料施工前，钢结构构件本章 9.5 节规定进行除锈，并进行防锈底漆涂装。底漆漆膜厚度应不小于 $50\mu m$，当处于中等侵蚀环境和室外环境时，底漆厚度应不小于 $75\mu m$。防火涂料应与底漆相容，并能结合良好。

9.4.7   防火涂层的形式、性能及厚度应根据钢结构构件的耐火极限确定。钢结构构件耐火极限宜采用消防机构实际构件耐火试验的数据，当构件形式与试验构件不同时，可按有关标准进行推算。

9.4.8   防火涂料的粘结强度、抗压强度应符合有关标准的规定，检查方法应符合现行国家标准《建筑构件防火喷涂材料性能试验方法》GB 9978 的规定。

9.4.9   采用材料外包的防火构造时，钢结构构件应按本章 9.5 节的规定进行除锈，并进行底漆和面漆涂装保护；板材外包防火构造的耐火性能，均应由国家检测机构的检测认定或满足有关标准的规定。

9.4.10   当采用混凝土外包的防火构造时，钢结构构件应进行除锈，不应涂装防锈漆；其混凝土外包厚度及构造要求应符合现行国家标准《建筑设计防火规范》GB 50016—2014 的有关规定。

9.4.11   对于直接承受振动作用的钢结构构件，采用防火厚型涂层或外包构造时，应采取必要的构造补强措施。可采用点焊挂钢丝网片后涂装防火涂料；外包防火板时应加密连接件并采用合适的螺钉。

9.5 防腐蚀设计

9.5.1   钢结构防腐蚀设计对于钢结构工程极其重要，是保证结构安全使用的关键之一。钢结构应遵循安全可靠、经济合理的原则，按下列要求进行防腐蚀设计：

1. 钢结构防腐蚀设计应根据建筑物的重要性、环境腐蚀条件、施工和维修条件等要求合理确定防腐蚀设计年限。

2. 防腐蚀设计应考虑环保节能的要求。

3. 钢结构除必须采取防腐蚀措施外，尚应尽量避免加速腐蚀的不良设计。

4. 除有特殊要求外，一般不应因考虑锈蚀而再加大钢材截面的厚度。

5. 防腐蚀设计中应考虑钢结构全寿命期内的检查、维护和大修。在设计文件中应注明钢结构定期检查和维护要求。

9.5.2   钢结构防腐蚀设计应综合考虑环境中介质的腐蚀性、环境条件、施工和维修条件等因素，因地制宜，从下列方案中综合选择防腐蚀方案或其组合：

1. 防腐蚀涂料;
2. 各种工艺形成的锌、铝等金属保护层;
3. 阴极保护措施;
4. 采用耐候钢。

9.5.3 对危及人身安全和维修困难的部位,以及重要的承重结构和构件应加强防护。对处于严重腐蚀的使用环境且仅靠涂装难以有效保护的主要承重钢结构构件,宜采用具有耐候钢或外包混凝土。

当某些次要构件的设计使用年限与主体结构的设计使用年限不相同时,次要构件应便于更换。

9.5.4 结构防腐蚀设计应符合下列规定:

1. 当采用型钢组合的杆件时,型钢间的空隙宽度宜满足防护层施工、检查和维修的要求。

2. 不同金属材料接触会加速腐蚀时,应在接触部位采用隔离措施。

3. 焊条、螺栓、垫圈、节点板等连接构件的耐腐蚀性能,不应低于主材材料。螺栓直径不应小于12mm。垫圈不应采用弹簧垫圈。螺栓、螺母和垫圈应采用镀锌等方法防护,安装后再采用与主体结构相同的防腐蚀方案。

4. 设计使用年限大于或等于25年的建筑物,对不易维修的结构应加强防护。

5. 避免出现难于检查、清理和涂漆之处,以及能积留湿气和大量灰尘的死角或凹槽。闭口截面构件应沿全长和端部焊接封闭。

6. 柱脚在地面以下的部分应采用强度等级较低的混凝土包裹(保护层厚度不应小于50mm),包裹的混凝土高出室外地面不应小于150mm,高出室内地面不宜小于50mm,并宜采取措施防止水分残留。当柱脚底面在地面以上时,柱脚底面应高出室外地面不应小于100mm,高出室内地面不宜小于50mm。

9.5.5 钢材表面原始锈蚀等级和钢材除锈等级标准应符合现行国家标准《涂覆涂料前钢材表面处理 表面清洁度的目视评定 第1部分:未涂覆过的钢材表面和全面清除原有涂层后的钢材表面的锈蚀等级和处理等级》GB/T 8923.1的规定。

1. 表面原始锈蚀等级为D级的钢材不应用作结构钢。

2. 喷砂或抛丸用的磨料等表面处理材料应符合防腐蚀产品对表面清洁度和粗糙度的要求,并符合环保要求。

处于弱腐蚀环境和中等腐蚀环境的承重构件,工厂制作涂装前,其表面应采用喷射或抛射除锈方法,除锈等级不应低于Sa2;现场采用手工和动力工具除锈方法,除锈等级不应低于St2。防锈漆的种类与钢材表面除锈等级要匹配,并应符合表9-3的规定。

钢材表面最低除锈等级

表 9-3

项次	涂料品种	除锈等级
1	油性酚醛、醇酸等底漆或防锈漆	St2
2	高氯化聚乙烯、氯化橡胶、氯磺化聚乙烯、环氧树脂、聚氨酯等底漆或防锈漆	Sa2
3	无机富漆、有机硅、过氯乙烯等底漆	$Sa2\frac{1}{2}$

9.5.6　钢结构防腐蚀涂料的配套方案，可根据环境腐蚀条件、防腐蚀设计年限、施工和维修条件等要求设计。修补和焊缝部位的底漆应能适应表面处理的条件。

9.5.7　钢结构除锈和涂装工程应在构件制作质量经检验合格后进行。表面处理后到涂装底漆的时间间隔不应超过 4h，处理后的钢材表面不应有焊渣、灰尘、油污、水和毛刺等。对规定的工厂内涂装的表面，要用机械或手工方法彻底清除浮锈和浮物。

9.5.8　在钢结构设计文件中应注明防腐蚀方案，如采用涂（镀）层方案，须注明所要求的钢材除锈等级和所要用的涂料（或镀层）及涂（镀）层厚度，并注明使用单位在使用过程中对钢结构防腐蚀进行定期检查和维修的要求，建议制订防腐蚀维护计划。

9.5.9　宜采用易于涂装和维护的实腹式或闭口构件截面形式，闭口截面应进行封闭；当采用缀合截面的杆件时，型钢间的空隙宽度应满足涂装施工和维护的要求。

9.5.10　对于屋面檩条、墙梁、隔撑、拉条等冷弯薄壁构件，以及压型钢板，宜采用表面热浸镀锌或镀铝锌防腐。

9.5.11　采用热浸镀锌等防护措施的连接件及构件，其防腐蚀要求不应低于主体结构，安装后宜采用与主体结构相同的防腐蚀措施，连接处的缝隙，处于不低于弱腐蚀环境时，应采用封闭措施。

9.5.12　采用镀锌防腐时，室内钢构件表面双面镀锌量不应小于 $275g/m^2$；室外钢构件表面双面镀锌量不应小于 $400g/m^2$。

9.5.13　不同金属材料接触的部位，应采取避免接触腐蚀的隔离措施。

9.5.14　涂装完成后，构件的标志、标记和编号应清晰完整。

9.5.15　涂装工程验收应包括在中间检查和竣工验收中。

9.5.16　编号

涂层完毕后，应在构件明显部位印刷构件编号。编号应与施工图的构件编号一致，重大构件尚应标明重量、重心位置和定位标记。

9.5.17　发运

根据设计文件要求和构件的外形尺寸、发运数量及运输情况，编制包装工艺，应采取措施防止构件变形。

钢结构的包装和发运，应按吊装顺序配套进行。

钢结构成品发运时，必须与订货单位有严格的交接手续。

9.6　隔　热　设　计

9.6.1　处于高温工作环境中的钢结构，应考虑高温作用对结构的影响。高温工作环境的设计状况为持久状况，高温作用为可变荷载，设计时应按承载力极限状态和正常使用极限状态设计。

9.6.2　钢结构的温度超过 100℃时，进行钢结构的承载力和变形验算时，应该考虑长期高温作用对钢材和钢结构连接性能的影响。

9.6.3　高温环境下的钢结构温度超过 100℃时，应进行结构温度作用验算，并应根据不同情况采取防护措施：

1. 当钢结构可能受到炽热熔化金属的侵害时，应采用砌块或耐热固体材料做成的隔热层加以保护；

2. 当钢结构可能受到短时间内火焰直接作用时，应采用加隔热涂层、热辐射屏蔽等隔热防护措施；

3. 当高温环境下钢结构的承载力不满足要求时，应采取增大构件截面、采用耐火钢和采取加耐热隔热涂层、热辐射屏蔽、水套隔热降温措施等隔热降温措施；

4. 当高强度螺栓连接长期受热达 150℃ 以上时，应采用加耐热隔热涂层、热辐射屏蔽等隔热防护措施。

9.6.4　钢结构的隔热保护措施在相应的工作环境下应具有耐久性，并与钢结构的防腐、防火保护措施相容。

第10章 结 构 系 列

10.1 檩 条 构 件 选 用

檩条截面图有C形、Z形、H形见第3章。

卷边槽钢檩条选用表

表 10-1a

基本风压 W_0 kN/m²	截面形式	跨度 l (m) 坡度 i	檩距 a (m)	截面规格 (mm) 构造 1	截面规格 (mm) 构造 2	构件编号 构造 1	构件编号 构造 2	用钢量 (kg/m²) 构造 1	用钢量 (kg/m²) 构造 2	跨间拉条道数,间距
0.5 B类 $H{\leqslant}20\text{m}$ $\mu_z=1.23$ $\beta=1.5$	卷边槽钢C形钢	4.5 ${\leqslant}\frac{1}{10}$	1.2	160×60× 20×2.5	140×50× 20×2.5	LC4.5 -16.2	LC4.5 -14.2	4.34	4.24	构造 1 单层屋面,一道拉条位于檩条上方,$l/2$ 处,檩条截面由风吸力组合控制 构造 2 单层屋面,一道拉条位于檩条上、下方,$l/2$ 处;或双层屋面一道拉条,于檩条腹板中部,$l/2$ 处,檩条截面由永久荷载和可变荷载组合控制
			1.5	180×70× 20×2.5	160×60× 20×2.2	LC4.5- 18.2	LC4.5- 16.1	4.44	3.47	
			1.8	180×70× 20×3.0	180×70× 20×2.2	LC4.5- 18.3	LC4.5- 18.1	4.38	3.26	
			2.1	220×75× 25×3.0	180×70× 20×2.5	LC4.5- 22.3	LC4.5- 18.2	3.17	3.17	
			2.4	220×75× 25×3.0	200×70× 20×2.5	LC4.5- 22.3	LC4.5- 20.2	3.98	2.94	
			2.7	250×75× 25×3.0	220×75× 20×2.5	LC4.5- 25.3	LC4.5- 22.2	3.70	2.61	
			3.0	250×75× 25×3.0	250×75× 20×2.5	LC4.5- 25.3	LC4.5- 25.2	3.33	2.54	
		6.0 ${\leqslant}\frac{1}{6}$	1.2	280×80× 20×2.5	220×75× 20×2.2	LC6- 28.2	LC6- 22.1	7.53	5.88	
			1.5	280×80× 25×3.0	250×75× 20×2.5	LC6- 28.3	LC6- 25.2	7.27	5.09	
			1.8	300×80× 25×3.0	250×75× 20×2.5	LC6-30.3	LC6-25.2	6.20	4.57	
			2.1	—	280×80× 20×2.5	—	LC6-28.2	—	4.29	
			2.4	—	280×80× 25×3	—	LC6-28.3	—	4.56	
			2.7	—	280×80× 25×3	—	LC6-28.3	—	4.06	

续表

基本风压 W_0 kN/m²	截面形式	跨度 l (m) 坡度 i	檩距 a (m)	截面规格 (mm) 构造1	截面规格 (mm) 构造2	构件编号 构造1	构件编号 构造2	用钢量 (kg/m²) 构造1	用钢量 (kg/m²) 构造2	跨间拉条道数,间距
0.5 B类 $H \leqslant 20\text{m}$ $\mu_z = 1.23$ $\beta = 1.5$	卷边槽钢C形钢	7.5 $\leqslant \frac{1}{3}$	1.2	—	220×75×20×2.5	—	LC7.5-22.2	—	6.37	同上,两道拉条,于 $\frac{1}{3}$ 跨度处
			1.5	—	220×75×25×3	—	LC7.5-22.3	—	6.20	
			1.8	—	250×75×25×3	—	LC7.5-25.3	—	5.56	
			2.1	—	280×80×25×3	—	LC7.5-28.3	—	5.21	
			2.4	—	300×80×25×3	—	LC7.5-30.3	—	4.75	
		9.0 $\leqslant \frac{1}{3}$	1.2	—	250×75×25×3	—	LC9-25.3	—	8.34	
			1.5	—	280×80×25×3	—	LC9-28.3	—	7.3	

卷边槽钢檩条选用表   表 10-1b

基本风压 W_0 kN/m²	截面形式	跨度 l (m) 坡度 i	檩距 a (m)	截面规格 (mm) 构造1	截面规格 (mm) 构造2	构件编号 构造1	构件编号 构造2	用钢量 (kg/m²) 构造1	用钢量 (kg/m²) 构造2	跨间拉条道数,间距
0.7 B类 $H \leqslant 20\text{m}$ $\mu_z \leqslant 1.23$ $\beta = 1.5$	卷边槽钢C形钢	4.5 $\leqslant \frac{1}{10}$	1.2	180×70×20×2.2	140×50×20×2.5	LC4.5-18.1	LC4.5-14.2	4.90	4.24	构造1单层屋面,一道单拉条,于檩条上方 $\frac{l}{2}$,檩条截面由风吸力组合控制
			1.5	180×70×20×3	160×60×20×2.5	LC4.5-18.3	LC4.5-16.2	5.26	3.91	
			1.8	220×75×25×3	180×70×20×2.2	LC4.5-22.3	LC4.5-18.1	5.16	3.27	
			2.1	250×75×25×3.0	180×70×20×2.5	LC4.5-25.3	LC4.5-18.2	4.76	3.17	
			2.4	—	200×70×20×2.5	—	LC4.5-20.2	—	2.90	
			2.7	—	220×75×20×2.5	—	LC4.5-22.2	—	2.82	
			3.0	—	220×75×20×2.5	—	LC4.5-22.2	—	2.55	

续表

基本风压 W_0 kN/m²	截面形式	跨度 l (m) 坡度 i	檩距 a (m)	截面规格 (mm)		构件编号		用钢量 (kg/m²)		跨间拉条道数，间距
				构造 1	构造 2	构造 1	构造 2	构造 1	构造 2	
0.7 B 类 $H\leqslant20m$ $\mu_z\leqslant1.23$ $\beta=1.5$	卷边槽钢 C 形钢	6.0 $\leqslant\dfrac{1}{6}$	1.2	300×80×25×3.0	220×75×20×2.2	LC6-30.3	LC6-22.1	9.5	5.60	构造 2 单层屋面，一道双拉条，于檩条上、下方，$\dfrac{l}{2}$ 或双层屋面一道单拉条，于檩条腹板中部，$\dfrac{l}{2}$ 檩条截面由永久荷载和可变荷载组合控制
			1.5	—	250×75×20×2.5	—	LC6-25.2	—	5.09	
			1.8	—	250×75×20×2.5	—	LC6-25.2	—	4.57	
			2.1	—	280×80×20×2.5	—	LC6-28.2	—	4.29	
			2.4	—	280×80×25×3	—	LC6-28.3	—	4.56	
			2.7	—	280×80×25×3	—	LC6-28.3	—	4.05	
			3.0	—	300×80×25×3	—	LC6-30.3	—	3.81	
0.7 B 类 $H\leqslant20m$ $\mu_z\leqslant1.23$ $\beta=1.5$	卷边槽钢 C 形钢	7.5	1.2	—	220×75×20×2.5	—	LC7.5-22.2	—	6.37	同上，两道拉条，于 $\dfrac{l}{3}$
			1.5	—	220×75×25×3	—	LC7.5-22.3	—	6.20	
			1.8	—	250×75×25×3.0	—	LC7.5-25.3	—	5.50	
			2.1	—	280×80×25×3	—	LC7.5-28.3	—	5.21	
		9.0	1.2	—	250×75×25×3	—	LC9-25.3	—	8.34	同上，两道拉条，于 $\dfrac{l}{3}$
			1.5	—	280×80×25×3	—	LC9-28.3	—	7.30	

注：1. 表中永久荷载和可变荷载组合设计值 Q（包括屋面檩条自重）按 1.30kN/m² 计算，当 $Q=1.0$kN/m² 时，可换算檩距 a 该选用：如 $a\times\dfrac{1.3}{1.0}=1.3a$，若 $a=1.5$，则 $1.5\times1.3=1.95$，按表中 $a=2.1$m 选用；再如 $Q=1.5$kN/m²，则 $a\times\dfrac{1.3}{1.5}=0.867a$，$a=1.5$，则 $1.5\times0.867=1.3$，按 $a=1.5$m 选用；

2. 当房屋高度 H 为 15m，$w_0=0.55$ 时，$w_0=0.55\times\dfrac{\mu_z(15)}{\mu_z(20)}=0.55\times\dfrac{1.13}{1.23}=0.505\approx0.5$，仍按 0.5 选用；

当房屋高度 H 为 15m，$w_0=0.75$ 时，$w_0=0.75\times\dfrac{\mu_z(15)}{\mu_z(20)}=0.684<0.7$，按 0.7 选用；

3. 表中截面规格按《门式刚架轻型房屋钢结构技术规范》GB 51022—2015 计算，$w=1.4w_k$，$w_k=\beta\mu_z\mu_s(w_0)$ 其中，$\beta=1.5$，$\mu_z=1.23$，$\mu_s=0.7\log A-1.98$，A 为檩条从属面积。经计算，1.5m×4.5m 时，$w_k=1.5\times1.23\times1.4\times0.5=1.29$；

1.5m×6m 时，$w_k=1.5\times1.23\times1.32\times0.5=1.22$；

1.5m×7.5m、1.5m×9m 时，$w_k=1.5\times1.23\times1.28\times0.5=1.18$；

4. 单层屋面用压型钢板或夹芯板支承于檩条上翼缘；双层屋面为上层压型钢板支承于檩条上翼缘，下层钢板用自攻钉牢固连接于檩条下翼缘底，檩条隐藏；

5. 因实际屋面板选型的可变性，故单层或双层屋面上翼缘均按不能阻止檩条侧向失稳和扭转作用计算；

6. 表中构造 1 打"—"者，表示檩条截面太大，不合理。若 $w_0=0.5$kN/m² 时，可采用构造 2 的截面，但须上下设双拉条。如果构造 1 项超过 $w_0=0.5$kN/m² 时，应验算并加大檩条截面。

Z 型钢檩条选用表　　　　　　表 10-1c

基本风压 W_0 kN/m²	截面形式	跨度 l (m) 坡度 i	檩距 a (m)	截面规格 (mm) 构造 1	截面规格 (mm) 构造 2	构件编号 构造 1	构件编号 构造 2	用钢量 (kg/m²) 构造 1	用钢量 (kg/m²) 构造 2	跨间拉条道数，间距
0.5 B类 $H\leqslant20$m $\mu_z\leqslant1.23$ $\beta=1.5$	Z 形 钢	4.5 $\leqslant\dfrac{1}{10}$	1.2	180×70× 20×2.5	140×50× 20×2.5	LZ4.5-18.2	LC4.5-14.2	5.63	4.37	构造 1 单层屋面，一道单拉条，于檩条上方，$\dfrac{l}{2}$，檩条截面由风吸力组合控制 构造 2 单层屋面，一道双拉条，于檩条上、下方，$\dfrac{l}{2}$ 或双层屋面 1 道拉条，于檩条腹板中部，$\dfrac{l}{2}$，檩条截面由永久荷载和可变荷载组合控制
			1.5	180×70× 20×3.0	160×60× 20×2.2	LZ4.5-18.3	LC4.5-16.1	5.41	3.55	
			1.8	220×75× 25×3.0	180×70× 20×2.2	LZ4.5-22.3	LC4.5-18.1	5.30	3.34	
			2.1	220×75× 25×3.0	180×70× 20×2.5	LZ4.5-22.3	LC4.5-18.2	4.53	3.24	
			2.4	250×75× 25×3.0	200×70× 20×2.5	LZ4.5-25.3	LC4.5-20.2	4.26	3.00	
			2.7	—	220×75× 20×2.5	—	LC4.5-22.2	—	2.89	
			3.0	—	220×75× 20×2.5	—	LC4.5-22.2	—	2.59	
		6.0 $\leqslant\dfrac{1}{10}$	1.2	280×80× 25×3.0	200×70× 20×2.5	LZ6-28.3	LZ6-20.2	9.30	6.00	
			1.5	300×80× 25×3.0	220×75× 20×2.5	LZ6-30.3	LZ6-22.2	7.76	5.09	
			1.8	—	250×75× 20×2.5	—	LZ6-25.2	—	4.88	
			2.1	—	280×80× 25×2.5	—	LZ6-28.2	—	5.32	
			2.4	—	280×80× 25×3	—	LZ6-28.3	—	4.65	
			2.7	—	280×80× 25×3	—	LZ6-28.3	—	4.11	
		7.5 $\leqslant\dfrac{1}{3}$	1.2	—	220×75× 20×2.5	—	LZ7.5-22.2	—	6.49	同上，两道拉条，于 $\dfrac{l}{3}$
			1.5	—	250×75× 20×2.5	—	LZ7.5-25.2	—	5.59	
			1.8	—	280×80× 20×2.5	—	LZ7.5-28.2	—	5.09	
			2.1	—	280×80× 25×3	—	LZ7.5-28.3	—	5.32	
		9.0 $\leqslant\dfrac{1}{3}$	2.4	—	300×80× 25×3	—	LZ7.5-30.3	—	4.85	
			1.2	—	280×80× 20×2.5	—	LZ9-28.2	—	7.64	同上，两道拉条，于 $\dfrac{l}{3}$

注：同表 10-1b。

Z 型钢檩条选用表 表 10-1d

基本风压 W_0 kN/m²	截面形式	跨度 l (m) 坡度 i	檩距 a (m)	截面规格（mm）构造 1	截面规格（mm）构造 2	构件编号 构造 1	构件编号 构造 2	用钢量（kg/m²）构造 1	用钢量（kg/m²）构造 2	跨间拉条道数，间距
0.7 B类 $H \leqslant 20$m $\mu_z \leqslant 1.23$ $\beta = 1.5$	Z 形 钢	4.5 $\leqslant \frac{1}{3}$	1.2	220×75×20×2.5	140×50×20×2.5	LZ4.5-22.2	LZ4.5-14.2	5.19	4.37	构造 1 单层屋面，一道单拉条，于檩条上方，$\frac{l}{2}$，檩条截面由风吸力组合控制 构造 2 单层屋面，一道双拉条，于檩条上、下方，$\frac{l}{2}$ 或双层屋面一道单拉条，于檩条腹板中部，$\frac{l}{2}$，檩条截面由永久荷载和可变荷载组合控制
			1.5	220×75×20×3	160×60×20×2.2	LZ4.5-22.3	LZ4.5-16.1	5.72	3.55	
			1.8	250×75×25×3.0	180×70×20×2.2	LZ4.5-25.3	LZ4.5-18.1	5.68	3.34	
			2.1	—	180×70×20×2.5	—	LZ4.5-18.2	3.99	3.24	
			2.4	—	200×70×20×2.5	—	LZ4.5-20.2	3.97	3.00	
			2.7	—	220×75×20×2.5	—	LZ4.5-22.2	3.41	2.89	
			3.0	—	220×75×20×2.5	—	LZ4.5-22.2	—	2.79	
		6.0 $\leqslant \frac{1}{3}$	1.2	—	200×70×20×2.5	—	LZ6-20.2	—	6.00	同上，两道拉条，于 $\frac{l}{3}$
			1.5	—	220×75×20×2.5	—	LZ6-22.2	—	5.00	
			1.8	—	250×75×20×2.5	—	LZ6-25.2	—	4.88	
			2.1	—	280×80×25×2.5	—	LZ6-28.2	—	5.32	
			2.4	—	280×80×25×3	—	LZ6-28.3	—	4.65	
			2.7	—	280×80×25×3	—	LZ6-28.3	—	4.31	
			3.0	—	300×80×25×3	—	LZ6-30.3	—	3.89	
		7.5 $\leqslant \frac{1}{3}$	1.2	—	220×75×20×2.5	—	LZ7.5-22.2	—	6.49	同上，两道拉条，于 $\frac{l}{3}$
			1.5	—	250×75×20×2.5	—	LZ7.5-25.2	—	5.59	
			1.8	—	280×80×20×2.5	—	LZ7.5-28.2	—	5.09	
			2.1	—	280×80×25×3	—	LZ7.5-28.3	—	5.32	
			2.4	—	300×80×25×3	—	LZ7.5-30.3	—	4.85	
		9.0 $\leqslant \frac{1}{3}$	1.2	—	280×80×20×2.5	—	LZ9-28.2	—	7.64	
			1.5	—	280×80×25×3	—	LZ9-28.3	—	7.44	

注：同表 10-1b。

高频焊接 H 型钢檩条选用表   表 10-1e

基本风压 W_0 kN/m²	截面形式	跨度 l (m) 坡度 i	檩距 a (m)	截面规格 (mm) 构造1	截面规格 (mm) 构造2	构件编号 构造1	构件编号 构造2	用钢量 (kg/m²) 构造1	用钢量 (kg/m²) 构造2	跨间拉条道数，间距
0.5 B类 $H{\leq}20m$ $\mu_z{\leq}1.23$ $\beta{=}1.5$	H型钢高频焊接	6.0 $\leq\frac{1}{3}$	1.2	150×100×4.5×6	150×75×3.2×4.5	LH6-15.4	LH6-15.1	11.9	7.37	同上，两道拉条，于 $\frac{l}{3}$
			1.5	150×100×4.5×6	150×75×4.5×6	LH6-15.4	LH6-15.2	9.53	7.96	
			1.8	200×100×4.5×6	150×100×3.2×4.5	LH6-20.2	LH6-15.3	8.94	5.89	
			2.1	200×150×4.5×6	200×100×3.2×4.5	LH6-20.3	LH6-20.1	9.89	5.64	
			2.4	—	150×100×4.5×6	—	LH6-15.4	—	5.95	
			2.7	—	200×100×4.5×6	—	LH6-20.2	—	5.95	
			3.0	—	200×100×4.5×6	—	LH6-20.2	—	5.35	
		7.5 $\leq\frac{1}{3}$	1.2	—	150×100×3.2×4.5	—	LH7.5-15.3	—	8.84	
			1.5	200×150×4.5×6	150×100×3.2×4.5	LH7.5-20.3	LH7.5-15.3	13.8	7.07	
			1.8	200×150×4.5×6	150×100×4.5×6.0	LH7.5-20.3	LH7.5-15.4	11.53	7.93	
			2.1	200×150×4.5×6	200×100×3.2×4.5	LH7.5-20.3	LH7.5-20.1	9.89	5.64	
			2.4	200×150×4.5×6	200×100×4.5×6	LH7.5-20.2	LH7.5-20.2	8.65	6.69	
			2.7	300×150×4.5×6	200×100×4.5×6	LH7.5-30.1	LH7.5-20.2	9.0	5.95	
			3.0	300×150×4.5×6	200×100×4.5×6	LH7.5-30.1	LH7.5-20.2	8.1	5.4	
		9.0 $\leq\frac{1}{3}$	1.2	200×150×4.5×6	200×100×3.2×4.5	LH9-20.3	LH9-20.1	17.3	9.9	同上，两道拉条，于 $\frac{l}{3}$
			1.5	300×150×4.5×6	200×100×4.5×6	LH9-30.1	LH9-20.2	16.2	10.7	
			1.8	—	200×100×4.5×6	—	LH9-20.2	—	8.94	
			2.1	—	200×150×4.5×6	—	LZ9-20.3	—	9.89	
			2.4	—	200×150×4.5×6	—	LZ9-20.3	—	8.67	
			2.7	—	200×150×4.5×6	—	LH9-20.3	—	7.47	
			3.0	—	250×125×4.5×6	—	LH9-25.1	—	6.73	

注：同表 10-1b。

高频焊接 H 型钢檩条选用表　　　　表 10-1f

基本风压 W_0 kN/m²	截面形式	跨度 l (m) 坡度 i	檩距 a (m)	截面规格（mm）		构件编号		用钢量 (kg/m²)		跨间拉条道数, 间距
				构造 1	构造 2	构造 1	构造 2	构造 1	构造 2	
0.7 B类 $H{\leqslant}20m$ $\mu_z{\leqslant}1.23$ $\beta=1.5$	H 型 钢 高 频 焊 接	6.0 $\leqslant\frac{1}{3}$	1.2	200×100× 3.2×4.5	150×75× 3.2×4.5	LH6- 20.1	LH6- 15.3	9.88	8.84	
			1.5	150×100× 4.5×6	150×75× 4.5×6	LH6- 15.4	LH6- 15.2	9.52	7.96	
			1.8	200×100× 4.5×6	150×100× 3.2×4.5	LH6- 20.2	LH6- 15.3	8.88	5.89	
			2.1	200×100× 4.5×6	200×100× 3.2×4.5	LH6- 20.2	LH6- 20.1	7.62	5.64	
			2.4	250×125× 4.5×6	150×100× 4.5×6	LH6- 25.1	LH6- 15.4	8.40	5.95	
			2.7	250×125× 4.5×6	200×100× 4.5×6	LH6- 25.1	LH6- 20.2	7.47	5.95	
			3.0	250×125× 4.5×6	200×100× 4.5×6	LH6- 25.1	LH6- 20.2	6.73	5.35	同上，两道拉条，于 $\frac{l}{3}$
		7.5 $\leqslant\frac{1}{3}$	1.2	200×150× 4.5×6	150×100× 3.2×4.5	LH7.5- 20.3	LH7.5- 15.3	17.3	8.84	
			1.5	200×100× 4.5×6	150×100× 3.2×4.5	LH7.5- 20.3	LH7.5- 15.3	13.8	7.07	
			1.8	200×150× 4.5×6	150×100× 4.5×6	LH7.5- 30.1	LH7.5- 15.4	13.5	7.93	
			2.1	—	200×100× 3.2×4.5	—	LH7.5- 20.1	—	5.64	
			2.4	—	200×100× 4.5×6	—	LH7.5- 20.2	—	6.69	
			2.7	—	200×100× 4.5×6	—	LH7.5- 20.2	—	5.95	
			3.0	—	200×150× 4.5×6	—	LH7.5- 20.3	—	6.92	
		9.0 $\leqslant1/10$	1.2	350×150× 4.5×6	200×100× 3.2×4.5	LH9- 35.1	LH9- 20.1	21.8	9.9	
			1.5	350×175× 4.5×6	200×100× 4.5×6	LH9- 35.2	LH9- 20.2	18.9	10.7	
			1.8	—	200×100× 4.5×6	—	LH9- 20.2	—	8.94	
			2.1	—	200×150× 4.5×6	—	LZ9- 20.3	—	9.89	同上，两道拉条，于 $\frac{l}{3}$
			2.4	—	200×150× 4.5×6	—	LZ9- 20.3	—	8.67	
			2.7	—	200×150× 4.5×6	—	LH9- 20.3	—	7.70	
			3.0	—	250×125× 4.5×6	—	LH9- 25.1	—	6.73	

注：同表 10-1b。

10.2 屋架主要杆件选用

10.2.1 说明

1. 本章提供跨度 L 由 15m 至 30m（每跨相隔 3m）、屋架间距 6m、荷载等级为四级下的 96 榀梯形屋架的杆件截面尺寸及跨度 L 由 15m 至 30m（每跨相隔 3m）、屋架间距 6m、荷载等级为四级下的 136 榀屋架的杆件截面尺寸，供设计者设计参考和选用。

2. 梯形屋架类型为角钢屋架、剖分 T 型钢屋架、方钢管屋架和圆钢管屋架；平行弦屋架类型为圆钢管屋架和方钢管屋架。

屋架编号为

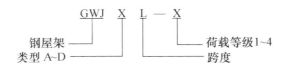

（1）屋架类型以 A、B、C、D、E 和 F 表示。其中 A 为角钢梯形屋架；B 为剖分 T 型钢梯形屋架；C 为圆钢管梯形屋架；D 为方钢管梯形屋架；E 为圆钢管平行弦屋架；F 为方钢管平行弦屋架。

（2）屋架的均布外荷载标准值等级为四级，见表 10-2a。上述荷载不包括屋架和支撑自重，屋架和支撑自重在屋架内力及截面选用中已考虑。

3. 钢屋架配用的屋面类型

无檩体系：1.5m×6.0m 或 3.0m×6.0m 的发泡水泥复合屋面板；

有檩体系：檩距为 1.5m 或 3m 的压型钢板或夹芯板。

4. 刚架的钢材牌号为 Q235-B，焊条采用 E43 型。钢材和焊缝的强度设计值：角钢屋架为 $f = 215\text{N/mm}^2$，$f_f^w = 160\text{N/mm}^2$；方钢管和圆钢管 $f = 205\text{N/mm}^2$，$f_u^t = 140\text{N/mm}^2$。

5. 本设计适用于抗震设防烈度不大于 9 度的地区，对于屋架不需进行抗震强度验算，屋盖结构的纵向水平地震作用由屋架端部垂直支承承受，其抗震验算见例题 4-7。

6. 屋架支承条件均为铰接。

钢屋架荷载等级标准值表   表 10-2a

项次	屋架名称	各荷载等级荷载标准值（kN/m²）			
		1	2	3（4）	4（5）
1	（角钢）梯形钢屋架	0.6	1.0	1.4	1.8
2	（剖分 T 型钢）梯形钢屋架	0.6	1.0	1.6	1.9
3	（圆钢管）梯形钢屋架	0.6	1.0	1.6	1.9
4	（方钢管）梯形钢屋架	0.6	1.0	1.6	1.9
5	（圆钢管）平行弦钢屋架	0.6	1.0	1.6	1.9
6	（方钢管）平行弦钢屋架	0.6	1.0	1.6	1.9

（角钢）梯形钢屋架杆件选用表　　　　　表 10-2b

序号	屋架编号	跨度 L (m)	跨中高度 h (m)	跨高比 L/h	上弦杆截面	下弦杆截面	端腹杆截面	用钢量 kg (kg/m²)
1	GWJA15-1	15	2.25	6.67	75×45×5	75×45×5	56×5	673 (7.48)
2	GWJA15-2	15	2.25	6.67	75×50×5	75×50×5	56×5	697 (7.74)
3	GWJA15-3	15	2.25	6.67	90×56×5	75×50×5	63×5	728 (8.09)
4	GWJA15-4	15	2.25	6.67	90×56×6	75×50×5	70×5	774 (8.60)
5	GWJA18-1	18	2.40	7.50	75×50×5	75×50×5	56×5	809 (7.49)
6	GWJA18-2	18	2.40	7.50	90×56×5	75×50×5	63×5	851 (7.88)
7	GWJA18-3	18	2.40	7.50	100×63×6	75×50×5	70×5	930 (8.61)
8	GWJA18-4	18	2.40	7.50	100×63×6	90×56×5	75×5	1012 (9.37)
9	GWJA21-1	21	2.55	7.92	75×50×6	75×50×5	56×5	1001 (7.94)
10	GWJA21-2	21	2.55	7.92	90×56×6	75×50×5	63×5	1052 (8.35)
11	GWJA21-3	21	2.55	7.92	100×80×6	90×56×5	75×5	1224 (9.71)
12	GWJA21-4	21	2.55	7.92	100×80×7	90×56×6	75×6	1342 (10.65)
13	GWJA24-1	24	2.70	8.89	90×56×6	75×50×5	56×5	1166 (8.10)
14	GWJA24-2	24	2.70	8.89	110×70×6	90×56×5	70×5	1302 (9.04)
15	GWJA24-3	24	2.70	8.89	125×80×7	100×63×6	80×5	1501 (10.42)
16	GWJA24-4	24	2.70	8.89	125×80×8	100×63×7	80×6	1764 (12.25)
17	GWJA27-1	27	2.85	9.47	100×63×6	100×63×6	63×5	1578 (9.74)
18	GWJA27-2	27	2.85	9.47	110×70×7	100×63×6	70×5	1697 (10.48)
19	GWJA27-3	27	2.85	9.47	125×80×8	100×63×7	75×6	1999 (12.34)
20	GWJA27-4	27	2.85	9.47	140×90×8	110×70×8	90×6	2251 (13.90)
21	GWJA30-1	30	3.00	10	110×70×6	90×56×5	63×5	1658 (9.21)
22	GWJA30-2	30	3.00	10	125×80×7	100×63×6	75×5	2026 (11.26)
23	GWJA30-3	30	3.00	10	140×90×8	110×70×8	80×6	2485 (13.81)
24	GWJA30-4	30	3.00	10	140×90×10	110×70×10	90×6	2918 (16.21)

注：表中未示的构件编号及杆件截面参见国家标准《轻型屋面梯形钢屋架》（05G515）。

（剖分 T 型钢）梯形钢屋架杆件选用表   表 10-2c

序号	屋架编号	跨度 L (m)	跨中高度 h (m)	跨高比 L/h	上弦杆截面	下弦杆截面	端腹杆截面	用钢量 kg (kg/m²)
1	GWJB15-1	15	2.25	6.67	TW62.5×125×6.5×9	TW62.5×125×6.5×9	⌐50×5	758 (8.42)
2	GWJB15-2	15	2.25	6.67	TW75×150×7×10	TW62.5×125×6.5×9	⌐63×5	830 (9.22)
3	GWJB15-4	15	2.25	6.67	TW75×150×7×10	TW62.5×125×6.5×9	⌐70×5	838 (9.31)
4	GWJB15-5	15	2.25	6.67	TW75×150×7×10	TW62.5×125×6.5×9	⌐75×5	857 (9.52)
5	GWJB18-1	18	2.40	7.50	TW62.5×125×6.5×9	TW97×150×6×9	⌐56×5	949 (8.79)
6	GWJB18-2	18	2.40	7.50	TW75×150×7×10	TW97×150×6×9	⌐63×5	993 (9.19)
7	GWJB18-4	18	2.40	7.50	TW75×150×7×10	TW97×150×6×9	⌐75×5	1059 (9.81)
8	GWJB18-5	18	2.40	7.50	TW75×150×7×10	TW97×150×6×9	⌐80×5	1108 (10.26)
9	GWJB21-1	21	2.55	7.92	TW62.5×125×6.5×9	TW62.5×125×6.5×9	⌐56×5	1081 (8.58)
10	GWJB21-2	21	2.55	7.92	TW75×150×7×10	TW62.5×125×6.5×9	⌐56×8	1184 (9.40)
11	GWJB21-4	21	2.55	7.92	TW87.5×175×7.5×11	TW75×150×7×10	⌐70×8	1429 (11.34)
12	GWJB21-5	21	2.55	7.92	TW100×200×8×12	TW87.5×175×7.5×11	⌐70×8	1545 (12.26)
13	GWJB24-1	24	2.70	8.89	TW75×150×7×10	TW75×150×7×10	⌐56×8	1433 (9.95)
14	GWJB24-2	24	2.70	8.89	TW87.5×175×7.5×11	TW75×150×7×10	⌐63×8	1533 (10.65)
15	GWJB24-4	24	2.70	8.89	TW125×250×9×14	TW87.5×175×7.5×11	⌐70×8	1812 (12.58)
16	GWJB24-5	24	2.70	8.89	TW125×250×9×14	TW100×200×8×12	⌐75×8	2052 (14.25)
17	GWJB27-1	27	2.85	9.47	TW87.5×175×7.5×11	TW97×150×6×9	⌐63×5	1670 (10.31)
18	GWJB27-2	27	2.85	9.47	TW100×200×8×12	TW97×150×6×9	⌐75×5	1877 (11.59)
19	GWJB27-4	27	2.85	9.47	TW125×250×9×14	TW122×175×7×11	⌐90×6	2390 (14.75)
20	GWJB27-5	27	2.85	9.47	TW125×250×9×14	TW100×200×8×12	⌐90×6	2490 (15.37)
21	GWJB30-1	30	3.00	10	TW87.5×175×7.5×11	TW97×150×6×9	⌐70×5	1895 (10.53)
22	GWJB30-2	30	3.00	10	TW125×250×9×14	TW122×175×8×11	⌐80×5	2483 (15.33)
23	GWJB30-4	30	3.00	10	TW125×250×9×14	TM147×200×8×12	⌐90×6	2851 (15.84)
24	GWJB30-5	30	3.00	10	TW150×300×10×15	TW125×250×9×14	⌐100×6	3316 (18.42)

注：表中未示的构件编号及杆件截面参见国家标准《轻型屋面梯形钢屋架（剖分 T 型钢）》（06SSG515-2）。

（圆钢管）梯形钢屋架构件选用表　　　　　　表 10-2d

序号	屋架编号	跨度 L (m)	跨中高度 h (m)	跨高比 L/h	上弦杆截面	下弦杆截面	端腹杆截面	用钢量 kg (kg/m²)
1	GWJC15-1	15	2.25	6.67	D95×3.5	D70×3	D60×3	447 (4.97)
2	GWJC15-2	15	2.25	6.67	D102×4	D76×3	D70×3.5	501 (5.57)
3	GWJC15-4	15	2.25	6.67	D121×4	D95×3.5	D89×3.5	621 (6.90)
4	GWJC15-5	15	2.25	6.67	D133×4	D114×3	D108×3	673 (7.48)
5	GWJC18-1	18	2.4	7.5	D95×4	D76×3	D70×3	562 (5.20)
6	GWJC18-2	18	2.4	7.5	D108×4	D83×4	D76×3.5	640 (5.93)
7	GWJC18-4	18	2.4	7.5	D133×4.5	D121×4	D114×3	841 (7.79)
8	GWJC18-5	18	2.4	7.5	D133×5	D127×4.5	D121×3	924 (8.56)
9	GWJC21-1	21	2.55	7.92	D102×4	D89×3	D83×2.5	678 (5.38)
10	GWJC21-2	21	2.55	7.92	D121×4	D108×3.5	D102×3	811 (6.44)
11	GWJC21-4	21	2.55	7.92	D152×5	D152×4	D121×3.5	1170 (9.29)
12	GWJC21-5	21	2.55	7.92	D152×5.5	D152×4.5	D121×4	1282 (10.17)
13	GWJC24-1	24	2.70	8.89	D108×4	D108×3	D83×3	826 (5.74)
14	GWJC24-2	24	2.70	8.89	D133×4.5	D127×4	D108×3	1074 (7.46)
15	GWJC24-4	24	2.70	8.89	D159×5.5	D140×5	D127×3.5	1443 (10.02)
16	GWJC24-5	24	2.70	8.89	D180×5.5	D159×5.5	D140×4	1685 (11.70)
17	GWJC27-1	27	2.85	9.47	D121×4	D121×3	D95×2.5	1012 (6.25)
18	GWJC27-2	27	2.85	9.47	D152×5	D133×4.5	D108×3.5	1409 (8.70)
19	GWJC27-4	27	2.85	9.47	D180×6	D159×5.5	D133×4	1945 (12.01)
20	GWJC27-5	27	2.85	9.47	D194×6	D168×6	D140×4.5	2230 (13.77)
21	GWJC30-1	30	3.00	10	D140×4	D127×4	D102×2.5	1305 (7.25)
22	GWJC30-2	30	3.00	10	D168×5	D140×5	D121×3.5	1751 (9.73)
23	GWJC30-4	30	3.00	10	D203×6	D180×6	D140×4.5	2509 (13.94)
24	GWJC30-5	30	3.00	10	D219×7	D203×6	D152×4.5	2899 (16.11)

注：表中未示的构件编号及杆件截面参见国家标准《轻型屋面梯形钢屋架（圆钢管、方钢管）》（06SSG515-1）。

（方钢管）梯形钢屋架构件选用表

表 10-2e

序号	屋架编号	跨度 L (m)	跨中高度 h (m)	跨高比 L/h	上弦杆截面	下弦杆截面	端腹杆截面	用钢量 kg (kg/m²)
1	GWJD15-1	15	2.25	6.67	F90×3	F60×3	F60×2	446 (4.96)
2	GWJD15-2	15	2.25	6.67	F90×4	F70×3	F70×3	511 (5.68)
3	GWJD15-4	15	2.25	6.67	F100×4	F80×3	F70×4	558 (6.20)
4	GWJD15-5	15	2.25	6.67	F100×5	F80×4	F80×4	697 (7.74)
5	GWJD18-1	18	2.4	7.5	F90×3	F70×3	F70×3	559 (5.18)
6	GWJD18-2	18	2.4	7.5	F90×4	F70×4	F70×3	636 (5.89)
7	GWJD18-4	18	2.4	7.5	F100×4	F90×4	F80×4	833 (7.71)
8	GWJD18-5	18	2.4	7.5	F110×5	F90×5	F90×4	914 (8.46)
9	GWJD21-1	21	2.55	7.92	F90×4	F70×3	F70×3	692 (5.49)
10	GWJD21-2	21	2.55	7.92	F110×4	F80×4	F80×3	835 (6.63)
11	GWJD21-4	21	2.55	7.92	F120×4	F100×5	F90×4	1132 (8.90)
12	GWJD21-5	21	2.55	7.92	F120×6	F110×5	F100×4	1255 (9.96)
13	GWJD24-1	24	2.70	8.89	F90×4	F90×3	F70×3	855 (5.94)
14	GWJD24-2	24	2.70	8.89	F120×4	F100×4	F90×3	1063 (7.38)
15	GWJD24-4	24	2.70	8.89	F130×6	F120×5	F100×4	1258 (8.74)
16	GWJD24-5	24	2.70	8.89	F140×6	F140×5	F110×4	1686 (11.71)
17	GWJD27-1	27	2.85	9.47	F100×4	F100×4	F80×2.5	1098 (6.78)
18	GWJD27-2	27	2.85	9.47	F120×5	F120×4	F90×4	1380 (8.52)
19	GWJD27-4	27	2.85	9.47	F140×6	F140×5	F110×4	1900 (15.1)
20	GWJD27-5	27	2.85	9.47	F160×6	F140×6	F100×5	2206 (13.62)
21	GWJD30-1	30	3.00	10	F110×4	F110×4	F80×3	1350 (7.50)
22	GWJD30-2	30	3.00	10	F140×5	F120×5	F90×4	1769 (9.83)
23	GWJD30-4	30	3.00	10	F160×6	F140×6	F110×5	2385 (13.25)
24	GWJD30-5	30	3.00	10	F160×8	F140×8	F110×5	2893 (16.07)

注：表中未示的构件编号及杆件截面参见国家标准《轻型屋面梯形钢屋架（圆钢管、方钢管）》（06SSG515-1）。

（圆钢管）平行弦钢屋架构件选用表 表 10-2f

序号	屋架编号	跨度 L (m)	跨中高度 h (m)	跨高比 L/h	上弦杆截面	下弦杆截面	端腹杆截面	用钢量 kg (kg/m²)
1	GWJE18-1	18	2.0	9	D95×4	D76×3	D70×3.5	575 (5.32)
2	GWJE18-2	18	2.0	9	D108×4.5	D83×4.5	D76×4	699 (6.47)
3	GWJE18-4	18	2.0	9	D133×5	D121×4.5	D114×3.5	921 (8.53)
4	GWJE18-5	18	2.0	9	D133×6	D127×5	D121×4	1062 (9.83)
5	GWJE21-1	21	2.5	8.4	D102×4	D89×3.5	D83×3	776 (6.16)
6	GWJE21-2	21	2.5	8.4	D121×4.5	D108×4	D102×3	958 (7.6)
7	GWJE21-4	21	2.5	8.4	D152×5.5	D152×5	D121×3.5	1459 (11.58)
8	GWJE21-5	21	2.5	8.4	D152×6	D152×5	D121×4	1492 (11.84)
9	GWJE24-1	24	2.5	9.6	D108×4	D108×3.5	D83×3.5	970 (6.74)
10	GWJE24-2	24	2.5	9.6	D133×5	D127×4.5	D108×3	1287 (8.94)
11	GWJE24-4	24	2.5	9.6	D159×6	D152×5	D127×4	1686 (11.71)
12	GWJE24-5	24	2.5	9.6	D180×6.5	D159×6	D140×4	1880 (13.06)
13	GWJE27-1	27	2.8	9.64	D121×4.5	D121×3	D89×3.5	1286 (7.94)
14	GWJE27-2	27	2.8	9.64	D152×5	D133×4.5	D108×4	1731 (10.69)
15	GWJE27-4	27	2.8	9.64	D180×6	D159×5	D133×4	2159 (13.33)
16	GWJE27-5	27	2.8	9.64	D194×6	D168×6	D140×4.5	2418 (14.93)
17	GWJE30-1	30	2.8	10.71	D140×4	D127×4	D102×3	1503 (8.35)
18	GWJE30-2	30	2.8	10.71	D168×5	D140×5	D121×3.5	1991 (11.06)
19	GWJE30-4	30	2.8	10.71	D203×6	D180×6	D140×4.5	2672 (14.84)
20	GWJE30-4	30	2.8	10.71	D219×7	D203×6	D152×4.5	3123 (17.35)

注：表中未示的杆件截面参见国家标准《轻型屋面平行弦钢屋架（圆钢管、方钢管）》（08SSG510-1）。

（方钢管）平行弦钢屋架构件选用表 表 10-2g

序号	屋架编号	跨度 L (m)	跨中高度 h (m)	跨高比 L/h	上弦杆截面	下弦杆截面	端腹杆截面	用钢量 kg (kg/m²)
1	GWJF18-1	18	2.0	9	F80×4	F70×3	F70×3	595 (5.51)
2	GWJF18-2	18	2.0	9	F100×4	F80×4	F80×4	739 (6.84)
3	GWJF18-4	18	2.0	9	F120×5	F90×5	F90×4	955 (8.84)
4	GWJF18-5	18	2.0	9	F130×5	F110×5	F100×4	1099 (10.18)
5	GWJF21-1	21	2.5	8.4	F90×4	F80×3	F80×3	822 (6.52)
6	GWJF21-2	21	2.5	8.4	F100×5	F80×4	F80×4	1020 (8.10)
7	GWJF21-4	21	2.5	8.4	F110×6	F100×5	F100×4	1311 (10.40)
8	GWJF21-5	21	2.5	8.4	F120×6	F120×5	F110×4	1463 (11.61)
9	GWJF24-1	24	2.5	9.6	F100×4	F90×3	F80×3	964 (6.69)
10	GWJF24-2	24	2.5	9.6	F110×5	F90×5	F90×4	1245 (8.65)
11	GWJF24-4	24	2.5	9.6	F130×6	F130×5	F110×4	1655 (11.49)
12	GWJF24-5	24	2.5	9.6	F150×6	F130×6	F1120×4	1943 (13.49)
13	GWJF27-1	27	2.8	9.64	F110×4	F110×4	F90×3	1304 (8.05)
14	GWJF27-2	27	2.8	9.64	F110×6	F100×5	F100×4	1669 (10.30)
15	GWJF27-4	27	2.8	9.64	F150×6	F130×6	F110×5	2232 (13.78)
16	GWJF27-5	27	2.8	9.64	F140×8	F150×6	F120×5	2570 (15.86)
17	GWJF30-1	30	2.8	10.71	F120×4	F110×4	F90×3	1521 (8.45)
18	GWJF30-2	30	2.8	10.71	F140×5	F130×5	F100×4	2074 (11.52)
19	GWJF30-4	30	2.8	10.71	F170×6	F150×6	F110×5	2799 (15.55)
20	GWJF30-5	30	2.8	10.71	F160×8	F140×8	F120×5	3259 (18.11)

注：表中未示的杆件截面参见国家标准《轻型屋面平行弦钢屋架（圆钢管、方钢管）》08SSG510-1。

10.3　网 架 杆 件 选 用

10.3.1　说明

1. 本节提供了常用的正放四角锥网架，在 3 种荷载等级，18 种平面布置下的 54 种网架的杆件截面尺寸、螺栓球大小及螺栓直径等，供设计参考和选用。网架跨度 $L_2 = 15 \sim 30m$，每级相隔 3m，网格尺寸均为 3m×3m。

2. 网架编号为：

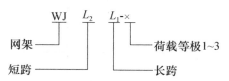

网架荷载等级见表 10-3a。

网架荷载等级表　　　　　　　　　　　　　　　　　　表 10-3a

荷载等级	外荷载标准值 q_k（kN/m²）		外荷载设计值 q（kN/m²）	上弦节点荷载设计值 $Q = 9p$（kN）
	恒荷载	活荷载		
1	0.5	0.5	1.30	11.70
2	0.8	0.7	1.94	17.46
3	1.0	1.0	2.60	23.40

注：外荷载不包括网架自重，假定荷载全部作用于上弦节点，网架自重在设计中已考虑。

3. 支承方式均为周边支承，假定支座为在周边的法向可侧移，切向和竖向无侧移的铰支座，为此支承结构在切向必须具有足够的刚度。

4. 网架杆件采用 Q235 钢，节点均采用螺栓球节点，螺栓、销子或螺钉采用 40Cr、40B 及 20MnTiB（或 45 号钢）。钢材的强度设计值按现行规范乘以系数 0.9，即 $f = 0.9 \times 205 = 185N/mm^2$；高强度螺栓性能等级为 10.9S。

5. 设计中考虑了适用于设防烈度为 9 度及以下的地区；未考虑温度变化引起的内力。

6. 对于开敞式房屋及风荷载标准值大于 $0.5kN/m^2$ 的屋面，尚需验算在屋面风吸力作用下可能使网架杆件内力变号，此时永久荷载的分项系数取 1.0。

7. 网架配用的屋面种类

荷载等级为 1、2 级的网架适用于 3m 檩距的压型钢板；2、3 级的网架适用于 3m×3m 的发泡水泥复合网架板。

8. 网架的上、下弦杆上不得有节间荷载，否则应验算上、下弦杆的截面抗弯强度或采取必要的加强措施。

9. 施工中代换材料的杆件按承载力设计值等值换算后代用，同时应满足杆件长细比和其他构造要求。

10. 构件以不同截面尺寸进行编号，其长度则按实际放样下料。网架平面尺寸中的短跨 L_2 与长跨 L_1 均为标志值，当实际的 L_2 与 L_1 不等于此标志值时，可进行修正。

11. 网架屋面排水用上弦节点加焊短立柱实现，排水坡度 i 根据具体工程确定。

12. 每块发泡水泥复合网架板与网架上弦节点短立柱焊接（不少于 3 点）；当采用檩条时，檩条可直接与短立柱焊接。角焊缝焊脚尺寸不小于 3mm，长度不小于 4mm。

13. 网架系列全部采用北京云光建筑设计咨询开发中心编制的"SFCAD 空间网架设计软件"设计计算。

10.3.2 网架结构选用及详图

网架结构选用见表 10-3b。

网架详图见图 10-1～图 10-36。

网 架 结 构 选 用 表

表 10-3b

网架编号	平面尺寸 $L_2 \times L_1$ (m)	网格数 $n_2 \times n_1$	网格尺寸 (m)	网架高度 h (m)	跨高比 L_2/h	用钢量 (kg/m²)	图 号	所在页次
WJ2121-1	21×21	7×7	3×3	1.7	12.35	11.10	10-1	336
WJ2121-2	21×21	7×7	3×3	1.7	12.35	14.78	10-2	337
WJ2121-3	21×21	7×7	3×3	1.7	12.35	16.27	10-3	338
WJ2127-1	21×27	7×9	3×3	1.7	12.35	13.97	10-4	339
WJ2127-2	21×27	7×9	3×3	1.7	12.35	15.96	10-5	340
WJ2127-3	21×27	7×9	3×3	1.7	12.35	17.66	10-6	341
WJ2133-1	21×33	7×11	3×3	1.7	12.35	14.38	10-7	342
WJ2133-2	21×33	7×11	3×3	1.7	12.35	15.99	10-8	343
WJ2133-3	21×33	7×11	3×3	1.7	12.35	18.14	10-9	344
WJ2424-1	24×24	8×8	3×3	2.121	11.32	12.05	10-10	345
WJ2424-2	24×24	8×8	3×3	2.121	11.32	15.94	10-11	346
WJ2424-3	24×24	8×8	3×3	2.121	11.32	17.38	10-12	347
WJ2430-1	24×30	8×10	3×3	2.121	11.32	14.84	10-13	348
WJ2430-2	24×30	8×10	3×3	2.121	11.32	16.54	10-14	349
WJ2430-3	24×30	8×10	3×3	2.121	11.32	18.92	10-15	350
WJ2436-1	24×36	8×12	3×3	2.121	11.32	14.97	10-16	351
WJ2436-2	24×36	8×12	3×3	2.121	11.32	16.81	10-17	352
WJ2436-3	24×36	8×12	3×3	2.121	11.32	19.51	10-18	353
WJ2727-1	27×27	9×9	3×3	2.121	12.73	14.97	10-19	354
WJ2727-2	27×27	9×9	3×3	2.121	12.73	16.93	10-20	355
WJ2727-3	27×27	9×9	3×3	2.121	12.73	19.12	10-21	356
WJ2733-1	27×33	9×11	3×3	2.121	12.73	15.73	10-22	357
WJ2733-2	27×33	9×11	3×3	2.121	12.73	18.56	10-23	358
WJ2733-3	27×33	9×11	3×3	2.121	12.73	21.19	10-24	359
WJ2739-1	27×39	9×13	3×3	2.121	12.73	16.14	10-25	360
WJ2739-2	27×39	9×13	3×3	2.121	12.73	18.78	10-26	361
WJ2739-3	27×39	9×13	3×3	2.121	12.73	22.50	10-27	362
WJ3030-1	30×30	10×10	3×3	2.3	13.04	15.90	10-28	363
WJ3030-2	30×30	10×10	3×3	2.3	13.04	18.47	10-29	364
WJ3030-3	30×30	10×10	3×3	2.3	13.04	20.70	10-30	365
WJ3036-1	30×36	10×12	3×3	2.3	13.04	16.72	10-31	366
WJ3036-2	30×36	10×12	3×3	2.3	13.04	19.65	10-32	367
WJ3036-3	30×36	10×12	3×3	2.3	13.04	22.96	10-33	368
WJ3042-1	30×42	10×14	3×3	2.3	13.04	16.96	10-34	369
WJ3042-2	30×42	10×14	3×3	2.3	13.04	20.32	10-35	370
WJ3042-3	30×42	10×14	3×3	2.3	13.04	23.73	10-36	371

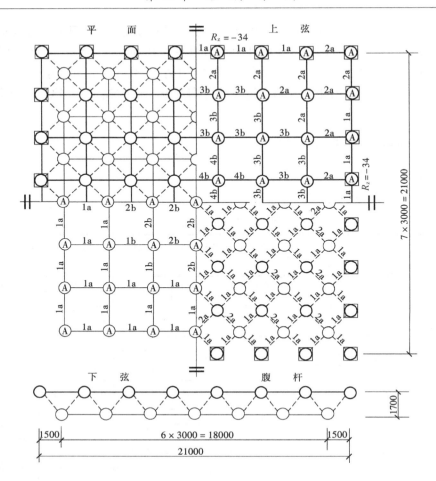

图 10-1

WJ2121-1 材 料 表

1. 杆件

序号	杆件规格 (mm)	数量 (个)	下料长度总计 (m)	合重 (kg)
1	$D48 \times 2.5$	252	666.3	1869
2	$D60 \times 3$	88	239.7	1011
3	$D76 \times 3.5$	40	109.0	682
4	$D89 \times 4$	12	32.5	272
				3835

3. 封板，锥头

封板序号	外径×厚度 (mm)	数量 (个)	单重 (kg)	合重 (kg)	锥头序号	外径×长度 (mm)	数量 (个)	单重 (kg)	合重 (kg)
1	48×14	504	0.25	126.0	1	76×60	80	1.50	120.0
2	60×14	176	0.36	63.4	2	89×70	24	2.20	52.0
				189					173

2. 螺栓，螺母

编号	螺栓	数量 (个)	单重 (kg)	合重 (kg)	螺母（对边/孔径）(mm)	长度 (mm)	数量 (个)	单重 (kg)	合重 (kg)
a	M16	632	0.10	63.2	27/17	30	632	0.15	94.0
b	M20	152	0.25	38.0	32/21	35	152	0.24	37.0
				101					131

4. 螺栓球

编号	直径 (mm)	数量 (个)	单重 (kg)	合重 (kg)
A	100	113	4.11	464.4
				464

用钢量：11.10kg/m²

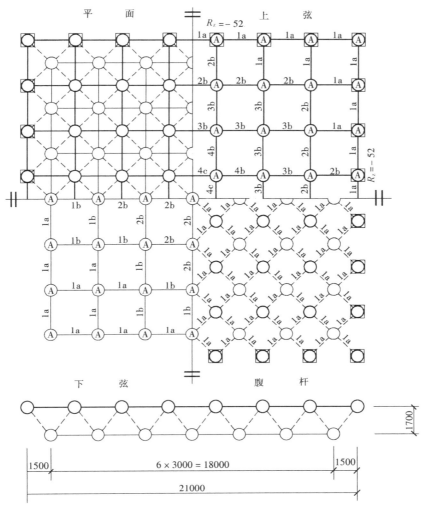

图 10-2

WJ2121-2 材料表														
1. 杆件						**3. 封板，锥头**							
序号	杆件规格(mm)	数量(个)	下料长度总计(m)	合重(kg)	封板序号	外径×厚度(mm)	数量(个)	单重(kg)	合重(kg)	锥头序号	外径×长度(mm)	数量(个)	单重(kg)	合重(kg)
1	D60×3	308	815.5	3439	1	60×14	616	0.36	221.8	1	76×60	88	1.50	132.0
2	D76×3.5	44	119.9	751						2	89×70	56	2.20	123.2
3	D89×4	28	75.8	635						3	114×70	24	3.20	76.8
4	D114×5	12	32.4	394										
				5219					222					332

2. 螺栓，螺母									**4. 螺栓球**				
编号	螺栓	数量(个)	单重(kg)	合重(kg)	螺母(对边/孔径)(mm)	长度(mm)	数量(个)	单重(kg)	合重(kg)	编号	直径(mm)	数量(个)	单重(kg)	合重(kg)
a	M16	560	0.10	56.0	27/17	30	560	0.15	83.3	A	100	113	4.11	464.4
b	M22	216	0.30	64.8	36/23	35	216	0.31	66.6					
c	M27	8	0.56	4.5	45/28	42	8	0.58	4.6					464
				125					155	用钢量：14.78kg/m²			

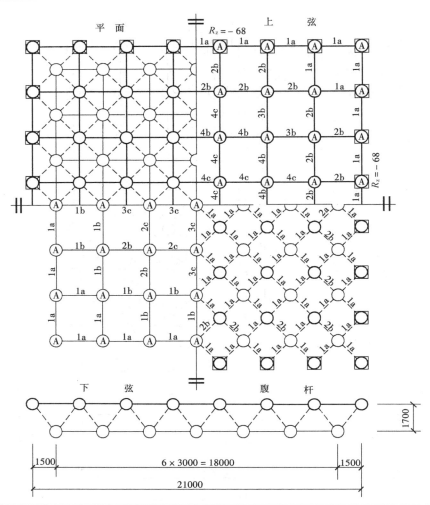

图 10-3

WJ2121-3　材　料　表													
1. 杆件					**3. 封板，锥头**								
序号	杆件规格 (mm)	数量 (个)	下料长度总计 (m)	合重 (kg)	封板序号	外径×厚度 (mm)	数量 (个)	单重 (kg)	合重 (kg)	锥头序号	外径×长度 (mm)	数量 (个)	单重 (kg)	合重 (kg)
1	D60×3	264	698.9	2947	1	60×14	528	0.36	190.1	1	76×60	144	1.50	216.0
2	D76×3.5	80	210.8	1319	2	76×16	16	0.57	9.1	2	89×70	32	2.20	70.4
3	D89×4	16	43.2	362						3	114×70	64	3.20	204.8
4	D114×5	32	86.3	1049										
				5677					199					491

2. 螺栓，螺母									**4. 螺栓球**			
编号	螺栓	数量 (个)	单重 (kg)	合重 (kg)	螺母 (对边/孔径) (mm)	长度 (mm)	数量 (个)	单重 (kg)	合重 (kg)	编号	直径 (mm)	数量 (个)	单重 (kg)	合重 (kg)
a	M16	472	0.10	47.2	27/17	30	472	0.15	70.2	A	100	113	4.11	464.4
b	M22	240	0.30	72.0	36/23	35	240	0.31	74.0					
c	M27	72	0.56	40.3	45/28	42	72	0.58	41.6					464
				160					186	用钢量：16.27kg/m²				

注：1. 杆件 D76×3.5，当配合螺栓为 M27 时采用封板，其余采用锥头。

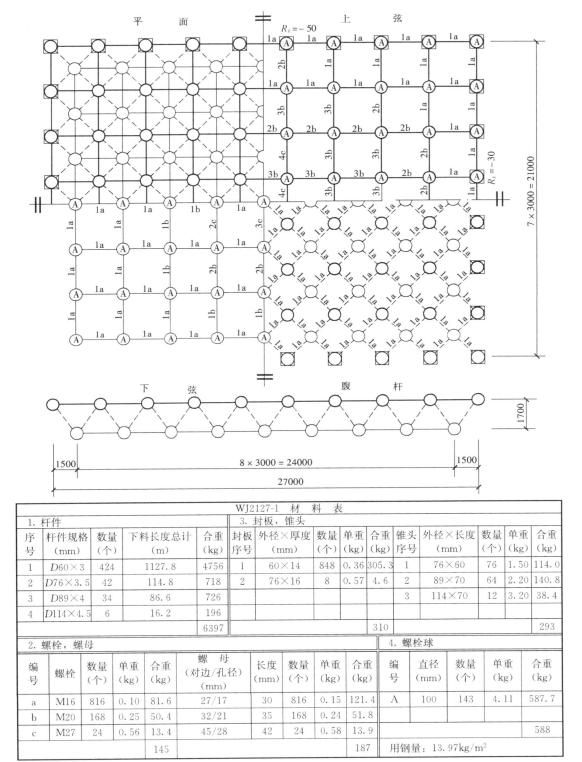

WJ2127-1 材料表												

1. 杆件

序号	杆件规格 (mm)	数量 (个)	下料长度总计 (m)	合重 (kg)
1	D60×3	424	1127.8	4756
2	D76×3.5	42	114.8	718
3	D89×4	34	86.6	726
4	D114×4.5	6	16.2	196
				6397

3. 封板，锥头

封板 序号	外径×厚度 (mm)	数量 (个)	单重 (kg)	合重 (kg)	锥头 序号	外径×长度 (mm)	数量 (个)	单重 (kg)	合重 (kg)
1	60×14	848	0.36	305.3	1	76×60	76	1.50	114.0
2	76×16	8	0.57	4.6	2	89×70	64	2.20	140.8
					3	114×70	12	3.20	38.4
				310					293

2. 螺栓，螺母

编号	螺栓	数量 (个)	单重 (kg)	合重 (kg)	螺母 (对边/孔径) (mm)	长度 (mm)	数量 (个)	单重 (kg)	合重 (kg)
a	M16	816	0.10	81.6	27/17	30	816	0.15	121.4
b	M20	168	0.25	50.4	32/21	35	168	0.24	51.8
c	M27	24	0.56	13.4	45/28	42	24	0.58	13.9
				145					187

4. 螺栓球

编号	直径 (mm)	数量 (个)	单重 (kg)	合重 (kg)
A	100	143	4.11	587.7
				588

用钢量：13.97kg/m²

注：1. 杆件 D76×3.5，当配合螺栓为 M27 时采用封板，其余采用锥头。

图 10-4

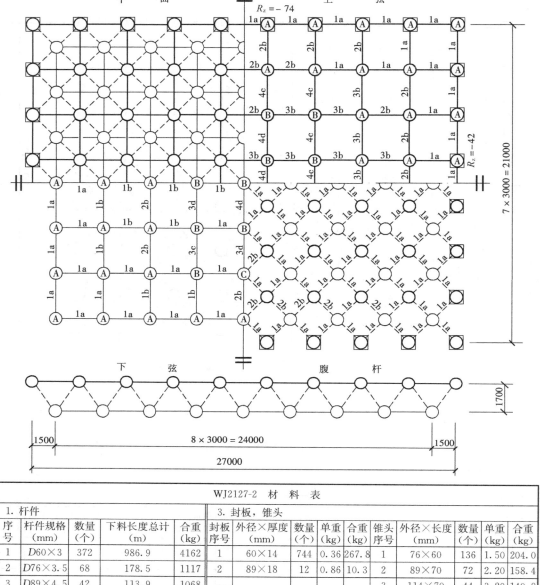

图 10-5

WJ2127-2 材 料 表											
1. 杆件				3. 封板，锥头							
序号	杆件规格 (mm)	数量 (个)	下料长度总计 (m)	合重 (kg)	封板 序号	外径×厚度 (mm)	数量 (个)	单重 (kg)	合重 (kg)	锥头 序号	外径×长度 (mm)	数量 (个)	单重 (kg)	合重 (kg)
1	D60×3	372	986.9	4162	1	60×14	744	0.36	267.8	1	76×60	136	1.50	204.0
2	D76×3.5	68	178.5	1117	2	89×18	12	0.86	10.3	2	89×70	72	2.20	158.4
3	D89×4.5	42	113.9	1068						3	114×70	44	3.20	140.8
4	D114×5.5	22	59.0	868										
				7215					278					503

2. 螺栓，螺母								4. 螺栓球				
编号	螺栓	数量 (个)	单重 (kg)	合重 (kg)	螺母 (对边/孔径) (mm)	长度 (mm)	数量 (个)	单重 (kg)	合重 (kg)	编号	直径 (mm)	数量 (个)	单重 (kg)	合重 (kg)
a	M16	676	0.10	67.6	27/17	30	676	0.15	100.5	A	100	116	4.11	476.8
b	M22	268	0.30	80.4	36/23	35	268	0.31	82.7	B	110	25	5.47	136.8
c	M27	36	0.56	20.2	45/28	42	36	0.58	20.8	C	120	2	7.10	14.2
d	M33	28	0.98	27.4	52/34	47	28	0.86	24.2					628
				196					228	用钢量：15.96kg/m²				

注：1. 杆件 D89×4.5，当配合螺栓为 M33 时采用封板，其余采用锥头。

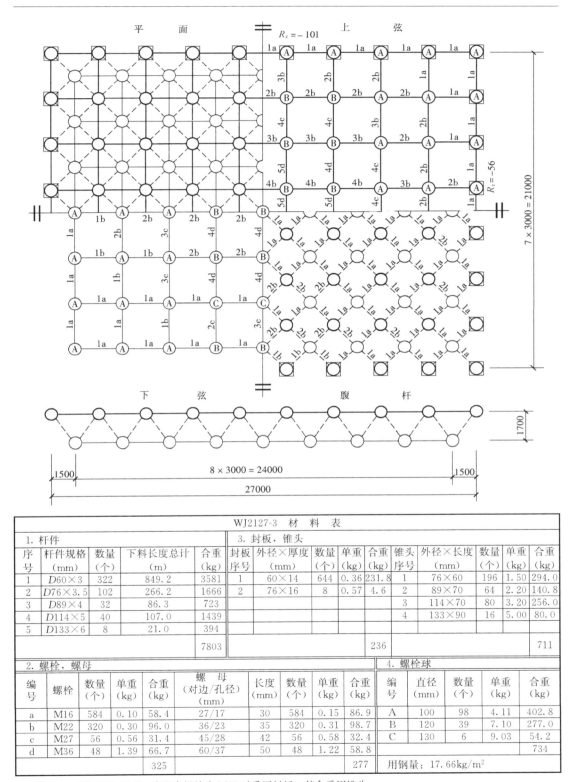

图 10-6

WJ2127-3 材料表													

1. 杆件

序号	杆件规格 (mm)	数量 (个)	下料长度总计 (m)	合重 (kg)
1	D60×3	322	849.2	3581
2	D76×3.5	102	266.2	1666
3	D89×4	32	86.3	723
4	D114×5	40	107.0	1439
5	D133×6	8	21.0	394
				7803

3. 封板，锥头

封板序号	外径×厚度 (mm)	数量 (个)	单重 (kg)	合重 (kg)	锥头序号	外径×长度 (mm)	数量 (个)	单重 (kg)	合重 (kg)
1	60×14	644	0.36	231.8	1	76×60	196	1.50	294.0
2	76×16	8	0.57	4.6	2	89×70	64	2.20	140.8
					3	114×70	80	3.20	256.0
					4	133×90	16	5.00	80.0
				236					711

2. 螺栓，螺母

编号	螺栓	数量 (个)	单重 (kg)	合重 (kg)	螺母 (对边/孔径) (mm)	长度 (mm)	数量 (个)	单重 (kg)	合重 (kg)
a	M16	584	0.10	58.4	27/17	30	584	0.15	86.9
b	M22	320	0.30	96.0	36/23	35	320	0.31	98.7
c	M27	56	0.56	31.4	45/28	42	56	0.58	32.4
d	M36	48	1.39	66.7	60/37	50	48	1.22	58.8
				325					277

4. 螺栓球

编号	直径 (mm)	数量 (个)	单重 (kg)	合重 (kg)
A	100	98	4.11	402.8
B	120	39	7.10	277.0
C	130	6	9.03	54.2
				734

用钢量：17.66kg/m²

注：1. 杆件 D76×3.5，当配合螺栓为 M27 时采用封板，其余采用锥头。

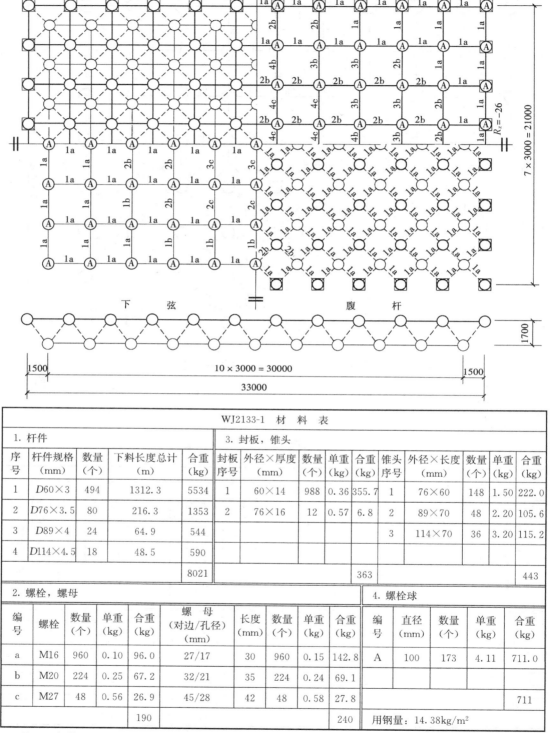

图 10-7

WJ2133-1 材 料 表

1. 杆件

序号	杆件规格 (mm)	数量 (个)	下料长度总计 (m)	合重 (kg)
1	$D60 \times 3$	494	1312.3	5534
2	$D76 \times 3.5$	80	216.3	1353
3	$D89 \times 4$	24	64.9	544
4	$D114 \times 4.5$	18	48.5	590
				8021

3. 封板，锥头

封板序号	外径×厚度 (mm)	数量 (个)	单重 (kg)	合重 (kg)	锥头序号	外径×长度 (mm)	数量 (个)	单重 (kg)	合重 (kg)
1	60×14	988	0.36	355.7	1	76×60	148	1.50	222.0
2	76×16	12	0.57	6.8	2	89×70	48	2.20	105.6
					3	114×70	36	3.20	115.2
				363					443

2. 螺栓，螺母

编号	螺栓	数量 (个)	单重 (kg)	合重 (kg)	螺母 (对边/孔径) (mm)	长度 (mm)	数量 (个)	单重 (kg)	合重 (kg)
a	M16	960	0.10	96.0	27/17	30	960	0.15	142.8
b	M20	224	0.25	67.2	32/21	35	224	0.24	69.1
c	M27	48	0.56	26.9	45/28	42	48	0.58	27.8
				190					240

4. 螺栓球

编号	直径 (mm)	数量 (个)	单重 (kg)	合重 (kg)
A	100	173	4.11	711.0
				711

用钢量：14.38kg/m^2

注：1. 杆件 $D76 \times 3.5$，当配合螺栓为 M27 时采用封板，其余采用锥头。

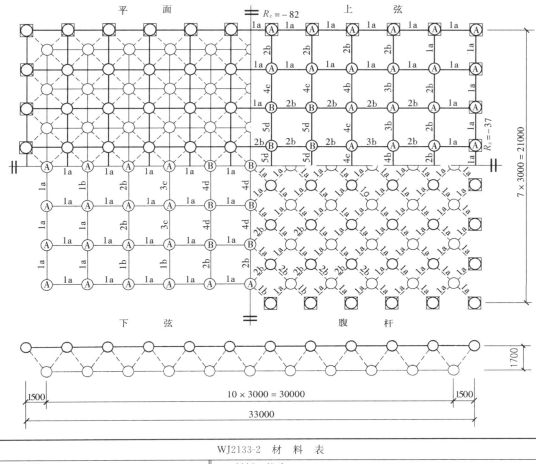

<table>
<tr><td colspan="9" align="center">WJ2133-2 材 料 表</td></tr>
</table>

1. 杆件

序号	杆件规格 (mm)	数量 (个)	下料长度总计 (m)	合重 (kg)
1	$D60 \times 3$	450	1193.4	5033
2	$D76 \times 3.5$	102	268.6	1681
3	$D89 \times 4$	20	54.0	453
4	$D114 \times 4.5$	32	85.9	1043
5	$D133 \times 5$	12	31.5	498
				8708

3. 封板，锥头

封板序号	外径×厚度 (mm)	数量 (个)	单重 (kg)	合重 (kg)	锥头序号	外径×长度 (mm)	数量 (个)	单重 (kg)	合重 (kg)
1	60×14	900	0.36	324.0	1	76×60	204	1.50	306.0
					2	89×70	40	2.20	88.0
					3	114×70	64	3.20	204.8
					4	133×90	24	5.00	120.0
				324					719

2. 螺栓，螺母

编号	螺栓	数量 (个)	单重 (kg)	合重 (kg)	螺母 (对边/孔径) (mm)	长度 (mm)	数量 (个)	单重 (kg)	合重 (kg)
a	M16	860	0.10	86.0	27/17	30	860	0.15	127.9
b	M22	280	0.30	84.0	36/23	35	280	0.31	86.4
c	M27	44	0.56	24.6	45/28	42	44	0.58	25.4
d	M33	48	0.98	47.0	52/34	47	48	0.86	41.5
				242					281

4. 螺栓球

编号	直径 (mm)	数量 (个)	单重 (kg)	合重 (kg)
A	100	142	4.11	583.6
B	120	31	7.10	220.2
				804

用钢量: 15.99kg/m²

图 10-8

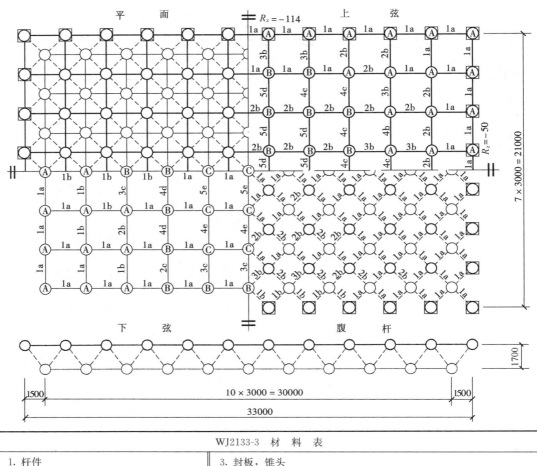

平　面

上　弦

下　弦　　　腹　杆

WJ2133-3　材　料　表														
1. 杆件					**3. 封板，锥头**								
序号	杆件规格 (mm)	数量 (个)	下料长度总计 (m)	合重 (kg)	封板序号	外径×厚度 (mm)	数量 (个)	单重 (kg)	合重 (kg)	锥头序号	外径×长度 (mm)	数量 (个)	单重 (kg)	合重 (kg)

序号	杆件规格 (mm)	数量 (个)	下料长度总计 (m)	合重 (kg)	封板序号	外径×厚度 (mm)	数量 (个)	单重 (kg)	合重 (kg)	锥头序号	外径×长度 (mm)	数量 (个)	单重 (kg)	合重 (kg)
1	D60×3	416	1100.6	4641	1	60×14	832	0.36	299.5	1	76×60	204	1.50	306.0
2	D76×3.5	106	275.7	1725	2	74×16	8	0.57	4.6	2	89×70	76	2.20	167.2
3	D89×4	38	100.0	839						3	114×70	68	3.20	217.6
4	D114×5	34	90.8	1220						4	133×90	44	5.00	220.0
5	D133×7	22	57.6	1252										
				9677					304					928

2. 螺栓，螺母									**4. 螺栓球**				
编号	螺栓	数量 (个)	单重 (kg)	合重 (kg)	螺母 (对边/孔径) (mm)	长度 (mm)	数量 (个)	单重 (kg)	合重 (kg)	编号	直径 (mm)	数量 (个)	单重 (kg)	合重 (kg)

编号	螺栓	数量 (个)	单重 (kg)	合重 (kg)	螺母 (对边/孔径) (mm)	长度 (mm)	数量 (个)	单重 (kg)	合重 (kg)	编号	直径 (mm)	数量 (个)	单重 (kg)	合重 (kg)
a	M16	740	0.10	74.0	27/17	30	740	0.15	110.0	A	100	104	4.11	427.4
b	M22	360	0.30	108.0	36/23	35	360	0.31	111.0	B	120	54	7.10	383.5
c	M27	60	0.56	33.6	45/28	42	60	0.58	34.7	C	150	15	13.87	208.1
d	M33	48	0.98	47.0	52/34	47	48	0.86	41.5					
e	M39	24	1.78	42.7	65/40	55	24	1.58	37.9					1019
				305					335	用钢量：18.14kg/m²				

注：1. 杆件 D76×3.5，当配合螺栓为 M27 时采用封板，其余采用锥头。

图 10-9

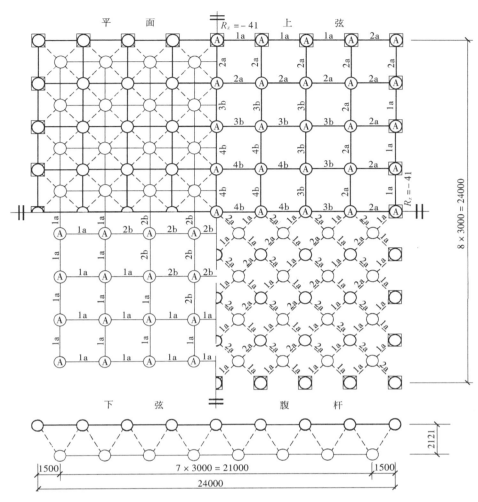

图 10-10

WJ2424-1 材 料 表														
1. 杆件					**3. 封板，锥头**									
序号	杆件规格 (mm)	数量 (个)	下料长度总计 (m)	合重 (kg)	封板 序号	外径×厚度 (mm)	数量 (个)	单重 (kg)	合重 (kg)	锥头 序号	外径×长度 (mm)	数量 (个)	单重 (kg)	合重 (kg)
1	D48×2.5	248	701.3	1967	1	48×14	496	0.25	124.0	1	76×60	72	1.50	108.0
2	D60×3	204	576.6	2432	2	60×14	408	0.36	146.9	2	89×70	48	2.20	105.6
3	D76×3.5	36	98.1	614										
4	D89×4	24	64.9	545										
				5558					271					214

2. 螺栓，螺母									**4. 螺栓球**				
编号	螺栓	数量 (个)	单重 (kg)	合重 (kg)	螺母 (对边/孔径) (mm)	长度 (mm)	数量 (个)	单重 (kg)	合重 (kg)	编号	直径 (mm)	数量 (个)	单重 (kg)	合重 (kg)
a	M16	840	0.10	84.0	27/17	30	840	0.15	124.9	A	100	145	4.11	596.0
b	M20	184	0.25	46.0	32/21	35	184	0.24	44.8					596
				130					170	用钢量：12.05kg/m²				

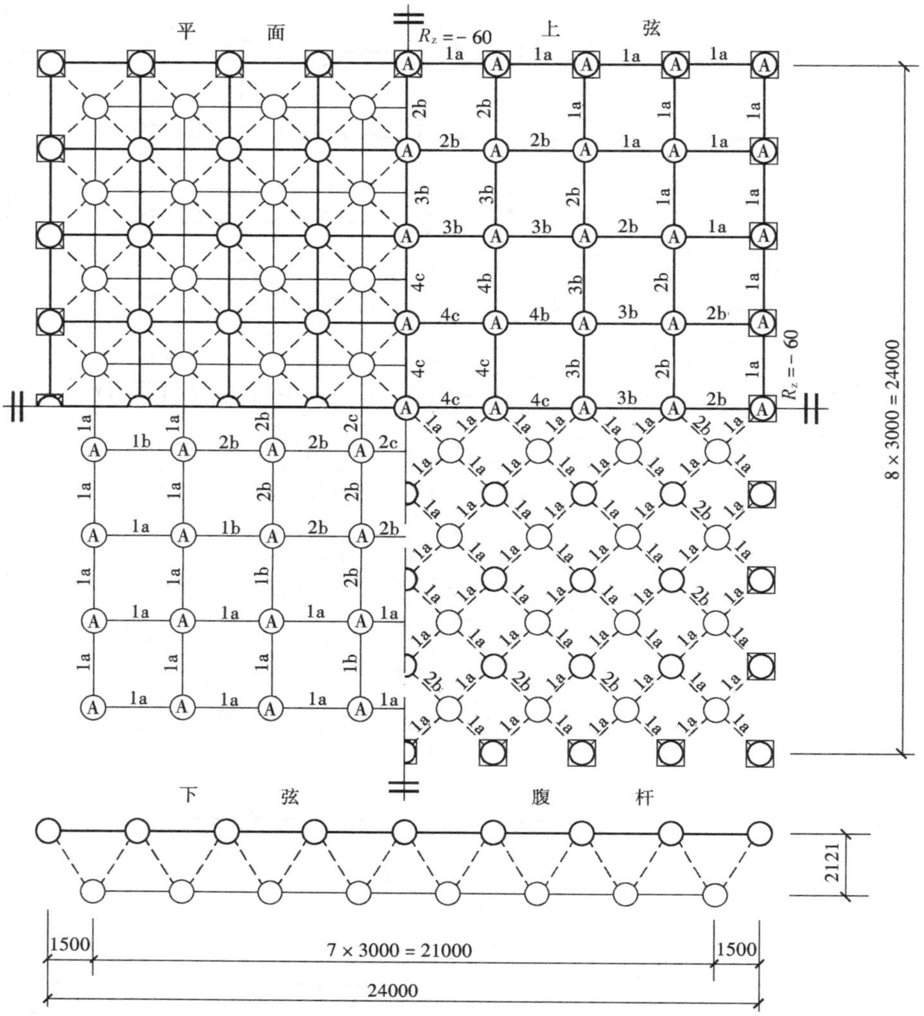

WJ2424-2 材 料 表

1. 杆件

序号	杆件规格(mm)	数量(个)	下料长度总计(m)	合重(kg)
1	D60×3	368	1040.5	4388
2	D76×3.5	92	251.1	1571
3	D89×4	28	75.8	635
4	D114×4.5	24	64.7	786
				7381

3. 封板，锥头

封板序号	外径×厚度(mm)	数量(个)	单重(kg)	合重(kg)	锥头序号	外径×长度(mm)	数量(个)	单重(kg)	合重(kg)
1	60×14	736	0.36	265.0	1	76×60	176	1.50	264.0
2	76×16	8	0.57	4.6	2	89×70	56	2.20	123.2
					3	114×70	48	3.20	153.8
				270					541

2. 螺栓，螺母

编号	螺栓	数量(个)	单重(kg)	合重(kg)	螺母(对边/孔径)(mm)	长度(mm)	数量(个)	单重(kg)	合重(kg)
a	M16	704	0.10	70.4	27/17	30	704	0.15	104.7
b	M22	280	0.30	84.0	36/23	35	280	0.31	86.4
c	M27	40	0.56	22.4	45/28	42	40	0.58	23.1
				177					214

4. 螺栓球

编号	直径(mm)	数量(个)	单重(kg)	合重(kg)
A	100	145	4.11	596.0
				596

用钢量：15.94kg/m²

注：1. 杆件 D76×3.5，当配合螺栓为 M27 时采用封板，其余采用锥头。

图 10-11

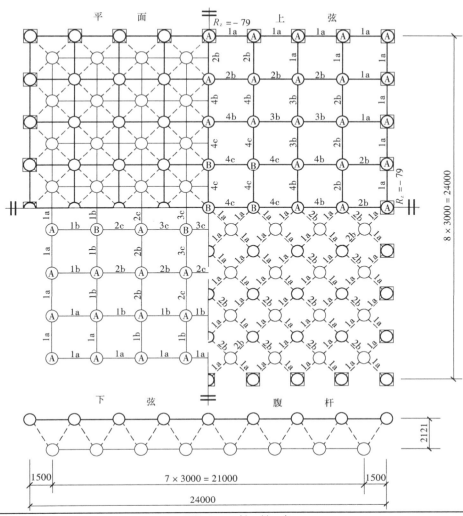

图 10-12

WJ2424-3 材料表												

1. 杆件

序号	杆件规格 (mm)	数量 (个)	下料长度总计 (m)	合重 (kg)
1	D60×3	320	904.2	3813
2	D76×3.5	120	327.9	2052
3	D89×4	28	75.5	633
4	D114×4.5	44	118.6	1441
				7940

3. 封板，锥头

封板序号	外径×厚度 (mm)	数量 (个)	单重 (kg)	合重 (kg)	锥头序号	外径×长度 (mm)	数量 (个)	单重 (kg)	合重 (kg)
1	60×14	640	0.36	230.4	1	76×60	216	1.50	324.0
2	76×16	24	0.57	13.7	2	89×70	56	2.20	123.2
					3	114×70	88	3.20	281.6
		244							729

2. 螺栓，螺母

编号	螺栓	数量 (个)	单重 (kg)	合重 (kg)	螺母(对边/孔径) (mm)	长度 (mm)	数量 (个)	单重 (kg)	合重 (kg)
a	M16	568	0.10	56.8	27/17	30	568	0.15	84.5
b	M22	360	0.30	108.0	36/23	35	360	0.31	111.0
c	M27	96	0.56	53.8	45/28	42	96	0.58	55.5
				219					251

4. 螺栓球

编号	直径 (mm)	数量 (个)	单重 (kg)	合重 (kg)
A	100	124	4.11	509.6
B	110	21	5.47	114.9
				625

用钢量：17.38kg/m²

注：1. 杆件 D76×3.5，当配合螺栓为 M27 时采用封板，其余采用锥头。

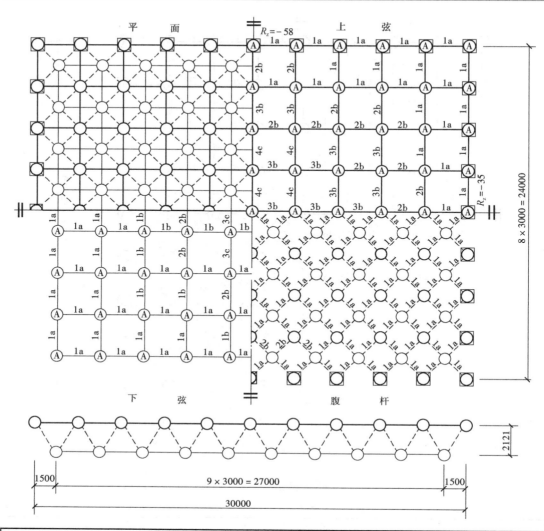

WJ2430-1 材 料 表															
1. 杆件					**3. 封板, 锥头**										
序号	杆件规格 (mm)	数量 (个)	下料长度总计 (m)	合重 (kg)	封板序号	外径×厚度 (mm)	数量 (个)	单重 (kg)	合重 (kg)	锥头序号	外径×长度 (mm)	数量 (个)	单重 (kg)	合重 (kg)	
1	D60×3	520	1470.3	6200	1	60×14	1040	0.36	374.4	1	76×60	132	1.50	198.0	
2	D76×3.5	66	179.9	1126						2	89×70	84	2.20	184.8	
3	D89×4	42	113.6	952						3	114×70	24	3.20	76.8	
4	D114×4.5	12	32.3	393											
				8671					374					460	
2. 螺栓, 螺母									**4. 螺栓球**						
编号	螺栓	数量 (个)	单重 (kg)	合重 (kg)	螺母 (对边/孔径) (mm)	长度 (mm)	数量 (个)	单重 (kg)	合重 (kg)	编号	直径 (mm)	数量 (个)	单重 (kg)	合重 (kg)	
a	M16	984	0.10	98.4	27/17	30	984	0.15	146.3	A	100	179	4.11	735.7	
b	M22	260	0.30	78.0	36/23	35	260	0.31	80.2						
c	M27	36	0.56	20.2	45/28	42	36	0.58	20.8					736	
				197					247	用钢量: 14.84kg/m²					

图 10-13

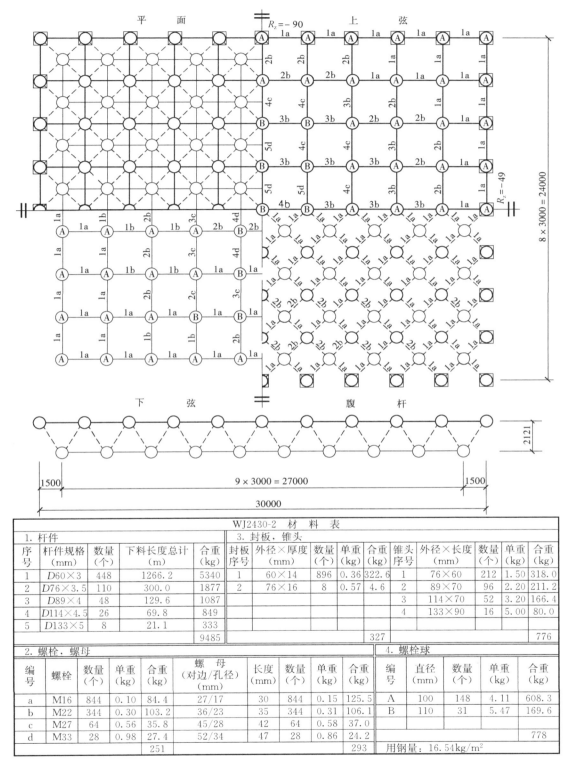

图 10-14

平　面 $R_z=-90$ 上　弦
下　弦   腹　杆

WJ2430-2　材　料　表														

1. 杆件

序号	杆件规格 (mm)	数量 (个)	下料长度总计 (m)	合重 (kg)
1	$D60\times3$	448	1266.2	5340
2	$D76\times3.5$	110	300.0	1877
3	$D89\times4$	48	129.6	1087
4	$D114\times4.5$	26	69.8	849
5	$D133\times5$	8	21.1	333
				9485

3. 封板，锥头

封板序号	外径×厚度 (mm)	数量 (个)	单重 (kg)	合重 (kg)	锥头序号	外径×长度 (mm)	数量 (个)	单重 (kg)	合重 (kg)
1	60×14	896	0.36	322.6	1	76×60	212	1.50	318.0
2	76×16	8	0.57	4.6	2	89×70	96	2.20	211.2
					3	114×70	52	3.20	166.4
					4	133×90	16	5.00	80.0
				327					776

2. 螺栓，螺母

编号	螺栓	数量 (个)	单重 (kg)	合重 (kg)	螺母 (对边/孔径) (mm)	长度 (mm)	数量 (个)	单重 (kg)	合重 (kg)
a	M16	844	0.10	84.4	27/17	30	844	0.15	125.5
b	M22	344	0.30	103.2	36/23	35	344	0.31	106.1
c	M27	64	0.56	35.8	45/28	42	64	0.58	37.0
d	M33	28	0.98	27.4	52/34	47	28	0.86	24.2
				251					293

4. 螺栓球

编号	直径 (mm)	数量 (个)	单重 (kg)	合重 (kg)
A	100	148	4.11	608.3
B	110	31	5.47	169.6
				778

用钢量：16.54kg/m^2

注：1. 杆件 $D76\times3.5$，当配合螺栓为 M27 时采用封板，其余采用锥头。

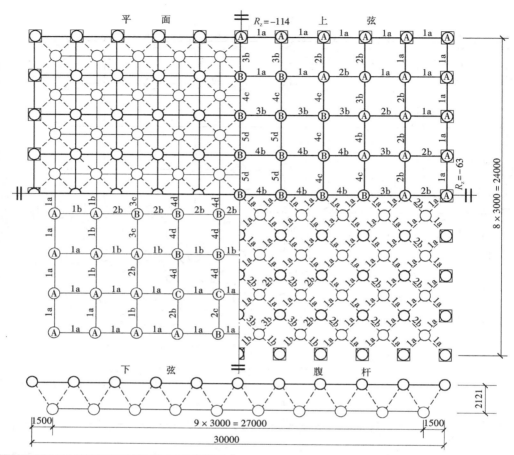

1. 杆件				
序号	杆件规格 (mm)	数量 (个)	下料长度总计 (m)	合重 (kg)
1	$D60\times3$	410	1156.8	4878
2	$D76\times3.5$	108	294.1	1840
3	$D89\times4$	46	123.9	1039
4	$D114\times5$	64	171.4	2303
5	$D133\times6$	12	31.5	591
				10653

3. 封板，锥头									
封板序号	外径×厚度 (mm)	数量 (个)	单重 (kg)	合重 (kg)	锥头序号	外径×长度 (mm)	数量 (个)	单重 (kg)	合重 (kg)
1	60×14	820	0.36	295.2	1	76×60	208	1.50	312.0
2	76×16	8	0.57	4.6	2	89×70	92	2.20	202.4
					3	114×70	128	3.20	409.6
					4	133×90	24	5.00	120.0
				300					1044

2. 螺栓，螺母								
编号	螺栓	数量 (个)	单重 (kg)	合重 (kg)	螺母(对边/孔径) (mm)	长度 (mm)	数量 (个)	单重 (kg)	合重 (kg)
a	M16	724	0.10	72.4	27/17	30	724	0.15	107.7
b	M22	428	0.30	128.4	36/23	35	428	0.31	132.0
c	M27	64	0.56	35.8	45/28	42	64	0.58	37.0
d	M36	64	1.39	89.0	60/37	50	64	1.22	78.3
				326					355

4. 螺栓球				
编号	直径 (mm)	数量 (个)	单重 (kg)	合重 (kg)
A	100	114	4.11	468.5
B	120	57	7.10	404.8
C	130	8	9.03	72.2
				946

用钢量：18.92kg/m²

注：1. 杆件 $D76\times3.5$，当配合螺栓为 M27 时采用封板，其余采用锥头。

图 10-15

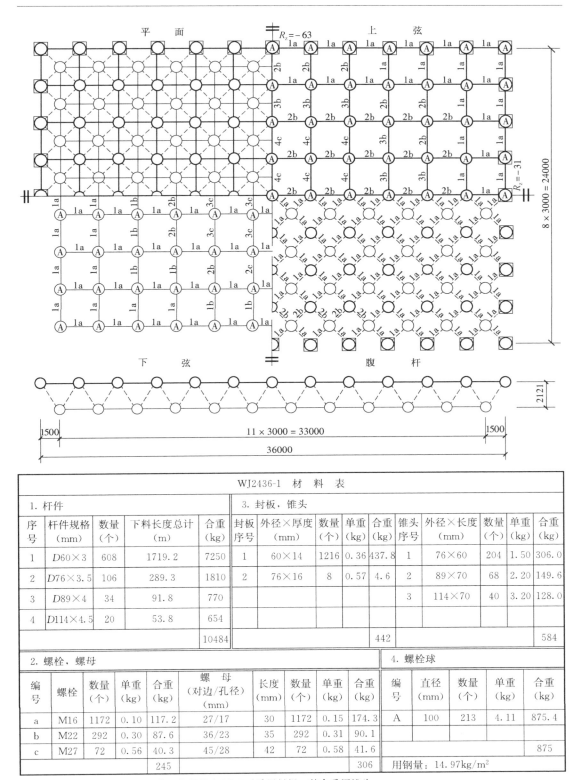

WJ2436-1 材 料 表												
1. 杆件					**3. 封板，锥头**							
序号	杆件规格 (mm)	数量 (个)	下料长度总计 (m)	合重 (kg)	封板序号	外径×厚度 (mm)	数量 (个)	单重 (kg)	合重 (kg)	锥头序号	外径×长度 (mm)	数量 (个)	单重 (kg)	合重 (kg)
1	D60×3	608	1719.2	7250	1	60×14	1216	0.36	437.8	1	76×60	204	1.50	306.0
2	D76×3.5	106	289.3	1810	2	76×16	8	0.57	4.6	2	89×70	68	2.20	149.6
3	D89×4	34	91.8	770						3	114×70	40	3.20	128.0
4	D114×4.5	20	53.8	654										
				10484					442					584

2. 螺栓，螺母									**4. 螺栓球**			
编号	螺栓	数量 (个)	单重 (kg)	合重 (kg)	螺母(对边/孔径) (mm)	长度 (mm)	数量 (个)	单重 (kg)	合重 (kg)	编号	直径 (mm)	数量 (个)	单重 (kg)	合重 (kg)
a	M16	1172	0.10	117.2	27/17	30	1172	0.15	174.3	A	100	213	4.11	875.4
b	M22	292	0.30	87.6	36/23	35	292	0.31	90.1					
c	M27	72	0.56	40.3	45/28	42	72	0.58	41.6					875
				245					306	用钢量：14.97kg/m²			

注：1. 杆件 D76×3.5，当配合螺栓为 M27 时采用封板，其余采用锥头。

图 10-16

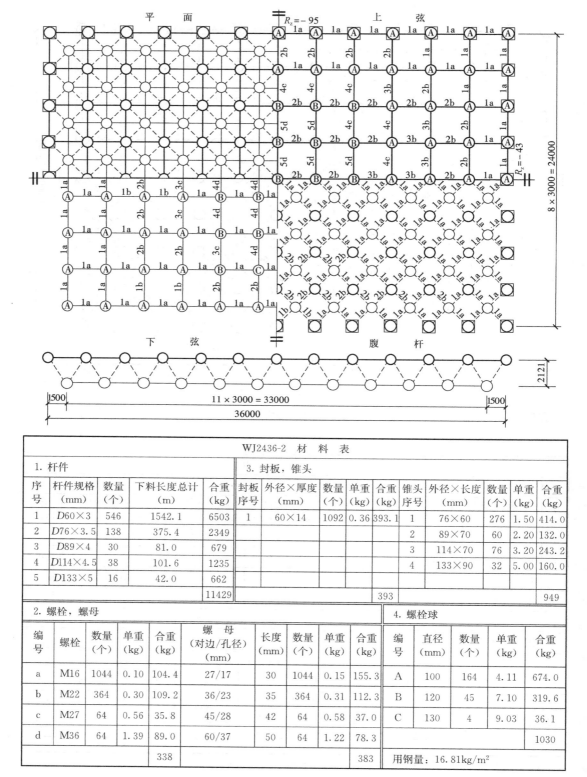

图 10-17

WJ2436-2 材 料 表

1. 杆件

序号	杆件规格 (mm)	数量 (个)	下料长度总计 (m)	合重 (kg)
1	D60×3	546	1542.1	6503
2	D76×3.5	138	375.4	2349
3	D89×4	30	81.0	679
4	D114×4.5	38	101.6	1235
5	D133×5	16	42.0	662
				11429

3. 封板，锥头

封板序号	外径×厚度 (mm)	数量 (个)	单重 (kg)	合重 (kg)	锥头序号	外径×长度 (mm)	数量 (个)	单重 (kg)	合重 (kg)
1	60×14	1092	0.36	393.1	1	76×60	276	1.50	414.0
					2	89×70	60	2.20	132.0
					3	114×70	76	3.20	243.2
					4	133×90	32	5.00	160.0
				393					949

2. 螺栓，螺母

编号	螺栓	数量 (个)	单重 (kg)	合重 (kg)	螺母 (对边/孔径) (mm)	长度 (mm)	数量 (个)	单重 (kg)	合重 (kg)
a	M16	1044	0.10	104.4	27/17	30	1044	0.15	155.3
b	M22	364	0.30	109.2	36/23	35	364	0.31	112.3
c	M27	64	0.56	35.8	45/28	42	64	0.58	37.0
d	M36	64	1.39	89.0	60/37	50	64	1.22	78.3
				338					383

4. 螺栓球

编号	直径 (mm)	数量 (个)	单重 (kg)	合重 (kg)
A	100	164	4.11	674.0
B	120	45	7.10	319.6
C	130	4	9.03	36.1
				1030

用钢量：16.81kg/m²

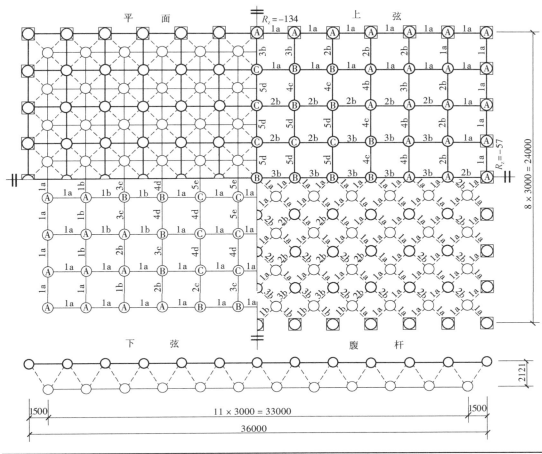

图 10-18

<table>
<tr><td colspan="18" align="center">WJ2436-3　材　料　表</td></tr>
<tr><td colspan="5">1. 杆件</td><td colspan="13">3. 封板，锥头</td></tr>
<tr>
<td>序号</td><td>杆件规格
（mm）</td><td>数量
（个）</td><td>下料长度总计
（m）</td><td>合重
（kg）</td>
<td>封板序号</td><td>外径×厚度
（mm）</td><td>数量
（个）</td><td>单重
（kg）</td><td>合重
（kg）</td>
<td>锥头序号</td><td>外径×长度
（mm）</td><td>数量
（个）</td><td>单重
（kg）</td><td>合重
（kg）</td>
</tr>
<tr><td>1</td><td>$D60\times3$</td><td>492</td><td>1385.9</td><td>5844</td><td>1</td><td>60×14</td><td>984</td><td>0.36</td><td>354.2</td><td>1</td><td>76×60</td><td>268</td><td>1.50</td><td>402.0</td></tr>
<tr><td>2</td><td>$D76\times3.5$</td><td>138</td><td>374.6</td><td>2344</td><td>2</td><td>76×16</td><td>8</td><td>0.57</td><td>4.6</td><td>2</td><td>89×70</td><td>124</td><td>2.20</td><td>272.8</td></tr>
<tr><td>3</td><td>$D89\times4$</td><td>62</td><td>166.7</td><td>1398</td><td></td><td></td><td></td><td></td><td></td><td>3</td><td>114×70</td><td>92</td><td>3.20</td><td>294.4</td></tr>
<tr><td>4</td><td>$D114\times5$</td><td>46</td><td>122.9</td><td>1652</td><td></td><td></td><td></td><td></td><td></td><td>4</td><td>133×90</td><td>60</td><td>5.00</td><td>300.0</td></tr>
<tr><td>5</td><td>$D133\times7$</td><td>30</td><td>78.0</td><td>1696</td><td></td><td></td><td></td><td></td><td></td><td></td><td></td><td></td><td></td><td></td></tr>
<tr><td></td><td></td><td></td><td></td><td>12934</td><td></td><td></td><td></td><td>359</td><td></td><td></td><td></td><td></td><td></td><td>1292</td></tr>
</table>

<table>
<tr><td colspan="9">2. 螺栓，螺母</td><td colspan="5">4. 螺栓球</td></tr>
<tr>
<td>编号</td><td>螺栓</td><td>数量
（个）</td><td>单重
（kg）</td><td>合重
（kg）</td>
<td>螺母
（对边/孔径）
（mm）</td><td>长度
（mm）</td><td>数量
（个）</td><td>单重
（kg）</td><td>合重
（kg）</td>
<td>编号</td><td>直径
（mm）</td><td>数量
（个）</td><td>单重
（kg）</td><td>合重
（kg）</td>
</tr>
<tr><td>a</td><td>M16</td><td>876</td><td>0.10</td><td>87.6</td><td>27/17</td><td>30</td><td>876</td><td>0.15</td><td>130.3</td><td>A</td><td>100</td><td>124</td><td>4.11</td><td>509.6</td></tr>
<tr><td>b</td><td>M22</td><td>496</td><td>0.30</td><td>148.8</td><td>36/23</td><td>35</td><td>496</td><td>0.31</td><td>153.0</td><td>B</td><td>120</td><td>51</td><td>7.10</td><td>362.2</td></tr>
<tr><td>c</td><td>M27</td><td>68</td><td>0.56</td><td>38.1</td><td>45/28</td><td>42</td><td>68</td><td>0.58</td><td>39.3</td><td>C</td><td>150</td><td>38</td><td>13.87</td><td>527.1</td></tr>
<tr><td>d</td><td>M36</td><td>80</td><td>1.39</td><td>111.2</td><td>60/37</td><td>50</td><td>80</td><td>1.22</td><td>97.9</td><td></td><td></td><td></td><td></td><td>1399</td></tr>
<tr><td>e</td><td>M42</td><td>16</td><td>2.40</td><td>38.4</td><td>70/43</td><td>60</td><td>16</td><td>2.00</td><td>32.0</td><td></td><td></td><td></td><td></td><td></td></tr>
<tr><td></td><td></td><td></td><td></td><td>424</td><td></td><td></td><td></td><td></td><td>452</td><td colspan="5">用钢量：19.51kg/m²</td></tr>
</table>

注：1. 杆件 $D76\times3.5$，当配合螺栓为 M27 时采用封板，其余采用锥头。

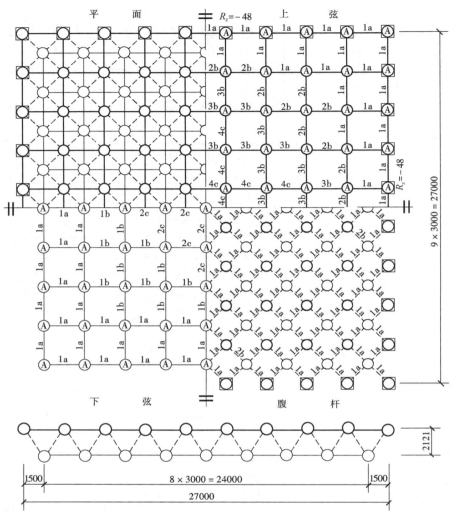

平　面

上　弦

下　弦　　　腹　杆

图 10-19

WJ2727-1　材　料　表

1. 杆件

序号	杆件规格(mm)	数量(个)	下料长度总计(m)	合重(kg)
1	D60×3	528	1492.7	6295
2	D76×3.5	60	164.7	1031
3	D89×4	40	108.2	908
4	D114×4.5	20	53.8	654
				8888

3. 封板，锥头

封板序号	外径×厚度(mm)	数量(个)	单重(kg)	合重(kg)	锥头序号	外径×长度(mm)	数量(个)	单重(kg)	合重(kg)
1	60×14	1056	0.36	380.2	1	76×60	88	1.50	132.0
2	76×16	32	0.57	18.2	2	89×70	80	2.20	176.0
					3	114×70	40	3.20	128.0
				398					436

2. 螺栓，螺母

编号	螺栓	数量(个)	单重(kg)	合重(kg)	螺母(对边/孔径)(mm)	长度(mm)	数量(个)	单重(kg)	合重(kg)
a	M16	968	0.10	96.8	27/17	30	968	0.15	144.0
b	M20	256	0.25	64.0	32/21	35	256	0.24	62.4
c	M27	72	0.56	40.3	45/28	42	72	0.58	41.6
				201					248

4. 螺栓球

编号	直径(mm)	数量(个)	单重(kg)	合重(kg)
A	100	181	4.11	743.9
				744

用钢量：14.97kg/m²

注：1. 杆件 D76×3.5，当配合螺栓为 M27 时采用封板，其余采用锥头。

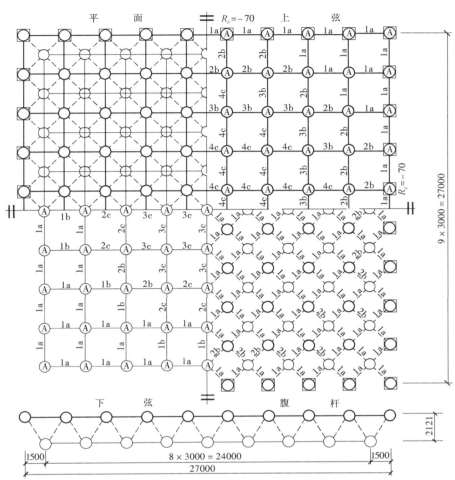

图 10-20

WJ2727-2 材料表													

1. 杆件

序号	杆件规格 (mm)	数量 (个)	下料长度总计 (m)	合重 (kg)
1	D60×3	432	1221.5	5151
2	D76×3.5	116	317.7	1988
3	D89×4	52	140.4	1177
4	D114×4.5	48	129.2	1570
				9887

3. 封板，锥头

封板序号	外径×厚度 (mm)	数量 (个)	单重 (kg)	合重 (kg)	锥头序号	外径×长度 (mm)	数量 (个)	单重 (kg)	合重 (kg)
1	60×14	864	0.36	311.0	1	76×60	192	1.50	288.0
2	76×16	40	0.57	22.8	2	89×70	104	2.20	228.8
					3	114×70	96	3.20	307.2
				334					824

2. 螺栓，螺母

编号	螺栓	数量 (个)	单重 (kg)	合重 (kg)	螺母（对边/孔径）(mm)	长度 (mm)	数量 (个)	单重 (kg)	合重 (kg)
a	M16	824	0.10	82.4	27/17	30	824	0.15	122.5
b	M20	288	0.25	72.0	32/21	35	288	0.24	70.2
c	M27	184	0.56	103.0	45/28	42	184	0.58	106.4
				257					299

4. 螺栓球

编号	直径 (mm)	数量 (个)	单重 (kg)	合重 (kg)
A	100	181	4.11	743.9
				744

用钢量：16.93kg/m²

注：1. 杆件 D76×3.5，当配合螺栓为 M27 时采用封板，其余采用锥头。

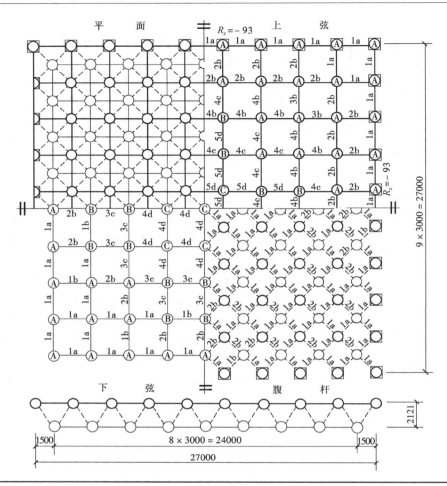

WJ2727-3 材 料 表

1. 杆件

序号	杆件规格 (mm)	数量 (个)	下料长度总计 (m)	合重 (kg)
1	$D60\times3$	368	1039.4	4383
2	$D76\times3.5$	144	392.4	2455
3	$D89\times4$	36	96.8	812
4	$D114\times4.5$	80	215.0	2613
5	$D133\times5$	20	52.7	831
				11095

3. 封板，锥头

封板序号	外径×厚度 (mm)	数量 (个)	单重 (kg)	合重 (kg)	锥头序号	外径×长度 (mm)	数量 (个)	单重 (kg)	合重 (kg)
1	60×14	736	0.36	265.0	1	76×60	288	1.50	432.0
					2	89×70	72	2.20	158.4
					3	114×70	160	3.20	512.0
					4	133×90	40	5.00	200.0
				265					1032

2. 螺栓，螺母

编号	螺栓	数量 (个)	单重 (kg)	合重 (kg)	螺母 (对边/孔径) (mm)	长度 (mm)	数量 (个)	单重 (kg)	合重 (kg)
a	M16	688	0.10	68.8	27/17	30	688	0.15	102.3
b	M22	408	0.30	122.4	36/23	35	408	0.31	125.8
c	M27	112	0.56	62.7	45/28	42	112	0.58	64.8
d	M33	88	0.98	86.2	52/34	47	88	0.86	76.0
				340					369

4. 螺栓球

编号	直径 (mm)	数量 (个)	单重 (kg)	合重 (kg)
A	100	148	4.11	526.1
B	110	40	5.47	218.8
C	120	13	7.10	92.3
				837

用钢量：19.12kg/m²

图 10-21

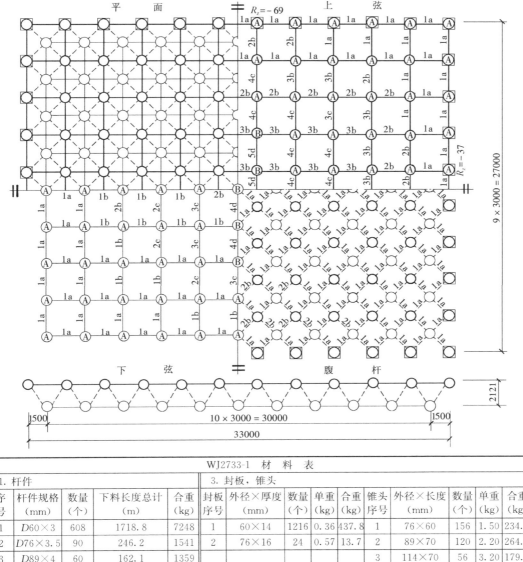

图 10-22

WJ2733-1 材料表															
1. 杆件						**3. 封板，锥头**										
序号	杆件规格 (mm)	数量 (个)	下料长度总计 (m)	合重 (kg)		封板序号	外径×厚度 (mm)	数量 (个)	单重 (kg)	合重 (kg)	锥头序号	外径×长度 (mm)	数量 (个)	单重 (kg)	合重 (kg)
1	$D60×3$	608	1718.8	7248		1	60×14	1216	0.36	437.8	1	76×60	156	1.50	234.0
2	$D76×3.5$	90	246.2	1541		2	76×16	24	0.57	13.7	2	89×70	120	2.20	264.0
3	$D89×4$	60	162.1	1359								3	114×70	56	3.20	179.2
4	$D114×4.5$	28	75.3	915								4	133×90	12	5.00	60.0
5	$D133×5$	6	15.8	250											
				11313						451					737

2. 螺栓，螺母									**4. 螺栓球**			
编号	螺栓	数量 (个)	单重 (kg)	合重 (kg)	螺母 (对边/孔径) (mm)	长度 (mm)	数量 (个)	单重 (kg)	合重 (kg)	编号	直径 (mm)	数量 (个)	单重 (kg)	合重 (kg)
a	M16	1136	0.10	113.6	27/17	30	1136	0.15	168.9	A	100	206	4.11	846.7
b	M20	328	0.25	82.0	32/21	35	328	0.24	79.9	B	110	13	5.47	71.1
c	M27	100	0.56	56.0	45/28	42	100	0.58	57.8					
d	M33	20	0.98	19.6	52/34	47	20	0.86	17.3					
				271					324		用钢量：15.73kg/m² ||	918

注：1. 杆件 $D76×3.5$，当配合螺栓为 M27 时采用封板，其余采用锥头。

图 10-22

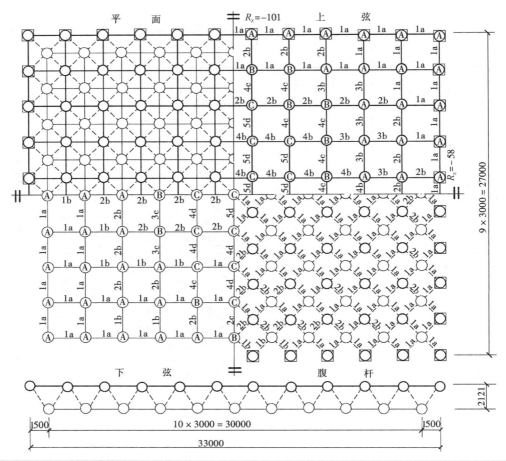

平　面　≡ $R_z=-101$　上　弦

下　弦　≡　腹　杆

$9 \times 3000 = 27000$

2121

1500　$10 \times 3000 = 30000$　1500

33000

WJ2733-2　材　料　表												
1. 杆件					3. 封板，锥头							
序号	杆件规格 (mm)	数量 (个)	下料长度总计 (m)	合重 (kg)	封板序号	外径×厚度 (mm)	数量 (个)	单重 (kg)	合重 (kg)	锥头序号	外径×长度 (mm)	数量 (个)	单重 (kg)	合重 (kg)
1	$D60 \times 3$	524	1477.9	6233	1	60×14	1048	0.36	377.3	1	76×60	296	1.50	444.0
2	$D76 \times 3.5$	150	407.7	2552	2	76×16	4	0.57	2.3	2	89×70	72	2.20	158.4
3	$D89 \times 4$	36	97.2	815						3	114×70	128	3.20	409.6
4	$D114 \times 5$	64	170.5	2292						4	133×90	36	6.40	230.4
5	$D133 \times 6$	18	46.5	875										
				12766			380							1242

2. 螺栓，螺母										4. 螺栓球				
编号	螺栓	数量 (个)	单重 (kg)	合重 (kg)	螺母 (对边/孔径) (mm)	长度 (mm)	数量 (个)	单重 (kg)	合重 (kg)	编号	直径 (mm)	数量 (个)	单重 (kg)	合重 (kg)
a	M16	972	0.10	97.2	27/17	30	972	0.15	144.6	A	100	146	4.11	600.1
b	M22	480	0.30	144.0	36/23	35	480	0.31	148.1	B	110	36	5.47	196.9
c	M30	72	0.75	54.0	48/31	45	72	0.71	50.8	C	150	37	13.87	513.2
d	M39	60	1.78	106.8	65/40	55	60	1.58	94.8					1310
				402					438	用钢量：18.56kg/m²				

注：1. 杆件 $D76 \times 3.5$，当配合螺栓为 M30 时采用封板，其余采用锥头。

图 10-23

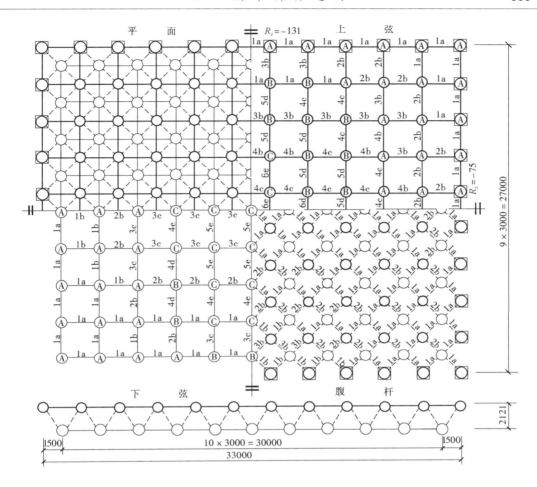

图 10-24

WJ2733-3 材料表															
1. 杆件					**3. 封板，锥头**										
序号	杆件规格(mm)	数量(个)	下料长度总计(m)	合重(kg)	封板序号	外径×厚度(mm)	数量(个)	单重(kg)	合重(kg)	锥头序号	外径×长度(mm)	数量(个)	单重(kg)	合重(kg)	
1	D60×3	448	1262.6	5325	1	60×14	896	0.36	322.6	1	76×60	304	1.50	456.0	
2	D76×3.5	152	413.0	2584						2	89×70	156	2.20	343.2	
3	D89×4	78	209.4	1756						3	114×70	144	3.20	460.8	
4	D114×5	72	192.3	2584						4	133×90	68	5.00	340.0	
5	D133×6	34	88.7	1666						5	140×90	16	5.40	86.4	
6	D140×7	8	20.7	476											
				14391					323					1739	

2. 螺栓，螺母									**4. 螺栓球**						
编号	螺栓	数量(个)	单重(kg)	合重(kg)	螺母(对边/孔径)(mm)	长度(mm)	数量(个)	单重(kg)	合重(kg)	编号	直径(mm)	数量(个)	单重(kg)	合重(kg)	
a	M16	796	0.10	79.6	27/17	30	796	0.15	118.4	A	100	134	4.11	550.7	
b	M22	532	0.30	159.6	36/23	35	532	0.31	164.1	B	120	50	7.10	355.1	
c	M27	136	0.56	76.2	45/28	42	136	0.58	78.7	C	150	35	13.87	485.5	
d	M33	64	0.98	62.7	52/34	47	64	0.86	55.3					1391	
e	M42	56	2.40	134.4	70/43	60	56	2.00	112.0						
				512					528	用钢量：21.19kg/m²					

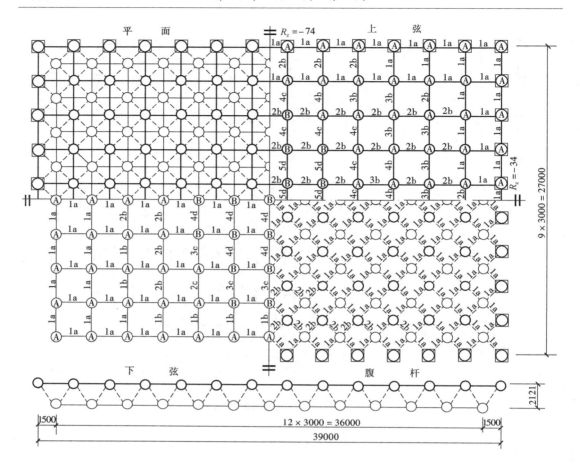

WJ2739-1　材　料　表												
1. 杆件					**3. 封板，锥头**							
序号	杆件规格（mm）	数量（个）	下料长度总计（m）	合重（kg）	封板序号	外径×厚度（mm）	数量（个）	单重（kg）	合重（kg）	锥头序号	外径×长度（mm）	数量（个）	单重（kg）	合重（kg）
1	$D60×3$	700	1978.5	8343	1	60×14	1400	0.36	504.0	1	76×60	272	1.50	408.0
2	$D76×3.5$	140	381.7	2389	2	76×16	8	0.57	4.6	2	89×70	72	2.20	158.4
3	$D89×4$	36	97.2	815						3	114×70	96	3.20	307.2
4	$D114×4.5$	48	129.0	1568						4	133×90	24	5.00	120.0
5	$D133×5$	12	31.6	499										
				13614					509					994

2. 螺栓，螺母									**4. 螺栓球**				
编号	螺栓	数量（个）	单重（kg）	合重（kg）	螺母（对边/孔径）（mm）	长度（mm）	数量（个）	单重（kg）	合重（kg）	编号	直径（mm）	数量（个）	单重（kg）	合重（kg）
a	M16	1356	0.10	135.6	27/17	30	1356	0.15	201.7	A	100	210	4.11	863.1
b	M22	388	0.30	116.4	36/23	35	388	0.31	119.7	B	110	47	5.47	257.1
c	M27	72	0.56	40.3	45/28	42	72	0.58	41.6					1120
d	M33	56	0.98	54.9	52/34	47	56	0.86	48.4					
				347					411	用钢量：16.14kg/m²				

注：1. 杆件 $D76×3.5$，当配合螺栓为 M27 时采用封板，其余采用锥头。

图 10-25

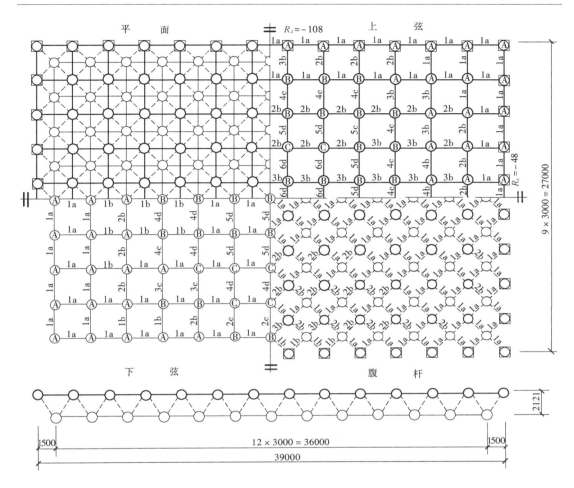

图 10-26

WJ2739-2　材料表													

1. 杆件

序号	杆件规格 (mm)	数量 (个)	下料长度总计 (m)	合重 (kg)
1	D60×3	626	1763.5	7437
2	D76×3.5	156	423.1	2648
3	D89×4	62	166.6	1397
4	D114×4.5	50	132.9	1615
5	D133×5	30	78.1	1232
6	D140×6	12	31.2	618
				14947

3. 封板，锥头

封板序号	外径×厚度 (mm)	数量 (个)	单重 (kg)	合重 (kg)	锥头序号	外径×长度 (mm)	数量 (个)	单重 (kg)	合重 (kg)
1	60×14	1252	0.36	450.7	1	76×60	300	1.50	450.0
2	76×16	12	0.57	6.8	2	89×70	124	2.20	272.8
					3	114×70	100	3.20	320.0
					4	133×90	60	5.00	300.0
					5	140×90	24	5.40	129.6
			458						1545

2. 螺栓，螺母

编号	螺栓	数量 (个)	单重 (kg)	合重 (kg)	螺母 (对边/孔径) (mm)	长度 (mm)	数量 (个)	单重 (kg)	合重 (kg)
a	M16	1160	0.10	116.0	27/17	30	1160	0.15	172.5
b	M22	512	0.30	153.6	36/23	35	512	0.31	157.9
c	M30	88	0.75	66.0	48/31	45	88	0.71	62.0
d	M39	112	1.78	199.4	65/40	55	112	1.58	177.0
				535					569

4. 螺栓球

编号	直径 (mm)	数量 (个)	单重 (kg)	合重 (kg)
A	100	146	4.11	600.1
B	130	87	9.03	785.6
C	150	24	13.87	332.9
				1719

用钢量：18.78kg/m²

注：1. 杆件 D76×3.5，当配合螺栓为 M30 时采用封板，其余采用锥头。

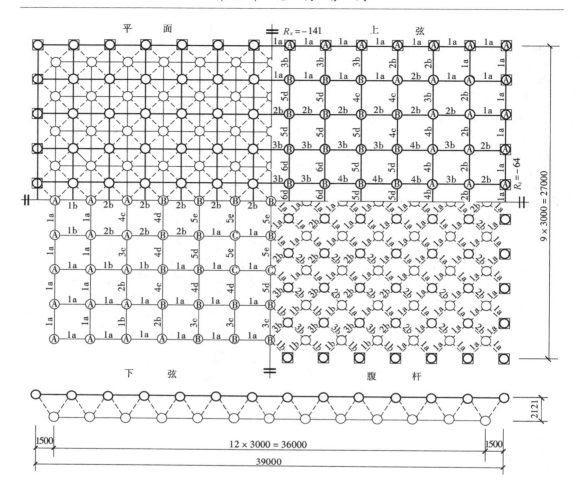

图 10-27

WJ2739-3 材 料 表

1. 杆件

序号	杆件规格 (mm)	数量 (个)	下料长度总计 (m)	合重 (kg)
1	D60×3	544	1528.1	6444
2	D76×3.5	174	470.8	2946
3	D89×4	90	240.5	2016
4	D114×5	62	164.9	2217
5	D133×7	54	138.8	3019
6	D140×8	12	31.0	808
				17451

3. 封板，锥头

封板序号	外径×厚度 (mm)	数量 (个)	单重 (kg)	合重 (kg)	锥头序号	外径×长度 (mm)	数量 (个)	单重 (kg)	合重 (kg)
1	60×14	1088	0.36	391.7	1	76×60	348	1.50	522.0
					2	89×70	180	2.20	396.0
					3	114×70	124	3.20	396.8
					4	133×90	108	6.40	691.2
					5	140×90	24	5.40	129.6
			392						2136

2. 螺栓，螺母

编号	螺栓	数量 (个)	单重 (kg)	合重 (kg)	螺母 (对边/孔径) (mm)	长度 (mm)	数量 (个)	单重 (kg)	合重 (kg)
a	M16	964	0.10	96.4	27/17	30	964	0.15	143.4
b	M22	676	0.30	202.8	36/23	35	676	0.31	208.5
c	M30	68	0.75	51.0	48/31	45	68	0.71	47.9
d	M39	132	1.78	235.0	65/40	55	132	1.58	208.6
e	M48	32	3.11	99.5	80/49	74	32	3.22	103.1
				685					711

4. 螺栓球

编号	直径 (mm)	数量 (个)	单重 (kg)	合重 (kg)
A	100	138	4.11	567.2
B	150	109	13.87	1512.0
C	180	10	23.97	239.7
				2319

用钢量：22.50kg/m²

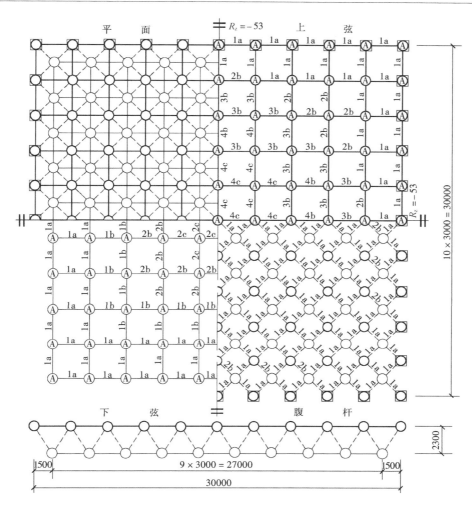

图 10-28

WJ3030-1 材 料 表																	
1. 杆件					3. 封板，锥头											
序号	杆件规格 (mm)	数量 (个)	下料长度总计 (m)	合重 (kg)	封板序号	外径×厚度 (mm)	数量 (个)	单重 (kg)	合重 (kg)	锥头序号	外径×长度 (mm)	数量 (个)	单重 (kg)	合重 (kg)
1	D60×3	616	1790.1	7549	1	60×14	1232	0.36	443.5	1	76×60	168	1.50	252.0
2	D76×3.5	96	265.7	1663	2	76×16	24	0.57	13.7	2	89×70	104	2.20	228.8
3	D89×4	52	140.7	1180						3	114×70	72	3.20	230.4
4	D114×4.5	36	97.1	1180										
				11571					457					771

2. 螺栓，螺母										4. 螺栓球				
编号	螺栓	数量 (个)	单重 (kg)	合重 (kg)	螺 母 (对边/孔径) (mm)	长度 (mm)	数量 (个)	单重 (kg)	合重 (kg)	编号	直径 (mm)	数量 (个)	单重 (kg)	合重 (kg)
a	M16	1144	0.10	114.4	27/17	30	1144	0.15	170.1	A	100	221	4.11	908.3
b	M22	384	0.30	115.2	36/23	35	384	0.31	118.4					
c	M27	72	0.56	40.3	45/28	42	72	0.58	41.6					
				270					330	用钢量：15.90kg/m²				908

注：1. 杆件 D76×3.5，当配合螺栓为 M27 时采用封板，其余采用锥头。

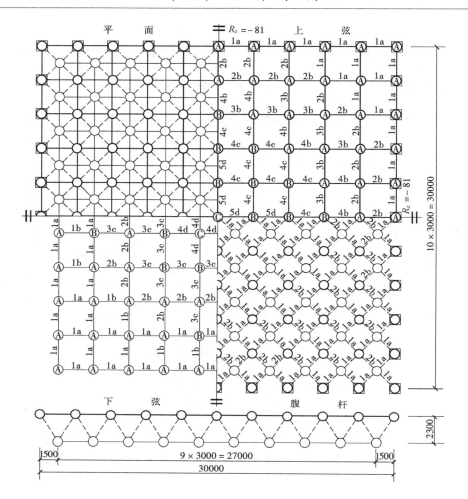

图 10-29

| WJ3030-2 材 料 表 ||||||||||||
| 1. 杆件 ||||| 3. 封板，锥头 |||||||
序号	杆件规格 (mm)	数量 (个)	下料长度总计 (m)	合重 (kg)	封板序号	外径×厚度 (mm)	数量 (个)	单重 (kg)	合重 (kg)	锥头序号	外径×长度 (mm)	数量 (个)	单重 (kg)	合重 (kg)
1	D60×3	484	1408.4	5939	1	60×14	968	0.36	348.5	1	76×60	328	1.50	492.0
2	D76×3.5	164	457.8	2865						2	89×70	136	2.20	299.2
3	D89×4	68	183.3	1537						3	114×70	152	3.20	486.4
4	D114×4.5	76	204.3	2482						4	133×90	16	5.00	80.0
5	D133×5	8	21.1	333										
				13156					348					1358

| 2. 螺栓，螺母 |||||||||| 4. 螺栓球 |||||
编号	螺栓	数量 (个)	单重 (kg)	合重 (kg)	螺母 (对边/孔径)	长度 (mm)	数量 (个)	单重 (kg)	合重 (kg)	编号	直径 (mm)	数量 (个)	单重 (kg)	合重 (kg)
a	M16	920	0.10	92.0	27/17	30	920	0.15	136.8	A	100	172	4.11	706.9
b	M22	480	0.30	144.0	36/23	35	480	0.31	148.1	B	110	44	5.47	240.7
c	M27	160	0.56	89.6	45/28	42	160	0.58	92.5	C	120	5	7.10	35.5
d	M33	40	0.98	39.2	52/34	47	40	0.86	34.6					983
				365					412			用钢量：18.47kg/m²		

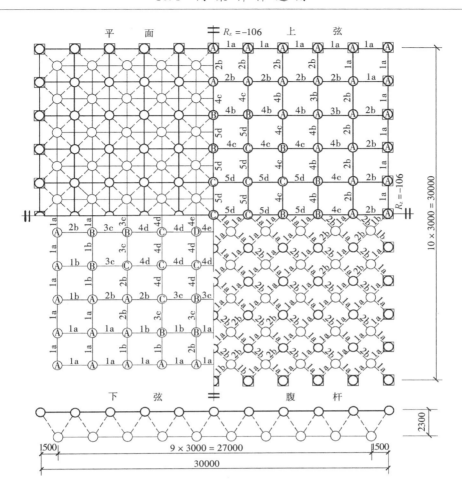

图 10-30

<table>
<thead>
<tr><th colspan="18">WJ3030-3 材 料 表</th></tr>
</thead>
<tbody>
<tr><td colspan="6">1. 杆件</td><td colspan="12">3. 封板，锥头</td></tr>
<tr>
<td>序号</td><td>杆件规格
(mm)</td><td>数量
(个)</td><td>下料长度总计
(m)</td><td>合重
(kg)</td><td></td>
<td>封板
序号</td><td>外径×厚度
(mm)</td><td>数量
(个)</td><td>单重
(kg)</td><td>合重
(kg)</td>
<td>锥头
序号</td><td>外径×长度
(mm)</td><td>数量
(个)</td><td>单重
(kg)</td><td>合重
(kg)</td><td></td>
</tr>
<tr><td>1</td><td>D60×3</td><td>424</td><td>1233.9</td><td>5204</td><td></td><td>1</td><td>60×14</td><td>848</td><td>0.36</td><td>305.3</td><td>1</td><td>76×60</td><td>392</td><td>1.50</td><td>588.0</td><td></td></tr>
<tr><td>2</td><td>D76×3.5</td><td>196</td><td>548.2</td><td>3431</td><td></td><td></td><td></td><td></td><td></td><td></td><td>2</td><td>89×70</td><td>72</td><td>2.20</td><td>158.4</td><td></td></tr>
<tr><td>3</td><td>D89×4</td><td>36</td><td>96.7</td><td>811</td><td></td><td></td><td></td><td></td><td></td><td></td><td>3</td><td>114×70</td><td>216</td><td>3.20</td><td>691.2</td><td></td></tr>
<tr><td>4</td><td>D114×4.5</td><td>108</td><td>289.7</td><td>3521</td><td></td><td></td><td></td><td></td><td></td><td></td><td>4</td><td>133×90</td><td>72</td><td>5.00</td><td>360.0</td><td></td></tr>
<tr><td>5</td><td>D133×5</td><td>36</td><td>94.7</td><td>1494</td><td></td><td></td><td></td><td></td><td></td><td></td><td></td><td></td><td></td><td></td><td></td><td></td></tr>
<tr><td colspan="4"></td><td>14461</td><td></td><td></td><td></td><td></td><td></td><td>305</td><td></td><td></td><td></td><td></td><td>1798</td><td></td></tr>
<tr><td colspan="6">2. 螺栓，螺母</td><td colspan="12">4. 螺栓球</td></tr>
<tr>
<td>编号</td><td>螺栓</td><td>数量
(个)</td><td>单重
(kg)</td><td>合重
(kg)</td><td>螺母
(对边/孔径)
(mm)</td>
<td>长度
(mm)</td><td>数量
(个)</td><td>单重
(kg)</td><td>合重
(kg)</td>
<td>编号</td><td>直径
(mm)</td><td>数量
(个)</td><td>单重
(kg)</td><td>合重
(kg)</td><td colspan="2"></td>
</tr>
<tr><td>a</td><td>M16</td><td>752</td><td>0.10</td><td>75.2</td><td>27/17</td><td>30</td><td>752</td><td>0.15</td><td>111.8</td><td>A</td><td>100</td><td>136</td><td>4.11</td><td>559.0</td><td colspan="2"></td></tr>
<tr><td>b</td><td>M22</td><td>568</td><td>0.30</td><td>170.4</td><td>36/23</td><td>35</td><td>568</td><td>0.31</td><td>175.2</td><td>B</td><td>110</td><td>44</td><td>5.47</td><td>240.7</td><td colspan="2"></td></tr>
<tr><td>c</td><td>M27</td><td>128</td><td>0.56</td><td>71.7</td><td>45/28</td><td>42</td><td>128</td><td>0.58</td><td>74.0</td><td>C</td><td>120</td><td>37</td><td>7.10</td><td>262.8</td><td colspan="2"></td></tr>
<tr><td>d</td><td>M33</td><td>144</td><td>0.98</td><td>141.1</td><td>52/34</td><td>47</td><td>144</td><td>0.86</td><td>124.4</td><td>D</td><td>130</td><td>4</td><td>9.03</td><td>36.1</td><td colspan="2"></td></tr>
<tr><td>e</td><td>M36</td><td>8</td><td>1.39</td><td>11.1</td><td>60/37</td><td>50</td><td>8</td><td>1.22</td><td>9.8</td><td></td><td></td><td></td><td></td><td></td><td colspan="2"></td></tr>
<tr><td colspan="4"></td><td>470</td><td></td><td></td><td></td><td></td><td>495</td><td colspan="4">用钢量：20.70kg/m²</td><td></td><td colspan="2">1099</td></tr>
</tbody>
</table>

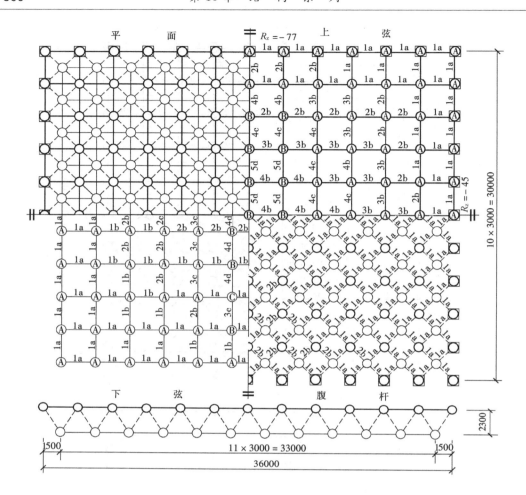

图 10-31

WJ3036-1 材 料 表

1. 杆件

序号	杆件规格 (mm)	数量 (个)	下料长度总计 (m)	合重 (kg)
1	$D60\times3$	710	2063.5	8702
2	$D76\times3.5$	120	332.2	2079
3	$D89\times4$	62	167.5	1404
4	$D114\times4.5$	56	150.7	1832
5	$D133\times5$	12	31.6	499
				14516

3. 封板，锥头

封板序号	外径×厚度 (mm)	数量 (个)	单重 (kg)	合重 (kg)	锥头序号	外径×长度 (mm)	数量 (个)	单重 (kg)	合重 (kg)
1	60×14	1420	0.36	511.2	1	76×60	236	1.50	354.0
2	76×16	4	0.57	2.3	2	89×70	124	2.20	272.8
					3	114×70	112	3.20	358.4
					4	133×90	24	5.00	120.0
				513					1105

2. 螺栓，螺母

编号	螺栓	数量 (个)	单重 (kg)	合重 (kg)	螺母 (对边/孔径) (mm)	长度 (mm)	数量 (个)	单重 (kg)	合重 (kg)
a	M16	1320	0.10	132.0	27/17	30	1320	0.15	196.3
b	M22	480	0.30	144.0	36/23	35	480	0.31	148.1
c	M27	76	0.56	42.6	45/28	42	76	0.58	44.0
d	M33	44	0.98	43.1	52/34	47	44	0.86	38.0
				362					426

4. 螺栓球

编号	直径 (mm)	数量 (个)	单重 (kg)	合重 (kg)
A	100	226	4.11	928.9
B	110	33	5.47	180.5
C	120	4	7.10	28.4
				1138

用钢量：16.72kg/m²

注：1. 杆件 $D76\times3.5$，当配合螺栓为 M27 时采用封板，其余采用锥头。

图 10-31

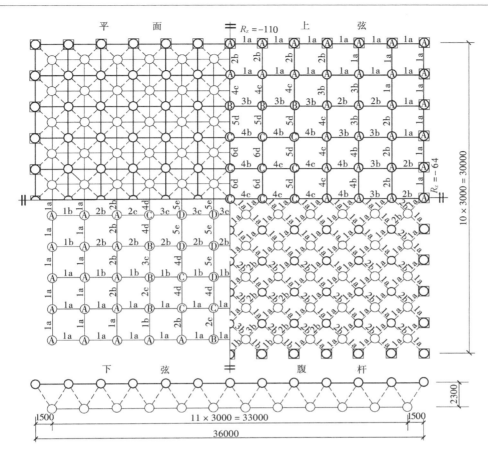

图 10-32

WJ3036-2 材 料 表

1. 杆件

序号	杆件规格 (mm)	数量 (个)	下料长度总计 (m)	合重 (kg)
1	D60×3	582	1691.4	7133
2	D76×3.5	188	524.9	3285
3	D89×4	60	162.8	1365
4	D114×4.5	84	225.6	2742
5	D133×5	34	89.0	1405
6	D140×6	12	31.2	625
				16555

3. 封板，锥头

封板序号	外径×厚度 (mm)	数量 (个)	单重 (kg)	合重 (kg)	锥头序号	外径×长度 (mm)	数量 (个)	单重 (kg)	合重 (kg)
1	60×14	1164	0.36	419.0	1	76×60	352	1.50	528.0
2	76×16	24	0.57	13.7	2	89×70	120	2.20	264.0
					3	114×70	168	3.20	537.6
					4	133×90	68	5.00	340.0
					5	140×90	24	5.40	129.6
				433					1844

2. 螺栓，螺母

编号	螺栓	数量 (个)	单重 (kg)	合重 (kg)	螺母 (对边/孔径) (mm)	长度 (mm)	数量 (个)	单重 (kg)	合重 (kg)
a	M16	1072	0.10	107.2	27/17	30	1072	0.15	159.4
b	M22	596	0.30	178.8	36/23	35	596	0.31	183.8
c	M27	124	0.56	69.4	45/28	42	124	0.58	71.7
d	M33	96	0.98	94.1	52/34	47	96	0.86	83.0
e	M39	32	1.78	57.0	65/40	55	32	1.58	50.6
				506					549

4. 螺栓球

编号	直径 (mm)	数量 (个)	单重 (kg)	合重 (kg)
A	100	176	4.11	723.4
B	110	26	5.47	142.2
C	120	41	7.10	291.2
D	130	20	9.03	180.6
				1337

用钢量：19.65kg/m²

注：1. 杆件 D76×3.5，当配合螺栓为 M27 时采用封板，其余采用锥头。

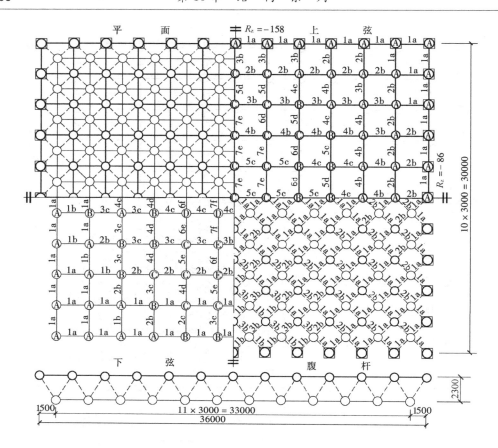

图 10-33

WJ3036-3　材　料　表				

1. 杆件

序号	杆件规格 (mm)	数量 (个)	下料长度总计 (m)	合重 (kg)
1	D60×3	496	1442.1	6082
2	D76×3.5	192	535.8	3353
3	D89×4	108	294.5	2469
4	D114×4.5	82	220.2	2676
5	D133×5	40	105.0	1657
6	D140×6	22	57.1	1132
7	D152×8	20	50.5	1434
				18804

3. 封板，锥头

封板序号	外径×厚度 (mm)	数量 (个)	单重 (kg)	合重 (kg)	锥头序号	外径×长度 (mm)	数量 (个)	单重 (kg)	合重 (kg)
1	60×14	992	0.36	357.1	1	76×60	376	1.50	564.0
2	76×16	8	0.57	4.6	2	89×70	216	2.20	475.2
					3	114×70	164	3.20	524.8
					4	133×90	80	5.00	400.0
					5	140×90	44	5.40	237.6
					6	152×120	40	10.50	420.0
				362					2663

2. 螺栓，螺母

编号	螺栓	数量 (个)	单重 (kg)	合重 (kg)	螺母 (对边/孔径) (mm)	长度 (mm)	数量 (个)	单重 (kg)	合重 (kg)
a	M16	880	0.10	88.0	27/17	30	880	0.15	130.9
b	M22	708	0.30	212.4	36/23	35	708	0.31	218.4
c	M27	176	0.56	98.6	45/28	42	176	0.58	101.8
d	M33	80	0.98	78.4	52/34	47	80	0.86	69.1
e	M39	52	1.78	92.6	65/40	55	52	1.58	82.2
f	M48	24	3.11	74.6	80/49	74	24	3.22	77.3
				645					680

4. 螺栓球

编号	直径 (mm)	数量 (个)	单重 (kg)	合重 (kg)
A	100	144	4.11	591.8
B	110	52	5.47	284.5
C	130	51	9.03	460.5
D	150	8	13.87	111.0
E	180	8	23.97	191.8
				1640

用钢量：22.96kg/m²

注：1. 杆件 D76×3.5，当配合螺栓为 M27 时采用封板，其余采用锥头。

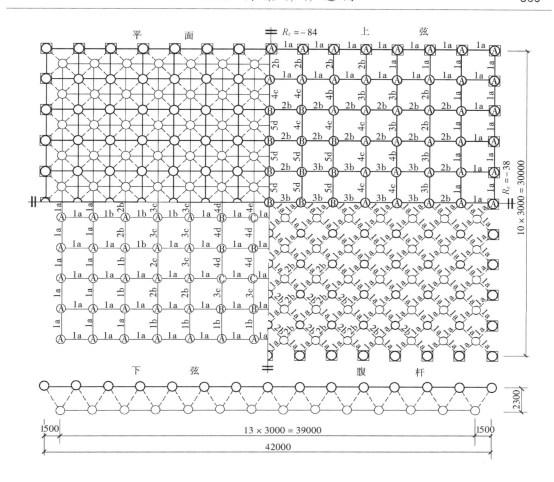

WJ3042-1　材　料　表														
1. 杆件				**3. 封板，锥头**									
序号	杆件规格(mm)	数量(个)	下料长度总计(m)	合重(kg)	封板序号	外径×厚度(mm)	数量(个)	单重(kg)	合重(kg)	锥头序号	外径×长度(mm)	数量(个)	单重(kg)	合重(kg)
1	D60×3	812	2359.1	9948	1	60×14	1624	0.36	584.6	1	76×60	308	1.50	462.0
2	D76×3.5	158	438.4	2743	2	76×16	8	0.57	4.6	2	89×70	140	2.20	308.0
3	D89×4	70	188.9	1584						3	114×70	116	3.20	371.2
4	D114×4.5	58	155.7	1893						4	133×90	44	5.00	220.0
5	D133×5	22	58.0	915										
				17083			589							1361

2. 螺栓，螺母									**4. 螺栓球**				
编号	螺栓	数量(个)	单重(kg)	合重(kg)	螺母(对边/孔径)(mm)	长度(mm)	数量(个)	单重(kg)	合重(kg)	编号	直径(mm)	数量(个)	单重(kg)	合重(kg)
a	M16	1544	0.10	154.4	27/17	30	1544	0.15	229.6	A	100	242	4.11	994.6
b	M22	496	0.30	148.8	36/23	35	496	0.31	153.0	B	110	51	5.47	279.0
c	M27	116	0.56	65.0	45/28	42	116	0.58	67.1	C	120	12	7.10	85.2
d	M33	80	0.98	78.4	52/34	47	80	0.86	69.1					
e	M36	4	1.39	5.6	60/37	50	4	1.22	4.9					1359
				452					524	用钢量：16.96kg/m²				

注：1. 杆件 D76×3.5，当配合螺栓为 M27 时采用封板，其余采用锥头。

图 10-34

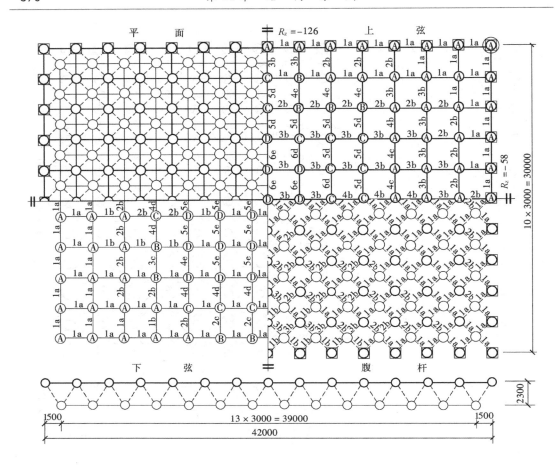

WJ3042-2　材　料　表												

1. 杆件

序号	杆件规格(mm)	数量(个)	下料长度总计(m)	合重(kg)
1	D60×3	706	2046.5	8630
2	D76×3.5	188	523.8	3278
3	D89×4	104	283.4	2376
4	D114×4.5	52	139.1	1690
5	D133×6	54	140.6	2642
6	D140×8	16	41.6	1083
				19700

3. 封板，锥头

封板序号	外径×厚度(mm)	数量(个)	单重(kg)	合重(kg)	锥头序号	外径×长度(mm)	数量(个)	单重(kg)	合重(kg)
1	60×14	1412	0.36	508.3	1	76×60	360	1.50	540.0
2	76×16	16	0.57	9.1	2	89×70	208	2.20	457.6
					3	114×70	104	3.20	332.8
					4	133×90	108	5.00	540.0
					5	140×90	32	5.40	172.8
				517					2142

2. 螺栓，螺母

编号	螺栓	数量(个)	单重(kg)	合重(kg)	螺母(对边/孔径)(mm)	长度(mm)	数量(个)	单重(kg)	合重(kg)
a	M16	1300	0.10	130.0	27/17	30	1300	0.15	193.3
b	M22	692	0.30	207.6	36/23	35	692	0.31	213.4
c	M27	64	0.56	35.8	45/28	42	64	0.58	37.0
d	M33	108	0.98	105.8	52/34	47	108	0.86	93.3
e	M42	76	2.40	182.4	70/43	60	76	2.00	151.9
				662					689

4. 螺栓球

编号	直径(mm)	数量(个)	单重(kg)	合重(kg)
A	100	182	4.11	748.0
B	110	32	5.47	175.1
C	120	44	7.10	312.5
D	150	47	13.87	651.9
				1888

用钢量：20.32kg/m²

注：1. 杆件 D76×3.5，当配合螺栓为 M27 时采用封板，其余采用锥头。

图 10-35

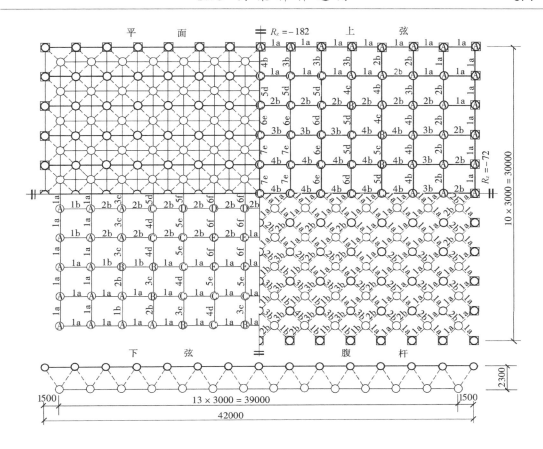

图 10-36

WJ3042-3 材料表												
1. 杆件					**3. 封板，锥头**							
序号	杆件规格 (mm)	数量 (个)	下料长度总计 (m)	合重 (kg)	封板序号	外径×厚度 (mm)	数量 (个)	单重 (kg)	合重 (kg)	锥头序号	外径×长度 (mm)	数量 (个)	单重 (kg)	合重 (kg)

序号	杆件规格 (mm)	数量 (个)	下料长度总计 (m)	合重 (kg)	封板序号	外径×厚度 (mm)	数量 (个)	单重 (kg)	合重 (kg)	锥头序号	外径×长度 (mm)	数量 (个)	单重 (kg)	合重 (kg)
1	D60×3	600	1739.7	7337	1	60×14	1200	0.36	432.0	1	76×60	448	1.50	672.0
2	D76×3.5	224	622.0	3892						2	89×70	224	2.20	492.8
3	D89×4	112	307.8	2581						3	114×70	168	3.20	537.6
4	D114×4.5	84	226.2	2748						4	133×90	92	5.00	460.0
5	D133×6	46	120.1	2256						5	140×90	84	5.40	453.6
6	D140×8	42	108.0	2814						6	152×120	24	10.50	252.0
7	D152×10	12	30.5	1069										
				22697					432					2982

2. 螺栓，螺母									**4. 螺栓球**				
编号	螺栓	数量 (个)	单重 (kg)	合重 (kg)	螺母 (对边/孔径) (mm)	长度 (mm)	数量 (个)	单重 (kg)	合重 (kg)	编号	直径 (mm)	数量 (个)	单重 (kg)	合重 (kg)
a	M16	1056	0.10	105.6	27/17	30	1056	0.15	157.0	A	100	182	4.11	641.2
b	M22	892	0.30	267.6	36/23	35	892	0.31	275.1	B	110	32	5.47	175.1
c	M27	68	0.56	38.1	45/28	42	68	0.58	39.3	C	130	89	9.03	803.6
d	M33	96	0.98	94.1	52/34	47	96	0.86	83.0	D	150	12	13.87	166.5
e	M39	84	1.78	149.5	65/40	55	84	1.56	132.7	E	180	16	23.97	383.5
f	M48	44	3.11	136.8	80/49	74	44	3.22	141.7					
				792					829	用钢量：23.73kg/m²				2170

10.4 吊车梁构件选用

10.4.1 说明

1. 吊车梁按起重量 3～50t 的中级工作制（A4、A5）一般用途（软钩）吊车设计。吊车的基本参数和尺寸：

（1）电动单梁吊车（3～10t）：按北京起重运输机械设计研究院（简称"北起"）2013 年提供的 LDB 型电动单梁起重机产品规格和宁波市凹凸重工有限公司 1～16t 欧式起重机规格计算。

（2）桥式吊车（5～50t）：分别按"北起"2013 年提供的一般用途 QDL 系列桥式起重机产品规格、大连重工·起重集团有限公司（简称"大重"）2013 年提供的一般用途 DHQD08 系列桥式起重机产品规格和宁波市凹凸重工有限公司 ATH 轻量式吊车规格计算（吊车相关资料见第 12 章）。

2. 吊车梁采用单轴对称的焊接工字形截面（表 10-4a～表 10-4c）和热轧 H 型钢截面（表 10-4d～表 10-4f）。钢材 Q235。

6.0m 吊车梁选用表 （一）（北起 LDB、QDL、Q235、焊接工字形）　　　表 10-4a

序号	起重量 Q (t)	吊车跨度 S (m)	吊车梁型号	截面尺寸					弯矩设计值		剪力设计值	截面应力 (N/mm²)		钢轨型号
				h (mm)	t_w (mm)	b_1 (mm)	b_2 (mm)	t_f (mm)	M_x (kN·m)	M_y (kN·m)	V (kN)	控制应力	σ	
1	3 (单梁)	7.5～22.5	GDL6-1	450	6	250	220	8	137.1	—	113.0	$\sigma_{稳定}$	177.1	
2	5 (单梁)	7.5～22.5	GDL6-2	450	6	280	220	10	196.1	—	158.9	$\sigma_{下翼缘}$	173.1	P24
3	10 (单梁)	7.5～22.5	GDL6-4	450	6	350	220	16	340.6	—	280.7	$\sigma_{下翼缘}$	202.2	
4	5	10.5～22.5	GDL6-3	450	6	300	220	14	228.6	5.1	192.6	$\sigma_{上翼缘}$	166.0	
5		25.5～31.5	GDL6-4	450	6	350	220	16	333.1	6.0	254.3	$\sigma_{下翼缘}$	197.8	
6	10	10.5～25.5	GDL6-5	600	6	350	250	14	406.0	11.5	309.9	$\sigma_{上翼缘}$	193.9	
7		28.5～31.5	GDL6-6	600	8	400	250	14	446.8	11.4	342.7	$\sigma_{下翼缘}$	177.5	P38
8	16/3.2	10.5～16.5	GDL6-5	600	6	350	250	14	384.9	13.2	324.3	$\sigma_{上翼缘}$	192.8	
9		19.5～25.5	GDL6-6	600	8	400	250	14	475.2	14.0	380.9	$\sigma_{上翼缘}$	190.9	
10		28.5	GDL6-7	600	8	400	250	16	548.3	15.5	418.5	$\sigma_{下翼缘}$	196.9	
11		31.5	GDL6-8	750	8	400	250	16	567.1	15.3	435.0	$\sigma_{上翼缘}$	162.3	

续表

序号	起重量 Q (t)	吊车跨度 S (m)	吊车梁型号	截面尺寸					弯矩设计值		剪力设计值	截面应力 (N/mm²)		钢轨型号
				h (mm)	t_w (mm)	b_1 (mm)	b_2 (mm)	t_f (mm)	M_x (kN·m)	M_y (kN·m)	V (kN)	控制应力	σ	
12		10.5~13.5	GDL6-6	600	8	400	250	14	450.0	17.4	371.9	σ 上翼缘	194.3	
13	20/5	16.5~22.5	GDL6-7	600	8	400	250	16	529.5	17.6	435.3	σ 上翼缘	196.1	
14		25.5~31.5	GDL6-8	750	8	400	250	16	629.2	18.2	509.5	σ 上翼缘	184.5	
15		10.5	GDL6-7	600	8	400	250	16	497.4	21.5	411.1	σ 上翼缘	196.7	
16	25/5	13.5~25.5	GDL6-8	750	8	400	250	16	652.1	21.7	536.2	σ 上翼缘	198.5	QU70
17		28.5~31.5	GDL6-9	750	10	450	300	16	747.7	22.6	602.4	σ 上翼缘	185.9	
18		10.5	GDL6-8	750	8	400	250	16	595.4	26.9	487.0	σ 上翼缘	1992	
19	32/8	13.5~25.5	GDL6-9	750	10	450	300	16	753.8	26.7	619.8	σ 上翼缘	195.0	
20		28.5~31.5	GDL6-10	900	10	450	250	16	835.8	27.5	676.8	σ 上翼缘	183.8	
21		10.5	GDL6-9	750	10	450	300	16	704.6	32.2	582.3	σ 上翼缘	197.7	
22	40/8	13.5~22.5	GDL6-10	900	10	450	250	16	843.9	31.9	701.0	σ 上翼缘	194.9	QU100
23		25.5~31.5	GDL6-11	900	12	500	250	16	983.9	33.6	796.7	σ 上翼缘	189.9	
24	50/10	10.5~19.5	GDL6-11	900	12	500	250	16	971.1	40.7	802.6	σ 上翼缘	199.4	
25		22.5~31.5	GDL6-12	900	12	550	300	18	1178.2	42.4	954.0	σ 上翼缘	183.9	

6.0m 吊车梁选用表（一）（大重 DHQD、Q235、焊接工字形） 表 10-4b

序号	起重量 Q (t)	吊车跨度 S (m)	吊车梁型号	截面尺寸					弯矩设计值		剪力设计值	截面应力 (N/mm²)		钢轨型号
				h (mm)	t_w (mm)	b_1 (mm)	b_2 (mm)	t_f (mm)	M_x (kN·m)	M_y (kN·m)	V (kN)	控制应力	σ	
1		16.5~22.5	GDL6-3	450	6	300	220	14	240.8	5.4	200.7	σ 上翼缘	175.4	
2	5	25.5	GDL6-4	450	6	350	220	16	337.6	6.9	245.7	σ 下翼缘	200.5	P38
3		28.5~34.5	GDL6-5	600	6	350	250	14	437.2	6.9	318.2	σ 上翼缘	187.8	
4		16.5~22.5	GDL6-5	600	6	350	250	14	354.0	10.7	283.8	σ 上翼缘	171.8	
5	10	25.5~31.5	GDL6-6	600	8	400	250	14	505.5	12.2	379.4	σ 上翼缘	200.8	
6		34.5	GDL6-7	600	8	400	250	16	542.9	12.2	407.4	σ 下翼缘	195.0	
7	16	16.5~22.5	GDL6-6	600	8	400	250	14	478.0	14.1	384.7	σ 上翼缘	193.8	
8		25.5~34.5	GDL6-8	750	8	400	250	16	678.2	15.9	514.7	σ 上翼缘	189.7	
9		16.5~19.5	GDL6-6	600	8	400	250	14	470.9	15.5	405.0	σ 上翼缘	195.3	
10	20/5	22.5~28.5	GDL6-7	600	8	400	250	16	546.9	15.3	473.0	σ 下翼缘	196.6	P43
11		31.5~34.5	GDL6-8	750	8	400	250	16	599.9	15.3	518.8	σ 上翼缘	170.9	
12		16.5	GDL6-7	600	8	400	250	16	541.1	19.1	465.5	σ 上翼缘	203.2	
13	25/5	19.5~31.5	GDL6-8	750	8	400	250	16	685.3	18.9	592.7	σ 上翼缘	198.7	
14		34.5	GDL6-9	750	10	450	300	16	731.3	18.9	632.5	σ 上翼缘	175.5	

续表

序号	起重量 Q (t)	吊车跨度 S (m)	吊车梁型号	截面尺寸					弯矩设计值		剪力设计值	截面应力 (N/mm²)		钢轨型号
				h (mm)	t_w (mm)	b_1 (mm)	b_2 (mm)	t_f (mm)	M_x (kN·m)	M_y (kN·m)	V (kN)	控制应力	σ	
15	32/5	16.5	GDL6-8	750	8	400	250	16	641.8	23.3	555.1	σ 上翼缘	200.4	
16		19.5～31.5	GDL6-9	750	10	450	300	16	799.7	22.8	699.2	σ 上翼缘	196.2	P43
17		34.5	GDL6-10	900	10	450	250	16	836.7	22.8	731.6	σ 上翼缘	174.9	
18	40/10	16.5	GDL6-9	750	10	450	300	16	761.1	29.4	665.4	σ 上翼缘	201.7	25.5 时 P43
19		19.5～28.5	GDL6-10	900	10	450	250	16	908.4	29.4	794.2	σ 上翼缘	199.6	
20		31.5～34.5	GDL6-11	900	12	500	250	16	1002.6	29.4	876.6	σ 下翼缘	187.8	
21	50/10	16.5～25.5	GDL6-11	900	12	500	250	16	1022.7	35.6	898.1	σ 上翼缘	198.4	QU80
22		28.5～34.5	GDL6-12	900	12	550	300	18	1165.6	35.6	1023.6	σ 下翼缘	179.1	

6.0m 吊车梁选用表（一）（宁波市凹凸 LDC、ATH、Q235、焊接工字形）　表 10-4c

序号	起重量 Q (t)	吊车跨度 S (m)	吊车梁型号	截面尺寸					弯矩设计值		剪力设计值	截面应力 (N/mm²)		钢轨型号
				h (mm)	t_w (mm)	b_1 (mm)	b_2 (mm)	t_f (mm)	M_x (kN·m)	M_y (kN·m)	V (kN)	控制应力	σ	
1	3.2 (单梁)	7.5～28.5	GDL6-1	450	6	250	220	8	145.6	—	110	σ 稳定	190.2	
2	5 (单梁)	7.5～28.5	GDL6-2	450	6	280	220	10	194.8	—	147.3	σ 稳定	175.9	P22
3	10 (单梁)	7.5～28.5	GDL6-4	450	6	350	220	16	314.1	—	237.5	σ 下翼缘	186.92	
4	5 (桥式)	10.5～25.5	GDL6-3	450	6	300	220	14	257.7	6.1	205.8	σ 上翼缘	193.6	P22
5		28.5	GDL6-5	600	6	350	250	14	282.6	6.1	213.7	σ 上翼缘	132.7	
6		31.5～34.5	GDL6-5	600	6	350	250	14	358.6	6.1	249.7	σ 上翼缘	162	P30
7	10 (桥式)	10.5～25.5	GDL6-5	600	6	350	250	14	338.1	11.9	270.7	σ 上翼缘	176.8	P22
8		28.5	GDL6-5	600	6	350	250	14	368.0	12.1	293.9	σ 上翼缘	189.2	P30
9		28.5～34.5	GDL6-6	600	8	400	250	14	424.5	11.9	308.3	σ 下翼缘	190.7	
10	16 (桥式)	10.5	GDL6-5	600	6	350	250	14	340.7	13.6	254.7	σ 上翼缘	184.5	P22
11		13.5～25.5	GDL6-6	600	8	400	250	14	436.2	13.3	327.5	σ 上翼缘	180.0	
12		28.5～34.5	GDL6-6	600	8	400	250	14	458.5	11.2	350.9	σ 下翼缘	182.6	P30
13	20 (桥式)	10.5～16.5	GDL6-6	600	8	400	250	14	452.6	16.5	340.1	σ 上翼缘	194.4	P22
14		19.5～34.5	GDL6-7	600	8	400	250	16	496.9	16.1	374.1	σ 上翼缘	184.2	P30

注：20t 以上系列详见宁波市凹凸重工吊车规格表，并按设计实例设计其所用吊车梁。

6m 吊车梁选用表（北起 LDB、QDL　钢材：Q235　热轧 H 型钢）　　**表 10-4d**

序号	起重量 Q (t)	吊车跨度 S (m)	吊车梁截面型号	截面尺寸 (mm) $h \times b \times t_w \times t_f$	弯矩设计值 (kN·m) M_x	M_y	剪力设计值 V (kN)	稳定控制应力 $\sigma_{稳定}$ (N/mm²)	钢轨型号
1	3 (梁式)	7.5～22.5	HDL6-1	HN396×199×7×11	137.1	—	113.0	$\sigma_{稳定}$=194.9	P24
2	5 (梁式)	7.5～22.5	HDL6-2	HN450×200×9×14	196.1	—	158.9	$\sigma_{稳定}$=183.0	
3	10 (梁式)	7.5～22.5	HDL6-3	HN506×201×11×19	340.6	—	280.7	$\sigma_{稳定}$=198.2	
4	5 (桥式)	10.5～25.5	HDL6-4	HM390×300×10×16	288.7	5.9	221.5	$\sigma_{上翼缘}$=199.3	
5		28.5～31.5	HDL6-5	HM482×300×11×15	333.1	6.0	254.3	$\sigma_{上翼缘}$=187.6	
6	10 (桥式)	10.5～13.5	HDL6-4	HM390×300×10×16	254.7	9.0	226.4	$\sigma_{上翼缘}$=194.0	
7		16.5～22.5	HDL6-5	HM482×300×11×15	316.1	9.6	266.4	$\sigma_{上翼缘}$=198.4	P38
8		25.5	HDL6-7	HM550×300×11×18	406.0	11.5	309.9	$\sigma_{上翼缘}$=190.9	
9		28.5～31.5	HDL6-8	HM588×300×12×20	446.8	11.4	342.7	$\sigma_{上翼缘}$=174.5	
10	16/3.2 (桥式)	10.5	HDL6-6	HM544×300×11×15	333.5	12.9	281.1	$\sigma_{上翼缘}$=201.9	
11		13.5～16.5	HDL6-7	HM550×300×11×18	384.9	13.2	324.3	$\sigma_{上翼缘}$=191.1	
12		19.5～25.5	HDL6-8	HM588×300×12×20	475.2	14.0	380.9	$\sigma_{上翼缘}$=193.2	
13		28.5～31.5	HDL6-10	HN700×300×13×24	567.1	15.3	435.0	$\sigma_{上翼缘}$=164.2	
14	20/5 (桥式)	10.5	HDL6-8	HM588×300×12×20	420.4	17.4	347.4	$\sigma_{上翼缘}$=193.3	
15		13.5～16.5	HDL6-9	HN656×301×12×20	478.6	17.6	393.5	$\sigma_{上翼缘}$=191.9	QU70
16		19.5～31.5	HDL6-10	HN700×300×13×24	629.2	18.2	509.5	$\sigma_{上翼缘}$=188.4	

6m 吊车梁选用表（大重 DHQD　钢材：Q235　热轧 H 型钢）　　**表 10-4e**

序号	起重量 Q (t)	吊车跨度 S (m)	吊车梁截面型号	截面尺寸 (mm) $h \times b \times t_w \times t_f$	弯矩设计值 (kN·m) M_x	M_y	剪力设计值 V (kN)	稳定控制应力 $\sigma_{稳定}$ (N/mm²)	钢轨型号
1	5 (桥式)	16.5～22.5	HDL6-3	HN506×201×11×19	240.8	5.4	200.7	$\sigma_{稳定}$=182.6	
2		25.5	HDL6-5	HM482×300×11×15	337.6	6.9	245.7	$\sigma_{上翼缘}$=194.6	
3		28.5～31.5	HDL6-6	HM544×300×11×15	392.9	6.9	285.9	$\sigma_{上翼缘}$=194.3	P38
4		34.5	HDL6-7	HM550×300×11×18	437.2	6.9	318.2	$\sigma_{上翼缘}$=181.9	
5	10 (桥式)	16.5～22.5	HDL6-6	HM544×300×11×15	354.0	10.7	283.8	$\sigma_{上翼缘}$=198.5	
6		25.5～31.5	HDL6-8	HM588×300×12×20	505.5	12.2	379.0	$\sigma_{上翼缘}$=194.9	
7		34.5	HDL6-9	HN656×301×12×20	542.9	12.2	407.4	$\sigma_{上翼缘}$=184.5	
8	16/3.2 (桥式)	16.5～19.5	HDL6-8	HM588×300×12×20	463.3	14.1	372.9	$\sigma_{上翼缘}$=192.8	
9		22.5	HDL6-9	HN656×301×12×20	478.0	14.1	384.7	$\sigma_{上翼缘}$=177.9	
10		25.5～34.5	HDL6-10	HN700×300×13×24	678.2	15.9	514.7	$\sigma_{上翼缘}$=190.8	P43
11	20/5 (桥式)	16.5	HDL6-8	HM588×300×12×20	453.1	15.5	389.8	$\sigma_{上翼缘}$=195.1	
12		19.5～25.5	HDL6-9	HN656×301×12×20	522.6	15.3	452.0	$\sigma_{上翼缘}$=194.0	
13		28.5～34.5	HDL6-10	HN700×300×13×24	599.9	15.3	518.8	$\sigma_{上翼缘}$=173.0	

6m 吊车梁选用表（宁波市　凹凸 LDC、ATH　钢材：Q235　热轧 H 型钢）　**表 10-4f**

序号	起重量 Q (t)	吊车跨度 S (m)	吊车梁截面型号	截面尺寸 (mm) $h \times b \times t_w \times t_f$	弯矩设计值 (kN·m) M_x	弯矩设计值 (kN·m) M_y	剪力设计值 V (kN)	稳定控制应力 $\sigma_{稳定}$ (N/mm²)	钢轨型号
1	3.2(梁式)	7.5~28.5	HDL6-11	HN400×200×8×13	145.6	—	110	$\sigma_{稳定}$=181.0	P22
2	5(梁式)	7.5~28.5	HDL6-2	HN450×200×9×14	194.8	—	147.3	$\sigma_{稳定}$=196.9	
3	10(梁式)	7.5~28.5	HDL6-3	HN506×201×11×19	314.1	—	237.5	$\sigma_{稳定}$=192.3	
4	5	10.5~28.5	HDL6-4	HM390×300×10×16	282.6	6.1	213.7	$\sigma_{上翼缘}$=200.9	P22
5	(桥式)	31.5~34.5	HDL6-12	HM440×300×11×18	358.6	6.1	249.7	$\sigma_{上翼缘}$=195.2	P30
6		10.5~22.5	HDL6-6	HM544×300×11×15	338.1	11.9	270.7	$\sigma_{上翼缘}$=201.1	P22
7	10 (桥式)	25.5	HDL6-7	HM550×300×11×18	368.0	12.1	293.9	$\sigma_{上翼缘}$=183.5	P30
8		28.5~34.5	HDL6-8	HM588×300×12×20	478.8	11.9	336.7	$\sigma_{上翼缘}$=189.1	
10		10.5~16.5	HDL6-7	HM550×300×11×18	375.4	13.5	281.7	$\sigma_{上翼缘}$=192.1	P22
11	16 (桥式 8 轮)	19.5~25.5	HDL6-8	HM588×300×12×20	436.2	13.3	327.5	$\sigma_{上翼缘}$=182.1	
12		25.5~34.5			458.5	11.2	350.9	$\sigma_{上翼缘}$=180.3	P30
14	20	10.5~16.5	HDL6-8	HM588×300×12×20	452.6	16.5	340.1	$\sigma_{上翼缘}$=199.3	P22
15	(桥式 8 轮)	18.5~34.5	HDL6-9	HN656×301×12×20	496.9	16.1	374.1	$\sigma_{上翼缘}$=190.8	P30

注：20t 以上系列详见宁波市凹凸重工吊车规格表，并按设计实例设计其所用吊车梁。

3. 吊车梁跨度 6.0m、7.5m 和 9.0m，按突缘支座设计，计算跨度（按简支计算）分别为 5.99m、7.49m 和 8.99m。

4. 吊车梁按两台起重量相同的中级工作制吊车设计。吊车梁的挠度按一台吊车计算。

5. 对电动单梁吊车未考虑吊车横向水平荷载和弯矩 M_y。

6. 吊车荷载的荷载分项系数取 1.4，动力系数取 1.05。

7. 根据《钢结构设计标准》GB 50017—2017 条文说明第 6.2.3 条，可不进行疲劳计算。

8. 吊车梁上翼缘宽度 b_1（或 b）<280mm 时，应采用焊接型轨道联结；当 b_1（或 b）≥280mm 时，可采用焊接型或钻孔型轨道联结，计算时已考虑截面孔洞削弱。

9. 横向加劲肋与吊车梁腹板的连接角焊缝焊脚尺寸，当梁高 h≤600 时，取 6mm；当 h>600 时，取 8mm。

10.4.2　吊车梁选用

1. 根据吊车梁的跨度，吊车起重量等，按表 10-16～表 10-21 选用吊车梁的截面。表中 h 为吊车梁高度，b_1 为上翼缘宽度，b_2 为下翼缘宽度（对于热轧 H 型钢上下翼缘宽度均为 b），t_w 为腹板厚度，t_f 为翼缘厚度。

2. 吊车梁施工详图可参见图 6-22、图 6-29。

10.5　门式刚架构件选用

10.5.1　说明

1. 本节提供常用的单跨、双跨（带摇摆柱）不带吊车的门式刚架，在 4 个荷载等级，

5 种跨度（每个跨度 2 种高度）下的 72 榀刚架构件的截面尺寸和螺栓直径，供设计参考和选用。屋面为双坡，坡度 1/15。刚架跨度 $L=9\sim21m$，每种跨度相隔 3m，高度 $H=4.5\sim9m$，每种高度相隔 1.5m。刚架跨度取横向刚架柱外边缘的距离，刚架高度取室内地坪 ±0.000 至柱外边缘线与横梁上边缘线交点的距离。刚架柱距均为 6m。

2. 刚架边柱采用变截面，刚架斜梁及摇摆柱为等截面，柱脚均为铰接。

3. 刚架编号

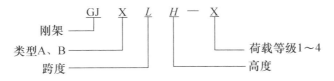

刚架类型以 A、B 表示，A 为单跨双坡刚架；B 为双跨双坡刚架，中柱为摇摆柱。

4. 荷载等级

荷载等级见表 10-5a。

刚架荷载等级　　　　　　表 10-5a

荷载等级	永久荷载标准值（kN/m²）	可变荷载标准值（kN/m²）	总荷载标准值（kN/m²）	总荷载设计值（kN/m²）	基本风压（kN/m²）
1	0.3	0.3	0.6	0.78	0.5
2	0.3	0.7	1.0	1.34	0.5
3	0.9	0.5	1.4	1.78	0.5
4	1.1	0.7	1.8	2.30	0.5

注：表中荷载不包括刚架及支撑等重量，假定荷载均匀作用于刚架结构，刚架及支撑重量在计算内力及截面选用时已考虑，不必另计。

5. 刚架配用的屋面类型

在檩体系：檩距为 1.5m 或 3m 的压型钢板或夹芯板；

无檩体系：1.5mm×6.0m 或 3.0m×6.0m 的发泡水泥复合屋面板。

6. 钢材牌号 Q235-B，焊条 E43 型。钢材和角焊缝的强度设计值分别为 $f=215N/mm^2$，$f_f^w=160N/mm^2$。刚架梁及边柱的翼缘板与端板或底板的连接采用全熔透的对接焊缝，腹板与端板（底板）的连接采用角焊缝。中柱的翼缘板和腹板与底板和顶板的连接可采用角焊缝。坡口形式应符合现行国家标准《手工电弧焊焊接接头的基本形式和尺寸》GB 985 的规定。对接焊缝应与母材等强。

7. 风荷载体型系数 μ_w 按《门式刚架轻型房屋钢结构技术规范》GB 51022—2015 取用。地面粗糙度类别为 B 类的封闭式房屋。如按建筑结构荷载规范风荷载体型系数 μ_s 取用时，选用表中翼缘截面应增加 1.20～1.3 倍。

8. 抗震设防烈度不大于 8 度，设计基本地震加速度 ≤0.2g。

9. 刚架柱平面外的计算长度取其几何长度。刚架梁平面外的计算长度取屋盖水平支撑的节距，其中跨度 12m 时为 3.0m，跨度 15m、18m 和 21m 为 4.5m。

10. 边柱柱脚均应设置抗剪键。刚架连接节点构造见第 7 章，该图应配合刚架选用表（表 10-5b、表 10-5c）及螺栓和节点板选用表（表 10-5d、表 10-5e）使用。

11. 设计软件采用中国建筑科学研究院 PKPM-CAD 工程部的 STS。

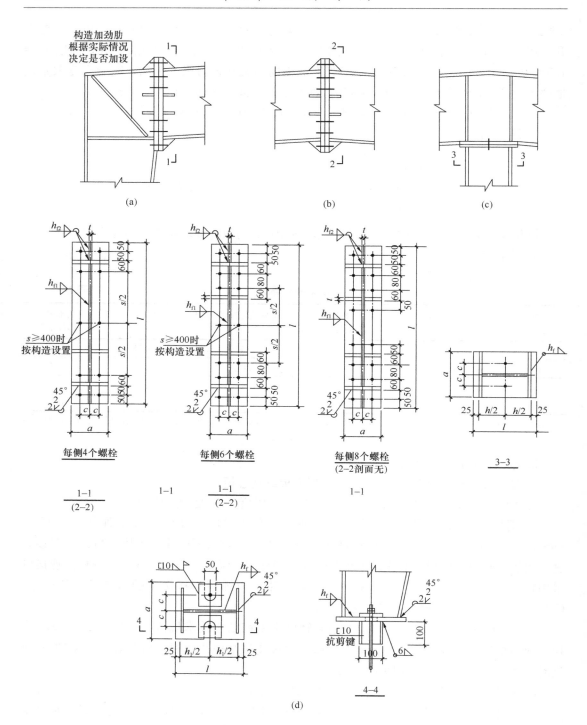

图 10-37　刚架连接节点构造

（a）梁柱拼接节点；（b）屋脊拼接节点（单跨）；（c）跨中连接节点（双跨）；

（d）柱脚节点；

10.5.2 刚架截面选用表

单跨刚架见表 10-5b 双跨刚架见表 10-5c。

10.5.3 螺栓和节点板选用表

单跨刚架螺栓和节点板见表 10-5d，双跨刚架螺栓和节点板见表 10-5e。

单跨刚架截面选用表　　　　　　　　　　　　表 10-5b

序号	刚架编号	刚架跨度×高度 $L \times H$ (m)	柱截面尺寸（mm） $b \times (h_1 \sim h_2) \times t_w \times t_f$	梁截面尺寸（mm） $b \times h \times t_w \times t_f$
1	GJ0945A-1	9×4.5	130×(200～320)×5×6	130×320×5×6
2	GJ0945A-2	9×4.5	150×(200～350)×5×6	140×350×5×6
3	GJ0945A-3	9×4.5	160×(200～400)×5×6	150×400×5×6
4	GJ0945A-4	9×4.5	180×(200～420)×5×6	160×420×5×6
5	GJ0960A-1	9×6.0	180×(200～380)×5×6	150×380×5×6
6	GJ0960A-2	9×6.0	180×(200～450)×5×6	150×440×5×6
7	GJ0960A-3	9×6.0	180×(200～450)×5×8	160×450×5×6
8	GJ0960A-4	9×6.0	180×(200～520)×5×8	180×460×5×6
9	GJ1260A-1	12×6.0	180×(200～420)×5×6	160×350×5×6
10	GJ1260A-2	12×6.0	180×(200～480)×5×8	170×380×5×8
11	GJ1260A-3	12×6.0	200×(250～500)×5×8	180×420×5×8
12	GJ1260A-4	12×6.0	210×(250～580)×5×8	190×480×5×8
13	GJ1275A-1	12×7.5	200×(250～480)×5×8	170×380×5×8
14	GJ1275A-2	12×7.5	210×(250～550)×5×8	180×420×5×8
15	GJ1275A-3	12×7.5	220×(250～650)×5×8	190×480×5×8
16	GJ1275A-4	12×7.5	220×(250～650)×6×10	200×540×5×8
17	GJ1560A-1	15×6.0	180×(200～400)×5×8	180×400×5×6
18	GJ1560A-2	15×6.0	200×(250～560)×5×8	190×460×5×8
19	GJ1560A-3	15×6.0	220×(250～600)×6×8	200×540×5×8
20	GJ1560A-4	15×6.0	220×(250～600)×6×10	220×600×5×8
21	GJ1575A-1	15×7.5	200×(250～560)×5×8	180×420×5×8
22	GJ1575A-2	15×7.5	200×(250～650)×6×10	200×500×5×8
23	GJ1575A-3	15×7.5	220×(250～660)×6×10	200×580×5×8
24	GJ1575A-4	15×7.5	220×(250～650)×8×12	210×650×5×8
25	GJ1875A-1	18×7.5	220×(250～520)×5×8	180×460×5×8

序号	刚架编号	刚架跨度×高度 $L×H$(m)	柱截面尺寸(mm) $b×(h_1 \sim h_2)×t_w×t_f$	梁截面尺寸(mm) $b×h×t_w×t_f$
26	GJ1875A-2	18×7.5	220×(250～660)×6×10	190×640×5×8
27	GJ1875A-3	18×7.5	220×(250～700)×8×12	190×660×6×10
28	GJ1875A-4	18×7.5	240×(300～760)×8×12	200×750×6×10
29	GJ1890A-1	18×9.0	220×(250～680)×6×10	180×560×5×8
30	GJ1890A-2	18×9.0	230×(300～680)×8×12	200×650×5×8
31	GJ1890A-3	18×9.0	250×(300～720)×8×12	200×660×6×10
32	GJ1890A-4	18×9.0	250×(300～780)×8×14	210×750×6×10
33	GJ2175A-1	21×7.5	220×(250～500)×6×10	200×500×5×8
34	GJ2175A-2	21×7.5	230×(300～640)×8×12	200×640×6×10
35	GJ2175A-3	21×7.5	240×(300～780)×8×12	210×750×6×10
36	GJ2175A-4	21×7.5	240×(300～850)×8×14	210×850×6×12
37	GJ2190A-1	21×9.0	230×(300～750)×6×10	190×600×5×8
38	GJ2190A-2	21×9.0	240×(300～840)×8×12	200×700×6×10
39	GJ2190A-3	21×9.0	240×(300～860)×10×14	210×800×6×10
40	GJ2190A-4	21×9.0	260×(300～940)×10×14	210×880×6×12

注：表中 b 为梁、柱截面宽度，h_1、h_2 分别为柱小头和大头的截面高度，h 为梁截面高度，t_w、t_f 分别为梁、柱腹板和翼缘板的厚度。

双跨刚架截面选用表　　　　　　表 10-5c

序号	刚架编号	刚架跨度×高度 $L×H$(m)	边柱截面尺寸(mm) $b×(h_1 \sim h_2)×t_w×t_f$	中柱截面尺寸(mm) $b×h×t_w×t_f$	梁截面尺寸(mm) $b×h×t_w×t_f$
1	GJ0945B-1	9×4.5	130×(200～300)×5×6	120×150×5×6	130×350×5×6
2	GJ0945B-2	9×4.5	130×(200～340)×5×6	130×150×5×6	140×400×5×8
3	GJ0945B-3	9×4.5	140×(200～380)×5×6	140×150×5×6	150×460×5×8
4	GJ0945B-4	9×4.5	150×(200～400)×5×6	150×150×5×6	170×500×5×8
5	GJ0960B-1	9×6.0	160×(200～450)×5×6	150×150×5×6	140×400×5×6
6	GJ0960B-2	9×6.0	170×(200～450)×5×6	150×150×5×6	150×440×5×6
7	GJ10960B-3	9×6.0	180×(200～500)×5×6	160×160×5×6	160×500×5×6
8	GJ0960B-4	9×6.0	180×(200～550)×5×6	180×180×5×6	180×540×5×6
9	GJ1260B-1	12×6.0	170×(200～420)×5×6	160×160×5×6	150×380×5×6

续表

序号	刚架编号	刚架跨度×高度 $L \times H$(m)	边柱截面尺寸(mm) $b \times (h_1 \sim h_2) \times t_w \times t_f$	中柱截面尺寸(mm) $b \times h \times t_w \times t_f$	梁截面尺寸(mm) $b \times h \times t_w \times t_f$
10	GJ1260B-2	12×6.0	180×（200～480）×5×6	160×160×5×6	180×450×5×8
11	GJ1260B-3	12×6.0	180×（200～480）×5×8	170×170×5×8	200×540×5×8
12	GJ1260B-4	12×6.0	180×（200～500）×5×8	180×180×5×8	200×560×6×10
13	GJ1275B-1	12×7.5	190×（200～500）×5×8	190×190×5×8	160×440×5×6
14	GJ1275B-2	12×7.5	200×（250～540）×5×8	190×190×5×8	180×520×5×6
15	GJ1275B-3	12×7.5	210×（250～580）×5×8	190×190×5×8	190×540×5×8
16	GJ1275B-4	12×7.5	220×（250～600）×5×8	200×200×5×8	220×600×5×8
17	GJ1560B-1	15×6.0	180×（200～420）×5×6	160×160×5×6	180×450×5×8
18	GJ1560B-2	15×6.0	180×（200～450）×5×8	180×180×5×6	200×540×6×10
19	GJ1560B-3	15×6.0	190×（200～520）×5×8	190×190×5×8	210×580×6×12
20	GJ1560B-4	15×6.0	200×（250～550）×5×8	200×200×6×8	220×700×6×12
21	GJ1575B-1	15×7.5	200×（250～480）×5×8	190×190×5×8	180×440×5×8
22	GJ1575B-2	15×7.5	210×（250～550）×5×8	190×190×5×8	200×520×6×10
23	GJ1575B-3	15×7.5	220×（250～650）×5×8	190×190×6×10	220×620×6×10
24	GJ1575B-4	15×7.5	230×（300～680）×5×8	210×210×6×10	220×680×6×12
25	GJ1875B-1	18×7.5	200×（250～550）×5×8	190×190×5×8	200×550×5×8
26	GJ1875B-2	18×7.5	200×（250～640）×6×10	190×190×6×10	220×660×6×10
27	GJ1875B-3	18×7.5	210×（250～700）×6×10	210×210×6×10	220×750×6×12
28	GJ1875B-4	18×7.5	220×（300～700）×6×10	230×230×6×10	250×860×6×12
29	GJ1890B-1	18×9.0	220×（250～550）×6×10	230×230×6×10	200×540×5×8
30	GJ1890B-2	18×9.0	230×（300～720）×6×10	230×230×6×10	220×650×6×10
31	GJ1890B-3	18×9.0	240×（300～840）×6×10	230×230×6×10	240×780×6×10
32	GJ1890B-4	18×9.0	250×（300～840）×6×10	250×250×6×10	250×850×6×12

注：表中 b 为梁、柱截面宽度，h_1、h_2 分别为边柱小头和大头的截面高度，h 为梁、中柱截面高度，t_w、t_f 分别为梁、柱腹板和翼缘板的厚度。

单跨刚架螺栓和节点板选用表　　　　表 10-5d

序号	刚架编号	柱脚节点			梁柱拼接节点					屋脊拼接节点				
		底板($a \times l \times t$)		螺栓	端板($a \times l \times t$)		加劲肋		螺栓	端板($a \times l \times t$)		加劲肋		螺栓
		h_f	c		h_f1	c	t	h_f2		h_f1	c	t	h_f2	
1	GJ0945A-1	$250 \times 25 \times 20$		2M24	$180 \times 520 \times 18$		6	6	4M16	$180 \times 520 \times 18$		6	6	4M16
		5	70		5	45				5	45			
2	GJ0945A-2	$250 \times 250 \times 20$		2M24	$180 \times 550 \times 18$		6	6	4M16	$180 \times 550 \times 18$		6	6	4M16
		5	70		5	45				5	45			
3	GJ0945A-3	$250 \times 250 \times 20$		2M24	$180 \times 600 \times 18$		6	6	4M16	$180 \times 600 \times 18$		6	6	4M16
		5	70		5	45				5	45			
4	GJ0945A-4	$250 \times 250 \times 20$		2M24	$180 \times 620 \times 18$		6	6	4M16	$180 \times 620 \times 18$		6	6	4M16
		5	70		5	45				5	45			
5	GJ0960A-1	$250 \times 250 \times 20$		2M24	$180 \times 580 \times 18$		6	6	4M16	$180 \times 580 \times 18$		6	6	4M16
		5	70		5	45				5	45			
6	GJ0960A-2	$250 \times 250 \times 20$		2M24	$180 \times 640 \times 18$		6	6	4M16	$180 \times 640 \times 18$		6	6	4M16
		5	70		5	45				5	45			
7	GJ0960A-3	$250 \times 250 \times 20$		2M24	$180 \times 650 \times 18$		6	6	4M16	$180 \times 650 \times 18$		6	6	4M16
		5	70		5	45				5	45			
8	GJ0960A-4	$250 \times 250 \times 20$		2M24	$180 \times 660 \times 18$		6	6	4M16	$180 \times 660 \times 18$		6	6	4M16
		5	70		5	45				5	45			
9	GJ1260A-1	$250 \times 250 \times 20$		2M24	$180 \times 550 \times 18$		6	6	4M16	$180 \times 550 \times 18$		6	6	4M16
		5	70		5	45				5	45			
10	GJ1260A-2	$250 \times 250 \times 20$		2M24	$180 \times 580 \times 22$		6	6	4M20	$180 \times 580 \times 18$		6	6	4M16
		5	70		5	45				5	45			
11	GJ1260A-3	$270 \times 300 \times 20$		2M24	$200 \times 620 \times 22$		6	6	4M20	$180 \times 620 \times 18$		6	6	4M16
		5	80		5	50				5	45			
12	GJ1260A-4	$270 \times 300 \times 20$		2M24	$210 \times 680 \times 22$		6	6	4M20	$190 \times 680 \times 18$		6	6	4M16
		5	80		5	50				5	45			
13	GJ1275A-1	$270 \times 300 \times 20$		2M24	$200 \times 580 \times 22$		6	6	4M20	$180 \times 580 \times 18$		6	6	4M16
		5	80		5	50				5	45			
14	GJ1275A-2	$270 \times 300 \times 20$		2M24	$210 \times 620 \times 22$		6	6	4M20	$180 \times 620 \times 18$		6	6	4M16
		5	80		5	50				5	45			
15	GJ1275A-3	$270 \times 300 \times 20$		2M24	$220 \times 680 \times 22$		6	6	4M20	$190 \times 680 \times 18$		6	6	4M16
		5	80		5	55				5	45			
16	GJ1275A-4	$270 \times 300 \times 20$		2M24	$220 \times 740 \times 22$		6	6	4M20	$200 \times 740 \times 18$		6	6	4M16
		6	80		5	55				5	50			
17	GJ1560A-1	$250 \times 250 \times 20$		2M24	$180 \times 600 \times 18$		6	6	4M16	$180 \times 600 \times 18$		6	6	4M16
		5	70		5	45				5	45			

续表

序号	刚架编号	柱脚节点 底板(a×l×t)		螺栓	梁柱拼接节点 端板(a×l×t)		加劲肋		螺栓	屋脊拼接节点 端板(a×l×t)		加劲肋		螺栓
		h_f	c		h_{f1}	c	t	h_{f2}		h_{f1}	c	t	h_{f2}	
18	GJ1560A-2	270×300×20		2M24	200×660×22		6	6	4M20	190×660×18		6	6	4M16
		5	80		5	50				5	50			
19	GJ1560A-3	270×300×20		2M24	220×740×22		8	8	4M20	200×740×18		6	6	4M16
		6	80		5	55				5	50			
20	GJ1560A-4	270×300×20		2M24	220×800×22		8	8	4M20	220×800×18		6	6	6M16
		6	80		5	55				5	55			
21	GJ1575A-1	270×300×20		2M24	200×620×22		6	6	4M20	180×620×18		6	6	4M16
		5	80		5	50				5	45			
22	GJ1575A-2	270×300×20		2M24	200×700×22		6	6	4M20	200×700×18		6	6	4M16
		6	80		5	50				5	50			
23	GJ1575A-3	270×300×20		2M24	220×780×22		8	8	4M20	200×780×18		6	6	4M16
		6	80		5	55				5	50			
24	GJ1575A-4	270×300×20		2M24	220×850×22		8	8	4M20	210×850×18		6	6	6M16
		8	80		5	55				5	50			
25	GJ1875A-1	270×300×20		2M24	220×660×22		6	6	4M20	180×660×18		6	6	4M16
		5	80		5	55				5	45			
26	GJ1875A-2	270×300×20		2M24	220×840×22		6	6	4M20	190×840×18		6	6	4M16
		6	80		5	55				5	45			
27	GJ1875A-3	270×300×20		2M24	220×860×22		8	8	6M20	190×860×18		6	6	6M16
		8	80		6	55				6	50			
28	GJ1875A-4	290×350×20		2M24	240×950×22		8	8	6M20	200×950×22		8	8	4M20
		8	90		6	60				6	50			
29	GJ1890A-1	270×300×20		2M24	220×760×22		6	6	4M20	180×760×18		6	6	4M16
		6	80		5	55				5	45			
30	GJ1890A-2	290×350×20		2M24	230×850×22		8	8	4M20	200×850×18		6	6	4M16
		8	90		5	55				5	50			
31	GJ1890A-3	290×350×20		2M24	250×860×20		8	8	6M20	200×860×18		6	6	6M16
		8	90		6	60				6	50			
32	GJ1890A-4	290×350×20		2M24	250×950×20		8	8	8M20	210×950×22		8	8	4M20
		8	90		6	60				6	50			
33	GJ2175A-1	270×300×20		2M24	220×700×22		8	8	4M20	200×700×18		6	6	4M16
		6	80		5	55				5	50			
34	GJ2175A-2	290×350×20		2M24	230×840×22		8	8	6M20	200×840×22		6	6	4M20
		8	90		6	55				6	50			

续表

序号	刚架编号	柱脚节点 底板(a×l×t) / h_f / c	螺栓	梁柱拼接节点 端板(a×l×t) / h_{f1} / c	加劲肋 t	h_{f2}	螺栓	屋脊拼接节点 端板(a×l×t) / h_{f1} / c	加劲肋 t	h_{f2}	螺栓
35	GJ2175A-3	290×350×20 / 8 / 90	2M24	240×950×22 / 6 / 60	8	8	6M20	210×950×22 / 6 / 50	8	8	4M20
36	GJ2175A-4	290×350×20 / 8 / 90	2M24	240×1050×22 / 6 / 60	8	8	8M20	210×1050×22 / 6 / 50	8	8	4M20
37	GJ2190A-1	290×350×20 / 6 / 90	2M24	230×800×22 / 5 / 60	6	6	4M20	190×800×18 / 5 / 45	6	6	4M16
38	GJ2190A-2	290×350×20 / 8 / 90	2M24	240×900×22 / 6 / 60	8	8	6M20	200×900×18 / 6 / 50	6	6	6M16
39	GJ2190A-3	290×350×20 / 10 / 90	2M24	240×1000×22 / 6 / 60	8	8	6M20	210×1000×16 / 6 / 50	6	6	6M16
40	GJ2190A-4	290×350×20 / 10 / 90	2M24	260×1080×20 / 6 / 65	8	8	8M20	210×1080×22 / 6 / 50	8	8	4M20

双跨刚架螺栓和节点板选用表　　　　　表 10-5e

序号	刚架编号	边柱柱脚节点 底板(a×l×t) / h_f / c	锚栓	中柱柱脚节点 底板(a×l×t) / h_f / c	锚栓	梁柱拼接节点 端板(a×l×t) / h_{f1} / c	加劲肋 t	h_{f2}	螺栓	跨中连接节点 连接板(a×l×t) / h_f / c	螺栓
1	GJ0945B-1	250×250×20 / 5 / 70	2M24	200×250×20 / 5 / 70	2M24	180×550×18 / 5 / 45	6	6	4M16	180×200×8 / 6 / 45	2M16
2	GJ0945B-2	250×250×20 / 5 / 70	2M24	200×250×20 / 5 / 70	2M24	180×600×18 / 5 / 45	6	6	4M16	180×200×8 / 6 / 45	2M16
3	GJ0945B-3	250×250×20 / 5 / 70	2M24	200×250×20 / 5 / 70	2M24	180×660×18 / 5 / 45	6	6	4M16	180×200×8 / 6 / 45	2M16
4	GJ0945B-4	250×250×20 / 5 / 70	2M24	200×250×20 / 5 / 70	2M24	180×700×18 / 5 / 45	6	6	4M16	180×200×8 / 6 / 45	2M16
5	GJ0960B-1	250×250×20 / 5 / 70	2M24	200×250×20 / 5 / 70	2M24	180×600×18 / 5 / 45	6	6	4M16	180×200×8 / 6 / 45	2M16
6	GJ0960B-2	250×250×20 / 5 / 70	2M24	200×250×20 / 5 / 70	2M24	180×640×18 / 5 / 45	6	6	4M16	180×200×8 / 6 / 45	2M16
7	GJ0960B-3	250×250×20 / 5 / 70	2M24	210×250×20 / 5 / 70	2M24	180×700×18 / 5 / 45	6	6	4M16	180×210×8 / 6 / 45	2M16
8	GJ0960B-4	250×250×20 / 5 / 70	2M24	230×250×20 / 5 / 70	2M24	180×740×18 / 5 / 45	6	6	4M16	180×230×8 / 6 / 45	2M16
9	GJ1260B-1	250×250×20 / 5 / 70	2M24	210×250×20 / 5 / 70	2M24	180×580×18 / 5 / 45	6	6	4M16	180×210×8 / 6 / 45	2M16

续表

序号	刚架编号	边柱柱脚节点			中柱柱脚节点			梁柱拼接节点					跨中连接节点		
		底板($a \times l \times t$)		锚栓	底板($a \times l \times t$)		锚栓	端板($a \times l \times t$)		加劲肋		螺栓	连接板($a \times l \times t$)		螺栓
		h_f	c		h_f	c		h_{f1}	c	t	h_{f2}		h_f	c	
10	GJ1260B-2	$250 \times 250 \times 20$		2M24	$210 \times 250 \times 20$		2M24	$180 \times 650 \times 18$		6	6	4M16	$180 \times 210 \times 8$		2M16
		5	70		5	70		5	45				6	45	
11	GJ1260B-3	$250 \times 250 \times 20$		2M24	$220 \times 250 \times 20$		2M24	$200 \times 740 \times 18$		6	6	4M16	$200 \times 220 \times 8$		2M16
		5	70		5	70		5	50				6	50	
12	GJ1260B-4	$250 \times 250 \times 20$		2M24	$230 \times 250 \times 20$		2M24	$200 \times 760 \times 18$		6	6	4M16	$200 \times 230 \times 10$		2M16
		5	70		5	70		6	50				7	50	
13	GJ1275B-1	$250 \times 250 \times 20$		2M24	$240 \times 250 \times 20$		2M24	$190 \times 640 \times 18$		6	6	4M16	$180 \times 240 \times 8$		2M16
		5	70		5	70		5	45				6	45	
14	GJ1275B-2	$270 \times 300 \times 20$		2M24	$240 \times 250 \times 20$		2M24	$200 \times 720 \times 18$		6	6	4M16	$190 \times 240 \times 8$		2M16
		5	80		5	70		5	50				6	45	
15	GJ1275B-3	$270 \times 300 \times 20$		2M24	$240 \times 250 \times 20$		2M24	$210 \times 740 \times 18$		6	6	4M16	$190 \times 240 \times 8$		2M16
		5	80		5	70		5	50				6	45	
16	GJ1275B-4	$270 \times 300 \times 20$		2M24	$250 \times 250 \times 20$		2M24	$220 \times 800 \times 18$		6	6	4M16	$220 \times 250 \times 8$		2M16
		5	80		5	70		5	55				6	55	
17	GJ1560B-1	$250 \times 250 \times 20$		2M24	$210 \times 250 \times 20$		2M24	$180 \times 650 \times 18$		6	6	4M16	$180 \times 210 \times 8$		2M16
		5	70		5	70		5	45				6	45	
18	GJ1560B-2	$250 \times 250 \times 20$		2M24	$230 \times 250 \times 20$		2M24	$200 \times 740 \times 18$		6	6	4M16	$200 \times 230 \times 10$		2M16
		5	70		5	70		6	50				7	50	
19	GJ1560B-3	$250 \times 250 \times 20$		2M24	$240 \times 250 \times 20$		2M24	$210 \times 780 \times 18$		6	6	4M16	$210 \times 240 \times 12$		2M16
		5	70		5	70		6	50				7	50	
20	GJ1560B-4	$270 \times 300 \times 20$		2M24	$250 \times 250 \times 20$		2M24	$220 \times 900 \times 18$		6	6	4M16	$220 \times 250 \times 12$		2M16
		5	80		6	70		6	55				7	55	
21	GJ1575B-1	$270 \times 300 \times 20$		2M24	$240 \times 250 \times 20$		2M24	$200 \times 640 \times 18$		6	6	4M16	$190 \times 240 \times 8$		2M16
		5	80		5	70		5	50				6	45	
22	GJ1575B-2	$270 \times 300 \times 20$		2M24	$240 \times 250 \times 20$		2M24	$210 \times 720 \times 18$		6	6	4M16	$200 \times 240 \times 10$		2M16
		5	80		5	70		6	50				7	50	
23	GJ1575B-3	$270 \times 300 \times t$		2M24	$240 \times 250 \times t$		2M24	$220 \times 820 \times 16$		6	6	6M16	$220 \times 240 \times 10$		2M16
		5	80		6	70		6	55				7	55	
24	GJ1575B-4	$270 \times 300 \times 20$		2M24	$250 \times 260 \times 20$		2M24	$230 \times 880 \times 16$		6	6	6M16	$220 \times 260 \times 12$		2M16
		5	80		6	70		6	55				7	55	
25	GJ1875B-1	$270 \times 300 \times 20$		2M24	$240 \times 250 \times 20$		2M24	$200 \times 750 \times 18$		6	6	4M16	$200 \times 240 \times 8$		2M16
		5	80		5	70		5	50				6	50	
26	GJ1875B-2	$270 \times 300 \times 20$		2M24	$240 \times 250 \times 20$		2M24	$220 \times 860 \times 16$		6	6	6M16	$220 \times 240 \times 10$		2M16
		6	80		6	70		6	55				7	55	

序号	刚架编号	边柱柱脚节点 底板(a×l×t)		锚栓	中柱柱脚节点 底板(a×l×t)		锚栓	梁柱拼接节点 端板(a×l×t)		加劲肋		螺栓	跨中连接节点 连接板(a×l×t)		螺栓
		h_f	c		h_f	c		h_{f1}	c	t	h_{f2}		h_f	c	
27	GJ1875B-3	270×300×20		2M24	250×260×20		2M24	220×950×16		6	6	6M16	220×260×12		2M16
		6	80		6	70		6	55				7	55	
28	GJ1875B-4	290×350×20		2M24	250×280×20		2M24	250×1060×16		6	6	6M16	250×280×12		2M16
		6	90		6	70		6	60				7	60	
29	GJ1890B-1	270×300×20		2M24	250×280×20		2M24	220×740×16		6	6	6M16	230×280×10		2M16
		6	80		6	70		5	55				7	55	
30	GJ1890B-2	290×350×20		2M24	250×280×20		2M24	230×850×16		6	6	6M16	230×280×10		2M16
		6	90		6	70		6	55				7	55	
31	GJ1890B-3	290×350×20		2M24	250×280×20		2M24	240×980×16		6	6	6M16	240×280×10		2M16
		6	90		6	70		6	60				7	60	
32	GJ1890B-4	290×350×20		2M24	270×300×20		2M24	250×1050×16		6	6	6M16	250×300×12		2M16
		6	90		6	80		6	60				7	60	

注：1. 表中梁柱端板连接螺栓计算时，未考虑橇力影响，实际应用时应将螺栓直径乘以 1.1。

2. 表中拼接螺栓为端板一侧的数量，不包括需要在端板中心设置的构造螺栓。

墙梁截面通常采用 C 型钢和高频焊接 H 型钢截面见第 8 章。

10.6　墙 架 构 件 选 用

卷边槽钢、高频焊接 H 型钢墙梁选用表　　　　　表 10-6a

基本风压 W_0 (kN/m²)	截面形式	跨度 l (m)	梁距 a (m)	截面规格	构件编号	用钢量 (kg/m²)	说明
0.5 B类 $H{\leqslant}20m$ $\mu_z=1.23$ $\mu_s=\pm1.2$ $\beta_{gz}=1.63$	卷边槽钢 C型钢	4.5	1.2	120×50×20×3.0	QLC4.5-12.3	4.61	跨中设一道内、外拉条
			1.5	160×50×20×2.5	QLC4.5-16.2	4.00	
			1.8	160×60×20×3.0	QLC4.5-16.3	3.88	
			2.1	180×70×20×2.5	QLC4.5-18.2	3.17	
			2.4	180×70×20×3.0	QLC4.5-18.3	3.29	
			2.7	180×70×20×3.0	QLC4.5-18.3	2.92	
			3.0	200×70×20×2.5	QLC4.5-20.2	2.78	
		6.0	1.2	200×70×20×2.5	QLC6.0-20.2	5.88	跨中设一道内、外拉条
			1.5	220×75×20×2.5	QLC6.0-22.2	5.09	
			1.8	220×75×25×3.0	QLC6.0-22.3	5.17	
			2.1	250×75×25×3.0	QLC6.0-25.3	4.76	
			2.4	280×80×25×3.0	QLC6.0-28.3	4.52	
			2.7	280×80×25×3.0	QLC6.0-28.3	4.06	
			3.0	300×80×25×3.0	QLC6.0-30.3	3.86	

续表

基本风压 W_0 (kN/m²)	截面形式	跨度 l (m)	梁距 a (m)	截面规格	构件编号	用钢量 (kg/m²)	说明
0.5 B类 $H \leqslant 20m$ $\mu_z = 1.23$ $\mu_s = \pm 1.2$ $\beta_{gz} = 1.63$	卷边槽钢C型钢	7.5	1.2	250×75×20×2.5	QLC7.5-25.2	6.86	跨中设二道内、外拉条
			1.5	280×80×20×2.5	QLC7.5-28.2	6.01	
			1.8	280×80×25×3.0	QLC7.5-28.3	6.08	
	高频焊接H型钢	6.0	1.8	150×75×4.5×6.0	QLH6.0-15.2	6.63	跨中设一道拉条
			2.4	150×100×4.5×6.0	QLH6.0-15.4	5.95	
			3.0	200×100×4.5×6.0	QLH6.0-20.2	5.35	
		7.5	1.5	150×75×4.5×6.0	QLH7.5-15.2	7.96	跨中设二道内、外拉条
			1.8	150×100×4.5×6.0	QLH7.5-15.4	7.94	
			2.4	200×100×4.5×6.0	QLH7.5-20.2	6.71	
			3.0	200×150×4.5×6.0	QLH7.5-20.3	6.02	
		9.0	1.5	200×100×4.5×6.0	QLH9.0-20.2	10.7	
			1.8	200×100×4.5×6.0	QLH9.0-20.2	8.94	
			2.4	200×150×4.5×6.0	QLH9.0-20.3	8.66	
			3.0	250×125×4.5×6.0	QLH9.0-25.1	6.73	
0.7 B类 $H \leqslant 20m$ $\mu_z = 1.23$ $\mu_s = \pm 1.2$ $\beta_{gz} = 1.63$	卷边槽钢C型钢	4.5	1.2	160×60×20×2.5	QLC4.5-16.2	4.89	跨中设一道拉条
			1.5	180×70×20×2.5	QLC4.5-18.2	4.44	
			1.8	180×70×20×3.0	QLC4.5-18.3	4.38	
			2.1	200×70×20×3.0	QLC4.5-20.3	3.98	
			2.4	220×75×25×3.0	QLC4.5-22.3	3.88	
			2.7	220×75×25×3.0	QLC4.5-22.3	3.45	
			3.0	250×75×25×3.0	QLC4.5-25.3	3.33	
		6.0	1.2	220×75×25×3.0	QLC6.0-22.3	7.80	
			1.5	280×80×20×2.5	QLC6.0-28.2	6.00	
			1.8	280×80×25×3.0	QLC6.0-28.3	6.60	
			2.1	300×80×25×3.0	QLC6.0-30.3	5.43	
	高频焊接H型钢	6.0	1.8	150×100×4.5×6.0	QLH6.0-15.4	7.94	跨中设一道拉条
			2.4	200×100×4.5×6.0	QLH6.0-20.2	6.69	
			3.0	200×150×4.5×6.0	QLH6.0-20.3	6.93	
		7.5	1.5	200×100×3.2×4.5	QLH7.5-20.1	7.91	跨中设两道拉条
			1.8	200×100×4.5×6.0	QLH7.5-20.2	8.90	
			2.4	200×150×4.5×6.0	QLH7.5-20.3	8.65	
			3.0	250×125×4.5×6.0	QLH7.5-25.1	6.73	
		9.0	1.5	200×150×4.5×6.0	QLH9.0-20.3	13.80	
			1.8	200×150×4.5×6.0	QLH9.0-20.3	11.50	
			2.4	200×150×4.5×6.0	QLH9.0-20.3	8.7	
			3.0	250×125×4.5×6.0	QLH9.0-25.1	6.67	

注：1. 墙体为挂板，与墙梁用自攻钉连接，用于窗顶墙梁时应经验算后确定是否加强；

2. 计算中已考虑风吸力下墙梁内侧的稳定，故单层墙板均应在墙里侧再增设拉条，再按图 11-5 在墙底处加斜拉条。当采用双层墙板时，墙梁暗藏，拉条位于墙梁腹板中心部位，取消墙底处斜拉条；

3. 按建筑结构荷载规范 GB 50009—2012，封闭式建筑 μ_s 取 +1.2，—1.2，统一计入墙梁负风面积的风荷载折减系数（近似值 0.85）。当基本风压 w_0 不等于 0.5kN/m²、房屋高度 $H < 20m$ 时也可换算基本风压、檩距选用。例如 $w_0 = 0.4kN/m²$，$H = 10m$，地面粗糙度为 A 类，墙梁间距 a 为 1.2m 时，则换算 $w_0 = \dfrac{\mu_z(10)}{\mu_z(20)} \cdot 0.4 = \dfrac{1.38}{1.25} \times 0.4 = 0.45 < 0.5kN/m²$，仍可按 $w_0 = 0.50kN/m²$，$a = 1.2m$ 选用，以此类推。

抗风柱采用三块板焊接的 I 字形钢其截面参见第 8 章。

墙架柱（抗风柱）构件选用表 表 10-6b

基本风压 W_0 (kN/m²)	下柱高 h (m)	柱距 a (m)	截面规格 (mm)	构件编号	用钢 g/a (kg/m²)	说明
0.5 $\mu_s=\pm1.0$ $\mu_z=1.23$ $\beta_{gz}=1.0$	6.9	4.5	H300×150×5×6	QJZ6.9-11	5.65	
		6.0	H300×200×5×6	QJZ6.9-12	5.02	
		7.5	H300×200×6×8	QJZ6.9-13	5.13	
		9.0	H300×200×6×10	QJZ6.9-14	4.95	
	8.1	4.5	H300×200×5×6	QJZ8.1-11	6.70	
		6.0	H300×200×6×8	QJZ8.1-12	6.41	
		7.5	H300×200×6×10	QJZ8.1-13	5.95	
		9.0	H350×250×6×8	QJZ8.1-14	5.67	
	9.3	4.5	H300×200×6×8	QJZ9.3-11	8.55	
		6.0	H300×200×6×10	QJZ9.3-12	7.43	
		7.5	H350×250×6×8	QJZ9.3-13	6.80	
		9.0	H400×250×6×10	QJZ9.3-14	6.35	构件编号中末尾两数字
	10.5	4.5	H350×200×6×10	QJZ10.5-11	10.43	第一个为基本风压等级
		6.0	H350×250×6×8	QJZ10.5-12	8.51	第二个为截面尺寸序号
		7.5	H400×250×6×10	QJZ10.5-13	7.62	
		9.0	H500×250×6×12	QJZ10.5-14	7.73	
	12.3	4.5	H350×250×6×10	QJZ12.3-11	12.18	
		6.0	H400×250×6×10	QJZ12.3-12	9.53	
		7.5	H500×250×6×12	QJZ12.3-13	9.27	
		9.0	H500×300×6×12	QJZ12.3-14	8.81	
0.7 $\mu_s=\pm1.0$ $\mu_z=1.23$ $\beta_{gz}=1.0$	6.9	4.5	H300×200×5×6	QJZ6.9-21	6.70	
		6.0	H300×200×6×8	QJZ6.9-22	6.41	
		7.5	H300×200×6×10	QJZ6.9-23	5.95	
		9.0	H350×200×6×10	QJZ6.9-24	5.22	
	8.1	4.5	H300×200×6×8	QJZ8.1-21	8.55	
		6.0	H300×200×6×10	QJZ8.1-22	7.41	
		7.5	H350×250×6×8	QJZ8.1-23	6.80	
		9.0	H350×250×6×10	QJZ8.1-24	6.09	

续表

基本风压 W_0 (kN/m²)	下柱高 h (m)	柱距 a (m)	截面规格 (mm)	构件编号	用钢 g/a (kg/m²)	说明
0.7 $\mu_s=\pm1.0$ $\mu_z=1.23$ $\beta_{gz}=1.0$	9.3	4.5	H350×200×6×10	QJZ9.3-21	10.43	构件编号中末尾两数字 第一个为基本风压等级 第二个为截面尺寸序号
		6.0	H350×250×6×8	QJZ9.3-22	8.51	
		7.5	H450×250×6×10	QJZ9.3-23	7.93	
		9.0	H500×250×6×10	QJZ9.3-24	6.87	
	10.5	4.5	H350×250×6×10	QJZ10.5-21	12.18	
		6.0	H400×250×6×10	QJZ10.5-22	9.53	
		7.5	H500×250×6×12	QJZ10.5-23	9.27	
		9.0	H500×300×6×10	QJZ10.5-24	7.68	
	12.3	4.5	H500×250×6×10	QJZ12.3-21	13.75	
		6.0	H500×250×6×12	QJZ12.3-22	11.59	
		7.5	H500×300×6×12	QJZ12.3-23	10.57	
		9.0	H500×300×6×14	QJZ12.3-24	8.81	

注：1. 本表适用于抗震设防烈度为 8 度 0.2g、轻质墙板、地面粗糙度为 B 类的抗风柱。柱截面由三块钢板焊成的工字形截面；

2. 抗风柱上柱计算高度 $H_2\leqslant2.4$m。上柱实际高度按抗风柱图集 SG533 确定。抗风柱上柱截面按其下柱截面确定。当抗风柱下柱截面高度为 300 或 350mm 时可做成等截面。当下柱截面高度为 400mm 及以上时，可按 SG533 取上柱截面高度为 300 或 350mm。其余与下柱截面尺寸相等；

3. 抗风柱风荷载体型系数 μ_s 取 ±1.0，其余均按《建筑结构荷载规范》GB 50009—2012 取用；

4. 抗风柱两侧柱距不同时取平均值；

5. 柱顶和柱底均为铰接，抗风柱柱顶与屋架（梁）上弦相连。柱脚底板厚 20mm，采用 4M14 锚栓，详见 2010 年 SG533 第 52 页；

6. 表中用钢量仅供参考。

10.7 支 撑 构 件 选 用

1. 本节主要给出梯形钢屋架的支撑布置和截面尺寸，不包括天窗架及门式刚架的支撑。其支撑布置可参考有关章节。

2. 支撑的截面尺寸由杆件长细比的构造要求确定，支撑压杆 [λ] ＝200，支撑拉杆 [λ] ＝400（一般房屋），钢材 Q235。

3. 表 10-7a 中系杆一栏中的数字为一个开间内系杆布置的根数，其布置原则见第 11 章，即所有布置上、下弦支撑开间内的节点处均设刚性系杆（有竖向支撑处不设）。一般开间内在上弦屋脊处及端部、下弦端部共设 5 根刚性系杆外，上弦在与水平支撑节点连接处、下弦在与竖向支撑节点连接处应设柔性系杆。

4. 根据屋架跨度和柱距，支撑截面可按表 10-7a、表 10-7b 选用。柱距 7.5m 和 9.0m 的支撑形式可参考柱距 6.0m 的形式，此时需将柱距 6.0m（5.4m）改为 7.5m（6.9m）或 9.0m（8.4m）。

5. 表 10-7a 中支撑重量，对水平支撑指一个开间内的重量；对竖向支撑指一榀的重量；对水平系杆指一根的重量。

6. 支撑与屋架的连接见第 4 章。

柱距6m支撑构件选用表　　　　表 10-7a

屋架跨度	支撑名称		形　式 （单位：m）	截面规格 （mm）		重　量 （kg）	用钢量 （kg/m²）
15m	水平支撑	上　弦	4.5 3.0 3.0 4.5　6.0(5.4)	L63×5		312 (290)	有支撑开间 15.2 (15.3)
		下　弦	竖向支撑　6.0 3.0 6.0　6.0(5.4)	节距3m时 L63×5 节距6m时 L70×5		314 (296)	
		下　弦 （9度区）	6.0 3.0 6.0　6.0(5.4)	节距3m时 L63×5 节距6m时 L70×5		278 (262)	无支撑开间 4.9
	竖向支撑	端　部	3.0(2.7) 3.0(2.7)　1.5	弦杆	⌐Γ70×5 (⌐Γ63×5)	202 (175)	9度区有支撑开间 17.1 (17.1)
				腹杆	L50×5		
		跨中	无	—		—	
		跨　中 （9度区）	3.0(2.7) 3.0(2.7)　2.25	弦杆	⌐Γ70×5 (⌐Γ63×5)	210 (178)	
				腹杆	L50×5		
				竖杆	⌐Γ50×5		无支撑开间 4.9
	系杆	刚　性	有支撑开间：上弦3根，下弦2根 无支撑开间：上弦3根，下弦2根	┼ 70×5		67 (61)	
		柔　性	无支撑开间：上弦2根，下弦1根	L70×5		34	

续表

屋架跨度	支撑名称		形　式 （单位：m）	截面规格 （mm）		重　量 （kg）	用钢量 （kg/m²）
18m	水平支撑	上　弦	6.0 (5.4) 3.0 3.0 3.0 3.0 3.0 3.0	L63×5		438 (402)	有支撑开间 16.8 (16.9) 无支撑开间 4.7
		下　弦	竖向支撑 6.0 3.0 3.0 6.0 6.0 (5.4)	L70×5		364 (344)	
	竖向支撑	端　部	1.5 3.0 3.0 (2.7) (2.7)	弦杆	⊤⌐70×5 (⊤⌐63×5)	202 (175)	
				腹杆	L50×5		
		跨　中	2.4 3.0 3.0 (2.7) (2.7)	弦杆	⊤⌐70×5 (⊤⌐63×5)	208 (179)	
				腹杆	L50×5		
				竖杆	⊤⌐50×5		
	系杆	刚　性	有支撑开间：上弦4根，下弦2根 无支撑开间：上弦3根，下弦2根	┿ 70×5		67 (61)	
		柔　性	无支撑开间：上弦4根，下弦1根	L70×5		34	
21m	水平支撑	上　弦	6.0 (5.4) 4.5 3.0 3.0 3.0 3.0 4.5	L63×5		458 (424)	有支撑开间 14.8 (14.9) 无支撑开间 4.0
		下　弦	6.0 4.5 4.5 6.0 6.0 (5.4)	L70×5		388 (368)	
	竖向支撑	端　部	1.5 3.0 3.0 (2.7) (2.7)	弦杆	⊤⌐70×5 (⊤⌐63×5)	202 (175)	
				腹杆	L50×5		
		跨　中	2.55 3.0 3.0 (2.7) (2.7)	弦杆	⊤⌐70×5 (⊤⌐63×5)	211 (182)	
				腹杆	L50×5		
				竖杆	⊤⌐50×5		
	系杆	刚　性	有支撑开间：上弦4根，下弦2根 无支撑开间：上弦3根，下弦2根	┿ 70×5		67 (61)	
		柔　性	无支撑开间：上弦4根，下弦1根	L70×5		34	

屋架跨度	支撑名称		形　式 (单位:m)	截面规格 (mm)		重　量 (kg)	用钢量 (kg/m²)
24m	水平支撑	上弦	4.5 3.0 4.5 4.5 3.0 4.5 高6.0(5.4)	L63×5		478 (446)	有支撑开间 13.2 (13.4) 无支撑开间 3.3
		下弦	6.0 6.0 6.0 6.0 高6.0(5.4)	L70×5		412 (392)	
	竖向支撑	端部	3.0(2.7) 3.0(2.7) 高1.5	弦杆	⊤⌐70×5 (⊤⌐63×5)	202 (175)	
				腹杆	L50×5		
		跨中	3.0(2.7) 3.0(2.7) 高2.7	弦杆	⊤⌐70×5 (⊤⌐63×5)	211 (185)	
				腹杆	L50×5		
				竖杆	⊤⌐50×5		
	系杆	刚性	有支撑开间:上弦4根,下弦2根 无支撑开间:上弦3根,下弦2根	＋70×5		67 (61)	
		柔性	无支撑开间:上弦4根,下弦1根	L70×5		34	
27m	水平支撑	上弦	4.5 4.5 4.5 4.5 4.5 4.5 高6.0(5.4)	L63×5		498 (468)	有支撑开间 13.6 (13.8) 无支撑开间 3.1 9度区 有支撑开间 14.0 (14.1) 无支撑开间 3.3
		下弦	6.0 4.5 3.0 3.0 4.5 6.0 高6.0(5.4)	L70×5		548 (518)	
		下弦 (9度)	6.0 3.0 4.5 4.5 3.0 6.0 高6.0(5.4)	L70×5		548 (518)	
	竖向支撑	端部	3.0(2.7) 3.0(2.7) 高1.5	弦杆	⊤⌐70×5 (⊤⌐63×5)	202 (175)	
				腹杆	L50×5		
		跨中	3.0(2.7) 3.0(2.7) 高2.85	弦杆	⊤⌐70×5 (⊤⌐63×5)	215 (188)	
				腹杆	L50×5		
				竖杆	⊤⌐50×5		

续表

屋架跨度	支撑名称		形 式（单位:m）	截面规格（mm）		重 量（kg）	用钢量（kg/m²）
27m	竖向支撑	跨 中（9度）	3.0(2.7) 3.0(2.7)，高2.4	弦杆	⌐⌐70×5（⌐⌐63×5）	208（179）	有支撑开间 13.6（13.8） 无支撑开间 3.1
				腹杆	L50×5		
				竖杆	⌐⌐50×5		
	系杆	刚 性	有支撑开间:上弦4根,下弦4根 无支撑开间:上弦3根,下弦2根	⊥ 70×5		67（61）	9度区 有支撑开间 14.0（14.1） 无支撑开间
		刚 性（9度）	有支撑开间:上弦3根,下弦3根 无支撑开间:上弦3根,下弦2根				
		柔 性	无支撑开间:上弦4根,下弦1根	L70×5		34	3.3
		柔 性（9度）	无支撑开间:上弦4根,下弦2根				
30m	水平支撑	上 弦	4.5 3.0 3.0 4.5 4.5 3.0 3.0 4.5，高6.0(5.4)	L63×5		624（580）	有支撑开间 13.8（14.0） 无支撑开间 3.2 9度区 有支撑开间 14.2（14.3） 无支撑开间 3.4
		下 弦	6.0 6.0 3.0 3.0 6.0 6.0，高6.0(5.4)	L70×5		572（542）	
		下 弦（9度）	6.0 4.5 4.5 4.5 4.5 6.0，高6.0(5.4)	L70×5		572（542）	
	竖向支撑	端 部	3.0(2.7) 3.0(2.7)，高1.5	弦杆	⌐⌐70×5（⌐⌐63×5）	202（175）	
				腹杆	L50×5		
		跨 中	3.0(2.7) 3.0(2.7)，高3.0	弦杆	⌐⌐70×5（⌐⌐63×5）	218（191）	
				腹杆	L50×5		
				竖杆	⌐⌐50×5		

续表

屋架跨度	支撑名称		形　式 （单位：m）	截面规格 （mm）		重　量 （kg）	用钢量 （kg/m²）
30m	竖向支撑	跨中 （9度）	（斜撑形式图） 2.55　3.0（2.7）　3.0（2.7）	弦杆	⊤⌐70×5 （⊤⌐63×5）	211 （182）	有支撑 开间 13.8 （14.0） 无支撑 开间 3.2
				腹杆	L50×5		
				竖杆	⊤⌐50×5		
	系杆	刚性	有支撑开间：上弦6根，下弦4根 无支撑开间：上弦3根，下弦2根	十70×5		67 （61）	9度区 有支撑 开间 14.2 （14.3） 无支撑 开间 3.4
		刚性 （9度）	有支撑开间：上弦5根，下弦3根 无支撑开间：上弦3根，下弦2根				
		柔性	无支撑开间：上弦6根，下弦1根	L70×5		34	
		柔性 （9度）	无支撑开间：上弦6根，下弦2根				
33m	水平支撑	上弦	（交叉斜撑形式图） 4.5　3.0　3.0　3.0　3.0　3.0　3.0　3.0　3.0　4.5　6.0（5.4）	L63×5		750 （750） （692）	有支撑 开间 14.4 （14.5） 无支撑 开间 3.4
		下弦	（交叉斜撑形式图） 6.0　4.5　6.0　6.0　4.5　6.0　6.0（5.4）	L70×5		596 （566）	
	竖向支撑	端部	（斜撑形式图） 1.5　3.0（2.7）　3.0（2.7）	弦杆	⊤⌐70×5 （⊤⌐63×5）	202 （175）	
				腹杆	L50×5		
		跨中	（斜撑形式图） 2.55　3.0（2.7）　3.0（2.7）	弦杆	⊤⌐70×5 （⊤⌐63×5）	211 （182）	
				腹杆	L50×5		
				竖杆	⊤⌐50×5		
	系杆	刚性	有支撑开间：上弦7根，下弦3根 无支撑开间：上弦3根，下弦2根	十70×5		67 （61）	
		柔性	无支撑开间：上弦8根，下弦2根	L70×5		34	

续表

屋架 跨度	支撑名称		形 式 (单位:m)	截面规格 (mm)		重量 (kg)	用钢量 (kg/m²)
36m	水平支撑	上弦	4.5 4.5 3.0 3.0 3.0 3.0 3.0 3.0 4.5 4.5 / 6.0 (5.4)	L63×5		770 (714)	
		下弦	6.0 6.0 6.0 6.0 6.0 6.0 / 6.0 (5.4)	L70×5		620 (590)	
	竖向支撑	端部	3.0 (2.7) 3.0 (2.7) / 1.5	弦杆	⌐Γ 70×5 (⌐Γ 63×5)	202 (175)	有支撑开间 13.4 (13.1)
				腹杆	L50×5		
		跨中	3.0 (2.7) 3.0 (2.7) / 2.7	弦杆	⌐Γ 70×5 (⌐Γ 63×5)	211 (185)	无支撑开间 3.1
				腹杆	L50×5		
				竖杆	⌐Γ 50×5	67 (61)	
	系杆	刚性	有支撑开间:上弦 7 根,下弦 3 根 无支撑开间:上弦 3 根,下弦 2 根	┼ 70×5		34	
		柔性	无支撑开间:上弦 8 根,下弦 2 根	L70×5			

柱距 7.5m 和 9m 支撑构件选用表 表 10-7b

柱距 (m)	上弦 支撑	下弦 支撑	端部竖向支撑		跨中竖向支撑			系 杆	
			弦杆	腹杆	弦杆	腹杆	竖杆	刚性	柔性
7.5 (6.9)	L70×5	L80×5	⌐Γ 80×5 (⌐Γ 75×5)	L50×5	⌐Γ 80×5 (⌐Γ 75×5)	L50×5	⌐Γ 56×5	┼90×6	L90×6
9.0 (8.4)	L100×63×6	L100×63×6	⌐Γ 100×6 (⌐Γ 90×6)	L56×5	⌐Γ 100×6 (⌐Γ 90×6)	L56×5	⌐Γ 63×5	┼100×6	L100×6

注:为减少交叉长斜杆在自重下的下垂,采用不等边角钢时,长肢应在竖平面内。

表 10-7a、表 10-7b 适用于轻型屋面钢屋架,轻型门式刚架可参考。

第 11 章 计 算 图 表

11.1 普通钢结构受弯构件的整体稳定系数 φ_b

11.1.1 等截面受弯构件的整体稳定系数 φ_b

受弯构件的整体稳定系数 φ_b 表 11-1a

项次	约束条件	截面形状	计算公式	说明
1	简支梁	等截面焊接工字形和轧制 H 型钢（图 11.1）	$\varphi_b = \beta_b \dfrac{4320}{\lambda_y^2} \cdot \dfrac{Ah}{W_x}\left[\sqrt{1+\left(\dfrac{\lambda_y t_1}{4.4h}\right)^2} + \eta_b\right]\varepsilon_k$ （11-1）	1）当按公式（11-1）算得的 φ_b 值大于 0.6 时，应按下式计算的 φ'_b 代替 φ_b 的值： $\varphi'_b = 1.07 - \dfrac{0.282}{\varphi_b} \leqslant 1.0$
2	悬臂梁	双轴对称的工字形等截面（图 11.1a、1d）	可按公式（11-1）计算，但式中的系数 β_b 应按表 11-1 查得。当计算 λ_y 时，l_1 为悬臂梁的悬伸长度	2）公式（11-1）亦适用于等截面铆接（或高强螺栓连接）简支梁，其受压翼缘厚度 t_1 包括翼缘角钢厚度在内

表 11-1a 中，ε_k ——钢号修正系数，$\varepsilon_k = \sqrt{\dfrac{235}{f_y}}$；

β_b ——梁整体稳定的等效弯矩系数，应按下列规定采用：

  1）两端简支时，按表 11-1b 采用；

  2）悬臂梁时，按表 11-1c 采用；

λ_y ——梁在侧向支承点间对截面弱轴 y—y 的长细比，$\lambda_y = \dfrac{l_1}{i_y}$；

A ——梁的毛截面面积；

h、t_1 ——分别为梁截面的全高和受压翼缘厚度；

l_1 ——梁受压翼缘侧向支承点之间的距离；

i_y ——梁毛截面对 y 轴的回转半径；

η_b ——截面不对称系数，应按表 11-1d 采用。

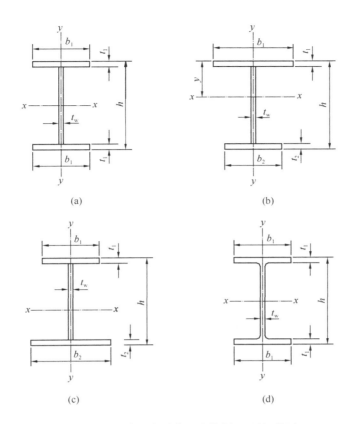

图 11.1 焊接工字形截面和轧制 H 型钢截面

（a）双轴对称焊接工字形截面；（b）加强受压翼缘的单轴对称焊接工字形截面；
（c）加强受拉翼缘的单轴对称焊接工字形截面；（d）轧制 H 型钢截面

11.1.2 H 型钢和等截面工字形简支梁的系数 β_b

<table>
<tr><td colspan="6" align="center">H 型钢和等截面工字形简支梁的系数 β_b</td><td>表 11-1b</td></tr>
<tr><th>项次</th><th>侧向支承</th><th>荷载类型</th><th>荷载作用位置</th><th>$\xi \leqslant 2.0$</th><th>$\xi > 2.0$</th><th>适用范围</th></tr>
<tr><td>1</td><td rowspan="4">跨中无侧向支承</td><td rowspan="2">均布荷载</td><td>上翼缘</td><td>$0.69 + 0.13\xi$</td><td>0.95</td><td rowspan="4">图 11.1a、b 和 d 的截面</td></tr>
<tr><td>2</td><td>下翼缘</td><td>$1.73 - 0.20\xi$</td><td>1.33</td></tr>
<tr><td>3</td><td rowspan="2">集中荷载</td><td>上翼缘</td><td>$0.73 + 0.18\xi$</td><td>1.09</td></tr>
<tr><td>4</td><td>下翼缘</td><td>$2.23 - 0.28\xi$</td><td>1.67</td></tr>
<tr><td>5</td><td rowspan="3">跨中点有一个侧向支承点</td><td rowspan="2">均布荷载</td><td>上翼缘</td><td colspan="2" align="center">1.15</td><td rowspan="5">图 11.1 中的所有截面</td></tr>
<tr><td>6</td><td>下翼缘</td><td colspan="2" align="center">1.40</td></tr>
<tr><td>7</td><td>集中荷载</td><td>截面高度的任意位置</td><td colspan="2" align="center">1.75</td></tr>
<tr><td>8</td><td rowspan="2">跨中有不少于两个等距离侧向支承点</td><td rowspan="2">任意荷载</td><td>上翼缘</td><td colspan="2" align="center">1.20</td></tr>
<tr><td>9</td><td>下翼缘</td><td colspan="2" align="center">1.40</td></tr>
</table>

项次	侧向支承	荷载类型	荷载作用位置	$\xi \leqslant 2.0$	$\xi > 2.0$	适用范围
10	梁端有弯矩，但跨中无荷载作用			$1.75 - 1.05\left(\dfrac{M_2}{M_1}\right) + 0.3\left(\dfrac{M_2}{M_1}\right)^2$ 但 $\leqslant 2.3$		图 11.1 中的所有截面

注：1. ξ 为参数，$\xi = \dfrac{l_1 t_1}{b_1 h}$，其中 b_1 为受压翼缘的宽度；

2. M_1 和 M_2 为梁的端弯矩，使梁产生同向曲率时 M_1 和 M_2 取同号，产生反向曲率时取异号，$|M_1| > |M_2|$；

3. 表中项次 3、4 和 7 的集中荷载是指一个或少数几个集中荷载位于跨中央附近的情况对其他情况的集中荷载，应按表中项次 1、2、5、6 内的数值采用；

4. 表中项次 8、9 的 β_b，当集中荷载作用在侧向支承点处时，取 $\beta_b = 1.20$；

5. 荷载作用在上翼缘系指荷载作用点在翼缘表面，方向指向截面形心；荷载作用在下翼缘系指荷载作用点在翼缘表面，方向背向截面形心；

6. 对 $\alpha_b > 0.8$ 的加强受压翼缘工字形截面，下列情况的 β_b 值应乘以相应的系数：

项次 1：当 $\xi \leqslant 1.0$ 时，乘以 0.95；

项次 3：当 $\xi \leqslant 0.5$ 时，乘以 0.90；当 $0.5 \leqslant \xi \leqslant 1.0$ 时，乘以 0.95。

11.1.3　双轴对称工字形等截面悬臂梁的系数 β_b

双轴对称工字形等截面悬臂梁的系数 β_b　　　　　　表 11-1c

项次	荷载类型	荷载作用位置	$0.60 \leqslant \xi \leqslant 1.24$	$1.24 < \xi \leqslant 1.96$	$1.96 < \xi \leqslant 3.10$
1	自由端一个集中荷载	上翼缘	$0.21 + 0.67\xi$	$0.72 + 0.26\xi$	$1.17 + 0.03\xi$
2		下翼缘	$2.94 - 0.65\xi$	$2.64 - 0.40\xi$	$2.15 - 0.15\xi$
3	均布荷载	上翼缘	$0.62 + 0.82\xi$	$1.25 + 0.31\xi$	$1.66 + 0.10\xi$

注：1. 本表系按支承端为固定的情况确定的，当用于由临跨延伸出来的伸臂梁时，应在构造上采取措施加强支撑处的抗扭能力；

2. 表中 ξ 见表 11-1b 注 1。

11.1.4　截面不对称系数 η_b

截面不对称系数 η_b　　　　　　表 11-1d

项次	截面形状		计算公式	说明
1	双轴对称的工字形截面（图 11.1a、d）		$\eta_b = 0$ 　　　(11-2)	
2	单轴对称的工字形截面	加强受压翼缘（图 11.1b）	$\eta_b = 0.8(2\alpha_b - 1)$ 　(11-3)	$\alpha_b = \dfrac{I_1}{I_1 + I_2}$ 式中，I_1、I_2 分别为受压翼缘和受拉翼缘对 y 轴的惯性矩
		加强受拉翼缘（图 11.1c）	$\eta_b = 2\alpha_b - 1$ 　(11-4)	

11.1.5　框架梁的稳定性计算

对支座承担负弯矩，且梁顶有混凝土楼板时，框架梁下翼缘的稳定性计算应符合表 11-1e 规定：

框架梁下翼缘稳定计算表   表 11-1e

项次	计算内容	计算公式	说明
1	当工字形截面尺寸满足 $\lambda_{n,b} \leqslant 0.45$ 时	可不计算框架梁下翼缘的稳定性	M_x——绕强轴作用的最大弯矩; b_1——受压翼缘的宽度; t_1——受压翼缘的厚度; W_{x1}——受压翼缘的截面模量; φ_d——稳定系数,按表 11-9b 采用; λ_e——等效长细比; $\lambda_{n,b}$——梁腹板受弯计算时的正则化长细比; σ_{cr}——畸变屈曲临界应力; l——当框架主梁支承次梁且次梁高度不小于主梁高度一半时,取次梁到框架柱的净距;除此情况外,取梁净距的一半
2	当 $\lambda_{n,b} > 0.45$ 时	$\dfrac{M_x}{\varphi_d W_{x1} f} \leqslant 1$ (11-5) $\lambda_e = \pi \lambda_{n,b} \sqrt{\dfrac{E}{f_y}}$ (11-6) $\lambda_{n,b} = \sqrt{\dfrac{f_y}{\sigma_{cr}}}$ (11-7) $\sigma_{cr} = \dfrac{3.46 b_1 t_1^3 + h_w t_w^3 (7.27\gamma + 3.3)\varphi_1}{h_w^2 (12 b_1 t_1 + 1.78 h_w t_w)} E$ (11-8) $\gamma = \dfrac{b_1}{t_w} \sqrt{\dfrac{b_1 t_1}{h_w t_w}}$ (11-9) $\varphi_1 = \dfrac{1}{2}\left(\dfrac{5.436 \gamma h_w^2}{l^2} + \dfrac{l^2}{5.436 \gamma h_w^2}\right)$ (11-10)	
3	当不满足 1、2 款时,应在侧向未受约束的受压翼缘区段内,应设置隅撑或沿梁长设间距不大于 2 倍梁高与梁等宽的加劲肋		

11.1.6 本手册的稳定系数 φ_b 简化公式见表 11-1f

等截面焊接工字形截面 φ_b 简化公式   表 11-1f

项次	适用范围	计算公式	说明
1	跨间无侧向支撑,满跨均布荷载作用于上翼缘	当 $\lambda_y \leqslant 150$ 时, $\varphi_b = 1.05 - \dfrac{\lambda_y^2}{45000} \cdot \dfrac{1}{\varepsilon_k^2}$ (11-11) 当 $\lambda_y > 150$ 时, $\varphi_b = 0.55$ (11-12)	1. 构件两端平面内外均为铰接。 2. ε_k^2 为钢号修正,$\varepsilon_k^2 = 235/f_y$。 3. 对于门式刚架,有吊车:$a_1 = 1.05$; 无吊车(等截面):$a_1 = 1.0$; 无吊车(楔形截面):$a_1 = 0.95$
2	满跨均布荷载作用于下翼缘	当 $\lambda_y \leqslant 150$ 时, $\varphi_b = 1.15 - \dfrac{\lambda_y^2}{45000} \cdot \dfrac{1}{\varepsilon_k^2} \leqslant 1.0$ (11-13) 当 $\lambda_y > 150$ 时, $\varphi_b = 0.65$ (11-14)	
3	跨间有侧向支撑,满跨均布荷载作用于上翼缘	当 $\lambda_y \leqslant 150$ 时, $\varphi_b = 1.10 - \dfrac{\lambda_y^2}{45000} \cdot \dfrac{1}{\varepsilon_k^2} \leqslant 1.0$ (11-15) 当 $\lambda_y > 150$ 时, $\varphi_b = 0.60$ (11-16)	

续表

项次	适用范围	计算公式	说　明
4	跨间有侧向支撑，满跨均布荷载作用于下翼缘	当 $\lambda_y \leqslant 150$ 时， $$\varphi_b = 1.20 - \frac{\lambda_y^2}{45000} \cdot \frac{1}{\varepsilon_k^2} \quad (11\text{-}17)$$ 当 $\lambda_y > 150$ 时， $$\varphi_b = 0.70 \quad (11\text{-}18)$$	1. 构件两端平面内外均为铰接。 2. ε_k^2 为钢号修正，$\varepsilon_k^2 = 235/f_y$。 3. 对于门式刚架，有吊车：$a_1 = 1.05$； 无吊车（等截面）：$a_1 = 1.0$； 无吊车（楔形截面）：$a_1 = 0.95$
5	门式刚架	当 $\lambda_y \leqslant 150$ 时， $$\varphi_b = a_1 - \frac{\lambda_y^2}{45000} \cdot \frac{1}{\varepsilon_k^2} \leqslant 1.0 \quad (11\text{-}19)$$ 当 $\lambda_y > 150$ 时， $$\varphi_b = 0.55 、 0.50 、 0.45 \quad (11\text{-}20)$$	

注：1. 本手册推荐的公式与精确公式相比，一般偏小 3%～7%；
　　2. 本手册表中公式适用于三块板组成的焊接组合截面；
　　3. 表中公式中 λ_y 仅适用于 $\lambda_y \leqslant 150$ 的情况，当 $\lambda_y > 150$ 时，仅供参考。

11.1.7　标准 GB 50017－2017 规定受弯构件整体稳定系数 φ_b 近似公式

标准 GB 50017—2017 规定受弯构件整体稳定系数 φ_b 近似公式　　　　表 11-1g

项次	适用范围	计算公式	说　明
1	工字形截面，$\lambda_y \leqslant 120\varepsilon_k$	（1）双轴对称时： $$\varphi_b = 1.07 - \frac{\lambda_y^2}{44000\varepsilon_k^2} \quad (11\text{-}21a)$$ （2）单轴对称时： $$\varphi_b = 1.07 - \frac{W_x}{(2\alpha_b + 0.1)Ah} \cdot \frac{1}{\varepsilon_k^2} \cdot \frac{\lambda_y^2}{1400} \leqslant 1.0 \quad (11\text{-}21b)$$	ε_k 为钢号修正系数，$$\varepsilon_k = \sqrt{\frac{235}{f_y}}$$ α_b 见表 11-1d。I_1 和 I_2 分别为较大和较小翼缘宽度对 y 轴的惯性矩
2	T 形截面（包括双角钢 T 形截面、剖分 T 形钢和两板组合 T 形截面，弯矩作用在对称轴平面，绕 x 轴）$\lambda_y \leqslant 120\varepsilon_k$	（3）弯矩使翼缘受压时： 双角钢 T 形截面 $$\varphi_b = 1 - 0.0017\lambda_y/\varepsilon_k \quad (11\text{-}22a)$$ 部分 T 形钢和两板组合 T 形截面 $$\varphi_b = 1 - 0.0022\lambda_y/\varepsilon_k \quad (11\text{-}22b)$$ （4）弯矩使翼缘受拉，且腹板高度比不大于 $18\varepsilon_k$ 时 $$\varphi_b = 1 - 0.0005\lambda_y/\varepsilon_k \quad (11\text{-}23)$$	

注：当按公式（11-21a）和公式（11-21b）算得的 φ_b 值大于 1.0 时，取 $\varphi_b = 1.0$。

11.2　轴心受压构件的截面分类

钢结构轴心受压构件的截面分类（$t < 40$mm）　　　　表 11-2

截面形式	对 x 轴	对 y 轴
轧制	a 类	a 类

续表

截面形式		对 x 轴	对 y 轴
轧制 $b/h \leqslant 0.8$		a 类	b 类
轧制 $b/h > 0.8$		ba 类	cb 类
轧制等边角钢		ba 类	ba 类
焊接、翼缘为焰切边	焊接	b 类	b 类
轧制			
轧制，焊接（板件宽厚比 > 20）	轧制或焊接		
焊接	轧制截面和翼缘为焰切边的焊接截面		
格构式	焊接，板件边缘焰切		
焊接，翼缘为轧制或剪切边		b 类	c 类
焊接，板件边缘轧制或剪切	焊接，板件宽厚比 ≤ 20	c 类	c 类

注：1. ba 类含义为 Q235 钢取 b 类，Q345、Q390、Q420 和 Q460 取 a 类；cb 类含义为 Q235 钢取 c 类，Q345、Q390、Q420 和 Q460 取 b 类；

2. 无对称轴构件，截面分类取 c 类。

11.3　轴心受压构件的稳定系数 φ

11.3.1　普通钢结构轴心受压构件的稳定系数 φ

a 类截面轴心受压构件的稳定系数表 φ

表 11-3a

λ/εk	0	0.5	1.0	1.5	2.0	2.5	3.0	3.5	4.0	4.5	5.0	5.5	6.0	6.5	7.0	7.5	8.0	8.5	9.0	9.5
0	1.000	1.000	1.000	1.000	1.000	1.000	1.000	0.999	0.999	0.999	0.999	0.999	0.998	0.998	0.998	0.997	0.997	0.997	0.996	0.996
10	0.995	0.995	0.994	0.994	0.993	0.993	0.992	0.991	0.991	0.990	0.989	0.989	0.988	0.987	0.986	0.985	0.985	0.984	0.983	0.982
20	0.981	0.980	0.979	0.978	0.977	0.976	0.976	0.975	0.974	0.973	0.972	0.971	0.970	0.969	0.968	0.967	0.966	0.965	0.964	0.964
30	0.963	0.962	0.961	0.960	0.959	0.958	0.957	0.956	0.955	0.953	0.952	0.951	0.950	0.949	0.948	0.947	0.946	0.945	0.944	0.943
40	0.941	0.940	0.939	0.938	0.937	0.936	0.934	0.933	0.932	0.931	0.929	0.928	0.927	0.925	0.924	0.923	0.921	0.920	0.919	0.917
50	0.916	0.914	0.913	0.911	0.910	0.908	0.907	0.905	0.904	0.902	0.900	0.899	0.897	0.895	0.894	0.892	0.890	0.888	0.886	0.885
60	0.883	0.881	0.879	0.877	0.875	0.873	0.871	0.869	0.867	0.865	0.863	0.860	0.858	0.856	0.854	0.851	0.849	0.847	0.844	0.842
70	0.839	0.837	0.834	0.832	0.829	0.827	0.824	0.821	0.818	0.816	0.813	0.810	0.807	0.804	0.801	0.798	0.795	0.792	0.789	0.786
80	0.783	0.780	0.776	0.773	0.770	0.767	0.763	0.760	0.757	0.753	0.750	0.746	0.743	0.739	0.736	0.732	0.728	0.725	0.721	0.717
90	0.714	0.710	0.706	0.703	0.699	0.695	0.691	0.687	0.684	0.680	0.676	0.672	0.668	0.665	0.661	0.657	0.653	0.649	0.645	0.642
100	0.638	0.634	0.630	0.626	0.622	0.619	0.615	0.611	0.607	0.603	0.600	0.596	0.592	0.588	0.585	0.581	0.577	0.574	0.570	0.566
110	0.563	0.559	0.555	0.552	0.548	0.545	0.541	0.538	0.534	0.531	0.527	0.524	0.520	0.517	0.514	0.510	0.507	0.504	0.500	0.497
120	0.494	0.491	0.488	0.484	0.481	0.478	0.475	0.472	0.469	0.466	0.463	0.460	0.457	0.454	0.451	0.448	0.445	0.442	0.440	0.437
130	0.434	0.431	0.429	0.426	0.423	0.420	0.418	0.415	0.412	0.410	0.407	0.405	0.402	0.400	0.397	0.395	0.392	0.390	0.387	0.385
140	0.383	0.380	0.378	0.376	0.373	0.371	0.369	0.367	0.364	0.362	0.360	0.358	0.356	0.353	0.351	0.349	0.347	0.345	0.343	0.341
150	0.339	0.337	0.335	0.333	0.331	0.329	0.327	0.325	0.323	0.321	0.320	0.318	0.316	0.314	0.312	0.311	0.309	0.307	0.305	0.304
160	0.302	0.300	0.298	0.297	0.295	0.293	0.292	0.290	0.289	0.287	0.285	0.284	0.282	0.281	0.279	0.278	0.276	0.275	0.273	0.272
170	0.270	0.269	0.267	0.266	0.264	0.263	0.262	0.260	0.259	0.257	0.256	0.255	0.253	0.252	0.251	0.249	0.248	0.247	0.246	0.244
180	0.243	0.242	0.241	0.239	0.238	0.237	0.236	0.234	0.233	0.232	0.231	0.230	0.229	0.227	0.226	0.225	0.224	0.223	0.222	0.221
190	0.220	0.219	0.218	0.216	0.215	0.214	0.213	0.212	0.211	0.210	0.209	0.208	0.207	0.206	0.205	0.204	0.203	0.202	0.201	0.200
200	0.199	0.198	0.198	0.197	0.196	0.195	0.194	0.193	0.192	0.191	0.190	0.189	0.189	0.188	0.187	0.186	0.185	0.184	0.183	0.183
210	0.182	0.181	0.180	0.179	0.179	0.178	0.177	0.176	0.175	0.175	0.174	0.173	0.172	0.172	0.171	0.170	0.169	0.169	0.168	0.167
220	0.166	0.166	0.165	0.164	0.164	0.163	0.162	0.161	0.161	0.160	0.159	0.159	0.158	0.157	0.157	0.156	0.155	0.155	0.154	0.154
230	0.153	0.152	0.152	0.151	0.150	0.150	0.149	0.149	0.148	0.147	0.147	0.146	0.146	0.145	0.144	0.144	0.143	0.143	0.142	0.141
240	0.141	0.140	0.140	0.139	0.139	0.138	0.138	0.137	0.136	0.136	0.135	0.135	0.134	0.134	0.133	0.133	0.132	0.132	0.131	0.131
250	0.130	—	—	—	—	—	—	—	—	—	—	—	—	—	—	—	—	—	—	—

注：见表 11-3c 注。

表 11-3b

b 类截面轴心受压构件的稳定系数表 φ

λ/εk	0	0.5	1.0	1.5	2.0	2.5	3.0	3.5	4.0	4.5	5.0	5.5	6.0	6.5	7.0	7.5	8.0	8.5	9.0	9.5
0	1.000	1.000	1.000	1.000	1.000	1.000	0.999	0.999	0.999	0.998	0.998	0.998	0.997	0.997	0.996	0.996	0.995	0.995	0.994	0.993
10	0.992	0.992	0.991	0.990	0.989	0.988	0.987	0.986	0.985	0.984	0.983	0.982	0.981	0.980	0.978	0.977	0.976	0.974	0.973	0.971
20	0.970	0.968	0.967	0.965	0.963	0.962	0.960	0.958	0.957	0.955	0.953	0.952	0.950	0.948	0.946	0.945	0.943	0.941	0.939	0.938
30	0.936	0.934	0.932	0.931	0.929	0.927	0.925	0.923	0.922	0.920	0.918	0.916	0.914	0.912	0.910	0.908	0.906	0.905	0.903	0.901
40	0.899	0.897	0.895	0.893	0.891	0.889	0.887	0.885	0.882	0.880	0.878	0.876	0.874	0.872	0.870	0.867	0.865	0.863	0.861	0.859
50	0.856	0.854	0.852	0.849	0.847	0.845	0.842	0.840	0.838	0.835	0.833	0.830	0.828	0.825	0.823	0.820	0.818	0.815	0.813	0.810
60	0.807	0.805	0.802	0.799	0.797	0.794	0.791	0.788	0.786	0.783	0.780	0.777	0.774	0.771	0.769	0.766	0.763	0.760	0.757	0.754
70	0.751	0.748	0.745	0.742	0.739	0.736	0.732	0.729	0.726	0.723	0.720	0.717	0.714	0.710	0.707	0.704	0.701	0.698	0.694	0.691
80	0.688	0.684	0.681	0.678	0.675	0.671	0.668	0.665	0.661	0.658	0.655	0.651	0.648	0.645	0.641	0.638	0.635	0.631	0.628	0.624
90	0.621	0.618	0.614	0.611	0.608	0.604	0.601	0.598	0.594	0.591	0.588	0.584	0.581	0.578	0.575	0.571	0.568	0.565	0.561	0.558
100	0.555	0.552	0.549	0.545	0.542	0.539	0.536	0.533	0.529	0.526	0.523	0.520	0.517	0.514	0.511	0.508	0.505	0.502	0.499	0.496
110	0.493	0.490	0.487	0.484	0.481	0.478	0.475	0.472	0.470	0.467	0.464	0.461	0.458	0.456	0.453	0.450	0.447	0.445	0.442	0.439
120	0.437	0.434	0.432	0.429	0.426	0.424	0.421	0.419	0.416	0.414	0.411	0.409	0.406	0.404	0.402	0.399	0.397	0.394	0.392	0.390
130	0.387	0.385	0.383	0.381	0.378	0.376	0.374	0.372	0.370	0.367	0.365	0.363	0.361	0.359	0.357	0.355	0.353	0.351	0.349	0.347
140	0.345	0.343	0.341	0.339	0.337	0.335	0.333	0.331	0.329	0.327	0.326	0.324	0.322	0.320	0.318	0.317	0.315	0.313	0.311	0.310
150	0.308	0.306	0.304	0.303	0.301	0.299	0.298	0.296	0.294	0.293	0.291	0.290	0.288	0.287	0.285	0.283	0.282	0.280	0.279	0.277
160	0.276	0.275	0.273	0.272	0.270	0.269	0.267	0.266	0.265	0.263	0.262	0.260	0.259	0.258	0.256	0.255	0.254	0.252	0.251	0.250
170	0.249	0.247	0.246	0.245	0.244	0.242	0.241	0.240	0.239	0.237	0.236	0.235	0.234	0.233	0.232	0.230	0.229	0.228	0.227	0.226
180	0.225	0.224	0.223	0.222	0.220	0.219	0.218	0.217	0.216	0.215	0.214	0.213	0.212	0.211	0.210	0.209	0.208	0.207	0.206	0.205
190	0.204	0.203	0.202	0.201	0.200	0.199	0.198	0.198	0.197	0.196	0.195	0.194	0.193	0.192	0.191	0.190	0.190	0.189	0.188	0.187
200	0.186	0.185	0.184	0.184	0.183	0.182	0.181	0.180	0.180	0.179	0.178	0.177	0.176	0.176	0.175	0.174	0.173	0.173	0.172	0.171
210	0.170	0.170	0.169	0.168	0.167	0.167	0.166	0.165	0.165	0.164	0.163	0.162	0.162	0.161	0.160	0.160	0.159	0.158	0.158	0.157
220	0.156	0.156	0.155	0.154	0.154	0.153	0.153	0.152	0.151	0.151	0.150	0.149	0.149	0.148	0.148	0.147	0.146	0.146	0.145	0.145
230	0.144	0.144	0.143	0.142	0.142	0.141	0.141	0.140	0.140	0.139	0.138	0.138	0.137	0.137	0.136	0.136	0.135	0.135	0.134	0.134
240	0.133	0.133	0.132	0.132	0.131	0.131	0.130	0.130	0.129	0.129	0.128	0.128	0.127	0.127	0.126	0.126	0.125	0.125	0.124	0.124
250	0.123	—	—	—	—	—	—	—	—	—	—	—	—	—	—	—	—	—	—	—

注: 见表 11-3c 注。

c类截面轴心受压构件的稳定系数表 φ

表 11-3c

λ/εk	0	0.5	1.0	1.5	2.0	2.5	3.0	3.5	4.0	4.5	5.0	5.5	6.0	6.5	7.0	7.5	8.0	8.5	9.0	9.5
0	1.000	1.000	1.000	1.000	1.000	0.999	0.999	0.999	0.999	0.998	0.998	0.997	0.997	0.996	0.996	0.995	0.995	0.994	0.993	0.992
10	0.992	0.991	0.990	0.989	0.988	0.987	0.986	0.985	0.983	0.982	0.981	0.980	0.978	0.977	0.976	0.974	0.973	0.971	0.970	0.968
20	0.966	0.963	0.959	0.956	0.953	0.950	0.947	0.943	0.940	0.937	0.934	0.931	0.928	0.925	0.921	0.918	0.915	0.912	0.909	0.906
30	0.902	0.899	0.896	0.893	0.890	0.887	0.884	0.880	0.877	0.874	0.871	0.868	0.865	0.861	0.858	0.855	0.852	0.849	0.846	0.842
40	0.839	0.836	0.833	0.830	0.826	0.823	0.820	0.817	0.814	0.810	0.807	0.804	0.801	0.797	0.794	0.791	0.788	0.784	0.781	0.778
50	0.775	0.771	0.768	0.765	0.762	0.758	0.755	0.752	0.748	0.745	0.742	0.738	0.735	0.732	0.729	0.725	0.722	0.719	0.715	0.712
60	0.709	0.705	0.702	0.699	0.695	0.692	0.689	0.686	0.682	0.679	0.676	0.672	0.669	0.666	0.662	0.659	0.656	0.652	0.649	0.646
70	0.643	0.639	0.636	0.633	0.629	0.626	0.623	0.620	0.616	0.613	0.610	0.607	0.604	0.600	0.597	0.594	0.591	0.588	0.584	0.581
80	0.578	0.575	0.572	0.569	0.566	0.562	0.559	0.556	0.553	0.550	0.547	0.544	0.541	0.538	0.535	0.532	0.529	0.526	0.523	0.520
90	0.517	0.514	0.511	0.508	0.505	0.503	0.500	0.497	0.494	0.491	0.488	0.486	0.483	0.480	0.477	0.475	0.472	0.469	0.467	0.465
100	0.463	0.460	0.458	0.456	0.454	0.451	0.449	0.447	0.445	0.443	0.441	0.438	0.436	0.434	0.432	0.430	0.428	0.426	0.423	0.421
110	0.419	0.417	0.415	0.413	0.411	0.409	0.407	0.405	0.403	0.401	0.399	0.397	0.395	0.393	0.391	0.389	0.387	0.385	0.383	0.381
120	0.379	0.377	0.375	0.373	0.371	0.369	0.367	0.366	0.364	0.362	0.360	0.358	0.356	0.355	0.353	0.351	0.349	0.347	0.346	0.344
130	0.342	0.340	0.339	0.337	0.335	0.333	0.332	0.330	0.328	0.327	0.325	0.323	0.322	0.320	0.319	0.317	0.315	0.314	0.312	0.311
140	0.309	0.307	0.306	0.304	0.303	0.301	0.300	0.298	0.297	0.295	0.294	0.292	0.291	0.290	0.288	0.287	0.285	0.284	0.282	0.281
150	0.280	0.278	0.277	0.275	0.274	0.273	0.271	0.270	0.269	0.267	0.266	0.265	0.264	0.262	0.261	0.260	0.258	0.257	0.256	0.255
160	0.254	0.252	0.251	0.250	0.249	0.248	0.246	0.245	0.244	0.243	0.242	0.241	0.239	0.238	0.237	0.236	0.235	0.234	0.233	0.232
170	0.230	0.229	0.228	0.227	0.226	0.225	0.224	0.223	0.222	0.221	0.220	0.219	0.218	0.217	0.216	0.215	0.214	0.213	0.212	0.211
180	0.210	0.209	0.208	0.207	0.206	0.205	0.205	0.204	0.203	0.202	0.201	0.200	0.199	0.198	0.197	0.196	0.196	0.195	0.194	0.193
190	0.192	0.191	0.190	0.190	0.189	0.188	0.187	0.186	0.186	0.185	0.184	0.183	0.182	0.182	0.181	0.180	0.179	0.179	0.178	0.177
200	0.176	0.175	0.175	0.174	0.173	0.173	0.172	0.171	0.170	0.170	0.169	0.168	0.168	0.167	0.166	0.165	0.165	0.164	0.163	0.163
210	0.162	0.161	0.161	0.160	0.159	0.159	0.158	0.158	0.157	0.156	0.156	0.155	0.154	0.154	0.153	0.153	0.152	0.151	0.151	0.150
220	0.150	0.149	0.148	0.148	0.147	0.147	0.146	0.145	0.145	0.144	0.144	0.143	0.143	0.142	0.142	0.141	0.140	0.140	0.139	0.139
230	0.138	0.138	0.137	0.137	0.136	0.136	0.135	0.135	0.134	0.134	0.133	0.133	0.132	0.132	0.131	0.131	0.130	0.130	0.129	0.129
240	0.128	0.128	0.127	0.127	0.126	0.126	0.125	0.125	0.124	0.124	0.124	0.123	0.123	0.122	0.122	0.121	0.121	0.120	0.120	0.120
250	0.119	—	—	—	—	—	—	—	—	—	—	—	—	—	—	—	—	—	—	—

注：1. 表11-3中的 φ 值按下列公式算得：

当 $\lambda_n = \dfrac{\lambda}{\pi}\sqrt{\dfrac{f_y}{E}} \leqslant 0.215$ 时：　　$\varphi = 1 - \alpha_1 \lambda_n^2$

当 $\lambda_n > 0.215$ 时：

$$\varphi = \frac{1}{2\lambda_n^2}\left[(\alpha_2 + \alpha_3\lambda_n + \lambda_n^2) - \sqrt{(\alpha_2 + \alpha_3\lambda_n + \lambda_n^2)^2 - 4\lambda_n^2} \right]$$

式中，α_1、α_2、α_3 为系数，根据表 11-3a、表 11-3b 的截面分类，按表 11-3d 采用；

2. 当构件的 λ/ε_k 值超出表 11-3a 至表 11-3c 的范围时，则 φ 值按注 1 所列的公式计算。

系数 α_1、α_2、α_3 表 11-3d

截面类别		α_1	α_2	α_3
a 类		0.41	0.986	0.152
b 类		0.65	0.965	0.3
c 类	$\lambda_n \leqslant 1.05$	0.73	0.906	0.595
	$\lambda_n > 1.05$		1.216	0.302

11.3.2 冷弯薄壁型钢结构轴心受压构件的稳定系数 φ

Q235 钢   轴心受压构件的稳定系数 φ 表 11-4a

λ	0	1	2	3	4	5	6	7	8	9
0	1.000	0.997	0.995	0.992	0.989	0.987	0.984	0.981	0.979	0.976
10	0.971	0.971	0.968	0.966	0.963	0.960	0.958	0.955	0.952	0.949
20	0.947	0.944	0.941	0.938	0.936	0.933	0.930	0.927	0.924	0.921
30	0.918	0.915	0.912	0.909	0.906	0.903	0.899	0.896	0.893	0.889
40	0.886	0.882	0.879	0.875	0.872	0.868	0.864	0.861	0.858	0.855
50	0.852	0.849	0.846	0.843	0.839	0.836	0.832	0.829	0.825	0.822
60	0.818	0.814	0.810	0.806	0.802	0.797	0.793	0.789	0.784	0.779
70	0.775	0.770	0.765	0.760	0.755	0.750	0.744	0.739	0.733	0.728
80	0.722	0.716	0.710	0.704	0.698	0.692	0.686	0.680	0.673	0.667
90	0.661	0.654	0.648	0.641	0.634	0.626	0.618	0.611	0.603	0.595
100	0.588	0.580	0.573	0.566	0.558	0.551	0.544	0.537	0.530	0.523
110	0.516	0.509	0.502	0.496	0.489	0.483	0.476	0.470	0.464	0.458
120	0.452	0.446	0.440	0.434	0.428	0.423	0.417	0.421	0.406	0.401
130	0.396	0.391	0.386	0.381	0.376	0.371	0.367	0.362	0.357	0.353
140	0.349	0.344	0.340	0.336	0.332	0.328	0.324	0.320	0.316	0.312
150	0.308	0.305	0.301	0.298	0.294	0.291	0.287	0.284	0.281	0.277
160	0.274	0.271	0.268	0.265	0.262	0.259	0.256	0.253	0.251	0.248
170	0.245	0.243	0.240	0.237	0.235	0.232	0.230	0.227	0.225	0.223
180	0.220	0.218	0.216	0.214	0.211	0.209	0.207	0.205	0.203	0.201
190	0.199	0.197	0.195	0.193	0.191	0.189	0.188	0.186	0.184	0.182
200	0.180	0.179	0.177	0.175	0.174	0.172	0.171	0.169	0.167	0.166
210	0.164	0.163	0.161	0.160	0.159	0.157	0.156	0.154	0.153	0.152
220	0.150	0.149	0.148	0.146	0.145	0.144	0.143	0.141	0.140	0.139
230	0.138	0.137	0.136	0.135	0.133	0.132	0.131	0.130	0.129	0.128
240	0.127	0.126	0.125	0.124	0.123	0.122	0.121	0.120	0.119	0.118
250	0.117	—	—	—	—	—	—	—	—	—

Q345 钢　轴心受压构件的稳定系数 φ　　　　　　　　　表 11-4b

λ	0	1	2	3	4	5	6	7	8	9
0	1.000	0.997	0.994	0.991	0.988	0.985	0.982	0.979	0.976	0.973
10	0.971	0.968	0.965	0.962	0.959	0.956	0.952	0.949	0.946	0.943
20	0.940	0.937	0.934	0.930	0.927	0.924	0.920	0.917	0.913	0.909
30	0.906	0.902	0.898	0.894	0.890	0.886	0.882	0.878	0.874	0.870
40	0.867	0.864	0.860	0.857	0.853	0.849	0.845	0.841	0.837	0.833
50	0.829	0.824	0.819	0.815	0.810	0.805	0.800	0.794	0.789	0.783
60	0.777	0.771	0.765	0.759	0.752	0.746	0.739	0.732	0.725	0.718
70	0.710	0.703	0.695	0.688	0.680	0.672	0.664	0.656	0.648	0.640
80	0.632	0.623	0.615	0.607	0.599	0.591	0.583	0.574	0.566	0.558
90	0.550	0.542	0.535	0.527	0.519	0.512	0.504	0.497	0.489	0.482
100	0.475	0.467	0.460	0.452	0.445	0.438	0.431	0.424	0.418	0.411
110	0.405	0.398	0.392	0.386	0.380	0.375	0.369	0.363	0.358	0.352
120	0.347	0.342	0.337	0.332	0.327	0.322	0.318	0.313	0.309	0.304
130	0.300	0.296	0.292	0.288	0.284	0.280	0.276	0.272	0.269	0.265
140	0.261	0.258	0.255	0.251	0.248	0.245	0.242	0.238	0.235	0.232
150	0.229	0.227	0.224	0.221	0.218	0.216	0.213	0.210	0.208	0.205
160	0.203	0.201	0.198	0.196	0.194	0.191	0.189	0.187	0.185	0.183
170	0.181	0.179	0.177	0.175	0.173	0.171	0.169	0.167	0.165	0.163
180	0.162	0.160	0.158	0.157	0.155	0.153	0.152	0.150	0.149	0.147
190	0.146	0.144	0.143	0.141	0.140	0.138	0.137	0.136	0.134	0.133
200	0.132	0.130	0.129	0.128	0.127	0.126	0.124	0.123	0.122	0.121
210	0.120	0.119	0.118	0.116	0.115	0.114	0.113	0.112	0.111	0.110
220	0.109	0.108	0.107	0.106	0.106	0.105	0.104	0.103	0.102	0.101
230	0.100	0.099	0.098	0.098	0.097	0.096	0.095	0.094	0.094	0.093
240	0.092	0.091	0.091	0.090	0.089	0.088	0.088	0.087	0.086	0.086
250	0.085	—	—	—	—	—	—	—	—	—

11.4　受压板件的有效宽厚比 $\dfrac{b_e}{t}$

11.4.1　加劲板件、部分加劲板件和非加劲板件的有效宽厚比应按表 11-5a 中的公式计算：

加劲板件、部分加劲板件和非加劲板件的有效宽厚比计算表　　　　　　表 11-5a

适用范围	当 $\frac{b}{t} \leqslant 18\alpha\rho$ 时	当 $18\alpha\rho < \frac{b}{t} < 38\alpha\rho$ 时	当 $\frac{b}{t} \geqslant 38\alpha\rho$ 时
计算公式	$\dfrac{b_e}{t} = \dfrac{b_c}{t}$ (11-24a)	$\dfrac{b_e}{t} = \left(\sqrt{\dfrac{21.8\alpha\rho}{\frac{b}{t}}} - 0.1 \right) \dfrac{b_c}{t}$ (11-24b)	$\dfrac{b_e}{t} = \dfrac{25\alpha\rho}{\frac{b}{t}} \cdot \dfrac{b_c}{t}$ (11-24c)

适用范围	当 $\dfrac{b}{t} \leqslant 18\alpha\rho$ 时	当 $18\alpha\rho < \dfrac{b}{t} < 38\alpha\rho$ 时	当 $\dfrac{b}{t} \geqslant 38\alpha\rho$ 时
符号说明			

符号说明：

b——板件宽度；

t——板件厚度；

b_{e}——板件有效宽度；

α——计算系数，$\alpha = 1.15 - 0.15\psi$；当 $\psi < 0$ 时，取 $\alpha = 1.15$；

ψ——压力分布不均匀系数，$\psi = \dfrac{\sigma_{\min}}{\sigma_{\max}}$；

$\sigma_{\max}$——受压板件边缘的最大压应力（N/mm²），取正值；

$\sigma_{\min}$——受压板件另一边缘的应力（N/mm²），以压应力为正，拉应力为负；

b_{c}——板件受压区宽度。当 $\psi \geqslant 0$ 时，$b_{\mathrm{c}} = b$；当 $\psi < 0$ 时，$b_{\mathrm{c}} = \dfrac{b}{1-\psi}$；

ρ——计算系数，$\rho = \sqrt{\dfrac{250 k_1 k}{\sigma_1}}$；

对于轴心受压构件中应根据由构件最大长细比所确定的轴心受压构件的稳定系数与钢材强度设计值的乘积（φf）作为 σ_1 计算；

对于压弯构件，截面上各板件的压应力分布不均匀系数 ψ 应由构件的毛截面按强度计算，不考虑双力矩的影响。最大压应力板件的 σ_1 取钢材的强度设计值 f，其余板件的最大压应力应按 ψ 推算；

对于受弯及拉弯构件，截面上各板件的压应力分布不均匀系数 ψ 及最大压应力 ψ 应由构件的毛截面按强度计算，不考虑双力矩的影响；

k——板件受压稳定系数，按表 11-5b 计算；

k_1——板组约束系数，按表 11-5c 计算；若不计相邻板件的约束作用，可取 $k_1 = 1$。

11.4.2 受压板件的稳定系数可按表 11-5b 中的公式计算：

板件受压稳定系数 k 计算表   表 11-5b

项次	板件类别	应力分布示意图	计算公式
1	加劲板件		当 $1 \geqslant \psi > 0$ 时： $k = 7.8 - 8.15\psi + 4.35\psi^2$ (11-25a)
			当 $0 \geqslant \psi \geqslant -1$ 时： $k = 7.8 - 6.29\psi + 9.78\psi^2$ (11-25b)
2	部分加劲板件	(a)	1）最大压应力作用于支承边 当 $\psi \geqslant -1$ 时： $k = 5.89 - 11.59\psi + 6.68\psi^2$ (11-25c)
		(b)	2）最大压应力作用于部分加劲边 当 $\psi \geqslant -1$ 时： $k = 1.15 - 0.22\psi + 0.045\psi^2$ (11-25d)

项次	板件类别	应力分布示意图	计 算 公 式
3	非加劲板件	(c)	1) 最大压应力作用于支承边 当 $1 \geqslant \psi > 0$ 时： $$k = 1.70 - 3.025\psi + 1.75\psi^2 \qquad (11\text{-}25e)$$ 当 $0 \geqslant \psi > -0.4$ 时： $$k = 1.70 - 1.75\psi + 55\psi^2 \qquad (11\text{-}25f)$$ 当 $-0.4 \geqslant \psi > -1$ 时： $$k = 6.07 - 9.51\psi + 8.33\psi^2 \qquad (11\text{-}25g)$$
		(d)	2) 最大压应力作用于自由边 当 $\psi \geqslant -1$ 时： $$k = 0.567 - 0.213\psi + 0.071\psi^2 \qquad (11\text{-}25h)$$

注：当 $\psi < -1$ 时，表中各式的 k 值按 $\psi = -1$ 的值采用。

11.4.3　受压板件的板组约束系数应按表 11-5c 中的公式计算：

板组约束系数 k_1 计算表　　　　　　　　　　　　**表 11-5c**

1	计算公式	当 $\xi \leqslant 1.1$ 时： $$k_1 = \frac{1}{\sqrt{\xi}} \qquad (11\text{-}26a)$$ 当 $\xi > 1.1$ 时： $$k_1 = 0.11 + \frac{0.93}{(\xi - 0.05)^2} \qquad (11\text{-}26b)$$ $$\xi = \frac{c}{b}\sqrt{\frac{k}{k_c}} \qquad (11\text{-}26c)$$
2	符号说明	b——计算板件的宽度； c——与计算板件邻接的板件的宽度，若计算板件两边均有邻接板件时，即计算板件为加劲板件时，取压应力较大一边的邻接板件的宽度； k——计算板件的受压稳定系数，由表 11-5b 确定； k_c——邻接板件的受压稳定系数，由表 11-5b 确定； 　　当 $k_1 > k_1'$ 时，取 $k_1 = k_1'$，k_1' 为 k_1 的上限值。对于加劲板件 $k_1' = 1.7$；对于部分加劲板件 $k_1' = 2.4$；对于非加劲板件 $k_1' = 3.0$； 　　当计算板件只有一边有邻接板件，即计算板件为非加劲板件或部分加劲板件，且邻接板件受拉时，取 $k_1 = k_1'$。

11.4.4 部分加劲板件中卷边的高厚比不宜大于 **12**，卷边的最小高厚比应根据部分加劲板的宽厚比按表 **11-5d** 采用。

部分加劲板件中卷边的最小高厚比　　　　　　　　表 11-5d

$\dfrac{b}{t}$	15	20	25	30	35	40	45	50	55	60
$\dfrac{a}{t}$	5.4	6.3	7.2	8.0	8.5	9.0	9.5	10.0	10.5	11.0

注：a——卷边的高度；b——带卷边板件的宽度；t——板厚。

11.4.5 当受压板件的宽厚比大于表 **11-5a** 中规定的有效宽厚比时，受压板件的有效截面应自截面的受压部分按表 **11-5e** 中应力分布示意图所示位置扣除其超出部分（即图中不带斜线部分）来确定，截面的受拉部分全部有效。图中 b_{e1} 和 b_{e2} 按表 **11-5e** 计算：

受压板件有效截面计算表　　　　　　　　表 11-5e

项次	板件类别	受压板件的有效截面图	计算公式
1	加劲板件	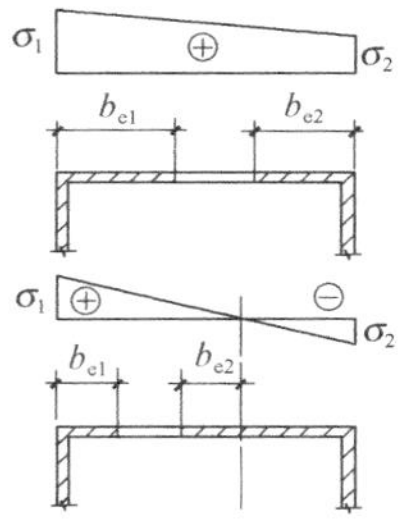	当 $\psi \geqslant 0$ 时： $b_{e1} = \dfrac{2b_e}{5-\psi}$，$b_{e2} = b_e - b_{e1}$　(11-27a) 当 $\psi < 0$ 时： $b_{e1} = 0.4b_e$，$b_{e2} = 0.6b_e$　(11-27b)
2	部分加劲板件	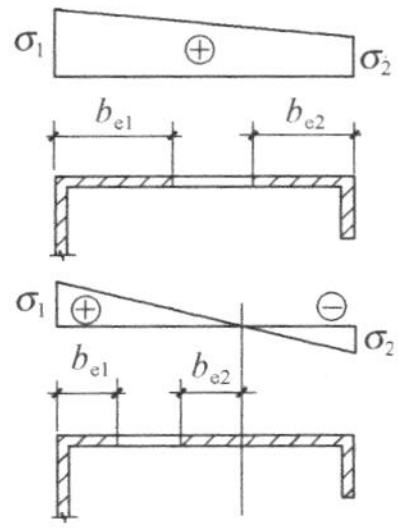	$b_{e1} = 0.4b_e$，$b_{e2} = 0.6b_e$　(11-27c)
3	非加劲板件	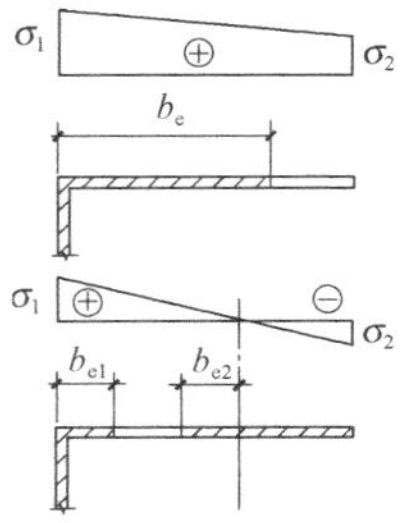	$b_{e1} = 0.4b_e$，$b_{e2} = 0.6b_e$　(11-27d)

注：表中 b_e 按表 11-5a 中的规定计算。

为便于计算，将计算受压板件宽厚比 $\dfrac{b_e}{t}$ 时需要的各种参数列成表格供选用，见表 11-6a～表 11-6f。

11.4.6 受压板件的稳定系数 k 也可按表 11-6a 查得

受压板件的稳定系数 k 表 11-6a

压应力分布不均匀系数 ψ	计算系数 α	加劲板件	部分加劲板件		非加劲板件	
			最大压应力作用于支承边	最大压应力作用于部分加劲边	最大压应力作用于支承边	最大压应力作用于自由边
			(a)	(b)	(c)	(d)
-1.000	1.150	23.870	24.160	1.415	23.910	0.851
-0.950	1.150	22.602	22.929	1.400	22.622	0.833
-0.900	1.150	21.383	21.732	1.384	21.376	0.816
-0.850	1.150	20.213	20.568	1.370	20.172	0.799
-0.800	1.150	19.091	19.437	1.355	19.009	0.783
-0.750	1.150	18.019	18.340	1.340	17.888	0.767
-0.700	1.150	16.995	17.276	1.326	16.809	0.751
-0.650	1.150	16.021	16.246	1.312	15.771	0.735
-0.600	1.150	15.095	15.249	1.298	14.775	0.720
-0.550	1.150	14.218	14.285	1.285	13.820	0.706
-0.500	1.150	13.390	13.355	1.271	12.908	0.691
-0.450	1.150	12.611	12.458	1.258	12.036	0.677
-0.400	1.150	11.881	11.595	1.245	11.207	0.664
-0.375	1.150	11.534	11.176	1.239	10.091	0.657
-0.350	1.150	11.200	10.765	1.233	9.050	0.650
-0.325	1.150	10.877	10.362	1.226	8.078	0.644
-0.300	1.150	10.567	9.968	1.220	7.175	0.637
-0.275	1.150	10.269	9.582	1.214	6.341	0.631
-0.250	1.150	9.984	9.205	1.208	5.575	0.625
-0.225	1.150	9.710	8.836	1.202	4.878	0.619
-0.200	1.150	9.449	8.475	1.196	4.250	0.612
-0.175	1.150	9.200	8.123	1.190	3.691	0.606
-0.150	1.150	8.964	7.779	1.184	3.200	0.601
-0.125	1.150	8.739	7.443	1.178	2.778	0.595
-0.100	1.150	8.527	7.116	1.172	2.425	0.589

续表

压应力分布不均匀系数 ψ	计算系数 α	加劲板件	部分加劲板件		非加劲板件	
			最大压应力作用于支承边 (a)	最大压应力作用于部分加劲边 (b)	最大压应力作用于支承边 (c)	最大压应力作用于自由边 (d)
−0.075	1.150	8.327	6.797	1.167	2.141	0.583
−0.050	1.150	8.139	6.486	1.161	1.925	0.578
−0.025	1.150	7.963	6.184	1.156	1.778	0.572
0.000	1.150	7.800	5.890	1.150	1.700	0.567
0.050	1.143	7.403	5.327	1.139	1.553	0.557
0.100	1.135	7.029	4.798	1.128	1.415	0.546
0.150	1.128	6.675	4.302	1.118	1.286	0.537
0.200	1.120	6.344	3.839	1.108	1.165	0.527
0.250	1.113	6.034	3.410	1.098	1.053	0.518
0.300	1.105	5.747	3.014	1.088	0.950	0.509
0.350	1.098	5.480	2.652	1.079	0.856	0.501
0.400	1.090	5.236	2.323	1.069	0.770	0.493
0.450	1.083	5.013	2.027	1.060	0.693	0.486
0.500	1.075	4.813	1.765	1.051	0.625	0.478
0.550	1.068	4.633	1.536	1.043	0.566	0.471
0.600	1.060	4.476	1.341	1.034	0.515	0.465
0.650	1.053	4.340	1.179	1.026	0.473	0.459
0.700	1.045	4.227	1.050	1.018	0.440	0.453
0.750	1.038	4.134	0.955	1.010	0.416	0.447
0.800	1.030	4.064	0.893	1.003	0.400	0.442
0.850	1.023	4.015	0.865	0.996	0.393	0.437
0.900	1.015	3.989	0.870	0.988	0.395	0.433
0.950	1.008	3.983	0.908	0.982	0.406	0.429
1.000	1.000	4.000	0.980	0.975	0.425	0.425

11.4.7 系数 ξ 见表 11-6b

表 11-6b

系数 $\xi = \dfrac{c}{b}\sqrt{\dfrac{k}{k_c}}$

k/k_1 \ c/b	0.01	0.02	0.04	0.06	0.08	0.10	0.20	0.40	0.60	0.80	1.0	1.20	1.50
0.1	0.010	0.014	0.020	0.024	0.028	0.032	0.045	0.063	0.077	0.089	0.100	0.110	0.122
0.2	0.020	0.028	0.040	0.049	0.057	0.063	0.089	0.126	0.155	0.179	0.200	0.219	0.245
0.4	0.040	0.057	0.080	0.098	0.113	0.126	0.179	0.253	0.310	0.358	0.400	0.438	0.490
0.6	0.060	0.085	0.120	0.147	0.170	0.190	0.268	0.379	0.465	0.537	0.600	0.657	0.735
0.8	0.080	0.113	0.160	0.196	0.226	0.253	0.358	0.506	0.620	0.716	0.800	0.876	0.980
1.0	0.100	0.141	0.200	0.245	0.283	0.316	0.447	0.632	0.775	0.894	1.000	1.095	1.225
1.2	0.120	0.170	0.240	0.294	0.339	0.379	0.537	0.759	0.930	1.073	1.200	1.315	1.470
1.4	0.140	0.198	0.280	0.343	0.396	0.443	0.626	0.885	1.084	1.252	1.400	1.534	1.715
1.6	0.160	0.226	0.320	0.392	0.453	0.506	0.716	1.012	1.239	1.431	1.600	1.753	1.960
1.8	0.180	0.255	0.360	0.441	0.509	0.569	0.805	1.138	1.394	1.610	1.800	1.972	2.205
2.0	0.200	0.283	0.400	0.490	0.566	0.632	0.894	1.265	1.549	1.789	2.000	2.191	2.449
2.2	0.220	0.311	0.440	0.539	0.622	0.696	0.984	1.391	1.704	1.968	2.200	2.410	2.694
2.4	0.240	0.339	0.480	0.588	0.679	0.759	1.073	1.518	1.859	2.147	2.400	2.629	2.939
2.6	0.260	0.368	0.520	0.637	0.735	0.822	1.163	1.644	2.014	2.326	2.600	2.848	3.184
2.8	0.280	0.396	0.560	0.686	0.792	0.885	1.252	1.771	2.169	2.504	2.800	3.067	3.429
3.0	0.300	0.424	0.600	0.735	0.849	0.949	1.342	1.897	2.324	2.683	3.000	3.286	3.674
3.2	0.320	0.453	0.640	0.784	0.905	1.012	1.431	2.024	2.479	2.862	3.200	3.505	3.919
3.4	0.340	0.481	0.680	0.833	0.962	1.075	1.521	2.150	2.634	3.041	3.400	3.725	4.164
3.6	0.360	0.509	0.720	0.882	1.018	1.138	1.610	2.277	2.789	3.220	3.600	3.944	4.409
3.8	0.380	0.537	0.760	0.931	1.075	1.202	1.699	2.403	2.943	3.399	3.800	4.163	4.654
4.0	0.400	0.566	0.800	0.980	1.131	1.265	1.789	2.530	3.098	3.578	4.000	4.382	4.899
4.2	0.420	0.594	0.840	1.029	1.188	1.328	1.878	2.656	3.253	3.757	4.200	4.601	5.144
4.4	0.440	0.622	0.880	1.078	1.245	1.391	1.968	2.783	3.408	3.935	4.400	4.820	5.389
4.6	0.460	0.651	0.920	1.127	1.301	1.455	2.057	2.909	3.563	4.114	4.600	5.039	5.634
4.8	0.480	0.679	0.960	1.176	1.358	1.518	2.147	3.036	3.718	4.293	4.800	5.258	5.879
5.0	0.500	0.707	1.000	1.225	1.414	1.581	2.236	3.162	3.873	4.472	5.000	5.477	6.124

续表

k/k_1 \ c/b	2.00	5.00	10.00	15.00	20.00	25.00	30.00	35.00	40.00	45.00	50.00	55.00	56.20
0.1	0.141	0.224	0.316	0.387	0.447	0.500	0.548	0.592	0.632	0.671	0.707	0.742	0.750
0.2	0.283	0.447	0.632	0.775	0.894	1.000	1.095	1.183	1.265	1.342	1.414	1.483	1.499
0.4	0.566	0.894	1.265	1.549	1.789	2.000	2.191	2.366	2.530	2.683	2.828	2.966	2.999
0.6	0.849	1.342	1.897	2.324	2.683	3.000	3.286	3.550	3.795	4.025	4.243	4.450	4.498
0.8	1.131	1.789	2.530	3.098	3.578	4.000	4.382	4.733	5.060	5.367	5.657	5.933	5.997
1.0	1.414	2.236	3.162	3.873	4.472	5.000	5.477	5.916	6.325	6.708	7.071	7.416	7.497
1.2	1.697	2.683	3.795	4.648	5.367	6.000	6.573	7.099	7.589	8.050	8.485	8.899	8.996
1.4	1.980	3.130	4.427	5.422	6.261	7.000	7.668	8.283	8.854	9.391	9.899	10.383	10.495
1.6	2.263	3.578	5.060	6.197	7.155	8.000	8.764	9.466	10.119	10.733	11.314	11.866	11.995
1.8	2.546	4.025	5.692	6.971	8.050	9.000	9.859	10.649	11.384	12.075	12.728	13.349	13.494
2.0	2.828	4.472	6.325	7.746	8.944	10.000	10.954	11.832	12.649	13.416	14.142	14.832	14.993
2.2	3.111	4.919	6.957	8.521	9.839	11.000	12.050	13.015	13.914	14.758	15.556	16.316	16.493
2.4	3.394	5.367	7.589	9.295	10.733	12.000	13.145	14.199	15.179	16.100	16.971	17.799	17.992
2.6	3.677	5.814	8.222	10.070	11.628	13.000	14.241	15.382	16.444	17.441	18.385	19.282	19.491
2.8	3.960	6.261	8.854	10.844	12.522	14.000	15.336	16.565	17.709	18.783	19.799	20.765	20.991
3.0	4.243	6.708	9.487	11.619	13.416	15.000	16.432	17.748	18.974	20.125	21.213	22.249	22.490
3.2	4.525	7.155	10.119	12.394	14.311	16.000	17.527	18.931	20.239	21.466	22.627	23.732	23.989
3.4	4.808	7.603	10.752	13.168	15.205	17.000	18.623	20.115	21.503	22.808	24.042	25.215	25.489
3.6	5.091	8.050	11.384	13.943	16.100	18.000	19.718	21.298	22.768	24.150	25.456	26.698	26.988
3.8	5.374	8.497	12.017	14.717	16.994	19.000	20.813	22.481	24.033	25.491	26.870	28.182	28.487
4.0	5.657	8.944	12.649	15.492	17.889	20.000	21.909	23.664	25.298	26.833	28.284	29.665	29.987
4.2	5.940	9.391	13.282	16.267	18.783	21.000	23.004	24.848	26.563	28.174	29.698	31.148	31.486
4.4	6.223	9.839	13.914	17.041	19.677	22.000	24.100	26.031	27.828	29.516	31.113	32.631	32.985
4.6	6.505	10.286	14.546	17.816	20.572	23.000	25.195	27.214	29.093	30.858	32.527	34.115	34.485
4.8	6.788	10.733	15.179	18.590	21.466	24.000	26.291	28.397	30.358	32.199	33.941	35.598	35.984
5.0	7.071	11.180	15.811	19.365	22.361	25.000	27.386	29.580	31.623	33.541	35.355	37.081	37.483

11.4.8　板组约束系数 k_1 见表 11-6c

板组约束系数 k_1

表 11-6c

当 $\xi \leqslant 1.1$ 时

ξ	0.010	0.011	0.012	0.013	0.014	0.015	0.016	0.017	0.018	0.019	0.020	0.022	0.024	0.026
k_1	10.000	9.535	9.129	8.771	8.452	8.165	7.906	7.670	7.454	7.255	7.071	6.742	6.455	6.202
ξ	0.028	0.030	0.035	0.040	0.045	0.050	0.055	0.060	0.065	0.070	0.080	0.090	0.100	0.110
k_1	5.976	5.774	5.345	5.000	4.714	4.472	4.264	4.082	3.922	3.780	3.536	3.333	3.162	3.015
ξ	0.12	0.15	0.20	0.25	0.30	0.35	0.40	0.50	0.60	0.70	0.80	0.90	1.00	1.10
k_1	2.887	2.582	2.236	2.000	1.826	1.690	1.581	1.414	1.291	1.195	1.118	1.054	1.000	0.953

当 $\xi > 1.1$ 时

ξ	1.15	1.20	1.25	1.30	1.40	1.50	1.60	1.70	1.80	1.90	2.00	2.20	2.40	2.60
k_1	0.933	0.913	0.894	0.877	0.845	0.816	0.791	0.767	0.745	0.725	0.707	0.674	0.645	0.620
ξ	2.80	3.00	3.50	4.00	4.50	5.00	5.50	6.00	6.50	7.00	8.00	9.00	10.00	11.00
k_1	0.598	0.577	0.535	0.500	0.471	0.447	0.426	0.408	0.392	0.378	0.354	0.333	0.316	0.302
ξ	12.00	14.00	16.00	18.00	20.00	22.00	24.00	26.00	28.00	30.00	32.00	34.00	36.00	37.50
k_1	0.289	0.267	0.250	0.236	0.224	0.213	0.204	0.196	0.189	0.183	0.177	0.171	0.167	0.163

注：1. 对于加劲板件，当 $k_1 > 1.7$ 时，取 $k_1 = 1.7$；对于部分加劲板件，当 $k_1 > 2.4$ 时，取 $k_1 = 2.4$；对于非加劲板件，当 $k_1 > 3.0$ 时，取 $k_1 = 3.0$；

2. 当计算板件只有一边与临街板件，即计算板件为部分加劲板件且邻接板件受拉时，$k_1 = 2.4$；为非加劲板件且邻接板件受拉时，$k_1 = 3.0$。

11.4.9　计算系数 ρ 见表 11-6d

计算系数 $\rho=\sqrt{\dfrac{205k_1k}{\sigma_1}}$

表 11-6d

k/k_1 \ σ	40	50	60	70	80	90	100	110	120	130	140	150	160	170	180	190	200	205	220	240	260	280	300
0.01	0.2264	0.2025	0.1848	0.1711	0.1601	0.1509	0.1432	0.1365	0.1307	0.1256	0.1210	0.1169	0.1132	0.1098	0.1067	0.1039	0.1012	0.1000	0.0965	0.0924	0.0888	0.0856	0.0827
0.1	0.7159	0.6403	0.5845	0.5412	0.5062	0.4773	0.4528	0.4317	0.4133	0.3971	0.3827	0.3697	0.3579	0.3473	0.3375	0.3285	0.3202	0.3162	0.3053	0.2923	0.2808	0.2706	0.2614
0.5	1.6008	1.4318	1.3070	1.2101	1.1319	1.0672	1.0124	0.9653	0.9242	0.8880	0.8557	0.8266	0.8004	0.7765	0.7546	0.7345	0.7159	0.7071	0.6826	0.6535	0.6279	0.6050	0.5845
1	2.2638	2.0248	1.8484	1.7113	1.6008	1.5092	1.4318	1.3652	1.3070	1.2558	1.2101	1.1690	1.1319	1.0981	1.0672	1.0387	1.0124	1.0000	0.9653	0.9242	0.8880	0.8557	0.8266
2	3.2016	2.8636	2.6141	2.4202	2.2638	2.1344	2.0248	1.9306	1.8484	1.7759	1.7113	1.6533	1.6008	1.5530	1.5092	1.4690	1.4318	1.4142	1.3652	1.3070	1.2558	1.2101	1.1690
3	3.9211	3.5071	3.2016	2.9641	2.7726	2.6141	2.4799	2.3645	2.2638	2.1750	2.0959	2.0248	1.9605	1.9020	1.8484	1.7991	1.7536	1.7321	1.6720	1.6008	1.5380	1.4820	1.4318
4	4.5277	4.0497	3.6968	3.4226	3.2016	3.0185	2.8636	2.7303	2.6141	2.5115	2.4202	2.3381	2.2638	2.1963	2.1344	2.0774	2.0248	2.0000	1.9306	1.8484	1.7759	1.7113	1.6533
5	5.0621	4.5277	4.1332	3.8266	3.5795	3.3747	3.2016	3.0526	2.9226	2.8080	2.7058	2.6141	2.5311	2.4555	2.3863	2.3227	2.2638	2.2361	2.1585	2.0666	1.9855	1.9133	1.8484
6	5.5453	4.9598	4.5277	4.1918	3.9211	3.6968	3.5071	3.3439	3.2016	3.0760	2.9641	2.8636	2.7726	2.6899	2.6141	2.5443	2.4799	2.4495	2.3645	2.2638	2.1750	2.0959	2.0218
7	5.9896	5.3572	4.8905	4.5277	4.2353	3.9930	3.7881	3.6118	3.4581	3.3224	3.2016	3.0930	2.9948	2.9054	2.8235	2.7482	2.6786	2.6458	2.5540	2.4452	2.3493	2.2638	2.1871
9	6.7915	6.0745	5.5453	5.1339	4.8023	4.5277	4.2953	4.0955	3.9211	3.7673	3.6302	3.5071	3.3958	3.2944	3.2016	3.1162	3.0373	3.0000	2.8959	2.7726	2.6639	2.5670	2.4799
12	7.8422	7.0143	6.4031	5.9281	5.5453	5.2281	4.9598	4.7290	4.5277	4.3501	4.1918	4.0497	3.9211	3.8040	3.6968	3.5982	3.5071	3.4641	3.3439	3.2016	3.0760	2.9641	2.8636
15	8.7678	7.8422	7.1589	6.6279	6.1998	5.8452	5.5453	5.2872	5.0621	4.8635	4.6866	4.5277	4.3839	4.2530	4.1332	4.0230	3.9211	3.8730	3.7386	3.5795	3.4390	3.3139	3.2016
18	9.6047	8.5907	7.8422	7.2605	6.7915	6.4031	6.0745	5.7918	5.5453	5.3277	5.1339	4.9598	4.8023	4.6590	4.5277	4.4069	4.2953	4.2426	4.0955	3.9211	3.7673	3.6302	3.5071
21	10.3742	9.2790	8.4705	7.8422	7.3357	6.9162	6.5612	6.2559	5.9896	5.7546	5.5453	5.3572	5.1871	5.0322	4.8905	4.7600	4.6395	4.5826	4.4236	4.2353	4.0691	3.9211	3.7881
24	11.0905	9.9197	9.0554	8.3837	7.8422	7.3937	7.0143	6.6878	6.4031	6.1519	5.9281	5.7271	5.5453	5.3797	5.2281	5.0887	4.9598	4.8990	4.7290	4.5277	4.3501	4.1918	4.0497
27	11.7633	10.5214	9.6047	8.8922	8.3179	7.8422	7.4398	7.0935	6.7915	6.5251	6.2877	6.0745	5.8816	5.7060	5.5453	5.3974	5.2607	5.1962	5.0159	4.8023	4.6139	4.4461	4.2953
31	12.6046	11.2739	10.2916	9.5282	8.9128	8.4030	7.9718	7.6008	7.2772	6.9918	6.7374	6.5090	6.3023	6.1141	5.9418	5.7834	5.6369	5.5678	5.3746	5.1458	4.9439	4.7641	4.6025

续表

σ \ k/k_1	35	40	45	50	55	60	65	70	75	80	85	90	95	100	105	110	115
300	4.8905	5.2281	5.5453	5.8452	6.1305	6.4031	6.6646	6.9162	7.1589	7.3937	7.6212	7.8422	8.0571	8.2664	8.4705	8.6699	8.8647
280	5.0621	5.4116	5.7399	6.0504	6.3457	6.6279	6.8985	7.1589	7.4102	7.6532	7.8887	8.1174	8.3399	8.5565	8.7678	8.9742	9.1759
260	5.2532	5.6159	5.9566	6.2788	6.5852	6.8781	7.1589	7.4292	7.6899	7.9421	8.1865	8.4239	8.6547	8.8795	9.0988	9.3129	9.5222
240	5.4677	5.8452	6.1998	6.5352	6.8541	7.1589	7.4512	7.7325	8.0039	8.2664	8.5208	8.7678	9.0081	9.2421	9.4703	9.6932	9.9111
220	5.7108	6.1051	6.4755	6.8258	7.1589	7.4772	7.7826	8.0763	8.3598	8.6340	8.8997	9.1577	9.4087	9.6531	9.8915	10.1242	10.3518
205	5.9161	6.3246	6.7082	7.0711	7.4162	7.7460	8.0623	8.3666	8.6603	8.9443	9.2195	9.4868	9.7468	10.0000	10.2470	10.4881	10.7238
200	5.9896	6.4031	6.7915	7.1589	7.5083	7.8422	8.1624	8.4705	8.7678	9.0554	9.3341	9.6047	9.8679	10.1242	10.3742	10.6184	10.8570
190	6.1452	6.5695	6.9680	7.3449	7.7034	8.0459	8.3745	8.6906	8.9956	9.2906	9.5766	9.8542	10.1242	10.3872	10.6438	10.8942	11.1391
180	6.3136	6.7495	7.1589	7.5462	7.9145	8.2664	8.6039	8.9287	9.2421	9.5452	9.8390	10.1242	10.4017	10.6719	10.9354	11.1928	11.4443
170	6.4966	6.9452	7.3665	7.7649	8.1439	8.5061	8.8534	9.1876	9.5101	9.8219	10.1242	10.4177	10.7032	10.9813	11.2525	11.5173	11.7761
160	6.6965	7.1589	7.5932	8.0039	8.3946	8.7678	9.1259	9.4703	9.8027	10.1242	10.4358	10.7384	11.0326	11.3192	11.5988	11.8717	12.1385
150	6.9162	7.3937	7.8422	8.2664	8.6699	9.0554	9.4251	9.7809	10.1242	10.4563	10.7781	11.0905	11.3944	11.6905	11.9791	12.2610	12.5366
140	7.1589	7.6532	8.1174	8.5565	8.9742	9.3732	9.7560	10.1242	10.4796	10.8233	11.1564	11.4798	11.7944	12.1008	12.3996	12.6914	12.9766
130	7.4292	7.9421	8.4239	8.8795	9.3129	9.7270	10.1242	10.5064	10.8752	11.2318	11.5775	11.9131	12.2396	12.5576	12.8677	13.1705	13.4665
120	7.7325	8.2664	8.7678	9.2421	9.6932	10.1242	10.5376	10.9354	11.3192	11.6905	12.0502	12.3996	12.7394	13.0703	13.3931	13.7083	14.0164
110	8.0763	8.6340	9.1577	9.6531	10.1242	10.5744	11.0062	11.4217	11.8226	12.2103	12.5861	12.9510	13.3058	13.6515	13.9886	14.3178	14.6396
100	8.4705	9.0554	9.6047	10.1242	10.6184	11.0905	11.5434	11.9791	12.3996	12.8062	13.2004	13.5831	13.9553	14.3178	14.6714	15.0167	15.3542
90	8.9287	9.5452	10.1242	10.6719	11.1928	11.6905	12.1678	12.6271	13.0703	13.4990	13.9144	14.3178	14.7102	15.0923	15.4650	15.8289	16.1847
80	9.4703	10.1242	10.7384	11.3192	11.8717	12.3996	12.9059	13.3931	13.8632	14.3178	14.7585	15.1863	15.6025	16.0078	16.4031	16.7891	17.1665
70	10.1242	10.8233	11.4798	12.1008	12.6914	13.2557	13.7970	14.3178	14.8204	15.3064	15.7775	16.2349	16.6798	17.1131	17.5357	17.9483	18.3517
60	10.9354	11.6905	12.3996	13.0703	13.7083	14.3178	14.9025	15.4650	16.0078	16.5328	17.0416	17.5357	18.0162	18.4842	18.9407	19.3864	19.8221
50	11.9791	12.8062	13.5831	14.3178	15.0167	15.6844	16.3248	16.9411	17.5357	18.1108	18.6682	19.2094	19.7358	20.2485	20.7485	21.2368	21.7141
40	13.3931	14.3178	15.1863	16.0078	16.7891	17.5357	18.2517	18.9407	19.6055	20.2485	20.8716	21.4767	22.0652	22.6385	23.1975	23.7434	24.2770

续表

σ \ k/k_1	300	280	260	240	220	205	200	190	180	170	160	150	140	130	120	110	100	90	80	70	60	50	40
120	9.0554	9.3732	9.7270	10.1242	10.5744	10.9545	11.0905	11.3787	11.6905	12.0294	12.3996	12.8062	13.2557	13.7561	14.3178	14.9545	15.6844	16.5328	17.5357	18.7464	20.2485	22.1811	24.7992
125	9.2421	9.5665	9.9276	10.3330	10.7925	11.1803	11.3192	11.6133	11.9315	12.2774	12.6553	13.0703	13.5291	14.0398	14.6131	15.2628	16.0078	16.8737	17.8973	19.1330	20.6660	22.6385	25.3106
130	9.4251	9.7560	10.1242	10.5376	11.0062	11.4018	11.5434	11.8433	12.1678	12.5206	12.9059	13.3292	13.7970	14.3178	14.9025	15.5651	16.3248	17.2079	18.2517	19.5119	21.0753	23.0868	25.8118
135	9.6047	9.9418	10.3171	10.7384	11.2159	11.6190	11.7633	12.0689	12.3996	12.7591	13.1518	13.5831	14.0598	14.5906	15.1863	15.8616	16.6358	17.5357	18.5994	19.8836	21.4767	23.5266	26.3035
140	9.7809	10.1242	10.5064	10.9354	11.4217	11.8322	11.9791	12.2903	12.6271	12.9932	13.3931	13.8323	14.3178	14.8583	15.4650	16.1527	16.9411	17.8575	18.9407	20.2485	21.8708	23.9583	26.7862
145	9.9541	10.3034	10.6924	11.1290	11.6238	12.0416	12.1912	12.5079	12.8506	13.2232	13.6302	14.0772	14.5713	15.1213	15.7388	16.4386	17.2409	18.1735	19.2760	20.6069	22.2580	24.3824	27.2603
150	10.1242	10.4796	10.8752	11.3192	11.8226	12.2474	12.3996	12.7217	13.0703	13.4493	13.8632	14.3178	14.8204	15.3798	16.0078	16.7196	17.5357	18.4842	19.6055	20.9591	22.6385	24.7992	27.7263
155	10.2916	10.6528	11.0549	11.5063	12.0180	12.4499	12.6046	12.9320	13.2864	13.6716	14.0923	14.5545	15.0653	15.6340	16.2724	16.9960	17.8255	18.7898	19.9296	21.3056	23.0127	25.2091	28.1817
160	10.4563	10.8233	11.2318	11.6905	12.2103	12.6491	12.8062	13.1389	13.4990	13.8903	14.3178	14.7874	15.3064	15.8842	16.5328	17.2679	18.1108	19.0904	20.2485	21.6465	23.3809	25.6125	28.6356
170	10.7781	11.1564	11.5775	12.0502	12.5861	13.0384	13.2004	13.5433	13.9144	14.3178	14.7585	15.2425	15.7775	16.3731	17.0416	17.7994	18.6682	19.6780	20.8716	22.3127	24.1005	26.4008	29.5169
180	11.0905	11.4798	11.9131	12.3996	12.9510	13.4164	13.5831	13.9359	14.3178	14.7329	15.1863	15.6844	16.2349	16.8477	17.5357	18.3154	19.2094	20.2485	21.4767	22.9596	24.7992	27.1662	30.3727
190	11.3944	11.7944	12.2396	12.7394	13.3058	13.7840	13.9553	14.3178	14.7102	15.1366	15.6025	16.1142	16.6798	17.3094	18.0162	18.8173	19.7358	20.8033	22.0652	23.5887	25.4787	27.9106	31.2050
200	11.6905	12.1008	12.5576	13.0703	13.6515	14.1421	14.3178	14.6898	15.0923	15.5299	16.0078	16.5328	17.1131	17.7591	18.4842	19.3061	20.2485	21.3437	22.6385	24.2015	26.1406	28.6356	32.0156
210	11.9791	12.3996	12.8677	13.3931	13.9886	14.4914	14.6714	15.0525	15.4650	15.9134	16.4031	16.9411	17.5357	18.1976	18.9407	19.7829	20.7485	21.8708	23.1975	24.7992	26.7862	29.3428	32.8062
220	12.2610	12.6914	13.1705	13.7083	14.3178	14.8324	15.0167	15.4068	15.8289	16.2879	16.7891	17.3397	17.9483	18.6259	19.3864	20.2485	21.2368	22.3855	23.7434	25.3828	27.4165	30.0333	33.5783
230	12.5366	12.9766	13.4665	14.0164	14.6396	15.1658	15.3542	15.7530	16.1847	16.6539	17.1665	17.7294	18.3517	19.0445	19.8221	20.7035	21.7141	22.8886	24.2770	25.9533	28.0327	30.7083	34.3329
241.6	12.8489	13.2998	13.8019	14.3655	15.0042	15.5435	15.7366	16.1454	16.5878	17.0687	17.5940	18.1710	18.8088	19.5188	20.3158	21.2192	22.2549	23.4587	24.8817	26.5997	28.7309	31.4732	35.1881

11.4.10 板件有效宽度与板件受压区宽度之比 $\dfrac{b_e}{b_c}$

板件有效宽度与板件受压区宽度之比 $\dfrac{b_e}{b_c}$ 表 11-6e

$\dfrac{b}{t\alpha\rho}$	$\dfrac{b_e}{b_c}$	$\dfrac{b}{t\alpha\rho}$	$\dfrac{b_e}{b_c}$	$\dfrac{b}{t\alpha\rho}$	$\dfrac{b_e}{b_c}$
≤18	1	24.5	0.843	31.5	0.732
18.2	0.994	25.0	0.834	32.0	0.725
18.5	0.986	25.5	0.825	32.5	0.719
19.0	0.971	26.0	0.816	33.0	0.713
19.5	0.957	26.5	0.807	33.5	0.707
20.0	0.944	27.0	0.799	34.0	0.701
20.5	0.931	27.5	0.790	34.5	0.695
21.0	0.919	28.0	0.782	35.0	0.689
21.5	0.907	28.5	0.775	35.5	0.684
22.0	0.895	29.0	0.767	36.0	0.678
22.5	0.884	29.5	0.760	36.5	0.673
23.0	0.874	30.0	0.752	37.0	0.668
23.5	0.863	30.5	0.745	37.5	0.662
24.0	0.853	31.0	0.739	≥38	≤0.657

11.4.11 受压板件的宽厚比大于有效宽厚比时，受压板件的有效截面 $\dfrac{b_{e1}}{b_e}$ 及 $\dfrac{b_{e2}}{b_e}$

受压板件的宽厚比大于有效宽厚比时，受压板件的有效截面 $\dfrac{b_{e1}}{b_e}$ 及 $\dfrac{b_{e2}}{b_e}$ 表 11-6f

压力不均匀系数 ψ	$\dfrac{b_c}{b}$	加劲板件		部分加劲板件及非加劲板件	
		$\dfrac{b_{e1}}{b_e}$	$\dfrac{b_{e2}}{b_e}$	$\dfrac{b_{e1}}{b_e}$	$\dfrac{b_{e2}}{b_e}$
−1	0.5	0.4	0.6	0.4	0.6
−0.9	0.526	0.4	0.6	0.4	0.6
−0.8	0.556	0.4	0.6	0.4	0.6
−0.7	0.588	0.4	0.6	0.4	0.6
−0.6	0.625	0.4	0.6	0.4	0.6

续表

压力不均匀系数 ψ	$\frac{b_c}{b}$	加劲板件		部分加劲板件及非加劲板件	
		$\frac{b_{e1}}{b_e}$	$\frac{b_{e2}}{b_e}$	$\frac{b_{e1}}{b_e}$	$\frac{b_{e2}}{b_e}$
-0.5	0.667	0.4	0.6	0.4	0.6
-0.4	0.714	0.4	0.6	0.4	0.6
-0.3	0.769	0.4	0.6	0.4	0.6
-0.2	0.833	0.4	0.6	0.4	0.6
-0.1	0.909	0.4	0.6	0.4	0.6
0	1	0.4	0.6	0.4	0.6
0.1	1	0.408	0.592	0.4	0.6
0.2	1	0.417	0.583	0.4	0.6
0.3	1	0.426	0.574	0.4	0.6
0.4	1	0.435	0.565	0.4	0.6
0.5	1	0.444	0.556	0.4	0.6
0.6	1	0.455	0.545	0.4	0.6
0.7	1	0.465	0.535	0.4	0.6
0.8	1	0.476	0.524	0.4	0.6
0.9	1	0.488	0.512	0.4	0.6
1	1	0.5	0.5	0.4	0.6

注：表中 b_{e1} 及 b_{e2} 如表 11-5e 中应力分布示意图所示。

查表说明：

1. 根据 ψ，由表 11-6a 查得计算板件的 α，k 及邻接板件的受压稳定系数 k_c。

2. 根据 $\frac{c}{b}$ 与 $\frac{k}{k_c}$，由表 11-6b 查出系数 ξ。

3. 根据 ξ，由表 11-6c 查出板组约束系数 k_1。

4. 根据 $k_1 k$ 与 σ_1，由表 11-6d 查出计算系数 ρ。

5. 根据 $\dfrac{\dfrac{b}{t}}{\alpha\rho}\left(=\dfrac{b}{t\alpha\rho}\right)$，由表 11-6e 查出板件有效宽度与板件受压区宽度之比 $\dfrac{b_e}{b_c}$，即可求出有效宽厚比 $\dfrac{b_e}{t}\left(\dfrac{b_c}{t}\ \text{按表 11-6f 求得}\right)$。

6. 当受压板件宽度大于计算出的有效宽度时，根据 b_e 与 ψ，由表 11-6f 查出 $\dfrac{b_{e1}}{b_e}$，$\dfrac{b_{e2}}{b_e}$

即可求出受压办件的有效宽度 b_{e1} 与 b_{e2}。

【例题 1】方钢管屋架上弦杆

某方钢管屋架上弦杆钢材为 Q235B，截面为 □120×3.0，长细比 $\lambda = 63.3$，轴心受压稳定系数 $\varphi = 0.802$。

杆件只考虑轴心受压，故压应力不均匀系数 $\psi = \dfrac{\sigma_{min}}{\sigma_{max}} = 1$

查表 11-6a 得，计算系数 $\alpha = 1.0$，$k = 4.0$，$k_c = 4.0$

$$b = 120\text{mm}, \quad c = 120\text{mm}, \quad t = 3.0\text{mm}$$

$$\frac{k}{k_c} = \frac{4.0}{4.0} = 1, \quad \frac{c}{b} = \frac{120}{120} = 1$$

查表 11-6b 得，$\xi = 1.000$

查表 11-6c 得，$k_1 = 1.0000$

$$k_1 k = 1.0000 \times 4.0 = 4, \quad \sigma_1 = \varphi f = 0.802 \times 205 = 164.41\text{N/mm}^2$$

查表 11-6d 得，

$$\rho = 2.234$$

$$\frac{b}{t} = \frac{120}{3.0} = 40, \quad \frac{\dfrac{b}{t}}{\alpha \rho} = \frac{40}{1 \times 2.234} = 17.90 < 18$$

查表 11-6e 得，$\dfrac{b_e}{b_c} = 1$

查表 11-6f 得，$\dfrac{b_c}{b} = 1$，$b_c = b = 120\text{mm}$，

$$b_e = b_c = 120\text{mm}$$

查表 11-6f 得，$\dfrac{b_{e1}}{b_e} = 0.5$，$\dfrac{b_{e2}}{b_e} = 0.5$

故 $b_{e1} = 0.5 b_e = 0.5 \times 89.4 = 44.7\text{mm}$，$b_{e2} = 0.5 b_e = 0.5 \times 89.4 = 44.7\text{mm}$。

11.5　柱的计算长度系数

11.5.1　框架柱在框架平面内的计算长度

见表 11-7a、11-7b。

无侧移框架柱的计算长度系数 μ　　　　　表 11-7a

K_2 \\ K_1	0	0.05	0.1	0.2	0.3	0.4	0.5	1	2	3	4	5	≥10
0	1.000	0.990	0.981	0.964	0.949	0.935	0.922	0.875	0.820	0.791	0.773	0.760	0.732
0.05	0.990	0.981	0.971	0.955	0.940	0.926	0.914	0.867	0.814	0.784	0.766	0.754	0.726
0.1	0.981	0.971	0.962	0.946	0.931	0.918	0.906	0.860	0.807	0.778	0.760	0.748	0.721

K_2 \ K_1	0	0.05	0.1	0.2	0.3	0.4	0.5	1	2	3	4	5	≥10
0.2	0.964	0.955	0.946	0.930	0.916	0.903	0.891	0.846	0.795	0.767	0.749	0.737	0.711
0.3	0.949	0.940	0.931	0.916	0.902	0.889	0.878	0.834	0.784	0.756	0.739	0.728	0.701
0.4	0.935	0.926	0.918	0.903	0.889	0.877	0.866	0.823	0.774	0.747	0.730	0.719	0.693
0.5	0.922	0.914	0.906	0.891	0.878	0.866	0.855	0.813	0.765	0.738	0.721	0.710	0.685
1	0.875	0.867	0.860	0.846	0.834	0.823	0.813	0.774	0.729	0.704	0.688	0.677	0.654
2	0.820	0.814	0.807	0.795	0.784	0.774	0.765	0.729	0.686	0.663	0.648	0.638	0.615
3	0.791	0.784	0.778	0.767	0.756	0.747	0.738	0.704	0.663	0.640	0.625	0.616	0.593
4	0.773	0.766	0.760	0.749	0.739	0.730	0.721	0.688	0.648	0.625	0.611	0.601	0.580
5	0.760	0.754	0.748	0.737	0.728	0.719	0.710	0.677	0.638	0.616	0.601	0.592	0.570
≥10	0.732	0.726	0.721	0.711	0.701	0.693	0.685	0.654	0.615	0.593	0.580	0.570	0.549

注：1. 表中的计算长度系数 μ 值系按下式算得

$$\left[\left(\frac{\pi}{\mu}\right)^2 + 2(K_1 + K_2) - 4K_1K_2\right]\frac{\pi}{\mu}\cdot\sin\frac{\pi}{\mu} - 2\left[(K_1 + K_2)\left(\frac{\pi}{\mu}\right)^2 + 4K_1K_2\right]\cos\frac{\pi}{\mu} + 8K_1K_2 = 0$$

式中，K_1、K_2 分别为相交于柱上端、柱下端的横梁线刚度之和与柱线刚度之和的比值。当梁远端为铰接时，应将横梁线刚度乘以 1.5；当横梁远端为嵌固时，则将横梁线刚度乘以 2；

2. 当横梁与柱铰接时，取横梁线刚度为零；

3. 对底层框架柱：当柱与基础铰接时，取 $K_2 = 0$（对平板支座可取 $K_2 = 0.1$）；当柱与基础刚接时，取 $K_2 = 10$；

4. 当与柱刚性连接的横梁所受轴心压力 N_b 较大时，横梁线刚度应乘以折减系数 α_N：

横梁远端与柱刚接和横梁远端铰支时：$\alpha_N = 1 - N_b/N_{Eb}$

横梁远端嵌固时：$\alpha_N = 1 - N_b/(2N_{Eb})$

式中，$N_{Eb} = \pi^2 EI_b/l^2$，I_b 为横梁截面惯性矩，l 为横梁长度。

有侧移框架柱的计算长度系数 μ　　　　　　　　　　　　表 11-7b

K_2 \ K_1	0	0.05	0.1	0.2	0.3	0.4	0.5	1	2	3	4	5	≥10
0	∞	6.02	4.46	3.42	3.01	2.78	2.64	2.33	2.17	2.11	2.08	2.07	2.03
0.05	6.02	4.16	3.47	2.86	2.58	2.42	2.31	2.07	1.94	1.90	1.87	1.86	1.83
0.1	4.46	3.47	3.01	2.56	2.33	2.20	2.11	1.90	1.79	1.75	1.73	1.72	1.70
0.2	3.42	2.86	2.56	2.23	2.05	1.94	1.87	1.70	1.60	1.57	1.55	1.54	1.52
0.3	3.01	2.58	2.33	2.05	1.90	1.80	1.74	1.58	1.49	1.46	1.45	1.44	1.42
0.4	2.78	2.42	2.20	1.94	1.80	1.71	1.65	1.50	1.42	1.39	1.37	1.37	1.35
0.5	2.64	2.31	2.11	1.87	1.74	1.65	1.59	1.45	1.37	1.34	1.32	1.32	1.30
1	2.33	2.07	1.90	1.70	1.58	1.50	1.45	1.32	1.24	1.21	1.20	1.19	1.17
2	2.17	1.94	1.79	1.60	1.49	1.42	1.37	1.24	1.16	1.14	1.12	1.12	1.10
3	2.11	1.90	1.75	1.57	1.46	1.39	1.34	1.21	1.14	1.11	1.10	1.09	1.07
4	2.08	1.87	1.73	1.55	1.45	1.37	1.32	1.20	1.12	1.10	1.08	1.08	1.06

K_2 ＼ K_1	0	0.05	0.1	0.2	0.3	0.4	0.5	1	2	3	4	5	≥10
5	2.07	1.86	1.72	1.54	1.44	1.37	1.32	1.19	1.12	1.09	1.08	1.07	1.05
≥10	2.03	1.83	1.70	1.52	1.42	1.35	1.30	1.17	1.10	1.07	1.06	1.05	1.03

注：1　表中的计算长度系数 μ 值系按下式算得：

$$\left[36K_1K_2 - \left(\frac{\pi}{\mu}\right)^2\right]\sin\frac{\pi}{\mu} + 6(K_1+K_2)\frac{\pi}{\mu}\cdot\cos\frac{\pi}{\mu} = 0$$

式中，K_1、K_2 分别为相交于柱上端、柱下端的横梁线刚度之和与柱线刚度之和的比值。当横梁远端为铰接时，应将横梁线刚度乘以 0.5；当横梁远端为嵌固时，则应乘以 2/3。

2　当横梁与柱铰接时，取横梁线刚度为零。

3　对底层框架柱：当柱与基础铰接时，取 $K_2=0$（对平板支座可取 $K_2=0.1$）；当柱与基础刚接时，取 $K_2=10$。

4　当与柱刚性连接的横梁所受轴心压力 N_b 较大时，横梁线刚度应乘以折减系数 α_N：

横梁远端与柱刚接时：　　　$\alpha_N = 1 - N_b/(4N_{Eb})$

横梁远端铰支时：　　　　　$\alpha_N = 1 - N_b/N_{Eb}$

横梁远端嵌固时：　　　　　$\alpha_N = 1 - N_b/(2N_{Eb})$

N_{Eb} 的计算见式表 11-7a 注 4。

11.5.2　单层房屋排架下端刚性固定的阶形柱在排架平面内的计算长度

1. 计算长度系数 μ 按表 11-7c 确定

单层房屋阶形柱的计算长度系数 μ　　　　　　　　　　　表 11-7c

项次	柱阶数	柱顶约束条件	计算长度系数 μ	说　　明
1	单阶柱	铰接（下柱 μ_2）	按表 11-8a（上端自由的单阶柱）乘以表 11-7b 中的折减系数 α	截面均匀变化的楔形柱，其计算长度的取值参见国家标准《冷弯薄壁型钢结构技术规范》GB 50018—2002
2	单阶柱	刚接（下柱 μ_2）	按表 11-8b（上端可移动但不转动的单阶柱）乘以表 11-7b 中的折减系数 α	
3	单阶柱	上柱 μ_1	$\mu_1 = \dfrac{\mu_2}{\eta_1}$　　（11-28a） η_1 按表 11-8a～表 11-8b 中公式计算	

2. 计算长度折减系数 α 按表 11-7d 确定

单层房屋阶形柱的计算长度折减系数 α　　　　　　　　表 11-7d

厂　房　类　型				折减系数 α
单跨或多跨	纵向温度区段内一个柱列的柱数	屋面类型	厂房联测是否有通长的屋盖纵向水平支撑	
单　跨	不多于 6 个	—	—	0.9
	多于 6 个	非大型混凝土屋面板屋面	无纵向水平支撑	
			有纵向水平支撑	0.8
		大型混凝土屋面板屋面	—	
多　跨	—	非大型混凝土屋面板屋面	无纵向水平支撑	
			有纵向水平支撑	0.7
		大型混凝土屋面板屋面	—	

3. 柱上端为自由的单阶柱下段的计算长度系数 μ_2

柱上端为自由的单阶柱下段的计算长度系数 μ_2

表 11-8a

η_1 ＼ K_1	0.06	0.07	0.08	0.09	0.10	0.12	0.14	0.16	0.18	0.20	0.22	0.24	0.26	0.28	0.30	0.32	0.34	0.36	0.38	0.40
0.20	2.00	2.01	2.01	2.01	2.01	2.01	2.01	2.01	2.01	2.02	2.02	2.02	2.02	2.02	2.02	2.03	2.03	2.03	2.03	2.03
0.25	2.01	2.01	2.01	2.01	2.01	2.02	2.02	2.02	2.02	2.03	2.03	2.03	2.03	2.04	2.04	2.04	2.04	2.05	2.05	2.05
0.30	2.01	2.01	2.02	2.02	2.02	2.02	2.03	2.03	2.03	2.04	2.04	2.05	2.05	2.05	2.06	2.06	2.07	2.07	2.07	2.08
0.35	2.02	2.02	2.02	2.02	2.02	2.03	2.04	2.04	2.05	2.05	2.06	2.07	2.07	2.08	2.08	2.09	2.09	2.10	2.10	2.11
0.40	2.02	2.03	2.03	2.03	2.04	2.04	2.05	2.06	2.07	2.07	2.08	2.09	2.09	2.10	2.11	2.12	2.12	2.13	2.14	2.14
0.45	2.03	2.03	2.04	2.04	2.05	2.06	2.07	2.08	2.09	2.10	2.11	2.11	2.12	2.13	2.14	2.15	2.16	2.17	2.18	2.19
0.50	2.04	2.04	2.05	2.06	2.06	2.07	2.09	2.10	2.11	2.12	2.13	2.15	2.16	2.17	2.18	2.19	2.20	2.22	2.23	2.24
0.55	2.05	2.06	2.06	2.07	2.08	2.10	2.11	2.13	2.14	2.16	2.17	2.18	2.20	2.21	2.23	2.24	2.26	2.27	2.28	2.30
0.60	2.06	2.07	2.08	2.09	2.10	2.12	2.14	2.16	2.18	2.19	2.21	2.23	2.25	2.26	2.28	2.30	2.31	2.33	2.35	2.36
0.65	2.08	2.09	2.10	2.11	2.13	2.15	2.17	2.19	2.22	2.24	2.26	2.28	2.30	2.32	2.34	2.36	2.38	2.40	2.42	2.44
0.70	2.10	2.11	2.13	2.14	2.16	2.18	2.21	2.24	2.26	2.29	2.31	2.34	2.36	2.38	2.41	2.43	2.45	2.47	2.50	2.52
0.75	2.12	2.14	2.16	2.18	2.19	2.23	2.26	2.29	2.32	2.35	2.37	2.40	2.43	2.46	2.48	2.51	2.53	2.56	2.58	2.60
0.80	2.15	2.17	2.20	2.22	2.24	2.27	2.31	2.34	2.38	2.41	2.44	2.47	2.50	2.53	2.56	2.59	2.62	2.64	2.67	2.70
0.85	2.19	2.22	2.24	2.26	2.29	2.33	2.37	2.41	2.45	2.48	2.52	2.55	2.58	2.62	2.65	2.68	2.71	2.74	2.77	2.80
0.90	2.24	2.27	2.29	2.32	2.35	2.39	2.44	2.48	2.52	2.56	2.60	2.63	2.67	2.71	2.74	2.77	2.81	2.84	2.87	2.90
0.95	2.30	2.33	2.36	2.38	2.41	2.46	2.51	2.56	2.60	2.64	2.68	2.72	2.76	2.80	2.84	2.87	2.91	2.94	2.98	3.01
1.00	2.36	2.39	2.43	2.46	2.48	2.54	2.59	2.64	2.69	2.73	2.77	2.82	2.86	2.90	2.94	2.97	3.01	3.05	3.08	3.12
1.1	2.51	2.55	2.58	2.62	2.65	2.71	2.76	2.82	2.87	2.92	2.97	3.01	3.06	3.10	3.15	3.19	3.23	3.27	3.31	3.35
1.2	2.69	2.72	2.76	2.79	2.83	2.89	2.95	3.01	3.07	3.12	3.17	3.22	3.27	3.32	3.37	3.42	3.46	3.51	3.55	3.59
1.3	2.87	2.91	2.95	2.98	3.02	3.09	3.15	3.21	3.27	3.33	3.39	3.44	3.49	3.55	3.60	3.65	3.70	3.74	3.79	3.84
1.4	3.07	3.11	3.14	3.18	3.22	3.29	3.36	3.42	3.48	3.55	3.61	3.66	3.72	3.78	3.83	3.89	3.94	3.99	4.04	4.09
1.5	3.27	3.31	3.35	3.38	3.42	3.50	3.57	3.63	3.70	3.77	3.83	3.89	3.95	4.01	4.07	4.13	4.18	4.24	4.29	4.35
1.6	3.47	3.51	3.55	3.59	3.63	3.71	3.78	3.85	3.92	3.99	4.07	4.12	4.18	4.25	4.31	4.37	4.43	4.49	4.55	4.61
1.7	3.67	3.72	3.76	3.80	3.84	3.92	4.00	4.07	4.14	4.22	4.29	4.36	4.42	4.49	4.55	4.62	4.68	4.74	4.81	4.87
1.8	3.88	3.92	3.97	4.01	4.05	4.13	4.21	4.29	4.37	4.44	4.52	4.59	4.66	4.73	4.80	4.87	4.93	5.00	5.07	5.13
1.9	4.09	4.13	4.18	4.22	4.26	4.35	4.43	4.51	4.59	4.67	4.75	4.83	4.90	4.98	5.05	5.12	5.19	5.26	5.33	5.39
2.0	4.29	4.34	4.39	4.43	4.48	4.57	4.65	4.74	4.82	4.90	4.99	5.07	5.14	5.22	5.30	5.37	5.44	5.52	5.59	5.66
2.1	4.50	4.55	4.60	4.65	4.69	4.78	4.87	4.96	5.05	5.13	5.22	5.30	5.39	5.47	5.55	5.62	5.70	5.78	5.85	5.93
2.2	4.71	4.76	4.81	4.86	4.91	5.00	5.10	5.19	5.28	5.37	5.46	5.54	5.63	5.71	5.80	5.88	5.96	6.04	6.12	6.19
2.3	4.92	4.97	5.02	5.07	5.12	5.22	5.32	5.42	5.51	5.60	5.69	5.78	5.87	5.96	6.05	6.13	6.22	6.30	6.38	6.46
2.4	5.13	5.18	5.24	5.29	5.34	5.44	5.54	5.64	5.74	5.84	5.93	6.03	6.12	6.21	6.30	6.39	6.47	6.56	6.65	6.73
2.5	5.34	5.39	5.45	5.50	5.56	5.66	5.77	5.87	5.97	6.07	6.17	6.27	6.36	6.46	6.55	6.64	6.73	6.82	6.91	7.00
2.6	5.55	5.61	5.66	5.72	5.77	5.88	5.99	6.10	6.20	6.31	6.41	6.51	6.61	6.71	6.80	6.90	6.99	7.09	7.18	7.27
2.7	5.76	5.82	5.88	5.93	5.99	6.10	6.22	6.33	6.43	6.54	6.65	6.75	6.85	6.96	7.06	7.16	7.25	7.35	7.45	7.54
2.8	5.97	6.03	6.09	6.15	6.21	6.33	6.44	6.55	6.67	6.78	6.89	6.99	7.10	7.21	7.31	7.41	7.51	7.61	7.71	7.81
2.9	6.18	6.24	6.30	6.37	6.43	6.55	6.67	6.78	6.90	7.01	7.13	7.24	7.35	7.46	7.56	7.67	7.77	7.88	7.98	8.08
3.0	6.39	6.45	6.52	6.58	6.64	6.77	6.89	7.01	7.13	7.25	7.37	7.48	7.59	7.71	7.82	7.93	8.04	8.14	8.25	8.35

简图

$$K_1 = \frac{I_1}{I_2}$$

$$\eta_1 = \frac{H_1}{H_2}\sqrt{\frac{N_1}{N_2}\cdot\frac{I_2}{I_1}}$$

N_1—上段柱的轴心力；

N_2—下段柱的轴心力；

续表

K_1 ╲ η_1	0.45	0.50	0.55	0.60	0.65	0.70	0.75	0.80	0.85	0.90	0.95	1.0	1.1	1.2	1.3	1.4	1.5	1.6	1.7	1.8	1.9	2.0
0.20	2.04	2.04	2.05	2.05	2.05	2.06	2.06	2.07	2.07	2.07	2.08	2.08	2.09	2.10	2.11	2.12	2.12	2.13	2.14	2.15	2.16	2.16
0.25	2.06	2.07	2.07	2.08	2.09	2.09	2.10	2.10	2.11	2.12	2.12	2.13	2.14	2.16	2.17	2.18	2.19	2.21	2.22	2.23	2.25	2.26
0.30	2.09	2.10	2.11	2.12	2.12	2.13	2.14	2.15	2.16	2.17	2.18	2.19	2.21	2.23	2.25	2.26	2.28	2.30	2.32	2.34	2.35	2.37
0.35	2.12	2.13	2.15	2.16	2.17	2.19	2.20	2.21	2.23	2.24	2.25	2.26	2.29	2.31	2.34	2.36	2.39	2.41	2.44	2.46	2.48	2.51
0.40	2.16	2.18	2.20	2.21	2.23	2.25	2.27	2.28	2.30	2.32	2.33	2.35	2.38	2.41	2.44	2.48	2.51	2.54	2.57	2.60	2.63	2.66
0.45	2.21	2.23	2.25	2.28	2.30	2.32	2.34	2.36	2.38	2.40	2.42	2.44	2.48	2.52	2.56	2.60	2.64	2.68	2.71	2.75	2.79	2.82
0.50	2.27	2.29	2.32	2.35	2.37	2.40	2.43	2.45	2.48	2.50	2.53	2.55	2.60	2.65	2.69	2.74	2.79	2.83	2.87	2.92	2.96	3.00
0.55	2.33	2.36	2.40	2.43	2.46	2.49	2.52	2.55	2.58	2.61	2.64	2.67	2.73	2.78	2.84	2.89	2.94	2.99	3.04	3.09	3.14	3.19
0.60	2.40	2.44	2.48	2.52	2.55	2.59	2.63	2.66	2.70	2.73	2.76	2.80	2.86	2.92	2.99	3.05	3.10	3.16	3.22	3.27	3.33	3.38
0.65	2.48	2.53	2.57	2.61	2.66	2.70	2.74	2.78	2.82	2.85	2.89	2.93	3.00	3.07	3.14	3.21	3.28	3.34	3.40	3.46	3.52	3.58
0.70	2.57	2.62	2.67	2.72	2.76	2.81	2.86	2.90	2.94	2.99	3.03	3.07	3.15	3.23	3.30	3.38	3.45	3.52	3.59	3.66	3.73	3.79
0.75	2.66	2.72	2.77	2.83	2.88	2.93	2.98	3.03	3.08	3.12	3.17	3.22	3.30	3.39	3.47	3.55	3.63	3.71	3.79	3.86	3.93	4.00
0.80	2.76	2.82	2.88	2.94	3.00	3.06	3.11	3.16	3.22	3.27	3.32	3.37	3.46	3.55	3.64	3.73	3.82	3.90	3.98	4.06	4.14	4.22
0.85	2.87	2.93	3.00	3.06	3.13	3.18	3.24	3.30	3.36	3.41	3.47	3.52	3.62	3.72	3.82	3.91	4.01	4.10	4.18	4.27	4.35	4.44
0.90	2.98	3.05	3.12	3.19	3.25	3.32	3.38	3.44	3.50	3.56	3.62	3.68	3.79	3.90	4.00	4.10	4.20	4.29	4.38	4.48	4.57	4.66
0.95	3.09	3.17	3.24	3.32	3.39	3.45	3.52	3.59	3.65	3.72	3.78	3.84	3.96	4.07	4.18	4.29	4.39	4.49	4.59	4.69	4.79	4.88
1.00	3.21	3.29	3.37	3.45	3.52	3.59	3.67	3.74	3.80	3.87	3.94	4.00	4.13	4.25	4.36	4.48	4.59	4.70	4.80	4.90	5.01	5.10
1.1	3.45	3.54	3.63	3.71	3.80	3.88	3.96	4.04	4.11	4.19	4.26	4.33	4.47	4.60	4.74	4.86	4.98	5.10	5.22	5.34	5.45	5.56
1.2	3.70	3.80	3.90	3.99	4.08	4.17	4.26	4.34	4.43	4.51	4.59	4.67	4.82	4.97	5.11	5.25	5.39	5.52	5.65	5.77	5.90	6.02
1.3	3.95	4.06	4.17	4.27	4.37	4.47	4.56	4.66	4.75	4.84	4.92	5.01	5.18	5.34	5.49	5.65	5.79	5.94	6.08	6.21	6.35	6.48
1.4	4.21	4.33	4.45	4.56	4.66	4.77	4.87	4.97	5.07	5.17	5.26	5.36	5.54	5.71	5.88	6.04	6.20	6.36	6.51	6.66	6.80	6.94
1.5	4.48	4.60	4.73	4.85	4.96	5.07	5.19	5.29	5.40	5.50	5.60	5.70	5.90	6.08	6.27	6.44	6.61	6.78	6.94	7.10	7.26	7.41
1.6	4.74	4.88	5.01	5.14	5.26	5.38	5.50	5.62	5.73	5.84	5.95	6.05	6.26	6.46	6.65	6.84	7.03	7.20	7.38	7.55	7.71	7.88
1.7	5.01	5.16	5.30	5.43	5.56	5.69	5.82	5.94	6.06	6.18	6.29	6.41	6.63	6.84	7.05	7.25	7.44	7.63	7.82	8.00	8.17	8.35
1.8	5.29	5.44	5.58	5.73	5.87	6.00	6.14	6.26	6.39	6.52	6.64	6.76	6.99	7.22	7.44	7.65	7.86	8.06	8.26	8.45	8.64	8.82
1.9	5.56	5.72	5.87	6.02	6.17	6.31	6.45	6.59	6.73	6.86	6.99	7.11	7.36	7.60	7.83	8.06	8.27	8.49	8.70	8.90	9.10	9.29
2.0	5.83	6.00	6.16	6.32	6.48	6.63	6.78	6.92	7.06	7.20	7.34	7.47	7.73	7.98	8.23	8.46	8.69	8.92	9.14	9.35	9.56	9.76
2.1	6.11	6.28	6.45	6.62	6.78	6.94	7.10	7.25	7.40	7.54	7.69	7.83	8.10	8.37	8.62	8.87	9.11	9.35	9.58	9.80	10.02	10.24
2.2	6.38	6.57	6.75	6.92	7.09	7.26	7.42	7.58	7.74	7.89	8.04	8.19	8.47	8.75	9.02	9.28	9.53	9.78	10.02	10.26	10.49	10.71
2.3	6.66	6.85	7.04	7.22	7.40	7.57	7.74	7.91	8.07	8.23	8.39	8.54	8.84	9.13	9.41	9.69	9.95	10.21	10.46	10.71	10.95	11.19
2.4	6.94	7.14	7.33	7.52	7.71	7.89	8.07	8.24	8.41	8.58	8.74	8.90	9.22	9.52	9.81	10.10	10.37	10.64	10.91	11.17	11.42	11.66
2.5	7.21	7.42	7.63	7.82	8.02	8.21	8.39	8.57	8.75	8.92	9.09	9.26	9.59	9.90	10.21	10.51	10.80	11.08	11.35	11.62	11.88	12.14
2.6	7.49	7.71	7.92	8.13	8.33	8.52	8.72	8.90	9.09	9.27	9.45	9.62	9.96	10.29	10.61	10.92	11.22	11.51	11.80	12.08	12.35	12.62
2.7	7.77	8.00	8.22	8.43	8.64	8.84	9.04	9.24	9.43	9.62	9.80	9.98	10.33	10.68	11.01	11.33	11.64	11.94	12.24	12.53	12.81	13.09
2.8	8.05	8.28	8.51	8.73	8.95	9.16	9.37	9.57	9.77	9.96	10.16	10.34	10.71	11.06	11.41	11.74	12.06	12.38	12.69	12.99	13.28	13.57
2.9	8.33	8.57	8.81	9.04	9.26	9.48	9.69	9.90	10.11	10.31	10.51	10.70	11.08	11.45	11.80	12.15	12.49	12.81	13.13	13.44	13.75	14.05
3.0	8.61	8.86	9.10	9.34	9.57	9.80	10.02	10.24	10.45	10.66	10.86	11.07	11.46	11.84	12.20	12.56	12.91	13.25	13.58	13.90	14.22	14.52

注：表中的计算长度系数 μ_2 值按右式算得：

$$K_1\eta \cdot \lg\frac{\pi\eta}{\mu_2} \cdot \lg\frac{\pi}{\mu_2} - 1 = 0$$

4. 柱上端可移动但不转动的单阶柱下段的计算长度系数 μ_2

表 11-8b

η_1 \ K_1	0.06	0.07	0.08	0.09	0.10	0.12	0.14	0.16	0.18	0.20	0.22	0.24	0.26	0.28	0.30	0.32	0.34	0.36	0.38	0.40
0.20	1.96	1.95	1.94	1.93	1.93	1.91	1.90	1.89	1.88	1.86	1.85	1.84	1.83	1.82	1.81	1.80	1.79	1.78	1.77	1.76
0.25	1.96	1.95	1.94	1.94	1.93	1.92	1.90	1.89	1.88	1.87	1.86	1.85	1.83	1.82	1.81	1.80	1.79	1.79	1.78	1.77
0.30	1.96	1.95	1.94	1.94	1.93	1.92	1.91	1.89	1.88	1.87	1.86	1.85	1.84	1.83	1.82	1.81	1.80	1.79	1.78	1.77
0.35	1.96	1.95	1.95	1.94	1.93	1.92	1.91	1.90	1.89	1.87	1.86	1.85	1.84	1.83	1.82	1.81	1.80	1.80	1.79	1.78
0.40	1.96	1.95	1.95	1.94	1.94	1.92	1.91	1.90	1.89	1.88	1.87	1.86	1.85	1.84	1.83	1.82	1.81	1.80	1.80	1.79
0.45	1.96	1.96	1.95	1.94	1.94	1.93	1.92	1.90	1.89	1.88	1.87	1.87	1.86	1.85	1.84	1.83	1.82	1.81	1.80	1.80
0.50	1.96	1.96	1.95	1.95	1.94	1.93	1.92	1.91	1.90	1.89	1.88	1.87	1.86	1.85	1.85	1.84	1.83	1.82	1.81	1.81
0.55	1.97	1.96	1.96	1.95	1.94	1.93	1.92	1.92	1.91	1.90	1.89	1.88	1.87	1.86	1.86	1.85	1.84	1.83	1.83	1.82
0.60	1.97	1.96	1.96	1.96	1.95	1.94	1.93	1.92	1.91	1.90	1.90	1.89	1.88	1.87	1.87	1.86	1.85	1.85	1.84	1.83
0.65	1.97	1.96	1.96	1.96	1.95	1.94	1.94	1.93	1.92	1.91	1.91	1.90	1.89	1.88	1.88	1.87	1.87	1.86	1.85	1.85
0.70	1.97	1.97	1.97	1.97	1.96	1.95	1.94	1.94	1.93	1.92	1.92	1.91	1.90	1.90	1.89	1.89	1.88	1.87	1.87	1.86
0.75	1.98	1.97	1.97	1.97	1.96	1.96	1.95	1.95	1.94	1.93	1.93	1.92	1.92	1.91	1.91	1.90	1.90	1.89	1.89	1.88
0.80	1.98	1.98	1.98	1.98	1.97	1.96	1.96	1.96	1.95	1.94	1.94	1.93	1.93	1.93	1.92	1.92	1.91	1.91	1.91	1.90
0.85	1.99	1.98	1.98	1.98	1.98	1.97	1.97	1.97	1.96	1.96	1.95	1.95	1.94	1.94	1.94	1.94	1.93	1.93	1.93	1.92
0.90	1.99	1.99	1.99	1.99	1.98	1.98	1.98	1.98	1.97	1.97	1.97	1.96	1.96	1.96	1.96	1.96	1.95	1.95	1.95	1.95
0.95	1.99	1.99	1.99	1.99	1.99	1.99	1.99	1.99	1.99	1.98	1.98	1.98	1.98	1.98	1.98	1.98	1.98	1.97	1.97	1.97
1.00	2.00	2.00	2.00	2.00	2.00	2.00	2.00	2.00	2.00	2.00	2.00	2.00	2.00	2.00	2.00	2.00	2.00	2.00	2.00	2.00
1.1	2.01	2.01	2.02	2.02	2.02	2.02	2.03	2.03	2.03	2.04	2.04	2.04	2.04	2.05	2.05	2.05	2.05	2.06	2.06	2.06
1.2	2.03	2.03	2.04	2.04	2.04	2.05	2.06	2.07	2.07	2.08	2.08	2.09	2.10	2.10	2.11	2.11	2.12	2.12	2.13	2.13
1.3	2.05	2.05	2.06	2.07	2.07	2.08	2.10	2.11	2.12	2.13	2.14	2.15	2.16	2.16	2.17	2.18	2.19	2.19	2.20	2.21
1.4	2.07	2.08	2.09	2.10	2.11	2.12	2.14	2.16	2.17	2.18	2.20	2.21	2.22	2.23	2.24	2.25	2.26	2.27	2.28	2.29
1.5	2.10	2.11	2.12	2.14	2.15	2.17	2.19	2.21	2.23	2.25	2.26	2.28	2.29	2.31	2.32	2.34	2.35	2.36	2.37	2.38
1.6	2.13	2.15	2.16	2.18	2.19	2.22	2.25	2.27	2.30	2.32	2.34	2.36	2.37	2.39	2.41	2.42	2.44	2.45	2.47	2.48
1.7	2.19	2.19	2.21	2.23	2.25	2.28	2.31	2.34	2.37	2.39	2.42	2.44	2.46	2.48	2.50	2.52	2.53	2.55	2.57	2.58
1.8	2.22	2.25	2.27	2.29	2.31	2.35	2.39	2.42	2.45	2.48	2.50	2.53	2.55	2.57	2.59	2.61	2.63	2.65	2.67	2.69
1.9	2.28	2.31	2.34	2.36	2.38	2.42	2.46	2.50	2.53	2.56	2.59	2.62	2.65	2.67	2.69	2.72	2.74	2.76	2.78	2.80
2.0	2.35	2.38	2.41	2.43	2.46	2.50	2.55	2.59	2.62	2.66	2.69	2.72	2.75	2.77	2.80	2.82	2.85	2.87	2.89	2.91
2.1	2.42	2.46	2.49	2.51	2.54	2.59	2.63	2.68	2.71	2.75	2.78	2.82	2.85	2.88	2.90	2.93	2.95	2.98	3.00	3.02
2.2	2.51	2.54	2.57	2.60	2.63	2.68	2.73	2.77	2.81	2.85	2.89	2.92	2.95	2.98	3.01	3.04	3.07	3.09	3.12	3.14
2.3	2.59	2.63	2.66	2.69	2.72	2.77	2.82	2.87	2.91	2.95	2.99	3.03	3.06	3.09	3.12	3.15	3.18	3.21	3.23	3.26
2.4	2.68	2.72	2.75	2.78	2.81	2.87	2.92	2.97	3.01	3.05	3.09	3.13	3.17	3.20	3.24	3.27	3.30	3.33	3.35	3.38
2.5	2.77	2.81	2.84	2.87	2.91	2.96	3.02	3.07	3.11	3.16	3.20	3.24	3.28	3.31	3.35	3.38	3.41	3.44	3.47	3.50
2.6	2.87	2.90	2.94	2.97	3.00	3.06	3.12	3.17	3.22	3.27	3.31	3.35	3.39	3.43	3.46	3.50	3.53	3.56	3.59	3.62
2.7	2.97	3.00	3.04	3.07	3.10	3.16	3.22	3.28	3.33	3.37	3.42	3.46	3.50	3.54	3.58	3.62	3.65	3.68	3.72	3.75
2.8	3.06	3.10	3.14	3.17	3.20	3.27	3.33	3.38	3.43	3.48	3.53	3.58	3.62	3.66	3.70	3.73	3.77	3.80	3.84	3.87
2.9	3.16	3.20	3.24	3.27	3.31	3.37	3.43	3.49	3.54	3.59	3.64	3.69	3.73	3.78	3.82	3.85	3.89	3.93	3.96	3.99
3.0	3.26	3.30	3.34	3.37	3.41	3.47	3.54	3.60	3.65	3.70	3.75	3.80	3.85	3.89	3.93	3.97	4.01	4.05	4.09	4.12

简 图

$K_1 = \dfrac{I_1}{I_2} \cdot \dfrac{H_2}{H_1}$；

$\eta_1 = \dfrac{H_1}{H_2}\sqrt{\dfrac{N_1}{N_2} \cdot \dfrac{I_2}{I_1}}$；

式中　N_1—上段柱的轴心力；
　　　N_2—下段柱的轴心力。

续表

η_1 \ K_1	0.45	0.50	0.55	0.60	0.65	0.70	0.75	0.80	0.85	0.90	0.95	1.0	1.1	1.2	1.3	1.4	1.5	1.6	1.7	1.8	1.9	2.0
0.20	1.74	1.72	1.70	1.68	1.66	1.65	1.63	1.62	1.60	1.59	1.58	1.56	1.54	1.52	1.50	1.48	1.46	1.45	1.43	1.42	1.40	1.39
0.25	1.75	1.73	1.71	1.69	1.67	1.65	1.64	1.62	1.61	1.60	1.58	1.57	1.55	1.53	1.51	1.49	1.47	1.46	1.44	1.43	1.41	1.40
0.30	1.75	1.73	1.71	1.70	1.68	1.66	1.65	1.63	1.62	1.61	1.59	1.58	1.56	1.54	1.52	1.50	1.48	1.47	1.45	1.44	1.43	1.41
0.35	1.76	1.74	1.72	1.70	1.69	1.67	1.66	1.64	1.63	1.62	1.61	1.59	1.57	1.55	1.53	1.51	1.50	1.48	1.47	1.45	1.44	1.43
0.40	1.77	1.75	1.73	1.72	1.70	1.68	1.67	1.66	1.64	1.63	1.62	1.61	1.59	1.57	1.55	1.53	1.52	1.50	1.49	1.47	1.46	1.45
0.45	1.78	1.76	1.74	1.73	1.71	1.70	1.68	1.67	1.66	1.65	1.64	1.62	1.60	1.59	1.57	1.55	1.54	1.52	1.51	1.50	1.48	1.47
0.50	1.79	1.77	1.76	1.74	1.73	1.71	1.70	1.69	1.68	1.67	1.65	1.64	1.62	1.61	1.59	1.57	1.56	1.55	1.53	1.52	1.51	1.50
0.55	1.80	1.79	1.77	1.76	1.74	1.73	1.72	1.71	1.70	1.69	1.68	1.67	1.65	1.63	1.62	1.60	1.59	1.58	1.56	1.55	1.54	1.53
0.60	1.82	1.80	1.79	1.78	1.76	1.75	1.74	1.73	1.72	1.71	1.70	1.69	1.67	1.66	1.64	1.63	1.62	1.61	1.60	1.59	1.58	1.57
0.65	1.83	1.82	1.81	1.80	1.78	1.77	1.76	1.75	1.74	1.74	1.73	1.72	1.70	1.69	1.68	1.67	1.65	1.64	1.63	1.62	1.62	1.61
0.70	1.85	1.84	1.83	1.82	1.81	1.80	1.79	1.78	1.77	1.77	1.76	1.75	1.74	1.72	1.71	1.70	1.69	1.68	1.67	1.67	1.66	1.65
0.75	1.87	1.86	1.85	1.84	1.83	1.83	1.82	1.81	1.80	1.80	1.79	1.78	1.77	1.76	1.75	1.74	1.74	1.73	1.72	1.71	1.71	1.70
0.80	1.89	1.88	1.88	1.87	1.86	1.86	1.85	1.84	1.84	1.83	1.83	1.82	1.81	1.80	1.80	1.79	1.78	1.78	1.77	1.76	1.76	1.75
0.85	1.92	1.91	1.90	1.90	1.89	1.89	1.88	1.88	1.87	1.87	1.87	1.86	1.85	1.85	1.84	1.84	1.83	1.83	1.82	1.82	1.82	1.81
0.90	1.94	1.94	1.93	1.93	1.93	1.92	1.92	1.92	1.91	1.91	1.91	1.91	1.90	1.90	1.89	1.89	1.89	1.88	1.88	1.88	1.87	1.87
0.95	1.97	1.97	1.97	1.96	1.96	1.96	1.96	1.96	1.96	1.95	1.95	1.95	1.95	1.95	1.94	1.94	1.94	1.94	1.94	1.94	1.94	1.93
1.00	2.00	2.00	2.00	2.00	2.00	2.00	2.00	2.00	2.00	2.00	2.00	2.00	2.00	2.00	2.00	2.00	2.00	2.00	2.00	2.00	2.00	2.00
1.1	2.07	2.07	2.08	2.08	2.08	2.09	2.09	2.09	2.10	2.10	2.10	2.10	2.11	2.11	2.12	2.12	2.12	2.13	2.13	2.13	2.14	2.14
1.2	2.14	2.15	2.16	2.17	2.18	2.18	2.19	2.20	2.20	2.21	2.21	2.22	2.23	2.24	2.24	2.25	2.26	2.26	2.27	2.27	2.28	2.28
1.3	2.22	2.24	2.25	2.26	2.28	2.29	2.30	2.31	2.31	2.32	2.33	2.34	2.35	2.36	2.38	2.39	2.39	2.40	2.41	2.42	2.42	2.43
1.4	2.31	2.33	2.35	2.37	2.38	2.40	2.41	2.42	2.43	2.44	2.45	2.46	2.48	2.50	2.51	2.52	2.54	2.55	2.56	2.57	2.58	2.58
1.5	2.41	2.43	2.46	2.48	2.49	2.51	2.53	2.54	2.56	2.57	2.58	2.59	2.62	2.64	2.65	2.67	2.68	2.70	2.71	2.72	2.73	2.74
1.6	2.51	2.54	2.57	2.59	2.61	2.63	2.65	2.67	2.68	2.70	2.71	2.73	2.75	2.78	2.80	2.81	2.83	2.85	2.86	2.87	2.89	2.90
1.7	2.62	2.65	2.68	2.71	2.73	2.75	2.78	2.80	2.82	2.83	2.85	2.87	2.89	2.92	2.94	2.96	2.98	3.00	3.02	3.03	3.05	3.06
1.8	2.73	2.76	2.80	2.83	2.85	2.88	2.91	2.93	2.95	2.97	2.99	3.00	3.04	3.07	3.09	3.11	3.14	3.16	3.17	3.19	3.21	3.22
1.9	2.84	2.88	2.92	2.95	2.98	3.01	3.04	3.06	3.08	3.11	3.12	3.15	3.18	3.21	3.24	3.27	3.29	3.31	3.33	3.35	3.37	3.38
2.0	2.96	3.00	3.04	3.08	3.11	3.14	3.17	3.20	3.22	3.25	3.27	3.29	3.33	3.36	3.39	3.42	3.45	3.47	3.49	3.51	3.53	3.55
2.1	3.07	3.12	3.16	3.20	3.24	3.27	3.30	3.33	3.36	3.39	3.41	3.43	3.47	3.51	3.54	3.57	3.60	3.63	3.65	3.67	3.69	3.71
2.2	3.20	3.25	3.29	3.33	3.37	3.41	3.44	3.47	3.50	3.53	3.55	3.58	3.62	3.66	3.70	3.73	3.76	3.79	3.81	3.83	3.86	3.88
2.3	3.32	3.37	3.42	3.46	3.50	3.54	3.58	3.61	3.64	3.67	3.70	3.72	3.77	3.81	3.85	3.89	3.92	3.95	3.97	4.00	4.02	4.04
2.4	3.44	3.50	3.55	3.59	3.64	3.68	3.72	3.75	3.78	3.82	3.84	3.87	3.92	3.97	4.01	4.04	4.08	4.11	4.14	4.16	4.18	4.21
2.5	3.56	3.62	3.68	3.73	3.77	3.82	3.86	3.89	3.93	3.96	3.99	4.02	4.07	4.12	4.16	4.20	4.24	4.27	4.30	4.33	4.35	4.37
2.6	3.69	3.75	3.81	3.86	3.91	3.95	4.00	4.03	4.07	4.11	4.14	4.17	4.22	4.27	4.32	4.36	4.40	4.43	4.46	4.49	4.52	4.54
2.7	3.82	3.88	3.94	4.00	4.05	4.09	4.14	4.18	4.22	4.25	4.29	4.32	4.38	4.43	4.47	4.52	4.56	4.59	4.62	4.65	4.68	4.71
2.8	3.94	4.01	4.07	4.13	4.18	4.23	4.28	4.32	4.36	4.40	4.43	4.47	4.53	4.58	4.63	4.68	4.72	4.75	4.79	4.82	4.85	4.88
2.9	4.07	4.14	4.21	4.27	4.32	4.37	4.42	4.46	4.51	4.55	4.58	4.62	4.68	4.74	4.79	4.84	4.88	4.93	4.95	4.98	5.02	5.04
3.0	4.20	4.27	4.34	4.40	4.46	4.51	4.56	4.61	4.65	4.69	4.73	4.77	4.83	4.89	4.95	4.99	5.04	5.08	5.12	5.15	5.18	5.21

注：表中的计算长度系数 μ_2 值按右式算得：

$$\mathrm{tg}\frac{\pi\eta_1}{\mu_2}+K_1\eta_1\cdot\mathrm{tg}\frac{\pi}{\mu_2}=0$$

11.6 常用钢材截面特性表

11.6.1 热轧等边角钢截面特性表（按 GB/T 706—2016 计算）

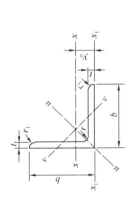

I—惯性矩；
i—回转半径；
W—截面模量；
r—内圆弧半径；
r_1—边端圆弧半径 $\left(\dfrac{t}{3}\right)$；
y_0—重心距离。

表 11-9

热轧等边角钢截面特性表（按 GB/T 706—2016 计算）

截面尺寸 (mm)			截面面积 A (cm²)	重量 g (kg/m)	x-x 轴				u-u 轴			v-v 轴			x₁-x₁ 轴	y₀ (cm)
b	t	r			I_x (cm⁴)	i_x (cm)	W_{xmin} (cm³)	W_{xmax} (cm³)	I_u (cm⁴)	i_u (cm)	W_u (cm³)	I_v (cm⁴)	i_v (cm)	W_v (cm³)	I_{x1} (cm⁴)	
20	3	3.5	1.132	0.889	0.40	0.59	0.29	0.66	0.63	0.75	0.45	0.17	0.39	0.20	0.81	0.60
	4		1.459	1.145	0.50	0.58	0.36	0.78	0.78	0.73	0.55	0.21	0.38	0.24	1.09	0.64
25	3	3.5	1.432	1.124	0.82	0.76	0.46	1.12	1.29	0.95	0.73	0.34	0.49	0.33	1.57	0.73
	4		1.859	1.459	1.03	0.74	0.59	1.34	1.62	0.93	0.92	0.43	0.48	0.40	2.11	0.76
30	3	4.5	1.749	1.373	1.46	0.91	0.68	1.72	2.31	1.15	1.09	0.60	0.59	0.50	2.71	0.85
	4		2.276	1.787	1.84	0.90	0.87	2.08	2.92	1.13	1.38	0.77	0.58	0.61	3.63	0.89
36	3	4.5	2.109	1.656	2.58	1.11	0.99	2.59	4.09	1.39	1.61	1.07	0.71	0.76	4.67	1.00
	4		2.756	2.163	3.29	1.09	1.28	3.18	5.22	1.38	2.05	1.37	0.70	0.93	6.25	1.04
	5		3.382	2.655	3.95	1.08	1.56	3.68	6.24	1.36	2.45	1.66	0.70	1.09	7.84	1.07

续表

| 截面尺寸 (mm) | | | 截面面积 A (cm²) | 重量 g (kg/m) | x-x轴 | | | | u-u轴 | | | v-v轴 | | | x_1-x_1轴 | y_0 (cm) |
b	t	r			I_x (cm⁴)	i_x (cm)	$W_{x\min}$ (cm³)	$W_{x\max}$ (cm³)	I_u (cm⁴)	i_u (cm)	W_u (cm³)	I_v (cm⁴)	i_v (cm)	W_v (cm³)	I_{x1} (cm⁴)	
40	3	5	2.359	1.852	3.59	1.23	1.23	3.28	5.69	1.55	2.01	1.49	0.79	0.96	6.41	1.09
	4		3.086	2.423	4.60	1.22	1.60	4.05	7.29	1.54	2.58	1.90	0.79	1.19	8.56	1.13
	5		3.792	2.977	5.53	1.21	1.96	4.72	8.76	1.52	3.10	2.30	0.78	1.39	10.74	1.17
45	3	5	2.659	2.088	5.17	1.39	1.58	4.25	8.20	1.76	2.58	2.15	0.90	1.25	9.12	1.22
	4		3.486	2.737	6.65	1.38	2.05	5.29	10.56	1.74	3.32	2.75	0.89	1.54	12.18	1.26
	5		4.292	3.369	8.04	1.37	2.51	6.20	12.74	1.72	4.00	3.33	0.88	1.82	15.25	1.30
	6		5.076	3.985	9.33	1.36	2.95	6.99	14.76	1.71	4.64	3.89	0.88	2.06	18.36	1.33
50	3	5.5	2.971	2.332	7.18	1.55	1.96	5.36	11.37	1.96	3.22	2.98	1.00	1.57	12.50	1.34
	4		3.897	3.059	9.26	1.54	2.56	6.70	14.70	1.94	4.16	3.81	0.99	1.95	16.69	1.38
	5		4.803	3.770	11.21	1.53	3.13	7.90	17.79	1.92	5.03	4.64	0.98	2.31	20.90	1.42
	6		5.688	4.465	13.05	1.51	3.68	8.95	20.68	1.91	5.85	5.42	0.98	2.63	25.14	1.46
56	3	6	3.343	2.624	10.19	1.75	2.48	6.86	16.14	2.20	4.08	4.24	1.13	2.02	17.56	1.48
	4		4.390	3.446	13.18	1.73	3.24	8.63	20.92	2.18	5.28	5.45	1.11	2.52	23.43	1.53
	5		5.415	4.251	16.02	1.72	3.97	10.22	25.42	2.17	6.42	6.61	1.10	2.98	29.33	1.57
	6		6.420	5.040	18.69	1.71	4.68	11.64	29.66	2.15	7.49	7.73	1.10	3.40	35.26	1.61
	7		7.404	5.812	21.23	1.69	5.37	12.92	33.63	2.13	8.49	8.83	1.09	3.80	41.23	1.64
	8		8.367	6.568	23.63	1.68	6.03	14.06	37.37	2.11	9.44	9.88	1.09	4.16	47.24	1.68
60	5	6.5	5.829	4.576	19.89	1.85	4.59	11.94	31.57	2.33	7.44	8.20	1.19	3.48	36.06	1.67
	6		6.914	5.427	23.25	1.83	5.41	13.64	36.89	2.31	8.70	9.61	1.18	3.99	43.33	1.70
	7		7.977	6.262	26.44	1.82	6.21	15.18	41.92	2.29	9.88	10.96	1.17	4.45	50.65	1.74
	8		9.020	7.081	29.47	1.81	6.98	16.57	46.66	2.27	11.00	12.28	1.17	4.88	58.02	1.78

续表

截面尺寸 (mm)			截面面积 A (cm²)	重量 g (kg/m)	x-x轴				u-u轴			v-v轴			x₁-x₁轴	y₀ (cm)
b	t	r			I_x (cm⁴)	i_x (cm)	W_{xmin} (cm³)	W_{xmax} (cm³)	I_u (cm⁴)	i_u (cm)	W_u (cm³)	I_v (cm⁴)	i_v (cm)	W_v (cm³)	I_{x1} (cm⁴)	
63	4	7	4.978	3.907	19.03	1.96	4.13	11.22	30.17	2.46	6.77	7.89	1.26	3.29	33.35	1.70
	5		6.143	4.822	23.17	1.94	5.08	13.33	36.77	2.45	8.25	9.58	1.25	3.90	41.73	1.74
	6		7.288	5.721	27.12	1.93	6.00	15.26	43.03	2.43	9.66	11.21	1.24	4.46	50.14	1.78
	7		8.412	6.603	30.87	1.92	6.88	17.00	48.96	2.41	10.99	12.78	1.23	4.98	58.60	1.82
	8		9.515	7.469	34.45	1.90	7.75	18.59	54.56	2.39	12.25	14.33	1.23	5.47	67.11	1.85
	10		11.657	9.151	41.09	1.88	9.39	21.34	64.85	2.36	14.56	17.34	1.22	6.37	84.31	1.93
70	4	8	5.570	4.372	26.39	2.18	5.14	14.16	41.80	2.74	8.44	10.99	1.40	4.17	45.74	1.86
	5		6.875	5.397	32.21	2.16	6.32	16.89	51.08	2.73	10.32	13.34	1.39	4.95	57.21	1.91
	6		8.160	6.406	37.77	2.15	7.48	19.39	59.93	2.71	12.11	15.61	1.38	5.67	68.73	1.95
	7		9.424	7.398	43.09	2.14	8.59	21.68	68.35	2.69	13.81	17.82	1.38	6.34	80.29	1.99
	8		10.667	8.373	48.17	2.13	9.68	23.79	76.37	2.68	15.43	19.97	1.37	6.97	91.92	2.03
75	5	9	7.412	5.818	39.96	2.32	7.30	19.73	63.30	2.92	11.94	16.61	1.50	5.80	70.36	2.03
	6		8.797	6.905	46.91	2.31	8.63	22.69	74.38	2.91	14.03	19.43	1.49	6.65	84.51	2.07
	7		10.160	7.976	53.57	2.30	9.93	25.42	84.96	2.89	16.02	22.18	1.48	7.44	98.71	2.11
	8		11.503	9.030	59.96	2.28	11.20	27.93	95.07	2.87	17.93	24.86	1.47	8.19	112.97	2.15
	9		12.825	10.068	66.10	2.27	12.43	30.26	104.71	2.86	19.74	27.48	1.46	8.90	127.30	2.18
	10		14.126	11.089	71.98	2.26	13.64	32.40	113.92	2.84	21.48	30.05	1.46	9.56	141.71	2.22
80	5	9	7.912	6.211	48.79	2.48	8.34	22.70	77.33	3.13	13.67	20.25	1.60	6.66	85.36	2.15
	6		9.397	7.376	57.35	2.47	9.87	26.16	90.98	3.11	16.08	23.72	1.59	7.65	102.50	2.19
	7		10.860	8.525	65.58	2.46	11.37	29.38	104.07	3.10	18.40	27.09	1.58	8.58	119.70	2.23
	8		12.303	9.658	73.50	2.44	12.83	32.36	116.60	3.08	20.61	30.39	1.57	9.46	136.97	2.27
	9		13.725	10.774	81.11	2.43	14.25	35.12	128.60	3.06	22.73	33.62	1.57	10.29	154.31	2.31
	10		15.126	11.874	88.43	2.42	15.64	37.68	140.09	3.04	24.76	36.77	1.56	11.08	171.74	2.35

续表

截面尺寸 (mm)			截面面积 A (cm²)	重量 g (kg/m)	x-x轴				u-u轴			v-v轴			x₁-x₁轴	y₀ (cm)
b	t	r			I_x (cm⁴)	i_x (cm)	W_{xmin} (cm³)	W_{xmax} (cm³)	I_u (cm⁴)	i_u (cm)	W_u (cm³)	I_v (cm⁴)	i_v (cm)	W_v (cm³)	I_{x1} (cm⁴)	
90	6	10	10.637	8.350	82.77	2.79	12.61	33.99	131.26	3.51	20.63	34.28	1.80	9.95	145.87	2.44
	7		12.301	9.656	94.83	2.78	14.54	38.28	150.47	3.50	23.64	39.19	1.78	11.19	170.30	2.48
	8		13.944	10.946	106.47	2.76	16.42	42.30	168.97	3.48	26.55	43.97	1.78	12.35	194.80	2.52
	9		15.566	12.219	117.72	2.75	18.27	46.06	186.77	3.46	29.35	48.66	1.77	13.46	219.39	2.56
	10		17.167	13.476	128.58	2.74	20.07	49.57	203.90	3.45	32.04	53.26	1.76	14.52	244.08	2.59
	12		20.306	15.940	149.22	2.71	23.57	55.93	236.21	3.41	37.12	62.23	1.75	16.49	293.77	2.67
100	6	12	11.932	9.367	114.95	3.10	15.68	43.04	181.98	3.91	25.74	47.91	2.00	12.68	200.07	2.67
	7		13.796	10.830	131.86	3.09	18.10	48.57	208.97	3.89	29.55	54.74	1.99	14.26	233.54	2.71
	8		15.639	12.276	148.24	3.08	20.47	53.78	235.07	3.88	33.24	61.42	1.98	15.75	267.09	2.76
	9		17.460	13.706	164.12	3.07	22.79	58.68	260.30	3.86	36.81	67.95	1.97	17.18	300.73	2.80
	10		19.261	15.120	179.51	3.05	25.06	63.29	284.68	3.84	40.26	74.35	1.96	18.53	334.48	2.84
	12		22.800	17.898	208.90	3.03	29.47	71.72	330.95	3.81	46.80	86.84	1.95	21.08	402.34	2.91
	14		26.256	20.611	236.53	3.00	33.73	79.19	374.06	3.77	52.90	98.99	1.94	23.44	470.75	2.99
	16		29.627	23.257	262.53	2.98	37.82	85.81	414.16	3.74	58.57	110.89	1.93	25.63	539.80	3.06
110	7	12	15.196	11.929	177.16	3.41	22.05	59.78	280.94	4.30	36.12	73.38	2.20	17.51	310.64	2.96
	8		17.239	13.532	199.46	3.40	24.95	66.36	316.49	4.28	40.69	82.43	2.19	19.39	355.21	3.01
	10		21.261	16.690	242.19	3.38	30.60	78.48	384.39	4.25	49.42	99.98	2.17	22.91	444.65	3.09
	12		25.200	19.782	282.55	3.35	36.05	89.34	448.17	4.22	57.62	116.93	2.15	26.15	534.60	3.16
	14		29.056	22.809	320.71	3.32	41.31	99.07	508.01	4.18	65.31	133.41	2.14	29.14	625.16	3.24

续表

截面尺寸 (mm)			截面面积 A (cm²)	重量 g (kg/m)	x-x 轴				u-u 轴			v-v 轴			x_1-x_1 轴	y_0 (cm)
b	t	r			I_x (cm⁴)	i_x (cm)	W_{xmin} (cm³)	W_{xmax} (cm³)	I_u (cm⁴)	i_u (cm)	W_u (cm³)	I_v (cm⁴)	i_v (cm)	W_v (cm³)	I_{x1} (cm⁴)	
125	8	14	19.750	15.504	297.03	3.88	32.52	88.20	470.89	4.88	53.28	123.16	2.50	25.86	521.01	3.37
	10		24.373	19.133	361.67	3.85	39.97	104.81	573.89	4.85	64.93	149.46	2.48	30.62	651.93	3.45
	12		28.912	22.696	423.16	3.83	47.17	119.88	671.44	4.82	75.96	174.88	2.46	35.03	783.42	3.53
	14		33.367	26.193	481.65	3.80	54.16	133.56	763.73	4.78	86.41	199.57	2.45	39.13	915.61	3.61
	16		37.739	29.625	537.31	3.77	60.93	145.98	850.98	4.75	96.28	223.65	2.43	42.96	1048.62	3.68
140	10	14	27.373	21.488	514.65	4.34	50.58	134.55	817.27	5.46	82.56	212.03	2.78	39.20	915.11	3.82
	12		32.512	25.522	603.68	4.31	59.80	154.62	958.79	5.43	96.85	248.57	2.77	45.02	1099.28	3.90
	14		37.567	29.490	688.81	4.28	68.75	173.02	1093.56	5.40	110.47	284.06	2.75	50.45	1284.22	3.98
	16		42.539	33.393	770.24	4.26	77.46	189.90	1221.81	5.36	123.42	318.67	2.74	55.55	1470.07	4.06
150	8	14	23.750	18.644	521.38	4.69	47.36	130.66	827.49	5.90	78.02	215.26	3.01	38.14	899.56	3.99
	10		29.373	23.058	637.50	4.66	58.35	156.47	1012.79	5.87	95.49	262.21	2.99	45.51	1125.09	4.07
	12		34.912	27.406	748.85	4.63	69.04	180.27	1189.97	5.84	112.19	307.73	2.97	52.38	1351.26	4.15
	14		40.367	31.688	855.64	4.60	79.45	202.23	1359.30	5.80	128.16	351.98	2.95	58.83	1578.25	4.23
	15		43.063	33.805	907.39	4.59	84.56	212.57	1441.09	5.78	135.87	373.69	2.95	61.90	1692.10	4.27
	16		45.739	35.905	958.08	4.58	89.59	222.49	1521.02	5.77	143.40	395.14	2.94	64.88	1806.21	4.31
160	10	16	31.502	24.729	779.53	4.97	66.70	180.77	1237.30	6.27	109.36	321.76	3.20	52.76	1365.33	4.31
	12		37.441	29.391	916.58	4.95	78.98	208.58	1455.68	6.24	128.67	377.49	3.18	60.74	1639.57	4.39
	14		43.296	33.987	1048.36	4.92	90.95	234.37	1665.02	6.20	147.17	431.70	3.16	68.24	1914.68	4.47
	16		49.067	38.518	1175.08	4.89	102.63	258.27	1865.57	6.17	164.89	484.59	3.14	75.31	2190.82	4.55

续表

截面尺寸 (mm)			截面面积 A (cm²)	重量 g (kg/m)	x-x轴				u-u轴			v-v轴			x₁-x₁轴	y₀ (cm)
b	t	r			I_x (cm⁴)	i_x (cm)	W_{xmin} (cm³)	W_{xmax} (cm³)	I_u (cm⁴)	i_u (cm)	W_u (cm³)	I_v (cm⁴)	i_v (cm)	W_v (cm³)	I_{x1} (cm⁴)	
180	12	16	42.241	33.159	1321.35	5.59	100.82	270.03	2100.10	7.05	165.00	542.61	3.58	78.41	2332.80	4.89
	14		48.896	38.383	1514.48	5.57	116.25	304.57	2407.42	7.02	189.14	621.54	3.57	88.38	2723.48	4.97
	16		55.467	43.542	1700.99	5.54	131.35	336.86	2703.37	6.98	212.40	698.60	3.55	97.83	3115.29	5.05
	18		61.955	48.635	1881.12	5.51	146.11	367.05	2988.24	6.94	234.78	774.01	3.53	106.79	3508.42	5.13
200	14	18	54.642	42.894	2103.55	6.20	144.70	385.08	3343.26	7.82	236.40	863.83	3.98	111.82	3734.10	5.46
	16		62.013	48.680	2366.15	6.18	163.65	426.99	3760.89	7.79	265.94	971.40	3.96	123.96	4270.39	5.54
	18		69.301	54.401	2620.64	6.15	182.22	466.45	4164.54	7.75	294.48	1076.73	3.94	135.52	4808.13	5.62
	20		76.505	60.056	2867.30	6.12	200.42	503.58	4554.55	7.72	322.06	1180.04	3.93	146.55	5347.51	5.69
	24		90.661	71.169	3338.20	6.07	235.78	571.45	5294.97	7.64	374.41	1381.43	3.90	167.22	6431.99	5.84
220	16	21	68.664	53.901	3187.36	6.81	199.55	528.84	5063.73	8.59	325.51	1310.99	4.37	153.81	5681.62	6.03
	18		76.752	60.250	3534.30	6.79	222.37	578.82	5615.32	8.55	360.97	1453.27	4.35	168.29	6395.93	6.11
	20		84.756	66.533	3871.49	6.76	244.77	626.11	6150.08	8.52	395.34	1592.89	4.34	182.16	7112.05	6.18
	22		92.676	72.750	4199.23	6.73	266.78	670.88	6668.37	8.48	428.66	1730.09	4.32	195.45	7830.19	6.26
	24		100.512	78.902	4517.83	6.70	288.39	713.24	7170.55	8.45	460.94	1865.11	4.31	208.21	8550.57	6.33
	26		108.264	84.987	4827.58	6.68	309.62	753.35	7656.98	8.41	492.21	1998.18	4.30	220.49	9273.39	6.41
250	18	24	87.842	68.956	5268.22	7.74	290.12	770.10	8369.04	9.76	473.42	2167.40	4.97	224.03	9379.11	6.84
	20		97.045	76.181	5779.34	7.72	319.66	835.12	9181.94	9.73	519.41	2376.74	4.95	242.85	10426.97	6.92
	24		115.201	90.433	6763.93	7.66	377.34	956.09	10742.67	9.66	607.70	2785.19	4.92	278.38	12529.75	7.07
	26		124.154	97.461	7238.09	7.64	405.50	1012.32	11491.33	9.62	650.05	2984.84	4.90	295.19	13585.18	7.15
	28		133.022	104.422	7700.60	7.61	433.22	1065.89	12219.39	9.58	691.23	3181.81	4.89	311.42	14643.62	7.22
	30		141.807	111.318	8151.80	7.58	460.51	1116.94	12927.26	9.55	731.28	3376.34	4.88	327.12	15705.30	7.30
	32		150.508	118.149	8592.01	7.56	487.39	1165.58	13615.32	9.51	770.20	3568.71	4.87	342.33	16770.41	7.37
	35		163.402	128.271	9232.44	7.52	526.97	1234.28	14611.16	9.46	826.53	3853.72	4.86	364.30	18374.96	7.48

11.6.2 热轧不等边角钢截面特性表（按 GB/T 706—2016 计算）

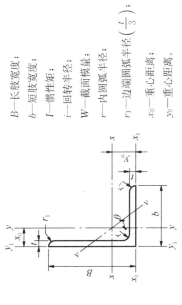

B—长肢宽度；
b—短肢宽度；
I—惯性矩；
i—回转半径；
W—截面模量；
r—内圆弧半径；
r_1—边端圆弧半径 $\left(\dfrac{t}{3}\right)$；
x_0—重心距离；
y_0—重心距离。

热轧不等边角钢截面特性表（按 GB/T 706—2016 计算）

表 11-10

截面尺寸 (mm)				截面面积 A	重量 g	x—x 轴				y—y 轴				x_1—x_1 轴		y_1—y_1 轴		v—v 轴			
B	b	t	r	(cm²)	(kg/m)	I_x (cm⁴)	i_x (cm)	W_{xmin} (cm³)	W_{xmax} (cm³)	I_y (cm⁴)	i_y (cm)	W_{ymin} (cm³)	W_{ymax} (cm³)	I_{x1} (cm⁴)	y_0 (cm)	I_{y1} (cm⁴)	x_0 (cm)	I_v (cm⁴)	i_v (cm)	W_v (cm³)	tgθ
25	16	3	3.5	1.162	0.912	0.70	0.78	0.43	0.82	0.22	0.44	0.19	0.53	1.56	0.86	0.43	0.42	0.14	0.35	0.16	0.392
		4		1.499	1.176	0.88	0.77	0.55	0.98	0.27	0.43	0.24	0.60	2.09	0.90	0.59	0.46	0.17	0.34	0.20	0.381
32	20	3	3.5	1.492	1.171	1.53	1.01	0.72	1.41	0.46	0.55	0.30	0.93	3.27	1.08	0.82	0.49	0.28	0.43	0.25	0.382
		4		1.939	1.522	1.93	1.00	0.93	1.72	0.57	0.54	0.39	1.08	4.37	1.12	1.12	0.53	0.35	0.42	0.32	0.374
40	25	3	4	1.890	1.484	3.08	1.28	1.15	2.32	0.93	0.70	0.49	1.59	6.39	1.32	1.59	0.59	0.56	0.54	0.40	0.385
		4		2.467	1.936	3.93	1.26	1.49	2.88	1.18	0.69	0.63	1.88	8.53	1.37	2.14	0.63	0.71	0.54	0.52	0.381
45	28	3	5	2.149	1.687	4.45	1.44	1.47	3.02	1.34	0.79	0.62	2.08	9.10	1.47	2.23	0.64	0.80	0.61	0.51	0.383
		4		2.806	2.203	5.70	1.43	1.91	3.76	1.70	0.78	0.80	2.49	12.14	1.51	3.00	0.68	1.02	0.60	0.66	0.380
50	32	3	5.5	2.431	1.908	6.24	1.60	1.84	3.89	2.02	0.91	0.82	2.78	12.48	1.60	3.31	0.73	1.20	0.70	0.68	0.404
		4		3.177	2.494	8.02	1.59	2.39	4.86	2.58	0.90	1.06	3.36	16.65	1.65	4.45	0.77	1.53	0.69	0.87	0.402
56	36	3	6	2.743	2.153	8.88	1.80	2.32	5.00	2.92	1.03	1.05	3.63	17.54	1.78	4.70	0.80	1.73	0.79	0.87	0.408
		4		3.590	2.818	11.45	1.79	3.03	6.28	3.74	1.02	1.36	4.43	23.39	1.82	6.31	0.85	2.23	0.79	1.13	0.408
		5		4.415	3.466	13.86	1.77	3.71	7.43	4.49	1.01	1.65	5.08	29.24	1.87	7.94	0.88	2.67	0.78	1.36	0.404

续表

截面尺寸 (mm)				截面面积 A (cm²)	重量 g (kg/m)	x-x轴				y-y轴				x1-x1轴		y1-y1轴		v-v轴			
B	b	t	r			I_x (cm⁴)	i_x (cm)	W_{xmin} (cm³)	W_{xmax} (cm³)	I_y (cm⁴)	i_y (cm)	W_{ymin} (cm³)	W_{ymax} (cm³)	I_{x1} (cm⁴)	y_0 (cm)	I_{y1} (cm⁴)	x_0 (cm)	I_v (cm⁴)	i_v (cm)	W_v (cm³)	$tg\theta$
63	40	4	7	4.058	3.185	16.49	2.02	3.87	8.10	5.23	1.14	1.70	5.72	33.30	2.04	8.63	0.92	3.12	0.88	1.40	0.398
		5		4.993	3.920	20.02	2.00	4.74	9.62	6.31	1.12	2.07	6.61	41.63	2.08	10.86	0.95	3.76	0.87	1.71	0.396
		6		5.908	4.638	23.36	1.99	5.59	11.01	7.31	1.11	2.43	7.36	49.98	2.12	13.14	0.99	4.34	0.86	1.99	0.393
		7		6.802	5.339	26.53	1.97	6.41	12.27	8.24	1.10	2.78	8.00	58.34	2.16	15.47	1.03	4.97	0.85	2.29	0.389
70	45	4	7.5	4.553	3.574	22.96	2.25	4.82	10.28	7.55	1.29	2.17	7.43	45.67	2.23	12.26	1.02	4.40	0.98	1.77	0.410
		5		5.609	4.403	27.95	2.23	5.92	12.26	9.13	1.28	2.65	8.64	57.10	2.28	15.39	1.06	5.40	0.98	2.19	0.407
		6		6.644	5.215	32.70	2.22	6.99	14.08	10.62	1.26	3.12	9.69	68.53	2.32	18.59	1.10	6.35	0.98	2.59	0.404
		7		7.657	6.011	37.22	2.20	8.03	15.75	12.01	1.25	3.57	10.60	79.99	2.36	21.84	1.13	7.16	0.97	2.94	0.402
75	50	5	8	6.125	4.808	35.09	2.39	6.87	14.65	12.61	1.43	3.30	10.75	70.23	2.40	21.04	1.17	7.41	1.10	2.74	0.435
		6		7.260	5.699	41.12	2.38	8.12	16.86	14.70	1.42	3.88	12.12	84.30	2.44	25.37	1.21	8.54	1.08	3.19	0.435
		8		9.467	7.431	52.39	2.35	10.52	20.79	18.53	1.40	4.99	14.39	112.50	2.52	34.23	1.29	10.87	1.07	4.10	0.429
		10		11.590	9.098	62.71	2.33	12.79	24.15	21.96	1.38	6.04	16.14	140.82	2.60	43.43	1.36	13.10	1.06	4.99	0.423
80	50	5	8	6.375	5.005	41.95	2.57	7.78	16.11	12.82	1.42	3.32	11.28	85.20	2.60	21.06	1.14	7.66	1.10	2.74	0.388
		6		7.560	5.935	49.21	2.55	9.20	18.58	14.95	1.41	3.91	12.71	102.25	2.65	25.41	1.18	8.85	1.08	3.20	0.387
		7		8.724	6.848	56.16	2.54	10.58	20.87	16.95	1.39	4.48	13.96	119.32	2.69	29.82	1.21	10.18	1.08	3.70	0.384
		8		9.867	7.745	62.82	2.52	11.92	23.00	18.85	1.38	5.03	15.06	136.41	2.73	34.32	1.25	11.38	1.07	4.16	0.381
90	56	5	9	7.212	5.661	60.44	2.89	9.92	20.80	18.33	1.59	4.21	14.70	121.32	2.91	29.53	1.25	10.98	1.23	3.49	0.385
		6		8.557	6.717	71.03	2.88	11.74	24.06	21.42	1.58	4.97	16.65	145.58	2.95	35.58	1.29	12.90	1.23	4.13	0.384
		7		9.880	7.756	81.22	2.87	13.53	27.11	24.36	1.57	5.70	18.38	169.86	3.00	41.71	1.33	14.67	1.22	4.72	0.382
		8		11.183	8.779	91.03	2.85	15.27	29.97	27.15	1.56	6.41	19.91	194.17	3.04	47.93	1.36	16.34	1.21	5.29	0.380

续表

截面尺寸 (mm)				截面面积 A (cm²)	重量 g (kg/m)	x-x 轴				y-y 轴				x1-x1 轴		y1-y1 轴		v-v 轴			tgθ
B	b	t	r			I_x (cm⁴)	i_x (cm)	W_{xmin} (cm³)	W_{xmax} (cm³)	I_y (cm⁴)	i_y (cm)	W_{ymin} (cm³)	W_{ymax} (cm³)	I_{x1} (cm⁴)	y_0 (cm)	I_{y1} (cm⁴)	x_0 (cm)	I_v (cm⁴)	i_v (cm)	W_v (cm³)	
100	63	6	10	9.617	7.550	99.05	3.21	14.64	30.62	30.94	1.79	6.35	21.69	199.70	3.24	50.50	1.43	18.42	1.38	5.25	0.394
100	63	7	10	11.111	8.722	113.45	3.20	16.88	34.59	35.26	1.78	7.29	24.05	233.00	3.28	59.14	1.47	21.00	1.37	6.02	0.394
100	63	8	10	12.584	9.879	127.36	3.18	19.07	38.33	39.39	1.77	8.21	26.18	266.32	3.32	67.88	1.50	23.50	1.37	6.78	0.391
100	63	10	10	15.467	12.142	153.81	3.15	23.32	45.18	47.12	1.75	9.98	29.83	333.05	3.40	85.73	1.58	28.33	1.35	8.24	0.387
100	80	6	10	10.637	8.350	107.03	3.17	15.19	36.24	61.24	2.40	10.16	31.03	199.83	2.95	102.68	1.97	31.65	1.72	8.37	0.327
100	80	7	10	12.301	9.656	122.73	3.16	17.52	40.95	70.07	2.39	11.71	34.79	233.19	3.00	119.98	2.01	36.17	1.71	9.60	0.626
100	80	8	10	13.944	10.946	137.92	3.15	19.81	45.40	78.58	2.37	13.21	38.27	266.61	3.04	137.36	2.05	40.58	1.71	10.80	0.625
100	80	10	10	17.167	13.476	166.87	3.12	24.24	53.54	94.65	2.35	16.12	44.45	333.62	3.12	172.48	2.13	49.10	1.69	13.12	0.622
110	70	6	10	10.637	8.350	133.36	3.54	17.85	37.80	42.91	2.01	7.90	27.36	265.77	3.53	69.08	1.57	25.36	1.54	6.53	0.403
110	70	7	10	12.301	9.656	153.00	3.53	20.60	42.82	49.02	2.00	9.09	30.48	310.06	3.57	80.83	1.61	28.95	1.53	7.50	0.402
110	70	8	10	13.944	10.946	172.03	3.51	23.30	47.57	54.87	1.98	10.25	33.31	354.38	3.62	92.70	1.65	32.45	1.53	8.45	0.401
110	70	10	10	17.167	13.476	208.39	3.48	28.54	56.35	65.88	1.96	12.48	38.24	443.12	3.70	116.83	1.72	39.20	1.51	10.29	0.397
125	80	7	11	14.096	11.066	227.97	4.02	26.86	56.81	74.42	2.30	12.01	41.24	454.98	4.01	120.31	1.80	43.81	1.76	9.92	0.408
125	80	8	11	15.989	12.551	256.75	4.01	30.41	63.28	83.49	2.29	13.56	45.28	519.98	4.06	137.85	1.84	49.15	1.75	11.18	0.407
125	80	10	11	19.712	15.474	312.04	3.98	37.33	75.35	100.67	2.26	16.56	52.41	650.08	4.14	173.39	1.92	59.45	1.74	13.64	0.404
125	80	12	11	23.351	18.331	364.40	3.95	44.01	86.34	116.67	2.24	19.43	58.46	780.38	4.22	209.67	2.00	69.35	1.72	16.01	0.400
140	90	8	12	18.039	14.160	365.62	4.50	38.48	81.29	120.69	2.59	17.34	59.15	730.51	4.50	195.79	2.04	70.83	1.98	14.31	0.411
140	90	10	12	22.261	17.475	445.48	4.47	47.31	97.19	146.03	2.56	21.22	68.94	913.19	4.58	245.92	2.12	85.82	1.96	17.48	0.409
140	90	12	12	26.400	20.724	521.58	4.44	55.87	111.81	169.79	2.54	24.95	77.38	1096.08	4.66	296.88	2.19	100.21	1.95	20.54	0.406
140	90	14	12	30.456	23.908	594.09	4.42	64.18	125.25	192.10	2.51	28.54	84.68	1279.25	4.74	348.82	2.27	114.13	1.94	23.52	0.403

续表

截面尺寸 (mm)				截面面积 A (cm²)	重量 g (kg/m)	x-x 轴				y-y 轴				x₁-x₁ 轴		y₁-y₁ 轴		v-v 轴			tgθ
B	b	t	r			I_x (cm⁴)	i_x (cm)	W_{xmin} (cm³)	W_{xmax} (cm³)	I_y (cm⁴)	i_y (cm)	W_{ymin} (cm³)	W_{ymax} (cm³)	I_{x1} (cm⁴)	y_0 (cm)	I_{y1} (cm⁴)	x_0 (cm)	I_v (cm⁴)	i_v (cm)	W_v (cm³)	
150	90	8	12	18.839	14.788	442.03	4.84	43.86	89.81	122.79	2.55	17.47	62.31	898.33	4.92	195.96	1.97	74.14	1.98	14.48	0.364
		10		23.261	18.260	539.22	4.81	53.97	107.65	148.62	2.53	21.38	72.54	1122.83	5.01	246.26	2.05	89.86	1.97	17.69	0.362
		12		27.600	21.666	632.06	4.79	63.79	124.15	172.85	2.50	25.14	81.35	1347.48	5.09	297.46	2.12	104.95	1.95	20.80	0.359
		14		31.856	25.007	720.76	4.76	73.33	139.40	195.62	2.48	28.77	88.94	1572.36	5.17	349.74	2.20	119.53	1.94	23.84	0.356
		15		33.952	26.652	763.61	4.74	77.99	146.59	206.50	2.47	30.53	92.33	1684.91	5.21	376.32	2.24	126.67	1.93	25.33	0.354
		16		36.027	28.281	805.49	4.73	82.59	153.50	217.07	2.45	32.27	95.49	1797.53	5.25	403.24	2.27	133.72	1.93	26.82	0.352
160	100	10	13	25.315	19.872	668.66	5.14	62.12	127.69	205.03	2.85	26.56	89.94	1362.87	5.24	336.59	2.28	121.74	2.19	26.56	0.390
		12		30.054	23.592	784.89	5.11	73.49	147.53	239.06	2.82	31.28	101.45	1635.54	5.32	405.93	2.36	142.33	2.18	31.28	0.388
		14		34.709	27.247	896.28	5.08	84.56	165.97	271.20	2.80	35.83	111.53	1908.48	5.40	476.42	2.43	162.23	2.16	25.83	0.385
		16		39.281	30.835	1003.03	5.05	95.33	183.10	301.60	2.77	40.24	120.37	2181.77	5.48	548.21	2.51	182.57	2.16	40.24	0.382
180	110	10	14	28.373	22.273	956.21	5.81	78.96	162.36	278.10	3.13	32.49	113.91	1940.37	5.89	447.22	2.44	166.50	2.42	32.49	0.376
		12		33.712	26.464	1124.68	5.78	93.53	188.22	325.02	3.11	38.32	129.03	2328.34	5.98	538.93	2.52	194.87	2.40	38.32	0.374
		14		38.967	30.589	1286.88	5.75	107.75	212.45	369.55	3.08	43.97	142.41	2716.57	6.06	631.95	2.59	222.30	2.39	43.97	0.372
		16		44.139	34.649	1443.03	5.72	121.64	235.16	411.84	3.05	49.44	154.26	3105.12	6.14	726.46	2.67	248.94	2.37	49.44	0.369
200	125	12	14	37.912	29.761	1570.86	6.44	116.73	240.09	483.15	3.57	49.99	170.46	3193.81	6.54	787.73	2.83	285.79	2.75	49.99	0.392
		14		43.867	34.436	1800.94	6.41	134.65	271.85	550.82	3.54	57.44	189.24	3726.14	6.62	922.47	2.91	326.58	2.73	57.44	0.390
		16		49.739	39.045	2023.32	6.38	152.18	301.80	615.43	3.52	64.69	206.12	4258.82	6.70	1058.86	2.99	366.21	2.71	64.89	0.388
		18		55.526	43.588	2238.28	6.35	169.33	330.05	677.18	3.49	71.74	221.30	4791.97	6.78	1197.13	3.06	404.83	2.70	71.74	0.385

11.6.3 等边角钢组合截面特性表（按 GB/T 706—2016 计算）

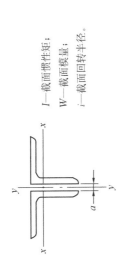

I—截面惯性矩；
W—截面模量；
i—截面回转半径。

表 11-11

两个热轧等边角钢的组合截面特性表（按 GB/T 706—2016 计算）

角钢型号	截面面积 A (cm²)	重量 g (kg/m)	x-x 轴 I_x (cm⁴)	i_x (cm)	W_{xmin} (cm³)	W_{xmax} (cm³)	y-y 轴 当两肢背间距离 a 为 (mm) 0 W_y (cm³)	0 i_y (cm)	4 W_y (cm³)	4 i_y (cm)	6 W_y (cm³)	6 i_y (cm)	8 W_y (cm³)	8 i_y (cm)	10 W_y (cm³)	10 i_y (cm)	12 W_y (cm³)	12 i_y (cm)	14 W_y (cm³)	14 i_y (cm)
2L20×3	2.26	1.78	0.80	0.59	0.57	1.33	0.18	0.85	1.03	1.00	1.15	1.08	1.28	1.17	1.42	1.25	1.57	1.34	1.72	1.43
2L20×4	2.29	2.29	0.99	0.58	0.73	1.55	1.09	0.87	1.38	1.02	1.55	1.21	1.73	1.19	1.91	1.28	2.10	1.37	2.30	1.46
2L25×3	2.86	2.25	1.63	0.76	0.92	2.25	1.26	1.05	1.52	1.20	1.66	1.27	1.82	1.36	1.98	1.44	2.15	1.53	2.33	1.61
2L25×4	3.72	2.92	2.05	0.74	1.18	2.69	1.69	1.07	2.04	1.22	2.24	1.30	2.44	1.38	2.66	1.47	2.89	1.55	3.13	1.64
2L30×3	3.50	2.75	2.91	0.91	1.35	3.44	1.81	1.25	2.11	1.39	2.28	1.47	2.46	1.55	2.65	1.63	2.84	1.71	3.05	1.80
2L30×4	4.55	3.57	3.69	0.90	1.75	4.16	2.42	1.26	2.83	1.41	3.06	1.49	3.30	1.57	3.55	1.65	3.82	1.74	4.09	1.82
2L36×3	4.22	3.31	5.16	1.11	1.98	5.18	2.60	1.49	2.95	1.63	3.14	1.70	3.35	1.78	3.56	1.86	3.79	1.94	4.02	2.03
2L36×4	5.51	4.33	6.59	1.09	2.57	6.36	3.47	1.51	3.95	1.65	4.21	1.73	4.49	1.80	4.78	1.89	5.08	1.97	5.39	2.05
2L36×5	6.76	5.31	7.90	1.08	3.13	7.36	4.36	1.52	4.96	1.67	5.30	1.75	5.64	1.83	6.01	1.91	6.39	1.99	6.78	2.08
2L40×3	4.72	3.70	7.18	1.23	2.47	6.56	3.20	1.65	3.59	1.79	3.80	1.86	4.02	1.94	4.26	2.01	4.50	2.09	4.76	2.18
2L40×4	6.17	4.85	9.19	1.22	3.21	8.11	4.28	1.67	4.80	1.81	5.09	1.88	5.39	1.96	5.70	2.04	6.03	2.12	6.37	2.20
2L40×5	7.58	5.95	11.06	1.21	3.91	9.44	5.37	1.68	6.03	1.83	6.39	1.90	6.77	1.98	7.17	2.06	7.58	2.14	8.01	2.23

续表

角钢型号		截面面积 A (cm²)	重量 g (kg/m)	x-x轴				y-y轴 当两肢背间距离 a 为 (mm)													
				I_x (cm⁴)	i_x (cm)	W_{xmin} (cm³)	W_{xmax} (cm³)	0		4		6		8		10		12		14	
								W_y (cm³)	i_y (cm)	W_y (cm³)	i_y (cm)	W_y (cm³)	i_y (cm)	W_y (cm³)	i_y (cm)	W_y (cm³)	i_y (cm)	W_y (cm³)	i_y (cm)	W_y (cm³)	i_y (cm)
2L45×	3	5.32	4.18	10.35	1.39	3.15	8.50	4.05	1.85	4.48	1.99	4.71	2.06	4.95	2.14	5.21	2.21	5.47	2.29	5.75	2.37
	4	6.97	5.47	13.31	1.38	4.11	10.58	5.41	1.87	5.99	2.01	6.30	2.08	6.63	2.16	6.97	2.24	7.33	2.32	7.70	2.40
	5	8.58	6.74	16.07	1.37	5.02	12.39	6.78	1.89	7.51	2.03	7.91	2.10	8.32	2.18	8.76	2.26	9.21	2.34	9.67	2.42
	6	10.15	7.97	18.65	1.36	5.89	13.98	8.16	1.90	9.05	2.05	9.53	2.12	10.04	2.20	10.56	2.28	11.10	2.36	11.66	2.44
2L50×	3	5.94	4.66	14.35	1.55	3.92	10.72	5.00	2.05	5.47	2.19	5.72	2.26	5.98	2.33	6.26	2.41	6.55	2.48	6.85	2.56
	4	7.79	6.12	18.51	1.54	5.12	13.41	6.68	2.07	7.31	2.21	7.65	2.28	8.01	2.36	8.38	2.43	8.77	2.51	9.17	2.59
	5	9.61	7.54	22.43	1.53	6.26	15.79	8.36	2.09	9.16	2.23	9.59	2.30	10.05	2.38	10.52	2.45	11.00	2.53	11.51	2.61
	6	11.38	8.93	26.10	1.51	7.37	17.90	10.06	2.10	11.03	2.25	11.56	2.32	12.10	2.40	12.67	2.48	13.26	2.56	13.87	2.64
2L56×	3	6.69	5.25	20.38	1.75	4.95	13.72	6.27	2.29	6.79	2.43	7.06	2.50	7.35	2.57	7.66	2.64	7.97	2.72	8.30	2.80
	4	8.78	6.89	26.37	1.73	6.48	17.26	8.37	2.31	9.07	2.45	9.44	2.52	9.83	2.59	10.24	2.67	10.66	2.74	11.10	2.82
	5	10.83	8.50	32.03	1.72	7.94	20.43	10.47	2.33	11.36	2.47	11.83	2.54	12.33	2.61	12.84	2.69	13.38	2.77	13.93	2.85
	6	12.84	10.08	37.39	1.71	9.36	23.28	12.59	2.34	13.67	2.48	14.25	2.56	14.85	2.63	15.47	2.71	16.11	2.79	16.77	2.87
	7	14.81	11.62	42.46	1.69	10.73	25.83	14.72	2.36	16.00	2.50	16.68	2.58	17.38	2.65	18.11	2.73	18.87	2.81	19.65	2.89
	8	16.73	13.14	47.25	1.68	12.05	28.13	16.87	2.38	18.34	2.52	19.13	2.60	19.94	2.67	20.78	2.75	21.65	2.83	22.55	2.91
2L60×	5	11.66	9.15	39.77	1.85	9.18	23.88	12.02	2.49	12.96	2.63	13.46	2.70	13.99	2.77	14.53	2.85	15.09	2.92	15.67	3.00
	6	13.83	10.85	46.50	1.83	10.82	27.28	14.44	2.50	15.59	2.64	16.20	2.72	16.83	2.79	17.49	2.87	18.17	2.95	18.87	3.02
	7	15.95	12.52	52.88	1.82	12.42	30.35	16.88	2.52	18.24	2.66	18.96	2.74	19.70	2.81	20.48	2.89	21.27	2.97	22.10	3.05
	8	18.04	14.16	58.94	1.81	13.96	33.13	19.34	2.54	20.90	2.68	21.73	2.76	22.60	2.83	23.48	2.91	24.90	2.99	25.35	3.07

角钢型号	截面面积 A (cm²)	重量 g (kg/m)	x-x轴 I_x (cm⁴)	i_x (cm)	W_xmin (cm³)	W_xmax (cm³)	y-y轴 当两肢背间距离 a 为 (mm) a=0 W_y (cm³)	i_y (cm)	a=4 W_y (cm³)	i_y (cm)	a=6 W_y (cm³)	i_y (cm)	a=8 W_y (cm³)	i_y (cm)	a=10 W_y (cm³)	i_y (cm)	a=12 W_y (cm³)	i_y (cm)	a=14 W_y (cm³)	i_y (cm)
2L63× 4	9.96	7.81	38.06	1.96	8.27	22.43	10.59	2.59	11.36	2.72	11.78	2.79	12.21	2.87	12.66	2.94	13.12	3.02	13.60	3.09
5	12.29	9.64	46.35	1.94	10.16	26.67	13.25	2.61	14.23	2.74	14.75	2.82	15.30	2.89	15.86	2.96	16.45	3.04	17.05	3.12
6	14.58	11.44	54.24	1.93	11.99	30.51	15.92	2.62	17.11	2.76	17.75	2.83	18.41	2.91	19.09	2.98	19.80	3.06	20.53	3.14
7	16.82	13.21	61.74	1.92	13.77	34.01	18.60	2.64	20.01	2.78	20.76	2.85	21.54	2.93	22.35	3.01	23.18	3.08	24.03	3.16
8	19.03	14.94	68.89	1.90	15.49	37.18	21.31	2.66	22.94	2.80	23.80	2.87	24.70	2.95	25.62	3.03	26.58	3.10	27.56	3.18
10	23.31	18.30	82.19	1.88	18.79	42.68	26.77	2.69	28.85	2.84	29.95	2.91	31.09	2.99	32.26	3.07	33.46	3.15	34.70	3.23
2L70× 4	11.14	8.74	52.79	2.18	10.28	28.33	13.07	2.87	13.92	3.00	14.37	3.07	14.85	3.14	15.34	3.21	15.84	3.29	16.36	3.36
5	13.75	10.79	64.42	2.16	12.65	33.78	16.35	2.88	17.43	3.02	18.00	3.09	18.60	3.16	19.21	3.24	19.85	3.31	20.50	3.39
6	16.32	12.81	57.54	2.15	14.95	38.78	19.64	2.90	20.95	3.04	21.64	3.11	22.36	3.18	23.11	3.26	23.88	3.33	24.67	3.41
7	18.85	14.80	86.17	2.14	17.19	43.37	22.94	2.92	24.49	3.06	25.31	3.13	26.16	3.20	27.03	3.28	27.94	3.36	28.86	3.43
8	21.33	16.75	96.34	2.13	19.37	47.58	26.26	2.94	28.05	3.08	29.00	3.15	29.97	3.22	30.98	3.30	32.02	3.38	33.09	3.46
2L75× 5	14.82	11.64	79.91	2.32	14.60	39.45	18.76	3.08	19.91	3.22	20.52	3.29	21.15	3.36	21.81	3.43	22.48	3.50	23.17	3.58
6	17.59	13.81	93.81	2.31	17.27	45.37	22.54	3.10	23.93	3.24	24.67	3.31	25.43	3.38	26.22	3.45	27.04	3.53	27.87	3.60
7	20.32	15.95	107.14	2.30	19.87	50.83	26.32	3.12	27.97	3.26	28.84	3.33	29.74	3.40	30.67	3.47	31.62	3.55	32.60	3.63
8	23.01	18.06	119.93	2.28	22.40	55.87	30.13	3.13	32.03	3.27	33.03	3.35	34.07	3.42	35.13	3.50	36.23	3.57	37.36	3.65
9	25.65	20.14	132.19	2.27	24.87	60.51	33.95	3.15	36.11	3.29	37.25	3.37	38.42	3.44	39.63	3.52	40.87	3.59	42.15	3.67
10	28.25	22.18	143.97	2.26	27.28	64.80	37.79	3.17	40.22	3.31	41.49	3.38	42.81	3.46	44.16	3.54	45.55	3.61	46.97	3.69
2L80× 5	15.82	12.42	97.58	2.48	16.68	45.39	21.34	3.28	22.56	3.42	23.20	3.49	23.86	3.56	24.55	3.63	25.26	3.71	25.99	3.78
6	18.79	14.75	114.70	2.47	19.75	52.33	25.63	3.30	27.10	3.44	27.88	3.51	28.69	3.58	29.52	3.65	30.37	3.73	31.25	3.80
7	21.72	17.05	131.16	2.46	22.74	58.75	29.93	3.32	31.67	3.46	32.59	3.53	33.53	3.60	34.51	3.67	35.51	3.75	36.54	3.83
8	24.61	19.32	146.99	2.44	25.66	64.71	34.24	3.34	36.25	3.48	37.31	3.55	38.40	3.62	39.53	3.70	40.68	3.77	41.87	3.85
9	27.45	21.55	162.22	2.43	28.51	70.24	38.58	3.35	40.86	3.49	42.06	3.57	43.30	3.64	44.57	3.72	45.88	3.79	47.22	3.87
10	30.25	23.75	176.86	2.42	31.29	75.36	42.93	3.37	45.50	3.51	46.84	3.58	48.23	3.66	49.65	3.74	51.11	3.81	52.61	3.89

续表

角钢型号	截面面积 A (cm²)	重量 g (kg/m)	x-x 轴				y-y 轴　当两肢背间距离 a 为 (mm)													
			I_x (cm⁴)	i_x (cm)	W_{xmin} (cm³)	W_{xmax} (cm³)	0		4		6		8		10		12		14	
							W_y (cm³)	i_y (cm)	W_y (cm³)	i_y (cm)	W_y (cm³)	i_y (cm)	W_y (cm³)	i_y (cm)	W_y (cm³)	i_y (cm)	W_y (cm³)	i_y (cm)	W_y (cm³)	i_y (cm)
2L90×6	21.27	16.70	165.54	2.79	25.22	67.97	32.41	3.70	34.06	3.84	34.92	3.91	35.81	3.98	36.72	4.05	37.66	4.12	38.63	4.20
7	24.60	19.31	189.66	2.78	29.07	76.57	37.84	3.72	39.78	3.86	40.79	3.93	41.84	4.00	42.91	4.07	44.02	4.14	45.15	4.22
8	27.89	21.89	212.94	2.76	32.85	84.60	43.29	3.74	45.52	3.88	46.69	3.95	47.90	4.02	49.13	4.09	50.40	4.17	51.71	4.24
9	31.13	24.44	235.43	2.75	36.53	92.12	48.75	3.75	51.29	3.89	52.62	3.96	53.98	4.04	55.38	4.11	56.82	4.19	58.29	4.26
10	34.33	26.95	257.16	2.74	40.14	99.14	54.24	3.77	57.08	3.91	58.57	3.98	60.09	4.06	61.66	4.13	63.27	4.21	64.91	4.28
12	40.61	31.88	298.44	2.71	47.13	111.86	65.28	3.80	68.75	3.95	70.56	4.02	72.42	4.09	74.32	4.17	76.27	4.25	78.26	4.32
2L100×6	23.86	18.73	229.89	3.10	31.37	86.07	40.01	4.09	41.82	4.23	42.77	4.30	43.75	3.37	44.75	4.44	45.78	4.51	46.83	4.58
7	27.59	21.66	263.71	3.09	36.20	97.14	46.71	4.11	48.84	4.25	49.95	4.32	51.10	4.39	52.27	4.46	53.48	4.53	54.72	4.61
8	31.28	24.55	296.49	3.08	40.93	107.55	53.42	4.13	55.87	4.27	57.16	4.34	58.48	4.41	59.83	4.48	61.22	4.55	62.64	4.63
9	34.92	27.41	328.25	3.07	45.57	117.35	60.15	4.15	62.93	4.29	64.39	4.36	65.88	4.43	67.42	4.50	68.99	4.58	70.59	4.65
10	38.52	30.24	359.03	3.05	50.12	126.58	66.90	4.17	70.02	4.31	71.65	4.38	73.82	4.45	75.03	4.52	76.79	4.60	78.58	4.67
12	45.60	35.80	417.79	3.03	58.95	143.44	80.47	4.20	84.28	4.34	86.26	4.41	88.29	4.49	90.37	4.56	92.50	4.64	94.67	4.71
14	52.51	41.22	473.05	3.00	67.45	158.38	94.15	4.23	98.66	4.38	101.00	4.45	103.40	4.53	105.85	4.60	108.36	4.68	110.92	4.75
16	59.25	46.51	525.05	2.98	75.65	171.63	107.96	4.27	113.18	4.41	115.89	4.49	118.66	4.56	121.49	4.64	124.38	4.72	127.33	4.80
2L110×7	30.39	23.86	354.32	3.41	44.09	119.55	56.48	4.52	58.80	4.65	60.01	4.72	61.25	4.79	62.52	4.86	63.82	4.94	65.15	5.01
8	34.48	27.06	398.92	3.40	49.90	132.71	64.58	4.54	67.25	4.67	68.65	4.74	70.07	4.81	71.54	4.88	73.03	4.96	74.56	5.03
10	42.52	33.38	484.37	3.38	61.20	156.97	80.84	4.57	84.24	4.71	86.00	4.78	87.81	4.85	89.66	4.92	91.56	5.00	93.49	5.07
12	50.40	39.56	565.10	3.35	72.10	178.69	97.20	4.61	101.34	4.75	103.48	4.82	105.68	4.89	107.93	4.96	110.22	5.04	112.57	5.11
14	58.11	45.62	641.42	3.32	82.62	198.15	113.67	4.64	118.56	4.78	121.10	4.85	123.69	4.94	126.34	5.00	129.05	5.08	131.81	5.15

续表

角钢型号	截面面积 A (cm²)	重量 g (kg/m)	x-x 轴 I_x (cm⁴)	i_x (cm)	W_{xmin} (cm³)	W_{xmax} (cm³)	y-y 轴 当两肢背间距离 a 为 (mm) 0 W_y (cm³)	i_y (cm)	4 W_y (cm³)	i_y (cm)	6 W_y (cm³)	i_y (cm)	8 W_y (cm³)	i_y (cm)	10 W_y (cm³)	i_y (cm)	12 W_y (cm³)	i_y (cm)	14 W_y (cm³)	i_y (cm)
2L125× 8	39.50	31.01	594.05	3.88	65.05	176.40	83.36	5.14	86.36	5.27	87.92	5.34	89.52	5.41	91.15	5.48	92.81	5.55	94.52	5.62
10	48.75	38.27	723.35	3.85	79.94	209.61	104.31	5.17	108.12	5.31	110.09	5.38	112.11	5.45	114.17	5.52	116.28	5.59	118.43	5.66
12	57.82	45.39	816.32	3.83	94.35	239.75	125.35	5.21	129.98	5.34	132.38	5.41	134.84	5.48	137.34	5.56	139.89	5.63	142.49	5.70
14	66.73	52.39	963.30	3.80	108.31	267.11	146.50	5.24	151.98	5.38	154.82	5.45	157.71	5.52	160.66	5.59	163.67	5.67	166.73	5.74
16	75.48	59.25	1074.63	3.77	121.85	291.95	167.78	5.27	174.13	5.41	177.40	5.48	180.74	5.56	184.15	5.63	187.62	5.71	191.15	5.78
2L140× 10	54.75	42.98	1029.30	4.34	101.16	269.11	130.73	5.78	134.94	5.92	137.12	5.98	139.34	6.05	141.61	6.12	143.92	6.20	146.27	6.27
12	65.02	51.04	1207.36	4.31	119.59	309.24	157.04	5.81	162.16	5.95	164.81	6.02	167.50	6.09	170.25	6.16	173.06	6.23	175.91	6.31
14	75.13	58.98	1377.62	4.28	137.50	346.04	183.46	5.85	189.51	5.98	192.63	6.06	195.82	6.13	199.06	6.20	202.36	6.27	205.72	6.34
16	85.08	66.79	1540.48	4.26	154.92	379.80	210.01	5.88	217.01	6.02	220.62	6.09	224.29	6.16	228.03	6.23	231.84	6.31	235.71	6.38
2L150× 8	47.50	37.29	1042.75	4.69	94.71	261.31	119.94	6.15	123.48	6.29	125.30	6.35	127.17	6.42	129.07	6.49	131.00	6.56	132.98	6.63
10	58.75	46.12	1275.00	4.66	116.70	312.94	150.01	6.19	154.49	6.32	156.80	6.39	159.16	6.46	161.56	6.53	164.01	6.60	166.50	6.67
12	69.82	54.81	1497.70	4.63	138.09	360.55	180.17	6.22	185.61	6.36	188.42	6.43	191.28	6.50	194.20	6.57	197.16	6.64	200.18	6.71
14	80.73	63.38	1711.28	4.60	158.91	404.47	210.43	6.25	216.87	6.39	220.18	6.46	223.55	6.53	226.99	6.60	230.48	6.67	234.03	6.75
15	86.13	67.61	1814.78	4.59	169.11	425.13	225.61	6.27	232.55	6.41	236.11	6.48	239.75	6.55	243.44	6.62	247.20	6.69	251.03	6.76
16	91.48	71.81	1916.16	4.58	179.18	444.98	240.83	6.28	248.27	6.42	252.09	6.49	255.99	6.56	259.95	6.64	263.98	6.71	268.07	6.78
2L160× 10	63.00	49.46	1559.06	4.97	133.39	361.54	170.67	6.58	175.42	6.72	177.87	6.78	180.37	6.85	182.91	6.92	185.50	6.99	188.14	7.06
12	74.88	58.78	1833.17	4.95	157.95	417.17	204.95	6.62	210.73	6.75	213.70	6.82	216.73	6.89	219.81	6.96	222.95	7.03	226.14	7.10
14	86.59	67.97	2096.72	4.92	181.90	468.73	239.33	6.65	246.16	6.79	249.67	6.86	253.24	6.93	256.87	7.00	260.56	7.07	264.32	7.14
16	98.13	77.04	2350.16	4.89	205.25	516.54	273.85	6.68	281.74	6.82	285.79	6.89	289.91	6.96	294.10	7.03	298.36	7.10	302.68	7.18

续表

角钢型号		截面面积 A (cm²)	重量 g (kg/m)	x-x轴				y-y轴 当两肢背间距离 a 为 (mm)													
				I_x (cm⁴)	i_x (cm)	W_{xmin} (cm³)	W_{xmax} (cm³)	0		4		6		8		10		12		14	
								W_y (cm³)	i_y (cm)	W_y (cm³)	i_y (cm)	W_y (cm³)	i_y (cm)	W_y (cm³)	i_y (cm)	W_y (cm³)	i_y (cm)	W_y (cm³)	i_y (cm)	W_y (cm³)	i_y (cm)
2L180×	12	84.48	66.32	2642.71	5.59	201.63	540.06	259.20	7.43	265.62	7.56	268.92	7.63	272.27	7.70	275.68	7.77	279.14	7.84	282.66	7.91
	14	97.79	76.77	3028.96	5.57	232.51	609.14	302.61	7.46	310.19	7.60	314.07	7.67	318.02	7.74	322.04	7.81	326.11	7.88	330.25	7.95
	16	110.93	87.08	3401.87	5.54	262.69	673.72	346.14	7.49	354.90	7.63	359.38	7.70	363.94	7.77	368.57	7.84	373.27	7.91	378.03	7.98
	18	123.91	97.27	3762.25	5.51	292.21	734.09	389.82	7.53	399.77	7.66	404.86	7.73	410.04	7.80	415.29	7.87	420.62	7.95	426.02	8.02
2L200×	14	109.28	85.79	4207.09	6.20	289.40	770.15	373.41	8.27	381.75	8.40	386.02	8.47	390.36	8.54	394.76	8.61	399.22	8.67	403.75	8.75
	16	124.03	97.36	4732.29	6.18	327.30	853.99	427.04	8.30	436.67	8.43	441.59	8.50	446.59	8.57	451.66	8.64	456.80	8.71	462.02	8.78
	18	138.60	108.80	5241.27	6.15	364.44	932.90	480.81	8.33	491.75	8.47	497.34	8.53	503.01	8.60	508.76	8.67	514.59	8.75	520.50	8.82
	20	153.01	120.11	5734.59	6.12	400.85	1007.17	534.75	8.36	547.01	8.50	553.28	8.57	559.63	8.64	566.07	8.71	572.60	8.78	579.21	8.85
	24	181.32	142.34	6676.40	6.07	471.55	1142.89	643.20	8.42	658.16	8.56	665.80	8.63	673.55	8.71	681.39	8.78	689.34	8.85	697.38	8.92
2L220×	16	137.33	107.80	6374.72	6.81	399.09	1057.68	516.51	9.10	527.02	9.23	532.39	9.30	537.83	9.37	543.35	9.44	548.93	9.50	554.59	9.57
	18	153.50	120.50	7068.59	6.79	444.74	1157.63	581.45	9.13	593.38	9.26	599.46	9.33	605.64	9.40	611.89	9.47	618.23	9.54	624.64	9.61
	20	169.51	133.07	7742.97	6.76	489.55	1252.22	646.55	9.16	659.92	9.30	666.74	9.37	673.65	9.43	680.65	9.51	687.74	9.58	694.91	9.65
	22	185.35	145.50	8398.46	6.73	533.55	1341.75	711.84	9.19	726.66	9.33	734.22	9.40	741.88	9.47	749.64	9.54	757.49	9.61	765.44	9.68
	24	201.02	157.80	9035.66	6.70	576.78	1426.49	777.32	9.22	793.63	9.36	801.94	9.43	810.36	9.50	818.88	9.57	827.50	9.65	836.22	9.72
	26	216.53	169.97	9655.16	6.68	619.24	1506.70	843.04	9.26	860.83	9.39	869.90	9.47	879.08	9.54	888.38	9.61	897.78	9.68	907.29	9.75
2L250×	18	175.68	137.91	10536.44	7.74	580.23	1540.20	750.33	10.33	763.73	10.47	770.56	10.53	777.47	10.60	784.47	10.67	791.55	10.74	798.71	10.81
	20	194.09	152.36	11558.68	7.72	639.32	1670.24	834.16	10.37	849.17	10.50	856.81	10.57	864.55	10.64	872.38	10.71	880.30	10.78	888.31	10.85
	24	230.40	180.87	13527.86	7.66	754.68	1912.17	1002.38	10.43	1020.66	10.57	1029.97	10.63	1039.38	10.70	1048.91	10.77	1058.53	10.84	1068.26	10.92
	26	248.31	194.92	14476.17	7.64	810.99	2024.63	1086.81	10.46	1106.76	10.60	1116.91	10.67	1127.18	10.74	1137.56	10.81	1148.06	10.88	1158.66	10.95
	28	266.04	208.84	15401.20	7.61	866.43	2131.78	1171.49	10.49	1193.12	10.63	1204.13	10.70	1215.25	10.77	1226.50	10.84	1237.87	10.91	1249.36	10.99
	30	283.61	222.64	16303.60	7.58	921.02	2233.87	1256.42	10.52	1279.76	10.66	1291.62	10.73	1303.62	10.81	1315.74	10.88	1327.99	10.95	1340.37	11.02
	32	301.02	236.30	17184.03	7.56	974.79	2331.15	1341.63	10.56	1366.68	10.70	1379.42	10.77	1392.29	10.84	1405.29	10.91	1418.43	10.98	1431.71	11.06
	35	326.80	256.54	18464.88	7.52	1053.93	2468.55	1470.00	10.60	1497.65	10.75	1511.70	10.82	1525.90	10.89	1540.21	10.96	1554.73	11.04	1569.35	11.11

11.6.4　不等边角钢组合截面特性表（按 GB/T 706—2016 计算）

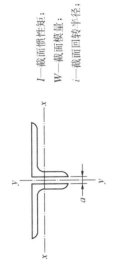

I—截面惯性矩；
W—截面模量；
i—截面回转半径；

两个热轧不等边角钢（两短边相连）的组合截面特性表

表 11-12

角钢型号		截面面积 A (cm²)	每米重量 (kg/m)	x-x 轴				y-y 轴 当两肢背间距离 a 为 (mm)												
								0		4		6		8		10		12		14	
				I_x (cm⁴)	i_x (cm)	W_{xmin} (cm³)	W_{xmax} (cm³)	W_y (cm³)	i_y (cm)	W_y (cm³)	i_y (cm)	W_y (cm³)	i_y (cm)	W_y (cm³)	i_y (cm)	W_y (cm³)	i_y (cm)	W_y (cm³)	i_y (cm)	W_y (cm³)	i_y (cm)
2L25×16×	3	2.324	1.824	0.44	0.44	0.38	1.06	1.25	1.16	1.49	1.32	1.62	1.40	1.76	1.48	1.90	1.57	2.05	1.66	2.21	1.74
	4	2.997	2.353	0.55	0.43	0.48	1.20	1.67	1.18	1.99	1.34	2.17	1.42	2.35	1.51	2.54	1.60	2.74	1.68	2.95	1.77
2L32×20×	3	2.984	2.342	0.92	0.55	0.61	1.86	2.05	1.48	2.34	1.63	2.50	1.71	2.67	1.79	2.84	1.88	3.03	1.96	3.21	2.05
	4	3.877	3.044	1.14	0.54	0.78	2.16	2.73	1.50	3.13	1.66	3.34	1.74	3.57	1.82	3.80	1.90	4.04	1.99	4.29	2.08
2L40×25×	3	3.780	2.967	1.86	0.70	0.98	3.17	3.20	1.84	3.56	1.99	3.75	2.07	3.95	2.14	4.16	2.23	4.38	2.31	4.60	2.39
	4	4.933	3.873	2.35	0.69	1.26	3.76	4.26	1.86	4.75	2.01	5.01	2.09	5.28	2.17	5.56	2.25	5.85	2.34	6.15	2.42
2L45×28×	3	4.299	3.374	2.67	0.79	1.24	4.16	4.04	2.06	4.45	2.21	4.66	2.28	4.89	2.36	5.12	2.44	5.36	2.52	5.61	2.60
	4	5.612	4.405	3.39	0.78	1.60	4.97	5.39	2.08	5.94	2.23	6.23	2.31	6.53	2.39	6.84	2.47	7.16	2.55	7.49	2.63
2L50×32×	3	4.861	3.816	4.03	0.91	1.63	5.55	4.99	2.27	5.44	2.41	5.68	2.49	5.92	2.56	6.18	2.64	6.44	2.72	6.71	2.81
	4	6.355	4.988	5.15	0.90	2.11	6.71	6.66	2.29	7.26	2.44	7.58	2.51	7.91	2.59	8.25	2.67	8.60	2.75	8.96	2.84
2L56×36×	3	5.486	4.306	5.82	1.03	2.08	7.24	6.26	2.53	6.76	2.67	7.02	2.75	7.29	2.82	7.57	2.90	7.86	2.98	8.16	3.06
	4	7.179	5.636	7.46	1.02	2.71	8.83	8.35	2.55	9.02	2.70	9.37	2.77	9.73	2.85	10.11	2.93	10.50	3.01	10.89	3.09
	5	8.831	6.932	8.97	1.01	3.30	10.15	10.44	2.57	11.28	2.72	11.72	2.80	12.18	2.88	12.65	2.96	13.14	3.04	13.63	3.12

续表

截　面　特　性

角钢型号		截面面积 A (cm²)	每米重量 (kg/m)	x-x 轴				y-y 轴 当两肢背间距离 a 为 (mm)													
								0		4		6		8		10		12		14	
				I_x (cm⁴)	i_x (cm)	W_{xmin} (cm³)	W_{xmax} (cm³)	W_y (cm³)	i_y (cm)	W_y (cm³)	i_y (cm)	W_y (cm³)	i_y (cm)	W_y (cm³)	i_y (cm)	W_y (cm³)	i_y (cm)	W_y (cm³)	i_y (cm)	W_y (cm³)	i_y (cm)
2L63×40×	4	8.115	6.370	10.43	1.13	3.38	11.40	10.57	2.86	11.31	3.01	11.70	3.09	12.11	3.16	12.52	3.24	12.95	3.32	13.39	3.40
	5	9.986	7.839	12.59	1.12	4.13	13.18	13.22	2.89	14.15	3.03	14.64	3.11	15.15	3.19	15.67	3.27	16.20	3.35	16.75	3.43
	6	11.816	9.276	14.60	1.11	4.85	14.70	15.87	2.91	16.99	3.06	17.59	3.13	18.20	3.21	18.82	3.29	19.46	3.37	20.12	3.45
	7	13.604	10.679	16.47	1.10	5.55	15.99	18.52	2.93	19.84	3.08	20.54	3.16	21.25	3.24	21.98	3.32	22.74	3.40	23.50	3.48
2L70×45×	4	9.106	7.148	15.05	1.29	4.32	14.80	13.05	3.17	13.87	3.31	14.30	3.39	14.74	3.46	15.19	3.54	15.66	3.62	16.14	3.69
	5	11.218	8.806	18.22	1.27	5.29	17.24	16.31	3.19	17.34	3.34	17.88	3.41	18.44	3.49	19.01	3.57	19.59	3.64	20.19	3.72
	6	13.287	10.430	21.19	1.26	6.22	19.35	19.58	3.21	20.83	3.36	21.48	3.44	22.15	3.51	22.83	3.59	23.54	3.67	24.26	3.75
	7	15.315	12.022	23.98	1.25	7.12	21.17	22.85	3.23	24.32	3.38	25.08	3.46	25.86	3.54	26.67	3.61	27.49	3.69	28.33	3.77
2L75×50×	5	12.251	9.617	25.15	1.43	6.57	21.44	18.73	3.39	19.83	3.53	20.41	3.60	21.00	3.68	21.61	3.76	22.23	3.83	22.87	3.91
	6	14.520	11.398	29.33	1.42	7.74	24.19	22.48	3.41	23.81	3.55	24.51	3.63	25.22	3.70	25.95	3.78	26.71	3.86	27.47	3.94
	8	18.934	14.863	37.01	1.40	9.97	28.74	30.00	3.45	31.80	3.60	32.73	3.67	33.69	3.75	34.68	3.83	35.69	3.91	36.71	3.99
	10	23.179	18.916	43.89	1.38	12.06	32.25	37.55	3.49	39.82	3.64	41.00	3.71	42.21	3.79	43.45	3.87	44.71	3.95	46.00	4.03
2L80×50×	5	12.751	10.009	25.57	1.42	6.62	22.49	21.30	3.66	22.46	3.80	23.07	3.88	23.69	3.95	24.33	4.03	24.98	4.10	25.65	4.18
	6	15.120	11.869	29.83	1.40	7.80	25.36	25.56	3.68	26.97	3.82	27.70	3.90	28.45	3.98	29.22	4.05	30.00	4.13	30.80	4.21
	7	17.448	13.697	33.85	1.39	8.94	27.87	29.83	3.70	31.48	3.85	32.34	3.92	33.21	4.00	34.11	4.08	35.03	4.16	35.97	4.23
	8	19.734	15.491	37.65	1.38	10.04	30.08	34.10	3.72	36.00	3.87	36.98	3.94	37.99	4.02	39.02	4.10	40.07	4.18	41.14	4.26
2L90×56×	5	14.424	11.323	36.52	1.59	8.39	29.30	26.96	4.10	28.26	4.25	28.93	4.32	29.62	4.39	30.33	4.47	31.05	4.55	31.79	4.62
	6	17.113	13.434	42.72	1.58	9.90	33.21	32.35	4.12	33.92	4.27	34.73	4.34	35.57	4.42	36.42	4.50	37.29	4.57	38.17	4.65
	7	17.761	15.512	48.60	1.57	11.37	36.68	37.75	4.15	39.59	4.29	40.54	4.37	41.51	4.44	42.51	4.52	43.53	4.60	44.56	4.68
	8	22.367	17.558	54.20	1.56	12.79	39.75	43.15	4.17	45.26	4.31	46.35	4.39	47.47	4.47	48.62	4.54	49.78	4.62	50.97	4.70

续表

角钢型号		截面面积 A (cm²)	每米重量 (kg/m)	x-x 轴				y-y 轴　当两肢背间距离 a 为 (mm)												
				I_x (cm⁴)	i_x (cm)	W_{xmin} (cm³)	W_{xmax} (cm³)	0	4		6		8		10		12		14	
								W_y (cm³)	W_y (cm³)	i_y (cm)	W_y (cm³)	i_y (cm)	W_y (cm³)	i_y (cm)	W_y (cm³)	i_y (cm)	W_y (cm³)	i_y (cm)	W_y (cm³)	i_y (cm)
2L100×63×	6	19.235	15.099	61.68	1.79	12.65	43.24	39.94	41.67	4.70	42.57	4.77	43.49	4.85	44.42	4.92	45.38	5.00	46.35	5.08
	7	22.222	17.445	70.34	1.78	14.55	47.99	46.60	48.63	4.72	49.68	4.80	50.76	4.87	51.85	4.95	52.97	5.03	54.11	5.10
	8	25.168	19.757	78.62	1.77	16.39	52.26	53.26	55.60	4.75	56.80	4.82	58.04	4.90	59.29	4.97	60.57	5.05	61.87	5.13
	10	30.934	24.283	94.10	1.74	19.94	59.56	66.61	69.56	4.79	71.08	4.86	72.63	4.94	74.20	5.02	75.81	5.10	77.45	5.18
2L100×80×	6	21.275	16.701	122.11	2.40	20.26	61.86	39.97	41.73	4.47	42.65	4.54	43.59	4.62	44.55	4.69	45.54	4.76	46.55	4.84
	7	24.602	19.313	139.81	2.38	23.36	69.41	46.64	48.71	4.49	49.79	4.57	50.89	4.64	52.03	4.71	53.18	4.79	54.36	4.86
	8	27.888	21.892	156.86	2.37	26.38	76.39	53.32	55.71	4.51	56.95	4.59	58.22	4.66	59.52	4.73	60.84	4.81	62.20	4.88
	10	34.334	26.952	189.10	2.35	32.21	88.81	66.72	69.75	4.55	71.31	4.63	72.92	4.70	74.56	4.78	76.23	4.85	77.93	4.93
2L110×70×	6	21.275	16.701	85.56	2.01	15.75	54.55	48.32	50.22	5.14	51.19	5.21	52.19	5.29	53.21	5.36	54.25	5.44	55.30	5.51
	7	24.602	19.313	97.78	1.99	18.13	60.80	56.38	58.60	5.16	59.74	5.24	60.91	5.31	62.10	5.39	63.32	5.46	64.55	5.54
	8	27.888	21.892	109.49	1.98	20.45	66.48	64.43	66.98	5.19	68.30	5.26	69.64	5.34	71.01	5.41	72.40	5.49	73.81	5.56
	10	34.334	26.952	131.53	1.96	24.92	76.35	80.57	83.79	5.23	85.44	5.30	87.13	5.38	88.85	5.46	90.60	5.53	92.38	5.61
2L125×80×	7	28.193	22.131	148.40	2.29	23.95	82.24	72.80	75.30	5.82	76.59	5.90	77.91	5.97	79.24	6.04	80.60	6.12	81.98	6.20
	8	31.978	25.103	166.56	2.28	27.06	90.33	83.20	86.07	5.85	87.55	5.92	89.06	5.99	90.59	6.07	92.15	6.14	93.73	6.22
	10	39.424	30.948	200.95	2.26	33.06	104.62	104.01	107.64	5.89	109.50	5.96	111.40	6.04	113.33	6.11	115.29	6.19	117.28	6.27
	12	46.702	36.661	232.96	2.23	38.80	116.73	124.86	129.25	5.93	131.50	6.00	133.79	6.08	136.12	6.16	138.48	6.23	140.88	6.31
2L140×90×	8	36.077	28.320	240.73	2.58	34.59	117.98	104.36	107.56	6.51	109.20	6.58	110.88	6.65	112.57	6.73	114.30	6.80	116.05	6.88
	10	44.523	34.950	291.44	2.56	42.35	137.58	130.46	134.49	6.55	136.56	6.62	138.66	6.70	140.80	6.77	142.97	6.85	145.16	6.92
	12	52.801	41.449	338.98	2.53	49.81	154.50	156.58	161.46	6.59	163.96	6.66	166.50	6.74	169.08	6.81	171.69	6.89	174.34	6.97
	14	60.911	47.815	383.62	2.51	56.99	169.11	182.75	188.49	6.63	191.42	6.70	194.40	6.78	197.42	6.86	200.49	6.93	203.59	7.01

续表

角钢型号	型号	截面面积 A (cm²)	每米重量 (kg/m)	I_x (cm⁴)	i_x (cm)	W_{xmin} (cm³)	W_{xmax} (cm³)	$a=0$ W_y (cm³)	$a=0$ i_y (cm)	$a=4$ W_y (cm³)	$a=4$ i_y (cm)	$a=6$ W_y (cm³)	$a=6$ i_y (cm)	$a=8$ W_y (cm³)	$a=8$ i_y (cm)	$a=10$ W_y (cm³)	$a=10$ i_y (cm)	$a=12$ W_y (cm³)	$a=12$ i_y (cm)	$a=14$ W_y (cm³)	$a=14$ i_y (cm)
2L150×90×	8	37.677	29.576	244.93	2.55	34.84	124.28	119.78	6.91	123.18	7.05	124.92	7.12	126.69	7.20	128.48	7.27	130.30	7.35	132.15	7.42
	10	46.523	36.520	296.58	2.52	42.67	144.76	149.71	6.95	154.00	7.09	156.19	7.17	158.41	7.24	160.67	7.32	162.95	7.39	165.27	7.47
	12	55.201	43.333	345.02	2.50	50.18	162.38	179.66	6.99	184.84	7.13	187.49	7.21	190.17	7.28	192.89	7.36	195.65	7.44	198.44	7.51
	14	63.711	50.013	390.53	2.48	57.43	177.55	209.65	7.03	215.73	7.17	218.83	7.25	221.98	7.32	225.17	7.40	228.39	7.48	231.66	7.56
	15	67.903	53.304	412.27	2.46	60.96	184.34	224.65	7.04	231.19	7.19	234.52	7.27	237.90	7.35	241.32	7.42	244.79	7.50	248.30	7.58
	16	72.054	56.562	433.38	2.45	64.43	190.65	239.67	7.06	246.66	7.21	250.22	7.29	253.84	7.37	257.50	7.44	261.20	7.52	264.95	7.60
2L160×100×	10	50.630	39.745	409.11	2.84	52.99	179.46	170.36	7.34	174.93	7.48	177.26	7.55	179.63	7.63	182.03	7.70	184.46	7.78	186.93	7.85
	12	60.108	47.185	477.18	2.82	62.43	202.51	204.44	7.38	209.96	7.52	212.78	7.60	215.64	7.67	218.54	7.75	221.47	7.82	224.44	7.90
	14	69.418	54.493	541.45	2.79	71.54	222.68	238.56	7.42	245.04	7.56	248.35	7.64	251.71	7.71	255.10	7.79	258.54	7.86	262.02	7.94
	16	78.561	61.671	602.22	2.77	80.36	240.34	272.72	7.45	280.17	7.60	283.98	7.68	287.83	7.75	291.73	7.83	295.68	7.90	299.67	7.98
2L180×110×	10	56.746	44.546	554.83	3.13	64.83	227.26	215.60	8.27	220.70	8.41	223.30	8.49	225.93	8.56	228.60	8.63	231.30	8.71	234.03	8.78
	12	67.424	52.928	648.67	3.10	76.48	257.51	258.70	8.31	264.86	8.46	268.00	8.53	271.18	8.60	274.40	8.68	277.66	8.75	280.95	8.83
	14	77.934	61.178	737.69	3.08	87.77	284.28	301.84	8.35	309.07	8.50	312.75	8.57	316.48	8.64	320.25	8.72	324.07	8.79	327.93	8.87
	16	88.277	69.297	822.22	3.05	98.70	307.97	345.01	8.39	353.32	8.53	357.55	8.61	361.83	8.68	366.16	8.76	370.54	8.84	374.97	8.91
2L200×125×	12	75.824	59.522	964.43	3.57	99.78	340.26	319.38	9.18	326.19	9.32	329.66	9.39	333.17	9.47	336.72	9.54	340.30	9.62	343.93	9.69
	14	87.734	68.871	1099.71	3.54	114.68	377.82	372.61	9.22	380.61	9.36	384.67	9.43	388.79	9.51	392.95	9.58	397.15	9.66	401.40	9.73
	16	99.477	78.089	1228.85	3.51	129.16	411.56	425.88	9.25	435.07	9.40	439.74	9.47	444.47	9.55	449.24	9.62	454.07	9.70	458.94	9.77
	18	111.052	87.176	1352.22	3.49	143.25	441.89	479.20	9.29	489.59	9.44	494.87	9.51	500.21	9.59	505.60	9.66	511.05	9.74	516.56	9.81

截 面 特 性 — y-y 轴 当两肢背间距离 a 为 (mm); x-x 轴

两个热轧不等边角钢（两长边相连）的组合截面特性（按 GB/T 706—2016 计算）

I—截面惯性矩;
W—截面模量;
i—截面回转半径。

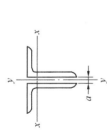

两个热轧不等边角钢（两长边相连）的组合截面特性表

表 11-13

角钢型号	截面面积 A (cm²)	每米重量 (kg/m)	x-x 轴				y-y 轴 当两肢背间距离 a 为 (mm)													
			I_x (cm⁴)	i_x (cm)	$W_{x\min}$ (cm³)	$W_{x\max}$ (cm³)	0		4		6		8		10		12		14	
							W_y (cm³)	i_y (cm)	W_y (cm³)	i_y (cm)	W_y (cm³)	i_y (cm)	W_y (cm³)	i_y (cm)	W_y (cm³)	i_y (cm)	W_y (cm³)	i_y (cm)	W_y (cm³)	i_y (cm)
2L25×16× 3	2.324	1.824	1.41	0.78	0.86	1.64	0.54	0.61	0.74	0.76	0.87	0.84	1.01	0.93	1.15	1.02	1.30	1.11	1.46	1.20
4	2.997	2.353	1.76	0.77	1.10	1.96	0.73	0.63	1.02	0.78	1.19	0.87	1.38	0.96	1.57	1.05	1.77	1.14	1.98	1.23
2L32×20× 3	2.984	2.342	3.05	1.01	1.44	2.82	0.82	0.74	1.07	0.89	1.21	0.97	1.37	1.05	1.54	1.14	1.72	1.23	1.91	1.32
4	3.877	3.044	3.86	1.00	1.86	3.44	1.12	0.76	1.46	0.91	1.66	0.99	1.87	1.08	2.10	1.16	2.34	1.25	2.60	1.34
2L40×25× 3	3.780	2.967	6.15	1.28	2.30	4.64	1.27	0.92	1.56	1.06	1.73	1.13	1.92	1.21	2.11	1.30	2.32	1.38	2.54	1.47
4	4.933	3.873	7.85	1.26	2.98	5.75	1.71	0.93	2.12	1.08	2.35	1.16	2.60	1.24	2.87	1.32	3.15	1.41	3.45	1.50
2L45×28× 3	4.299	3.374	8.90	1.44	2.94	6.05	1.59	1.02	1.91	1.15	2.09	1.23	2.29	1.31	2.51	1.39	2.74	1.47	2.98	1.56
4	5.612	4.405	11.40	1.43	3.82	7.52	2.14	1.03	2.58	1.17	2.84	1.25	3.11	1.33	3.40	1.41	3.71	1.50	4.03	1.58
2L50×32× 3	4.861	3.816	12.47	1.60	3.67	7.78	2.06	1.17	2.42	1.30	2.62	1.37	2.84	1.45	3.07	1.53	3.31	1.61	3.57	1.69
4	6.355	4.988	16.03	1.59	4.78	9.73	2.78	1.18	3.26	1.32	3.54	1.40	3.83	1.47	4.15	1.55	4.48	1.64	4.83	1.72
2L56×36× 3	5.486	4.306	17.76	1.80	4.65	10.00	2.61	1.31	2.99	1.44	3.21	1.51	3.45	1.59	3.70	1.66	3.96	1.74	4.24	1.82
4	7.179	5.636	22.90	1.79	6.06	12.55	3.50	1.32	4.03	1.46	4.33	1.53	4.65	1.61	4.99	1.69	5.35	1.77	5.72	1.85
5	8.831	6.932	27.73	1.77	7.43	14.86	4.41	1.34	5.09	1.48	5.47	1.55	5.88	1.63	6.31	1.71	6.77	1.79	7.24	1.88

续表

角钢型号		截面面积 A (cm²)	每米重量 (kg/m)	x-x 轴				y-y 轴 当两肢背间距离 a 为 (mm)													
								0		4		6		8		10		12		14	
				I_x (cm⁴)	i_x (cm)	W_{xmin} (cm³)	W_{xmax} (cm³)	W_y (cm³)	i_y (cm)	W_y (cm³)	i_y (cm)	W_y (cm³)	i_y (cm)	W_y (cm³)	i_y (cm)	W_y (cm³)	i_y (cm)	W_y (cm³)	i_y (cm)	W_y (cm³)	i_y (cm)
2L63×40×	4	8.115	6.370	32.97	2.02	7.73	16.20	4.31	1.46	4.89	1.59	5.21	1.66	5.56	1.74	5.93	1.81	6.32	1.89	6.72	1.97
	5	9.986	7.839	40.03	2.00	9.49	19.24	5.42	1.47	6.17	1.61	6.58	1.68	7.03	1.76	7.49	1.84	7.98	1.92	8.50	2.00
	6	11.816	9.276	46.72	1.99	11.18	22.01	6.56	1.49	7.48	1.63	7.99	1.71	8.53	1.78	9.10	1.86	9.69	1.94	10.31	2.03
	7	13.604	10.679	53.06	1.97	12.82	24.53	7.73	1.51	8.83	1.65	9.43	1.73	10.07	1.80	10.74	1.88	11.44	1.97	12.17	2.05
2L70×45×	4	9.106	7.148	45.93	2.25	9.64	20.57	5.43	1.64	6.07	1.77	6.42	1.84	6.80	1.91	7.20	1.99	7.62	2.07	8.05	2.14
	5	11.218	8.806	55.90	2.23	11.84	24.52	6.83	1.66	7.64	1.79	8.10	1.86	8.57	1.94	9.08	2.01	9.61	2.09	10.16	2.17
	6	13.287	10.430	65.39	2.22	13.98	28.16	8.25	1.67	9.25	1.81	9.80	1.88	10.39	1.96	11.00	2.03	11.64	2.11	12.31	2.19
	7	15.315	12.022	74.44	2.20	16.06	31.50	9.70	1.69	10.89	1.83	11.55	1.90	12.24	1.98	12.97	2.06	13.72	2.14	14.51	2.22
2L75×40×	5	12.251	9.617	70.18	2.39	13.75	29.30	8.40	1.85	9.28	1.98	9.76	2.05	10.27	2.13	10.81	2.20	11.37	2.28	11.95	2.36
	6	14.520	11.398	82.24	2.38	16.25	33.72	10.13	1.87	11.21	2.00	11.80	2.08	12.42	2.15	13.07	2.23	13.75	2.30	14.46	2.38
	8	18.934	14.863	104.79	2.35	21.04	41.59	13.68	1.90	15.18	2.04	15.99	2.12	16.84	2.19	17.73	2.27	18.66	2.35	19.62	2.43
	10	23.179	18.196	125.41	2.33	25.57	48.31	17.36	1.94	19.30	2.08	20.35	2.16	21.44	2.23	22.58	2.31	23.75	2.40	24.97	2.48
2L80×50×	5	12.751	10.009	83.91	2.57	15.55	32.22	8.41	1.82	9.30	1.95	9.79	2.02	10.31	2.09	10.86	2.16	11.44	2.24	12.03	2.32
	6	15.120	11.869	98.42	2.55	18.39	37.15	10.15	1.83	11.24	1.97	11.84	2.04	12.48	2.11	13.15	2.19	13.84	2.26	14.57	2.34
	7	17.448	13.697	112.32	2.54	21.16	41.74	11.92	1.85	13.22	1.99	13.94	2.06	14.69	2.13	15.48	2.21	16.30	2.29	17.16	2.37
	8	19.734	15.491	125.65	2.52	23.85	46.01	13.71	1.86	15.24	2.00	16.07	2.08	16.94	2.15	17.86	2.23	18.81	2.31	19.79	2.39
2L90×56×	5	14.424	11.323	120.88	2.89	19.83	41.61	10.52	2.02	11.50	2.15	12.04	2.22	12.60	2.29	13.20	2.36	13.82	2.44	14.47	2.51
	6	17.113	13.434	142.05	2.88	23.49	48.12	12.69	2.04	13.88	2.17	14.54	2.24	15.23	2.31	15.96	2.38	16.71	2.46	17.50	2.54
	7	19.761	15.512	162.43	2.87	27.05	54.23	14.88	2.05	16.31	2.19	17.08	2.26	17.90	2.33	18.76	2.41	19.65	2.48	20.58	2.56
	8	22.367	17.558	182.05	2.85	30.53	59.95	17.10	2.07	18.77	2.21	19.67	2.28	20.62	2.35	21.62	2.43	22.65	2.51	23.72	2.58

续表

角钢型号		截面面积 A (cm²)	每米重量 (kg/m)	x-x轴 Ix (cm⁴)	x-x轴 ix (cm)	Wxmin (cm³)	Wxmax (cm³)	y-y轴 当两肢背间距离 a 为 (mm) 0 Wy (cm³)	4 Wy (cm³)	4 iy (cm)	6 Wy (cm³)	6 iy (cm)	8 Wy (cm³)	8 iy (cm)	10 Wy (cm³)	10 iy (cm)	12 Wy (cm³)	12 iy (cm)	14 Wy (cm³)	14 iy (cm)
2L100×63×	6	19.235	15.099	198.11	3.21	29.28	61.24	16.00	17.32	2.29	18.03	2.42	18.78	2.49	19.57	2.56	20.38	2.63	21.23	2.78
	7	22.222	17.445	226.89	3.20	33.76	69.17	18.74	20.31	2.31	21.16	2.44	22.05	2.51	22.97	2.58	23.94	2.65	24.94	2.80
	8	25.168	19.757	254.72	3.18	38.15	76.65	21.52	23.35	2.46	24.33	2.53	25.36	2.60	26.43	2.67	27.55	2.75	28.71	2.83
	10	30.934	24.283	307.61	3.15	46.64	90.36	27.19	29.56	2.49	30.82	2.56	32.14	2.64	33.52	2.71	34.94	2.79	36.41	2.87
2L100×80×	6	21.275	16.701	214.07	3.17	30.38	72.48	25.62	27.15	3.23	27.96	3.30	28.81	3.37	29.68	3.44	30.59	3.52	31.52	3.59
	7	24.602	19.313	245.46	3.16	35.05	81.91	29.95	31.76	3.25	32.72	3.32	33.71	3.39	34.74	3.46	35.81	3.54	36.90	3.61
	8	27.888	21.892	275.84	3.15	39.62	90.80	34.30	36.40	3.27	37.51	3.34	38.66	3.41	39.84	3.48	41.07	3.56	42.33	3.63
	10	34.334	26.952	333.74	3.12	48.49	107.08	43.09	45.78	3.31	47.19	3.38	48.66	3.45	50.17	3.52	51.72	3.60	53.32	3.68
2L110×70×	6	21.275	16.701	266.73	3.54	35.70	75.60	19.70	21.12	2.55	21.89	2.67	22.70	2.74	23.54	2.81	24.42	2.88	25.33	3.03
	7	24.602	19.313	305.99	3.53	41.20	85.63	23.06	24.75	2.56	25.67	2.69	26.62	2.76	27.62	2.83	28.65	2.90	29.72	3.05
	8	27.888	21.892	344.06	3.51	46.60	95.14	26.45	28.42	2.58	29.48	2.71	30.59	2.78	31.74	2.85	32.93	2.92	34.17	3.07
	10	34.334	26.952	416.77	3.48	57.07	112.71	33.35	35.90	2.61	37.26	2.74	38.68	2.81	40.16	2.89	41.68	2.96	43.26	3.11
2L125×80×	7	28.193	22.131	455.94	4.02	53.72	113.62	30.02	31.91	2.92	32.92	3.05	33.98	3.11	35.07	3.18	36.21	3.25	37.38	3.40
	8	31.978	25.103	513.51	4.01	60.82	126.56	34.41	36.60	2.93	37.78	3.06	39.00	3.13	40.27	3.20	41.58	3.27	42.93	3.42
	10	39.424	30.948	624.07	3.98	74.66	150.70	43.30	46.13	2.96	47.64	3.10	49.20	3.17	50.82	3.24	52.50	3.31	54.22	3.46
	12	46.702	36.661	728.81	3.95	88.03	172.67	52.37	55.87	3.00	57.72	3.13	59.64	3.20	61.63	3.28	63.68	3.35	65.79	3.50
2L140×90×	8	36.077	28.320	731.24	4.50	76.95	162.58	43.44	45.85	3.42	47.13	3.49	48.47	3.55	49.85	3.62	51.28	3.69	52.75	3.77
	10	44.523	34.950	890.97	4.47	94.62	194.38	54.58	57.69	3.45	59.34	3.52	61.04	3.59	62.81	3.66	64.63	3.73	66.50	3.81
	12	52.801	41.449	1043.16	4.44	111.75	223.62	65.91	69.74	3.49	71.77	3.56	73.86	3.63	76.02	3.70	78.25	3.77	80.54	3.85
	14	60.911	47.815	1188.18	4.42	128.36	250.51	77.45	82.04	3.52	84.46	3.59	86.95	3.66	89.52	3.74	92.17	3.81	94.88	3.89

续表

截 面 特 性

角钢型号	截面面积 A (cm²)	每米重量 (kg/m)	x-x轴 Iₓ (cm⁴)	iₓ (cm)	Wₓₘᵢₙ (cm³)	Wₓₘₐₓ (cm³)	y-y轴 当两肢背间距离 a 为 (mm) 0 Wy (cm³)	iy (cm)	4 Wy (cm³)	iy (cm)	6 Wy (cm³)	iy (cm)	8 Wy (cm³)	iy (cm)	10 Wy (cm³)	iy (cm)	12 Wy (cm³)	iy (cm)	14 Wy (cm³)	iy (cm)
2L150×90× 8	37.677	29.576	884.06	4.84	87.72	179.63	43.47	3.22	45.92	3.35	47.23	3.41	48.58	3.48	49.99	3.55	51.45	3.62	52.96	3.69
10	46.523	36.520	1078.44	4.81	107.94	215.30	54.65	3.25	57.81	3.38	59.49	3.45	61.23	3.52	63.03	3.59	64.89	3.66	66.81	3.73
12	55.201	43.333	1264.13	4.79	127.58	248.30	66.03	3.28	69.93	3.41	72.00	3.48	74.14	3.55	76.35	3.62	78.63	3.70	80.98	3.77
14	63.711	50.013	1441.52	4.76	146.65	278.80	77.64	3.31	82.32	3.45	84.79	3.52	87.35	3.59	89.98	3.66	92.69	3.74	95.48	3.81
15	67.903	53.304	1527.22	4.74	155.98	293.18	83.55	3.33	88.63	3.47	91.31	3.54	94.07	3.61	96.92	3.68	99.85	3.76	102.87	3.83
16	72.054	56.562	1610.98	4.73	165.19	307.00	89.52	3.34	95.01	3.48	97.90	3.55	100.88	3.63	103.95	3.70	107.10	3.78	110.34	3.85
2L160×100× 10	50.630	39.745	1337.32	5.14	124.25	255.38	67.22	3.64	70.63	3.77	72.43	3.84	74.29	3.91	76.22	3.98	78.20	4.05	80.24	4.12
12	60.108	47.185	1569.78	5.11	146.99	295.06	81.09	3.67	85.29	3.80	87.51	3.87	89.79	3.94	92.15	4.01	94.58	4.08	97.07	4.16
14	69.418	54.493	1792.56	5.08	169.11	331.94	95.19	3.70	100.21	3.84	102.86	3.91	105.58	3.98	108.39	4.05	111.27	4.12	114.23	4.20
16	78.561	61.671	2006.07	5.05	190.65	366.21	109.55	3.73	115.43	3.87	118.51	3.94	121.68	4.01	124.95	4.09	128.30	4.16	131.73	4.24
2L180×110× 10	56.746	44.546	1912.43	5.81	157.91	324.72	81.19	3.97	84.89	4.09	86.84	4.16	88.86	4.23	90.94	4.29	93.08	4.36	95.28	4.43
12	67.424	52.928	2249.37	5.78	187.06	376.44	97.86	4.00	102.42	4.12	104.82	4.19	107.29	4.26	109.84	4.33	112.46	4.40	115.15	4.47
14	77.934	61.178	2573.76	5.75	215.51	424.91	114.77	4.02	120.22	4.16	123.08	4.22	126.03	4.29	129.06	4.36	132.17	4.44	135.37	4.51
16	88.277	69.297	2886.06	5.72	243.27	470.31	131.95	4.05	138.33	4.19	141.66	4.26	145.10	4.33	148.63	4.40	152.25	4.47	155.95	4.55
2L200×125× 12	75.824	59.522	3141.73	6.44	233.46	480.18	125.89	4.56	130.91	4.68	133.54	4.75	136.25	4.81	139.04	4.88	141.89	4.95	144.82	5.02
14	87.734	68.871	3601.88	6.41	269.29	543.70	147.44	4.58	153.44	4.71	156.57	4.78	159.79	4.85	163.10	4.92	166.49	4.99	169.96	5.06
16	99.477	78.089	4046.64	6.38	304.35	603.61	169.26	4.61	176.26	4.74	179.91	4.81	183.66	4.88	187.51	4.95	191.45	5.02	195.48	5.09
18	111.052	87.176	4476.55	6.35	338.66	660.10	191.37	4.64	199.41	4.78	203.59	4.84	207.89	4.91	212.29	4.99	216.79	5.06	221.39	5.13

11.6.5　结构用焊接 H 型钢截面特性表（按 JG/T 137—2007 计算）

1. 结构用普通高频焊接薄壁 H 型钢截面特性表

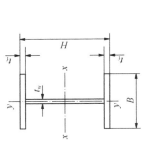

H—截面高度；
B—翼缘宽度；
t_f—翼缘厚度；
t_w—腹板厚度；
I_x、I_y—截面惯性矩；
W_x、W_y—截面模量；
i_x、i_y—回转半径；

结构用普通高频焊接薄壁 H 型钢的型号及载面特性表

表 11-14

型号 LH H×B×t_w×t_f (mm)	截面尺寸 (mm)				截面面积 A (cm²)	理论重量 (kg/m)	x-x 轴			y-y 轴			抗扭惯性矩 I_t (cm⁴)	翘性惯性矩 I_w (cm⁶)
	H	B	t_w	t_f			I_x (cm⁴)	W_x (cm³)	i_x (cm)	I_y (cm⁴)	W_y (cm³)	i_y (cm)		
LH 100×50×2.3×3.2	100	50	2.3	3.2	5.35	4.20	90.71	18.14	4.12	6.68	2.67	1.12	0.15	166
LH 100×50×2.3×4.5		50	2.3	4.5	7.41	5.82	122.77	24.55	4.07	9.40	3.76	1.13	0.40	234
LH 100×100×4.5×6.0	100	100	4.5	6.0	15.96	12.53	291.00	58.20	4.27	100.07	20.01	2.50	1.71	2498
LH 100×100×6.0×8.0		100	6.0	8.0	21.04	16.52	369.05	73.81	4.19	133.48	26.70	2.52	4.02	3330
LH 120×120×3.2×4.5	120	120	3.2	4.5	14.35	11.27	396.84	66.14	5.26	129.63	21.61	3.01	0.85	4664
LH 120×120×4.5×6.0		120	4.5	6.0	19.26	15.12	515.53	85.92	5.17	172.88	28.81	3.00	2.06	6218
LH 150×75×3.2×4.5	150	75	3.2	4.5	11.26	8.84	432.11	57.62	6.19	31.68	8.45	1.68	0.61	1778
LH 150×75×4.5×6.0		75	4.5	6.0	15.21	11.94	565.38	75.38	6.10	42.29	11.28	1.67	1.50	2367
LH 150×100×3.2×4.5	150	100	3.2	4.5	13.51	10.61	551.24	73.50	6.39	75.04	15.01	2.36	0.76	4217
LH 150×100×3.2×6.0		100	3.2	6.0	16.42	12.89	692.52	92.34	6.50	100.04	20.01	2.47	1.59	5623
LH 150×100×4.5×6.0		100	4.5	6.0	18.21	14.29	720.99	96.13	6.29	100.10	20.02	2.34	1.86	5619

续表

型号 LH $H \times B \times t_w \times t_f$ (mm)	截面尺寸 (mm)				截面面积 A (cm²)	理论重量 (kg/m)	截面特性						抗扭惯性矩 I_t (cm⁴)	翘性惯性矩 I_ω (cm⁶)
	H	B	t_w	t_f			x-x 轴			y-y 轴				
							I_x (cm⁴)	W_x (cm³)	i_x (cm)	I_y (cm⁴)	W_y (cm³)	i_y (cm)		
LH150×150×3.2×6.0	150	150	3.2	6.0	22.42	17.60	1003.74	133.83	6.69	337.54	45.01	3.88	2.31	18982
LH150×150×4.5×6.0	150	150	4.5	6.0	24.21	19.00	1032.21	137.63	6.53	337.61	45.01	3.73	2.58	18978
LH150×150×6.0×8.0		150	6.0	8.0	32.04	25.15	1331.43	177.52	6.45	450.25	60.03	3.75	6.08	25299
LH200×100×3.0×3.0	200	100	3.0	3.0	11.82	9.28	764.71	76.47	8.04	50.04	10.01	2.06	0.35	4996
LH200×100×3.2×4.5			3.2	4.5	15.11	11.86	1045.92	104.59	8.32	75.05	15.01	2.23	0.82	7495
LH200×100×3.2×6.0			3.2	6.0	18.02	14.14	1306.63	130.66	8.52	100.05	20.01	2.36	1.65	9995
LH200×100×4.5×6.0			4.5	6.0	20.46	16.06	1378.62	137.86	8.21	100.14	20.03	2.21	2.01	9986
LH200×100×6.0×8.0			6.0	8.0	27.04	21.23	1786.89	178.69	8.13	133.66	26.73	2.22	4.74	13301
LH200×150×3.2×4.5		150	3.2	4.5	19.61	15.40	1475.97	147.60	8.68	253.18	33.76	3.59	1.12	25307
LH200×150×3.2×6.0			3.2	6.0	24.02	18.85	1871.35	187.14	8.83	337.55	45.01	3.75	2.37	33745
LH200×150×4.5×6.0			4.5	6.0	26.46	20.77	1943.34	194.33	8.57	337.64	45.02	3.57	2.73	33736
LH200×150×6.0×8.0			6.0	8.0	35.04	27.51	2524.60	252.46	8.49	450.33	60.04	3.58	6.44	44967
LH200×200×6.0×8.0		200	6.0	8.0	43.04	33.79	3262.30	326.23	8.71	1067.00	106.70	4.98	8.15	106633
LH250×125×3.0×3.0	250	125	3.0	3.0	14.82	11.63	1507.14	120.57	10.08	97.71	15.63	2.57	0.44	15250
LH250×125×3.2×4.5			3.2	4.5	18.96	14.89	2068.56	165.48	10.44	146.55	23.45	2.78	1.02	22878
LH250×125×3.2×6.0			3.2	6.0	22.62	17.75	2592.55	207.40	10.71	195.38	31.26	2.94	2.06	30507
LH250×125×4.5×6.0			4.5	6.0	25.71	20.18	2738.60	219.09	10.32	195.49	31.28	2.76	2.52	30490
LH250×125×4.5×8.0			4.5	8.0	30.53	23.97	3409.75	272.78	10.57	260.59	41.69	2.92	4.98	40663
LH250×125×6.0×8.0			6.0	8.0	34.04	26.72	3369.91	285.59	10.24	260.84	41.73	2.77	5.95	40624

续表

型号 LH $H×B×t_w×t_f$ (mm)	截面尺寸(mm)				截面面积 A (cm²)	理论重量 (kg/m)	截面特性							抗扭惯性矩 I_t (cm⁴)	扇性惯性矩 I_w (cm⁶)
	H	B	t_w	t_f			x-x轴			y-y轴					
							I_x (cm⁴)	W_x (cm³)	i_x (cm)	I_y (cm⁴)	W_y (cm³)	i_y (cm)			
LH 250×150×3.2×4.5	250	150	3.2	4.5	21.21	16.65	2407.62	192.61	10.65	253.19	33.76	3.45	1.17	39540
LH 250×150×3.2×6.0	250	150	3.2	6.0	25.62	20.11	3039.16	243.13	10.89	337.56	45.01	3.63	2.42	52725
LH 250×150×4.5×6.0	250	150	4.5	6.0	28.71	22.54	3185.21	254.82	10.53	337.68	45.02	3.43	2.88	52706
LH 250×150×4.5×8.0	250	150	4.5	8.0	34.53	27.11	3995.60	319.65	10.76	450.18	60.02	3.61	5.83	70284
LH 250×150×4.5×9.0	250	150	4.5	9.0	37.44	29.39	4390.56	351.24	10.83	506.43	67.52	3.68	7.99	79073
LH 250×150×6.0×8.0	250	150	6.0	8.0	38.04	29.86	4155.77	332.46	10.45	450.42	60.06	3.44	6.80	70247
LH 250×150×6.0×9.0	250	150	6.0	9.0	40.92	32.12	4546.65	363.73	10.54	506.67	67.56	3.52	8.96	79036
LH 250×200×4.5×8.0	250	200	4.5	8.0	42.53	33.39	5167.31	413.38	11.02	1066.84	106.68	5.01	7.54	166640
LH 250×200×4.5×9.0	250	200	4.5	9.0	46.44	36.46	5697.99	455.84	11.08	1200.18	120.02	5.08	10.42	187471
LH 250×200×4.5×10.0	250	200	4.5	10.0	50.35	39.52	6219.60	497.57	11.11	1333.51	133.35	5.15	14.03	208306
LH 250×200×6.0×8.0	250	200	6.0	8.0	46.04	36.14	5327.47	426.20	10.76	1067.09	106.71	4.81	8.51	166601
LH 250×200×6.0×9.0	250	200	6.0	9.0	49.92	39.19	5854.08	468.33	10.83	1200.42	120.04	4.90	11.39	187434
LH 250×200×6.0×10.0	250	200	6.0	10.0	53.80	42.23	6371.68	509.73	10.88	1333.75	133.37	4.98	14.99	208268
LH 250×250×4.5×8.0	250	250	4.5	8.0	50.53	39.67	6339.02	507.12	11.20	2083.51	166.68	6.42	9.24	325493
LH 250×250×4.5×9.0	250	250	4.5	9.0	55.44	43.52	7005.42	560.43	11.24	2343.93	187.51	6.50	12.85	366182
LH 250×250×4.5×10.0	250	250	4.5	10.0	60.35	47.37	7660.43	612.83	11.27	2064.34	165.15	5.85	17.37	513306
LH 250×250×6.0×8.0	250	250	6.0	8.0	54.04	42.42	6499.18	519.93	10.97	2083.75	166.70	6.21	10.22	325456
LH 250×250×6.0×9.0	250	250	6.0	9.0	58.92	46.25	7161.51	572.92	11.02	2344.17	187.53	6.31	13.82	366145
LH 250×250×6.0×10.0	250	250	6.0	10.0	63.80	50.08	7812.52	625.00	11.07	2604.58	208.37	6.39	18.32	406836

续表

型号 LH $H×B×t_w×t_f$ (mm)	截面尺寸 (mm)				截面面积 A (cm^2)	理论重量 (kg/m)	截面特性						抗扭惯性矩 I_t (cm^4)	翘曲惯性矩 I_w (cm^6)
							$x-x$轴			$y-y$轴				
	H	B	t_w	t_f			I_x (cm^4)	W_x (cm^3)	i_x (cm)	I_y (cm^4)	W_y (cm^3)	i_y (cm)		
LH 300×150×3.2×4.5	300	150	3.2	4.5	22.81	17.91	3604.41	240.29	12.57	253.20	33.76	3.33	1.23	56936
LH 300×150×3.2×6.0				6.0	27.22	21.36	4527.17	301.81	12.90	337.58	45.01	3.52	2.47	75919
LH 300×150×4.5×6.0			4.5	6.0	30.96	24.30	4785.96	319.06	12.43	337.72	45.03	3.30	3.03	75888
LH 300×150×4.5×8.0				8.0	36.78	28.87	5976.11	398.41	12.75	450.22	60.03	3.50	5.98	101200
LH 300×150×4.5×9.0				9.0	39.69	31.16	6558.76	437.25	12.85	506.46	67.53	3.57	8.15	113859
LH 300×150×4.5×10.0				10.0	42.60	33.44	7133.20	475.55	12.94	562.71	75.03	3.63	10.85	126515
LH 300×150×6.0×8.0			6.0	8.0	41.04	32.22	6262.44	417.50	12.35	450.51	60.07	3.31	7.16	101135
LH 300×150×6.0×9.0				9.0	43.92	34.48	6839.08	455.94	12.48	506.77	67.57	3.40	9.32	113789
LH 300×150×6.0×10.0				10.0	46.80	36.74	7407.60	493.84	12.58	563.00	75.07	3.47	12.02	126450
LH 300×200×4.5×8.0		200	4.5	8.0	44.78	35.15	7681.81	512.12	13.10	1066.88	106.69	4.88	7.69	239952
LH 300×200×4.5×9.0				9.0	48.69	38.22	8464.69	564.31	13.19	1200.21	120.02	4.96	10.58	269953
LH 300×200×4.5×10.0				10.0	52.60	41.29	9236.53	615.77	13.25	1333.55	133.35	5.04	14.18	299950
LH 300×200×6.0×8.0			6.0	8.0	49.04	38.50	7968.14	531.21	12.75	1067.18	106.72	4.66	8.87	239885
LH 300×200×6.0×9.0				9.0	52.92	41.54	8745.01	583.00	12.85	1200.51	120.05	4.76	11.75	269885
LH 300×200×6.0×10.0				10.0	56.80	44.59	9510.93	634.06	12.94	1333.84	133.38	4.85	15.35	299886
LH 300×250×4.5×8.0		250	4.5	8.0	52.78	41.43	9387.52	625.83	13.34	2083.55	166.68	6.28	9.40	468700
LH 300×250×4.5×9.0				9.0	57.69	45.29	10370.62	691.37	13.41	2043.96	163.52	5.95	13.01	604690
LH 300×250×4.5×10.0				10.0	62.60	49.14	11339.87	755.99	13.46	2604.38	208.35	6.45	17.52	585890

续表

型号 LH H×B×tw×tf (mm)	截面尺寸 (mm) H	B	tw	tf	截面面积 A (cm²)	理论重量 (kg/m)	截面特性 x-x轴 Ix (cm⁴)	Wx (cm³)	ix (cm)	y-y轴 Iy (cm⁴)	Wy (cm³)	iy (cm)	抗扭惯性矩 It (cm⁴)	翘曲惯性矩 Iw (cm⁶)
LH 300×250×6.0×8.0	300	250	6.0	8.0	57.04	44.78	9673.85	644.92	13.02	2083.84	166.71	6.04	10.58	468636
LH 300×250×6.0×9.0	300	250	6.0	9.0	61.92	48.61	10650.94	710.06	13.12	2344.26	187.54	6.15	14.18	527229
LH 300×250×6.0×10.0	300	250	6.0	10.0	66.80	52.44	11614.27	774.28	13.19	2604.67	208.37	6.24	18.68	585824
LH 350×150×3.2×4.5	350	150	3.2	4.5	24.41	19.16	5086.36	290.65	14.43	253.22	33.76	3.22	1.28	77491
LH 350×150×3.2×6.0	350	150	3.2	6.0	28.82	22.62	6355.38	363.16	14.85	337.59	45.01	3.42	2.53	103331
LH 350×150×4.5×6.0	350	150	4.5	6.0	33.21	26.07	6773.70	387.07	14.28	337.76	45.03	3.19	3.19	103280
LH 350×150×4.5×8.0	350	150	4.5	8.0	39.03	30.64	8416.36	480.93	14.68	450.25	60.03	3.40	6.13	137736
LH 350×150×4.5×9.0	350	150	4.5	9.0	41.94	32.92	9223.08	527.03	14.83	506.50	67.53	3.48	8.30	154963
LH 350×150×4.5×10.0	350	150	4.5	10.0	44.85	35.21	10020.14	572.58	14.95	562.75	75.03	3.54	11.00	172189
LH 350×150×6.0×8.0	350	150	6.0	8.0	44.04	34.57	8882.11	507.55	14.20	450.60	60.08	3.20	7.52	137629
LH 350×150×6.0×9.0	350	150	6.0	9.0	46.92	36.83	9680.51	553.17	14.36	506.85	67.58	3.29	9.68	154856
LH 350×150×6.0×10.0	350	150	6.0	10.0	49.80	39.09	10469.35	598.25	14.50	563.09	75.08	3.36	12.38	172085
LH 350×175×4.5×6.0	350	175	4.5	6.0	36.21	28.42	7661.31	437.79	14.55	536.19	61.28	3.85	3.55	164054
LH 350×175×4.5×8.0	350	175	4.5	8.0	43.03	33.78	9586.21	547.78	14.93	714.84	81.70	4.08	6.99	218762
LH 350×175×4.5×9.0	350	175	4.5	9.0	46.44	36.46	10531.54	601.80	15.06	804.16	91.90	4.16	9.51	246119
LH 350×175×4.5×10.0	350	175	4.5	10.0	49.85	39.13	11465.55	655.17	15.17	893.48	102.11	4.23	12.67	273475
LH 350×175×6.0×8.0	350	175	6.0	8.0	48.04	37.71	10051.96	574.40	14.47	715.18	81.73	3.86	8.38	218659
LH 350×175×6.0×9.0	350	175	6.0	9.0	51.42	40.36	10988.97	627.94	14.62	804.50	91.94	3.96	10.90	246015
LH 350×175×6.0×10.0	350	175	6.0	10.0	54.80	43.02	11914.77	680.84	14.75	893.82	102.15	4.04	14.04	273371

续表

型号 LH $H \times B \times t_w \times t_f$ (mm)	截面尺寸 (mm)				截面面积 A (cm²)	理论重量 (kg/m)	截面特性						抗扭惯性矩 I_t (cm⁴)	翘性惯性矩 I_w (cm⁶)
							x-x 轴			y-y 轴				
	H	B	t_w	t_f			I_x (cm⁴)	W_x (cm³)	i_x (cm)	I_y (cm⁴)	W_y (cm³)	i_y (cm)		
LH 350×200×4.5×8.0	350	200	4.5	8.0	47.03	36.92	10756.07	614.63	15.12	1066.92	106.69	4.76	7.84	326589
LH 350×200×4.5×9.0	350	200	4.5	9.0	50.94	39.99	11840.01	676.57	15.25	1200.25	120.03	4.85	10.73	367423
LH 350×200×4.5×10.0	350	200	4.5	10.0	54.85	43.06	12910.97	737.77	15.34	1333.58	133.36	4.93	14.34	408258
LH 350×200×6.0×8.0	350	200	6.0	8.0	52.04	40.85	11221.81	641.25	14.68	1067.27	106.73	4.53	9.23	326482
LH 350×200×6.0×9.0	350	200	6.0	9.0	55.92	43.90	12297.44	702.71	14.83	1200.60	120.06	4.63	12.11	367316
LH 350×200×6.0×10.0	350	200	6.0	10.0	59.80	46.94	13360.18	763.44	14.95	1333.93	133.39	4.72	15.71	408151
LH 350×250×4.5×8.0	350	250	4.5	8.0	55.03	43.20	13095.77	748.33	15.43	2083.59	166.69	6.15	9.55	637942
LH 350×250×4.5×9.0	350	250	4.5	9.0	59.94	47.05	14456.94	826.11	15.53	2344.00	187.52	6.25	13.16	717697
LH 350×250×4.5×10.0	350	250	4.5	10.0	64.85	50.91	15801.80	902.96	15.61	2604.42	208.35	6.34	17.67	797448
LH 350×250×6.0×8.0	350	250	6.0	8.0	60.04	47.13	13561.52	774.94	15.03	2083.93	166.71	5.89	10.94	637838
LH 350×250×6.0×9.0	350	250	6.0	9.0	64.92	50.96	14914.37	852.25	15.16	2344.35	187.55	6.01	14.54	717590
LH 350×250×6.0×10.0	350	250	6.0	10.0	69.80	54.79	16251.02	928.63	15.26	2604.76	208.38	6.11	19.04	797344
LH 400×150×4.5×8.0	400	150	4.5	8.0	41.28	32.40	11344.49	567.22	16.58	450.29	60.04	3.30	6.29	179884
LH 400×150×4.5×9.0	400	150	4.5	9.0	44.19	34.69	12411.65	620.58	16.76	506.54	67.54	3.39	8.45	202384
LH 400×150×4.5×10.0	400	150	4.5	10.0	47.10	36.97	13467.70	673.39	16.91	562.79	75.04	3.46	11.15	224884
LH 400×150×6.0×8.0	400	150	6.0	8.0	47.04	36.93	12052.28	602.61	16.01	450.69	60.09	3.10	7.88	179724
LH 400×150×6.0×9.0	400	150	6.0	9.0	49.92	39.19	13108.44	655.42	16.20	506.94	67.59	3.19	10.04	202224
LH 400×150×6.0×10.0	400	150	6.0	10.0	52.80	41.45	14153.60	707.68	16.37	563.18	75.09	3.27	12.74	224728

续表

型号 LH $H \times B \times t_w \times t_l$ (mm)	截面尺寸 (mm)				截面面积 A (cm²)	理论重量 (kg/m)	截面特性							
							x-x 轴			y-y 轴			抗扭惯性矩	扇性惯性矩
	H	B	t_w	t_l			I_x (cm⁴)	W_x (cm³)	i_x (cm)	I_y (cm⁴)	W_y (cm³)	i_y (cm)	I_t (cm⁴)	I_ω (cm⁶)
LH 400×200×4.5×8.0	400	200	4.5	8.0	49.28	38.68	14418.19	720.91	17.10	1066.96	106.70	4.65	7.99	426548
LH 400×200×4.5×9.0				9.0	53.19	41.75	15852.08	792.60	17.26	1200.29	120.03	4.75	10.88	479884
LH 400×200×4.5×10.0				10.0	57.10	44.82	17271.03	863.55	17.39	1333.62	133.36	4.83	14.49	533219
LH 400×200×6.0×8.0			6.0	8.0	55.04	43.21	15125.98	756.30	16.58	1067.36	106.74	4.40	9.59	426390
LH 400×200×6.0×9.0				9.0	58.92	46.25	16548.87	827.44	16.76	1200.69	120.07	4.51	12.47	479724
LH 400×200×6.0×10.0				10.0	62.80	49.30	17956.93	897.85	16.91	1334.02	133.40	4.61	16.07	533059
LH 400×250×4.5×8.0		250	4.5	8.0	57.28	44.96	17491.90	874.59	17.47	2083.62	166.69	6.03	9.70	833219
LH 400×250×4.5×9.0				9.0	62.19	48.82	19292.51	964.63	17.61	2344.04	187.52	6.14	13.31	937384
LH 400×250×4.5×10.0				10.0	67.10	52.67	21074.37	1053.72	17.72	2604.46	208.36	6.23	17.82	1041548
LH 400×250×6.0×8.0			6.0	8.0	63.04	49.49	18199.69	909.98	16.99	2084.02	166.72	5.75	11.30	833059
LH 400×250×6.0×9.0				9.0	67.92	53.32	19989.30	999.46	17.16	2344.44	187.56	5.88	14.90	937224
LH 400×250×6.0×10.0				10.0	72.80	57.15	21760.27	1088.01	17.29	2604.85	208.39	5.98	19.40	1041393
LH 450×200×4.5×8.0	450	200	4.5	8.0	51.53	40.45	18696.32	830.95	19.05	1067.00	106.70	4.55	8.14	539831
LH 450×200×4.5×9.0				9.0	55.44	43.52	20529.03	912.40	19.24	1200.33	120.03	4.65	11.03	607331
LH 450×200×4.5×10.0				10.0	59.35	46.59	22344.85	993.10	19.40	1333.66	133.37	4.74	14.64	674835
LH 450×200×6.0×8.0			6.0	8.0	58.04	45.56	19718.15	876.36	18.43	1067.45	106.74	4.29	9.95	539604
LH 450×200×6.0×9.0				9.0	61.92	48.61	21536.80	957.19	18.65	1200.78	120.08	4.40	12.83	607105
LH 450×200×6.0×10.0				10.0	65.80	51.65	23338.68	1037.27	18.83	1334.11	133.41	4.50	16.43	674607

续表

型号 LH $H \times B \times t_w \times t_f$ (mm)	截面尺寸 (mm) H	B	t_w	t_f	截面面积 A (cm²)	理论重量 (kg/m)	I_x (cm⁴)	W_x (cm³)	i_x (cm)	I_y (cm⁴)	W_y (cm³)	i_y (cm)	抗扭惯性矩 I_t (cm⁴)	翘性惯性矩 I_w (cm⁶)
LH 450×250×4.5×8.0	450	250	4.5	8.0	59.53	46.73	22604.03	1004.62	19.49	2083.66	166.69	5.92	9.85	1054522
LH 450×250×4.5×9.0			4.5	9.0	64.44	50.59	24905.46	1106.91	19.66	2344.08	187.53	6.03	13.46	1186354
LH 450×250×4.5×10.0			4.5	10.0	69.35	54.44	27185.68	1208.25	19.80	2604.49	208.36	6.13	17.97	1318196
LH 450×250×6.0×8.0			6.0	8.0	66.04	51.84	23625.86	1050.04	18.91	2084.11	166.73	5.62	11.66	1054294
LH 450×250×6.0×9.0			6.0	9.0	70.92	55.67	25913.23	1151.70	19.12	2344.53	187.56	5.75	15.26	1186129
LH 450×250×6.0×10.0			6.0	10.0	75.80	59.50	28179.52	1252.42	19.28	2604.94	208.40	5.86	19.76	1317968
LH 500×200×4.5×8.0	500	200	4.5	8.0	53.78	42.22	23618.57	944.74	20.96	1067.03	106.70	4.45	8.30	666440
LH 500×200×4.5×9.0			4.5	9.0	57.69	45.29	25898.98	1035.96	21.19	1200.37	120.04	4.56	11.18	749767
LH 500×200×4.5×10.0			4.5	10.0	61.60	48.36	28160.53	1126.42	21.38	1333.70	133.37	4.65	14.79	833104
LH 500×200×6.0×8.0			6.0	8.0	61.04	47.92	25035.82	1001.43	20.25	1067.54	106.75	4.18	10.31	666121
LH 500×200×6.0×9.0			6.0	9.0	64.92	50.96	27298.73	1091.95	20.51	1200.87	120.09	4.30	13.19	749457
LH 500×200×6.0×10.0			6.0	10.0	68.80	54.01	29542.93	1181.72	20.72	1334.20	133.42	4.40	16.79	832792
LH 500×250×4.5×8.0	500	250	4.5	8.0	61.78	48.50	28460.28	1138.41	21.46	2083.70	166.70	5.81	10.00	1301854
LH 500×250×4.5×9.0			4.5	9.0	66.69	52.35	31323.91	1252.96	21.67	2344.12	187.53	5.93	13.61	1464611
LH 500×250×4.5×10.0			4.5	10.0	71.60	56.21	34163.87	1366.55	21.84	2603.53	208.28	6.03	18.12	1628002
LH 500×250×6.0×8.0			6.0	8.0	69.04	54.20	29877.53	1195.10	20.80	2084.20	166.74	5.49	12.02	1301542
LH 500×250×6.0×9.0			6.0	9.0	73.92	58.03	32723.66	1308.95	21.04	2344.62	187.57	5.63	15.62	1464300
LH 500×250×6.0×10.0			6.0	10.0	78.80	61.86	35546.27	1421.85	21.24	2605.03	208.40	5.75	20.12	1627065

2. 结构用焊接工字型钢的截面特性表

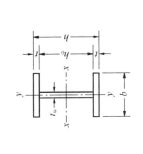

A—截面面积，$A = bh - (b-t_w)h_0$;

I—截面惯性矩，$I_x = \dfrac{1}{12}[bh^3 - (b-t_w)h_0^3]$，$I_y = \dfrac{1}{12}(2tb^3 + h_0 t_w^3)$;

W—截面模量，$W_x = \dfrac{2I_x}{h}$，$W_y = \dfrac{2I_y}{b}$; i—截面回转半径，$i_x = \sqrt{\dfrac{I_x}{A}}$，$i_y = \sqrt{\dfrac{I_y}{A}}$;

S—半截面积矩，$S_x = bt\left(\dfrac{h-t}{2}\right) + \dfrac{t_w h_0^2}{8}$; I_t (J) —抗扭惯性矩，$I_t = J = \dfrac{1}{3}(2bt^3 + h_0 t_w^3)$;

I_ω—扇形惯性矩，$I_\omega = \dfrac{b^6 t^2 h_0^2}{12}(2tb^3 + h_0 t_w^3)$

表 11-15

结构用普通焊接工字形钢的形号及截面特性表

截面尺寸 (mm)			截面面积 A (cm²)	每米重量 (kg/m)	截 面 特 性							抗扭惯性矩	扇性惯性矩
					x-x 轴				y-y 轴				
h	$h_0 \times t_w$	$b \times t$			I_x (cm⁴)	W_x (cm³)	i_x (cm)	S_x (cm³)	I_y (cm⁴)	W_y (cm³)	i_y (cm)	I_t (J) (cm⁴)	I_ω (cm⁶)
300	288×5	200	38.4	30.1	6182	412.1	12.69	228.2	800.3	80.0	4.57	4.08	179933
		250×6	44.4	34.9	7479	498.6	12.98	272.3	1563	125.0	5.93	4.80	351495
		300	50.4	39.6	8776	585.0	13.20	316.4	2700	180.0	7.32	5.52	607433
	284×6	200	49.0	38.5	7968	531.2	12.75	294.1	1067	106.7	4.66	8.87	239885
		250×8	57.0	44.8	9674	644.9	13.02	352.5	2084	166.7	6.04	10.58	468635
		300	65.0	51.1	11380	758.6	13.23	410.9	3601	240.0	7.44	12.28	809885
	280×6	200	56.8	44.6	9511	634.1	12.94	348.8	1334	133.4	4.85	15.35	299887
		250×10	66.8	52.4	11614	774.3	13.19	421.3	2605	208.4	6.24	18.68	585824
		300	76.8	60.3	13718	914.5	13.36	508.8	4501	300.0	7.66	22.02	1012387
	276×6	200	64.6	50.7	11010	734.0	13.06	402.7	1600	160.0	4.98	25.03	359888
		250×12	76.6	60.1	13500	900.0	13.28	489.1	3125	250.0	6.39	30.79	703013
		300	88.6	69.5	15990	1066	13.44	575.5	5400	360.0	7.81	36.55	1214888

续表

h	截面尺寸 (mm) h₀×t_w	b×t	截面面积 A (cm²)	每米重量 (kg/m)	I_x (cm⁴)	W_x (cm³)	i_x (cm)	S_x (cm³)	I_y (cm⁴)	W_y (cm³)	i_y (cm)	I_t (J) (cm⁴)	I_ω (cm⁶)
							x-x轴			**y-y轴**		抗扭惯性矩	翘曲惯性矩
300	276×8	200	70.1	55.0	11361	757.4	12.73	421.8	1600	160.0	4.78	25.03	359888
		250×12	82.1	64.4	13850	923.4	12.99	508.2	3126	250.1	6.17	33.51	702860
		300	94.1	73.9	16340	1089	13.18	594.6	5400	360.0	7.58	36.55	1214888
	268×8	200	85.4	67.1	14202	946.8	12.89	526.2	2134	213.4	5.00	59.19	479743
		250×16	101.4	79.6	17432	1162	13.11	639.8	4168	333.4	6.41	72.84	937243
		300	117.4	92.2	20661	1377	13.26	753.4	7201	480.1	7.83	86.49	1619743
	276×10	200	75.6	59.3	11711	780.7	12.45	440.8	1602	160.2	4.60	32.24	359483
		250×12	87.6	68.8	14201	946.7	12.73	527.2	3127	250.2	5.97	38.00	702608
		300	99.6	78.2	16691	1113	12.95	613.6	5402	360.2	7.36	43.76	1214483
	268×10	200	90.8	71.3	14523	968.2	12.65	544.2	2136	213.6	4.85	63.55	479498
		250×16	106.8	83.8	17752	1183	12.89	657.8	4169	333.5	6.25	77.20	936998
		300	122.8	96.4	20982	1399	13.07	771.4	7202	480.1	7.66	90.85	1619498
	268×12	200	96.2	75.5	14843	989.6	12.42	562.1	2137	213.7	4.71	70.05	479133
		250×16	112.2	88.0	18073	1205	12.69	675.7	4171	333.6	6.10	83.70	936632
		300	128.2	100.6	21303	1420	12.89	789.3	7204	480.3	7.50	97.36	1619132
350	330×6	200	59.8	46.9	13360	763.4	14.95	421.7	1334	133.4	4.72	15.71	408152
		250×10	69.8	54.8	16251	928.6	15.26	506.7	2605	208.4	6.11	19.04	797344
		300	79.8	62.6	19142	1094	15.49	591.7	4501	300.0	7.51	22.38	1377943
	326×6	200	67.6	53.0	15447	882.7	15.12	485.3	1600	160.0	4.87	23.04	490000
		250×12	79.6	62.5	18876	1079	15.40	586.7	3126	250.0	6.27	31.15	956852
		300×12	91.6	71.9	22305	1275	15.61	688.1	5400	360.0	7.68	34.56	1653750
		350	103.6	81.3	25734	1470	15.76	789.5	8575	490.0	9.10	40.32	2626094
	322×6	200	75.3	59.1	17484	999.1	15.24	548.2	1867	186.7	4.98	36.59	571667
		250×14	89.3	70.1	21438	1225	15.49	665.8	3646	291.7	6.39	48.05	1116359
		300×14	103.3	81.1	25391	1451	15.68	783.4	6300	420.0	7.81	54.88	1929375
		350	117.3	92.1	29345	1677	15.82	901.0	10004	571.7	9.23	64.03	3063776

续表

h	$h_0 \times t_w$	$b \times t$	A (cm²)	每米重量 (kg/m)	I_x (cm⁴)	W_x (cm³)	i_x (cm)	S_x (cm³)	I_y (cm⁴)	W_y (cm³)	i_y (cm)	I_t (J) (cm⁴)	I_ω (cm⁶)
	截面尺寸 (mm)		截面面积		x-x 轴				y-y 轴			抗扭惯性矩	翘性惯性矩
350	318×6	200	83.1	65.2	19470	1113	15.31	610.2	2133	213.3	5.07	56.90	653333
		250×16	99.1	77.8	23936	1368	15.54	743.8	4167	333.4	6.49	70.56	1275866
		300×16	115.1	90.3	28402	1623	15.71	877.4	7200	480.0	7.91	84.21	2205000
		350	131.1	102.9	32867	1878	15.83	1011	11433	653.3	9.34	97.86	3501458
	314×6	200	90.8	71.3	21408	1223	15.35	671.5	2400	240.0	5.14	80.02	735000
		250×18	108.8	85.4	26373	1507	15.57	820.9	4688	375.0	6.56	99.46	1435374
		300×18	126.8	99.6	31338	1791	15.72	970.3	8100	540.0	7.99	118.90	2480625
		350	144.8	113.7	36303	2074	15.83	1120	12863	735.0	9.42	138.34	3939141
	310×6	200	98.6	77.4	23296	1331	15.37	732.1	2667	266.7	5.20	108.90	816667
		250×20	118.6	93.1	28748	1643	15.57	897.1	5209	416.7	6.63	135.57	1594881
		300×20	138.6	108.8	34200	1954	15.71	1062	9000	600.0	8.06	162.23	2756250
		350	158.6	124.5	39651	2266	15.81	1227	14292	816.7	9.49	188.90	4376823
	336×8	200	74.1	58.2	16025	915.7	14.71	511.9	1600	160.0	4.65	28.60	490000
		250×12	86.1	67.6	19454	1112	15.03	613.3	3126	250.1	6.03	34.36	956605
		300×12	98.1	77.0	22882	1308	15.27	714.7	5401	360.1	7.42	40.12	1653324
		350	110.1	86.4	26311	1503	15.46	816.1	8575	490.0	8.83	45.88	2626094
	318×8	200	89.4	70.2	20006	1143	14.96	635.5	2135	213.5	4.89	60.04	652918
		250×16	105.4	82.8	24472	1398	15.23	769.1	4168	333.4	6.29	73.69	1275626
		300×16	121.4	95.3	28938	1654	15.44	902.7	7201	480.1	7.70	87.35	2204585
		350	137.4	107.9	33403	1909	15.59	1036	11435	653.4	9.12	101.00	3501043
	326×10	200	80.6	63.3	16602	948.7	14.35	538.4	1603	160.3	4.46	33.91	489169
		250×12	92.6	72.7	20031	1145	14.71	639.8	3128	250.2	5.81	39.67	956200
		300×12	104.6	82.1	23460	1341	14.98	741.2	5403	360.2	7.19	45.43	1652918
		350	116.6	91.5	26888	1536	15.19	842.6	8578	490.2	8.58	51.19	2625262
	318×10	200	95.8	75.2	20542	1174	14.64	660.8	2136	213.6	4.72	65.21	652523
		250×16	111.8	87.8	25008	1429	14.96	794.4	4169	333.5	6.11	78.87	1275231
		300×16	127.8	100.3	29474	1684	15.19	928.0	7203	480.2	7.51	92.52	2204189
		350	143.8	112.9	33939	1939	15.36	1062	11436	653.5	8.92	106.17	3500647

续表

截面尺寸 (mm)			截面面积 A (cm²)	每米重量 (kg/m)	x-x 轴				y-y 轴			抗扭惯性矩 I_t (J) (cm⁴)	扇性惯性矩 I_ω (cm⁶)
h	$h_0 \times t_w$	$b \times t$			I_x (cm⁴)	W_x (cm³)	i_x (cm)	S_x (cm³)	I_y (cm⁴)	W_y (cm³)	i_y (cm)		
350	318×12	200	102.2	80.2	21078	1204	14.36	686.1	2138	213.8	4.57	72.93	651934
		250×16	118.2	92.8	25544	1460	14.70	819.7	4171	333.7	5.94	86.58	1274641
		300×20	134.2	105.3	30010	1715	14.96	953.3	7205	480.3	7.33	100.24	2203599
		350	150.2	117.9	34475	1970	15.15	1087	11438	653.6	8.73	113.89	3500057
	310×12	200	117.2	92.0	24786	1416	14.54	804.2	2671	267.1	4.77	124.52	815302
		250×20	137.2	107.7	30237	1728	14.85	969.2	5213	417.0	6.16	151.19	1593686
		300×20	157.2	123.4	35689	2039	15.07	1134	9004	600.3	7.57	177.86	2754884
		350	177.2	139.1	41141	2351	15.24	1299	14296	816.9	8.98	204.52	4375456
	380×6	200	62.8	49.3	17957	897.8	16.91	498.3	1334	133.4	4.61	16.07	533060
		250×10	72.8	57.1	21760	1088	17.29	595.8	2605	208.4	5.98	19.40	1041393
		300	82.8	65.0	25564	1278	17.57	693.3	4501	300.0	7.37	22.74	1799726
	376×6	200	70.6	55.4	20729	1036	17.14	571.6	1601	160.1	4.76	25.75	639729
		250×12	82.6	64.8	25247	1262	17.49	688.0	3126	250.1	6.15	31.51	1249729
		300×12	94.6	74.2	29764	1488	17.74	804.4	5401	360.0	7.56	37.27	2159729
		350	106.6	83.6	34282	1714	17.94	920.8	8576	490.0	8.97	43.03	3429729
400	376×8	200	78.1	61.3	21615	1081	16.64	607.0	1602	160.2	4.53	29.46	639359
		250×12	90.1	70.7	26133	1307	17.03	723.4	3127	250.1	5.89	35.22	1249359
		300×12	102.1	80.1	30650	1533	17.33	839.8	5402	360.1	7.27	40.98	2159358
		350	114.1	89.6	35168	1758	17.56	956.2	8577	490.1	8.67	46.74	3429358
	372×8	200	85.8	67.3	24301	1215	16.83	678.8	1868	186.8	4.67	42.94	746032
		250×14	99.8	78.3	29518	1476	17.20	813.9	3647	291.8	6.05	52.08	1457699
		300×14	113.8	89.3	34735	1737	17.47	949.0	6302	420.1	7.44	61.23	2519365
		350	127.8	100.3	39952	1998	17.68	1084	10006	571.8	8.85	70.38	4001032
	368×8	200	93.4	73.4	26929	1346	16.98	749.8	2135	213.5	4.78	60.89	852706
		250×16	109.4	85.9	32831	1642	17.32	903.4	4168	333.5	6.17	74.55	1666039
		300×16	125.4	98.5	38732	1937	17.57	1057	7202	480.1	7.58	88.20	2879372
		350	141.4	111.0	44634	2232	17.76	1211	11435	653.4	8.99	101.85	4572705

续表

截面尺寸 (mm)			截面面积 A (cm²)	每米重量 (kg/m)	截 面 特 性								
					x-x 轴				y-y 轴			抗扭惯性矩 I_t (J)	扇性惯性矩 I_w
h	$h_0 \times t_w$	$b \times t$			I_x (cm⁴)	W_x (cm³)	i_x (cm)	S_x (cm³)	I_y (cm⁴)	W_y (cm³)	i_y (cm)	(cm⁴)	(cm⁶)
400	376×10	200	85.6	67.2	22501	1125	16.21	642.3	1603	160.3	4.33	35.57	638749
		250 ×12	97.6	76.6	27019	1351	16.64	758.7	3128	250.3	5.66	41.33	1248748
		300	109.6	86.0	31536	1577	16.96	875.1	5403	360.2	7.02	47.09	2158747
		350	121.6	95.5	36054	1803	17.22	991.5	8578	490.2	8.40	52.85	3428747
	368×10	200	100.8	79.1	27760	1388	16.59	783.7	2136	213.6	4.60	66.88	852108
		250	116.8	91.7	33661	1683	16.98	937.3	4170	333.6	5.97	80.53	1665441
		300×16	132.8	104.2	39563	1978	17.26	1091	7203	480.2	7.36	94.19	2878774
		350	148.8	116.8	45465	2273	17.48	1244	11436	653.5	8.77	107.84	4572107
		400	164.8	129.4	51366	2568	17.65	1398	17070	853.5	10.18	121.49	6825440
	368×12	200	108.2	84.9	28590	1430	16.26	817.5	2139	213.9	4.45	75.81	851219
		250	124.2	97.5	34492	1725	16.67	971.1	4172	333.8	5.80	89.46	1664550
		300×16	140.2	110.0	40394	2020	16.98	1125	7205	480.4	7.17	103.12	2877882
		350	156.2	122.6	46295	2315	17.22	1278	11439	653.6	8.56	116.77	4571215
		400	172.2	135.1	52197	2610	17.41	1432	17072	853.6	9.96	130.42	6824548
	360×12	200	123.2	96.7	33572	1679	16.51	954.4	2672	267.2	4.66	127.40	1064597
		250	143.2	112.4	40799	2040	16.88	1144	5214	417.1	6.03	154.07	2081262
		300×20	163.2	128.1	48026	2401	17.15	1334	9005	600.3	7.43	180.74	3597928
		350	183.2	143.8	55252	2763	17.37	1524	14297	817.0	8.83	207.40	5714594
		400	203.2	159.5	62479	3124	17.53	1714	21339	1067	10.25	234.07	8531260
450	430×6	200	65.8	51.7	23339	1037	18.83	578.7	1334	133.4	4.50	16.43	674608
		250×10	75.8	59.5	28180	1252	19.28	688.7	2605	208.4	5.86	19.76	1317968
		300×10	85.8	67.4	33020	1468	19.62	798.7	4501	300.1	7.24	23.10	2277733
		350	95.8	75.2	37861	1683	19.88	908.7	7147	408.4	8.64	26.43	3617186

续表

| 截面尺寸 (mm) | | | 截面面积 A (cm²) | 每米重量 (kg/m) | x-x 轴 | | | | y-y 轴 | | | 抗扭惯性矩 I_t (J) (cm⁴) | 翘曲惯性矩 I_ω (cm⁶) |
h	$h_0 \times t_w$	$b \times t$			I_x (cm⁴)	W_x (cm³)	i_x (cm)	S_x (cm³)	I_y (cm⁴)	W_y (cm³)	i_y (cm)		
	426×8	200	82.1	64.4	28181	1252	18.53	707.1	1602	160.2	4.42	30.31	809081
		250	94.1	73.9	33938	1508	18.99	838.5	3127	250.1	5.77	36.07	1581112
		300×12	106.1	83.3	39694	1764	19.34	969.9	5402	360.1	7.14	41.83	2732830
		350	118.1	92.7	45451	2020	19.62	1101	8577	490.1	8.52	47.59	4340174
	418×8	200	97.4	76.5	35020	1556	18.96	869.1	2135	213.5	4.68	61.75	1079098
		250	113.4	89.1	42557	1891	19.37	1043	4168	333.5	6.06	75.40	2108473
		300×16	129.4	101.6	50095	2226	19.67	1216	7202	480.1	7.46	89.05	3644097
		350	145.4	114.2	57633	2561	19.91	1390	11435	653.4	8.87	102.71	5787222
		400	161.4	126.7	65170	2896	20.09	1564	17068	853.4	10.28	116.36	8639097
450	418×10	200	105.8	83.1	36237	1611	18.51	912.8	2137	213.7	4.49	68.55	1078239
		250	121.8	95.6	43774	1946	18.96	1086	4170	333.6	5.85	82.20	2107613
		300×16	137.8	108.2	51312	2281	19.30	1260	7203	480.2	7.23	95.85	3643237
		350	153.8	120.7	58850	2616	19.56	1434	11437	653.5	8.62	109.51	5786362
		400	169.8	133.3	66387	2951	19.77	1607	17070	853.5	10.03	123.16	8638237
	410×10	200	121.0	95.0	42750	1900	18.80	1070	2670	267.0	4.70	120.33	1348273
		250	141.0	110.7	52002	2311	19.20	1285	5212	416.9	6.08	147.00	2634990
		300×20	161.0	126.4	61253	2722	19.51	1500	9003	600.2	7.48	173.67	4554521
		350	181.0	142.1	70505	3134	19.74	1715	14295	816.9	8.89	200.33	7233427
		400	201.0	157.8	79757	3545	19.92	1930	21337	1067	10.30	227.00	10798271
	418×12	200	114.2	89.6	37454	1665	18.11	956.5	2139	213.9	4.33	78.69	1076961
		250	130.2	102.2	44992	2000	18.59	1130	4173	333.8	5.66	92.34	2106332
		300×16	146.2	114.7	52529	2335	18.96	1304	7206	480.4	7.02	106.00	3641955
		350	162.2	127.3	60067	2670	19.25	1477	11439	653.7	8.40	119.65	5785079
		400	178.2	139.9	67605	3005	19.48	1651	17073	853.6	9.79	133.30	8636954
	410×12	200	129.2	101.4	43899	1951	18.43	1112	2673	267.3	4.55	130.28	1347018
		250	149.2	117.1	53150	2362	18.87	1327	5214	417.1	5.91	156.95	2633733
		300×20	169.2	132.8	62402	2773	19.20	1542	9006	600.4	7.30	183.62	4553263
		350	189.2	148.5	71654	3185	19.46	1757	14298	817.0	8.69	210.28	7232169
		400	209.2	164.2	80905	3596	19.67	1972	21339	1067	10.10	236.95	10797012

续表

h	$h_0 \times t_w$	$b \times t$	A (cm²)	每米重量 (kg/m)	I_x (cm⁴)	W_x (cm³)	i_x (cm)	S_x (cm³)	I_y (cm⁴)	W_y (cm³)	i_y (cm)	$I_t(J)$ (cm⁴)	I_ω (cm⁶)
500	484×6	200	61.0	47.9	25036	1001	20.25	569.3	1068	106.8	4.18	10.31	666123
		250×8	69.0	54.2	29878	1195	20.80	667.7	2084	166.7	5.49	12.02	1301539
		300	77.0	60.5	34719	1389	21.23	766.1	3601	240.1	6.84	13.72	2249456
	480×6	200	68.8	54.0	29543	1182	20.72	662.8	1334	133.4	4.40	16.79	832794
		250×10	78.8	61.9	35546	1422	21.24	785.3	2605	208.4	5.75	20.12	1627064
		300	88.8	69.7	41550	1662	21.63	907.8	4501	300.1	7.12	23.46	2811960
	476×6	200	76.6	60.1	33976	1359	21.07	755.5	1601	160.1	4.57	26.47	999465
		250×12	88.6	69.5	41121	1645	21.55	901.9	3126	250.1	5.94	32.23	1952590
		300	100.6	78.9	48267	1931	21.91	1048	5401	360.1	7.33	37.99	3374465
	472×6	200	84.3	66.2	38334	1533	21.32	847.5	1868	186.8	4.71	39.99	1166136
		250×14	98.3	77.2	46603	1864	21.77	1018	3647	291.7	6.09	49.13	2278115
		300	112.3	88.2	54873	2195	22.10	1188	6301	420.1	7.49	58.28	3936969
	468×6	200	92.1	72.3	42620	1705	21.51	938.7	2134	213.4	4.81	57.98	1332807
		250×16	108.1	84.8	51993	2080	21.93	1132	4168	333.4	6.21	71.64	2603640
		300	124.1	97.4	61367	2455	22.24	1326	7201	480.1	7.62	85.29	4499474
	476×8	200	86.1	67.6	35773	1431	20.39	812.2	1602	160.2	4.31	31.16	998732
		250×12	98.1	77.0	42919	1717	20.92	958.6	3127	250.2	5.65	36.92	1951856
		300×12	110.1	86.4	50065	2003	21.33	1105	5402	360.1	7.01	42.68	3373731
		350	122.1	95.8	57210	2288	21.65	1251	8577	490.1	8.38	48.44	5358106
	468×8	250	117.4	92.2	53702	2148	21.38	1187	4169	333.5	5.96	76.25	2602919
		300	133.4	104.8	63075	2523	21.74	1381	7202	480.1	7.35	89.91	4498752
		350×16	149.4	117.3	72449	2898	22.02	1574	11435	653.4	8.75	103.56	7144586
		400	165.4	129.9	81823	3273	22.24	1768	17069	853.4	10.16	117.21	10665419
		450	181.4	142.4	91196	3648	22.42	1961	24302	1080	11.57	130.87	15186252

续表

h	h₀×t_w	b×t	截面面积 A (cm²)	每米重量 (kg/m)	I_x (cm⁴)	W_x (cm³)	i_x (cm)	S_x (cm³)	I_y (cm⁴)	W_y (cm³)	i_y (cm)	I_t (J) (cm⁴)	I_ω (cm⁶)
							x-x 轴			y-y 轴		抗扭惯性矩	扇性惯性矩
500	468×10	250	126.8	99.5	55410	2216	20.90	1242	4171	333.6	5.74	83.87	2601731
		300	142.8	112.1	64784	2591	21.30	1435	7204	480.3	7.10	97.52	4497564
		350×16	158.8	124.7	74158	2966	21.61	1629	11437	653.6	8.49	111.17	7143397
		400	174.8	137.2	83531	3341	21.86	1823	17071	853.5	9.88	124.83	10664230
		450	190.8	149.8	92905	3716	22.07	2016	24304	1080	11.29	138.48	15185063
	460×10	250	146.0	114.6	65745	2630	21.22	1465	5212	417.0	5.97	148.67	3252814
		300	166.0	130.3	77271	3091	21.58	1705	9004	600.3	7.36	175.33	5622605
		350×20	186.0	146.0	88798	3552	21.85	1945	14296	816.9	8.77	202.00	8929896
		400	206.0	161.7	100325	4013	22.07	2185	21337	1067	10.18	228.67	13330938
		450	226.0	177.4	111851	4474	22.25	2425	30379	1350	11.59	255.33	18981979
	468×12	250	136.2	106.9	57119	2285	20.48	1297	4173	333.9	5.54	95.22	2599961
		300	152.2	119.4	66492	2660	20.90	1490	7207	480.4	6.88	108.88	4495792
		350×16	168.2	132.0	75866	3035	21.24	1684	11440	653.7	8.25	122.53	7141624
		400	184.2	144.6	85240	3410	21.51	1877	17073	853.7	9.63	136.18	10662456
		450	200.2	157.1	94613	3785	21.74	2071	24307	1080	11.02	149.84	15183289
	460×12	250	155.2	121.8	67367	2695	20.83	1517	5215	417.2	5.80	159.83	3251074
		300	175.2	137.5	78894	3156	21.22	1757	9007	600.4	7.17	186.50	5620863
		350×20	195.2	153.2	90420	3617	21.52	1997	14298	817.0	8.56	213.16	8928154
		400	215.2	168.9	101947	4078	21.77	2237	21340	1067	9.96	239.83	13329195
		450	235.2	184.6	113474	4539	21.96	2477	30382	1350	11.37	266.50	18980236
550	530×6	200	71.8	56.4	36607	1331	22.58	750.7	1334	133.4	4.31	17.15	1007612
		250×10	81.8	64.2	43898	1596	23.17	885.7	2605	208.4	5.64	20.48	1968680
		300	91.8	72.1	51189	1861	23.61	1021	4501	300.1	7.00	23.82	3402404
		350	101.8	79.9	58480	2127	23.97	1156	7147	408.4	8.38	27.15	5403315

截面尺寸 (mm)　　截 面 特 性

续表

h	$h_0 \times t_w$	$b \times t$	A (cm²)	每米重量 (kg/m)	I_x (cm⁴)	W_x (cm³)	i_x (cm)	S_x (cm³)	I_y (cm⁴)	W_y (cm³)	i_y (cm)	$I_t (J)$ (cm⁴)	I_ω (cm⁶)
550	526×8	200	90.1	70.7	44441	1616	22.21	922.3	1602	160.2	4.22	32.02	1208305
		250×12	102.1	80.1	53126	1932	22.81	1084	3127	250.2	5.53	37.78	2361585
		300×12	114.1	89.6	61811	2248	23.28	1245	5402	360.1	6.88	43.54	4082053
		350	126.1	99.0	70495	2563	23.65	1406	8577	490.1	8.25	49.30	6483147
	518×8	250	121.4	95.3	66314	2411	23.37	1336	4169	333.5	5.86	77.11	3149371
		300	137.4	107.9	77724	2826	23.78	1550	7202	480.1	7.24	90.76	5443329
		350×16	153.4	120.5	89134	3241	24.10	1764	11436	653.5	8.63	104.41	8644787
		400	169.4	133.0	100543	3656	24.36	1977	17069	853.4	10.04	118.07	12904995
		450	185.4	145.6	111953	4071	24.57	2191	24302	1080	11.45	131.72	18375204
	518×10	250	131.8	103.5	68631	2496	22.82	1403	4171	333.7	5.63	85.53	3147781
		300	147.8	116.0	80041	2911	23.27	1617	7204	480.3	6.98	99.19	5441737
		350×16	163.8	128.6	91450	3325	23.63	1831	11438	653.6	8.36	112.84	8643195
		400	179.8	141.1	102860	3740	23.92	2044	17071	853.5	9.74	126.49	12903403
		450	195.8	153.7	114270	4155	24.16	2258	24304	1080	11.14	140.15	18373611
	510×10	250	151.0	118.5	81313	2957	23.21	1650	5213	417.0	5.88	150.33	3935591
		300	171.0	134.2	95364	3468	23.62	1915	9004	600.3	7.26	177.00	6803037
		350×20	191.0	149.9	109416	3979	23.93	2180	14296	816.9	8.65	203.67	10804860
		400	211.0	165.6	123468	4490	24.19	2445	21338	1067	10.06	230.33	16130120
		450	231.0	181.3	137519	5001	24.40	2710	30379	1350	11.47	257.00	22967880
	518×12	250	142.2	111.6	70947	2580	22.34	1470	4174	333.9	5.42	98.10	3145411
		300	158.2	124.2	82357	2995	22.82	1684	7207	480.5	6.75	111.76	5439365
		350×16	174.2	136.7	93767	3410	23.20	1898	11441	653.8	8.11	125.41	8640821
		400	190.2	149.3	105176	3825	23.52	2111	17074	853.7	9.48	139.06	12901028
		450	206.2	161.8	116586	4239	23.78	2325	24307	1080	10.86	152.72	18371236

续表

h	截面尺寸 (mm)		截面面积 A (cm²)	每米重量 (kg/m)	截面特性								
					x－x 轴				y－y 轴			抗扭惯性矩 I_t (J) (cm⁴)	翘曲惯性矩 I_ω (cm⁶)
	$h_0 \times t_w$	$b \times t$			I_x (cm⁴)	W_x (cm³)	i_x (cm)	S_x (cm³)	I_y (cm⁴)	W_y (cm³)	i_y (cm)		
600	580×6	200	74.8	58.7	44569	1486	24.41	842.3	1334	133.4	4.22	17.51	1199061
		250×10	84.8	66.6	53272	1776	25.06	989.8	2605	208.4	5.54	20.84	2342811
		300	94.8	74.4	61976	2066	25.57	1137	4501	300.1	6.89	24.18	4049061
	576×8	200	94.1	73.9	54235	1808	24.01	1037	1602	160.2	4.13	32.87	1437792
		250×12	106.1	83.3	64609	2154	24.68	1214	3127	250.2	5.43	38.63	2810290
		300	118.1	92.7	74983	2499	25.20	1390	5402	360.2	6.76	44.39	4857789
		350	130.1	102.1	85357	2845	25.62	1567	8577	490.1	8.12	50.15	7715289
	572×8	200	101.8	79.9	60561	2019	24.40	1148	1869	186.9	4.29	46.35	1677806
		250×14	115.8	90.9	72582	2419	25.04	1353	3648	291.9	5.61	55.50	3279055
		300	129.8	101.9	84603	2820	25.53	1558	6302	420.2	6.97	64.64	5667804
		350	143.8	112.9	96625	3221	25.93	1763	10007	571.8	8.34	73.79	9001554
	568×8	250	125.4	98.5	80445	2681	25.32	1491	4169	333.5	5.77	77.96	3747820
		300	141.4	111.0	94091	3136	25.79	1724	7202	480.2	7.14	91.61	6477820
		350×16	157.4	123.6	107736	3591	26.16	1958	11436	653.5	8.52	105.27	10287819
		400	173.4	136.2	121382	4046	26.45	2191	17069	853.5	9.92	118.92	15357819
		450	189.4	148.7	135028	4501	26.70	2425	24302	1080	11.33	132.57	21867819
	564×8	250	135.1	106.1	88198	2940	25.55	1628	4690	375.2	5.89	106.83	4216585
		300	153.1	120.2	103445	3448	25.99	1889	8102	540.2	7.27	126.27	7287835
		350×18	171.1	134.3	118692	3956	26.34	2151	12865	735.1	8.67	145.71	11574085
		400	189.1	148.5	133940	4465	26.61	2413	19202	960.1	10.08	165.15	17277835
		450	207.1	162.6	149187	4973	26.84	2675	27340	1215	11.49	184.59	24601584

截面尺寸 (mm) h	$h_0 \times t_w$	$b \times t$	截面面积 A (cm²)	每米重量 (kg/m)	I_x (cm⁴)	W_x (cm³)	i_x (cm)	S_x (cm³)	I_y (cm⁴)	W_y (cm³)	i_y (cm)	抗扭惯性矩 I_t (J) (cm⁴)	翘曲惯性矩 I_w (cm⁶)
600	568×10	250	136.8	107.4	83499	2783	24.71	1571	4171	333.7	5.52	87.20	3745745
		300	152.8	119.9	97145	3238	25.21	1805	7205	480.3	6.87	100.85	6475743
		350×16	168.8	132.5	110790	3693	25.62	2038	11438	653.6	8.23	114.51	10285742
		400	184.8	145.1	124436	4148	25.95	2272	17071	853.6	9.61	128.16	15355741
		450	200.8	157.6	138082	4603	26.22	2506	24305	1080	11.00	141.81	21865741
	564×10	250	146.4	114.9	91188	3040	24.96	1707	4692	375.4	5.66	116.00	4214524
		300	164.4	129.1	106435	3548	25.44	1969	8105	540.3	7.02	135.44	7285772
		350×18	182.4	143.2	121683	4056	25.83	2231	12867	735.3	8.40	154.88	11572022
		400	200.4	157.3	136930	4564	26.14	2493	19205	960.2	9.79	174.32	17275771
		450	218.4	171.4	152177	5073	26.40	2755	27342	1215	11.19	193.76	24599521
	560×10	250	156.0	122.5	98768	3292	25.16	1842	5213	417.0	5.78	152.00	4683304
		300	176.0	138.2	115595	3853	25.63	2132	9005	600.3	7.15	178.67	8095802
		350×20	196.0	153.9	132421	4414	25.99	2422	14296	816.9	8.54	205.33	12858301
		400	216.0	169.6	149248	4975	26.29	2712	21338	1067	9.94	232.00	19195801
		450	236.0	185.3	166075	5536	26.53	3002	30380	1350	11.35	258.67	27333301
	568×12	250	148.2	116.3	86553	2885	24.17	1652	4175	334.0	5.31	100.98	3742653
		300	164.2	128.9	100199	3340	24.71	1886	7208	480.5	6.63	114.64	6472647
		350×16	180.2	141.4	113845	3795	25.14	2119	11442	653.8	7.97	128.29	10282644
		400	196.2	154.0	127490	4250	25.49	2353	17075	853.7	9.33	141.94	15352642
		450	212.2	166.5	141136	4705	25.79	2586	24308	1080	10.70	155.60	21862641
	564×12	250	157.7	123.8	94178	3139	24.44	1787	4696	375.6	5.46	129.69	4211453
		300	175.7	137.9	109425	3648	24.96	2049	8108	540.5	6.79	149.13	7282698
		350×18	193.7	152.0	124673	4156	25.37	2310	12871	735.5	8.15	168.57	11568945
		400	211.7	166.2	139920	4664	25.71	2572	19208	960.4	9.53	188.01	17272694
		450	229.7	180.3	155168	5172	25.99	2834	27346	1215	10.91	207.45	24596443

续表

h	截面尺寸 (mm)			截面面积 A (cm²)	每米重量 (kg/m)	x-x 轴				y-y 轴			抗扭惯性矩 I_t (J) (cm⁴)	翘性惯性矩 I_ω (cm⁶)
	$h_0 \times t_w$	$b \times t$				I_x (cm⁴)	W_x (cm³)	i_x (cm)	S_x (cm³)	I_y (cm⁴)	W_y (cm³)	i_y (cm)		
600	560×12	300		187.2	147.0	118522	3951	25.16	2210	9008	600.5	6.94	192.26	8092749
		350		207.2	162.7	135348	4512	25.56	2500	14300	817.1	8.31	218.92	12855246
		400×20		227.2	178.4	152175	5072	25.88	2790	21341	1067	9.69	245.59	19192745
		450		247.2	194.1	169002	5633	26.15	3080	30383	1350	11.09	272.26	27330244
		500		267.2	209.8	185828	6194	26.37	3370	41675	1667	12.49	298.92	37492744
700	676×6	200		88.6	69.5	72253	2064	28.56	1168	1601	160.1	4.25	27.91	1958511
		250×12		100.6	78.9	86455	2470	29.32	1375	3126	250.1	5.58	33.67	3826635
		300		112.6	88.4	100656	2876	29.90	1581	5401	360.1	6.93	39.43	6613510
	672×6	200		96.3	75.6	81066	2316	29.01	1299	1868	186.8	4.40	41.43	2285186
		250×14		110.3	86.6	97539	2787	29.73	1539	3647	291.8	5.75	50.57	4464665
		300		124.3	97.6	114012	3257	30.28	1779	6301	420.1	7.12	59.72	7716019
	672×8	300		137.8	108.1	119070	3402	29.40	1892	6303	420.2	6.76	66.35	7713989
		350×14		151.8	119.1	135543	3873	29.89	2132	10007	571.8	8.12	75.50	12251593
		400×14		165.8	130.1	152016	4343	30.28	2372	14936	746.8	9.49	84.64	18289822
		450		179.8	141.1	168489	4814	30.62	2612	21265	945	10.88	93.79	26043051
	668×8	300		149.4	117.3	132178	3777	29.74	2088	7203	480.2	6.94	93.32	8816510
		350×16		165.4	129.9	150895	4311	30.20	2361	11436	653.5	8.31	106.97	14002343
		400×16		181.4	142.4	169613	4846	30.57	2635	17070	853	9.70	120.63	20903176
		450		197.4	155.0	188331	5381	30.88	2909	24303	1080	11.09	134.28	29764009
	668×10	300		162.8	127.8	137146	3918	29.02	2199	7206	480.4	6.65	104.19	8813186
		350×16		178.8	140.4	155863	4453	29.52	2473	11439	653.7	8.00	117.84	13999017
		400×16		194.8	152.9	174581	4988	29.94	2747	17072	853.6	9.36	131.49	20899850
		450		210.8	165.5	193299	5523	30.28	3020	24306	1080	10.74	145.15	29760682

续表

h	截面尺寸 (mm)		截面面积 A (cm²)	每米重量 (kg/m)	截 面 特 性							抗扭惯性矩 It (J) (cm⁴)	翘性惯性矩 Iω (cm⁶)
					x-x 轴				y-y 轴				
	$h_0 \times t_w$	$b \times t$			I_x (cm⁴)	W_x (cm³)	i_x (cm)	S_x (cm³)	I_y (cm⁴)	W_y (cm³)	i_y (cm)		
700	664×10	300	174.4	136.9	150009	4286	29.33	2393	8106	540.4	6.82	138.77	9915726
		350×18	192.4	151.0	170944	4884	29.81	2699	12868	735.3	8.18	158.21	15749787
		400	210.4	165.2	191880	5482	30.20	3006	19206	960.3	9.55	177.65	23513224
		450	228.4	179.3	212815	6080	30.52	3313	27343	1215	10.94	197.09	33481661
	660×10	300	186.0	146.0	162718	4649	29.58	2585	9006	600.4	6.96	182.00	11018267
		350×20	206.0	161.7	185845	5310	30.04	2925	14297	817.0	8.33	208.67	17500557
		400	226.0	177.4	208971	5971	30.41	3265	21339	1067	9.72	235.33	26126598
		450	246.0	193.1	232098	6631	30.72	3605	30381	1350	11.11	262.00	37202639
	672×12	300	164.6	129.2	129185	3691	28.01	2118	6310	420.6	6.19	93.59	7705664
		350×14	178.6	140.2	145658	4162	28.55	2358	10014	572.2	7.49	102.73	12243262
		400	192.6	151.2	162132	4632	29.01	2598	14943	747.2	8.81	111.88	18281487
		450	206.6	162.2	178605	5103	29.40	2838	21272	945	10.15	121.03	26034714
	668×12	300	176.2	138.3	142114	4060	28.40	2311	7210	480.6	6.40	120.40	8808232
		350×16	192.2	150.8	160831	4595	28.93	2585	11443	653.9	7.72	134.05	13994060
		400	208.2	163.4	179519	5130	29.37	2858	17076	853.8	9.06	147.70	20894890
		450	224.2	176.0	198267	5665	29.74	3132	24310	1080	10.41	161.36	29755721
	664×12	300	187.7	147.3	154888	4425	28.73	2503	8110	540.6	6.57	154.89	9910801
		350×18	205.7	161.5	175824	5024	29.24	2810	12872	735.5	7.91	174.33	15744858
		400	223.7	175.6	196759	5622	29.66	3117	19210	960.5	9.27	193.77	23308293
		450	241.7	189.7	217694	6220	30.01	3423	27347	1215	10.64	213.21	33476729

续表

h	截面尺寸 (mm)		截面面积 A (cm²)	每米重量 (kg/m)	截面特性								
	$h_0 \times t_w$	$b \times t$			$x\text{-}x$轴				$y\text{-}y$轴			抗扭惯性矩 I_t (J) (cm⁴)	扇性惯性矩 I_ω (cm⁶)
					I_x (cm⁴)	W_x (cm³)	i_x (cm)	S_x (cm³)	I_y (cm⁴)	W_y (cm³)	i_y (cm)		
700	660×12	300	199.2	156.4	167510	4786	29.00	2693	9010	600.6	6.73	198.02	11013370
		350	219.2	172.1	190636	5447	29.49	3033	14301	817.2	8.08	224.68	17495657
		400×20	239.2	187.8	213763	6108	29.89	3373	21343	1067	9.45	251.35	26121696
		450	259.2	203.5	236890	6768	30.23	3713	30385	1350	10.83	278.02	37197736
		500	279.2	219.2	260016	7429	30.52	4053	41676	1667	12.22	304.68	51030027
	768×8	300	157.4	123.6	177737	4443	33.60	2471	7203	480.2	6.76	95.03	11514760
		350×16	173.4	136.2	202327	5058	34.15	2785	11437	653.5	8.12	108.68	18288092
		400	189.4	148.7	226916	5673	34.61	3099	17070	853.5	9.49	122.33	27301425
		450	205.4	161.3	251506	6288	34.99	3412	24303	1080	10.88	135.99	38874758
	776×10	300	149.6	117.4	150719	3768	31.74	2171	5406	360.4	6.01	60.43	8629666
		350×12	161.6	126.9	169349	4234	32.37	2408	8581	490.4	7.29	66.19	13709661
		400	173.6	136.3	187979	4699	32.91	2644	12806	640.3	8.59	71.95	20469659
		450	185.6	145.7	206609	5165	33.36	2880	18231	810.3	9.91	77.71	29149657
800	772×10	300	161.2	126.5	168093	4202	32.29	2396	6306	420.4	6.25	80.61	10069717
		350×14	175.2	137.5	189718	4743	32.91	2671	10011	572.0	7.56	89.76	15996380
		400	189.2	148.5	211343	5284	33.42	2946	14940	747.0	8.89	98.91	23883044
		450	203.2	159.5	232968	5824	33.86	3221	21269	945.3	10.23	108.05	34009710
	768×10	300	172.8	135.6	185287	4632	32.75	2619	7206	480.4	6.46	107.52	11509769
		350×16	188.8	148.2	209876	5247	33.34	2932	11440	653.7	7.78	121.17	18283099
		400	204.8	160.8	234466	5862	33.84	3246	17073	853.7	9.13	134.83	27296431
		450	220.8	173.3	259056	6476	34.25	3560	24306	1080	10.49	148.48	38869763

续表

截面尺寸 (mm)			截面面积 A (cm²)	每米重量 (kg/m)	截 面 特 性							抗扭惯性矩 I_t (cm⁴)	翘曲惯性矩 I_ω (cm⁶)
					x-x 轴				y-y 轴				
h	$h_0 \times t_w$	$b \times t$			I_x (cm⁴)	W_x (cm³)	i_x (cm)	S_x (cm³)	I_y (cm⁴)	W_y (cm³)	i_y (cm)		
	764×10	300	181.4	144.8	202303	5058	33.12	2841	8106	540.4	6.63	142.11	12949821
		350×18	202.4	158.9	229826	5746	33.70	3193	12869	735.4	7.97	161.55	20569818
		400	220.4	173.0	257349	6434	34.17	3545	19206	960.3	9.34	180.99	30709817
		450	238.4	187.1	284873	7122	34.57	3897	27314	1215	10.71	200.43	43729816
	760×10	300	196.0	153.9	219141	5179	33.44	3062	9006	600.4	6.78	185.33	14389874
		350×20	216.0	169.6	249568	6239	33.99	3452	14298	817.0	8.14	212.00	22856538
		400	236.0	185.3	279995	7000	34.44	3842	21340	1067	9.51	238.67	34123203
		450	256.0	201.0	310421	7761	34.82	4232	30381	1350	10.89	265.33	48589869
	768×12	300	188.2	147.7	192836	4821	32.01	2766	7211	480.7	6.19	126.16	11502332
		350×16	204.2	160.3	217426	5436	32.63	3080	11444	654.0	7.49	139.81	18275656
		400	220.2	172.8	242016	6050	33.16	3394	17078	853.9	8.81	153.46	27288983
		450	236.2	185.4	266605	6665	33.60	3707	24311	1080	10.15	167.12	38862313
800	764×12	300	199.7	156.7	209735	5243	32.41	2987	8111	540.7	6.37	160.65	12942421
		350×18	217.7	170.9	237258	5931	33.01	3339	12874	735.6	7.69	180.09	20562412
		400	235.7	185.0	264782	6620	33.52	3691	19211	960.6	9.03	199.53	30702408
		450	253.7	199.1	292305	7308	33.94	4043	27349	1215	10.38	218.97	43722405
	760×12	300	211.2	165.8	226458	5661	32.75	3206	9011	600.7	6.53	203.78	14382511
		350	231.2	181.5	256884	6422	33.33	3596	14303	817.3	7.87	230.44	22849170
		400×20	251.2	197.2	287311	7183	33.82	3986	21344	1067	9.22	257.11	34115832
		450	271.2	212.9	317738	7943	34.23	4376	30386	1350	10.59	283.78	48582496
		500	291.2	228.6	348164	8704	34.58	4766	41678	1667	11.96	310.44	66649161

11.6.6　热轧 H 型钢载面特性表（按 GB/T 11263—2010 计算）

H—载面高度；
B—翼缘宽度；
t_1—腹板厚度；
t_2—翼缘厚度；
r—圆角半径；

热轧 H 型钢的规格和截面特性表

表 11-16

| 类别 | 型号（高度 H×宽度 B）/（mm×mm） | 截面尺寸（mm） | | | | | 截面面积 A（cm²） | 理论重量（kg/m） | 惯性矩 | | 抗扭惯性矩 I_t（cm⁴） | 扇性惯性矩 I_ω（cm⁶） | 惯性半径 | | 截面模数 | |
		H	B	t_1	t_2	r			I_x（cm⁴）	I_y（cm⁴）			i_x（cm）	i_y（cm）	W_x（cm³）	W_y（cm³）
HW	100×100	100	100	6	8	8	21.58	16.9	378	134	4.018	3330	4.18	2.48	75.6	26.7
	125×125	125	125	6.5	9	8	30.00	23.6	839	293	7.054	11435	5.28	3.12	134	46.9
	150×150	150	150	7	10	8	39.64	31.1	1620	563	11.49	31620	6.39	3.76	216	75.1
	175×175	175	175	7.5	11	13	51.42	40.4	2900	984	17.68	75185	7.50	4.37	331	112
	200×200	200	200	8	12	13	63.53	49.9	4720	1600	26.04	159925	8.61	5.02	472	160
		*200	204	12	12	13	71.53	56.2	4980	1700	33.64	169540	8.34	4.87	498	167
	250×250	*244	252	11	11	13	81.31	63.8	8700	2940	32.21	436313	10.3	6.01	713	233
		250	250	9	14	13	91.43	71.8	10700	3650	51.13	569451	10.8	6.31	860	292
		*250	255	14	14	13	103.9	81.6	11400	3880	66.95	603737	10.5	6.10	912	304
	300×300	*294	302	12	12	13	106.3	83.5	16600	5510	50.34	1189540	12.5	7.20	1130	365
		300	300	10	15	13	118.5	93.0	20200	6750	76.50	1518244	13.1	7.55	1350	450
		*300	305	15	15	13	133.5	105	21300	7100	99.00	1594253	12.6	7.29	1420	466

续表

类别	型号 (高度H×宽度B)/(mm×mm)	截面尺寸 (mm)					截面面积 A (cm²)	理论重量 (kg/m)	惯性矩		抗扭惯性矩 I_t (cm⁴)	翘曲惯性矩 I_ω (cm⁶)	惯性半径		截面模数	
		H	B	t_1	t_2	r			I_x (cm⁴)	I_y (cm⁴)			i_x (cm)	i_y (cm)	W_x (cm³)	W_y (cm³)
HW	350×350	*338	351	13	13	13	133.3	105	27700	9380	74.26	2674374	14.4	8.38	1640	534
		*344	348	10	16	13	144.0	113	32800	11200	105.4	3324014	15.1	8.83	1910	646
		*344	354	16	16	13	164.7	129	34900	11800	139.3	3496589	14.6	8.48	2030	669
		350	350	12	19	13	171.9	135	39800	13600	178.0	4156606	15.2	8.88	2280	776
		*350	357	19	19	13	196.4	154	42300	14400	234.6	4407029	14.7	8.57	2420	808
	400×400	*388	402	15	15	22	178.5	140	49000	16300	130.7	6108752	16.6	9.54	2520	809
		*394	398	11	18	22	186.8	147	56100	18900	170.6	7338575	17.3	10.1	2850	951
		*394	405	18	18	22	214.4	168	59700	20000	227.1	7727514	16.7	9.64	3030	985
		400	400	13	21	22	218.7	172	66600	22400	273.2	8957379	17.5	10.1	3330	1120
		*400	408	21	21	22	250.7	197	70900	23800	362.4	9497385	16.8	9.74	3540	1170
		*414	405	18	28	22	295.4	232	92800	31000	662.1	13276050	17.7	10.2	4480	1530
		*428	407	20	35	22	360.7	283	119000	39400	1259	17999651	18.2	10.4	5570	1930
		*458	417	30	50	22	528.6	415	187000	60500	3797	31646038	18.8	10.7	8170	2900
		*498	432	45	70	22	770.1	604	298000	94400	10966	58149140	19.7	11.1	12000	4370
	500×500	*492	465	15	20	22	258.0	202	117000	33500	298.9	20274172	21.3	11.4	4770	1440
		*502	465	15	25	22	304.5	239	146000	41900	535.2	26385376	21.9	11.7	5810	1800
		*502	470	20	25	22	329.6	259	151000	43300	610.1	27234999	21.4	11.5	6020	1840

类别	型号 (高度 H×宽度 B) / (mm×mm)	截面尺寸 (mm)					截面面积 A (cm²)	理论重量 (kg/m)	惯性矩		抗扭惯性矩 I_t (cm⁴)	扇性惯性矩 I_ω (cm⁶)	惯性半径		截面模数	
		H	B	t_1	t_2	r			I_x (cm⁴)	I_y (cm⁴)			i_x (cm)	i_y (cm)	W_x (cm³)	W_y (cm³)
HM	150×100	148	100	6	9	8	26.34	20.7	1000	150	5.796	8201	6.16	2.38	135	30.1
	200×150	194	150	6	9	8	38.10	29.9	2630	507	8.557	47603	8.30	3.64	271	67.6
	250×175	244	175	7	11	13	55.49	43.6	6040	984	18.07	146149	10.4	4.21	495	112
	300×200	294	200	8	12	13	71.05	55.8	11100	1600	27.65	345495	12.5	4.74	756	160
		*298	201	9	14	13	82.03	64.4	13100	1900	43.33	420302	12.6	4.80	878	189
	350×250	340	250	9	14	13	99.53	78.1	21200	3650	53.31	1053098	14.6	6.05	1250	292
	400×300	390	300	10	16	13	133.3	105	37900	7200	93.85	2736666	16.9	7.35	1940	480
	450×300	440	300	11	18	13	153.9	121	54700	8110	134.6	3918232	18.9	7.25	2490	540
	500×300	*482	300	11	15	13	141.2	111	58300	6760	87.55	3917558	20.3	6.91	2420	450
		488	300	11	18	13	159.2	125	68900	8110	136.7	4819433	20.8	7.13	2820	540
	550×300	*544	300	11	15	13	148.0	116	76400	6760	90.30	4989706	22.7	6.75	2810	450
		*550	300	11	18	13	166.0	130	89800	8110	139.4	6121317	23.3	6.98	3270	540
	600×300	*582	300	12	17	13	169.2	133	98900	7660	129.8	6471421	24.2	6.72	3400	511
		588	300	12	20	13	187.2	147	114000	9010	191.6	7772425	24.7	6.93	3890	601
		*594	302	14	23	13	217.1	170	134000	10600	295.1	9302404	24.8	6.97	4500	700
HN	*100×50	100	50	5	7	8	11.84	9.30	187	14.8	1.502	362	3.97	1.11	37.5	5.91
	*125×60	125	60	6	8	8	16.68	13.1	409	29.1	2.833	1117	4.95	1.32	65.4	9.71
	150×75	150	75	5	7	8	17.84	14.0	666	49.5	2.282	2761	6.10	1.66	88.8	13.2

续表

类别	型号 (高度H×宽度B)/ (mm×mm)	截面尺寸 (mm) H	B	t_1	t_2	r	截面面积 A (cm²)	理论重量 (kg/m)	惯性矩 I_x (cm⁴)	I_y (cm⁴)	抗扭惯性矩 I_t (cm⁴)	翘性惯性矩 I_ω (cm⁶)	惯性半径 i_x (cm)	i_y (cm)	截面模数 W_x (cm³)	W_y (cm³)
HN	175×90	175	90	5	8	8	22.89	18.0	1210	97.5	3.735	7429	7.25	2.06	138	21.7
	200×100	*198	99	4.5	7	8	22.68	17.8	1540	113	2.823	11081	8.24	2.23	156	22.9
		200	100	5.5	8	8	26.66	20.9	1810	134	4.434	13308	8.22	2.23	181	26.7
	250×125	*248	124	5	8	8	31.98	25.1	3450	255	5.199	39051	10.4	2.82	278	41.1
		250	125	6	9	8	36.96	29.0	3960	294	7.745	45711	10.4	2.81	317	47.0
	300×150	*298	149	5.5	8	13	40.80	32.0	6320	442	6.650	97833	12.4	3.29	424	59.3
		300	150	6.5	9	13	46.78	36.7	7210	508	9.871	113761	12.4	3.29	481	67.7
	350×175	*346	174	6	9	13	52.45	41.2	11000	791	10.82	236323	14.5	3.88	638	91.0
		350	175	7	11	13	62.91	49.4	13500	984	19.28	300620	14.6	3.95	771	112
	400×150	400	150	8	13	13	70.37	55.2	18600	734	28.35	291863	16.3	3.22	929	97.8
	400×200	*396	199	7	11	13	71.41	56.1	19800	1450	21.93	565991	16.6	4.50	999	145
		400	200	8	13	13	83.37	65.4	23500	1740	35.68	692696	16.8	4.56	1170	174
	450×150	*446	150	7	12	13	66.99	52.6	22000	677	22.10	335072	18.1	3.17	985	90.3
		450	151	8	14	13	77.49	60.8	25700	806	34.83	405789	18.2	3.22	1140	107
	450×200	*446	199	8	12	13	82.97	65.1	28100	1580	30.13	782894	18.4	4.36	1260	159
		450	200	9	14	13	95.43	74.9	32900	1870	46.84	943704	18.6	4.42	1460	187

续表

类别	型号 (高度H×宽度B)/(mm×mm)	截面尺寸 (mm)					截面面积 A (cm²)	理论重量 (kg/m)	惯性矩		抗扭惯性矩 I_t (cm⁴)	扇性惯性矩 I_ω (cm⁶)	惯性半径		截面模数	
		H	B	t_1	t_2	r			I_x (cm⁴)	I_y (cm⁴)			i_x (cm)	i_y (cm)	W_x (cm³)	W_y (cm³)
HN	475×150	*470	150	7	13	13	71.53	56.2	26200	733	27.05	403133	19.1	3.20	1110	97.8
		*475	151.5	8.5	15.5	13	86.15	67.6	31700	901	46.70	505415	19.2	3.23	1330	119
		482	153.5	10.5	19	13	106.4	83.5	39600	1150	87.32	662736	19.3	3.28	1640	150
	500×150	*492	150	7	12	13	70.21	55.1	27500	677	22.63	407675	19.8	3.10	1120	90.3
		*500	152	9	16	13	92.21	72.4	37000	940	52.88	583530	20.0	3.19	1480	124
		504	153	10	18	13	103.3	81.1	41900	1080	75.09	679866	20.1	3.23	1660	141
	500×200	*496	199	9	14	13	99.29	77.9	40800	1840	47.78	1129194	20.3	4.30	1650	185
		500	200	10	16	13	112.3	88.1	46800	2140	70.21	1330900	20.4	4.36	1870	214
		*506	201	11	19	13	129.3	102	55500	2580	112.7	1642691	20.7	4.46	2190	257
	550×200	*546	199	9	14	13	103.8	81.5	50800	1840	48.99	1368103	22.1	4.21	1860	185
		550	200	10	16	13	117.3	92.0	58200	2140	71.88	1610075	22.3	4.27	2120	214
	600×200	*596	199	10	15	13	117.8	92.4	66600	1980	63.64	1745393	23.8	4.09	2240	199
		600	200	11	17	13	131.7	103	75600	2270	90.62	2034366	24.0	4.15	2520	227
		*606	201	12	20	13	149.8	118	88300	2720	139.8	2477687	24.3	4.25	2910	270
	625×200	*625	198.5	13.5	17.5	13	150.6	118	88500	2300	119.3	2216009	24.2	3.90	2830	230
		630	200	15	20	13	170.0	133	101000	2690	173.0	2629637	24.4	3.97	3220	268
		*638	202	17	24	13	198.7	156	122000	3320	282.8	3330621	24.8	4.09	3820	329

续表

类别	型号(高度H×宽度B)/(mm×mm)	截面尺寸 (mm)					截面面积 A (cm²)	理论重量 (kg/m)	惯性矩		抗扭惯性矩 I_t (cm⁴)	翘曲惯性矩 I_ω (cm⁶)	惯性半径		截面模数	
		H	B	t_1	t_2	r			I_x (cm⁴)	I_y (cm⁴)			i_x (cm)	i_y (cm)	W_x (cm³)	W_y (cm³)
HN	650×300	*646	299	10	15	13	152.8	120	110000	6690	87.81	6966668	26.9	6.61	3410	447
		*650	300	11	17	13	171.2	134	125000	7660	125.6	8073102	27.0	6.68	3850	511
		*656	301	12	20	13	195.8	154	147000	9100	196.0	9770175	27.4	6.81	4470	605
	700×300	*692	300	13	20	18	207.5	163	168000	9020	207.7	10760168	28.5	6.59	4870	601
		700	300	13	24	18	231.5	182	197000	10800	324.2	13215393	29.2	6.83	5640	721
	750×300	*734	299	12	16	18	182.7	143	161000	7140	122.1	9587359	29.7	6.25	4390	478
		*742	300	13	20	18	214.0	168	197000	9020	211.4	12370025	30.4	6.49	5320	601
		*750	300	13	24	18	238.0	187	231000	10800	327.9	15169448	31.1	6.74	6150	721
		*758	303	16	28	18	284.8	224	276000	13000	539.3	18612821	31.1	6.75	7270	859
	800×300	*792	300	14	22	18	239.5	188	248000	9920	281.4	15198008	32.2	6.43	6270	661
		800	300	14	26	18	263.5	207	286000	11700	419.9	18692673	33.0	6.66	7160	781
	850×300	*834	298	14	19	18	227.5	179	251000	8400	209.1	14540555	33.2	6.07	6020	564
		*842	299	15	23	18	259.7	204	298000	10300	332.1	18122017	33.9	6.28	7080	687
		*850	300	16	27	18	292.1	229	346000	12200	502.3	21896971	34.4	6.45	8140	812
		*858	301	17	31	18	324.7	255	395000	14100	728.2	25871474	34.9	6.59	9210	939
	900×300	*890	299	15	23	18	266.9	210	339000	10300	337.5	20244417	35.6	6.20	7610	687
		900	300	16	28	18	305.8	240	404000	12600	554.3	25456796	36.4	6.42	8990	842
		*912	302	18	34	18	360.1	283	491000	15700	955.4	32369675	36.9	6.59	10800	1040

续表

类别	型号 (高度 H×宽度 B)/(mm×mm)	截面尺寸 (mm)					截面面积 A (cm²)	理论重量 (kg/m)	惯性矩		抗扭惯性矩 I_t (cm⁴)	翘曲惯性矩 I_ω (cm⁶)	惯性半径		截面模数	
		H	B	t_1	t_2	r			I_x (cm⁴)	I_y (cm⁴)			i_x (cm)	i_y (cm)	W_x (cm³)	W_y (cm³)
HN	1000×300	*970	297	16	21	18	276.0	217	393000	9210	310.1	21494293	37.8	5.77	8110	620
		*980	298	17	26	18	315.5	248	472000	11500	501.2	27442681	38.7	6.04	9630	772
		*990	298	17	31	18	345.3	271	544000	13700	743.8	33409079	39.7	6.30	11000	921
		*1000	300	19	36	18	395.1	310	634000	16300	1145	40367825	40.1	6.41	127000	1080
		*1008	302	21	40	18	439.3	345	712000	18400	1575	46462232	40.3	6.47	14100	1220
HT	100×50	95	48	3.2	4.5	8	7.620	5.98	115	8.39	0.386	187	3.88	1.04	24.2	3.49
		97	49	4	5.5	8	9.370	7.36	143	10.9	0.727	253	3.91	1.07	29.6	4.45
	100×100	96	99	4.5	6	8	16.20	12.7	272	97.2	1.681	2234	4.09	2.44	56.7	19.6
	125×60	118	58	3.2	4.5	8	9.250	7.26	218	14.70	0.471	508	4.85	1.26	37.0	5.08
		120	59	4	5.5	8	11.39	8.94	271	19.0	0.887	676	4.87	1.29	45.2	6.43
	125×125	119	123	4.5	6	8	20.12	15.8	532	186	2.096	6585	5.14	3.04	89.5	30.3
	150×75	145	73	3.2	4.5	8	11.47	9.00	416	29.3	0.592	1532	6.01	1.59	57.3	8.02
		147	74	4	5.5	8	14.12	11.1	516	37.3	1.111	2003	6.04	1.62	70.2	10.1
	150×100	139	97	3.2	4.5	8	13.43	10.6	476	68.6	0.731	3305	5.94	2.25	68.4	14.1
		142	99	4.5	6	8	18.27	14.3	654	97.2	1.820	4886	5.98	2.30	92.1	19.6
	150×150	144	148	5	7	8	27.76	21.8	1090	378	3.926	19599	6.25	3.69	151	51.1
		147	149	6	8.5	8	33.67	26.4	1350	469	7.036	25304	6.32	3.73	183	63.0

续表

类别	型号 (高度H×宽度B)/(mm×mm)	H	B	t₁	t₂	r	截面面积 A (cm²)	理论重量 (kg/m)	I_x (cm⁴)	I_y (cm⁴)	抗扭惯性矩 I_t (cm⁴)	翘曲惯性矩 I_ω (cm⁶)	i_x (cm)	i_y (cm)	W_x (cm³)	W_y (cm³)
	175×90	168	88	3.2	4.5	8	13.55	10.6	670	51.2	0.708	3603	7.02	1.94	79.7	11.6
		171	89	4	6	8	17.58	13.8	894	70.7	1.621	5147	7.13	2.00	105	15.9
	175×175	167	173	5	7	13	33.32	26.2	1780	605	4.593	42106	7.30	4.26	213	69.9
		172	175	6.5	9.5	13	44.64	35.0	2470	850	11.403	62734	7.43	4.36	287	97.1
	200×100	193	98	3.2	4.5	8	15.25	12.0	994	70.7	0.796	6569	8.07	2.15	103	14.4
		196	99	4	6	8	19.78	15.5	1320	97.2	1.818	9309	8.18	2.21	135	19.6
HT	200×150	188	149	4.5	6	8	26.34	20.7	1730	331	2.680	29217	8.09	3.54	184	44.4
	200×200	192	198	6	8	13	43.69	34.3	3060	1040	8.026	95355	8.37	4.86	319	105
	250×125	244	124	4.5	6	8	25.86	20.3	2650	191	2.490	28352	10.1	2.71	217	30.8
	250×175	238	173	4.5	8	13	39.12	30.7	4240	691	6.579	97738	10.4	4.20	356	79.9
	300×150	294	148	4.5	6	13	31.90	25.0	4800	325	2.988	70006	12.3	3.19	327	43.9
	300×200	286	198	6	8	13	49.33	38.7	7360	1040	8.702	211545	12.2	4.58	515	105
	350×175	340	173	4.5	6	13	36.97	29.0	7490	518	3.488	149564	14.2	3.74	441	59.9
	400×150	390	148	6	8	13	47.57	37.3	11700	434	7.745	164103	15.7	3.01	602	58.6
	400×200	390	198	6	8	13	55.57	43.6	14700	1040	9.451	393297	16.3	4.31	752	105

注: 1. 表中同一型号的产品, 其内侧尺寸高度一致。
2. 表中截面面积计算公式为: "t_1 $(H-2t_2)$ $+2Bt_2+0.858r^2$"。
3. 表中 "*" 表示的规格为市场非常用规格。
4. 规格表示方法: H 与高度 H 值×宽度 B 值×腹板厚度 t_1 值×翼缘厚度 t_2 值。如: $H450×151×8×14$。

11.6.7　热轧剖分T型钢截面特性表（按GB/T 11263—2010计算）

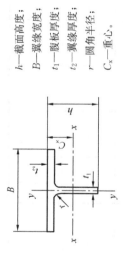

h—截面高度；
B—翼缘宽度；
t₁—腹板厚度；
t₂—翼缘厚度；
r—圆角半径；
Cx—重心。

热轧剖分T型钢的规格及截面特性表　　　　表11-17

类别	型号（高度h×宽度B）/(mm×mm)	截面尺寸(mm) h	B	t_1	t_2	r	截面面积 A (cm²)	理论重量 (kg/m)	惯性矩 I_x (cm⁴)	I_y (cm⁴)	抗扭惯性矩 I_t (cm⁴)	扇性惯性矩 I_ω (cm⁶)	惯性半径 i_x (cm)	i_y (cm)	截面模数 W_x (cm³)	W_y (cm³)	重心 C_x (cm)	对应H型钢系列型号
TW	50×100	50	100	6	8	8	10.79	8.47	16.1	66.8	2.067	4.00	1.22	2.48	4.02	13.4	1.00	100×100
	62.5×125	62.5	125	6.5	9	8	15.00	11.8	35.0	147	3.610	11.06	1.52	3.12	6.91	23.5	1.19	125×125
	75×150	75	150	7	10	8	19.82	15.6	66.4	282	5.858	26.05	1.82	3.76	10.8	37.5	1.37	150×150
	87.5×175	87.5	175	7.5	11	13	25.71	20.2	115	492	8.995	54.78	2.11	4.37	15.9	56.2	1.55	175×175
	100×200	100	200	8	12	13	31.76	24.9	184	801	13.23	105.7	2.40	5.02	22.3	80.1	1.73	200×200
		100	204	12	12	13	35.76	28.1	256	851	17.51	134.6	2.67	4.87	32.4	83.4	2.09	
	125×250	125	250	9	14	13	45.71	35.9	412	1820	25.90	325.4	3.00	6.31	39.5	146	2.08	250×250
		125	255	14	14	13	51.96	40.8	589	1940	34.76	420.2	3.36	6.10	59.4	152	2.58	
	150×300	147	302	12	12	13	53.16	41.7	857	2760	25.86	448.6	4.01	7.20	72.3	183	2.85	300×300
		150	300	10	15	13	59.22	46.5	798	3380	38.75	701.2	3.67	7.55	63.7	225	2.47	
		150	305	15	15	13	66.72	52.4	1110	3550	51.19	895.6	4.07	7.29	92.5	233	3.04	

续表

类别	型号 (高度h×宽度B) / (mm×mm)	截面尺寸 (mm) h	B	t1	t2	r	截面面积 A (cm²)	理论重量 (kg/m)	惯性矩 Ix (cm⁴)	Iy (cm⁴)	抗扭惯性矩 It (cm⁴)	翘曲惯性矩 Iω (cm⁶)	惯性半径 ix (cm)	iy (cm)	截面模数 Wx (cm³)	Wy (cm³)	重心 Cx (cm)	对应H型钢系列型号
TW	175×350	172	348	10	16	13	72.00	56.5	1230	5620	53.25	1304	4.13	8.83	84.7	323	2.67	350×350
		175	350	12	19	13	85.94	67.5	1520	6790	90.10	2224	4.20	8.88	104	388	2.87	350×350
	200×400	194	402	15	15	22	89.22	70.0	2480	8130	67.05	2060	5.27	9.54	158	404	3.70	
		197	398	11	18	22	93.40	73.3	2050	9460	86.11	2765	4.67	10.1	123	475	3.01	400×400
		200	400	13	21	22	109.3	85.8	2480	11200	138.1	4466	4.75	10.1	147	560	3.21	400×400
		200	408	21	21	22	125.3	98.4	3650	11900	187.7	5843	5.39	9.74	229	584	4.07	
		207	405	18	28	22	147.7	116	3620	15500	336.6	11056	4.95	10.2	213	766	3.68	
		214	407	20	35	22	180.3	142	4380	19700	638.7	21348	4.92	10.4	250	967	3.90	
TM	75×100	74	100	6	9	8	13.17	10.3	51.7	75.2	2.963	6.710	1.98	2.38	8.84	15.0	1.56	150×100
	100×150	97	150	6	9	8	19.05	15.0	124	253	4.343	21.17	2.55	3.64	15.8	33.8	1.80	200×150
	125×175	122	175	7	11	13	27.74	21.8	288	492	9.159	62.57	3.22	4.21	29.1	56.2	2.28	250×175
	150×200	147	200	8	12	13	35.52	27.9	571	801	14.03	131.0	4.00	4.74	48.2	80.1	2.85	300×200
		149	201	9	14	13	41.01	32.2	661	949	22.01	204.6	4.01	4.80	55.2	94.4	2.92	300×200
	175×250	170	250	9	14	13	49.76	39.1	1020	1820	27.00	374.6	4.51	6.05	73.2	146	3.11	350×250
	200×300	195	300	10	16	13	66.62	52.3	1730	3600	47.46	927.3	5.09	7.35	108	240	3.43	400×300
	225×300	220	300	11	18	13	76.94	60.4	2680	4050	68.08	1398	5.89	7.25	150	270	4.09	450×300
	250×300	241	300	11	15	13	70.58	55.4	3400	3380	44.44	1060	6.93	6.91	178	225	5.00	500×300
		244	300	11	18	13	79.58	62.5	3610	4050	69.15	1520	6.73	7.13	184	270	4.72	500×300

续表

类别	型号 (高度 h× 宽度 B)/ (mm×mm)	截面尺寸 (mm)					截面面积 A (cm²)	理论重量 (kg/m)	惯性矩		抗扭惯性矩 I_t (cm⁴)	扇性惯性矩 I_ω (cm⁶)	惯性半径		截面模数		重心 C_x (cm)	对应 H 型钢系列 型号
		h	B	t_1	t_2	r			I_x (cm⁴)	I_y (cm⁴)			i_x (cm)	i_y (cm)	W_x (cm³)	W_y (cm³)		
TM	275×300	272	300	11	15	13	73.99	58.1	4790	3380	45.82	1260	8.04	6.75	225	225	5.96	550×300
		275	300	11	18	13	82.99	65.2	5090	4050	70.52	1721	7.82	6.98	232	270	5.59	
	300×300	291	300	12	17	13	84.60	66.4	6320	3830	65.89	1909	8.64	6.72	280	255	6.51	600×300
		294	300	12	20	13	93.60	73.5	6680	4500	96.93	2487	8.44	6.93	288	300	6.17	
		297	302	14	23	13	108.5	85.2	7890	5290	149.6	3895	8.52	6.97	339	350	6.41	
TN	50×50	50	50	5	7	8	5.92	4.65	11.8	7.39	0.780	0.574	1.41	1.12	3.18	2.95	1.28	100×50
	62.5×60	62.5	60	6	8	8	8.34	6.55	27.5	14.6	1.474	1.739	1.81	1.32	5.96	4.85	1.64	125×60
	75×75	75	75	5	7	8	8.92	7.00	42.6	24.7	1.170	2.097	2.18	1.66	7.46	6.59	1.79	150×75
	87.5×90	85.5	89	4	6	8	8.79	6.90	53.7	35.3	0.823	1.951	2.47	2.00	8.02	7.94	1.86	175×90
		87.5	90	5	8	8	11.44	8.98	70.6	48.7	1.901	4.337	2.48	2.06	10.4	10.8	1.93	
	100×100	99	99	4.5	7	8	11.34	8.90	93.5	56.7	1.433	4.282	2.87	2.23	12.1	11.5	2.17	200×100
		100	100	5.5	8	8	13.33	10.5	114	66.9	2.261	7.154	2.92	2.23	14.8	13.4	2.31	
	125×125	124	124	5	8	8	15.99	12.6	207	127	2.633	12.20	3.59	2.82	21.3	20.5	2.66	250×125
		125	125	6	9	8	18.48	14.5	248	147	3.938	19.25	3.66	2.81	25.6	23.5	2.81	
	150×150	149	149	5.5	8	13	20.40	16.0	393	221	3.369	24.72	4.39	3.29	33.8	29.7	3.26	300×150
		150	150	6.5	9	13	23.39	18.4	464	254	5.018	38.47	4.45	3.30	40.0	33.8	3.41	
	175×175	173	174	6	9	13	26.22	20.6	679	396	5.474	53.14	5.08	3.88	50.0	45.5	3.72	350×175
		175	175	7	11	13	31.45	24.7	814	492	9.765	91.56	5.08	3.95	59.3	56.2	3.76	

续表

类别	型号 (高度h×宽度B)/(mm×mm)	h	B	t₁	t₂	r	截面面积 A (cm²)	理论重量 (kg/m)	I_x (cm⁴)	I_y (cm⁴)	抗扭惯性矩 I_t (cm⁴)	翘曲惯性矩 I_w (cm⁶)	i_x (cm)	i_y (cm)	W_x (cm³)	W_y (cm³)	重心 C_x (cm)	对应H型钢系列型号
TN	200×200	198	199	7	11	13	35.70	28.0	1190	723	11.09	135.1	5.77	4.50	76.4	72.7	4.20	400×200
		200	200	8	13	13	41.68	32.7	1390	868	18.06	215.1	5.78	4.56	88.6	86.8	4.26	400×200
	225×150	223	150	7	12	13	33.49	26.3	1570	338	11.19	130.0	6.84	3.17	93.7	45.1	5.54	450×150
		225	151	8	14	13	38.74	30.4	1830	403	17.65	199.2	6.87	3.22	108	53.4	5.62	450×150
	225×200	223	199	8	12	13	41.48	32.6	1870	789	15.27	228.2	6.71	4.36	109	79.3	5.15	450×200
		225	200	9	14	13	47.71	37.5	2150	935	23.76	342.7	6.71	4.42	124	93.5	5.19	450×200
	237.5×150	235	150	7	13	13	35.76	28.1	1850	367	13.67	155.7	7.18	3.20	116	48.9	7.50	475×150
		237.5	151.5	8.5	16	13	43.07	33.8	2270	451	23.67	276.6	7.25	3.23	140	59.5	7.57	475×150
		241	153.5	11	19	13	53.20	41.8	2860	575	44.39	524.1	7.33	3.28	174	75.0	7.67	475×150
	250×150	246	150	7	12	13	35.10	27.6	2060	339	11.45	162.6	7.66	3.10	113	45.1	6.36	500×150
		250	152	9	16	13	46.10	36.2	2750	470	26.83	359.4	7.71	3.19	149	61.9	6.53	500×150
		252	153	10	18	13	51.66	40.6	3100	540	38.14	501.0	7.74	3.23	167	70.5	6.62	500×150
	250×200	248	199	9	14	13	49.65	39.0	2820	921	24.23	409.6	7.54	4.30	150	92.6	5.97	500×200
		250	200	10	16	13	56.12	44.1	3200	1070	35.64	583.5	7.54	4.36	169	107	6.03	500×200
		253	201	11	19	13	64.65	50.8	3660	1290	57.18	860.5	7.52	4.46	189	128	6.00	500×200
	275×200	273	199	9	14	13	51.89	40.7	3690	921	24.84	502.0	8.43	4.21	180	92.6	6.85	550×200
		275	200	10	16	13	58.62	46.0	4180	1070	36.47	710.2	8.44	4.27	203	107	6.89	550×200

续表

类别	型号 (高度h× 宽度B)/ (mm×mm)	截面尺寸 (mm)					截面面积 A (cm²)	理论重量 (kg/m)	惯性矩		抗扭惯性矩 It (cm⁴)	扇性惯性矩 Iω (cm⁶)	惯性半径		截面模数		重心 Cx (cm)	对应H型钢系列型号
		h	B	t_1	t_2	r			I_x (cm⁴)	I_y (cm⁴)			i_x (cm)	i_y (cm)	W_x (cm³)	W_y (cm³)		
TN	300×200	298	199	10	15	13	58.87	46.2	5150	988	32.32	814.3	9.35	4.09	235	99.3	7.92	600×200
		300	200	11	17	13	65.85	51.7	5770	1140	46.06	1111	9.35	4.14	262	114	7.95	
		303	201	12	20	13	74.88	58.8	6530	1360	71.05	1539	9.33	4.25	291	135	7.88	
	312.5×200	312.5	198.5	14	18	13	75.28	59.1	7460	1150	61.09	2046	9.95	3.90	338	116	9.15	625×200
		315	200	15	20	13	84.97	66.7	8470	1340	88.77	2851	9.98	3.97	380	134	9.21	
		319	202	17	24	13	99.35	78.0	9960	1650	145.32	4295	10.0	4.08	440	163	9.26	
	325×300	323	299	10	15	12	76.26	59.9	7220	3340	44.40	1438	9.73	6.62	289	224	7.28	650×300
		325	300	11	17	13	85.60	67.2	8090	3830	63.55	2001	9.71	6.68	321	255	7.29	
		328	301	12	20	13	97.88	76.8	9120	4550	99.16	2918	9.65	6.81	356	302	7.20	
	350×300	346	300	13	20	13	103.1	80.9	11200	4510	105.34	3614	10.4	6.61	424	300	8.12	700×300
		350	300	13	24	13	115.1	90.4	12000	5410	163.87	4706	10.2	6.85	438	360	7.65	
	400×300	396	300	14	22	18	119.8	94.0	17600	4960	142.70	5984	12.1	6.43	592	331	9.77	800×300
		400	300	14	26	18	131.8	103	18700	5860	212.35	7283	11.9	6.66	610	391	9.27	
	450×300	445	299	15	23	18	133.5	105	23900	5140	171.33	9304	13.9	6.20	789	344	11.7	900×300
		450	300	16	28	18	152.9	120	29100	6320	280.96	12667	13.8	6.42	865	421	11.4	
		456	302	18	34	18	180.0	141	34100	7830	484.31	19692	13.8	6.59	997	518	11.3	

注：规格表示方法：T 与高度 h 值×宽度 B 值×腹板厚度 t_1 值×翼缘厚度 t_2 值。如：T396×300×14×22。

11.6.8 薄壁方钢管截面特性（按 GB 50018—2002）

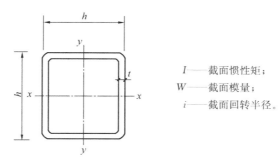

I——截面惯性矩；

W——截面模量；

i——截面回转半径。

薄壁方钢管截面特性表 表 11-18a

尺 寸 （mm）		截面面积	重 量	截 面 特 性		
h	t	（cm²）	（kg/m）	I_x （cm⁴）	W_x （cm³）	i_x （cm）
25	1.5	1.31	1.03	1.16	0.92	0.94
30	1.5	1.61	1.27	2.11	1.40	1.14
40	1.5	2.21	1.74	5.33	2.67	1.55
40	2.0	2.87	2.25	6.66	3.33	1.52
50	1.5	2.81	2.21	10.82	4.33	1.96
50	2.0	3.67	2.88	13.71	5.48	1.93
60	2.0	4.47	3.51	24.51	8.17	2.34
60	2.5	5.48	4.30	29.36	9.79	2.31
80	2.0	6.07	4.76	60.58	15.15	3.16
80	2.5	7.48	5.87	73.40	18.35	3.13
100	2.5	9.48	7.44	147.91	29.58	3.95
100	3.0	11.25	8.83	173.12	34.62	3.92
120	2.5	11.48	9.01	260.88	43.48	4.77
120	3.0	13.65	10.72	306.71	51.12	4.74
140	3.0	16.05	12.60	495.68	70.81	5.56
140	3.5	18.58	14.59	568.22	81.17	5.53
140	4.0	21.07	16.44	637.97	91.14	5.50
160	3.0	18.45	14.49	749.64	93.71	6.37
160	3.5	21.38	16.77	861.34	107.67	6.35
160	4.0	24.27	19.05	969.35	121.17	6.32
160	4.5	27.12	21.05	1073.66	134.21	6.29
160	5.0	29.93	23.35	1174.44	146.81	6.26

11.6.9　冷弯正方形钢管的截面特性（按 GB/T 6728—2002 计算）

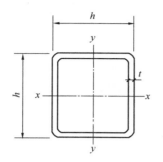

I—截面惯性矩；

W—截面模量；

i—截面回转半径；

I_t—截面抗扭惯性矩；

C_t—截面扭转模量。

冷弯正方形钢管的规格及截面特性表　　　　　　　　　　表 11-18b

截面尺寸（mm）		截面面积（cm²）	重量（kg/m）	截面特性				
h	t			$I_x = I_y$（cm⁴）	$W_x = W_y$（cm³）	$i_x = i_y$（cm）	I_t（cm⁴）	C_t（cm³）
20	1.2	0.865	0.679	0.498	0.498	0.759	0.823	0.75
20	1.5	1.052	0.826	0.583	0.583	0.744	0.985	0.88
20	1.75	1.199	0.941	0.642	0.642	0.732	1.106	0.98
20	2.0	1.337	1.050	0.692	0.692	0.720	1.215	1.06
25	1.2	1.105	0.868	1.025	0.820	0.963	1.661	1.24
25	1.5	1.352	1.061	1.217	0.973	0.949	2.008	1.47
25	1.75	1.549	1.216	1.358	1.086	0.936	2.277	1.65
25	2.0	1.737	1.364	1.483	1.187	0.924	2.526	1.80
30	1.5	1.652	1.297	2.196	1.464	1.153	3.568	2.21
30	1.75	1.899	1.490	2.471	1.647	1.141	4.068	2.49
30	2.0	2.137	1.678	2.722	1.815	1.129	4.540	2.75
30	2.5	2.589	2.032	3.156	2.104	1.104	5.401	3.20
30	3.0	3.008	2.361	3.504	2.336	1.079	6.150	3.58
40	1.5	2.252	1.768	5.490	2.745	1.561	8.746	4.13
40	1.75	2.599	2.040	6.238	3.119	1.549	10.036	4.69
40	2.0	2.937	2.306	6.940	3.470	1.537	11.277	5.23
40	2.5	3.589	2.817	8.215	4.108	1.513	13.614	6.21
40	3.0	4.208	3.303	9.324	4.662	1.488	15.755	7.07
40	4.0	5.348	4.198	11.075	5.537	1.439	19.438	8.48
50	1.5	2.852	2.239	11.065	4.426	1.970	17.417	6.65
50	1.75	3.299	2.589	12.642	5.057	1.958	20.059	7.60
50	2.0	3.737	2.934	14.147	5.659	1.946	22.626	8.51

截面尺寸(mm)		截面面积	重量	截面特性				
		(cm²)	(kg/m)	$I_x=I_y$	$W_x=W_y$	$i_x=i_y$	I_t	C_t
h	t			(cm⁴)	(cm³)	(cm)	(cm⁴)	(cm³)
50	2.5	4.589	3.602	16.944	6.778	1.922	27.532	10.22
50	3.0	5.408	4.245	19.467	7.787	1.897	32.135	11.76
50	4.0	6.948	5.454	23.736	9.494	1.848	40.418	14.43
60	2.0	4.537	3.562	25.142	8.381	2.354	39.786	12.59
60	2.5	5.589	4.387	30.342	10.114	2.330	48.656	15.22
60	3.0	6.608	5.187	35.135	11.712	2.306	57.091	17.65
60	4.0	8.548	6.710	43.551	14.517	2.257	72.644	21.97
60	5.0	10.356	8.130	50.494	16.831	2.208	86.424	25.61
70	25	6.589	5.172	49.410	14.117	2.738	78.485	21.22
70	3.0	7.808	6.129	57.527	16.436	2.714	92.423	24.74
70	4.0	10.148	7.966	72.120	20.606	2.666	118.517	31.11
70	5.0	12.356	9.700	84.629	24.180	2.617	142.213	36.65
80	2.5	7.589	5.957	75.147	18.787	3.147	118.520	28.22
80	3.0	9.008	7.071	87.843	21.961	3.123	139.931	33.02
80	4.0	11.748	9.222	111.043	27.761	3.074	180.436	41.84
80	5.0	14.356	11.270	131.442	32.861	3.026	217.826	49.68
90	3.0	10.208	8.013	127.283	28.285	3.531	201.415	42.51
90	4.0	13.348	10.478	161.921	35.982	3.483	260.801	54.17
90	5.0	16.356	12.840	192.933	42.874	3.434	316.260	64.70
90	6.0	19.233	15.098	220.477	48.995	3.386	367.762	74.16
100	4.0	14.948	11.734	226.352	45.270	3.891	362.012	68.10
100	5.0	18.356	14.410	271.102	54.220	3.843	440.517	81.72
100	6.0	21.633	16.982	311.474	62.295	3.794	514.156	94.12
110	4.0	16.548	12.990	305.937	55.625	4.300	486.469	83.63
110	5.0	20.356	15.980	367.949	66.900	4.252	593.596	100.74
110	6.0	24.033	18.866	424.568	77.194	4.203	694.854	116.47
120	4.0	18.148	14.246	402.276	67.046	4.708	636.572	100.75
120	5.0	22.356	17.550	485.475	80.912	4.660	778.497	121.75
120	6.0	26.433	20.750	562.157	93.693	4.612	913.456	141.22
120	8.0	33.642	26.409	676.876	112.813	4.485	1162.951	174.58
130	4.0	19.748	15.502	516.969	79.534	5.116	814.722	119.48
130	5.0	24.356	19.120	625.678	96.258	5.068	998.220	144.77
130	6.0	28.833	22.634	726.644	111.791	5.020	1173.562	168.36

续表

截面尺寸(mm)		截面面积	重量	截面特性				
h	t	（cm²）	（kg/m）	$I_x = I_y$ （cm⁴）	$W_x = W_y$ （cm³）	$i_x = i_y$ （cm）	I_t （cm⁴）	C_t （cm³）
130	8.0	36.842	28.921	882.854	135.824	4.895	1502.067	209.54
140	4.0	21.348	16.758	651.616	93.088	5.525	1023.317	139.80
140	5.0	26.356	20.690	790.377	112.911	5.476	1255.765	169.78
140	6.0	31.233	24.518	920.048	131.435	5.427	1478.772	197.90
140	8.0	40.042	31.433	1126.773	160.968	5.305	1900.844	247.69
150	4.0	22.948	18.014	807.817	107.709	5.933	1264.758	161.73
150	5.0	28.356	22.260	982.119	130.949	5.885	1554.132	196.79
150	6.0	33.633	26.402	1145.905	152.787	5.837	1832.685	229.84
150	8.0	43.242	33.945	1411.833	188.244	5.714	2364.083	289.03
160	4.0	24.548	19.270	987.172	123.397	6.341	1541.446	185.25
160	5.0	30.356	23.830	1202.357	150.295	6.294	1896.321	225.79
160	6.0	36.033	28.286	1405.481	175.685	6.245	2238.903	264.18
160	8.0	46.442	36.457	1741.235	217.654	6.123	2896.583	323.56
170	4.0	26.148	20.526	1191.281	140.151	6.750	1855.779	210.37
170	5.0	32.356	25.400	1453.272	170.973	6.702	2285.331	256.80
170	6.0	38.433	30.170	1701.553	200.183	6.654	2701.023	300.91
170	8.0	49.642	38.969	2118.178	249.197	6.532	3503.142	381.28
180	4.0	27.748	21.782	1421.744	157.972	7.158	2210.159	237.10
180	5.0	34.356	26.970	1736.866	192.985	7.110	2724.164	289.81
180	6.0	40.833	32.054	2036.522	226.280	7.062	3222.648	340.05
180	8.0	52.842	41.481	2545.862	282.874	6.941	4188.562	432.21
190	4.0	29.348	23.038	1680.161	176.859	7.566	2606.984	265.42
190	5.0	36.356	28.540	2055.138	216.330	7.519	3215.819	324.81
190	6.0	43.233	33.938	2412.787	253.978	7.471	3807.375	381.58
190	8.0	56.042	43.993	3027.487	318.683	7.350	4957.642	486.33
200	4.0	30.948	24.294	1968.132	196.813	7.975	3048.656	295.34
200	5.0	38.356	30.110	2410.088	241.009	7.927	3763.295	361.82
200	6.9	45.633	35.822	2832.748	283.275	7.879	4458.807	425.51
200	8.0	59.242	46.505	3566.254	356.625	7.759	5815.182	543.64
200	10.0	72.566	56.965	4251.062	425.106	7.654	7071.735	651.48
220	5.0	42.356	33.250	3238.022	294.366	8.743	5037.714	441.83
220	6.0	50.433	39.590	3813.360	346.669	8.696	5976.181	520.57

截面尺寸(mm)		截面面积	重量	截面特性				
h	t	(cm^2)	(kg/m)	$I_x=I_y$ (cm^4)	$W_x=W_y$ (cm^3)	$i_x=i_y$ (cm)	I_t (cm^4)	C_t (cm^3)
220	8.0	65.642	51.529	4828.010	438.910	8.576	7814.839	667.86
220	10.0	80.566	63.245	5782.457	525.678	8.472	9532.773	803.62
220	12.0	93.659	73.523	6486.850	589.714	8.322	11148.806	922.28
250	5.0	48.356	37.960	4805.010	384.401	9.968	7443.007	576.84
250	6.0	57.633	45.242	5672.002	453.760	9.920	8842.518	681.15
250	8.0	75.242	59.065	7408.788	592.703	9.923	11597.769	878.18
250	10.0	92.566	72.665	8982.097	718.568	9.851	14197.220	1061.80
250	12.0	108.059	84.827	9859.416	788.753	9.552	16691.331	1226.49
280	5.0	54.356	42.670	6810.100	486.436	11.193	10512.697	729.85
280	6.0	64.833	50.894	8053.512	575.251	11.145	12503.588	863.33
280	8.0	84.842	66.601	10317.470	736.962	11.028	16436.032	1117.28
280	10.0	104.566	82.085	12479.439	891.389	10.924	20173.130	1355.94
280	12.0	122.459	96.131	14232.329	1016.595	10.781	23803.979	1573.83
300	6.0	69.633	54.662	9963.668	664.245	11.962	15433.819	996.78
300	8.0	91.242	71.625	12800.687	853.379	11.845	20311.836	1292.67
300	10.0	112.566	88.365	15519.366	1034.624	11.742	24965.657	1572.02
300	12.0	132.059	103.667	17767.354	1184.490	11.599	29514.024	1829.36
350	6.0	81.633	64.082	16007.745	914.728	14.003	24682.709	1372.40
350	8.0	107.242	84.185	20680.700	1181.754	13.887	32557.376	1787.14
350	10.0	132.566	104.065	25189.137	1439.379	13.784	40127.031	2182.18
350	12.0	156.059	122.507	29054.035	1660.231	13.645	47598.083	2552.11
400	8.0	123.242	96.745	31269.244	1563.462	15.929	48934.389	2361.59
400	10.0	152.566	119.765	38215.988	1910.799	15.827	60431.336	2892.30
400	12.0	180.059	141.347	44319.460	2215.973	15.689	71843.465	3394.78
400	14.0	207.748	163.082	50413.682	2520.684	15.578	82735.223	3877.04
450	8.0	139.242	109.305	44966.319	1998.503	17.970	70042.874	3016.03
450	10.0	172.566	135.465	55099.918	2448.885	17.869	86628.568	3702.40
450	12.0	204.059	160.187	64163.628	2851.717	17.732	103150.146	4357.39
450	14.0	235.748	185.062	73209.992	3253.777	17.622	119003.324	4989.03
500	8.0	155.242	121.865	62171.926	2486.877	20.012	96482.828	3750.46
500	10.0	192.566	151.165	76340.929	3053.637	19.911	119468.724	4612.48
500	12.0	228.059	179.027	89186.539	3567.462	19.775	142418.113	5439.97
500	14.0	263.748	207.042	102005.147	4080.206	19.666	164532.644	6240.94
500	16.0	298.772	234.536	114257.871	4570.315	19.556	186135.263	7012.63

11.6.10　冷弯正方形钢管的截面特性(按 JG/T 178—2005)

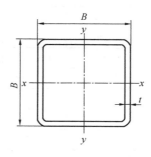

冷弯正方形钢管的截面特性表　　　　　　　　表 11-18c

边长 mm	尺寸允许偏差 mm	壁厚 mm	理论重量 kg/m	截面面积 cm²	惯性矩 cm⁴	惯性半径 cm	截面模数 cm³	扭转常数	
B	$\pm\Delta$	t	M	A	$I_x=I_y$	$r_x=r_y$	$W_{el,x}=W_{el,y}$	I_t/cm^4	C_t/cm^3
100	± 0.80	4.0	11.7	11.9	226	3.9	45.3	361	68.1
		5.0	14.4	18.4	271	3.8	54.2	439	81.7
		6.0	17.0	21.6	311	3.8	62.3	511	94.1
		8.0	21.4	27.2	366	3.7	73.2	644	114
		10	25.5	32.6	411	3.5	82.2	750	130
110	± 0.90	4.0	13.0	16.5	306	4.3	55.6	486	83.6
		5.0	16.0	20.4	368	4.3	66.9	593	100
		6.0	18.8	24.0	424	4.2	77.2	695	116
		8.0	23.9	30.4	505	4.1	91.9	879	143
		10	28.7	36.5	575	4.0	104.5	1032	164
120	± 0.90	4.0	14.2	18.1	402	4.7	67.0	635	101
		5.0	17.5	22.4	485	4.6	80.9	776	122
		6.0	20.7	26.4	562	4.6	93.7	910	141
		8.0	26.8	34.2	696	4.5	116	1155	174
		10	31.8	40.6	777	4.4	129	1376	202
130	± 1.00	4.0	15.5	19.8	517	5.1	79.5	815	119
		5.0	19.1	24.4	625	5.1	96.3	998	145
		6.0	22.6	28.8	726	5.0	112	1173	168
		8.0	28.9	36.8	883	4.9	136	1502	209
		10	35.0	44.6	1021	4.8	157	1788	245
		12	39.6	50.4	1075	4.6	165	1998	268
135	± 1.00	4.0	16.1	20.5	582	5.3	86.2	915	129
		5.0	19.9	25.3	705	5.3	104	1122	157
		6.0	23.6	30.0	820	5.2	121	1320	183
		8.0	30.2	38.4	1000	5.0	148	1694	228
		10	36.6	46.6	1160	4.9	172	2021	267
		12	41.5	52.8	1230	4.8	182	2271	294
		13	44.1	56.2	1272	4.7	188	2382	307

续表

边长 mm	尺寸允许偏差 mm	壁厚 mm	理论重量 kg/m	截面面积 cm²	惯性矩 cm⁴	惯性半径 cm	截面模数 cm³	扭转常数	
B	$\pm\Delta$	t	M	A	$I_x=I_y$	$r_x=r_y$	$W_{el.x}=W_{el.y}$	I_t/cm^4	C_t/cm^3
140	±1.10	4.0	16.7	21.3	651	5.5	53.1	1022	140
		5.0	20.7	26.4	791	5.5	113	1253	170
		6.0	24.5	31.2	920	5.4	131	1475	198
		8.0	31.8	40.6	1154	5.3	165	1887	248
		10	38.1	48.6	1312	5.2	187	2274	291
		12	43.4	55.3	1398	5.0	200	2567	321
		13	46.1	58.8	1450	4.9	207	2698	336
150	±1.20	4.0	18.0	22.9	808	5.9	108	1265	162
		5.0	22.3	28.4	982	5.9	131	1554	197
		6.0	26.4	33.6	1146	5.8	153	1833	230
		8.0	33.9	43.2	1412	5.7	188	2364	289
		10	41.3	52.6	1652	5.6	220	2839	341
		12	47.1	60.1	1780	5.4	237	3230	380
		14	53.2	67.7	1915	5.3	255	3566	414
160	±1.20	4.0	19.3	24.5	987	6.3	123	1540	185
		5.0	23.8	30.4	1202	6.3	150	1894	226
		6.0	28.3	36.0	1405	6.2	176	2234	264
		8.0	36.9	47.0	1776	6.1	222	2877	333
		10	44.4	56.6	2047	6.0	256	3490	395
		12	50.9	64.8	2224	5.8	278	3997	443
		14	57.6	73.3	2409	5.7	301	4437	486
170	±1.30	4.0	20.5	26.1	1191	6.7	140	1856	210
		5.0	25.4	32.3	1453	6.7	171	2285	256
		6.0	30.1	38.4	1702	6.6	200	2701	300
		8.0	38.9	49.6	2118	6.5	249	3503	381
		10	47.5	60.5	2501	6.4	294	4233	453
		12	54.6	69.6	2737	6.3	322	4872	511
		14	62.0	78.9	2981	6.1	351	5435	563
180	±1.40	4.0	21.8	27.7	1422	7.2	158	2210	237
		5.0	27.0	34.4	1737	7.1	193	2724	290
		6.0	32.1	40.8	2037	7.0	226	3223	340
		8.0	41.5	52.8	2546	6.9	283	4189	432
		10	50.7	64.6	3017	6.8	335	5074	515
		12	58.4	74.5	3322	6.7	369	5865	584
		14	66.4	84.5	3635	6.6	404	6569	645
190	±1.50	4.0	23.0	29.3	1680	7.6	176	2607	265
		5.0	28.5	36.4	2055	7.5	216	3216	325
		6.0	33.9	43.2	2413	7.4	254	3807	381
		8.0	44.0	56.0	3208	7.3	319	4958	486
		10	53.8	68.6	3599	7.2	379	6018	581
		12	62.2	79.3	3985	7.1	419	6982	661
		14	70.8	90.2	4379	7.0	461	7847	733

续表

边长 mm	尺寸允许偏差 mm	壁厚 mm	理论重量 kg/m	截面面积 cm²	惯性矩 cm⁴	惯性半径 cm	截面模数 cm³	扭转常数	
B	$\pm\Delta$	t	M	A	$I_x = I_y$	$r_x = r_y$	$W_{el,x} = W_{el,y}$	I_t / cm^4	C_t / cm^3
200	±1.60	4.0	24.3	30.9	1968	8.0	197	3049	295
		5.0	30.1	38.4	2410	7.9	241	3763	362
		6.0	35.8	45.6	2833	7.8	283	4459	426
		8.0	46.5	59.2	3566	7.7	357	5815	544
		10	57.0	72.6	4251	7.6	425	7072	651
		12	66.0	84.1	4730	7.5	473	8230	743
		14	75.2	95.7	5217	7.4	522	9276	828
		16	83.8	107	5625	7.3	562	10210	900
220	±1.80	5.0	33.2	42.4	3238	8.7	294	5038	442
		6.0	39.6	50.4	3813	8.7	347	5976	521
		8.0	51.5	65.6	4828	8.6	439	7815	668
		10	63.2	80.6	5782	8.5	526	9533	804
		12	73.5	93.7	6487	8.3	590	11149	922
		14	83.9	107	7198	8.2	654	12625	1032
		16	93.9	119	7812	8.1	710	13971	1129
250	±2.00	5.0	38.0	48.4	4805	10.0	384	7443	577
		6.0	45.2	57.6	5672	9.9	454	8843	681
		8.0	59.1	75.2	7229	9.8	578	11598	878
		10	72.7	92.6	8707	9.7	697	14197	1062
		12	84.8	108	9859	9.6	789	16691	1226
		14	97.1	124	11018	9.4	881	18999	1380
		16	109	139	12047	9.3	964	21146	1520
280	±2.20	5.0	42.7	54.4	6810	11.2	486	10513	730
		6.0	50.9	64.8	8054	11.1	575	12504	863
		8.0	66.6	84.8	10317	11.0	737	16436	1117
		10	82.1	104	12479	10.9	891	20173	1356
		12	96.1	122	14232	10.8	1017	23804	1574
		14	110	140	15989	10.7	1142	27195	1779
		16	124	158	17580	10.5	1256	30393	1968
300	±2.40	6.0	54.7	69.6	9964	12.0	664	15434	997
		8.0	71.6	91.2	12801	11.8	853	20312	1293
		10	88.4	113	15519	11.7	1035	24966	1572
		12	104	132	17767	11.6	1184	29514	1829
		14	119	153	20017	11.5	1334	33783	2073
		16	135	172	22076	11.4	1472	37837	2299
		19	156	198	24813	11.2	1654	43491	2608
320	±2.60	6.0	58.4	74.4	12154	12.8	759	18789	1140
		8.0	76.6	97	15653	12.7	978	24753	1481
		10	94.6	120	19016	12.6	1188	30461	1804
		12	111	141	21843	12.4	1365	36066	2104
		14	128	163	24670	12.3	1542	41349	2389
		16	144	183	27276	12.2	1741	46393	2656
		19	167	213	30783	12.0	1924	53485	3022

边长 mm	尺寸允许偏差 mm	壁厚 mm	理论重量 kg/m	截面面积 cm²	惯性矩 cm⁴	惯性半径 cm	截面模数 cm³	扭转常数	
B	$\pm\Delta$	t	M	A	$I_x=I_y$	$r_x=r_y$	$W_{el.x}=W_{el.y}$	I_t/cm^4	C_t/cm^3
350	±2.80	6.0	64.1	81.6	16008	14.0	915	24683	1372
		7.0	74.1	94.4	18329	13.9	1047	28684	1582
		8.0	84.2	108	20618	13.9	1182	32557	1787
		10	104	133	25189	13.8	1439	40127	2182
		12	124	156	29054	13.6	1660	47598	2552
		14	141	180	32916	13.5	1881	54679	2905
		16	159	203	36511	13.4	2086	61481	3238
		19	185	236	41414	13.2	2367	71137	3700
380	±3.00	8.0	91.7	117	26683	15.1	1404	41849	2122
		10	113	144	32570	15.0	1714	51645	2596
		12	134	170	37697	14.8	1984	61349	3043
		14	154	197	42818	14.7	2253	70586	3471
		16	174	222	47621	14.6	2506	79505	3878
		19	203	259	54240	14.5	2855	92254	4447
		22	231	294	60175	14.3	3167	104208	4968
400	±3.20	8.0	96.5	123	31269	15.9	1564	48934	2362
		9.0	108	138	34785	15.9	1739	54721	2630
		10	120	153	38216	15.8	1911	60431	2892
		12	141	180	44319	15.7	2216	71843	3395
		14	163	208	50414	15.6	2521	82735	3877
		16	184	235	56153	15.5	2808	93279	4336
		19	215	274	64111	15.3	3206	108410	4982
		22	245	312	71304	15.1	3565	122676	5578
450	±3.40	9.0	122	156	50087	17.9	2226	78384	3363
		10	135	173	55100	17.9	2449	86629	3702
		12	160	204	64164	17.7	2851	103150	4357
		14	185	236	73210	17.6	3254	119000	4989
		16	209	267	81802	17.5	3636	134431	5595
		19	245	312	93853	17.3	4171	156736	6454
		22	279	355	104919	17.2	4663	17791	7257
480	±3.50	9.0	130	166	61128	19.1	2547	95412	3845
		10	144	184	67289	19.1	2804	105488	4236
		12	171	218	78517	18.9	3272	125698	4993
		14	198	252	89722	18.8	3738	145143	5723
		16	224	285	100407	18.7	4184	164111	6426
		19	262	334	115475	18.6	4811	191630	7428
		22	300	382	129413	18.4	5392	217978	8369
500	±3.60	9.0	137	174	69324	19.9	2773	108034	4185
		10	151	193	76341	19.9	3054	119470	4612
		12	179	228	89187	19.8	3568	142420	5440
		14	207	264	102010	19.7	4080	164530	6241
		16	235	299	114260	19.6	4570	186140	7013
		19	275	350	131591	19.4	5264	217540	8116
		22	314	400	147690	19.2	5908	247690	9155

注:表中理论重量按钢密度 7.85g/cm³ 计算。

11.6.11 冷弯长方形钢管的截面特性(按 JG/T 178—2005)

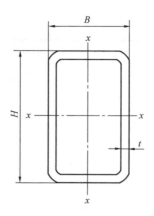

冷弯正方形钢管的截面特性表

表 11-19

边长 mm		尺寸允许偏差 mm	壁厚 mm	理论重量 kg/m	截面面积 cm²	惯性矩 cm⁴		惯性半径 cm		截面模数 cm³		扭转常数	
H	B	$\pm\Delta$	t	M	A	I_x	I_y	r_x	r_y	$W_{el,x}$	$W_{el,y}$	I_t/cm⁴	C_t/cm³
120	80	±0.90	4.0	11.7	11.9	294	157	4.4	3.2	49.1	39.3	330	64.9
			5.0	14.4	18.3	353	188	4.4	3.2	58.8	46.9	401	77.7
			6.0	16.9	21.6	106	215	4.3	3.1	67.7	53.7	166	83.4
			7.0	19.1	24.4	438	232	4.2	3.1	73.0	58.1	529	99.1
			8.0	21.4	27.2	476	252	4.1	3.0	79.3	62.9	584	108
140	80	±1.00	4.0	13.0	16.5	429	180	5.1	3.3	61.4	45.1	411	76.5
			5.0	15.9	20.4	517	216	5.0	3.2	73.8	53.9	499	91.8
			6.0	18.8	24.0	570	248	4.9	3.2	85.3	61.9	581	106
			8.0	23.9	30.4	708	293	4.8	3.1	101	73.3	731	129
150	100	±1.20	4.0	14.9	18.9	594	318	5.6	4.1	79.3	63.7	661	105
			5.0	18.3	23.3	719	384	5.5	4.0	95.9	79.8	807	127
			6.0	21.7	27.6	834	444	5.5	4.0	111	88.8	915	147
			8.0	28.1	35.8	1039	519	5.4	3.9	138	110	1148	182
			10	33.4	42.6	1161	614	5.2	3.8	155	123	1426	211
160	60	±1.20	4.0	13.0	16.5	500	106	5.5	2.5	62.5	35.4	294	63.8
			4.5	14.5	18.5	552	116	5.5	2.5	69.0	38.9	325	70.1
			6.0	18.9	24.0	693	144	5.4	2.4	86.7	48.0	410	87.0
160	80	±1.20	4.0	14.2	18.1	598	203	5.7	3.3	71.7	50.9	493	88.0
			5.0	17.5	22.4	722	214	5.7	3.3	90.2	61.0	599	106
			6.0	20.7	26.4	836	286	5.6	3.3	104	76.2	699	122
			8.0	26.8	33.6	1036	344	5.5	3.2	129	85.9	876	149
180	65	±1.20	4.0	14.5	18.5	709	142	6.2	2.8	78.8	43.8	396	79.0
			4.5	16.3	20.7	784	156	6.1	2.7	87.1	48.1	439	87.0
			6.0	21.2	27.0	992	194	6.0	2.7	110	59.8	557	108

续表

边长 mm		尺寸允许偏差 mm	壁厚 mm	理论重量 kg/m	截面面积 cm²	惯性矩 cm⁴		惯性半径 cm		截面模数 cm³		扭转常数	
H	B	$\pm\Delta$	t	M	A	I_x	I_y	r_x	r_y	$W_{el,x}$	$W_{el,y}$	I_t/cm^4	C_t/cm^3
180	100	±1.30	4.0	16.7	21.3	926	374	6.6	4.2	103	74.7	853	127
			5.0	20.7	26.3	1124	452	6.5	4.1	125	90.3	1012	154
			6.0	24.5	31.2	1309	524	6.4	4.1	145	104	1223	179
			8.0	31.5	40.4	1643	651	6.3	4.0	182	130	1554	222
			10	38.1	48.5	1859	736	6.2	3.9	206	147	1858	259
200			4.0	18.0	22.9	1200	410	7.2	4.2	120	82.2	984	142
			5.0	22.3	28.3	1459	497	7.2	4.2	146	99.4	1204	172
			6.0	26.1	33.6	1703	577	7.1	4.1	170	115	1413	200
			8.0	34.4	43.8	2146	719	7.0	4.0	215	144	1798	249
			10	41.2	52.6	2444	818	6.9	3.9	244	163	2154	292
200	120	±1.40	4.0	19.3	24.5	1353	618	7.4	5.0	135	103	1345	172
			5.0	23.8	30.4	1649	750	7.4	5.0	165	125	1652	210
			6.0	28.3	36.0	1929	874	7.3	4.9	193	146	1947	245
			8.0	36.5	46.4	2386	1079	7.2	4.8	239	180	2507	308
			10	44.4	56.6	2806	1262	7.0	4.7	281	210	3007	364
200	150	±1.50	4.0	21.2	26.9	1584	1021	7.7	6.2	158	136	1942	219
			5.0	26.2	33.4	1935	1245	7.6	6.1	193	166	2391	267
			6.0	31.1	39.6	2268	1457	7.5	6.0	227	194	2826	312
200	150	±1.50	8.0	40.2	51.2	2892	1815	7.4	6.0	283	242	3664	396
			10	49.1	62.6	3348	2143	7.3	5.8	335	286	4428	471
			12	56.6	72.1	3668	2353	7.1	5.7	367	314	5099	532
			14	64.2	81.7	4004	2564	7.0	5.60	400	342	5691	586
220	140	±1.50	4.0	21.8	27.7	1892	948	8.3	5.8	172	135	1987	224
			5.0	27.0	34.4	2313	1155	8.2	5.8	210	165	2447	274
			6.0	32.1	40.8	2714	1352	8.1	5.7	247	193	2891	321
			8.0	41.5	52.8	3389	1685	8.0	5.6	308	241	3746	407
			10	50.7	64.6	4017	1989	7.8	5.5	365	284	4523	484
			12	58.5	74.5	4408	2187	7.7	5.4	401	312	5206	546
			13	62.5	79.6	4624	2292	7.6	5.4	420	327	5517	575
250	150	±1.60	4.0	24.3	30.9	2697	1234	9.3	6.3	216	165	2665	275
			5.0	30.1	38.4	3304	1508	9.3	6.3	264	201	3285	337
			6.0	35.8	45.6	3886	1768	9.2	6.2	311	236	3886	396
			8.0	46.5	59.2	4886	2219	9.1	6.1	391	296	5050	504
			10	57.0	72.6	5825	2634	9.0	6.0	466	351	6121	602
			12	66.0	84.1	6458	2925	8.8	5.9	517	390	7088	684
			14	75.2	95.7	7114	3214	8.6	5.8	569	429	7954	759

边长 mm		尺寸允许偏差 mm	壁厚 mm	理论重量 kg/m	截面面积 cm²	惯性矩 cm⁴		惯性半径 cm		截面模数 cm³		扭转常数	
H	B	$\pm\Delta$	t	M	A	I_x	I_y	r_x	r_y	$W_{el,x}$	$W_{el,y}$	I_t/cm^4	C_t/cm^3
250	200	±1.70	5.0	34.0	43.4	4055	2885	9.7	8.2	324	289	5257	457
			6.0	40.5	51.6	4779	3397	9.6	8.1	382	340	6237	538
			8.0	52.8	67.2	6057	4304	9.5	8.0	485	430	8136	691
			10	64.8	82.6	7266	5154	9.4	7.9	581	515	9950	832
			12	75.4	96.1	8159	5792	9.2	7.8	653	579	11640	955
			14	86.1	110	9066	6430	9.1	7.6	725	643	13185	1069
			16	96.4	123	9853	6983	9.0	7.5	788	698	14596	1171
260	180	±1.80	5.0	33.2	42.4	4121	2350	9.9	7.5	317	261	4695	426
			6.0	39.6	50.4	4856	2763	9.8	7.4	374	307	5566	501
			8.0	51.5	65.6	6145	3493	9.7	7.3	473	388	7267	642
			10	63.2	80.6	7363	4174	9.5	7.2	566	646	8850	772
			12	73.5	93.7	8245	4679	9.4	7.1	634	520	10328	884
			14	84.0	107	9147	5182	9.3	7.0	703	576	11673	988
300	200	±2.00	5.0	38.0	48.4	6241	3361	11.4	8.3	416	336	6836	552
			6.0	45.2	57.6	7370	3962	11.3	8.3	491	396	8115	651
			8.0	59.1	75.2	9389	5042	11.2	8.2	626	504	10627	838
			10	72.7	92.6	11313	6058	11.1	8.1	754	606	12987	1012
			12	84.8	108	12788	6854	10.9	8.0	853	685	15236	1167
			14	97.1	124	14287	7643	10.7	7.9	952	764	17307	1311
			16	109	139	15617	8340	10.6	7.8	1041	834	19223	1442
350	200	±2.10	5.0	41.9	53.4	9032	3836	13.0	8.5	516	384	8475	647
			6.0	49.9	63.6	10682	4527	12.9	8.4	610	453	10065	764
			8.0	65.3	83.2	13662	5779	12.8	8.3	781	578	13189	986
			10	80.5	102	16517	6961	12.7	8.2	944	696	16137	1193
			12	94.2	120	18768	7915	12.5	8.1	1072	792	18962	1379
			14	108	138	21055	8856	12.4	8.0	1203	886	21578	1554
			16	121	155	23114	9698	12.2	7.9	1321	970	24016	1713
350	250	±2.20	5.0	45.8	58.4	10520	6306	13.4	10.4	601	504	12234	817
			6.0	54.7	69.6	12457	7458	13.4	10.3	712	594	14554	967
			8.0	71.6	91.2	16001	9573	13.2	10.2	914	766	19136	1253
			10	88.4	113	19407	11588	13.1	10.1	1109	927	23500	1522
			12	104	132	22196	13261	12.9	10.0	1268	1060	27749	1770
			14	119	152	25008	14921	12.8	9.9	1429	1193	31729	2003
			16	134	171	27580	16434	12.7	9.8	1575	1315	35497	2220

边长 mm		尺寸允许偏差 mm	壁厚 mm	理论重量 kg/m	截面面积 cm²	惯性矩 cm⁴		惯性半径 cm		截面模数 cm³		扭转常数	
H	B	$\pm\Delta$	t	M	A	I_x	I_y	r_x	r_y	$W_{el.x}$	$W_{el.y}$	I_t/cm^4	C_t/cm^3
350	300	±2.30	7.0	68.6	87.4	16270	12874	13.6	12.1	930	858	22599	1347
			8.0	77.9	99.2	18341	14506	13.6	12.1	1048	967	25633	1520
			10	96.2	122	22298	17623	13.5	12.0	1274	1175	31548	1852
			12	113	144	25625	20257	13.3	11.9	1464	1350	37358	2161
			14	130	166	28962	22883	13.2	11.7	1655	1526	42837	2454
			16	146	187	32046	25305	13.1	11.6	1831	1687	48072	2729
			19	170	217	36204	28569	12.9	11.5	2069	1904	55439	3107
400	200	±2.40	6.0	54.7	69.6	14789	5092	14.5	8.6	739	509	12069	877
			8.0	71.6	91.2	18974	6517	14.4	8.5	949	652	15820	1133
			10	88.4	113	23003	7864	14.3	8.4	1150	786	19368	1.373
			12	104	132	26248	8977	14.1	8.2	1312	898	22782	1.591
			14	119	152	29545	10069	13.9	8.1	1477	1007	25956	1796
			16	134	171	32546	11055	13.8	8.0	1627	1105	28928	1983
400	250	±2.50	5.0	49.7	63.4	14440	7056	15.1	10.6	722	565	14773	937
			6.0	59.4	75.6	17118	8352	15.0	10.5	856	668	17580	1110
			8.0	77.9	99.2	22048	10744	14.9	10.4	1102	860	23127	1440
			10	96.2	122	26806	13029	14.8	10.3	1340	1042	28423	1753
			12	113	144	30766	14926	14.6	10.2	1538	1197	33597	2042
			14	130	166	34762	16872	14.5	10.1	1738	1350	38460	2315
			16	146	187	38448	19628	14.3	10.0	1922	1490	43083	2570
400	300	±2.60	7.0	74.1	94.4	22261	14376	15.4	12.3	1113	958	27477	1547
			8.0	84.2	107	25152	16212	15.3	12.3	1256	1081	31179	1747
			10	104	133	306094	19726	15.2	12.2	1530	1315	38407	2132
			12	122	156	35284	22747	15.0	12.1	1764	1516	45527	2492
			14	141	180	39979	25748	14.9	12.0	1999	1717	52267	2835
			16	159	203	44350	28535	14.8	11.9	2218	1902	58731	3159
			19	185	236	50309	32326	14.6	11.7	2515	2155	67883	3607
450	250	±2.70	6.0	64.1	81.6	22724	9245	16.7	10.6	1010	740	20687	1253
			8.0	84.2	107	29336	11916	16.5	10.5	1304	953	27222	1628
			10	104	133	35737	14470	16.4	10.4	1588	1158	33473	1983
			12	123	156	41137	16663	16.2	10.3	1828	1333	39591	2314
			14	141	180	46587	18824	16.1	10.2	2070	1506	45358	2627
			16	159	203	51651	20821	16.0	10.1	2295	1666	50857	2921
450	350	±2.80	7.0	85.1	108	32867	22448	17.4	14.4	1461	1283	41688	2053
			8.0	96.7	123	37151	25360	17.4	14.3	1651	1449	47354	2322
			10	120	153	45418	30971	17.3	14.2	2019	1770	58458	2842
			12	141	180	52650	35911	17.1	14.1	2340	2052	69468	3335
			14	163	208	59898	40823	17.0	14.0	2662	2333	79967	3807
			16	184	235	66727	45443	16.9	13.9	2966	2597	90121	4257
			19	215	274	76195	51834	16.7	13.8	3386	2962	104670	4889

续表

边长 mm		尺寸允许偏差 mm	壁厚 mm	理论重量 kg/m	截面面积 cm²	惯性矩 cm⁴		惯性半径 cm		截面模数 cm³		扭转常数	
H	B	$\pm\Delta$	t	M	A	I_x	I_y	r_x	r_y	$W_{el,x}$	$W_{el,y}$	I_t/cm^4	C_t/cm^3
450	400	±3.00	9.0	115	147	45711	38225	17.6	16.1	2032	1911	65371	2938
			10	127	163	50259	42019	17.6	16.1	2234	2101	72219	3272
			12	151	192	58407	48837	17.4	15.9	2596	2442	85923	3846
			14	174	222	66554	55631	17.3	15.8	2958	2782	99037	4398
			16	197	251	74264	62055	17.2	15.7	3301	3103	111766	4926
			19	230	293	85024	71012	17.0	15.6	3779	3551	130101	5671
			22	262	334	94835	79171	16.9	15.4	4215	3959	147482	6363
500	200	±3.10	9.0	94.2	120	36774	8847	17.5	8.6	1471	885	23642	1584
			10	104	133	40321	9671	17.4	8.5	1613	967	26005	1734
			12	123	156	46312	11101	17.2	8.4	1853	1110	30620	2016
			14	141	180	52390	12496	17.1	8.3	2095	1250	34934	2280
			16	159	203	58015	13771	16.9	8.2	2320	1377	38999	2526
500	250	±3.20	9.0	101	129	42199	14521	18.1	10.6	1688	1161	35044	2017
			10	112	143	46324	15911	18.0	10.6	1853	1273	38624	2214
			12	132	168	53457	18363	17.8	10.5	2138	1469	45701	2585
			14	152	194	60659	20776	17.7	10.4	2426	1662	58778	2939
			16	172	219	67389	23015	17.6	10.3	2696	1841	37358	3272
500	300	±3.30	10	120	153	52328	23933	18.5	12.5	2093	1596	52736	2693
			12	141	180	60604	27726	18.3	12.4	2424	1848	62581	3156
			14	163	208	68928	31478	18.2	12.3	2757	2099	71947	3599
			16	184	235	76763	34994	18.1	12.2	3071	2333	80972	4019
			19	215	274	87609	39838	17.9	12.1	3504	2656	93845	4606
500	400	±3.40	9.0	122	156	58474	41666	19.4	16.3	2339	2083	76740	3318
			10	135	173	64334	45823	19.3	16.3	2573	2291	84403	3653
			12	160	204	74895	53355	19.2	16.2	2996	2668	100471	4298
			14	185	236	85466	60848	19.0	16.1	3419	3042	115881	4919
			16	209	267	95510	67957	18.9	16.0	3820	3398	130866	5515
			19	245	312	109600	77913	18.7	15.8	4384	3896	152512	6360
			22	279	356	122539	87039	18.6	15.6	4902	4352	173112	7148
500	450	±3.50	10	143	183	70337	59941	19.6	18.1	2813	2664	101581	4132
			12	170	216	82040	69920	19.5	18.0	3282	3108	121022	4869
			14	196	250	93736	79865	19.4	17.9	3749	3550	139716	5580
			16	222	283	104884	89340	19.3	17.8	4195	3971	157943	6264
			19	260	331	120595	102683	19.1	17.6	4824	4564	184368	7238
			22	297	378	135115	115003	18.9	17.4	5405	5111	209643	8151
500	480	±3.60	10	148	189	73939	69499	19.8	19.2	2958	2896	112236	4420
			12	175	223	86328	81146	19.7	19.1	3453	3381	133767	5211
			14	203	258	98697	92763	19.6	19.0	3948	3865	154499	5977
			16	229	292	110508	103853	19.4	18.8	4420	4327	174736	6713
			19	269	342	127193	119515	19.3	18.7	5088	4980	204127	7765
			22	307	391	142660	134031	19.1	18.5	5706	5585	232306	8753

注:表中理论重量按钢密度 7.85g/cm³ 计算。

11.6.12 常用焊接薄壁圆钢管截面特性(按 GB 50018—2002 计算)

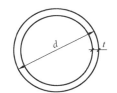

I—截面惯性矩;

W—截面模量;

i—截面回转半径;

I_t—截面抗扭惯性矩;

C_t—截面扭转模量;

常用焊接薄壁圆钢管的规格及截面特性表

表 11-20a

截面尺寸(mm)		截面面积 (cm²)	重量 (kg/m)	截面特性		
d	t			I (cm⁴)	W (cm³)	i (cm)
25	1.5	1.11	0.87	0.768	0.614	0.833
30	1.5	1.34	1.05	1.367	0.912	1.009
30	2.0	1.76	1.38	1.733	1.155	0.992
40	1.5	1.81	1.42	3.367	1.683	1.362
40	2.0	2.39	1.87	4.322	2.161	1.345
51	2.0	3.08	2.42	9.256	3.630	1.734
57	2.0	3.46	2.71	13.08	4.591	1.946
60	2.0	3.64	2.86	15.34	5.114	2.052
70	2.0	4.27	3.35	24.72	7.062	2.405
76	2.0	4.65	3.65	31.85	8.381	2.617
83	2.0	5.09	4.00	41.76	10.06	2.865
83	2.5	6.32	4.96	51.26	12.35	2.847
89	2.0	5.47	4.29	51.75	11.63	3.077
89	2.5	6.79	5.33	63.59	14.29	3.060
95	2.0	5.84	4.59	63.20	13.31	3.289
95	2.5	7.26	5.70	77.76	16.37	3.272
102	2.0	6.28	4.93	78.57	15.41	3.536
102	2.5	7.81	6.13	96.77	18.97	3.519
102	3.0	9.33	7.32	114.42	22.43	3.502
108	2.0	6.66	5.23	93.58	17.33	3.748
108	2.5	8.29	6.50	115.35	21.36	3.731
108	3.0	9.90	7.77	136.49	25.28	3.714
114	2.0	7.04	5.52	110.38	19.36	3.960
114	2.5	8.76	6.87	136.16	23.89	3.943
114	3.0	10.46	8.21	161.24	28.29	3.926
121	2.0	7.48	5.87	132.39	21.88	4.208

续表

截面尺寸(mm)		截面面积 (cm²)	重量 (kg/m)	截面特性		
d	t			I (cm⁴)	W (cm³)	i (cm)
121	2.5	9.31	7.31	163.44	27.01	4.191
121	3.0	11.12	8.73	193.69	32.01	4.173
127	2.0	7.85	6.17	153.44	24.16	4.420
127	2.5	9.78	7.68	189.53	29.85	4.403
127	3.0	11.69	9.17	224.75	35.39	4.385
133	2.5	10.25	8.05	218.27	32.82	4.615
133	3.0	12.25	9.62	258.97	38.94	4.597
133	3.5	14.24	11.18	298.71	44.92	4.580
140	2.5	10.80	8.48	255.30	36.47	4.862
140	3.0	12.91	10.14	303.08	43.30	4.845
140	3.5	15.01	11.78	349.79	49.97	4.828
152	3.0	14.04	11.02	389.87	51.30	5.269
152	3.5	16.33	12.82	450.35	59.26	5.252
152	4.0	18.60	14.60	509.59	67.05	5.235
159	3.0	14.70	11.54	447.42	56.28	5.516
159	3.5	17.10	13.42	517.06	65.04	5.499
159	4.0	19.48	15.29	585.33	73.63	5.482
168	3.0	15.55	12.21	529.39	63.02	5.835
168	3.5	18.09	14.20	612.10	72.87	5.817
168	4.0	20.61	16.18	693.28	82.53	5.800
180	3.0	16.68	13.10	653.47	72.61	6.259
180	3.5	19.41	15.23	756.02	84.00	6.241
180	4.0	22.12	17.36	856.81	95.20	6.224
194	3.0	18.00	14.13	821.09	84.65	6.754
194	3.5	20.95	16.44	950.52	97.99	6.736
194	4.0	23.88	18.74	1077.89	111.12	6.719
203	3.0	18.85	14.80	942.69	92.88	7.072
203	3.5	21.94	17.22	1091.67	107.55	7.054
203	4.0	25.01	19.63	1238.38	122.01	7.037
219	3.0	20.36	15.98	1187.48	108.45	7.637
219	3.5	23.70	18.60	1375.89	125.65	7.620
219	4.0	27.02	21.21	1561.66	142.62	7.603
245	3.0	22.81	17.90	1669.91	136.32	8.557
245	3.5	26.55	20.85	1936.29	158.06	8.539
245	4.0	30.28	23.77	2199.33	179.54	8.522

11.6.13 常用焊接圆钢管截面特性(按 GB 50018—2002 计算)

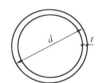

I—截面惯性矩;

W—截面模量;

i—截面回转半径。

常用焊接圆钢管截面特性表　　　　　　表 11-20b

尺　寸　(mm)		截面面积 (cm^2)	重　量 (kg/m)	截面特性		
d	t			I (cm^4)	W (cm^3)	i (cm)
25	1.5	1.11	0.87	0.768	0.614	0.833
30	1.5	1.34	1.05	1.367	0.911	1.009
	2.0	1.759	1.38	1.733	1.155	0.992
40	1.5	1.81	1.42	3.37	1.68	1.36
	2.0	2.39	1.88	4.32	2.16	1.35
48	2.5	3.57	2.81	9.28	3.86	1.61
	3.0	4.24	3.33	10.78	4.49	1.59
	3.5	4.89	3.84	12.19	5.08	1.58
	4.0	5.53	4.34	13.49	5.62	1.56
51	2.0	3.08	2.42	9.26	3.63	1.73
	2.5	3.81	2.99	11.23	4.40	1.72
	3.0	4.54	3.55	13.08	5.13	1.70
	3.5	5.22	4.10	14.81	5.81	1.68
	4.0	5.91	4.64	16.43	6.44	1.67
57	2.0	3.46	2.71	13.08	4.59	1.95
	3.0	5.09	4.00	18.61	6.53	1.91
	3.5	5.88	4.62	21.14	7.42	1.90
	4.0	6.66	5.23	23.52	8.25	1.88
	4.5	7.42	5.83	25.76	9.04	1.86
60	2.0	3.64	2.86	15.34	5.10	2.05
	3.0	5.37	4.22	21.88	7.29	2.02
	3.5	6.21	4.88	24.88	8.29	2.00
	4.0	7.04	5.52	27.73	9.24	1.98
	4.5	7.85	6.16	30.41	10.14	1.97
63	3.0	5.65	4.44	25.51	8.10	2.12
	3.5	6.54	5.14	29.05	9.22	2.11
	4.0	7.41	5.82	32.41	10.29	2.09
	4.5	8.27	6.49	35.59	11.30	2.07
	5.0	9.11	7.15	38.59	12.25	2.06

续表

尺 寸 (mm)		截面面积 (cm²)	重 量 (kg/m)	截面特性		
d	t			I (cm⁴)	W (cm³)	i (cm)
70	2.0	4.27	3.35	24.72	7.06	2.41
	3.0	6.31	4.96	35.50	10.14	2.37
	3.5	7.31	5.74	40.53	11.58	2.35
	4.0	8.29	6.51	45.33	12.95	2.34
	4.5	9.26	7.27	49.89	14.26	2.32
	5.0	10.21	8.01	54.24	15.50	2.30
76	2.0	4.65	3.65	31.85	8.38	2.62
	3.0	6.88	5.40	45.91	12.08	2.58
	3.5	7.97	6.26	52.50	13.82	2.57
	4.0	9.05	7.10	58.81	15.48	2.55
	4.5	10.11	7.93	64.85	17.07	2.53
	5.0	11.15	8.75	70.62	18.59	2.52
	6.0	13.19	10.36	81.41	21.42	2.48
83	2.0	5.09	4.00	41.76	10.06	2.87
	2.5	6.32	4.96	51.26	12.35	2.85
	3.0	7.54	5.92	60.40	14.56	2.83
	3.5	8.74	6.86	69.19	16.67	2.81
	4.0	9.93	7.79	77.64	18.71	2.80
	4.5	11.10	8.71	85.76	20.67	2.78
	5.0	12.25	9.62	93.56	22.54	2.76
	6.0	14.51	11.39	108.22	26.08	2.73
89	2.0	5.47	4.29	51.74	11.63	3.08
	2.5	6.79	5.33	63.59	14.29	3.06
	3.0	8.11	6.36	75.02	16.86	3.04
	3.5	9.40	7.38	86.05	19.34	3.03
	4.0	10.68	8.38	96.68	21.73	3.01
	4.5	11.95	9.38	106.92	24.03	2.99
	5.0	13.19	10.36	116.79	26.24	2.98
	6.0	15.65	12.28	135.43	30.43	2.94
95	2.0	5.84	4.59	63.20	13.31	3.29
	2.5	7.26	5.70	77.76	16.37	3.27
	3.0	8.67	6.81	91.83	19.33	3.25
	3.5	10.06	7.90	105.45	22.20	3.24
	4.0	11.44	8.98	118.60	24.97	3.22
	4.5	12.79	10.04	131.31	27.64	3.20
	5.0	14.14	11.10	143.58	30.23	3.19
	6.0	16.78	13.17	166.86	35.13	3.15

尺 寸 (mm)		截面面积	重 量	截面特性		
		(cm²)	(kg/m)	I	W	i
d	t			(cm⁴)	(cm³)	(cm)
102	2.0	6.28	4.93	78.55	15.40	3.54
	2.5	7.81	6.14	96.76	18.97	3.52
	3.0	9.33	7.32	114.42	22.43	3.50
	3.5	10.83	8.50	131.52	25.79	3.48
	4.0	12.32	9.67	148.09	29.04	3.47
	4.5	13.78	10.82	164.14	32.18	3.45
	5.0	15.24	11.96	179.68	35.23	3.43
	6.0	18.10	14.21	209.28	41.03	3.40
108	2.0	6.66	5.23	93.6	17.33	3.75
	2.5	8.29	6.51	115.4	21.37	3.73
	3.0	9.90	7.77	136.49	25.28	3.71
	3.5	11.49	9.02	157.02	29.08	3.70
	4.0	13.07	10.26	176.95	32.77	3.68
	4.5	14.63	11.49	196.30	36.35	3.66
	5.0	16.18	12.70	215.06	39.83	3.65
	6.0	19.23	15.09	250.91	46.46	3.61
114	2.0	7.04	5.52	110.4	19.37	3.96
	2.5	8.76	6.87	136.2	23.89	3.94
	3.0	10.46	8.21	161.3	28.30	3.93
	4.0	13.82	10.85	209.35	36.73	3.89
	4.5	15.48	12.15	232.41	40.77	3.87
	5.0	17.12	13.44	254.81	44.70	3.86
	6.0	20.36	15.98	297.73	52.23	3.82
121	2.0	7.48	5.87	132.4	21.88	4.21
	2.5	9.31	7.31	163.5	27.02	4.19
	3.0	11.12	8.73	193.7	32.02	4.17
	3.5	12.92	10.14	223.2	36.89	4.16
	4.0	14.70	11.56	251.88	41.63	41.4
	4.5	16.47	12.93	279.83	46.25	41.22
	5.0	18.22	14.30	307.05	50.75	41.05
	6.0	21.68	17.01	359.32	59.39	40.71
127	2.0	7.85	6.17	153.4	24.16	4.42
	2.5	9.78	7.68	189.5	29.84	4.40
	3.0	11.69	9.18	224.7	35.39	4.39
	4.0	15.46	12.13	292.61	46.08	4.35
	4.5	17.32	13.59	325.29	51.23	4.33
	5.0	19.16	15.04	357.14	56.24	4.32
	6.0	22.81	17.90	418.44	65.90	4.28
133	2.5	10.25	8.05	218.2	32.81	4.62
	3.0	12.25	9.62	259.0	38.95	4.60
	3.5	14.24	11.18	298.7	44.92	4.58
	4.0	16.21	12.73	337.53	50.76	4.56
	4.5	18.17	14.26	375.42	56.45	4.55
	5.0	20.11	15.78	421.40	62.02	4.53
	6.0	23.94	18.79	483.72	72.74	4.50

尺　寸　(mm)		截面面积	重　量	截　面　特　性		
		(cm²)	(kg/m)	I	W	i
d	t			(cm⁴)	(cm³)	(cm)
140	2.5	10.80	8.48	255.3	36.47	4.86
	3.0	12.91	10.13	303.1	43.29	4.85
	3.5	15.01	11.78	349.8	49.97	4.83
	4.5	19.16	15.04	440.12	62.87	4.79
	5.0	21.21	16.65	483.76	69.11	4.78
	6.0	25.26	19.83	568.06	81.15	4.74
152	3.0	14.04	11.02	389.9	51.30	5.27
	3.5	16.33	12.82	450.3	59.25	5.25
	4.0	18.60	14.60	509.6	67.05	5.24
	4.5	20.85	16.37	567.61	74.69	5.22
	5.0	23.09	18.13	624.43	82.16	5.20
	6.0	27.52	21.60	734.52	96.65	5.17
159	3.0	14.70	11.54	447.4	56.27	5.52
	3.5	17.10	13.42	517.0	65.02	5.50
	4.0	19.48	15.29	585.3	73.62	5.48
	4.5	21.84	17.15	652.27	82.05	5.46
	5.0	24.19	18.99	717.88	90.30	5.45
	6.0	28.84	22.64	845.19	106.31	5.41
168	3.0	15.55	12.21	529.4	63.02	5.84
	3.5	18.09	14.20	612.1	72.87	5.82
	4.0	20.61	16.18	693.3	82.53	5.80
	4.5	23.11	18.14	772.96	92.02	5.78
	5.0	25.60	20.1	851.14	101.33	5.77
	6.0	30.54	24.0	1003.12	119.42	5.73
180	3.0	16.68	13.09	653.5	72.61	6.26
	3.5	19.41	15.24	756.0	84.00	6.24
	4.0	22.12	17.36	856.8	95.20	6.22
	5.0	27.49	21.58	1053.17	117.02	6.19
	6.0	32.80	25.75	1242.72	138.08	6.16
194	3.0	18.00	14.13	821.10	84.64	6.75
	3.5	20.95	16.45	950.50	97.99	6.74
	4.0	23.88	18.75	1078.00	111.10	6.72
	5.0	29.69	23.31	1326.54	136.76	6.68
	6.0	35.44	27.82	1567.21	161.57	6.65
203	3.0	18.85	15.00	943.00	92.87	7.07
	3.5	21.94	17.22	1092.00	107.55	7.06
	4.0	25.01	19.63	1238.00	122.01	7.04
	5.0	31.10	24.41	1525.12	150.26	7.03
	6.0	37.13	29.15	1803.07	177.64	6.97
219	3.0	20.36	15.98	1187.00	108.44	7.64
	3.5	23.70	18.61	1376.00	125.65	7.62
	4.0	27.02	21.81	1562.00	142.62	7.60
	5.0	33.62	26.39	1925.35	175.83	7.57
	6.0	40.15	31.52	2278.74	208.10	7.53
245	3.0	22.81	17.91	1670.00	136.30	8.56
	3.5	26.55	20.84	1936.00	158.10	8.54
	4.0	30.28	23.77	2199.00	179.50	8.52
	5.0	37.70	29.59	2715.52	221.68	8.49
	6.0	45.05	35.36	3218.69	262.75	8.45

11.6.14　卷边槽形冷弯薄壁型钢截面特性表（按 GB 50018—2002 和 JG/T 380—2012）

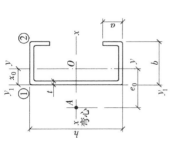

I—截面惯性矩；
W—截面模量；
i—截面回转半径；
I_ω—截面扇性惯性矩；
W_ω—截面扇性模量；
I_t—截面抗扭惯性矩。

表 11-21

卷边槽形冷弯薄壁型钢载面特性表（按 GB 50018—2002）

尺寸 (mm)				截面面积 (cm²)	每米长质量 (kg/m)	x_0 (cm)	x-x			y-y				y_1-y_1	e_0 (cm)	I_t (cm⁴)	I_ω (cm⁶)	k (cm⁻¹)	$W_{\omega1}$ (cm⁴)	$W_{\omega2}$ (cm⁴)
h	b	a	t				I_x (cm⁴)	i_x (cm)	W_x (cm³)	I_y (cm⁴)	i_y (cm)	W_{ymax} (cm³)	W_{ymin} (cm³)	I_{y1} (cm⁴)						
80	40	15	2.0	3.47	2.72	1.452	34.16	3.14	8.54	7.79	1.50	5.36	3.06	15.10	3.36	0.0462	112.9	0.0126	16.03	15.74
100	50	15	2.5	5.23	4.11	1.706	81.34	3.94	16.27	17.19	1.81	10.08	5.22	32.41	3.94	0.1090	352.8	0.0109	34.47	29.41
120	50	20	2.5	5.98	4.70	1.706	129.46	4.65	21.57	20.96	1.87	12.28	6.36	38.36	4.03	0.1246	660.9	0.0085	51.04	48.36
120	60	20	3.0	7.65	6.01	2.106	170.68	4.72	28.45	37.36	2.21	17.74	9.59	71.31	4.87	0.2296	1153.2	0.0087	75.68	68.84
140	50	20	2.0	5.27	4.14	1.590	154.03	5.41	22.00	18.56	1.88	11.68	5.44	31.86	3.87	0.0703	794.79	0.0058	51.44	52.22
140	50	20	2.2	5.76	4.52	1.590	167.40	5.39	23.91	20.03	1.87	12.62	5.87	34.53	3.84	0.0929	852.46	0.0065	55.98	56.84
140	50	20	2.5	6.48	5.09	1.580	186.78	5.39	26.68	22.11	1.85	13.96	6.47	38.38	3.80	0.1351	931.89	0.0075	62.56	63.56
140	60	20	3.0	8.25	6.48	1.964	245.42	5.45	35.06	39.49	2.19	20.11	9.79	73.33	4.61	0.2476	1589.8	0.0078	76.92	79.00
160	60	20	2.0	6.07	4.76	1.850	236.59	6.24	29.57	29.99	2.22	16.19	7.23	50.83	4.52	0.0809	1596.28	0.0044	83.82	71.55
160	60	20	2.2	6.64	5.21	1.850	257.57	6.23	32.20	32.45	2.21	17.53	7.82	55.19	4.50	0.1071	1717.82	0.0049	93.87	77.55
160	60	20	2.5	7.48	5.87	1.850	288.13	6.21	36.02	35.96	2.19	19.47	8.66	61.49	4.45	0.1559	1887.71	0.0056	104.68	86.63
160	70	20	3.0	9.45	7.42	2.224	373.64	6.29	46.71	60.42	2.53	27.17	12.65	107.20	5.25	0.2836	3070.5	0.0060	135.49	109.92
180	70	20	2.0	6.87	5.39	2.110	343.93	7.08	38.21	45.18	2.57	21.37	9.25	75.87	5.17	0.0916	2934.34	0.0035	109.50	95.22
180	70	20	2.2	7.52	5.90	2.110	374.90	7.06	41.66	48.97	2.55	23.19	10.02	82.49	5.14	0.1213	3165.62	0.0038	119.44	103.58
180	70	20	2.5	8.48	6.66	2.110	420.20	7.04	46.69	54.42	2.53	25.82	11.12	92.08	5.10	0.1767	3492.15	0.0044	133.99	115.73
200	70	20	2.0	7.27	5.71	2.000	440.04	7.78	44.00	46.71	2.54	23.32	9.35	75.88	4.96	0.0969	3672.33	0.0032	126.74	106.15
200	70	20	2.2	7.96	6.25	2.000	479.87	7.77	47.99	50.64	2.52	25.31	10.13	82.49	4.93	0.1284	3963.82	0.0035	138.26	115.74
200	70	20	2.5	8.98	7.05	2.000	538.21	7.74	53.82	56.27	2.50	28.18	11.25	92.09	4.89	0.1871	4376.18	0.0041	155.14	129.75
220	75	20	2.0	7.87	6.18	2.080	574.45	8.54	50.22	56.88	2.69	27.35	10.50	90.93	5.18	0.1049	5313.52	0.0028	158.43	127.32
220	75	20	2.2	8.62	6.77	2.080	626.85	8.53	56.99	61.71	2.68	29.70	11.38	98.91	5.15	0.1391	5742.07	0.0031	172.92	138.93
220	75	20	2.5	9.73	7.64	2.070	703.76	8.50	63.98	68.66	2.66	33.11	12.65	110.51	5.11	0.2028	6351.05	0.0035	194.18	155.94
250	75	20	2.0	8.43	6.62	1.932	771.01	9.56	61.68	58.46	2.63	30.25	10.50	89.95	4.90	0.1125	6944.92	0.0025	190.93	146.73
250	75	20	2.2	9.26	7.27	1.933	844.08	9.55	67.53	63.08	2.62	32.94	11.44	98.27	4.87	0.1493	7545.39	0.0028	208.66	160.20
250	75	20	2.5	10.48	8.23	1.934	952.33	9.53	76.19	71.31	2.69	36.86	12.81	110.53	4.84	0.2184	8415.77	0.0032	234.81	180.01

续表

规格编号	尺寸 (mm) h	b	a	t	截面面积 (cm²)	每米长质量 (kg/m)	x_0 (cm)	x-x I_x (cm⁴)	i_x (cm)	W_x (cm³)	I_y (cm⁴)	y-y i_y (cm)	$W_{y\max}$ (cm³)	$W_{y\min}$ (cm³)	e_0 (cm)	I_t (cm⁴)	I_w (cm⁶)
1	120	50	20	2.2	5.319	4.175	1.709	116.146	4.673	19.358	18.989	1.889	11.110	5.770	4.076	0.086	629.910
2	120	50	20	2.5	5.982	4.696	1.706	129.402	4.651	21.567	20.956	1.872	12.284	6.362	4.034	0.125	687.524
3	120	50	20	3.0	7.054	5.537	1.700	150.154	4.614	25.026	23.923	1.842	14.069	7.251	3.961	0.212	769.438
4	140	50	20	2.2	5.759	4.521	1.587	167.401	5.391	23.914	20.030	1.865	12.621	5.869	3.842	0.093	852.458
5	140	50	20	2.5	6.482	5.088	1.584	186.779	5.368	26.683	22.112	1.847	13.960	6.473	3.800	0.135	931.885
6	140	50	20	3.0	7.654	6.008	1.579	217.276	5.328	31.039	25.257	1.817	15.996	7.383	3.729	0.230	1045.820
7	160	60	20	2.2	6.639	5.212	1.851	257.566	6.229	32.196	32.450	2.211	17.533	7.821	4.496	0.107	1717.824
8	160	60	20	2.5	7.482	5.873	1.847	288.130	6.206	36.016	35.958	2.192	19.466	8.659	4.453	0.156	1887.709
9	160	60	20	3.0	8.854	6.950	1.841	336.684	6.167	42.086	41.338	2.161	22.451	9.940	4.381	0.266	2138.360
10	180	70	20	2.2	7.519	5.902	2.111	374.896	7.061	41.655	48.970	2.552	23.194	10.017	5.142	0.121	3165.617
11	180	70	20	2.5	8.482	6.658	2.107	420.195	7.038	46.688	54.415	2.533	25.822	11.122	5.099	0.177	3492.155
12	180	70	20	3.0	10.054	7.892	2.101	492.640	7.000	54.738	62.860	2.500	29.925	12.830	5.026	0.302	3982.993
13	200	70	20	2.2	7.959	6.248	2.001	479.870	7.765	47.987	50.637	2.522	25.310	10.129	4.932	0.128	3963.818
14	200	70	20	2.5	8.982	7.051	1.997	538.213	7.741	53.821	56.273	2.503	28.179	11.248	4.889	0.187	4376.175
15	200	70	20	3.0	10.654	8.363	1.991	631.727	7.700	63.173	65.019	2.470	32.661	12.980	4.817	0.320	4998.196
16	220	70	20	2.2	8.619	6.766	2.078	626.853	8.528	56.987	61.708	2.676	29.702	11.380	5.154	0.139	5742.067
17	220	75	20	2.5	9.732	7.640	2.074	703.764	8.504	63.979	68.659	2.656	33.107	12.653	5.111	0.203	6351.052
18	220	75	25	3.0	11.854	9.305	2.201	850.416	8.470	77.311	87.654	2.719	39.822	16.542	5.374	0.356	8535.583
19	250	75	20	2.2	9.279	7.284	1.938	847.644	9.558	67.812	64.084	2.628	33.074	11.521	4.881	0.150	7602.543
20	250	75	20	2.5	10.482	8.228	1.934	952.326	9.532	76.186	71.308	2.608	36.863	12.812	4.839	0.218	8415.773
21	250	75	25	3.0	12.754	10.012	2.056	1152.575	9.506	92.206	91.180	2.674	44.339	16.750	5.090	0.383	11214.196
22	280	80	20	2.5	11.482	9.013	1.975	1296.188	10.625	92.585	86.410	2.743	43.750	14.342	4.989	0.239	12651.777
23	280	80	25	3.0	13.954	10.954	2.096	1569.677	10.606	112.120	110.389	2.813	52.660	18.698	5.237	0.419	16720.699
24	300	80	20	2.5	11.982	9.406	1.898	1528.402	11.294	101.893	88.053	2.711	46.395	14.430	4.833	0.250	14770.069
25	300	80	25	3.0	14.554	11.425	2.016	1851.875	11.280	123.458	112.572	2.781	55.839	18.812	5.075	0.437	19455.938

11.6.15 卷边 Z 形冷弯薄壁型钢截面特性表（按 GB 50018—2002）

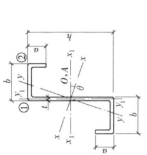

I—截面惯性矩；
W—截面模量；
i—截面回转半径；
I_t—截面扭转惯性矩；
I_ω—截面翘曲性惯性矩；
k—受压板件的稳定系数；
W_ω—截面翘曲模量。

表 11-22a

直卷边 Z 形冷弯薄壁型钢截面特性表

尺寸 (mm) h	b	a	t	截面面积 (cm²)	每米长质量 (kg/m)	θ (°)	x_1-x_1 I_{x1} (cm⁴)	i_{x1} (cm)	W_{x1} (cm³)	y_1-y_1 I_{y1} (cm⁴)	i_{y1} (cm)	W_{y1} (cm³)	x-x I_x (cm⁴)	i_x (cm)	W_{x1} (cm³)	W_{x2} (cm³)	y-y I_y (cm⁴)	i_y (cm)	W_{y1} (cm³)	W_{y2} (cm³)	I_{x1y1} (cm⁴)	I_t (cm⁴)	I_ω (cm⁶)	k (cm⁻¹)	$W_{\omega 1}$ (cm⁴)	$W_{\omega 2}$ (cm⁴)
100	40	20	2.0	4.07	3.19	24.017	60.04	3.84	12.01	17.02	2.05	4.36	70.70	4.17	15.93	11.94	6.36	1.25	3.36	4.42	23.93	0.0542	325.0	0.0081	49.97	29.16
100	40	20	2.5	4.98	3.91	23.767	72.10	3.80	14.42	20.02	2.00	5.17	84.63	4.12	19.18	14.47	7.49	1.23	4.07	5.28	28.45	0.1038	381.9	0.0102	62.25	35.03
120	50	20	2.0	4.87	3.82	21.050	106.97	4.69	17.83	30.23	2.49	6.17	126.06	5.09	23.55	17.40	11.14	1.51	4.83	5.74	42.77	0.0649	785.2	0.0057	84.05	43.96
120	50	20	2.5	5.98	4.70	23.833	129.39	4.65	21.57	35.91	2.45	7.37	152.05	5.04	28.55	21.21	13.25	1.49	5.89	6.89	51.30	0.1246	930.9	0.0072	104.68	52.94
120	50	20	3.0	7.05	5.54	23.600	150.14	4.61	25.02	40.88	2.41	8.43	175.92	4.99	33.18	24.80	15.11	1.46	6.89	7.92	58.99	0.2116	1058.9	0.0087	125.37	61.22
140	50	20	2.5	6.48	5.09	19.417	186.77	5.37	26.68	35.91	2.35	7.37	209.19	5.67	32.55	26.34	14.48	1.49	6.69	6.78	60.75	0.1350	1289.0	0.0064	137.04	60.03
140	50	20	3.0	7.65	6.01	19.200	217.26	5.33	31.04	40.83	2.31	8.43	241.62	5.62	37.76	30.70	16.52	1.47	7.84	7.81	69.93	0.2296	1468.2	0.0077	164.94	69.51
160	60	20	2.5	7.48	5.87	19.983	288.12	6.21	36.01	58.15	2.79	9.90	323.13	6.57	44.00	34.95	23.14	1.76	9.00	8.71	96.32	0.1559	2634.3	0.0048	205.98	86.28
160	60	20	3.0	8.85	6.95	19.783	336.66	6.17	42.08	66.66	2.74	11.39	376.76	6.52	51.48	41.08	26.56	1.73	10.58	10.07	111.51	0.2656	3019.4	0.0058	247.41	100.15
160	70	20	2.5	7.98	6.27	23.767	319.13	6.32	39.89	87.74	3.32	12.76	374.76	6.85	52.35	38.23	32.11	2.01	10.53	10.86	126.37	0.1663	3793.3	0.0041	238.87	106.91
160	70	20	3.0	9.45	7.42	23.567	373.64	6.29	46.71	101.10	3.27	14.76	437.72	6.80	61.33	45.01	37.03	1.98	12.39	12.58	146.86	0.2836	4365.0	0.0050	285.78	124.26
180	70	20	2.5	8.48	6.66	20.367	420.18	7.04	46.69	87.71	3.22	12.76	473.31	7.47	57.27	44.88	34.58	2.02	11.66	10.86	143.18	0.1767	4907.9	0.0037	294.53	119.41
180	70	20	3.0	10.05	7.89	20.183	492.61	7.00	54.73	101.11	3.17	14.76	553.83	7.42	67.22	52.89	39.89	1.99	13.72	12.59	166.47	0.3016	5652.2	0.0045	353.32	138.92

斜卷边 Z 形冷弯薄壁型钢截面特性表（按 GB 50018—2002）

表 11-22b

I—截面惯性矩；
W—截面模量；
i—截面回转半径；
I_t—截面抗扭惯性矩；
I_ω—截面扇性惯性矩；
k—受压板件的稳定系数；
W_ω—截面扇性模量。

尺寸 (mm)				截面面积 (cm²)	每米长质量 (kg/m)	θ (°)	x_1-x_1						$x-x$				$y-y$				I_{x1y1} (cm⁴)	I_t (cm⁴)	I_ω (cm⁶)	k (cm⁻¹)	$W_{\omega1}$ (cm⁴)	$W_{\omega2}$ (cm⁴)
h	b	a	t				I_{x1} (cm⁴)	i_{x1} (cm)	W_{x1} (cm³)	I_{y1} (cm⁴)	i_{y1} (cm)	W_{y1} (cm³)	I_x (cm⁴)	i_x (cm)	W_{x1} (cm³)	W_{x2} (cm³)	I_y (cm⁴)	i_y (cm)	W_{y1} (cm³)	W_{y2} (cm³)						
140	50	20	2.0	5.392	4.233	21.986	162.065	5.482	23.152	39.363	2.702	6.234	185.962	5.872	30.377	22.470	15.466	1.694	6.107	8.067	59.189	0.0719	1298.621	0.0046	118.281	59.185
140	50	20	2.2	5.909	4.638	21.998	176.813	5.470	25.259	42.928	2.695	6.809	202.926	5.860	33.352	24.544	16.814	1.687	6.659	8.823	64.638	0.0953	1407.575	0.0051	130.014	64.382
140	50	20	2.5	6.676	5.240	22.018	198.446	5.452	28.349	48.154	2.686	7.657	227.828	5.842	37.792	27.598	18.771	1.667	7.468	9.941	72.659	0.1391	1563.520	0.0058	147.558	71.926
160	60	20	2.0	6.192	4.861	22.104	246.830	6.313	30.854	60.271	3.120	8.240	283.680	6.768	40.271	29.603	23.422	1.945	8.018	9.554	90.733	0.0826	2559.036	0.0035	175.940	82.223
160	60	20	2.2	6.789	5.329	22.113	269.592	6.302	33.699	65.802	3.113	9.009	309.891	6.756	44.225	32.367	25.503	1.938	8.753	10.450	99.179	0.1095	2779.796	0.0039	193.430	89.569
160	60	20	2.5	7.676	6.025	22.128	303.090	6.284	37.886	73.935	3.104	10.143	348.487	6.738	50.132	36.445	28.537	1.928	9.834	11.775	111.642	0.1599	3098.400	0.0044	219.605	100.26
180	70	20	2.0	6.992	5.489	22.185	356.620	7.141	39.624	87.417	3.536	10.514	410.315	7.660	51.502	37.679	33.722	2.196	10.191	11.289	131.674	0.0932	4643.994	0.0028	249.609	111.10
180	70	20	2.2	7.669	6.020	22.193	389.835	7.130	43.315	95.518	3.529	11.502	448.592	7.648	56.570	41.226	36.761	2.189	11.136	12.351	144.034	0.1237	5052.769	0.0031	274.455	121.13
180	70	20	2.5	8.676	6.810	22.205	438.835	7.112	48.759	107.460	3.519	12.964	505.087	7.630	64.143	46.471	41.208	2.179	12.528	13.923	162.307	0.1807	5654.157	0.0035	311.661	135.81
200	70	20	2.0	7.392	5.803	19.305	455.430	7.849	45.543	87.418	3.439	10.514	506.903	8.281	56.094	43.435	35.944	2.205	11.109	11.339	146.944	0.0986	5882.294	0.0025	302.430	123.44
200	70	20	2.2	8.109	6.365	19.309	498.023	7.837	49.802	95.520	3.432	11.503	554.346	8.268	61.618	47.533	39.197	2.200	12.138	12.419	160.756	0.1308	6403.010	0.0028	332.826	134.66
200	70	20	2.5	9.176	7.203	19.314	560.921	7.819	56.092	107.462	3.422	12.964	624.421	8.249	69.876	53.596	43.962	2.189	13.654	14.021	181.182	0.1912	7160.113	0.0032	378.452	151.08
220	75	20	2.0	7.992	6.274	18.300	592.787	8.612	53.890	103.580	3.600	11.751	652.866	9.038	65.085	51.328	43.500	2.333	12.829	12.343	181.661	0.1066	8483.845	0.0022	383.110	148.38
220	75	20	2.2	8.769	6.884	18.302	648.520	8.600	58.956	113.220	3.593	12.860	714.276	9.025	71.501	56.190	47.465	2.327	14.023	13.524	198.803	0.1415	9242.136	0.0024	421.750	161.95
220	75	20	2.5	9.926	7.792	18.305	730.926	8.581	66.448	127.443	3.583	14.500	805.086	9.006	81.096	63.392	53.283	2.317	15.783	15.278	224.175	0.2068	10347.65	0.0028	479.804	181.87
250	75	20	2.0	8.592	6.745	15.389	799.640	9.647	63.791	103.580	3.472	11.752	856.690	9.985	71.976	61.841	46.532	2.327	14.553	12.090	207.280	0.1146	11298.92	0.0020	485.919	169.98
250	75	20	2.2	9.429	7.402	15.387	875.145	9.634	70.012	113.223	3.465	12.860	937.579	9.972	78.870	67.773	50.789	2.321	15.946	14.211	226.864	0.1521	12314.34	0.0022	535.491	184.53
250	75	20	2.5	10.676	8.380	15.385	986.898	9.615	78.952	127.447	3.455	14.500	1057.30	9.952	89.108	76.584	57.044	2.312	18.014	16.169	255.870	0.2224	13797.02	0.0025	610.188	207.38

续表

规格编号	尺寸 (mm)				截面面积 (cm²)	每米长质量 (kg/m)	θ	x-x				y-y				I_t (cm⁴)	I_w (cm⁶)
	h	b	a	t				I_x (cm⁴)	i_x (cm)	W_{x1} (cm³)	W_{x2} (cm³)	I_y (cm⁴)	i_y (cm)	W_{y1} (cm³)	W_{y2} (cm³)		
1	120	50	20	2.2	5.469	4.29	26.873	150.990	5.25	30.126	20.105	15.178	1.67	5.876	8.905	0.0882	999.977
2	120	50	20	2.5	6.176	4.85	26.908	169.390	5.24	34.120	22.593	16.925	1.66	6.589	9.990	0.1287	1108.961
3	120	50	20	3.0	7.333	5.76	26.971	198.920	5.21	40.717	26.608	19.668	1.64	7.729	11.727	0.2200	1275.184
4	140	50	20	2.2	5.909	4.64	21.998	202.926	5.86	33.352	24.544	16.814	1.69	6.659	8.823	0.0953	1407.575
5	140	50	20	2.5	6.676	5.24	22.018	227.828	5.84	37.792	27.598	18.771	1.68	7.467	9.403	0.1391	1563.520
6	140	50	20	3.0	7.933	6.23	22.054	267.890	5.81	45.136	32.532	21.857	1.66	8.759	11.756	0.2380	1803.172
7	160	60	20	2.2	6.789	5.33	22.114	309.891	6.76	44.225	32.367	25.503	1.94	8.753	10.45	0.1095	2779.796
8	160	60	20	2.5	7.676	6.03	22.129	348.487	6.74	50.132	36.445	28.537	1.93	9.834	11.775	0.1599	3098.400
9	160	60	20	3.0	9.133	7.17	22.156	410.900	6.71	59.911	43.030	33.361	1.91	11.640	12.16	0.2740	3595.488
10	180	70	20	2.2	7.669	6.02	22.193	448.592	7.65	56.570	41.226	36.761	2.19	11.135	12.351	0.1237	5052.769
11	180	70	20	2.5	8.676	6.81	22.227	505.087	7.63	64.143	46.471	41.208	2.18	12.528	13.923	0.1807	5616.157
12	180	70	20	3.0	10.333	8.11	21.180	596.800	7.60	76.691	54.960	48.321	2.16	14.860	14.75	0.3100	6581.667
13	200	70	20	2.2	8.109	6.37	19.309	554.346	8.27	61.618	47.533	39.197	2.20	12.138	12.419	0.1308	6403.010
14	200	70	20	2.5	9.176	7.20	19.315	624.421	8.25	69.876	53.596	43.962	2.19	13.654	14.021	0.1912	7160.113
15	200	70	20	3.0	10.933	8.58	19.326	738.320	8.22	83.564	63.620	51.599	2.17	16.250	14.72	0.3280	8357.162
16	220	70	20	2.2	8.769	6.88	18.302	714.276	9.03	71.501	56.190	47.465	2.33	14.023	13.524	0.1415	9442.136
17	220	75	20	2.5	9.926	7.79	18.305	805.086	9.01	81.096	63.392	53.283	2.32	15.783	15.278	0.2068	10347.650
18	220	75	25	3.0	12.133	9.52	19.494	993.790	9.05	101.710	77.948	71.206	2.42	19.982	22.204	0.3640	14137.239
19	250	75	20	2.2	9.429	7.40	15.387	937.579	9.97	81.094	67.142	50.789	2.32	15.525	13.653	0.1521	12314.343
20	250	75	20	2.5	10.676	8.38	15.385	1057.300	9.95	91.980	75.774	57.044	2.31	17.472	15.442	0.2224	13797.018
21	250	75	25	3.0	13.033	10.23	16.394	1301.800	9.99	114.800	93.000	76.325	2.42	22.094	22.321	0.3910	18821.065
22	280	80	20	2.5	11.676	9.17	14.149	1419.700	11.03	109.200	91.909	69.035	2.43	20.408	16.854	0.243	20595.577
23	280	80	25	3.0	14.233	11.17	15.036	1744.700	11.07	135.820	112.620	91.909	2.54	25.714	24.043	0.4270	27907.319
24	300	80	20	2.5	12.176	9.56	12.855	1655.700	11.66	117.990	101.410	71.324	2.42	21.542	16.964	0.254	24039.014
25	300	80	25	3.0	14.833	11.64	13.666	2032.600	11.71	146.460	124.190	95.001	2.53	27.124	24.147	0.4449	32556.413

11.6.16　螺栓球规格系列（按 JG/T 10—2009）

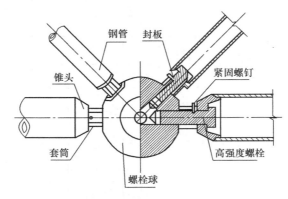

螺栓球规格系列表　　　　　　　　　　　　　　　表 11-23

螺栓球标记	螺栓球直径 D（mm）	螺栓球标记	螺栓球直径 D（mm）
BS100	100	BS200	200
BS110	110	BS210	210
BS120	120	BS220	220
BS130	130	BS230	230
BS140	140	BS240	240
BS150	150	BS250	250
BS160	160	BS260	260
BS170	170	BS270	270
BS180	180	BS280	280
BS190	190	BS300	300

11.6.17　两个等边及不等边角钢连接填板间距尺寸

两个热轧等边角钢组合时连接填板间距及填板尺寸表　　　　　　表 11-24a

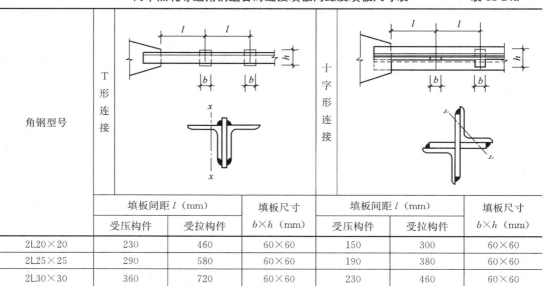

角钢型号	T 形连接			十字形连接		
	填板间距 l（mm）		填板尺寸 b×h（mm）	填板间距 l（mm）		填板尺寸 b×h（mm）
	受压构件	受拉构件		受压构件	受拉构件	
2L20×20	230	460	60×60	150	300	60×60
2L25×25	290	580	60×60	190	380	60×60
2L30×30	360	720	60×60	230	460	60×60

角钢型号	T形连接				十字形连接			
	填板间距 l（mm）		填板尺寸 b×h（mm）		填板间距 l（mm）		填板尺寸 b×h（mm）	
	受压构件	受拉构件			受压构件	受拉构件		
2L36×36	430	860	60×60		280	560	60×60	
2L40×40	485	970	60×60		310	620	60×65	
2L45×45	540	1080	60×70		350	700	60×75	
2L50×50	600	1200	60×70		390	780	60×85	
2L56×56	670	1340	60×80		435	870	60×100	
2L60×60	720	1440	60×80		470	940	60×110	
2L63×63	750	1500	60×80		490	980	60×115	
2L70×70	850	1700	60×90		550	1100	60×120	
2L75×75	900	1800	60×95		580	1160	60×130	
2L80×80	970	1940	60×100		620	1240	60×140	
2L90×90	1080	2160	60×110		700	1400	60×160	
2L100×100	1190	2380	60×120		775	1550	60×160	
2L110×110	1330	2660	70×130		855	1710	70×160	
2L125×125	1510	3020	70×145		970	1940	70×170	
2L140×140	1700	3400	80×160		1100	2200	80×180	
2L150×150	1830	3660	80×170		1175	2350	80×200	
2L160×160	1960	3920	90×180		1255	2510	90×220	
2L180×180	2200	4400	90×200		1400	2800	90×220	
2L200×200	2430	4860	90×220		1560	3120	90×240	
2L220×220	2670	5340	100×240		1720	3440	100×280	
2L250×250	3010	6020	200×270		1940	3880	100×340	

注：1. 填板间距 l 按下列公式计算：

受压构件 $l=40i$

受拉构件 $l=80i$

式中：当双角钢T形连接时，i 取一个角钢对与填板平行的形心轴的回转半径；

当双角钢十字形连接时，i 取一个角钢的最小回转半径。

2. 填板厚度根据节点板的厚度或连接构造要求确定。

3. 受压构件的两个侧向支承点之间的填板数不应少于两个。

两个热轧不等边角钢组合时连接填板间距及填板尺寸表　　　　表 11-24b

角钢型号	短肢相并			长肢相并		
	填板间距 l（mm）		填板尺寸 $b×h$（mm）	填板间距 l（mm）		填板尺寸 $b×h$（mm）
	受压构件	受拉构件		受压构件	受拉构件	
2L25×16	310	620	60×60	170	340	60×60
2L32×20	400	800	60×60	215	430	60×60
2L40×25	500	1000	60×60	275	550	60×60
2L45×28	570	1140	60×60	310	620	60×60
2L50×32	635	1270	60×60	360	720	60×70
2L56×36	710	1420	60×60	400	800	60×70
2L63×40	790	1580	60×60	440	880	60×80
2L70×45	880	1760	60×60	500	1000	60×85
2L75×50	930	1860	60×65	550	1100	60×90
2L80×50	1010	2020	60×65	550	1100	60×95
2L90×56	1140	2280	60×70	620	1240	60×110
2L100×63	1260	2520	60×80	695	1390	60×120
2L100×80	1250	2500	60×100	940	1880	60×120
2L110×70	1390	2780	70×90	780	1560	70×130
2L125×80	1580	3160	70×100	895	1790	70×145
2L140×90	1770	3540	80×110	1000	2000	80×160
2L150×90	1890	3780	80×110	980	1960	80×170
2L160×100	2020	4040	90×120	1100	2200	90×180
2L180×110	2290	4580	90×130	1220	2440	90×200
2L200×125	2540	5080	90×145	1395	2790	90×220

注：1. 填板间距 l 按下列公式计算：

受压构件　$l=40i$

受拉构件　$l=80i$

式中：当双角钢 T 形连接时，i 取一个角钢对与填板平行的形心轴的回转半径；

当双角钢十字形连接时，i 取一个角钢的最小回转半径。

2. 填板厚度根据节点板的厚度或连接构造要求确定。

3. 受压构件的两个侧向支承点之间的填板数不应少于两个。

11.7 受弯构件的整体稳定系数 φ'b 表

11.7.1 冷弯卷边槽钢（C形钢）简支梁整体稳定系数 φ'b

冷弯卷边槽钢（C形钢）简支梁（跨中无侧向支承，均布荷载作用在上翼缘）整体稳定系数 φ'b

表 11-25a

序号	h(mm)	b(mm)	a(mm)	t(mm)	2.0	2.5	3.0	3.5	4.0	4.5	5.0	5.5	6.0	6.5	7.0	7.5	8.0	8.5	9.0	9.5	10.0
1	80	40	15	2.0	0.726	0.549	0.434	0.361	0.311	0.273	0.245	0.222	0.204	0.188	0.175	0.164	0.154	0.145	0.138	0.131	0.124
2	100	50	15	2.5	0.801	0.678	0.529	0.436	0.372	0.326	0.290	0.263	0.210	0.222	0.206	0.193	0.181	0.171	0.162	0.154	0.146
3	120	50	20	2.2	0.816	0.680	0.507	0.401	0.332	0.283	0.247	0.220	0.198	0.181	0.166	0.154	0.144	0.135	0.127	0.121	0.115
4	120	50	20	2.5	0.815	0.691	0.524	0.422	0.353	0.305	0.269	0.241	0.219	0.200	0.185	0.173	0.162	0.152	0.144	0.136	0.130
5	120	60	20	3.0	0.886	0.798	0.706	0.573	0.481	0.416	0.367	0.330	0.300	0.275	0.255	0.237	0.222	0.209	0.198	0.188	0.178
6	140	50	20	2.0	0.794	0.619	0.453	0.352	0.286	0.241	0.207	0.182	0.163	0.147	0.135	0.124	0.115	0.108	0.101	0.096	0.091
7	140	50	20	2.2	0.797	0.631	0.466	0.366	0.300	0.254	0.220	0.195	0.175	0.159	0.146	0.135	0.126	0.118	0.111	0.105	0.099
8	140	50	20	2.5	0.801	0.648	0.485	0.386	0.320	0.273	0.239	0.213	0.193	0.176	0.162	0.151	0.141	0.132	0.125	0.118	0.112
9	140	60	20	3.0	0.872	0.774	0.649	0.518	0.431	0.369	0.324	0.289	0.262	0.240	0.221	0.206	0.192	0.181	0.171	0.162	0.154
10	160	60	20	2.0	0.857	0.736	0.554	0.423	0.337	0.278	0.236	0.204	0.180	0.161	0.145	0.132	0.122	0.113	0.105	0.099	0.093
11	160	60	20	2.2	0.858	0.739	0.563	0.433	0.347	0.288	0.246	0.214	0.190	0.170	0.155	0.142	0.131	0.122	0.114	0.107	0.101
12	160	60	20	2.5	0.859	0.744	0.576	0.447	0.363	0.304	0.262	0.230	0.205	0.185	0.169	0.156	0.145	0.135	0.127	0.120	0.113
13	160	70	20	3.0	0.910	0.822	0.724	0.582	0.474	0.399	0.345	0.304	0.272	0.246	0.225	0.208	0.193	0.181	0.170	0.161	0.152
14	180	70	20	2.0	0.905	0.806	0.683	0.515	0.405	0.330	0.276	0.236	0.205	0.181	0.162	0.147	0.134	0.123	0.114	0.106	0.099
15	180	70	20	2.2	0.904	0.805	0.684	0.518	0.410	0.335	0.282	0.242	0.212	0.188	0.169	0.153	0.140	0.130	0.120	0.112	0.106
16	180	70	20	2.5	0.904	0.807	0.692	0.528	0.421	0.348	0.295	0.255	0.225	0.201	0.181	0.166	0.153	0.141	0.132	0.124	0.117
17	180	70	20	3.0	0.904	0.811	0.707	0.552	0.446	0.373	0.320	0.280	0.250	0.225	0.205	0.189	0.175	0.164	0.154	0.145	0.137

注：l_1(m) 为表头列标题。

续表

序号	h (mm)	b (mm)	a (mm)	l₁(m) / l(mm)	2.0	2.5	3.0	3.5	4.0	4.5	5.0	5.5	6.0	6.5	7.0	7.5	8.0	8.5	9.0	9.5	10.0
18	200	70	20	2.0	0.901	0.799	0.665	0.499	0.391	0.318	0.265	0.225	0.195	0.172	0.153	0.138	0.125	0.115	0.106	0.099	0.092
19	200	70	20	2.2	0.900	0.798	0.664	0.500	0.394	0.321	0.269	0.230	0.201	0.177	0.159	0.144	0.131	0.121	0.112	0.104	0.098
20	200	70	20	2.5	0.899	0.798	0.669	0.508	0.403	0.331	0.279	0.241	0.211	0.188	0.169	0.154	0.141	0.131	0.122	0.114	0.107
21	200	70	20	3.0	0.899	0.802	0.685	0.527	0.423	0.352	0.301	0.262	0.232	0.209	0.190	0.174	0.161	0.150	0.140	0.132	0.125
22	220	75	20	2.0	0.919	0.825	0.714	0.543	0.424	0.342	0.283	0.240	0.206	0.181	0.160	0.143	0.130	0.118	0.109	0.100	0.093
23	220	75	20	2.2	0.919	0.826	0.715	0.547	0.428	0.347	0.288	0.245	0.212	0.186	0.166	0.149	0.135	0.124	0.114	0.106	0.099
24	220	75	20	2.5	0.918	0.825	0.717	0.552	0.435	0.354	0.297	0.254	0.221	0.195	0.175	0.158	0.144	0.133	0.123	0.115	0.107
25	220	75	25	3.0	0.934	0.852	0.756	0.621	0.492	0.404	0.340	0.293	0.257	0.228	0.206	0.187	0.171	0.158	0.147	0.138	0.130
26	250	75	20	2.2	0.914	0.818	0.703	0.528	0.412	0.332	0.275	0.233	0.201	0.176	0.156	0.139	0.126	0.115	0.106	0.098	0.091
27	250	75	20	2.5	0.913	0.817	0.704	0.531	0.417	0.338	0.281	0.240	0.208	0.183	0.163	0.147	0.133	0.122	0.113	0.105	0.098
28	250	75	25	3.0	0.929	0.843	0.742	0.593	0.468	0.382	0.320	0.274	0.239	0.212	0.190	0.172	0.157	0.145	0.134	0.125	0.117
29	280	80	20	2.5	0.929	0.841	0.736	0.576	0.449	0.362	0.299	0.253	0.218	0.191	0.169	0.151	0.137	0.124	0.114	0.105	0.098
30	280	80	25	3.0	0.942	0.862	0.767	0.635	0.497	0.403	0.335	0.285	0.247	0.217	0.193	0.174	0.158	0.145	0.133	0.124	0.116
31	300	80	20	2.5	0.927	0.838	0.731	0.567	0.441	0.355	0.293	0.248	0.213	0.185	0.164	0.146	0.132	0.120	0.110	0.101	0.094
32	300	80	25	3.0	0.940	0.858	0.761	0.622	0.486	0.393	0.327	0.277	0.239	0.210	0.186	0.167	0.152	0.139	0.128	0.118	0.110

注：1. 表中 φ'_b 系按公式 (2-98) 算的 φ_b 并按公式 (2-101) 修正求得，适用于 Q235。当用于其他钢材牌号时，如表中 $\varphi'_b \leqslant 0.7$ 可将其乘以 $\dfrac{235}{f_y}$ 应用；如 $\varphi'_b > 0.7$，应按

$$\varphi_b = \frac{0.274}{1.091 - \varphi'_b} \cdot \frac{235}{f_y}$$

重新求得 φ_b。如此，如 $\varphi_b \leqslant 0.7$，$\varphi'_b = \varphi_b$，如 $\varphi'_b > 0.7$，仍按公式 (2-101) 修正得到 φ_b。

2. 表中 l_1 为上翼缘无支长度。

3. 本表中 C 型钢的抗弯承载力设计值 $M_x = \varphi'_b W_x f$。

4. 表中荷载作用在上翼缘，指向背向截面形心，方向指向截面形心；荷载作用下翼缘表面，指向背向截面形心，方向指向截面形心。荷载作用点在翼缘表面。$e_a = h/2$。

冷弯卷边槽钢（C形钢）简支梁（跨中无侧向支承，均布荷载作用在下翼缘）整体稳定系数 φ'_b

表 11-25b

序号	h (mm)	b (mm)	a (mm)	t (mm)	2.0	2.5	3.0	3.5	4.0	4.5	5.0	5.5	6.0	6.5	7.0	7.5	8.0	8.5	9.0	9.5	10.0
1	80	40	15	2.0	0.917	0.836	0.748	0.629	0.516	0.436	0.376	0.331	0.295	0.266	0.242	0.222	0.205	0.191	0.178	0.167	0.157
2	100	50	15	2.5	0.962	0.900	0.831	0.758	0.667	0.559	0.480	0.419	0.372	0.334	0.303	0.277	0.255	0.236	0.220	0.206	0.194
3	120	50	20	2.2	0.973	0.911	0.841	0.762	0.662	0.544	0.458	0.394	0.345	0.306	0.274	0.248	0.227	0.208	0.193	0.179	0.167
4	120	50	20	2.5	0.972	0.912	0.843	0.768	0.680	0.563	0.478	0.413	0.364	0.324	0.292	0.266	0.243	0.224	0.208	0.194	0.182
5	120	60	20	3.0	1.000	0.958	0.908	0.853	0.794	0.733	0.650	0.564	0.496	0.443	0.399	0.363	0.333	0.307	0.285	0.266	0.249
6	140	50	20	2.0	0.969	0.905	0.829	0.743	0.619	0.504	0.420	0.358	0.311	0.273	0.243	0.219	0.199	0.182	0.167	0.155	0.144
7	140	50	20	2.2	0.970	0.906	0.831	0.748	0.631	0.515	0.432	0.370	0.322	0.284	0.254	0.229	0.208	0.191	0.176	0.163	0.152
8	140	50	20	2.5	0.969	0.906	0.834	0.754	0.646	0.531	0.448	0.386	0.338	0.300	0.269	0.244	0.222	0.205	0.189	0.176	0.165
9	140	60	20	3.0	1.000	0.954	0.900	0.841	0.778	0.710	0.608	0.524	0.459	0.408	0.366	0.332	0.303	0.279	0.258	0.240	0.225
10	160	60	20	2.0	0.999	0.949	0.890	0.821	0.745	0.637	0.527	0.444	0.382	0.333	0.293	0.262	0.236	0.214	0.195	0.179	0.166
11	160	60	20	2.2	0.999	0.950	0.891	0.823	0.748	0.646	0.535	0.453	0.391	0.342	0.302	0.270	0.244	0.222	0.203	0.187	0.174
12	160	60	20	2.5	0.999	0.949	0.891	0.825	0.753	0.658	0.548	0.466	0.404	0.355	0.315	0.283	0.256	0.234	0.215	0.199	0.185
13	160	70	20	3.0	1.000	0.982	0.937	0.887	0.831	0.772	0.709	0.611	0.530	0.466	0.415	0.373	0.339	0.310	0.285	0.264	0.245
14	180	70	20	2.0	1.000	0.981	0.934	0.880	0.818	0.750	0.660	0.553	0.472	0.409	0.358	0.317	0.284	0.256	0.232	0.212	0.195
15	180	70	20	2.2	1.000	0.980	0.933	0.879	0.818	0.750	0.662	0.556	0.475	0.413	0.363	0.322	0.289	0.261	0.238	0.218	0.201
16	180	70	20	2.5	1.000	0.980	0.933	0.879	0.819	0.753	0.671	0.566	0.486	0.423	0.373	0.333	0.299	0.272	0.248	0.228	0.211
17	180	70	20	3.0	1.000	0.980	0.934	0.882	0.824	0.761	0.691	0.587	0.507	0.445	0.395	0.354	0.320	0.292	0.268	0.248	0.230

注：表头 l_1 (m)。

续表

序号	h (mm)	b (mm)	a (mm)	l_1(m) / t(mm)	2.0	2.5	3.0	3.5	4.0	4.5	5.0	5.5	6.0	6.5	7.0	7.5	8.0	8.5	9.0	9.5	10.0
18	200	70	20	2.0	1.000	0.980	0.932	0.877	0.814	0.744	0.648	0.542	0.461	0.398	0.348	0.308	0.275	0.247	0.224	0.205	0.188
19	200	70	20	2.2	1.000	0.979	0.931	0.876	0.813	0.744	0.648	0.543	0.463	0.401	0.352	0.312	0.279	0.252	0.229	0.209	0.192
20	200	70	20	2.5	1.000	0.978	0.931	0.876	0.814	0.746	0.654	0.550	0.471	0.410	0.360	0.321	0.288	0.260	0.237	0.218	0.201
21	200	70	20	3.0	1.000	0.978	0.931	0.877	0.817	0.752	0.670	0.568	0.489	0.428	0.378	0.338	0.305	0.278	0.254	0.234	0.217
22	220	75	20	2.0	1.000	0.992	0.949	0.898	0.841	0.777	0.707	0.596	0.506	0.436	0.380	0.335	0.298	0.267	0.242	0.220	0.201
23	220	75	20	2.2	1.000	0.991	0.948	0.898	0.842	0.779	0.709	0.600	0.510	0.440	0.385	0.340	0.303	0.272	0.247	0.225	0.206
24	220	75	20	2.5	1.000	0.991	0.948	0.898	0.842	0.779	0.711	0.605	0.516	0.447	0.392	0.347	0.310	0.280	0.254	0.232	0.214
25	220	75	25	3.0	1.000	0.998	0.958	0.913	0.861	0.805	0.743	0.663	0.568	0.493	0.434	0.386	0.346	0.313	0.286	0.262	0.242
26	250	75	20	2.2	1.000	0.990	0.946	0.894	0.836	0.771	0.700	0.584	0.496	0.427	0.372	0.328	0.292	0.262	0.237	0.215	0.197
27	250	75	20	2.5	1.000	0.989	0.945	0.894	0.836	0.771	0.701	0.587	0.499	0.431	0.377	0.333	0.297	0.268	0.242	0.221	0.203
28	250	75	25	3.0	1.000	0.996	0.955	0.908	0.855	0.796	0.732	0.641	0.548	0.474	0.416	0.369	0.330	0.298	0.271	0.248	0.228
29	280	80	20	2.5	1.000	0.999	0.959	0.912	0.859	0.800	0.735	0.641	0.544	0.468	0.408	0.360	0.320	0.287	0.259	0.236	0.215
30	280	80	25	3.0	1.000	1.000	0.968	0.925	0.875	0.821	0.761	0.695	0.591	0.510	0.446	0.394	0.352	0.316	0.286	0.261	0.239
31	300	80	20	2.5	1.000	0.998	0.958	0.910	0.857	0.796	0.730	0.632	0.536	0.461	0.402	0.353	0.314	0.281	0.254	0.230	0.211
32	300	80	25	3.0	1.000	1.000	0.966	0.922	0.873	0.817	0.756	0.683	0.581	0.501	0.437	0.386	0.344	0.309	0.279	0.254	0.233

注同表11-25a。

冷弯卷边槽钢(C形钢)简支梁(跨中设一道侧向支承,均布荷载作用在上翼缘)整体稳定系数 φ'b

表 11-25c

序号	h (mm)	b (mm)	a (mm)	l (mm)	整体稳定系数 φ'b ＼ l₁(m)						
					2.0	2.5	3.0	3.5	4.0	4.5	5.0
1	80	40	15	2.0	0.854	0.760	0.641	0.523	0.442	0.384	0.340
2	100	50	15	2.5	0.907	0.830	0.749	0.648	0.544	0.469	0.413
3	120	50	20	2.2	0.919	0.835	0.744	0.617	0.503	0.424	0.365
4	120	50	20	2.5	0.918	0.838	0.753	0.641	0.529	0.450	0.392
5	120	60	20	3.0	0.963	0.904	0.841	0.776	0.711	0.614	0.535
6	140	50	20	2.0	0.908	0.816	0.711	0.555	0.446	0.371	0.316
7	140	50	20	2.2	0.909	0.820	0.719	0.571	0.463	0.387	0.332
8	140	50	20	2.5	0.911	0.825	0.730	0.595	0.487	0.411	0.355
9	140	60	20	3.0	0.956	0.892	0.822	0.749	0.657	0.556	0.481
10	160	60	20	2.0	0.949	0.874	0.787	0.683	0.540	0.442	0.371
11	160	60	20	2.2	0.949	0.876	0.791	0.695	0.553	0.455	0.384
12	160	60	20	2.5	0.949	0.877	0.796	0.706	0.571	0.474	0.403
13	160	70	20	3.0	0.981	0.925	0.863	0.795	0.724	0.621	0.530
14	180	70	20	2.0	0.979	0.919	0.848	0.767	0.661	0.535	0.445
15	180	70	20	2.2	0.978	0.918	0.847	0.767	0.666	0.541	0.452
16	180	70	20	2.5	0.978	0.919	0.849	0.772	0.679	0.556	0.467
17	180	70	20	3.0	0.978	0.920	0.854	0.782	0.705	0.587	0.499
18	200	70	20	2.0	0.977	0.916	0.842	0.758	0.643	0.519	0.430
19	200	70	20	2.2	0.976	0.914	0.841	0.758	0.645	0.523	0.435
20	200	70	20	2.5	0.976	0.914	0.843	0.762	0.656	0.534	0.447
21	200	70	20	3.0	0.975	0.915	0.846	0.770	0.680	0.560	0.473
22	220	75	20	2.0	0.988	0.932	0.865	0.787	0.700	0.563	0.464
23	220	75	20	2.2	0.988	0.932	0.865	0.789	0.703	0.569	0.471
24	220	75	20	2.5	0.987	0.932	0.866	0.791	0.707	0.578	0.481
25	220	75	25	3.0	0.996	0.946	0.887	0.820	0.747	0.649	0.543
26	250	75	20	2.2	0.986	0.928	0.859	0.780	0.684	0.549	0.453
27	250	75	20	2.5	0.985	0.927	0.859	0.780	0.688	0.555	0.460
28	250	75	25	3.0	0.994	0.941	0.880	0.810	0.732	0.619	0.516
29	280	80	20	2.5	0.995	0.942	0.879	0.806	0.724	0.600	0.494
30	280	80	25	3.0	1.000	0.954	0.896	0.830	0.757	0.661	0.547
31	300	80	20	2.5	0.994	0.940	0.876	0.802	0.719	0.590	0.485
32	300	80	25	3.0	1.000	0.952	0.893	0.826	0.750	0.647	0.534

注同表 11-25a。

卷边槽钢（C型钢）简支梁（跨中设一道侧向支承，均布荷载作用在下翼缘）整体稳定系数 φ'_b

表 11-25d

序号	h (mm)	b (mm)	a (mm)	t (mm)	l_1(m) 2.0	2.5	3.0	3.5	4.0	4.5	5.0
1	80	40	15	2.0	0.903	0.822	0.737	0.620	0.517	0.443	0.387
2	100	50	15	2.5	0.948	0.884	0.815	0.743	0.651	0.554	0.482
3	120	50	20	2.2	0.959	0.892	0.818	0.737	0.623	0.518	0.442
4	120	50	20	2.5	0.958	0.894	0.823	0.747	0.648	0.544	0.468
5	120	60	20	3.0	0.992	0.945	0.893	0.838	0.780	0.721	0.638
6	140	50	20	2.0	0.953	0.881	0.798	0.707	0.567	0.466	0.394
7	140	50	20	2.2	0.953	0.883	0.803	0.715	0.583	0.482	0.409
8	140	50	20	2.5	0.954	0.886	0.809	0.726	0.606	0.505	0.431
9	140	60	20	3.0	0.988	0.938	0.881	0.820	0.756	0.683	0.584
10	160	60	20	2.0	0.985	0.929	0.862	0.786	0.703	0.573	0.477
11	160	60	20	2.2	0.985	0.929	0.864	0.790	0.709	0.585	0.489
12	160	60	20	2.5	0.985	0.930	0.866	0.795	0.718	0.602	0.507
13	160	70	20	3.0	1.000	0.966	0.917	0.863	0.805	0.743	0.665
14	180	70	20	2.0	1.000	0.964	0.910	0.848	0.779	0.704	0.585
15	180	70	20	2.2	1.000	0.963	0.909	0.848	0.780	0.706	0.590
16	180	70	20	2.5	1.000	0.963	0.910	0.850	0.784	0.713	0.604
17	180	70	20	3.0	1.000	0.963	0.912	0.855	0.793	0.728	0.634
18	200	70	20	2.0	1.000	0.962	0.907	0.844	0.773	0.691	0.569
19	200	70	20	2.2	1.000	0.961	0.906	0.843	0.772	0.692	0.572
20	200	70	20	2.5	1.000	0.960	0.906	0.844	0.776	0.701	0.583
21	200	70	20	3.0	1.000	0.960	0.908	0.848	0.783	0.714	0.608
22	220	75	20	2.0	1.000	0.974	0.925	0.867	0.801	0.729	0.621
23	220	75	20	2.2	1.000	0.974	0.925	0.867	0.803	0.732	0.627
24	220	75	20	2.5	1.000	0.974	0.924	0.868	0.804	0.735	0.636
25	220	75	25	3.0	1.000	0.983	0.938	0.887	0.830	0.769	0.703
26	250	75	20	2.2	1.000	0.972	0.921	0.862	0.795	0.721	0.607
27	250	75	25	2.5	1.000	0.971	0.920	0.862	0.795	0.723	0.613
28	250	75	25	3.0	1.000	0.980	0.934	0.881	0.821	0.756	0.677
29	280	80	20	2.5	1.000	0.982	0.936	0.882	0.821	0.753	0.665
30	280	80	25	3.0	1.000	0.990	0.947	0.898	0.842	0.781	0.714
31	300	80	20	2.5	1.000	0.981	0.934	0.879	0.817	0.748	0.655
32	300	80	25	3.0	1.000	0.989	0.945	0.895	0.838	0.775	0.707

注同表11-25a。

11.7.2　冷弯斜卷边 Z 型钢简支梁整体稳定系数 φ'_b

冷弯斜卷边 Z 型钢简支梁(跨中无侧向支承,均布荷载作用在上翼缘)整体稳定系数 φ'_b

表 11-26a

序号	h(mm)	b(mm)	a(mm)	l_1(m) / t(mm)	2.0	2.5	3.0	3.5	4.0	4.5	5.0	5.5	6.0	6.5	7.0	7.5	8.0	8.5	9.0	9.5	10.0
1	120	50	20	2.2	0.819	0.672	0.491	0.380	0.308	0.258	0.222	0.194	0.173	0.156	0.142	0.131	0.121	0.113	0.106	0.100	0.094
2	120	50	20	2.5	0.851	0.735	0.568	0.445	0.365	0.308	0.267	0.236	0.211	0.191	0.175	0.162	0.151	0.141	0.132	0.125	0.118
3	120	50	20	3.0	0.857	0.751	0.607	0.484	0.402	0.344	0.302	0.269	0.243	0.222	0.204	0.190	0.177	0.166	0.157	0.148	0.141
4	140	50	20	2.0	0.847	0.721	0.532	0.406	0.324	0.267	0.226	0.196	0.172	0.154	0.139	0.127	0.116	0.108	0.101	0.094	0.089
5	140	50	20	2.2	0.848	0.725	0.541	0.416	0.334	0.277	0.236	0.205	0.182	0.163	0.148	0.135	0.125	0.116	0.108	0.102	0.096
6	140	50	20	2.5	0.848	0.727	0.550	0.427	0.346	0.289	0.249	0.218	0.194	0.175	0.160	0.147	0.136	0.127	0.119	0.112	0.106
7	140	50	20	3.0	0.855	0.744	0.587	0.462	0.380	0.323	0.281	0.249	0.223	0.203	0.186	0.172	0.161	0.150	0.141	0.134	0.127
8	160	60	20	2.0	0.901	0.799	0.665	0.501	0.394	0.320	0.267	0.228	0.198	0.175	0.156	0.141	0.128	0.118	0.109	0.101	0.095
9	160	60	20	2.2	0.901	0.800	0.671	0.507	0.401	0.328	0.275	0.236	0.206	0.182	0.163	0.148	0.135	0.125	0.116	0.108	0.101
10	160	60	20	2.5	0.901	0.803	0.682	0.519	0.413	0.340	0.288	0.248	0.218	0.194	0.175	0.160	0.147	0.136	0.126	0.118	0.111
11	160	60	20	3.0	0.903	0.809	0.702	0.543	0.438	0.365	0.312	0.272	0.241	0.217	0.197	0.181	0.167	0.156	0.146	0.137	0.129
12	180	70	20	2.0	0.939	0.856	0.758	0.614	0.478	0.385	0.319	0.269	0.232	0.202	0.179	0.160	0.145	0.132	0.121	0.111	0.103
13	180	70	20	2.2	0.939	0.857	0.759	0.618	0.483	0.391	0.325	0.275	0.238	0.208	0.185	0.166	0.150	0.137	0.126	0.117	0.109
14	180	70	20	2.5	0.939	0.858	0.762	0.627	0.493	0.401	0.335	0.286	0.248	0.219	0.195	0.176	0.160	0.147	0.136	0.126	0.118
15	180	70	20	3.0	0.939	0.860	0.768	0.645	0.512	0.420	0.354	0.305	0.268	0.238	0.214	0.195	0.179	0.165	0.153	0.143	0.135
16	200	70	20	2.0	0.940	0.857	0.758	0.612	0.476	0.382	0.315	0.266	0.228	0.198	0.175	0.156	0.140	0.127	0.117	0.107	0.099
17	200	70	20	2.2	0.940	0.858	0.759	0.617	0.481	0.388	0.321	0.271	0.233	0.204	0.180	0.161	0.146	0.133	0.122	0.112	0.104

续表

序号	h (mm)	b (mm)	a (mm)	l_1(m) / t(mm)	2.0	2.5	3.0	3.5	4.0	4.5	5.0	5.5	6.0	6.5	7.0	7.5	8.0	8.5	9.0	9.5	10.0
18	200	70	20	2.5	0.940	0.858	0.761	0.623	0.488	0.395	0.329	0.279	0.242	0.212	0.189	0.170	0.154	0.141	0.130	0.120	0.112
19	200	70	20	3.0	0.939	0.859	0.765	0.635	0.502	0.410	0.344	0.295	0.258	0.228	0.204	0.185	0.169	0.156	0.145	0.135	0.126
20	220	75	20	2.0	0.955	0.880	0.790	0.676	0.523	0.419	0.344	0.289	0.247	0.214	0.188	0.167	0.149	0.135	0.123	0.112	0.104
21	220	75	20	2.2	0.955	0.880	0.791	0.679	0.527	0.423	0.348	0.293	0.251	0.218	0.192	0.171	0.154	0.139	0.127	0.117	0.108
22	220	75	20	2.5	0.955	0.880	0.792	0.683	0.532	0.429	0.355	0.300	0.258	0.225	0.199	0.178	0.161	0.146	0.134	0.124	0.115
23	220	75	25	3.0	0.968	0.901	0.822	0.733	0.598	0.484	0.402	0.342	0.296	0.259	0.230	0.207	0.188	0.172	0.158	0.146	0.136
24	250	75	20	2.0	0.953	0.877	0.785	0.664	0.513	0.410	0.336	0.281	0.239	0.207	0.181	0.160	0.143	0.129	0.117	0.107	0.098
25	250	75	20	2.2	0.953	0.877	0.785	0.665	0.515	0.412	0.338	0.284	0.242	0.210	0.184	0.164	0.147	0.132	0.121	0.110	0.102
26	250	75	20	2.5	0.952	0.877	0.786	0.668	0.519	0.416	0.343	0.289	0.248	0.216	0.190	0.169	0.152	0.138	0.126	0.116	0.107
27	250	75	25	3.0	0.967	0.900	0.820	0.728	0.588	0.474	0.392	0.332	0.286	0.250	0.221	0.198	0.179	0.163	0.149	0.138	0.128
28	280	80	20	2.5	0.967	0.898	0.815	0.719	0.571	0.456	0.375	0.314	0.268	0.232	0.204	0.181	0.162	0.146	0.133	0.122	0.112
29	280	80	25	3.0	0.978	0.916	0.842	0.756	0.635	0.509	0.420	0.353	0.302	0.263	0.231	0.206	0.185	0.168	0.153	0.141	0.130
30	300	80	20	2.5	0.966	0.896	0.813	0.716	0.565	0.451	0.370	0.310	0.264	0.228	0.200	0.177	0.158	0.143	0.129	0.118	0.109
31	300	80	25	3.0	0.977	0.915	0.840	0.753	0.628	0.503	0.414	0.347	0.297	0.258	0.227	0.201	0.181	0.163	0.149	0.137	0.126

注：
1. 表中 φ'_b 系按公式 (2-98) 算得的 φ_b 并按公式 (2-101) 修正求得，适用于 Q235；当用于其他钢材牌号时，如表中 $\varphi'_b \leqslant 0.7$ 可将其乘以 $\dfrac{235}{f_y}$ 应用；如 $\varphi'_b > 0.6$，应按

$$\varphi_b = 1.091 - \frac{0.274}{\varphi_b} \cdot \frac{235}{f_y}$$

重新求得 φ_b，如此 $\varphi_b \leqslant 0.7$，$\varphi'_b = \varphi_b$，如 $\varphi'_b > 0.7$，仍按公式 (2-101) 修正得到 φ'_b。

2. 表中 l_1 为上翼缘无支长度。

3. 本表中 Z 型钢的抗弯承载力设计值 $M_x = \varphi'_b W_{ex} f$。

4. 表中荷载作用在上翼缘至荷载作用点在翼缘表面，方向指向截面形心，荷载作用下翼缘指荷载作用点在翼缘表面，方向背向截面形心。

表 11-26b

冷弯斜卷边 Z 形钢简支梁（跨中无侧向支承，均布荷载作用在下翼缘）整体稳定系数 φ'b

序号	h (mm)	b (mm)	a (mm)	t (mm)	l₁(m)	2.0	2.5	3.0	3.5	4.0	4.5	5.0	5.5	6.0	6.5	7.0	7.5	8.0	8.5	9.0	9.5	10.0
1	120	50	20	2.2		0.956	0.884	0.801	0.707	0.563	0.460	0.385	0.329	0.286	0.253	0.225	0.203	0.185	0.169	0.156	0.145	0.135
2	120	50	20	2.5		0.970	0.908	0.835	0.755	0.648	0.532	0.448	0.385	0.337	0.299	0.268	0.242	0.221	0.204	0.188	0.175	0.164
3	120	50	20	3.0		0.971	0.911	0.843	0.768	0.681	0.565	0.480	0.417	0.367	0.328	0.296	0.269	0.247	0.228	0.212	0.198	0.185
4	140	50	20	2.0		0.971	0.907	0.830	0.743	0.616	0.498	0.413	0.350	0.302	0.264	0.234	0.210	0.189	0.173	0.158	0.146	0.135
5	140	50	20	2.2		0.971	0.907	0.832	0.746	0.624	0.506	0.422	0.359	0.311	0.273	0.242	0.218	0.197	0.180	0.166	0.153	0.142
6	140	50	20	2.5		0.970	0.906	0.832	0.748	0.631	0.515	0.431	0.369	0.321	0.283	0.253	0.228	0.207	0.190	0.175	0.162	0.151
7	140	50	20	3.0		0.972	0.911	0.840	0.763	0.665	0.548	0.463	0.399	0.350	0.311	0.279	0.253	0.232	0.213	0.198	0.184	0.172
8	160	60	20	2.0		0.999	0.948	0.888	0.817	0.738	0.623	0.513	0.431	0.369	0.320	0.281	0.250	0.224	0.203	0.185	0.169	0.156
9	160	60	20	2.2		0.999	0.948	0.888	0.819	0.741	0.629	0.519	0.438	0.375	0.327	0.288	0.257	0.231	0.209	0.191	0.175	0.162
10	160	60	20	2.5		0.999	0.948	0.889	0.821	0.745	0.640	0.530	0.449	0.387	0.338	0.299	0.268	0.242	0.220	0.201	0.186	0.172
11	160	60	20	3.0		0.998	0.949	0.891	0.826	0.754	0.662	0.552	0.471	0.408	0.359	0.320	0.288	0.261	0.239	0.220	0.204	0.190
12	180	70	20	2.0		1.000	0.978	0.929	0.872	0.807	0.736	0.631	0.528	0.449	0.387	0.338	0.299	0.267	0.240	0.217	0.198	0.181
13	180	70	20	2.2		1.000	0.978	0.929	0.872	0.808	0.738	0.636	0.533	0.454	0.393	0.344	0.304	0.272	0.245	0.223	0.203	0.187
14	180	70	20	2.5		1.000	0.977	0.929	0.873	0.810	0.741	0.644	0.541	0.463	0.402	0.353	0.314	0.281	0.254	0.232	0.212	0.195
15	180	70	20	3.0		1.000	0.978	0.930	0.875	0.815	0.748	0.661	0.559	0.481	0.420	0.371	0.331	0.298	0.271	0.248	0.228	0.211
16	200	70	20	2.0		1.000	0.978	0.930	0.873	0.808	0.736	0.630	0.526	0.447	0.385	0.336	0.296	0.263	0.236	0.214	0.194	0.178
17	200	70	20	2.2		1.000	0.978	0.930	0.873	0.809	0.738	0.635	0.531	0.452	0.390	0.341	0.301	0.269	0.241	0.219	0.199	0.183
18	200	70	20	2.5		1.000	0.978	0.930	0.874	0.810	0.740	0.641	0.537	0.459	0.397	0.348	0.309	0.276	0.249	0.226	0.207	0.190
19	200	70	20	3.0		1.000	0.978	0.930	0.874	0.813	0.745	0.653	0.550	0.472	0.411	0.362	0.322	0.290	0.263	0.240	0.220	0.203
20	220	75	20	2.0		1.000	0.990	0.946	0.895	0.836	0.770	0.697	0.580	0.492	0.422	0.368	0.323	0.287	0.257	0.232	0.210	0.192
21	220	75	20	2.2		1.000	0.990	0.946	0.895	0.836	0.771	0.700	0.584	0.495	0.426	0.372	0.327	0.291	0.261	0.236	0.214	0.196
22	220	75	20	2.5		1.000	0.990	0.946	0.895	0.837	0.773	0.702	0.589	0.501	0.432	0.378	0.334	0.298	0.268	0.242	0.221	0.202
23	220	75	25	3.0		1.000	0.999	0.960	0.914	0.862	0.805	0.742	0.658	0.561	0.486	0.426	0.377	0.337	0.304	0.276	0.252	0.232
24	250	75	20	2.0		1.000	0.989	0.944	0.892	0.833	0.766	0.686	0.571	0.483	0.414	0.360	0.316	0.280	0.250	0.225	0.204	0.186
25	250	75	20	2.2		1.000	0.989	0.944	0.892	0.833	0.766	0.688	0.572	0.485	0.417	0.362	0.319	0.283	0.253	0.228	0.207	0.189
26	250	75	20	2.5		1.000	0.988	0.944	0.892	0.833	0.767	0.690	0.576	0.489	0.421	0.367	0.324	0.288	0.258	0.233	0.212	0.194
27	250	75	25	3.0		0.999	0.999	0.959	0.913	0.860	0.802	0.738	0.649	0.552	0.477	0.417	0.368	0.329	0.296	0.268	0.244	0.224
28	280	80	20	2.5		0.999	0.999	0.959	0.912	0.859	0.799	0.732	0.636	0.539	0.463	0.402	0.354	0.314	0.281	0.253	0.229	0.209
29	280	80	25	3.0		1.000	1.000	0.971	0.928	0.880	0.826	0.767	0.702	0.598	0.514	0.448	0.395	0.351	0.315	0.284	0.259	0.236
30	300	80	20	2.5		1.000	0.999	0.958	0.911	0.857	0.797	0.730	0.631	0.534	0.458	0.398	0.350	0.310	0.277	0.249	0.226	0.206
31	300	80	25	3.0		1.000	1.000	0.970	0.927	0.879	0.821	0.764	0.698	0.592	0.509	0.443	0.390	0.346	0.310	0.280	0.254	0.232

注：同表 11-26a。

冷弯斜卷边 Z 形钢简支梁（跨中设一道侧向支承，均布荷载作用在上翼缘）整体稳定系数 φ'_b

表 11-26c

序号	h (mm)	b (mm)	a (mm)	t (mm)	l_1 (m) 2.0	2.5	3.0	3.5	4.0	4.5	5.0
1	120	50	20	2.0	0.912	0.821	0.718	0.565	0.453	0.376	0.320
2	120	50	20	2.5	0.932	0.854	0.767	0.656	0.531	0.445	0.381
3	120	50	20	3.0	0.936	0.863	0.784	0.701	0.577	0.488	0.423
4	140	50	20	2.0	0.931	0.848	0.750	0.610	0.483	0.396	0.333
5	140	50	20	2.2	0.932	0.850	0.755	0.621	0.495	0.408	0.345
6	140	50	20	2.5	0.931	0.850	0.758	0.633	0.508	0.422	0.359
7	140	50	20	3.0	0.935	0.859	0.776	0.677	0.551	0.463	0.399
8	160	60	20	2.0	0.967	0.900	0.821	0.730	0.595	0.481	0.400
9	160	60	20	2.2	0.967	0.901	0.823	0.734	0.603	0.490	0.409
10	160	60	20	2.5	0.967	0.902	0.826	0.741	0.618	0.506	0.425
11	160	60	20	3.0	0.968	0.905	0.832	0.753	0.648	0.535	0.454
12	180	70	20	2.0	0.992	0.938	0.873	0.799	0.715	0.585	0.482
13	180	70	20	2.2	0.992	0.938	0.874	0.800	0.718	0.591	0.489
14	180	70	20	2.5	0.992	0.939	0.875	0.803	0.724	0.603	0.501
15	180	70	20	3.0	0.992	0.940	0.878	0.810	0.734	0.627	0.525
16	200	70	20	2.0	0.993	0.939	0.874	0.799	0.714	0.582	0.478
17	200	70	20	2.2	0.993	0.939	0.875	0.800	0.717	0.588	0.485
18	200	70	20	2.5	0.992	0.939	0.875	0.802	0.721	0.597	0.495
19	200	70	20	3.0	0.992	0.939	0.877	0.806	0.729	0.615	0.513
20	220	75	20	2.0	1.000	0.954	0.895	0.827	0.749	0.640	0.524
21	220	75	20	2.2	1.000	0.954	0.895	0.828	0.751	0.644	0.529
22	220	75	20	2.5	1.000	0.954	0.896	0.829	0.753	0.652	0.537
23	220	75	25	3.0	1.000	0.967	0.915	0.856	0.789	0.717	0.606
24	250	75	20	2.0	1.000	0.952	0.892	0.822	0.743	0.628	0.513
25	250	75	20	2.2	1.000	0.952	0.892	0.823	0.744	0.630	0.516
26	250	75	20	2.5	1.000	0.952	0.892	0.823	0.746	0.635	0.522
27	250	75	25	3.0	1.000	0.967	0.914	0.853	0.785	0.710	0.593
28	280	80	20	2.5	1.000	0.966	0.912	0.849	0.778	0.699	0.572
29	280	80	25	3.0	1.000	0.977	0.929	0.872	0.809	0.738	0.638
30	300	80	20	2.5	1.000	0.965	0.911	0.847	0.775	0.692	0.566
31	300	80	25	3.0	1.000	0.977	0.928	0.871	0.806	0.735	0.630

注：同表 11-26a。

冷弯斜卷边 Z 形钢简支梁（跨中设一道侧向支承，均布荷载作用在下翼缘）整体稳定系数 φ'_b

序号	h (mm)	b (mm)	a (mm)	t (mm)	l_1 (m) 2.0	2.5	3.0	3.5	4.0	4.5	5.0
1	120	50	20	2.2	0.947	0.872	0.786	0.686	0.546	0.450	0.380
2	120	50	20	2.5	0.963	0.898	0.825	0.744	0.634	0.526	0.447
3	120	50	20	3.0	0.965	0.903	0.835	0.763	0.678	0.569	0.488
4	140	50	20	2.0	0.963	0.895	0.815	0.725	0.589	0.480	0.401
5	140	50	20	2.2	0.963	0.896	0.818	0.730	0.600	0.491	0.412
6	140	50	20	2.5	0.962	0.896	0.819	0.734	0.612	0.504	0.426
7	140	50	20	3.0	0.965	0.902	0.831	0.754	0.655	0.545	0.465
8	160	60	20	2.0	0.992	0.938	0.874	0.800	0.718	0.592	0.489
9	160	60	20	2.2	0.992	0.938	0.875	0.802	0.722	0.600	0.498
10	160	60	20	2.5	0.992	0.939	0.877	0.806	0.729	0.615	0.513
11	160	60	20	3.0	0.992	0.940	0.881	0.814	0.742	0.643	0.541
12	180	70	20	2.0	1.000	0.969	0.917	0.857	0.788	0.713	0.596
13	180	70	20	2.2	1.000	0.969	0.917	0.857	0.790	0.716	0.602
14	180	70	20	2.5	1.000	0.969	0.918	0.859	0.794	0.722	0.614
15	180	70	20	3.0	1.000	0.970	0.920	0.863	0.800	0.733	0.637

表 11-26d

序号	h (mm)	b (mm)	a (mm)	t (mm)	l_1 (m) 2.0	2.5	3.0	3.5	4.0	4.5	5.0
16	200	70	20	2.0	1.000	0.970	0.918	0.857	0.788	0.712	0.593
17	200	70	20	2.2	1.000	0.970	0.918	0.858	0.790	0.715	0.599
18	200	70	20	2.5	1.000	0.970	0.918	0.859	0.792	0.719	0.608
19	200	70	20	3.0	1.000	0.969	0.919	0.861	0.797	0.727	0.625
20	220	75	20	2.0	1.000	0.982	0.935	0.880	0.817	0.748	0.653
21	220	75	20	2.2	1.000	0.982	0.935	0.880	0.818	0.750	0.657
22	220	75	20	2.5	1.000	0.982	0.935	0.881	0.820	0.752	0.664
23	220	75	25	3.0	1.000	0.992	0.950	0.902	0.848	0.788	0.723
24	250	75	20	2.0	1.000	0.981	0.933	0.877	0.813	0.742	0.641
25	250	75	20	2.2	1.000	0.980	0.933	0.877	0.814	0.743	0.643
26	250	75	20	2.5	1.000	0.980	0.933	0.877	0.814	0.745	0.648
27	250	75	25	3.0	1.000	0.992	0.949	0.900	0.845	0.784	0.717
28	280	80	20	2.5	1.000	0.992	0.949	0.898	0.841	0.777	0.707
29	280	80	25	3.0	1.000	1.000	0.962	0.916	0.865	0.808	0.745
30	300	80	20	2.5	1.000	0.991	0.948	0.897	0.839	0.775	0.704
31	300	80	25	3.0	1.000	1.000	0.961	0.915	0.863	0.805	0.742

注：同表 11-26a。

11.7.3　高频焊接薄壁 H 形钢简支梁整体稳定系数 φ'_b

表 11-27a

高频焊接 H 形钢（跨中无侧向支撑，均布荷载作用在上翼缘）稳定系数 φ_b

序号	H (mm)	B (mm)	t_w (mm)	t_f (mm)	l_1 (m) 2	2.5	3	3.5	4	4.5	5	5.5	6	6.5	7	7.5	8	8.5	9	9.5	10
1	100	50	2.3	3.2	0.559	0.436	0.364	0.307	0.263	0.231	0.206	0.186	0.169	0.155	0.144	0.134	0.125	0.118	0.111	0.105	0.100
2	100	50	3.2	4.5	0.714	0.618	0.507	0.427	0.370	0.326	0.292	0.265	0.242	0.223	0.206	0.192	0.180	0.169	0.160	0.151	0.144
3	100	100	4.5	6	0.949	0.911	0.877	0.843	0.803	0.764	0.726	0.687	0.649	0.611	0.568	0.528	0.493	0.463	0.436	0.412	0.391
4	100	100	6	8	0.978	0.955	0.927	0.899	0.871	0.844	0.816	0.789	0.762	0.735	0.709	0.682	0.655	0.628	0.602	0.570	0.541
5	120	120	3.2	4.5	0.945	0.891	0.836	0.780	0.726	0.673	0.622	0.568	0.520	0.479	0.438	0.403	0.374	0.349	0.327	0.307	0.290
6	120	120	4.5	6	0.962	0.921	0.882	0.843	0.807	0.774	0.738	0.698	0.658	0.618	0.574	0.531	0.495	0.463	0.435	0.411	0.389
7	150	75	3.2	4.5	0.761	0.647	0.528	0.441	0.382	0.339	0.307	0.274	0.248	0.226	0.208	0.193	0.180	0.169	0.158	0.150	0.142
8	150	75	4.5	6	0.817	0.738	0.664	0.596	0.518	0.452	0.401	0.361	0.328	0.301	0.278	0.258	0.241	0.227	0.214	0.202	0.191
9	150	100	3.2	4.5	0.878	0.796	0.711	0.626	0.535	0.464	0.412	0.372	0.340	0.315	0.290	0.267	0.248	0.231	0.216	0.204	0.192
10	150	100	3.2	6	0.907	0.845	0.783	0.724	0.668	0.615	0.559	0.498	0.449	0.410	0.376	0.348	0.324	0.303	0.285	0.269	0.255
11	150	100	4.5	6	0.904	0.841	0.780	0.722	0.666	0.615	0.559	0.499	0.451	0.411	0.378	0.350	0.326	0.306	0.287	0.271	0.257
12	150	150	3.2	6	0.988	0.950	0.910	0.869	0.827	0.786	0.746	0.707	0.669	0.633	0.598	0.558	0.515	0.479	0.447	0.420	0.395
13	150	150	4.5	6	0.986	0.948	0.908	0.866	0.825	0.784	0.744	0.705	0.668	0.633	0.598	0.559	0.517	0.480	0.449	0.422	0.397
14	150	150	6	8	0.996	0.966	0.936	0.907	0.878	0.851	0.825	0.801	0.772	0.742	0.712	0.683	0.653	0.624	0.593	0.559	0.528
15	200	100	3	3	0.810	0.680	0.525	0.405	0.326	0.271	0.231	0.202	0.179	0.161	0.146	0.134	0.124	0.116	0.108	0.102	0.097
16	200	100	3.2	4.5	0.849	0.747	0.636	0.514	0.424	0.362	0.316	0.281	0.254	0.232	0.214	0.199	0.187	0.177	0.167	0.157	0.147
17	200	100	3.2	6	0.878	0.796	0.711	0.626	0.535	0.464	0.412	0.372	0.340	0.315	0.290	0.267	0.248	0.231	0.216	0.204	0.192
18	200	100	4.5	6	0.871	0.788	0.702	0.617	0.527	0.459	0.408	0.369	0.339	0.314	0.289	0.267	0.248	0.231	0.217	0.204	0.193
19	200	100	6	8	0.900	0.837	0.777	0.719	0.664	0.613	0.559	0.500	0.452	0.413	0.380	0.352	0.328	0.307	0.289	0.273	0.258

注：1. 表中 φ'_b 系按公式（11-1）算得 φ_b 并按表 11-1 说明修正求得，适用于 Q235；当用于其他钢材牌号时，如表中的 $\varphi'_b \leqslant 0.6$ 应用 $\dfrac{235}{f_y}$ 应用，如 $\varphi'_b > 0.6$ 应按 φ_b

$$\frac{0.282}{1.07-\varphi_b} = \varphi_b\ \frac{235}{f_y}$$ 重新求其他钢号的 φ_b，如 $\varphi_b \leqslant 0.6$，取 $\varphi'_b = \varphi_b$，如 $\varphi_b > 0.6$ 仍按上式（11-1）重新求 φ'_b；

2. 本表 H 形钢的抗弯承载力设计值 $M_x = \varphi'_b W_{xx}$；

3. 外荷载作用在腹板中心。

续表

序号	H (mm)	B (mm)	t_w (mm)	t_f (mm)	l_1 (m)	2	2.5	3	3.5	4	4.5	5	5.5	6	6.5	7	7.5	8	8.5	9	9.5	10
20	200	150	3.2	4.5	4.5	0.970	0.918	0.860	0.795	0.726	0.653	0.573	0.496	0.437	0.390	0.353	0.322	0.297	0.276	0.257	0.242	0.228
21	200	150	3.2	6	6	0.978	0.934	0.884	0.831	0.775	0.719	0.662	0.605	0.542	0.491	0.449	0.415	0.386	0.362	0.341	0.323	0.307
22	200	150	4.5	6	6	0.975	0.930	0.879	0.825	0.769	0.712	0.656	0.599	0.536	0.486	0.446	0.412	0.384	0.361	0.340	0.323	0.307
23	200	150	6	8	8	0.984	0.946	0.905	0.863	0.822	0.781	0.742	0.704	0.667	0.632	0.598	0.559	0.517	0.482	0.450	0.423	0.399
24	200	200	6	8	8	1.000	0.995	0.967	0.938	0.908	0.877	0.845	0.814	0.784	0.754	0.724	0.696	0.668	0.641	0.615	0.587	0.559
25	250	125	3	3	3	0.894	0.800	0.690	0.559	0.440	0.357	0.298	0.254	0.221	0.194	0.173	0.156	0.142	0.130	0.120	0.111	0.104
26	250	125	3.2	4.5	4.5	0.914	0.835	0.745	0.645	0.531	0.439	0.372	0.323	0.284	0.254	0.230	0.210	0.194	0.180	0.168	0.158	0.149
27	250	125	3.2	6	6	0.930	0.861	0.785	0.704	0.619	0.525	0.452	0.398	0.355	0.322	0.294	0.272	0.253	0.237	0.224	0.212	0.202
28	250	125	4.5	6	6	0.923	0.852	0.774	0.691	0.605	0.511	0.442	0.389	0.349	0.317	0.290	0.269	0.251	0.235	0.222	0.211	0.201
29	250	125	4.5	8	8	0.941	0.882	0.820	0.757	0.694	0.631	0.564	0.505	0.458	0.421	0.390	0.365	0.341	0.317	0.297	0.279	0.263
30	250	125	6	8	8	0.936	0.877	0.814	0.750	0.687	0.625	0.558	0.500	0.455	0.419	0.389	0.364	0.341	0.317	0.297	0.279	0.263
31	250	150	3.2	4.5	4.5	0.963	0.907	0.841	0.768	0.688	0.603	0.507	0.435	0.379	0.336	0.301	0.272	0.249	0.229	0.213	0.198	0.186
32	250	150	3.2	6	6	0.972	0.922	0.865	0.803	0.736	0.667	0.596	0.517	0.457	0.409	0.371	0.340	0.314	0.292	0.273	0.257	0.243
33	250	150	4.5	6	6	0.967	0.916	0.857	0.794	0.726	0.656	0.581	0.506	0.448	0.402	0.365	0.335	0.310	0.289	0.271	0.255	0.241
34	250	150	4.5	8	8	0.978	0.934	0.885	0.834	0.782	0.729	0.676	0.624	0.568	0.516	0.474	0.440	0.411	0.386	0.365	0.346	0.325
35	250	150	4.5	9	9	0.982	0.941	0.897	0.851	0.804	0.758	0.712	0.668	0.624	0.579	0.534	0.498	0.467	0.438	0.409	0.383	0.361
36	250	150	6	8	8	0.975	0.930	0.881	0.829	0.776	0.723	0.670	0.619	0.562	0.512	0.471	0.438	0.410	0.385	0.365	0.345	0.325
37	250	150	6	9	9	0.980	0.938	0.893	0.847	0.800	0.754	0.709	0.665	0.622	0.576	0.533	0.497	0.466	0.438	0.409	0.384	0.362
38	250	200	4.5	8	8	1.000	0.990	0.959	0.925	0.889	0.851	0.812	0.773	0.733	0.693	0.654	0.615	0.572	0.531	0.497	0.467	0.441
39	250	200	4.5	9	9	1.000	0.993	0.964	0.933	0.900	0.865	0.831	0.796	0.761	0.726	0.692	0.659	0.626	0.593	0.556	0.525	0.498
40	250	200	4.5	10	10	1.000	0.996	0.969	0.940	0.910	0.879	0.847	0.816	0.785	0.755	0.726	0.697	0.669	0.642	0.615	0.587	0.558
41	250	200	6	8	8	1.000	0.988	0.956	0.922	0.885	0.847	0.808	0.768	0.729	0.689	0.650	0.611	0.568	0.528	0.494	0.465	0.440
42	250	200	6	9	9	1.000	0.991	0.962	0.930	0.897	0.863	0.828	0.793	0.758	0.724	0.690	0.657	0.624	0.591	0.555	0.524	0.498
43	250	200	6	10	10	1.000	0.995	0.967	0.938	0.908	0.877	0.845	0.814	0.784	0.754	0.724	0.696	0.668	0.641	0.615	0.587	0.559

续表

序号	H(mm)	B(mm)	t_w(mm)	t_f(mm)	l_1(m)	2	2.5	3	3.5	4	4.5	5	5.5	6	6.5	7	7.5	8	8.5	9	9.5	10
44	250	250	4.5		8	1.000	1.000	0.997	0.973	0.948	0.920	0.891	0.861	0.830	0.799	0.767	0.736	0.704	0.672	0.641	0.610	0.574
45	250	250	4.5		9	1.000	1.000	1.000	0.977	0.953	0.928	0.901	0.874	0.846	0.818	0.790	0.762	0.735	0.707	0.680	0.653	0.627
46	250	250	4.5		10	1.000	1.000	1.000	0.981	0.959	0.935	0.911	0.886	0.861	0.836	0.811	0.787	0.762	0.738	0.715	0.692	0.669
47	250	250	6		8	1.000	1.000	0.995	0.971	0.945	0.917	0.888	0.858	0.827	0.796	0.764	0.732	0.700	0.669	0.637	0.607	0.571
48	250	250	6		9	1.000	1.000	0.998	0.976	0.952	0.926	0.899	0.872	0.844	0.816	0.788	0.760	0.733	0.705	0.678	0.652	0.626
49	250	250	6		10	1.000	1.000	1.000	0.980	0.957	0.934	0.909	0.884	0.859	0.834	0.810	0.785	0.761	0.737	0.714	0.691	0.669
50	300	150	3.2		4.5	0.957	0.897	0.826	0.746	0.658	0.556	0.463	0.394	0.342	0.301	0.268	0.241	0.219	0.201	0.185	0.172	0.160
51	300	150	3.2		6	0.966	0.912	0.850	0.781	0.706	0.626	0.536	0.462	0.404	0.359	0.323	0.294	0.270	0.249	0.232	0.217	0.204
52	300	150	4.5		6	0.961	0.904	0.840	0.768	0.691	0.609	0.517	0.447	0.392	0.350	0.315	0.287	0.264	0.245	0.228	0.214	0.201
53	300	150	4.5		8	0.971	0.922	0.867	0.808	0.746	0.683	0.618	0.546	0.486	0.439	0.400	0.369	0.342	0.320	0.301	0.284	0.270
54	300	150	4.5		9	0.975	0.930	0.879	0.825	0.769	0.712	0.656	0.599	0.536	0.486	0.446	0.412	0.384	0.361	0.340	0.323	0.307
55	300	150	4.5		10	0.979	0.936	0.889	0.840	0.789	0.739	0.689	0.639	0.589	0.537	0.494	0.459	0.429	0.404	0.382	0.358	0.337
56	300	150	6		8	0.967	0.917	0.860	0.800	0.737	0.673	0.608	0.536	0.478	0.432	0.395	0.364	0.339	0.317	0.299	0.283	0.269
57	300	150	6		9	0.972	0.925	0.873	0.819	0.762	0.705	0.649	0.591	0.530	0.481	0.442	0.410	0.382	0.359	0.339	0.322	0.307
58	300	150	6		10	0.976	0.933	0.885	0.835	0.785	0.734	0.684	0.635	0.584	0.533	0.492	0.457	0.428	0.403	0.382	0.358	0.337
59	300	200	4.5		8	1.000	0.985	0.951	0.914	0.873	0.830	0.784	0.738	0.690	0.642	0.592	0.538	0.493	0.455	0.423	0.395	0.372
60	300	200	4.5		9	1.000	0.988	0.956	0.921	0.883	0.843	0.802	0.760	0.718	0.675	0.633	0.588	0.541	0.502	0.468	0.439	0.414
61	300	200	4.5		10	1.000	0.991	0.961	0.928	0.893	0.856	0.819	0.781	0.743	0.705	0.667	0.630	0.592	0.551	0.516	0.486	0.460
62	300	200	6		8	1.000	0.982	0.948	0.909	0.867	0.823	0.778	0.731	0.683	0.634	0.583	0.530	0.486	0.450	0.418	0.392	0.369
63	300	200	6		9	1.000	0.986	0.953	0.917	0.879	0.839	0.797	0.755	0.712	0.670	0.627	0.582	0.536	0.498	0.465	0.437	0.412
64	300	200	6		10	1.000	0.989	0.958	0.925	0.889	0.852	0.815	0.777	0.739	0.701	0.664	0.627	0.589	0.549	0.514	0.485	0.459

续表

序号	H (mm)	B (mm)	t_w (mm)	t_f (mm)	l_1 (m)	2	2.5	3	3.5	4	4.5	5	5.5	6	6.5	7	7.5	8	8.5	9	9.5	10
65	300	250	4.5	8	8	1.000	1.000	0.993	0.967	0.939	0.909	0.876	0.842	0.807	0.770	0.733	0.695	0.657	0.618	0.575	0.533	0.497
66	300	250	4.5	9	9	1.000	1.000	0.995	0.971	0.945	0.916	0.886	0.854	0.822	0.789	0.755	0.721	0.687	0.653	0.619	0.582	0.544
67	300	250	4.5	10	10	1.000	1.000	0.998	0.975	0.950	0.923	0.895	0.866	0.836	0.806	0.775	0.745	0.714	0.684	0.654	0.625	0.595
68	300	250	6	8	8	1.000	1.000	0.991	0.965	0.936	0.905	0.872	0.837	0.801	0.764	0.727	0.689	0.650	0.612	0.567	0.527	0.491
69	300	250	6	9	9	1.000	1.000	0.994	0.969	0.942	0.913	0.882	0.851	0.818	0.784	0.751	0.717	0.683	0.649	0.615	0.577	0.540
70	300	250	6	10	10	1.000	1.000	0.996	0.973	0.947	0.920	0.892	0.863	0.833	0.803	0.772	0.742	0.712	0.681	0.652	0.622	0.592
71	350	150	3.2	4.5	4.5	0.952	0.888	0.813	0.727	0.632	0.520	0.431	0.366	0.315	0.276	0.245	0.219	0.198	0.181	0.166	0.153	0.143
72	350	150	3.2	6	6	0.961	0.904	0.837	0.762	0.680	0.590	0.494	0.423	0.368	0.326	0.291	0.263	0.240	0.221	0.205	0.191	0.179
73	350	150	4.5	6	6	0.955	0.894	0.824	0.746	0.660	0.563	0.473	0.406	0.354	0.314	0.281	0.255	0.233	0.215	0.199	0.186	0.175
74	350	150	4.5	8	8	0.966	0.913	0.853	0.787	0.717	0.643	0.562	0.489	0.432	0.387	0.351	0.321	0.297	0.276	0.258	0.243	0.230
75	350	150	4.5	9	9	0.970	0.920	0.864	0.803	0.739	0.673	0.607	0.532	0.472	0.425	0.388	0.356	0.330	0.309	0.290	0.274	0.260
76	350	150	4.5	10	10	0.974	0.927	0.874	0.818	0.760	0.700	0.640	0.576	0.515	0.466	0.426	0.393	0.366	0.343	0.323	0.306	0.291
77	350	150	6	8	8	0.960	0.905	0.843	0.775	0.704	0.629	0.546	0.475	0.421	0.378	0.344	0.315	0.292	0.272	0.255	0.240	0.227
78	350	150	6	9	9	0.966	0.914	0.856	0.794	0.729	0.663	0.594	0.521	0.464	0.418	0.382	0.352	0.327	0.306	0.287	0.272	0.258
79	350	150	6	10	10	0.970	0.922	0.868	0.811	0.752	0.692	0.632	0.567	0.507	0.460	0.422	0.390	0.363	0.341	0.322	0.305	0.290
80	350	175	4.5	6	6	0.987	0.942	0.890	0.831	0.765	0.695	0.619	0.533	0.461	0.405	0.361	0.325	0.295	0.270	0.249	0.231	0.215
81	350	175	4.5	8	8	0.993	0.954	0.908	0.857	0.801	0.742	0.681	0.618	0.546	0.485	0.436	0.397	0.361	0.336	0.312	0.292	0.275
82	350	175	4.5	9	9	0.996	0.958	0.915	0.867	0.816	0.762	0.706	0.650	0.591	0.527	0.476	0.435	0.400	0.371	0.347	0.325	0.307
83	350	175	4.5	10	10	0.999	0.963	0.922	0.877	0.829	0.780	0.729	0.678	0.627	0.571	0.518	0.474	0.438	0.408	0.382	0.360	0.341
84	350	175	6	8	8	0.990	0.949	0.901	0.849	0.792	0.731	0.669	0.605	0.532	0.474	0.427	0.389	0.357	0.330	0.308	0.288	0.271
85	350	175	6	9	9	0.993	0.954	0.910	0.861	0.808	0.754	0.697	0.640	0.579	0.518	0.468	0.428	0.395	0.367	0.343	0.322	0.304
86	350	175	6	10	10	0.996	0.959	0.917	0.872	0.823	0.773	0.722	0.671	0.620	0.563	0.511	0.469	0.434	0.405	0.380	0.358	0.339

续表

序号	H (mm)	B (mm)	tw (mm)	tf (mm)	l1(m)																
					2	2.5	3	3.5	4	4.5	5	5.5	6	6.5	7	7.5	8	8.5	9	9.5	10
87	350	200	4.5	8	1.000	0.981	0.945	0.904	0.860	0.812	0.761	0.709	0.655	0.599	0.535	0.483	0.440	0.404	0.374	0.348	0.326
88	350	200	4.5	9	1.000	0.984	0.950	0.911	0.870	0.825	0.779	0.731	0.682	0.632	0.578	0.524	0.479	0.442	0.410	0.383	0.360
89	350	200	4.5	10	1.000	0.987	0.954	0.918	0.879	0.838	0.795	0.751	0.706	0.662	0.617	0.566	0.520	0.481	0.448	0.420	0.396
90	350	200	6	8	1.000	0.977	0.940	0.898	0.853	0.804	0.752	0.699	0.643	0.584	0.523	0.473	0.432	0.397	0.368	0.343	0.321
91	350	200	6	9	1.000	0.981	0.946	0.907	0.864	0.819	0.772	0.723	0.673	0.623	0.568	0.515	0.472	0.436	0.405	0.379	0.356
92	350	200	6	10	1.000	0.984	0.951	0.914	0.874	0.832	0.789	0.745	0.700	0.655	0.610	0.559	0.515	0.477	0.445	0.417	0.393
93	350	250	4.5	8	1.000	1.000	0.989	0.962	0.932	0.899	0.864	0.827	0.787	0.747	0.705	0.661	0.617	0.567	0.520	0.480	0.446
94	350	250	4.5	9	1.000	1.000	0.992	0.966	0.937	0.906	0.873	0.838	0.802	0.764	0.726	0.687	0.647	0.607	0.561	0.519	0.484
95	350	250	4.5	10	1.000	1.000	0.994	0.970	0.942	0.913	0.882	0.849	0.815	0.781	0.746	0.710	0.674	0.638	0.603	0.560	0.524
96	350	250	6	8	1.000	1.000	0.987	0.959	0.928	0.894	0.858	0.820	0.780	0.739	0.696	0.652	0.608	0.556	0.511	0.472	0.438
97	350	250	6	9	1.000	1.000	0.990	0.963	0.934	0.902	0.869	0.833	0.796	0.758	0.720	0.680	0.640	0.600	0.553	0.513	0.478
98	350	250	6	10	1.000	1.000	0.992	0.967	0.939	0.910	0.878	0.845	0.811	0.776	0.741	0.705	0.669	0.633	0.597	0.555	0.519
99	400	150	4.5	8	0.961	0.904	0.840	0.768	0.691	0.609	0.517	0.447	0.392	0.350	0.315	0.287	0.264	0.245	0.228	0.214	0.201
100	400	150	4.5	9	0.965	0.912	0.851	0.784	0.713	0.639	0.557	0.483	0.427	0.382	0.346	0.317	0.292	0.272	0.254	0.239	0.226
101	400	150	4.5	10	0.969	0.918	0.861	0.799	0.734	0.666	0.597	0.521	0.462	0.416	0.378	0.347	0.322	0.300	0.282	0.266	0.252
102	400	150	6	8	0.954	0.895	0.828	0.753	0.674	0.587	0.498	0.431	0.380	0.339	0.307	0.280	0.258	0.240	0.224	0.210	0.198
103	400	150	6	9	0.960	0.904	0.841	0.773	0.700	0.625	0.540	0.470	0.416	0.373	0.339	0.311	0.287	0.268	0.251	0.236	0.224
104	400	150	6	10	0.964	0.912	0.853	0.790	0.723	0.655	0.582	0.509	0.453	0.408	0.372	0.343	0.318	0.297	0.279	0.264	0.250
105	400	200	4.5	8	1.000	0.977	0.939	0.896	0.849	0.797	0.742	0.684	0.624	0.555	0.494	0.444	0.403	0.368	0.339	0.315	0.293
106	400	200	4.5	9	1.000	0.980	0.944	0.903	0.858	0.810	0.759	0.706	0.651	0.593	0.530	0.478	0.435	0.400	0.370	0.344	0.322
107	400	200	4.5	10	1.000	0.983	0.949	0.910	0.867	0.822	0.775	0.726	0.675	0.624	0.567	0.514	0.469	0.432	0.401	0.374	0.351
108	400	200	6	8	1.000	0.973	0.934	0.889	0.840	0.786	0.730	0.671	0.609	0.538	0.480	0.432	0.392	0.359	0.332	0.308	0.287
109	400	200	6	9	1.000	0.977	0.939	0.897	0.851	0.802	0.749	0.695	0.639	0.579	0.517	0.468	0.427	0.392	0.363	0.338	0.317
110	400	200	6	10	1.000	0.980	0.944	0.905	0.861	0.815	0.767	0.717	0.666	0.615	0.556	0.505	0.462	0.426	0.396	0.370	0.347

续表

序号	H (mm)	B (mm)	t_w (mm)	t_1 (mm)	l_1(m) 2	2.5	3	3.5	4	4.5	5	5.5	6	6.5	7	7.5	8	8.5	9	9.5	10
111	400	250	4.5	8	1.000	1.000	0.987	0.958	0.927	0.892	0.854	0.814	0.771	0.727	0.681	0.633	0.581	0.527	0.481	0.443	0.409
112	400	250	4.5	9	1.000	1.000	0.989	0.962	0.932	0.899	0.863	0.825	0.786	0.744	0.702	0.658	0.614	0.562	0.515	0.475	0.441
113	400	250	4.5	10	1.000	1.000	0.991	0.965	0.936	0.905	0.871	0.836	0.798	0.760	0.721	0.681	0.640	0.599	0.551	0.509	0.474
114	400	250	6	8	1.000	1.000	0.983	0.954	0.921	0.885	0.847	0.805	0.762	0.717	0.669	0.621	0.566	0.514	0.470	0.433	0.401
115	400	250	6	9	1.000	1.000	0.986	0.958	0.927	0.893	0.857	0.818	0.778	0.736	0.693	0.649	0.604	0.551	0.506	0.467	0.434
116	400	250	6	10	1.000	1.000	0.989	0.962	0.933	0.900	0.866	0.830	0.792	0.754	0.714	0.673	0.633	0.589	0.542	0.502	0.468
117	450	200	4.5	8	1.000	0.974	0.934	0.889	0.839	0.784	0.725	0.663	0.597	0.522	0.462	0.414	0.374	0.341	0.313	0.289	0.269
118	450	200	4.5	9	1.000	0.977	0.939	0.896	0.849	0.797	0.742	0.684	0.624	0.555	0.494	0.444	0.403	0.368	0.339	0.315	0.293
119	450	200	4.5	10	1.000	0.980	0.944	0.903	0.857	0.809	0.757	0.704	0.648	0.589	0.526	0.474	0.432	0.396	0.366	0.340	0.318
120	450	200	6	8	1.000	0.969	0.928	0.880	0.828	0.771	0.710	0.646	0.574	0.503	0.446	0.400	0.363	0.331	0.304	0.282	0.262
121	450	200	6	9	1.000	0.973	0.934	0.889	0.840	0.786	0.730	0.671	0.609	0.538	0.480	0.432	0.392	0.359	0.332	0.308	0.287
122	450	200	6	10	1.000	0.977	0.939	0.896	0.850	0.800	0.747	0.693	0.636	0.574	0.513	0.464	0.423	0.389	0.360	0.335	0.314
123	450	250	4.5	8	1.000	1.000	0.984	0.955	0.922	0.885	0.845	0.803	0.757	0.710	0.660	0.609	0.548	0.496	0.452	0.414	0.382
124	450	250	4.5	9	1.000	1.000	0.987	0.958	0.927	0.892	0.854	0.814	0.771	0.727	0.681	0.633	0.581	0.527	0.481	0.443	0.409
125	450	250	4.5	10	1.000	1.000	0.989	0.962	0.931	0.898	0.862	0.824	0.784	0.742	0.699	0.655	0.610	0.558	0.511	0.472	0.437
126	450	250	6	8	1.000	1.000	0.980	0.950	0.915	0.878	0.836	0.792	0.746	0.697	0.646	0.592	0.531	0.481	0.439	0.403	0.372
127	450	250	6	9	1.000	1.000	0.983	0.954	0.921	0.885	0.847	0.805	0.762	0.717	0.669	0.621	0.566	0.514	0.470	0.433	0.401
128	450	250	6	10	1.000	1.000	0.986	0.958	0.927	0.893	0.856	0.817	0.776	0.734	0.690	0.646	0.600	0.547	0.502	0.463	0.430
129	500	200	4.5	8	1.000	0.971	0.930	0.883	0.830	0.772	0.709	0.643	0.568	0.495	0.437	0.391	0.352	0.320	0.293	0.270	0.250
130	500	200	4.5	9	1.000	0.974	0.935	0.890	0.840	0.785	0.727	0.665	0.600	0.525	0.466	0.417	0.377	0.344	0.316	0.292	0.271
131	500	200	4.5	10	1.000	0.977	0.939	0.896	0.849	0.797	0.742	0.684	0.624	0.555	0.494	0.444	0.403	0.368	0.339	0.315	0.293
132	500	200	6	8	1.000	0.966	0.922	0.872	0.817	0.757	0.692	0.623	0.543	0.474	0.420	0.375	0.339	0.308	0.283	0.261	0.242
133	500	200	6	9	1.000	0.970	0.928	0.881	0.829	0.772	0.712	0.648	0.578	0.506	0.450	0.403	0.365	0.334	0.307	0.284	0.265
134	500	200	6	10	1.000	0.973	0.934	0.889	0.840	0.786	0.730	0.671	0.609	0.538	0.480	0.432	0.392	0.359	0.332	0.308	0.287
135	500	250	4.5	8	1.000	1.000	0.982	0.951	0.917	0.879	0.837	0.793	0.745	0.695	0.642	0.584	0.523	0.472	0.429	0.392	0.361
136	500	250	4.5	9	1.000	1.000	0.984	0.955	0.922	0.886	0.846	0.804	0.759	0.712	0.662	0.611	0.552	0.499	0.455	0.417	0.385
137	500	250	4.5	10	1.000	1.000	0.987	0.958	0.927	0.892	0.854	0.814	0.771	0.727	0.681	0.633	0.581	0.527	0.481	0.443	0.409
138	500	250	6	8	1.000	1.000	0.978	0.946	0.910	0.870	0.827	0.781	0.731	0.680	0.625	0.563	0.504	0.455	0.414	0.379	0.349
139	500	250	6	9	1.000	1.000	0.981	0.950	0.916	0.878	0.838	0.794	0.748	0.699	0.649	0.595	0.535	0.484	0.442	0.406	0.375
140	500	250	6	10	1.000	1.000	0.983	0.954	0.921	0.885	0.847	0.805	0.762	0.717	0.669	0.621	0.566	0.514	0.470	0.433	0.401

高频焊接 H 型钢（跨中无侧向支撑　满跨均布荷载作用在下翼缘）稳定系数 φ'_b

表 11-27b

序号	H (mm)	B (mm)	t_w (mm)	t_f (mm)	l_1 (m)	2	2.5	3	3.5	4	4.5	5	5.5	6	6.5	7	7.5	8	8.5	9	9.5	10
1	100	50	2.3	3.2	3.2	0.777	0.658	0.522	0.430	0.369	0.323	0.288	0.260	0.237	0.218	0.201	0.187	0.175	0.165	0.155	0.147	0.139
2	100	50	3.2	4.5	4.5	0.830	0.747	0.672	0.598	0.518	0.457	0.409	0.370	0.338	0.312	0.289	0.269	0.252	0.237	0.224	0.212	0.201
3	100	100	4.5	6	6	1.000	0.972	0.940	0.908	0.879	0.852	0.824	0.797	0.769	0.742	0.715	0.688	0.661	0.635	0.608	0.577	0.547
4	100	100	6	8	8	1.000	0.988	0.968	0.948	0.928	0.908	0.889	0.869	0.850	0.831	0.812	0.793	0.774	0.755	0.736	0.717	0.698
5	120	120	3.2	4.5	4.5	1.000	0.980	0.947	0.910	0.872	0.831	0.788	0.743	0.696	0.650	0.610	0.565	0.523	0.488	0.457	0.430	0.406
6	120	120	4.5	6	6	1.000	0.989	0.961	0.931	0.900	0.866	0.833	0.804	0.776	0.747	0.719	0.691	0.663	0.635	0.607	0.575	0.544
7	150	75	3.2	4.5	4.5	0.914	0.843	0.767	0.686	0.599	0.503	0.429	0.384	0.347	0.317	0.292	0.270	0.252	0.236	0.222	0.209	0.198
8	150	75	4.5	6	6	0.932	0.874	0.812	0.745	0.681	0.624	0.562	0.505	0.459	0.421	0.389	0.362	0.338	0.317	0.299	0.283	0.268
9	150	100	3.2	4.5	4.5	0.978	0.933	0.883	0.829	0.771	0.710	0.646	0.575	0.504	0.447	0.406	0.374	0.347	0.323	0.303	0.285	0.269
10	150	100	3.2	6	6	0.988	0.949	0.907	0.862	0.814	0.763	0.710	0.666	0.622	0.573	0.527	0.488	0.454	0.425	0.399	0.376	0.356
11	150	100	4.5	6	6	0.986	0.947	0.905	0.861	0.813	0.763	0.710	0.666	0.623	0.576	0.530	0.491	0.457	0.428	0.402	0.380	0.359
12	150	150	3.2	6	6	1.000	1.000	0.989	0.964	0.937	0.909	0.879	0.847	0.815	0.781	0.746	0.709	0.679	0.649	0.620	0.588	0.554
13	150	150	4.5	6	6	1.000	1.000	0.988	0.963	0.936	0.907	0.878	0.846	0.814	0.781	0.746	0.710	0.680	0.651	0.621	0.590	0.556
14	150	150	6	6	8	1.000	1.000	0.997	0.976	0.954	0.930	0.906	0.880	0.857	0.836	0.815	0.793	0.772	0.751	0.730	0.710	0.689
15	200	100	3	3	3	0.957	0.896	0.825	0.745	0.657	0.556	0.464	0.396	0.343	0.302	0.269	0.241	0.219	0.199	0.183	0.169	0.156
16	200	100	3.2	4.5	4.5	0.969	0.918	0.859	0.794	0.724	0.651	0.568	0.489	0.428	0.379	0.339	0.305	0.277	0.253	0.234	0.219	0.206
17	200	100	3.2	6	6	0.978	0.933	0.883	0.829	0.771	0.710	0.646	0.575	0.504	0.447	0.406	0.374	0.347	0.323	0.303	0.285	0.269
18	200	100	4.5	6	6	0.975	0.929	0.878	0.824	0.766	0.706	0.642	0.572	0.502	0.446	0.405	0.374	0.347	0.324	0.304	0.286	0.270
19	200	100	6	8	8	0.984	0.945	0.903	0.859	0.812	0.762	0.710	0.667	0.624	0.578	0.532	0.493	0.459	0.430	0.405	0.382	0.362

续表

序号	H (mm)	B (mm)	t_w (mm)	t_f (mm)	l_1 (m)	2	2.5	3	3.5	4	4.5	5	5.5	6	6.5	7	7.5	8	8.5	9	9.5	10
20	200	150	3.2	4.5	4.5	1.000	1.000	0.974	0.942	0.906	0.867	0.825	0.780	0.734	0.686	0.635	0.580	0.523	0.475	0.434	0.399	0.369
21	200	150	3.2	6	6	1.000	1.000	0.981	0.952	0.921	0.887	0.851	0.814	0.775	0.734	0.692	0.649	0.605	0.552	0.506	0.465	0.430
22	200	150	4.5	6	6	1.000	1.000	0.979	0.950	0.918	0.884	0.848	0.810	0.771	0.731	0.690	0.647	0.603	0.550	0.505	0.465	0.430
23	200	150	6	8	8	1.000	1.000	0.987	0.961	0.934	0.906	0.876	0.846	0.813	0.780	0.746	0.710	0.681	0.652	0.623	0.592	0.559
24	200	200	6	8	8	1.000	1.000	1.000	1.000	0.988	0.969	0.950	0.929	0.907	0.885	0.862	0.839	0.814	0.789	0.763	0.737	0.710
25	250	125	3	3	3	0.995	0.954	0.905	0.848	0.783	0.712	0.635	0.544	0.466	0.404	0.355	0.316	0.283	0.256	0.233	0.213	0.196
26	250	125	3.2	4.5	4.5	1.000	0.966	0.922	0.873	0.818	0.759	0.696	0.629	0.552	0.483	0.428	0.383	0.346	0.315	0.288	0.265	0.245
27	250	125	3.2	6	6	1.000	0.974	0.935	0.892	0.844	0.793	0.740	0.684	0.625	0.559	0.497	0.447	0.405	0.369	0.338	0.312	0.289
28	250	125	4.5	6	6	1.000	0.970	0.930	0.885	0.837	0.786	0.732	0.676	0.617	0.550	0.491	0.442	0.401	0.366	0.336	0.310	0.288
29	250	125	4.5	8	8	1.000	0.979	0.945	0.907	0.867	0.824	0.780	0.733	0.685	0.635	0.580	0.523	0.478	0.444	0.416	0.390	0.368
30	250	125	6	8	8	1.000	0.977	0.942	0.904	0.863	0.821	0.776	0.730	0.683	0.633	0.578	0.522	0.477	0.444	0.416	0.391	0.369
31	250	150	3.2	4.5	4.5	0.999	1.000	0.968	0.933	0.894	0.851	0.805	0.755	0.702	0.647	0.588	0.523	0.470	0.425	0.388	0.356	0.328
32	250	150	3.2	6	6	1.000	1.000	0.976	0.944	0.909	0.871	0.831	0.788	0.743	0.697	0.648	0.598	0.540	0.491	0.449	0.413	0.382
33	250	150	4.5	6	6	1.000	1.000	0.972	0.940	0.904	0.865	0.824	0.781	0.736	0.690	0.642	0.590	0.533	0.486	0.445	0.410	0.379
34	250	150	4.5	8	9	1.000	1.000	0.981	0.953	0.922	0.889	0.855	0.819	0.781	0.743	0.703	0.662	0.619	0.571	0.523	0.484	0.455
35	250	150	4.5	8	8	1.000	1.000	0.985	0.958	0.929	0.899	0.867	0.834	0.799	0.763	0.726	0.688	0.648	0.610	0.572	0.537	0.505
36	250	150	6	8	8	1.000	1.000	0.979	0.950	0.919	0.886	0.852	0.816	0.779	0.740	0.701	0.660	0.618	0.569	0.523	0.484	0.455
37	250	150	6	9	9	1.000	1.000	0.983	0.956	0.927	0.897	0.865	0.832	0.797	0.762	0.725	0.687	0.648	0.610	0.573	0.538	0.506
38	250	200	4.5	8	8	1.000	1.000	1.000	1.000	0.983	0.962	0.940	0.916	0.891	0.866	0.839	0.812	0.783	0.754	0.725	0.694	0.663
39	250	200	4.5	9	9	1.000	1.000	1.000	1.000	0.986	0.966	0.945	0.923	0.900	0.876	0.852	0.826	0.800	0.773	0.745	0.717	0.688
40	250	200	4.5	10	10	1.000	1.000	1.000	1.000	0.989	0.970	0.951	0.930	0.908	0.886	0.863	0.839	0.815	0.789	0.763	0.737	0.709
41	250	200	6	8	8	1.000	1.000	1.000	1.000	0.981	0.960	0.937	0.914	0.889	0.863	0.837	0.809	0.781	0.752	0.723	0.693	0.662
42	250	200	6	9	9	1.000	1.000	1.000	1.000	0.985	0.965	0.944	0.922	0.899	0.875	0.850	0.825	0.799	0.772	0.745	0.717	0.688
43	250	200	6	10	10	1.000	1.000	1.000	1.000	0.988	0.969	0.950	0.929	0.907	0.885	0.862	0.839	0.814	0.789	0.763	0.737	0.710

续表

序号	H (mm)	B (mm)	t_w (mm)	t_1 (mm)	l_1 (m)	2	2.5	3	3.5	4	4.5	5	5.5	6	6.5	7	7.5	8	8.5	9	9.5	10
44	250	250	4.5	4.5	8	1.000	1.000	1.000	1.000	1.000	0.999	0.984	0.967	0.950	0.932	0.913	0.893	0.872	0.851	0.830	0.807	0.785
45	250	250	4.5	4.5	9	1.000	1.000	1.000	1.000	1.000	1.000	0.987	0.971	0.955	0.938	0.920	0.901	0.882	0.863	0.842	0.822	0.801
46	250	250	4.5	4.5	10	1.000	1.000	1.000	1.000	1.000	1.000	0.990	0.975	0.959	0.943	0.926	0.909	0.891	0.873	0.854	0.835	0.815
47	250	250	6	6	8	1.000	1.000	1.000	1.000	1.000	0.998	0.982	0.966	0.948	0.930	0.911	0.891	0.870	0.849	0.828	0.806	0.783
48	250	250	6	6	9	1.000	1.000	1.000	1.000	1.000	1.000	0.986	0.970	0.954	0.936	0.919	0.900	0.881	0.861	0.841	0.821	0.800
49	250	250	6	6	10	1.000	1.000	1.000	1.000	1.000	1.000	0.989	0.974	0.958	0.942	0.926	0.908	0.890	0.872	0.853	0.834	0.814
50	300	150	3.2	3.2	4.5	1.000	0.996	0.964	0.927	0.885	0.838	0.788	0.734	0.677	0.616	0.545	0.484	0.433	0.391	0.355	0.325	0.299
51	300	150	3.2	3.2	6	1.000	1.000	0.971	0.937	0.900	0.858	0.814	0.767	0.717	0.665	0.612	0.549	0.494	0.448	0.409	0.375	0.346
52	300	150	4.5	4.5	6	1.000	0.997	0.966	0.931	0.893	0.850	0.805	0.757	0.707	0.654	0.600	0.536	0.484	0.439	0.402	0.369	0.341
53	300	150	4.5	4.5	8	1.000	1.000	0.975	0.944	0.911	0.874	0.836	0.795	0.753	0.710	0.665	0.619	0.565	0.515	0.472	0.435	0.403
54	300	150	4.5	4.5	9	1.000	1.000	0.979	0.950	0.918	0.884	0.848	0.810	0.771	0.731	0.690	0.647	0.603	0.550	0.505	0.465	0.430
55	300	150	4.5	4.5	10	1.000	1.000	0.982	0.954	0.924	0.892	0.859	0.824	0.787	0.750	0.711	0.671	0.630	0.584	0.535	0.501	0.472
56	300	150	6	6	8	1.000	1.000	0.972	0.940	0.906	0.869	0.830	0.790	0.748	0.704	0.659	0.613	0.560	0.511	0.469	0.433	0.401
57	300	150	6	6	9	1.000	1.000	0.976	0.947	0.914	0.880	0.844	0.807	0.768	0.728	0.686	0.644	0.600	0.548	0.503	0.464	0.430
58	300	150	6	6	10	1.000	1.000	0.980	0.952	0.922	0.890	0.856	0.821	0.785	0.748	0.709	0.669	0.629	0.583	0.535	0.502	0.472
59	300	200	4.5	4.5	8	1.000	1.000	1.000	0.998	0.978	0.955	0.931	0.905	0.878	0.849	0.820	0.789	0.757	0.725	0.691	0.657	0.622
60	300	200	4.5	4.5	9	1.000	1.000	1.000	1.000	0.981	0.960	0.937	0.912	0.887	0.860	0.832	0.804	0.774	0.744	0.713	0.681	0.649
61	300	200	4.5	4.5	10	1.000	1.000	1.000	1.000	0.984	0.963	0.942	0.919	0.895	0.869	0.844	0.817	0.789	0.761	0.732	0.702	0.672
62	300	200	6	6	8	1.000	1.000	1.000	0.996	0.975	0.952	0.928	0.902	0.874	0.845	0.816	0.785	0.753	0.721	0.687	0.653	0.619
63	300	200	6	6	9	1.000	1.000	1.000	0.999	0.979	0.957	0.934	0.910	0.884	0.857	0.829	0.801	0.771	0.741	0.711	0.679	0.647
64	300	200	6	6	10	1.000	1.000	1.000	1.000	0.982	0.962	0.940	0.917	0.892	0.867	0.842	0.815	0.787	0.759	0.731	0.701	0.671

续表

序号	H(mm)	B(mm)	t_w(mm)	t(mm)	2	2.5	3	3.5	4	4.5	5	5.5	6	6.5	7	7.5	8	8.5	9	9.5	10
																					l₁(m)
65	300	250	4.5	8	1.000	1.000	1.000	1.000	1.000	0.996	0.979	0.962	0.943	0.923	0.902	0.880	0.858	0.834	0.810	0.785	0.760
66	300	250	4.5	9	1.000	1.000	1.000	1.000	1.000	0.998	0.982	0.965	0.947	0.929	0.909	0.888	0.867	0.845	0.823	0.800	0.776
67	300	250	4.5	10	1.000	1.000	1.000	1.000	1.000	1.000	0.985	0.969	0.952	0.934	0.915	0.896	0.876	0.855	0.834	0.812	0.790
68	300	250	6	8	1.000	1.000	1.000	1.000	1.000	0.994	0.977	0.959	0.940	0.920	0.899	0.877	0.854	0.831	0.807	0.782	0.756
69	300	250	6	9	1.000	1.000	1.000	1.000	1.000	0.996	0.980	0.963	0.945	0.926	0.907	0.886	0.865	0.843	0.820	0.797	0.774
70	300	250	6	10	1.000	1.000	1.000	1.000	1.000	0.999	0.983	0.967	0.950	0.932	0.913	0.894	0.874	0.854	0.833	0.811	0.789
71	350	150	3.2	4.5	1.000	0.993	0.959	0.920	0.876	0.827	0.774	0.716	0.654	0.586	0.513	0.454	0.405	0.365	0.331	0.302	0.277
72	350	150	3.2	6	1.000	0.998	0.967	0.932	0.892	0.848	0.800	0.749	0.696	0.639	0.576	0.512	0.460	0.416	0.379	0.347	0.320
73	350	150	4.5	6	1.000	0.994	0.961	0.924	0.882	0.837	0.788	0.735	0.680	0.623	0.556	0.496	0.446	0.404	0.369	0.339	0.313
74	350	150	4.5	8	1.000	1.000	0.971	0.937	0.901	0.861	0.819	0.775	0.728	0.680	0.631	0.575	0.519	0.473	0.433	0.399	0.369
75	350	150	4.5	9	1.000	1.000	0.974	0.943	0.908	0.871	0.832	0.790	0.747	0.703	0.657	0.610	0.554	0.505	0.463	0.426	0.391
76	350	150	4.5	10	1.000	1.000	0.977	0.947	0.915	0.880	0.843	0.804	0.764	0.722	0.679	0.635	0.587	0.535	0.491	0.452	0.419
77	350	150	6	8	1.000	0.996	0.966	0.932	0.895	0.854	0.812	0.767	0.720	0.672	0.622	0.565	0.511	0.466	0.427	0.394	0.365
78	350	150	6	9	1.000	0.999	0.971	0.939	0.903	0.866	0.826	0.784	0.741	0.697	0.651	0.604	0.548	0.500	0.459	0.423	0.392
79	350	150	6	10	1.000	1.000	0.974	0.944	0.911	0.876	0.839	0.800	0.760	0.718	0.675	0.632	0.583	0.532	0.489	0.451	0.418
80	350	175	4.5	6	1.000	0.992	0.964	0.933	0.899	0.862	0.822	0.779	0.735	0.688	0.639	0.586	0.529	0.481	0.440	0.404	
81	350	175	4.5	8	1.000	0.997	0.972	0.945	0.914	0.882	0.847	0.810	0.772	0.732	0.691	0.649	0.606	0.554	0.509	0.469	
82	350	175	4.5	9	1.000	0.999	0.976	0.949	0.920	0.890	0.857	0.823	0.787	0.750	0.712	0.673	0.633	0.589	0.542	0.500	
83	350	175	4.5	10	1.000	1.000	0.979	0.953	0.926	0.897	0.866	0.834	0.800	0.766	0.730	0.694	0.656	0.617	0.573	0.530	
84	350	175	6	8	1.000	0.994	0.969	0.940	0.909	0.876	0.840	0.803	0.765	0.725	0.684	0.641	0.597	0.546	0.502	0.464	
85	350	175	6	9	1.000	0.997	0.973	0.946	0.916	0.885	0.852	0.818	0.782	0.745	0.707	0.667	0.627	0.583	0.537	0.496	
86	350	175	6	10	1.000	0.999	0.976	0.950	0.923	0.893	0.862	0.830	0.797	0.762	0.727	0.690	0.653	0.614	0.570	0.527	

续表

序号	H (mm)	B (mm)	t_w (mm)	t_f (mm)	l_1 (m)	2	2.5	3	3.5	4	4.5	5	5.5	6	6.5	7	7.5	8	8.5	9	9.5	10
87	350	200	4.5	8	8	1.000	1.000	1.000	0.995	0.974	0.950	0.924	0.896	0.867	0.836	0.803	0.770	0.735	0.699	0.663	0.625	0.583
88	350	200	4.5	9	9	1.000	1.000	1.000	0.998	0.977	0.954	0.929	0.903	0.875	0.846	0.816	0.784	0.752	0.719	0.685	0.650	0.614
89	350	200	4.5	10	10	1.000	1.000	1.000	1.000	0.980	0.958	0.934	0.909	0.883	0.856	0.827	0.798	0.767	0.736	0.704	0.671	0.638
90	350	200	6	8	8	1.000	1.000	1.000	0.993	0.971	0.946	0.920	0.891	0.861	0.830	0.797	0.763	0.728	0.693	0.656	0.618	0.575
91	350	200	6	9	9	1.000	1.000	1.000	0.995	0.974	0.951	0.926	0.899	0.871	0.842	0.811	0.780	0.747	0.714	0.680	0.645	0.610
92	350	200	6	10	10	1.000	1.000	1.000	0.998	0.977	0.955	0.931	0.906	0.880	0.852	0.824	0.794	0.764	0.733	0.701	0.668	0.635
93	350	250	4.5	8	8	1.000	1.000	1.000	1.000	1.000	0.993	0.976	0.957	0.937	0.916	0.894	0.870	0.846	0.820	0.794	0.767	0.739
94	350	250	4.5	9	9	1.000	1.000	1.000	1.000	1.000	0.995	0.979	0.961	0.942	0.921	0.900	0.878	0.855	0.831	0.806	0.781	0.755
95	350	250	4.5	10	10	1.000	1.000	1.000	1.000	1.000	0.997	0.981	0.964	0.946	0.926	0.906	0.885	0.863	0.841	0.817	0.794	0.769
96	350	250	6	8	8	1.000	1.000	1.000	1.000	1.000	0.991	0.973	0.954	0.934	0.912	0.889	0.866	0.841	0.815	0.789	0.762	0.734
97	350	250	6	9	9	1.000	1.000	1.000	1.000	1.000	0.993	0.976	0.958	0.939	0.918	0.897	0.874	0.851	0.827	0.802	0.777	0.751
98	350	250	6	10	10	1.000	1.000	1.000	1.000	1.000	0.995	0.979	0.962	0.943	0.924	0.904	0.882	0.860	0.838	0.815	0.791	0.767
99	400	150	4.5	8	8	1.000	0.997	0.966	0.931	0.893	0.850	0.805	0.757	0.707	0.654	0.600	0.536	0.484	0.439	0.402	0.369	0.341
100	400	150	4.5	9	9	1.000	0.999	0.970	0.937	0.900	0.860	0.818	0.773	0.726	0.677	0.627	0.570	0.515	0.469	0.429	0.395	0.365
101	400	150	4.5	10	10	1.000	1.000	0.973	0.941	0.907	0.869	0.829	0.787	0.743	0.697	0.651	0.602	0.546	0.497	0.455	0.419	0.388
102	400	150	6	8	8	1.000	0.993	0.961	0.925	0.885	0.841	0.795	0.746	0.695	0.642	0.584	0.523	0.472	0.430	0.394	0.363	0.336
103	400	150	6	9	9	1.000	0.996	0.966	0.931	0.894	0.853	0.810	0.764	0.717	0.668	0.618	0.560	0.506	0.461	0.423	0.390	0.361
104	400	150	6	10	10	1.000	0.999	0.970	0.937	0.901	0.863	0.823	0.780	0.736	0.691	0.644	0.595	0.539	0.492	0.451	0.416	0.385
105	400	200	4.5	8	8	1.000	1.000	1.000	0.993	0.970	0.945	0.918	0.889	0.857	0.824	0.789	0.753	0.716	0.677	0.637	0.595	0.547
106	400	200	4.5	9	9	1.000	1.000	1.000	0.995	0.973	0.949	0.923	0.895	0.866	0.834	0.802	0.768	0.733	0.697	0.660	0.622	0.579
107	400	200	4.5	10	10	1.000	1.000	1.000	0.997	0.976	0.953	0.928	0.901	0.873	0.844	0.813	0.781	0.748	0.714	0.679	0.644	0.607
108	400	200	6	8	8	1.000	1.000	1.000	0.990	0.966	0.941	0.912	0.882	0.850	0.816	0.781	0.744	0.707	0.667	0.627	0.583	0.536
109	400	200	6	9	9	1.000	1.000	1.000	0.992	0.970	0.945	0.919	0.890	0.860	0.828	0.795	0.761	0.726	0.690	0.652	0.614	0.570
110	400	200	6	10	10	1.000	1.000	1.000	0.995	0.973	0.950	0.924	0.897	0.869	0.839	0.808	0.776	0.743	0.709	0.674	0.639	0.602

续表

序号	H (mm)	B (mm)	t_w (mm)	t_f (mm)	2	2.5	3	3.5	4	4.5	5	5.5	6	6.5	7	7.5	8	8.5	9	9.5	10
111	400	250	4.5	8	1.000	1.000	1.000	1.000	1.000	0.991	0.973	0.953	0.932	0.910	0.887	0.862	0.836	0.809	0.780	0.751	0.722
112	400	250	4.5	9	1.000	1.000	1.000	1.000	1.000	0.993	0.975	0.957	0.937	0.915	0.893	0.869	0.844	0.819	0.792	0.765	0.737
113	400	250	4.5	10	1.000	1.000	1.000	1.000	1.000	0.995	0.978	0.960	0.940	0.920	0.898	0.876	0.853	0.828	0.803	0.778	0.751
114	400	250	6	8	1.000	1.000	1.000	1.000	1.000	0.988	0.970	0.950	0.928	0.905	0.881	0.856	0.829	0.802	0.773	0.744	0.714
115	400	250	6	9	1.000	1.000	1.000	1.000	1.000	0.990	0.973	0.954	0.933	0.911	0.889	0.865	0.840	0.814	0.787	0.760	0.731
116	400	250	6	10	1.000	1.000	1.000	1.000	1.000	0.993	0.976	0.957	0.938	0.917	0.895	0.872	0.849	0.824	0.799	0.773	0.747
117	450	200	4.5	8	1.000	1.000	1.000	0.991	0.967	0.941	0.913	0.882	0.849	0.814	0.777	0.739	0.699	0.657	0.615	0.565	0.518
118	450	200	4.5	9	1.000	1.000	1.000	0.993	0.970	0.945	0.918	0.889	0.857	0.824	0.789	0.753	0.716	0.677	0.637	0.595	0.547
119	450	200	4.5	10	1.000	1.000	1.000	0.995	0.973	0.949	0.923	0.895	0.865	0.833	0.801	0.766	0.731	0.695	0.657	0.619	0.575
120	450	200	6	8	1.000	1.000	1.000	0.987	0.963	0.935	0.906	0.874	0.840	0.804	0.767	0.727	0.687	0.645	0.601	0.550	0.505
121	450	200	6	9	1.000	1.000	1.000	0.990	0.966	0.941	0.912	0.882	0.850	0.816	0.781	0.744	0.707	0.667	0.627	0.583	0.536
122	450	200	6	10	1.000	1.000	1.000	0.992	0.970	0.945	0.918	0.889	0.859	0.827	0.794	0.759	0.724	0.687	0.650	0.611	0.566
123	450	250	4.5	8	1.000	1.000	1.000	1.000	1.000	0.989	0.970	0.950	0.928	0.905	0.880	0.854	0.827	0.798	0.769	0.738	0.706
124	450	250	4.5	9	1.000	1.000	1.000	1.000	1.000	0.991	0.973	0.953	0.932	0.910	0.887	0.862	0.836	0.809	0.780	0.751	0.722
125	450	250	4.5	10	1.000	1.000	1.000	1.000	1.000	0.993	0.975	0.956	0.936	0.915	0.892	0.868	0.844	0.818	0.791	0.764	0.735
126	450	250	6	8	1.000	1.000	1.000	1.000	1.000	0.985	0.966	0.946	0.923	0.899	0.874	0.847	0.819	0.790	0.760	0.729	0.696
127	450	250	6	9	1.000	1.000	1.000	1.000	1.000	0.988	0.970	0.950	0.928	0.905	0.881	0.856	0.829	0.802	0.773	0.744	0.714
128	450	250	6	10	1.000	1.000	1.000	1.000	1.000	0.990	0.972	0.953	0.933	0.911	0.888	0.864	0.839	0.813	0.786	0.758	0.730
129	500	200	4.5	8	1.000	1.000	1.000	0.989	0.964	0.937	0.908	0.876	0.841	0.805	0.766	0.726	0.683	0.640	0.593	0.540	0.494
130	500	200	4.5	9	1.000	1.000	1.000	0.991	0.968	0.942	0.913	0.883	0.850	0.815	0.778	0.740	0.701	0.659	0.617	0.568	0.521
131	500	200	4.5	10	1.000	1.000	1.000	0.993	0.970	0.945	0.918	0.889	0.857	0.824	0.789	0.753	0.716	0.677	0.637	0.595	0.547
132	500	200	6	8	1.000	1.000	1.000	0.984	0.959	0.931	0.900	0.866	0.831	0.793	0.753	0.712	0.668	0.624	0.572	0.522	0.479
133	500	200	6	9	1.000	1.000	1.000	0.987	0.963	0.936	0.907	0.875	0.841	0.806	0.768	0.729	0.689	0.647	0.604	0.553	0.508
134	500	200	6	10	1.000	1.000	1.000	0.990	0.966	0.941	0.912	0.882	0.850	0.816	0.781	0.744	0.707	0.667	0.627	0.583	0.536
135	500	250	4.5	8	1.000	1.000	1.000	1.000	1.000	0.987	0.968	0.947	0.925	0.901	0.875	0.848	0.819	0.789	0.758	0.726	0.693
136	500	250	4.5	9	1.000	1.000	1.000	1.000	1.000	0.989	0.971	0.950	0.929	0.906	0.881	0.855	0.828	0.799	0.770	0.739	0.708
137	500	250	4.5	10	1.000	1.000	1.000	1.000	1.000	0.991	0.973	0.953	0.932	0.910	0.887	0.862	0.836	0.809	0.780	0.751	0.722
138	500	250	6	8	1.000	1.000	1.000	1.000	1.000	0.983	0.963	0.942	0.918	0.894	0.867	0.839	0.810	0.779	0.747	0.714	0.680
139	500	250	6	9	1.000	1.000	1.000	1.000	1.000	0.986	0.967	0.946	0.924	0.900	0.875	0.848	0.820	0.791	0.761	0.730	0.698
140	500	250	6	10	1.000	1.000	1.000	1.000	1.000	0.988	0.970	0.950	0.928	0.905	0.881	0.856	0.829	0.802	0.773	0.744	0.714

注：同表 11-27a。

高频焊接薄壁 H 型钢简支梁（跨中一个侧向支撑　满跨均布荷载作用在上翼缘）稳定系数 φ_b

表 11-27c

序号	H (mm)	B (mm)	t_w (mm)	t_f (mm)	l_1 (m)	2	2.5	3	3.5	4	4.5	5
1	100	50	2.3	3.2	3.2	0.694	0.559	0.446	0.371	0.319	0.280	0.249
2	100	50	3.2	4.5	4.5	0.784	0.696	0.610	0.517	0.448	0.395	0.354
3	100	100	4.5	6	6	0.981	0.948	0.915	0.882	0.850	0.817	0.785
4	100	100	6	8	8	0.999	0.975	0.952	0.928	0.906	0.883	0.860
5	120	120	3.2	4.5	4.5	0.986	0.947	0.905	0.860	0.815	0.769	0.722
6	120	120	4.5	6	6	0.995	0.963	0.930	0.897	0.863	0.829	0.796
7	150	75	3.2	4.5	4.5	0.856	0.768	0.677	0.582	0.489	0.422	0.371
8	150	75	4.5	6	6	0.888	0.821	0.753	0.686	0.620	0.547	0.486
9	150	100	3.2	4.5	4.5	0.942	0.882	0.818	0.751	0.682	0.613	0.535
10	150	100	4.5	6	6	0.958	0.909	0.859	0.808	0.756	0.705	0.653
11	150	100	6	6	6	0.955	0.907	0.857	0.806	0.755	0.704	0.654
12	150	150	3.2	6	6	1.000	0.989	0.960	0.928	0.895	0.861	0.826
13	150	150	4.5	6	6	1.000	0.988	0.958	0.926	0.893	0.859	0.825
14	150	150	6	8	8	1.000	0.997	0.974	0.949	0.924	0.899	0.874
15	200	100	3	3	3	0.905	0.820	0.720	0.610	0.488	0.401	0.338
16	200	100	3.2	4.5	4.5	0.926	0.856	0.777	0.692	0.604	0.506	0.434
17	200	100	3.2	6	6	0.942	0.882	0.818	0.751	0.682	0.613	0.535
18	200	100	4.5	6	6	0.937	0.877	0.812	0.745	0.676	0.607	0.530
19	200	100	6	8	8	0.953	0.904	0.854	0.804	0.753	0.703	0.653
20	200	150	3.2	4.5	4.5	1.000	0.973	0.933	0.889	0.840	0.788	0.733
21	200	150	3.2	6	6	1.000	0.980	0.946	0.907	0.866	0.823	0.779
22	200	150	4.5	6	6	1.000	0.978	0.942	0.904	0.862	0.819	0.775
23	200	150	6	8	8	1.000	0.986	0.956	0.924	0.891	0.858	0.824
24	200	200	6	8	8	1.000	1.000	1.000	0.980	0.958	0.934	0.910
25	250	125	3	3	3	0.960	0.901	0.830	0.748	0.657	0.551	0.456
26	250	125	3.2	4.5	4.5	0.972	0.920	0.859	0.791	0.716	0.637	0.546
27	250	125	3.2	6	6	0.980	0.933	0.880	0.822	0.760	0.695	0.628
28	250	125	4.5	6	6	0.975	0.927	0.873	0.814	0.751	0.685	0.618
29	250	125	4.5	8	8	0.985	0.944	0.899	0.850	0.801	0.749	0.698
30	250	125	6	8	8	0.982	0.940	0.894	0.846	0.796	0.745	0.694
31	250	150	3.2	4.5	4.5	1.000	0.966	0.924	0.875	0.820	0.761	0.698
32	250	150	3.2	6	6	1.000	0.974	0.936	0.893	0.846	0.796	0.743
33	250	150	4.5	6	6	1.000	0.970	0.931	0.887	0.839	0.788	0.735
34	250	150	4.5	8	8	1.000	0.980	0.946	0.909	0.869	0.828	0.786
35	250	150	4.5	9	9	1.000	0.984	0.952	0.918	0.882	0.845	0.807
36	250	150	6	8	8	1.000	0.977	0.943	0.905	0.865	0.824	0.782
37	250	150	6	9	9	1.000	0.982	0.950	0.915	0.879	0.842	0.804

续表

序号	H (mm)	B (mm)	t_w (mm)	t_1 (mm)	l_1 (m)						
					2	2.5	3	3.5	4	4.5	5
38	250	200	4.5	8	1.000	1.000	0.997	0.974	0.948	0.921	0.892
39	250	200	4.5	9	1.000	1.000	1.000	0.978	0.954	0.929	0.902
40	250	200	4.5	10	1.000	1.000	1.000	0.982	0.959	0.936	0.911
41	250	200	6	8	1.000	1.000	0.996	0.972	0.946	0.918	0.889
42	250	200	6	9	1.000	1.000	0.999	0.976	0.952	0.927	0.900
43	250	200	6	10	1.000	1.000	1.000	0.980	0.958	0.934	0.910
44	250	250	4.5	8	1.000	1.000	1.000	1.000	0.989	0.970	0.950
45	250	250	4.5	9	1.000	1.000	1.000	1.000	0.992	0.974	0.955
46	250	250	4.5	10	1.000	1.000	1.000	1.000	0.995	0.978	0.960
47	250	250	6	8	1.000	1.000	1.000	1.000	0.988	0.969	0.948
48	250	250	6	9	1.000	1.000	1.000	1.000	0.991	0.973	0.954
49	250	250	6	10	1.000	1.000	1.000	1.000	0.994	0.977	0.959
50	300	150	3.2	4.5	1.000	0.961	0.916	0.863	0.804	0.740	0.670
51	300	150	3.2	6	1.000	0.969	0.928	0.881	0.829	0.774	0.715
52	300	150	4.5	6	1.000	0.964	0.921	0.873	0.819	0.762	0.702
53	300	150	4.5	8	1.000	0.974	0.936	0.895	0.850	0.803	0.754
54	300	150	4.5	9	1.000	0.978	0.942	0.904	0.862	0.819	0.775
55	300	150	4.5	10	1.000	0.981	0.948	0.912	0.873	0.834	0.793
56	300	150	6	8	1.000	0.970	0.932	0.889	0.844	0.796	0.747
57	300	150	6	9	1.000	0.975	0.939	0.899	0.858	0.814	0.770
58	300	150	6	10	1.000	0.979	0.945	0.908	0.870	0.830	0.790
59	300	200	4.5	8	1.000	1.000	0.993	0.968	0.940	0.909	0.877
60	300	200	4.5	9	1.000	1.000	0.996	0.972	0.945	0.917	0.887
61	300	200	4.5	10	1.000	1.000	0.998	0.975	0.950	0.923	0.895
62	300	200	6	8	1.000	1.000	0.991	0.965	0.936	0.905	0.873
63	300	200	6	9	1.000	1.000	0.994	0.969	0.942	0.914	0.883
64	300	200	6	10	1.000	1.000	0.997	0.973	0.948	0.921	0.893
65	300	250	4.5	8	1.000	1.000	1.000	1.000	0.985	0.964	0.942
66	300	250	4.5	9	1.000	1.000	1.000	1.000	0.988	0.968	0.947
67	300	250	4.5	10	1.000	1.000	1.000	1.000	0.990	0.972	0.952
68	300	250	6	8	1.000	1.000	1.000	1.000	0.983	0.962	0.939
69	300	250	6	9	1.000	1.000	1.000	1.000	0.986	0.966	0.945
70	300	250	6	10	1.000	1.000	1.000	1.000	0.989	0.970	0.950
71	350	150	3.2	4.5	0.997	0.957	0.908	0.853	0.790	0.721	0.646
72	350	150	3.2	6	1.000	0.965	0.921	0.871	0.816	0.756	0.691
73	350	150	4.5	6	0.998	0.959	0.913	0.861	0.803	0.740	0.673
74	350	150	4.5	8	1.000	0.969	0.928	0.883	0.834	0.781	0.726
75	350	150	4.5	9	1.000	0.973	0.934	0.892	0.846	0.798	0.747
76	350	150	4.5	10	1.000	0.976	0.940	0.900	0.857	0.812	0.766
77	350	150	6	8	1.000	0.964	0.922	0.875	0.825	0.771	0.715
78	350	150	6	9	1.000	0.969	0.929	0.886	0.839	0.790	0.739
79	350	150	6	10	1.000	0.973	0.936	0.895	0.852	0.807	0.760

续表

序号	H (mm)	B (mm)	t_w (mm)	t_f (mm)	l_1(m)=2	2.5	3	3.5	4	4.5	5
80	350	175	4.5	6	1.000	0.990	0.956	0.917	0.874	0.826	0.775
81	350	175	4.5	8	1.000	0.996	0.966	0.931	0.893	0.852	0.808
82	350	175	4.5	9	1.000	0.998	0.969	0.937	0.901	0.862	0.822
83	350	175	4.5	10	1.000	1.000	0.973	0.942	0.908	0.872	0.834
84	350	175	6	8	1.000	0.993	0.961	0.926	0.887	0.844	0.800
85	350	175	6	9	1.000	0.996	0.966	0.932	0.896	0.857	0.815
86	350	175	6	10	1.000	0.998	0.970	0.938	0.904	0.867	0.829
87	350	200	4.5	8	1.000	1.000	0.990	0.963	0.933	0.900	0.865
88	350	200	4.5	9	1.000	1.000	0.993	0.967	0.938	0.907	0.874
89	350	200	4.5	10	1.000	1.000	0.995	0.970	0.943	0.914	0.883
90	350	200	6	8	1.000	1.000	0.987	0.959	0.928	0.895	0.859
91	350	200	6	9	1.000	1.000	0.990	0.964	0.934	0.903	0.869
92	350	200	6	10	1.000	1.000	0.993	0.968	0.940	0.910	0.879
93	350	250	4.5	8	1.000	1.000	1.000	1.000	0.982	0.960	0.936
94	350	250	4.5	9	1.000	1.000	1.000	1.000	0.984	0.963	0.941
95	350	250	4.5	10	1.000	1.000	1.000	1.000	0.987	0.967	0.945
96	350	250	6	8	1.000	1.000	0.999	0.999	0.979	0.956	0.932
97	350	250	6	9	1.000	1.000	1.000	1.000	0.982	0.961	0.937
98	350	250	6	10	1.000	1.000	1.000	1.000	0.985	0.964	0.942
99	400	150	4.5	8	1.000	0.964	0.921	0.873	0.819	0.762	0.702
100	400	150	4.5	9	1.000	0.968	0.927	0.882	0.832	0.779	0.723
101	400	150	4.5	10	1.000	0.972	0.933	0.890	0.843	0.794	0.742
102	400	150	6	8	0.997	0.959	0.914	0.863	0.808	0.749	0.688
103	400	150	6	9	1.000	0.964	0.921	0.874	0.823	0.769	0.712
104	400	150	6	10	1.000	0.968	0.928	0.883	0.836	0.786	0.734
105	400	200	4.5	8	1.000	1.000	0.987	0.959	0.927	0.892	0.855
106	400	200	4.5	9	1.000	1.000	0.990	0.963	0.932	0.899	0.864
107	400	200	4.5	10	1.000	1.000	0.992	0.966	0.937	0.906	0.872
108	400	200	6	8	1.000	1.000	0.984	0.954	0.921	0.885	0.847
109	400	200	6	9	1.000	1.000	0.987	0.959	0.927	0.894	0.857
110	400	200	6	10	1.000	1.000	0.989	0.963	0.933	0.901	0.867

注：同表11-27a。

序号	H (mm)	B (mm)	t_w (mm)	t_f (mm)	l_1(m)=2	2.5	3	3.5	4	4.5	5
111	400	250	4.5	8	1.000	1.000	1.000	0.999	0.979	0.956	0.931
112	400	250	4.5	9	1.000	1.000	1.000	1.000	0.981	0.959	0.935
113	400	250	4.5	10	1.000	1.000	1.000	1.000	0.984	0.962	0.939
114	400	250	6	8	1.000	1.000	1.000	0.997	0.975	0.952	0.926
115	400	250	6	9	1.000	1.000	1.000	0.999	0.979	0.956	0.931
116	400	250	6	10	1.000	1.000	1.000	1.000	0.981	0.960	0.936
117	450	200	4.5	8	1.000	1.000	0.985	0.955	0.922	0.885	0.846
118	450	200	4.5	9	1.000	1.000	0.987	0.959	0.927	0.892	0.855
119	450	200	4.5	10	1.000	1.000	0.989	0.962	0.932	0.898	0.863
120	450	200	6	8	1.000	1.000	0.980	0.950	0.915	0.877	0.836
121	450	200	6	9	1.000	1.000	0.984	0.954	0.921	0.885	0.847
122	450	200	6	10	1.000	1.000	0.986	0.958	0.927	0.893	0.856
123	450	250	4.5	8	1.000	1.000	0.998	0.982	0.976	0.952	0.926
124	450	250	4.5	9	1.000	1.000	0.999	0.985	0.979	0.956	0.931
125	450	250	4.5	10	1.000	1.000	1.000	0.987	0.981	0.959	0.935
126	450	250	6	8	1.000	1.000	0.995	0.977	0.972	0.948	0.920
127	450	250	6	9	1.000	1.000	0.997	0.981	0.975	0.952	0.926
128	450	250	6	10	1.000	1.000	0.999	0.984	0.978	0.955	0.931
129	500	200	4.5	8	1.000	1.000	0.982	0.952	0.917	0.879	0.837
130	500	200	4.5	9	1.000	1.000	0.985	0.955	0.922	0.886	0.846
131	500	200	4.5	10	1.000	1.000	0.987	0.959	0.927	0.892	0.855
132	500	200	6	8	1.000	1.000	0.977	0.945	0.909	0.869	0.826
133	500	200	6	9	1.000	1.000	0.981	0.950	0.916	0.878	0.837
134	500	200	6	10	1.000	1.000	0.984	0.954	0.921	0.885	0.847
135	500	250	4.5	8	1.000	1.000	1.000	0.996	0.974	0.949	0.922
136	500	250	4.5	9	1.000	1.000	1.000	0.998	0.976	0.953	0.927
137	500	250	4.5	10	1.000	1.000	1.000	0.999	0.979	0.956	0.931
138	500	250	6	8	1.000	1.000	1.000	0.992	0.969	0.944	0.915
139	500	250	6	9	1.000	1.000	1.000	0.995	0.973	0.948	0.921
140	500	250	6	10	1.000	1.000	1.000	0.997	0.975	0.952	0.926

表 11-27d

高频焊接 H 型钢（跨中一个侧向支撑　满跨均布荷载作用在下翼缘）稳定系数 φ_b

序号	H(mm)	B(mm)	t_w(mm)	t_f(mm)	l_1(m)	稳定系数 φ_b						
						2	2.5	3	3.5	4	4.5	5
1	100	50	2.3	3.2	3.2	0.761	0.656	0.543	0.452	0.388	0.340	0.303
2	100	50	3.2	4.5	4.5	0.835	0.763	0.692	0.622	0.545	0.481	0.431
3	100	100	4.5	6	6	0.997	0.970	0.943	0.916	0.889	0.863	0.836
4	100	100	6	8	8	1.000	1.000	0.973	0.954	0.935	0.916	0.898
5	120	120	3.2	4.5	4.5	1.000	0.969	0.934	0.898	0.860	0.822	0.784
6	120	120	4.5	6	6	1.000	0.982	0.955	0.928	0.900	0.872	0.845
7	150	75	3.2	4.5	4.5	0.895	0.822	0.747	0.672	0.595	0.514	0.452
8	150	75	4.5	6	6	0.920	0.865	0.810	0.755	0.700	0.646	0.591
9	150	100	3.2	4.5	4.5	0.965	0.916	0.863	0.808	0.751	0.694	0.637
10	150	100	3.2	6	6	0.978	0.938	0.897	0.855	0.812	0.770	0.728
11	150	100	4.5	6	6	0.976	0.936	0.895	0.853	0.811	0.769	0.728
12	150	150	3.2	6	6	1.000	1.000	0.979	0.953	0.926	0.898	0.870
13	150	150	4.5	6	6	1.000	1.000	0.978	0.952	0.925	0.897	0.869
14	150	150	6	8	8	1.000	1.000	0.991	0.971	0.950	0.929	0.909
15	200	100	3	3	3	0.935	0.864	0.783	0.692	0.594	0.488	0.411
16	200	100	3.2	4.5	4.5	0.952	0.894	0.829	0.760	0.687	0.612	0.528
17	200	100	3.2	6	6	0.965	0.916	0.863	0.808	0.751	0.694	0.637
18	200	100	4.5	6	6	0.961	0.911	0.858	0.803	0.746	0.690	0.633
19	200	100	6	8	8	0.973	0.934	0.893	0.851	0.810	0.769	0.728
20	200	150	3.2	4.5	4.5	1.000	0.990	0.958	0.921	0.881	0.838	0.793
21	200	150	3.2	6	6	1.000	0.996	0.968	0.936	0.903	0.867	0.831
22	200	150	4.5	6	6	1.000	0.994	0.965	0.933	0.899	0.864	0.827
23	200	150	6	8	8	1.000	1.000	0.976	0.950	0.923	0.896	0.868
24	200	200	6	8	8	1.000	1.000	1.000	0.996	0.978	0.958	0.938
25	250	125	3	3	3	0.980	0.931	0.873	0.806	0.731	0.650	0.555
26	250	125	3.2	4.5	4.5	0.989	0.946	0.897	0.841	0.780	0.714	0.646
27	250	125	3.2	6	6	0.996	0.958	0.914	0.867	0.816	0.762	0.707
28	250	125	4.5	6	6	0.992	0.953	0.908	0.859	0.808	0.754	0.698
29	250	125	4.5	8	8	1.000	0.966	0.929	0.890	0.849	0.807	0.764
30	250	125	6	8	8	0.998	0.963	0.926	0.886	0.845	0.803	0.761
31	250	150	3.2	4.5	4.5	1.000	0.985	0.950	0.909	0.865	0.816	0.765
32	250	150	3.2	6	6	1.000	0.991	0.960	0.924	0.886	0.845	0.801
33	250	150	4.5	6	6	1.000	0.988	0.956	0.919	0.880	0.838	0.795
34	250	150	4.5	8	9	1.000	0.996	0.968	0.937	0.905	0.871	0.837
35	250	150	4.5	9	9	1.000	0.999	0.973	0.945	0.915	0.885	0.854
36	250	150	6	8	8	1.000	0.994	0.965	0.934	0.902	0.868	0.833
37	250	150	6	9	9	1.000	0.998	0.971	0.943	0.913	0.883	0.852

续表

序号	H (mm)	B (mm)	t_w (mm)	t_f (mm)	l_1 (m)						
					2	2.5	3	3.5	4	4.5	5
38	250	200	4.5	8	1.000	1.000	1.000	0.991	0.970	0.947	0.924
39	250	200	4.5	9	1.000	1.000	1.000	0.994	0.975	0.954	0.932
40	250	200	4.5	10	1.000	1.000	1.000	0.997	0.979	0.960	0.940
41	250	200	6	8	1.000	1.000	1.000	0.989	0.968	0.945	0.921
42	250	200	6	9	1.000	1.000	1.000	0.993	0.973	0.952	0.930
43	250	200	6	10	1.000	1.000	1.000	0.996	0.978	0.958	0.938
44	250	250	4.5	8	1.000	1.000	1.000	1.000	1.000	0.988	0.971
45	250	250	4.5	9	1.000	1.000	1.000	1.000	1.000	0.991	0.976
46	250	250	4.5	10	1.000	1.000	1.000	1.000	1.000	0.995	0.980
47	250	250	6	8	1.000	1.000	1.000	1.000	1.000	0.987	0.970
48	250	250	6	9	1.000	1.000	1.000	1.000	1.000	0.990	0.974
49	250	250	6	10	1.000	1.000	1.000	1.000	1.000	0.994	0.979
50	300	150	3.2	4.5	1.000	0.981	0.943	0.900	0.852	0.799	0.742
51	300	150	3.2	6	1.000	0.987	0.953	0.915	0.872	0.827	0.778
52	300	150	4.5	6	1.000	0.983	0.948	0.908	0.864	0.817	0.768
53	300	150	4.5	8	1.000	0.991	0.960	0.926	0.889	0.850	0.810
54	300	150	4.5	9	1.000	0.994	0.965	0.933	0.899	0.864	0.827
55	300	150	4.5	10	1.000	0.997	0.970	0.940	0.909	0.876	0.843
56	300	150	6	8	1.000	0.988	0.956	0.921	0.884	0.845	0.804
57	300	150	6	9	1.000	0.992	0.962	0.930	0.896	0.860	0.823
58	300	150	6	10	1.000	0.995	0.967	0.937	0.906	0.873	0.840
59	300	200	4.5	8	1.000	1.000	1.000	0.986	0.963	0.938	0.912
60	300	200	4.5	9	1.000	1.000	1.000	0.989	0.968	0.944	0.919
61	300	200	4.5	10	1.000	1.000	1.000	0.992	0.972	0.950	0.927
62	300	200	6	8	1.000	1.000	1.000	0.984	0.960	0.935	0.908
63	300	200	6	9	1.000	1.000	1.000	0.987	0.965	0.942	0.917
64	300	200	6	10	1.000	1.000	1.000	0.991	0.970	0.948	0.924
65	300	250	4.5	8	1.000	1.000	1.000	1.000	1.000	0.983	0.965
66	300	250	4.5	9	1.000	1.000	1.000	1.000	1.000	0.986	0.969
67	300	250	4.5	10	1.000	1.000	1.000	1.000	1.000	0.989	0.973
68	300	250	6	8	1.000	1.000	1.000	0.999	0.999	0.981	0.962
69	300	250	6	9	1.000	1.000	1.000	1.000	1.000	0.985	0.967
70	300	250	6	10	1.000	1.000	1.000	1.000	1.000	0.988	0.971
71	350	150	3.2	4.5	1.000	0.977	0.937	0.891	0.840	0.783	0.722
72	350	150	3.2	6	1.000	0.984	0.948	0.907	0.861	0.812	0.759
73	350	150	4.5	6	1.000	0.979	0.941	0.898	0.851	0.799	0.744
74	350	150	4.5	8	1.000	0.987	0.954	0.916	0.876	0.833	0.787
75	350	150	4.5	9	1.000	0.990	0.959	0.924	0.886	0.846	0.805
76	350	150	4.5	10	1.000	0.993	0.963	0.930	0.895	0.858	0.820
77	350	150	6	8	1.000	0.983	0.949	0.910	0.869	0.825	0.779
78	350	150	6	9	1.000	0.987	0.955	0.919	0.880	0.840	0.798
79	350	150	6	10	1.000	0.990	0.960	0.926	0.891	0.854	0.815

续表

原表头斜线单元格标注为 l_1(m) / t_f(mm) / t_w(mm)。

序号	H (mm)	B (mm)	t_w (mm)	l_1 (m)	2	2.5	3	3.5	4	4.5	5
80	350	175	4.5	6	1.000	1.000	0.976	0.944	0.909	0.870	0.827
81	350	175	4.5	8	1.000	1.000	0.984	0.956	0.924	0.891	0.855
82	350	175	4.5	9	1.000	1.000	0.987	0.960	0.931	0.899	0.866
83	350	175	4.5	10	1.000	1.000	0.990	0.965	0.937	0.907	0.876
84	350	175	6	8	1.000	1.000	0.981	0.951	0.919	0.885	0.848
85	350	175	6	9	1.000	1.000	0.984	0.957	0.927	0.895	0.861
86	350	175	6	10	1.000	1.000	0.988	0.962	0.933	0.904	0.872
87	350	200	4.5	8	1.000	1.000	1.000	0.982	0.957	0.930	0.902
88	350	200	4.5	9	1.000	1.000	1.000	0.985	0.962	0.936	0.909
89	350	200	4.5	10	1.000	1.000	1.000	0.988	0.966	0.942	0.916
90	350	200	6	8	1.000	1.000	1.000	0.979	0.954	0.926	0.896
91	350	200	6	9	1.000	1.000	1.000	0.983	0.959	0.933	0.905
92	350	200	6	10	1.000	1.000	1.000	0.986	0.963	0.939	0.913
93	350	250	4.5	8	1.000	1.000	1.000	1.000	0.997	0.979	0.960
94	350	250	4.5	9	1.000	1.000	1.000	1.000	1.000	0.982	0.964
95	350	250	4.5	10	1.000	1.000	1.000	1.000	1.000	0.985	0.967
96	350	250	6	8	1.000	1.000	1.000	1.000	0.995	0.977	0.957
97	350	250	6	9	1.000	1.000	1.000	1.000	0.998	0.980	0.961
98	350	250	6	10	1.000	1.000	1.000	1.000	1.000	0.983	0.965
99	400	150	4.5	8	1.000	0.983	0.948	0.908	0.864	0.817	0.768
100	400	150	4.5	9	1.000	0.986	0.953	0.915	0.874	0.831	0.785
101	400	150	4.5	10	1.000	0.989	0.957	0.922	0.884	0.843	0.801
102	400	150	6	8	1.000	0.979	0.942	0.900	0.855	0.807	0.756
103	400	150	6	9	1.000	0.983	0.948	0.909	0.867	0.823	0.776
104	400	150	6	10	1.000	0.986	0.953	0.917	0.878	0.836	0.794
105	400	200	4.5	8	1.000	1.000	1.000	0.979	0.953	0.924	0.893
106	400	200	4.5	9	1.000	1.000	1.000	0.982	0.957	0.930	0.901
107	400	200	4.5	10	1.000	1.000	1.000	0.984	0.961	0.935	0.907
108	400	200	6	8	1.000	0.999	0.975	0.948	0.918	0.887
109	400	200	6	9	1.000	1.000	1.000	0.979	0.953	0.925	0.895
110	400	200	6	10	1.000	1.000	1.000	0.982	0.957	0.931	0.903
111	400	250	4.5	8	1.000	1.000	1.000	1.000	0.995	0.976	0.956
112	400	250	4.5	9	1.000	1.000	1.000	1.000	0.997	0.979	0.959
113	400	250	4.5	10	1.000	1.000	1.000	1.000	0.999	0.982	0.963
114	400	250	6	8	1.000	1.000	1.000	1.000	0.992	0.973	0.952
115	400	250	6	9	1.000	1.000	1.000	1.000	0.995	0.976	0.956
116	400	250	6	10	1.000	1.000	1.000	1.000	0.997	0.979	0.960
117	450	200	4.5	8	1.000	1.000	1.000	0.976	0.948	0.918	0.886
118	450	200	4.5	9	1.000	1.000	1.000	0.979	0.953	0.924	0.893
119	450	200	4.5	10	1.000	1.000	1.000	0.981	0.956	0.929	0.900
120	450	200	6	8	1.000	1.000	0.996	0.971	0.943	0.911	0.878
121	450	200	6	9	1.000	1.000	0.999	0.975	0.948	0.918	0.887
122	450	200	6	10	1.000	1.000	1.000	0.978	0.952	0.924	0.894
123	450	250	4.5	8	1.000	1.000	1.000	1.000	0.993	0.973	0.952
124	450	250	4.5	9	1.000	1.000	1.000	1.000	0.995	0.976	0.956
125	450	250	4.5	10	1.000	1.000	1.000	1.000	0.997	0.979	0.959
126	450	250	6	8	1.000	1.000	0.994	0.967	0.990	0.969	0.947
127	450	250	6	9	1.000	1.000	0.997	0.971	0.992	0.973	0.952
128	450	250	6	10	1.000	1.000	0.999	0.975	0.995	0.976	0.956
129	500	200	4.5	8	1.000	0.983	0.998	0.973	0.944	0.913	0.879
130	500	200	4.5	9	1.000	0.986	1.000	0.976	0.949	0.919	0.886
131	500	200	4.5	10	1.000	0.989	1.000	0.979	0.953	0.924	0.893
132	500	200	6	8	1.000	0.979	0.994	0.967	0.938	0.905	0.869
133	500	200	6	9	1.000	0.983	0.997	0.971	0.943	0.912	0.879
134	500	200	6	10	1.000	0.986	0.999	0.975	0.948	0.918	0.887
135	500	250	4.5	8	1.000	1.000	1.000	1.000	0.991	0.971	0.948
136	500	250	4.5	9	1.000	1.000	1.000	1.000	0.993	0.974	0.952
137	500	250	4.5	10	1.000	1.000	1.000	1.000	0.995	0.976	0.956
138	500	250	6	8	1.000	1.000	1.000	1.000	0.987	0.966	0.943
139	500	250	6	9	1.000	1.000	1.000	1.000	0.990	0.970	0.948
140	500	250	6	10	1.000	1.000	1.000	1.000	0.992	0.973	0.952

注：同表 11-27a。

11.7.4　热轧 H 型钢简支梁整体稳定系数 φ'b

热轧 H 型钢（跨中无侧向支撑　满布均布荷载作用在上翼缘）稳定系数 φ'b

表 11-28a

序号	类别	H (mm)	B (mm)	tw (mm)	tf (mm)	l1 (m) 2	2.5	3	3.5	4	4.5	5	5.5	6	6.5	7	7.5	8	8.5	9	9.5	10
1	HW	100	100	6	8	0.979	0.956	0.928	0.900	0.873	0.846	0.819	0.792	0.765	0.739	0.712	0.686	0.659	0.633	0.606	0.576	0.546
2		125	125	6.5	9	0.993	0.968	0.946	0.925	0.899	0.874	0.849	0.824	0.799	0.775	0.750	0.726	0.702	0.677	0.653	0.629	0.605
3		150	150	7	10	1.000	0.983	0.960	0.939	0.919	0.900	0.876	0.853	0.830	0.808	0.785	0.762	0.740	0.717	0.695	0.673	0.650
4		175	175	7.5	11	1.000	0.997	0.975	0.954	0.934	0.915	0.897	0.880	0.859	0.838	0.817	0.796	0.776	0.755	0.734	0.714	0.693
5		200	200	8	12	1.000	1.000	0.989	0.969	0.949	0.931	0.912	0.895	0.878	0.862	0.844	0.824	0.805	0.786	0.766	0.747	0.728
6		200	204	12	12	1.000	1.000	0.990	0.970	0.951	0.933	0.915	0.898	0.882	0.867	0.850	0.831	0.812	0.794	0.775	0.756	0.738
7		244	252	11	11	1.000	1.000	1.000	0.983	0.962	0.941	0.920	0.898	0.877	0.855	0.835	0.814	0.795	0.775	0.756	0.738	0.720
8		250	250	9	14	1.000	1.000	1.000	0.993	0.976	0.959	0.942	0.925	0.909	0.893	0.878	0.863	0.848	0.834	0.820	0.803	0.786
9		250	255	14	14	1.000	1.000	1.000	0.994	0.977	0.961	0.944	0.928	0.912	0.896	0.881	0.867	0.853	0.839	0.826	0.811	0.794
10		294	302	12	12	1.000	1.000	1.000	1.000	0.986	0.968	0.949	0.929	0.909	0.889	0.869	0.849	0.829	0.809	0.790	0.771	0.752
11		300	300	10	15	1.000	1.000	1.000	1.000	0.994	0.979	0.963	0.947	0.930	0.914	0.898	0.883	0.867	0.852	0.837	0.823	0.809
12		300	305	15	15	1.000	1.000	1.000	1.000	0.995	0.979	0.963	0.948	0.932	0.916	0.900	0.885	0.870	0.855	0.840	0.826	0.813
13		338	351	13	13	1.000	1.000	1.000	1.000	1.000	0.989	0.973	0.956	0.938	0.921	0.903	0.884	0.866	0.847	0.829	0.810	0.792
14		344	348	10	16	1.000	1.000	1.000	1.000	1.000	0.996	0.982	0.967	0.952	0.937	0.922	0.907	0.892	0.877	0.862	0.848	0.833
15		344	354	16	16	1.000	1.000	1.000	1.000	1.000	0.996	0.982	0.968	0.953	0.938	0.923	0.908	0.894	0.879	0.864	0.850	0.836
16		350	350	12	19	1.000	1.000	1.000	1.000	1.000	1.000	0.989	0.977	0.964	0.952	0.939	0.926	0.914	0.902	0.890	0.878	0.867
17		350	357	19	19	1.000	1.000	1.000	1.000	1.000	1.000	0.990	0.978	0.965	0.953	0.941	0.928	0.916	0.905	0.893	0.882	0.870
18		388	402	15	15	1.000	1.000	1.000	1.000	1.000	1.000	0.993	0.979	0.965	0.950	0.935	0.920	0.904	0.888	0.872	0.856	0.840
19		394	398	11	18	1.000	1.000	1.000	1.000	1.000	0.999	0.999	0.987	0.974	0.961	0.948	0.935	0.921	0.908	0.894	0.881	0.868
20		394	405	18	18	1.000	1.000	1.000	1.000	1.000	0.999	0.999	0.987	0.974	0.961	0.948	0.935	0.922	0.909	0.895	0.882	0.869
21		400	400	13	21	1.000	1.000	1.000	1.000	1.000	1.000	1.000	0.993	0.982	0.970	0.959	0.947	0.936	0.924	0.913	0.902	0.891
22		400	408	21	21	1.000	1.000	1.000	1.000	1.000	1.000	1.000	0.993	0.982	0.971	0.960	0.949	0.937	0.926	0.915	0.904	0.894

注：1. 表中 φ'b 系按公式（11-1）算得 φb，并按表 11-1 说明修正求得，适用于 Q235；当用于其他钢材牌号时，如表中的 φ'b≤0.6 可将其乘以 $\dfrac{235}{f_y}$ 应用，如 φ'b>0.6 应按 φb

$$= \frac{0.282}{1.07-\varphi'_b} \cdot \frac{235}{f_y}$$ 重新求其他钢号的 φb，如此 φ'b≤0.6，取 φ'b=φb；如 φ'b>0.6 仍按上述重新求 φ'b；

2. 本表 H 形钢的抗弯承载力设计值 $M_x=\varphi'_b W_{xx}$；

3. 外荷载作用在腹板中心。

续表

序号	类别	H (mm)	B (mm)	t_w (mm)	t_f (mm)	l_1 (m)	2	2.5	3	3.5	4	4.5	5	5.5	6	6.5	7	7.5	8	8.5	9	9.5	10
23	HW	414	405	18	18	28	1.000	1.000	1.000	1.000	1.000	1.000	1.000	1.000	0.997	0.988	0.980	0.971	0.963	0.955	0.948	0.940	0.933
24		428	407	20	20	35	1.000	1.000	1.000	1.000	1.000	1.000	1.000	1.000	1.000	1.000	0.995	0.989	0.983	0.977	0.971	0.965	0.960
25		458	417	30	30	50	1.000	1.000	1.000	1.000	1.000	1.000	1.000	1.000	1.000	1.000	1.000	1.000	1.000	1.000	1.000	0.995	0.990
26		498	432	45	45	70	1.000	1.000	1.000	1.000	1.000	1.000	1.000	1.000	1.000	1.000	1.000	1.000	1.000	1.000	1.000	1.000	1.000
27		492	465	15	15	20	1.000	1.000	1.000	1.000	1.000	1.000	1.000	1.000	0.991	0.979	0.967	0.955	0.943	0.930	0.917	0.904	0.891
28		502	465	15	15	25	1.000	1.000	1.000	1.000	1.000	1.000	1.000	1.000	0.998	0.988	0.978	0.968	0.957	0.947	0.936	0.926	0.916
29		502	470	20	20	25	1.000	1.000	1.000	1.000	1.000	1.000	1.000	1.000	0.998	0.989	0.978	0.968	0.958	0.948	0.937	0.927	0.916
30	HM	148	100	6	6	9	0.950	0.914	0.881	0.848	0.810	0.772	0.735	0.698	0.661	0.625	0.586	0.545	0.509	0.478	0.450	0.426	0.404
31		194	150	6	6	9	0.990	0.957	0.921	0.886	0.852	0.819	0.787	0.757	0.728	0.700	0.665	0.631	0.596	0.556	0.521	0.490	0.463
32		244	175	7	7	11	1.000	0.980	0.950	0.919	0.888	0.857	0.827	0.799	0.771	0.744	0.718	0.694	0.667	0.636	0.606	0.571	0.538
33		294	200	8	8	12	1.000	0.994	0.967	0.938	0.908	0.877	0.847	0.817	0.788	0.759	0.731	0.704	0.678	0.653	0.628	0.604	0.574
34		298	201	9	9	14	1.000	0.999	0.975	0.949	0.923	0.898	0.872	0.847	0.823	0.800	0.778	0.756	0.735	0.715	0.690	0.665	0.640
35		340	250	9	9	14	1.000	1.000	1.000	0.979	0.956	0.933	0.909	0.885	0.861	0.837	0.814	0.791	0.768	0.745	0.723	0.702	0.681
36		390	300	10	10	16	1.000	1.000	1.000	1.000	0.986	0.968	0.949	0.930	0.910	0.890	0.869	0.849	0.829	0.809	0.790	0.771	0.752
37		440	300	11	11	18	1.000	1.000	1.000	1.000	0.986	0.967	0.948	0.928	0.908	0.888	0.868	0.848	0.828	0.808	0.788	0.769	0.750
38		482	300	11	11	15	1.000	1.000	1.000	0.995	0.975	0.953	0.929	0.905	0.879	0.853	0.827	0.800	0.773	0.745	0.718	0.691	0.664
39		488	300	11	11	18	1.000	1.000	1.000	1.000	0.981	0.962	0.941	0.919	0.897	0.875	0.852	0.830	0.807	0.785	0.762	0.740	0.718
40		544	300	11	11	15	1.000	1.000	1.000	0.992	0.970	0.946	0.921	0.894	0.867	0.838	0.808	0.778	0.748	0.717	0.686	0.655	0.624
41		550	300	11	11	18	1.000	1.000	1.000	0.997	0.977	0.955	0.933	0.909	0.885	0.860	0.834	0.809	0.783	0.757	0.731	0.706	0.680
42		582	300	12	12	17	1.000	1.000	1.000	0.992	0.971	0.948	0.923	0.898	0.871	0.843	0.815	0.786	0.757	0.728	0.699	0.670	0.640
43		588	300	12	12	20	1.000	1.000	1.000	0.997	0.977	0.956	0.934	0.911	0.887	0.863	0.839	0.814	0.789	0.764	0.740	0.715	0.691
44		594	302	14	14	23	1.000	1.000	1.000	1.000	0.982	0.963	0.943	0.923	0.901	0.880	0.859	0.837	0.816	0.795	0.774	0.754	0.734

续表

序号	类别	H (mm)	B (mm)	t_w (mm)	t_f (mm)	l_1 (m)	2	2.5	3	3.5	4	4.5	5	5.5	6	6.5	7	7.5	8	8.5	9	9.5	10
45		100	50	5	7	7	0.848	0.787	0.727	0.667	0.608	0.540	0.485	0.440	0.403	0.372	0.345	0.322	0.302	0.284	0.268	0.254	0.241
46		125	60	6	8	8	0.872	0.815	0.758	0.702	0.646	0.589	0.528	0.479	0.438	0.403	0.374	0.349	0.327	0.307	0.290	0.275	0.261
47		150	75	5	7	7	0.851	0.788	0.732	0.671	0.605	0.531	0.473	0.427	0.389	0.357	0.331	0.308	0.288	0.270	0.255	0.241	0.229
48		175	90	5	8	8	0.894	0.836	0.783	0.733	0.685	0.628	0.565	0.508	0.461	0.422	0.390	0.362	0.338	0.317	0.299	0.282	0.268
49		198	99	4.5	7	7	0.887	0.816	0.745	0.676	0.610	0.540	0.485	0.443	0.401	0.366	0.336	0.311	0.289	0.270	0.254	0.240	0.227
50		200	100	5.5	8	8	0.902	0.840	0.779	0.722	0.668	0.617	0.563	0.503	0.455	0.416	0.383	0.354	0.330	0.309	0.291	0.275	0.260
51	HN	248	124	5	8	8	0.938	0.879	0.817	0.754	0.691	0.629	0.563	0.505	0.459	0.423	0.393	0.367	0.342	0.319	0.298	0.280	0.265
52		250	125	6	9	9	0.945	0.891	0.835	0.780	0.725	0.672	0.622	0.567	0.519	0.480	0.447	0.412	0.382	0.356	0.334	0.314	0.297
53		298	149	5.5	8	8	0.967	0.917	0.862	0.802	0.740	0.676	0.612	0.541	0.483	0.437	0.400	0.369	0.343	0.322	0.303	0.287	0.273
54		300	150	6.5	9	9	0.971	0.924	0.872	0.818	0.762	0.705	0.649	0.593	0.532	0.484	0.445	0.413	0.386	0.362	0.343	0.325	0.310
55		346	174	6	9	9	0.993	0.954	0.909	0.860	0.808	0.754	0.698	0.642	0.582	0.521	0.472	0.432	0.399	0.371	0.347	0.327	0.309
56		350	175	7	11	11	0.997	0.962	0.922	0.879	0.834	0.789	0.743	0.697	0.651	0.607	0.556	0.513	0.477	0.446	0.420	0.398	0.378
57		400	150	8	13	13	0.972	0.926	0.877	0.826	0.774	0.722	0.671	0.621	0.567	0.518	0.478	0.445	0.417	0.394	0.373	0.352	0.332
58		396	199	7	11	11	1.000	0.981	0.946	0.908	0.867	0.824	0.779	0.733	0.687	0.641	0.593	0.541	0.498	0.462	0.431	0.404	0.381
59		400	200	8	13	13	1.000	0.986	0.954	0.919	0.883	0.845	0.806	0.767	0.728	0.690	0.652	0.615	0.573	0.534	0.501	0.473	0.448
60		446	150	7	12	12	0.965	0.914	0.857	0.797	0.735	0.671	0.607	0.536	0.479	0.434	0.398	0.367	0.342	0.321	0.302	0.286	0.272
61		450	151	8	14	14	0.971	0.924	0.874	0.821	0.766	0.712	0.659	0.606	0.548	0.499	0.460	0.427	0.400	0.377	0.357	0.339	0.321
62		446	199	8	12	12	1.000	0.978	0.942	0.903	0.860	0.815	0.769	0.721	0.674	0.626	0.573	0.522	0.480	0.445	0.415	0.390	0.367
63		450	200	9	14	14	1.000	0.983	0.950	0.914	0.875	0.836	0.795	0.754	0.713	0.673	0.633	0.592	0.547	0.510	0.478	0.450	0.426

序号	类别	H (mm)	B (mm)	t_w (mm)	t_f (mm)	l_1 (m) 2	2.5	3	3.5	4	4.5	5	5.5	6	6.5	7	7.5	8	8.5	9	9.5	10
64	HN	470	150	7	13	0.966	0.916	0.861	0.802	0.741	0.679	0.617	0.548	0.491	0.445	0.408	0.378	0.352	0.330	0.311	0.295	0.281
65		475	151.5	8.5	15.5	0.973	0.928	0.879	0.828	0.777	0.726	0.676	0.626	0.574	0.524	0.484	0.451	0.422	0.398	0.378	0.357	0.336
66		482	153.5	10.5	19	0.982	0.943	0.902	0.861	0.820	0.780	0.741	0.704	0.668	0.634	0.601	0.563	0.527	0.491	0.460	0.433	0.408
67		492	150	7	12	0.960	0.906	0.846	0.780	0.712	0.641	0.564	0.494	0.410	0.397	0.362	0.334	0.310	0.289	0.272	0.257	0.244
68		500	152	9	16	0.972	0.926	0.876	0.825	0.772	0.720	0.669	0.618	0.563	0.514	0.475	0.442	0.414	0.390	0.370	0.352	0.331
69		504	153	10	18	0.977	0.935	0.890	0.844	0.798	0.752	0.708	0.665	0.623	0.579	0.536	0.501	0.471	0.445	0.418	0.392	0.370
70		496	199	9	14	1.000	0.978	0.943	0.904	0.862	0.819	0.774	0.729	0.683	0.637	0.590	0.539	0.497	0.462	0.432	0.406	0.383
71		500	200	10	16	1.000	0.983	0.950	0.914	0.876	0.837	0.798	0.758	0.718	0.679	0.641	0.603	0.559	0.521	0.489	0.462	0.437
72		506	201	11	19	1.000	0.989	0.959	0.928	0.895	0.862	0.829	0.796	0.763	0.732	0.701	0.670	0.641	0.613	0.581	0.551	0.524
73		546	199	9	14	1.000	0.974	0.937	0.895	0.851	0.804	0.755	0.705	0.654	0.604	0.545	0.497	0.457	0.423	0.394	0.369	0.348
74		550	200	10	16	1.000	0.979	0.944	0.905	0.865	0.822	0.779	0.735	0.691	0.647	0.603	0.553	0.511	0.475	0.444	0.418	0.395
75		596	199	10	15	1.000	0.972	0.933	0.890	0.845	0.796	0.746	0.695	0.643	0.589	0.531	0.484	0.445	0.412	0.384	0.360	0.339
76		600	200	11	17	1.000	0.976	0.940	0.901	0.859	0.815	0.770	0.724	0.679	0.633	0.586	0.536	0.495	0.460	0.431	0.405	0.383
77		606	201	12	20	1.000	0.982	0.950	0.914	0.877	0.839	0.801	0.763	0.725	0.687	0.650	0.614	0.574	0.536	0.504	0.476	0.452
78		625	198.5	13.5	17.5	1.000	0.970	0.932	0.891	0.847	0.801	0.755	0.708	0.661	0.614	0.562	0.515	0.477	0.444	0.416	0.392	0.371
79		630	200	15	20	1.000	0.976	0.941	0.903	0.864	0.824	0.784	0.743	0.703	0.663	0.624	0.583	0.541	0.506	0.476	0.450	0.427
80		638	202	17	24	1.000	0.984	0.954	0.921	0.888	0.855	0.822	0.789	0.757	0.726	0.696	0.666	0.637	0.610	0.579	0.549	0.523
81		646	299	10	15	1.000	1.000	1.000	0.987	0.964	0.938	0.910	0.881	0.850	0.817	0.784	0.749	0.714	0.678	0.641	0.604	0.561
82		650	300	11	17	1.000	1.000	1.000	0.990	0.968	0.943	0.917	0.890	0.861	0.831	0.800	0.769	0.737	0.704	0.671	0.639	0.606
83		656	301	12	20	1.000	1.000	1.000	0.994	0.973	0.951	0.927	0.902	0.877	0.850	0.823	0.795	0.768	0.740	0.712	0.684	0.657
84		692	300	13	20	1.000	1.000	1.000	0.991	0.969	0.946	0.921	0.895	0.868	0.840	0.811	0.782	0.753	0.723	0.694	0.664	0.635
85		700	300	13	24	1.000	1.000	1.000	0.996	0.977	0.956	0.934	0.911	0.887	0.863	0.839	0.814	0.790	0.765	0.741	0.717	0.693

续表

序号	类别	H (mm)	B (mm)	tw (mm)	tf (mm)	l1(m) 2	2.5	3	3.5	4	4.5	5	5.5	6	6.5	7	7.5	8	8.5	9	9.5	10
86	HN	734	299	12	16	1.000	1.000	1.000	0.982	0.958	0.930	0.901	0.870	0.837	0.802	0.766	0.729	0.692	0.653	0.614	0.569	0.527
87		742	300	13	20	1.000	1.000	1.000	0.989	0.966	0.942	0.916	0.888	0.860	0.830	0.800	0.769	0.737	0.706	0.674	0.642	0.610
88		750	300	13	24	1.000	1.000	1.000	0.994	0.974	0.952	0.929	0.904	0.879	0.854	0.828	0.801	0.775	0.748	0.722	0.696	0.670
89		758	303	16	28	1.000	1.000	1.000	0.998	0.980	0.960	0.939	0.917	0.895	0.873	0.850	0.828	0.806	0.783	0.761	0.740	0.718
90		792	300	14	77	1.000	1.000	1.000	0.989	0.966	0.942	0.916	0.889	0.861	0.832	0.802	0.772	0.741	0.711	0.680	0.649	0.618
91		800	300	14	26	1.000	1.000	1.000	0.994	0.974	0.952	0.928	0.904	0.880	0.854	0.828	0.802	0.776	0.750	0.724	0.699	0.673
92		834	298	14	19	1.000	1.000	1.000	0.981	0.955	0.928	0.898	0.867	0.834	0.800	0.764	0.728	0.691	0.653	0.615	0.571	0.530
93		842	299	15	23	1.000	1.000	1.000	0.987	0.964	0.939	0.912	0.885	0.856	0.826	0.795	0.764	0.733	0.701	0.670	0.638	0.606
94		850	300	16	27	1.000	1.000	1.000	0.992	0.971	0.948	0.924	0.899	0.874	0.848	0.821	0.794	0.768	0.741	0.714	0.688	0.662
95		858	301	17	31	1.000	1.000	1.000	0.996	0.977	0.956	0.934	0.912	0.889	0.866	0.843	0.820	0.797	0.774	0.751	0.729	0.707
96		890	299	15	23	1.000	1.000	1.000	0.985	0.961	0.935	0.908	0.879	0.849	0.817	0.785	0.753	0.720	0.686	0.653	0.619	0.582
97		900	300	16	28	1.000	1.000	1.000	0.991	0.970	0.947	0.922	0.897	0.871	0.845	0.818	0.790	0.763	0.735	0.708	0.681	0.654
98		912	302	18	34	1.000	1.000	1.000	0.994	0.978	0.958	0.937	0.915	0.893	0.871	0.849	0.826	0.804	0.782	0.760	0.739	0.718
99		970	297	16	21	1.000	1.000	0.999	0.975	0.948	0.919	0.888	0.854	0.819	0.783	0.745	0.706	0.666	0.626	0.582	0.537	0.498
100		980	298	17	26	1.000	1.000	0.999	0.982	0.958	0.931	0.914	0.874	0.844	0.813	0.780	0.746	0.716	0.676	0.648	0.607	0.578
101		990	298	17	31	1.000	1.000	1.000	0.989	0.968	0.944	0.920	0.894	0.868	0.841	0.814	0.787	0.759	0.732	0.705	0.677	0.651
102		1000	300	19	36	1.000	1.000	1.000	0.994	0.974	0.953	0.931	0.909	0.886	0.862	0.839	0.816	0.792	0.769	0.746	0.724	0.702
103		1008	302	21	40	1.000	1.000	0.999	0.998	0.979	0.960	0.940	0.919	0.898	0.877	0.857	0.836	0.815	0.795	0.775	0.756	0.736
104	HT	95	48	3.2	4.5	0.728	0.629	0.522	0.442	0.384	0.339	0.304	0.275	0.252	0.232	0.215	0.200	0.188	0.177	0.167	0.158	0.150
105		97	49	4	5.5	0.789	0.710	0.631	0.545	0.474	0.419	0.376	0.341	0.312	0.288	0.267	0.249	0.233	0.219	0.207	0.196	0.186
106		96	99	4.5	6	0.952	0.917	0.886	0.851	0.813	0.776	0.740	0.703	0.667	0.631	0.594	0.552	0.516	0.484	0.456	0.432	0.409

续表

序号	类别	H (mm)	B (mm)	t_w (mm)	t_f (mm)	l_1 (m)	2	2.5	3	3.5	4	4.5	5	5.5	6	6.5	7	7.5	8	8.5	9	9.5	10
107		118	58	3.2		4.5	0.714	0.617	0.522	0.437	0.376	0.330	0.295	0.266	0.243	0.223	0.206	0.192	0.180	0.169	0.159	0.151	0.143
108		120	59	4		5.5	0.779	0.707	0.624	0.532	0.459	0.404	0.362	0.327	0.299	0.275	0.255	0.237	0.222	0.209	0.197	0.186	0.177
109		119	123	4.5		6	0.967	0.928	0.890	0.853	0.818	0.786	0.753	0.714	0.676	0.638	0.600	0.556	0.517	0.484	0.455	0.429	0.406
110		145	73	3.2		4.5	0.757	0.647	0.533	0.448	0.390	0.348	0.311	0.279	0.252	0.231	0.213	0.197	0.184	0.173	0.162	0.153	0.145
111		147	74	4		5.5	0.801	0.715	0.634	0.553	0.486	0.423	0.375	0.337	0.307	0.281	0.260	0.241	0.225	0.211	0.199	0.188	0.179
112		139	97	3.2		4.5	0.876	0.798	0.718	0.639	0.557	0.487	0.436	0.396	0.364	0.331	0.303	0.280	0.260	0.243	0.228	0.215	0.203
113		142	99	4.5		6	0.908	0.849	0.793	0.739	0.689	0.642	0.586	0.524	0.474	0.433	0.399	0.370	0.345	0.323	0.304	0.287	0.272
114		144	148	5		7	0.991	0.959	0.925	0.891	0.859	0.827	0.797	0.769	0.742	0.709	0.676	0.643	0.609	0.571	0.536	0.504	0.477
115		147	149	6		8.5	0.999	0.972	0.944	0.918	0.892	0.868	0.846	0.820	0.793	0.765	0.738	0.711	0.685	0.658	0.631	0.605	0.573
116		168	88	3.2		4.5	0.816	0.710	0.602	0.490	0.415	0.362	0.322	0.292	0.268	0.248	0.228	0.211	0.196	0.183	0.171	0.161	0.153
117		171	89	4		6	0.854	0.774	0.696	0.621	0.543	0.482	0.435	0.390	0.353	0.322	0.296	0.275	0.256	0.240	0.225	0.213	0.201
118	HT	167	173	5		7	1.000	0.976	0.944	0.911	0.877	0.843	0.810	0.778	0.747	0.717	0.687	0.659	0.632	0.602	0.563	0.528	0.497
119		172	175	6.5		9.5	1.000	0.990	0.966	0.941	0.917	0.894	0.872	0.850	0.830	0.809	0.784	0.760	0.736	0.712	0.688	0.664	0.640
120		193	98	3.2		4.5	0.845	0.742	0.633	0.514	0.426	0.365	0.320	0.286	0.259	0.238	0.220	0.206	0.193	0.182	0.170	0.160	0.151
121		196	99	4		6	0.873	0.791	0.707	0.625	0.537	0.468	0.417	0.378	0.347	0.321	0.294	0.272	0.252	0.236	0.221	0.208	0.197
122		188	149	4.5		6	0.976	0.932	0.883	0.832	0.779	0.726	0.673	0.621	0.564	0.514	0.472	0.438	0.410	0.385	0.364	0.345	0.324
123		192	198	6		8	1.000	0.995	0.968	0.939	0.910	0.880	0.850	0.821	0.792	0.764	0.737	0.710	0.684	0.659	0.635	0.612	0.579
124		244	124	4.5		6	0.922	0.852	0.774	0.692	0.608	0.516	0.447	0.395	0.355	0.323	0.296	0.275	0.257	0.241	0.228	0.216	0.206
125		238	173	4.5		8	1.000	0.967	0.930	0.889	0.847	0.804	0.761	0.719	0.676	0.635	0.593	0.548	0.510	0.477	0.450	0.426	0.405
126		294	148	4.5		6	0.958	0.901	0.836	0.764	0.687	0.606	0.515	0.446	0.393	0.351	0.317	0.290	0.267	0.248	0.231	0.217	0.205
127		286	198	6		8	1.000	0.982	0.948	0.910	0.869	0.826	0.782	0.737	0.691	0.645	0.599	0.546	0.502	0.466	0.434	0.407	0.384
128		340	173	4.5		6	0.985	0.940	0.888	0.828	0.763	0.692	0.617	0.532	0.461	0.406	0.363	0.327	0.297	0.273	0.252	0.234	0.219
129		390	148	6		8	0.952	0.893	0.825	0.750	0.671	0.585	0.498	0.432	0.382	0.342	0.310	0.283	0.262	0.243	0.227	0.214	0.202
130		390	198	6		8	1.000	0.972	0.932	0.887	0.838	0.785	0.728	0.670	0.609	0.539	0.481	0.434	0.395	0.363	0.335	0.311	0.291

热轧 H 型钢（跨中无侧向支撑　满布均布载荷作用在下翼缘）稳定系数 φ_b

表 11-28b

序号	类别	H(mm)	B(mm)	t_w(mm)	t_f(mm)	l_1(m)	2	2.5	3	3.5	4	4.5	5	5.5	6	6.5	7	7.5	8	8.5	9	9.5	10
1	HW	100	100	6	8	8	1.000	0.988	0.968	0.949	0.929	0.910	0.891	0.871	0.852	0.833	0.814	0.795	0.777	0.758	0.739	0.720	0.701
2		125	125	6.5	9	9	1.000	1.000	0.988	0.966	0.948	0.930	0.912	0.894	0.877	0.859	0.842	0.824	0.807	0.790	0.772	0.755	0.738
3		150	150	7	10	10	1.000	1.000	1.000	0.987	0.968	0.948	0.932	0.915	0.899	0.883	0.866	0.850	0.834	0.818	0.802	0.786	0.770
4		175	175	7.5	11	11	1.000	1.000	1.000	1.000	0.988	0.971	0.954	0.935	0.920	0.904	0.889	0.875	0.860	0.845	0.830	0.815	0.801
5		200	200	8	12	12	1.000	1.000	1.000	1.000	1.000	0.987	0.972	0.957	0.941	0.924	0.909	0.895	0.881	0.867	0.853	0.839	0.826
6		200	204	12	12	12	1.000	1.000	1.000	1.000	1.000	0.989	0.975	0.960	0.945	0.928	0.913	0.899	0.886	0.873	0.859	0.846	0.833
7		244	252	11	11	11	1.000	1.000	1.000	1.000	1.000	1.000	0.992	0.978	0.964	0.949	0.934	0.919	0.903	0.886	0.870	0.852	0.835
8		250	250	14	14	14	1.000	1.000	1.000	1.000	1.000	1.000	0.999	0.987	0.975	0.962	0.949	0.935	0.921	0.906	0.892	0.880	0.867
9		250	255	9	14	14	1.000	1.000	1.000	1.000	1.000	1.000	1.000	0.989	0.977	0.965	0.952	0.939	0.925	0.911	0.897	0.885	0.873
10		294	302	12	12	12	1.000	1.000	1.000	1.000	1.000	1.000	1.000	1.000	0.988	0.976	0.964	0.951	0.938	0.924	0.910	0.896	0.881
11		300	300	10	15	15	1.000	1.000	1.000	1.000	1.000	1.000	1.000	1.000	0.995	0.985	0.973	0.962	0.950	0.938	0.926	0.913	0.900
12		300	305	15	15	15	1.000	1.000	1.000	1.000	1.000	1.000	1.000	1.000	0.996	0.986	0.975	0.964	0.953	0.941	0.929	0.917	0.904
13		338	351	13	13	13	1.000	1.000	1.000	1.000	1.000	1.000	1.000	1.000	1.000	0.996	0.986	0.975	0.964	0.953	0.941	0.929	0.917
14		344	348	10	16	16	1.000	1.000	1.000	1.000	1.000	1.000	1.000	1.000	1.000	1.000	0.992	0.983	0.973	0.962	0.952	0.941	0.930
15		344	354	16	16	16	1.000	1.000	1.000	1.000	1.000	1.000	1.000	1.000	1.000	1.000	0.993	0.984	0.974	0.964	0.954	0.943	0.933
16		350	350	12	19	19	1.000	1.000	1.000	1.000	1.000	1.000	1.000	1.000	1.000	1.000	0.998	0.989	0.980	0.971	0.962	0.952	0.942
17		350	357	19	19	19	1.000	1.000	1.000	1.000	1.000	1.000	1.000	1.000	1.000	1.000	0.999	0.991	0.982	0.974	0.965	0.955	0.946
18		388	402	15	15	15	1.000	1.000	1.000	1.000	1.000	1.000	1.000	1.000	1.000	1.000	1.000	0.996	0.987	0.977	0.968	0.958	0.948
19		394	398	11	18	18	1.000	1.000	1.000	1.000	1.000	1.000	1.000	1.000	1.000	1.000	1.000	1.000	0.992	0.984	0.975	0.966	0.957
20		394	405	18	18	18	1.000	1.000	1.000	1.000	1.000	1.000	1.000	1.000	1.000	1.000	1.000	1.000	0.993	0.985	0.976	0.967	0.958
21		400	400	13	21	21	1.000	1.000	1.000	1.000	1.000	1.000	1.000	1.000	1.000	1.000	1.000	1.000	0.997	0.989	0.981	0.973	0.965
22		400	408	21	21	21	1.000	1.000	1.000	1.000	1.000	1.000	1.000	1.000	1.000	1.000	1.000	1.000	0.998	0.991	0.983	0.975	0.967

续表

序号	类别	H (mm)	B (mm)	t_w (mm)	t_f (mm)	2	2.5	3	3.5	4	4.5	5	5.5	6	6.5	7	7.5	8	8.5	9	9.5	10
23	HW	414	405	18	28	1.000	1.000	1.000	1.000	1.000	1.000	1.000	1.000	1.000	1.000	1.000	1.000	1.000	1.000	0.994	0.988	0.981
24		428	407	20	35	1.000	1.000	1.000	1.000	1.000	1.000	1.000	1.000	1.000	1.000	1.000	1.000	1.000	1.000	1.000	0.997	0.991
25		458	417	30	50	1.000	1.000	1.000	1.000	1.000	1.000	1.000	1.000	1.000	1.000	1.000	1.000	1.000	1.000	1.000	1.000	1.000
26		498	432	45	70	1.000	1.000	1.000	1.000	1.000	1.000	1.000	1.000	1.000	1.000	1.000	1.000	1.000	1.000	1.000	1.000	1.000
27		492	465	15	20	1.000	1.000	1.000	1.000	0.993	0.976	0.959	0.940	0.922	0.902	0.882	0.861	0.840	0.817	0.799	0.781	0.763
28		502	465	15	25	1.000	1.000	1.000	1.000	1.000	1.000	0.988	0.974	0.959	0.943	0.926	0.910	0.892	0.875	0.857	0.838	0.819
29		502	470	20	25	1.000	1.000	1.000	1.000	1.000	1.000	1.000	0.999	0.988	0.976	0.964	0.951	0.937	0.924	0.910	0.895	0.880
30	HM	148	100	6	9	1.000	0.973	0.942	0.911	0.884	0.857	0.831	0.804	0.778	0.752	0.726	0.700	0.674	0.648	0.623	0.596	0.565
31		194	150	6	9	1.000	1.000	0.992	0.969	0.945	0.919	0.893	0.865	0.836	0.806	0.781	0.756	0.732	0.707	0.683	0.659	0.635
32		244	175	7	11	1.000	1.000	1.000	0.991	0.971	0.951	0.929	0.906	0.882	0.858	0.833	0.806	0.782	0.760	0.739	0.717	0.696
33		294	200	8	12	1.000	1.000	1.000	1.000	0.987	0.969	0.950	0.930	0.909	0.887	0.865	0.842	0.818	0.794	0.769	0.743	0.719
34		298	201	9	14	1.000	1.000	1.000	1.000	0.993	0.976	0.959	0.940	0.922	0.902	0.882	0.861	0.840	0.817	0.799	0.781	0.763
35		340	250	9	14	1.000	1.000	1.000	1.000	1.000	1.000	0.988	0.974	0.959	0.943	0.926	0.910	0.892	0.875	0.857	0.838	0.819
36		390	300	10	16	1.000	1.000	1.000	1.000	1.000	1.000	1.000	0.999	0.988	0.976	0.964	0.951	0.937	0.924	0.910	0.895	0.880
37		440	300	11	18	1.000	1.000	1.000	1.000	1.000	1.000	1.000	0.992	0.988	0.976	0.963	0.950	0.937	0.923	0.909	0.894	0.880
38		482	300	11	15	1.000	1.000	1.000	1.000	1.000	1.000	1.000	0.997	0.978	0.964	0.950	0.934	0.918	0.902	0.885	0.868	0.850
39		488	300	11	18	1.000	1.000	1.000	1.000	1.000	1.000	1.000	0.997	0.984	0.971	0.958	0.944	0.930	0.915	0.900	0.884	0.869
40		544	300	11	15	1.000	1.000	1.000	1.000	1.000	1.000	1.000	0.988	0.974	0.959	0.944	0.927	0.910	0.892	0.874	0.856	0.836
41		550	300	11	18	1.000	1.000	1.000	1.000	1.000	1.000	1.000	0.993	0.980	0.966	0.952	0.937	0.922	0.906	0.889	0.873	0.856
42		582	300	12	17	1.000	1.000	1.000	1.000	1.000	1.000	1.000	0.989	0.975	0.961	0.945	0.929	0.913	0.896	0.878	0.860	0.842
43		588	300	12	20	1.000	1.000	1.000	1.000	1.000	1.000	1.000	0.994	0.981	0.967	0.953	0.939	0.923	0.908	0.892	0.876	0.859
44		594	302	14	23	1.000	1.000	1.000	1.000	1.000	1.000	1.000	0.997	0.986	0.973	0.960	0.947	0.933	0.919	0.904	0.890	0.874

续表

下表中数值栏顶部 l_1 (m) 对应各列 2～10。

序号	类别	H (mm)	B (mm)	t_w (mm)	t_f (mm)	2	2.5	3	3.5	4	4.5	5	5.5	6	6.5	7	7.5	8	8.5	9	9.5	10
45		100	50	5	7	0.912	0.868	0.825	0.782	0.740	0.697	0.655	0.613	0.564	0.521	0.483	0.450	0.422	0.397	0.375	0.355	0.337
46		125	60	6	8	0.929	0.888	0.847	0.807	0.767	0.728	0.688	0.649	0.610	0.565	0.524	0.488	0.457	0.430	0.406	0.384	0.365
47		150	75	5	7	0.944	0.893	0.838	0.785	0.738	0.691	0.644	0.598	0.545	0.500	0.463	0.431	0.403	0.378	0.357	0.337	0.320
48		175	90	5	8	0.975	0.935	0.891	0.844	0.795	0.754	0.713	0.673	0.633	0.591	0.546	0.507	0.473	0.444	0.418	0.395	0.375
49		198	99	4.5	7	0.980	0.938	0.892	0.843	0.791	0.737	0.680	0.620	0.562	0.512	0.470	0.435	0.405	0.379	0.356	0.335	0.317
50		200	100	5.5	8	0.985	0.947	0.905	0.861	0.814	0.764	0.712	0.670	0.627	0.582	0.536	0.496	0.463	0.433	0.407	0.385	0.364
51	HN	248	124	5	8	1.000	0.978	0.943	0.905	0.864	0.822	0.777	0.731	0.683	0.634	0.579	0.522	0.479	0.446	0.418	0.393	0.370
52		250	125	6	9	1.000	0.982	0.949	0.914	0.877	0.838	0.797	0.755	0.711	0.665	0.619	0.576	0.534	0.498	0.467	0.440	0.415
53		298	149	5.5	8	1.000	1.000	0.972	0.941	0.907	0.870	0.832	0.791	0.750	0.707	0.662	0.617	0.564	0.515	0.473	0.436	0.404
54		300	150	6.5	9	1.000	1.000	0.976	0.946	0.914	0.880	0.845	0.807	0.769	0.730	0.689	0.647	0.604	0.553	0.508	0.469	0.434
55		346	174	6	9	1.000	1.000	0.997	0.972	0.945	0.916	0.885	0.852	0.818	0.782	0.746	0.708	0.669	0.630	0.586	0.540	0.500
56		350	175	7	11	1.000	1.000	1.000	0.978	0.954	0.927	0.900	0.871	0.841	0.809	0.777	0.745	0.711	0.676	0.641	0.604	0.561
57		400	150	8	13	1.000	1.000	0.977	0.948	0.917	0.885	0.851	0.816	0.779	0.742	0.703	0.664	0.623	0.577	0.530	0.493	0.465
58		396	199	7	11	1.000	1.000	1.000	0.995	0.974	0.951	0.927	0.901	0.874	0.846	0.817	0.787	0.756	0.725	0.692	0.659	0.626
59		400	200	8	13	1.000	1.000	1.000	0.999	0.979	0.958	0.936	0.913	0.888	0.863	0.837	0.810	0.782	0.754	0.725	0.696	0.666
60		446	150	7	17	1.000	0.999	0.970	0.939	0.904	0.868	0.829	0.789	0.748	0.705	0.661	0.616	0.563	0.515	0.473	0.436	0.405
61		450	151	8	14	1.000	1.000	0.976	0.947	0.915	0.882	0.848	0.812	0.775	0.736	0.697	0.656	0.615	0.566	0.521	0.481	0.449
62		446	199	8	17	1.000	1.000	1.000	0.993	0.972	0.948	0.923	0.897	0.869	0.840	0.810	0.779	0.748	0.716	0.683	0.649	0.615
63		450	200	9	14	1.000	1.000	1.000	0.997	0.977	0.955	0.932	0.908	0.883	0.856	0.830	0.802	0.774	0.745	0.715	0.685	0.654

续表

序号	类别	H (mm)	B (mm)	t_w (mm)	t_f (mm)	l_1(m) 2	2.5	3	3.5	4	4.5	5	5.5	6	6.5	7	7.5	8	8.5	9	9.5	10
64		470	150	7	13	1.000	1.000	0.972	0.940	0.907	0.871	0.833	0.793	0.753	0.711	0.667	0.623	0.573	0.523	0.481	0.444	0.411
65		475	151.5	8.5	15.5	1.000	1.000	0.978	0.949	0.919	0.887	0.854	0.819	0.783	0.747	0.709	0.670	0.630	0.585	0.538	0.500	0.471
66		482	153.5	10.5	19	1.000	1.000	0.986	0.961	0.935	0.907	0.879	0.849	0.819	0.787	0.754	0.720	0.688	0.660	0.632	0.605	0.572
67		492	150	7	12	1.000	0.996	0.966	0.933	0.897	0.858	0.816	0.773	0.729	0.683	0.636	0.584	0.530	0.481	0.444	0.410	0.380
68		500	152	9	16	1.000	1.000	0.977	0.948	0.918	0.885	0.852	0.817	0.780	0.743	0.705	0.666	0.625	0.580	0.533	0.492	0.464
69		504	153	10	18	1.000	1.000	0.981	0.955	0.927	0.897	0.866	0.834	0.801	0.767	0.732	0.696	0.658	0.620	0.585	0.549	0.518
70		496	199	9	14	1.000	1.000	1.000	0.993	0.972	0.949	0.924	0.898	0.871	0.843	0.814	0.784	0.754	0.723	0.691	0.658	0.625
71		500	200	10	16	1.000	1.000	1.000	0.996	0.976	0.955	0.932	0.909	0.884	0.858	0.832	0.805	0.777	0.748	0.719	0.690	0.659
72		506	201	11	19	1.000	1.000	1.000	1.000	0.983	0.964	0.943	0.922	0.900	0.877	0.854	0.830	0.805	0.780	0.754	0.727	0.700
73		516	199	9	14	1.000	1.000	1.000	0.990	0.968	0.944	0.918	0.890	0.861	0.832	0.801	0.769	0.736	0.703	0.668	0.634	0.598
74		550	200	10	16	1.000	1.000	1.000	0.994	0.973	0.950	0.926	0.900	0.874	0.847	0.818	0.789	0.760	0.729	0.698	0.667	0.634
75	HN	596	199	10	15	1.000	1.000	1.000	0.988	0.965	0.941	0.914	0.886	0.857	0.826	0.795	0.763	0.729	0.695	0.661	0.625	0.587
76		600	200	11	17	1.000	1.000	1.000	0.992	0.970	0.947	0.922	0.896	0.869	0.841	0.813	0.783	0.753	0.722	0.690	0.658	0.625
77		606	201	12	20	1.000	1.000	1.000	0.996	0.977	0.955	0.933	0.910	0.886	0.861	0.835	0.809	0.782	0.754	0.726	0.697	0.668
78		625	198.5	13.5	17.5	1.000	1.000	1.000	0.987	0.965	0.941	0.915	0.888	0.860	0.832	0.802	0.772	0.741	0.709	0.677	0.644	0.611
79		630	200	15	20	1.000	1.000	1.000	0.992	0.971	0.949	0.925	0.901	0.876	0.850	0.823	0.796	0.768	0.740	0.711	0.681	0.651
80		638	202	17	24	1.000	1.000	1.000	0.998	0.980	0.960	0.940	0.919	0.897	0.874	0.851	0.827	0.803	0.778	0.753	0.727	0.700
81		646	299	10	15	1.000	1.000	1.000	1.000	1.000	1.000	0.998	0.984	0.969	0.953	0.936	0.918	0.899	0.880	0.859	0.839	0.817
82		650	300	11	17	1.000	1.000	1.000	1.000	1.000	1.000	1.000	0.987	0.972	0.957	0.941	0.924	0.906	0.888	0.869	0.850	0.830
83		656	301	12	20	1.000	1.000	1.000	1.000	1.000	1.000	1.000	0.991	0.977	0.963	0.948	0.933	0.917	0.900	0.883	0.866	0.848
84		692	300	13	20	1.000	1.000	1.000	1.000	1.000	1.000	1.000	0.988	0.974	0.959	0.944	0.928	0.911	0.894	0.876	0.858	0.839
85		700	300	13	24	1.000	1.000	1.000	1.000	1.000	1.000	1.000	0.993	0.981	0.967	0.953	0.938	0.923	0.908	0.892	0.876	0.859

续表

序号	类别	H (mm)	B (mm)	t_w (mm)	t_f (mm)	l_1 (m) 2	2.5	3	3.5	4	4.5	5	5.5	6	6.5	7	7.5	8	8.5	9	9.5	10
86	HN	734	299	12	16	1.000	1.000	1.000	1.000	1.000	1.000	0.995	0.980	0.964	0.947	0.929	0.910	0.890	0.870	0.849	0.827	0.805
87		742	300	13	20	1.000	1.000	1.000	1.000	1.000	1.000	1.000	0.986	0.971	0.956	0.940	0.923	0.906	0.888	0.869	0.850	0.831
88		750	300	13	24	1.000	1.000	1.000	1.000	1.000	1.000	1.000	0.991	0.978	0.964	0.949	0.934	0.918	0.902	0.886	0.869	0.851
89		758	303	16	28	1.000	1.000	1.000	1.000	1.000	1.000	1.000	0.996	0.983	0.970	0.957	0.943	0.929	0.915	0.900	0.885	0.869
90		792	300	14	22	1.000	1.000	1.000	1.000	1.000	1.000	1.000	0.986	0.972	0.956	0.940	0.924	0.907	0.889	0.871	0.852	0.833
91		800	300	14	26	1.000	1.000	1.000	1.000	1.000	1.000	1.000	0.991	0.978	0.964	0.949	0.934	0.919	0.903	0.886	0.869	0.852
92		834	298	14	19	1.000	1.000	1.000	1.000	1.000	1.000	0.993	0.978	0.962	0.945	0.927	0.908	0.888	0.868	0.847	0.826	0.804
93		842	299	15	23	1.000	1.000	1.000	1.000	1.000	1.000	0.998	0.984	0.969	0.954	0.937	0.920	0.903	0.885	0.866	0.847	0.828
94		850	300	16	27	1.000	1.000	1.000	1.000	1.000	1.000	1.000	0.989	0.975	0.961	0.946	0.931	0.915	0.899	0.882	0.865	0.847
95		858	301	17	31	1.000	1.000	1.000	1.000	1.000	1.000	1.000	0.993	0.981	0.968	0.954	0.940	0.925	0.910	0.895	0.880	0.864
96		890	299	15	23	1.000	1.000	1.000	1.000	1.000	1.000	0.996	0.982	0.967	0.951	0.934	0.917	0.898	0.880	0.860	0.840	0.820
97		900	300	16	28	1.000	1.000	1.000	1.000	1.000	1.000	1.000	0.988	0.975	0.960	0.945	0.929	0.913	0.897	0.880	0.862	0.845
98		912	302	18	34	1.000	1.000	1.000	1.000	1.000	1.000	1.000	0.994	0.982	0.969	0.956	0.942	0.928	0.913	0.899	0.884	0.868
99		970	297	16	21	1.000	1.000	1.000	1.000	1.000	1.000	0.989	0.973	0.956	0.938	0.919	0.899	0.878	0.857	0.835	0.812	0.789
100		980	298	17	26	1.000	1.000	1.000	1.000	1.000	1.000	0.995	0.980	0.964	0.948	0.931	0.913	0.895	0.877	0.856	0.836	0.816
101		990	298	17	31	1.000	1.000	1.000	1.000	1.000	1.000	1.000	0.987	0.973	0.958	0.943	0.927	0.911	0.894	0.877	0.860	0.842
102		1000	300	19	36	1.000	1.000	1.000	1.000	1.000	1.000	1.000	0.992	0.979	0.966	0.952	0.938	0.923	0.908	0.893	0.877	0.861
103		1008	302	21	40	1.000	1.000	1.000	1.000	1.000	1.000	1.000	0.995	0.984	0.971	0.958	0.945	0.932	0.918	0.903	0.889	0.874
104	HT	95	48	32	4.5	0.828	0.755	0.684	0.614	0.537	0.474	0.425	0.385	0.352	0.325	0.301	0.281	0.263	0.247	0.233	0.221	0.210
105		97	49	4	5.5	0.870	0.813	0.756	0.700	0.645	0.587	0.527	0.478	0.437	0.403	0.374	0.348	0.326	0.307	0.290	0.274	0.261
106		96	99	4.5	6	1.000	0.973	0.942	0.913	0.887	0.860	0.834	0.808	0.782	0.756	0.731	0.705	0.680	0.654	0.629	0.603	0.573

续表

l1(m) 为表中各栏（2～10）的水平标目，单位为 m。

序号	类别	H (mm)	B (mm)	tw (mm)	t (mm)	2	2.5	3	3.5	4	4.5	5	5.5	6	6.5	7	7.5	8	8.5	9	9.5	10
107		118	58	3.2	4.5	0.861	0.778	0.687	0.610	0.527	0.462	0.412	0.372	0.340	0.312	0.289	0.269	0.252	0.236	0.223	0.211	0.200
108		120	59	4	5.5	0.887	0.815	0.752	0.691	0.631	0.566	0.506	0.458	0.418	0.385	0.356	0.332	0.311	0.292	0.276	0.261	0.248
109		119	123	4.5	6	1.000	0.993	0.967	0.938	0.908	0.876	0.844	0.816	0.789	0.761	0.734	0.707	0.681	0.654	0.627	0.601	0.569
110		145	73	3.2	4.5	0.909	0.839	0.763	0.682	0.596	0.500	0.436	0.390	0.353	0.323	0.298	0.276	0.258	0.242	0.227	0.215	0.203
111		147	74	4	5.5	0.925	0.864	0.799	0.729	0.655	0.593	0.526	0.472	0.429	0.394	0.363	0.338	0.315	0.296	0.279	0.264	0.250
112		139	97	3.2	4.5	0.976	0.931	0.881	0.828	0.771	0.712	0.650	0.581	0.510	0.463	0.425	0.392	0.364	0.341	0.320	0.301	0.285
113		142	99	4.5	6	0.987	0.949	0.909	0.866	0.820	0.771	0.726	0.686	0.645	0.605	0.559	0.518	0.483	0.452	0.425	0.402	0.380
114		144	148	5	7	1.000	1.000	0.992	0.970	0.946	0.921	0.894	0.866	0.837	0.812	0.788	0.765	0.741	0.717	0.694	0.671	0.647
115		147	149	6	8.5	1.000	1.000	0.999	0.979	0.958	0.936	0.913	0.892	0.872	0.852	0.833	0.814	0.795	0.776	0.757	0.738	0.719
116		168	88	3.2	4.5	0.948	0.890	0.825	0.756	0.682	0.606	0.518	0.449	0.394	0.350	0.320	0.295	0.274	0.256	0.240	0.226	0.214
117		171	89	4	6	0.961	0.912	0.859	0.802	0.742	0.678	0.611	0.547	0.494	0.451	0.415	0.385	0.358	0.335	0.315	0.298	0.282
118		167	173	5	7	1.000	1.000	1.000	0.988	0.967	0.945	0.922	0.898	0.873	0.847	0.820	0.792	0.763	0.736	0.712	0.688	0.665
119	HT	172	175	6.5	9.5	1.000	1.000	1.000	0.999	0.982	0.963	0.944	0.924	0.904	0.883	0.866	0.819	0.831	0.814	0.797	0.780	0.763
120		193	98	32	4.5	0.966	0.914	0.855	0.790	0.720	0.647	0.565	0.488	0.427	0.379	0.339	0.306	0.278	0.255	0.238	0.224	0.211
121		196	99	4	6	0.975	0.930	0.880	0.826	0.768	0.708	0.646	0.576	0.506	0.450	0.412	0.380	0.353	0.330	0.309	0.291	0.275
122		188	149	4.5	6	1.000	1.000	0.980	0.951	0.920	0.887	0.853	0.817	0.779	0.741	0.701	0.659	0.617	0.568	0.521	0.482	0.454
100		980	298	17	26	1.000	1.000	1.000	1.000	1.000	1.000	0.995	0.980	0.964	0.948	0.931	0.913	0.895	0.877	0.856	0.836	0.816
124		244	124	4.5	6	1.000	0.969	0.929	0.885	0.837	0.786	0.733	0.677	0.620	0.554	0.495	0.446	0.405	0.370	0.340	0.313	0.290
125		238	173	4.5	8	1.000	0.995	1.000	0.982	0.958	0.933	0.906	0.878	0.849	0.818	0.787	0.755	0.722	0.688	0.653	0.618	0.577
126		294	148	6	6	1.000	1.000	0.964	0.929	0.890	0.847	0.802	0.754	0.704	0.652	0.598	0.535	0.483	0.440	0.403	0.371	0.343
127		286	198	4.5	8	1.000	1.000	1.000	0.996	0.975	0.952	0.928	0.903	0.876	0.847	0.818	0.788	0.758	0.726	0.694	0.661	0.627
128		340	173	6	6	1.000	1.000	1.000	0.963	0.931	0.897	0.860	0.820	0.777	0.733	0.686	0.638	0.585	0.529	0.482	0.441	0.406
129		390	148	6	8	1.000	0.992	0.959	0.923	0.882	0.839	0.792	0.744	0.693	0.640	0.583	0.523	0.473	0.431	0.395	0.364	0.338
130		390	198	6	8	1.000	1.000	1.000	0.989	0.965	0.939	0.911	0.881	0.849	0.815	0.780	0.744	0.706	0.667	0.628	0.584	0.538

注：同表 11-28a。

热轧 H 型钢（跨中一个侧向支撑　满布均布荷载作用在上翼缘）稳定系数 φb

表 11-28c

序号	类别	H (mm)	B (mm)	tw (mm)	tf (mm)	l1 (m) 2	2.5	3	3.5	4	4.5	5
1	HW	100	100	6	8	0.999	0.976	0.953	0.930	0.907	0.885	0.862
2	HW	125	125	6.5	9	1.000	0.992	0.971	0.950	0.929	0.908	0.887
3	HW	150	150	7	10	1.000	1.000	0.988	0.968	0.949	0.929	0.910
4	HW	175	175	7.5	11	1.000	1.000	1.000	0.984	0.967	0.949	0.931
5	HW	200	200	8	12	1.000	1.000	1.000	0.997	0.981	0.965	0.949
6	HW	200	204	12	12	1.000	1.000	1.000	0.999	0.983	0.967	0.951
7	HW	244	252	11	11	1.000	1.000	1.000	1.000	0.997	0.981	0.964
8	HW	250	250	9	14	1.000	1.000	1.000	1.000	1.000	0.991	0.977
9	HW	250	255	14	14	1.000	1.000	1.000	1.000	1.000	0.992	0.979
10	HW	294	302	12	12	1.000	1.000	1.000	1.000	1.000	1.000	0.988
11	HW	300	300	10	15	1.000	1.000	1.000	1.000	1.000	1.000	0.996
12	HW	300	305	15	15	1.000	1.000	1.000	1.000	1.000	1.000	0.996
13	HW	338	351	13	13	1.000	1.000	1.000	1.000	1.000	1.000	1.000
14	HW	344	348	10	16	1.000	1.000	1.000	1.000	1.000	1.000	1.000
15	HW	344	354	16	16	1.000	1.000	1.000	1.000	1.000	1.000	1.000
16	HW	350	350	12	19	1.000	1.000	1.000	1.000	1.000	1.000	1.000
17	HW	350	357	19	19	1.000	1.000	1.000	1.000	1.000	1.000	1.000
18	HW	388	402	15	15	1.000	1.000	1.000	1.000	1.000	1.000	1.000
19	HW	394	398	11	18	1.000	1.000	1.000	1.000	1.000	1.000	1.000
20	HW	394	405	18	18	1.000	1.000	1.000	1.000	1.000	1.000	1.000
21	HW	400	400	13	21	1.000	1.000	1.000	1.000	1.000	1.000	1.000
22	HW	400	408	21	21	1.000	1.000	1.000	1.000	1.000	1.000	1.000
23	HW	414	405	18	28	1.000	1.000	1.000	1.000	1.000	1.000	1.000
24	HW	428	407	20	35	1.000	1.000	1.000	1.000	1.000	1.000	1.000
25	HW	458	417	30	50	1.000	1.000	1.000	1.000	1.000	1.000	1.000
26	HW	498	432	45	70	1.000	1.000	1.000	1.000	1.000	1.000	1.000
27	HW	492	465	15	20	1.000	1.000	1.000	1.000	1.000	1.000	1.000
28	HW	502	465	15	25	1.000	1.000	1.000	1.000	1.000	1.000	1.000
29	HW	502	470	20	25	1.000	1.000	1.000	1.000	1.000	1.000	1.000
30	HM	148	100	6	9	0.981	0.950	0.918	0.886	0.855	0.824	0.793
31	HM	194	150	6	9	1.000	0.992	0.965	0.937	0.909	0.880	0.851
32	HM	244	175	7	11	1.000	1.000	0.987	0.964	0.939	0.914	0.889
33	HM	294	200	8	12	1.000	1.000	1.000	0.980	0.958	0.934	0.911
34	HM	298	201	9	14	1.000	1.000	1.000	0.986	0.966	0.946	0.925
35	HM	340	250	9	14	1.000	1.000	1.000	1.000	0.993	0.976	0.959
36	HM	390	300	10	16	1.000	1.000	1.000	1.000	1.000	1.000	0.988
37	HM	440	300	11	18	1.000	1.000	1.000	1.000	1.000	1.000	0.987
38	HM	482	300	11	15	1.000	1.000	1.000	1.000	1.000	0.993	0.977

续表

序号	类别	H (mm)	B (mm)	t_w (mm)	t_f (mm)	l_1 (m)	2	2.5	3	3.5	4	4.5	5
39	HM	488	300	11	18	1.000	1.000	1.000	1.000	1.000	1.000	0.998	0.984
40		544	300	11	15	1.000	1.000	1.000	1.000	1.000	1.000	0.990	0.973
41		550	300	11	18	1.000	1.000	1.000	1.000	1.000	1.000	0.995	0.979
42		582	300	12	17	1.000	1.000	1.000	1.000	1.000	1.000	0.991	0.974
43		588	300	12	20	1.000	1.000	1.000	1.000	1.000	1.000	0.995	0.980
44		594	302	14	23	1.000	1.000	1.000	1.000	1.000	1.000	0.999	0.985
45	HN	100	50	5	7	0.887	0.837	0.787	0.737	0.688	0.639	0.587
46		125	60	6	8	0.907	0.859	0.812	0.766	0.720	0.674	0.629
47		150	75	5	7	0.908	0.852	0.796	0.740	0.686	0.632	0.573
48		175	90	5	8	0.944	0.896	0.848	0.800	0.752	0.705	0.658
49		198	99	4.5	7	0.945	0.892	0.835	0.778	0.720	0.662	0.604
50		200	100	5.5	8	0.954	0.906	0.856	0.806	0.756	0.706	0.656
51		248	124	5	8	0.983	0.941	0.896	0.848	0.798	0.747	0.696
52		250	125	6	9	0.987	0.948	0.906	0.863	0.818	0.773	0.728
53		298	149	5.5	8	1.000	0.971	0.932	0.890	0.845	0.798	0.749
54		300	150	6.5	9	1.000	0.974	0.938	0.899	0.857	0.814	0.770
55		346	174	6	9	1.000	0.995	0.965	0.932	0.895	0.856	0.815
56		350	175	7	11	1.000	1.000	0.972	0.942	0.909	0.876	0.840
57		400	150	8	13	1.000	0.975	0.940	0.902	0.863	0.823	0.782
58	HN	396	199	7	11	1.000	1.000	0.990	0.964	0.935	0.905	0.872
59		400	200	8	13	1.000	1.000	0.994	0.970	0.944	0.916	0.887
60		446	150	7	12	1.000	0.968	0.930	0.887	0.842	0.794	0.745
61		450	151	8	14	1.000	0.974	0.938	0.900	0.860	0.818	0.775
62		446	199	8	12	1.000	1.000	0.987	0.961	0.931	0.900	0.866
63		450	200	9	14	1.000	1.000	0.991	0.967	0.940	0.911	0.881
64		470	150	7	13	1.000	0.970	0.931	0.889	0.845	0.799	0.751
65		475	151.5	8.5	15.5	1.000	0.976	0.942	0.904	0.866	0.826	0.785
66		482	153.5	10.5	19	1.000	0.984	0.955	0.923	0.891	0.858	0.825
67		492	150	7	12	1.000	0.964	0.923	0.877	0.829	0.777	0.724
68		500	152	9	16	1.000	0.975	0.940	0.902	0.863	0.823	0.781
69		504	153	10	18	1.000	0.980	0.948	0.913	0.878	0.842	0.805
70		496	199	9	14	1.000	1.000	0.987	0.961	0.932	0.901	0.869
71		500	200	10	16	1.000	1.000	0.991	0.966	0.940	0.911	0.882
72		506	201	11	19	1.000	1.000	0.996	0.974	0.950	0.925	0.900
73		546	199	9	14	1.000	1.000	0.984	0.956	0.926	0.893	0.858
74		550	200	10	16	1.000	1.000	0.988	0.962	0.933	0.903	0.871
75		596	199	10	15	1.000	1.000	0.982	0.953	0.922	0.888	0.853
76		600	200	11	17	1.000	1.000	0.986	0.959	0.930	0.898	0.866

续表

表头说明：数值栏 2、2.5、3、3.5、4、4.5、5 为 l_1 (m)。

序号	类别	H (mm)	B (mm)	t_w (mm)	t_f (mm)	2	2.5	3	3.5	4	4.5	5
77	HN	606	201	17	17	1.000	1.000	0.991	0.966	0.940	0.912	0.884
78		625	198.5	13.5	17.5	1.000	1.000	0.981	0.952	0.922	0.889	0.856
79		630	200	15	20	1.000	1.000	0.986	0.960	0.932	0.903	0.872
80		638	202	17	24	1.000	1.000	0.993	0.970	0.946	0.921	0.895
81		646	299	10	15	1.000	1.000	1.000	1.000	1.000	0.986	0.967
82		650	300	11	17	1.000	1.000	1.000	1.000	1.000	0.988	0.971
83		656	301	17	20	1.000	1.000	1.000	1.000	1.000	0.992	0.976
84		692	300	13	20	1.000	1.000	1.000	1.000	1.000	0.990	0.973
85		700	300	13	24	1.000	1.000	1.000	1.000	1.000	0.995	0.979
86		734	299	13	16	1.000	1.000	1.000	1.000	0.999	0.981	0.962
87		742	300	13	20	1.000	1.000	1.000	1.000	1.000	0.987	0.970
88		750	300	16	24	1.000	1.000	1.000	1.000	1.000	0.993	0.977
89		758	303	16	28	1.000	1.000	1.000	1.000	1.000	0.997	0.982
90		792	300	14	22	1.000	1.000	1.000	1.000	1.000	0.987	0.970
91		800	300	14	26	1.000	1.000	1.000	1.000	1.000	0.992	0.976
92		834	298	14	19	1.000	1.000	1.000	1.000	0.997	0.979	0.960
93		842	299	15	23	1.000	1.000	1.000	1.000	1.000	0.985	0.967
94		850	300	16	27	1.000	1.000	1.000	1.000	1.000	0.990	0.974
95		858	301	17	31	1.000	1.000	1.000	1.000	1.000	0.995	0.979
96		890	299	15	23	1.000	1.000	1.000	1.000	1.000	0.983	0.965
97		900	300	16	28	1.000	1.000	1.000	1.000	1.000	0.990	0.973
98		912	302	18	34	1.000	1.000	1.000	1.000	1.000	0.996	0.981
99		970	297	16	21	1.000	1.000	1.000	1.000	0.993	0.974	0.953
100		980	298	17	26	1.000	1.000	1.000	1.000	0.997	0.981	0.961
101		990	298	17	31	1.000	1.000	1.000	1.000	1.000	0.988	0.971
102		1000	300	19	36	1.000	1.000	1.000	1.000	1.000	0.993	0.977
103		1008	302	21	40	1.000	1.000	1.000	1.000	1.000	0.997	0.982
104	HT	95	48	3.2	4.5	0.789	0.706	0.624	0.535	0.464	0.410	0.368
105		97	49	4	5.5	0.838	0.772	0.707	0.643	0.574	0.508	0.455
106		96	99	4.5	6	0.983	0.951	0.920	0.889	0.858	0.827	0.797
107		118	58	3.2	4.5	0.803	0.714	0.625	0.530	0.455	0.400	0.357
108		120	59	4	5.5	0.844	0.773	0.702	0.632	0.556	0.490	0.438
109		119	123	4.5	6	0.999	0.968	0.937	0.905	0.872	0.840	0.808
110		145	73	3.2	4.5	0.852	0.765	0.676	0.584	0.493	0.427	0.377
111		147	74	4	5.5	0.878	0.806	0.734	0.662	0.588	0.512	0.454
112		139	97	3.2	4.5	0.939	0.881	0.819	0.755	0.690	0.625	0.552
113		142	99	4.5	6	0.957	0.911	0.863	0.816	0.768	0.720	0.673
114		144	148	5	7	1.000	0.993	0.967	0.940	0.912	0.884	0.856
115		147	149	6	8.5	1.000	1.000	0.978	0.955	0.932	0.909	0.886
116		168	88	3.2	4.5	0.900	0.823	0.741	0.656	0.563	0.480	0.418
117		171	89	4	6	0.921	0.860	0.796	0.731	0.666	0.601	0.529
118		167	173	5	7	1.000	1.000	0.984	0.959	0.933	0.906	0.879
119		172	175	6.5	9.5	1.000	1.000	0.996	0.977	0.956	0.936	0.915
120		193	98	3.2	4.5	0.923	0.851	0.773	0.689	0.602	0.506	0.436
121		196	99	4	6	0.938	0.878	0.814	0.748	0.681	0.614	0.538
122		188	149	4.5	6	1.000	0.979	0.944	0.907	0.867	0.826	0.784
123		192	198	6	8	1.000	1.000	1.000	0.981	0.959	0.936	0.912
124		244	124	4.5	6	0.975	0.927	0.873	0.814	0.752	0.687	0.621
125		238	173	4.5	8	1.000	1.000	0.976	0.948	0.917	0.884	0.851
126		294	148	4.5	6	1.000	0.962	0.919	0.870	0.816	0.759	0.699
127		286	198	6	8	1.000	1.000	0.991	0.965	0.937	0.906	0.874
128		340	173	4.5	6	1.000	0.988	0.954	0.915	0.871	0.824	0.772
129		390	148	6	8	0.996	0.957	0.911	0.861	0.806	0.747	0.686
130		390	198	6	8	1.000	1.000	0.982	0.953	0.920	0.884	0.845

注：同表 11-28a。

表 11-28d

热轧 H 型钢（跨中一个侧向支撑　满布均布荷载作用在下翼缘）稳定系数 φb

序号	类别	H (mm)	B (mm)	tw (mm)	tf (mm)	l1 (m)	稳定系数 φb						
							2	2.5	3	3.5	4	4.5	5
1	HW	100	100	6	8	8	1.000	0.992	0.973	0.955	0.936	0.918	0.900
2		125	125	6.5	9	9	1.000	1.000	0.989	0.971	0.954	0.937	0.920
3		150	150	7	10	10	1.000	1.000	1.000	0.986	0.970	0.954	0.939
4		175	175	7.5	11	11	1.000	1.000	1.000	1.000	0.985	0.970	0.956
5		200	200	8	12	12	1.000	1.000	1.000	1.000	0.997	0.984	0.970
6		200	204	12	12	12	1.000	1.000	1.000	1.000	0.999	0.986	0.973
7		244	252	11	11	11	1.000	1.000	1.000	1.000	1.000	0.997	0.983
8		250	250	9	14	14	1.000	1.000	1.000	1.000	1.000	1.000	0.994
9		250	255	14	14	14	1.000	1.000	1.000	1.000	1.000	1.000	0.995
10		294	302	12	12	12	1.000	1.000	1.000	1.000	1.000	1.000	1.000
11		300	300	10	15	15	1.000	1.000	1.000	1.000	1.000	1.000	1.000
12		300	305	15	15	15	1.000	1.000	1.000	1.000	1.000	1.000	1.000
13		338	351	13	13	13	1.000	1.000	1.000	1.000	1.000	1.000	1.000
14		344	348	10	16	16	1.000	1.000	1.000	1.000	1.000	1.000	1.000
15		344	354	16	16	16	1.000	1.000	1.000	1.000	1.000	1.000	1.000
16		350	350	12	15	15	1.000	1.000	1.000	1.000	1.000	1.000	1.000
17		350	357	19	19	19	1.000	1.000	1.000	1.000	1.000	1.000	1.000
18		388	402	15	15	15	1.000	1.000	1.000	1.000	1.000	1.000	1.000
19		394	398	11	18	18	1.000	1.000	1.000	1.000	1.000	1.000	1.000
20	HW	394	405	18	18	18	1.000	1.000	1.000	1.000	1.000	1.000	1.000
21		400	400	13	21	21	1.000	1.000	1.000	1.000	1.000	1.000	1.000
22		400	408	21	21	21	1.000	1.000	1.000	1.000	1.000	1.000	1.000
23		414	405	18	28	28	1.000	1.000	1.000	1.000	1.000	1.000	1.000
24		428	407	20	35	35	1.000	1.000	1.000	1.000	1.000	1.000	1.000
25		458	417	30	50	50	1.000	1.000	1.000	1.000	1.000	1.000	1.000
26		498	432	45	70	70	1.000	1.000	1.000	1.000	1.000	1.000	1.000
27		492	465	15	20	20	1.000	1.000	1.000	1.000	1.000	1.000	1.000
28		502	465	15	25	25	1.000	1.000	1.000	1.000	1.000	1.000	1.000
29		502	470	20	25	25	1.000	1.000	1.000	1.000	1.000	1.000	1.000
30	HM	148	100	6	9	9	0.997	0.971	0.945	0.919	0.893	0.868	0.843
31		194	150	6	9	9	1.000	1.000	0.984	0.961	0.938	0.914	0.890
32		244	175	7	11	11	1.000	1.000	1.000	0.983	0.963	0.942	0.921
33		294	200	8	12	12	1.000	1.000	1.000	0.996	0.978	0.959	0.939
34		298	201	9	14	14	1.000	1.000	1.000	1.000	0.985	0.968	0.951
35		340	250	9	14	14	1.000	1.000	1.000	1.000	1.000	0.993	0.979
36		390	300	10	16	16	1.000	1.000	1.000	1.000	1.000	1.000	1.000
37		440	300	11	18	18	1.000	1.000	1.000	1.000	1.000	1.000	1.000
38		482	300	11	15	15	1.000	1.000	1.000	1.000	1.000	1.000	0.994

续表

序号	类别	H (mm)	B (mm)	t_w (mm)	t_f (mm)	l_1(m) 2	2.5	3	3.5	4	4.5	5
39	HM	488	300	11	18	1.000	1.000	1.000	1.000	1.000	1.000	0.999
40	HM	544	300	11	15	1.000	1.000	1.000	1.000	1.000	1.000	0.990
41	HM	550	300	11	18	1.000	1.000	1.000	1.000	1.000	1.000	0.995
42	HM	582	300	12	17	1.000	1.000	1.000	1.000	1.000	1.000	0.991
43	HM	588	300	12	20	1.000	1.000	1.000	1.000	1.000	1.000	0.996
44	HM	594	302	14	23	1.000	1.000	1.000	1.000	1.000	1.000	1.000
45	HN	100	50	5	7	0.920	0.878	0.837	0.797	0.756	0.716	0.676
46	HN	125	60	6	8	0.936	0.897	0.858	0.820	0.783	0.745	0.707
47	HN	150	75	5	7	0.937	0.891	0.845	0.799	0.754	0.710	0.666
48	HN	175	90	5	8	0.967	0.927	0.888	0.848	0.809	0.770	0.731
49	HN	198	99	4.5	7	0.968	0.924	0.877	0.830	0.782	0.735	0.687
50	HN	200	100	5	8	0.974	0.935	0.894	0.853	0.812	0.771	0.730
51	HN	248	124	5	8	0.998	0.964	0.927	0.887	0.847	0.805	0.763
52	HN	250	125	6	9	1.000	0.970	0.936	0.900	0.863	0.826	0.789
53	HN	298	149	5.5	8	1.000	0.988	0.957	0.922	0.885	0.846	0.806
54	HN	300	150	6.5	9	1.000	0.991	0.962	0.929	0.895	0.860	0.824
55	HN	346	174	6	9	1.000	1.000	0.984	0.956	0.926	0.894	0.861
56	HN	350	175	7	11	1.000	1.000	0.990	0.965	0.938	0.910	0.881
57	HN	400	150	8	13	1.000	1.000	0.963	0.932	0.900	0.867	0.833
58	HN	396	199	7	11	1.000	1.000	1.000	0.983	0.959	0.934	0.908
59	HN	400	200	8	13	1.000	1.000	1.000	0.988	0.966	0.944	0.920
60	HN	446	150	7	12	1.000	0.987	0.955	0.920	0.882	0.843	0.803
61	HN	450	151	8	14	1.000	0.991	0.962	0.930	0.897	0.863	0.828
62	HN	446	199	8	12	1.000	1.000	1.000	0.980	0.956	0.930	0.903
63	HN	450	200	9	14	1.000	1.000	1.000	0.985	0.963	0.939	0.915
64	HN	470	150	7	13	1.000	0.988	0.956	0.922	0.885	0.847	0.808
65	HN	475	151.5	8.5	15.5	1.000	0.993	0.964	0.934	0.902	0.869	0.836
66	HN	482	153.5	10.5	19	1.000	1.000	0.975	0.949	0.923	0.896	0.869
67	HN	492	150	7	12	1.000	0.983	0.949	0.912	0.872	0.830	0.786
68	HN	500	152	9	16	1.000	0.992	0.963	0.932	0.900	0.867	0.833
69	HN	504	153	10	18	1.000	0.996	0.969	0.941	0.912	0.882	0.852
70	HN	496	199	9	14	1.000	1.000	1.000	0.980	0.957	0.931	0.905
71	HN	500	200	10	16	1.000	1.000	1.000	0.985	0.963	0.940	0.916
72	HN	506	201	11	19	1.000	1.000	1.000	0.991	0.972	0.951	0.930
73	HN	546	199	9	14	1.000	1.000	1.000	0.977	0.951	0.924	0.896
74	HN	550	200	10	16	1.000	1.000	1.000	0.981	0.958	0.933	0.907
75	HN	596	199	10	15	1.000	1.000	0.998	0.974	0.948	0.921	0.891
76	HN	600	200	11	17	1.000	1.000	1.000	0.979	0.955	0.929	0.902
77	HN	606	201	17	20	1.000	1.000	1.000	0.985	0.963	0.941	0.917
78	HN	625	198.5	13.5	17.5	1.000	1.000	0.997	0.973	0.948	0.922	0.894
79	HN	630	200	15	20	1.000	1.000	1.000	0.979	0.956	0.933	0.908
80	HN	638	202	17	24	1.000	1.000	1.000	0.988	0.968	0.947	0.926
81	HN	646	299	10	15	1.000	1.000	1.000	1.000	1.000	1.000	0.986
82	HN	650	300	11	17	1.000	1.000	1.000	1.000	1.000	1.000	0.989
83	HN	656	301	17	20	1.000	1.000	1.000	1.000	1.000	1.000	0.993
84	HN	692	300	13	20	1.000	1.000	1.000	1.000	1.000	1.000	0.990
85	HN	700	300	13	24	1.000	1.000	1.000	1.000	1.000	1.000	0.996
86	HN	734	299	17	16	1.000	1.000	1.000	1.000	1.000	0.997	0.981
87	HN	742	300	13	20	1.000	1.000	1.000	1.000	1.000	1.000	0.988
88	HN	750	300	13	24	1.000	1.000	1.000	1.000	1.000	1.000	0.993
89	HN	758	303	16	28	1.000	1.000	1.000	1.000	1.000	1.000	0.998
90	HN	792	300	14	22	1.000	1.000	1.000	1.000	1.000	1.000	0.988

续表

序号	类别	H (mm)	B (mm)	t_w (mm)	t_f (mm)	l_1 (m) 2	2.5	3	3.5	4	4.5	5
91	HN	800	300	14	26	1.000	1.000	1.000	1.000	1.000	1.000	0.993
92		834	298	14	19	1.000	1.000	1.000	1.000	1.000	0.995	0.979
93		842	299	15	23	1.000	1.000	1.000	1.000	1.000	1.000	0.986
94		850	300	16	27	1.000	1.000	1.000	1.000	1.000	1.000	0.991
95		858	301	17	31	1.000	1.000	1.000	1.000	1.000	1.000	0.996
96		890	299	15	23	1.000	1.000	1.000	1.000	1.000	0.999	0.984
97		900	300	16	28	1.000	1.000	1.000	1.000	1.000	1.000	0.990
98		912	302	18	34	1.000	1.000	1.000	1.000	1.000	1.000	0.997
99		970	297	16	21	1.000	1.000	1.000	1.000	1.000	0.991	0.974
100		980	298	17	26	1.000	1.000	1.000	1.000	1.000	0.996	0.982
101		990	298	17	31	1.000	1.000	1.000	1.000	1.000	1.000	0.989
102		1000	300	19	36	1.000	1.000	1.000	1.000	1.000	1.000	0.994
103		1008	302	21	40	1.000	1.000	1.000	1.000	1.000	1.000	0.998
104	HT	95	48	3.2	4.5	0.839	0.771	0.704	0.637	0.565	0.499	0.448
105		97	49	4	5.5	0.880	0.825	0.772	0.719	0.666	0.614	0.554
106		96	99	4.5	6	0.998	0.972	0.947	0.921	0.896	0.871	0.846
107		118	58	3.2	4.5	0.851	0.777	0.705	0.633	0.554	0.487	0.434
108		120	59	4	5.5	0.884	0.826	0.768	0.710	0.653	0.596	0.533
109		119	123	4.5	6	1.000	0.987	0.961	0.934	0.908	0.881	0.855
110		145	73	3.2	4.5	0.891	0.820	0.747	0.673	0.600	0.520	0.459
111	HT	147	74	4	5.5	0.912	0.853	0.794	0.735	0.676	0.618	0.553
112		139	97	3.2	4.5	0.963	0.915	0.864	0.811	0.758	0.704	0.651
113		142	99	4.5	6	0.977	0.939	0.900	0.861	0.822	0.782	0.744
114		144	148	5	7	1.000	1.000	0.985	0.963	0.940	0.917	0.894
115		147	149	6	8.5	1.000	1.000	0.994	0.976	0.957	0.938	0.919
116		168	88	3.2	4.5	0.930	0.867	0.800	0.730	0.658	0.584	0.508
117		171	89	4	6	0.948	0.897	0.845	0.791	0.738	0.685	0.632
118		167	173	5	7	1.000	1.000	0.999	0.979	0.957	0.935	0.913
119		172	175	6.5	9.5	1.000	1.000	1.000	0.993	0.977	0.960	0.943
120		193	98	3.2	4.5	0.949	0.890	0.826	0.757	0.685	0.612	0.530
121		196	99	4	6	0.961	0.912	0.860	0.806	0.751	0.695	0.640
122		188	149	4.5	6	1.000	0.995	0.967	0.936	0.903	0.870	0.835
123		192	198	6	8	1.000	1.000	1.000	0.997	0.979	0.960	0.940
124		244	124	4.5	6	0.992	0.952	0.908	0.860	0.809	0.756	0.701
125		238	173	4.5	8	1.000	1.000	0.993	0.969	0.944	0.918	0.890
126		294	148	4.5	6	1.000	0.981	0.946	0.905	0.861	0.815	0.765
127		286	198	6	8	1.000	1.000	1.000	0.984	0.960	0.935	0.909
128		340	173	4.5	6	1.000	1.000	0.975	0.943	0.907	0.868	0.826
129		390	148	6	8	1.000	0.977	0.940	0.898	0.853	0.805	0.754
130		390	198	6	8	1.000	1.000	0.998	0.974	0.947	0.917	0.885

注: 同表11-28a。

11.8 轴心受压构件的承载力设计值

11.8.1 Q235 钢 两个热轧等边角钢（十字相连）轴心受压（绕 x 轴）稳定时的承载力设计值（kN）

Q235 钢 两个热轧等边角钢（十字相连）轴心受压（绕 x 轴）稳定时的承载力设计值（kN） 表 11-29

对应轴简图

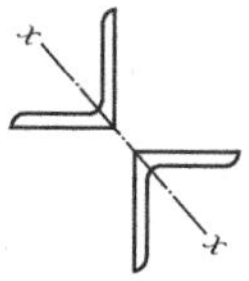

计算长度 l_{ox} (m)	2L45×			2L50×			2L56×			2L60×			2L63×				2L70×				2L75×				
	4	5	6	4	5	6	4	5	8	5	6	8	5	6	8	10	5	6	7	8	5	6	8	10	
面积 $A/2$ (cm²)	3.486	4.292	5.076	3.897	4.803	5.688	4.39	5.415	8.367	5.829	6.914	9.02	6.14	7.29	9.52	11.7	6.88	8.16	9.42	10.7	7.41	8.8	11.5	14.13	
1.5	96.9	118	138	118	145	170	143	176	268	196	232	300	211	250	325	395	246	292	336	380	271	321	419	512	
1.6	91.1	111	129	112	137	162	138	169	257	190	224	290	206	243	315	383	241	285	328	371	266	315	410	502	
1.7	85.4	104	121	107	130	153	132	163	246	184	217	279	199	235	305	370	235	278	320	362	260	308	402	491	
1.8	79.8	96.9	113	101	123	145	127	156	235	177	208	268	193	227	294	357	229	271	312	352	254	301	393	479	
1.9	74.5	90.4	105	95.2	116	136	121	148	223	170	200	257	186	219	284	343	223	263	303	342	248	294	383	467	
2.0	69.5	84.3	98.0	89.6	109	128	115	141	212	163	191	246	179	211	272	329	216	255	293	331	242	286	373	454	
2.1	64.9	78.5	91.3	84.3	102	121	109	134	201	155	183	234	172	202	261	315	209	247	284	320	236	278	362	441	
2.2	60.6	73.3	85.1	79.2	96.2	113	104	127	190	148	174	223	164	193	249	300	202	239	274	309	229	270	352	428	
2.3	56.6	68.4	79.4	74.4	90.4	106	98.1	120	179	141	166	212	157	185	238	286	195	230	264	298	222	262	341	414	
2.4	52.9	63.9	74.2	69.9	84.9	99.7	92.9	114	169	134	158	201	150	176	227	273	188	221	254	286	215	253	329	399	
2.5	49.5	59.8	69.4	65.8	79.8	93.7	87.9	108	160	128	150	191	143	168	216	259	180	213	244	275	207	244	318	385	
2.6	46.4	56.0	65.0	61.9	75.0	88.1	83.1	102	151	121	142	181	136	160	206	246	173	204	234	263	200	236	306	371	
2.7	43.5	52.6	61.0	58.3	70.6	82.9	78.7	96.4	143	115	135	171	130	152	196	234	166	195	224	252	193	227	295	357	
2.8	40.9	49.4	57.3	54.9	66.5	78.1	74.5	91.2	135	109	128	163	124	145	186	222	159	187	214	241	185	218	283	342	
2.9	38.5	46.5	53.9	51.8	62.8	73.7	70.5	86.4	128	104	121	154	118	138	177	211	152	179	205	231	178	210	272	329	
3.0	36.3	43.8	50.8	49.0	59.3	69.6	66.8	81.8	121	98.49	115	146	112	131	168	201	146	171	196	221	171	201	261	315	
3.1	34.3	41.4	47.9	46.3	56.1	65.8	63.4	77.6	115	93.61	110	139	107	125	160	191	139	164	187	211	164	193	251	302	
3.2	32.4	39.1	45.3	43.8	53.1	62.3	60.2	73.7	109	89.03	104	132	102	119	152	182	133	157	179	202	158	186	240	290	
3.3	30.7	37.0	42.8	41.6	50.3	59.0	57.2	70.0	103	84.72	99.09	126	96.8	113	145	173	128	150	171	193	151	178	230	278	
3.4	29.1	35.1	40.6	39.4	47.7	56.0	54.4	66.5	98.0	80.68	94.35	120	92.3	108	138	165	122	143	164	184	145	171	221	266	
3.5	27.6	33.3	38.5	37.5	45.4	53.2	51.7	63.3	93.2	76.9	89.9	114	88.0	103	132	157	117	137	157	176	139	164	212	255	
3.6	26.2	31.6	36.6	35.7	43.1	50.6	49.3	60.3	88.8	73.3	85.7	109	84.1	98.4	126	150	112	131	150	169	134	157	203	244	
3.7	24.9	30.1	34.8	33.9	41.1	48.2	47.0	57.5	84.6	70.0	81.8	104	80.3	94.0	120	143	107	126	144	162	128	151	195	234	
3.8	23.7	28.6	33.1	32.4	39.1	45.9	44.9	54.9	80.7	66.9	78.2	98.9	76.8	89.9	115	137	103	121	138	155	123	145	187	225	
3.9	22.6	27.3	31.6	30.9	37.3	43.8	42.9	52.4	77.1	63.9	74.7	94.6	73.5	86.0	110	131	98.5	116	132	148	118	139	180	216	
4.0	21.6	26.0	30.1	29.5	35.7	41.8	41.0	50.1	73.7	61.2	71.5	90.4	70.4	82.3	105	125	94.5	111	126	142	114	133	173	207	
4.2	19.7	23.8	27.5	27.0	32.6	38.3	37.6	45.9	67.5	56.1	65.6	83.0	64.6	75.6	96.6	115	87.1	102	116	131	105	123	159	191	①
4.4	18.1	21.8	25.2	24.8	29.9	35.1	34.5	42.2	62.0	51.7	60.4	76.3	59.6	69.6	88.9	106	80.5	94.4	108	121	97.3	114	148	177	
4.6	16.6	20.1	23.2	22.8	27.6	32.3	31.8	38.9	57.2	47.7	55.7	70.4	55.0	64.3	82.1	97.6	74.6	87.4	99.6	112	90.2	106	137	164	
4.8	15.4	18.5	21.4	21.1	25.5	29.9	29.5	36.0	52.9	44.2	51.6	65.2	51.0	59.6	76.1	90.4	69.2	81.1	92.4	104	83.9	98.4	127	152	
5.0	14.2	17.1	19.8	19.5	23.6	27.7	27.3	33.4	49.0	41.0	47.9	60.5	47.3	55.3	70.6	83.9	64.4	75.4	86.0	96.7	78.2	91.6	118	142	
5.2	13.2	15.9	18.4	18.1	21.9	25.7	25.4	31.1	45.6	38.1	44.5	56.3	44.1	51.5	65.7	78.1	60.0	70.3	80.1	90.1	72.9	85.5	110	132	
5.4	12.3	14.8	17.1	16.9	20.4	23.9	23.7	29.0	42.5	35.6	41.5	52.5	41.1	48.1	61.3	72.8	56.1	65.7	74.8	84.1	68.2	80.0	103	124	
5.6	11.5	13.8	16.0	15.8	19.1	22.3	22.1	27.0	39.7	33.3	38.8	49.0	38.5	44.9	57.3	68.1	52.5	61.5	70.1	78.8	63.9	74.9	96.8	116	
5.8	10.7	12.9	14.9	14.7	17.8	20.9	20.7	25.3	37.1	31.1	36.4	45.9	36.0	42.1	53.7	63.8	49.2	57.7	65.7	73.9	60.0	70.3	90.8	109	②
6.0	10.1	12.1	14.0	13.8	16.7	19.6	19.4	23.8	34.8	29.2	34.1	43.1	33.8	39.5	50.4	59.9	46.3	54.2	61.7	69.4	56.4	66.1	85.4	102	
												③		③		③									

续表

对应轴 简图	计算长度 l_{ox} (m)	2L80×					2L90×						2L100×							2L110×				
		6	7	8	9	10	6	7	8	9	10	12	7	8	9	10	12	14	16	7	8	10	12	14
	面积 $A/2$ (cm²)	9.4	10.86	12.3	13.73	15.13	10.64	12.3	13.94	15.57	17.17	20.31	13.8	15.64	17.46	19.26	22.8	28.26	29.63	15.2	17.24	21.26	25.2	29.06
	1.5	349	403	456	508	559	406	469	531	592	653	770	536	608	678	747	883	1093	1144	600	680	838	992	1143
	1.6	343	396	448	499	549	401	463	524	584	644	760	530	601	670	739	873	1080	1131	594	674	830	983	1131
	1.7	337	389	440	490	539	395	456	516	576	634	748	524	594	662	730	863	1066	1116	588	667	822	972	1119
	1.8	331	382	431	480	528	389	449	509	567	625	736	518	586	654	721	851	1053	1101	582	660	813	962	1107
	1.9	324	374	422	470	516	383	442	500	558	614	724	511	579	646	711	840	1038	1086	576	653	804	951	1095
	2.0	317	365	413	459	504	376	435	492	548	604	711	504	571	637	701	828	1023	1070	570	645	795	940	1082
	2.1	309	357	403	448	492	370	427	483	538	592	697	497	563	627	691	816	1007	1053	563	638	785	929	1068
	2.2	301	348	393	436	479	363	419	474	527	581	683	489	554	618	680	803	991	1036	556	630	775	917	1054
	2.3	293	338	382	424	465	355	410	464	516	569	669	482	545	608	669	789	974	1018	549	622	765	905	1040
	2.4	285	329	371	412	452	348	402	454	505	556	653	473	536	597	657	775	957	999	541	613	755	892	1025
	2.5	277	319	360	399	438	340	392	443	493	543	638	465	527	587	645	761	938	980	534	604	744	879	1010
	2.6	268	309	348	386	423	332	383	433	481	530	622	456	517	575	633	746	919	960	526	595	732	865	994
	2.7	259	299	337	373	409	324	373	422	469	516	605	447	506	564	620	731	900	939	518	586	720	851	977
	2.8	251	289	325	360	395	315	364	410	456	502	588	438	496	552	607	715	880	918	509	576	708	837	960
	2.9	242	279	314	348	380	307	354	399	443	488	571	429	485	540	593	699	860	896	500	566	696	822	942
	3.0	233	269	302	335	366	298	344	387	430	473	554	419	474	527	580	682	839	874	491	556	683	806	924
	3.1	225	259	291	322	353	289	333	376	417	459	537	409	463	515	565	665	817	852	482	545	670	790	906
	3.2	217	249	280	310	339	280	323	364	404	445	520	399	451	502	551	648	796	829	473	535	656	774	887
	3.3	209	240	270	298	326	272	313	353	392	430	503	389	440	489	537	631	774	806	463	524	643	758	868
	3.4	201	231	259	287	313	263	303	342	379	416	486	379	428	476	522	614	753	783	453	512	629	741	848
	3.5	193	222	249	276	301	255	293	330	366	403	470	368	417	463	508	596	731	760	443	501	614	724	828
	3.6	186	214	240	265	289	246	284	319	354	389	453	358	405	450	493	579	710	738	433	489	600	707	808
	3.7	179	205	231	255	278	238	274	309	342	376	438	348	393	437	479	562	689	715	423	478	586	690	788
	3.8	172	198	222	245	267	230	265	298	330	363	423	338	382	424	465	545	668	693	413	466	571	672	768
	3.9	165	190	213	236	257	222	256	288	319	350	408	328	371	411	451	529	647	672	403	455	557	655	748
	4.0	159	183	205	227	247	215	247	278	308	338	394	318	360	399	437	513	627	651	392	443	542	638	728
	4.2	147	169	190	210	229	200	231	260	287	316	367	299	338	375	411	481	588	610	372	420	514	604	689
	4.4	137	157	176	195	212	187	216	242	268	294	342	281	318	352	386	452	552	572	353	398	486	572	651
	4.6	127	146	164	181	197	175	201	226	250	275	319	264	299	331	362	424	518	536	334	376	460	540	615
	4.8	118	136	153	168	183	164	188	212	234	257	298	249	281	311	340	398	486	503	316	356	435	510	580
	5.0	111	127	142	157	171	153	176	198	219	240	279	234	264	292	320	374	456	472	298	336	411	482	548
	5.2	103	119	133	147	160	144	165	186	205	225	261	220	248	275	301	352	429	444	282	318	388	455	517
	5.4	96.7	111	124	137	150	135	155	174	193	211	245	207	234	259	283	331	403	417	267	300	367	430	488
	5.6	90.7	104	117	129	140	127	146	161	181	199	230	195	220	244	267	312	380	393	252	284	347	406	462
	5.8	85.2	97.9	110	121	132	119	137	154	170	187	217	184	208	230	252	294	358	370	239	269	328	384	437
	6.0	80.2	92.1	103	114	121	112	129	145	161	176	204	174	196	217	238	278	338	350	226	255	311	364	413

① (注)

续表

对应轴简图

（角钢截面示意图）

面积 A/2 (cm²)

计算长度 l_ox (m)	2L125×			2L140×			2L150×			2L160×			2L180×				2L200×				2L220×				2L250×					
厚度	10	12	14	12	14	16	12	14	16	12	14	16	12	14	16	18	14	16	18	20	16	18	20	22	18	20	24	26	28	30
A/2	24.4	28.9	33.4	32.5	37.6	42.5	34.9	40.4	45.7	37.4	43.3	49.1	42.2	48.9	55.5	61.1	54.6	62.0	69.3	76.5	68.7	76.8	84.7	92.7	87.8	97.0	115	124	133	142
2.0	937	1110	1279	1273	1470	1663	1382	1596	1808	1495	1727	1956	1710	1979	2244	2353	2235	2536	2700	2981	2832	3017	3331	3640	3488	3852	4570	4924	5275	5622
2.1	928	1099	1266	1264	1459	1650	1372	1585	1795	1486	1716	1944	1701	1968	2231	2341	2225	2524	2688	2966	2820	3004	3316	3625	3475	3839	4554	4907	5256	5601
2.2	919	1088	1254	1253	1447	1636	1363	1574	1782	1476	1705	1931	1692	1958	2219	2327	2214	2512	2675	2952	2808	2992	3303	3610	3463	3824	4538	4889	5237	5581
2.3	909	1077	1241	1243	1435	1622	1353	1562	1768	1466	1694	1918	1683	1947	2207	2314	2204	2500	2662	2938	2797	2980	3289	3595	3451	3811	4521	4871	5217	5561
2.4	900	1066	1227	1232	1422	1608	1342	1550	1755	1456	1682	1905	1673	1936	2194	2302	2193	2488	2650	2923	2785	2966	3274	3578	3438	3798	4505	4853	5197	5540
2.5	890	1054	1213	1221	1410	1593	1332	1538	1741	1446	1671	1892	1664	1925	2182	2287	2182	2476	2636	2909	2773	2954	3260	3563	3426	3783	4488	4835	5178	5519
2.6	880	1041	1199	1210	1397	1578	1321	1526	1727	1436	1659	1878	1654	1913	2169	2272	2172	2463	2623	2894	2761	2941	3246	3547	3413	3769	4472	4817	5159	5498
2.7	869	1029	1184	1199	1383	1563	1310	1513	1712	1425	1646	1864	1644	1902	2156	2260	2161	2451	2610	2880	2748	2927	3231	3531	3400	3755	4455	4799	5139	5477
2.8	858	1016	1169	1187	1369	1547	1299	1500	1697	1415	1634	1849	1634	1890	2142	2246	2149	2438	2595	2864	2736	2914	3216	3515	3388	3741	4438	4780	5119	5456
2.9	847	1002	1153	1175	1355	1531	1288	1486	1682	1404	1621	1835	1624	1878	2128	2231	2138	2425	2582	2848	2723	2901	3202	3498	3374	3726	4420	4762	5099	5434
3.0	836	988	1137	1162	1341	1514	1276	1472	1666	1392	1608	1820	1614	1866	2115	2217	2126	2412	2568	2833	2711	2887	3187	3482	3361	3712	4403	4743	5079	5412
3.1	824	974	1120	1149	1326	1497	1264	1458	1650	1381	1592	1804	1603	1854	2100	2200	2115	2398	2553	2817	2698	2873	3171	3465	3348	3698	4385	4724	5058	5390
3.2	811	960	1103	1136	1310	1479	1251	1444	1633	1369	1580	1788	1592	1841	2086	2186	2103	2385	2538	2800	2685	2860	3156	3448	3334	3682	4368	4705	5037	5368
3.3	799	945	1085	1123	1294	1461	1239	1429	1616	1357	1566	1772	1581	1828	2071	2171	2091	2371	2524	2784	2671	2845	3140	3431	3321	3668	4350	4684	5016	5345
3.4	786	929	1067	1109	1278	1442	1226	1414	1599	1344	1552	1756	1570	1815	2056	2155	2078	2357	2509	2767	2658	2831	3124	3413	3308	3653	4332	4665	4995	5323
3.5	773	913	1049	1094	1261	1424	1212	1399	1581	1332	1537	1739	1558	1802	2041	2139	2066	2342	2493	2750	2644	2816	3107	3395	3293	3638	4313	4645	4974	5299
3.6	759	897	1030	1080	1244	1404	1199	1382	1563	1319	1521	1721	1546	1788	2025	2123	2053	2328	2477	2733	2631	2801	3090	3377	3280	3621	4295	4625	4952	5277
3.7	746	881	1011	1065	1227	1384	1184	1365	1543	1305	1506	1703	1534	1774	2009	2104	2040	2313	2462	2715	2617	2786	3074	3358	3266	3606	4275	4604	4930	5253
3.8	732	864	991	1049	1209	1363	1170	1348	1524	1292	1490	1685	1522	1759	1992	2087	2027	2298	2445	2696	2602	2771	3058	3340	3251	3590	4256	4584	4908	5229
3.9	718	847	971	1034	1191	1342	1155	1331	1504	1278	1474	1666	1509	1745	1975	2069	2013	2282	2429	2678	2588	2756	3040	3321	3237	3574	4237	4563	4886	5205
4.0	705	830	951	1018	1172	1321	1140	1314	1484	1264	1457	1647	1497	1730	1958	2051	1999	2267	2411	2659	2573	2739	3023	3301	3222	3557	4217	4542	4863	5180
4.2	675	796	911	985	1134	1277	1109	1277	1443	1234	1422	1608	1470	1699	1923	2014	1971	2234	2377	2621	2543	2707	2986	3262	3192	3524	4178	4499	4816	5131
4.4	646	761	871	952	1095	1234	1077	1240	1400	1203	1387	1567	1443	1667	1886	1975	1942	2201	2338	2580	2511	2674	2949	3220	3162	3491	4136	4454	4767	5079
4.6	617	727	831	917	1055	1189	1044	1201	1356	1172	1349	1524	1414	1633	1848	1934	1911	2166	2303	2538	2479	2638	2910	3178	3129	3455	4094	4408	4718	5026
4.8	588	693	792	883	1015	1144	1010	1162	1311	1139	1311	1481	1384	1598	1808	1892	1879	2129	2264	2495	2445	2602	2870	3133	3097	3419	4050	4360	4667	4971
5.0	561	660	754	848	975	1095	976	1122	1265	1105	1272	1436	1353	1563	1767	1848	1846	2092	2224	2450	2411	2565	2829	3087	3064	3381	4006	4312	4614	4914
5.2	534	628	717	814	935	1050	942	1082	1219	1071	1234	1391	1328	1524	1724	1808	1812	2053	2182	2404	2375	2526	2786	3040	3028	3343	3960	4261	4560	4856
5.4	508	597	682	780	896	1006	907	1042	1174	1037	1192	1345	1302	1486	1681	1762	1777	2012	2138	2355	2338	2487	2741	2993	2993	3303	3911	4210	4504	4796
5.6	483	568	648	747	858	962	873	1002	1129	1002	1152	1299	1275	1446	1636	1710	1741	1971	2094	2306	2299	2447	2696	2941	2956	3262	3863	4156	4446	4734
5.8	460	540	616	715	821	920	839	963	1084	968	1112	1253	1248	1406	1591	1662	1703	1930	2048	2255	2260	2403	2648	2888	2918	3220	3811	4101	4386	4670
6.0	437	514	586	684	785	880	806	924	1041	933	1072	1208	1220	1366	1546	1613	1665	1888	2001	2203	2219	2359	2599	2835	2879	3176	3759	4044	4325	4604
6.2	416	489	557	655	751	841	774	887	999	900	1033	1164	1192	1326	1501	1565	1626	1846	1954	2150	2177	2314	2550	2779	2839	3131	3705	3986	4261	4537
6.4	396	466	531	626	718	804	743	851	958	866	994	1120	1163	1287	1456	1517	1587	1802	1905	2097	2134	2267	2498	2723	2797	3085	3649	3925	4196	4466
6.6	378	444	505	599	686	769	713	817	919	834	957	1078	1134	1248	1412	1469	1547	1758	1856	2042	2091	2221	2447	2666	2754	3038	3593	3863	4130	4395
6.8	360	423	482	573	657	735	684	783	881	803	920	1036	1105	1209	1368	1422	1507	1714	1807	1988	2046	2173	2393	2608	2711	2989	3534	3800	4061	4321
7.0	344	403	459	548	628	703	656	751	845	772	885	997	1076	1171	1325	1375	1466	1669	1758	1933	2001	2124	2340	2549	2666	2940	3475	3735	3991	4247
7.2	328	385	438	525	601	673	630	721	810	743	851	958	1018	1133	1282	1328	1426	1624	1709	1878	1955	2076	2286	2489	2620	2889	3413	3669	3920	4170
7.4	313	368	418	503	576	644	604	692	778	715	819	922	960	1095	1240	1282	1386	1579	1660	1825	1909	2026	2231	2429	2573	2837	3352	3601	3847	4092
7.5	306	359	409	492	564	631	592	678	762	701	803	904	931	1076	1211	1261	1366	1544	1636	1798	1886	2001	2204	2399	2550	2811	3320	3567	3810	4052

① （注）

11.8.2　Q235 钢　两个热轧等边角钢（两边相连）轴心受压（绕 x 轴）稳定时的承载力设计值（kN）

表 11-30a

对应轴简图：两个热轧等边角钢（两边相连）轴心受压（绕 x 轴）x—x 轴

计算长度 l_{ox} (m)	2L45×			2L50×			2L56×			2L60×			2L63×				2L70×				2L75×				
厚度	4	5	6	4	5	6	4	5	8	5	6	8	5	6	8	10	5	6	7	8	6	7	8	9	10
面积 A (cm²)	6.97	8.58	10.15	7.79	9.61	11.38	8.78	10.83	16.73	11.66	13.83	18.04	12.29	14.58	19.03	23.31	13.75	16.32	18.85	21.33	17.59	20.32	23.01	25.65	28.25
1.5	75.0	91.5	106	95.8	117	138	121	149	225	171	201	259	186	220	284	345	223	264	304	342	295	340	383	427	469
1.6	68.7	83.7	97.0	88.8	109	127	114	140	211	162	190	245	177	209	270	328	214	254	292	329	286	329	371	412	453
1.7	63.0	76.7	88.7	82.1	100	118	107	131	197	152	179	231	168	199	255	310	206	243	280	315	276	317	357	397	436
1.8	57.7	70.3	81.2	75.9	92.7	109	99.8	122	183	143	168	217	159	188	241	292	197	233	268	300	265	305	343	382	419
1.9	53.0	64.5	74.5	70.2	85.7	101	93.2	114	171	135	158	203	150	177	227	275	188	222	255	286	254	293	329	366	401
2.0	48.8	59.4	68.5	65.0	79.3	92.9	86.9	106	159	126	148	190	141	167	213	258	178	211	242	271	244	280	315	349	383
2.1	45.0	54.7	63.1	60.2	73.4	86.1	81.0	99.1	148	118	138	178	133	157	200	242	169	200	230	257	233	267	300	333	365
2.2	41.6	50.6	58.4	55.9	68.1	79.8	75.6	92.4	138	111	129	166	125	147	188	227	160	189	218	243	222	255	286	317	347
2.3	38.5	46.8	54.0	51.9	63.3	74.1	70.6	86.3	128	104	121	155	117	138	176	213	152	179	206	230	211	242	272	301	330
2.4	35.8	43.5	50.1	48.3	58.9	69.0	66.0	80.6	120	97.4	114	146	110	130	166	200	144	169	195	217	200	230	258	286	313
2.5	33.3	40.5	46.6	45.1	54.9	64.3	61.7	75.4	112	91.3	106	137	104	122	155	187	136	160	184	205	190	219	245	271	297
2.6	31.0	37.7	43.4	42.1	51.3	60.1	57.9	70.7	105	85.8	100	128	97.5	115	146	176	128	151	174	194	181	207	232	257	281
2.7	29.0	35.2	40.6	39.4	48.0	56.2	54.3	66.3	98.5	80.7	94.0	120	91.8	108	138	166	121	143	164	183	171	197	220	244	267
2.8	27.2	33.0	38.0	37.0	45.0	52.7	51.0	62.3	92.5	75.9	88.4	113	86.6	102	130	156	115	135	155	173	163	187	209	231	253
2.9	25.5	31.0	35.6	34.7	42.3	49.4	48.0	58.7	87.1	71.5	83.3	107	81.7	96.1	122	147	109	128	147	164	154	177	198	219	240
3.0	23.9	29.1	33.5	32.7	39.8	46.6	45.3	55.3	81.9	67.5	78.6	101	77.2	90.8	116	139	103	121	139	155	147	168	188	208	228
3.1	22.5	27.4	31.5	30.8	37.5	43.9	42.7	52.2	77.3	63.8	74.3	95.1	73.0	85.8	110	131	97.8	115	132	147	139	160	179	198	216
3.2	21.3	25.8	29.7	29.1	35.4	41.4	40.4	49.3	73.0	60.4	70.3	89.9	69.1	81.3	104	124	92.8	109	125	140	133	152	170	188	205
3.3	20.1	24.4	28.1	27.4	33.5	39.2	38.2	46.7	69.1	57.2	66.6	85.2	65.5	77.0	98.4	118	88.2	104	119	133	126	145	161	179	195
3.4	19.0	23.1	26.5	26.0	31.7	37.1	36.1	44.2	65.5	54.2	63.1	80.7	62.2	73.1	93.4	112	83.8	98.7	113	126	120	138	154	170	186 ①
3.5	18.0	21.9	25.1	24.7	30.0	35.1	34.4	42.0	62.1	51.4	59.9	76.6	59.1	69.5	88.8	106	79.8	93.9	108	120	114	131	146	162	177
3.6	17.1	20.7	23.8	23.4	28.5	33.3	32.7	39.9	59.0	48.9	57.0	72.8	56.2	66.1	84.5	101	76.0	89.5	103	114	109	125	140	154	169
3.7	16.2	19.7	22.6	22.2	27.1	31.7	31.1	37.9	56.1	46.6	54.2	69.3	53.5	62.9	80.5	96.0	72.4	85.3	97.7	109	104	119	133	147	161
3.8	15.4	18.7	21.5	21.2	25.8	30.2	29.6	36.1	53.4	44.4	51.6	66.0	51.0	59.9	76.8	91.4	69.1	81.4	93.2	104	99.4	114	127	141	154
3.9	14.7	17.8	20.5	20.2	24.6	28.7	28.2	34.4	50.9	42.4	49.2	63.0	48.7	57.2	73.3	87.2	66.0	77.7	89.0	99.1	95.1	109	122	134	147
4.0	14.0	17.0	19.5	19.2	23.4	27.4	26.9	32.8	48.6	40.7	47.0	60.1	46.5	54.6	70.0	83.3	63.2	74.3	85.1	94.7	91.0	104	116	129	141
4.2	12.8	15.5	17.8	17.5	21.4	25.0	24.6	30.0	44.4	37.4	43.0	54.9	42.6	50.0	64.2	76.1	57.8	68.1	78.0	86.8	83.5	95.6	107	118	129
4.4	11.7	14.2	16.3	16.1	19.6	22.9	22.5	27.5	40.7	34.3	39.4	50.4	39.0	45.9	58.9	69.9	53.2	62.6	71.7	79.7	76.8	88.0	98.1	109	119
4.6	10.7	13.0	15.0	14.8	18.0	21.0	20.7	25.3	37.4	31.7	36.3	46.4	35.9	42.2	54.2	64.3	49.0	57.7	66.1	73.5	70.9	81.2	90.5	100	109 ②
4.8	9.9	12.0	13.8	13.6	16.6	19.4	19.1	23.3	34.5	29.3	33.5	42.8	33.2	39.0	50.0	59.4	45.3	53.4	61.1	68.0	65.6	75.2	83.8	92.7	101
5.0	9.1	11.1	12.8	12.6	15.3	17.9	17.7	21.6	31.9	27.2	31.0	39.6	30.8	36.1	46.4	55.0	42.1	49.5	56.7	63.0	60.9	69.8	77.7	86.0	93.9
5.2	8.5	10.3	11.8	11.7	14.2	16.7	16.4	20.1	29.6	25.3	28.8	36.8	28.6	33.6	43.1	51.1	39.1	46.2	52.7	58.6	56.7	64.9	72.3	80.0	87.4
5.4	7.9	9.6	11.0	10.9	13.2	15.5	15.3	18.7	27.6	23.6	26.8	34.3	26.6	31.3	40.2	47.6	36.4	42.9	49.1	54.6	52.8	60.5	67.4	74.6	81.5
5.6	7.4	8.9	10.3	10.1	12.4	14.4	14.3	17.4	25.7	22.1	25.0	32.0	24.8	29.2	37.5	44.4	34.0	40.1	45.9	51.0	49.4	56.6	63.0	69.7	76.1
5.8	6.9	8.3	9.6	9.5	11.5	13.5	13.4	16.3	24.1	20.7	23.4	29.9	23.3	27.3	35.1	41.6	31.9	37.5	42.9	47.7	46.3	53.0	59.0	65.3	71.3
6.0	6.4	7.8	9.0	8.9	10.7	12.6	12.5	15.3	22.6	19.4	22.0	28.0	21.8	25.6	32.9	39.0	29.9	35.2	40.3	44.8	43.4	49.7	55.4	61.3	66.9 ③

续表

表对应轴简图：x—x（双角钢T形截面）

对应轴简图	计算长度 l_{ox} (m)	2L80×					2L90×					2L100×							2L110×					2L125×			
	肢厚	5	6	7	8	10	6	7	8	10	12	6	7	8	10	12	14	16	7	8	10	12	14	8	10	12	14
	面积 A (cm²)	15.82	18.79	21.72	24.61	30.25	21.27	24.6	27.89	34.33	40.61	23.86	27.59	31.28	38.52	45.6	56.51	59.25	30.39	34.48	42.52	50.4	58.11	39.5	48.75	57.82	66.73
	1.5	274	325	374	423	518	384	443	501	616	725	443	512	580	712	842	1040	1089	577	654	805	953	1096	768	946	1121	1292
	1.6	266	316	364	411	503	375	434	490	602	709	435	503	570	700	827	1021	1069	568	644	794	939	1080	759	935	1108	1277
	1.7	258	306	353	398	487	367	424	479	588	692	428	494	559	687	811	1002	1048	560	635	782	924	1063	750	924	1095	1262
	1.8	250	296	341	385	471	358	413	467	573	674	419	484	548	673	794	981	1026	551	625	769	909	1045	741	912	1081	1245
	1.9	241	286	329	371	453	348	402	454	557	655	411	474	537	658	777	959	1002	542	614	756	893	1026	731	900	1067	1228
	2.0	232	275	317	357	436	339	391	441	541	635	401	464	525	643	759	936	978	532	603	742	876	1007	721	888	1052	1211
	2.1	223	264	304	342	418	328	379	427	524	615	392	452	512	627	740	912	953	522	591	727	859	986	711	875	1036	1193
	2.2	214	253	292	328	400	318	367	413	506	594	382	441	499	611	720	887	926	511	579	712	841	965	700	861	1020	1174
	2.3	205	242	279	313	382	307	354	399	488	572	372	429	485	594	700	862	899	500	567	697	822	943	689	847	1003	1154
	2.4	196	232	266	299	364	296	341	384	470	554	364	417	471	576	679	835	871	489	554	681	803	920	677	833	986	1134
	2.5	187	221	254	285	347	285	329	370	452	529	351	404	457	559	658	809	843	477	540	664	782	897	665	818	968	1112
	2.6	178	211	242	272	330	274	316	355	434	507	340	392	443	541	636	781	814	465	527	647	762	873	652	802	949	1090
	2.7	170	201	231	258	314	263	303	341	416	486	329	379	428	522	615	754	786	453	513	629	741	848	640	786	929	1068
	2.8	162	191	220	246	299	253	291	327	399	466	317	366	413	504	593	727	757	440	498	611	719	823	626	769	910	1045
	2.9	154	182	209	234	284	242	279	313	382	446	306	353	399	486	571	700	729	427	484	593	698	798	613	752	889	1021
	3.0	147	173	199	223	271	232	267	300	366	426	295	340	384	468	551	674	701	415	470	575	676	773	599	735	868	996
	3.1	140	165	190	212	258	223	256	287	350	408	285	328	370	451	529	648	674	402	454	557	654	747	584	717	847	971
	3.2	133	157	181	202	245	213	245	275	335	390	274	316	356	433	509	623	647	389	440	539	633	722	570	699	826	946
	3.3	127	150	172	193	234	204	235	263	320	373	264	304	343	417	489	598	622	376	425	521	612	698	555	681	804	921
	3.4	121	143	164	184	223	195	225	252	307	357	254	292	330	401	469	575	597	364	411	504	591	674	541	663	782	896
	3.5	116	136	157	175	212	187	215	241	294	341	244	281	317	385	452	552	573	351	397	486	570	650	526	644	760	870
	3.6	110	130	150	167	203	179	206	231	281	327	235	270	305	370	434	530	551	339	384	470	550	627	511	626	739	845
	3.7	106	124	143	160	194	172	197	221	269	313	226	260	293	356	417	509	529	328	370	453	531	605	497	608	717	820
	3.8	101	119	137	153	185	165	189	212	258	300	217	250	282	342	401	489	508	316	357	437	512	583	482	590	696	796
	3.9	96.6	114	131	146	177	158	182	203	248	288	208	240	271	329	385	470	488	305	345	422	494	562	468	573	675	772
	4.0	92.5	109	125	140	170	152	174	195	237	276	199	231	261	316	371	452	469	295	333	407	476	542	454	555	654	748
	4.1	85.0	100	115	129	156	140	161	180	219	254	185	214	242	293	343	418	434	275	310	379	443	504	427	522	615	702
	4.2	78.4	92.4	106	118	143	129	149	166	202	235	172	199	224	272	318	388	402	256	289	353	413	469	401	490	577	659
	4.4	72.4	85.4	98.0	109	133	119	138	154	187	217	161	185	208	252	295	360	373	239	270	329	385	438	377	460	542	618
	4.6	67.1	79.1	90.8	101	123	111	128	143	174	202	150	172	194	235	275	335	347	223	252	308	359	408	354	432	509	580
	4.8	62.3	73.5	84.3	94.1	114	104	119	133	162	188	140	160	181	219	256	312	324	209	236	288	336	382	333	406	478	545
	5.0	58.1	68.4	78.5	87.6	106	97.1	111	124	151	175	131	150	169	205	240	292	302	195	221	269	315	357	314	382	450	513
	5.2	54.2	63.9	73.3	81.4	99.0	91.1	104	116	141	163	122	140	158	192	224	273	283	183	207	253	295	335	295	360	423	482
	5.4	50.7	59.7	68.5	76.5	92.6	85.6	97.1	109	132	153	115	132	148	180	210	256	265	172	194	237	277	315	278	339	399	454
	5.6	47.5	56.0	64.2	71.6	86.7	80.6	91.6	102	124	144	108	124	139	169	197	240	249	162	183	223	261	296	263	320	376	429
	5.8	44.6	52.6	60.3	67.3	81.4	76.0	85.6	95.8	116	135	101	116	131	159	186	226	234	153	172	210	246	279	248	302	355	405
	6.0	41.9	49.4	56.7	63.3	76.6	71.8	80.8	90.2	110	127	95.4	110	124	150	175	213	220	144	162	199	232	263	235	286	336	383
	6.2	39.5	46.6	53.4	59.6	72.2	67.9	76.0	85.0	103	120	90.1	104	117	141	165	201	208	136	154	188	219	248	222	271	318	362
	6.4	37.3	44.1	50.4	56.3	68.1	64.3	72.0	80.3	97.5	113	85.1	97.9	110	133	156	190	197	129	145	178	207	235	211	256	301	343
	6.6	35.3	41.6	47.7	53.2	64.4	61.0	67.9	76.0	92.3	107	80.6	92.6	104	126	148	180	186	122	138	168	196	222	200	243	286	326
	6.8	33.4	39.4	45.1	50.3	60.9	58.0	64.3	72.0	87.4	101	76.4	87.8	99.0	120	140	170	176	116	131	160	186	211	190	231	272	309
	7.0	31.7	37.3	42.8	47.7	57.8	55.1	61.0	68.3	82.9	96.1	72.5	83.4	93.9	114	133	162	167	110	124	152	177	200	181	220	258	294
	7.2	30.1	35.4	40.6	45.3	54.9	52.5	58.1	64.8	78.7	91.2	68.8	79.2	89.3	108	126	154	159	105	118	144	168	191	172	209	246	280
	7.4	28.6	33.7	38.6	43.0	52.1	50.0	55.1	61.7	74.9	86.7	65.6	75.4	84.9	103	120	146	151	100	112	137	160	181	164	200	234	267
	7.6	27.2	32.1	36.8	41.0	49.6	48.0	52.5	58.7	71.3	82.6	62.5	71.8	80.9	97.9	114	139	144	95.0	107	131	152	173	156	190	224	255
	7.8	26.0	30.5	35.0	39.1	47.3	45.6	50.0	56.0	68.0	78.7	59.6	68.5	77.2	93.3	109	133	137	90.7	102	125	145	165	149	182	214	243
	8.0	25.9	30.5	33.3	37.3	45.1	43.6	50.0	53.3	65.0	75.0	56.9	65.4	73.7	89.0	103	126	131	86.5	97.2	119	138	157	142	174	214	243

（表右侧标注：① ② ③）

续表

对应轴简图：x—x 轴（双角钢 T 形组合截面，肢尖向下）

面积 A（cm²）

计算长度 l_ox (m)	2L140×12	2L140×14	2L140×16	2L150×12	2L150×14	2L150×16	2L160×12	2L160×14	2L160×16	2L180×12	2L180×14	2L180×16	2L180×18	2L200×14	2L200×16	2L200×18	2L200×20	2L220×16	2L220×18	2L220×20	2L220×22	2L250×18	2L250×20	2L250×24	2L250×26
面积 A (cm²)	65.02	75.13	85.08	69.82	80.73	91.47	74.9	86.59	98.13	84.48	97.79	110.9	122.1	109.3	124	138.6	153	137.3	153.5	169.5	185.4	175.7	194.1	230.4	248.3
1.5	1281	1482	1677	1392	1608	1821	1505	1739	1970	1731	1990	2257	2367	2246	2548	2711	2995	2844	3031	3343	3657	3492	3866	4587	4942
1.6	1272	1468	1661	1380	1594	1806	1493	1726	1954	1721	1978	2242	2351	2233	2534	2699	2978	2830	3015	3328	3638	3475	3850	4568	4921
1.7	1259	1453	1644	1368	1580	1789	1481	1712	1938	1710	1963	2226	2335	2220	2519	2683	2960	2815	2999	3311	3619	3459	3833	4547	4899
1.8	1246	1438	1627	1356	1566	1773	1469	1698	1922	1700	1950	2211	2318	2207	2504	2667	2942	2800	2983	3293	3599	3443	3815	4526	4877
1.9	1233	1423	1609	1343	1551	1756	1457	1683	1905	1689	1936	2195	2302	2194	2489	2650	2924	2785	2967	3275	3580	3427	3798	4506	4854
2.0	1219	1407	1591	1330	1535	1738	1444	1668	1888	1678	1922	2179	2285	2180	2473	2634	2906	2770	2951	3257	3560	3410	3780	4484	4831
2.1	1205	1390	1572	1316	1519	1720	1431	1653	1871	1667	1908	2163	2267	2166	2457	2617	2887	2755	2935	3239	3540	3393	3763	4463	4808
2.2	1190	1373	1552	1302	1503	1701	1418	1637	1853	1655	1893	2146	2249	2152	2441	2599	2868	2739	2918	3221	3520	3376	3745	4442	4785
2.3	1175	1355	1532	1288	1486	1682	1404	1621	1834	1644	1878	2129	2231	2138	2425	2582	2848	2723	2901	3202	3499	3359	3727	4420	4761
2.4	1159	1336	1511	1273	1469	1662	1389	1604	1815	1632	1862	2111	2213	2123	2408	2564	2828	2707	2884	3183	3478	3342	3708	4398	4738
2.5	1143	1317	1489	1257	1451	1642	1375	1587	1796	1620	1847	2093	2193	2108	2391	2546	2808	2691	2867	3163	3457	3324	3690	4376	4714
2.6	1126	1296	1466	1241	1432	1620	1360	1569	1775	1607	1830	2075	2174	2093	2374	2527	2787	2674	2849	3144	3435	3306	3671	4353	4689
2.7	1108	1277	1443	1225	1413	1598	1344	1551	1754	1594	1814	2056	2154	2078	2356	2508	2766	2657	2831	3123	3413	3288	3652	4330	4664
2.8	1090	1256	1419	1208	1393	1576	1328	1532	1733	1581	1797	2036	2133	2062	2338	2489	2744	2640	2812	3103	3390	3269	3633	4307	4639
2.9	1072	1234	1394	1190	1373	1552	1311	1513	1711	1568	1779	2016	2112	2045	2320	2469	2722	2622	2793	3082	3367	3251	3613	4284	4614
3.0	1053	1212	1368	1172	1351	1528	1294	1493	1688	1554	1761	1996	2090	2029	2301	2448	2700	2605	2774	3061	3343	3232	3593	4260	4588
3.1	1033	1189	1342	1154	1330	1503	1277	1472	1664	1541	1743	1975	2067	2012	2281	2428	2676	2586	2755	3039	3319	3212	3573	4235	4561
3.2	1013	1165	1315	1135	1307	1478	1259	1451	1640	1526	1724	1953	2044	1994	2261	2407	2652	2568	2735	3017	3295	3193	3552	4211	4535
3.3	992	1141	1288	1115	1285	1452	1240	1430	1615	1511	1704	1931	2020	1976	2241	2384	2628	2548	2714	2994	3270	3172	3531	4186	4507
3.4	971	1116	1260	1095	1261	1425	1221	1407	1590	1496	1684	1908	1996	1958	2220	2362	2603	2529	2693	2971	3244	3151	3510	4160	4479
3.5	950	1092	1232	1075	1237	1398	1202	1385	1563	1481	1664	1884	1971	1938	2199	2339	2577	2509	2672	2947	3218	3131	3488	4134	4451
3.6	929	1067	1203	1054	1213	1370	1182	1361	1537	1465	1643	1860	1946	1920	2177	2315	2551	2489	2650	2923	3191	3110	3466	4107	4422
3.7	907	1041	1174	1033	1188	1342	1161	1338	1510	1449	1621	1835	1919	1900	2154	2291	2524	2468	2628	2898	3164	3088	3444	4080	4393
3.8	885	1016	1145	1012	1163	1314	1141	1313	1482	1432	1599	1810	1893	1880	2131	2266	2497	2447	2605	2872	3136	3066	3421	4052	4363
3.9	863	991	1116	990	1138	1285	1120	1289	1454	1415	1576	1785	1865	1860	2108	2241	2468	2425	2582	2846	3107	3043	3397	4024	4332
4.0	842	965	1088	968	1113	1256	1098	1264	1426	1398	1553	1758	1837	1839	2083	2215	2440	2403	2558	2820	3078	3020	3373	3996	4301
4.1	820	940	1059	946	1088	1228	1077	1238	1398	1381	1530	1732	1809	1817	2058	2189	2409	2380	2534	2793	3048	2996	3349	3966	4269
4.2	799	916	1031	925	1062	1199	1055	1214	1370	1362	1506	1704	1780	1795	2034	2162	2380	2357	2509	2765	3018	2973	3324	3936	4237
4.3	778	891	1003	904	1037	1170	1034	1189	1342	1344	1482	1676	1750	1773	2009	2135	2351	2333	2483	2736	2987	2948	3298	3906	4203
4.4	757	867	976	882	1012	1141	1011	1163	1314	1325	1457	1649	1721	1750	1982	2106	2318	2309	2457	2708	2955	2923	3273	3875	4170
4.5	736	843	950	861	988	1113	990	1138	1285	1306	1432	1620	1691	1727	1957	2077	2285	2284	2431	2679	2922	2898	3247	3843	4135
4.6	716	820	923	839	963	1085	968	1112	1252	1287	1408	1592	1661	1703	1929	2049	2254	2259	2404	2649	2889	2872	3220	3811	4101
4.8	677	775	872	797	915	1031	925	1062	1195	1247	1357	1534	1600	1655	1874	1990	2189	2208	2349	2587	2822	2818	3165	3745	4029
5.0	640	733	824	757	868	978	882	1013	1140	1207	1306	1477	1539	1608	1817	1929	2121	2154	2292	2524	2752	2763	3108	3676	3954
5.2	605	692	779	719	824	928	841	966	1086	1166	1256	1419	1478	1555	1760	1868	2053	2099	2233	2458	2680	2706	3049	3605	3877
5.4	573	655	736	682	782	880	802	920	1034	1126	1206	1362	1418	1504	1702	1806	1984	2043	2173	2392	2606	2647	2988	3531	3797
5.6	542	619	696	648	742	835	764	876	984	1085	1156	1306	1359	1453	1644	1744	1916	1986	2112	2324	2532	2586	2925	3455	3715
5.8	513	586	659	615	704	793	727	834	936	1045	1108	1252	1302	1403	1587	1682	1847	1929	2050	2255	2456	2524	2860	3378	3631
6.0	486	555	624	586	669	752	692	794	891	1005	1062	1199	1246	1353	1530	1621	1780	1871	1988	2186	2381	2461	2794	3299	3545
6.2	461	526	591	555	635	715	660	756	849	967	1017	1148	1193	1303	1473	1561	1713	1812	1926	2117	2305	2397	2727	3218	3457
6.4	437	499	561	528	604	679	629	720	808	929	974	1099	1142	1255	1418	1502	1648	1754	1864	2049	2230	2332	2659	3136	3369
6.6	415	474	533	502	574	646	599	686	770	893	932	1052	1093	1208	1365	1445	1585	1697	1803	1981	2155	2267	2590	3054	3280
6.8	395	451	506	478	547	615	572	655	735	857	893	1007	1046	1163	1313	1390	1524	1640	1742	1914	2082	2201	2521	2971	3190
7.0	376	429	482	455	521	586	545	625	701	823	855	964	1001	1117	1262	1336	1465	1585	1683	1849	2010	2137	2452	2888	3101
7.2	358	409	459	435	497	559	521	596	669	791	819	924	959	1075	1214	1285	1409	1531	1625	1785	1940	2073	2383	2806	3012
7.4	341	389	437	415	474	533	498	570	639	760	785	885	919	1034	1167	1235	1354	1478	1569	1722	1872	2010	2315	2724	2923
7.6	326	372	417	396	453	509	476	545	611	730	752	849	881	994	1123	1188	1302	1426	1514	1662	1806	1948	2247	2644	2836
7.8	311	355	399	379	433	487	456	521	585	701	722	814	844	956	1080	1142	1252	1377	1461	1604	1743	1887	2180	2564	2751
8.0	297	339	381	362	414	466	436	499	560	674	693	781	810	920	1039	1099	1204	1329	1410	1547	1681	1827	2115	2486	2666

① （见原表注）

11.8.3　Q235钢　两个热轧等边角钢（两边相连）轴心受压（绕 y 轴）稳定时的承载力设计值（kN）

表 11-30b

Q235钢　两个热轧等边角钢（两边相连）轴心受压（绕 y 轴）稳定时的承载力设计值（kN）

对应轴简图

L45～L75　a=6mm

计算长度 l_{ox} (m)	2L45			2L50			2L56			2L60			2L63				2L70				2L75				
	4	5	6	4	5	6	4	5	8	5	6	8	5	6	8	10	5	6	7	8	6	7	8	9	10
面积 A (cm²)	6.97	8.58	10.15	7.79	9.61	11.38	8.78	10.83	16.73	11.66	13.83	18.04	12.29	14.58	19.03	23.31	13.75	16.32	18.85	21.33	17.59	20.32	23.01	25.65	28.25
2.0	83.9	106	127	102	129	155	123	156	251	174	210	280	188	227	303	376	218	265	310	354	291	341	390	438	486
2.1	79.5	100	120	97.0	123	148	118	150	242	169	203	272	182	220	294	366	213	258	303	346	285	334	383	430	476
2.2	75.2	94.9	114	92.5	117	141	114	144	233	163	196	263	176	213	285	355	207	252	295	337	279	327	374	420	466
2.3	71.0	89.8	108	88.0	111	134	109	138	224	157	189	254	170	206	276	344	202	245	287	329	272	320	366	410	456
2.4	67.1	84.8	102	83.7	106	128	104	133	214	151	182	244	164	199	267	333	196	238	279	320	266	312	357	401	445
2.5	63.4	80.2	96.3	79.5	101	122	100	127	205	145	175	235	158	192	257	322	190	231	271	310	259	304	348	391	434
2.6	60.0	75.8	91.1	75.5	95.6	116	95.5	121	197	139	168	226	153	185	248	310	184	224	263	301	252	296	339	381	423
2.7	56.7	71.6	86.1	71.7	90.8	110	91.2	116	188	133	161	217	147	178	239	299	178	217	255	292	244	287	329	370	412
2.8	53.7	67.8	81.5	68.1	86.2	104	87.1	111	180	128	154	208	141	171	229	288	172	209	246	282	237	279	320	360	400
2.9	50.8	64.2	77.1	64.7	81.9	99.0	83.2	106	171	122	148	199	135	164	220	277	166	202	238	273	230	270	310	349	388
3.0	48.1	60.7	73.1	61.5	77.8	94.1	79.4	101	164	117	142	191	130	158	212	266	160	195	229	263	223	262	301	338	376
3.1	45.7	57.7	69.3	58.5	74.0	89.5	75.8	96.3	156	112	136	183	125	151	203	255	155	188	221	254	215	253	291	327	364
3.2	43.3	54.7	65.8	55.7	70.4	85.2	72.5	91.9	149	108	130	175	120	145	195	245	149	181	213	245	208	245	281	317	353
3.3	41.2	52.0	62.5	53.1	67.1	81.1	69.2	87.8	143	103	124	167	115	139	187	235	144	175	205	236	201	237	272	306	341
3.4	39.2	49.4	59.4	50.6	63.9	77.3	66.2	83.9	136	98.6	119	160	110	133	179	226	138	168	198	227	194	229	263	296	330
3.5	37.3	47.1	56.5	48.3	60.9	73.7	63.3	80.2	130	94.4	114	154	106	128	172	216	133	162	190	219	188	221	254	286	318
3.6	35.5	44.8	53.9	46.1	58.2	70.3	60.6	76.7	125	90.5	109	147	101	123	165	208	128	156	183	211	181	213	245	276	308
3.7	33.9	42.8	51.4	44.0	55.5	67.2	58.0	73.5	119	86.8	105	141	97.2	118	158	199	124	150	177	203	175	206	237	266	297
3.8	32.4	40.8	49.0	42.1	53.1	64.2	55.6	70.2	114	83.2	100	135	93.3	113	152	192	119	145	170	195	169	199	228	257	287
3.9	30.9	39.0	46.8	40.2	50.8	61.4	53.3	67.4	109	79.9	96.2	130	89.7	109	146	184	115	139	164	188	163	192	220	248	277
4.0	29.6	37.2	44.8	38.5	48.6	58.8	51.1	64.6	105	76.7	92.4	125	86.2	104	140	177	111	134	158	181	157	185	213	240	267
4.2	27.1	34.2	41.0	35.4	44.7	54.0	47.1	59.5	96.6	70.7	85.3	115	79.7	96.5	130	164	103	125	146	168	147	172	198	223	249
4.4	24.9	31.4	37.7	32.6	41.1	49.7	43.5	55.0	89.2	65.5	78.9	106	73.9	89.4	120	151	95.5	116	135	156	137	161	185	208	232
4.6	23.0	29.0	34.8	30.2	38.0	45.9	40.3	50.9	82.6	60.7	73.1	98.6	68.6	83.0	111	141	89.0	108	126	146	128	150	173	194	217
4.8	21.3	26.8	32.2	27.9	35.2	42.5	37.4	47.2	76.6	56.5	67.9	91.6	63.8	77.2	104	131	83.1	101	118	136	119	140	161	182	202
5.0	19.7	24.8	29.8	26.0	32.7	39.5	34.8	43.9	71.0	52.6	63.2	85.3	59.5	71.9	96.6	122	77.6	94.0	110	127	111	131	151	170	189
5.2	18.4	23.1	27.8	24.2	30.4	36.8	32.5	41.0	66.4	49.1	59.0	79.5	55.6	67.2	90.2	114	72.7	88.0	103	119	105	123	141	159	178
5.4	17.1	21.6	25.9	22.6	28.4	34.3	30.4	38.3	62.0	45.9	55.2	74.4	52.0	62.9	84.3	106	68.2	82.5	96.8	111	98.4	116	133	149	167
5.6	16.0	20.2	24.2	21.1	26.6	32.1	28.5	35.8	58.1	43.0	51.7	69.6	48.8	58.9	79.0	99.8	64.1	77.5	90.9	104	92.6	109	125	140	157
5.8	15.0	18.9	22.6	19.8	24.9	30.0	26.7	33.8	54.4	40.4	48.5	65.4	45.8	55.3	74.2	93.8	60.3	72.6	85.5	97.7	87.2	102	117	132	147
6.0	14.1	17.7	21.2	18.6	23.4	28.2	25.1	31.6	51.2	38.0	45.6	61.4	43.1	52.1	69.8	88.1	56.8	68.6	80.5	92.5	82.2	96.4	111	125	139
6.2	13.2	16.6	20.0	17.5	22.0	26.5	23.6	29.7	48.1	35.8	42.9	57.9	40.6	49.1	65.8	83.0	53.6	64.8	76.0	87.2	77.6	91.0	105	118	131
6.4	12.5	15.7	18.7	16.5	20.7	25.0	22.3	28.5	45.4	33.7	40.5	54.6	38.4	46.3	62.0	78.3	50.7	61.2	71.8	82.4	73.3	86.1	98.8	111	124
6.6	11.8	14.8	17.7	15.6	19.5	23.6	21.1	26.5	42.9	31.9	38.3	51.6	36.3	43.8	58.7	74.0	47.9	57.7	67.9	77.9	69.5	81.5	93.5	105	117
6.8	11.1	14.0	16.8	14.7	18.5	22.3	20.0	25.1	40.5	30.2	36.2	48.8	34.3	41.4	55.5	70.1	45.4	54.8	64.3	73.8	65.9	77.2	88.6	99.7	111
7.0	10.5	13.2	15.9	13.9	17.5	21.1	19.0	23.7	38.4	28.7	34.3	46.2	32.5	39.3	52.6	66.4	43.1	52.0	61.0	70.0	62.6	73.3	84.1	94.7	106
7.2	10.0	12.5	15.0	13.2	16.6	20.0	18.0	22.5	36.4	27.1	32.6	43.9	30.9	37.3	49.8	63.0	41.0	49.4	57.9	66.5	59.5	69.7	80.1	89.9	100
7.4	9.45	11.9	14.3	12.5	15.7	19.0	17.0	21.4	34.6	25.8	30.9	41.7	29.4	35.4	47.4	59.9	39.0	47.0	55.1	63.2	56.6	66.3	76.1	85.6	95.4
7.5	9.22	11.6	13.9	12.2	15.3	18.5	16.6	20.9	33.7	25.1	30.2	40.6	28.6	34.5	46.3	58.4	38.0	45.9	53.7	61.7	55.2	64.7	74.2	83.5	93.1

① ② ③

续表

对应轴简图 / 计算长度 l_{ox} (m)	2L80					2L90					2L100							2L110					2L125			
厚度 (mm)	5	6	7	8	10	6	7	8	10	12	6	7	8	10	12	14	16	7	8	10	12	14	8	10	12	14
面积 A (cm²)	15.82	18.79	21.72	24.61	30.25	21.27	24.6	27.89	34.33	40.61	23.86	27.59	31.28	38.52	45.6	56.51	59.25	30.39	34.48	42.52	50.4	58.11	39.5	48.75	57.82	66.73
2.0	254	316	371	425	530	355	430	494	618	738	384	473	557	705	844	1049	1110	506	602	785	945	1098	664	882	1087	1280
2.1	252	310	364	417	521	353	424	487	609	728	382	471	555	697	831	1037	1098	504	600	780	936	1088	663	879	1084	1271
2.2	249	304	358	410	511	351	418	480	600	717	381	469	549	689	825	1025	1085	502	598	773	927	1077	661	877	1081	1262
2.3	244	298	350	401	501	348	411	472	591	707	379	466	542	681	814	1012	1072	500	596	765	918	1067	659	874	1074	1252
2.4	239	291	343	393	491	342	404	465	582	696	377	464	535	672	804	999	1059	498	593	756	908	1055	657	871	1066	1242
2.5	233	285	335	384	481	336	397	457	572	684	375	457	527	663	793	986	1045	496	591	748	898	1044	655	869	1057	1231
2.6	227	278	327	375	470	330	390	448	561	672	372	451	520	653	782	971	1031	494	586	739	887	1032	652	866	1047	1221
2.7	222	271	319	366	458	323	382	439	551	660	370	443	511	643	770	957		489	578	730	876	1019	650	859	1038	1209
2.8	216	264	311	357	447	317	374	431	540	647	367	436	503	633	758	942	1001	486	570	720	865	1007	648	851	1028	1198
2.9	210	257	302	347	435	310	366	421	529	634	361	428	494	622	746	926	986	478	562	710	853	993	645	842	1017	1186
3.0	204	249	294	337	423	303	358	412	517	620	354	421	486	611	733	910	969	471	554	700	841	980	642	833	1007	1174
3.1	198	242	285	328	412	296	350	403	505	607	348	413	477	600	720	893	953	463	546	690	829	966	640	823	996	1161
3.2	192	235	277	318	400	288	341	393	494	593	341	404	467	589	706	876	936	456	537	680	816	951	637	814	984	1148
3.3	186	228	268	308	388	281	333	383	482	579	334	396	458	577	693	859	918	448	528	668	803	936	634	804	973	1135
3.4	180	220	260	299	376	274	324	373	470	564	326	388	448	565	679	842	901	440	519	657	790	921	625	793	961	1121
3.5	175	214	252	289	364	267	316	364	457	550	319	379	438	553	665	824	883	431	510	645	776	906	617	783	948	1107
3.6	169	207	244	280	353	260	307	354	445	536	312	371	429	541	650	806	864	423	500	633	763	890	609	772	936	1093
3.7	164	200	236	271	342	252	299	344	433	522	305	362	419	529	636	788	846	415	490	622	748	874	600	761	923	1078
3.8	158	193	228	262	330	245	291	335	421	507	298	354	409	517	621	769	827	406	481	610	734	857	591	750	910	1063
3.9	153	187	221	254	320	239	282	325	409	493	290	345	399	504	607	751	808	398	471	597	720	841	582	738	896	1048
4.0	148	181	213	245	309	232	274	316	398	479	283	337	389	492	592	733	789	381	461	585	705	824	573	727	882	1032
4.2	139	169	200	230	291	219	258	298	375	452	269	320	370	468	563	696	752	364	442	560	676	790	554	703	854	1000
4.4	130	159	187	215	271	206	244	281	353	427	256	303	351	444	535	661	715	347	421	536	646	756	535	679	826	967
4.6	122	148	175	201	253	194	229	264	333	402	243	288	333	421	507	626	679	331	403	512	617	723	516	654	797	933
4.8	114	139	164	188	237	183	216	249	314	379	230	273	316	399	481	593	644	316	384	488	589	690	496	629	767	899
5.0	107	131	154	177	223	173	204	235	296	357	218	258	299	378	456	562	611	301	366	465	561	658	477	605	738	865
5.2	101	123	144	166	209	163	192	221	279	337	207	245	283	358	432	532	579	286	349	443	534	626	458	581	709	831
5.4	95.0	115	136	156	197	154	181	209	263	318	196	232	268	339	409	504	549	273	332	421	509	596	440	557	680	798
5.6	89.5	109	128	147	185	145	171	198	248	300	186	220	254	321	388	477	520	260	316	401	484	568	422	534	652	766
5.8	84.5	102	120	138	174	138	162	186	235	283	177	209	241	305	367	452	494	248	301	382	461	541	404	511	625	734
6.0	79.8	96.7	114	131	165	130	153	176	222	268	168	198	229	289	349	429	468	236	287	363	439	515	388	490	599	703
6.2	75.5	91.5	107	123	155	123	145	167	210	254	160	188	218	275	331	407	445	225	273	346	418	490	371	469	574	674
6.4	71.5	86.6	102	117	147	117	138	158	199	241	152	179	207	261	315	387	423	215	260	330	398	467	356	449	550	645
6.6	67.8	82.1	96.3	111	139	111	131	150	189	228	144	170	197	248	299	368	402	205	248	314	379	445	341	430	526	618
6.8	64.3	77.9	91.4	105	132	106	124	143	180	217	138	162	187	236	285	350	383	196	237	300	362	425	327	412	504	592
7.0	61.2	74.0	86.8	100	126	101	118	136	171	206	131	155	178	225	271	333	365	187	226	286	345	405	314	395	483	567
7.2	58.2	70.4	82.5	94.7	119	95.9	113	129	163	196	125	148	170	215	259	317	348	179	216	274	330	387	301	378	463	544
7.4	55.4	67.0	78.6	90.2	114	91.4	107	123	155	187	120	141	162	205	247	303	332	175	207	261	315	370	289	363	444	521
7.5	54.1	65.4	76.7	88.0	111	89.3	105	120	151	183	117	138	159	200	241	296	324		202	256	308	362	277	348	426	500

对应轴简图

y —————— y

a

L80～L110, a=6mm,
L125, a=8mm

续表

对应轴简图： L140~L250　a=10mm（y—y 轴，a=10mm）

面积 A (cm²)

计算长度 l_{ox} (m)	2L140			2L150			2L160			2L180				2L200				2L220				2L250			
	10	12	14	12	14	16	12	14	16	12	14	16	18	14	16	18	20	16	18	20	22	18	20	24	26
面积 A (cm²)	54.75	65.02	75.13	69.82	80.73	91.47	74.88	86.59	98.13	84.48	97.79	110.9	122.1	109.3	124	138.6	153	137.3	153.5	169.5	185.4	175.7	194.1	230.4	248.3
2.0	964	1202	1430	1272	1522	1763	1344	1615	1876	1463	1778	2082	2233	1930	2277	2492	2804	2459	2706	3058	3402	2995	3409	4207	4595
2.1	962	1200	1427	1270	1519	1760	1342	1612	1873	1461	1776	2079	2230	1928	2275	2489	2801	2457	2704	3056	3399	2993	3406	4201	4592
2.2	960	1197	1424	1268	1517	1757	1340	1610	1870	1459	1774	2077	2227	1926	2272	2487	2798	2455	2702	3053	3397	2991	3404	4198	4589
2.3	958	1194	1421	1265	1514	1753	1338	1607	1867	1457	1772	2071	2224	1924	2270	2484	2795	2452	2699	3050	3393	2989	3402	4195	4586
2.4	956	1192	1417	1263	1511	1749	1335	1604	1864	1455	1769	2068	2218	1922	2267	2481	2792	2450	2697	3047	3390	2987	3399	4192	4582
2.5	953	1189	1409	1260	1507	1741	1333	1601	1860	1453	1767	2065	2215	1919	2265	2478	2789	2448	2694	3044	3387	2982	3394	4189	4578
2.6	951	1186	1399	1257	1504	1730	1330	1598	1856	1451	1764	2061	2211	1917	2262	2475	2785	2445	2692	3041	3383	2980	3391	4185	4575
2.7	948	1182	1389	1254	1500	1719	1327	1595	1852	1449	1761	2058	2207	1914	2259	2472	2781	2443	2689	3038	3380	2977	3389	4182	4571
2.8	945	1179	1379	1251	1494	1708	1325	1591	1844	1446	1758	2054	2203	1912	2256	2469	2778	2440	2686	3035	3376	2975	3386	4178	4567
2.9	943	1170	1368	1248	1484	1697	1322	1588	1833	1444	1755	2051	2199	1909	2253	2465	2774	2437	2683	3031	3372	2972	3382	4174	4563
3.0	940	1160	1357	1244	1474	1685	1318	1584	1822	1441	1752	2047	2194	1906	2250	2461	2769	2434	2679	3027	3368	2969	3379	4170	4558
3.1	937	1151	1346	1241	1463	1672	1315	1580	1810	1438	1749	2043	2182	1903	2246	2458	2765	2431	2676	3024	3363	2966	3376	4166	4554
3.2	934	1141	1334	1235	1452	1660	1312	1571	1798	1435	1745	2038	2170	1900	2243	2454	2761	2428	2673	3020	3359	2963	3372	4161	4549
3.3	930	1130	1322	1225	1440	1647	1309	1560	1786	1432	1742	2034	2158	1897	2239	2450	2756	2425	2669	3016	3354	2960	3369	4157	4544
3.4	924	1119	1310	1215	1429	1634	1305	1549	1773	1429	1738	2025	2146	1894	2235	2446	2751	2421	2665	3011	3349	2956	3365	4152	4539
3.5	914	1108	1297	1204	1417	1620	1301	1537	1760	1426	1734	2013	2133	1891	2231	2441	2738	2418	2662	3007	3344	2953	3361	4147	4534
3.6	905	1097	1284	1193	1404	1606	1297	1525	1747	1423	1730	2001	2120	1887	2227	2437	2724	2414	2658	3003	3339	2950	3357	4142	4528
3.7	895	1085	1271	1182	1392	1592	1288	1513	1733	1419	1726	1988	2106	1884	2223	2432	2711	2411	2654	2998	3334	2946	3353	4137	4523
3.8	885	1074	1257	1170	1379	1577	1277	1501	1719	1416	1722	1975	2093	1880	2219	2424	2697	2407	2649	2993	3321	2942	3349	4132	4517
3.9	875	1061	1243	1159	1365	1562	1266	1488	1705	1412	1718	1961	2079	1876	2214	2411	2682	2403	2645	2988	3307	2939	3345	4126	4511
4.0	864	1049	1229	1147	1352	1547	1255	1475	1690	1409	1707	1934	2050	1872	2210	2398	2668	2399	2641	2983	3292	2931	3336	4115	4505
4.2	843	1023	1199	1122	1323	1515	1232	1448	1659	1401	1682	1905	2020	1864	2200	2371	2638	2390	2631	2962	3261	2922	3326	4101	4478
4.4	821	997	1168	1096	1294	1482	1208	1420	1628	1393	1657	1873	1988	1856	2175	2343	2606	2381	2621	2932	3229	2913	3316	4088	4443
4.6	798	969	1137	1069	1264	1448	1182	1391	1595	1380	1630	1843	1955	1846	2147	2313	2573	2372	2604	2902	3195	2904	3306	4073	4407
4.8	774	941	1104	1041	1232	1412	1156	1360	1560	1356	1603	1810	1921	1836	2118	2282	2539	2362	2575	2870	3161	2894	3295	4058	4370
5.0	750	912	1071	1013	1200	1376	1129	1329	1525	1331	1574	1776	1886	1810	2088	2250	2504	2351	2545	2837	3125	2884	3283	4043	4332
5.2	726	883	1037	984	1167	1339	1101	1297	1488	1306	1544	1741	1850	1782	2056	2216	2467	2328	2514	2803	3087	2874	3253	3998	4292
5.4	702	854	1004	955	1133	1301	1073	1264	1451	1279	1513	1705	1812	1754	2024	2182	2429	2298	2482	2767	3049	2862	3220	3961	4251
5.6	678	825	970	925	1100	1262	1044	1230	1413	1252	1481	1669	1774	1725	1990	2146	2390	2267	2449	2731	3009	2849	3186	3923	4209
5.8	654	796	936	896	1066	1224	1015	1196	1375	1225	1449	1631	1735	1694	1956	2109	2349	2235	2415	2693	2967	2817	3151	3884	4165
6.0	631	768	903	867	1032	1185	986	1162	1336	1197	1416	1593	1695	1663	1920	2072	2308	2202	2379	2654	2925	2784	3114	3843	4120
6.2	608	740	870	838	998	1147	957	1128	1297	1168	1383	1554	1654	1631	1884	2033	2265	2167	2343	2613	2881	2750	3077	3801	4074
6.4	586	713	838	809	965	1109	928	1094	1258	1139	1349	1514	1614	1599	1847	1993	2221	2132	2305	2572	2836	2715	3038	3758	4026
6.6	564	686	807	781	932	1071	899	1060	1219	1110	1315	1476	1572	1566	1809	1953	2177	2097	2267	2530	2789	2679	2998	3713	3977
6.8	543	661	777	754	900	1034	870	1027	1181	1081	1281	1437	1531	1532	1771	1912	2131	2060	2228	2486	2742	2643	2958	3667	3926
7.0	523	636	748	727	869	999	843	994	1143	1053	1246	1398	1490	1499	1732	1870	2085	2023	2188	2442	2694	2605	2916	3620	3874
7.2	503	612	720	702	838	964	815	962	1106	1024	1212	1359	1449	1465	1693	1829	2039	1985	2147	2397	2645	2566	2873	3572	3821
7.4	485	589	693	677	809	930	789	930	1070	996	1179	1321	1409	1431	1654	1787	1992	1946	2106	2351	2595	2527	2830	3523	3767
7.6	467	567	667	653	781	897	763	899	1035	968	1146	1283	1369	1396	1614	1744	1946	1907	2064	2305	2544	2487	2785	3472	3711
7.8	449	546	642	630	753	866	738	870	1001	940	1113	1246	1330	1362	1575	1702	1899	1868	2022	2258	2493	2447	2740	3420	3654
8.0	433	526	618	607	727	835	713	841	968	913	1081	1210	1290	1329	1536	1660	1852	1829	1980	2211	2442	2407	2694	3368	3597

11.8.4 Q235钢 两个热轧不等边角钢（两短边相连）轴心受压（绕x轴）稳定时的承载力设计值（kN）

表 11-31a

Q235钢 两个热轧不等边角钢（两短边相连）轴心受压（绕 x 轴）稳定时的承载力设计值 (kN)

对应简图：

计算长度 l_{ox} (m)	2L56×36×		2L63×40×				2L70×45×				2L75×50×				2L80×50×			
厚度	4	5	4	5	6	7	4	5	6	7	5	6	8	10	5	6	7	8
面积 A (cm²)	7.18	8.83	8.12	9.99	11.82	13.60	9.09	11.22	13.29	15.31	12.25	14.52	18.93	23.18	12.75	15.12	17.45	19.73
1.5	49.1	59.4	66.3	79.4	92.6	105	89.3	109	126	144	139	162	207	249	142	167	189	212
1.6	44.0	53.2	59.9	71.6	83.4	94.7	81.3	99.1	115	131	128	149	190	228	131	154	174	194
1.7	39.7	48.0	54.2	64.7	75.4	85.4	74.1	90.3	104	119	118	137	175	209	120	141	159	178
1.8	35.9	43.4	49.2	58.8	68.5	77.6	67.7	82.5	95.3	108	108	126	160	192	110	129	146	163
1.9	32.6	39.4	44.8	53.5	62.3	70.5	62.0	75.5	87.1	99.0	99.7	116	147	176	101	119	134	150
2.0	29.8	35.9	41.0	48.8	57.0	64.5	56.9	69.2	79.9	90.8	91.9	106	136	162	93.5	110	124	138
2.1	27.2	32.9	37.6	44.8	52.2	59.1	52.3	63.7	73.5	83.5	84.9	98.3	125	150	86.3	101	114	127
2.2	25.0	30.2	34.6	41.2	48.0	54.4	48.3	58.8	67.9	76.9	78.5	90.9	116	138	79.8	93.6	105	118
2.4	23.0	27.7	31.9	38.1	44.3	50.2	41.7	54.3	62.6	71.1	72.8	84.3	107	128	74.0	86.7	97.6	109
2.5	21.3	25.7	29.6	35.2	41.0	46.4	41.1	50.4	58.0	65.9	67.7	78.3	99.6	119	68.8	80.5	90.7	101
2.6	19.7	23.8	27.4	32.7	38.0	43.0	38.5	46.8	54.2	61.2	63.0	72.9	92.7	111	64.0	75.0	84.4	94.2
2.7	18.4	22.2	25.5	30.4	35.4	40.0	35.9	43.6	50.2	57.0	58.8	68.0	86.5	103	59.7	69.9	78.7	87.8
2.8	17.0	20.6	23.8	28.3	33.0	37.3	33.5	40.7	46.9	53.2	55.0	63.6	80.8	96.4	55.8	65.4	73.5	82.1
2.9	16.0	19.3	22.2	26.5	30.8	34.9	31.3	38.1	43.8	49.8	51.5	59.6	75.7	90.3	52.3	61.2	68.9	76.9
3.0	14.9	18.0	20.8	24.8	28.8	32.7	29.4	35.7	41.1	46.6	48.3	55.9	71.0	84.7	49.1	57.5	64.6	72.1
3.1	13.2	16.9	19.5	23.3	27.1	30.6	27.6	33.5	38.6	43.8	45.5	52.5	66.8	79.6	46.1	54.0	60.7	67.8
3.2	12.5	15.9	18.4	21.9	25.5	28.9	25.9	31.5	36.3	41.2	42.8	49.5	62.9	74.9	43.4	50.9	57.2	63.8
3.3	11.7	15.0	17.3	20.6	24.0	27.2	24.5	29.7	34.2	38.8	40.4	46.7	59.3	70.7	41.0	48.0	53.9	60.2
3.4	11.0	14.1	16.3	19.4	22.6	25.6	23.1	28.0	32.3	36.7	38.2	44.1	56.0	66.7	38.8	45.3	50.9	56.8
3.5	10.4	13.3	15.4	18.4	21.4	24.2	21.8	26.5	30.5	34.7	36.1	41.7	53.0	63.1	36.6	42.9	48.2	53.8
3.6	9.8	12.6	14.6	17.3	20.2	22.9	20.6	25.1	28.9	32.8	34.2	39.5	50.2	59.8	34.7	40.6	45.6	50.9
3.7	9.4	11.9	13.8	16.5	19.2	21.7	19.6	23.8	27.4	31.1	32.5	37.5	47.6	56.7	32.9	38.5	43.3	48.3
3.8	8.5	11.3	13.1	15.6	18.2	20.6	18.6	22.6	26.0	29.5	30.8	35.6	45.2	53.9	31.3	36.6	41.1	45.9
3.9	8.1	10.8	12.5	14.9	17.3	19.5	17.8	21.5	24.7	28.1	29.3	33.9	43.0	51.2	29.7	34.8	39.1	43.6
4.0	7.4	10.3	11.9	14.1	16.5	18.7	16.8	20.5	23.6	26.7	27.9	32.3	41.0	48.8	28.3	33.1	37.2	41.5
4.2	6.7	9.4	10.7	12.9	15.0	17.0	15.4	18.7	21.5	24.4	25.6	29.6	37.6	44.9	25.7	30.8	34.8	38.8
4.4	6.2	8.8	10.2	12.2	14.2	16.1	14.2	17.3	19.9	22.6	23.6	27.2	34.6	41.2	24.2	28.8	32.5	36.1
4.5	5.9	8.5	9.9	11.8	13.7	15.5	13.7	16.6	19.1	21.7	22.7	26.1	33.3	39.7	23.1	27.6	31.0	34.6
4.6	5.6	8.1	9.5	11.3	13.2	14.9	13.2	16.0	18.4	20.9	21.9	25.2	32.1	38.2	22.3	26.4	29.7	33.0
4.8	5.2	7.5	8.8	10.5	12.2	13.8	12.2	14.8	17.1	19.4	20.2	23.3	29.7	35.3	20.7	24.2	27.2	30.4
5.0	4.8	6.9	8.1	9.7	11.3	12.7	11.3	13.7	15.8	17.9	18.8	21.7	27.6	32.9	19.2	22.3	25.1	28.0
5.2	4.5	6.5	7.6	9.0	10.5	11.8	10.5	12.8	14.7	16.7	17.5	20.2	25.7	30.6	17.8	20.8	23.4	26.0
5.4	4.2	6.0	7.1	8.4	9.8	11.1	9.9	11.9	13.8	15.6	16.4	18.9	24.0	28.6	16.6	19.4	21.8	24.0
5.5	4.1	5.8	6.8	8.1	9.5	10.7	9.5	11.5	13.3	15.1	15.8	18.2	23.2	27.6	16.0	18.7	21.0	23.3
5.6	4.0	5.5	6.6	7.9	9.2	10.2	9.2	11.2	12.9	14.6	15.4	17.8	22.4	26.8	15.5	18.2	20.5	22.3
5.8	3.7	5.3	6.2	7.4	8.6	9.7	8.8	10.5	12.1	13.8	14.6	16.8	21.3	25.4	14.9	17.1	19.4	21.0
6.0	3.5	4.9	5.8	7.0	8.2	9.2	8.4	9.9	11.4	13.0	13.8	15.9	20.2	24.1	13.6	16.0	18.2	20.0
6.2	3.3	4.7	5.5	6.6	7.6	8.6	7.9	9.4	10.8	12.3	13.0	15.0	19.1	22.8	12.8	15.3	17.1	19.1
6.4	3.1	4.4	5.2	6.2	7.3	8.1	7.4	9.0	10.2	11.7	12.3	14.2	18.0	21.5	12.1	14.4	16.1	18.2
6.5	3.0	4.3	5.1	6.1	7.1	7.9	7.2	8.6	9.9	11.3	11.8	13.8	17.6	21.0	11.5	13.8	16.0	17.4
6.6	2.9	4.1	5.0	5.9	6.9	7.7	7.0	8.5	9.7	11.0	11.4	13.3	17.1	20.5	11.4	13.6	15.3	17.1
6.8	2.7	3.8	4.7	5.6	6.6	7.3	6.6	8.0	9.2	10.4	11.0	12.7	16.1	19.2	10.8	12.8	14.4	16.1
7.0	2.5	3.6	4.4	5.3	6.1	6.8	6.3	7.6	8.7	9.9	10.4	12.0	15.2	18.2	10.2	12.1	13.6	15.1
7.2	2.4	3.4	4.2	5.0	5.8	6.5	5.9	7.2	8.3	9.4	9.8	11.4	14.4	17.1	9.7	11.5	12.8	14.3
7.4	2.3	3.3	4.0	4.8	5.6	6.3	5.6	6.8	7.8	8.9	9.4	10.8	13.6	16.2	9.2	10.9	12.1	13.5
7.6	2.2	3.1	3.8	4.6	5.3	6.0	5.4	6.5	7.4	8.5	8.9	10.3	12.8	15.2	8.7	10.3	11.5	12.8
7.8	2.1	3.0	3.7	4.4	5.1	5.7	5.1	6.2	7.1	8.1	8.5	9.8	12.5	14.2	8.3	9.8	10.9	12.1
8.0		2.5	3.5	4.2	4.9	5.5	4.2	5.1	5.9	6.7	7.1	8.1	10.3	12.2	7.1	8.3	9.3	10.4

续表

对应轴简图	计算长度 l_{ox} (m)	2L90×56×				2L100×63×				2L100×80×				2L110×70×				2L125×80×			
	(厚度)	5	6	7	8	6	7	8	10	6	7	8	10	6	7	8	10	7	8	10	12
	面积 A (cm²)	14.42	17.11	19.76	22.37	19.23	22.22	25.07	30.93	21.27	24.60	27.89	34.33	21.27	24.60	27.89	34.33	28.19	31.98	39.42	46.70
	1.5	184	216	248	279	274	315	354	430	363	419	473	580	330	381	429	524	472	533	654	772
	1.6	171	201	230	259	258	297	333	404	352	407	459	562	316	364	409	500	457	515	632	745
	1.7	158	187	214	240	243	279	313	379	341	393	444	544	301	346	389	474	440	497	609	717
	1.8	147	173	198	222	228	262	293	354	329	380	428	524	285	328	369	449	424	477	585	688
	1.9	136	160	183	205	213	245	274	331	317	365	412	503	270	311	348	424	406	458	560	658
	2.0	126	148	170	190	199	229	256	309	304	351	395	483	255	293	329	400	389	437	535	628
	2.1	117	138	157	176	186	214	239	288	292	336	378	461	241	277	310	376	371	417	510	598
	2.2	109	128	146	164	174	200	223	269	279	321	361	440	227	261	291	354	353	397	485	569
	2.3	101	119	136	152	163	187	209	251	266	306	344	420	214	245	274	333	336	377	460	540
	2.4	94.4	111	127	142	153	175	195	235	254	292	328	399	201	231	258	313	319	358	437	512
	2.5	88.1	103	118	132	143	164	183	220	242	278	312	380	189	217	243	294	303	340	414	485
	2.6	82.4	96.7	110	124	134	154	172	206	230	264	296	361	178	205	229	277	288	323	393	460
	2.7	77.2	90.5	103	116	126	144	161	193	219	251	282	343	168	193	215	261	273	306	372	435
	2.8	72.4	84.9	97.0	109	119	136	152	182	208	239	268	326	159	182	203	246	259	290	353	413
	2.9	68.0	79.8	91.1	102	112	128	143	171	198	227	254	309	150	172	192	232	246	275	335	391
	3.0	64.0	75.1	85.8	96.5	105	120	135	161	188	216	242	294	142	163	181	219	233	261	318	371
	3.1	60.4	70.8	80.9	90.5	99.4	114	127	152	179	206	230	279	134	154	172	208	222	248	302	352
	3.2	57.0	66.9	76.3	85.4	94.0	108	120	144	170	196	219	266	127	146	163	197	211	236	287	335
	3.3	53.9	63.2	72.2	80.7	89.0	102	114	136	162	186	208	253	121	138	154	186	201	224	273	318
	3.4	51.1	59.9	68.3	76.4	84.4	96.5	108	129	155	178	198	241	115	131	146	177	191	214	259	303
	3.5	48.4	56.8	64.8	72.5	80.1	91.6	102	122	147	169	189	230	109	125	139	168	182	203	247	288
	3.6	46.0	53.9	61.5	68.8	76.1	87.1	97.2	116	141	162	181	219	104	119	132	160	174	194	236	275
	3.7	43.7	51.2	58.5	65.4	72.4	82.8	92.5	111	134	154	172	209	98.7	113	126	152	166	185	225	262
	3.8	41.6	48.8	55.6	62.2	69.0	78.9	88.1	105	128	147	165	200	94.1	108	120	145	158	177	215	250
	3.9	39.6	46.5	53.0	59.3	65.8	75.2	84.0	100	123	141	158	191	89.8	103	115	139	151	169	205	239
	4.0	37.8	44.3	50.6	56.5	62.8	71.8	80.1	95.8	118	135	151	183	85.8	98.4	109	132	145	162	196	229
	4.1	36.0	42.3	48.3	54.0	60.1	68.7	76.5	91.4	113	129	145	175	82.1	94.1	104	126	138	155	187	219
	4.2	34.5	40.4	46.1	51.6	57.5	65.6	73.2	87.5	108	124	139	168	78.5	90.0	100	121	133	149	180	210
	4.3	33.1	38.6	44.1	49.3	55.0	62.8	70.0	83.8	104	119	133	161	75.2	86.2	95.8	116	127	143	172	201
	4.4	31.6	37.0	42.2	47.3	52.6	60.1	67.1	80.3	99.5	114	128	155	72.0	82.6	91.9	111	122	137	165	193
	4.5	30.3	35.4	40.4	45.3	50.4	57.5	64.3	77.0	95.4	110	123	149	69.0	79.2	88.2	107	117	131	158	185
	4.6	29.0	34.1	38.9	43.4	48.4	55.4	61.8	73.8	91.6	105	118	143	66.2	76.1	84.7	102	113	126	153	178
	4.8	26.8	31.4	35.8	40.1	44.7	51.1	57.0	68.2	85.1	97.6	109	132	61.2	70.4	78.3	94.6	104	116	141	165
	5.0	24.8	29.1	33.2	37.1	41.4	47.3	52.8	63.1	79.0	90.4	101	122	56.7	65.2	72.5	87.7	96.8	108	131	153
	5.2	23.0	27.0	30.8	34.4	38.4	43.9	49.0	58.6	73.5	84.2	94.2	114	52.7	60.6	67.4	81.5	90.1	101	122	142
	5.4	21.4	25.1	28.6	32.0	35.8	40.9	45.6	54.5	68.5	78.5	87.8	106	49.1	56.5	62.9	76.1	84.0	93.7	114	132
	5.6	20.0	23.4	26.7	29.9	33.5	38.2	42.6	50.9	64.1	73.4	82.1	99.3	45.9	52.8	58.8	71.2	78.5	87.6	106	124
	5.8	18.7	21.9	25.0	27.9	31.4	35.7	39.8	47.6	60.1	68.7	76.9	93.2	43.0	49.5	55.1	66.7	73.5	82.0	99.5	116
	6.0	17.5	20.5	23.4	26.1	29.5	33.6	37.3	44.6	56.4	64.5	72.2	87.5	40.4	46.5	51.8	62.7	69.0	77.0	93.4	109
	6.2	16.4	19.2	21.9	24.5	27.8	31.7	35.1	41.9	53.0	60.6	67.9	82.3	38.1	43.8	48.8	59.1	64.9	72.4	87.8	102
	6.4	15.4	18.1	20.7	23.1	26.2	29.9	33.1	39.4	50.0	57.1	64.0	77.6	35.9	41.4	46.1	55.8	61.1	68.3	82.7	96.3
	6.6	14.6	17.1	19.5	21.8	24.8	28.3	31.4	37.1	47.2	53.9	60.4	73.2	33.9	39.1	43.6	52.9	57.7	64.3	78.0	90.9
	6.8	13.7	16.1	18.4	20.5	23.5	26.8	29.7	35.1	44.6	51.1	57.1	69.2	32.1	37.0	41.3	50.1	54.5	60.8	73.7	85.9
	7.0	13.0	15.2	17.4	19.4	22.3	25.5	28.2	33.2	42.2	48.4	54.0	65.5	30.5	35.1	39.2	47.6	51.6	57.5	69.8	81.2
	7.2	12.3	14.4	16.4	18.4	21.2	24.2	26.9	31.4	40.0	46.0	51.2	62.1	28.9	33.3	37.2	45.3	49.0	54.5	66.1	77.0
	7.4	11.7	13.7	15.6	17.4	20.2	23.1	25.6	29.8	38.0	43.7	48.7	59.0	27.5	31.7	35.4	43.1	46.4	51.8	62.7	73.1
	7.6	11.1	13.0	14.8	16.6	19.2	22.0	24.5	28.3	36.1	41.6	46.3	56.1	26.1	30.1	33.7	41.0	44.1	49.2	59.6	69.5
	7.8	10.5	12.3	14.1	15.7	18.0	20.5	22.9	26.9	34.3	39.6	44.1	53.4	24.7	28.7	32.1	39.1	42.0	46.8	56.8	66.1
	8.0	10.0	11.8	13.4	15.0	16.8	19.2	21.5	25.6	32.7	37.5	41.9	50.7	23.3	26.7	29.6	35.8	40.0	44.6	54.1	63.0

注：表右侧自上而下标有 ②、①、③ 对应轴简图编号标记。

（对应轴简图：双角钢 T 形组合截面，x—x 轴）

续表

面积 A (cm²)

计算长度 l_{ox} (m)	2L140×90×				2L150×90×						2L160×100×				2L180×110×				2L200×125×			
	8	10	12	14	8	10	12	14	15	16	10	12	14	16	10	12	14	16	12	14	16	18
	36.076	44.522	52.8	60.912	37.678	46.522	55.2	63.712	67.904	72.054	50.63	60.108	69.418	78.562	56.746	67.424	77.934	88.278	75.8	87.734	99.478	111.05
1.5	634	780	922	1059	659	811	958	1102	1173	1240	919	1087	1253	1413	1056	1252	1444	1633	1452	1677	1899	2018
1.6	619	760	898	1030	642	790	932	1072	1140	1205	900	1065	1227	1383	1038	1230	1420	1605	1433	1655	1874	1991
1.7	602	739	873	1001	624	767	905	1040	1106	1168	881	1041	1199	1351	1020	1208	1393	1575	1413	1632	1848	1962
1.8	585	717	846	969	605	744	876	1007	1070	1130	860	1016	1170	1317	1000	1185	1366	1544	1393	1608	1820	1933
1.9	566	694	818	937	586	719	847	972	1033	1090	838	990	1139	1282	980	1160	1337	1511	1371	1583	1791	1902
2.0	547	670	790	903	565	694	816	936	994	1048	816	963	1107	1245	959	1134	1307	1476	1349	1556	1761	1869
2.1	528	645	760	869	544	668	785	899	955	1006	792	934	1074	1207	937	1108	1276	1440	1326	1529	1730	1835
2.2	508	620	731	834	523	641	753	862	915	964	768	905	1040	1168	911	1080	1243	1403	1302	1501	1698	1800
2.3	488	595	701	799	502	615	721	825	876	922	743	875	1005	1127	890	1051	1209	1364	1276	1471	1664	1764
2.4	468	570	671	764	481	588	689	789	837	880	718	845	969	1087	865	1021	1175	1324	1250	1441	1628	1726
2.5	448	546	641	730	460	562	658	753	798	839	692	814	934	1046	840	990	1139	1284	1223	1409	1592	1686
2.6	428	521	612	696	439	537	628	718	761	799	667	783	898	1005	814	959	1103	1242	1195	1376	1555	1646
2.7	409	498	584	664	419	512	599	684	725	761	641	753	863	965	788	928	1067	1201	1167	1342	1516	1604
2.8	391	475	557	633	400	489	571	651	690	724	616	723	828	925	762	897	1030	1159	1137	1308	1477	1562
2.9	373	453	532	603	381	466	544	620	657	690	591	693	791	886	736	866	994	1118	1108	1273	1437	1519
3.0	356	432	507	575	364	444	518	591	626	656	567	665	761	849	710	835	958	1077	1077	1237	1396	1475
3.1	340	412	483	548	347	423	494	563	596	625	544	637	729	813	684	804	922	1037	1047	1202	1356	1431
3.2	324	393	461	522	331	404	471	536	568	595	522	610	698	778	659	774	888	997	1016	1166	1315	1388
3.3	310	375	440	498	316	385	449	511	542	567	500	585	668	745	635	745	854	959	985	1130	1274	1344
3.4	296	358	420	475	302	368	428	488	517	541	479	560	640	713	611	717	821	922	955	1095	1234	1301
3.5	283	342	401	454	288	351	409	466	493	516	459	537	613	683	588	689	790	887	925	1060	1194	1258
3.6	270	327	383	434	275	336	390	445	471	493	440	514	588	654	566	663	759	852	895	1026	1155	1217
3.7	259	313	366	415	263	321	373	425	450	471	422	493	563	627	544	638	730	819	866	992	1117	1176
3.8	247	300	351	397	252	307	357	406	430	450	405	473	540	601	524	613	702	788	838	959	1080	1136
3.9	237	287	336	380	241	294	342	389	412	431	389	454	518	576	504	590	675	757	810	927	1043	1098
4.0	227	275	322	364	231	281	327	373	394	413	373	436	497	553	485	568	650	729	783	896	1008	1060
4.2	209	253	296	334	213	259	301	342	362	379	345	402	459	510	449	526	602	675	732	837	941	990
4.4	193	233	273	308	196	239	277	316	334	349	319	372	424	472	417	488	558	626	684	782	879	924
4.6	178	216	252	285	181	221	256	292	309	323	296	345	393	437	388	454	519	582	640	731	821	863
4.8	165	200	234	264	168	205	238	271	286	299	275	320	365	406	362	423	483	541	599	684	768	807
5.0	154	186	217	245	156	190	221	251	266	278	256	298	340	377	337	394	451	505	561	640	720	755
5.2	143	173	202	228	145	177	205	234	247	259	239	278	317	352	315	368	421	472	526	601	675	708
5.4	134	162	189	213	136	165	192	218	231	241	223	260	296	329	295	345	394	441	494	564	633	665
5.6	125	151	177	199	127	155	179	204	216	226	209	243	278	308	277	324	370	414	465	530	596	625
5.8	117	142	166	187	119	145	168	191	202	211	196	228	260	289	260	304	347	389	438	499	561	588
6.0	110	133	156	176	112	136	158	180	190	198	184	215	245	272	245	286	327	366	413	471	529	554
6.2	104	125	146	165	105	128	149	169	179	187	174	202	230	256	231	270	308	345	390	445	499	523
6.4	97.7	118	138	156	99.1	121	140	159	168	176	164	191	217	241	218	254	291	325	369	420	472	495
6.6	92.3	111	130	147	93.6	114	132	150	159	166	155	180	205	228	206	241	275	308	349	398	447	468
6.8	87.2	105	123	139	88.5	108	125	142	150	157	146	170	194	215	195	228	260	291	331	377	423	444
7.0	82.6	100	117	131	83.8	102	118	134	142	149	139	161	184	204	185	216	247	276	314	358	402	421
7.2	78.3	94.6	111	125	79.5	96.7	112	127	135	141	132	153	175	194	176	205	234	262	299	340	382	400
7.4	74.4	89.8	105	118	75.4	91.8	106	121	128	134	125	145	166	184	167	195	222	249	284	324	363	381
7.6	70.7	85.4	100	113	71.7	87.2	101	115	122	127	119	138	158	175	159	185	212	237	271	308	346	362
7.8	67.3	81.3	95.0	107	68.3	83.0	96.3	109	116	121	113	132	150	167	151	177	202	226	258	294	330	346
8.0	64.2	77.5	90.5	102	65.1	79.1	91.8	104	110	115	108	126	143	159	144	168	192	215	246	281	315	330

对应轴简图　x—x

① ② ③

11.8.5 Q235钢 两个热轧不等边角钢（两短边相连）轴心受压（绕 y 轴）稳定时的承载力设计值（kN）

表 11-31b

计算长度 l_{ox} (m)	2L56×36×4 (7.18)	2L56×36×5 (8.83)	2L63×40×4 (8.12)	2L63×40×5 (9.99)	2L63×40×6 (11.82)	2L63×40×7 (13.60)	2L70×45×4 (9.09)	2L70×45×5 (11.22)	2L70×45×6 (13.29)	2L70×45×7 (15.31)	2L75×50×5 (12.25)	2L75×50×6 (14.52)	2L75×50×8 (18.93)	2L75×50×10 (23.18)	2L80×50×5 (12.75)	2L80×50×6 (15.74)	2L80×50×7 (17.45)	2L80×50×8 (19.73)
2.0	113	140	132	167	199	230	149	194	231	268	214	257	338	416	219	274	317	361
2.1	109	136	129	163	195	225	149	190	227	263	211	253	332	410	218	270	313	356
2.2	106	132	125	159	190	220	148	186	223	258	208	249	327	403	218	266	309	351
2.3	102	128	122	155	185	215	142	183	218	253	204	244	321	396	217	262	304	345
2.4	98.9	123	118	151	180	209	138	178	213	248	200	239	315	389	215	258	299	340
2.5	95.3	119	114	146	175	203	135	174	208	242	196	234	308	381	211	253	294	334
2.6	91.7	114	111	142	170	197	131	170	203	236	191	229	302	373	207	249	288	329
2.7	88.1	110	107	138	165	191	128	166	198	230	187	224	295	365	203	244	284	323
2.8	84.6	106	103	133	159	185	124	161	193	224	183	219	288	357	199	239	278	316
2.9	81.2	102	99.4	129	154	179	120	157	187	218	178	214	281	348	195	234	272	310
3.0	77.9	97.4	95.8	124	149	173	116	152	182	212	173	208	274	340	191	229	266	303
3.1	74.7	93.4	92.2	120	143	167	113	147	177	206	169	202	267	331	186	224	261	297
3.2	71.6	89.5	88.7	115	138	161	109	143	171	199	164	197	259	322	182	219	255	290
3.3	68.6	85.8	85.3	111	133	155	105	138	166	193	159	191	252	313	177	213	248	283
3.4	65.8	82.3	82.1	107	128	150	102	134	160	187	154	186	245	304	173	208	242	276
3.5	63.1	78.9	78.9	103	124	144	98.5	129	155	181	150	180	237	295	168	203	236	269
3.6	60.5	75.7	75.9	99.3	119	139	95.2	125	150	175	145	175	230	286	164	197	230	262
3.7	58.0	72.6	73.0	95.6	115	134	91.9	121	145	169	141	169	223	278	159	192	224	255
3.8	55.7	69.7	70.2	92.1	110	129	88.8	117	140	164	136	164	216	269	155	187	217	248
3.9	53.4	66.9	67.5	88.4	106	124	85.8	113	135	158	132	159	209	261	150	181	211	241
4.0	51.3	64.2	65.0	85.4	102	120	80.0	109	131	153	128	154	203	253	146	176	205	234
4.2	47.4	59.3	60.3	79.3	95.1	111	74.7	102	122	143	120	144	190	237	138	166	194	221
4.4	43.9	54.9	55.9	73.7	88.4	103	69.8	95.0	114	133	112	135	178	222	130	157	182	208
4.6	40.7	50.9	52.0	68.6	82.3	96.1	65.3	88.8	107	124	105	126	167	208	122	147	172	196
4.8	37.8	47.3	48.4	63.9	76.7	89.6	61.1	83.1	99.7	116	98.4	119	156	195	115	139	162	185
5.0	35.2	44.1	45.2	59.7	71.7	83.7	57.3	77.8	93.3	109	92.4	111	147	183	108	131	152	174
5.2	32.9	41.1	42.2	55.8	67.0	78.3	53.8	73.0	87.5	102	86.8	105	138	172	102	123	144	164
5.4	30.8	38.5	39.6	52.3	62.8	73.3	50.6	68.5	82.2	96.1	81.7	98.4	130	162	96.2	116	136	155
5.6	28.9	36.1	37.1	49.1	59.0	68.8	47.7	64.4	77.3	90.4	76.9	92.6	122	153	90.9	110	128	146
5.8	27.1	33.8	34.9	46.2	55.4	64.7	45.0	60.7	72.8	85.1	72.5	87.3	115	144	85.9	104	121	138
6.0	25.4	31.8	32.8	43.5	52.2	60.9	42.5	57.2	68.6	80.2	68.5	82.5	109	136	81.2	98.1	114	131
6.2	24.0	30.0	31.0	41.0	49.2	57.5	40.2	54.0	64.8	75.8	64.7	77.9	103	129	76.9	92.9	108	124
6.4	22.6	28.3	29.2	38.7	46.5	54.3	38.0	51.1	61.3	71.6	61.2	73.8	97.1	122	72.9	88.1	103	117
6.6	21.4	26.7	27.6	36.6	44.0	51.3	36.1	48.4	58.0	67.8	58.0	69.9	92.0	115	69.2	83.6	97.4	111
6.8	20.2	25.3	26.2	34.7	41.6	48.6	34.2	45.9	55.0	64.3	55.1	66.3	87.3	109	65.7	79.4	92.5	106
7.0	19.2	24.0	24.8	32.9	39.5	46.1	32.5	43.5	52.2	61.0	52.3	63.0	82.9	104	62.5	75.5	87.9	101
7.2	18.2	22.7	23.6	31.2	37.5	43.8	31.0	41.4	49.6	58.0	49.7	59.9	78.8	98.7	59.5	71.8	83.7	95.7
7.4	17.3	21.6	22.4	29.7	35.7	41.6	29.5	39.4	47.2	55.2	47.3	57.0	75.0	94.0	56.7	68.4	79.7	91.2
7.6	16.4	20.6	21.3	28.3	33.9	39.6	28.1	37.5	45.0	52.6	45.1	54.3	71.5	89.6	54.0	65.3	76.0	87.0
7.8	15.7	19.6	20.3	26.9	32.3	37.8	26.8	35.8	42.9	50.1	43.0	51.8	68.2	85.4	51.6	62.3	72.6	83.0
8.0	14.9	18.7	19.4	25.6	30.8	36.0	25.6	34.1	40.9	47.8	41.1	49.5	65.1	81.6	49.3	59.5	69.4	79.3

对应轴简图

面积 A（cm²）

L56×36～ L80×50, a=8mm

续表

计算长度 l_{ox} (m)	2L90×56× 5	6	7	8	2L100×63× 6	7	8	10	2L100×80× 6	7	8	10	2L110×70× 6	7	8	10	2L125×80× 7	8	10	12
面积 A (cm²)	14.42	17.11	19.76	22.37	19.23	22.22	25.07	30.93	21.27	24.60	27.89	34.33	21.27	24.60	27.89	34.33	28.19	31.98	39.42	46.70
2.0	235	301	363	416	326	398	465	589	361	440	517	650	346	428	506	655	465	559	735	901
2.1	235	301	362	412	326	398	465	584	360	440	516	643	346	428	506	655	465	559	734	901
2.2	235	300	358	407	325	397	464	578	360	439	514	637	345	427	506	653	465	558	733	900
2.3	234	300	353	402	325	397	461	572	359	438	508	630	345	427	505	648	464	558	733	899
2.4	234	299	349	397	325	396	456	566	358	435	502	623	345	426	504	642	464	557	732	895
2.5	233	295	344	391	324	396	451	560	358	430	496	616	344	426	504	637	463	557	732	889
2.6	233	291	339	386	324	392	445	554	357	424	490	608	344	425	503	631	463	556	731	882
2.7	233	287	334	380	323	388	440	547	357	418	483	600	343	425	502	625	462	555	730	876
2.8	232	282	328	374	322	383	434	540	356	412	477	592	343	424	498	618	462	555	729	869
2.9	231	277	323	368	322	377	428	533	353	406	470	584	342	423	493	612	461	554	723	862
3.0	227	272	317	361	319	372	423	526	347	399	463	575	342	423	487	605	461	553	717	854
3.1	222	267	311	355	314	367	416	518	342	393	456	566	341	422	482	598	460	553	710	847
3.2	218	262	306	348	309	361	410	511	336	386	448	557	340	417	476	591	460	552	704	839
3.3	214	257	299	341	304	355	404	503	330	379	440	548	340	411	470	584	459	551	697	831
3.4	209	251	293	335	299	349	397	495	324	372	433	539	339	406	464	577	459	551	690	823
3.5	204	246	287	327	293	343	390	486	318	365	425	529	339	400	457	569	458	548	683	815
3.6	200	240	281	320	289	337	383	478	312	357	417	519	337	395	451	561	458	542	676	807
3.7	195	235	274	313	283	331	376	469	305	350	408	509	332	389	444	553	457	536	669	798
3.8	191	229	268	306	278	324	369	461	299	342	400	499	327	383	438	545	457	530	661	789
3.9	186	224	262	299	272	318	362	452	292	335	392	488	322	377	431	537	456	524	653	780
4.0	181	218	255	291	267	311	355	443	286	320	383	478	317	370	424	528	455	517	645	771
4.2	172	207	242	277	255	298	340	425	273	305	366	457	306	358	410	511	452	504	629	751
4.4	163	197	230	263	244	285	325	407	260	291	349	436	295	345	395	493	440	490	612	731
4.6	155	186	218	249	233	272	310	389	248	276	333	416	284	332	380	475	427	476	594	711
4.8	147	176	206	236	222	260	296	371	236	263	316	396	272	319	366	457	415	461	576	690
5.0	139	167	195	224	212	247	282	353	224	250	301	376	261	306	351	439	402	446	558	668
5.2	131	158	185	212	201	236	269	337	213	237	286	358	250	293	336	421	389	431	540	646
5.4	124	150	175	201	192	224	256	320	202	225	271	340	240	281	322	403	376	416	521	624
5.6	118	142	166	190	182	213	243	305	192	214	258	323	229	269	308	386	363	401	503	603
5.8	112	134	157	180	174	203	232	290	182	203	245	307	219	257	295	369	350	387	484	581
6.0	106	127	149	171	165	193	220	276	173	193	233	292	210	246	282	353	337	372	466	559
6.2	101	121	142	162	157	184	210	263	165	184	221	278	201	235	270	338	324	358	449	538
6.4	95.5	115	134	154	150	175	200	251	157	175	211	264	192	225	258	323	312	344	432	518
6.6	90.8	109	128	146	143	167	190	239	149	167	201	251	184	215	247	309	300	331	415	498
6.8	86.4	104	122	139	136	159	182	228	142	159	191	240	176	206	236	296	288	318	399	479
7.0	82.3	99.0	116	133	130	152	173	217	136	152	182	228	168	197	226	283	277	306	383	460
7.2	78.5	94.4	110	126	124	145	166	208	130	145	174	218	161	188	216	271	266	294	368	443
7.4	74.9	90.0	105	121	119	139	158	198	124	139	166	208	154	180	207	259	256	282	354	425
7.6	71.5	85.9	101	115	113	133	151	190	118	133	159	199	148	173	198	249	246	272	340	409
7.8	68.4	82.1	96.1	110	109	127	145	182	113	127	152	190	142	166	190	238	236	261	327	393
8.0	65.4	78.6	91.9	105	104	121	139	174	108	121	145	182	136	159	183	229	227	251	315	378

① （脚注标记）

对应轴简图

y—y　　a

L90×56～ L100×63. a=6mm
L100×80～ L125×80, a=8mm

续表

面积 A (cm²)

计算长度 l_{ox} (m)	2L140×90×8 (36.08)	2L140×90×10 (44.52)	2L140×90×12 (52.8)	2L140×90×14 (60.91)	2L150×90×8 (37.68)	2L150×90×10 (46.52)	2L150×90×12 (55.2)	2L150×90×14 (63.71)	2L150×90×15 (67.9)	2L150×90×16 (72.05)	2L160×100×10 (50.63)	2L160×100×12 (60.11)	2L160×100×14 (69.42)	2L160×100×16 (58.56)	2L180×110×10 (56.75)	2L180×110×12 (67.42)	2L180×110×14 (77.93)	2L180×110×16 (88.28)	2L200×125×12 (75.82)	2L200×125×14 (87.73)	2L200×125×16 (99.48)	2L200×125×18 (111.1)
2.0	602	807	1000	1185	608	826	1031	1227	1322	1416	879	1106	1322	1531	937	1199	1448	1687	1298	1586	1862	2030
2.1	602	806	999	1184	607	826	1030	1226	1321	1415	879	1105	1321	1530	936	1199	1447	1687	1297	1585	1861	2029
2.2	601	806	999	1183	607	825	1030	1225	1321	1415	878	1105	1321	1529	936	1198	1447	1686	1297	1585	1860	2029
2.3	601	805	998	1183	607	825	1029	1225	1320	1414	878	1104	1320	1528	936	1198	1446	1686	1296	1584	1860	2028
2.4	601	805	997	1182	606	824	1029	1224	1319	1413	878	1104	1319	1528	935	1197	1446	1685	1296	1584	1859	2027
2.5	600	804	996	1181	606	824	1028	1223	1318	1412	877	1103	1318	1527	935	1197	1445	1684	1295	1583	1859	2027
2.6	600	804	996	1174	606	823	1027	1222	1317	1408	876	1102	1318	1526	934	1196	1445	1683	1295	1582	1858	2026
2.7	599	803	995	1167	605	823	1027	1222	1317	1400	875	1102	1317	1525	934	1196	1444	1683	1294	1582	1857	2025
2.8	599	802	994	1159	605	822	1026	1221	1310	1393	875	1101	1316	1524	933	1195	1443	1682	1294	1581	1857	2024
2.9	598	802	993	1152	604	822	1025	1220	1303	1385	874	1100	1315	1523	933	1195	1442	1681	1293	1581	1856	2024
3.0	598	801	987	1144	604	821	1024	1213	1295	1377	874	1100	1314	1515	932	1194	1442	1680	1293	1580	1855	2023
3.1	597	800	980	1136	603	820	1024	1205	1287	1368	873	1099	1314	1507	932	1193	1441	1679	1292	1579	1854	2022
3.2	596	800	973	1127	603	820	1023	1198	1279	1360	872	1098	1313	1498	931	1193	1440	1678	1292	1579	1853	2021
3.3	596	799	965	1119	602	819	1022	1190	1271	1351	872	1097	1311	1490	931	1192	1439	1677	1291	1578	1853	2020
3.4	595	798	958	1110	602	818	1019	1182	1263	1342	871	1097	1303	1481	930	1191	1439	1676	1290	1577	1852	2019
3.5	595	795	950	1102	601	818	1012	1174	1254	1333	870	1096	1296	1472	929	1191	1438	1675	1290	1576	1851	2018
3.6	594	789	942	1092	600	817	1005	1166	1245	1324	870	1095	1288	1463	928	1190	1437	1674	1289	1575	1850	2017
3.7	593	782	934	1083	600	816	998	1158	1237	1315	869	1094	1279	1454	928	1189	1436	1669	1288	1575	1849	2016
3.8	593	775	926	1074	599	815	990	1149	1227	1305	869	1093	1271	1444	927	1188	1435	1661	1288	1574	1848	2015
3.9	592	767	917	1064	599	814	983	1140	1218	1295	868	1087	1263	1435	926	1187	1434	1652	1287	1573	1847	2014
4.0	592	760	909	1054	598	814	975	1131	1209	1285	867	1079	1254	1425	926	1185	1433	1643	1284	1572	1846	2010
4.2	591	745	891	1034	597	801	959	1113	1189	1264	866	1064	1236	1405	925	1183	1427	1624	1283	1570	1844	1991
4.4	589	729	872	1012	595	787	942	1094	1169	1243	864	1047	1217	1384	923	1181	1410	1605	1281	1568	1841	1972
4.6	583	712	853	990	592	772	924	1073	1147	1220	860	1030	1198	1362	922	1179	1392	1585	1279	1566	1826	1952
4.8	569	695	832	967	589	756	906	1053	1125	1197	845	1013	1177	1339	920	1164	1374	1564	1277	1564	1807	1931
5.0	555	678	812	943	583	740	887	1031	1102	1173	829	994	1156	1316	919	1147	1355	1543	1275	1562	1786	1910
5.2	541	660	790	919	580	724	868	1009	1079	1148	813	975	1135	1291	917	1129	1335	1521	1273	1548	1765	1887
5.4	526	641	769	894	576	707	848	986	1054	1122	796	956	1112	1266	915	1111	1315	1498	1271	1529	1744	1864
5.6	511	623	747	869	563	690	827	962	1029	1096	779	936	1089	1240	913	1092	1294	1474	1257	1509	1721	1841
5.8	496	604	724	843	549	672	806	938	1004	1069	762	915	1065	1214	907	1072	1272	1450	1238	1489	1698	1816
6.0	481	585	702	818	534	654	785	914	978	1041	744	894	1041	1186	891	1052	1250	1425	1219	1468	1675	1791
6.2	466	566	680	792	520	636	764	889	952	1014	726	873	1017	1159	874	1032	1227	1399	1199	1446	1650	1765
6.4	451	548	658	767	505	618	742	865	925	986	708	851	992	1131	857	1011	1203	1372	1179	1423	1625	1739
6.6	436	530	636	741	491	600	721	840	899	958	690	829	966	1102	839	990	1179	1345	1158	1401	1599	1711
6.8	422	512	615	717	476	582	699	815	873	930	671	807	941	1074	822	969	1155	1318	1137	1377	1573	1683
7.0	407	494	594	692	462	564	678	791	846	902	653	785	916	1045	804	947	1130	1290	1115	1353	1546	1655
7.2	393	477	573	669	448	547	657	766	821	875	634	763	890	1016	785	925	1105	1262	1094	1329	1518	1626
7.4	380	460	553	645	434	529	636	742	795	848	616	741	865	988	767	903	1080	1233	1072	1304	1490	1596
7.6	366	444	534	623	420	513	616	719	770	821	598	720	840	960	749	881	1055	1205	1049	1279	1461	1566
7.8	354	429	515	601	394	496	597	696	746	795	581	699	816	932	731	860	1029	1176	1027	1253	1433	1535
8.0	341	414	497	580	381	480	577	674	722	770	563	678	792	905	712	839	1004	1147	1005	1228	1404	1504

对应轴 简图

L140×90～ / L150×90, a＝8mm
L160×100～ / L200×125, a＝10mm

11.8.6　Q235钢　两个热轧不等边角钢（两长边相连）轴心受压（绕 x 轴）稳定时的承载力设计值（kN）

表 11-32a

Q235钢　两个热轧不等边角钢（两长边相连）轴心受压（绕 x 轴）稳定时的承载力设计值（kN）

对应轴简图：

x—x

计算长度 l_{ox} (m)	2L56×36×		2L63×40×				2L70×45×			2L75×50×				2L80×50×			
	4	5	4	5	6	7	4	5	7	5	6	8	10	5	6	7	8
面积 A (cm²)	7.18	8.83	8.12	9.99	11.82	13.60	9.09	11.22	15.31	12.25	14.52	18.93	23.18	12.75	15.12	17.45	19.73
1.5	102	125	126	155	180	209	151	185	251	209	247	320	390	223	265	305	344
1.6	96.5	117	121	148	172	200	145	179	242	202	240	310	378	218	258	297	335
1.7	90.8	110	115	141	163	190	140	172	232	196	232	300	365	212	251	288	325
1.8	85.1	103	109	133	155	180	134	165	223	189	224	289	352	205	243	280	315
1.9	79.7	96.6	104	126	146	170	129	158	213	182	215	278	338	199	236	271	304
2.0	74.5	90.2	98.0	119	138	160	123	150	202	175	206	266	323	192	228	261	294
2.1	69.6	84.3	92.4	112	130	151	117	143	193	167	198	255	309	185	219	251	282
2.2	65.1	78.7	87.1	106	122	142	111	136	183	160	189	243	295	178	211	241	271
2.3	60.8	73.6	82.0	99.5	114	134	106	129	173	153	180	231	281	170	202	230	260
2.4	57.0	68.8	77.3	93.7	108	126	100	122	164	145	171	220	267	163	194	222	249
2.5	53.4	64.5	72.8	88.2	101	118	95.0	116	155	138	163	209	254	156	185	212	238
2.6	50.1	60.4	68.6	83.1	95.3	111.5	90.0	110	147	132	155	199	241	149	177	202	227
2.7	47.0	56.8	64.8	78.4	89.8	105.1	85.3	104	139	125	147	189	229	143	169	193	216
2.8	44.2	53.4	61.1	73.9	84.7	99.1	80.9	98.5	132	119	140	180	217	136	161	184	206
2.9	41.7	50.3	57.7	69.8	79.9	93.3	76.7	93.3	125	113	133	171	206	130	154	176	197
3.0	39.3	47.4	54.6	66.0	75.5	88.5	72.7	88.5	118	108	127	162	196	124	147	168	187
3.1	37.1	44.7	51.6	62.5	71.4	84.0	69.1	84.0	112	102	121	154	186	118	140	160	179
3.2	35.1	42.3	48.9	59.2	67.7	79.3	65.6	79.6	107	97.4	115	147	177	113	134	152	170
3.3	33.2	40.1	46.4	56.2	64.2	75.2	62.3	75.9	101	93.2	109	140	168	108	128	145	162
3.4	31.5	38.0	44.1	53.3	60.9	71.4	59.4	72.2	96.3	88.6	104	133	160	103	122	139	155
3.5	29.9	36.0	41.9	50.7	57.9	67.8	56.6	68.7	91.7	84.3	99.2	127	153	98.1	116	133	148
3.6	28.4	34.2	39.9	48.2	55.0	64.5	53.9	65.5	87.4	80.4	94.7	121	146	93.7	111	127	141
3.7	27.0	32.6	38.0	45.9	52.4	61.5	51.4	62.5	83.3	76.8	90.4	115	139	89.6	106	121	135
3.8	25.8	31.0	36.2	43.8	50.0	58.6	49.1	59.6	79.5	73.4	86.4	110	133	85.8	102	116	129
3.9	24.6	29.6	34.6	41.8	47.7	56.0	46.9	57.0	76.0	70.2	82.6	105	127	82.1	97.7	111	124
4.0	23.4	28.2	33.0	39.9	45.6	53.4	44.9	54.5	72.6	67.2	79.1	101	122	78.7	93.3	106	119
4.1	22.4	26.9	31.6	38.2	43.8	51.0	42.9	52.2	69.5	64.4	75.8	92.6	112	75.5	89.5	102	114
4.2	21.4	25.8	30.2	36.5	41.8	48.9	41.2	50.0	66.6	61.7	72.6	85.2	103	72.4	85.9	97.7	109
4.3	20.4	24.7	28.9	35.0	40.1	46.9	39.4	47.9	56.5	52.5	61.7	78.7	94.9	66.8	79.3	90.1	101
4.4	19.6	23.7	27.8	33.5	38.2	44.9	37.9	46.0	52.2	48.5	57.2	72.9	87.8	61.8	73.2	83.3	92.9
4.5	18.6	22.8	26.5	32.0	36.5	43.1	34.9	42.4	48.5	45.1	53.1	67.6	81.5	57.3	67.9	77.3	86.1
4.6	18.1	21.8	25.5	30.9	35.2	41.3	32.9	39.2	45.1	42.0	49.4	63.0	75.8	53.2	63.1	71.8	80.0
4.7	16.7	20.8	24.2	29.6	33.7	39.5	30.9	37.6	42.0	39.2	46.1	58.8	70.7	49.6	58.8	66.9	74.5
4.8	15.5	18.6	23.5	28.6	32.5	38.2	29.2	36.4	39.2	36.6	43.1	54.9	66.1	46.3	54.9	62.4	69.6
4.9	14.3	17.3	22.4	27.2	31.0	36.7	27.7	33.8	36.7	34.3	40.4	51.4	61.9	43.3	51.3	58.4	65.1
5.0	13.4	16.1	21.4	26.1	30.2	34.5	26.1	31.6	34.5	32.1	37.9	48.1	58.1	40.6	48.1	54.7	61.0
5.1	12.5	15.0	20.4	24.7	28.0	32.9	26.0	29.5	32.4	30.1	35.6	45.4	54.7	38.1	45.1	51.4	57.3
5.2	11.7	14.0	19.0	22.9	26.1	30.6	22.8	27.6	30.5	28.5	33.6	42.7	51.5	35.9	42.5	48.4	53.9
5.3	10.9	13.2	18.8	22.2	25.2	29.8	22.9	26.7	28.8	26.9	31.7	40.3	48.6	33.8	40.1	45.6	50.8
5.4	10.3	12.4	17.7	21.4	24.4	28.7	21.6	25.2	27.7	25.4	29.9	38.1	45.9	31.9	37.8	43.0	47.9
5.5	9.7	11.6	16.8	20.9	23.8	27.6	20.4	22.9	25.7	24.1	28.3	36.1	43.5	30.2	35.8	40.7	45.3
5.6	9.1	11.0	16.6	19.8	22.5	26.8	19.4	21.6	24.4	22.8	26.9	34.2	41.2	28.6	33.9	38.5	42.9
5.7	8.6	10.3	15.7	18.7	21.4	25.1	18.3	20.4	23.2	21.7	25.5	32.4	39.1	27.1	31.9	36.5	40.7
5.8	8.1	9.8	14.8	17.7	20.0	23.6	17.4	19.4	21.4	20.6	24.2	30.9	37.1	25.7	30.5	34.7	38.6
5.9	7.7	8.8	14.0	16.6	18.7	22.8	16.5	18.3	23.2	19.6	23.1	29.4	35.4	24.5	29.0	33.0	36.7
6.0	7.3	8.3	13.3	15.7	17.8	21.4	15.7	17.6	20.9	18.7	22.0	28.0	33.7	23.3	27.6	31.4	35.0
6.1	6.9	7.9	12.9	15.2	17.4	20.6	15.2	16.9	19.9		21.2			22.2	26.3	29.9	33.3
6.2	6.6	7.6	12.3	14.5	16.9	19.9	14.8	16.0	19.0								
6.3	6.3																

续表

对应轴简图　x—x

面积 A (cm²)

计算长度 l_{ox} (m)	2L90×56×				2L100×63×				2L100×80×			2L110×70×				2L125×80×			
	5	6	7	8	6	7	8	10	6	8	10	6	7	8	10	7	8	10	12
面积 A (cm²)	14.42	17.11	19.76	22.37	19.23	22.22	25.07	30.93	21.27	27.89	34.33	21.27	24.60	27.89	34.33	28.19	31.98	39.42	46.70
1.5	263	312	359	406	360	416	468	577	397	519	638	407	470	532	654	551	625	769	910
1.6	258	305	352	398	354	409	461	567	391	511	628	401	464	525	645	545	618	761	900
1.7	253	299	344	389	348	402	453	557	384	502	617	396	457	518	636	539	611	752	890
1.8	247	292	336	380	342	395	445	547	377	492	605	390	451	510	626	533	604	744	879
1.9	241	285	328	370	336	387	436	536	369	482	592	384	443	502	616	526	597	734	868
2.0	235	277	319	361	329	379	427	524	362	472	579	377	436	493	606	520	589	725	857
2.1	228	270	310	350	322	371	417	512	354	461	566	371	428	485	595	513	581	715	845
2.2	221	262	301	339	314	362	407	500	345	450	552	364	420	475	583	505	573	705	833
2.3	215	253	291	328	306	353	397	487	336	438	537	357	412	466	571	498	564	694	820
2.4	208	245	281	317	298	344	386	474	327	426	522	349	403	456	559	490	555	683	806
2.5	200	236	271	306	290	334	375	460	318	414	507	342	394	446	546	482	546	671	793
2.6	193	228	261	295	282	325	364	446	308	401	491	334	385	435	533	474	537	659	778
2.7	186	219	251	283	273	315	353	432	299	388	475	325	376	424	519	465	527	647	764
2.8	179	211	241	272	264	305	342	418	289	376	460	317	366	413	505	456	517	634	748
2.9	172	202	232	261	256	295	330	404	279	363	444	309	356	402	491	447	506	621	733
3.0	165	194	222	251	247	285	319	390	270	350	428	300	346	390	477	438	496	608	717
3.1	159	186	213	240	239	275	308	376	260	338	412	291	336	379	463	428	485	594	700
3.2	152	179	205	230	230	265	297	362	251	325	397	283	326	368	449	418	474	580	684
3.3	146	171	196	221	222	255	286	349	242	313	382	274	316	356	434	408	462	566	667
3.4	140	164	188	212	214	246	275	336	233	301	368	266	306	345	420	398	451	552	650
3.5	134	158	180	203	206	237	265	323	224	290	354	257	296	334	407	388	439	538	633
3.6	129	151	173	195	198	228	255	311	216	279	341	249	287	323	393	378	428	524	616
3.7	124	145	166	187	191	220	246	299	208	269	328	241	277	312	380	368	416	509	599
3.8	119	139	159	179	184	212	237	288	200	259	315	233	268	302	367	358	405	495	582
3.9	114	134	153	172	177	204	228	277	192	249	303	225	259	291	355	348	394	481	565
4.0	109	128	147	165	171	196	219	267	185	239	292	217	250	282	342	338	382	467	549
4.2	101	119	135	152	159	182	204	248	172	222	271	203	234	263	320	319	361	440	517
4.4	93.6	110	125	141	147	169	189	230	160	206	251	190	218	245	298	300	340	415	486
4.6	86.8	102	116	131	137	158	176	214	149	192	234	177	204	229	279	283	320	390	457
4.8	80.7	94.6	108	121	128	147	164	199	138	179	218	166	191	214	260	266	301	367	430
5.0	75.1	88.1	100	113	119	137	153	186	129	167	203	155	179	201	244	251	284	346	405
5.2	70.1	82.2	93.7	105	112	128	143	174	121	156	190	146	168	188	228	236	267	326	381
5.4	65.6	76.8	87.6	98.6	105	120	134	163	113	146	178	137	157	177	214	223	252	307	359
5.6	61.4	72.0	82.1	92.3	98.1	113	126	153	106	137	167	129	148	166	202	210	238	290	339
5.8	57.7	67.6	77.0	86.6	92.2	106	118	143	99.8	129	157	121	139	156	190	199	225	273	320
6.0	54.2	63.5	72.4	81.5	86.6	99.8	111	135	93.9	121	147	114	131	147	179	188	212	258	302
6.2	51.1	59.8	68.2	76.7	81.9	94.1	105	127	88.6	114	139	108	124	139	169	178	201	245	286
6.4	48.2	56.3	64.3	72.4	77.3	88.8	99.1	120	83.6	108	131	102	117	132	160	169	190	232	271
6.6	45.5	53.0	60.8	68.4	73.1	84.0	93.7	114	79.1	102	124	96.5	111	125	151	160	181	220	257
6.8	43.1	50.5	57.5	64.7	69.3	79.6	88.7	108	74.9	96.4	117	91.5	105	118	143	152	171	209	244
7.0	40.8	47.8	54.5	61.3	65.7	75.4	84.1	102	71.0	91.4	111	86.8	99.9	112	136	144	163	198	232
7.2	38.7	45.4	51.7	58.1	62.4	71.6	79.9	96.8	67.4	86.8	106	82.5	94.9	106	129	137	155	189	221
7.4	36.8	43.1	49.1	55.2	59.3	68.1	75.9	92.1	64.1	82.5	95.5	78.5	90.3	101	123	131	148	180	210
7.6	35.0	41.0	46.7	52.5	56.4	64.8	72.3	87.6	61.0	78.5	91.0	74.7	86.0	96.5	117	125	141	171	200
7.8	33.3	39.0	44.5	50.0	53.7	61.7	68.8	83.5	58.1	74.8	86.8	71.3	82.0	92.0	111	119	134	164	191
8.0	31.8	37.2	42.4	47.7	51.3	58.9	65.7	79.6	55.4	71.3	86.8	68.0	78.2	87.8	106	114	128	156	182

续表

面积 A（cm²）

对应轴简图	计算长度 l_ox (m)	2L140×90×				2L150×90×						2L160×100×				2L180×110×				2L200×125×			
	厚度	8	10	12	14	8	10	12	14	15	16	10	12	14	16	10	12	14	16	12	14	16	18
	面积A(cm²)	36.08	44.52	52.80	60.91	37.68	46.52	55.20	63.71	67.90	72.05	50.63	60.11	69.42	58.56	56.75	67.42	77.93	88.28	75.82	87.73	99.48	111.05
	1.5	717	884	1047	1207	755	932	1105	1275	1358	1440	1022	1213	1399	1180	1159	1377	1591	1801	1563	1808	2050	2287
	1.6	710	876	1038	1196	749	924	1096	1264	1347	1429	1014	1204	1389	1171	1152	1369	1581	1790	1555	1791	2038	2274
	1.7	704	868	1028	1185	743	917	1087	1254	1335	1416	1007	1194	1378	1162	1145	1360	1571	1778	1546	1781	2027	2262
	1.8	697	859	1018	1173	737	909	1078	1243	1324	1404	999	1185	1367	1153	1137	1351	1561	1767	1538	1771	2015	2249
	1.9	690	851	1007	1161	730	901	1068	1231	1312	1391	991	1176	1356	1143	1130	1342	1550	1755	1529	1761	2003	2235
	2.0	683	842	997	1149	724	893	1058	1220	1299	1378	983	1166	1345	1133	1122	1333	1539	1742	1520	1750	1992	2222
	2.1	676	833	986	1136	717	884	1048	1208	1286	1364	975	1156	1333	1124	1114	1323	1528	1730	1511	1740	1979	2208
	2.2	668	823	974	1123	710	875	1037	1196	1273	1350	966	1145	1321	1113	1106	1314	1517	1717	1501	1729	1967	2194
	2.3	660	813	963	1109	703	866	1027	1183	1260	1336	957	1135	1309	1103	1098	1304	1506	1704	1492	1718	1954	2180
	2.4	652	803	950	1095	695	857	1016	1170	1246	1321	948	1124	1296	1092	1090	1294	1494	1691	1482	1707	1942	2166
	2.5	644	793	938	1080	687	847	1004	1157	1231	1306	939	1113	1283	1081	1081	1284	1482	1677	1472	1695	1929	2151
	2.6	635	782	925	1065	679	837	992	1143	1217	1290	929	1101	1270	1069	1072	1273	1470	1663	1462	1684	1915	2137
	2.7	626	771	911	1049	671	827	980	1129	1201	1274	919	1089	1256	1058	1063	1262	1457	1649	1452	1672	1902	2121
	2.8	617	759	897	1033	663	817	967	1114	1185	1257	909	1077	1242	1046	1054	1251	1444	1634	1442	1660	1888	2106
	2.9	607	747	883	1017	654	806	954	1099	1169	1240	899	1065	1227	1033	1045	1240	1431	1619	1431	1648	1874	2090
	3.0	597	735	868	1000	645	795	941	1083	1152	1222	888	1052	1212	1020	1035	1228	1418	1604	1421	1635	1860	2074
	3.1	587	722	853	982	636	783	927	1067	1135	1203	877	1039	1197	1007	1025	1217	1404	1588	1409	1622	1845	2057
	3.2	577	709	838	964	627	771	913	1051	1117	1184	865	1025	1181	993	1015	1204	1390	1571	1398	1609	1830	2040
	3.3	566	696	822	945	617	759	899	1034	1099	1165	854	1011	1164	979	1004	1192	1375	1555	1387	1596	1814	2023
	3.4	556	682	806	926	607	747	884	1016	1080	1145	842	996	1147	965	994	1179	1360	1538	1375	1582	1798	2005
	3.5	544	669	789	907	597	734	869	999	1061	1125	829	982	1130	950	983	1166	1345	1520	1362	1568	1782	1987
	3.6	533	655	772	888	586	721	853	980	1042	1104	817	966	1112	935	971	1152	1329	1502	1350	1553	1766	1968
	3.7	522	641	755	868	576	708	837	962	1022	1083	804	951	1094	920	960	1138	1313	1483	1337	1538	1749	1949
	3.8	510	626	738	848	565	694	821	943	1002	1062	791	935	1076	904	948	1124	1296	1464	1324	1523	1731	1929
	3.9	499	612	721	829	554	681	805	924	982	1040	777	919	1057	888	936	1110	1279	1445	1311	1508	1713	1909
	4.0	487	598	704	809	543	667	788	905	961	1018	764	903	1038	872	923	1095	1262	1425	1297	1492	1695	1889
	4.2	464	569	670	769	520	639	755	867	920	974	736	870	1000	839	898	1064	1226	1385	1269	1459	1658	1846
	4.4	441	541	636	730	498	611	722	828	879	930	708	836	960	806	871	1033	1190	1343	1240	1425	1619	1802
	4.6	419	513	604	692	476	583	689	790	838	887	679	802	921	772	844	1001	1152	1300	1210	1390	1578	1757
	4.8	398	486	572	656	454	556	657	752	798	844	651	768	882	739	817	967	1113	1256	1178	1353	1536	1709
	5.0	377	461	542	621	432	530	625	716	759	803	623	735	843	706	788	934	1074	1211	1146	1316	1493	1661
	5.2	357	437	513	588	411	504	595	681	722	764	596	702	805	674	760	900	1035	1167	1113	1278	1449	1612
	5.4	339	414	486	557	391	479	566	647	686	726	569	670	768	643	732	867	996	1122	1079	1239	1405	1562
	5.6	321	392	460	527	372	456	538	615	652	689	543	640	733	613	704	833	958	1079	1045	1199	1360	1511
	5.8	304	372	436	500	354	434	511	585	619	655	518	610	699	585	677	801	920	1036	1011	1160	1315	1461
	6.0	289	353	414	474	337	412	486	556	589	623	494	582	666	557	651	769	883	994	977	1121	1270	1411
	6.2	274	335	393	450	321	392	463	529	560	592	472	555	636	531	624	738	847	953	944	1082	1226	1361
	6.4	260	318	373	427	305	374	440	503	533	563	450	530	606	507	598	708	812	914	911	1044	1182	1312
	6.6	248	302	354	406	291	356	419	479	507	536	430	505	578	483	574	679	779	876	878	1006	1139	1264
	6.8	236	288	337	386	277	339	400	457	483	511	410	483	552	461	551	651	747	840	846	970	1097	1218
	7.0	224	274	321	367	265	323	381	435	461	487	392	461	527	441	528	624	716	805	816	934	1057	1173
	7.2	214	261	306	350	253	309	364	415	440	465	375	441	504	421	507	599	687	772	786	900	1018	1129
	7.4	204	249	292	334	241	295	347	397	420	444	358	421	482	403	486	575	659	740	757	866	980	1087
	7.6	195	238	279	319	231	282	332	379	401	424	343	403	461	385	467	551	632	710	729	834	943	1046
	7.8	186	227	266	305	221	270	318	363	384	406	328	386	441	369	448	529	607	682	702	803	908	1007
	8.0	178	217	254	291	211	258	304	347	367	388	315	370	423	353	430	509	583	655	676	774	875	970

① (x—x 轴)

11.8.7　Q235钢　两个热轧不等边角钢（两长边相连）轴心受压（绕y轴）稳定时的承载力设计值（kN）

表 11-32b

对应轴简图

L56×36～L80×50，a=6mm（y—y 轴）

计算长度 l_{0x} (m)	2L56×36×		2L63×40×				2L70×45×				2L75×50×				2L80×50×			
厚度	4	5	4	5	6	7	4	5	6	7	5	6	8	10	5	6	7	8
面积 A (cm²)	7.18	8.83	8.12	9.99	11.82	13.60	9.09	11.22	13.29	15.31	12.25	14.52	18.93	23.18	12.75	15.12	17.45	19.73
2.0	57.0	72.2	71.3	91.0	111	131	89.6	116	141	167	139	171	233	294	142	175	206	238
2.1	53.0	67.1	66.6	84.9	104	123	84.2	109	132	157	132	162	221	279	135	165	195	225
2.2	49.3	62.4	62.3	79.3	96.7	114	79.2	102	124	147	125	153	210	265	127	156	184	213
2.3	46.0	58.1	58.2	74.1	90.3	107	74.6	96.1	117	138	118	145	198	251	120	148	174	201
2.4	42.9	54.2	54.5	69.3	84.5	100	70.2	90.3	110	130	112	137	187	237	114	140	164	190
2.5	40.1	50.6	51.1	64.9	79.2	93.8	66.1	85.0	103	122	106	129	177	225	107	132	155	180
2.6	37.6	47.4	48.0	60.9	74.2	88.0	62.3	80.1	97.3	115	99.9	122	168	213	102	125	147	170
2.7	35.2	44.4	45.1	57.2	69.7	82.6	58.8	75.5	91.7	108	94.6	116	159	201	96.1	118	139	160
2.8	33.1	41.7	42.5	53.8	65.6	77.7	55.6	71.2	86.5	102	89.6	110	150	190	91.0	111	131	152
2.9	31.1	39.2	40.1	50.7	61.8	73.2	52.5	67.3	81.6	96.5	84.9	104	142	180	86.2	105	124	144
3.0	29.3	36.9	37.8	47.8	58.3	69.0	49.7	63.6	77.2	91.3	80.5	98.5	135	171	81.7	99.9	118	136
3.1	27.7	34.9	35.8	45.2	55.0	65.2	47.1	60.3	73.0	86.4	76.5	93.5	128	162	77.5	94.8	112	129
3.2	26.2	32.9	33.8	42.8	52.1	61.7	44.7	57.1	69.2	81.8	72.7	88.8	121	154	73.7	90.0	106	123
3.3	24.8	31.2	32.1	40.5	49.3	58.4	42.4	54.2	65.6	77.6	69.1	84.4	115	146	70.0	85.5	101	116
3.4	23.5	29.5	30.4	38.4	46.7	55.4	40.3	51.5	62.3	73.7	65.8	80.3	110	139	66.6	81.3	95.7	111
3.5	22.3	28.0	28.9	36.5	44.4	52.6	38.4	49.0	59.3	70.0	62.7	76.4	104	133	63.5	77.4	91.0	105
3.6	21.2	26.6	27.5	34.7	42.2	50.0	36.6	46.6	56.4	66.6	59.8	72.9	99.6	126	60.5	73.8	86.7	100
3.7	20.1	25.3	26.2	33.1	40.1	47.5	34.9	44.4	53.8	63.5	57.1	69.5	95.0	121	57.7	70.4	82.7	95.7
3.8	19.2	24.1	24.9	31.4	38.2	45.3	33.3	42.4	51.2	60.5	54.5	66.4	90.7	115	55.1	67.2	79.0	91.3
3.9	18.3	23.0	23.8	30.0	36.5	43.2	31.8	40.5	48.9	57.8	52.1	63.4	86.6	110	52.7	64.2	75.4	87.2
4.0	17.4	21.9	22.7	28.6	34.8	41.2	30.4	38.7	46.7	55.2	49.8	60.7	82.9	105	50.4	61.4	72.1	83.4
4.2	15.9	20.0	20.8	26.2	31.8	37.7	27.9	35.4	42.8	50.5	45.7	55.7	76.0	96.5	46.3	56.3	66.1	76.5
4.4	14.6	18.3	19.1	24.0	29.2	34.6	25.6	32.5	39.3	46.4	42.1	51.2	69.9	88.7	42.6	51.8	60.8	70.3
4.6	13.5	16.9	17.6	22.1	26.9	31.8	23.6	30.0	36.2	42.8	38.9	47.3	64.5	81.9	39.3	47.8	56.1	64.9
4.8	12.4	15.6	16.2	20.4	24.8	29.4	21.8	27.7	33.5	39.5	36.0	43.8	59.7	75.8	36.4	44.3	51.9	60.0
5.0	11.5	14.4	15.0	18.9	23.0	27.2	20.3	25.7	31.0	36.6	33.4	40.6	55.4	70.3	33.8	41.1	48.2	55.7
5.2	10.7	13.4	14.0	17.6	21.3	25.3	18.9	23.9	28.8	34.0	31.1	37.8	51.5	65.4	31.4	38.2	44.8	51.8
5.4	9.94	12.5	13.0	16.4	19.9	23.5	17.6	22.3	26.9	31.7	29.0	35.3	48.0	61.0	29.3	35.6	41.8	48.3
5.6	9.27	11.6	12.2	15.3	18.5	22.0	16.4	20.8	25.1	29.6	27.2	33.0	44.9	57.0	27.4	33.3	39.0	45.1
5.8	8.67	10.9	11.4	14.3	17.3	20.5	15.4	19.5	23.5	27.7	25.4	30.9	42.0	53.3	25.7	31.2	36.5	42.2
6.0	8.13	10.2	10.7	13.4	16.3	19.3	14.4	18.3	22.0	26.0	23.9	29.0	39.4	50.1	24.1	29.3	34.3	39.6
6.2	7.63	9.56	10.0	12.6	15.3	18.1	13.6	17.2	20.7	24.4	22.5	27.3	37.1	47.1	22.7	27.5	32.2	37.2
6.4	7.18	8.99	9.44	11.8	14.4	17.0	12.8	16.2	19.5	23.0	21.2	25.7	34.9	44.3	21.4	25.9	30.4	35.1
6.6	6.77	8.48	8.90	11.2	13.6	16.0	12.1	15.3	18.4	21.7	20.0	24.2	33.0	41.8	20.2	24.5	28.6	33.1
6.8	6.39	8.00	8.40	10.5	12.8	15.2	11.4	14.4	17.4	20.5	18.9	22.9	31.1	39.5	19.1	23.1	27.1	31.3
7.0	6.04	7.57	7.95	10.0	12.1	14.3	10.8	13.6	16.6	19.4	17.9	21.7	29.5	37.4	18.0	21.9	25.6	29.6
7.2	5.72	7.17	7.53	9.45	11.5	13.6	10.2	12.9	15.6	18.4	16.9	20.5	27.9	35.4	17.1	20.7	24.3	28.0
7.4	5.43	6.80	7.14	8.96	10.9	12.9	9.71	12.3	14.8	17.4	16.1	19.5	26.5	33.6	16.2	19.7	23.0	26.6
7.6	5.16	6.45	6.79	8.51	10.3	12.2	9.22	11.7	14.0	16.6	15.3	18.5	25.2	31.9	15.4	18.7	21.5	25.3
7.8	4.90	6.14	6.45	8.09	9.82	11.6	8.78	11.1	13.4	15.8	14.6	17.6	24.0	30.4	14.7	17.8	20.8	24.1
8.0	4.67	5.84	6.15	7.71	9.35	11.1	8.36	10.6	12.7	15.0	13.9	16.8	22.8	29.0	14.0	17.0	19.8	22.9

注：表中阶梯折线分隔区①、②、③对应不同的对应轴简图。

续表

计算长度 l_{ox} (m)	2L90×56×				2L100×63×				2L100×80×				2L110×70×				2L125×80×			
面积 A (cm²)	14.42	17.11	19.76	22.37	19.23	22.22	25.07	30.93	21.27	24.60	27.89	34.33	21.27	24.60	27.89	34.33	28.19	31.98	39.42	46.70
厚度	5	6	7	8	6	7	8	10	6	7	8	10	6	7	8	10	7	8	10	12
2.0	174	215	255	294	259	309	355	452	312	386	451	575	304	361	423	536	431	504	644	779
2.1	166	205	243	280	249	297	342	435	308	379	442	564	295	354	411	521	421	492	630	762
2.2	158	195	232	267	239	285	328	418	303	371	433	553	285	342	398	506	411	481	615	745
2.3	150	185	220	254	229	273	315	402	299	362	424	541	276	331	385	490	400	468	600	727
2.4	143	176	209	241	219	262	302	385	292	354	414	529	267	320	372	473	390	456	584	709
2.5	136	167	199	229	210	250	288	368	285	345	404	516	257	309	359	457	379	443	568	690
2.6	129	159	189	218	201	239	276	352	278	336	393	503	248	297	346	440	368	430	552	671
2.7	123	151	179	207	192	229	263	337	270	327	383	490	239	286	333	424	357	417	536	651
2.8	117	144	170	196	183	218	252	322	263	318	372	477	230	275	320	408	345	404	519	632
2.9	111	136	162	186	175	208	240	307	255	309	362	463	221	265	308	392	334	391	502	612
3.0	106	130	154	177	167	199	229	293	248	300	351	450	212	254	296	377	323	378	486	592
3.1	101	123	146	169	160	190	219	280	241	291	340	436	204	244	284	362	313	366	470	573
3.2	95.8	118	139	160	153	182	209	267	233	282	330	423	196	234	273	348	302	353	454	553
3.3	91.3	112	133	153	146	174	200	256	226	273	319	410	188	225	262	334	292	341	438	535
3.4	87.1	107	126	145	140	166	191	244	219	265	309	397	181	216	251	320	282	329	423	516
3.5	83.2	102	121	139	134	159	183	234	212	256	299	384	174	208	241	307	272	318	408	498
3.6	79.5	97.2	115	132	128	152	175	223	206	248	289	371	167	200	232	295	262	306	393	480
3.7	76.0	92.9	110	126	123	145	167	214	199	240	280	359	161	192	223	284	253	296	380	463
3.8	72.7	88.8	105	121	118	139	160	205	193	232	271	347	155	184	214	272	244	285	366	447
3.9	69.6	85.0	101	116	113	134	154	196	187	224	262	335	149	177	206	262	236	275	353	431
4.0	66.7	81.4	96.3	111	108	128	147	188	181	217	253	324	143	170	198	252	228	266	341	416
4.2	61.4	74.9	88.5	102	100	118	136	173	169	203	237	303	133	158	183	233	213	247	317	387
4.4	56.6	69.0	81.5	93.7	92.3	109	125	160	159	190	221	283	123	147	170	216	198	231	296	361
4.6	52.4	63.8	75.3	86.6	85.6	101	116	148	149	178	207	265	115	136	158	201	185	216	276	337
4.8	48.6	59.1	69.8	80.2	79.5	94.0	108	138	140	167	194	248	107	127	147	187	174	202	258	315
5.0	45.2	55.0	64.9	74.5	74.0	87.4	100	128	132	157	182	233	100	119	137	174	163	189	241	294
5.2	42.1	51.2	60.4	69.3	69.1	81.6	93.5	119	124	148	171	219	93.6	111	128	163	153	177	226	276
5.4	39.3	47.8	56.4	64.7	64.6	76.2	87.4	111	117	139	161	206	87.8	104	120	152	143	166	212	259
5.6	36.9	44.7	52.7	60.5	60.5	71.4	81.7	104	110	131	152	193	82.4	97.5	113	143	135	156	199	243
5.8	34.5	41.9	49.4	56.7	56.8	67.0	76.8	97.9	104	124	143	182	77.5	91.6	106	134	127	147	188	229
6.0	32.4	39.4	46.4	53.2	53.4	63.0	72.1	92.0	98.4	117	135	172	73.0	86.3	100	126	120	139	177	216
6.2	30.5	37.0	43.7	50.1	50.3	59.3	67.9	86.6	93.2	111	128	163	68.9	81.4	94.0	119	113	131	167	204
6.4	28.8	34.9	41.1	47.2	47.5	56.0	64.1	81.7	88.3	105	121	154	65.1	76.9	88.7	112	107	124	158	193
6.6	27.2	33.0	38.8	44.6	44.9	52.9	60.5	77.1	83.8	99.3	115	146	61.6	72.7	83.9	106	102	118	150	182
6.8	25.7	31.2	36.7	42.1	42.5	50.0	57.3	73.0	79.6	94.3	109	138	58.4	68.9	79.5	101	96.5	112	142	173
7.0	24.4	29.5	34.8	39.9	40.3	47.4	54.2	69.1	75.8	89.6	103	131	55.4	65.3	75.4	95.4	91.7	106	135	164
7.2	23.1	28.0	33.0	37.8	38.2	45.0	51.5	65.6	72.1	85.3	98.5	125	52.6	62.0	71.6	90.5	87.2	101	128	156
7.4	21.9	26.6	31.3	35.9	36.3	42.7	48.9	62.3	68.7	81.2	93.8	119	50.1	59.0	68.0	86.0	83.0	95.3	122	148
7.6	20.9	25.3	29.8	34.1	34.5	40.6	46.5	59.2	65.6	77.5	89.4	113	47.7	56.2	64.8	81.9	79.1	91.3	116	141
7.8	19.9	24.1	28.3	32.5	32.9	38.7	44.3	56.4	62.6	74.0	85.3	108	45.4	53.5	61.7	78.0	75.5	87.1	111	135
8.0	18.9	22.9	27.0	30.9	31.4	36.9	42.2	53.8	59.9	70.7	81.5	103	43.4	51.1	58.9	74.4	72.1	83.1	106	128

对应轴简图

L90×56、L100×63，$a=6$mm。
L100×80、L125×80，$a=8$mm。

（表中 ①②③ 为对应轴简图的分界标志线。）

续表

对应轴简图	计算长度 l_{ox} (m)	2L90×56×				2L100×63×				2L100×80×				2L110×70×				2L125×80×			
		5	6	7	8	6	7	8	10	6	7	8	10	6	7	8	10	7	8	10	12
	面积 A (cm²)	14.42	17.11	19.76	22.37	19.23	22.22	25.07	30.93	21.27	24.60	27.89	34.33	21.27	24.60	27.89	34.33	28.19	31.98	39.42	46.70
	2.0	174	215	255	294	259	309	355	452	312	386	451	575	304	364	423	536	431	504	644	779
	2.1	166	205	243	280	249	297	342	435	308	379	442	564	295	354	411	521	421	492	630	762
	2.2	158	195	232	267	239	285	328	418	303	371	433	553	285	342	398	506	411	481	615	745
	2.3	150	185	220	254	229	273	315	402	299	362	424	541	276	331	385	490	400	468	600	727
	2.4	143	176	209	241	219	262	302	385	292	354	414	529	267	320	372	473	390	456	584	709
	2.5	136	167	199	229	210	250	288	368	285	345	404	516	257	309	359	457	379	443	568	690
	2.6	129	159	189	218	201	239	276	352	278	336	393	503	248	297	346	440	368	430	552	671
	2.7	123	151	179	207	192	229	263	337	270	327	383	490	239	286	333	424	357	417	536	651
	2.8	117	144	170	196	183	218	252	322	263	318	372	477	230	275	320	408	345	404	519	632
	2.9	111	136	162	186	175	208	240	307	255	309	362	463	221	265	308	392	334	391	502	612
	3.0	106	130	154	177	167	199	229	293	248	300	351	450	212	254	296	377	323	378	486	592
	3.1	101	123	146	169	160	190	219	280	241	291	340	436	204	244	284	362	313	366	470	573
	3.2	95.8	118	139	160	153	182	209	267	233	282	330	423	196	234	273	348	302	353	454	553
	3.3	91.3	112	133	153	146	174	200	256	226	273	319	410	188	225	262	334	292	341	438	535
	3.4	87.1	107	126	145	140	166	191	244	219	265	309	397	181	216	251	320	282	329	423	516
	3.5	83.2	102	121	139	134	159	183	234	212	256	299	384	174	208	241	307	272	318	408	498
	3.6	79.5	97.2	115	132	128	152	175	223	206	248	289	371	167	200	232	295	262	306	393	480
	3.7	76.0	92.9	110	126	123	145	167	214	199	240	280	359	161	192	223	284	253	296	380	463
	3.8	72.7	88.8	105	121	118	139	160	205	193	232	271	347	155	184	214	272	244	285	366	447
	3.9	69.6	85.0	101	116	113	134	154	196	187	224	262	335	149	177	206	262	236	275	353	431
	4.0	66.7	81.4	96.3	111	108	128	147	188	181	217	253	324	143	170	198	252	228	266	341	416
	4.2	61.4	74.9	88.5	102	100	118	136	173	169	203	237	303	133	158	183	233	213	247	317	387
	4.4	56.6	69.0	81.5	93.7	92.3	109	125	160	159	190	221	283	123	147	170	216	198	231	296	361
	4.6	52.4	64.0	75.3	86.6	85.6	101	116	148	149	178	207	265	115	136	158	201	185	216	276	337
	4.8	48.6	59.1	69.8	80.2	79.5	94.0	108	138	140	167	194	248	107	127	147	187	174	202	258	315
	5.0	45.2	55.0	64.9	74.5	74.0	87.4	100	128	132	157	182	233	100	119	137	174	163	189	241	294
	5.2	42.1	51.2	60.4	69.3	69.1	81.6	93.5	119	124	148	171	219	93.6	111	128	163	153	177	226	276
	5.4	39.3	47.8	56.4	64.7	64.6	76.2	87.4	111	117	139	161	206	87.8	104	120	152	143	166	212	259
	5.6	36.8	44.7	52.7	60.5	60.5	71.4	81.8	104	110	131	152	193	82.4	97.5	113	143	135	156	199	243
	5.8	34.5	41.9	49.4	56.7	56.8	67.0	76.8	97.9	104	124	143	182	77.5	91.6	106	134	127	147	188	229
	6.0	32.4	39.4	46.4	53.2	53.4	63.0	72.1	92.0	98.4	117	135	172	73.0	86.3	100	126	120	139	177	216
	6.2	30.5	37.0	43.7	50.1	50.3	59.3	67.9	86.6	93.2	111	128	163	68.9	81.4	94.0	119	113	131	167	204
	6.4	28.8	34.9	41.1	47.2	47.5	56.0	64.1	81.7	88.3	105	121	154	65.1	76.9	88.7	112	107	124	158	193
	6.6	27.2	33.0	38.8	44.6	44.9	52.9	60.5	77.1	83.8	99.3	115	146	61.6	72.7	83.9	106	102	118	150	182
	6.8	25.7	31.2	36.7	42.1	42.5	50.0	57.3	73.0	79.6	94.3	109	138	58.4	68.9	79.5	101	96.5	112	142	173
	7.0	24.4	29.5	34.8	39.9	40.3	47.4	54.2	69.1	75.8	89.6	103	131	55.4	65.3	75.4	95.4	91.7	106	135	164
	7.2	23.1	28.0	33.0	37.8	38.2	45.0	51.5	65.6	72.1	85.3	98.5	125	52.6	62.0	71.6	90.5	87.2	101	128	156
	7.4	21.9	26.6	31.3	35.9	36.3	42.7	48.9	62.3	68.7	81.2	93.9	119	50.1	59.0	68.0	86.0	83.0	95.8	122	148
	7.6	20.9	25.3	29.8	34.1	34.5	40.6	46.5	59.2	65.5	77.5	89.4	113	47.7	56.2	64.8	81.9	79.1	91.3	116	141
	7.8	19.9	24.1	28.3	32.5	32.9	38.7	44.3	56.4	62.6	74.0	85.3	108	45.4	53.5	61.7	78.0	75.5	87.1	111	135
	8.0	18.9	22.9	27.0	30.9	31.4	36.9	42.2	53.8	59.9	70.7	81.5	103	43.4	51.1	58.9	74.4	72.1	83.1	106	128

标注：① ② ③

$L90×56～L100×63$，$a=6$mm
$L100×80～L125×80$，$a=8$mm

续表

对应轴 简图：y—y 轴

L140×90～L150×90，$a=8$mm；L160×100～L200×125，$a=10$mm

计算长度 l_{ox} (m)	2L140×90×8 (36.08)	2L140×90×10 (44.522)	2L140×90×12 (52.8)	2L140×90×14 (60.912)	2L150×90×8 (37.678)	2L150×90×10 (46.522)	2L150×90×12 (55.2)	2L150×90×14 (63.712)	2L150×90×15 (67.904)	2L150×90×16 (72.054)	2L160×100×10 (50.63)	2L160×100×12 (60.108)	2L160×100×14 (69.418)	2L160×100×16 (78.56)	2L180×110×10 (56.746)	2L180×110×12 (67.424)	2L180×110×14 (77.934)	2L180×110×16 (88.278)	2L200×125×12 (75.824)	2L200×125×14 (87.374)	2L200×125×16 (99.478)	2L200×125×18 (111.05)
2.0	577	743	905	1061	599	774	940	1102	1182	1260	859	1051	1234	1414	946	1184	1398	1606	1307	1574	1829	1970
2.1	568	730	890	1043	588	760	923	1083	1161	1238	848	1037	1218	1396	939	1172	1383	1588	1300	1565	1814	1954
2.2	557	716	874	1025	577	745	906	1063	1141	1216	836	1022	1201	1377	932	1158	1366	1570	1292	1556	1798	1936
2.3	546	702	857	1006	565	730	888	1043	1119	1193	823	1007	1183	1357	924	1143	1349	1550	1284	1544	1781	1918
2.4	535	687	840	986	552	714	869	1021	1096	1169	810	991	1165	1336	916	1128	1332	1530	1276	1528	1763	1899
2.5	523	672	822	966	540	698	850	999	1073	1145	796	974	1146	1315	903	1112	1313	1510	1267	1512	1745	1880
2.6	511	656	804	945	526	681	830	976	1049	1119	781	957	1126	1294	890	1096	1294	1488	1257	1495	1726	1859
2.7	498	640	785	923	513	664	809	953	1024	1093	766	939	1105	1271	875	1078	1274	1465	1242	1478	1706	1838
2.8	486	624	766	901	500	647	789	929	999	1066	751	920	1084	1246	860	1061	1253	1442	1227	1460	1685	1816
2.9	473	607	746	879	486	629	768	905	973	1039	735	901	1062	1221	845	1042	1232	1418	1211	1441	1664	1794
3.0	460	590	726	856	472	612	746	880	947	1012	719	882	1040	1196	830	1023	1210	1394	1194	1421	1642	1770
3.1	447	574	706	833	459	594	725	856	921	984	703	863	1017	1171	814	1004	1188	1369	1177	1401	1619	1746
3.2	435	557	686	810	445	576	704	831	894	956	687	843	994	1145	798	984	1165	1343	1160	1381	1596	1722
3.3	422	540	666	787	432	559	683	806	868	928	670	823	971	1119	781	964	1141	1316	1142	1360	1572	1696
3.4	409	524	647	764	418	542	662	782	842	900	653	802	947	1092	765	944	1118	1290	1123	1338	1547	1670
3.5	397	508	627	741	405	525	641	758	816	873	637	782	924	1065	748	924	1094	1263	1104	1316	1522	1643
3.6	385	492	608	718	393	508	621	734	791	846	620	762	900	1039	731	903	1070	1235	1085	1293	1497	1616
3.7	373	476	589	696	380	492	601	711	766	819	604	742	877	1012	714	882	1045	1208	1066	1270	1471	1589
3.8	362	461	570	675	368	476	582	688	742	793	588	722	853	985	698	862	1021	1180	1046	1247	1444	1560
3.9	350	447	552	653	357	461	563	666	718	768	571	702	830	959	681	841	997	1152	1026	1224	1417	1532
4.0	339	432	535	633	345	446	544	645	695	743	556	683	807	933	664	820	972	1124	1006	1200	1390	1503
4.1	318	405	501	593	324	417	510	603	651	696	525	645	763	882	632	780	925	1070	966	1152	1336	1445
4.2	299	379	470	556	303	391	477	565	609	652	496	609	720	833	600	740	878	1016	926	1105	1281	1386
4.3	281	356	441	522	285	366	447	529	571	611	468	575	679	786	569	702	833	964	886	1057	1227	1328
4.4	264	334	413	489	267	344	419	496	535	573	442	542	641	742	540	666	789	914	847	1011	1173	1270
4.6	248	314	388	460	251	323	393	466	502	538	417	512	605	700	512	631	748	866	810	966	1121	1213
4.8	234	295	365	432	236	303	369	437	472	505	394	483	571	661	486	599	709	821	773	922	1070	1158
5.0	220	278	344	407	223	285	347	411	444	475	373	457	539	624	461	568	672	778	738	880	1021	1105
5.2	208	262	324	383	210	269	327	387	418	447	353	432	510	590	438	538	637	738	704	839	974	1054
5.4	196	247	305	361	198	254	309	365	394	422	334	409	483	558	416	511	605	700	672	800	929	1006
5.6	186	233	289	341	187	240	291	345	372	398	316	387	457	529	395	485	574	665	641	764	886	959
5.8	176	221	273	323	177	227	275	326	352	376	300	367	433	501	376	461	545	631	612	729	845	915
6.0	167	209	258	306	168	215	261	309	333	356	285	348	411	476	358	439	519	600	585	696	807	873
6.2	158	198	245	290	159	203	247	292	315	338	271	331	390	452	341	418	493	571	559	664	770	834
6.4	150	188	233	275	151	193	235	277	299	320	258	315	371	429	325	398	470	544	534	635	736	796
6.6	143	179	221	261	144	183	223	264	284	304	245	299	353	409	310	379	448	518	511	607	703	761
6.8	136	170	210	248	137	175	212	251	270	289	234	285	336	389	296	362	427	494	489	580	672	728
7.0	130	162	200	237	131	166	202	239	257	275	223	272	321	371	283	345	408	472	468	556	643	696
7.2	124	154	191	226	125	158	192	227	245	262	213	260	306	354	270	330	390	451	449	532	616	667
7.4	118	147	182	215	119	151	183	217	234	250	204	248	292	338	259	316	372	431	430	510	590	639
7.6	113	141	174	206	114	144	175	207	223	239	195	237	279	323	248	302	356	412	412	489	566	612
7.8																						
8.0																						

① ②

11.8.8　薄壁型钢轴心受压构件的承载力设计值 N (kN)

表 11-33

薄壁圆钢管（Q235 钢）轴心受压构件的承载力设计值 N

截面形式：圆管（直径 d，壁厚 t）

下列各列（0.0～6.0）为计算长度 l_0 (m)

管径 d (mm)	管厚 t (mm)	毛截面面积 A (mm²)	回转半径 i (mm)	0.0	0.4	0.6	0.8	1.0	1.2	1.4	1.6	1.8	2.0	2.2	2.4	2.6	2.8	3.0	3.2	3.4	3.6	3.8	4.0	4.2	4.4	4.6	4.8	5.0	5.2	5.4	5.6	5.8	6.0
25	1.5	110.74	8.33	22.7	19.5	17.4	14.0	10.2	7.5	5.7	4.4																						
30	1.5	134.30	10.09	27.5	24.4	22.6	20.0	16.4	12.6	9.7	7.7	6.2	5.1	4.2																			
30	2.0	175.93	9.92	36.1	31.9	29.4	25.9	21.0	16.1	12.4	9.8	7.8	6.4	5.3	4.5																		
40	1.5	181.43	13.62	37.2	34.2	32.4	30.6	28.2	25.0	21.1	17.4	14.3	11.9	10.0	8.5	7.3	6.4	5.6	4.9	4.4													
40	2.0	238.76	13.45	48.9	45.0	42.6	40.1	36.9	32.6	27.3	22.4	18.5	15.3	12.9	11.0	9.4	8.2	7.1	6.3														
48	2.5	357.36	16.11	73.3	68.4	65.6	62.5	59.3	55.1	49.9	43.4	36.9	31.3	26.7	22.9	19.8	17.2	15.1	13.4	11.9	10.7	9.6	8.7										
48	3.0	424.12	15.95	86.9	81.1	77.7	74.0	70.2	65.1	58.6	50.9	43.2	36.6	31.1	26.6	23.0	20.1	17.6	15.6	13.9	12.5	11.2											
48	3.5	489.30	15.78	100.3	93.5	89.6	85.3	80.7	74.6	67.1	57.9	49.0	41.5	35.2	30.2	26.1	22.7	19.9	17.6	15.7	14.0	12.7											
48	4.0	552.92	15.62	113.3	105.5	101.0	96.2	90.9	83.9	75.2	64.6	54.6	46.0	39.1	33.5	28.9	25.2	22.1	19.5	17.4	15.6	14.0											
51	2.0	307.88	17.34	63.1	59.2	57.1	54.5	52.2	49.1	45.3	40.8	35.3	30.3	26.0	22.4	19.5	17.0	15.1	13.2	11.9	10.6	9.6	8.7	7.9									
51	2.5	380.92	17.17	78.1	73.2	70.5	67.3	64.4	60.6	55.7	50.0	43.1	36.9	31.7	27.3	23.7	20.7	18.2	16.1	14.4	12.9	11.6	10.5	9.6									
51	3.0	452.39	17.00	92.7	86.9	83.6	79.8	76.3	71.6	65.7	58.7	50.5	43.2	37.0	31.8	27.7	24.1	21.2	18.8	16.7	15.0	13.5	12.2	11.1									
51	3.5	522.26	16.84	107.1	100.3	96.4	92.0	87.9	82.2	75.3	67.0	57.6	49.2	42.1	36.2	31.3	27.3	24.1	21.3	19.0	17.0	15.3	13.9	12.6									
51	4.0	590.62	16.68	121.1	113.3	108.9	103.9	99.2	92.7	84.5	75.2	64.2	54.8	46.8	40.2	34.8	30.4	26.7	23.6	21.1	18.9	17.0	15.4										
57	2.0	345.58	19.46	70.8	67.0	64.9	62.5	60.1	57.5	54.2	50.2	45.7	40.2	35.1	30.6	26.8	23.5	20.8	18.5	16.5	14.8	13.4	12.1	11.1	10.1	9.3	8.5						
57	3.0	508.94	19.12	104.3	98.5	95.3	91.8	88.2	84.2	79.2	73.0	66.0	57.8	50.4	43.8	38.3	33.6	29.7	26.3	23.5	21.1	19.0	17.3	15.7	14.4	13.2							
57	3.5	588.26	18.96	120.6	113.8	110.1	105.9	101.7	97.1	91.1	83.9	75.5	66.0	57.4	50.4	43.8	38.3	33.8	30.0	26.8	24.0	21.7	19.7	17.9	16.4	15.0							
57	4.0	666.02	18.79	136.5	128.5	124.5	119.7	115.0	109.6	102.7	94.4	84.6	73.9	64.1	55.7	48.5	42.6	37.6	33.4	29.8	26.7	24.1	21.9	19.9	18.1	16.7							
57	4.5	742.20	18.63	152.2	143.4	138.7	133.2	127.9	121.7	114.0	104.5	93.4	81.3	70.5	61.1	53.4	46.7	41.2	36.6	32.7	29.3	26.5	24.0	21.8	19.9	18.3							

① 为对应轴 λ=150 的界限　②　为对应轴 λ=200 的界限

注：1. 表中粗黑线①为对应轴 λ=150，粗黑线②为对应轴 λ=200 的界限；

2. 表中 $N=\varphi f A$ (kN)，φ 按表 11-4 取值，f 取 205N/mm²。

续表

截面形式：圆管（直径 d）

计算长度 l_0 (m)

管径 d (mm)	管壁 t (mm)	毛截面面积 A (mm²)	回转半径 i (mm)	0.0	0.4	0.6	0.8	1.0	1.2	1.4	1.6	1.8	2.0	2.2	2.4	2.6	2.8	3.0	3.2	3.4	3.6	3.8	4.0	4.2	4.4	4.6	4.8	5.0	5.2	5.4	5.6	5.8	6.0
83	2.0	508.9	28.65	104.3	100.5	98.5	96.4	94.2	91.7	89.2	86.9	84.2	80.9	77.2	73.0	68.4	63.1	57.7	52.6	48.0	43.7	39.9	36.6	33.5	30.8	28.4	26.3	24.3	22.6	21.1	19.7	18.4	17.2
83	2.5	632.5	28.47	129.6	124.8	122.3	119.7	117.0	113.9	110.8	107.8	104.4	100.3	95.6	90.2	84.5	77.8	71.1	64.8	59.0	53.8	49.1	44.9	41.2	37.9	34.9	32.3	29.9	27.8	25.9	24.2	22.6	21.2
83	3.0	753.9	28.30	154.6	148.8	145.8	142.1	139.4	135.8	131.9	128.4	124.1	119.3	113.5	107.0	100.2	92.1	84.1	76.6	69.7	63.5	57.9	53.0	48.6	44.7	41.2	38.1	35.2	32.7	30.5	28.5	26.6	24.9
83	3.5	874.1	28.13	179.2	172.1	169.0	165.3	161.4	157.0	152.8	148.6	143.7	137.9	131.4	123.7	115.0	106.9	96.7	88.0	80.1	72.8	66.4	60.8	55.7	51.2	47.2	43.7	40.4	37.5	35.0	32.6	30.6	28.6
83	4.0	992.7	27.97	203.5	195.8	191.8	187.7	183.5	178.3	173.1	168.2	162.8	156.5	148.5	139.5	130.5	119.5	108.5	98.4	89.1	81.9	74.8	68.4	62.6	57.6	53.0	49.1	45.5	42.2	39.2	36.6	34.2	32.1
83	4.5	1109.7	27.80	227.5	218.8	214.2	209.3	204.6	198.8	193.0	187.3	181.7	174.6	165.7	156.2	145.3	133.4	120.9	109.7	99.1	90.0	82.1	75.5	69.4	63.7	58.8	54.1	50.1	46.6	43.2	40.5	37.8	35.5
83	5.0	1225.2	27.63	251.2	241.5	236.6	231.2	225.8	219.5	213.8	207.2	200.7	192.8	182.9	171.4	160.1	147.0	132.5	120.1	108.7	99.4	90.7	83.3	76.3	70.2	64.6	59.4	55.0	51.0	47.4	44.2	41.3	38.6
83	6.0	1451.4	27.31	297.5	286.0	280.0	273.0	266.2	259.9	252.4	244.6	236.4	227.0	216.4	203.5	190.1	174.6	157.6	142.7	129.3	118.1	107.8	99.1	90.8	83.4	77.0	71.2	63.6	59.0	54.9	51.2	47.8	44.8
89	2.0	546.6	30.77	112.1	108.1	106.1	104.0	101.9	99.4	96.8	94.3	91.4	88.1	84.3	80.1	75.5	70.4	65.0	60.0	55.3	50.9	47.0	43.5	40.3	37.4	34.8	32.5	30.3	28.4	26.6	24.9	23.0	21.2
89	2.5	679.3	30.60	139.3	134.3	131.8	129.2	126.5	123.3	120.0	116.8	113.1	108.9	104.1	98.7	92.7	86.4	80.0	73.8	68.0	62.7	57.9	53.6	49.7	46.1	42.9	40.0	37.4	35.0	32.8	30.8	28.4	26.2
89	3.0	810.5	30.42	166.2	160.3	157.2	154.1	150.8	147.0	143.0	139.1	134.6	129.4	123.5	117.0	109.8	102.2	94.5	87.1	80.3	74.1	68.4	63.3	58.7	54.5	50.7	47.3	44.2	41.4	38.8	36.4	33.7	30.8
89	3.5	940.1	30.25	192.7	185.8	182.3	178.6	174.8	170.3	165.7	161.0	155.7	149.6	142.6	135.0	126.5	117.7	108.7	100.1	92.3	85.2	78.6	72.7	67.4	62.6	58.2	54.3	50.7	47.5	44.5	41.7	38.6	35.3
89	4.0	1068.1	30.09	219.0	211.2	207.2	202.9	198.6	193.4	188.1	182.7	176.6	169.6	161.5	152.7	143.0	132.4	122.0	112.3	103.6	95.6	88.2	81.6	75.6	70.2	65.3	60.9	56.9	53.2	49.9	46.6	43.1	39.7
89	4.5	1194.5	29.92	244.9	236.1	231.6	226.8	221.9	216.0	210.0	203.8	196.9	188.9	179.6	169.6	158.5	146.3	134.2	123.4	113.7	104.9	96.8	89.6	83.0	77.1	71.7	66.9	62.5	58.5	54.8	51.1	47.3	43.9
89	5.0	1319.4	29.75	270.5	260.8	255.8	250.5	245.2	238.7	232.1	225.3	217.6	208.7	198.3	187.0	174.3	160.5	147.5	135.4	124.6	114.9	106.0	98.1	90.9	84.5	78.6	73.3	68.5	64.1	60.1	56.4	52.2	48.1
89	6.0	1564.5	29.42	320.7	309.2	303.2	296.9	290.6	282.8	274.9	266.7	257.5	246.6	234.1	220.4	204.9	188.3	172.8	158.5	145.9	134.5	124.1	114.9	106.4	98.9	92.0	85.8	80.2	75.1	70.4	66.2	61.0	55.8
95	2.0	584.3	32.89	119.8	115.7	113.6	111.5	109.4	106.9	104.4	102.0	99.2	96.1	92.6	88.5	84.2	79.5	74.6	69.7	64.9	60.4	56.1	52.2	48.8	45.5	42.6	39.9	37.4	35.1	33.0	31.1	29.3	25.8
95	2.5	726.4	32.72	148.9	143.8	141.2	138.5	135.6	132.3	128.9	125.3	121.5	117.1	112.1	106.5	100.2	93.4	86.5	79.9	73.9	68.3	63.3	58.8	54.7	50.9	47.6	44.6	41.9	39.4	37.1	34.8	33.2	31.7
95	3.0	867.0	32.54	177.7	171.6	168.5	165.2	161.8	157.9	153.8	149.5	145.0	139.7	133.7	127.0	119.5	111.4	103.2	95.4	88.3	81.6	75.7	70.4	65.5	61.1	57.1	53.5	50.3	47.3	44.6	41.9	39.5	37.4
95	3.5	1006.1	32.37	206.2	199.2	195.5	191.8	187.8	183.2	178.5	173.6	168.3	162.1	155.1	147.4	138.7	129.3	119.8	110.8	102.6	94.9	88.1	81.9	76.3	71.2	66.6	62.5	58.7	55.2	52.0	48.9	45.9	43.0
95	4.0	1143.5	32.20	234.4	226.4	222.2	218.0	213.5	208.2	202.9	197.3	191.2	184.2	176.2	167.4	157.5	146.8	135.9	125.7	116.4	107.8	100.1	93.1	86.7	80.9	75.7	71.0	66.7	62.8	59.1	55.6	51.9	48.4
95	4.5	1279.4	32.04	262.3	253.3	248.6	243.9	238.8	232.9	226.9	220.6	213.8	205.9	196.8	186.8	175.6	163.4	151.3	140.0	129.6	120.1	111.4	103.6	96.5	90.1	84.3	79.1	74.3	70.0	65.9	62.0	57.2	53.6
95	5.0	1413.7	31.87	289.8	279.9	274.8	269.5	263.9	257.3	250.6	243.7	236.1	227.3	217.2	206.2	193.8	180.3	166.6	154.1	142.7	132.3	122.9	114.4	106.6	99.6	93.2	87.5	82.2	77.4	72.8	66.8	62.6	58.7
95	6.0	1677.6	31.54	343.9	332.4	326.3	319.8	313.1	305.3	297.2	288.9	279.5	268.6	256.4	243.5	228.3	211.5	195.2	181.0	167.4	154.9	143.4	133.2	124.0	115.6	108.0	101.4	95.2	89.7	84.6	77.7	72.7	68.3

①　②

续表

截面形式：圆管（直径 d）

管径 d (mm)	管厚 t (mm)	毛截面面积 A (mm²)	回转半径 i (mm)	计算长度 l_0 (m) 0.0	0.4	0.6	0.8	1.0	1.2	1.4	1.6	1.8	2.0	2.2	2.4	2.6	2.8	3.0	3.2	3.4	3.6	3.8	4.0	4.2	4.4	4.6	4.8	5.0	5.2	5.4	5.6	5.8	6.0
102	2.0	628.32	35.36	128.8	124.9	123.0	121.0	118.9	116.7	114.3	111.7	109.4	107.1	104.2	101.2	97.6	93.6	89.3	84.7	79.5	74.0	68.8	63.8	59.2	54.9	51.0	47.4	44.1	41.2	38.5	36.0	33.7	31.7
102	2.5	781.47	35.19	160.2	155.4	153.0	150.4	147.8	145.1	142.0	138.8	135.4	132.9	129.4	125.0	121.0	116.1	110.6	104.8	98.3	91.5	84.9	78.7	73.0	67.7	62.9	58.5	54.4	50.8	47.4	44.3	41.6	39.1
102	3.0	933.05	35.02	191.3	185.5	182.6	179.5	176.4	173.1	169.6	165.5	162.2	158.5	154.3	149.4	144.4	138.7	131.6	124.7	116.7	108.5	100.7	93.3	86.5	80.2	74.4	69.2	64.4	60.1	56.1	52.5	49.2	46.3
102	3.5	1083.06	34.85	222.0	215.3	211.9	208.3	204.7	200.7	196.6	191.8	188.1	183.7	178.8	173.1	167.5	159.8	152.1	144.1	134.6	125.1	116.1	107.5	99.7	92.3	85.7	79.5	74.2	69.1	64.6	60.4	56.5	53.2
102	4.0	1231.50	34.68	252.5	244.7	240.9	236.8	232.6	228.3	223.3	218.0	213.6	208.6	203.0	196.5	189.4	181.1	172.4	163.3	152.4	141.7	131.3	121.2	112.4	104.1	96.7	89.7	83.6	77.8	72.7	68.0	63.7	59.8
102	4.5	1378.37	34.51	282.6	273.6	269.5	264.9	260.3	255.3	249.7	243.8	238.9	233.2	226.9	219.5	211.5	202.1	192.1	181.7	169.4	157.0	145.6	134.7	124.8	115.6	107.2	99.6	92.8	86.4	80.7	75.5	70.9	66.5
102	5.0	1523.67	34.34	312.4	302.6	297.9	292.8	287.6	282.1	275.8	269.3	263.9	257.6	250.4	242.2	232.9	222.2	211.0	199.8	186.9	173.0	159.9	147.8	136.6	126.6	117.5	109.3	101.7	94.7	88.5	82.7	77.6	72.7
102	6.0	1809.56	34.31	371.0	359.6	353.6	347.1	341.2	334.6	327.0	319.3	312.3	305.1	296.2	286.4	275.4	262.4	249.2	234.0	218.9	202.2	186.9	173.0	159.9	148.0	137.2	127.4	118.4	110.6	103.1	96.4	90.5	84.8
108	2.0	666.02	37.48	136.5	132.1	130.8	128.7	126.7	124.5	122.1	119.6	117.1	114.9	111.9	108.6	104.7	100.5	98.5	94.2	89.6	84.3	78.8	73.6	68.5	63.9	59.5	55.4	51.8	48.3	45.3	42.4	39.8	37.4
108	2.5	828.60	37.31	169.9	165.1	162.7	160.1	157.6	154.8	151.9	148.1	145.1	142.1	139.6	136.1	131.9	127.3	122.0	115.8	110.0	104.4	97.5	91.0	84.7	78.9	73.4	68.4	63.9	59.7	55.9	52.3	49.1	46.1
108	3.0	989.60	37.14	202.9	197.1	194.3	191.2	188.1	184.8	181.2	177.5	173.5	170.3	166.3	162.1	157.1	151.5	145.5	139.0	132.0	124.0	115.8	107.9	100.5	93.6	87.0	81.1	75.6	70.8	66.2	62.0	58.1	54.6
108	3.5	1149.04	36.97	235.6	228.6	225.5	221.9	218.2	214.5	210.4	205.9	201.6	197.6	193.1	187.8	182.2	175.6	168.8	160.8	152.2	143.2	133.3	124.5	115.8	107.8	100.3	93.5	87.1	81.4	76.2	71.4	67.0	62.9
108	4.0	1306.90	36.80	267.9	260.2	256.4	252.4	248.1	243.8	239.2	234.0	229.1	224.3	219.4	213.3	206.8	199.2	191.0	182.0	172.9	161.9	151.1	140.7	130.7	121.8	113.3	105.5	98.5	91.8	86.0	80.5	75.6	71.0
108	4.5	1463.20	36.63	300.0	291.3	287.0	282.4	277.8	272.7	267.6	261.8	256.3	251.1	245.3	238.1	231.0	222.2	213.2	203.0	192.6	180.2	168.4	156.4	145.5	135.3	125.8	117.2	109.3	102.0	95.5	89.5	83.9	78.8
108	5.0	1617.92	36.46	331.7	322.1	317.3	312.1	307.1	301.6	295.7	289.3	283.2	277.0	270.7	263.0	254.9	245.4	234.9	223.8	212.0	198.0	184.9	171.8	159.7	148.6	138.0	128.6	119.9	111.9	104.7	98.0	91.8	86.3
108	6.0	1922.65	36.12	394.1	382.6	376.9	370.7	364.6	358.0	350.3	342.3	336.0	328.0	321.0	311.6	301.6	290.3	277.4	263.9	249.5	232.7	216.0	201.4	187.0	173.9	161.6	150.4	140.1	130.9	122.0	114.7	107.3	100.8
114	2.0	703.72	39.60	144.3	140.1	138.4	136.1	134.5	132.3	130.1	127.6	125.0	122.1	120.3	117.4	114.6	111.3	107.5	103.5	99.1	94.4	89.2	83.7	78.4	73.3	68.5	64.2	60.0	56.2	52.7	49.4	46.5	43.7
114	2.5	875.72	39.43	179.5	174.4	172.3	169.7	167.3	164.6	161.7	158.6	155.4	152.0	149.5	146.2	142.4	138.2	133.5	128.4	122.9	117.0	110.5	103.6	97.0	90.6	84.7	79.3	74.1	69.4	65.0	61.0	57.4	53.9
114	3.0	1046.15	39.26	214.5	208.8	205.8	202.9	199.8	196.5	193.1	189.4	185.4	182.1	178.4	174.5	169.9	164.8	159.1	152.9	146.3	139.4	131.4	123.1	115.2	107.6	100.6	94.0	87.9	82.3	77.0	72.4	68.0	64.0
114	4.0	1382.30	38.92	283.4	275.3	271.6	267.5	263.8	259.4	254.8	249.8	244.6	240.2	235.3	229.9	223.9	216.8	209.3	200.8	192.0	182.6	171.7	160.8	150.3	140.4	131.1	122.4	114.4	107.1	100.3	94.2	88.4	83.2
114	4.5	1548.02	38.75	317.3	308.4	304.3	299.9	295.3	290.4	285.2	279.8	273.8	268.3	263.3	257.1	250.2	242.2	233.7	224.1	214.1	203.6	191.7	179.0	167.3	156.2	145.8	136.0	127.2	119.0	111.6	104.7	98.1	92.5
114	5.0	1712.17	38.58	351.0	341.1	336.6	331.6	326.5	321.0	315.2	309.1	302.6	295.9	290.9	284.0	276.2	267.2	257.8	247.2	235.9	224.1	210.2	196.7	183.9	171.5	160.3	149.5	139.7	130.6	122.1	114.7	107.7	101.4
114	6.0	2035.75	38.24	417.3	405.9	400.1	394.1	387.9	381.4	374.4	367.0	359.3	352.1	345.1	336.8	327.2	316.7	305.0	292.1	278.6	264.1	247.2	231.1	215.2	201.4	187.9	175.2	163.7	153.2	143.5	134.5	126.2	118.7

①

续表

计算长度 l_0（m）

截面形式	管径 d (mm)	管壁 t (mm)	毛截面积 A (mm²)	回转半径 i (mm)	6.0	5.8	5.6	5.4	5.2	5.0	4.8	4.6	4.4	4.2	4.0	3.8	3.6	3.4	3.2	3.0	2.8	2.6	2.4	2.2	2.0	1.8	1.6	1.4	1.2	1.0	0.8	0.6	0.4	0.0
圆管	121	2.0	747.70	42.08	51.8	54.8	58.3	62.0	66.0	70.4	74.9	79.8	84.9	90.3	95.9	101.6	105.6	109.9	114.1	117.8	121.2	124.3	127.0	129.1	131.7	134.3	136.9	139.2	141.4	143.5	145.5	147.5	149.4	153.3
	121	2.5	930.70	41.91	64.0	67.8	72.1	76.6	81.6	87.0	92.7	98.8	105.1	111.8	118.7	125.2	131.1	136.1	141.6	146.3	150.7	154.5	158.0	161.1	163.9	167.1	170.2	173.2	175.9	178.6	181.0	183.6	186.0	190.8
	121	3.0	1112.12	41.73	75.9	80.5	85.5	91.0	96.9	103.3	110.1	117.3	124.9	132.0	141.2	149.0	156.0	162.6	168.8	174.5	179.8	184.4	188.5	192.1	195.5	199.3	202.3	206.1	210.1	213.4	216.2	219.3	222.2	228.0
	121	3.5	1291.98	41.56	87.5	92.9	98.6	105.0	111.8	119.2	127.1	135.4	144.3	153.2	163.2	172.5	180.7	188.7	195.7	202.1	208.5	213.8	218.8	223.3	227.9	231.0	234.0	240.2	244.0	247.9	251.4	254.7	258.5	264.9
	121	4.0	1470.27	41.39	98.9	105.0	111.5	118.7	126.3	134.5	143.5	153.1	163.3	173.8	184.9	195.2	205.7	213.7	222.2	229.8	236.8	243.2	248.2	253.3	258.3	263.4	268.4	273.6	277.6	282.0	285.9	289.8	293.8	301.4
	121	4.5	1646.98	41.22	110.0	116.3	123.4	132.0	139.7	150.0	159.8	170.4	181.9	193.7	206.2	218.8	228.8	238.3	248.7	257.3	264.8	272.1	278.3	284.1	289.3	294.4	300.4	305.8	310.8	315.8	320.6	324.6	329.1	337.6
	121	5.0	1822.12	41.05	120.8	128.3	136.3	145.0	154.5	164.8	175.7	187.4	200.1	213.7	226.9	240.7	252.6	263.6	273.9	283.7	292.5	300.6	307.6	314.0	319.7	325.0	330.4	336.0	343.8	349.0	354.0	359.0	364.0	373.5
	121	6.0	2167.70	40.71	141.5	150.3	159.7	170.7	181.2	193.4	206.5	220.1	235.3	251.1	267.1	283.9	297.9	311.5	324.4	336.2	346.5	356.4	365.3	372.8	379.8	387.1	394.7	402.1	408.6	415.2	421.0	427.0	433.0	444.4
	127	2.0	785.40	44.20	59.3	62.6	66.6	70.7	75.0	79.7	84.7	89.8	95.2	100.9	105.9	110.5	114.6	119.2	122.6	126.1	129.5	132.2	134.9	137.3	139.6	142.6	144.6	147.1	149.2	151.3	153.1	155.3	157.1	161.0
	127	2.5	977.82	44.03	73.3	77.6	82.4	87.4	92.9	98.6	104.8	111.3	118.3	124.9	131.3	137.1	143.0	148.5	152.7	157.0	161.1	164.7	167.5	170.5	173.7	176.5	180.7	182.5	185.7	188.0	190.5	193.3	195.6	200.5
	127	3.0	1168.67	43.85	86.9	92.2	97.7	103.8	110.3	117.1	124.5	132.4	140.7	148.5	156.4	163.0	170.5	176.3	182.0	187.5	192.3	196.5	200.0	204.0	207.4	211.0	215.0	218.5	221.9	225.9	227.9	230.8	233.8	239.6
	127	4.0	1545.66	43.51	113.3	120.1	127.5	135.4	144.1	153.4	162.1	173.0	183.5	192.8	205.5	214.7	229.8	239.2	246.3	253.4	259.5	264.1	270.5	273.8	278.4	284.5	290.5	296.4	302.1	308.2	312.8	316.3	316.9	316.9
	127	4.5	1731.80	43.34	126.1	133.1	142.0	150.4	160.5	170.5	181.3	192.7	204.6	217.5	229.4	239.8	250.7	259.9	268.3	276.3	283.6	290.5	296.3	301.4	307.3	312.6	318.6	323.5	328.4	333.5	337.5	342.0	346.3	355.0
	127	5.0	1916.37	43.17	138.7	147.2	156.1	166.2	176.5	187.5	199.4	212.2	225.3	239.4	252.8	264.2	275.4	286.4	296.4	306.3	313.1	321.3	327.5	333.5	339.2	345.3	351.9	357.9	363.7	368.9	373.8	378.8	383.2	392.9
	127	6.0	2280.80	42.83	163.0	172.0	183.4	194.1	207.4	220.5	234.8	249.5	265.5	281.4	298.4	312.3	326.3	339.9	351.4	362.3	372.0	381.4	389.0	396.0	403.0	410.4	418.4	425.3	432.0	438.4	444.2	450.3	456.0	467.6
	133	2.5	1024.94	46.15	83.2	88.0	93.3	98.7	104.6	110.8	117.5	124.5	130.9	137.9	143.7	148.5	154.0	159.0	163.4	167.5	171.4	174.8	177.8	180.5	183.6	186.4	189.9	192.7	195.4	197.9	200.0	203.0	205.3	210.1
	133	3.0	1225.22	45.97	98.8	104.8	111.0	117.7	124.8	131.6	139.4	147.6	155.8	163.7	170.8	177.2	183.7	189.7	195.8	199.7	204.6	208.3	212.6	215.8	219.4	223.0	227.0	230.3	233.7	236.9	239.6	242.6	245.4	251.2
	133	3.5	1423.93	45.80	114.1	120.8	128.0	135.6	143.7	152.3	161.6	170.1	180.5	189.7	197.8	205.3	213.1	220.0	226.6	232.5	237.5	242.6	246.2	251.1	254.8	259.6	263.6	267.5	271.7	274.8	278.4	281.2	285.1	291.9
	133	4.0	1621.06	45.63	129.1	136.7	144.8	153.5	162.8	172.5	182.7	193.2	204.4	215.2	224.4	233.9	242.3	250.0	257.3	263.9	270.0	275.7	280.9	285.3	289.9	295.0	300.0	304.8	308.8	312.8	316.9	320.9	324.6	332.3
	133	4.5	1816.63	45.46	143.8	152.1	161.1	170.8	181.2	191.2	203.7	215.2	228.1	240.7	251.3	260.7	270.7	279.9	287.1	296.3	302.3	308.3	314.2	320.7	324.1	330.4	336.0	341.1	345.9	350.4	355.5	359.5	363.7	372.4
	133	5.0	2010.62	45.29	158.1	167.3	177.3	188.8	199.5	211.5	224.1	237.9	251.3	265.0	276.6	287.9	298.9	309.9	318.1	326.5	334.9	341.5	347.5	354.2	359.9	365.5	371.7	377.7	382.7	387.7	392.8	397.5	402.5	412.2
	133	6.0	2393.89	44.95	185.8	196.1	208.6	221.4	234.7	249.3	264.7	280.6	296.4	313.3	327.4	341.0	354.1	366.2	377.4	387.7	396.9	405.4	412.9	421.1	427.0	434.4	442.1	448.8	455.4	461.4	467.2	473.6	479.7	490.7

续表

截面形式	管径 d (mm)	管壁 t (mm)	毛截面面积 A (mm²)	回转半径 i (mm)	计算长度 l_0 (m)																										
					0.0	0.4	0.6	0.8	1.0	1.2	1.4	1.6	1.8	2.0	2.2	2.4	2.6	2.8	3.0	3.2	3.4	3.6	3.8	4.0	4.2	4.4	4.6	4.8	5.0	5.2	5.4	5.6	5.8	6.0
圆管	140	2.5	1079.92	48.62	221.4	216.6	214.1	211.8	209.8	206.8	204.1	201.3	198.3	195.0	191.9	189.0	186.0	183.0	179.8	175.7	171.1	167.1	162.1	156.8	151.4	145.6	139.3	132.1	125.6	119.0	112.6	106.7	101.1	95.5
	140	3.0	1291.19	48.45	264.7	258.6	256.0	253.2	250.2	247.1	243.9	240.6	237.0	233.2	229.3	225.5	222.4	218.6	214.6	209.9	204.9	199.4	193.4	187.0	180.5	173.4	165.8	157.4	149.5	141.5	133.9	126.8	120.1	113.5
	140	3.5	1500.90	48.28	307.7	301.0	297.6	294.0	290.7	287.2	283.4	279.6	275.4	271.0	266.4	262.4	258.4	253.8	249.0	243.6	237.7	231.4	224.4	216.9	209.1	201.0	192.1	182.1	172.7	163.7	154.8	146.5	138.8	131.2
	140	4.5	1915.59	47.93	392.7	384.0	379.7	375.1	370.9	366.1	361.4	356.5	351.2	345.5	339.3	334.4	329.2	323.8	317.2	310.2	302.2	294.3	285.3	275.4	265.3	254.9	242.8	230.5	218.8	206.8	195.6	185.0	175.1	165.7
	140	5.0	2120.58	47.76	434.7	425.1	420.3	415.0	410.5	405.4	400.0	394.5	388.6	382.3	375.7	370.1	364.1	357.4	350.4	343.0	334.3	325.1	315.0	304.1	292.8	281.3	267.9	253.9	240.5	227.7	215.4	203.7	192.8	182.3
	140	6.0	2525.84	47.42	517.8	506.2	500.6	494.7	488.7	482.6	476.1	469.5	462.5	454.8	446.8	440.0	433.2	425.1	416.8	407.3	396.3	385.5	373.7	360.3	346.7	332.7	316.8	299.5	283.7	268.5	253.7	240.0	226.9	214.0
	152	3.0	1404.29	52.69	287.9	282.5	279.8	276.8	273.6	270.7	267.2	264.0	260.7	257.1	253.7	249.2	245.8	242.5	238.7	234.6	230.1	225.1	220.1	214.2	208.3	201.5	195.1	188.0	180.5	172.5	164.0	156.0	148.4	141.0
	152	3.5	1632.84	52.52	334.7	328.1	324.6	321.6	317.6	314.0	310.6	306.8	303.0	298.0	294.3	289.6	285.7	281.8	277.2	272.5	267.2	261.5	255.5	248.8	241.7	234.1	226.1	218.0	209.7	199.8	190.5	180.9	171.5	163.2
	152	4.0	1859.82	52.35	381.3	373.7	369.7	365.8	361.7	357.7	353.7	349.4	345.0	340.0	335.2	329.8	325.2	320.1	315.3	310.1	304.1	297.7	290.4	282.9	274.7	266.4	256.9	247.7	237.2	225.9	215.2	204.8	194.6	185.0
	152	4.5	2065.23	52.17	427.5	418.4	414.4	410.1	405.5	401.0	396.5	391.6	386.6	381.2	375.5	369.3	364.4	359.0	353.2	347.4	340.4	333.0	325.2	316.6	307.5	297.5	287.3	277.0	264.7	252.3	240.2	228.6	217.2	206.5
	152	5.0	2309.07	52.00	473.4	463.7	458.9	454.1	449.0	443.9	438.9	433.5	428.0	421.8	415.9	408.8	403.3	397.4	391.1	384.0	376.5	368.5	359.6	350.0	339.6	328.7	317.3	305.4	292.7	278.4	264.7	251.9	239.2	227.4
	152	6.0	2752.66	51.66	564.2	552.6	546.8	541.5	535.0	528.9	522.8	516.8	509.7	502.6	494.6	488.7	480.1	473.0	465.3	457.0	447.9	437.9	427.6	415.6	402.6	389.8	376.2	362.0	345.2	328.8	312.5	297.4	282.1	268.1
	159	3.0	1470.27	55.16	301.4	295.5	292.8	289.8	286.8	283.3	280.4	277.3	274.3	270.3	267.3	263.4	259.4	256.2	252.3	248.7	244.7	239.9	235.0	229.8	224.3	218.5	211.5	204.9	197.8	190.5	182.0	173.6	165.0	157.2
	159	3.5	1709.81	54.99	350.5	343.7	340.4	337.0	333.5	330.0	326.3	322.7	318.9	314.7	310.5	306.0	301.5	297.3	293.3	289.0	284.3	278.7	272.7	266.2	259.4	253.4	245.4	237.6	229.4	220.3	211.8	201.3	192.0	183.1
	159	4.0	1947.79	54.82	399.3	391.5	387.8	383.8	379.8	375.9	371.8	367.5	363.2	358.4	353.2	348.0	343.3	338.7	334.4	329.8	323.4	317.2	310.2	303.3	295.8	287.7	278.3	269.4	260.5	250.4	239.9	228.4	217.3	207.6
	159	4.5	2184.19	54.65	447.8	439.0	434.8	430.3	425.9	421.4	416.9	412.0	407.1	401.7	396.0	390.6	384.7	379.8	374.5	368.8	362.4	355.5	347.8	339.9	331.9	321.9	312.0	301.0	291.0	279.7	267.9	255.4	243.7	231.7
	159	5.0	2419.03	54.48	495.9	486.1	481.5	476.1	471.6	466.6	461.6	456.2	450.7	444.8	438.6	432.5	425.9	420.4	414.4	408.0	400.9	393.3	384.9	375.8	366.2	355.8	344.8	333.4	322.0	308.6	294.6	281.4	268.4	255.4
	159	6.0	2883.98	54.14	591.2	579.5	573.5	568.0	562.0	556.0	550.0	543.0	537.0	529.8	522.8	514.8	507.2	500.2	493.3	485.7	477.0	467.4	457.6	446.7	434.7	422.4	409.2	395.5	381.6	365.1	348.5	332.5	316.9	301.6
	168	3.0	1555.09	58.35	318.8	312.6	310.2	307.3	304.3	301.3	298.4	295.1	291.8	288.0	285.0	281.0	277.3	273.7	270.3	266.7	262.7	258.5	253.9	249.0	243.8	238.3	232.3	225.5	219.0	212.4	205.3	197.1	188.0	180.8
	168	3.5	1808.77	58.17	363.8	357.1	353.9	350.4	347.0	343.5	339.9	336.3	332.5	331.3	326.3	322.3	318.0	314.0	310.0	305.4	300.3	295.0	289.5	283.3	276.7	269.8	262.5	254.5	246.5	238.2	228.5	218.5	208.8	199.0
	168	4.0	2060.88	58.00	422.5	414.5	411.1	407.3	403.2	399.3	395.3	390.3	386.5	382.2	377.4	372.1	367.0	362.0	357.2	352.3	342.8	335.0	329.2	322.3	314.3	306.7	298.2	289.3	280.3	270.1	259.5	248.5	237.6	227.5
	168	4.5	2311.43	57.83	473.8	465.1	461.0	456.5	452.1	447.7	443.2	438.3	433.4	428.5	423.1	417.2	411.0	406.0	401.0	395.0	389.3	383.3	376.5	368.8	361.0	352.3	343.3	333.6	323.7	313.4	302.3	290.3	277.5	265.3
	168	5.0	2560.40	57.66	524.9	515.0	510.6	505.0	500.7	495.8	490.8	485.7	479.9	474.5	468.9	462.5	455.4	449.5	444.0	437.7	431.5	424.2	416.4	408.3	399.3	389.7	379.6	368.3	357.8	346.3	334.3	320.2	306.3	292.6
	168	6.0	3053.63	57.31	626.0	614.1	608.8	602.9	597.0	591.1	585.5	578.5	572.0	565.5	558.0	550.5	542.5	535.5	528.9	521.5	513.5	505.4	495.7	485.7	474.4	463.3	451.4	437.9	424.9	410.6	395.8	378.9	362.9	346.3

续表

截面形式	管径 d (mm)	管厚 t (mm)	毛截面面积 A (mm²)	回转半径 i (mm)	计算长度 l₀ (m)																													
					0.0	0.4	0.6	0.8	1.0	1.2	1.4	1.6	1.8	2.0	2.2	2.4	2.6	2.8	3.0	3.2	3.4	3.6	3.8	4.0	4.2	4.4	4.6	4.8	5.0	5.2	5.4	5.6	5.8	6.0
圆管	180	3.0	1668.19	62.59	342.0	336.1	333.4	330.5	327.6	324.4	321.4	318.5	315.2	311.9	308.5	304.9	301.2	297.2	293.3	290.2	286.8	282.8	278.8	274.4	269.4	264.5	259.1	253.1	247.1	240.6	234.0	227.1	220.0	211.7
	180	3.5	1940.72	62.41	397.2	391.0	387.8	384.5	381.1	377.4	373.9	370.4	366.2	362.8	358.8	354.6	350.1	345.6	341.3	337.4	333.2	328.7	324.0	318.9	313.3	307.3	301.3	294.7	287.0	279.3	271.7	263.6	255.2	245.5
	180	4.0	2211.68	62.24	453.4	445.6	441.6	438.1	434.0	430.0	426.0	422.1	417.6	413.3	408.8	403.9	398.8	393.6	388.2	384.4	379.5	374.3	369.0	363.0	356.0	349.8	342.5	334.5	326.4	317.7	309.0	299.8	290.0	278.9
	180	5.0	2748.89	61.90	563.5	553.7	549.2	544.4	539.6	534.3	529.2	524.3	518.9	513.4	507.1	501.5	495.3	488.6	482.0	477.2	471.2	464.6	457.8	450.2	442.3	433.7	421.6	414.6	404.4	393.3	382.3	370.3	358.4	344.6
	180	6.0	3279.82	61.55	672.4	660.6	655.2	649.5	643.6	637.1	630.6	624.9	618.2	612.2	605.5	597.8	590.4	582.3	575.3	567.4	559.9	551.6	543.5	535.3	526.2	516.4	505.5	492.9	480.5	467.4	453.8	439.8	425.1	408.3
	194	3.0	1800.13	67.54	369.0	363.2	360.3	357.4	354.4	351.6	348.5	345.6	342.3	339.2	335.0	332.4	328.8	325.0	321.3	317.3	314.3	310.6	306.7	303.0	298.6	293.9	289.2	284.0	278.6	272.6	266.5	260.0	253.4	246.5
	194	3.5	2094.66	67.36	429.4	422.6	419.4	415.8	412.6	409.0	405.4	402.1	398.4	394.6	390.6	386.7	382.3	378.0	373.5	369.1	365.1	360.1	356.1	352.3	347.3	341.7	336.1	330.1	323.6	316.6	309.2	302.1	294.3	286.2
	194	4.0	2387.61	67.19	489.5	481.7	477.8	473.9	470.1	466.2	462.1	458.3	454.7	450.7	445.3	440.7	435.7	430.7	425.2	420.5	416.1	411.1	406.2	401.3	395.5	389.1	382.6	375.8	368.5	360.6	352.2	343.6	334.8	325.6
	194	5.0	2968.81	66.84	608.8	598.9	594.0	589.2	584.3	579.5	574.5	569.7	564.5	558.2	553.4	547.1	541.4	535.5	528.3	522.6	517.0	511.0	504.8	498.2	490.9	483.1	474.7	466.5	457.4	446.6	436.6	425.2	414.6	403.2
	194	6.0	3543.72	66.50	726.4	714.8	709.0	703.2	697.4	691.5	685.7	679.8	673.8	666.7	660.2	652.9	645.6	638.3	630.2	623.0	616.0	609.2	601.8	593.8	585.4	575.6	565.4	555.4	544.0	531.9	519.3	506.4	492.9	479.1
	203	3.0	1884.96	70.72	386.4	380.6	377.8	374.8	372.0	369.1	366.1	363.2	360.3	357.3	354.2	351.0	347.9	344.4	341.0	337.4	333.1	329.8	326.4	322.8	320.2	316.2	312.1	307.9	303.3	298.9	294.0	289.0	283.8	267.8
	203	3.5	2193.62	70.54	449.7	442.9	439.6	436.4	432.8	429.4	426.4	422.4	418.9	415.0	411.2	407.4	403.4	398.8	394.4	389.7	385.1	381.7	377.3	373.2	368.7	363.3	358.0	352.7	346.5	340.5	333.6	326.4	318.4	311.0
	203	4.0	2500.71	70.37	512.6	504.9	501.1	497.2	493.4	489.5	485.6	481.3	477.3	473.0	468.5	464.2	459.4	454.9	449.4	444.8	439.4	434.2	430.0	424.0	420.7	414.2	407.8	401.3	394.4	387.0	379.4	371.4	362.4	353.9
	203	5.0	3110.18	70.02	637.6	627.9	623.0	618.1	613.3	608.6	603.5	598.3	593.3	588.0	582.1	577.1	571.6	564.9	558.1	551.6	546.0	540.1	534.5	528.1	521.6	514.6	506.5	498.9	489.7	480.9	470.5	460.5	449.7	438.4
	203	6.0	3713.36	69.68	761.2	749.7	743.7	738.5	732.5	726.7	720.7	714.4	708.7	701.8	695.7	688.7	681.6	673.9	665.7	657.9	651.6	644.8	637.9	629.9	621.9	613.9	603.8	593.3	583.3	572.4	560.5	547.5	534.1	520.0
	219	3.0	2035.75	76.37	417.3	411.6	408.7	405.9	403.0	400.0	396.9	394.0	391.0	387.9	384.9	381.3	378.3	374.4	370.6	367.0	363.0	359.3	355.5	352.6	348.5	344.9	341.5	336.6	331.8	327.0	322.3	316.3	310.6	304.7
	219	3.5	2369.55	76.20	485.8	479.1	475.7	472.4	469.1	465.6	461.3	458.1	455.0	451.4	447.6	443.7	439.7	435.4	431.3	427.0	422.8	418.5	414.9	410.2	405.3	401.3	396.1	391.5	386.0	380.2	374.1	368.0	361.5	354.3
	219	4.0	2701.77	76.03	553.9	546.1	542.8	538.6	534.8	530.8	526.8	522.8	518.5	514.6	510.0	505.8	501.4	496.5	491.9	486.6	481.4	476.4	471.9	467.5	462.5	457.2	451.5	446.1	439.4	433.1	426.4	419.4	411.3	403.4
	219	5.0	3361.50	75.68	689.0	679.6	674.6	670.0	665.2	660.4	655.3	650.2	645.3	640.0	634.5	629.0	623.3	617.4	611.4	604.9	598.6	592.4	586.4	581.2	574.2	568.2	561.5	554.2	546.3	537.8	529.4	520.3	510.5	500.5
	219	6.0	4014.96	75.34	823.1	811.6	805.8	800.1	794.1	788.1	782.3	776.4	770.7	764.1	757.5	751.0	744.1	737.1	729.7	721.9	714.6	700.6	693.5	685.5	669.5	661.1	651.5	631.0	608.2	592.9	546.9	530.5	510.5	500.5
	245	3.0	2280.81	85.57	467.6	461.8	458.9	456.1	453.0	450.2	447.4	444.4	441.4	438.4	435.2	432.4	429.2	425.4	422.9	418.4	414.4	410.6	406.9	402.9	399.6	396.4	392.9	388.9	385.1	381.0	376.3	371.8	367.1	362.1
	245	3.5	2655.43	85.39	544.4	537.4	534.0	530.7	527.4	524.1	520.7	517.0	513.7	510.2	506.6	502.8	499.0	495.2	491.1	487.0	482.6	478.3	473.6	469.0	465.3	461.3	457.0	452.6	448.2	443.3	438.2	432.6	427.0	421.2
	245	4.0	3028.50	85.22	620.8	613.2	609.0	605.5	601.5	597.4	593.9	589.5	585.8	581.8	577.9	573.5	569.4	564.5	560.5	555.5	550.3	545.5	539.5	534.7	530.3	525.9	520.5	515.0	510.5	505.3	499.5	493.0	486.6	479.9
	245	5.0	3769.91	84.87	772.8	763.6	758.6	753.6	748.6	743.3	738.7	733.2	727.8	722.4	716.9	710.8	705.6	699.1	693.4	686.7	680.8	674.4	667.1	659.4	654.1	647.1	640.9	635.3	628.3	621.0	612.9	604.6	596.6	588.3
	245	6.0	4505.04	84.53	923.5	912.6	905.8	900.5	894.4	888.3	883.2	876.6	871.6	865.1	858.8	852.3	845.7	839.1	832.0	825.1	820.4	809.1	801.8	797.0	787.7	781.3	773.1	766.2	758.2	749.8	741.1	731.4	721.2	711.2

薄壁圆钢管(Q345钢)轴心受压

截面形式	管径 d(mm)	管厚 t(mm)	毛截面面积 A(mm²)	回转半径 i(mm)	计　算　长											
					0.0	0.4	0.6	0.8	1.0	1.2	1.4	1.6	1.8	2.0	2.2	2.4
	25	1.5	110.74	8.33	33.2	27.8	23.1	16.7	11.5	8.2	6.1	4.7	3.7	3.0		
	30	1.5	134.30	10.09	40.3	35.0	31.4	25.7	19.4	14.2	10.7	9.6	6.6	5.4	4.5	3.8
	30	2.0	175.93	9.92	52.8	45.7	40.9	33.1	24.7	18.1	13.6	10.6	8.4	6.8	5.7	4.8
	40	1.5	181.43	13.62	54.4	49.4	46.4	42.7	37.3	30.8	24.7	19.6	15.9	13.0	10.9	9.2
	40	2.0	238.76	13.45	71.6	65.0	60.9	55.9	48.5	39.9	31.8	25.2	20.4	16.7	14.0	11.8
	48	2.5	357.36	16.11	107.2	99.1	94.0	89.0	82.0	72.5	61.6	51.4	42.2	35.0	29.4	24.9
	48	3.0	424.12	15.95	127.2	117.5	111.4	105.4	96.8	85.2	72.2	60.1	49.2	40.8	34.2	29.0
	48	3.5	489.30	15.78	146.8	135.4	128.3	121.2	111.0	97.4	82.2	68.2	55.7	46.1	38.7	32.8
	48	4.0	552.92	15.62	165.9	152.9	144.7	136.5	124.7	109.1	91.7	75.7	62.0	51.2	42.9	36.3
	51	2.0	307.88	17.34	92.4	85.9	82.0	78.0	73.0	66.2	57.8	49.2	41.2	34.4	29.0	24.7
	51	2.5	380.92	17.17	114.3	106.2	101.3	96.3	90.0	81.2	70.7	60.1	50.2	41.8	35.2	29.9
	51	3.0	452.39	17.00	135.7	126.0	120.1	114.1	106.4	95.8	83.1	70.3	58.6	48.8	41.0	35.0
	51	3.5	522.29	16.84	156.7	145.4	138.4	131.5	121.7	109.8	94.9	80.2	66.6	55.4	46.6	39.6
	51	4.0	590.62	16.68	177.2	164.3	156.3	148.3	135.8	123.2	106.2	89.4	74.1	61.5	51.8	44.0
	57	2.0	345.58	19.46	103.7	97.3	93.6	89.5	85.2	79.5	72.1	63.6	55.0	47.0	40.0	34.2
	57	3.0	508.94	19.12	152.7	143.1	137.5	131.4	124.9	116.1	104.8	91.9	79.1	67.3	57.2	48.8
	57	3.5	588.26	18.96	176.5	165.3	158.7	151.7	144.0	133.6	120.2	105.1	90.4	76.7	65.1	55.5
	57	4.0	666.02	18.79	199.8	187.0	179.5	171.5	162.6	150.5	135.1	117.9	101.0	85.5	72.5	62.0
圆管	57	4.5	742.20	18.63	222.7	208.3	199.8	190.9	180.7	166.9	149.4	130.0	111.3	93.9	79.6	67.9
	60	2.0	364.42	20.52	109.3	102.9	99.3	95.1	91.2	85.9	79.1	70.8	62.1	53.9	46.2	39.7
	60	3.0	537.21	20.18	161.2	151.6	146.1	139.9	133.3	125.7	115.9	102.8	89.7	77.6	66.2	56.8
	60	3.5	621.25	20.01	186.4	175.2	168.9	161.6	154.5	144.9	132.4	117.9	102.6	88.6	75.6	64.8
	60	4.0	703.72	19.85	211.1	198.4	191.1	182.8	174.6	163.5	149.1	132.3	115.0	99.0	84.3	72.3
	60	4.5	784.61	19.69	235.4	221.0	212.8	203.6	194.2	181.5	165.3	146.1	126.9	108.9	92.6	79.4
	63	3.0	565.49	21.24	169.6	160.1	154.7	148.5	142.6	135.2	125.5	113.6	100.6	87.9	76.0	65.5
	63	3.5	654.24	21.07	196.3	185.1	178.8	171.6	164.7	155.9	144.4	130.4	115.3	100.6	86.8	74.7
	63	4.0	741.42	20.91	222.4	209.7	202.5	194.2	186.3	176.2	162.9	146.8	129.5	112.7	97.1	83.8
	63	4.5	827.02	20.74	248.1	233.8	225.6	216.3	207.5	195.9	180.8	162.5	142.9	124.3	106.8	92.0
	63	5.0	911.06	20.58	273.3	257.4	248.3	237.9	228.1	215.2	198.1	177.7	155.9	135.5	116.1	99.9
	70	2.0	427.26	24.05	128.2	121.8	118.5	114.5	110.4	106.3	101.0	94.3	86.3	77.6	69.1	61.1
	70	3.0	631.46	23.71	189.4	179.9	174.8	168.8	162.8	156.5	148.3	138.0	125.9	112.9	100.2	88.2
	70	3.5	731.21	23.54	219.4	208.2	202.3	195.3	188.3	180.8	171.2	159.1	144.9	129.7	114.8	101.0
	70	4.0	829.38	23.38	248.8	236.0	229.2	221.2	213.4	204.6	193.5	179.6	163.2	145.9	128.9	113.1
	70	4.5	925.98	23.21	277.8	263.4	255.7	246.7	238.0	227.9	215.3	199.6	181.0	161.6	142.7	124.8
	70	5.0	1021.02	23.05	306.3	290.4	281.8	271.7	262.0	250.8	236.8	218.9	198.3	176.4	155.7	136.0
	76	2.0	464.96	26.17	139.5	133.2	129.8	126.1	121.8	118.0	113.3	107.4	100.4	92.2	83.5	74.9
	76	3.0	688.01	25.83	206.4	196.9	191.8	186.2	179.8	174.0	167.0	158.0	147.1	134.7	121.7	108.9
	76	3.5	797.18	25.66	239.2	228.1	222.1	215.6	208.1	201.4	193.1	182.5	169.6	155.1	139.9	125.0
	76	4.0	904.78	25.50	271.4	258.7	252.0	244.4	236.0	228.2	218.6	206.4	191.6	174.9	157.5	140.6
	76	4.5	1010.81	25.33	303.2	288.9	281.4	272.8	263.4	254.6	243.7	229.8	213.0	194.2	174.5	155.5
	76	5.0	1115.27	25.16	334.6	318.7	310.3	300.7	290.3	280.5	268.3	252.6	233.8	212.9	190.9	170.0
	76	6.0	1319.47	24.84	395.8	376.7	366.8	355.1	342.9	330.8	315.8	296.7	273.8	248.3	222.2	197.8
	83	2.0	508.94	28.65	152.7	146.4	143.1	139.4	135.3	131.4	127.3	122.3	116.0	108.6	100.4	91.7
	83	2.5	632.25	28.47	189.7	181.9	177.7	173.1	168.0	163.0	157.9	151.5	143.7	134.4	124.0	113.2
	83	3.0	753.98	28.30	226.2	216.8	211.8	206.3	200.1	194.2	188.0	180.2	170.7	159.6	147.1	134.1
	83	3.5	874.15	28.13	262.2	251.3	245.5	239.0	231.8	225.0	217.7	208.4	197.2	184.2	169.5	154.3
	83	4.0	992.74	27.97	297.8	285.3	278.7	271.2	263.0	255.3	246.7	236.2	223.3	208.1	191.4	174.1
	83	4.5	1109.77	27.80	332.9	318.9	311.4	302.9	293.7	285.1	275.4	263.4	248.9	231.5	212.7	193.1
	83	5.0	1225.22	27.63	367.6	352.0	343.6	334.2	323.9	314.4	303.5	290.2	273.9	254.5	233.4	211.5

构件的承载力设计值 N   表 11-34

度 l_0(m)

2.6	2.8	3.0	3.2	3.4	3.6	3.8	4.0	4.2	4.4	4.6	4.8	5.0	5.2	5.4	5.6	5.8	6.0
7.9	6.8	5.9	5.2	4.6													
10.1	8.7	7.6	6.7														
21.4	18.6	16.3	14.3	12.8	11.4	10.2	9.2										
25.4	21.6	18.9	16.6	14.7	13.3	11.9											
28.1	24.4	21.4	18.8	16.7	14.8	13.4											
31.2	27.0	23.7	20.9	18.5	16.5	14.9											
21.2	18.4	16.2	14.2	12.6	11.3	10.1	9.2	8.4									
25.8	22.4	19.6	17.3	15.3	13.8	12.3	11.2	10.1									
30.0	26.1	22.8	20.2	17.9	16.1	14.4	13.0	11.8									
34.0	29.5	25.8	22.9	20.2	18.1	16.3	14.7	13.4									
37.8	32.8	28.7	25.4	22.5	20.0	17.9	16.3										
29.6	25.7	22.6	20.0	17.8	15.9	14.3	12.9	11.7	10.8	9.8	9.1						
42.2	36.7	32.1	28.4	25.2	22.7	20.3	18.4	16.7	15.3	14.0							
47.9	41.6	36.6	32.4	28.7	25.8	23.1	21.0	19.0	17.3	15.9							
53.5	46.4	40.7	36.0	32.0	28.7	25.7	23.2	21.2	19.4	17.6							
58.5	50.9	44.7	39.5	35.1	31.3	28.3	25.4	23.3	21.1	19.4							
34.4	30.0	26.4	23.3	20.7	18.6	16.7	15.1	13.8	12.5	11.6	10.6	9.8					
49.1	42.9	37.6	33.2	29.7	26.5	23.9	21.6	19.6	17.9	16.3	15.1	13.9					
56.0	48.7	42.7	37.9	33.8	30.2	27.2	24.6	22.4	20.3	18.7	17.2	15.9					
62.5	54.4	47.8	42.3	37.7	33.6	30.3	27.3	25.0	22.7	20.7	19.2						
68.7	59.8	52.5	46.3	41.3	37.0	33.2	30.1	27.2	25.0	22.9	21.0						
56.8	49.7	43.6	38.6	34.4	30.9	27.7	25.2	22.8	20.8	19.1	17.6	16.2	15.0				
64.8	56.6	49.8	44.1	39.2	35.2	31.7	28.7	26.0	23.8	21.7	19.9	18.4	17.1				
72.3	63.2	55.5	49.1	43.8	39.3	35.3	32.0	29.0	26.6	24.2	22.3	20.7	19.1				
79.6	69.5	61.1	54.0	48.2	43.1	38.9	35.1	31.9	29.2	26.9	24.5	22.6					
86.5	75.4	66.3	58.6	52.1	46.8	42.0	38.1	34.7	31.5	29.0	26.7	24.6					
53.5	47.0	41.4	36.9	32.9	29.5	26.7	24.1	22.0	20.1	18.4	17.0	15.7	14.5	13.5	12.6	11.7	11.0
77.1	67.7	59.7	53.1	47.3	42.5	38.4	34.8	31.6	28.9	26.5	24.4	22.6	20.8	19.2	18.0	16.7	
88.2	77.3	68.3	60.6	54.1	48.5	43.8	39.7	36.0	33.0	30.2	27.9	25.7	23.7	22.1	20.6	19.2	
98.7	86.6	76.5	67.8	60.6	54.2	49.0	44.5	40.4	37.0	33.9	31.2	28.6	26.5	24.6	23.0	21.4	
108.9	95.5	84.2	74.8	66.7	59.9	54.1	49.0	44.5	40.7	37.2	34.2	31.6	29.4	27.2	25.3	23.6	
118.6	104.0	91.7	81.4	72.4	65.1	58.6	53.3	48.3	44.2	40.6	37.3	34.3	32.0	29.6	27.6		
66.9	59.2	52.6	46.8	41.9	37.7	34.1	30.9	28.2	25.8	23.6	21.8	20.1	18.6	17.3	16.0	15.0	14.1
97.0	85.7	76.0	67.6	60.6	54.4	49.1	44.6	40.6	37.2	34.0	31.4	29.0	26.8	25.0	23.2	21.8	20.2
111.2	98.1	87.0	77.4	69.4	62.2	56.1	51.0	46.6	42.6	38.9	35.9	33.1	30.7	28.6	26.5	24.9	23.2
124.9	110.2	97.6	86.8	77.8	69.9	62.9	57.1	52.1	47.7	43.7	40.3	37.2	34.5	32.1	29.7	27.7	26.0
137.9	121.7	107.8	95.9	85.8	77.2	69.4	63.1	57.4	52.6	48.1	44.4	41.0	38.0	35.1	32.7	30.6	28.5
150.5	132.6	117.4	104.5	93.5	83.9	75.9	68.6	62.6	57.3	52.6	48.3	44.6	41.3	38.3	35.6	33.3	31.3
174.3	153.5	135.8	120.7	107.9	97.1	87.5	81.1	72.4	66.0	60.5	55.7	51.3	47.8	44.2	41.4	38.6	36.0
83.0	75.0	67.2	60.1	54.0	48.8	44.2	40.1	36.6	33.5	30.8	28.4	26.2	24.3	22.6	21.0	19.6	18.4
102.4	92.3	82.6	73.9	66.4	59.9	54.3	49.2	44.9	41.2	37.8	34.9	32.2	29.9	27.8	25.9	24.1	22.6
121.2	109.1	97.5	87.2	78.3	70.6	64.0	58.1	52.9	48.5	44.6	41.1	37.9	35.2	32.7	30.4	28.5	26.7
139.4	125.4	111.9	100.1	89.9	81.1	73.4	66.7	60.6	55.6	51.1	47.1	43.4	40.2	37.5	34.9	32.5	30.4
157.0	141.2	125.8	112.5	101.0	90.9	82.3	74.7	68.1	62.3	57.3	52.9	48.7	45.3	42.0	39.2	36.5	34.1
174.1	156.2	139.3	124.6	111.7	100.5	91.0	82.7	75.5	69.0	63.3	58.5	54.0	49.9	46.4	43.1	40.4	37.7
190.5	170.8	152.2	136.1	122.0	109.9	99.4	90.3	82.3	75.2	69.1	63.8	58.9	54.6	50.6	47.2	44.1	41.1

①   ②

截面形式	管径 d(mm)	管厚 t(mm)	毛截面面积 A(mm²)	回转半径 i(mm)	计算长											
					0.0	0.4	0.6	0.8	1.0	1.2	1.4	1.6	1.8	2.0	2.2	2.4
	83	6.0	1451.42	27.31	435.4	416.7	406.7	395.4	383.0	371.5	358.2	342.0	322.0	298.7	273.0	246.8
	89	2.0	546.64	30.77	164.0	157.8	154.4	150.9	146.9	142.7	138.9	134.3	128.9	122.3	114.6	106.3
	89	2.5	679.37	30.60	203.8	196.0	191.8	187.4	182.5	177.2	172.4	166.7	159.8	151.5	141.8	131.3
	89	3.0	810.53	30.42	243.2	233.8	228.8	223.5	217.5	211.2	205.5	198.6	190.2	180.1	168.5	155.8
	89	3.5	940.12	30.25	282.0	271.1	265.3	259.1	252.1	244.8	238.0	230.0	220.0	208.2	194.6	179.8
	89	4.0	1068.14	30.09	320.4	308.0	301.3	294.2	286.2	277.9	270.1	260.9	249.3	235.7	220.1	203.1
	89	4.5	1194.59	29.92	358.4	344.4	336.8	328.9	319.5	310.6	301.7	291.2	278.1	262.7	245.0	225.8
	89	5.0	1319.47	29.75	395.8	380.3	371.9	363.1	352.9	342.8	332.8	321.1	306.4	289.1	269.3	247.8
	89	6.0	1564.51	29.42	469.4	450.7	440.6	430.0	417.7	405.8	393.6	379.3	361.4	340.4	316.2	290.3
	95	2.0	584.34	32.89	175.3	169.1	165.7	162.3	158.5	154.3	150.5	146.3	141.4	135.4	128.5	120.6
	95	2.5	726.49	32.72	217.9	210.2	206.0	201.7	197.0	191.6	186.9	181.6	175.4	167.9	159.2	149.3
	95	3.0	867.08	32.54	260.1	250.8	245.7	240.7	234.9	228.5	222.9	216.5	209.0	199.8	189.3	177.4
	95	3.5	1006.10	32.37	301.8	290.9	285.0	279.2	272.4	264.9	258.4	250.9	242.1	231.3	218.9	204.9
	95	4.0	1143.54	32.20	343.1	330.6	323.9	317.2	309.4	300.8	293.4	284.8	274.6	262.2	248.0	231.8
	95	4.5	1279.41	32.04	383.8	369.8	362.3	354.7	345.9	336.3	327.9	318.3	306.6	292.6	276.5	258.2
	95	5.0	1413.72	31.87	424.1	408.6	400.2	391.7	381.9	371.3	361.9	351.2	338.1	322.5	304.4	284.0
	95	6.0	1677.61	31.54	503.3	484.6	474.6	464.3	452.5	439.8	428.5	415.4	399.4	380.5	358.3	333.8
	102	2.0	628.32	35.36	188.5	182.3	178.9	175.6	171.9	167.8	163.7	159.8	155.4	150.2	144.0	136.8
	102	2.5	781.47	35.19	234.4	226.7	222.4	218.3	213.7	208.6	203.4	198.6	193.0	186.4	178.6	169.6
	102	3.0	933.05	35.02	279.9	270.6	265.5	260.5	254.9	248.8	242.7	236.9	230.1	222.1	212.7	201.9
	102	3.5	1083.06	34.85	324.9	314.1	308.1	302.2	295.7	288.6	281.5	274.7	266.7	257.3	246.3	233.6
	102	4.0	1231.50	34.68	369.5	357.0	350.0	343.5	336.1	327.9	319.9	312.0	302.8	292.1	279.3	264.6
	102	4.5	1378.37	34.51	413.5	399.5	391.9	384.3	375.9	366.7	357.8	348.8	338.4	326.3	311.7	295.1
	102	5.0	1523.67	34.34	457.1	441.6	433.1	424.7	415.3	405.1	395.3	385.2	373.6	360.0	343.6	324.9
	102	6.0	1809.56	34.01	542.9	524.3	514.1	504.0	492.8	480.4	468.7	456.4	442.6	425.7	406.0	383.3
圆管	108	2.0	666.02	37.48	199.8	193.6	190.2	187.0	183.4	179.4	175.1	171.4	167.2	162.5	156.8	150.2
	108	2.5	828.60	37.31	248.6	240.8	236.6	232.6	228.1	223.1	217.7	213.1	207.8	201.8	194.7	186.6
	108	3.0	989.60	37.14	296.9	287.6	282.5	277.7	272.3	266.2	259.8	254.3	247.9	240.7	232.0	222.1
	108	3.5	1149.04	36.97	344.7	333.9	327.9	322.3	316.0	308.9	301.5	295.0	287.6	279.0	268.8	257.3
	108	4.0	1306.90	36.80	392.1	379.7	372.9	366.5	359.3	351.1	342.6	335.2	326.7	316.9	305.1	291.4
	108	4.5	1463.20	36.63	439.0	425.0	417.4	410.2	402.0	392.8	383.3	375.0	365.4	354.2	340.9	325.9
	108	5.0	1617.92	36.46	485.4	469.9	461.4	453.4	444.3	434.1	423.4	414.2	403.6	391.1	376.1	359.3
	108	6.0	1922.65	36.12	576.8	558.2	548.1	538.4	527.3	515.2	502.4	491.3	478.6	463.3	445.1	424.5
	114	2.0	703.72	39.60	211.1	204.9	201.7	198.3	194.9	191.0	186.8	182.8	178.9	174.5	169.4	163.3
	114	2.5	875.72	39.43	262.7	255.0	250.9	246.7	242.4	237.6	232.2	227.3	222.2	216.8	210.4	202.8
	114	3.0	1046.15	39.26	313.8	304.6	299.7	294.7	289.2	283.6	277.2	271.4	265.4	258.7	251.0	241.9
	114	4.0	1382.30	38.92	414.4	402.3	395.8	389.1	382.0	374.3	365.8	358.1	350.0	340.9	330.4	318.1
	114	4.5	1548.02	38.75	464.4	450.5	443.1	435.6	427.6	418.9	409.4	400.7	391.6	381.2	369.4	355.4
	114	5.0	1712.17	38.58	513.7	498.2	489.9	481.7	472.7	463.1	452.4	442.8	432.7	421.1	407.8	392.3
	114	6.0	2035.75	38.24	610.7	592.2	582.2	572.4	561.6	549.2	537.2	525.6	513.5	499.5	483.3	464.5
	121	2.0	747.70	42.08	224.3	218.0	214.9	211.5	208.1	204.2	200.3	196.0	192.4	188.2	183.5	178.1
	121	2.5	930.70	41.91	279.2	271.4	267.5	263.2	258.9	254.2	249.2	243.8	239.3	234.0	228.1	221.3
	121	3.0	1112.12	41.73	333.6	324.2	319.6	314.5	309.0	303.6	297.5	291.1	285.8	279.4	272.3	264.1
	121	3.5	1291.98	41.56	387.6	376.6	371.2	365.2	359.2	352.5	345.4	338.0	331.7	324.2	316.0	306.3
	121	4.0	1470.27	41.39	441.1	428.6	422.3	415.5	408.7	401.0	392.9	384.3	377.1	368.6	359.1	348.0
	121	4.5	1646.98	41.22	494.1	480.1	473.0	465.3	457.6	449.0	439.8	430.2	422.1	412.5	401.8	389.2
	121	5.0	1822.12	41.05	546.6	531.1	523.3	514.7	506.1	496.5	486.3	475.6	466.2		443.9	429.8
	121	6.0	2167.70	40.71	650.3	631.7	622.2	612.0	601.7	590.2	577.8	565.2	554.2	541.4	526.6	509.4
	127	2.0	785.40	44.20	235.6	229.2	226.3	222.8	219.5	215.9	211.9	207.6	203.8	199.8	195.5	190.5
	127	2.5	977.82	44.03	293.3	285.4	281.6	277.4	273.1	268.7	263.7	258.3	253.6	248.5	243.2	236.9
	127	3.0	1168.67	43.85	350.6	341.1	336.6	331.4	326.3	321.0	314.9	308.6	302.9	296.8	290.4	282.7
	127	4.0	1545.66	43.51	463.7	451.0	445.0	438.1	431.3	424.1	416.1	407.5	400.0	391.9	383.1	372.9
	127	4.5	1731.80	43.34	519.5	505.3	498.5	490.8	483.1	475.0	465.9	456.3	447.8	438.7	428.7	417.3
	127	5.0	1916.37	43.17	574.9	559.1	551.5	542.9	534.4	525.4	515.3	504.6	495.1	485.0	473.8	461.1

度 l_0(m)

2.6	2.8	3.0	3.2	3.4	3.6	3.8	4.0	4.2	4.4	4.6	4.8	5.0	5.2	5.4	5.6	5.8	6.0
222.2	198.4	176.7	157.6	141.3	127.4	115.1	104.5	95.2	87.3	80.2	73.8	68.3	63.2	58.6	54.8	51.0	47.6
97.6	88.9	80.8	73.0	65.8	59.5	54.0	49.2	44.9	41.2	37.8	34.9	32.3	30.0	27.9	25.9	24.3	22.6
120.5	109.7	99.6	89.9	81.0	73.3	66.4	60.5	55.3	50.7	46.5	42.9	39.8	36.9	34.2	32.0	29.8	27.9
142.8	130.0	117.9	106.2	95.7	86.6	78.4	71.5	65.4	59.8	55.1	50.7	46.9	43.6	40.4	37.7	35.2	33.0
164.6	149.7	135.6	122.0	109.9	99.3	90.1	82.1	74.9	68.7	63.1	58.1	53.7	50.0	46.3	43.1	40.4	37.7
185.6	168.7	152.8	137.3	123.7	111.7	101.4	92.3	84.1	77.2	70.9	65.3	60.4	56.2	52.1	48.6	45.3	42.5
206.0	187.2	169.4	152.1	136.9	123.8	112.1	102.2	93.1	85.2	78.4	72.4	66.9	62.1	57.7	53.7	50.2	46.9
226.0	205.1	185.4	166.5	149.9	135.4	122.7	111.7	101.9	93.1	85.8	79.2	73.2	67.9	62.9	58.8	54.7	51.2
264.3	239.7	216.0	193.7	174.4	157.3	142.4	129.6	118.3	108.1	99.5	91.9	85.0	78.6	73.2	68.2	63.7	59.6
112.1	103.4	94.7	86.7	78.8	71.6	65.2	59.4	54.4	49.9	45.8	42.4	39.3	36.4	33.9	31.6	29.5	27.6
138.7	127.8	117.1	106.9	97.1	88.2	80.2	73.2	66.9	61.5	56.5	52.1	48.3	44.7	41.6	38.9	36.3	34.0
164.6	151.6	138.8	126.6	114.9	104.2	94.8	86.5	79.0	72.6	66.8	61.5	57.0	52.9	49.2	46.0	42.8	40.1
189.9	174.6	159.9	145.8	132.2	119.8	109.0	99.4	90.9	83.4	76.9	70.7	65.5	60.9	56.6	52.8	49.2	46.1
214.5	197.1	180.4	164.5	148.9	134.9	122.8	111.8	102.3	93.3	86.3	79.5	73.8	68.5	63.7	59.4	55.5	51.9
238.6	219.1	200.3	182.6	165.1	149.6	136.0	123.9	113.5	104.0	95.7	88.1	81.7	75.8	70.6	65.8	61.4	57.5
262.2	240.5	219.7	200.1	180.8	163.8	148.8	135.7	124.2	114.0	104.7	96.6	89.2	83.0	77.2	71.9	67.0	63.0
307.7	281.7	257.2	233.4	211.0	190.9	173.4	157.9	144.6	132.3	122.0	112.4	103.9	96.3	89.9	83.5	78.1	73.2
128.9	120.4	111.6	102.9	94.8	87.0	79.4	72.6	66.6	61.2	56.5	52.2	48.4	44.8	41.8	39.0	36.6	34.2
159.6	149.0	138.1	127.2	117.1	107.3	98.0	89.6	82.1	75.5	69.7	64.3	59.7	55.3	51.5	48.0	44.9	42.2
189.8	177.0	163.9	151.0	138.9	127.0	116.0	106.0	97.2	89.4	82.5	76.1	70.5	65.4	60.9	56.9	53.1	49.9
219.4	204.3	189.2	174.2	160.0	146.2	133.4	122.2	111.9	102.9	94.9	87.7	81.1	75.2	70.2	65.5	61.1	57.4
248.3	231.0	213.7	196.8	180.5	164.9	150.6	137.8	126.1	115.9	106.9	98.8	91.4	84.7	79.0	73.7	68.9	64.6
276.7	257.2	237.6	218.8	200.7	183.1	167.1	152.8	140.0	128.6	118.6	109.4	101.4	94.1	87.5	81.6	76.4	71.6
304.6	282.8	261.1	240.2	220.3	200.7	183.0	167.3	153.3	140.9	129.9	119.7	111.2	103.2	95.8	89.5	83.7	78.4
358.5	332.4	306.3	281.4	257.9	234.5	213.6	195.4	178.9	164.2	151.4	139.8	129.2	120.1	111.6	104.2	97.7	91.3
142.9	134.7	126.2	117.5	108.8	100.6	92.8	85.1	78.3	72.1	66.6	61.7	57.2	53.2	49.5	46.1	43.3	40.5
177.1	167.0	156.2	145.4	134.5	124.4	114.6	105.1	96.6	89.1	82.2	76.0	70.6	65.5	61.1	56.9	53.4	50.1
210.8	198.6	185.1	172.6	159.8	147.7	135.8	124.6	114.4	105.4	97.3	90.0	83.6	77.5	72.4	67.5	63.1	59.2
243.9	229.6	213.4	199.2	184.5	170.3	156.4	143.6	131.8	121.3	112.0	103.6	96.2	89.3	83.3	77.7	72.5	68.0
276.6	260.0	242.6	225.2	208.5	192.2	176.5	161.9	148.7	136.9	126.2	116.9	108.4	100.8	93.7	87.6	81.8	76.8
308.6	289.9	270.3	250.7	231.8	213.8	196.1	179.9	165.3	152.0	140.3	129.8	120.3	112.0	103.9	97.2	90.8	85.3
340.0	319.2	297.4	275.6	254.8	234.8	215.2	197.4	181.4	166.8	153.9	142.4	131.8	122.6	113.9	106.4	99.4	93.3
401.0	376.0	349.9	323.8	298.9	275.4	251.9	230.7	211.9	195.0	179.8	166.4	154.2	143.1	133.0	124.6	116.4	108.9
156.5	148.9	140.6	131.9	123.3	114.6	106.5	98.6	90.9	83.9	77.7	72.0	66.9	62.2	58.0	54.2	50.7	47.6
194.3	184.7	174.3	163.3	152.6	141.8	131.7	121.9	112.3	103.6	95.9	88.9	82.5	76.8	71.5	67.0	62.5	58.7
231.4	219.8	207.5	194.2	181.3	168.5	156.4	144.6	133.1	122.9	113.7	105.3	97.8	91.1	84.8	79.2	74.0	69.5
304.1	288.4	271.7	254.3	236.8	220.0	204.0	188.2	173.5	159.9	148.0	137.0	127.1	118.4	110.3	103.0	96.2	90.3
339.6	321.9	303.1	283.4	263.8	245.1	226.9	209.1	192.3	177.7	164.3	152.1	141.1	131.5	122.4	114.4	106.8	100.4
374.6	354.9	333.8	312.0	290.2	269.4	249.4	229.7	211.6	195.0	180.2	166.9	154.9	144.2	134.1	125.6	117.3	110.1
442.8	419.1	393.6	367.4	341.2	316.4	292.8	269.2	248.0	228.8	211.1	195.4	181.4	168.6	157.2	146.7	137.4	128.4
171.9	164.5	157.2	148.9	140.1	131.6	122.8	114.7	106.8	98.9	91.8	85.2	79.2	73.8	68.9	64.5	60.4	56.7
213.5	204.7	195.0	184.6	173.6	163.0	152.2	141.9	132.1	122.3	113.5	105.3	97.9	91.2	85.1	79.7	74.7	69.9
254.6	244.0	232.2	219.7	206.6	193.7	180.7	168.5	156.8	145.1	134.6	125.1	116.1	108.1	100.9	94.5	88.4	83.0
295.2	282.7	268.9	254.3	239.0	223.8	208.9	194.7	180.9	167.4	155.1	144.2	133.9	124.6	116.4	108.9	101.9	95.7
335.3	320.9	305.1	288.2	270.8	253.3	236.6	220.3	204.5	189.2	175.2	162.8	151.3	140.9	131.3	123.0	114.9	108.1
374.8	358.5	340.7	321.6	302.0	282.3	263.6	245.4	227.7	210.4	194.9	181.0	168.2	156.7	146.2	136.7	127.9	120.2
413.6	395.5	375.7	354.4	332.6	310.7	290.0	269.7	250.1	231.2	214.1	198.7	184.8	172.0	160.6	150.0	140.6	131.9
489.7	468.0	443.9	418.3	392.1	365.9	341.0	316.9	293.3	271.5	251.1	233.1	216.5	201.7	188.2	175.8	164.6	154.1
184.7	178.3	171.0	163.1	154.7	145.9	137.4	128.7	120.6	112.7	104.7	97.5	90.8	84.8	79.2	74.1	69.5	65.3
229.6	221.4	212.4	202.5	191.9	180.9	170.2	159.3	149.3	139.5	129.5	120.5	112.2	104.8	97.9	91.6	86.0	80.6
273.9	264.0	253.2	241.3	228.5	215.4	202.3	189.5	177.3	165.6	153.8	143.1	133.2	124.3	116.2	108.8	102.0	95.6
361.0	347.7	333.1	317.0	299.9	282.4	264.9	248.0	232.0	216.1	200.8	186.8	174.1	162.0	151.4	141.6	133.0	124.9
403.7	388.8	372.0	354.0	334.8	315.1	295.4	276.7	258.5	240.7	223.4	207.7	193.7	180.3	168.3	157.5	147.9	138.8
445.9	429.4	410.5	390.4	369.1	347.2	325.3	304.6	284.4	264.8	245.5	228.2	212.8	198.2	184.9	173.1	162.5	152.4

① ②

截面形式	管径 d(mm)	管厚 t(mm)	毛截面面积 A(mm²)	回转半径 i(mm)	计 算 长											
					0.0	0.4	0.6	0.8	1.0	1.2	1.4	1.6	1.8	2.0	2.2	2.4
	127	6.0	2280.80	42.83	684.2	665.3	656.2	645.9	635.6	624.7	612.6	599.8	588.4	576.3	562.6	547.3
	133	2.5	1024.94	46.15	307.5	299.5	295.8	291.5	287.5	282.9	278.2	272.8	267.5	263.1	257.8	251.8
	133	3.0	1225.22	45.97	367.6	358.0	353.5	348.4	343.6	338.0	332.4	326.0	319.6	314.3	307.9	300.7
	133	3.5	1423.93	45.80	427.2	416.0	410.8	404.8	399.2	392.7	386.1	378.6	371.3	365.0	359.2	349.2
	133	4.0	1621.06	45.63	486.3	473.5	467.6	460.7	454.3	447.0	439.3	430.8	422.4	415.2	408.6	397.1
	133	4.5	1816.63	45.46	545.0	530.6	524.0	516.2	509.0	500.7	492.0	482.4	473.2	464.9	457.5	444.6
	133	5.0	2010.62	45.29	603.2	587.2	579.8	571.2	563.2	554.0	544.3	533.6	523.4	514.1	505.9	491.6
	133	6.0	2393.89	44.95	718.2	699.0	690.1	679.8	670.1	659.2	647.4	634.6	622.6	611.2	601.3	583.9
	140	2.5	1079.92	48.62	324.0	316.0	312.3	308.0	304.0	299.7	294.8	289.8	284.4	279.7	274.7	269.4
	140	3.0	1291.19	48.45	387.4	377.8	373.4	368.2	363.4	358.2	352.3	346.3	339.9	334.2	328.2	321.8
	140	3.5	1500.90	48.28	450.3	439.1	433.9	427.9	422.3	416.2	409.3	402.3	394.8	388.3	381.2	373.8
	140	4.5	1915.59	47.93	574.7	560.3	553.7	545.9	538.7	530.9	522.0	512.9	503.3	494.9	485.8	476.2
	140	5.0	2120.58	47.76	636.2	620.2	612.8	604.2	596.2	587.5	577.7	567.5	556.8	547.4	537.4	526.6
	140	6.0	2525.84	47.42	757.8	738.6	729.7	719.4	709.6	699.2	687.6	675.2	662.4	651.3	639.1	625.9
	152	3.0	1404.29	52.69	421.3	411.7	407.3	402.4	397.3	392.2	386.9	381.1	374.7	368.3	362.7	356.7
	152	3.5	1632.84	52.52	489.9	478.7	473.6	467.8	461.9	455.9	449.7	442.9	435.4	428.0	421.5	414.5
	152	4.0	1859.82	52.35	557.9	545.2	539.3	532.8	526.0	519.1	512.1	504.2	495.7	487.2	479.5	471.8
	152	4.5	2085.23	52.17	625.6	611.2	604.6	597.2	589.6	581.8	574.0	565.1	555.5	545.9	537.7	528.6
	152	5.0	2309.07	52.00	692.7	676.7	669.4	661.2	652.8	644.1	635.4	625.5	614.8	604.2	595.1	584.9
	152	6.0	2752.04	51.66	825.6	806.4	797.7	787.7	777.7	767.3	756.8	744.8	732.0	719.2	708.6	696.6
	159	3.0	1470.27	55.16	441.1	431.5	427.1	422.3	417.1	412.3	406.9	400.9	395.0	388.6	382.6	377.1
	159	3.5	1709.81	54.99	512.9	501.8	496.7	491.1	485.0	479.4	473.0	466.1	459.1	451.7	444.7	438.3
	159	4.0	1947.79	54.82	584.3	571.5	565.7	559.3	552.4	546.0	538.7	530.8	522.8	514.3	506.4	499.0
	159	4.5	2184.19	54.65	655.3	640.9	634.3	627.1	619.3	612.1	603.8	595.1	586.0	576.4	567.6	559.1
	159	5.0	2419.03	54.48	725.7	709.7	702.5	694.5	685.7	677.7	668.5	658.9	648.7	638.0	628.4	618.9
	159	6.0	2883.98	54.14	865.2	846.0	837.3	827.7	817.2	807.5	796.5	785.0	772.6	759.8	748.5	736.9
	168	3.0	1555.09	58.35	466.5	456.9	452.6	447.8	442.5	437.7	432.5	427.0	421.1	414.7	408.3	402.8
	168	3.5	1808.77	58.17	542.6	531.4	526.4	520.8	514.6	509.1	502.9	496.5	489.6	482.1	474.7	468.3
	168	4.0	2060.88	58.00	618.3	605.0	599.7	593.3	586.3	579.9	572.9	565.7	557.6	549.1	540.5	533.2
	168	4.5	2311.43	57.83	693.4	679.0	672.5	665.3	657.5	650.3	642.4	634.0	625.1	615.5	605.9	597.7
	168	5.0	2560.40	57.66	768.1	752.1	744.9	736.9	728.2	720.2	711.4	702.1	692.2	681.5	670.9	661.7
	168	6.0	3053.63	57.31	916.1	896.9	888.2	878.6	868.1	858.5	848.0	836.7	824.8	812.0	799.3	788.3
	180	3.0	1668.19	62.59	500.5	490.9	486.4	481.8	476.5	471.7	466.7	461.3	455.4	449.5	443.1	436.7
	180	3.5	1940.72	62.41	582.2	571.0	565.8	560.4	554.2	548.6	542.8	536.5	529.6	522.7	515.3	507.8
	180	4.0	2211.68	62.24	663.5	650.7	644.7	638.6	631.5	625.1	618.4	611.2	603.3	595.5	586.9	578.4
	180	5.0	2748.89	61.90	824.7	808.7	801.3	793.5	784.7	776.7	768.2	759.2	749.4	739.5	728.9	718.2
	180	6.0	3279.63	61.55	983.9	964.8	955.9	946.6	936.0	926.4	916.1	905.3	893.7	881.7	868.9	856.1
	194	3.0	1800.13	67.54	540.0	530.4	525.6	521.4	516.9	511.3	506.5	501.1	495.8	489.9	483.7	477.3
	194	3.5	2094.66	67.36	628.5	617.2	611.6	606.6	601.0	594.8	589.2	583.0	576.8	569.9	562.6	555.2
	194	4.0	2387.61	67.19	716.3	703.5	697.1	691.4	685.0	677.9	671.5	664.4	657.3	649.5	641.1	632.6
	194	5.0	2968.81	66.84	890.6	874.7	866.7	859.6	851.6	842.7	834.7	825.8	816.9	807.1	796.5	785.9
	194	6.0	3543.72	66.50	1063.1	1043.9	1034.4	1025.8	1016.2	1005.6	996.0	985.3	974.6	962.9	950.1	937.3
	203	3.0	1884.96	70.72	565.5	555.9	551.1	546.9	542.1	536.7	531.9	526.8	521.5	515.7	509.8	503.4
	203	3.5	2193.62	70.54	658.1	646.9	641.3	636.4	630.8	624.5	618.9	612.6	606.7	599.3	593.1	585.6
	203	4.0	2500.71	70.37	750.2	737.4	731.0	725.4	719.0	711.8	705.4	698.5	691.5	683.7	675.9	667.4
	203	5.0	3110.18	70.03	933.1	917.1	909.1	902.0	894.0	885.1	877.1	868.3	859.5	849.8	840.1	829.4
	203	6.0	3713.36	69.68	1114.0	1094.8	1085.2	1076.8	1067.2	1056.5	1046.9	1036.2	1025.6	1014.0	1002.3	989.5
	219	3.0	2035.75	76.37	610.7	601.1	596.3	592.1	587.3	582.5	577.1	572.3	566.9	561.5	555.6	549.8
	219	3.5	2369.55	76.20	710.9	699.7	694.1	689.2	683.6	677.5	671.7	666.1	659.8	653.5	646.5	639.5
	219	4.0	2701.77	76.03	810.5	797.7	791.3	785.8	779.4	772.3	765.8	759.4	752.2	744.9	737.0	729.3
	219	5.0	3361.50	75.68	1008.5	992.5	984.5	977.5	969.4	960.6	952.5	944.5	935.5	926.5	916.5	906.8
	219	6.0	4014.96	75.34	1204.5	1185.3	1175.7	1167.3	1157.7	1147.0	1137.3	1127.7	1116.9	1105.2	1094.1	1082.3
	245	3.0	2280.80	85.57	684.2	674.6	669.8	665.3	660.9	656.1	650.7	645.9	641.1	635.6	630.3	624.6
	245	3.5	2655.43	85.39	796.6	785.4	779.8	774.5	769.4	763.8	757.4	751.8	746.3	739.9	733.7	727.0
	245	4.0	3028.50	85.22	908.5	895.8	889.4	883.3	877.5	871.1	863.8	857.4	851.0	843.6	836.5	828.9
	245	5.0	3769.91	84.87	1131.0	1115.0	1107.0	1099.5	1092.0	1084.1	1075.0	1067.0	1059.0	1049.9	1040.9	1031.3
	245	6.0	4505.04	84.53	1351.5	1332.3	1322.7	1313.8	1304.0	1295.3	1284.4	1274.8	1265.2	1254.2	1243.3	1231.8

注：1. 表中粗黑线①为对应轴 λ＝150，粗黑线②为对应轴 λ＝200 的界线；
2. 表中 N＝φfA(kN)，φ 按表 11-4 取值，f 取 300N/mm²。

圆管

续表

度　$l_0(\text{m})$

2.6	2.8	3.0	3.2	3.4	3.6	3.8	4.0	4.2	4.4	4.6	4.8	5.0	5.2	5.4	5.6	5.8	6.0
528.8	508.7	485.6	461.4	435.8	409.6	383.4	358.5	334.3	310.8	288.5	268.0	249.5	232.6	217.3	203.2	190.5	178.4
245.4	237.7	229.4	219.9	209.9	199.2	188.3	177.4	166.6	156.6	146.7	136.8	127.8	119.3	111.6	104.6	98.2	92.2
292.8	283.6	273.6	262.1	250.2	237.3	224.1	211.0	198.3	186.1	174.4	162.5	151.7	141.6	132.6	124.2	116.6	109.5
339.8	329.0	317.2	303.8	289.7	274.8	259.4	244.1	229.4	215.1	201.4	187.7	175.1	163.5	153.1	143.4	134.5	126.4
386.2	373.9	360.3	344.8	328.7	311.7	294.1	276.6	260.0	243.7	227.8	212.3	198.2	184.9	173.1	162.1	152.0	143.0
432.2	418.2	402.8	385.4	367.1	348.0	328.2	308.5	289.9	271.7	253.8	236.5	220.8	206.0	192.5	180.4	169.3	159.2
477.7	462.1	444.7	425.5	405.0	383.7	361.8	339.9	319.1	299.0	279.3	260.0	242.6	226.7	211.6	198.3	186.2	175.0
567.2	548.2	527.0	503.8	478.9	453.3	427.1	400.8	376.0	351.9	328.4	305.5	284.8	266.4	248.7	232.8	218.2	205.5
263.3	256.3	248.4	239.8	230.2	220.2	209.5	198.6	187.8	176.9	166.8	156.8	146.9	137.5	128.8	121.2	113.6	106.9
314.4	306.0	296.5	286.1	274.5	262.5	249.7	236.5	223.4	210.5	198.5	186.5	174.5	163.5	153.1	143.9	135.0	127.0
365.0	355.3	344.1	331.8	318.3	304.1	289.2	273.8	258.5	243.6	229.5	215.7	201.7	189.0	176.9	166.1	155.9	146.6
464.8	452.0	437.6	421.6	404.3	385.7	366.5	346.8	327.0	308.3	289.8	272.3	254.5	238.3	223.0	209.2	196.5	184.6
513.9	499.6	483.6	465.7	446.3	425.6	404.3	382.4	360.4	339.7	319.3	299.7	280.0	262.0	245.3	230.1	216.2	203.3
610.7	593.1	573.8	552.1	528.5	503.7	478.0	451.8	425.0	400.0	376.6	352.7	329.6	308.5	288.5	270.9	254.2	239.0
350.4	343.1	334.7	325.3	315.5	304.5	292.4	280.0	267.2	254.0	240.8	228.0	216.0	204.0	192.2	180.7	170.4	160.4
407.1	398.5	388.6	377.9	366.2	353.3	339.2	324.6	309.7	294.3	278.9	264.1	250.0	236.1	222.1	209.0	196.9	185.5
463.3	453.4	442.1	429.7	416.4	401.5	385.4	368.6	351.4	334.0	316.3	299.7	283.3	267.6	251.6	236.6	222.8	210.3
519.0	507.8	495.1	481.1	465.9	449.2	431.1	412.0	392.5	373.0	353.4	334.7	316.1	298.6	280.6	264.0	248.3	234.6
574.3	561.6	547.6	531.9	514.9	496.1	476.2	454.9	433.0	411.6	389.5	368.9	348.4	329.1	309.0	290.9	273.5	258.2
683.1	667.9	651.1	631.9	611.2	588.5	564.4	538.8	512.4	486.8	460.4	435.7	411.6	387.8	364.4	342.8	322.3	304.0
370.7	364.0	356.4	348.0	338.4	328.2	317.1	305.2	292.4	279.6	266.4	253.1	240.3	228.1	216.1	204.4	192.8	182.0
430.8	422.9	414.1	404.1	392.9	381.0	367.9	353.8	339.1	324.1	308.7	293.3	278.3	264.2	250.1	236.6	223.0	210.5
490.4	481.3	471.2	459.7	446.9	433.2	418.1	402.2	385.1	367.9	350.4	332.8	315.9	299.8	283.7	268.1	252.7	238.6
549.6	539.2	527.8	514.8	500.4	484.8	467.7	449.8	430.6	411.1	391.6	371.7	352.9	334.7	316.7	298.9	281.8	266.2
608.2	596.5	583.9	569.4	553.4	535.9	516.7	496.8	475.5	453.6	432.1	410.1	389.4	368.9	349.1	329.2	310.4	293.2
724.1	709.8	694.7	676.9	657.7	636.3	613.1	589.1	563.5	537.1	511.5	485.1	460.4	435.7	412.5	388.4	366.1	345.4
396.9	390.5	383.4	375.9	367.3	357.7	347.6	336.4	324.3	312.0	299.2	285.9	273.1	259.9	247.5	235.2	223.5	211.5
461.4	453.9	445.6	436.8	426.7	415.5	403.6	390.5	376.4	361.9	347.0	331.6	316.6	301.1	286.7	272.5	258.9	244.7
525.5	516.8	507.2	497.2	485.7	472.7	459.0	444.1	427.9	411.2	394.2	376.8	359.3	341.8	325.3	309.2	293.7	277.5
588.8	579.2	568.3	557.0	543.8	529.4	513.8	496.9	478.9	459.9	440.8	420.9	401.4	381.8	363.3	345.4	327.7	309.8
651.8	641.2	629.0	616.6	601.6	585.6	568.1	549.2	529.3	508.1	486.8	464.7	442.8	421.3	400.8	381.0	361.2	341.5
776.4	763.6	749.0	733.6	715.5	696.4	675.1	652.0	628.2	602.6	576.8	550.6	524.1	498.5	474.1	450.1	426.6	403.3
431.3	425.4	419.0	412.1	404.6	396.1	386.7	376.7	366.0	354.3	342.3	329.5	316.7	303.4	290.5	277.4	265.1	252.8
501.5	494.6	487.2	479.0	470.2	460.3	449.3	437.5	425.0	411.3	397.3	382.4	367.4	351.9	336.7	321.5	307.2	292.9
571.2	563.4	554.8	545.4	535.4	524.0	511.4	497.9	483.5	467.9	451.7	434.6	417.4	399.9	382.3	365.1	348.7	332.6
709.2	699.4	688.7	676.6	664.1	649.9	633.9	617.1	598.7	579.2	558.7	537.4	515.4	493.7	471.8	450.4	430.0	410.2
845.5	833.5	820.7	805.9	790.9	773.5	754.3	734.1	711.8	687.9	663.3	637.8	611.2	585.6	559.1	533.5	509.1	485.3
470.9	465.6	459.7	453.3	446.8	439.4	431.2	422.4	412.5	402.3	391.1	379.3	367.1	354.2	341.5	328.2	315.4	302.0
547.7	541.5	534.7	527.2	519.5	510.8	501.2	490.6	479.4	467.4	454.3	440.5	426.2	411.3	396.2	380.8	365.8	350.0
624.0	616.9	609.1	600.6	591.6	581.7	570.6	558.6	545.8	531.7	517.0	501.0	484.7	467.6	450.3	432.8	415.5	398.0
775.2	766.4	756.6	745.9	734.5	722.1	708.0	692.9	676.9	659.3	640.6	620.4	599.9	578.6	556.6	535.1	513.1	491.6
924.6	913.9	902.1	889.9	875.3	860.4	843.4	825.0	805.7	784.4	761.9	737.5	712.8	687.3	660.6	635.0	608.4	582.8
497.0	491.0	485.6	479.5	473.1	466.2	458.8	451.0	441.5	431.9	421.7	410.5	398.7	386.7	373.9	361.1	347.7	334.9
578.2	571.2	564.9	557.8	550.3	542.2	533.5	523.7	513.2	502.0	490.0	476.9	463.2	449.0	434.1	419.2	403.6	388.7
658.8	650.9	643.8	635.5	627.0	617.6	607.7	596.4	584.1	571.5	557.7	542.8	527.1	510.8	493.7	476.7	458.9	441.8
818.7	809.0	800.1	789.6	778.9	766.9	754.5	740.3	725.1	709.1	691.6	672.9	652.9	632.8	611.2	589.9	567.7	546.3
976.7	965.2	957.9	941.7	928.9	914.3	899.4	882.3	863.8	844.4	823.1	800.8	776.4	752.0	726.4	700.4	674.1	648.4
543.4	537.0	530.8	525.5	519.7	513.3	506.9	499.3	491.7	483.1	473.7	464.1	453.6	442.4	430.6	418.6	405.8	393.0
632.3	624.9	617.7	611.4	604.6	597.1	589.9	580.8	571.8	561.8	550.8	539.9	527.2	514.2	500.4	486.1	471.4	456.4
720.7	712.2	704.0	696.8	689.0	680.5	672.1	661.8	651.5	640.0	627.3	614.4	600.3	585.4	569.6	553.4	536.3	519.3
896.1	885.4	875.4	866.4	856.5	845.8	834.9	822.5	809.3	794.8	778.8	762.4	744.8	726.1	706.1	685.8	664.5	643.1
1069.5	1056.7	1044.9	1034.1	1022.0	1009.2	995.9	981.1	965.1	947.4	928.2	908.2	887.0	864.6	840.2	815.8	790.3	764.7
618.9	612.5	606.1	599.7	593.8	588.3	582.5	576.1	569.7	562.5	555.1	547.0	538.1	528.5	518.8	508.5	497.1	485.2
720.3	712.9	705.4	697.9	691.1	684.7	677.9	670.5	663.0	654.3	645.8	636.3	625.9	614.7	603.3	591.1	578.0	564.1
821.3	812.8	804.2	795.7	788.0	780.7	772.8	764.3	755.8	745.8	736.0	725.1	713.2	700.4	687.3	673.2	658.3	642.5
1021.8	1011.1	1000.5	989.8	983.7	971.2	961.2	955.1	939.9	927.2	915.0	901.0	886.1	870.2	853.5	835.9	817.3	797.5
1220.4	1207.6	1194.8	1182.0	1174.9	1159.9	1147.7	1140.3	1122.1	1106.6	1091.9	1074.8	1057.0	1037.8	1017.4	996.4	974.0	950.3

薄壁方钢管(Q235 钢)轴心受压

截面形式	尺寸(mm) h	t	毛截面面积 A(mm²)	回转半径 i(mm)	计 算 长											
					0.0	0.4	0.6	0.8	1.0	1.2	1.4	1.6	1.8	2.0	2.2	2.4
	25	1.5	131.00	9.40	26.9	23.5	21.6	18.6	14.5	11.0	8.4	6.6	5.3	4.3	3.6	
	30	1.5	161.00	11.40	33.0	29.8	27.9	25.5	22.3	18.1	14.4	11.5	9.3	7.6	6.4	5.4
	40	1.5	221.00	15.50	45.3	42.2	40.3	38.4	36.2	33.4	29.8	25.6	21.5	18.2	15.4	13.2
	40	2.0	287.00	15.20	58.8	54.7	52.2	49.7	46.7	42.8	38.1	32.3	27.2	22.8	19.4	16.6
	50	1.5	281.00	19.60	57.6	54.5	52.8	50.8	48.9	46.8	44.2	41.0	37.4	33.0	28.8	25.2
	50	2.0	367.00	19.30	75.2	71.1	68.8	66.3	63.7	60.9	57.4	53.0	48.1	42.2	36.8	32.1
	60	2.0	447.00	23.40	91.6	87.5	85.3	83.0	80.3	77.7	75.0	71.7	67.8	63.2	58.1	52.1
	60	2.5	548.00	23.10	112.3	107.2	104.5	101.6	98.2	95.1	91.6	87.4	82.4	76.7	70.1	62.8
	80	2.0	607.00	31.60	117.5	114.6	113.1	111.6	110.0	108.2	106.3	104.4	102.6	100.1	96.6	92.6
	80	2.5	748.00	31.30	153.3	148.2	145.5	142.8	139.9	136.7	133.3	130.1	126.8	123.0	118.6	113.6
	100	2.5	948.00	39.50	183.5	179.9	178.1	176.3	174.4	172.3	170.2	167.8	165.3	163.1	160.8	158.2
	100	3.0	1125.00	39.20	230.6	224.5	221.3	218.1	214.8	211.3	207.6	203.6	199.3	195.8	191.8	187.5
	120	2.5	1148.00	47.70	200.8	197.5	195.9	194.3	192.6	190.9	189.0	187.2	185.1	183.0	180.6	178.7
	120	3.0	1365.00	47.40	264.2	259.9	257.8	255.6	253.3	251.0	248.6	246.1	243.4	240.5	237.4	234.9
	140	3.0	1605.00	55.60	285.1	281.1	279.3	277.2	275.2	273.2	271.1	268.8	266.6	264.1	261.6	258.8
	140	3.5	1858.00	55.30	359.6	354.5	352.1	349.5	347.7	344.3	341.7	338.8	335.8	333.8	329.6	326.1
	140	4.0	2107.00	55.00	431.9	423.5	419.5	415.2	412.3	406.7	402.4	397.7	393.0	389.4	382.7	377.1
	160	3.0	1845.00	63.70	304.2	300.5	298.7	296.9	295.0	293.0	291.2	289.3	287.2	285.1	282.9	280.6
	160	3.5	2138.00	63.50	384.2	379.5	377.3	375.0	372.6	370.0	367.7	365.3	362.6	359.9	357.2	354.2
	160	4.0	2427.00	63.20	469.7	463.9	461.2	458.3	455.5	452.2	449.3	446.4	443.1	439.8	436.4	432.8
	160	4.5	2712.00	62.90	556.0	546.5	542.0	537.4	532.7	527.5	522.7	518.0	512.7	507.4	502.1	496.1
	160	5.0	2993.00	62.60	613.6	603.0	598.1	593.0	587.8	582.1	576.7	571.4	565.5	559.7	553.7	547.1

构件的承载力设计值 N　　　　　　　　　　　　　　　　　　　表 11-35

度　l_0(m)

2.6	2.8	3.0	3.2	3.4	3.6	3.8	4.0	4.2	4.4	4.6	4.8	5.0	5.2	5.4	5.6	5.8	6.0
4.6	4.0																
11.4	9.9	8.7	7.7	6.9	6.1	5.5											
14.3	12.4	10.9	9.6	8.5	7.7	6.9											
22.0	19.4	17.2	15.2	13.6	12.2	11.0	10.0	9.1	8.3	7.6	7.0						
28.0	24.7	21.8	19.3	17.3	15.5	14.0	12.7	11.5	10.5	9.7	8.9						
46.6	41.6	37.1	33.3	29.9	27.0	24.5	22.3	20.3	18.6	17.1	15.7	14.6	13.5	12.6	11.7	10.9	
56.0	50.0	44.6	39.9	35.9	32.3	29.3	26.6	24.3	22.2	20.4	18.8	17.4	16.2	15.0	14.0		
88.1	83.3	78.0	71.9	66.3	60.9	56.1	51.5	47.5	43.8	40.5	37.5	34.9	32.4	30.3	28.2	26.4	24.8
107.9	101.9	95.0	87.6	80.6	74.0	68.0	62.4	57.5	53.1	49.1	45.5	42.1	39.2	36.6	34.2	32.0	30.0
154.2	149.8	144.6	139.1	133.2	126.9	119.8	112.4	105.3	98.4	92.0	86.1	80.5	75.4	70.6	66.3	62.3	58.6
182.6	177.1	171.0	164.3	157.2	149.7	141.0	132.1	123.6	115.4	107.9	100.9	94.3	88.3	82.6	77.6	72.9	68.7
176.6	174.4	171.9	169.1	166.0	162.7	159.0	155.0	150.8	146.5	141.3	135.9	130.0	123.1	116.4	110.0	104.1	98.4
232.1	229.1	225.2	220.1	214.4	208.3	201.8	194.7	187.3	179.7	171.0	161.8	153.2	145.0	137.0	129.6	122.5	115.9
256.1	253.8	251.2	248.5	245.6	242.3	238.8	235.0	230.9	226.5	221.6	216.7	211.5	205.9	199.5	191.6	182.9	174.6
323.4	319.7	317.5	313.0	309.2	305.3	297.3	292.7	283.5	276.0	270.0	259.5	253.1	244.1	230.7	223.2	210.2	200.5
372.8	366.8	363.2	356.1	350.2	345.4	336.3	331.0	320.6	311.9	305.0	292.9	285.7	275.2	259.8	251.7	236.6	225.6
278.0	275.6	273.0	270.9	268.6	266.1	263.5	260.6	257.4	254.0	250.5	246.7	242.6	238.2	233.6	228.8	223.9	218.6
351.0	347.9	344.6	341.9	339.0	335.8	332.5	328.8	324.8	320.4	315.9	311.0	305.8	300.2	294.4	288.2	282.0	275.1
428.7	424.9	421.0	417.6	413.9	410.1	405.9	400.4	393.6	386.3	378.7	370.3	361.9	352.4	343.0	333.0	323.1	311.7
489.8	483.7	477.5	472.2	466.4	460.4	453.9	446.8	439.2	431.0	422.2	412.8	403.1	392.5	381.9	370.7	359.4	346.3
540.2	533.2	526.6	520.7	514.2	507.4	500.2	492.3	483.8	474.6	464.8	454.4	443.5	431.7	419.9	407.6	394.8	379.9

① ②

薄壁方钢管(Q345钢)轴心受压

截面形式	尺寸(mm) h	t	毛截面面积 A(mm²)	回转半径 i(mm)	计 算 长 0.0	0.4	0.6	0.8	1.0	1.2	1.4	1.6	1.8	2.0	2.2	2.4
	25	1.5	131.00	9.40	39.3	33.7	29.6	23.2	16.8	12.2	9.1	7.1	5.6	4.6	3.8	
	30	1.5	161.00	11.40	48.3	42.8	39.4	34.2	27.4	21.1	16.1	12.6	10.1	8.2	6.8	5.8
	40	1.5	221.00	15.50	66.3	61.0	57.8	54.4	49.7	43.3	36.3	29.9	24.4	20.1	16.9	14.3
	40	2.0	287.00	15.20	86.1	79.1	74.8	70.3	63.8	55.1	46.0	37.6	30.6	25.3	21.2	17.9
	50	1.5	281.00	19.60	84.3	79.1	76.2	72.9	69.5	64.9	59.0	52.1	45.2	38.8	32.9	28.2
	50	2.0	367.00	19.30	110.1	103.3	99.3	94.9	90.3	84.1	76.1	66.9	57.8	49.3	41.8	35.8
	60	2.0	447.00	23.40	134.1	127.2	123.6	119.2	115.0	110.3	104.3	96.9	88.1	78.7	69.6	61.1
	60	2.5	548.00	23.10	164.4	155.9	151.3	145.9	140.7	134.7	127.1	117.7	106.6	95.0	83.9	73.3
	80	2.0	607.00	31.60	154.6	150.5	148.2	145.9	143.3	140.3	137.7	134.7	131.0	126.5	121.1	115.1
	80	2.5	748.00	31.30	224.4	216.0	211.5	206.8	201.6	195.8	190.8	184.8	177.6	168.9	158.9	147.8
	100	2.5	948.00	39.50	241.5	236.4	233.7	230.9	227.9	224.7	221.0	217.6	214.2	210.4	205.9	200.5
	100	3.0	1125.00	39.20	337.5	327.5	322.2	316.8	311.2	304.9	298.1	291.8	285.3	278.1	269.8	259.8
	120	2.5	1148.00	47.70	264.0	259.2	257.0	254.4	252.0	249.3	246.3	243.2	239.9	237.0	233.8	230.4
	120	3.0	1365.00	47.40	347.8	341.4	338.4	335.0	331.8	328.2	324.2	320.0	315.6	311.8	307.5	302.9
	140	3.0	1605.00	55.60	375.0	369.2	366.5	363.6	360.4	357.4	354.1	350.4	346.7	342.7	338.8	335.5
	140	3.5	1858.00	55.30	473.4	465.9	462.5	458.8	454.7	450.9	446.7	442.7	437.3	432.2	427.3	422.9
	140	4.0	2107.00	55.00	632.1	618.3	612.0	605.1	597.6	590.7	582.9	574.4	565.8	556.6	548.0	540.1
	160	3.0	1845.00	63.70	399.7	394.3	391.7	389.1	386.2	383.4	380.6	377.5	374.1	370.7	367.0	363.3
	160	3.5	2138.00	63.50	505.4	498.5	495.2	491.9	488.2	484.6	481.1	477.2	472.9	468.5	463.8	459.1
	160	4.0	2427.00	63.20	618.3	609.8	605.8	601.8	597.1	592.7	588.4	583.5	578.2	572.8	567.0	561.1
	160	4.5	2712.00	62.90	813.6	798.1	790.8	783.4	774.9	767.0	759.1	750.3	740.8	731.3	720.9	710.6
	160	5.0	2993.00	62.60	897.9	880.7	872.6	864.4	854.9	846.3	837.3	827.7	817.1	806.5	795.0	783.5

构件的承载力设计值 N　　　　表 11-36

度　l_0(m)

2.6	2.8	3.0	3.2	3.4	3.6	3.8	4.0	4.2	4.4	4.6	4.8	5.0	5.2	5.4	5.6	5.8	6.0	
4.9	4.3																	
12.3	10.7	9.3	8.2	7.3	6.5	5.8												
15.4	13.3	11.6	10.3	9.1	8.1	7.3												
24.4	21.2	18.6	16.5	14.7	13.1	11.8	10.7	9.7	8.9	8.1	7.4							
31.0	26.9	23.6	20.9	18.6	16.6	15.0	13.5	12.3	11.1	10.3	9.5							
53.3	46.8	41.3	36.6	32.7	29.3	26.4	24.0	21.8	20.0	18.3	16.9	15.5	14.3	13.3	12.4	11.6		
63.9	56.1	49.4	43.9	39.0	35.1	31.6	28.7	26.0	23.8	21.8	20.1	18.5	17.2	16.0	14.9			
108.6	101.9	93.3	84.7	76.6	69.3	63.0	57.4	52.5	48.1	44.3	40.8	37.8	35.0	32.6	30.3	28.4	26.6	①
136.1	124.4	113.4	102.8	92.8	84.1	76.3	69.5	63.6	58.2	53.4	49.4	45.7	42.4	39.5	36.6	34.3	32.2	
210.5	200.2	189.0	177.2	165.6	153.9	142.9	132.3	121.9	112.5	104.2	96.5	89.6	83.4	77.7	72.7	67.9	63.8	
248.6	236.1	222.7	208.6	194.5	180.9	167.9	155.1	142.8	131.8	121.9	113.0	104.9	97.7	91.0	84.9	79.4	74.5	
226.4	221.8	216.7	210.8	204.4	197.6	190.3	182.8	175.2	167.8	160.4	153.2	151.3	141.5	132.5	124.3	116.8	109.8	②
297.6	291.4	310.0	298.3	285.5	272.1	258.2	244.0	229.8	216.4	203.5	190.5	178.0	166.6	155.8	146.2	137.3	129.0	
331.4	327.2	322.4	316.9	310.8	304.2	296.8	288.7	280.4	217.6	262.4	253.3	244.0	235.0	226.2	225.9	213.2	201.5	
417.8	412.3	406.2	399.2	391.3	415.4	401.3	386.1	370.3	354.2	337.5	321.0	304.7	289.2	274.1	259.3	244.6	231.0	
530.9	521.1	510.3	498.0	484.2	469.5	453.4	436.1	417.9	399.5	380.5	361.4	343.1	325.6	308.3	291.6	274.8	259.4	
360.1	356.7	352.9	349.1	344.6	339.7	334.2	328.4	321.9	315.0	307.4	299.6	291.5	282.9	274.6	265.8	257.3	249.0	
455.0	450.6	445.8	440.9	435.2	428.8	421.9	414.4	406.1	397.2	387.7	377.7	367.3	356.4	345.8	334.7	324.0	313.5	
556.2	550.8	544.8	538.6	531.6	523.6	515.0	551.1	535.7	519.2	502.0	483.8	465.3	446.2	427.7	408.6	390.7	373.1	
701.9	692.3	682.0	670.9	658.8	645.0	630.1	614.0	596.8	578.0	558.9	538.2	517.5	496.0	475.3	453.8	433.9	414.0	
773.9	763.3	751.8	739.3	725.9	710.7	693.9	675.9	656.7	635.7	614.3	591.3	568.4	544.5	521.4	497.7	475.7	453.6	

11.9 连接的承载力设计值

11.9.1 焊缝连接的承载力设计值

1. 每1cm长角焊缝的承载力设计值表

每1cm长直角角焊缝的承载力设计值表　　　　表11-37a

焊接方法和焊条型号	构件钢材牌号	角焊缝的抗拉、抗压和抗剪强度设计值 f_t^w (N/mm²)	受拉、受压、受剪的承载力设计值 N_t^w (kN/cm) 当角焊缝的焊脚尺寸 h_f (mm) 为														
			3	4	5	6	8	10	12	14	16	18	20	22	24	26	28
采用自动焊、半自动焊和 E43型焊条手工焊	Q235钢	160	3.36	4.48	5.6	6.72	8.96	11.2	13.44	15.68	17.92	20.16	22.40	24.64	26.88	29.12	31.36
采用自动焊、半自动焊和 E50型焊条手工焊	Q345钢、Q390钢	200	4.20	5.60	7.00	8.40	11.20	14.00	16.80	19.60	22.40	25.20	28.00	30.80	33.60	36.40	39.20
采用自动焊、半自动焊和 E55型焊条手工焊	Q390钢、Q390钢、Q460钢	220	4.62	6.16	7.7	9.24	12.32	15.4	18.48	21.56	24.64	27.72	30.8	33.88	36.96	40.04	43.12
采用自动焊、半自动焊和 E60型焊条手工焊	Q420钢、Q460钢	240	5.04	6.72	8.4	10.08	13.44	16.8	20.16	23.52	26.88	30.24	33.6	36.96	40.32	43.68	47.04
采用自动焊、半自动焊和 E50、E55型焊条手工焊	Q345GJ	200	4.20	5.60	7.00	8.40	11.20	14.00	16.80	19.60	22.40	25.20	28.00	30.80	33.60	36.40	39.20

注：1. 表中的焊缝承载力设计值按下式计算得出：

$$N_f^w = 0.7 h_f f_f^w /100；$$

2. 对施工条件较差的高空安装焊缝，其承载力设计值应乘以系数0.9；

3. 单角钢单面连接的直角角焊缝，其承载力设计值应按表中的数值乘以0.85计算。

2. 每 1cm 长对接焊缝的承载力设计值表

每 1cm 长对接焊缝的承载力设计值表   表 11-37b

连接件的较小厚度 t（mm）	采用自动焊、半自动焊和 E43 型焊条手工焊焊接 Q235 钢构件				采用自动焊、半自动焊和 E50 型焊条手工焊焊接 Q345 钢构件				采用自动焊、半自动焊和 E55 型焊条手工焊焊接 Q390 钢构件			
	受压的承载力设计值 N_c^w（kN）	受拉、受弯的承载力设计值 N_t^w（kN）		受剪的承载力设计值 N_v^w（kN）	受压的承载力设计值 N_c^w（kN）	受拉、受弯的承载力设计值 N_t^w（kN）		受剪的承载力设计值 N_v^w（kN）	受压的承载力设计值 N_c^w（kN）	受拉、受弯的承载力设计值 N_t^w（kN）		受剪的承载力设计值 N_v^w（kN）
		一、二级焊缝	三级焊缝			一、二级焊缝	三级焊缝			一、二级焊缝	三级焊缝	
4	8.6	8.6	7.4	5.0	12.2	12.2	10.4	7.0	13.8	13.8	11.8	8.0
6	12.9	12.9	11.1	7.5	18.3	18.3	15.6	10.5	20.7	20.7	17.7	12.0
8	17.2	17.2	14.8	10.0	24.4	24.4	20.8	14.0	27.6	27.6	23.6	16.0
10	21.5	21.5	18.5	12.5	30.5	30.5	26.0	17.5	34.5	34.5	29.5	20.0
12	25.8	25.8	22.2	15.0	36.6	36.6	31.2	21.0	41.4	41.4	35.4	24.0
14	30.1	30.1	25.9	17.5	42.7	42.7	36.4	24.5	48.3	48.3	41.3	28.0
16	34.4	34.4	29.6	20.0	48.8	48.8	41.6	28.0	55.2	55.2	47.2	32.0
18	36.9	36.9	31.5	21.6	53.1	53.1	45.0	30.6	59.4	59.4	50.4	34.2
20	41.0	41.0	35.0	24.0	59.0	59.0	50.0	34.0	66.0	66	56.0	38.0
22	45.1	45.1	38.5	26.4	64.9	64.9	55.0	37.4	72.6	72.6	61.6	41.8
24	49.2	49.2	42.0	28.8	70.8	70.8	60.0	40.8	79.2	79.2	67.2	45.6
25	51.25	51.25	43.8	30.0	73.75	73.75	62.5	42.5	82.5	82.5	70.0	47.5
26	53.3	53.3	45.5	31.2	76.7	76.7	65.0	44.2	85.8	85.8	72.8	49.4
28	57.4	57.4	49.0	33.6	82.6	82.6	70.0	47.6	92.4	92.4	78.4	53.2
30	61.5	61.5	52.5	36.0	88.5	88.5	75.0	51.0	99.0	99.0	84.0	57.0
32	65.6	65.6	56.0	38.4	94.4	94.4	80.0	54.4	105.6	105.6	89.6	60.8
34	69.7	69.7	59.5	40.8	100.3	100.3	85.0	57.8	112.2	112.2	95.2	64.6
36	73.8	73.8	63.0	43.2	106.2	106.2	90.0	61.2	118.8	118.8	100.8	68.4
38	77.9	77.9	66.5	45.6	112.1	112.1	95.0	64.6	125.4	125.4	106.4	72.2
40	82.0	82.0	70.0	48.0	118.0	118.0	100.0	68.0	132.0	132.0	112.0	76.0

续表

连接件的较小厚度 t (mm)	采用自动焊、半自动焊和 E55、E60 型焊条手工焊焊接 Q420 钢构件				采用自动焊、半自动焊和 E55、E60 型焊条手工焊焊接 Q460 钢构件				采用自动焊、半自动焊和 E55、E55 型焊条手工焊焊接 Q345GJ 构件			
	受压的承载力设计值 N_c^w (kN)	受拉、受弯的承载力设计值 N_t^w (kN)		受剪的承载力设计值 N_v^w (kN)	受压的承载力设计值 N_c^w (kN)	受拉、受弯的承载力设计值 N_t^w (kN)		受剪的承载力设计值 N_v^w (kN)	受压的承载力设计值 N_c^w (kN)	受拉、受弯的承载力设计值 N_t^w (kN)		受剪的承载力设计值 N_v^w (kN)
		一、二级焊缝	三级焊缝			一、二级焊缝	三级焊缝			一、二级焊缝	三级焊缝	
4	15.0	15.0	12.8	8.6	16.4	16.4	14.0	9.4	—	—	—	—
6	22.5	22.5	19.2	12.9	24.6	24.6	21.0	14.1	—	—	—	—
8	30.0	30.0	25.6	17.2	32.8	32.8	28.0	18.8	—	—	—	—
10	37.5	37.5	32.0	21.5	41.0	41.0	35.0	23.5	—	—	—	—
12	45.0	45.0	38.4	25.8	49.2	49.2	42.0	28.2	—	—	—	—
14	52.5	52.5	44.8	30.1	57.4	57.4	49.0	32.9	—	—	—	—
16	60.0	60.0	51.2	34.4	65.6	65.6	56.0	37.6	—	—	—	—
18	63.9	63.9	54.0	36.9	70.2	70.2	59.4	40.5	55.8	55.8	47.7	32.4
20	71.0	71	60.0	41.0	78.0	78	66.0	45.0	62.0	62.0	53.0	36.0
22	78.1	78.1	66.0	45.1	85.8	85.8	72.6	49.5	68.2	68.2	58.3	39.6
24	85.2	85.2	72.0	49.2	93.6	93.6	79.2	54.0	74.4	74.4	63.6	43.2
25	88.75	88.75	75.0	51.3	97.5	97.5	82.5	56.3	77.5	77.5	66.3	45.0
26	92.3	92.3	78.0	53.3	101.4	101.4	85.8	58.5	80.6	80.6	68.9	46.8
28	99.4	99.4	84.0	57.4	109.2	109.2	92.4	63.0	86.8	86.8	74.2	50.4
30	106.5	106.5	90.0	61.5	117.0	117.0	99.0	67.5	93.0	93.0	79.5	54.0
32	113.6	113.6	96.0	65.6	124.8	124.8	105.6	72.0	99.2	99.2	84.8	57.6
34	120.7	120.7	102.0	69.7	132.6	132.6	112.2	76.5	105.4	105.4	90.1	61.2
36	127.8	127.8	108.0	73.8	140.4	140.4	118.8	81.0	104.4	104.4	88.2	61.2
38	134.9	134.9	114.0	77.9	148.2	148.2	125.4	85.5	110.2	110.2	93.1	64.6
40	142.0	142.0	120.0	82.0	156.0	156.0	132.0	90.0	116.0	116.0	98.0	68.0

注：1. 表中的焊缝承载力设计值系按下式计算得出：

受压：$N_c^w = t f_c^w / 100$；受拉：$N_t^w = t f_t^w / 100$；受剪：$N_v^w = t f_v^w / 100$

2. 对于 Q235 钢：当 $t \leqslant 16$mm 时，f_c^w、f_t^w、f_v^w 分别取 215、215（185）、125N/mm²；

当 16mm$< t \leqslant 40$mm 时，f_c^w、f_t^w、f_v^w 分别取 205、205（175）、120N/mm²；

对于 Q345 钢：当 $t \leqslant 16$mm 时，f_c^w、f_t^w、f_v^w 分别取 305、305（260）、175N/mm²；

当 16mm$< t \leqslant 40$mm 时，f_c^w、f_t^w、f_v^w 分别取 295、295（250）、170N/mm²；

对于 Q390 钢：当 $t \leqslant 16$mm 时，f_c^w、f_t^w、f_v^w 分别取 345、345（295）、200N/mm²；

当 16mm$< t \leqslant 40$mm 时，f_c^w、f_t^w、f_v^w 分别取 330、330（280）、190N/mm²；

对于 Q420 钢：当 $t \leqslant 16$mm 时，f_c^w、f_t^w、f_v^w 分别取 375、375（320）、215N/mm²；

当 16mm$< t \leqslant 40$mm 时，f_c^w、f_t^w、f_v^w 分别取 355、355（300）、205N/mm²；

对于 Q460 钢：当 $t \leqslant 16$mm 时，f_c^w、f_t^w、f_v^w 分别取 410、410（350）、235N/mm²；

当 16mm$< t \leqslant 40$mm 时，f_c^w、f_t^w、f_v^w 分别取 390、390（330）、225N/mm²；

对于 Q345GJ 钢：当 16mm$< t \leqslant 35$mm 时，f_c^w、f_t^w、f_v^w 分别取 310、310（265）、180N/mm²；

当 35mm$< t \leqslant 50$mm 时，f_c^w、f_t^w、f_v^w 分别取 290、290（245）、170N/mm²；

3. 对施工条件较差的高空安装焊接，其承载力设计值应乘以系数 0.9。

3. 两个热轧等边角钢相连的直角焊缝计算长度选用表（Q235 钢，E43××型焊条）

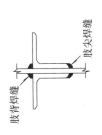

肢背焊缝　肢尖焊缝

两个热轧等边角钢相连时的直角焊缝计算长度选用表（Q235 钢，E43××型焊条）

表 11-38a

作用轴心力 N (kN)	角焊缝的计算长度 l_w (mm) 当角焊缝的焊脚尺寸 h_f (mm) 为																			
	4		5		6		8		10		12		14		16		18		20	
	肢背	肢尖	肢背	肢尖	肢背	肢尖	肢背	肢尖	肢背	肢尖	肢背	肢尖	肢背	肢尖	肢背	肢尖	肢背	肢尖	肢背	肢尖
50	39	40																		
60	47	40																		
80	63	40	50	40																
100	78	40	63	40	52	48														
120	94	40	75	40	63	48														
150	117	50	94	40	78	48														
180	141	60	113	48	94	48	70	64												
200	156	67	125	54	101	48	78	64												
220	172	74	138	59	115	49	86	64												
250	195	84	156	67	130	56	98	64												
280	219	94	175	75	146	63	109	64	88	80										
300	234	100	188	80	156	67	117	64	94	80										
320			200	86	167	71	125	64	100	80										
350			219	94	182	78	137	64	109	80										
380			238	102	198	85	148	64	119	80	99	96								
400			250	107	208	89	156	67	125	80	104	96								
450			281	121	234	100	176	75	141	80	117	96								
500					260	112	195	84	156	80	130	96	112	112						
550					286	123	215	92	172	80	143	96	123	112						

续表

作用轴心力 N (kN)	角焊缝的计算长度 l_w (mm)，当角焊缝的焊脚尺寸 h_f (mm) 为																			
	4		5		6		8		10		12		14		16		18		20	
	肢背	肢尖	肢背	肢尖	肢背	肢尖	肢背	肢尖	肢背	肢尖	肢背	肢尖	肢背	肢尖	肢背	肢尖	肢背	肢尖	肢背	肢尖
600					313	134	234	100	188	80	156	96	134	112						
650					339	145	254	109	203	87	169	96	145	112						
700							273	117	219	94	182	96	156	112	137	128				
750							293	126	234	100	195	96	167	112	146	128				
800							313	134	250	107	208	96	179	112	156	128				
850							332	142	266	114	221	96	190	112	166	128	148	144		
900							352	151	281	121	234	100	201	112	176	128	156	144		
950							371	159	297	127	247	106	212	112	186	128	165	144		
1000							391	167	313	134	260	112	223	112	195	128	174	144		
1100							430	184	344	147	286	123	246	112	215	128	191	144	172	160
1200							469	201	375	161	313	134	268	115	234	128	208	144	188	160
1300									406	174	339	145	290	124	254	128	226	144	203	160
1400									438	188	365	156	313	134	273	128	243	144	219	160
1500									469	201	391	167	335	143	293	128	260	144	234	160
1600									500	214	417	179	357	153	313	134	278	144	250	160
1700									531	228	443	190	379	163	332	142	295	144	266	160
1800									563	241	469	201	402	172	352	151	313	144	281	160
1900									594	254	495	212	424	182	371	159	330	144	297	160
2000											521	223	446	191	391	167	391	149	313	160

注：1. 表中的焊缝计算长度 l_w 按下列公式算得：
肢背：$l_{w1} = 0.7N/(2 \times 0.7h_f f_f^w)$；肢尖：$l_{w2} = 0.3N/(2 \times 0.7h_f f_f^w)$；
2. 表中的焊缝计算长度 l_w 未考虑施焊时引弧和收弧的影响，实际焊缝长度应为 $l_{wa} = l_w + 2h_f$；
3. 当采用 Q345 钢、E50×X型焊条时，焊缝计算长度 l_w 应按上表计算长度乘以系数 0.8，但减少后的焊缝计算长度不得小于 $8h_f$ 且不应小于 40mm；
4. 对于施工条件较差的高空焊缝，其计算长度 l_w 应按上表计算长度除以系数 0.90。

4. 两个热轧不等边角钢短边相连的直角角焊缝计算长度适用表（Q235 钢、E43××型焊条）

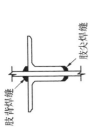

肢背焊缝　肢尖焊缝

两个热轧不等边角钢短边相连时的直角焊缝计算长度选用表（Q235 钢、E43××型焊条）

表 11-38b

作用轴心力 N (kN)	角焊缝的计算长度 l_w (mm) 当角焊缝的焊脚尺寸 h_f (mm) 为																			
	4		5		6		8		10		12		14		16		18		20	
	肢背	肢尖	肢背	肢尖	肢背	肢尖	肢背	肢尖	肢背	肢尖	肢背	肢尖	肢背	肢尖	肢背	肢尖	肢背	肢尖	肢背	肢尖
50	42	40																		
60	50	40																		
80	67	40	51	40																
100	84	40	67	40	56	48														
120	100	40	80	40	67	48														
150	126	42	100	40	84	48														
180	151	50	121	40	100	48	75	64												
200	167	56	134	45	112	48	84	64												
220	184	61	147	49	123	48	92	64												
250	209	70	167	56	140	48	105	64	84	80										
280	234	78	188	63	156	52	117	64	94	80										
300			201	67	167	56	126	64	100	80										
320			214	71	179	60	134	64	107	80										
350			234	78	195	65	146	64	117	80	98	96								
380			254	85	212	71	159	64	127	80	106	96								
400			268	89	223	74	167	64	134	80	112	96								
450			301	100	251	84	188	64	151	80	126	96								
500					279	93	209	70	167	80	140	96	120	112						
550					307	102	230	77	184	80	153	96	132	112						

续表

作用轴心力 N (kN)	角焊缝的计算长度 l_w (mm)　当角焊缝的焊脚尺寸 h_f (mm) 为																			
	4		5		6		8		10		12		14		16		18		20	
	肢背	肢尖	肢背	肢尖	肢背	肢尖	肢背	肢尖	肢背	肢尖	肢背	肢尖	肢背	肢尖	肢背	肢尖	肢背	肢尖	肢背	肢尖
600					335	112	251	84	201	80	167	96	143	112						
650							272	91	218	80	181	96	155	112	136	128				
700							293	98	234	80	195	96	167	112	146	128				
750							314	105	251	84	209	96	179	112	157	128				
800							335	112	268	89	223	96	191	112	167	128	149	144		
850							356	119	285	95	237	96	203	112	178	128	158	144		
900							377	126	301	100	251	96	215	112	188	128	167	144		
950							398	133	318	106	265	96	227	112	199	128	177	144		
1000							419	140	335	112	279	96	239	112	209	128	186	144	167	160
1100							460	153	368	123	307	102	263	112	230	128	205	144	184	160
1200									402	134	335	112	287	112	251	128	223	144	201	160
1300									435	145	363	121	311	112	272	128	242	144	218	160
1400									469	156	391	130	335	112	293	128	260	144	234	160
1500									502	167	419	140	359	120	314	128	279	144	251	160
1600									536	179	446	149	383	128	335	128	298	144	268	160
1700									569	190	474	158	407	136	356	128	316	144	285	160
1800											502	167	430	143	377	128	335	144	301	160
1900											530	177	454	151	398	133	353	144	318	160
2000											558	186	478	159	419	140	372	144	335	160

注：1. 表中的焊缝计算长度 l_w 按下列公式算得：

肢背：$l_{w1} = 0.75N/(2 \times 0.7h_f f_f^w)$；肢尖：$l_{w2} = 0.25N/(2 \times 0.7h_f f_f^w)$

2. 表中的焊缝计算长度 l_w 未考虑施焊时引弧和收弧的影响，实际焊缝长度应为 $l_{ws} = l_w + 2h_f$。

3. 当采用 Q345 钢、E50×× 型焊条时，焊缝计算长度 l_w 应按上表计算长度乘以系数 0.8，但减少后的焊缝计算长度不得小于 $8h_f$，且不应小于 40mm；

4. 对于施工条件较差的高空焊缝，其计算长度 l_w 应按上表计算长度除以系数 0.90。

5. 两个热轧不等边角钢长边相连的直角角焊缝计算长度选用表（Q235钢，E43××型焊条）

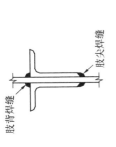

肢背焊缝　肢尖焊缝

两个热轧不等边角钢长边相连时的直角角焊缝计算长度选用表（Q235钢，E43××型焊条）　表 11-38c

角焊缝的计算长度 l_w (mm) 为 / 当角焊缝的焊脚尺寸 h_f (mm) 为

作用轴心力 N (kN)	4 肢背	4 肢尖	5 肢背	5 肢尖	6 肢背	6 肢尖	8 肢背	8 肢尖	10 肢背	10 肢尖	12 肢背	12 肢尖	14 肢背	14 肢尖	16 肢背	16 肢尖	18 肢背	18 肢尖	20 肢背	20 肢尖
50	36	40																		
60	44	40																		
80	58	40	46	40																
100	73	40	58	40	48	48														
120	87	47	70	40	58	48														
150	109	59	87	47	73	48														
180	131	70	104	56	87	48	65	64												
200	145	78	116	63	97	52	73	64												
220	160	86	128	69	106	57	80	64												
250	181	98	145	78	121	65	91	64												
280	203	109	163	88	135	73	102	64	81	80										
300	218	117	174	94	145	78	109	64	87	80										
320	232	125	186	100	155	83	116	64	93	80										
350			203	109	169	91	127	68	102	80										
380			221	119	184	99	138	74	110	80										
400			232	125	193	104	145	78	116	80	97	96								
450			261	141	218	117	163	88	131	80	109	96								
500			290	156	242	130	181	98	145	80	121	96	114	112						
550					266	143	199	107	160	86	133	96								

续表

角焊缝的计算长度 l_w (mm)

当角焊缝的焊脚尺寸 h_f (mm) 为

作用轴心力 N (kN)	4		5		6		8		10		12		14		16		18		20	
	肢背	肢尖	肢背	肢尖	肢背	肢尖	肢背	肢尖	肢背	肢尖	肢背	肢尖	肢背	肢尖	肢背	肢尖	肢背	肢尖	肢背	肢尖
600					290	156	218	117	174	94	145	96	124	112						
650					314	169	236	127	189	102	157	96	135	112						
700					339	182	254	137	203	109	169	96	145	112						
750							272	146	218	117	181	98	155	112	136	128				
800							290	156	232	125	193	104	166	112	145	128				
850							308	166	247	133	206	111	176	112	154	128				
900							326	176	261	141	218	117	187	112	163	128	145	144		
950							345	186	276	148	230	124	197	112	172	128	153	144		
1000							363	195	290	156	242	130	207	112	181	128	161	144		
1100							399	215	319	172	266	143	228	123	199	128	177	144	160	160
1200							435	234	348	188	290	156	249	134	218	128	193	144	174	160
1300							472	254	377	203	314	169	269	145	236	128	210	144	189	160
1400									406	219	339	182	290	156	254	137	226	144	203	160
1500									435	234	363	195	311	167	272	146	242	144	218	160
1600									464	250	387	208	332	179	290	156	258	144	232	160
1700									493	266	411	221	352	190	308	166	274	148	247	160
1800									522	281	435	234	373	201	326	176	290	156	261	160
1900									551	297	459	247	394	212	345	186	306	165	276	160
2000									580	313	484	260	415	223	363	195	322	174	290	160

肢背：$l_{w1} = 0.65N/(2×0.7h_f f_f^w)$；　肢尖：$l_{w2} = 0.35N/(2×0.7h_f f_f^w)$

肢尖：$l_{w3} = l_w + 2h_f$；

注：1. 表中的焊缝计算长度 l_w 按下列公式算得：

2. 表中的焊缝计算长度 l_w 未考虑施焊时引弧和收弧的影响。实际焊缝长度应为 $l_{w a} = l_w + 2h_f$；

3. 当采用 Q345 钢、E50×× 型焊条时，焊缝计算长度 l_w 应按上表计算长度乘以系数 0.8，但减少后的焊缝计算长度不得小于 $8h_f$，且不应小于 40mm；

4. 对于施工条件较差的高空焊缝，其计算长度 l_w 应按上表计算长度除以系数 0.90。

11.9.2 普通螺栓的承载力设计值

一个普通 C 级螺栓的承载力设计值

表 11-39

螺栓的性能等级	螺栓的公称直径 d (mm)	螺栓毛截面面积 A (mm²)	螺栓在螺纹处有效截面面积 A_eff (mm²)	构件钢材的牌号	螺栓的承压强度设计值 f_c^b (N/mm²)	承压承载力设计值 N_c^b (kN) 当承压板厚度 t (mm) 为										受拉的承载力设计值 N_t^b (kN)	受剪承载力设计值 N_v^b (kN)	
						5	6	7	8	10	12	14	16	18	20		单剪	双剪
4.6级、4.8级	12	113.1	84	Q235钢	305	18.3	22.0	25.6	29.3	36.6	43.9	51.2	58.6	65.9	73.2	14.28	15.8	31.7
				Q345钢	385	23.1	27.7	32.3	37.0	46.2	55.4	64.7	73.9	83.2	92.4			
				Q390钢	400	24.0	28.8	33.6	38.4	48.0	57.6	67.2	76.8	86.4	96.0			
				Q420钢	425	25.5	30.6	35.7	40.8	51.0	61.2	71.4	81.6	91.8	102.0			
				Q460钢	450	27.0	32.4	37.8	43.2	54.0	64.8	75.6	86.4	97.2	108.0			
				Q345GJ	400	24.0	28.8	33.6	38.4	48.0	57.6	67.2	76.8	86.4	96.0			
	14	153.9	115	Q235钢	305	21.4	25.6	29.9	34.2	42.7	51.2	59.8	68.3	76.9	85.4	19.55	21.6	43.1
				Q345钢	385	27.0	32.3	37.7	43.1	53.9	64.7	75.5	86.2	97.0	107.8			
				Q390钢	400	28.0	33.6	39.2	44.8	56.0	67.2	78.4	89.6	100.8	112.0			
				Q420钢	425	29.8	35.7	41.7	47.6	59.5	71.4	83.3	95.2	107.1	119.0			
				Q460钢	450	31.5	37.8	44.1	50.4	63.0	75.6	88.2	100.8	113.4	126.0			
				Q345GJ	400	28.0	33.6	39.2	44.8	56.0	67.2	78.4	89.6	100.8	112.0			
	16	201.1	157	Q235钢	305	24.4	29.3	34.2	39.0	48.8	58.6	68.3	78.1	87.8	97.6	26.69	28.1	56.3
				Q345钢	385	30.8	37.0	43.1	49.3	61.6	73.9	86.2	98.6	110.9	123.2			
				Q390钢	400	32.0	38.4	44.8	51.2	64.0	76.8	89.6	102.4	115.2	128.0			
				Q420钢	425	34.0	40.8	47.6	54.4	68.0	81.6	95.2	108.8	122.4	136.0			
				Q460钢	450	36.0	43.2	50.4	57.6	72.0	86.4	100.8	115.2	129.6	144.0			
				Q345GJ	400	32.0	38.4	44.8	51.2	64.0	76.8	89.6	102.4	115.2	128.0			

螺栓的性能等级	螺栓的公称直径 d (mm)	螺栓毛截面面积 A (mm²)	螺栓在螺纹处有效截面面积 A_{eff} (mm²)	构件钢材的牌号	螺栓的承压强度设计值 f_c (N/mm²)	承压承载力设计值 N_c^b (kN) 当承压板厚度 t (mm) 为										受拉的承载力设计值 N_t^b (kN)	受剪承载力设计值 N_v^b (kN)	
						5	6	7	8	10	12	14	16	18	20		单剪	双剪
4.6级、4.8级	18	254.5	193	Q235钢	305	27.5	32.9	38.4	43.9	54.9	65.9	76.9	87.8	98.8	109.8	32.81	35.6	71.3
				Q345钢	385	34.7	41.6	48.5	55.4	69.3	83.2	97.0	110.9	124.7	138.6			
				Q390钢	400	36.0	43.2	50.4	57.6	72.0	86.4	100.8	115.2	129.6	144.0			
				Q420钢	425	38.3	45.9	53.6	61.2	76.5	91.8	107.1	122.4	137.7	153.0			
				Q460钢	450	40.5	48.6	56.7	64.8	81.0	97.2	113.4	129.6	145.8	162.0			
				Q345GJ	400	36.0	43.2	50.4	57.6	72.0	86.4	100.8	115.2	129.6	144.0			
	20	314.2	245	Q235钢	305	30.5	36.6	42.7	48.8	61.0	73.2	85.4	97.6	109.8	122.0	41.65	44.0	88.0
				Q345钢	385	38.5	46.2	53.9	61.6	77.0	92.4	107.8	123.2	138.6	154.0			
				Q390钢	400	40.0	48.0	56.0	64.0	80.0	96.0	112.0	128.0	144.0	160.0			
				Q420钢	425	42.5	51.0	59.5	68.0	85.0	102.0	119.0	136.0	153.0	170.0			
				Q460钢	450	45.0	54.0	63.0	72.0	90.0	108.0	126.0	144.0	162.0	180.0			
				Q345GJ	400	40.0	48.0	56.0	64.0	80.0	96.0	112.0	128.0	144.0	160.0			
	22	380.1	303	Q235钢	305	33.6	40.3	47.0	53.7	67.1	80.5	93.9	107.4	120.8	134.2	51.51	53.2	106.4
				Q345钢	385	42.4	50.8	59.3	67.8	84.7	101.6	118.6	135.5	152.5	169.4			
				Q390钢	400	44.0	52.8	61.6	70.4	88.0	105.6	123.2	140.8	158.4	176.0			
				Q420钢	425	46.8	56.1	65.5	74.8	93.5	112.2	130.9	149.6	168.3	187.0			
				Q460钢	450	49.5	59.4	69.3	79.2	99.0	118.8	138.6	158.4	178.2	198.0			
				Q345GJ	400	44.0	52.8	61.6	70.4	88.0	105.6	123.2	140.8	158.4	176.0			

续表

螺栓的性能等级	螺栓的公称直径 d (mm)	螺栓毛截面面积 A (mm²)	螺栓在螺纹处有效截面面积 A_eff (mm²)	构件钢材的牌号	螺栓的承压强度设计值 f_c^b (N/mm²)	承压承载力设计值 N_c^b (kN) 当承压板厚度 t (mm) 为										受拉的承载力设计值 N_t^b (kN)	受剪承载力设计值 N_v^b (kN)	
						5	6	7	8	10	12	14	16	18	20		单剪	双剪
4.6级、4.8级	24	452.4	353	Q235钢	305	36.6	43.9	51.2	58.6	73.2	87.8	102.5	117.1	131.8	146.4	60.01	63.3	126.7
				Q345钢	385	46.2	55.4	64.7	73.9	92.4	110.9	129.4	147.8	166.3	184.8			
				Q390钢	400	48.0	57.6	67.2	76.8	96.0	115.2	134.4	153.6	172.8	192.0			
				Q420钢	425	51.0	61.2	71.4	81.6	102.0	122.4	142.8	163.2	183.6	204.0			
				Q460钢	450	54.0	64.8	75.6	86.4	108.0	129.6	151.2	172.8	194.4	216.0			
				Q345GJ	400	48.0	57.6	67.2	76.8	96.0	115.2	134.4	153.6	172.8	192.0			
	27	572.6	459	Q235钢	305	41.2	49.4	57.6	65.9	82.4	98.8	115.3	131.8	148.2	164.7	78.03	80.2	160.3
				Q345钢	385	52.0	62.4	72.8	83.2	104.0	124.7	145.5	166.3	187.1	207.9			
				Q390钢	400	54.0	64.8	75.6	86.4	108.0	129.6	151.2	172.8	194.4	216.0			
				Q420钢	425	57.4	68.9	80.3	91.8	114.8	137.7	160.7	183.6	206.6	229.5			
				Q460钢	450	60.8	72.9	85.1	97.2	121.5	145.8	170.1	194.4	218.7	243.0			
				Q345GJ	400	54.0	64.8	75.6	86.4	108.0	129.6	151.2	172.8	194.4	216.0			
	30	706.9	561	Q235钢	305	45.8	54.9	64.1	73.2	91.5	109.8	128.1	146.4	164.7	183.0	95.37	99.0	197.9
				Q345钢	385	57.8	69.3	80.9	92.4	115.5	138.6	161.7	184.8	207.9	231.0			
				Q390钢	400	60.0	72.0	84.0	96.0	120.0	144.0	168.0	192.0	216.0	240.0			
				Q420钢	425	63.8	76.5	89.3	102.0	127.5	153.0	178.5	204.0	229.5	255.0			
				Q460钢	450	67.5	81.0	94.5	108.0	135.0	162.0	189.0	216.0	243.0	270.0			
				Q345GJ	400	60.0	72.0	84.0	96.0	120.0	144.0	168.0	192.0	216.0	240.0			

注: 1. 表中螺栓的承载力设计值系按如下公式计算:

承压 $N_c^b=d\sum t f_c^b$; 受拉 $N_t^b=A_{eff} f_t^b$; 受剪 $N_v^b=n_v A f_v^b$;

式中　n_v——受剪面数目;

f_t^b——普通螺栓的抗拉强度设计值,对于4.6级或4.8级取170N/mm²;

f_v^b——普通螺栓的抗剪强度设计值,对于4.6级或4.8级取140N/mm²;

2. 单角钢单面连接的高强度螺栓,其承载力设计值应按表中的数值乘以0.85计算。

11.9.3　高强螺栓的承载力设计值

1.　一个高强度螺栓摩擦型连接的承载力设计值

一个高强度螺栓摩擦型连接的承载力设计值表

表 11-40a

螺栓的性能等级	构件钢材的牌号	连接处构件接触面的处理方法	钢材摩擦面的抗滑移系数 μ	抗剪的承载力设计值 N_v^b (kN) 螺栓的公称直径 (mm) 单剪 $n_f=1$						双剪 $n_f=2$					
				M16	M20	M22	M24	M27	M30	M16	M20	M22	M24	M27	M30
8.8 级	Q235 钢	喷硬质石英砂或铸钢棱角砂	0.45	32.4	50.6	60.8	70.9	93.2	113.4	64.8	101.3	121.5	141.8	186.3	226.8
		抛丸（喷砂）	0.40	28.8	45.0	54.0	63.0	82.8	100.8	57.6	90.0	108.0	126.0	165.6	201.6
		钢丝刷清除浮锈或未经处理的干净轧制面	0.30	21.6	33.8	40.5	47.3	62.1	75.6	43.2	67.5	81.0	94.5	124.2	151.2
	Q345 钢或 Q390 钢	喷硬质石英砂或铸钢棱角砂	0.45	32.4	50.6	60.8	70.9	93.2	113.4	64.8	101.3	121.5	141.8	186.3	226.8
		抛丸（喷砂）	0.40	28.8	45.0	54.0	63.0	82.8	100.8	57.6	90.0	108.0	126.0	165.6	201.6
		钢丝刷清除浮锈或未经处理的干净轧制面	0.35	25.2	39.4	47.3	55.1	72.5	88.2	50.4	78.8	94.5	110.3	144.9	176.4
	Q420 钢或 Q460 钢	喷硬质石英砂或铸钢棱角砂	0.45	32.4	50.6	60.8	70.9	93.2	113.4	64.8	101.3	121.5	141.8	186.3	226.8
		抛丸（喷砂）	0.40	28.8	45.0	54.0	63.0	82.8	100.8	57.6	90.0	108.0	126.0	165.6	201.6
		钢丝刷清除浮锈或未经处理的干净轧制面	0.40	28.8	45.0	54.0	63.0	82.8	100.8	57.6	90.0	108.0	126.0	165.6	201.6

续表

抗剪的承载力设计值 N_v^b (kN)

螺栓的性能等级	构件钢材的牌号	连接处构件接触面的处理方法	钢材摩擦面的抗滑移系数 μ	螺栓的公称直径 (mm)											
				单剪 $n_f=1$						双剪 $n_f=2$					
				M16	M20	M22	M24	M27	M30	M16	M20	M22	M24	M27	M30
10.9级	Q235钢	喷硬质石英砂或铸钢棱角砂	0.45	40.5	62.8	77.0	91.1	117.5	143.8	81.0	125.6	153.9	182.3	234.9	287.6
		抛丸（喷砂）	0.40	36.0	55.8	68.4	81.0	104.4	127.8	72.0	111.6	136.8	162.0	208.8	255.6
		钢丝刷清除浮锈或未经处理的干净轧制面	0.30	27.0	41.9	51.3	60.8	78.3	95.9	54.0	83.7	102.6	121.5	156.6	191.7
	Q345钢或Q390钢	喷硬质石英砂或铸钢棱角砂	0.45	40.5	62.8	77.0	91.1	117.5	143.8	81.0	125.6	153.9	182.3	234.9	287.6
		抛丸（喷砂）	0.40	36.0	55.8	68.4	81.0	104.4	127.8	72.0	111.6	136.8	162.0	208.8	255.6
		钢丝刷清除浮锈或未经处理的干净轧制面	0.35	31.5	48.8	59.9	70.9	91.4	111.8	63.0	97.7	119.7	141.8	182.7	223.7
	Q420钢或Q460钢	喷硬质石英砂或铸钢棱角砂	0.45	40.5	62.8	77.0	91.1	117.5	143.8	81.0	125.6	153.9	182.3	234.9	287.6
		抛丸（喷砂）	0.40	36.0	55.8	68.4	81.0	104.4	127.8	72.0	111.6	136.8	162.0	208.8	255.6
		钢丝刷清除浮锈或未经处理的干净轧制面	0.40	36.0	55.8	68.4	81.0	104.4	127.8	72.0	111.6	136.8	162.0	208.8	255.6

注：1. 表中高强度螺栓受剪的承载力设计值按下式计算：

$$N_v^b = 0.9 k n_f \mu P$$

式中 k——孔型系数，表中计算按标准圆孔考虑，k 取 1.0；n_f——传力的摩擦面数目；μ——摩擦系数；P——一个高强度螺栓的预拉力设计值；

2. 单角钢单面连接的高强度螺栓，其承载力设计值应按表中的数值乘以 0.85 计算。

2. 一个高强度螺栓承压型连接的承载力设计值表

一个高强度螺栓承压型连接的承载力设计值

表 11-40b

螺栓的性能等级	螺栓的公称直径 d (mm)	螺栓毛截面面积 A (mm²)	螺栓在螺纹处有效截面面积 A_{eff} (mm²)	构件钢材的牌号	高强度螺栓承压强度设计值 f_c^b (N/mm²)	承压承载力设计值 N_c^b (kN) 当承压板厚度 t (mm) 为									受拉的承载力设计值 N_t^b (kN)	受剪承载力设计值 N_v^b (kN)			
																剪切面在螺杆处		剪切面在螺纹处	
						6	7	8	10	12	14	16	18	20		单剪	双剪	单剪	双剪
8.8级	16	201.1	157	Q235钢	470	45.1	52.6	60.2	75.2	90.2	105.3	120.3	135.4	150.4	62.8	50.3	100.5	39.3	78.5
				Q345钢	590	56.6	66.1	75.5	94.4	113.3	132.2	151.0	169.9	188.8					
				Q390钢	615	59.0	68.9	78.7	98.4	118.1	137.8	157.4	177.1	196.8					
				Q420钢	655	62.9	73.4	83.8	104.8	125.8	146.7	167.7	188.6	209.6					
				Q460钢	695	66.7	77.8	89.0	111.2	133.4	155.7	177.9	200.2	222.4					
				Q345GJ	615	59.0	68.9	78.7	98.4	118.1	137.8	157.4	177.1	196.8					
	20	314.2	245	Q235钢	470	56.4	65.8	75.2	94.0	112.8	131.6	150.4	169.2	188.0	98.0	78.5	157.1	61.3	122.5
				Q345钢	590	70.8	82.6	94.4	118.0	141.6	165.2	188.8	212.4	236.0					
				Q390钢	615	73.8	86.1	98.4	123.0	147.6	172.2	196.8	221.4	246.0					
				Q420钢	655	78.6	91.7	104.8	131.0	157.2	183.4	209.6	235.8	262.0					
				Q460钢	695	83.4	97.3	111.2	139.0	166.8	194.6	222.4	250.2	278.0					
				Q345GJ	615	73.8	86.1	98.4	123.0	147.6	172.2	196.8	221.4	246.0					
	22	380.1	303	Q235钢	470	62.0	72.4	82.7	103.4	124.1	144.8	165.4	186.1	206.8	121.2	95.0	190.1	75.8	151.5
				Q345钢	590	77.9	90.9	103.8	129.8	155.8	181.7	207.7	233.6	259.6					
				Q390钢	615	81.2	94.7	108.2	135.3	162.4	189.4	216.5	243.5	270.6					
				Q420钢	655	86.5	100.9	115.3	144.1	172.9	201.7	230.6	259.4	288.2					
				Q460钢	695	91.7	107.0	122.3	152.9	183.5	214.1	244.6	275.2	305.8					
				Q345GJ	615	81.2	94.7	108.2	135.3	162.4	189.4	216.5	243.5	270.6					

续表

螺栓的性能等级	螺栓的公称直径 d (mm)	螺栓毛截面面积 A (mm²)	螺栓在螺纹处有效截面面积 A_eff (mm²)	构件钢材的牌号	高强度螺栓承压强度设计值 f_c^b (N/mm²)	承压承载力设计值 N_c^b (kN) 当承压板厚度 t (mm) 为									受拉的承载力设计值 N_t^b (kN)	受剪承载力设计值 N_v^b (kN)			
																剪切面在螺杆处		剪切面在螺纹处	
						6	7	8	10	12	14	16	18	20		单剪	双剪	单剪	双剪
8.8级	24	452.4	353	Q235钢	470	67.7	79.0	90.2	112.8	135.4	157.9	180.5	203.0	225.6	141.2	113.1	226.2	88.3	176.5
				Q345钢	590	85.0	99.1	113.3	141.6	169.9	198.2	226.6	254.9	283.2					
				Q390钢	615	88.6	103.3	118.1	147.6	177.1	206.6	236.2	265.7	295.2					
				Q420钢	655	94.3	110.0	125.8	157.2	188.6	220.1	251.5	283.0	314.4					
				Q460钢	695	100.1	116.8	133.4	166.8	200.2	233.5	266.9	300.2	333.6					
				Q345GJ	615	88.6	103.3	118.1	147.6	177.1	206.6	236.2	265.7	295.2					
	27	572.6	459	Q235钢	470	76.1	88.8	101.5	126.9	152.3	177.7	203.0	228.4	253.8	183.6	143.1	286.3	114.8	229.5
				Q345钢	590	95.6	111.5	127.4	159.3	191.2	223.0	254.9	286.7	318.6					
				Q390钢	615	99.6	116.2	132.8	166.1	199.3	232.5	265.7	298.9	332.1					
				Q420钢	655	106.1	123.8	141.5	176.9	212.2	247.6	283.0	318.3	353.7					
				Q460钢	695	112.6	131.4	150.1	187.7	225.2	262.7	300.2	337.8	375.3					
				Q345GJ	615	99.6	116.2	132.8	166.1	199.3	232.5	265.7	298.9	332.1					
	30	706.9	561	Q235钢	470	84.6	98.7	112.8	141.0	169.2	197.4	225.6	253.8	282.0	224.5	176.7	353.4	140.3	280.5
				Q345钢	590	106.2	123.9	141.6	177.0	212.4	247.8	283.2	318.6	354.0					
				Q390钢	615	110.7	129.2	147.6	184.5	221.4	258.3	295.2	332.1	369.0					
				Q420钢	655	117.9	137.6	157.2	196.5	235.8	275.1	314.4	353.7	393.0					
				Q460钢	695	125.1	146.0	166.8	208.5	250.2	291.9	333.6	375.3	417.0					
				Q345GJ	615	110.7	129.2	147.6	184.5	221.4	258.3	295.2	332.1	369.0					

续表

螺栓的性能等级	螺栓的公称直径 d (mm)	螺栓毛截面面积 A (mm²)	螺栓在螺纹处有效截面面积 A_eff (mm²)	构件钢材的牌号	高强度螺栓承压强度设计值 f_c^b (N/mm²)	承压承载力设计值 N_c^b (kN) 当承压板厚度 t (mm) 为									受拉的承载力设计值 N_t^b (kN)	受剪承载力设计值 N_v^b (kN)			
																剪切面在螺杆处		剪切面在螺纹处	
						6	7	8	10	12	14	16	18	20		单剪	双剪	单剪	双剪
10.9级	16	201.1	157	Q235钢	470	45.1	52.6	60.2	75.2	90.2	105.3	120.3	135.4	150.4	78.5	62.3	124.7	48.7	97.3
				Q345钢	590	56.6	66.1	75.5	94.4	113.3	132.2	151.0	169.9	188.8					
				Q390钢	615	59.0	68.9	78.7	98.4	118.1	137.8	157.4	177.1	196.8					
				Q420钢	655	62.9	73.4	83.8	104.8	125.8	146.7	167.7	188.6	209.6					
				Q460钢	695	66.7	77.8	89.0	111.2	133.4	155.7	177.9	200.2	222.4					
				Q345GJ	615	59.0	68.9	78.7	98.4	118.1	137.8	157.4	177.1	196.8					
	20	314.2	245	Q235钢	470	56.4	65.8	75.2	94.0	112.8	131.6	150.4	169.2	188.0	1102.5	97.4	194.8	76.0	151.9
				Q345钢	590	70.8	82.6	94.4	118.0	141.6	165.2	188.8	212.4	236.0					
				Q390钢	615	73.8	86.1	98.4	123.0	147.6	172.2	196.8	221.4	246.0					
				Q420钢	655	78.6	91.7	104.8	131.0	157.2	183.4	209.6	235.8	262.0					
				Q460钢	695	83.4	97.3	111.2	139.0	166.8	194.6	222.4	250.2	278.0					
				Q345GJ	615	73.8	86.1	98.4	123.0	147.6	172.2	196.8	221.4	246.0					
	22	380.1	303	Q235钢	470	62.0	72.4	82.7	103.4	124.1	144.8	165.4	186.1	206.8	151.5	117.8	235.7	93.9	187.9
				Q345钢	590	77.9	90.9	103.8	129.8	155.8	181.7	207.7	233.6	259.6					
				Q390钢	615	81.2	94.7	108.2	135.3	162.4	189.4	216.5	243.5	270.6					
				Q420钢	655	86.5	100.9	115.3	144.1	172.9	201.7	230.6	259.4	288.2					
				Q460钢	695	91.7	107.0	122.3	152.9	183.5	214.1	244.6	275.2	305.8					
				Q345GJ	615	81.2	94.7	108.2	135.3	162.4	189.4	216.5	243.5	270.6					

续表

螺栓的性能等级	螺栓的公称直径 d (mm)	螺栓毛截面面积 A (mm²)	螺栓在螺纹处有效截面面积 A_eff (mm²)	构件钢材的牌号	高强度螺栓承压强度设计值 f_c^b (N/mm²)	承压承载力设计值 N_c^b (kN) 当承压板厚度 t (mm) 为									受拉的承载力设计值 N_t^b (kN)	受剪承载力设计值 N_v^b (kN)			
																剪切面在螺杆处		剪切面在螺纹处	
						6	7	8	10	12	14	16	18	20		单剪	双剪	单剪	双剪
10.9级	24	452.4	353	Q235钢	470	67.7	79.0	90.2	112.8	135.4	157.9	180.5	203.0	225.6	176.5	140.2	280.5	109.4	218.9
				Q345钢	590	85.0	99.1	113.3	141.6	169.9	198.2	226.6	254.9	283.2					
				Q390钢	615	88.6	103.3	118.1	147.6	177.1	206.6	236.2	265.7	295.2					
				Q420钢	655	94.3	110.0	125.8	157.2	188.6	220.1	251.5	283.0	314.4					
				Q460钢	695	100.1	116.8	133.4	166.8	200.2	233.5	266.9	300.2	333.6					
				Q345GJ	615	88.6	103.3	118.1	147.6	177.1	206.6	236.2	265.7	295.2					
	27	572.6	459	Q235钢	470	76.1	88.8	101.5	126.9	152.3	177.7	203.0	228.4	253.8	229.5	177.5	355.0	142.3	284.6
				Q345钢	590	95.6	111.5	127.4	159.3	191.2	223.0	254.9	286.7	318.6					
				Q390钢	615	99.6	116.2	132.8	166.1	199.3	232.5	265.7	298.9	332.1					
				Q420钢	655	106.1	123.8	141.5	176.9	212.2	247.6	283.0	318.3	353.7					
				Q460钢	695	112.6	131.4	150.1	187.7	225.2	262.7	300.3	337.8	375.3					
				Q345GJ	615	99.6	116.2	132.8	166.1	199.3	232.5	265.7	298.9	332.1					
	30	706.9	561	Q235钢	470	84.6	98.7	112.8	141.0	169.2	197.4	225.6	253.8	282.0	280.5	219.1	438.3	173.9	347.8
				Q345钢	590	106.2	123.9	141.6	177.0	212.4	247.8	283.2	318.6	354.0					
				Q390钢	615	110.7	129.2	147.6	184.5	221.4	258.3	295.2	332.1	369.0					
				Q420钢	655	117.9	137.6	157.2	196.5	235.8	275.1	314.4	353.7	393.0					
				Q460钢	695	125.1	146.0	166.8	208.5	250.2	291.9	333.6	375.3	417.0					
				Q345GJ	615	110.7	129.2	147.6	184.5	221.4	258.3	295.2	332.1	369.0					

注: 1. $N_c^b = d\Sigma t f_c^b$;
2. $N_t^b = A_{eff} f_t^b$;
3. $N_v^b = n_v A f_v^b$ (当剪切面在螺杆处时); $N_v^b = n_v A_{eff} f_v^b$ (当剪切面在螺纹处时);
f_t^b: 8.8级为400N/mm²; 10.9级为500N/mm²; f_v^b: 8.8级为250N/mm²; 10.9级为310N/mm²。

11.10　热轧角钢螺栓孔距规线表

热轧角钢螺栓孔距规线表（mm）　　　　　表 11-41

单行排列			双行交错排列 $b \geqslant 125$				双行并行排列 $b \geqslant 140$			
角钢肢宽 b	线距 a	最大孔径 d_0	角钢肢宽 b	线距 a_1	线距 a_2	最大孔径 d_0	角钢肢宽 b	线距 a_1	线距 a_2	最大孔径 d_0
36	20	11								
40	25	12								
45	25	13								
50	30	14								
56	30	15.5								
60	30	17								
63	35	17.5								
70	40	20								
75	40	21.5								
80	45	21.5								
90	50	23.5								
100	55	23.5								
110	60	26								
125	70	26	125	55	35	23.5				
			140	60	40	23.5	140	55	60	19.5
			150	60	50	25	150	55	65	23.5
			160	70	50	26	160	55	70	23.5
			180	70	70	26	180	65	75	23.5
							200	80	80	25.5

第12章 常用内力计算公式及吊车规格

12.1 横梁的固端弯矩

12.1.1 一端固定一端铰支梁的固端弯矩计算公式

M_A^f ⌐ A ——————— I ——————

l

（图中所示力的方向为正值）

表 12-1

序号	变形或荷载图形	固端弯矩 M_A^f
1	$\theta = 1$	$\dfrac{3EI}{l}$
2	$\Delta = 1$	$\dfrac{3EI}{l^2}$
3	M	$\dfrac{M}{2}$
4	a ， b ， M	$\dfrac{l^2 - 3b^2}{2l^2}M$
5	$l/2$ ， $l/2$ ， M	$\dfrac{M}{8}$
6	a ， P ， b	$-\dfrac{Pab(b+l)}{2l^2}$
7	$l/2$ ， P ， $l/2$	$-\dfrac{3}{16}Pl$
8	a ， P ， b ， P ， a	$-\dfrac{3Pa(a+b)}{2l}$
9	$l/3$ ， P ， $l/3$ ， P ， $l/3$	$-\dfrac{Pl}{3}$
10	q	$-\dfrac{ql^2}{8}$
11	q ， a	$-\dfrac{qa^2}{8l^2}(2l-a)^2$

序号	变形或荷载图形	固端弯矩 M_A^f
12		$-\dfrac{9}{128}ql^2$
13		$-\dfrac{qb^2}{8l^2}(2l^2-b^2)$
14		$-\dfrac{7}{128}ql^2$
15		$-\dfrac{q}{8l}(l^3-6a^2l+4a^2)$
16		$-\dfrac{qa^2}{4l}(3l-2a)$
17		$-\dfrac{l^2}{120}(8q_1+7q_2)$
18		$-\dfrac{l^2}{120}(7q_1+8q_2)$
19		$-\dfrac{1}{15}ql^2$
20		$-\dfrac{7}{120}ql^2$
21		$-\dfrac{qa^2}{120l^2}(20l^2-15al+3a^2)$
22		$-\dfrac{qa^2}{120l^2}(40l^2-45al+12a^2)$
23		$-\dfrac{qb^2}{120l^2}(10l^2-3b^2)$
24		$-\dfrac{qb^2}{30l^2}(5l^2-3b^2)$
25		$-\dfrac{q}{120l}(a+2b)(7l^2-3b^2)$
26		$-\dfrac{5}{64}ql^2$

12.1.2 两端固定梁的固端弯矩计算公式

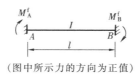

（图中所示力的方向为正值）

表 12-2

序号	变形或荷载图形	固 端 弯 矩	
		M_A^f	M_B^f
1	$\theta = 1$	$\dfrac{4EI}{l}$	$\dfrac{2EI}{l}$
2		$-\dfrac{6EI}{l^2}$	$-\dfrac{6EI}{l^2}$
3	a b M	$\dfrac{b}{l^2}(3a-l)M$	$\dfrac{a}{l^2}(3b-l)M$
4	$l/2$ $l/2$ M	$\dfrac{M}{4}$	$\dfrac{M}{4}$
5	a P b	$-\dfrac{Pab^2}{l^2}$	$\dfrac{Pa^2b}{l^2}$
6	$l/2$ P $l/2$	$-\dfrac{Pl}{8}$	$\dfrac{Pl}{8}$
7	a P b P a	$-\dfrac{Pa}{l}(a+b)$	$\dfrac{Pa}{l}(a+b)$
8	$l/3$ P $l/3$ P $l/3$	$-\dfrac{2}{9}Pl$	$\dfrac{2}{9}Pl$
9	q	$-\dfrac{1}{12}ql^2$	$\dfrac{1}{12}ql^2$
10	q a	$-\dfrac{qa^2}{12l^2}(6l^2-8al+3a^2)$	$\dfrac{qa^3}{12l^2}(4l-3a)$
11	q $l/2$	$-\dfrac{11}{192}ql^2$	$\dfrac{5}{192}ql^2$
12	q a c b	$-\dfrac{q}{12l^2}-\{6l^2[(a+c)^2-a^2]-8l$ $\times[(a+c)^3-a^3]+3[(a+c)^4-a^4]\}$	$\dfrac{q}{12l^2}\{4l[(a+c)^3-a^3]-3$ $\times[(a+c)^4-a^4]\}$
13	q a a	$-\dfrac{a}{12l}(l^3-6a^2l+4a^3)$	$-\dfrac{q}{12l}(l^3-6a^2l+4a^3)$

序号	变形或荷载图形	固 端 弯 矩	
		M_A^f	M_B^f
14		$-\dfrac{qa^2}{6l}(3l-2a)$	$\dfrac{qa^2}{6l}(3l-2a)$
15		$-\dfrac{l^2}{60}(3q_1+2q_2)$	$\dfrac{l^2}{60}(2q_1+3q_2)$
16		$-\dfrac{1}{20}ql^2$	$\dfrac{1}{30}ql^2$
17		$-\dfrac{qa^2}{60l^2}(10l^2-10al+3a^2)$	$\dfrac{qa^3}{60l^2}(5l-3a)$
18		$-\dfrac{qa^2}{30l^2}(10l^2-15al+6a^2)$	$\dfrac{qa^3}{20l^2}(5l-4a)$
19		$-\dfrac{q}{60l}\left[2a^2(a+4b)+3b^2(4a+b)\right]$	$\dfrac{q}{60l}\left[3a^2(a+4b)+2b^3(4a+b)\right]$
20		$-\dfrac{5}{96}ql^2$	$\dfrac{5}{96}ql^2$

12.2 单跨等截面门式刚架弯矩剪力计算公式

12.2.1 双坡门式铰接刚架计算公式

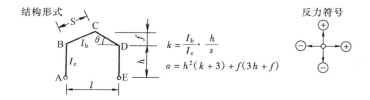

$$k=\frac{I_b}{I_c}\cdot\frac{h}{s}$$

$$\alpha=h^2(k+3)+f(3h+f)$$

表 12-3

序号	荷载及内力简图	计 算 公 式
1		$V_A=V_E=\dfrac{wl}{2}$ $H=H_A=-H_E=\dfrac{wl^2}{32}\cdot\dfrac{8h+5f}{a}$ $M_B=M_D=-Hh$ $M_C=\dfrac{wl^2}{8}-H(h+f)$ $M_x=V_A\cdot x-H_A\left(h+\dfrac{2fx}{l}\right)-\dfrac{wx^2}{2}$

序号	荷载及内力简图	计 算 公 式
2		$V_A = \dfrac{3wl}{8}, V_E = \dfrac{wl}{8}$ $H = H_A = -H_E = \dfrac{wl^2}{64} \cdot \dfrac{8h+5f}{a}$ $M_B = M_D = -Hh$ $M_C = \dfrac{wl^2}{16} - H(h+f)$
3		$V_A = \dfrac{P \cdot b}{l}, V_E = \dfrac{P \cdot a}{l}$ $H = H_A = -H_E = \dfrac{P \cdot a}{4l^2} \cdot \dfrac{6hbl + f(3l^2 - 4a^2)}{a}$ $M_B = M_D = -Hh$ $M_C = \dfrac{P \cdot a}{2} - H(h+f)$ $M_P = V_A \cdot a - H\left(h + \dfrac{2fa}{l}\right)$
4		$V_A = V_E = \dfrac{P}{2}$ $H_A = -H_E = \dfrac{3h+2f}{a} \cdot \dfrac{Pl}{8}$ $M_B = M_D = -H_A h$ $M_C = \dfrac{Pl}{4} - \dfrac{(3h+2f)(h+f)}{8a} Pl$
5		$V_A = V_E = 2P$ $H_A = -H_E = \dfrac{Pl}{32} \cdot \dfrac{30h+19f}{a} = H$ $M_B = M_D = -Hh$ $M_C = \dfrac{Pl}{2} - H(h+f)$ $M_P = \dfrac{2Pl}{3} - H\left(h + \dfrac{f}{2}\right)$

序号	荷载及内力简图	计 算 公 式
6		$V_{A1} = -V_{E1} = -\dfrac{h^2}{2l}(w_1 + w_4)$ $H_{A1} = -w_1 h + \dfrac{5hk + 6(2h+f)}{16a} h^2 (w_1 - w_4)$ $H_{E1} = -w_4 h - \dfrac{5hk + 6(2h+f)}{16a} h^2 (w_1 - w_4)$
7		$V_{A2} = -V_{E2} = \dfrac{f(2h+f)}{2l}(w_2 - w_3)$ $H_{A2} = w_2 f - \dfrac{8h^2(k+3) + 5f(4h+f)}{16a} f(w_2 + w_3)$ $H_{E2} = -w_3 f + \dfrac{8h^2(k+3) + 5f(4h+f)}{16a} f(w_2 + w_3)$
8		$V_{A3} = -\dfrac{1}{8}(3w_2 + w_3)$ $V_{E3} = -\dfrac{1}{8}(w_2 + 3w_3)$ $H_{A3} = -H_{E3} = -\dfrac{8h+5f}{64a} l^2 (w_2 + w_3)$
9		$V_A = V_{A1} + V_{A2} + V_{A3},\ V_E = V_{E1} + V_{E2} + V_{E3}$ $H_A = H_{A1} + H_{A2} + H_{A3},\ H_E = H_{E1} + H_{E2} + H_{E3}$ $M_B = -H_A h - \dfrac{w_1 h^2}{2}$ $M_C = -H_A(h+f) + \dfrac{V_A l}{2} - w_1\left(\dfrac{h}{2} + f\right) + \dfrac{w_2 s^2}{2}$ $M_D = H_E h + \dfrac{W_4 h^2}{2}$
10		$V = V_A = -V_E = -\dfrac{Ph}{l}$ $H_E = -\dfrac{Ph}{4} \cdot \dfrac{2hk + 3(2h+f)}{a}$ $H_A = -P - H_E$ $M_B = -H_A h,\ M_D = H_E h$ $M_C = \dfrac{Ph}{2} + H_E(h+f)$

续表

序号	荷载及内力简图	计 算 公 式
11		$V_A=\dfrac{P(l-e)}{l}$，$V_E=\dfrac{P\cdot e}{l}$ $H=H_A=-H_E=\dfrac{3P\cdot e}{4h}\cdot\dfrac{k(h^2-a^2)+h(2h+f)}{a}$ $M_{FA}=-H\cdot a$，$M_{FB}=P\cdot e-H\cdot a$ $M_B=P\cdot e-Hh$ $M_C=\dfrac{-P\cdot e}{2}+H(h+f)$，$M_D=-Hh$
12		$-V_A=V_E=\dfrac{P\cdot a}{l}$ $H_E=-\dfrac{P\cdot a}{4}\cdot\dfrac{k\,(3h-a^2/h)+3\,(2h+f)}{a}$ $H_A=-P-H_E$ $M_F=-H_A\cdot a$ $M_B=-P\,(h-a)-H_Ah$，$M_C=\dfrac{P\cdot a}{2}+H_E\,(h+f)$ $M_D=H_Eh$

12.2.2 双坡门式刚接刚架计算公式

结构形式　　　　　　　　　　　　　　　　反力符号

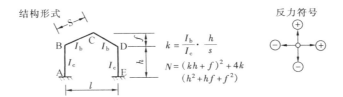

$$k=\dfrac{I_b}{I_c}\cdot\dfrac{h}{s}$$

$$N=(kh+f)^2+4k(h^2+hf+f^2)$$

表 12-4

序号	荷载及内力简图	计 算 公 式
1		$V=V_A=V_E=\dfrac{wl}{2}$ $H=H_A=-H_E=\dfrac{wl^2}{8}\cdot\dfrac{k(4h+5f)+f}{N}$ $M_A=M_E=\dfrac{wl^2}{48}\cdot\dfrac{kh(8h+15f)+f(6h-f)}{N}$ $M_B=M_D=-\dfrac{wl^2}{48}\cdot\dfrac{kh(16h+15f)+f^2}{N}$ $M_C=-H(h+f)+M_A+\dfrac{wl^2}{8}$
2		$V_A=\dfrac{wl}{32}\cdot\dfrac{36k+13}{3k+1}$，$V_E=\dfrac{wl}{32}\cdot\dfrac{12k+3}{3k+1}$ $H=H_A=-H_E=\dfrac{wl^2}{16}\cdot\dfrac{k(4h+5f)+f}{N}$ $M_A=\dfrac{wl^2}{96}\left[\dfrac{kh(8h+15f)+f(6h-f)}{N}-\dfrac{3}{2(3k+1)}\right]$ $M_E=\dfrac{wl^2}{96}\left[\dfrac{kh(8h+15f)+f(6h-f)}{N}+\dfrac{3}{2(3k+1)}\right]$ $M_B=-\dfrac{wl^2}{96}\left[\dfrac{kh(16h+15f)+f^2}{N}+\dfrac{3}{2(3k+1)}\right]$ $M_D=-\dfrac{wl^2}{96}\left[\dfrac{kh(16h+15f)+f^2}{N}+\dfrac{3}{2(3k+1)}\right]$ $M_C=-H(h+f)+M_E+V_E\dfrac{1}{2}$

序号	荷载及内力简图	计　算　公　式
3		$V_A = P - V_E, V_E = \dfrac{P \cdot a}{l^2} \cdot \dfrac{3kl^2 + a(l+2b)}{3k+1}$ $H = H_A = -H_E$ $\qquad = \dfrac{P \cdot a}{l^2} \times \dfrac{3kl^2(h+f) - 4a^2 f(k+1) - 3al(kh-f)}{N}$ $M_A = \dfrac{P \cdot a}{2l^2}\left[\dfrac{2lh^2bk + 3hlf(2a+lk) - f^2 l(l-4a)}{N}\right.$ $\qquad \left.+ \dfrac{-4a^2 fh(k+2) - 4a^2 f^2}{N} - \dfrac{b(b-a)}{3k+1}\right]$ $M_E = \dfrac{P \cdot a}{2l^2}\left[\dfrac{2lh^2bk + 3hlf(2a+lk) - f^2 l(l-4a)}{N}\right.$ $\qquad \left.+ \dfrac{-4a^2 fh(k+2) - 4a^2 f^2}{N} + \dfrac{b(b-a)}{3k+1}\right]$ $M_B = -Hh + M_A, M_D = -Hh + M_E$ $M_C = -H(h+f) + M_E + V_E \dfrac{l}{2}$ $M_P = -H\left(h + \dfrac{2fa}{l}\right) + M_A + V_A \cdot a$
4		$V = -V_A = V_E = \dfrac{wh^2}{2l} \cdot \dfrac{k}{3k+1}$ $H_A = -wh - H_E, H_E = -\dfrac{wkh^2}{4} \cdot \dfrac{h(k+3)+2f}{N}$ $M_A = -\dfrac{wh^2}{24}\left[\dfrac{kh^2(k+6) + kf(15h+16f) + 6f^2}{N} + \dfrac{12k+6}{3k+1}\right]$ $M_E = -\dfrac{wh^2}{24}\left[\dfrac{kh^2(k+6) + kf(15h+16f) + 6f^2}{N} - \dfrac{12k+6}{3k+1}\right]$ $M_B = -H_A h + M_A + \dfrac{wh^2}{2}, M_D = -H_E h + M_E$ $M_C = -H_E(h+f) + M_E + V\dfrac{l}{2}$
5		$V = -V_A = V_E = \dfrac{wf}{8l} \cdot \dfrac{5f + 12k(f+h)}{3k+1}$ $H_A = -\dfrac{wf}{4} \cdot \dfrac{2kh^2(k+4) + 14khf + f^2(11k+3)}{N}$ $H_E = -\dfrac{wf}{4} \cdot \dfrac{5kf(2h+f) + 2kh^2(k+4) + f^2}{N}$ $M_A = -\dfrac{wf}{24}\left[\dfrac{f\{kh(4h+9f) + f(6h+f)\}}{N} + \dfrac{12h(3k+2)+3f}{6k+2}\right]$ $M_E = -\dfrac{wf}{24}\left[\dfrac{f\{kh(4h+9f) + f(6h+f)\}}{N} - \dfrac{12h(3k+2)+3f}{6k+2}\right]$ $M_B = -H_A h + M_A$ $M_D = -H_E h + M_E$ $M_C = -H_E(h+f) + M_E + V_E\dfrac{1}{2}$

续表

序号	荷载及内力简图	计 算 公 式
6	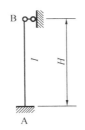	$V=-V_A=V_E=\dfrac{3Ph}{2l}\cdot\dfrac{k}{3k+1}$ $H_A=-P-H_E,H_E=-\dfrac{P\cdot k\cdot h}{2}\cdot\dfrac{h(k+4)+3f}{N}$ $M_A=-\dfrac{Ph}{2}\left[\dfrac{f(kh+f+2fk)}{N}+\dfrac{3k+2}{6k+2}\right]$ $M_E=-\dfrac{Ph}{2}\left[\dfrac{f(kh+f+2fk)}{N}-\dfrac{3k+2}{6k+2}\right]$ $M_B=-H_Ah+M_A,M_D=-H_Eh+M_E$ $M_C=-H_E(h+f)+M_E+V\dfrac{1}{2}$

12.3 单层厂房的柱顶反力

12.3.1 等截面柱的柱顶支座反力计算公式

表 12-5

序号	变形或荷载图形	柱顶支座反力	序号	变形或荷载图形	柱顶支座反力
1	$\Delta=1$, R_B	$R_B=\dfrac{3EI}{H^3}$	4	αH, M, R_B	$R_B=-\dfrac{3}{2}(1-\alpha^2)\dfrac{M}{H}$
2	R_B, $\theta=1$	$R_B=-\dfrac{3EI}{H^2}$	5	αH, T, R_B	$R_B=-\dfrac{1}{2}(1-\alpha)^2$ $(2+\alpha)T$
3	M, R_B	$R_B=-\dfrac{3M}{2H}$	6	αH, w, R_B	$R_B=-\dfrac{1}{8}\alpha(8-6\alpha+\alpha^3)wH$

续表

序号	变形或荷载图形	柱顶支座反力	序号	变形或荷载图形	柱顶支座反力
7		$R_B = -\dfrac{1}{8}(1-\alpha)^3$ $(3+\alpha) \cdot wH$	9		$R_B = -\dfrac{1}{40}(1-\alpha)^3(4+\alpha) \cdot$ wH
8		$R_B = -\dfrac{3}{8}wH$			

12.3.2   单阶柱的柱顶支座反力计算公式

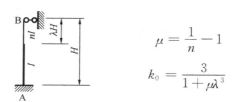

$$\mu = \frac{1}{n} - 1$$

$$k_0 = \frac{3}{1+\mu\lambda^3}$$

表 12-6

序号	变形或荷载图形	柱顶支座反力
1		$R_B = k_0 \dfrac{EI}{H^3}$
2		$R_B = -k_0 \dfrac{EI}{H^2}$
3		$R_B = -\dfrac{k_0}{2}(1+\mu\lambda^2)\dfrac{M}{H}$

续表

序号	变形或荷载图形	柱顶支座反力
4		$R_B = -\dfrac{k_0}{2}\left[1-\alpha^2+\mu(\lambda^2-\alpha^2)\right]\dfrac{M}{H}$
5		$R_B = -\dfrac{k_0}{2}(1-\lambda^2)\dfrac{M}{H}$
6		$R_B = -\dfrac{k_0}{2}(1-\alpha^2)\dfrac{M}{H}$
7		$R_B = -\dfrac{k_0}{6}\left[(1-\alpha)^2(2+\alpha)+\mu(\lambda-\alpha)^2(2\lambda+\alpha)\right]T$
8		$R_B = -\dfrac{k_0}{6}(1-\lambda)^2(2+\lambda)T$
9		$R_B = -\dfrac{k_0}{6}(1-\alpha)^2(2+\alpha)T$

序号	变形或荷载图形	柱顶支座反力
10		$R_B = -\dfrac{k_0}{24}\alpha[8-6\alpha+\alpha^3+\mu(8\lambda^3-6\lambda^2\alpha+\alpha^3)]wH$
11		$R_B = -\dfrac{k_0}{24}\lambda[8-6\lambda+(1+3\mu)\lambda^3]wH$
12		$R_B = -\dfrac{k_0}{24}(1-\lambda)^3(3+\lambda)wH$
13		$R_B = -\dfrac{k_0}{24}(1-\alpha)^3(3+\alpha)wH$
14		$R_B = -\dfrac{k_0}{8}(1+\mu\lambda^4)wH$
15		$R_B = -\dfrac{k_0}{120}(1-\alpha^3)(4+\alpha)wH$

12.4 吊车规格技术资料

(1) 1～10t 吊钩 LDB 型电动单梁起重机技术规格

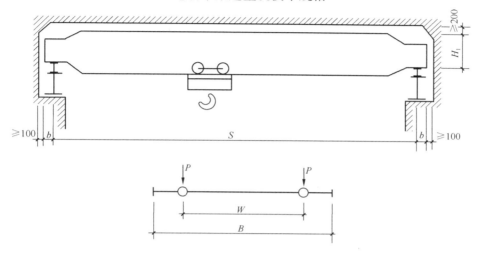

LDB 型电动单梁吊车技术规格图

表 12-7a

起重量 Q (t)	工作制度	跨度 S (m)	起升高度 (m)	基本尺寸（mm）				轨道型号	总重量 (t)	轮压 (kN)	
				B	W	H_1	b			P_{max}	P_{min}
1	A3～A5	7.5	12	2500	2000	490		38kg/m	1.7 (2.1)	11 (14)	2.24 (2.23)
		10.5							1.9 (2.3)	12 (15)	2.22 (2.21)
		13.5		3000	2500				2.2 (2.6)	12 (15)	3.70 (3.68)
		16.5							2.6 (3.0)	13 (16)	4.66 (4.64)
		19.5		3500	3000	530			3.0 (3.4)	14 (17)	5.62 (5.60)
		22.5				580			3.4 (3.8)	15 (18)	6.58 (6.56)
2	A3～A5	7.5	12	2500	2000	490		38kg/m	1.8 (2.2)	16 (19)	2.64 (2.62)
		10.5							2.1 (2.5)	17 (20)	3.11 (3.09)
		13.5		3000	2500				2.5 (2.9)	18 (21)	4.07 (4.05)
		16.5				580			2.9 (3.3)	19 (22)	5.03 (5.02)
		19.5		3500	3000	660			3.9 (4.3)	22 (25)	6.94 (6.92)
		22.5				790			4.7 (5.1)	24 (27)	8.86 (8.85)

续表

起重量 Q (t)	工作制度	跨度 S (m)	起升高度 (m)	基本尺寸（mm）				轨道型号	总重量 (t)	轮压 (kN)	
				B	W	H_1	b			P_{max}	P_{min}
3	A3～A5	7.5	12	2500	2000	530		38kg/m	1.9 (2.3)	22 (25)	2.03 (2.02)
		10.5				530			2.2 (2.6)	22 (25)	3.51 (3.49)
		13.5		3000	2500	580			2.6 (3.0)	23 (26)	4.47 (4.45)
		16.5				660			3.5 (3.9)	26 (29)	5.88 (5.86)
		19.5		3500	3000	750			4.3 (4.7)	28 (31)	7.81 (7.79)
		22.5				820			4.8 (5.2)	29 (32)	9.26 (9.24)
5	A3～A5	7.5	12	2500	2000	580		38kg/m	2.1 (2.5)	33 (36)	1.83 (1.81)
		10.5				580			2.5 (2.9)	34 (37)	2.79 (2.77)
		13.5		3000	2500	660			3.3 (3.7)	36 (39)	4.71 (4.69)
		16.5				790			4.0 (4.4)	38 (40)	6.15 (7.13)
		19.5				820			4.6 (5.0)	39 (42)	8.09 (8.07)
		22.5		3500	3000	880			5.7 (6.1)	42 (45)	10.48 (10.47)
10	A3～A5	7.5	9, 12	2500	2000	725	120	38kg/m	3.24 (3.71)	54.25 (58.90)	6.18 (6.47)
		10.5				800			3.88 (4.28)	58.86 (63.41)	7.46 (7.64)
		13.5		3000	2500	820			4.67 (5.05)	62.39 (65.95)	9.22 (9.41)
		16.5				875			5.42 (5.80)	66.41 (70.95)	10.98 (11.07)
		19.5		3500	3000	975 (875)			7.13 (7.50)	70.24 (74.77)	15.11 (15.19)
		22.5				1075 (975)			8.84 (9.22)	74.95 (79.48)	19.23 (19.31)

注：本表摘自北京起重运输机械设计研究院，起重机技术规格。表中总重量及轮压栏中，不带括号的数字用于地面操纵起重机，带括号的数字用于司机室操纵起重机。

（2）LDC 型 1t～16t 欧式电动单梁起重机技术参数表

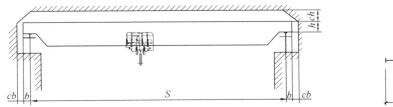

$Ch\geqslant300(Q=5t\sim25t),Ch\geqslant400(Q=32t\sim100t);Cb\geqslant80(b\leqslant300),Cb\geqslant100(b=300)$

4 轮参数数据   表 12-7b

起重量 Q（t）	工作级别	跨度 S（m）	起升高度（m）	基本尺寸（mm）				轨道型号	重量（t）		轮压（kN）	
				B	W	h	b		小车重	总重	P_{max}	P_{min}
1	A5	7.5	9	2126	1800	600	206	P22	0.2	1.22	8.7	2.7
		10.5		2126	1800	600	206			1.52	9.9	3.2
		13.5		2126	1800	600	206			1.93	11.2	4.1
		16.5		2496	2200	600	206			2.8	13.4	6.1
		19.5		2996	2700	600	206			3.21	14.4	7.1
		22.5		3456	3100	600	210			4.62	18	10.4
		25.5		4156	3800	600	210			5.21	19.5	11.8
		28.5		5010	4500	800	246			7.03	24	16.2
2	A5	7.5	9	2126	1800	600	206	P22	0.22	1.28	13.4	3.3
		10.5		2126	1800	600	206			1.59	14.7	3.7
		13.5		2096	1800	600	206			2.01	16.1	4.5
		16.5		2496	2200	600	206			2.99	18.6	6.8
		19.5		3026	2700	600	206			3.86	20.8	8.9
		22.5		3456	3100	600	210			4.79	23.1	11
		25.5		4190	3800	650	210			5.7	25.4	13.2
		28.5		5010	4500	900	246			7.62	30.2	17.8

续表

起重量 Q(t)	工作级别	跨度 S (m)	起升高度 (m)	基本尺寸 (mm)				轨道型号	重量 (t)		轮压 (kN)	
				B	W	h	b		小车重	总重	P_{max}	P_{min}
3.2	A5	7.5	9	2096	1800	600	206	P22	0.23	1.36	19	4.1
		10.5		2096	1800	600	206			1.7	20.6	4.4
		13.5		2096	1800	600	206			2.15	22.1	5.2
		16.5		2526	2200	600	206			3.07	24.4	7.4
		19.5		3056	2700	600	208			3.63	25.9	8.6
		22.5		3490	3100	650	210			5.09	29.5	12.1
		25.5		4190	3800	650	210			5.74	31.2	13.6
		28.5		5050	4500	950	246			7.63	35.9	18.1
5	A5	7.5	9	2096	1800	600	206	P22	0.35	1.56	27.5	5.6
		10.5		2096	1800	600	206			2.01	29.6	5.9
		13.5		2156	1800	750	208			2.82	32.4	7.2
		16.5		2556	2200	750	208			3.69	34.7	9
		19.5		3150	2700	850	230			4.77	37.4	11.5
		22.5		3550	3100	950	232			5.77	39.8	14
		25.5		4290	3800	950	232			6.81	42.4	16.3
		28.5		5010	4500	1000	246			8.9	47.7	21.2
6.3	A5	7.5	9	2526	2200	650	208	P22	0.37	2	33.7	7.9
		10.5		2526	2200	650	208			2.48	36.3	7.8
		13.5		2616	2200	850	230			3.48	39.3	9.7
		16.5		2616	2200	850	230			4.24	42	10.9
		19.5		3150	2700	850	230			5.15	44.4	12.9
		22.5		3550	3100	950	232			5.96	46.5	14.6
		25.5		4250	3800	1100	232			7.36	50.1	17.9
		28.5		5010	4500	1100	246			9.45	55.3	22.9
8	A5	7.5	9	3086	2700	750	230	P22	0.58	2.6	42.3	10.6
		10.5		3116	2700	850	230			3.18	45.8	11
		13.5		3116	2700	850	230			3.99	48.6	11.5
		16.5		3150	2700	950	230			4.8	51.3	12.9
		19.5		3150	2700	950	230			5.68	54	14.6
		22.5		3550	3100	1150	232			6.86	57.2	17.1
		25.5		4310	3800	1150	246			8.66	61.8	21.2
		28.5		5010	4500	1150	246			10.22	65.8	24.7

续表

起重量 Q(t)	工作级别	跨度 S (m)	起升高度 (m)	基本尺寸 (mm)				轨道型号	重量 (t)		轮压 (kN)	
				B	W	h	b		小车重	总重	P_{max}	P_{min}
10	A5	7.5	9	3116	2700	850	230	P22	0.58	2.72	51.2	12.7
		10.5		3116	2700	850	230			3.33	54.7	12.2
		13.5		3116	2700	950	230			4.18	57.8	13.3
		16.5		3150	2700	950	230			5.12	61	14.7
		19.5		3210	2700	1150	244			6.41	65.2	17
		22.5		3610	3100	1150	246			7.73	68.8	19.8
		25.5		4310	3800	1350	246			9.08	72.4	22.6
		28.5		5010	4500	1350	246			10.99	76.9	27.3
12.5	A5	7.5	9	3116	2700	850	230	P22	0.61	2.86	62.8	14.2
		10.5		3176	2700	1050	244	P22	0.61	3.89	67.5	14.4
		13.5		3210	2700	1050	244	P22	0.61	4.71	70.8	15.1
		16.5		3210	2700	1300	244	P22	0.61	5.7	74.2	16.6
		19.5		3210	2700	1300	244	P22	0.61	6.96	78.1	18.9
		22.5		3610	3100	1300	246	P30	0.61	8.14	81.6	21.1
		25.5		4310	3800	1300	246	P30	0.61	10.21	86.4	26.3
		28.5		5050	4500	1300	246	P30	0.61	12.43	92.1	31.3
15	A5	7.5	9	2676	2200	1050	244	P22	0.97	3.38	73.7	15.8
		10.5		2676	2200	1050	244	P22	0.97	4.05	79.3	17.1
		13.5		2710	2200	1200	244	P22	0.97	5	82.5	17.5
		16.5		3360	2700	1400	244	P30	1.03	7.38	91.2	19.7
		19.5		3610	3100	1400	246	P30	1.03	8.85	95.5	22.6
		22.5		4424	3800	1600	246	P30	2.1	12.08	105.6	29
		25.5		5124	4500	1600	246	P43	2.1	14.4	110.7	34.8
		28.5		3360	2700	1400	244	P30	1.03	7.38	91.2	19.7
16	A5	7.5	9	2676	2200	1050	244	P22	1.03	3.47	79.9	17.5
		10.5		2676	2200	1050	244	P30	1.03	4.18	83.5	17
		13.5		2710	2200	1300	244	P30	1.03	5.06	87.6	17.2
		16.5		2710	2200	1300	244	P30	1.03	6.25	91.5	19.3
		19.5		3210	2700	1500	244	P30	1.03	7.45	95.9	20.5
		22.5		3610	3100	1500	244	P30	1.03	8.85	100.5	22.6
		25.5		4424	3800	1600	246	P43	2.01	11.98	109.8	28.9
		28.5		5124	4500	1600	246	P43	2.01	14.86	117	35.6

注：本表摘自宁波市凹凸重工有限公司吊车技术规格（2016）。

起重机有多种规格可选，本表数据基于轨顶高 9m，仅供用户和设计院选型时参考。

（3）QDL 系列（5t～50/10t）

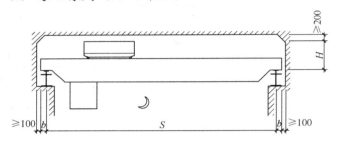

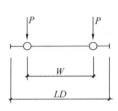

4 轮参数数据　　　　　　　　　　表 12-7c

起重量 Q (t)	工作级别	跨度 S (m)	起升高度 (m) 主钩	起升高度 (m) 副钩	基本尺寸 (mm) LD	基本尺寸 (mm) W	基本尺寸 (mm) H	基本尺寸 (mm) b	轨道型号	重量 (t) 小车重	重量 (t) 总重	轮压 (kN) P_{max}	轮压 (kN) P_{min}
5	A5	10.5	16	—	5650	3000	1521	260	P38	1.361	9.2	60	11
		13.5			5600						10.5	64	14
		16.5					1621				11.8	68	17
		19.5			5800	3500	1671				13.7	73	20
		22.5			5850						15.6	78	25
		25.5			6550		1767				18.9	84	29
		28.5			6500	5000					21.9	90	35
		31.5					1867				23.9	96	41
5	A6	10.5	16	—	5650	3000	1521	260	P38	1.514	9.4	61	11
		13.5			5600						10.7	66	14
		16.5					1621				12.0	70	17
		19.5			5800	3500	1671				13.9	75	20
		22.5			5850						15.8	80	25
		25.5			6550		1767				19.1	86	30
		28.5			6500	5000					22.0	92	36
		31.5					1867				24.1	98	42
10	A5	10.5	16	—		3000	1621	260	P38	2.152	10.8	88	16
		13.5			5720						12.2	94	18
		16.5									13.6	99	21
		19.5			5900	3500	1671				15.5	104	24
		22.5									17.4	109	28
		25.5			6500		1767				20.6	117	33
		28.5				5000					23.2	123	39
		31.5			6550		1867				25.8	130	45

续表

起重量 Q (t)	工作级别	跨度 S (m)	起升高度 (m)		基本尺寸 (mm)				轨道型号	重量 (t)		轮压 (kN)	
			主钩	副钩	LD	W	H	b		小车重	总重	P_{max}	P_{min}
10	A6	16	10.5	—				260	P38	2.444	11.1	90	16
			13.5		5720	3000	1621				12.5	95	18
			16.5								13.9	100	21
			19.5		5900	3500	1671				15.8	106	24
			22.5								17.7	110	28
			25.5		6500		1767				20.9	118	34
			28.5			5000					23.6	124	40
			31.5		6550		1867				26.2	130	46
16/3.2	A5	16	10.5	18	5900	3500	1905	260	P38	3.653	13.5	115	27
			13.5								15.2	122	27
			16.5		5800						17.0	130	29
			19.5		6050						19.8	137	33
			22.5			4000	2027				22.3	142	37
			25.5		6000						25.1	151	42
			28.5		6500	5000	2129				28.0	158	48
			31.5		6550						31.2	165	54
16/3.2	A6	16	10.5	18	5900	3500	1905	260	P38	4.430	14.3	122	29
			13.5								16.0	130	29
			16.5		5800						17.9	137	31
			19.5		6050						20.7	146	34
			22.5			4000	2027				23.2	153	38
			25.5		6000						25.9	160	43
			28.5		6500	5000	2129				28.9	167	49
			31.5		6550						32.1	175	55
20/5	A5	16	10.5	18	6800	4500	1993	260	QU70	5.979	16.7	142	33
			13.5								18.4	152	33
			16.5		6750						20.6	160	34
			19.5		6800						23.9	169	40
			22.5		6750		2115				26.4	177	41
			25.5		6800						30.2	187	50
			28.5		7050	5000	2265				33.2	196	58
			31.5		7100						36.6	204	65

续表

起重量Q (t)	工作级别	跨度S (m)	起升高度 (m) 主钩	副钩	基本尺寸 (mm) LD	W	H	b	轨道型号	重量 (t) 小车重	总重	轮压 (kN) P_{max}	P_{min}
20/5	A6	10.5	16	18	6800	4500	2029	260	QU70	6.996	17.7	147	34
		13.5			6800		2029				19.5	158	34
		16.5			6750						21.7	166	35
		19.5			6800		2151				25.0	175	40
		22.5			6750		2151				27.4	182	44
		25.5			6800						31.2	191	50
		28.5			7050	5000	2301				34.2	200	56
		31.5			7100		2301				37.6	208	63
25/5	A5	10.5	16	18	6800	4500	2029	260	QU70	6.996	18.2	168	38
		13.5			6850		2029				20.1	179	38
		16.5			6750						22.2	189	40
		19.5			6800		2289				25.5	200	45
		22.5			6850		2289				28.1	210	50
		25.5			6750						31.2	218	56
		28.5			7000	5000	2339				34.5	228	64
		31.5			7050		2339				37.7	240	73
25/5	A6	10.5	16	18	6800	4500	2313	260	QU100	7.340	20.3	170	39
		13.5			6850		2313				22.1	182	39
		16.5			6750						24.3	192	41
		19.5			6800		2413				26.9	202	46
		22.5			6850		2413				29.5	211	50
		25.5			6750						32.6	221	57
		28.5			7000	5000	2415				35.9	232	66
		31.5			7050		2415				39.1	241	73
32/8	A5	10.5	16	18	6700	4500	2091	260	QU70	7.340	18.7	197	44
		13.5			6700		2091				20.7	210	43
		16.5			6750						22.7	221	44
		19.5			6700		2213				26.4	233	49
		22.5			6700		2213				29.0	244	55
		25.5			6750		2251				32.0	252	60
		28.5			7050	5000	2365				39.6	261	66
		31.5			7100		2365				43.5	273	75

续表

起重量 Q (t)	工作级别	跨度 S (m)	起升高度 (m)		基本尺寸 (mm)				轨道型号	重量 (t)		轮压 (kN)	
			主钩	副钩	LD	W	H	b		小车重	总重	P_{max}	P_{min}
32/8	A6	16	18		6750			260	QU100	8.036	20.6	206	48
					6800						22.6	220	46
					6850	4500	2473				25.0	231	48
					6800						27.7	242	52
					6850						30.4	253	58
					6750						33.8	263	63
					7050	5000	2575				42.4	273	70
					7100						46.6	284	79
40/8	A5	16	18		6800		2373	260	QU100	8.036	21.6	238	54
					6850						23.6	253	51
					6750	4500	2375				25.8	265	51
					6800						28.8	278	56
					6850						31.8	288	60
					6750		2475				35.0	300	67
					7050	5000	2477				39.1	309	73
					7100						42.6	319	80
40/8	A6	16	18		6800		2544	260	QU100	10.634	24.4	242	66
					6850						26.5	259	60
					6900	4500					28.9	274	60
					6800		2546				32.3	287	63
					6850						35.6	300	69
					6900		2646				39.0	313	76
					7050	5000	2648				43.5	325	84
					7100						47.4	337	92
50/10	A5	16	18		6750		2663	260	QU100	10.634	24.9	279	75
					6800						27.0	298	67
					6750	4500					29.6	314	66
					6800						32.9	328	68
					6850		2715				36.1	338	72
					6750						39.6	354	78
					7050	5000					44.4	370	88
					7100		2817				48.3	382	96
50/10	A6	16	18		6750		2813	260	QU100	11.341	26.2	292	83
					6800						28.4	314	76
					6750	4500	2815				31.2	332	75
					6800						34.5	349	79
					6850		2915				38.3	364	84
					6750						42.2	377	90
					7050	5000	3017				47.0	393	100
					7100						51.7	408	110

注：本表摘自北京起重运输机械设计研究院；轻量化通用桥式起重机技术规格（2016）

（4）ATH 型 5t～50/10t 轻量化桥式起重机技术参数表

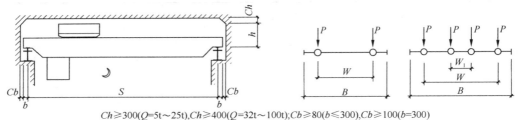

$Ch \geqslant 300(Q=5t\sim25t), Ch \geqslant 400(Q=32t\sim100t); Cb \geqslant 80(b \leqslant 300), Cb \geqslant 100(b=300)$

表 12-7d

起重量 Q（t）	工作级别	跨度 S（m）	起升高度（m）		基本尺寸（mm）					轨道型号	重量（t）		轮压（kN）	
			主钩	副钩	B	W	W_i	h	b		小车重	总重	P_{max}	P_{min}
5	A5	10.5	9	—	2556	2200	—	1000	208	P22	0.37	3.56	35.9	6.9
		13.5			3150	2700	—	1000	230	P22	0.38	5.18	42.7	10
		16.5			3150	2700	—	1200	230	P22	0.38	6.8	47.6	12.9
		19.5			3550	3100	—	1200	230	P22	0.38	8.92	52.7	17.8
		22.5			4250	3800	1400	1300	232	P22	0.38	10.75	56.7	22.2
		25.5			4310	3800	1400	1300	246	P22	0.38	13.19	63.1	27.6
		28.5			5010	4500	1700	1450	246	P22	0.38	15.75	69.2	33.8
		31.5			5510	5000	1800	1450	248	P30	0.38	18.93	76.9	41.5
		34.5			6010	5500	1900	1450	248	P30	0.38	23.31	87.8	51.7
6.3	A5	10.5	9	—	2616	2200	—	1000	230	P22	0.37	3.39	43	8.2
		13.5			3150	2700	—	1000	230	P22	0.38	5.57	50.5	11.2
		16.5			3150	2700	—	1200	230	P22	0.38	7.03	55.1	13.6
		19.5			3550	3100	—	1200	230	P22	0.38	8.92	59.5	18
		22.5			4310	3800	1400	1300	246	P22	0.38	11.32	64.8	23.9
		25.5			4250	3800	1400	1300	230	P30	0.38	12.62	68.5	26.3
		28.5			5010	4500	1700	1450	246	P30	0.38	16.34	77.3	35.4
		31.5			5510	5000	1800	1450	248	P30	0.38	18.93	83.5	41.6
		34.5			6124	5500	1900	1450	248	P30	0.38	23.69	95.4	52.7
10	A5	10.5	9	—	3150	2200	—	1200	230	P22	0.65	4.57	62.9	10.8
		13.5			3210	2700	—	1200	244	P22	0.69	6.52	69	14.1
		16.5			3210	2700	—	1400	244	P22	0.69	8.29	74.5	17
		19.5			3610	3100	—	1400	244	P22	0.69	10.08	79.1	20.8
		22.5			4420	3800	1400	1650	246	P22	0.69	12.36	84.4	26.3
		25.5			4310	3800	1400	1650	246	P30	0.69	14.42	90.1	30.7
		28.5			5010	4500	1700	1850	246	P30	0.69	17.53	97.6	38.1
		31.5			5584	5000	1800	1850	248	P30	0.69	20.62	105.3	45.4
		34.5			6124	5500	1900	1850	248	P30	0.69	26.36	119.6	59

注：本表摘自宁波市凹凸重工有限公司吊车技术规格（2016）。

续表

起重量 Q(t)	工作级别	跨度 S (m)	起升高度 (m)		基本尺寸 (mm)					轨道型号	重量 (t)		轮压 (kN)	
			主钩	副钩	B	W	W_i	h	b		小车重	总重	P_{max}	P_{min}
12.5	A5	10.5	9	—	3210	2200	—	1200	244	P22	0.69	5.22	76.6	12.8
		13.5			3210	2700	—	1200	244	P22	0.69	6.93	82.4	15.2
		16.5			3284	2700	—	1400	244	P22	0.69	8.75	87.9	18.4
		19.5			3610	3100	—	1400	244	P30	0.69	10.34	92	21.8
		22.5			4350	3800	1400	1650	246	P30	0.69	12.18	96.3	26.1
		25.5			4384	3800	1400	1650	246	P30	0.69	15.25	104.5	32.8
		28.5			5084	4500	1700	1850	246	P30	0.69	17.69	110.3	38.7
		31.5			5624	5000	1800	1850	248	P30	0.69	21.61	120	48
		34.5			6314	5500	1900	1850	260	P30	0.69	27.57	134.8	62.1
15	A5	10.5	9	—	3757	3307	907	1350	230	P22	0.96	5.55	47.9	7.2
		13.5			3783	3333	933	1450	230	P22	0.96	7.29	50.6	7.9
		16.5			3807	3357	957	1550	230	P22	0.96	8.88	53.1	8.8
		19.5			3828	3378	978	1650	230	P22	0.96	10.61	55.7	10.1
		22.5			3889	3399	999	1800	232	P22	0.96	12.78	58.7	11.9
		25.5			4100	3650	1250	1800	232	P22	0.96	15.62	62.7	15
		28.5			4922	4472	1672	2000	232	P30	1.02	18.29	65.9	19.4
		31.5			5598	5048	1848	2000	250	P30	1.76	23.98	73.6	25.2
		34.5			6094	5544	1944	2000	250	P30	1.89	30.4	81.8	31.3
16	A5	10.5	9	—	4153	3703	1303	1350	230	P22	1.07	5.7	49.5	7.4
		13.5			4178	3728	1328	1450	230	P22	1.07	7.44	52.5	8
		16.5			4201	3751	1351	1550	230	P22	1.07	9.02	55	9
		19.5			4223	3773	1373	1650	230	P22	1.07	11.04	58	10.5
		22.5			4283	3799	1399	1800	232	P22	1.07	12.92	60.7	12
		25.5			4292	3842	1442	1800	232	P22	1.07	15.73	64.5	13.7
		28.5			4913	4463	1663	2000	232	P30	1.07	18.34	68.2	19.3
		31.5			5988	5438	1838	2000	250	P30	1.89	25.07	77.4	26.3
		34.5			6080	5530	1930	2000	250	P30	1.89	30.4	84.3	31.1
20	A5	10.5	9	—	4137	3687	1287	1450	230	P22	1.07	5.99	59.7	8.5
		13.5			4158	3708	1308	1550	230	P22	1.07	7.67	62.7	8.8
		16.5			4238	3748	1348	1650	230	P22	1.07	9.45	66.9	11.7
		19.5			4257	3767	1367	1850	232	P30	1.07	11.59	68.7	11.3
		22.5			4259	3809	1409	1850	232	P30	1.07	13.83	72	13.1
		25.5			4439	3929	1529	2000	246	P30	1.07	16.09	75.2	14
		28.5			4981	4431	1631	2000	248	P30	1.07	20.16	81.3	21.9
		31.5			5660	5000	1800	2100	250	P30	1.78	25.45	87.8	26.8
		34.5			6221	5487	1887	2100	256	P30	1.9	31.44	96	32.5

起重量 $Q(t)$	工作级别	跨度 S (m)	起升高度 (m)		基本尺寸 (mm)					轨道型号	重量 (t)		轮压 (kN)	
			主钩	副钩	B	W	W_i	h	b		小车重	总重	P_{max}	P_{min}
25/5	A5	10.5	9	10	3708	3258	858	1850	230	P30	1.8	7	76.7	11.5
		13.5			3738	3288	888	1850	230	P30	1.8	8.9	80.7	11.6
		16.5			4069	3519	1119	1850	246	P30	1.8	11.59	85.8	13.7
		19.5			4071	3521	1121	2050	246	P30	1.8	13.7	89.2	15.7
		22.5			4108	3558	1158	2250	248	P30	1.8	16.46	93.3	16.9
		25.5			4127	3577	1177	2250	248	P30	1.8	19.5	97.7	19.5
		28.5			5104	4554	1354	2250	248	P30	1.98	23.74	101.4	23.1
		31.5			5509	4959	1359	2250	250	P43	1.98	26.66	105.5	27.6
		34.5			6185	5451	1451	2300	256	P43	2.13	31.18	106	31.6
30/5	A5	10.5	9	10	3872	3462	1062	1850	246	P30	1.81	7.78	91.4	13.8
		13.5			3996	3488	1088	1850	246	P30	1.81	9.76	95.7	13.6
		16.5			4444	3894	1094	1850	246	P30	1.91	11.88	98.1	15
		19.5			4474	3924	1124	2050	246	P30	1.91	14.23	100.5	16
		22.5			4496	3948	1148	2250	248	P30	1.98	16.97	101.8	17.5
		25.5			4514	3964	1164	2300	248	P30	1.98	19.37	104.2	19.2
		28.5			5150	4526	1326	2400	254	P30	2.02	23.93	108.4	23.8
		31.5			5570	4946	1346	2400	256	P43	2.02	27.4	112.6	29.3
		34.5			6155	5421	1421	2400	256	P43	2.13	33.46	120.8	33.9
32/10	A5	10.5	9	10	3974	3464	1064	1850	246	P30	2.12	7.75	86.5	14.6
		13.5			3990	3480	1080	1850	246	P30	2.12	9.65	90.7	14.3
		16.5			4045	3495	1095	1850	246	P30	2.12	11.5	94.3	14.7
		19.5			4077	3527	1127	2050	246	P30	2.12	14.03	98.7	15.6
		22.5			4193	3569	1169	2250	254	P30	2.12	17.04	105.5	18.8
		25.5			4593	3696	1296	2300	254	P30	2.12	20.26	120.9	24.5
		28.5			5393	4769	1169	2400	254	P43	2.24	24.29	121.7	28.3
		31.5			5561	4937	1337	2400	256	P43	2.4	28.97	119.9	30.6
		34.5			6149	5415	1415	2400	256	P43	2.67	36.54	130.2	36.6
40/10	A5	10.5	9	10	4153	3569	1169	1800	252	P30	2.14	8.69	114.2	18.3
		13.5			4193	3569	1169	1800	252	P30	2.14	10.71	118.3	18.6
		16.5			4193	3569	1169	2000	252	P30	2.14	13.29	121.4	18.5
		19.5			4193	3569	1169	2100	252	P30	2.14	15.87	124.7	19.7
		22.5			4303	3569	1169	2300	254	P30	2.14	18.81	128.2	21.4
		25.5			4570	3946	1146	2300	254	P43	2.25	23.18	131.1	24.8
		28.5			5120	4496	1296	2400	254	P43	2.41	26.75	136.6	26.7
		31.5			6086	5154	1154	2400	268	P43	2.41	31.88	159.3	38.4
		34.5			6312	5380	1380	2400	268	P43	2.68	38.41	151.6	38.3

续表

起重量 Q(t)	工作级别	跨度 S (m)	起升高度 (m)		基本尺寸 (mm)					轨道型号	重量 (t)		轮压 (kN)	
			主钩	副钩	B	W	W_i	h	b		小车重	总重	P_{max}	P_{min}
50/10	A5	10.5	9	10	4153	3569	1169	1900	230	P43	9	9.53	140.3	21.6
		13.5			4193	3569	1169	1900		P43	9	12.03	145.6	22.1
		16.5			4507	3883	1083	2000		P43	9	14.81	149.2	23.6
		19.5			5286	4354	1154	2150		P43	9	18.5	169.9	25.2
		22.5			5286	4354	1154	2150		P43	9	22.34	175.3	29
		25.5			5310	4378	1178	2350		P43	10	26.15	179.9	31.6
		28.5			5610	4678	1078	2350		P43	10	30.5	185	35.4
		31.5			6086	5154	1154	2400		P43	10	34.04	191.7	41.7
		34.5			6536	5546	1546	2400		P43	10	42.95	185	48.6

吊车技术资料

（5）DHQD08（5t～50/10t）

通用桥式起重机

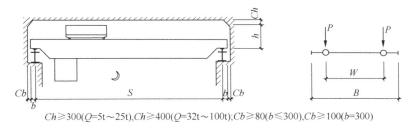

$Ch \geqslant 300(Q=5t\sim25t), Ch \geqslant 400(Q=32t\sim100t); Cb \geqslant 80(b\leqslant300), Cb \geqslant 100(b=300)$

4 轮参数数据 表 12-7e

起重量 Q (t)	工作级别	跨度 S (m)	起升高度 (m)		基本尺寸 (mm)				轨道型号	重量 (t)		轮压 (kN)	
			主钩	副钩	B	W	h	b		小车重	总重	P_{max}	P_{min}
5	A5	10.5	16	—	5000	3400	1350	168	P38	1.5	12.5	63.6	38.8
		13.5									13.5	66	41.2
		16.5									14.8	69.2	44.4
		19.5			5720	3600					16.8	74.4	48.9
		22.5									18.3	78.4	52.3
		25.5									21.3	86.1	59.3
		28.5									24.8	95.0	67.6
		31.5			5840	5000					26.8	100.2	72.2
		34.5									31.3	111.5	82.9

起重量 Q (t)	工作级别	跨度 S (m)	起升高度 (m) 主钩	起升高度 (m) 副钩	基本尺寸 (mm) B	基本尺寸 (mm) W	基本尺寸 (mm) h	基本尺寸 (mm) b	轨道型号	重量 (t) 小车重	重量 (t) 总重	轮压 (kN) P_{max}	轮压 (kN) P_{min}
5	A6	10.5	16	—	5100	3400	1350	168	P38	1.5	13	64.8	40
		13.5									14	67.2	42.4
		16.5			5300	3600				1.8	15.6	71.7	45.7
		19.5									17.6	77.0	50.3
		22.5									19.5	82.6	55.3
		25.5									22.5	90.3	62.3
		28.5			5920	5000					26.0	99.2	70.6
		31.5									28.0	104.5	75.2
		34.5									33.0	117.1	87.1
10	A5	10.5	16	—	6000	4000	1490	168	P38	2.5	14	91.2	43.2
		13.5									16	96	48
		16.5									18.8	102.7	54.9
		19.5									20.8	108.2	59.2
		22.5									22.3	112.5	62.3
		25.5									25.9	123.5	72.0
		28.5			6320	5000					29.5	132.8	80.1
		31.5									32.5	140.8	86.9
		34.5									36.2	151.2	96.1
	A6	10.5	16	—	6040	4000	1490	168	P38	3.0	15	100	50.4
		13.5									17	106.3	56.5
		16.5									19.9	106.3	56.6
		19.5									22.5	114.8	63.8
		22.5									24.0	119.1	66.9
		25.5					1350				27.0	127.1	73.6
		28.5			6320	5000					30.5	136.3	81.5
		31.5									32.5	141.9	85.8
		34.5									37.5	154.7	97.4
16	A5	10.5	16	—	6040	4000	1985	200	P43	4.0	19	132.2	56.3
		13.5									20	135.8	57.9
		16.5									23.0	142.5	66.1
		19.5									25.0	148.4	70.0
		22.5									26.5	153.1	72.7
		25.5									30.2	164.4	82.1
		28.5			6440	5000					33.7	174.1	89.8
		31.5									36.7	182.4	96.2
		34.5									40.4	193.2	105.0

续表

起重量 Q (t)	工作级别	跨度 S (m)	起升高度 (m) 主钩	起升高度 (m) 副钩	基本尺寸 (mm) B	W	h	b	轨道型号	重量 (t) 小车重	总重	轮压 (kN) P_{max}	P_{min}
16	A6	16	16	—						4.4	20	135.8	57.9
											21	138.3	60.4
					6300	4200					24.0	145.6	67.7
											26.6	154.5	74.6
							1985	200	P43		28.1	159.2	77.3
											31.1	167.6	83.6
					6880	5000					35.6	182.3	96.3
											28.6	166.1	78.2
											42.6	201.4	111.5
20/5	A5	16	16	16						5.0	20	156.9	62
											21.5	160.5	65.6
					7180	4500	2150	230			24.7	165.8	70.4
											26.8	172.2	74.5
									P43		29.6	180.2	79.9
					7230						33.8	193.3	90.5
					7530	4800					36.9	202.3	97.1
					7730	5000	2252	250			39.8	210.5	102.8
					8030	5300					43.7	221.9	111.7
20/5	A6	16	16	16	7180	4500	2210	250		5.8	21	163.4	64.9
											23	169.4	70.9
								230			25.5	169.4	70.9
							2212	250			28.4	179.2	78.3
					7230				P43		31.3	187.7	84.3
											35.0	197.9	91.9
					7530	4800	2312				38.7	211.0	102.5
					7730	5000					42.1	220.4	109.4
					8030	5300					45.8	230.7	117.2
25/5	A5	16	16	16	7180	4500	2210	250		5.8	22	190	71
											23.6	193	75.3
								230			25.6	198.0	80.3
							2212	250			28.7	206.4	85.8
					7230	4500	2212		P43		28.7	206.4	85.8
							2312	250			35.6	227.0	100.3
					7530	4800					40.3	242.4	112.7
					7730	5000	2317	300			44.2	253.5	120.8
					8030	5300					50.5	270.5	134.8

起重量 Q (t)	工作级别	跨度 S (m)	起升高度 (m)		基本尺寸 (mm)				轨道型号	重量 (t)		轮压 (kN)	
			主钩	副钩	B	W	h	b		小车重	总重	P_{max}	P_{min}
25/5	A6	10.5	16	16	7530	4800	2210	250	P43	6.5	23	193	72.5
		13.5									24.7	196.9	76.5
		16.5					2212	250			26.7	201.9	81.5
		19.5									29.5	210.5	87.0
		22.5					2312				32.7	219.8	93.2
		25.5						300			37.8	236.3	106.6
		28.5			7830	5000	2327				41.5	247.1	114.3
		31.5			8030	5200					45.7	258.3	122.4
		34.5			8130	5300	2427				51.5	274.7	135.7
32/5	A5	10.5	16	16	7530	4800	2312	300	P43	6.1	24.5	228.8	83.1
		13.5									26	232.4	86.7
		16.5						250			28.0	237.4	91.7
		19.5									31.0	246.5	97.1
		22.5									34.6	257.3	104.2
		25.5			7830	5000	2327	300			39.6	273.8	116.9
		28.5									43.4	285.4	124.7
		31.5			8130	5300					49.6	302.3	137.9
		34.5									54.5	316.3	148.2
	A6	10.5	16	16	7530	4800	2417	300	P43	8.7	27	240.1	84.5
		13.5									28.5	243.7	88.1
		16.5									30.9	249.7	94.1
		19.5									34.9	264.0	104.4
		22.5							QU80		38.6	274.9	111.3
		25.5			7830	5000					42.6	286.7	119.2
40/10	A5	10.5	16	16	7830	5000	2417	300	P43	9.1	28.5	273.1	85.5
		13.5									31.5	280.4	92.8
		16.5									34.5	287.7	100.1
		19.5									38.6	302.7	110.3
		22.5									42.5	314.6	117.4
		25.5			8030	5200	2517				46.6	327.2	125.2
		28.5									51.5	343.4	136.6
		31.5			8330	5500	2519		QU80		58.8	363.8	152.1
		34.5									64.0	379.0	162.6

续表

起重量 Q (t)	工作级别	跨度 S (m)	起升高度 (m)		基本尺寸 (mm)				轨道型号	重量 (t)		轮压 (kN)	
			主钩	副钩	B	W	h	b		小车重	总重	P_{max}	P_{min}
40/10	A6	10.5	16	16	7830	5000	2517	300	P43	10.3	31	184.2	91.8
		13.5									34	291.5	99.1
		16.5									37.1	299.1	106.7
		19.5									40.3	309.4	112.1
		22.5									44.1	321.3	119.0
		25.5			8030	5200			QU80		49.2	338.5	131.3
		28.5			8070						53.8	352.0	139.9
		31.5			8370	5500	2519				60.9	372.1	155.0
		34.5									66.3	387.6	165.5
50/10	A5	10.5	16	16	7830	5000	2517	300	QU80	10.0	30.3	325.3	96.2
		13.5									32.8	331.4	102.3
		16.5									36.8	341.2	112.1
		19.5									41.8	356.2	121.2
		22.5			8070	5200					45.8	369.0	128.1
		25.5					2519				52.3	390.0	143.2
		28.5			8170	5300					57.5	405.8	153.2
		31.5			8370	5500	2619				62.1	420.0	161.5
		34.5			8370	5500	2619				69.8	444.5	180.1
	A6	10.5	16	16	8370	5500	2629	300	QU80	16.3	38	356.3	103.3
		13.5									40.5	362.4	109.4
		16.5									43.5	369.8	116.4
		19.5									48.5	385.3	125.4
		22.5			8570	5700	2729				53.4	402.5	136.0
		25.5									59.3	420.6	147.6

注：本表摘自大连重工起重集团有限公司产品资料。

参 考 文 献

[1] 钢结构设计标准：GB 50017—2017. 北京：中国建筑工业出版社，2017
[2] 冷弯薄壁型钢结构技术规范：GB 50018—2002. 北京：中国计划出版社，2002
[3] 建筑结构荷载规范：GB 50009—2012. 北京：中国建筑工业出版社，2012
[4] 建筑抗震设计规范：GB 50011—2010(2016). 北京：中国建筑工业出版社，2016
[5] 门式刚架轻型房屋钢结构技术规范：GB 51022—2015. 北京：中国建筑工业出版社，2015
[6] 汪一骏，冯东等. 钢结构设计手册上册(第三版). 北京：中国建筑工业出版社，2004
[7] 汪一骏，张志平等. 网架结构设计手. 北京：中国建筑工业出版社，1998
[8] 汪一骏，纪福宏等. 轻型钢结构设计指南. 北京：中国建筑工业出版社，2016
[9] 中国建筑标准设计研究所. 全国民用建筑工程设计技术措施·结构. 北京：中国计划出版社，2009
[10] 汪一骏. 蔡昭昀等. 轻型板材设计手册. 北京：中国建筑工业出版社，2009
[11] 建筑用发泡水泥复合板：02ZG710. 北京：中国计划出版社，2002
[12] 钢檩条 钢墙梁：11G521-1-2. 北京：中国计划出版社，2011
[13] 轻型屋面梯形钢屋架：(05G515)北京：中国计划出版社，2015
[14] 轻型屋面梯形钢屋架(圆钢管、方钢管)：06SG515-1. 北京：中国计划出版社，2006
[15] 轻型屋面梯形钢屋架(剖分T型钢)：06SG515-2. 北京：中国计划出版社，2006
[16] 轻型屋面钢天窗架：05G516. 北京：中国计划出版社，2005
[17] 轻型屋面三角形钢屋架：(05G517). 北京：中国计划出版社，2005
[18] 轻型屋面三角形钢屋架(圆钢管、方钢管)：06SG517-1. 北京：中国计划出版社，2006
[19] 轻型屋面三角形钢屋架(剖分T型钢)：06SG517-2. 北京：中国计划出版社，2006
[20] 钢吊车梁(中轻级工作制Q235钢)：03SG520-1. 北京：中国计划出版社，2003
[21] 钢吊车梁(中轻级工作制Q345钢)：03SG520-2. 北京：中国计划出版社，2003
[22] 钢吊车梁(中轻级工作制H型钢)：08SG520-3. 北京：中国计划出版社，2008
[23] 门式刚架轻型房屋钢结构(无吊车)02(04)：SG518-1. 北京：中国计划出版社，2004
[24] 门式刚架轻型房屋钢结构(有悬挂吊车)：04SG518-2. 北京：中国计划出版社，2004
[25] 门式刚架轻型房屋钢结构(有吊车)：04SG518-3. 北京：中国计划出版社，2004
[26] 钢抗风柱：10SG533. 北京：中国计划出版社，2010
[27] 吊车钢轨和吊车梁的连接 长葛市通用机械有限公司产品专利